PRATIQUE

DE

L'ART DE CONSTRUIRE

MAÇONNERIE

TERRASSE ET PLATRERIE

CONNAISSANCES RELATIVES A L'EXÉCUTION ET A L'ESTIMATION DES TRAVAUX DE MAÇONNERIE, DE TERRASSE ET DE PLATRERIE, ET EN PARTICULIER DE CEUX DU BATIMENT.

OUVRAGE UTILE

Aux Ingénieurs, Architectes, Entrepreneurs, Conducteurs, Métreurs, Ouvriers maçons et Terrassiers,

PAR J. CLAUDEL,

INGÉNIEUR CIVIL,

Ancien élève de l'École centrale des arts et manufactures, professeur de mécanique à l'Association philotechnique,

ET

L. LAROQUE,

Constructeur, attaché à la direction des travaux de l'exploitation du ciment Gariel, de Vassy.

DEUXIÈME ÉDITION

revue et considérablement augmentée.

PARIS

DALMONT ET DUNOD, ÉDITEURS,

Précédemment Carilian-Gœury et Victor Dalmont,

LIBRAIRES DES CORPS IMPÉRIAUX DES PONTS ET CHAUSSÉES ET DES MINES,

Quai des Augustins, 49.

1859

PRATIQUE

DE

L'ART DE CONSTRUIRE

MAÇONNERIE

TERRASSE ET PLATRERIE

OUVRAGES DE M. J. CLAUDEL.

—

Introduction théorique et pratique à la science de l'ingénieur. Renfermant l'ensemble complet de toutes les règles d'*arithmétique*, de *géométrie* et d'*algèbre*, avec des applications et un grand nombre de renseignements que l'on ne trouve pas dans les ouvrages élémentaires; la *trigonométrie rectiligne* avec une table des expressions trigonométriques naturelles de tous les angles de minute en minute; les *tracés des courbes employées dans les arts*, leurs équations analytiques, leurs propriétés et leurs mesures; le *levé des plans*, l'*arpentage* et le *nivellement*, avec la description des instruments, la manière de les régler, et les détails relatifs à leur emploi ; enfin la *mécanique*, où se trouvent développés les principes de *dynamique*, d'*hydrostatique* et d'*hydrodynamique*, suffisant pour bien faire comprendre tous les ouvrages de mécanique pratique. Un fort volume in-8°, avec 425 figures intercalées dans le texte. Prix : 9 francs.

Formules, tables et renseignements pratiques. Aide-mémoire des ingénieurs, des architectes, etc. Ouvrage divisé en six parties : 1re Des moteurs naturels animés et inanimés; 2e Chaleur appliquée aux arts industriels ; 3e Machines à vapeur ; 4e Chemins de fer ; 5e Architecture ; 6e Routes, ponts, canaux. Supplément, tables diverses. Un beau volume in-8° compacte, de 978 pages, avec planches et figures intercalées dans le texte; quatrième édition. Prix : 12 fr. 50 c.

J. CLAUDEL et SÉGUIN aîné. **Table des carrés et des cubes des nombres entiers successifs de 1 à 10,000.** Un beau volume in-8°. Prix : 3 fr. 50 c.

J. CLAUDEL et F. LECOY. **COMPTES FAITS. Table des produits des nombres entiers de 1 à 1,000 par les nombres entiers de 1 à 100.** Un volume in-8°. Prix : 4 fr. 50 c.

TYPOGRAPHIE HENNUYER, RUE DU BOULEVARD, 7. BATIGNOLLES.
Boulevard extérieur de Paris.

AVANT-PROPOS.

Exposer, d'une manière aussi simple que possible, les règles pour déterminer les dimensions des ouvrages de maçonnerie, les méthodes pour évaluer ces ouvrages, les indices de bonnes ou de mauvaises qualités des matériaux, et les moyens de mettre en œuvre ces matériaux, tel est le but que nous nous sommes proposé.

Si nous l'avons atteint, les ingénieurs et les architectes trouveront, dans notre *Pratique de l'art de construire*, tous les éléments nécessaires pour bien établir leurs projets et surveiller l'exécution des travaux; les entrepreneurs et leurs commis y puiseront des connaissances pour faire un bon choix de matériaux, et diviser convenablement le travail entre les ouvriers d'un même chantier; enfin, les maçons y trouveront, très-détaillée, la marche qu'ils doivent suivre pour bien exécuter les divers travaux dont ils peuvent être chargés.

Cette dernière partie, surtout en ce qui concerne le bâtiment, a été, pour ainsi dire, passée sous silence par les auteurs qui ont traité de l'art de bâtir. Cependant elle méritait plus d'attention : que de fois nous avons vu des maçons, même des plus habiles, être très-embarrassés sur la manière de s'y prendre pour exécuter un travail nouveau pour eux, ou même seulement un travail se présentant dans des conditions particulières. On conçoit combien leur hésitation doit nuire à une bonne et rapide exécution ; aussi avons-nous cherché à y remédier.

Nous espérons que notre grande pratique, comme ouvriers d'abord, et aujourd'hui comme constructeur et ingénieur, nous aura permis de lever quelques difficultés théoriques et surtout pratiques de l'exécution des travaux de maçonnerie ; c'est ce que nous avons voulu en faisant cette publication.

Nous avons apporté tous nos soins à mettre cette nouvelle édition au niveau des progrès faits depuis quelques années dans l'art de construire : toutes ses parties ont été considérablement augmentées ; l'étude des matériaux de construction et leur mise en œuvre ont fixé notre attention d'une manière particulière ; enfin, plusieurs chapitres peuvent être considérés comme tout à fait nouveaux ; tels sont, par exemple, ceux relatifs aux terrassements à ciel ouvert et en souterrain, aux travaux de fondations maritimes ou autres, et aux voûtes biaises.

FAUTES A CORRIGER.

Pages.	Lignes.	
167	5	*au lieu de* $0^{m.car.},04$, *lisez :* 4 centimètres carrés.
321	35	*au lieu de* Maçonneries des, *lisez :* Maçonneries de.
433	8	*au lieu de* $MA - PH \frac{z}{y}$, *lisez :* $MA - PH \frac{z}{y}$.
460	3	*au lieu de* $S' = \frac{1}{2}\left(er \log \frac{1+\sin\alpha}{1-\sin\alpha} + e^2 \tan\alpha\right)$ *lisez :* $S' = \frac{1}{2}\left(er \log. \frac{1+\sin\alpha}{1-\sin\alpha} + e^2 \tan\alpha\right)$.
460	5	*au lieu de* Log, *lisez :* Log.,
464	12	*au lieu de* $Q' = \frac{r'}{r} Q. (1)$, *lisez :* $Q' = \frac{r'}{r} Q$.
478	3	*au lieu de* $V = 2\pi\,[er^2 \log \frac{1}{\cos\alpha}$, *lisez :* $V = 2\pi\,[er^2 \log. \frac{1}{\cos\alpha}$.
485	15	*au lieu de* log, *lisez :* log.
485	31	*au lieu de* log, *lisez :* log.
486	3	*au lieu de* log, *lisez :* log.

ALPHABET GREC.

Majuscules.	Minuscules.	Noms.	Valeurs.
Α	α	alpha	a.
Β	β ϐ	bêta	b.
Γ	γ	gamma	g.
Δ	δ	delta	d.
Ε	ε	epsilon	e.
Ζ	ζ	dzêta	dz.
Η	η	êta	ê.
Θ	θ	thêta	th.
Ι	ι	iota	i.
Κ	κ	kappa	k.
Λ	λ	lambda	l.
Μ	μ	mu	m.
Ν	ν	nu	n.
Ξ	ξ	xi	x.
Ο	ο	omicron	o.
Π	π	pi	p.
Ρ	ρ	rau	r.
Σ	σ ς	sigma	s.
Τ	τ	tau	t.
Υ	υ	upsilon	u.
Φ	φ	phi	ph.
Χ	χ	chi	ch (aspiré).
Ψ	ψ	psi	ps.
Ω	ω	oméga	ô.

PRATIQUE

DE

L'ART DE CONSTRUIRE

MAÇONNERIE

TERRASSE ET PLATRERIE.

PREMIÈRE PARTIE.

MAÇONNERIE EN GÉNÉRAL ET TERRASSE.

CHAPITRE PREMIER.

ATTRIBUTIONS DES DIFFÉRENTES CLASSES D'OUVRIERS D'UN ATELIER DE MAÇONNERIE.

1. **Personnel d'un atelier de maçonnerie.** — Dans la profession de maçon, comme dans presque tous les corps d'état, il existe une hiérarchie qui découle du degré d'intelligence ou d'habileté qu'exige l'exécution des diverses parties des travaux à construire. Un nom particulier a été donné à chaque ouvrier, selon ses capacités, ou plutôt d'après la nature de son travail ; ainsi, on distingue : 1° le *manœuvre*, auquel des fonctions spéciales font donner les noms de *garçon maçon* et de *bardeur ;* 2° le *maître garçon ;* 3° le *maçon*, appelé *limousin* à Paris et dans ses environs, et que dans plusieurs localités du midi de la France on désigne sous le nom de *maçon rouge* ou de *maçon blanc*, selon qu'il met en œuvre la brique ou les moellons, galets, etc. ; 4° le *poseur de pierre* et le *contre-poseur ;* 5° le *maçon à plâtre*, désigné dans plusieurs départements sous le nom de *plâtrier* ou de *plafonneur ;* 6° le *maître compagnon* ou *chef d'atelier ;* 7° le *commis* ou *conducteur de travaux ;*

8° le *tâcheron* ou *sous-entrepreneur*. Nous allons passer en revue les fonctions de ces divers ouvriers.

2. **Manœuvre. Garçon maçon. Bardeur.** — C'est par les fonctions de manœuvre ou de garçon que l'ouvrier qui veut devenir maçon commence son apprentissage. Toutes les contrées de la France fournissent ces ouvriers, qui sont cependant plus particulièrement originaires des départements de la Haute-Vienne, de la Creuse et de la Corrèze, qui faisaient partie des anciennes provinces de la Marche et du Limousin; ils quittent, jeunes encore, leur pays, où le salaire est très-faible, pour aller à Paris et dans les autres localités travailler sur les chantiers de travaux publics ou particuliers.

Le travail des manœuvres consiste à procurer l'eau nécessaire pour éteindre la chaux, à approcher la chaux éteinte et le sable qui doivent entrer dans la composition du mortier, qu'ils fabriquent à l'aide de rabots ou de machines, selon l'importance de la construction. Ils sont chargés également d'amener le mortier aux maçons à l'aide de brouettes, lorsque les travaux ne s'élèvent pas au-dessus du sol, ou, s'il n'en est pas ainsi, de le leur apporter à l'aide d'oiseaux; ils approchent en outre, sous la main des maçons, les moellons, meulières, briques, garnis, etc. La fabrication du béton et sa mise en place rentrent aussi dans leurs attributions.

Lorsqu'un manœuvre a acquis quelque peu l'habitude des travaux, il peut trouver à faire partie de l'*équipe* d'un poseur de pierre. Alors, sous le nom de *bardeur*, il est employé au *bardage* ou transport de la pierre sur le chantier, à l'aide de chariots à deux roues ou de civières. Il doit prendre les plus grandes précautions pour éviter de détériorer les pierres taillées; ainsi, quand il les transporte, les roule sur plabords, ou leur fait faire quartier, il doit placer dessous, et principalement sous leurs arêtes, des ronds ou des torches en paille.

Si le manœuvre sert directement le poseur, il procure à celui-ci les lattes et les cales pour mettre sous les pierres, et il apporte le plâtre ou le mortier nécessaire pour poser les pierres et ficher ou couler les joints.

Quand un manœuvre est doué de plus d'adresse, il peut être chargé des deux travaux de *pinçage* et de *brayage* de la pierre. Le *pinçage* consiste à soulever un côté de la pierre à l'aide d'une *pince* en fer pour en faciliter la manœuvre; il faut avoir soin de placer un petit morceau de bois entre la pince et la pierre, si l'on ne veut pas abîmer la surface ou écorner les arêtes de celle-ci. Le *brayage* consiste à relier la pierre au câble ou à l'accrocher à la *louve*, à la recevoir sur l'échafaud quand elle est élevée à son niveau, à la séparer du câble et à l'amener à l'endroit où elle doit être posée. Les difficultés de ces deux genres de travaux et les soins nombreux qu'ils exigent font que presque toujours on les confie à un maçon.

A Paris et dans ses environs, ainsi que dans toutes les localités où l'usage du plâtre est commun, les manœuvres employés aux travaux de bâtiments sont désignés sous le nom de *garçons maçons*, et, à part le service des poseurs, leur travail n'est pas tout à fait le même que sur les chantiers de travaux publics. L'on conçoit en effet que dans le bâtiment les maçons à plâtre étant chargés en général d'ouvrages moins grossiers que ceux des maçons limousins, il faut au garçon un peu plus d'intelligence et surtout d'habitude pour gâcher le plâtre selon la quantité et de la manière qu'indique le maçon, d'après ses besoins. Chaque maçon appelle *son garçon* l'ouvrier spécialement chargé de le servir, en lui préparant et en lui apportant tout ce qui est nécessaire à son travail, et le garçon l'appelle *son compagnon*.

Pour que chaque compagnon puisse facilement correspondre avec son garçon, quand le gâchoir est éloigné et qu'il y a crainte que sa voix se confonde avec celle d'autres maçons, il le baptise d'un nom particulier, facile à prononcer en criant, tels sont : *la France*, *la Rose*, etc. Quelquefois les compagnons, au lieu d'appeler, ont un sifflet; mais l'expérience prouve que ce moyen n'est pas celui qui réussit le mieux, il donne souvent lieu à quelque confusion.

A l'adresse, un garçon maçon doit toujours joindre beaucoup de force, soit pour monter aux échelles quand il a sur la tête une auge de plâtre pesant quelquefois de 60 à 80 kilogrammes, soit pour faire la chaîne sur les échelles quand on monte les moellons, les briques ou les plâtras. Cette dernière partie du travail, qui est une des plus pénibles et des plus périlleuses, se trouve sensiblement améliorée dans les constructions un peu importantes par l'emploi des machines, avec lesquelles trois à quatre hommes peuvent élever, à toute hauteur, les matériaux nécessaires pour occuper de vingt à vingt-cinq maçons.

Le garçon maçon est encore obligé de passer le plâtre au *sas* ou au *panier*, de battre les *mouchettes* pour les écraser et de se procurer l'eau. Il doit tenir son gâchoir dans un état complet de propreté; jamais il ne doit laisser de plâtre répandu sous les auges, parce que ce plâtre se combinerait avec l'eau qui se répand, soit quand on en verse dans les auges, soit quand on charge celles-ci sur la tête, et il serait complétement perdu. C'est à ce défaut de soin que sont dues les épaisses couches de plâtre qui se forment très-souvent sur le sol des gâchoirs, et qui, tout en rendant le travail plus pénible, produisent encore une perte de matière pour l'entrepreneur.

Lorsqu'un compagnon va travailler en ville, le garçon porte ses auges et ses outils, et, outre le service qu'il aurait à faire sur un bâtiment neuf, il doit nettoyer parfaitement les pièces où se font les réparations, et les débarrasser des gravats, qu'il descend au moyen d'une hotte ou d'une auge.

Un garçon actif et intelligent est de la plus grande utilité au compagnon, et il ne contribue pas peu à la bonne et rapide exécution du travail.

3. **Maître garçon.** — On désigne ainsi le garçon qui, après avoir travaillé pendant quelque temps, et fait preuve d'intelligence et d'exactitude, a été choisi par le chef d'atelier pour le remplacer dans différentes circonstances. Souvent aussi, lorsqu'un compagnon passe chef d'atelier, s'il est satisfait de son garçon, il le fait profiter de son avancement en le prenant pour son maître garçon. Ce dernier cas est le plus habituel, à cause de la liaison qui existe presque toujours entre le maçon et le garçon zélé.

Le maître garçon exerce une sorte de surveillance sur ses camarades; il veille avec soin à ce qu'à la fin de chaque journée tous les outils appartenant à l'entrepreneur, tels que *pinces*, *crics*, *cordages*, *têtus*, *bouchardes*, *règles*, etc., soient rentrés dans le magasin. C'est aussi le maître garçon qui distribue les lattes, les bardeaux, les clous et les rappointis, ainsi que les fers dont les maçons peuvent avoir besoin; de plus, il compte les sacs de plâtre lorsque les voitures sont déchargées, pour en rendre compte au maître compagnon, et il fait balayer l'intérieur des voitures, dans lesquelles il reste toujours du plâtre provenant de sacs percés ou ouverts.

Lorsque le chef d'atelier travaille, il est servi par le maître garçon, qui doit avoir bien soin de ramasser les outils, tels que plomb, niveau, règles, etc., que le maître compagnon laisse très-souvent aux endroits où il trace et érige quelque ouvrage.

Enfin, c'est sur le maître garçon que le chef d'atelier se repose pour différents objets de détail, dont ce premier doit s'acquitter avec zèle et probité.

Le travail d'un maître garçon exigeant plus d'intelligence et de soin que celui des garçons ordinaires, il est toujours mieux rétribué.

4. **Maçon.** — Cet ouvrier, désigné à Paris sous le nom de *maçon limousin,* ou simplement de *limousin,* est le manœuvre, garçon ou maître garçon qui, après avoir servi les compagnons pendant un certain temps, fait preuve de bonne volonté et d'adresse, et se met lui-même à maçonner. Avec le consentement du patron ou du maître compagnon, et s'étant muni des outils nécessaires, tels que *truelle* en fer ou en cuivre, *hachette, marteau, plomb, niveau, auges,* etc., il commence à limousiner, c'est-à-dire à faire de grosses maçonneries en matériaux bruts, comme des massifs de fondations et autres. Il doit apprendre à bien *ébousiner* les moellons, à en préparer les lits, et en *smiller* et *piquer* les parements. Quant à la pose, il s'exerce, en prenant les moellons, à bien en reconnaître les lits de carrière, afin de ne pas les poser en *délit;* les *lits* se distinguent par le *bousin,* ou partie tendre qui les recouvre, et par une suite de veines qui s'étendent dans les moellons parallèlement aux lits.

Pour exécuter sa maçonnerie, le maçon doit apporter tous ses soins à disposer, autant que possible, les assises de niveau, et à bien liaisonner les moellons entre eux, en alternant les plus courts avec ceux qui ont une grande *queue.* Quand il a préparé quelques moellons d'après la place qu'ils doivent occuper, il les pose sur un lit de mortier, et il tasse chacun d'eux en le frappant de quelques coups de la tête de sa hachette, jusqu'à ce que le mortier *souffle* de toutes parts.

L'emploi du plâtre ou du mortier doit être fait avec économie, afin que l'entrepreneur n'éprouve aucune perte, mais de manière qu'il ne reste aucun vide entre les moellons et garnis, c'est-à-dire que les matériaux soient, comme l'on dit, *hourdés à bain de plâtre ou de mortier;* car, s'il en était autrement, il se produirait bientôt dans les murs des fissures et des déchirures qui enlèveraient toute solidité à la construction, et dont les vides provenant de la négligence apportée au hourdissage pourraient être l'unique cause. Si les défauts que nous signalons existaient dans des travaux hydrauliques, tels que réservoirs, aqueducs, etc., les maçonneries ne tiendraient pas l'eau, laquelle, en s'infiltrant dans l'intérieur des murs, en amènerait promptement la ruine.

Lorsque l'apprenti maçon aura déjà acquis quelque expérience dans l'exécution des travaux de massifs, il pourra commencer à élever des murs en faisant usage, soit de mortier, soit de plâtre. Dans ce dernier cas, il lui faudra quelque habitude pour demander à son garçon la quantité de plâtre qui lui est nécessaire, ainsi qu'une grande agilité pour employer ce plâtre et poser les moellons avant qu'il y ait prise dans l'auge. Il devra s'exercer à se servir de ses *lignes* ou *cordeaux* pour dresser les parements des murs; de manière à éviter les flaches et les bosses; ainsi, il devra avoir soin de bien aligner le cordeau supérieur, qui est placé à la hauteur de son menton, avec la partie de parement déjà faite ou avec un cordeau inférieur qui se trouve à la hauteur de ses pieds; et de bien observer le *jour de la ligne*, c'est-à-dire la distance de la ligne au parement du mur en construction; cette distance est ordinairement de 0m,01 pour les maçonneries brutes ou destinées à recevoir un enduit, et de 0m,005 pour celles en pierre de taille, moellons, meulières, briques, etc., à parements dressés. L'apprenti doit s'habituer à planter lui-même ses *broches* (on appelle ainsi les voliges ou les planches que le maçon cloue sur des poteaux ou scelle le long d'un mur au moyen de patins en plâtre, pour y fixer ses lignes, dans de petites encoches faites au droit de l'alignement du mur); à tendre ses lignes, à prendre ses aplombs, à observer les retraites à faire et les fruits à donner aux parements des murs, à se conformer exactement, en un mot, aux tracés et aux indications du chef de chantier.

C'est quand l'apprenti est arrivé à faire ces diverses opérations avec succès, qu'il commence à être lui-même maçon. Alors, il doit apporter le plus grand soin à l'exécution des nouveaux travaux qu'on lui confie, tels que les rejointoiements en plâtre ou en mortier des parements en maçonneries de moellons, meulières, etc.; les rocaillages en éclats de meulière pour orner les parements ou les dresser avant l'application de l'enduit; il doit mettre toute son attention pour bien faire les enduits en mortier, les crépis en plâtre, les enduits de chaperons de murs de clôture, et les pâtés en plâtre devant servir à établir des voûtes de caves ou autres, quand il y a impossibilité de poser des cintres en charpente; la bonne exécution de ces massifs n'est pas sans influence sur la solidité des voûtes.

Un bon maçon a dû s'exercer à poser et à couler la pierre de taille; mais ces opérations demandant beaucoup d'habitude et d'adresse, il y a des maçons qui, sous la dénomination de *poseurs*, se livrent particulièrement à leur exécution. Il est urgent qu'il sache aussi poser et couler une pierre par incrustement, un dallage de cuisine, de couloir ou autres.

Un maçon, pour bien connaître sa profession, doit savoir assez convenablement tailler la pierre pour pouvoir se dispenser d'appeler un ouvrier spécial, quand il a à faire un lit ou un joint et même un parement pour une pierre posée en réparation, ainsi que quand il s'agit de faire un trou de scellement ou une entaille dans la pierre, rogner une dalle et, en général, exécuter tous les travaux peu importants de cette nature. Il est urgent aussi qu'il sache bien poser une pierre.

5. **Poseur de pierre et contre-poseur.** — Lorsqu'un maçon est habile à tailler et à poser les moellons piqués et à faire les ouvrages à parements vus, ou quand un tailleur de pierre sait exécuter les travaux de maçonnerie, cas qui se présentent fréquemment en province, ces ouvriers prennent souvent la spécialité de *poseurs de pierre*, qui est très-appréciée dans les grands chantiers de travaux publics et particuliers. Leurs fonctions consistent alors à mettre les pierres en place sans les écorner et en faisant le moins de *balèvres* possible. Pour cela, ils posent les pierres bien de niveau et d'aplomb dans les sens voulus, en compensant avec adresse les petits défauts de taille qui peuvent exister dans les parements ou dans les lits et joints, de manière à diminuer autant que possible la *taille sur le tas*. Un poseur exercé sait apprécier au premier coup d'œil les petites retailles, et il les exécute lui-même, s'il n'y a pas de tailleur de pierre sur le tas. Par toutes ces précautions et cette manière d'opérer, il évite bien des retards, des retailles complètes de morceaux et parfois même des remplacements de pierres.

Un bon poseur diminue la tâche de l'appareilleur, ainsi que celle du tailleur de pierre, en les rendant d'abord moins minutieuses, et ensuite en réduisant à presque rien les travaux d'arasement et de ravalement. L'économie qu'il procure ainsi à l'entrepreneur fait que celui-ci le recherche et l'emploie le plus longtemps possible sur ses chantiers.

Pour lever, biller ou caler ses pierres, le poseur se fait aider par un maçon intelligent, qui prend le nom de *contre-poseur*. Cet ouvrier finit souvent par acquérir la pratique nécessaire à un bon poseur, et il est alors employé comme tel.

6. **Maçon à plâtre. Plâtrier ou plafonneur. Poseur de ci-**

ment. — MAÇON A PLATRE. — A Paris et dans toutes les localités où l'on fait un grand usage du plâtre, lorsque les maçons limousins ont élevé les murs d'un bâtiment, on fait les travaux de plâtrerie, désignés plus particulièrement sous le nom de *légers ouvrages*. Le *maçon à plâtre* est l'ouvrier qui exécute ces travaux minutieux, qui demandent une grande habitude et une adresse toute particulière.

Pour faire son apprentissage, le maçon à plâtre, qui a presque toujours été garçon maçon et maçon limousin pour les travaux de bâtiment, commence, après avoir obtenu le consentement de l'entrepreneur ou du maître compagnon, à faire les gros travaux de plâtrerie, tels que *lattis* et *hourdis* de *pans de bois* et de *cloisons légères*, *aires* et *augets* pour plafonds, raccords dans les bâtiments en réparation, etc. Pour l'exécution de ces travaux, il doit joindre quelques nouveaux outils, tels que *petite hachette, truelle bretée, riflard*, etc., à ceux qu'il avait pour limousiner (4).

Quand il est arrivé à faire ces travaux préparatoires avec intelligence, le chef du chantier le place à côté de maçons expérimentés pour exécuter les *ravalements* extérieurs et intérieurs du bâtiment, et c'est près d'eux qu'il apprend à faire tous les travaux que comprennent les légers ouvrages, comme les recouvrements de murs et de pans de bois, les crépis, enduits, rejointoiements, feuillures et arêtes ; les cloisons en briques, les plafonds droits ou en voussures ; les moulures pour entablements, chambranles, frontons, couronnements de plafonds ; les *pigeonnages* de tuyaux de cheminées, les fours et fourneaux de cuisine, les cheminées, tous les scellements et calfeutrements, et en général tous les ouvrages en plâtre qui se font au moyen de règles et de calibres, et qui contribuent à l'ornementation intérieure ou extérieure des bâtiments.

Le maçon à plâtre est pour l'entrepreneur qui l'occupe un ouvrier très-précieux, surtout quand il sait à propos le mettre à exécuter les travaux où il est le plus exercé ; car, comme dans tous les autres corps d'état, les maçons, malgré les connaissances qu'ils peuvent avoir dans toutes les parties de leur profession, exécutent un travail avec d'autant plus de rapidité et de perfection qu'ils ont plus souvent occasion de le faire.

PLATRIER OU PLAFONNEUR. — C'est le nom qu'on donne à l'ouvrier qui emploie le plâtre dans les localités où le prix élevé de cette matière en rend l'usage très-restreint.

Le travail du plâtrier diffère beaucoup de celui du maçon à

plâtre, à cause des soins plus grands qu'il est obligé de prendre pour économiser la matière qu'il emploie, et avec laquelle il fait également les plafonds, corniches, enduits, scellements, etc.

Le prix du plâtre est tellement élevé dans quelques contrées de la France, que cette matière n'y est employée que pour faire les scellements principaux ; on lui substitue le *blanc en bourre*, mélange de chaux, de sable et de bourre, ou de chaux, d'argile douce et de bourre. Les ouvriers qui emploient cette matière sont désignés particulièrement sous le nom de *plafonneurs ;* ils en font des plafonds, enduits, corniches, etc., dont la perfection de l'exécution ne laisse rien à désirer.

MAÇON POSEUR DE CIMENT. — Depuis plusieurs années, il y a des maçons qui se livrent plus spécialement à l'exécution des ouvrages en mortier de ciment romain, ce qui leur a fait donner le nom de *maçons poseurs de ciment*. Les précieuses propriétés de ces travaux dépendant en grande partie des soins apportés à leur exécution, un ouvrier qui se livre à cette spécialité doit d'abord apprendre à bien gâcher le ciment, c'est-à-dire à le mélanger au sable et à l'eau suivant les proportions qui lui sont indiquées pour chaque espèce d'ouvrage, et à triturer le tout à force de bras, au moyen de grandes truelles en fer, dans des auges disposées à cet effet. Devenu bon gâcheur, il commence à employer le ciment, opération qui réclame les soins les plus minutieux. Pour cela, il doit mouiller et nettoyer parfaitement les pierres qu'il emploie, ainsi que les places où il doit appliquer son mortier ; car, s'il restait des matières non adhérentes, telles que plâtre, vase, terre, pierre tombant en détritus, etc., le ciment, bien que durcissant également, finirait, faute d'une complète adhérence aux maçonneries, par s'en détacher entièrement, et ne donnerait jamais qu'un mauvais travail.

A mesure que l'ouvrier acquiert plus d'expérience, il fait des travaux de plus en plus minutieux, tels que les rejointoiements des maçonneries neuves ou vieilles de pierre de taille, de meulières, de moellons, de briques, etc. ; les étanchements de sources, les enduits de fosses, citernes et réservoirs ; les restaurations de monuments publics et, en général, de tous les bâtiments en pierre de taille ; il fait également les maçonneries de toutes natures hourdées en mortier de ciment. Nous devons ajouter que ces travaux étant pour la plupart exécutés par des entrepreneurs spéciaux expérimentés, la tâche de l'ouvrier se réduit, en général, à suivre exactement les indications qui lui sont données en vue d'une bonne exécution.

7. **Maître compagnon ou chef d'atelier.** — L'ouvrier maçon ayant acquis par son travail des connaissances étendues dans sa profession, après être resté quelque temps chez un entrepreneur qui a su l'apprécier, il devient quelquefois maître compagnon. Dès lors, il est chargé de surveiller les maçons à plâtre, les limousins et les garçons qui se trouvent sur l'atelier dont la direction lui est confiée ; il devient le second et l'aide de l'entrepreneur ; c'est lui qui reçoit toutes les fournitures faites au chantier, en chaux, plâtre, sable, moellons, briques, meulières, etc. ; il en vérifie les qualités et quantités ; il rectifie les lettres de voiture et les factures lorsqu'il y a erreur ; il refuse les matériaux avariés ou de qualité inférieure ; il tient un état exact des quantités reçues, pour servir à établir les comptes des fournisseurs ; il tient note assidûment des journées et des heures de travail de chacun des ouvriers de son chantier ; il distribue l'ouvrage à ses hommes en raison des capacités de chacun d'eux ; il fait les tracés et donne toutes les explications nécessaires, afin que les travaux soient exécutés suivant les conditions des plans et devis qui sont remis à l'entrepreneur, et dont il est dépositaire ; il renvoie et fait payer les ouvriers qui n'ont pas des connaissances suffisantes dans leur état, ou qui sont paresseux ou turbulents ; enfin, devant être le fidèle gardien des intérêts de son patron, tout son temps doit être employé à la surveillance des différentes parties de son atelier.

8. **Commis ou conducteur de travaux.** — Lorsqu'un entrepreneur a plusieurs ateliers et beaucoup de travaux à la fois, il est obligé de se faire aider par des commis, qui sont souvent d'anciens ouvriers ayant passé par tous les grades inférieurs en faisant preuve d'intelligence, d'activité et de probité. Quand, à de grandes capacités comme praticien, un ouvrier joint une première instruction, c'est-à-dire quand il sait lire, écrire, calculer convenablement, et qu'il connaît un peu de dessin et de coupe de pierre, il est souvent appelé par l'entrepreneur, qui a su l'apprécier, à diriger et à surveiller comme chef un ou plusieurs ateliers. Il est alors chargé de donner les instructions aux maîtres compagnons, aux appareilleurs et à tous les chefs des différents chantiers, et il a sur eux les pouvoirs de ceux-ci sur les ouvriers placés sous leurs ordres.

Les commis sont aussi chargés, en l'absence des entrepreneurs, de répondre aux ingénieurs, architectes et conducteurs, de s'entendre avec eux sur les moyens d'exécution des travaux, et de prendre leurs ordres. Dans leurs fonctions, il entre aussi de faire les métrages des travaux, contradictoirement avec les conducteurs, de dresser les attachements et de rédiger les mémoires. En résumé, toute la comptabilité des chantiers qu'ils dirigent est leur affaire personnelle.

D'après ces détails sur les attributions des commis, on voit combien il est urgent qu'ils méritent la confiance que l'on met en eux. On comprend en effet de quelle importance il est pour l'entrepreneur de bien fixer son choix, quand il s'agit d'agents par l'intermédiaire desquels il règle d'un côté ce qui lui est dû avec l'administration ou les propriétaires, et de l'autre ce qu'il doit avec les ouvriers et les fournisseurs ; d'agents qui disposent, jusqu'à un certain point, de sa fortune, qu'ils peuvent compromettre par des erreurs, par leur négligence, et à plus forte raison par leur infidélité. Il ne faut pas oublier qu'un même travail peut être lucratif ou ruineux, suivant que la direction en est bonne ou mauvaise.

Nous avons dit, plus haut, que les commis devaient s'entendre sur les moyens d'exécution avec les ingénieurs, architectes et conducteurs ; mais il est évident que ce n'est que dans les limites qui ne changent en rien les obligations de l'entrepreneur, et que dans les cas, par exemple, de changement ou de modification de plan, ils ne doivent rien faire exécuter sans en appeler à leur patron. Si cette règle n'était pas strictement observée, l'entrepreneur pourrait être entraîné dans des dépenses beaucoup plus grandes que ne le comportent ses engagements. Des commis intelligents savent distinguer si les ordres des ingénieurs ou des architectes sont conformes ou non aux conditions des devis et à ce qui s'est fait jusqu'alors.

9. **Tâcherons.**— On désigne ainsi l'ouvrier ou l'employé auquel l'entrepreneur cède une partie de son entreprise, ordinairement de la main-d'œuvre seulement, lorsqu'il lui a reconnu les capacités nécessaires.

Les travaux dont on donne habituellement la main-d'œuvre à exécuter à la tâche sont les maçonneries de béton, de meulières, de moellons, de briques, etc. On exécute aussi de cette manière la pose de la pierre, les tailles et les piquages des parements de meulières ou de moellons, et les rejointoiements de toutes natures ; une fois les murs d'un bâtiment élevés, très-souvent on fait exécuter à la tâche tous les légers ouvrages.

Il arrive quelquefois qu'un tâcheron a des ouvriers sous ses ordres et à son compte. Dans ce cas, le bénéfice qu'il peut réaliser sur son travail dépend principalement de son aptitude à bien diriger ses compagnons, et du soin qu'il apporte à ce que les garçons ne les laissent manquer d'aucune espèce de matériaux.

10. C'est presque toujours après avoir rempli successivement les fonctions qui viennent d'être détaillées, et fait quelques petites entreprises à la tâche, que l'ouvrier intelligent arrive à être lui-même entrepreneur; et, comme il a acquis toutes les connaissances pratiques du métier, il peut même devenir un habile constructeur.

CHAPITRE II.

MATÉRIAUX EMPLOYÉS DANS LES CONSTRUCTIONS.

---

11. **Considérations générales.**— La connaissance de la nature des matériaux et la juste appréciation de leurs qualités et de leurs défauts exigent une grande pratique, soit de l'agent qui en fait le choix, soit même de l'ouvrier qui les met en œuvre, si l'on veut obtenir de bons travaux. Quoique la mission de l'ouvrier soit le plus souvent limitée à la mise en œuvre des matériaux que son patron fait approvisionner, il n'en doit pas moins faire ses efforts pour arriver à distinguer les bons des mauvais ; ce n'est qu'avec cette connaissance qu'il pourra les employer avec discernement. De plus, il peut devenir chef d'atelier, commis ou même entrepreneur, et alors l'appréciation exacte des propriétés des matériaux lui sera indispensable pour choisir les plus convenables pour chaque espèce d'ouvrage, et pour en déterminer la valeur.

Souvent le mauvais choix des matériaux, tout en produisant des travaux défectueux, attire à l'entrepreneur des reproches et même des procès, que sa part de responsabilité lui fait toujours un devoir d'éviter.

La pratique est indispensable pour faire un bon choix de matériaux, et il convient de venir à son aide par une bonne division de ces matériaux d'après leur composition minéralogique, composition de laquelle dépendent, en général, les propriétés qui les rendent plus ou moins propres à tels ou tels travaux.

12. Les matériaux les plus employés en France dans les ouvrages de maçonnerie sont les *granits*, les *trachytes*, les *basaltes*, les *laves*, les *grès*, les *silex*, *cailloux* et *poudings*, les *meulières*, les *calcaires*, les *briques* et *poteries*, les *chaux*, *pouzzolanes* et *ciments*, le *plâtre*, les *mortiers*, les *bétons*, les *mastics* et *bitumes*, les *carreaux* de terre et de plâtre, les *plâtras*, les *lattes*, les *bardeaux*, les *clous* à lattes ou à bateaux, et les *rappointis*.

Il est aussi quelques matériaux, tels que les *trapps*, les *laitiers*, les *scories* et autres produits volcaniques, que nous n'avons pas voulu classer avec les précédents, ces matériaux étant des accidents de la nature et ne se trouvant que dans quelques localités.

Comme nos meilleurs ciments, ces produits volcaniques unis à la chaux lui communiquent la propriété de durcir sous l'eau et de produire d'excellents bétons, mais ils sont d'un prix trop élevé dans les localités qui ne les contiennent pas.

13. Le **granit**, qui constitue la plus grande partie du terrain primitif, est formé par l'agglomération de trois minéraux : le *feldspath*, le *mica* et le *quartz*. Il présente différentes nuances, qui sont dues à ce que ces minéraux sont souvent colorés par la présence d'une petite quantité d'oxyde de fer ou de manganèse. La proportion des trois minéraux varie d'un granit à l'autre. Lorsque le feldspath domine beaucoup, la roche prend le nom de *granit porphyroïde*.

Les **porphyres** sont des granits dans lesquels le quartz et le mica manquent entièrement : ils sont composés d'une pâte feldspathique, dans laquelle se sont formés des cristaux de feldspath.

La dureté du porphyre étant plus grande encore que celle du granit, elle ne permet pas de le tailler ; mais, dans quelques contrées, on emploie cette pierre en moellons.

Les lames de mica disséminées dans le granit sont quelquefois disposées parallèlement à un même plan, et donnent ainsi un aspect schisteux ou rubané à la roche. Celle-ci prend le nom de *gneiss*.

Les **trachytes** sont des produits volcaniques, d'une époque ancienne, qui paraissent ne pas avoir toujours coulé ; ils se sont fréquemment élevés du sein de la terre à l'état pâteux, et ont formé des montagnes arrondies ; d'autres fois, ils se sont répandus sur un sol horizontal, sous forme de nappes épaisses. La pâte des trachytes est du feldspath ; elle renferme beaucoup de cristaux de feldspath, qui ont souvent pris un grand développement et présentent des faces cristallines très-nettes.

Dans quelques localités de la province de Constantine (Algérie), on emploie un porphyre trachytique comme pierre à bâtir.

Les **basaltes** sont des éruptions volcaniques plus modernes que les trachytes. Ils sont composés de *pyroxène* (silicate de magnésie et de fer) et de *labrador* (espèce de feldspath à base d'alumine, de chaux et de soude). Ces cristaux sont d'une extrême ténuité, ce qui donne à la roche une apparence de compacité.

Quelquefois le basalte s'est fait jour à travers les couches de sédiment, et s'est répandu en nappes horizontales à leur surface. Les basaltes forment ordinairement des prismes accolés, gigantesques, qui présentent une apparence de régularité. Cette circonstance tient à un fendillement qu'ils ont éprouvé pendant leur refroidissement. La disposition en colonnes prismatiques donne aux basaltes qui sont arrivés au jour un aspect particulier.

Les basaltes sont trop durs pour être taillés; mais dans quelques localités on en fait des moellons.

Dans l'art des constructions, on désigne en général sous le nom de *granit* toutes les pierres provenant de roches feldspathiques, dont la grande dureté varie avec les proportions des parties constituantes, et dont les grains, de différentes couleurs, sont fortement réunis par un ciment naturel. On les reconnaît facilement à leur composition de grains très-durs et parfaitement adhérents, à leur cassure à angles très-aigus, et à leur poids minimum de 2 700 kilogrammes par mètre cube.

La résistance que les granits offrent à tous les agents atmosphériques rend leur emploi très-avantageux dans les constructions; aussi, dans quelques localités, malgré le prix élevé de leur taille, en fait-on usage comme pierre à bâtir, si toutefois leur exploitation n'est pas trop dispendieuse. Il est, du reste, certaines contrées où la composition géologique du sol motive l'emploi des granits dans les constructions; c'est ainsi que dans certaines parties de la Bretagne, de la Normandie et des Vosges l'usage de cette pierre, qui fournit d'excellents moellons, est très-répandu. En France, plusieurs ponts sont en granit, et en Angleterre c'est la seule pierre employée pour la construction des grands ponts, ceux de moindre importance sont en briques.

La grande durée et l'inaltérabilité des granits les rendent très-précieux pour certains travaux, et en ont fait adopter l'usage à de grandes distances des lieux d'extraction. Ainsi à Paris, pour dalles et bordures de trottoirs, bouches d'égouts, marches d'escaliers très-fréquentés, bornes, auges, culières, etc., on emploie des granits, que l'on tire principalement des carrières de Normandie. Ceux que l'on préfère sont gris, fortement micacés et à grain fin, et proviennent des bancs les plus durs des carrières de Saint-Brieuc et de divers lieux des environs de Vire (Calvados), tels que Saint-Pois, Coulouvray, Villedieu, Saint-Clair, et aussi de Sainte-Honorine-la-Guillaume (Orne). On trouve aussi d'excellents granits dans les carrières du bois du Gast, près Saint-Sever, et dans celles de Flamanville, près Cherbourg.

Le granit de Flamanville offre un mélange de grains blancs,

roses et gris; ceux de Vire et de Sainte-Hônorine sont un mélange gris foncé de grains bleuâtres et noirs.

Les granits de qualités inférieures ressemblent à un granit jaunâtre à grains peu adhérents de Reville, près Cherbourg, ou à un granit jaune-rougeâtre des environs de Vire et de Sainte-Honorine, ou encore au granit blanchâtre du Gast.

Dans les environs d'Alençon, de Saint-Brieuc, Honnion, Trenier, Dinan et Saint-Malo, on trouve un granit d'une qualité inférieure; sa couleur blanche et son aspect feuilleté le font facilement reconnaître.

En Bourgogne, on trouve aussi des granits d'une assez bonne qualité, quoique un peu plus tendres que ceux de Normandie; leur couleur tire sur le rouge, et leur cassure est bien moins luisante que celle de ces derniers. Ce n'est que par suite d'une très-grande expérience que l'on parvient à distinguer les granits de Bourgogne de ceux de Normandie.

On trouve également le granit dans presque toutes les autres contrées de la France ; mais c'est surtout dans la Bretagne, l'Auvergne, les Vosges, les Pyrénées et les Alpes qu'on le rencontre en grande abondance.

A cause de la grande distance de Paris aux lieux d'extraction du granit, les blocs qui y sont expédiés sont ordinairement taillés aux carrières suivant les formes voulues, afin de réduire autant que possible les frais de transport, ainsi que ceux de main-d'œuvre, d'ébauche et de taille. On gagne ainsi le transport de tous les résidus d'abattage et de taille, et la différence entre les prix de main-d'œuvre à Paris et en carrière, ce qui n'est pas sans importance, le prix du granit à Paris dépendant surtout du transport et de la taille.

L'exploitation des granits se fait généralement au moyen de coins, et ils se taillent aves des pics, des pointerolles et des marteaux. Leur prix de revient à Paris est de 180 à 250 francs le mètre cube pour les blocs destinés aux monuments, et de 160 à 180 francs le mètre cube pour les dalles à un parement, telles que celles de trottoirs par exemple. Le transport entre dans ces prix pour 60 à 65 francs; mais il y a lieu d'espérer que cette dépense sera réduite lorsque le réseau des chemins de fer normands sera entièrement achevé.

Il y a quelques années, on a commencé à appliquer un granit belge, dit *porphyre de Lessines*, au pavage des rues de Paris. Ces pavés ont l'avantage de ne pas s'égrener comme le font certains grès, et ils résistent très-bien à l'air, aux chocs et à l'écrasement; mais, de même que toutes les roches feldspathiques employées au pavage, ils ont l'inconvénient de se polir par l'usure et de devenir très-glissants. On ne remédie à ce défaut qu'en leur donnant de petites dimensions : les pieds des chevaux trouvent appui par la multiplicité des joints. Ils ont $0^m,15$ à $0^m,18$ de côté et $0^m,10$ d'épaisseur. Non retaillés, ils coûtent de 90 à 110 francs le cent.

Brisés en fragments, les bons granits, de même que les porphyres belges, produisent d'excellents matériaux pour l'établissement des chaussées à la macadam ; mais leur prix élevé, de 25 à 30 francs le mètre cube à Paris, en limite l'emploi.

14. On donne le nom de **laves** aux matières minérales liquides qui sont encore rejetées par nos volcans actuels : elles s'étendent en nappes minces sur les flancs des volcans, où elles se solidifient en refroidissant.

Les *laves d'Auvergne* ont quelque analogie avec les granits (13); elles sont d'un grain plus fin, mais moins serré ; leur couleur, d'un noir très-foncé, les fait facilement reconnaître. Les meilleures laves proviennent des bancs les plus durs et les plus compactes des carrières de Volvic ; leur grain serré et homogène les rend pesantes et très-convenables pour le dallage des trottoirs.

Recouvertes d'un émail appliqué à chaud, ou d'un bon vernis, les laves présentent de grands avantages sous le rapport de la propreté et de la salubrité, quand elles sont employées pour revêtir des soubassements humides ou des urinoires. A Paris, cette application est généralement ordonnée par l'administration municipale.

Le département de l'Hérault fournit des laves fréquemment employées comme pierre à bâtir. La ville et le port d'Agde sont presque entièrement construits avec ces laves, soit en pierres de taille, soit en moellons. On en a fait usage sur une grande échelle pour les travaux du canal et des chemins de fer du Midi. L'un de nous, M. Laroque, a employé les laves d'Agde et de Rouquaute pour construire le pont-canal, sur l'Orb, à Béziers, et le viaduc établi sur l'Aude, à Coursan, pour le passage du chemin de fer du Midi.

15. Le **grès** est une pierre composée de grains de sable quartzeux de différentes figures, agglutinés par un ciment quartzeux ou calcaire. Quelquefois, les grains de quartz sont simplement soudés ensemble. De l'argile ou de l'argilite se mêle sou-

vent au grès, qui est alors plus facile à tailler, mais plus friable.

Sous le rapport de la composition du ciment, les grès se divisent en *grès siliceux*, *grès calcaires* et *grès argileux*.

Les *grès siliceux* sont ordinairement très-durs et à grains fins fortement reliés par le ciment naturel; ils approchent du quartz gris. Il en est cependant que l'on peut tailler et même sculpter : ainsi la belle cathédrale gothique de Cologne est en grès siliceux de Wurtemberg. Les grès siliceux ont sur les calcaires l'avantage de mieux résister à l'action destructive de l'atmosphère, et l'on peut presque dire que leur durée est indéfinie.

Les *grès calcaires* ont différents degrés de dureté, en raison de l'abondance et du plus ou moins de fermeté du gluten calcaire qui réunit leurs grains.

Les *grès argileux* se trouvent par couches comme les calcaires; ils sont d'un usage très-répandu dans les provinces du sud-est de la France, où on les désigne ordinairement sous le nom de *molasse*. Leur couleur est grise. On les taille facilement au moment de l'extraction ; mais à l'air ils acquièrent une dureté qui ne le cède guère à celle des pierres calcaires les plus résistantes.

Les grès se trouvent dans tous les terrains géologiques ; mais ils sont surtout abondants dans les terrains secondaires. En général, les meilleurs grès sont ceux qui ont le grain le plus fin et le tissu le plus serré. La couleur gris-clair est un indice de bonne qualité ; les grès rouges sont ordinairement les plus tendres et les moins résistants.

Il existe des grès tendres d'une formation trop récente pour qu'ils aient atteint leur degré de perfection. Ils s'écrasent si facilement, qu'on ne peut les employer comme pierre de construction ; ils ne servent qu'à l'affûtage des outils ou à faire du sablon.

Dans les pays où il n'y a pas de bonne pierre calcaire, on fait usage dans les constructions de grès dont la dureté convient à de bons moellons, et même à d'excellentes pierres de taille. Ainsi, des carrières situées près d'Ascain (Basses-Pyrénées) produisent de magnifiques blocs de grès que l'on a employés avec avantage aux constructions du phare de Biarritz ; du pont de Saint-Esprit-Bayonne, sur l'Adour ; du pont Mayou sur la Nive, à Bayonne, etc. De ces mêmes carrières, on tire aussi des quantités considérables de pavés pour les villes des Basses-Pyrénées et autres départements limitrophes. Dans plusieurs autres contrées de la France, on emploie également les grès avec beaucoup de succès pour les constructions ; des villes entières, telles que Carcassonne, Brives, etc., sont bâties avec cette pierre, qui a été employée dans une grande partie des ouvrages d'art du canal et du chemin de fer du Midi, ainsi que pour les ponts de Nevers et de Moulins, et aussi dans un grand nombre d'édifices publics et particuliers. On en construit également des chaînes et des encoignures de bâtiment, des marches d'escaliers, des dalles, etc. Les montagnes des Vosges contiennent plusieurs espèces de grès employées dans les constructions ; le soubassement du Palais de l'Industrie, à Paris, est en *grès bigarré* des environs de Phalsbourg, qui supporte la sculpture et dont on peut même faire des statues. Le *grès bigarré* des Voivres (Vosges) s'exploite en *laves* assez minces pour être employées à la couverture ; les plus belles variétés se réduisent à l'épaisseur d'une forte ardoise. Ces *laves* ont l'inconvénient d'être cassantes et de donner des couvertures très-lourdes.

Les grès servent à faire des meules à aiguiser, et il en est de très-dures, à gros grains, que l'on emploie pour faire des meules de moulins.

Il y a des grès qui sont tellement réfractaires, qu'on les emploie pour les revêtements intérieurs des hauts-fourneaux ; c'est ce qui a lieu pour quelques grès de Wurtemberg.

Les grès très-durs sont trop difficiles à tailler pour être employés comme pierre à bâtir ; mais comme ils ont beaucoup de cohésion et qu'ils résistent bien aux chocs, on en fait un usage considérable comme pavés.

Ces grès sont généralement blancs, et leur grain est égal et fin ; ils se trouvent en bancs continus ou en grosses masses isolées au milieu d'un sablon fin et mobile, qui prend, en s'agglutinant de plus en plus, la consistance des grès les plus vifs et les plus tenaces. Ils ont l'avantage de réunir à une grande dureté, qui les rend capables de résister longtemps au frottement et aux chocs des roues des voitures, la propriété de se laisser débiter facilement en masses de différentes formes et de toutes grandeurs.

Les belles carrières de grès des environs de Toulon fournissent les pavés employés au pavage de Marseille et des villes du Var et des départementsvoisins ; on en exporte même jusqu'en Algérie.

Il existe beaucoup de carrières à grès dans les environs de Paris ; on distingue celles de Montbuisson, Palaiseau, Pontoise, Belloy, Sceaux, Bel-Air, Lozaire, Orsay, Lacave, Train, et celles si productives de la forêt de Fontainebleau.

Cette espèce de grès se divise en *roche dure* et en *roche franche*. La roche dure est très-propre au pavage des rues et des routes; on la débite pour cela en cubes de $0^m,22$ d'arête, que l'on désigne sous le nom de *gros pavés*, ou de *pavés d'échantillon* ou *de ville*. La roche franche, au contraire, est employée le plus souvent au pavage des cours et autres lieux intérieurs, à cause de la facilité avec laquelle on la refend en pavés de petits échantillons, que l'on obtient en divisant ceux de $0^m,22$ en deux ou en trois sur la hauteur. Les pavés de trois n'ont ainsi que $0^m,07$ environ d'épaisseur, et ceux de deux $0^m,11$. Dans ces derniers, il y en a qui ont pour base un rectangle de $0^m,22$ sur $0^m,13$ environ; c'est ce qui arrive lorsqu'après avoir séparé un pavé de $0^m,07$ d'épaisseur, le fendeur se trouve dans l'impossibilité de trouver deux autres pavés de $0^m,07$; alors il retourne le bloc et le divise en deux dans l'autre sens, ce qui lui donne deux pavés ayant $0^m,11$ d'épaisseur, et une base de $0^m,22$ sur $0^m,13$ environ.

Le fendage des pavés est un travail très-pénible, et aussi dangereux que celui de la taille et du piquage des grès; pour l'effectuer, à la force il faut joindre une grande adresse, et l'ouvrier, malgré tous les soins qu'il peut apporter, évite difficilement les déchets occasionnés par les fils et par la mollesse de la matière, qui se brise sous le fer. Ce travail se fait à la tâche, et un ouvrier débite jusqu'à quatre cents gros pavés par jour; il s'effectue à l'aide d'un *couperet* à deux tranchants arrondis, *fig.* 1, pesant 25 kilogrammes, qui sert à diviser les blocs d'un seul coup, et d'un *portrait*, de même forme que le couperet, pesant 5 kilogrammes, qui sert à l'ébarbage des pavés. Le premier de ces outils est ordinairement fourni par le maître carrier.

Fig. 1.

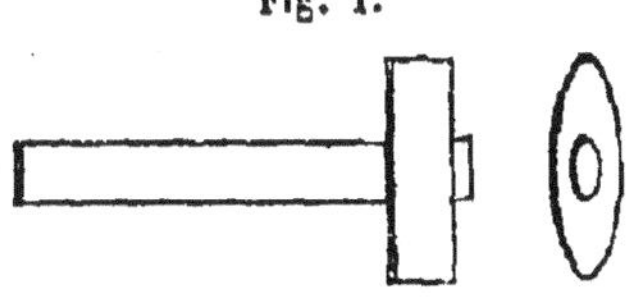

16. **Silex. Cailloux. Poudings.** — On nomme *silex*, des rognons de différentes formes, d'une pierre très-dure, dite *pierre à feu*, que l'on rencontre dans les bancs de craie. Cette espèce de pierre n'est pas favorable pour les constructions, à cause de la petitesse de ses morceaux et de la forme plutôt ronde que plate sous laquelle elle se trouve, et aussi parce que sa surface lisse empêche le mortier d'y adhérer avec énergie; cependant on emploie les plus gros blocs avec assez d'avantage dans les massifs de maçonnerie; on les taille même quelquefois pour faire des parements de murs ou des pavés.

On donne en général le nom de *galets* ou de *cailloux* aux fragments de pierre de grosseurs différentes, arrondis plus ou moins exactement, dont la couleur varie du brun foncé au blanc laiteux, et qui font feu sous le choc de l'acier. Ils sont généralement formés par des débris de différentes roches que charrient les rivières des pays montagneux; aussi les trouve-t-on ordinairement dans les lits des fleuves et dans les terrains d'alluvion, le plus souvent à la hauteur du sol, mais quelquefois à des profondeurs immenses; ils se présentent en grandes masses déposées depuis l'époque actuelle jusqu'à celle des terrains stratifiés les plus anciens. Lorsqu'on extrait le sable de carrière en le passant à la *claie*, les cailloux roulent sur le devant de cette espèce de tamis incliné.

On emploie ordinairement les cailloux, sous des grosseurs qui ne dépassent pas 0m,05 à 0m,06, à la construction des routes à la macadam et à la fabrication de la maçonnerie dite *de béton*. Dans plusieurs localités, les cailloux d'un plus grand volume, de 0m,1 à 0m,5 et appelés plus particulièrement *galets*, sont employés, en faisant choix de ceux dont la forme ovoïde est plus ou moins aplatie, pour le pavage des rues et même comme moellons. Les cailloux les plus convenables pour les maçonneries sont ceux qui proviennent des cours d'eau et des carrières d'où l'on tire du sable parfaitement dépourvu de matières grasses ou terreuses, et dont la surface est rugueuse et la forme irrégulière. Ceux qui sont recouverts d'une légère enveloppe de craie, qui leur sert de gangue, font le mieux corps avec le mortier. Quand les cailloux proviennent de terrains argileux, il faut les laver avec soin pour en fabriquer du béton.

Dans les localités où le moellon fait défaut, on emploie généralement les galets concurremment avec la brique dans les constructions. Plusieurs villes du midi de la France sont construites en grande partie en maçonnerie mixte de galets et de briques : cette maçonnerie est excellente et économique.

Des villes très-importantes de la France sont pavées en galets : telles sont, par exemple, Strasbourg, Nancy, Toulouse, Montauban.

L'espèce de pierre que l'on appelle *pouding*, et vulgairement *gréson*, est une réunion de petits cailloux agglutinés ensemble par un ciment siliceux. Cette roche présente souvent une consistance très-grande et une extrême dureté. On la trouve presque toujours à la hauteur du sol, en blocs de faibles volumes, déposés par petits bancs isolés, et affectant le plus souvent la forme d'un parallélipipède un peu aplati, ce qui les rend très-propres à la construction des ouvrages de maçonnerie, surtout à cause des aspérités de leur surface, qui y font parfaitement adhérer le mortier. Cette pierre n'est pas employée à Paris, ni dans ses environs; on la trouve ordinairement dans les localités où le sol est alumineux et quartzeux; presque jamais on ne la rencontre dans les terrains calcaires.

Les poudings, comme les cailloux, se livrent au mètre cube.

17. **Meulière.** — Cette pierre est formée de débris quartzeux, de chaux carbonatée, d'alumine et d'oxyde de fer, dans diverses proportions; sa masse est criblée de trous de formes indéterminées.

On distingue deux espèces de pierre meulière. L'une a la couleur gris-blanchâtre des grès durs, et une masse pleine dont la dureté est égale à celle du silex; elle se trouve par bancs ou par blocs de grandes dimensions, et on l'emploie ordinairement pour faire des meules de moulins d'une seule pièce. Dans quelques localités, on trouve cependant de la pierre de cette espèce en petits morceaux isolés, dont on fait des meules de plusieurs pièces, et que l'on emploie quelquefois comme moellons dans les massifs de maçonnerie; mais son défaut d'adhérence avec le mortier, dû à sa cassure très-unie, la rend peu propre à ce dernier usage. Cette variété de meulière se désigne sous le nom de *caillasse;* et, pour les constructions importantes, les devis spécifient presque toujours que son emploi sera irrévocablement proscrit.

La caillasse concassée à la grosseur de $0^m,05$ à $0^m,06$ est très-estimée pour l'empierrement des chaussées; aussi les devis de la ville de Paris prescrivent-ils cette pierre à l'exclusion de toute autre.

L'autre espèce de meulière se trouve par petits morceaux, en masses de peu d'épaisseur et d'étendue, à une très-faible profondeur, et quelquefois même à la surface du sol. Sa couleur est d'un rouge jaunâtre; l'énorme quantité de trous dont elle est criblée et les grandes irrégularités qui existent dans ses lits en font d'excellents moellons, qui se relient bien entre eux, auxquels le mortier s'attache fortement en s'insinuant dans toutes les cavités, et qui résistent sans altération à toutes les influences atmosphériques.

On emploie beaucoup cette meulière dans les constructions hydrauliques. A Paris, une ordonnance de police prescrit son emploi pour l'établissement des murs de fosses d'aisances, et presque tous les égouts de cette ville sont faits avec cette pierre. Les parements de plusieurs édifices publics sont exécutés en meulière rocaillée ; les parements de douelle des ponts Napoléon, d'Austerlitz, des Invalides, de l'Alma et du Petit-Pont, nouvellement construits à Paris, sont en meulières piquées posées avec du ciment de Vassy ; tous les parements vus de l'escarpe et de la contrescarpe des fortifications de Paris sont également construits avec ces matériaux, sur une épaisseur de $0^{m},50$.

Les meilleures meulières que l'on emploie à Paris viennent, par la haute Seine, des environs de Corbeil et de Châtillon, et par la basse Seine des environs de Mantes et de Triel ; on en extrait aussi de la Ferté-sous-Jouarre, localité où l'on fabrique avec cette pierre des meules de moulins sur une très-grande échelle ; les carrières de Villeneuve-Saint-Georges et de Montgeron fournissent également des meulières qui ont toutes les qualités désirables.

Il arrive aussi à Paris des meulières tendres des environs de Versailles et de Buch, ainsi que de Brunoy. On les extrait en blocs de grandes dimensions, et on les taille facilement. Comme elles fournissent des parements d'une belle régularité, on les emploie souvent en remplacement de la pierre de taille ; les parements des murs de quais que l'on construit aujourd'hui à Paris sont presque tous faits, sur une épaisseur de $0^{m},35$, avec des moellons de cette meulière, parfaitement dressés et piqués à vive arête. Ces pierres ont cependant un grand inconvénient lorsqu'elles sont employées trop tendres en parements, surtout si elles n'ont pas préalablement été nettoyées avec soin des terres rougeâtres qui en remplissent les cavités : quelques années après l'exécution, la surface des parements se recouvre d'une couche verdâtre et bien souvent de touffes d'herbes qui y ont pris racine ; ce qui est d'un effet désagréable, et ne doit pas peu contribuer à amener la ruine de ces parements, en y entretenant l'humidité et en donnant prise aux effets destructeurs de l'atmosphère, de la gelée, par exemple, qui les fait éclater.

Les parements en meulière dure de Corbeil et de Châtillon sont préférables à ceux faits de ces dernières, quand on les exécute avec soin.

Les résidus de pierre meulière faits à la carrière ou sur les chantiers sont cassés en petits morceaux, que l'on emploie pour l'empierrement des chaussées ou pour la fabrication du béton. Depuis le macadamisage des principales artères de la capitale, le prix de ces matériaux y a augmenté dans une notable proportion.

18. **Calcaires.** — Ces pierres étant formées de carbonate de chaux, elles jouissent des propriétés générales de cette substance; ainsi elles font effervescence avec les acides, elles se décomposent à une certaine température, quoiqu'étant très-réfractaires, et elles ne produisent point d'étincelles sous le choc de l'acier. On en distingue de plusieurs espèces, dont aucune n'est particulière à tel ou tel terrain.

L'espèce dite *calcaire grossier* fournit une grande partie des pierres employées dans les constructions; elle est d'une texture terreuse, à grain grossier, souvent lâche; sa cassure est droite et quelquefois raboteuse, et sa couleur varie du jaune pur au blanc sale.

Cette espèce de roche est celle qui a fourni et qui donne encore la presque totalité des pierres de construction de notre capitale, et c'est bien certainement en grande partie à sa présence, en masses énormes, situées à une faible profondeur sur les deux rives de la Seine, que Paris doit ses proportions colossales.

Sous le rapport de leur emploi dans les constructions, les pierres calcaires se divisent en deux classes principales; les *pierres dures* et les *pierres tendres*.

19. **Pierres calcaires dures.** — Ces pierres se débitent à la scie sans dent, comme le marbre (21), au moyen de l'eau et du grès tendre réduit en sable fin. Celles des environs de Paris sont le *liais*, le *cliquart*, la *roche*, et le *banc franc*.

Le *liais* est d'une formation moderne; il a l'avantage de ne contenir aucune empreinte de coquilles, ni de mer ni fluviatiles, et, en outre, de réunir toutes les qualités d'une bonne pierre de taille; il se taille assez bien, et il résiste à toutes les intempéries des saisons quand il a été tiré de la carrière en temps convenable; il est sujet à la gelée quand il est employé avant d'avoir essuyé son eau de carrière.

On distingue trois espèces de liais:

1° Le *liais dur*, dont le grain est fin, et la texture compacte et uniforme; c'est une des plus belles pierres des environs de Paris. Les anciennes carrières de la barrière Saint-Jacques et du clos des Chartreux étant épuisées, on l'extrait maintenant des plaines de Bagneux et d'Arcueil; on en tire aussi de Saint-Denis; les carrières de Clamart en fournissent de même quelques beaux morceaux. La hauteur de son banc varie de $0^m,25$ à $0^m,30$, et on en extrait des blocs qui ont de 3 à 4 mètres de longueur sur $1^m,50$ à 2 mètres de largeur. Il est particulièrement employé pour les marches d'escaliers, les cimaises, les tablettes et les acrotères de balustrades ; on en fait aussi des chambranles de cheminées, des dalles et autres ouvrages analogues qui exigent de la beauté et peu d'épaisseur de banc.

2° Le *liais Ferault* ou *faux liais*, qui est aussi dur que le précédent, mais d'un grain bien plus gros. Il se trouve quelquefois dans les mêmes carrières que le premier, sous une hauteur d'appareil de $0^m,35$ à $0^m,40$. On l'emploie aux mêmes usages, mais surtout pour les ouvrages qui ont plus d'épaisseur.

3° Le *liais rose*, qui est plus tendre que les deux variétés précédentes. Il se tire des carrières de Maisons-Alfort et de Creteil, où la hauteur de banc est de $0^m,25$ à $0^m,30$; on en extrait des carrières de l'Ile-Adam dont la puissance varie de $0^m,30$ à $0^m,40$. Ce liais s'emploie particulièrement pour faire les carreaux de salles à manger et d'antichambres ; on en construit aussi des tablettes et des chambranles de cheminées.

En général, on donne le nom de *liais* à toutes les pierres dures de bas appareil dont on fait usage à Paris.

Cliquart. — On désigne ainsi une pierre d'un grain fin et égal, et de très-bon appareil, contenant peu de débris coquilliers. Cette pierre est devenue rare, les carrières qui en fournissaient le plus étant presque toutes épuisées; on en extrait cependant encore quelques blocs, de $0^m,30$ à $0^m,35$ d'épaisseur, des carrières de Montrouge et de Vaugirard. On tire une pierre qui remplace le cliquart dans les plaines de Bagneux, de Clamart et de Val-sous-Meudon.

La *roche* est une pierre très-dure et quelquefois coquilleuse; elle se trouve ordinairement en plusieurs bancs superposés. La meilleure se tire des carrières du fond de Bagneux, de Châtillon et de la Butte-aux-Cailles, près de Bièvre ; elle a généralement de $0^m,45$, à $0^m,70$ de hauteur de banc, y compris très-souvent $0^m,10$, à $0^m,15$ d'épaisseur d'une pierre très-coquilleuse. Les carrières d'Arcueil fournissent une roche qui est très-bonne, quand on a eu soin de bien ébousiner les lits, ce qui oblige de réduire la hauteur de banc de $0^m,40$ ou $0^m,45$ à environ $0^m,35$.

On extrait également des pierres de roche dans les plaines du Bel-Air, de Fleury, de Montrouge, etc.; mais il faut apporter beaucoup de soin dans leur choix; elles contiennent parfois beaucoup de fils, que les ouvriers carriers cachent au moyen d'une boue de la couleur jaunâtre des pierres. Les carrières d'Ivry fournissent une roche assez fine, très-souvent coupée par des fils, et dont la hauteur de banc est d'environ 0m,40 à 0m,45. A Vitry (Seine), on trouve une roche, de 0m,30 à 0m,35 de hauteur et d'un grain très-fin, qui est recherchée à cause de la grande dimension de ses blocs; on l'emploie pour les balcons et particulièrement pour les monuments funéraires; quoiqu'elle paraisse en général très-saine, lorsqu'on l'emploie avant qu'elle ait jeté son eau de carrière, il se produit, après deux ou trois ans d'exposition à l'air, une infinité de petits fils qui finissent par la détériorer entièrement; plusieurs tablettes recouvrant les murs d'escarpe de l'enceinte de Paris, faites de cette pierre tirée dans la mauvaise saison, se sont trouvées, après quelques années, dans un état complet de dégradation.

On emploie aussi à Paris et dans ses environs différentes autres espèces de pierres de roche dure qui sont très-estimées, et parmi lesquelles on distingue celle de Saillancourt, qui fournit des blocs de très-grandes dimensions, et que l'on a employée pour les parapets du pont de Neuilly; celles de Saint-Nom, de l'Ile-Adam, de Silly, etc.; celles de Sainte-Marguerite et de Château-Landon, que l'on emploie depuis plusieurs années à la construction des monuments publics de la capitale; on en a fait les bassins du Château-d'Eau, boulevard Saint-Martin, une partie de l'arc de triomphe de la barrière de l'Etoile, les parapets du pont des Tuileries et la fontaine Saint-Sulpice. Ces pierres sont très-dures et prennent le poli comme le marbre; mais elles ont l'inconvénient d'avoir des moyes et des parties terreuses qui obligent de les nettoyer et de les remplir avec beaucoup de soin, sans quoi la gelée les ferait éclater; leur hauteur de banc est de 0m,45 à 0m,55, et comme leur homogénéité permet de les poser en délit, c'est-à-dire de mettre verticalement les lits de carrière, on peut obtenir la hauteur d'assise que l'on veut.

Les carrières de roche des environs de Paris commençant à s'épuiser, on fait venir cette pierre par eau et par chemins de fer de différentes localités éloignées, et particulièrement de la Bourgogne et de la Lorraine.

En Bourgogne, les meilleures carrières de pierre dure sont situées entre Montbart et Châtillon (Côte-d'Or), et dans le canton de l'Isle (Yonne). C'est avec des pierres provenant de ces deux localités que l'on a fait, dans ces derniers temps, les voussoirs de têtes des ponts Notre-Dame, d'Austerlitz, des Invalides et de l'Alma, ainsi que le cordon du quai du Louvre. C'est avec la roche de Châtillon-sur-Seine qu'on a construit le socle du nouveau ministère des affaires étrangères; elle est tout aussi dure que celle de Château-Landon, et n'a pas, comme cette dernière, l'inconvénient de renfermer des parties terreuses. Sa hauteur de banc varie de 0m,50 à 0m,65.

Les bonnes pierres dures de Lorraine, aujourd'hui bien connues à Paris, sont tirées des carrières d'Euville, Lérouville et Mécrin, près Commercy (Meuse). Cette pierre est facile à reconnaître, parce qu'elle est pétrie de grosses entroques, qui lui donnent une cassure miroitante.

On en a construit : l'hôtel de la préfecture, à Nancy; la cathédrale de Toul, le pont-canal de Liverdun, le grand viaduc de Nogent-sur-Marne, l'hôpital militaire de Vincennes, l'asile impérial du Vésinet, l'usine à gaz de la Chapelle, l'annexe de la Banque de France, le rez-de-chaussée de la caserne Napoléon, l'hôtel du Louvre, l'hôtel Fould, l'église de Belleville, l'église de Rosny, la Chambre des notaires, etc.

A Paris, on fait aussi maintenant usage de différentes roches tirées de la Ferté-Milon, de Valangoujard, Soissons, Laversine, etc.

Ainsi donc, on ne doit plus guère compter sur les carrières de la banlieue pour l'approvisionnement de pierre dure nécessaire à Paris. C'est dans le Soissonnais, sur les bords du Loing, en Bourgogne et en Lorraine, qu'on doit aller chercher cette pierre.

Il en est de même des liais, qui, dans peu d'années, proviendront tous du Senlissois et du Laonnais.

Les pierres demi-dures et tendres de bonne qualité commencent elles-mêmes à devenir rares dans les carrières de Paris; c'est sur les bords de l'Oise, entre Conflans et Clermont, qu'il faut aller les chercher. (Voir le rapport de M. Belgrand sur un mémoire de M. Michelot, intitulé : *Recherches statistiques sur les matériaux de construction employés dans le département de la Seine. — Annales des ponts et chaussées*, 1855.)

Le *banc franc* ou *pierre franche* est de stratification plus récente que la roche; il est moins dur que celle-ci, et d'un grain plus fin et plus égal; on n'y rencontre jamais de parties coquilleuses, ni d'empreintes d'aucune espèce.

On emploie ordinairement cette pierre pour remplacer le liais, quand on veut économiser ; son épaisseur de banc varie de 0^m,30 à 0^m,40, et elle atteint quelquefois 0^m,60 ; elle provient des carrières exploitées à Montrouge, Bagneux, Châtillon, Arcueil ; on en tire aussi une espèce des carrières de l'Ile-Adam, et une autre de l'abbaye du Val, même pays.

On comprend aussi dans les pierres franches un banc de 0^m,30 à 0^m,35 de hauteur, qui est de très-bonne qualité, et qui, par sa densité, tient le milieu entre la roche et le liais. La première assise du Panthéon français, à la hauteur du sol, a été construite avec cette pierre, que l'on tire des carrières de Montrouge, d'Ivry, de Vitry et de Charenton.

Dans presque toutes les carrières où l'on extrait des pierres dures, il existe des bancs de qualité trop inférieure pour être employés comme pierre de taille. La position qu'ils occupent varie en raison de la nature et de l'épaisseur des autres bancs qu'ils accompagnent ; tantôt ils forment le banc inférieur, d'autres fois une couche intermédiaire, mais le plus souvent le banc supérieur qui touche au ciel de la carrière. Les meilleures parties de ces bancs imparfaits sont employées à faire des libages pour les fondations.

20. **Pierres calcaires tendres.** — Ces pierres sont composées des mêmes éléments que les précédentes (19), et se débitent à sec, à la scie à dents. Celles des environs de Paris sont la *lambourde*, le *vergelet*, le *Saint-Leu*, le *Conflans* et le *parmin*. Toutes ces pierres s'emploient beaucoup pour la construction des édifices et des bâtiments particuliers ; elles résistent bien à la gelée lorsqu'elles ont perdu leur eau de carrière ; elles se taillent facilement, et leur parement a l'avantage de durcir à l'air.

La *lambourde* la plus recherchée provient des carrières de Saint-Maur ; elle porte de 0^m,65 à 0^m,95 de hauteur de banc. On en extrait aussi à Carrières-sous-Bois, près Saint-Germain-en-Laye, de même puissance de banc que la précédente, et aussi de très-bonne qualité. Les carrières de Gentilly, Nanterre, Carrières-Saint-Denis, Houilles, Montesson, etc., fournissent également une espèce de lambourde, mais d'une qualité inférieure aux premières, et d'un banc moins élevé.

Le *vergelet* et le *Saint-Leu* s'extraient des mêmes carrières situées sur les bords de l'Oise. Le vergelet provient d'un banc supérieur ; il est de très-bonne qualité et parfaitement résistant. Le

Saint-Leu forme la masse inférieure des carrières; il est d'un grain beaucoup plus fin que le précédent; il s'écrase sous une plus faible charge, et il résiste moins bien aux influences atmosphériques. Ces pierres ont de 0m,50 à 0m,80 d'épaisseur. Les carrières de Silly fournissent aussi une espèce de vergelet beaucoup plus gras, c'est-à-dire plus marneux, que le précédent; il est sujet à la gelée, quand il n'a pas été employé dans la bonne saison.

Les parements vus des tympans des nouveaux ponts de Paris sont en vergelet; on l'a même employé à la reconstruction des voûtes du pont de Maisons-Laffitte.

Le vergelet a été employé avec avantage pour les gares des chemins de fer de Lyon et de l'Est. Dans son Mémoire (pag. 27), parmi les monuments où le choix de la pierre a été bien fait, M. Michelot cite, outre les deux gares précédentes, la bibliothèque Sainte-Geneviève, le Timbre et le Ministère des affaires étrangères; on aurait, au contraire, souvent employé des matériaux de qualité inférieure des environs de Paris, au Palais-de-Justice, à la caserne Napoléon, au Palais de l'Industrie, dans les nouveaux bâtiments du Louvre, et à la gare de l'Ouest, rue Saint-Lazare.

On nomme *Conflans*, une très-belle pierre tendre que l'on extrait à Conflans-Sainte-Honorine, sur le bord de l'Oise. On en distingue de trois espèces : la première, qui se nomme *banc-royal*, a le grain extrêmement fin et la masse très-haute; on en tire des blocs de toutes grandeurs; les angles du fronton du Panthéon sont de cette pierre, et ont été taillés dans des blocs bruts de 14 mètres cubes. La seconde espèce est prise dans la partie inférieure de la masse; elle est plus tendre et plus fine que la précédente. La troisième espèce, appelée *lambourde*, est d'un grain aussi fin que le banc-royal, mais plus tendre et de qualité inférieure. Les deux premières espèces sont beaucoup employées pour les travaux où l'on doit exécuter des moulures ou des sculptures.

Le *parmin* provient d'une nouvelle carrière de l'Ile-Adam; il est à peu près de même qualité que le Saint-Leu, quoique un peu plus tendre et d'un grain plus fin. Sa hauteur de banc varie de 0m,60 à 0m,70.

En général, toutes les pierres tendres soumises à l'analyse fournissent à peu près les mêmes résultats que la roche et le banc-franc; leur moindre degré de dureté doit être attribué à leur stratification, qui paraît plus récente, et à la nature des couches qui les recouvrent.

On emploie quelquefois une pierre tendre appelée *tuf*, ou *marne solide ;* celle qui contient une trop forte proportion d'alumine ne résiste pas à la gelée, et il est toujours prudent de n'employer cette pierre que quand elle est entièrement sèche. Le tuf des environs de Paris n'est pas assez résistant pour être employé dans les constructions.

21. **Marbres.** — Ce sont des pierres calcaires à grain fin et compacte, d'une dureté qui supporte la taille la plus finie, et susceptibles de prendre un très-beau poli. Comme, de plus, leurs couleurs sont très-variées d'une carrière à une autre, et même les mieux assorties dans un même bloc, il en résulte que l'on en fabrique un nombre considérable d'objets d'art ou d'ornementation, pour palais, intérieurs d'habitations et meubles. Les artistes font des sculptures en marbre blanc du plus grand fini.

Les marbres sont généralement opaques ; mais il y en a cependant qui sont très-cristallins et même translucides : ce sont les *albâtres*, qui se distinguent d'ailleurs des marbres proprement dits par une structure zonée et fibreuse, ainsi que par une dureté plus grande, qui rend leur travail plus difficile.

Dans plusieurs de nos départements où les marbres abondent, on les emploie aussi pour les constructions, sous forme de moellons et même en pierres de taille.

Les marbres se trouvent en bancs formés par dépôt et d'une épaisseur plus ou moins grande.

On donne le nom de *marbres antiques* à ceux qui sont le plus anciennement connus et qui provenaient de l'Egypte, de la Grèce et même de l'Italie, et de carrières maintenant inconnues.

Les *marbres* dits *modernes* sont ceux qui proviennent des départements de la France et d'autres pays, dont les carrières sont connues et en activité d'extraction.

On nomme *marbre statuaire* celui qui est le plus convenable pour la sculpture, c'est-à-dire celui dont la couleur est uniforme, sans nuances ni veines et surtout sans filandres, et le moins susceptible de s'égrener. Le marbre blanc, tel que celui qui vient de Carrare, réunit le plus parfaitement toutes ces qualités.

Le marbre antique de *Paros*, d'un blanc quelquefois un peu jaune, était employé pour faire des statues, des vases, etc.

On désigne sous le nom de *lumachelle* un marbre formé d'un grand nombre de coquillages, que l'on distingue facilement et qui sont agglutinés ensemble par un ciment calcaire.

Les *brèches* sont des marbres composés de débris de marbres plus anciens, agglutinés ensemble par un ciment de même espèce. Les *brocatelles*, les *poudings* et les marbres *cervelas* sont des brèches.

Sous le rapport des défectuosités, on appelle :

Marbre fier, celui qui, par sa dureté, résiste à l'outil avec lequel on veut le travailler, et qui éclate facilement quand on veut y former des arêtes ;

Filandreux, celui qui a des fils ou fissures qui nuisent à son poli, et le rendent plus sujet à casser ;

Terrasseux, celui qui a de ces fissures plus grandes, vides ou remplies de substances terreuses, auxquelles on est obligé de substituer du mastic ;

Pouf, celui qui est susceptible de s'égrener et qui, par conséquent, se refuse à recevoir des arêtes vives ou d'autres parties fines de sculpture.

Nous allons passer en revue quelques marbres parmi ceux dont les noms sont les plus connus, et qui ont servi de point de départ pour désigner les marbres plus récemment exploités. Un grand nombre sont imités dans la peinture du bâtiment.

MARBRES DE FLANDRE. — On désigne sous ce nom générique tous les marbres qui viennent des départements du Nord, des Ardennes et des anciens départements de Jemmapes et de Sambre-et-Meuse.

On a donné le nom de *marbre Sainte-Anne* à un grand nombre de marbres de Flandre de diverses provenances, à deux couleurs : fond noir plus ou moins vif, avec des taches blanches plutôt que des veines. Le plus estimé est celui dont le fond est d'un noir pur portant des taches d'un beau blanc et en petit détail : tel est le vrai Sainte-Anne. Ces marbres l'emportent sur tous les marbres en général, parce qu'ils réunissent à la finesse du grain la contexture la plus serrée et la mieux liée ; que, même nouvellement exploités, ils ne craignent pas les intempéries de l'air ; qu'ils n'ont jamais de fils ni de terrasses ; qu'ils résistent des mieux à la chaleur ; qu'ils reçoivent un beau poli, et que, plus que d'autres qui réunissent ces qualités, ils sont très-faciles à travailler.

Parmi les marbres désignés sous le nom de *rouge de Flandre*, qui ont tous le fond rouge, mais plus ou moins vif, on distingue :

1° Le *Saint-Remis*, exploité près de Saint-Hubert (Sambre-et-Meuse) ; trois couleurs : fond rouge foncé, très-chargé de taches d'un gris bleu coupées d'une infinité de veines blanches jetées en tous sens, et de quelques taches de même couleur. Il est facile à travailler et très-estimé.

2° Le *cerfontaine*, qui s'exploite près de Philippeville (Ardennes). Son fond est d'un rouge pâle, mêlé et chargé de gris bleuâtre ; il a quelques taches et veines blanches. Il est d'un travail facile, prend un assez beau poli et résiste à l'air et à la gelée ; mais sa contexture est assez vicieuse, et parfois le plus petit effort cause la désunion de ses parties.

3° Le *senzielle*, qui est de même qualité que le précédent, se tire aussi des Ardennes; il est encore à trois couleurs : fond rouge foncé, avec des taches gris-blanc et bleuâtres et des veines blanches.

4° Le *franchimont*, dit *royal*, qui s'exploite encore dans les Ardennes, ressemble par les couleurs au senzielle, et en général au Sainte-Anne pour la qualité ; il est cependant sujet aux terrasses et aux javards.

La *griotte*, dite *d'Italie*, exploitée à Caunes, près Carcassonne (Aude), est à fond rouge cerise, vaporé de rouge plus foncé, avec quelques taches ou veines d'un blanc pur. Ce marbre est d'un bel effet, et fait bien réussir les bronzes qu'on y place. Son grain est très-fin, mais sa contexture, quoique fort serrée, n'est pas très-égale et se trouve sujette aux terrasses; il est assez difficile au travail, et reçoit un très-beau poli. Cette espèce est susceptible de beaucoup de choix, soit en raison des beautés du fond et des veines, soit à cause de sa contexture.

Le marbre *cervelas*, ainsi appelé parce qu'il ressemble à du hachis de charcuterie, se tirait du département de l'Aude. Son fond est d'un rouge de chair entremêlé d'égale quantité de taches d'un rouge plus clair.

Le *campan Isabelle* se tire des mêmes carrières que la griotte. Son fond est d'un rouge vif très-foncé ; il a des taches transparentes d'un rouge plus clair et quelques veines et taches blanches. Ce marbre est beau et ressemble beaucoup au cervelas ; son grain est fin, sa contexture égale, quoique un peu terrasseuse, et il reçoit un beau poli.

Le *Napoléon* est un beau marbre brun rougeâtre, veiné de blanc et de gris, exploité à Schirmeck (Vosges). A Marquises (Pas-de-Calais), on exploite un *marbre Napoléon* à fond gris brunâtre et veines blondes, et deux autres variétés du même marbre.

Dans le département des Hautes-Pyrénées, on exploitait :

1° Le *sarrancolin*, dont le fond est rouge de sang, avec de larges taches d'un jaune sale et d'autres d'un blanc pur en forme de veines. Ce marbre est très-abondant; son grain est fin, mais sa contexture est vicieuse; il est rempli de fils et de petites terrasses; son travail, surtout pour la taille, est fort difficile; il reçoit un beau poli.

2° Le *vert-vert*, d'un fond vert d'eau foncé, avec nuances, et fondu par des blancs verdâtres; il ressemble beaucoup au campan vert. Sa contexture n'est pas très-serrée, et il est rempli de petites terrasses; le poli en est assez beau.

3° Le *campan vert*, qui est de trois couleurs : le fond d'un vert foncé, les taches en très-grand nombre et couleur de chair, d'autres vertes et transparentes; quelquefois aussi il s'y trouve des petites taches rouges et des veines blanches très-déliées. Son grain est fin et sa contexture assez serrée, quoique un peu terrasseuse. Ce marbre reçoit un beau poli et est assez estimé.

4° Le *campan rouge*, qui est plus sujet aux terrasses que le précédent. Son fond est d'un rouge de sang foncé, ses veines d'un vert de bronze, et ses taches d'un blanc couleur de chair et quelquefois verdâtres. Ce marbre, inégal pour le grain, est assez dur au travail, surtout lorsqu'il s'y trouve des parties cuivrées qui ne peuvent recevoir le poli; il est en général moins estimé que le dernier.

5° *Brèche des Pyrénées* ou *grosse brèche*, aussi nommée *brèche universelle*. Son fond est un amalgame de taches nuancées en forme de cailloux, tantôt rouges, tantôt gris, blonds, noirs et roux comme la pierre à fusil, quelquefois d'un jaune pâle ou d'un blanc sale, et qui se trouvent enchâssés dans une espèce de mastic. La contexture de ce marbre est mauvaise et tellement dure que les avantages de sa beauté et de son poli n'ont pu l'emporter sur la considération de la dépense que nécessite son travail.

6° L'*albâtre des Pyrénées*, d'un blanc pur, et quelquefois d'un ton roux avec des ondes transparentes. Ce marbre, tendre en sortant de la carrière, durcit à l'air; on ne l'emploie que pour des vases.

L'Espagne est très-riche en *albâtre*, on y trouve l'*albâtre algérien :* c'est de cette matière qu'est fabriqué le service de table qui se trouve au grand Trianon, et qui a été offert à Napoléon Ier par Ferdinand VI d'Espagne. L'*albâtre de Valcamonica* (Autriche) est une des plus belles variétés que l'on puisse voir; il est blanc, légèrement grisâtre, spathique et transparent.

MARBRES D'ITALIE. — 1° *Blanc statuaire*. Les Alpes Apuennes renferment les gisements des marbres les plus riches que l'on connaisse ; c'est de leurs flancs qu'on extrait le marbre statuaire de Carrare qui est employé presque exclusivement dans le monde entier. Les couches de Carrare (duché de Modène) se prolongent, dans une direction du nord-ouest au sud-est, jusque dans la Toscane et près de Serravezza, en formant l'Altissimo, qui est une énorme montagne de marbre statuaire.

A Carrare, aussi bien qu'à Serravezza, on distingue trois qualités principales de marbre, comprenant chacune des variétés :

DE SERRAVEZZA :	DE CARRARE :
1° Falcovaia ;	1° Crestola ;
2° La Polla ;	2° Betogli ;
3° Ravaccione de l'Altissimo.	3° Ravaccione de Carrare.

Le marbre qu'on peut citer comme type est celui de Falcovaia, et celui de Monte-Corchia, mais ce dernier a été jusqu'à présent peu exploité. Ces marbres de première qualité ont une teinte blanc jaunâtre uniforme qui les fait rechercher particulièrement; ils sont compactes, homogènes et à grain fin ; ils prennent par le poli un éclat gras ou cireux. Leur prix, sur les lieux, varie de 1 200 à 2 400 francs le mètre cube, et pour les blocs un peu grands il n'y a pour ainsi dire plus de règle pour leur prix.

La première qualité de Carrare est à peine inférieure à celle de Serravezza ; on la trouve à Crestola, Poggio-Silvestro, Torano, Misiglia, etc. Son prix est également de 1 200 francs ; elle forme une variété qui paraît manquer à Serravezza.

Le marbre statuaire de deuxième qualité n'a pas, comme les deux précédents, une teinte blanc jaunâtre translucide ; sa couleur est blanche, mais peu uniforme. Il s'exploite, par exemple, à Betogli, près Carrare, où il est lamelleux et peu compacte; il présente souvent des taches, ainsi que des paillettes de mica, et il ne résiste pas très-bien à l'action de l'air.

La deuxième qualité s'exploite aussi à Polla, dans l'Altissimo. Il est à grain très-fin, et résiste très-bien à l'action de l'air. Le prix du marbre de deuxième qualité s'abaisse jusqu'à 300 francs, mais il peut s'élever jusqu'au double de cette somme.

Le marbre statuaire de troisième qualité est le plus ordinaire ; on le nomme *Ravaccione*, du nom de la carrière où on l'exploite, aux environs de Carrare. Plusieurs chefs-d'œuvre de nos sculpteurs perdent une grande partie de leur valeur artistique parce qu'ils ont été exécutés avec des marbres très-inférieurs.

Le Ravaccione est blanc, opaque, avec quelques taches ou veines grisâtres. Il a de la cohésion; il résiste très-bien à l'air, qui lui donne même une teinte plus blanche. Il est à la limite des marbres statuaires, et en Italie on l'emploie le plus souvent dans l'architecture. A Serravezza, son prix s'élève encore jusqu'à 300 francs, c'est ce qui a lieu, par exemple, dans les carrières de Polla; à Carrare, il descend à 200 francs. Ce marbre est surtout très-déprécié lorsqu'il renferme des cavités tapissées par ces cristaux limpides de quartz hyalin qui sont bien connus des minéralogistes.

C'est en Ravaccione que sont les statues de nos principaux monuments, notamment celles de la cour d'honneur du palais de Versailles, la statue équestre de Louis XIII de la place Royale, ainsi que les colonnes intérieures du Conseil d'Etat et du Palais Législatif.

Les marbres statuaires de Carrare et de Serravezza s'exploitent à une petite distance de la mer. On les transporte à peu de frais sur tous les points du globe.

En France, près de Bayonne, on trouve une espèce de marbre statuaire, mais qui est moins estimé que celui d'Italie.

2° *Blanc veiné.* Il s'exploite à Monte-Corchia et près de Carrare. Il est trop inférieur pour être employé dans la statuaire. Ses veines sont d'un ton gris bleu; moins il est chargé, plus il est estimé; le fond est ordinairement d'un blanc bien pur. On le trouve dans les mêmes carrières que le précédent, dans les bancs de dessous. Après le statuaire, il est le plus plein, le plus égal et le plus facile au travail; il reçoit un très-beau poli.

3° *Bleu turquin.* C'est un calcaire saccharoïde mélangé de matières charbonneuses. Il se trouve près de Carrare; son fond est bleu ardoise clair, et ses veines sont larges, blanches et transparentes : il est aussi fin, aussi plein, et reçoit un aussi beau poli que les précédents; mais quelquefois il est plus difficile au travail, surtout pour la taille. Le bleu turquin s'exploite aussi près de Turin. Un autre se trouve à Serpa (Portugal).

4° *Bleu antique* ou *bleu panaché.* Il se tire des environs de Carrare; il est d'un fond bleu noir et très-chargé de taches d'un blanc azuré.

5° *Portor.* C'est un marbre à fond noir ou gris, traversé par des veines jaunes, rouges ou brunes, formées par un carbonate ferrifère, et souvent très-déliées et placées dans tous les sens. Le portor le plus beau, celui qu'on peut considérer comme type, s'exploite dans l'île Palmaria, et surtout à Porto-Venere, dans le golfe de Spezzia (Etats Sardes). Il y en a aussi à Carrare et à Serravezza; mais il est difficile d'en avoir de beaux blocs, et il n'est pas exploité régulièrement.

A Porto-Venere on en extrait des blocs de 5 à 6 mètres cubes, et le prix du mètre cube, sous voiles, est seulement de 300 francs. Les marbriers de Paris parviennent à le maintenir à un prix sextuple.

Le portor est surtout remarquable par l'éclat de son poli et le contraste agréable de ses couleurs. Il s'altère assez rapidement à l'air, et sa couleur noire devient grisâtre. La variété de portor la plus estimée a le fond noir foncé traversé par des veines assez larges, inégales, ondulées, de couleur jaune d'or ou brun rouge; elle provient de Porto-Venere et de Spezzia.

6° *Marbres de Sienne* (Toscane). Le *jaune de Sienne* a une belle couleur jaune, tantôt pâle, tantôt foncée; il est d'autant plus estimé que sa couleur jaune est plus uniforme.

Le *jaune de Sienne veiné* est traversé par des veines de couleurs foncées, le plus généralement violettes. Lorsque ces veines deviennent extrêmement nombreuses et entrelacées dans tous les sens, on a la *brocatelle de Sienne*.

Le plus beau jaune de Sienne s'exploite à Monte-Arenti, dans la Montagnola de Senese; il se vend à peu près 1 000 francs le mètre cube; on l'obtient rarement en gros blocs; on s'en sert surtout pour les pendules, les mosaïques et les petits objets d'ornement. La brocatelle et le jaune veiné de Sienne s'exploitent aussi dans la Montagnola de Senese; leur prix est de 700 francs le mètre cube.

Aux environs de Pise, il y a aussi des *marbres jaunes* généralement bréchiformes; ils appartiennent aux mêmes couches que ceux de Sienne, mais leur couleur est moins belle, et leur exploitation moins régulière.

Il y a encore des marbres jaunes appartenant aux mêmes couches à Miseglia, près de Carrare, et dans les environs de Serravezza.

Rouge de Sienne. Ce marbre diffère peu du *rouge antique* exploité en Grèce; c'est un calcaire glanduleux d'un rouge vif, qui appartient au calcaire rouge ammonitifère.

7° *Jaune de Vérone*. Le fond est jaune paille foncé, les veines d'un ton brun, et si déliées qu'elles sont presque imperceptibles. Son grain est fin, sa contexture plus parfaite que celle du précédent, comme son travail plus facile; il reçoit un beau poli.

8° *Brèche violette* d'Hermitage, à Villette-en-Tarentaise (Etats Sardes). C'est un marbre remarquable à fond violet noirâtre ou brun chocolat, et contenant un grand nombre de débris de fossiles et d'encrines, ainsi que des fragments calcaires, bruns, jaunâtres ou blancs, dont la couleur tranche d'une manière agréable avec celle du fond. Il est dur et difficile à travailler; mais il prend très-bien le poli et il est très-recherché dans la marbrerie.

9° *Brèche* dite *africaine*. Elle s'exploite à Stazzema, près de Serravezza; c'est un calcaire saccharoïde généralement blanc, qui est traversé par des veines violettes. Quelquefois aussi cette espèce est d'une couleur rose, lilas, fleur de pêcher, jaune ou rouge. Elle est très-propre à la décoration des monuments, surtout lorsque ses fragments de calcaire ont une belle couleur blanche. On la retrouve souvent au Louvre, dans le musée des Antiques; elle a été employée au château de Versailles, et on en voit de belles tables dans les appartements.

10° *Mischio*. C'est une variété violette ou rouge violacé de la brèche de Stazzema, tirée comme elle des carrières de Del Rondone et Del l'Africano. Le Mischio est presque entièrement pénétré par des veines de fer oligiste; la chaux carbonatée, qui est saccharoïde, s'y trouve en fragments qui ont le plus souvent une couleur violette. Il est très-recherché et se vend au prix de 1 200 francs le mètre cube. Il est assez dur et difficile à travailler, mais il résiste bien à l'air.

11° *Africain*. Il est de quatre couleurs : fond noir sablé de blanc, et quelquefois vert clair et vif; il a quelques larges taches blanches, transparentes et mêlées de tons gris, bleus et d'un rouge de chair; on y remarque aussi quelques taches ou cailloux d'un vert foncé et opaque. Ce marbre est très-plein, et sa contexture serrée; quoique difficile au travail, il prend un beau poli.

12° *Brèche* dite *de Venise*. Ce marbre, qui s'exploite près de Vérone, est de trois couleurs : le fond bleu, des taches d'un rouge pâle, d'autres d'un rouge cramoisi, et toutes fort grandes; il est, pour sa qualité, semblable au précédent.

13° *Vert de Vérone*. Il est de deux couleurs : fond vert foncé chargé de beaucoup de taches blanches. Son grain est fin et sa contexture très-serrée ; il est difficile au travail, mais reçoit un beau poli.

14° *Vert de Gênes*. Fond vert noir semblable à celui de vessie, beaucoup de veines blanches très-déliées formant nuage sur ce fond, et quelques petites taches d'un rouge cerise. Ce marbre a le grain fin, la contexture serrée, et reçoit un beau poli ; c'est le meilleur après le *vert de Turin*, exploité en Piémont ; ce dernier a le fond vert pré foncé, chargé de beaucoup de blanc transparent et de larges taches d'un blanc pur.

15° *Vert* dit *d'Egypte*. Il se tire des environs de Carrare ; il est de trois couleurs : le fond d'un vert très-foncé, les veines blanches, transparentes et en grande quantité, quelques taches d'un rouge vif, et des parties vaporeuses couleur de sang. Ce marbre, quoique fin, est d'une contexture très-inégale et mal liée dans toutes ses parties ; il est des plus difficiles au travail et reçoit un beau poli.

16° *Vert de mer*. Il se tire des mêmes carrières que le précédent, et lui est en tout semblable, si ce n'est qu'il n'a pas de grandes masses rouges, transparentes sur le fond, et qu'il est d'un vert plus clair.

17° *Marbre ruiniforme*. C'est encore un des marbres remarquables de Toscane. C'est une variété d'*albérèse* formée par un calcaire marneux et compacte. Par suite d'un grand nombre de retraits qui se sont produits dans divers sens, il s'est formé des fissures qui se sont remplies postérieurement avec un ciment ferrugineux et calcaire, d'où il est résulté des dessins assez bizarres, qui ont le plus souvent l'apparence de ruines. On le tire des environs de Florence, au pont de Rignano. On trouve une *albérèse zonaire* à couches brunes concentriques et une *albérèse fleurie* dans les alluvions anciennes du lit de l'Arno.

Toutes ces variétés d'albérèses sont des calcaires gris, jaunes ou brunâtres, très-compactes, quelquefois même aussi compactes que la pierre lithographique ; mais, comme ils sont marneux, ils prennent mal le poli.

18° *Marbre agate*. Une table rectangulaire de ce marbre très-curieux, venant de Portugal, a figuré à l'exposition de 1855. Il présente des fragments calcaires de couleur brun rougeâtre, jaune de laiton, ou vert de bronze, réunis par de la chaux carbonatée blanche et spathique ; cette chaux carbonatée est de plus transparente, ce qui donne à ce marbre un aspect tout particulier.

Marbres de la Grèce. — 1° Le *vert antique*, qui se distingue par deux verts, l'un très-foncé et l'autre transparent ; parmi ces couleurs, il se trouve quelques petites taches blanches.

2° Le *jaune antique*, qui a le fond d'un jaune pâle, et des masses vaporeuses d'un ton rosé, mais extrêmement légères ; il ressemble beaucoup au jaune de Vérone, mais n'a que très-peu de veines ; il ne reçoit son effet que des masses un peu plus claires les unes que les autres.

3° *Rouge antique*. C'est, de tous les marbres de couleur, le plus remarquable et le plus rare. On en trouve d'anciennes carrières à Cynopolis et à Damaristica. A l'exposition universelle de 1855, a figuré un bloc de *rouge antique* de 1 mètre de longueur, 0m,30 de largeur et 0m,15 d'épaisseur. Parallèlement à son lit, il présentait deux bandes blanchâtres avec des traces de fossiles indéterminables ; il était d'ailleurs aussi beau que le rouge antique connu dans les musées, et il présentait comme lui une structure arénacée. Il provenait de Lageïa.

4° *Marbre de Paros*. Ce marbre est connu dans le monde entier par les chefs-d'œuvre de l'antiquité. Il est blanc, ou blanc légèrement jaunâtre, lamelleux et à gros grains ; il jouit d'une certaine translucidité produisant un effet très-agréable qui l'a toujours fait rechercher pour les statues. Malheureusement, il est souvent micacé. De plus, il est fort rare d'en trouver des blocs de grandes dimensions ; aussi les difficultés que présente son exploitation ont-elles depuis longtemps forcé les sculpteurs à recourir aux marbres de Carrare.

Marbres d'Egypte, des cotes de Barbarie et d'Afrique. — 1° Le *serpentin* est de trois couleurs : le fond vert très-foncé, les taches et les veines plus claires, quelques-unes jaunâtres.

2° L'*Arabie dorée* est un marbre de deux couleurs : le fond jaune vif et foncé, les taches en grand nombre et d'un rouge pâle.

3° Le *cipolin* vient des côtes de Tripoli en Barbarie. Il est de deux couleurs : le fond vert foncé ; des parties ondées, les unes d'un vert couleur de mer, et les autres blanches avec quelques larges taches du même ton. Ce marbre est difficile au travail, et, quoique d'un grain serré, ne reçoit pas un beau poli.

Un cipolin blanc veiné de vert provient de Vianna, dans l'Alentejo (Portugal). Dans les Algarves (Portugal), on trouve aussi une espèce de cipolin, formé par un calcaire saccharoïde rose, traversé par des veines de mica vert.

4° L'*albâtre oriental*, si célèbre dans l'antiquité, s'exploite aujourd'hui dans deux localités de l'Egypte. C'est un calcaire concrétionné, formé à la manière des stalagmites qu'on trouve dans les grottes. Il présente des veines concentriques qui sont tantôt translucides et tantôt opaques. Sa couleur varie du blanc au jaune de miel et au brun clair. Les Romains estimaient surtout les variétés opaques, à concrétions arrondies ; ils leur donnaient le nom d'*albâtre onyx*.

MARBRES PRINCIPAUX EXPLOITÉS EN FRANCE.

(*Tableau extrait des matériaux de construction de l'Exposition universelle de* 1855, *par M. Delesse.*)

On a adopté les prix moyens pour des blocs dont le volume ne dépasse pas 2 mètres cubes.

DÉPARTEMENTS ET ENDROITS dans LESQUELS SE TROUVENT LES CARRIÈRES.		NOM COMMERCIAL DES MARBRES.	Prix du mètre cube sur la carrière.	Prix du mètre cube à Paris.
			fr.	fr.
Alpes (Hautes-).	Saint-Crépin	Brèche portor	300	600
Ariège.	Aubert, près Saint-Girons	Grand antique	300	765
Aude.	Félines-d'Hautpoul	Griotte	400	1050
	Caunes	Id. œil de perdrix	500	1150
	Id.	Id. fleurie	500	1150
	Id.	Id. panachée	350	950
	Id.	Rouge incarnat	300	775
	Id.	Incarnat turquin	300	775
	Id.	Cervelas (rosé vif)	300	775
	Id.	Gris agatisé	280	685
	Id.	Id. agatisé (Californie)	280	685
	Entre Villartel et Caunes	Vert moulin	375	900
	Id.	Rouge français	600	1250
	Id.	Indienne	350	800
	Id.	Isabelle	275	710
Bouches-du-Rhône.	Montagne de Sainte-Victoire.	Brèche Sainte-Victoire (grand mélange)	250	800
	Id.	Brèche Sainte-Victoire (rouge)	250	800
	Id.	Id. dite de Memphis	300	875
	Alet	Id. dite d'Alep	275	825
	Aix	Poudingue	250	800
	Tholonet	Brèche Galifet	250	800
Côte-d'Or.	La Doix près Beaune	Rouge joyeux	150	425
Garonne (Haute-).	Saint-Béat	Blanc statuaire	405	900
	Id.	Id. ordinaire	225	575
	Mentious	Nankin coquillier	200	635
	Hers	Jaune uni des Pyrénées	190	575
	Cierp	Brèche de Cierp	200	610
Jura.	Molinges	Brocatelle jaune foncé	260	725
	Id.	Id. jaune clair	240	700
	Id.	Id. violette	290	725
	Id.	Id. rosée	270	710
	Pratz	Jaune fleuri	300	800
	Vaux	Id. Lamartine	275	700
	Saint-Gérard	Id. rosé	200	610
	Id.	Ronceux	400	950
	Saint-Amour	Granit rouge (de Saint-Amour)	225	560
	Id.	Id. gris (de Saint-Amour)	225	560
Mayenne	Bauère	Sarrancolin de l'ouest	250	475
	Id.	Rose enjugeraie	225	450
	Id.	Rosé fleuri	250	475
	Id.	Gris panaché	200	425

DÉPARTEMENTS ET ENDROITS dans LESQUELS SE TROUVENT LES CARRIÈRES.		NOM COMMERCIAL DES MARBRES.	Prix du mètre cube sur la carrière.	Prix du mètre cube à Paris.
Meuse.	Forêt d'Argonne	Marbre d'Argonne (racine de buis ou lumachelle)	225	485
Nièvre.	Corbigny	Bourbonnais	200	550
	Clamecy	Jaune de la Nièvre	250	630
Nord.	Cousoire	Cousoire	125	310
	Id.	Rouge foncé	200	400
	Id.	Sainte-Anne français	150	350
	Hergies	Id. français (Hergies)	125	330
	Hurtebise	Id. (Hurtebise)	225	425
	Glageon	Glageon	150	375
	Id.	Saint-Gillon	150	350
	Houdain	Noir boules de neige	120	325
	Id.	Id. à amandes	120	325
	Bellignies	Id. à pois (poité)	100	300
	Id.	Id. uni	175	425
	Boussois	Id. coquillier	125	325
	Rocq	Rocq	130	325
	Hestrud	Rouge	200	400
	Id.	Id. dozoir	150	350
Pas-de-Calais.	Marquise et environs	Lunel blanc	100	300
	Id.	Id. fleuri	175	375
	Id.	Napoléon rosé	250	450
	Id.	Id. fleuri	250	450
	Id.	Id. gris	250	450
	Id.	Notre-Dame	175	475
	Id.	Joinville	175	375
	Id.	Caroline rubanée	210	410
	Id.	Caroline	200	400
	Id.	Henriette blonde	250	450
	Id.	Id. brune	225	425
	Id.	Stinkal doré	175	375
	Id.	Stinkal	150	350
Pyrénées (Basses-).	Vallée d'Ossau entre Oloron et Arudy	Sainte-Anne des Pyrénées	175	425
	Vallée d'Ossau entre Oloron et Arudy	Brèche grise	200	475
	Vallée d'Ossau entre Oloron et Arudy	Gris perlé	200	475
	Vallée d'Ossau entre Oloron et Arudy	Solitaire	150	400
	Louvié-Soubiron	Bleu tigré	225	525
	Id.	Id. de ciel	225	525
Pyrénées (Hautes-).	Hechet	Noir veiné	225	600
	Lourdes	Lumachelle claire	200	575
	Montagne de la Barousse	Rosé clair	275	660
	Communes d'Esbareich et Sost	Héréchède	225	625
	Id.	Griotte des Pyrénées	225	650
	Id.	Id. de Sost	215	625
	Id.	Vert rubané	250	660
	Campan	Campan vert clair	275	725
	Id.	Id. Isabelle	300	760
	Id.	Id. hortensia mélangé	325	785
	Id.	Id. rouge	300	760
	Id.	Id. mélangé	300	760
	Id.	Id. vert foncé	325	785
	Ilhet	Sarrancolin doré	325	800
	Id.	Id. couleur chair à flamme	350	825
	Id.	Id. foncé	325	800
	Id.	Id. clair	325	800
	Beyrède	Beyrède sanguin	350	825

DÉPARTEMENTS ET ENDROITS dans LESQUELS SE TROUVENT LES CARRIÈRES.		NOM COMMERCIAL DES MARBRES.	Prix du mètre cube sur la carrière.	Prix du mètre cube à Paris.
Pyrénées (Hautes-).	Beyrède	Beyrède sanguin brèche	350	825
	Bagnères-de-Bigorre	Brèche Caroline	600	750
	Troubat	Id. portor	275	725
	Aspin et Ossen	Aspin foncé	200	575
	Id.	Id. clair	175	550
	Mauléon	Brèche infernale	250	625
Pyrénées-Orientales.	Baixas	Id. dite de Portugal	225	625
Sarthe.	Juigne	Noir de Port-Etroit	153	400
Var.	Ampus	Jaune d'Ampus	300	675
	Montagne de Sainte-Beaume	Brèche jaune de Sainte-Beaume	325	725
Vosges.	Schirmeck	Napoléon des Vosges	275	675
	Id.	Brèche Napoléon	275	675
	Framont	Id. Framont	250	650
	Russ	Russ brun	225	625
	Id.	Id. vert	225	625
	Chippal	Chippal blanc	275	700
	Laveline	Laveline blanc	275	700
	Framont	Framont	225	625
	Mirecourt	Acajou rubané	250	650

22. On trouve des pierres calcaires propres aux constructions dans presque tous les départements de la France. En dehors de celles dont nous venons de parler, qui sont employées à Paris et dans les environs, on distingue celles que fournissent les carrières les plus abondantes des départements de l'Yonne, de la Moselle, du Nord, de la Haute-Marne, du Doubs, de la Côte-d'Or, du Var, de Vaucluse, de la Gironde, de la Dordogne, du Lot, de la Meuse, du Calvados, du Gard, de l'Hérault, des Bouches-du-Rhône, des Hautes-Pyrénées et des Basses-Pyrénées, etc., lesquelles diffèrent généralement en couleur et en qualités. Celles de Besançon (Doubs) sont excessivement compactes et susceptibles de recevoir un beau poli; celle de Tonnerre (Yonne) est très-blanche, tendre et d'un grain fin, aussi la réserve-t-on pour les ouvrages délicats et pour la sculpture; celle d'Avignon (Vaucluse) est d'un blanc tirant sur le roux, d'un grain excessivement fin, et peut servir aux mêmes usages que la précédente; celle de Montpellier (Hérault) renferme des débris de coquillages en si grande abondance, que toute sa masse paraît en être composée. Le département du Gard en renferme de plusieurs sortes : celle que les anciens ont employée aux arènes est d'un blanc grisâtre, peu compacte, et peut être extraite par blocs; celle qui forme le célèbre pont du Gard est remplie de

fragments de coquilles et de madrépores parfaitement distincts; celles du temple de Diane et de la Maison Carrée sont au contraire d'un grain très-fin. Les magnifiques carrières de Beaucaire en produisent qui ont une très-grande analogie avec le vergelet des environs de Paris, et qu'on expédie à de grandes distances des lieux d'extraction. A Orléans (Loiret), la pierre est analogue à celle de Château-Landon; à Tours et à Chinon (Eure-et-Loire), elle est d'un grain fin et très-serré; elle se taille facilement et soutient très-bien ses arêtes. A Rouen, les pierres d'appareil de Caumont et le liais de Vernon sont remarquables par la beauté de leur contexture. A Caen (Calvados), il y a des pierres calcaires coquilleuses très-belles et très-blanches. Aux environs de Bordeaux, sur les bords de la Garonne, du Lot, de la Dordogne et de la Vézère, on trouve une grande qnantité de pierres calcaires plus ou moins compactes. La ville de Marseille est en partie construite en *pierre froide*, provenant des environs d'Aix, d'Arles, de Saint-Leu, de Callisanne, etc. A Lyon, on extrait de différentes carrières environnantes, situées à Villebois et sur le territoire du département de l'Ain, des pierres, dites *de choin*, qui sont d'un excellent usage, et la pierre de Seyssel, qui se fait remarquer par sa finesse et par sa blancheur; on se sert aussi de la pierre de Saint-Fortunat, coquillière, veinée, qui est d'un gris plus ou moins foncé, et qui est employé notamment pour les seuils, appuis, marches d'escaliers, jambages, étrières, etc. Nous mentionnerons aussi les pierres de Lucenay, de Couson, de Saint-Cyr, et enfin la pierre fine de Pomier, et les calcaires rouges de Tournus, dont les marbriers et les sculpteurs se servent pour faire des chambranles de cheminées, parce qu'ils prennent un beau poli.

23. **Qualités et défauts de la pierre de taille.** — Les qualités principales des pierres dures ou tendres sont d'être pleines, sans *fils* ni *moyes*, d'avoir le grain fin et homogène dans toutes les parties, de pouvoir résister à l'humidité et à la gelée, de ne pas éclater au feu; on doit pouvoir y remarquer cette teinte spathique que produit ordinairement une stillation abondante de l'eau de cohésion, et qui donne à la pierre un ton agréable.

Les pierres sont disposées dans la carrière par bancs horizontaux et parallèles, composés ordinairement de couches apparentes superposées; les faces horizontales de ces bancs sont appelées *lits de carrière*, qu'il est de la plus grande importance de pouvoir distinguer facilement, ce que l'on fait en regardant avec attention la cassure verticale de la pierre ; on y remarque une infinité de petites veines parallèles aux lits, quelquefois presque invisibles, mais qui se distinguent cependant assez pour ne pas se tromper sur leur sens. On reconnaît les lits de carrière des pierres des environs de Paris, et en général de beaucoup de pierres calcaires, à la partie tendre, appelée *bousin*, qui les recouvre. Il importe beaucoup de disposer les pierres, dans les constructions, de manière que la pression qui les sollicite soit dirigée aussi normalement que possible aux faces parallèles aux lits de carrière ; ainsi, par exemple, dans un mur vertical, ces lits seront horizontaux ; car si l'on plaçait les pierres en délit, les influences atmosphériques, jointes à la charge, les feraient déliter ou tomber en feuillets, et, perdant toute cohésion, la solidité de la construction serait compromise.

On dit qu'une *pierre* est *pleine*, lorsqu'elle ne contient ni coquillages, ni caillou, ni moye, ni trou, tels sont le liais, le banc franc et la pierre tendre (19 et 20) ; on désigne aussi de cette manière toute espèce de pierre dont les lits sont aussi durs que l'intérieur du banc. Ces sortes de pierres sont les meilleures pour les constructions.

Les *pierres gélisses* sont celles qui ne résistent pas à la gelée ; elles absorbent facilement l'humidité, et l'eau qui se loge dans les petites cavités dont leur masse est criblée, venant à gonfler par suite de la congélation, les fait tomber en écailles très-minces, qui finissent par se réduire en poussière. Ces pierres sont ordinairement moins denses que les autres de même espèce ; elles absorbent l'eau avec facilité, et elles n'offrent pas cette teinte spathique que l'on remarque dans les pierres de bonne qualité ; elles ont aussi le désavantage de très-mal soutenir les arêtes.

Quelques pierres gélisses peuvent être employées comme libages dans les fondations ; mais elles doivent être rigoureusement rejetées pour toutes les autres parties de la construction, si l'on veut être assuré de la stabilité. La plupart des pierres gélisses qui se détruisent aux intempéries de l'air soutiennent facilement un feu de four à chaux, tandis que les meilleures pierres calcaires, qui résistent pendant un nombre d'années considérable aux plus grands froids, ne peuvent supporter le même degré de chaleur sans tomber en éclats. En général, les pierres tendres et poreuses soutiennent mieux la chaleur que les pierres les plus dures.

Il arrive quelquefois que des pierres de très-bonne qualité se fendent et éclatent par un très-grand froid ; et une grande partie des pierres calcaires ont ce défaut lorsqu'elles sont extraites aux approches de l'hiver ou pendant cette saison, tandis que si, au contraire, elles sont tirées pendant la belle saison, elles ont le temps de jeter leur eau de carrière, et elles résistent parfaitement. Les pierres qui absorbent beaucoup d'eau résistent rarement à la gelée et à l'humidité.

On nomme *pierre moyée*, celle dont la texture n'est pas uniforme, et qui contient des fils ou des trous remplis de matières terreuses. Lorsque les *moyes* ne sont pas trop profondes, elles se trouvent enlevées par la taille; dans le cas où l'épaisseur de celle-ci est insuffisante pour les faire disparaître complétement, on ne peut employer les pierres que comme libages, et on doit les rebuter complétement lorsqu'il n'y a pas lieu de pouvoir les mettre en œuvre de cette manière.

Lorsqu'une pierre est graveleuse et qu'elle s'égrène à l'humidité, on dit qu'elle est *moulinée*. Ce défaut est particulier à quelques pierres tendres et particulièrement à la lambourde (20). Les ouvriers désignent habituellement les pierres qui ont ce défaut en disant qu'elles ont les arêtes *poufes*.

On trouve quelquefois des pierres qui ont une ou plusieurs petites bandes ou zones très-dures dans la hauteur de leur banc ; les ouvriers les désignent sous le nom de *pierres ferrées*.

Des pierres d'une même classe, celles qui ont le grain fin et serré, la contexture compacte et la couleur foncée sont les plus dures, les plus difficiles à travailler, et celles qui supportent les plus fortes charges. En général, on remarque que celles dont la couleur est la moins foncée sont les plus tendres ; que celles dont la cassure présente des aspérités et des points brillants se travaillent plus difficilement que celles dont la cassure est lisse et le grain uniforme. Les pierres qui ont le grain fin et la texture uniforme produisent un son plein lorsqu'on les frappe ; celles qui exhalent une odeur de soufre lorsqu'on les travaille sont en général les plus résistantes.

Dans le choix des pierres de taille, on doit toujours donner la préférence aux appareils de gros échantillons, autant toutefois que leurs dimensions ne dépassent pas celles que comporte le travail à exécuter.

24. Recherche des pierres. — Beaucoup de pierres ne réunissent pas toutes les qualités nécessaires pour faire une bonne construction ; il est très-important, lorsqu'on a un travail de maçonnerie à exécuter, d'examiner avec beaucoup de soin toutes les pierres dont on fait usage dans le pays. Pour cela, on visite toutes les carrières ; si elles sont exploitées depuis longtemps, on peut voir les édifices où les pierres qui en proviennent ont été employées, afin de s'assurer comment elles se comportent et de quelle manière elles résistent dans les différentes positions où elles sont placées. S'il s'agit, au contraire, d'ouvrir de nouvelles carrières, il faut être très-circonspect, et s'assurer par des essais que les pierres ne s'altèrent pas. Ainsi, on en exposera des blocs à l'air, à l'eau, à la gelée ; si le temps ne permet pas de vérifier si les pierres résistent à la gelée, on pourra, jusqu'à un certain point, le faire en toute saison à l'aide du procédé de M. Brard, lequel consiste à imbiber un morceau de la pierre d'une dissolution de sulfate de soude, et à l'exposer ensuite à l'air : la cristallisation de ce sel produit un effet analogue à celui de la congélation de l'eau, et fait reconnaître les pierres que la gelée attaque le plus vivement. Ainsi, l'on préparera un cube de $0^{m},04$ à $0^{m},05$ de côté avec la pierre à essayer ; après l'avoir pesé, on le fera bouillir pendant une demi-heure dans de l'eau saturée de sulfate de soude, puis on le suspendra à l'air et on l'arrosera de temps en temps avec l'eau de la dissolution. Au bout de quelques jours, on pourra juger du degré de gélivité de la pierre.

La recherche des carrières est une opération importante, autant comme spéculation que lorsqu'il s'agit d'exécuter de grands travaux dans les lieux éloignés des carrières ouvertes, afin de diminuer les transports, qui entrent pour une grande partie dans le prix des pierres.

L'étude minéralogique du sol est suffisante pour faire connaître la nature des pierres qu'il doit fournir, et les endroits sur lesquels il convient de diriger les recherches. Des sondages faits dans les lieux choisis font connaître la profondeur du gisement, et le nombre et l'épaisseur des bancs qu'il contient. Les indices mentionnés au numéro précédent font prévoir quelles sont les qualités de la pierre, qui ne pourront cependant guère être appréciées rigoureusement que par l'emploi de celle-ci.

25. **Extraction de la pierre de taille.** — Lorsque la profondeur à laquelle se trouve la pierre est déterminée, et que l'on a une connaissance parfaite du sol qui la recouvre, les moyens d'extraction que la dureté et la forme de sa masse exigent dé-

terminent celle des méthodes d'exploitation de carrières à suivre.

Lorsque la masse de pierre est à peu de profondeur sous le sol, on l'exploite à ciel ouvert, c'est-à-dire en enlevant la terre qui la recouvre. Cette méthode, qui est la plus simple et la moins dangereuse, consiste à découvrir d'abord une certaine étendue de la carrière, et à extraire la pierre mise au jour, puis à découvrir une autre partie, que l'on exploite, puis une autre portion, et ainsi de suite, en ayant soin de toujours jeter les terres dans les excavations qui résultent des exploitations antérieures.

Quand le gisement des bancs est à une profondeur tellement considérable que les frais de découverte augmenteraient de beaucoup le prix des matériaux, on ouvre la carrière en galerie. Ce mode d'exploitation n'est praticable que lorsqu'il se trouve plusieurs bancs superposés, et que le banc supérieur est assez résistant pour former un ciel ou plafond à la carrière. Ce banc étant ordinairement coupé par des fils, on est très-souvent obligé de le soutenir de distance en distance par des piliers en maçonnerie. Il faut, autant que possible, que la hauteur du ciel de la carrière au-dessus de son sol soit suffisante pour permettre la circulation d'une voiture chargée de pierre; car, s'il en était autrement, on serait obligé de rouler la pierre à bras jusqu'au dehors de la carrière, ce qui serait dispendieux.

Ces dernières carrières s'ouvrent ordinairement dans le flanc des coteaux, aux abords des routes; on en ouvre cependant aussi dans les plaines, telles sont entre autres celles des environs de Paris; alors elles communiquent avec l'extérieur par des puits qui servent à sortir les pierres, et dans lesquels sont placées de grandes échelles, dites *de perroquet*, qui permettent aux ouvriers de descendre dans la carrière et d'en sortir.

Le montage des pierres par un puits se fait à l'aide d'un treuil établi à leur ouverture, et qui est manœuvré par des hommes marchant sur des petites traverses fixées au pourtour d'une grande roue en bois montée à l'extrémité de son arbre. Quand les puits sont profonds et que les matériaux à élever sont abondants, les treuils sont manœuvrés par des chevaux ou par des machines à vapeur.

Afin de faciliter le chargement des pierres sur les voitures qui doivent les conduire sur les chantiers, on établit tout autour du puits, avec les déblais provenant de la fouille, un massif, appelé *forme*, qui s'élève de 1 mètre à 1^{m},50 au-dessus du sol. Le treuil élève les pierres au-dessus du niveau de la forme, sur laquelle on équarrit ordinairement les blocs plus ou moins irréguliers de pierre, afin de pouvoir en faire le métrage avant de les livrer aux chantiers de construction.

Lorsque les pierres ne *se* trouvent que par blocs isolés, l'extraction se fait généralement à ciel ouvert.

Les pierres dures ou tendres se *tranchent*, c'est-à-dire que sur le lit supérieur on fait, avec la *pioche* ou le *pic*, une petite tranchée de 0m,08 ou 0m,10 qui circonscrit le bloc que l'on veut obtenir, et, à l'aide de fortes pinces et de coins, on détermine la rupture suivant la direction de la tranchée. Dans les masses très-dures, on emploie différents outils pour séparer les blocs, tels que des coins de différentes grosseurs, des leviers en fer, des pinces, des trépans pour faire les trous de mine, des maillets ou mailloches, etc. Quand on fait usage de la poudre, on a soin de disposer les trous de mine de manière à séparer autant que possible des blocs ayant la forme et les dimensions désirées.

Il est difficile de déterminer *à priori* le prix de revient exact de la pierre de taille extraite et prise sur la forme de la carrière; cependant les chiffres du tableau ci-contre, que nous ont fournis diverses expériences, pourraient servir à titre de renseignement préalable. Ces chiffres résultent d'une valeur de journée de 2 fr. 50 c. pour un manœuvre, et de 4 fr. 25 c. pour un carrier.

DÉSIGNATION DES PIERRES.	DIVISION DU PRIX DU MÈTRE CUBE.				Prix total du mètre cube en carrière.
	Indemnités de terrain, de passages, etc.	Frais de découverte, d'établissement de chemins, d'outils, etc.	Extraction proprement dite.	Ébauche, frais de panneaux et de direction.	
	fr.	fr.	fr.	fr.	fr.
Calcaire tendre des carrières de Beaucaire (Gard), qui a beaucoup d'analogie avec le vergelet dur employé à Paris (*a*).	1,50	3,50	6,00	2,50	13,50
Grès calcaire moyennement dur des carrières de Villegly et de Bagnols, près Carcassonne (Aude) (*b*)................	2,50	8,00	22,50	10,00	43,00
Grès siliceux très-dur des carrières de la Rhune, près Ascain (Basses-Pyrénées) (*c*)........	2,00	22,50	36,00	20,00	80,50
Laves volcaniques moyennement dures des carrières de Roquehaute (Hérault) (*d*).......	2,00	2,50	17,00	12,00	33,50

(*a*) Extrait à la tranche et aux coins. Les blocs avaient de 0m,35 à 0m,55 d'épaisseur, et un volume qui ne dépassait pas 1m,30; mais, avec une augmentation de main-d'œuvre, on pouvait en extraire d'un volume de 2 et même de 3 mètres cubes.

(*b*) Extrait à la tranche et aux coins. Parfois, on tire cette pierre à l'aide de pétards; mais il en résulte des fils. Les blocs d'un volume de 0m,90 à 1m,10 se trouvant rarement, leur prix augmente dans une très-notable proportion.

(*c*) Extraction au fleuret et aux coins. Les blocs cubent de 0m,50 à 0m,80; pour des volumes plus grands, le prix de revient est plus élevé.

(*d*) Extraction aux coins et au moyen de pétards. La hauteur des blocs n'excédait pas 0m,55, et leur volume moyen était de 0m,60; les blocs de plus grandes dimensions étaient difficiles à trouver.

26. **Moellons.** — On extrait les moellons des mêmes carrières que la pierre de taille, où ils sont faits ordinairement avec les éclats de pierre et les blocs défectueux; on en tire aussi de carrières dont les qualités de pierre et la hauteur de banc ne permettent pas d'en extraire avec avantage de la pierre de taille. Les moellons de forme régulière ont de 0m,10 à 0m,25 de hauteur, avec une largeur à peu près double et une longueur environ triple de cette hauteur.

Tout ce qui a été dit au n° 23 sur les qualités, les défauts et la nature de la pierre de taille s'applique également aux moellons, ces pierres étant formées des mêmes substances.

On distingue, quant à leur nature, trois espèces principales de moellons :

1° Les *moellons durs de roche* (19), que l'on emploie pour les travaux hydrauliques, les murs et les massifs qui doivent avoir une très-grande résistance, et les enrochements qui ont besoin d'une densité *maxima;*

2° Les *moellons moyennement tendres*, dits aussi *de banc franc*, qui servent à élever les murs de clôture et ceux des bâtiments en élévation, à cause de la légèreté qu'ils acquièrent en séchant;

3° Les *moellons tendres*, avec lesquels on peut faire à peu de frais des parements parfaitement dressés, à cause de la facilité avec laquelle on les taille.

On trouve des moellons durs et tendres susceptibles d'un bon emploi dans la plupart des départements. Ceux de roche et de banc franc, dont on fait usage à Paris et dans les environs, viennent des plaines de Vitry, d'Arcueil, de Montrouge, de Passy, du Moulin de la Roche, de Vaugirard, etc. Les moellons tendres, qui sont les plus traitables et qui soutiennent le mieux les arêtes, sont tirés des carrières de Saint-Maur, Creteil, Carrières-Saint-Denis, Houilles, Nanterre, Montesson, ainsi que du Buisson-Richard, situé à Carrières-Sous-Bois, près Saint-Germain-en-Laye.

Sous le rapport de leur emploi, les moellons se divisent en cinq classes :

1° Les *moellons bruts*, que l'on emploie tels qu'ils arrivent de la carrière, avec la seule précaution de les humecter pendant les grandes chaleurs. On en fait spécialement usage pour les murs, les massifs et les remplissages qui ont une forte épaisseur, ou qui sont simplement bloqués et non parementés.

Les moellons bruts tendres ont toujours besoin d'être légèrement ébousinés.

Quand les moellons bruts ont des dimensions qui n'excèdent pas 0m,10 à 0m,15 de côté, ils prennent le nom de *garnis*, et on les emploie avec avantage pour caler les moellons et remplir les vides occasionnés par les formes irrégulières des moellons bruts.

2° Les *moellons ébousinés*, qui sont ceux que l'on taille légèrement sur les lits et les joints, au fur et à mesure de leur emploi; on en construit ordinairement les murs de fondation, et les autres murs qui doivent recevoir un enduit.

3° Les *moellons smillés*. On désigne ainsi les moellons dont on a taillé assez proprement les parements, les lits et les joints, et que l'on emploie à la construction des voûtes et des murs dont la surface est seulement rejointoyée.

4° Les *moellons piqués*. Ces moellons sont taillés comme les précédents, mais avec plus de soin, de manière à en rendre les arêtes vives et bien dressées.

5° Les *moellons d'appareil*. On nomme ainsi des moellons parfaitement équarris et parementés comme la pierre de taille, et que l'on taille sous différentes formes pour carreaux, angles de soupiraux, sommiers et voussoirs de baies de portes cintrées ou en plates-bandes, etc. Les ouvrages faits avec ces moellons ne diffèrent de ceux construits en pierre de taille que par les moindres dimensions de leurs matériaux.

A Paris, les moellons se vendaient anciennement à la *toise marchande*, qui avait 12 pieds 6 pouces de longueur, 6 pieds 3 pouces de largeur, et 3 pieds 3 pouces de hauteur, ce qui faisait sensiblement 254 pieds cubes, n'équivalant qu'à 216 pieds, parce qu'il y avait environ 38 pieds, c'est-à-dire de 1/7 à 1/6 de déchet dans l'emploi en murs et autres ouvrages ordinaires. Aujourd'hui, le moellon se livre au mètre cube, et, afin de compenser les déchets, la hauteur du métré est d'environ 1m,03 au lieu de 1 mètre.

L'extraction des moellons bruts se fait le plus souvent à la mine; mais, pour les moellons smillés ou piqués, il est bon de n'employer que la tranche et les coins.

La journée d'un manœuvre étant de 2 fr. 50 c., et celle d'un carrier de 4 francs ou de 4 fr. 50 c., le prix de revient du mètre cube de moellons bruts en carrière varie de 2 fr. 50 à 3 fr. 25 c. pour les granits, gneiss ou laves, et de 1 fr. 50 c. à 2 francs pour les calcaires tendres ou moyennement durs. Ces prix comprennent, outre les frais d'extraction et de rangement, les indemnités de carrières et de passages, qui sont moyennement de 20 à 30 centimes.

Pour les grands travaux de défense et de fondations en rivières et à la mer, l'usage des moellons en *enrochement* tend à se généraliser et à augmenter dans des proportions considérables; dans ce cas, ils ont souvent de plus grandes dimensions que quand ils sont employés pour les maçonneries proprement dites. Pour les enrochements de défense des ouvrages en rivières, leur volume varie de 0m.c.,02 à 0m.c.,05; pour les blocs naturels employés à la construction des jetées maritimes, le volume varie de 0m.c.,04 à 0m.c.,50 pour les couches inférieures, et de 0m.c.,50 à 1m.c.,50 pour les couches supérieures, sur lesquelles reposent souvent des enrochements formés de blocs artificiels de 10 à 15 mètres cubes en maçonnerie de béton ou de moellons bruts.

Le grand développement de l'emploi des moellons a conduit à faire usage de moyens puissants et économiques pour leur extraction; généralement, on a recours à la mine.

27. **Briques.** — On désigne ainsi une espèce de pierre artificielle composée principalement d'argile. On en distingue de deux sortes : les *briques crues* et les *briques cuites*, ayant les unes et les autres la forme d'un parallélipipède rectangle dont les dimensions varient selon les localités, mais de manière que la longueur soit, autant que possible, égale à deux fois la largeur plus un joint, et la largeur égale à deux fois l'épaisseur plus un joint ; ainsi, des briques ayant $0^m,22$ de longueur ont $0^m,105$ de largeur et $0^m,05$ d'épaisseur ; ce sont les dimensions de la plupart des briques fabriquées en Bourgogne, à Paris et dans les environs ; dans le département du Nord, ces dimensions sont $0^m,25$, $0^m,12$ et $0^m,06$, et dans les départements du Midi elles sont généralement de $0^m,43$, $0^m,29$ et $0^m,05$.

28. **Terres argileuses** (30) (Extrait des *Leçons de céramique*, par M. Salvétat). — Les argiles que l'on rencontre dans la nature ont une composition variable entre d'assez grandes limites. Exposées à l'air, elles fournissent une matière blanche ou grise, quelquefois colorée par des mélanges, douce au toucher, s'écrasant sous une faible pression, et donnant par le frottement une odeur particulière.

L'argile desséchée à l'air happe fortement à la langue ; quand on la pétrit avec un peu d'eau, elle forme une pâte ductile, liante, c'est-à-dire *plastique*, qui durcit par l'exposition à l'air, et surtout quand on la soumet à une température élevée ; délayée dans beaucoup d'eau, elle la trouble et y reste longtemps en suspension, ce qui prouve la ténuité de ses particules constituantes.

L'argile se compose essentiellement de silice, d'alumine et d'eau dans des proportions qui varient, pour 100 parties, de 45 à 80 de silice, 15 à 40 d'alumine, et d'une quantité d'eau rarement supérieure à 18. Aucune combinaison de ces corps deux à deux n'est plastique, et les argiles qui contiennent le plus d'alumine sont celles qui possèdent cette propriété au plus haut degré et qui renferment le plus d'eau.

On ignore si les argiles sont des mélanges de divers silicates d'alumine en proportions définies. A l'analyse, elles donnent, outre les trois éléments essentiels précédents, d'autres substances qui y sont à l'état de mélange et qui modifient leur couleur et leurs propriétés.

Chauffées à 100°, les argiles ne perdent pas toute leur eau de combinaison, et elles conservent leur plasticité ; à 200° ou 300°, elles ont perdu la majeure partie de leur eau, et elles ne reprennent plus aucune plasticité quand on les humecte de nouveau. A une température convenable, elles prennent une grande dureté, une grande cohésion, et un retrait qui fait quelquefois diminuer leurs dimensions linéaires de 1/5 ; parfois même elles ne sont plus entamées par l'acier, et elles donnent des étincelles par le choc de l'acier.

Les argiles qui ne contiennent aucun corps étranger restent blanches à la température la plus élevée de nos fourneaux, et elles ne fondent pas, c'est-à-dire sont *réfractaires*, propriété dont jouissent tous les silicates d'alumine. Les moins fusibles sont celles qui ne sont ni trop siliceuses ni trop alumineuses. L'argile de Provins, employée pour briques réfractaires, se compose de 57 de silice, 37 d'alumine, 4 d'oxyde de fer et 1,70 de chaux ; elle est blanchâtre et plastique.

Presque toutes les argiles délayées dans l'eau laissent précipiter au fond du vase un dépôt de sable, rude au toucher et composé de grains de quartz et de feldspath, de lamelles très-minces de mica, et de cristaux ou de grains de bisulfure de fer (pyrite de fer).

Outre ces corps étrangers, que l'on sépare facilement par décantation, les argiles en contiennent encore d'autres, mais qui sont tellement ténus et si intimement mélangés avec le silicate d'alumine, qu'ils restent aussi en suspension dans l'eau et ne peuvent être séparés par le lavage : ce sont le carbonate de chaux, l'oxyde de fer, les alcalis et le bitume. Les argiles contenant du calcaire font effervescence avec les acides. Les argiles mêlées de calcaire prennent le nom de *marnes*, dites *argileuses* quand elles ne contiennent que de 10 à 12 pour 100 de carbonate de chaux. Les marnes argileuses sont plastiques, se travaillent assez bien, prennent une grande dureté à la cuisson, et on les emploie ordinairement pour fabriquer les poteries communes. Les *marnes* sont dites *calcaires* quand la proportion de carbonate de chaux est plus grande ; elles sont alors plus solides, quoiqu'il y ait cependant des marnes crayeuses dont la consistance n'est pas très-grande. Elles se désagrégent facilement sous les influences atmosphériques ; seules, elles ne donnent pas de pâtes réellement plastiques ; on les emploie moins que les marnes argileuses dans les arts céramiques, et seulement comme matières dégraissantes.

Les argiles contiennent presque toutes de l'oxyde de fer à l'état de peroxyde anhydre ou d'hydrate de peroxyde ; dans le premier cas il les colore en rouge, et dans le second en jaune ocreux ; cette dernière teinte passe au rouge, quand l'argile est soumise à l'action du feu. Les argiles dépourvues de fer et qui ne se colorent pas au feu sont très-rares. Quelquefois l'oxyde de fer est combiné sous forme de silicate ou de carbonate.

Le carbonate de chaux et l'oxyde de fer ne diminuent la plasticité de l'argile que quand ils s'y trouvent dans une notable proportion ; mais, en faible quantité, ils diminuent notablement sa propriété réfractaire ; les grains de pyrite, en se transformant en oxyde, facilitent également la fusion de la matière qui les environne.

Les argiles contiennent généralement une quantité de potasse et de soude, dont le poids s'élève jusqu'à 2 ou 3 pour 100 ; les argiles plastiques des environs de Paris n'en contiennent que 4 à 5 millièmes. Une petite quantité d'alcali suffit pour rendre une argile ramollissable à la haute température de nos fourneaux ; ainsi les kaolins, qui renferment 2 à 3 pour 100 de potasse et de soude, ne sont pas complétement réfractaires ; ces corps ne communiquent aucune coloration au silicate d'alumine pendant la cuisson, et ce sont eux qui, en donnant naissance à des silicates alcalins, procurent à la porcelaine sa texture serrée semi-vitreuse et la translucidité qui la caractérise.

Les argiles et les marnes contiennent souvent des matières d'une nature organique qui les colorent en brun, en gris ou en noir, et qui exhalent une odeur bitumineuse lorsqu'on les frotte ou qu'on les chauffe. Cuites à une température peu élevée, elles peuvent acquérir et conserver une couleur noire due à la présence du charbon ; si la température est plus élevée, le charbon se brûle en certaines places qui deviennent incolores, ou qui rougissent si l'argile est ferrugineuse. Certaines argiles renferment des proportions considérables de matières analogues à la houille, et donnent des poteries noires que l'infusibilité du carbone rend très-réfractaires ; les creusets de plombagine sont faits avec cette sorte d'argile, que l'on imite du reste artificiellement en mélangeant de l'argile avec du coke pulvérisé.

Les argiles sont très-abondantes dans la nature ; on les trouve en couches assez régulières dans presque tous les terrains stratifiés. Les argiles plastiques et réfractaires sont rares ; celles mêlées de calcaires sont beaucoup plus fréquentes dans la nature ; les argiles rouges sont assez abondantes.

Le *kaolin*, ou terre à porcelaine, est une matière argileuse qui se rencontre sous forme d'amas tout à fait irréguliers, au milieu des roches primitives, comme le granit et le gneiss. Les argiles sont des kaolins transportés qui se sont souillés de matières étrangères pendant le transport.

Tantôt le kaolin se présente en masses onctueuses, très-blanches, douces au toucher, liantes et plastiques : c'est le *kaolin argileux*, qui a tous les caractères de l'argile. D'autres fois, il laisse par la décantation un dépôt de grains quartzeux et feldspathiques : c'est le *kaolin sablonneux*.

Il y a encore le *kaolin caillouteux*, qui se compose d'une masse blanche qui s'égrène entre les doigts et qui n'est pas plastique. Délayé dans l'eau, il se désagrége, et on sépare par décantation une véritable argile, qui est du kaolin pur, d'un dépôt composé de grains plus ou moins gros de quartz ou de feldspath.

Quand le granit se décompose, le kaolin est mêlé de mica, en partie décomposé ; il est coloré, ferrugineux, et ne peut donner de porcelaines translucides et complétement blanches. Le granit se présente quelquefois sans mica ; il est alors composé de quartz et de feldspath et prend le nom de *pegmatite*, dont la décomposition donne lieu généralement aux gîtes de kaolin ; le quartz étant plus ou moins abondant, le kaolin est caillouteux. Le kaolin argileux, qui est très-rare, se trouve souvent sous forme de veines ou d'amas peu importants, au milieu des gîtes de kaolin caillouteux.

La composition des roches dans lesquelles le kaolin se trouve enclavé, ainsi que celles du feldspath et du kaolin, portent à faire admettre que le kaolin provient de la décomposition du feldspath sous les influences atmosphériques.

COMPOSITION DU FELDSPATH.	
Silice	64,8
Alumine	18,3
Potasse	16,9
	100,0

COMPOSITION DU KAOLIN PUR.	
Silice	39,5
Alumine	44,8
Eau	15,7
	100,0

TABLEAU *de la composition de quelques kaolins.*

	SAINT-YRIEIX	NIÈVRE.	BRETAGNE.	CHINE.
Silice	48,0	49,0	48,0	50,5
Alumine	37,0	36,0	36,0	33,7
Potasse et soude	2,5	1,6	2,0	1,9
Eau	13,1	12,6	13,0	11,2

29. **Briques crues.** — L'usage de ces briques, dont Vitruve décrit la fabrication, remonte à la plus haute antiquité ; on en trouve dans la plupart des monuments grecs et romains ; il existe encore en Egypte et en Asie des édifices bâtis avec ces briques, à des époques bien antérieures à l'ère vulgaire.

Malgré l'humidité du climat, il y a des localités en France où les briques crues sont d'un usage très-répandu ; c'est ce qui a lieu dans les départements du Midi, où elles sont communément employées pour les constructions agricoles et même pour celles des villes : Toulouse, Montauban, Perpignan, etc., en contiennent de nombreux exemples. En Picardie et en Champagne, on emploie aussi beaucoup les briques crues. Dans les faubourgs de Beauvais et de Reims, par exemple, on voit des maisons qui en sont entièrement construites. Ces briques ont ordinairement les dimensions des briques cuites employées dans la localité ; celles de Champagne ont $0^m,30$ de longueur, $0^m,14$ de largeur et de $0^m,07$ à $0^m,08$ d'épaisseur.

Les briques crues se fabriquent dans des moules réguliers, comme les briques cuites. Les meilleures sont d'argile rouge ou blanche mêlée de sable ; on en fait aussi avec la boue qui se forme sur les routes, laquelle est composée d'argile, de craie et de silex écrasé. Le moment le plus favorable pour leur fabrication est le printemps et l'automne, saisons pendant lesquelles la dessiccation se fait plus lentement et plus également ; elles ne s'emploient qu'après qu'elles sont arrivées, par leur exposition à l'air et au soleil, à une dessiccation complète, sans laquelle la gelée, en faisant gonfler l'eau, amènerait leur destruction. Les anciens ne les employaient que deux ans après leur fabrication ; alors ils étaient sûrs qu'elles avaient acquis le degré de solidité dont elles sont susceptibles. Ces briques sont d'un mauvais usage à l'humidité lorsqu'elles ne sont pas recouvertes ; dans les pays où on les emploie communément, on a soin de recouvrir les maçonneries de nombreuses couches de peinture à la chaux ; ou, si l'on veut faire mieux, on applique dessus un enduit de chaux, d'argile et de boue, lequel est tout à fait imperméable à l'eau, et leur assure une plus grande durée.

30. **Briques cuites. Leur composition.** — Ces briques s'obtiennent en exposant à un feu violent et soutenu des briques crues fabriquées avec de l'argile mêlée à plus ou moins de sable ou de marne.

Les *briques communes*, destinées aux constructions ordinaires, se fabriquent avec des argiles plus ou moins sableuses et des marnes argileuses, calcaires ou limoneuses (28). Quand les argiles sont trop plastiques, les briques sont sujettes à se déformer et à se fendre ; alors on dégraisse la pâte avec du sable fin ou des marnes calcaires. Lorsqu'au contraire les argiles n'ont pas assez de liant, on y ajoute de la marne ou du calcaire, rarement de l'argile plastique, dont le prix serait trop élevé pour des matériaux qui n'ont pas plus de valeur que les briques ordinaires.

Quand on ne tient pas à économiser le combustible, comme en Angleterre, par exemple, où la houille est d'un prix peu élevé, on ajoute à la pâte assez de chaux, à l'état de marne calcaire ou de craie, pour augmenter la fusibilité, et on pousse la cuisson jusqu'à un commencement de vitrification. On ajoute encore à la pâte une certaine proportion d'escarbilles ou de mâchefer, qui agissent comme matières antiplastiques, et régularisent, pendant la cuisson, la chaleur dans toute la capacité du four. Ces briques sont alors noires, compactes, sonores ; elles résistent mieux que les autres à l'action des agents atmosphériques, mais elles sont assez fusibles.

Les briques que l'on obtient ainsi ne sont pas friables, mais leur structure doit être assez homogène pour qu'on puisse les tailler avec facilité d'un seul coup de hachette.

Les *briques réfractaires* doivent réunir aux propriétés des bonnes briques ordinaires celle de résister à des températures très-élevées. Les briques de premier choix sont faites avec des argiles plastiques très-réfractaires, dégraissées en y ajoutant un ou deux volumes de ciment de terre réfractaire finement broyé ; les argiles sont lavées. Pour les briques demi-réfractaires, on dégraisse l'argile par des sables, dont le prix est bien moins élevé que celui des ciments broyés.

31. **Fabrication des briques.** — Ayant pétri avec soin le mélange d'argile et de sable, de manière à former une pâte homogène et ductile, à l'aide de moules, on en forme les briques, que l'on fait ensuite sécher à l'air, avant de leur donner le degré de cuisson nécessaire dans des fours disposés à cet effet. C'est de la plus ou moins grande perfection avec laquelle sont exécutées ces diverses opérations que dépendent les qualités des briques.

Pour atteindre cette perfection, les briquetiers emploient diverses méthodes, ayant entre elles plus ou moins d'analogie. Nous n'entrerons pas dans tous les détails de ces différentes manières d'opérer, nous nous contenterons d'exposer le mode de fabrication suivi le plus habituellement, et à l'aide duquel on peut toujours obtenir de bons produits.

Lorsqu'on a des briques à faire dans un pays, on se procure des échantillons des différentes natures de terre argileuse qu'on y trouve, et on les soumet à une cuisson, soit dans un fourneau fait exprès, soit sur un four à chaux; de cette manière, on se rend compte de l'effet de la cuisson sur les terres, effet sur lequel il est important d'être bien renseigné. On peut aussi reconnaître, au premier examen, que certaines terres ne sont pas propres à faire de bonnes briques; ainsi toutes celles où l'on rencontre des éclats de craie ou de pierre calcaire et de silex ne peuvent être employées : les premières, parce que la chaux, provenant de la cuisson de la craie ou du calcaire, venant à s'éteindre spontanément, amènerait la destruction des briques; la deuxième, parce que le silex, en éclatant au feu de cuisson, briserait les briques.

Lorsqu'on est arrêté sur le choix des matières premières, on procède à leur manipulation. Pour faciliter ce travail, on extrait, quand cela est possible, l'argile au commencement de l'automne, et on la laisse exposée à l'air pendant tout l'hiver, de manière à ne l'employer qu'au printemps suivant. La gelée, le soleil et les pluies qui se succèdent la disposent à un corroyage plus complet et plus facile. Ce corroyage se fait en *marchant* l'argile, en la remuant et en la battant à plusieurs reprises et dans tous les sens. On doit apporter toute son attention à bien purger l'argile des substances pierreuses, crayeuses ou pyriteuses, qui s'y trouvent souvent mélangées, lesquelles, en éclatant ou en lui servant de fondant, pourraient altérer la forme des briques pendant la cuisson. On fait généralement cette séparation en passant la terre à la claie, après l'avoir concassée ; un lavage serait trop coûteux. Quand on a ainsi préparé l'argile, on y ajoute la quantité de sable ou de marne nécessaire, et l'on remue le mélange de manière à le rendre bien homogène; on y verse ensuite une quantité d'eau suffisante pour l'amener à l'état de pâte ductile.

Les proportions convenables d'eau et de sable ou de marne à ajouter à l'argile se déterminent par l'expérience, et elles dépendent de la qualité et de la pureté de cette terre. Quand l'alumine et la silice ne s'y trouvent pas dans les proportions convenables, on rapporte artificiellement l'élément qui manque.

Lorsque la silice est en quantité insuffisante, il faut que le sable que l'on ajoute soit fin; le mélange s'opère facilement en étendant la terre par couches d'une épaisseur uniforme, et en répandant dessus, en couches d'épaisseur aussi uniforme, la quantité de sable que l'expérience a reconnue être nécessaire. Si, au contraire, c'est l'alumine qui manque, avant d'en ajouter de la nouvelle, il faut réduire celle-ci en poussière, si cela est possible, ou en pâte assez molle pour que l'on puisse faire facilement le mélange avec la terre primitive.

Par expérience, on a reconnu qu'en général la quantité d'eau à employer ne doit pas excéder la moitié du volume des terres que l'on pétrit. Le pétrissage s'opère souvent, soit avec des cylindres qui passent sur le mélange, soit au moyen de laminoirs, soit enfin avec la tine à malaxer, qui ressemble beaucoup au tonneau à fabriquer le mortier.

Le corroyage a la plus grande influence sur la solidité des briques, dont il augmente la densité. Deux briques, l'une préparée par les moyens ordinaires et l'autre corroyée avec le plus grand soin, toutes deux ayant été séchées et cuites dans les mêmes circonstances, la première pesait 31 grammes de moins que la seconde, et elles se sont rompues sous les charges respectives de 35 et de 65 kilogrammes. En général, on a reconnu que les densités de ces briques étaient dans le rapport de 82 : 86, et les charges qu'elles supportaient dans celui de 70 : 130.

Lorsque le mélange est terminé, on façonne les briques à l'aide d'un moule sans fond en bois, quelquefois doublé de métal. L'ouvrier sable les moules et les place sur une table dont la surface est également sablée, afin que la terre à brique n'y adhère pas. Il remplit chaque moule d'une masse d'argile, l'y comprime, enlève l'excédant à la main, et unit la surface avec un petit racloir en bois nommé *plane*. Les briques sont démoulées sur des petites planchettes sablées, qui servent à les porter sur l'aire de la briqueterie, qui a été bien dressée, bien battue et saupoudrée de sable ; on les pose à plat, par rangs bien alignés, afin d'économiser la place.

Aux environs de Paris, une compagnie de briquetiers se compose de quatre ouvriers : un pour mêler, marcher et préparer la terre ; deux mouleurs, dont l'un se détache de temps en temps pour aller chercher la terre préparée, et un garçon pour démouler les briques et les placer sur l'aire. Cette compagnie fait, en moyenne, sept mille briques ordinaires par douze heures de travail effectif.

Quand les briques commencent à se raffermir, on les relève sur champ, sans les changer de place, et quand elles ont pris assez de consistance pour qu'on puisse les transporter sans les déformer, on les *pare*, c'est-à-dire qu'on enlève avec un couteau les bavures du moule, et, les plaçant sur un banc, on les rebat sur toutes les faces avec une batte. Alors on les *met en haie*, pour finir de les sécher entièrement, c'est-à-dire qu'on en forme une espèce de muraille à claire-voie, dont l'épaisseur comprend quatre briques en longueur, et la hauteur de 14 à 17 assises de briques posées de champ. Quand cela est possible, on fait raffermir les briques à l'abri, sous de grands hangars couverts; dans le cas contraire, on les garantit de la pluie et de l'action directe du soleil, qui les ferait tourmenter et gercer à la surface, à l'aide de claies et de paillassons qui recouvrent les haies.

32. **Cuisson.** — Une fois les briques arrivées à un état complet de dessiccation, on procède à leur cuisson, opération qui se fait *à la volée*, ou dans des fours dont la forme varie, selon que l'on emploie le bois, la houille ou la tourbe.

Le mode de cuisson dit *à la volée* consiste à disposer les briques en tas sur une aire convenablement dressée. Les tas sont formés de briques placées de champ, par assises. A la partie inférieure du tas, on laisse des vides dont la largeur, sur le sol, est égale à cinq fois l'épaisseur d'une brique, mais que l'on diminue d'assise en assise, de manière à pouvoir fermer complétement les vides par la cinquième assise. Outre ces vides, qui règnent sur toute la largeur du tas et qui servent de foyers, il part de la partie supérieure de chacun d'eux deux ou trois vides verticaux qui servent de cheminées et facilitent la mise en feu. De plus encore, les rangs des deux premières assises sont formés de briques à peu près en contact par leurs extrémités, mais espacés latéralement tant vide que plein, de manière à recevoir une certaine quantité de charbon en morceaux de $0^m,03$ à $0^m,04$ de côté. Les briques du pourtour des cinquième et septième assises ont leur face extérieure faisant un certain angle horizontal sur les faces du tas, et on remplit encore les vides qu'elles laissent entre elles et les briques voisines avec des morceaux de charbon; on peut encore, si on le juge convenable, disposer ainsi le pourtour de quelques autres assises convenablement éloignées, afin que la température soit à peu près la même au pourtour du tas que vers le milieu. On a soin de remplir tous les foyers de bois sec recouvert de morceaux de charbon nommé *gaillette*, avant de poser la cinquième assise. On met le feu après avoir placé la sixième assise. Sur toute la sixième assise, excepté à l'endroit du foyer, on place une couche de houille menue, puis une nouvelle assise de briques, une couche de houille, une autre couche de briques, et ainsi de suite.

Afin de ne pas étouffer le feu, on a soin de ne placer les nouvelles assises, au-dessus de la sixième, qu'au fur et à mesure que le feu pénètre la masse.

Pour empêcher les déperditions de chaleur, et rendre celle-ci autant que possible uniforme en tous les points de la masse, on enduit le périmètre du tas avec de la terre détrempée mélangée de paille hachée. On pourrait encore utiliser la chaleur perdue en couvrant le tas de pierre à chaux.

Un tas peut-être formé de vingt-quatre assises de briques et avoir cinq foyers espacés entre eux, à la partie inférieure, de quinze épaisseurs de briques. Par ce mode de cuisson, on ne peut opérer sur moins de 50 000 briques à la fois, et sur plus de 200 000 ; il faut compter sur 1/10 de briques de déchet. Les tas ont quelquefois $6^{m},50$ de hauteur.

La quantité de houille brûlée est de 250 kilogrammes (1/3 de grosse et 2/3 de menue) par millier de briques. Un relevé fait dans le département du Nord, où la houille est à bon marché, a donné, pour le prix de revient (tous frais compris), 12 francs par millier de briques.

Les fours chauffés avec le bois sont de deux espèces : les grands et les petits, dans lesquels le combustible et les briques se disposent de la même manière. Les grands peuvent contenir 100 milliers de briques, et les petits 25 milliers. Ces fours sont carrés ou rectangulaires et formés ordinairement par quatre murs verticaux en briques, enterrés ou appuyés par des remblais en terre. Dans le pied d'un des murs sont pratiquées des petites voûtes, plus larges que celles des fours à la volée, reposant sur des pieds-droits de $0^{m},60$ de hauteur. Ces voûtes, qui font partie du four et se prolongent sous toute son étendue, sont à claire-voie, afin de laisser passer la chaleur des feux qui se font sous toutes les voûtes.

Quand on ne fait usage que de bois, on alimente les foyers pendant tout le temps que dure la cuisson. Les briques se disposent dans ces fours comme pour la cuisson à la volée.

On profite des murs qui entourent le four pour soutenir un toit fort élevé, en tuiles ; cette disposition a l'avantage de préserver les briques de la pluie et du vent, choses à redouter dans la cuisson à la volée. Tout compris, le prix de revient est plus élevé par ce procédé que par le premier.

En Suède, en Belgique et dans quelques départements du nord de la France, au lieu de construire des fours à demeure et en maçonnerie, on se contente de les établir en briques crues, aux abords des chantiers où les briques doivent être employées.

Quelle que soit la forme des fours, les briques y sont arrangées en les posant de champ sur le long côté, de manière que le premier rang croise les languettes des foyers, que le second rang croise le premier, et ainsi de suite, en réservant toujours un petit vide autour de chaque brique. On recouvre le dernier rang d'une couche d'argile de $0^m,11$ d'épaisseur, afin de concentrer la chaleur et de pouvoir la modérer, l'activer ou la diriger à volonté, en pratiquant des ouvertures dans cette couche.

Quand on cuit les briques au moyen de la tourbe, on établit les fours sous de vastes hangars, et on les construit de la même manière que ceux chauffés au bois ; les foyers s'étendent sur toute la profondeur de la base du four.

A Salins, près Montereau, les fours sont carrés et fermés supérieurement par une voûte ; ils peuvent contenir 80 000 briques ; la cuisson dure un mois, dont huit jours de petit feu, qu'on nomme *fumage;* on brûle 300 francs de bois pour le fumage, et 1 200 francs pour le grand feu, ce qui fait environ 18 francs par mille briques.

On peut encore faire usage du bois ou de la tourbe pour cuire en plein air. On forme avec les briques un tas rectangulaire, comme si la cuisson s'effectuait dans un fourneau fermé ; on ménage à la base un certain nombre de canaux dans lesquels on charge plus tard le combustible, puis on recouvre les faces latérales du tas d'une couche de terre ou d'argile qui remplace les parois du fourneau.

Lorsqu'on fait usage de la houille pour cuire la brique à l'aide de fours fermés, les foyers sont à grille et placés seulement dans l'épaisseur des parois du four. Des voûtes à claire-voie, qui s'étendent dans toute la profondeur du four, distribuent partout les produits de la combustion. Les foyers se placent d'un même côté du four, au nombre de deux ou trois. A Issy, près Paris, M. Carville a établi des fours voûtés supérieurement, à peu près carrés, chauffés à l'aide de trois grilles, et dans lesquels on cuit 80 000 briques avec 160 hectolitres de houille. En portant à 80 kilogrammes le poids de l'hectolitre et à 3 fr. 12 c. le prix des 100 kilogrammes, on voit que la cuisson des 80,000 briques n'exige que pour 400 francs de combustible, somme bien inférieure à celle donnée par la cuisson au bois.

Les fours à la houille sont à peu près carrés ; cependant, dans le Staffordshire, on fait usage de fours circulaires, qui conviennent surtout pour les briques réfractaires, à cause de leur plus grande valeur.

A Saint-Menge (Vosges), on cuit dans le même four de la chaux vive et des briques. Les voûtes et la sole du four sont en pierres à chaux, et dessus on place les briques à cuire. Les grilles s'étendent sous la moitié de l'épaisseur des murs du four et une partie des voûtes. Il y a une grille à l'extrémité de chacune des trois voûtes parallèles en calcaire, qui s'étendent d'un côté du four au côté opposé ; les six grilles sont séparées par un massif de maçonnerie qui s'élève jusqu'au niveau des grilles. Dans un four de 4 mètres de largeur, 5 mètres de longueur et 3 mètres de hauteur, on peut cuire 3 mètres cubes de chaux.

Pour cuire la brique, la conduite du feu exige de l'expérience. On commence par un feu modéré, que l'on prolonge pendant vingt-quatre heures ; on le porte ensuite à un degré moyen de chaleur, que l'on continue pendant trente-six heures ; puis on le pousse jusqu'à la plus forte intensité, et on l'y maintient, autant que possible, jusqu'à l'entière cuisson des briques. La durée du refroidissement nécessaire au défournage varie de cinq à vingt jours, suivant la plus ou moins grande quantité de briques soumises à la cuisson.

Quelles que soient l'espèce de four et la nature du combustible que l'on emploie, toutes les parties intérieures ne sont pas portées au même degré de température, d'où il résulte que les briques d'une même fournée ne sont pas toutes également cuites, et sont, par suite, de diverses qualités ; celles qui occupent le tiers de la hauteur du four sont ordinairement les plus estimées, par la raison qu'elles sont cuites au degré le plus convenable, et qu'elles ne sont presque pas déformées.

On trouvera en tête de la page suivante les proportions de produits de diverses qualités données par des fours à briques du midi de la France.

Briques de premier choix, d'une cuisson parfaite, destinées aux ouvrages hydrauliques	0,40
Briques de deuxième choix, d'une cuisson parfaite, déformées et beaucoup en morceaux, propres au même emploi que les précédentes, mais destinées aux massifs	0,15
Briques de troisième choix, assez tendres pour être taillées, employées pour les travaux de bâtiment	0,25
Briques de quatrième choix, très-tendres et beaucoup en morceaux, bonnes pour cloisons et remplissages	0,10
Déchets et résidus	0,10
	1,00

Briques-combustible. — M. Tiget façonne ces briques comme les briques ordinaires, mais la terre est remplacée par un mélange de 80 kilogrammes de terre et de 16 kilogrammes de détritus de charbon de bois, de coke ou tourbe carbonisée, et l'eau pure par une dissolution de 800 grammes d'alun et 200 grammes de nitrate de soude.

L'enfournement n'est pas changé non plus, si ce n'est que l'on dispose les *briques-combustible* par lits de quatre à cinq briques, alternant avec les briques ordinaires. Une brique-combustible peut, en se cuisant, en cuire quatre autres. La mise en feu d'un four chargé de 20 000 briques n'est nullement difficile : il suffit, quand le four est entièrement chargé, de jeter sur les grilles de menues escarbilles pour sécher la marchandise ; puis on fait rougir le premier rang de briques-combustible, qui brûle de lui-même, en communiquant de proche en proche la combustion aux quatre rangs qui le surchargent ; la marchandise placée au-dessus rougit et finit par allumer le second massif de briques-combustible, qui suffit pour terminer la cuisson. Quand le premier rang de briques-combustible est rouge, on ferme tous les foyers et cendriers : l'air n'arrive plus qu'avec difficulté, mais cependant en quantité suffisante pour la combustion de toutes les briques-combustible. Une fois le four fermé, la cuisson s'achève sans la présence d'aucun ouvrier. Une cuisson de 20 000 briques dure de quarante-huit à soixante heures.

M. Salvétat rapporte avoir suivi la cuisson d'un chargement composé de la manière suivante, en commençant par les étages inférieurs :

Cinq rangs de briques-combustible	2 500
Briques réfractaires	1 500
Tuyaux de drainage de 0m,035	5 500

Tuyaux de drainage de $0^m,08$ à $0^m,15$...	2 000
Briques ordinaires....................	1 000
Briques-combustible..................	1 500
Boisseaux carrés garnis..............	150
Briques réfractaires..................	2 500
Boisseaux anglais.....................	150
Grosses pièces........................	50
Carreaux..............................	2 500

La combustion a marché régulièrement, et les produits obtenus ont été d'une qualité aussi marchande que par une cuisson ordinaire. D'après un calcul de M. Salvétat, en faisant usage des briques-combustible, on diminuerait de 0,25 le prix de revient ordinaire de fabrication et de cuisson.

33. **Indices de bonne ou de mauvaise qualité des briques.** — Les briques de mauvaise qualité se reconnaissent facilement par leur couleur jaune rougeâtre, et mieux encore par le son sourd qu'elles rendent quand on les frappe ; leur grain étant mollasse et grenu, elles s'émiettent sous les doigts, se rompent facilement, et absorbent l'eau avec avidité.

Les bonnes briques, au contraire, rendent un son clair par la percussion ; elles sont dures, et ont le grain fin et serré dans la cassure ; elles sont ordinairement d'un rouge brun foncé, et quelquefois elles présentent à la surface des parties vitrifiées. Il ne faut cependant pas toujours se fier à cette dernière apparence, parce que souvent c'est au degré de cuisson seul qu'elles doivent ce commencement de vitrification, quoique l'argile dont elles se composent soit impure et mal préparée. Il arrive aussi quelquefois que pour donner un plus beau coup d'œil aux briques, le fabricant sème sur la plate-forme du séchoir un peu de silicate ferrifère, c'est-à-dire de sable siliceux et de mâchefer pilé ; ce sable, s'attachant à la surface des briques encore humides et se vitrifiant en partie au moment de la cuisson, donne une belle apparence aux briques, qui peuvent cependant être d'une qualité très-inférieure.

D'après des expériences de M. Salvétat, 100 kilogrammes de briques sèches absorbent, en moyenne, $13^k,11$ d'eau.

Pour vérifier si une brique peut résister à l'action de la gelée, d'après M. Brard (24), on la fait bouillir pendant une demi-heure dans une dissolution saturée à froid de sulfate de soude, puis on la suspend par un fil au-dessus de la capsule dans laquelle elle a bouilli. Au bout de vingt-quatre heures, la surface se trouve recouverte de petits cristaux, que l'on fait disparaître par une nouvelle immersion dans la dissolution : ils se reforment encore après quelque temps de suspension ; on les fait disparaître de même, et après avoir répété la même opération pendant cinq jours; à chaque nouvelle apparition de cristaux, si la brique est gélive, elle abandonne des petits fragments qui se sont réunis au fond de la capsule ; dans le cas contraire, la cristallisation du sulfate de soude n'en détache aucune particule, les arêtes ne s'émoussent même pas.

34. **Prix de revient de la fabrication des briques.** — Quoique les chiffres suivants aient été fournis par les briques du midi de la France, on pourra en déduire, en prenant pour base les volumes, le prix de revient pour un modèle quelconque.

Prix de fabrication, à Toulouse, pour 1 000 briques de 0m,42 de longueur, 0m,29 de largeur et 0m,05 d'épaisseur : ce qui fait un volume de 0m,0061 par brique, et de 6m,10 par mille. Un four contient 20 000 briques, et on cuit à la houille, qui est brûlée sur des grilles.

TABLEAU *de la composition d'un atelier, et du gain de chaque ouvrier, la journée étant de dix heures de travail effectif.*

	fr.		fr.
1 chef briqueteur à	3,00	par jour,	3,00
1 aide	2,50	—	2,50
2 mouleurs	1,75	—	3,50
2 porteurs de briques	1,50	—	3,00
2 poseurs de briques sur l'aire	1,50	—	3,00
2 chauffeurs soignant les foyers	1,75	—	3,50
1 porteur de charbon	1,40	—	1,40
4 rouleurs	1,75	—	7,00
1 homme pour passer les briques	2,00	—	2,00
16 hommes.			28,90

Pour un mille de briques, la dépense en main-d'œuvre est, en moyenne, équivalente à celle d'une journée de cet atelier.

Prix de revient du millier de briques.

	fr.
Une journée de l'atelier précédent	28,90
7m. c.,75 de terre argileuse non tassée à 2 francs	15,50
10 hectolitres de houille de Cramaux (Tarn), à 3 fr. 25 c.	32,50
Construction du four, et frais divers de bâtiments, terrains, passages, etc.	10,00
	86,90
Déchet au défournage	8,69
Prix de revient de mille briques prises sur le four et propres à divers emplois	95,59

Le prix du millier de briques façon Bourgogne, de 0m,22 de longueur, 0m,11 de largeur et 0m,05 d'épaisseur, fabriquées et cuites dans les mêmes conditions que les précédentes, a été à très-peu près le tiers de celui des grandes briques, soit 31 fr. 85 c.

On peut déduire de ce qui précède que la quantité de houille de Cramaux nécessaire à la cuisson de 1 mètre cube de briques est $\frac{1,00}{6,10} = 0,164$ de mètre cube, soit environ 164 kilogrammes.

La cuisson au bois exige à peu près 1 050 kilogrammes de combustible par millier de briques façon Bourgogne, soit environ 875 kilogrammes par mètre cube de briques.

35. **Briques en usage à Paris.** — Les *briques de Bourgogne* sont les meilleures que l'on emploie à Paris ; on y fait encore une plus grande consommation des briques de Montereau ou de Salins, qui approchent beaucoup des précédentes en apparence et en qualité ; les briques dites *de pays*, qui se fabriquent à Paris et dans ses environs, sont bien moins estimées encore ; cependant on les emploie avec assez d'avantage dans les bâtiments, à cause de leur légèreté. Les indications suivantes feront reconnaître ces diverses espèces de briques.

Les briques de Bourgogne ont 0m,220 de longueur sur 0m,107 de largeur et 0m,055 d'épaisseur ; cette dernière dimension n'est ordinairement que de 0m,048 à 0m,05 pour les briques de Montereau. Ces deux espèces de briques sont d'un rouge très-pâle ; mais les premières sont plus chargées de petites taches brunes produites par des matières vitrifiées, elles produisent parfois des étincelles sous le choc de l'acier, et elles pèsent 2 250 kilogrammes par mille, au lieu que ce poids n'est que de 2 063 kilogrammes pour celles de Montereau. Les briques de pays sont d'un rouge foncé ; en qualité, elles approchent de celles de Montereau, seulement elles résistent mal aux chocs ; elles ont encore 0m,22 de longueur, mais seulement 0m,103 de largeur, et, au plus, de 0m,040 à 0m,045 d'épaisseur ; le millier pèse 1 935 kilogrammes.

La *brique de Sarcelles*, du village de ce nom, situé à douze kilomètres de Paris, est celle dont on fait le plus grand usage dans cette ville ; elle ne porte que 0m,21 de longueur, sur 0m,095 de largeur et 0m,05 d'épaisseur ; sa couleur est le rouge vif uniforme, sans vitrification ; elle est beaucoup plus fragile et plus légère que les précédentes ; le millier ne pèse que 1 750 kilogrammes.

Briques creuses. — Depuis quelque temps on fabrique, au moyen de machines semblables à celles employées pour faire les tuyaux de drainage, des briques qui ont à peu près les dimensions des briques ordinaires, et qui sont percées longitudinalement de trous, ordinairement au nombre de quatre, ayant 0m,023 sur 0m,016 de section. Ces briques ont été imaginées par M. Borie; comme elles sont très-légères, on les emploie pour les planchers, les voûtes et autres constructions, auxquels il est important de ne donner qu'un faible poids.

Briques circulaires. — On fait aussi usage à Paris de briques circulaires, pour la construction de tuyaux de cheminées dans l'épaisseur des murs ; on les désigne sous le nom de *briques Gourlier,* du nom de leur inventeur; elles donnent de bons résultats.

Enfin, on fait aussi, avec une sorte d'argile qu'on appelle *farine fossile,* des briques qui jouissent de la propriété d'être moins denses que l'eau, d'être tout à fait réfractaires, et de conduire si mal la chaleur, qu'une des extrémités d'une brique étant portée à la température rouge, on peut tenir l'autre entre ses doigts ; on peut même enfermer de la poudre dans une de ces briques et l'entourer de feu sans qu'il y ait détonation.

36. **Poteries.** — On désigne ainsi, dans les bâtiments, les *boisseaux* en terre cuite pour tuyaux de cheminées, les pots pour *ventousès* à courant d'air, les *mitres* en terre, dites *à la Fougerole,* etc. Ces divers objets sont en grès ou en terre cuite, préparée à peu près de la même manière que celle employée à la fabrication des briques (28 et 31).

Depuis quelques années, on substitue aux anciens planchers en bois des espèces de voûtes en briques ou en poteries creuses, hourdées en plâtre ou en mortier, et consolidées par des fermes en fer. Ce genre de construction offre l'immense avantage de joindre la solidité à la légèreté, et de mettre les édifices presque entièrement à l'abri des incendies.

On fait des poteries de formes et de dimensions diverses, pour voûtes et pour cloisons : les unes ont la forme d'un pot à fleurs fermé aux deux extrémités, et dont les dimensions habituelles sont 0m,10 de diamètre moyen sur 0m,15 de hauteur ; les autres sont des cylindres de 0m,05 de hauteur seulement, sur 0m,17 de diamètre. Ces poteries se fabriquent toutes à peu près de la même manière, au moyen d'un tour de potier, avec de la terre préparée comme pour la fabrication des tuiles, des briques et des poteries grossières. Dans le midi de la France on fabrique encore, pour voûtes légères, des prismes creux en terre cuite, qui ont 0m,14 de hauteur, des bases hexagonales inscrites dans des cercles de 0m,17 de diamètre, et dont le vide est cylindrique.

37. **Carreaux.** — On nomme ainsi des petites dalles employées au pavage des chambres. On en fait en pierre calcaire, souvent à l'état de marbre ; on leur donne les formes triangulaire, carrée, hexagonale, octogonale, que l'on emploie séparément ou combinées entre elles.

Les carreaux les plus employés sont hexagonaux et en terre cuite préparée comme pour les briques (31). On en fait de deux grandeurs : les uns, employés au pavage des chambres, ont 0m,027 d'épaisseur et sont inscrits dans un cercle de 0m,20 de diamètre ; les autres sont inscrits dans un cercle de 0m,14 de diamètre ; il en faut respectivement 40 et 80 pour couvrir un mètre de surface, et le poids du mille varie de 800 à 900, et de 350 à 400 kilogrammes. Ceux que l'on emploie à Paris sont fabriqués en Bourgogne, à Massy, à Paris et dans ses environs. Les premiers sont les meilleurs, surtout pour les lieux humides ; ceux de Massy viennent après, seulement ils sont moins bien moulés que ceux de Paris, que l'on emploie ordinairement.

On fait également en terre cuite, mais en bien moins grande quantité, des carreaux de forme carrée, que l'on n'emploie guère que pour couvrir les fourneaux de cuisines ou daller les cheminées d'appartements. On en fabrique de trois échantillons, qui ont chacun leur usage particulier : ceux des deux premiers échantillons ont 0m,027 d'épaisseur, et respectivement 0m,20 et 0m,16 de côté ; ceux du troisième, appelés *carreaux à bandes*, ont 0m,16 de côté, et seulement 0m,02 d'épaisseur.

A Lyon, à Marseille et dans les autres villes du Midi, on emploie, comme à Paris, des carreaux carrés et hexagonaux, mais dont la surface est vernie ou polie. Lorsqu'on les essuie avec un linge un peu gras, ils acquièrent immédiatement un aspect de propreté que la peinture à l'huile et l'encaustique sont loin d'atteindre. Les fabriques de Trèbes, près Carcassonne, et celles de Saint-Henri, près Marseille, sont en grande réputation pour ce genre de carreaux, qu'elles expédient dans presque toutes les villes du littoral de la Méditerranée.

Les qualités et les défauts des carreaux sont les mêmes que pour les briques (33), et ils proviennent également du plus ou moins de soin apporté à la préparation de la terre et à la cuisson ; seulement le peu d'épaisseur des carreaux les fait quelquefois gauchir au feu, au point de les rendre très-souvent impropres à faire des carrelages sans *balèvres ;* on est alors obligé de les dresser au grès, ce qui est dispendieux.

38. **Chaux.** — La chaux pure est du protoxyde de calcium (CaO); elle est blanche, caustique, elle attaque rapidement les tissus des matières animales. Elle ramène au bleu la teinture de tournesol rougie par un acide, verdit fortement le sirop de violettes, rougit la teinture de curcuma. Le poids de son équivalent est 356, et sa densité est égale à 2,3 environ. Elle est infusible aux températures les plus élevées de nos fourneaux.

Le carbonate de chaux pur se compose de 56,40 de chaux et de 43,60 d'acide carbonique.

Dans les laboratoires, pour obtenir de la chaux bien pure, on soumet à une température très-élevée, dans un creuset de terre, du marbre blanc statuaire ou du spath d'Islande ; l'acide carbonique se dégage graduellement, et la chaux caustique reste dans le creuset. Quand on opère en vases clos, la température doit être très-élevée, et encore, pour obtenir une décomposition complète, doit-on faire dégager l'acide carbonique à mesure qu'il est mis à nu : c'est ce que l'on fait en faisant tomber de temps en temps quelques gouttes d'eau dans le creuset rouge ; la vapeur qui se forme brusquement entraîne l'acide carbonique.

La chaux se combine avec l'eau, en dégageant beaucoup de chaleur ; une portion de l'eau s'échappe en vapeur, et l'élévation de température est souvent assez grande pour enflammer la poudre (300° environ) ; elle fait entendre le même bruit qu'un fer rouge trempé dans l'eau ; on dit qu'elle fuse. L'opération par laquelle on combine la chaux avec l'eau s'appelle *éteindre la chaux,* et la *chaux hydratée* que l'on obtient prend le nom de *chaux éteinte,* pour la distinguer de la *chaux anhydre,* qu'on appelle *chaux vive.* La chaux, en s'hydratant, augmente considérablement de volume ; on dit qu'elle *foisonne* beaucoup. Si la quantité d'eau n'est pas trop grande, il se forme un monohydrate de chaux ($CaO + HO$), qui reste sous la forme d'une poudre blanche, fine, douce au toucher. En ajoutant une plus grande quantité d'eau, la chaux reste en suspension quand on agite, et on obtient un *lait de chaux.*

La chaux est très-peu soluble dans l'eau ; ce liquide en dissout environ $\frac{1}{700}$ à la température de 15°, et $\frac{1}{1270}$ seulement à la température d'ébullition. La dissolution prend le nom *d'eau de chaux ;* elle exerce une réaction fortement alcaline.

La chaux vive, exposée à l'air, attire rapidement l'eau et l'acide carbonique de l'atmosphère; elle se *délite*, c'est-à-dire tombe en poussière, et elle ne s'échauffe plus quand ensuite on la mouille avec de l'eau. Le produit qu'on obtient ainsi à l'air est un composé défini d'hydrate et de carbonate de chaux ($CaO.CO^2 + CaO.HO$), auquel se trouve mélangé beaucoup d'hydrate de chaux dû à ce que l'air atmosphérique contient beaucoup plus de vapeur d'eau que d'acide carbonique; mais, à la longue, l'absorption de l'acide carbonique continuant incessamment, toute la matière se rapproche de plus en plus de la composition définie par la formule précédente.

La chaux que l'on consomme dans les arts pour la confection des mortiers s'obtient en calcinant dans de grands fours, dits *fours à chaux*, le carbonate de chaux plus ou moins pur que l'on rencontre en abondance dans la nature. La décomposition a lieu à une température bien inférieure à celle qui est nécessaire à l'opération dans des creusets fermés; ce qui est dû au courant gazeux, lequel n'est composé d'acide carbonique qu'en faible proportion, et qui, en traversant la masse, facilite la décomposition. L'expérience a démontré que la cuisson de la chaux était singulièrement facilitée par la présence de la vapeur d'eau; c'est pour cette raison que les chaufourniers préfèrent employer une pierre encore imprégnée de son eau de carrière à celle qui a subi une certaine dessiccation par une exposition plus ou moins prolongée à l'air.

Il arrive souvent qu'une partie du calcaire n'a pas été complétement décomposée par la chaleur et retient une plus ou moins grande proportion d'acide carbonique; on donne à ces produits le nom d'*incuits*.

On désigne sous le nom de *pierre à chaux*, toutes les variétés de pierres qui contiennent le carbonate de chaux, lequel, soumis à une température suffisante, perd son acide carbonique et fournit la chaux.

Toutes les pierres calcaires peuvent se convertir en chaux par la calcination, toutes font une effervescence plus ou moins subite quand on en jette un fragment dans l'acide azotique (eau-forte), et une pointe de fer suffit ordinairement pour les rayer profondément.

Tout ce qui a été dit précédemment (n°s 18 et suivants) sur le gisement et la nature des calcaires employés comme pierres de construction s'applique également aux pierres à chaux.

La propriété particulière à toutes les chaux est de servir de base dans les mortiers, bétons et ciments employés dans les constructions, et de se combiner, par l'intermédiaire de l'eau, à la silice que contient le sable. De l'effet complexe de la combinaison chimique de la chaux avec la silice, de l'absorption de l'acide carbonique de l'air et de l'évaporation de l'eau, le mortier durcit et adhère aux matériaux de construction, de manière à constituer une seule masse plus ou moins homogène et plus ou moins solide.

La chaux, considérée sous le rapport de la quantité d'eau nécessaire pour la réduire en pâte, et sous celui de la dureté que cette pâte peut acquérir sous l'eau, se divise en plusieurs espèces, que nous allons passer en revue.

Les pierres calcaires sont rarement du carbonate de chaux pur; celles que l'on soumet à la cuisson en grand renferment en général des quantités notables de matières étrangères, telles que quartz, oxydes de fer et de manganèse, magnésie, argile, etc. Les qualités de la chaux dépendent beaucoup, non-seulement de la quantité de matières étrangères contenues dans la pierre calcaire, mais aussi de la nature de ces matières.

1° *Chaux grasse.* Lorsque la pierre calcaire ne renferme qu'une petite quantité de matières étrangères, elle donne une chaux dont les propriétés se rapprochent beaucoup de celles de la chaux chimiquement pure. Elle foisonne considérablement avec l'eau, s'échauffe beaucoup ; elle forme une pâte liante, grasse au toucher; on l'appelle *chaux grasse*. Dans les mortiers, cette chaux, en séchant et en fixant graduellement l'acide carbonique de l'atmosphère, durcit en passant à l'état de carbonate, ou mieux, d'hydrocarbonate. Le sable ne remplit qu'un rôle purement mécanique : il sert à diviser la chaux, à augmenter sa perméabilité, et par suite à favoriser sa combinaison avec l'acide carbonique ; il joue de plus le rôle de centres ou noyaux autour desquels vient se cristalliser le carbonate de chaux ; il empêche aussi la matière de prendre un trop grand retrait en séchant. Les parties de mortiers qui sont en contact immédiat avec l'air se changent entièrement en carbonate de chaux ; mais les parties intérieures passent seulement à l'état d'une combinaison de carbonate de chaux et d'hydrate, qui acquiert beaucoup de dureté. Il faut un temps extrêmement long pour que cette conversion ait lieu d'une manière complète ; en effet, au bout d'un grand nombre d'années, la chaux existe encore presque entièrement à l'état de chaux hydratée dans l'épaisseur des murs. Il convient de ne pas placer ces mortiers dans l'intérieur de constructions trop épaisses, où ils ne peuvent sécher, et il faut s'en abstenir dans les lieux humides ou souterrains et à plus forte raison sous l'eau, où ils se délayent complétement.

Le mortier prend une plus grande consistance que l'hydrate de chaux pur, et l'adhérence de celui-ci à la pierre est plus grande que sa cohésion. Il convient, pour faciliter le durcissement du mortier, qu'il ne soit pas placé en couches trop épaisses entre les pierres. Il est convenable aussi que les pierres ne soient pas trop sèches, sans quoi elles absorbent l'eau de l'hydrate, lequel, durcissant trop promptement, n'acquiert pas toute la consistance dont il est susceptible. C'est ce qui explique pourquoi on projette de l'eau sur la surface des pierres qui sont trop sèches, avant d'y appliquer le mortier.

Une propriété particulière à la chaux grasse est que son volume augmente à l'extinction au moins du quart de son volume primitif, souvent de deux fois et demi ce volume, et quelquefois de trois à quatre fois. Cette chaux est celle qui profite le mieux aux entrepreneurs, à cause de la grande quantité de mortier qu'elle fournit; on l'emploie pour les maçonneries ordinaires, mais il faut s'en abstenir pour les travaux hydrauliques ou souterrains, attendu qu'elle ne durcit qu'imparfaitement.

Dans un volume d'eau indéfini, la chaux grasse se combine rapidement avec un poids d'eau à peu près égal aux 0,25 du sien; retirée et exposée à l'air, elle fuse avec dégagement de chaleur en se réduisant en poudre impalpable. L'*hydrate de chaux* obtenu peut encore absorber une grande quantité d'eau, mais sans qu'il y ait ni combinaison, ni dégagement de chaleur. Cet excès d'eau, qui donne naissance à une pâte plus ou moins ferme, peut se dégager en assez grande quantité par le rebattage pour qu'il soit inutile d'en ajouter de la nouvelle quand on fabrique le mortier.

Les mortiers de cette chaux restent mous, comme le ferait la chaux seule, quand on les prive du contact de l'air, ou plutôt de l'acide carbonique.

D'après M. Vicat, 100 parties de chaux grasse absorbent, en se solidifiant, 74 parties d'acide carbonique et en retiennent 17 d'eau.

2° *Chaux maigre*. Quand le calcaire soumis à la cuisson renferme des quantités notables de matières étrangères, telles que sable quartzeux, oxydes de fer et de manganèse, carbonate magnésien, la chaux obtenue, dite *chaux maigre*, développe peu de chaleur quand on la met en contact avec l'eau ; elle foisonne moins que la chaux grasse, et ne forme pas une pâte liante. Comme la chaux grasse, elle durcit à l'air avec le temps, et aussi se désagrége dans l'eau. A défaut d'autre, on l'emploie aux mêmes usages que la chaux grasse.

3° *Chaux hydraulique.* Si la matière étrangère que contient le calcaire est de l'argile (28), ou de la silice dans un certain état de division, et que sa proportion s'élève au moins de 10 à 15 pour 100 du poids du calcaire, la chaux qui en résulte est encore une *chaux maigre ;* elle ne foisonne pas ou ne foisonne que très-peu, et ne développe pas de chaleur à l'extinction ; mais elle jouit de la propriété remarquable de faire prise sous l'eau, après un temps plus ou moins long, pourvu qu'elle n'ait pas été trop fortement calcinée. Cette propriété lui a fait donner le nom de *chaux hydraulique.*

L'hydraulicité de cette chaux est due à ce que dans la cuisson du calcaire il s'établit une combinaison chimique entre la chaux et la silice divisée à laquelle elle est mélangée, soit que cette dernière y existe à l'état libre, soit qu'elle s'y rencontre à l'état d'argile. En effet, si on traite la chaux hydraulique par un acide, on met en liberté de la silice en gelée, ce qui prouve que cette substance s'y trouvait à l'état de combinaison. D'une autre part, en mélangeant du sable quartzeux avec une quantité convenable de carbonate de chaux, on n'obtient jamais qu'une chaux maigre non hydraulique ; tandis que si l'on remplace le sable par un poids égal de silice gélatineuse desséchée, puis amenée sous forme de poussière farineuse, on obtient une chaux douée de propriétés hydrauliques.

Ces expériences montrent que la solidification des chaux hydrauliques sous l'eau provient d'une combinaison qui se fait entre l'hydrate de chaux et les silicates d'alumine et de chaux ; cette combinaison détermine une nouvelle agrégation de la matière, et rend la chaux insoluble. Ces expériences font voir, en outre, la possibilité de fabriquer artificiellement des chaux hydrauliques en mélangeant du carbonate de chaux et de l'argile dans des proportions convenables.

L'argile et la silice désagrégée ne sont pas les seules matières qui communiquent à la chaux des propriétés hydrauliques. La magnésie produit, à un moindre degré il est vrai, un effet semblable. Le carbonate de chaux lui-même, lorsqu'il est mélangé dans des proportions convenables à la chaux, lui fait acquérir de faibles propriétés hydrauliques : tel est le résultat que présentent les incuits.

La chaux hydraulique éteinte à la manière ordinaire solidifie, comme la chaux grasse, une certaine quantité d'eau, et forme, avec une addition d'eau, une pâte plus ou moins ferme, laquelle, exposée à l'air, se solidifie en absorbant une moindre quantité d'acide carbonique que la chaux grasse, et en retenant également une certaine proportion d'eau.

D'après M. Vicat, 100 parties d'une chaux hydraulique contenant 1/5 de son poids d'argile absorbent, en se solidifiant, 54 parties d'acide carbonique et en retiennent 15 d'eau. Ainsi, ce produit, composé de 100 parties de chaux, 25 d'argile, 67,5 d'acide carbonique et 18,7 d'eau, est encore un hydro-carbonate de chaux, dans lequel l'argile paraît être en dehors de la combinaison.

4° *Chaux ciment* ou *ciment romain*. On trouve dans la nature des mélanges intimes de calcaire et d'argile, des *calcaires argileux*, qui donnent immédiatement des chaux hydrauliques à la cuisson. On a reconnu par expérience que, pour qu'un calcaire possède les propriétés hydrauliques, il doit renfermer au moins de 10 à 12 pour 100 d'argile. La chaux qui en provient, gâchée avec de l'eau, durcit en vingt jours environ dans les lieux humides ou sous l'eau. Quand le calcaire renferme de 20 à 25 pour 100 d'argile, la chaux gâchée fait prise en deux ou trois jours. Enfin si le calcaire renferme de 25 à 35 pour 100 d'argile, la chaux fait prise en quelques heures, et on lui donne le nom de *chaux ciment* ou de *ciment romain*.

Lorsque les calcaires renferment plus de 30 à 35 pour 100 d'argile, ils ne donnent plus de ciment par la cuisson ; la matière ne fournit plus une pâte assez liante avec l'eau.

La chaux ciment n'est pas susceptible de fuser; mais, réduite en poudre, puis en pâte, elle prend corps très-facilement. A la cuisson, il se forme un silicate de chaux plus ou moins abondant, et la chaux qui est restée libre ne peut plus fuser, de sorte que l'eau est sans action sur toute la masse de cette chaux quand elle sort du four; mais, réduite en poudre et mouillée d'une quantité d'eau suffisante pour en faire une pâte, il se produit une cristallisation confuse, et la pâte prend corps sous l'eau, d'autant plus rapidement que le silicate est plus abondant, si toutefois il n'est pas en quantité suffisante pour nuire à l'action réciproque des molécules les unes sur les autres.

La chaux ciment fait prise d'autant plus rapidement qu'elle n'a pas été exposée à l'air depuis sa sortie du four, et, à ce moment, si on la broie et si on l'utilise immédiatement, sa prise est quelquefois si rapide qu'on n'a pas le temps de l'employer.

La cuisson des calcaires hydrauliques, et surtout celle des ciments, demande à être faite avec des précautions particulières. Si la température s'élève trop, la matière acquiert de l'agrégation, par suite d'une combinaison trop intime de la chaux avec le silicate d'alumine, et il ne se forme plus de nouvelle combinaison lorsqu'on mélange la matière avec l'eau. La chaleur doit être la plus faible possible, et seulement suffisante pour faire perdre au carbonate de chaux la plus grande partie de son acide carbonique, et à l'argile son eau.

On mélange ordinairement avec les ciments, et surtout avec les chaux hydrauliques, des sables quartzeux, dans le but d'augmenter leur dureté et de faire prendre au mortier un plus grand volume.

39. **Compositions des diverses espèces de chaux** (38). — L'analyse a fait reconnaître, comme le confirme le tableau suivant : 1° que le carbonate de chaux qui fournissait la chaux grasse contenait moins de 1/10 de matières étrangères ; 2° qu'au-dessus de 1/10, il donnait une chaux d'autant plus maigre que cette proportion de matières étrangères était plus grande ; 3° que la propriété hydraulique était due à la formation, au feu, du silicate de chaux, c'est-à-dire que la silice jouait un rôle essentiel dans la combinaison, mais que cette combinaison n'avait lieu qu'autant que la silice se trouvait en gelée ou réduite à un état de ténuité extrême dans son mélange avec le carbonate de chaux.

TABLEAU *de la composition de quelques chaux, d'après les analyses de* M. BERTHIER.

Chaux grasse de Château-Landon.............	96,40	chaux pure.
	1,80	magnésie.
	1,80	argile (silice et alumine)
Chaux maigre non hydraulique de Coulommiers..	78,00	chaux pure.
	20.00	magnésie.
	2,00	argile (silice et alumine)
Chaux moyennement hydraulique de St-Germain.	89.00	chaux pure.
	1,00	magnésie.
	10,00	argile (silice et alumine)

Chaux très-hydraulique de Senonches...........	70,00 chaux pure. 1,00 magnésie. 29,00 silice.

A ce tableau on peut ajouter :

Chaux maigre non hydraulique de Brest.........	82,30 chaux pure. 10,00 oxyde de fer. 7,70 argile.

Ces analyses font voir que la magnésie et l'oxyde de fer rendent la chaux maigre non hydraulique, et que la silice pure ou mélangée d'alumine lui communique la propriété hydraulique.

M. Berthier, en opérant par synthèse, a obtenu, pour la même composition, des chaux jouissant des mêmes propriétés que celles du tableau précédent, et il a reconnu de plus :

1° Que la silice en gelée, calcinée avec de la chaux pure, donnait un produit hydraulique;

2° Que l'alumine, la magnésie, l'oxyde de fer et celui de manganèse, calcinés un à un avec de la chaux pure, donnaient une chaux maigre ;

3° Que l'alumine et la magnésie, mêlées avec la silice, exaltaient la propriété hydraulique; mais que les proportions les plus convenables pour ce mélange étaient une partie de silice pour une partie d'alumine ou une partie de magnésie.

Avant ces analyses, M. Vicat avait remarqué que si l'on faisait cuire dans un four un mélange d'argile et de chaux éteinte ou de chaux réduite en pâte, on obtenait de la chaux hydraulique quand la proportion d'argile était au moins de 10 pour 90 de chaux, et que la chaux était d'autant plus hydraulique que la proportion d'argile était plus considérable ; mais que si cette proportion d'argile dépassait 34 pour 66 de chaux, le composé ne fusait plus.

Depuis que cette théorie a été clairement établie, on a fait, par la synthèse, des essais avec tous les composés qu'il était possible d'obtenir en faisant varier les proportions de chaux et d'argile ; ces essais ont conduit à ranger les chaux sous les dénominations suivantes :

	Argile.	Chaux.
Chaux hydrauliques, celles qui contiennent...	0,10 0,20 0,30	0,90 0,80 0,70
Limite...............	0,34	0,66
Chaux-ciments, celles qui contiennent.......	0,40 0,50 0,60	0,60 0,50 0,40
Limite...............	0,61	0,39

Ces différentes espèces de chaux se distinguent par les propriétés que nous avons énoncées précédemment.

Les chaux maigres non hydrauliques, c'est-à-dire les chaux ou carbonates de chaux dans lesquels il entre une quantité notable d'oxyde de fer ou de magnésie, ne sont pas propres à cette transformation en chaux hydraulique par le concours de l'argile et du feu ; on est obligé, pour leur donner cette qualité, d'employer, non pas de l'argile, mais de la pouzzolane ou ciment hydraulique obtenu par la calcination de l'argile calcaire (53).

Avec les chaux hydrauliques qui contiennent la limite d'argile, c'est-à-dire 34 d'argile pour 66 de chaux, on fait d'excellents mortiers qui durcissent rapidement ; mais il faut que toutes les molécules de chaux soient attaquées par l'eau au moment de l'extinction ; car, s'il en reste de libres, elles fusent seulement dans la masse, et en désagrégent toutes les parties, qui ne peuvent plus ensuite prendre aucune consistance. Pour éviter cet inconvénient, qui s'est déjà présenté, on pourrait pulvériser ces chaux limites, comme on le fait pour les chaux ciments ; toutes les molécules de chaux étant ainsi mises à peu près dans les mêmes conditions pour leur extinction, l'inconvénient signalé ne serait plus à redouter.

40. **Recherche de la chaux hydraulique.** — La chaux hydraulique est fournie par la simple cuisson du calcaire qui contient tous les éléments de cette chaux (38 et 39). Dans les localités où ce calcaire ne se trouve pas, on fabrique cette chaux en faisant un mélange intime de tous les éléments qui doivent entrer dans sa composition. On conçoit que l'on ne doit avoir recours à ce second mode de fabrication qu'à défaut de carbonate hydraulique naturel.

Lorsqu'on aura besoin de se procurer de la chaux hydraulique dans une localité, on se guidera dans ses recherches en se rappelant que c'est le mélange de l'argile au carbonate calcaire qui fournit toutes les variétés de chaux hydrauliques, et que, par conséquent, les carrières où alternent les bancs d'argile et de pierre calcaire sont celles où il y a le plus de chances de succès, quand toutefois ces bancs font partie d'une même formation. Il ne faut pas négliger ces recherches parce que dans la localité on n'a encore fabriqué que de la chaux de médiocre qualité ; cela peut provenir de l'absence ou de la mauvaise direction de recherches antérieures. Ainsi, à Paris, on a fait venir pendant longtemps de la chaux hydraulique de Senonches, qui coûtait 80 francs le mètre cubé, tandis que les buttes Montmartre, Chaumont et de Romainville contiennent en abondance des calcaires fournissant toutes les variétés de chaux hydrauliques.

Voici ce que dit M. Vicat, au sujet de la recherche des chaux hydrauliques : « Il est peu de départements, les pays granitiques exceptés, où l'on ne puisse rencontrer du calcaire argileux. Il faut le chercher avec persévérance; les indications de MM. les ingénieurs des mines peuvent être d'un grand secours; conclure la non-existence de la pierre à chaux hydraulique de la nature de la masse principale, que les accidents du sol mettent en évidence, serait une erreur; la composition du calcaire varie à chaque instant, et souvent celui que l'on cherche n'est qu'à une petite distance de la pierre à chaux commune; l'une et l'autre se trouvent quelquefois dans la même carrière, séparées seulement par un ou deux bancs. Les renseignements des maçons et des chaufourniers peuvent être d'ailleurs d'un utile concours; si on les interroge sur les diverses chaux des pays qu'ils habitent, ils ne manquent jamais de désigner les chaux hydrauliques comme les plus mauvaises, il faut insister pour qu'ils en fassent mention.

« La couleur et la texture ne peuvent fournir aucun indice certain sur la composition intime des roches calcaires; on remarque cependant que l'argile se trouve beaucoup plus fréquemment dans le tissu des pierres tendres ou d'une dureté médiocre, dont la couleur tire sur le gris sale, ou cendré, ou roux, ou bleuâtre, que dans celui des pierres dures d'une couleur claire et à texture compacte ou cristalline.

« Le calcaire argileux est d'ailleurs facilement altérable par les intempéries; il se dépouille d'une partie de son carbonate de chaux; la gelée l'émiette et le réduit en poussière, que les pluies changent en boue marneuse. Mais toutes ces données sont trop incertaines pour servir à une appréciation quelconque du degré de pureté d'une substance calcaire; la chimie peut seule résoudre ce problème; elle fournit un premier moyen très-simple de dosage : on broie la pierre, on passe la poudre au tamis de soie, on en met 2 ou 3 grammes dans une fiole ou dans un simple verre à boire, on y verse un peu d'eau pure pour former une bouillie claire avec la poudre; puis on y ajoute, goutte à goutte, à diverses reprises, de l'acide azotique ou chlorhydrique pur, étendu, en agitant chaque fois le vase, et cela jusqu'à ce qu'il ne se produise plus d'effervescence. Si toute la poudre se dissout, ou s'il ne reste qu'un très-faible dépôt au fond du vase, c'est une preuve que la pierre essayée est pure ou à peu près pure; à moins qu'elle ne contienne du carbonate de magnésie, qui se dissout comme le carbonate de chaux, mais plus lentement et avec une moindre effervescence.

« S'il reste au fond du vase un dépôt boueux plus ou moins gris, ou verdâtre, ou roussâtre, c'est de l'argile plus ou moins pure, quelquefois mêlée de sable et de matières organiques décomposées ; en séparant ce dépôt de la dissolution au moyen d'un filtre en papier sans colle, et le calcinant dans un creuset de Hesse ou de porcelaine, et mieux de platine, après l'avoir lavé sur le filtre même, on obtiendra, par son poids comparé à celui de la poudre attaquée, la mesure exacte de l'impureté du calcaire essayé.

« Cette première opération, que chacun peut faire, indiquera approximativement quel produit on peut attendre de la calcination ou cuisson de ce calcaire, et conséquemment s'il convient au but que l'on se propose de procéder à une analyse complète et concluante. Dans ce cas, si l'on n'a pas une certaine habitude des travaux du laboratoire, il faudra s'adresser à un chimiste de profession ; ce sera, dans tous les cas, le parti le plus sûr, car les traités de chimie ne peuvent pas tout dire, et, sans une certaine habitude, il serait difficile, avec leur seul secours, de se tirer convenablement d'une analyse tant soit peu compliquée.

« Une précaution essentielle, que nous recommandons à ceux qui ont intérêt à connaître la composition homogène d'une roche argilo-calcaire en place, c'est de ne pas la juger par celle de ses affleurements; on devra l'attaquer assez profondément pour arriver aux parties que l'air, la pluie et la gelée n'ont jamais pu atteindre; les modifications chimiques produites par ces intempéries sont souvent considérables ; il en résulte ordinairement un grand appauvrissement en carbonate de chaux. »

Il arrive souvent qu'au-dessus et au-dessous d'un banc de calcaire argileux se trouve du calcaire pur ; dans ce cas, pour s'assurer des propriétés de la chaux, on est obligé d'avoir recours à quelques essais.

Si, en traitant le calcaire par l'acide chlorhydrique, toute la masse se dissout, on est sûr qu'il ne peut fournir qu'une chaux grasse ; si, au contraire, il reste un produit insoluble, on doit s'attendre à obtenir une chaux maigre ; mais, pour savoir si elle est hydraulique ou non, il faut faire cuire un échantillon de cette pierre, excepté quand le résidu est un sable grossier ; car alors on est sûr que la chaux ne vaudra rien; cependant, comme les chaux maigres non hydrauliques sont rares, en comparaison de celles qui sont hydrauliques, il y a espoir de succès dès qu'on obtient ces résidus insolubles.

41. **Analyse des pierres calcaires** (*Chimie* de M. Regnault). — On a principalement à rechercher dans ces pierres : les carbonates de chaux et de magnésie, les oxydes de fer et de manganèse, l'argile et la proportion d'eau qui est en combinaison avec l'argile et les oxydes métalliques.

On calcine à une forte chaleur blanche, dans un creuset de platine, 10 grammes du calcaire en petits fragments. La perte de poids p que la matière subit représente l'acide carbonique et l'eau.

On dissout ensuite 10 autres grammes de calcaire pulvérisé dans l'acide chlorhydrique faible; les carbonates de chaux et de magnésie, les oxydes métalliques se dissolvent, l'argile seule et le sable quartzeux restent. On recueille ce résidu sur un petit filtre, et, après l'avoir lavé avec un peu d'eau bouillante, on le calcine. Le poids p' obtenu représente l'argile anhydre et le quartz. Il est facile de reconnaître à l'aspect si ce résidu se compose seulement d'argile, parce qu'il forme alors une poudre légère, douce au toucher; ou s'il renferme des grains quartzeux, que l'on reconnaît facilement au toucher. On peut séparer ces grains quartzeux par une lévigation dans un verre.

La dissolution chlorhydrique, réunie aux eaux de lavage, est évaporée à une douce chaleur pour chasser l'excès d'acide; on reprend par l'eau, et on verse la liqueur dans un flacon de deux litres, que l'on peut boucher. On remplit ce flacon d'eau de chaux saturée et bien claire (38); après avoir agité, on abandonne la liqueur au repos : les oxydes de fer et de manganèse et la magnésie sont précipités. On décante la liqueur claire avec un siphon, après s'être assuré qu'elle présente une réaction alcaline très-prononcée, preuve que l'eau de chaux a été employée en excès. On recueille rapidement le précipité sur un filtre, on le lave, puis on le calcine. On se contente ordinairement de déterminer le poids p'' du précipité, et d'après sa couleur on juge s'il est principalement formé de magnésie ou d'hydrate de sesquioxyde de fer.

Lorsqu'on ne fait l'analyse du calcaire que sous le point de vue de son application technique, on ne pousse pas les opérations plus loin. Il est clair que si l'on retranche les poids p' et p'' du poids $(10-p)$, la différence $(10-p-p'-p'')$ représente le poids de la chaux; on détermine, par le calcul, le poids q d'acide carbonique qui forme du carbonate de chaux avec cette quantité de chaux, et le poids q' du même acide qui forme du carbonate de magnésie avec le précipité p'' donné par l'eau de chaux, si l'on compte ce précipité comme magnésie; $q+q'$ représente alors le poids de l'acide carbonique contenu dans le calcaire, et, par suite, $p-(q+q')$ la quantité d'eau.

L'équivalent de la chaux (CaO) étant 356, et celui de l'acide carbonique (CO^2) étant 275, le poids d'acide carbonique qui se combine avec celui $(10-p-p'-p'')$ de chaux pour former du carbonate de chaux est :

$$q = (10 - p - p' - p'') \times \frac{275}{356}.$$

L'équivalent de la magnésie (MgO) étant 258, on a de même :

$$q' = p'' \times \frac{258}{356}.$$

Si l'on désire connaître d'une manière plus complète la composition du calcaire, il faut soumettre à l'analyse le précipité donné par l'eau de chaux. Ce précipité, outre les oxydes de fer, de manganèse et la magnésie, peut renfermer un peu d'alumine, provenant de ce que l'argile du calcaire a été légèrement attaquée par l'acide chlorhydrique, si l'on a employé celui-ci dans un trop grand état de concentration.

On dissout le précipité dans l'acide chlorhydrique, et on verse dans la liqueur un léger excès d'ammoniaque; la quantité de sel ammoniac, qui se forme par la saturation, est suffisante pour empêcher la précipitation de la magnésie et de l'oxyde de manganèse; l'oxyde de fer et l'alumine se précipitent seuls. On les recueille sur un petit filtre, afin d'en séparer la liqueur, et on les redissout immédiatement, en arrosant le filtre avec quelques gouttes d'acide chlorhydrique affaibli; puis on verse dans la liqueur un excès de potasse caustique, qui précipite l'hydrate de peroxyde de fer et redissout l'alumine. Le peroxyde de fer doit être bien lavé à l'eau bouillante, parce qu'il retient avec opiniâtreté une petite quantité de potasse. Quant à la liqueur alcaline qui renferme l'alumine, on la sature par de l'acide chlorhydrique, et on précipite à chaud l'alumine par du carbonate ou de l'hydrosulfate d'ammoniaque.

Pour séparer la magnésie et l'oxyde de manganèse, on verse dans la dissolution qui les contient un peu d'hydrosulfate d'ammoniaque, qui précipite du sulfure de manganèse; puis, après la séparation de ce sulfure, on verse du phosphate d'ammoniaque, qui précipite la magnésie à l'état de phosphate ammoniaco-magnésien.

On peut faire l'analyse du calcaire magnésien d'une autre manière, en dosant directement la chaux, au lieu de la déterminer par différence, comme dans la méthode précédente. On dissout le calcaire dans l'acide chlorhydrique faible, on sépare l'argile insoluble, on sature la liqueur avec de l'ammoniaque, qui précipite le peroxyde de fer et l'alumine. Mais on ne précipite pas la magnésie, ni l'oxyde de manganèse, parce que la liqueur renferme beaucoup de sels ammoniacaux. On laisse reposer le précipité en tenant le vase bouché ; on décante la liqueur, et on recueille le précipité sur un filtre. Il est important d'opérer rapidement, afin d'éviter que l'ammoniaque n'absorbe de l'acide carbonique à l'air, et, par suite, ne précipite du carbonate de chaux. On verse dans la liqueur filtrée de l'oxalate d'ammoniaque, qui donne un précipité d'oxalate de chaux, et ne précipite pas la magnésie, à cause des sels ammoniacaux qui existent dans la dissolution. L'oxyde de manganèse et la magnésie sont ensuite séparés successivement, comme dans la précédente méthode.

42. Chaux hydraulique artificielle. — Lorsque les recherches et les essais précédents ne conduiront à aucun résultat satisfaisant, on aura recours à la chaux hydraulique artificielle, que l'on fabriquera, en réunissant tous ses éléments, par l'un des deux procédés que nous allons examiner.

Le premier de ces procédés consiste à mélanger à du carbonate calcaire, réduit en bouillie, de l'argile dans la proportion qui donne à la chaux le degré d'hydraulicité dont on a besoin (39). Le mélange, réduit en pains et soumis à la cuisson, fournit de bons produits.

Le calcaire marneux, qui est ordinairement friable, se reconnaît facilement à sa composition d'argile et de carbonate de chaux, et à la facilité avec laquelle il s'écrase et peut se réduire en bouillie. Comme il contient toujours une certaine quantité d'argile, quelquefois assez grande pour produire de la chaux hydraulique ou de la chaux-ciment, pour déterminer la dose d'argile à y ajouter, on est obligé de le soumettre préalablement à des essais chimiques ou à des essais de cuisson.

Ainsi, dans ce premier procédé, on se procure des calcaires très-tendres, tels que de la craie, du tuf ou de la marne friable, faciles à broyer et susceptibles de former une pâte fine et liante avec l'eau ; on se procure également une argile aussi pure que possible, ou tout au moins une bonne terre à poterie. D'après la composition des deux matières, on règle la proportion dans laquelle elles doivent entrer dans le mélange, que l'on opère tantôt à l'aide de meules ou de roues verticales, garnies de herses ou râteaux, qui sont mues par un manége, et qui tournent dans une auge circulaire où l'on fait arriver de l'eau tantôt au moyen d'un robinet, tantôt au moyen de meules horizontales ou de tout autre appareil.

Il ne faut pas perdre de vue que la qualité de la chaux hydraulique artificielle dépend autant de l'intimité du mélange que du choix des matières.

Le mélange s'effectue d'autant plus vite, et il devient d'autant plus parfait, qu'on lui donne une consistance plus voisine de celle d'une forte houille. On en rapproche ensuite les parties, pour l'amener à un degré de consistance qui permet de le mouler en pains ou mottes que l'on soumet à la cuisson.

Par ce premier procédé, le calcaire devant être écrasé, comme le calcaire marneux et la craie sont seuls susceptibles d'être soumis économiquement à cette opération, en leur absence on aura recours au second procédé, qui consiste à mélanger une proportion convenable d'argile à de la chaux grasse éteinte et amenée à l'état de pâte, et à soumettre ce mélange, réduit préalablement en pains, à une seconde calcination.

D'après M. Vicat, les chaux ordinaires très-grasses peuvent comporter 20 d'argile pour 100 de chaux, les moyennes en ont assez de 15 à 10, et 6 suffisent pour celles qui ont déjà quelques qualités hydrauliques. Lorsqu'on force la dose d'argile censée anhydre jusqu'à 30 ou 44 pour 100 de chaux censée vive ou caustique, le produit que l'on obtient ne fuse pas, mais il se pulvérise facilement et donne, lorsqu'on le détrempe, une pâte qui prend très-promptement corps sous l'eau et qui a toutes les propriétés d'une chaux éminemment hydraulique. Les qualités de l'argile peuvent d'ailleurs influer aussi sur les proportions.

Une fois que les proportions des matières qui doivent entrer dans la chaux sont déterminées, on en opère le mélange au moyen d'un manége semblable à celui que l'on emploie à la fabrication des mortiers dans les grands chantiers de construction.

43. Cuisson de la pierre à chaux. — Pour obtenir la chaux, on calcine le carbonate calcaire dans des fours à feu continu ou dans des fours à feu discontinu, en employant comme combustible, suivant les localités, le bois de corde, les fagots, la bruyère, les houilles sèches, l'anthracite, les lignites et la tourbe, et très-rarement le charbon de bois ; le coke convient parfaitement à cette cuisson.

La forme des fours varie avec la nature du combustible. Pour le bois et la bruyère, qui brûlent avec une longue flamme, on construit, en briques ou autres matériaux aussi réfractaires que possible, de vastes chambres, tantôt prismatiques, tantôt cylindriques, beaucoup plus hautes que larges, avec une ouverture plus ou moins étroite par le bas ; on les remplit avec de la pierre réduite au volume de petits moellons, et de telle sorte que la charge soit supportée par une ou deux petites voûtes construites à sec, avec les matériaux de la fournée les plus convenables à cette construction. L'entrée de ces voûtes correspond à celle de l'ouverture ménagée dans le bas du four ; c'est le foyer où se brûle le combustible, dont la flamme, s'insinuant par les vides des petites voûtes, porte de proche en proche l'incandescence dans toutes les parties du chargement.

Le temps qu'exige la cuisson varie, selon l'état hygrométrique du calcaire et la qualité du bois, de cent à cent cinquante heures pour un four de 75 à 80 mètres cubes de capacité ; c'est par le tassement de la charge, arrivée de 1/6 à 1/5 de sa hauteur, que les chaufourniers jugent la cuisson terminée ; chaque mètre cube de chaux exige en moyenne 1st,66 de bois de corde essence de chêne, 22 stères de fagots ordinaires, ou 30 stères de paquets de genêt ou bruyère. Ces chiffres, on le comprend, peuvent varier par une foule de circonstances, dépendant de la qualité du bois, et de la grosseur et de la densité de la pierre.

La calcination à feu continu est la méthode à laquelle on donne la préférence, parce que le four étant toujours en feu, on économise le combustible que l'on consommerait à chaque fournée pour élever la température de la masse d'un four à feu discontinu. Cette méthode permet d'employer les combustibles sans flamme, tels que le coke, la houille sèche et l'anthracite. Le calcaire, réduit d'abord par le cassage en morceaux de la grosseur du poing, se cuit au contact même du combustible.

Les fours sont des plus simples ; ils ont intérieurement une forme ovoïde, ou celle d'un tronc de cône renversé; la figure 2 représente la coupe par l'axe d'un four de cette dernière disposition. La base inférieure a au moins 1 mètre de diamètre, et a quelquefois jusqu'à 3m,30; le diamètre de la base supérieure varie de 2 à 6 mètres, et la hauteur du four de 3 mètres à 10m,80.

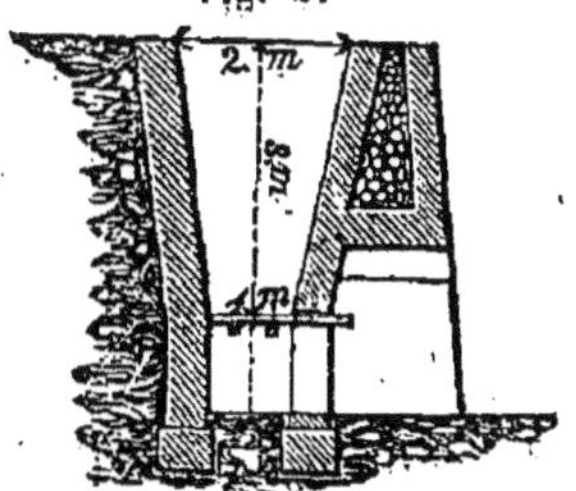

Fig. 2.

La partie supérieure de ces fours contenant du calcaire, tandis que celle inférieure renferme de la chaux cuite, il en résulte que dans l'étendue de la hauteur du four on trouve tous les états intermédiaires entre la pierre calcaire crue et la chaux.

Le chargement de ces fours se fait par assises alternatives de pierre et de charbon, et par le haut, au fur et à mesure que la chaux est retirée par le bas. Pour commencer un chargement, on dispose d'abord, dans le bas du four, une voûte en pierre calcaire, que l'on repose sur des barres de fer qui forment une espèce de grille, et, dans le foyer qui est réservé sous cette voûte, on fait un feu de bois qui allume une première couche de houille, de 0m,05 à 0m,07 d'épaisseur, que l'on couvre d'une couche de calcaire de 0m,16 à 0m,22 d'épaisseur, sur laquelle on jette, à la pelle et de manière à remplir les interstices des pierres, une seconde couche de houille semblable à la première; on place alors une seconde couche de calcaire, et on continue ainsi de suite jusqu'à la partie supérieure du four, en ayant bien soin de ne placer de nouvelles couches qu'au fur et à mesure que le feu s'élève.

Lorsque la pierre du bas du four est cuite, on la fait couler avec un ringard, et on la retire, en réglant la vitesse d'enlèvement sur le temps reconnu nécessaire pour la calcination de la pierre, temps qui est ordinairement de vingt-quatre à trente-six heures. A mesure que la masse s'affaisse, on a soin de placer de nouvelles couches de calcaire et de houille pour remplir le four, que l'on vide à peu près par tiers de sa hauteur.

On aurait une cuisson longue et imparfaite, si l'on mettait au four de gros blocs de pierre; pour faciliter la calcination et la rendre égale, on casse le calcaire en morceaux de 0m,05 à 0m,07 de côté; les pains de chaux artificielle peuvent avoir de plus grandes dimensions. La quantité de houille brûlée varie de 1h,50 à 2 hectolitres ou 2h,75 par mètre cube de calcaire; quand la pierre contient des matières bitumineuses, on ne brûle parfois que 1 hectolitre de houille par mètre cube de chaux calcinée.

44. **Indices d'une bonne cuisson.** — La chaux vive, de quelque nature qu'elle soit, pour être cuite au degré convenable, doit fuser promptement et complétement dans l'eau. Si elle est trop calcinée, elle reste quelquefois un jour ou deux dans l'eau sans avoir subi une extinction complète. Pour être de bonne qualité, les chaux ne doivent contenir aucune matière étrangère, ni aucun biscuit ou durillon de quelque nature que ce soit.

Les bonnes chaux hydrauliques bien cuites se reconnaissent facilement à leur légèreté, à leur consistance crayeuse, et à l'effervescence qu'elles font avec l'eau, lorsqu'elles n'ont pas encore été éventées. Quand, au contraire, elles sont lourdes, compactes, vitrifiées légèrement sur les arêtes des morceaux, et longtemps inactives après l'immersion, c'est que le terme de la bonne cuisson a été dépassé. Si elles fusent superficiellement, en laissant un noyau, c'est que la cuisson est incomplète.

Les pierres à chaux perdent dans leur calcination parfaite environ 0,45 de leur poids primitif, par l'effet de l'évaporation de toute l'eau et de l'acide carbonique qu'elles contiennent. La diminution est moins grande en volume qu'en poids; quoique très-variable selon les diverses espèces de pierres, on l'évalue assez généralement à 0,1 ou à 0,2 du volume primitif. On conçoit que cette évaluation ne peut être qu'approximative, car la pierre calcaire se réduisant en fragments plus minimes à la calcination, la même mesure en contiendra une quantité moindre après cette opération qu'avant, attendu que plus on divise la chaux, plus le volume d'une même masse est considérable.

45. **Prix de revient de la chaux.** — 1° Les résultats suivants, fournis par la chaux hydraulique de Malause, près Agen (Lot-et-Garonne), par celle très-peu hydraulique de Vinassan, près Narbonne (Aude), et par celle de Béziers (Hérault), que nous avons fait employer sur nos travaux, pourront servir à fixer *à priori* le prix de revient du mètre cube de chaux. La calcination s'opère dans des petits fours à feu continu, de $1^{m},50$ de diamètre en gueule, et de $4^{m},50$ à 5 mètres de hauteur, fournissant en moyenne 25 mètres cubes de chaux par jour.

	fr.
1m,25 de pierre calcaire, à 2 fr. 50 c.	3,12
2h,50 de houille de Cramaux, à 2 fr. 80 c.	7,00
Main-d'œuvre payée au chaufournier pour cassage de la pierre, enfournage, conduite du feu, défournage, triage et chargement sur voitures. (La journée est de 3 fr. pour le chaufournier, et de 1 fr. 50 c. pour le manœuvre)	2,50
Construction du four, frais de hangar, enlèvement des détritus, etc...	0,50
	13,12
Déchet, un dixième	1,31
Prix brut du mètre cube de chaux près du four	14,43

2° La calcination du calcaire du Theil (Ardèche), qui se fait sur les travaux des ports de Marseille, Toulon et Alger, exige, à Alger, les dépenses suivantes par 1 000 kilogrammes de chaux réduite en poudre par extinction (le mètre cube de cette chaux blutée pèse en moyenne 683 kilogrammes).

	fr.
1 500 kilogrammes de calcaire à 35 fr. 75 c. les 1 000 kilogrammes. (Le prix du transport de 1 000 kilogrammes de calcaire du Theil à Alger revient à 25 fr.)	53,62
180 kilogrammes de houille de la Grand'Combe, à 3 fr. 95 c.	7.11
Cassage de la pierre, conduite du four, etc.	1,70
Extinction en poudre et repassage à la pelle	1,95
Mise en sacs	0,56
Établissement du four, frais divers, etc.	0,75
Prix de revient de 1 000 kilogrammes au four, à Alger	65,69

46. **Provenances des chaux.** — Presque tous les départements de la France fournissent des chaux grasses et des chaux hydrauliques. Les plus réputées parmi ces dernières sont celles du Theil (Ardèche), de Montélimart (Drôme), de Doué (Maine-et-Loire), de Paviers (Indre-et-Loire); de la Hève, de Saint-Quentin, de Sassenage (Isère); d'Angoumé (Basses-Pyrénées); de Castelnaudary (Aude); d'Echoisy (Charente); des Morins (Gironde); de la Mancelière (Eure-et-Loire); de Rochefort (Var), de Tournay, de Senonches, etc.

47. **Chaux employées à Paris.** — Les chaux que l'on emploie à Paris et dans ses environs proviennent de Champigny, Sèvres, Meudon, Marly, Essonnes, Melun, Senlis et Rambouillet; ces deux dernières sont très-estimées. Autour de Paris il existe aussi des fabriques considérables de chaux, dans lesquelles on fait des chaux hydrauliques naturelles et artificielles; les produits de celles de

la Gare, de Vaugirard, des Moulineaux et des buttes Chaumont ne laissent rien à désirer, quand ils ont été préparés avec les soins convenables. L'achèvement des canaux et des chemins de fer aboutissant à Paris permet d'y faire venir avec avantage les chaux hydrauliques de Tournay, de Cassel, de Metz, de Senonches, de Saint-Quentin, de Ville-sous-la-Ferté, d'Echoisy, de la Mancelière, etc.

48. **Mesurage et transport de la chaux.** — Les chaux vives, soit grasses, soit hydrauliques, se livrent au poids dans des tonneaux ou dans des sacs, ou au mètre cube dans des voitures bien fermées, que l'on a soin de recouvrir de paillassons ou de toiles, afin de préserver la chaux du contact de l'air atmosphérique et surtout de la pluie.

Dans le transport de la chaux vive en pierres de la fabrique à pied d'œuvre, sur les ateliers de construction, il se produit dans le contenu des voitures un tassement sensible, qui dépend non-seulement de la nature de la chaux, mais aussi de la distance à parcourir et de l'état des chemins. On a reconnu par expérience que le tassement des chaux hydrauliques de Paris, transportées en voiture sur un chemin pavé, d'une longueur de 4 à 5 kilomètres, peut être évalué à 1/8 du volume de la chaux au point de départ. Pour des voitures chargées au four à chaux des Moulineaux, nous avons remarqué que chaque chargement de $1^{m.c.},70$ était réduit à $1^{m.c.},49$ en arrivant sur l'atelier de construction. L'on conçoit, d'après cela, qu'il est important de mentionner si la chaux est mesurée au four ou amenée à pied d'œuvre, quand on évalue son foisonnement (51).

49. **Conservation de la chaux.** — Pour conserver à la chaux la qualité qu'elle possède à sa sortie du four, ce qui est d'une grande importance, il faut avoir soin, soit à la fabrique, soit sur le chantier, de la mettre à l'abri sous les hangars, ou mieux dans des caisses ou tonneaux hermétiquement fermés ; avec cette dernière précaution, on peut conserver la chaux au moins une année, sans qu'elle ait perdu sensiblement de ses qualités.

Pour conserver parfaitement la chaux hydraulique, dit M. Vicat, il faut commencer par étendre sur le sol d'un hangar, ce sol étant maintenu à l'abri de l'humidité, une couche de chaux de $0^m,15$ à $0^m,20$ d'épaisseur, réduite en poudre par immersion ; ensuite sur cette couche on empile la chaux vive, en la serrant avec une masse de bois, pour diminuer les vides autant que possible. On termine le monceau par des talus assez doux, qu'on recouvre d'un dernier lit de chaux prise au moment où elle vient de subir l'immersion ; celle-ci, en tombant en poussière, se loge dans les intervalles de la chaux vive en pierre, et l'enveloppe assez bien pour la défendre du contact de l'air et de toute humidité. Une expérience faite sur un tas de 60 mètres cubes de chaux vive a justifié de l'efficacité de ce procédé ; la chaux retirée du tas s'échauffait et fusait encore très-bien après cinq mois d'un hiver constamment pluvieux.

50. **Extinction de la chaux.** — Cette opération se fait de quatre manières différentes :

1° *Extinction par fusion* ou *extinction ordinaire.* — Elle se fait en plaçant la chaux dans des bassins avec une quantité d'eau convenable pour la réduire en bouillie épaisse. Ces bassins sont construits en maçonnerie sur les chantiers d'une grande importance, et dans les autres cas on les fait avec des plats-bords réunis entre eux au moyen de chevillettes ou maintenus par des piquets en bois, en ayant soin de les garnir de glaise ou de plâtre pour empêcher le passage de l'eau. Pour les chaux grasses, il faut avoir soin de mettre d'une seule fois dans le bassin le volume d'eau convenable, afin de n'être pas obligé d'en ajouter de nouvelle pendant l'effervescence ; si, par manque de précautions, la quantité d'eau était insuffisante, il faudrait attendre le refroidissement pour ajouter celle qui fait défaut.

La méthode suivante, que l'on emploie quelquefois, et qui consiste à noyer la chaux dans une grande quantité d'eau, de manière à l'amener à une consistance laiteuse, et à la verser ensuite dans des fosses perméables où elle perd l'eau qui est en excès, doit être proscrite, comme faisant perdre à la chaux une grande partie de ses qualités.

Lorsque l'on veut conserver la chaux après son extinction, on la recouvre de sable, que l'on humecte de temps en temps.

Extinction par fusion appropriée à la chaux hydraulique, d'après M. Vicat :

« La chaux hydraulique prise vive et en pierres se jette à la pelle dans un bassin imperméable, où on l'étend par couches d'égale épaisseur (de $0^m,20$ à $0^m,25$) ; on amène l'eau au fur et à mesure, et de telle manière qu'elle puisse circuler et pénétrer avec facilité dans les vides que les morceaux de chaux vive laissent entre eux. L'effervescence ne tarde guère à se manifester ; on continue à jeter alternativement de la chaux et de l'eau; mais il faut bien se garder de brasser la matière et de la réduire en laitance, selon la mauvaise habitude de quelques maçons; seulement, quand par hasard quelques pellées de chaux fusent à sec, on y dirige l'eau par des rigoles que l'on trace légèrement dans la pâte avec une pelle; et de temps en temps on enfonce un bâton pointu dans les endroits où l'on soupçonne que l'eau a pu manquer : si le bâton en sort enduit d'une couche gluante, l'extinction est bonne; s'il s'en élève au contraire une fumée farineuse, c'est une preuve que la chaux fuse à sec : on élargit alors le trou, on en fait d'autres à côté, et l'on y amène l'eau.

« On ne doit éteindre ainsi que la quantité de chaux hydraulique dont on a besoin pour la consommation d'une ou deux journées au plus. Deux bassins séparés, ou deux capacités dans le même bassin, sont indispensables; on commence à remplir l'un quand l'autre est près d'être vidé. C'est ordinairement sur la fin du jour que l'extinction a lieu; par ce moyen, la chaux a au moins vingt-quatre heures pour travailler, et les fragments paresseux se divisent tous.

« La chaux éteinte comme il vient d'être dit est déjà très-ferme le lendemain; il faut la piocher, ou tout au moins la couper avec une pelle tranchante pour l'extraire. Il semble qu'en cet état elle ne puisse plus être ramenée à l'état de pâte sans une addition d'eau, mais c'est une erreur.

« Si, au lieu d'être prise vive, la chaux hydraulique a déjà subi l'immersion, les bassins deviennent inutiles; la réduction en pâte se fait au fur et à mesure que la consommation l'exige : on règle la dose d'eau de manière à atteindre à peu près le même degré de consistance que par l'autre procédé. »

2° *Extinction sèche par immersion ou aspersion.* — Cette méthode consiste à plonger, à l'aide d'un panier, la chaux dans l'eau pendant quelques secondes, et à l'en retirer subitement avant tout commencement de fusion pâteuse; elle siffle, éclate avec bruit, répand des vapeurs brûlantes et tombe en poussière. On arrive au même résultat par une aspersion d'eau, faite au moyen d'un arrosoir, sur la chaux vive étalée sur une aire en une couche de 0m,10 à 0m,15 d'épaisseur. Dans l'un et l'autre cas, il est bon d'entasser immédiatement la chaux pour concentrer la chaleur dégagée; par là, on facilite et on accélère la réduction en poudre. Ainsi réduite, la chaux ne s'échauffe plus avec l'eau; elle en retient de 18 à 20 pour 100 si elle est grasse, et de 20 à 30 si elle est hydraulique.

Ce mode d'extinction s'emploie chaque jour de plus en plus, et il est appliqué sur beaucoup de grands ateliers. La forme pulvérulente qui en résulte permet de transporter la chaux au loin, en l'expédiant dans des sacs ou dans des barils; elle peut même traverser les mers. Dans les fabriques bien organisées, on a soin de bluter la chaux après sa réduction en poudre, afin d'en séparer les parties solides provenant d'un défaut de cuisson ou de la composition hétérogène de certains noyaux dont les masses calcaires sont souvent pénétrées.

3° *Extinction par aspersion.* — Elle consiste à placer la chaux vive dans un bassin circulaire que l'on forme avec du sable, à jeter dessus une quantité d'eau suffisante pour la réduire en pâte, à la couvrir immédiatement avec le sable, et à ne l'agiter et faire le mortier que quand la fusion est complète. Pour la chaux grasse, il se produit un dégagement de chaleur qui facilite l'extinction, laquelle est complète au bout de deux ou trois heures. Ce procédé est beaucoup employé par les paveurs et par les maçons de province; mais pour la chaux hydraulique, on lui donne rarement la préférence sur le mode d'extinction par fusion.

4° *Extinction spontanée.* — Elle se fait en soumettant la chaux vive à l'action lente et continue de l'atmosphère, dont elle absorbe l'humidité en se transformant en hydrate de chaux (38). Cet hydrate contient 0,22 de son poids d'eau, et, en y ajoutant une certaine quantité d'eau, on obtient une pâte propre à fabriquer du mortier. Ce mode est rarement employé pour les chaux hydrauliques, lesquelles perdent de leurs qualités à l'air; mais il convient pour les chaux grasses, dont l'exposition à l'air transforme quelques particules en carbonate de chaux, ce qui facilite le durcissement. On doit prendre toutes les précautions possibles pour préserver les chaux du contact de l'air et de l'humidité, lorsqu'elles ont été éteintes par ce procédé.

Remarque. Suivant M. Vicat, l'extinction sèche par immersion ou aspersion (2°) doit être préférée pour les chaux grasses, vu qu'il en résulte une augmentation de près des deux tiers pour la force des mortiers; mais la valeur de ces derniers augmente en raison de la plus grande quantité de chaux vive qui y est introduite, quoique sous un égal volume de pâte. Les chaux hydrauliques gagnent, au contraire, à être éteintes par le procédé ordinaire à grande eau; il en résulte pour l'accroissement de cohésion des mortiers une différence peu appréciable dans le cas d'exposition à l'air, mais très-sensible et de 1/5 pour le cas d'immersion constante.

51. **Foisonnement de la chaux.** — Le foisonnement, c'est-à-dire l'augmentation de volume de la chaux à l'extinction, varie pour chaque nature de chaux et suivant le mode d'extinction. Une expérience directe donne du reste facilement le foisonnement d'une chaux que l'on veut employer.

En général, 100 kilogrammes de chaux grasse très-pure et très-vive donnent $0^{m.c.}$,24 de pâte; mais quand la cuisson date de plusieurs jours et que la chaux n'est pas très-pure, ce chiffre descend à $0^{m.c.}$,18. Entre ces limites se trouvent toutes les variations de foisonnement de ces espèces de chaux.

Les chaux communes très-grasses, éteintes en bouillie épaisse par fusion, donnent en volume jusqu'à 2 et quelquefois plus pour 1; il en est qui ne donnent que 1,30 et même 1,20: ce sont principalement les chaux maigres et communes (38).

Le foisonnement des chaux hydrauliques présente aussi de grandes variations; mais leur densité et leur composition sont trop variables pour permettre d'assigner entre des limites aussi voisines que celles de $0^{m.c.}$,24 et $0^{m.c.}$,18, fournies par 100 kilogrammes de chaux grasse, le rapport entre leur poids et leur volume après l'extinction ordinaire. Le tableau suivant donne les résultats que nous ont fournis différentes chaux hydrauliques, par mètre cube de chaux vive mesurée à pied d'œuvre (48).

DÉSIGNATION DE LA CHAUX.	MODE D'EXTINCTION.	VOLUME après LA FUSION.
		m. c.
Chaux hydraulique de Bourgogne..........	Fusion.	1,55 de pâte.
Id. id..............	Immersion.	1,85 de poudre.
Chaux hyd. naturelle des buttes Chaumont.	Fusion.	1,50 de pâte.
Id. id. id.	Immersion.	1,78 de poudre.
Chaux hydraulique artificielle id.	Fusion.	1,59 de pâte.
Id. id. id.	Immersion.	1,75 de poudre.
Chaux hydraulique d'Issy................	Fusion.	1,62 de pâte.
Chaux hydraulique naturelle des Moulineaux	Id.	1,47 Id.
Chaux moyennement hydraulique de la Hève.	Id.	1,75 Id.
Id. id. id.	Immersion.	2,00 de poudre.
Chaux du Theil....................	Id.	1,24 Id.

Pour la chaux éteinte en poudre, il s'opère une contraction par le gâchage, qui peut varier de $0^{m.c.},62$ à $0^{m.c.},80$ de pâte pour 1 mètre cube de poudre.

52. **Moyen de reconnaître le degré d'hydraulicité des chaux naturelles ou artificielles.** — Il consiste à mettre la chaux à essayer dans un verre, immédiatement après son extinction, en la recouvrant d'une quantité d'eau égale au tiers de la profondeur du verre. Si elle est de bonne qualité, elle doit avoir fait prise, au plus tard, huit ou dix jours après son immersion, de manière à supporter, sans dépression, une aiguille à tricot d'un peu plus d'un millimètre de diamètre, limée carrément à une extrémité et chargée à l'autre d'un culot de plomb du poids de $0^{kil.},3$. Les chaux hydrauliques indiquées au tableau du numéro précédent ont toutes satisfait à cette condition, après des durées d'immersion de sept à quatorze jours.

Le tableau suivant, que nous extrayons des *Recherches sur les causes chimiques de la destruction des composés hydrauliques par l'eau de mer*, de M. Vicat, donne les indices d'hydraulicité et la composition chimique de plusieurs chaux employées pour les grands travaux publics.

DÉSIGNATION DES CHAUX.	Chaux.	Magnésie.	Silice.	Alumine.	Peroxyde de fer.	Principes inertes.	Indices d'hydraulicité.	Quotité de silice p. 1 d'alumine.
Chaux naturelles.								
Chaux du Theil, 1er choix.....	68,941	0,612	26,069	4,378	traces	»	0,45	5,25
Chaux du Theil, 2e qualité....	77,760	0,541	20,573	1,126	traces	»	0,28	12,34
— de Sassenage (Isère)..	71,989	0,507	23,609	3,893	traces	»	0,39	5,36
— de Paviers (Indre-et-Loire..........	70,850	0,476	18,261	4,997	traces	0,476	0,33	3,34
— de Doué (Maine-et-Loire)..........	75,894	0,502	11,174	3,828	2,134	5,649	0,20	2,58
— de Blancafort (Cher)..	66,410	0,31	23,84	9, 44	traces	»	0,50	2,44
— d'Emondeville (Manche)............	78,400	3,93	11,00	3, 67	3, 00	»	0,24	1,45
— de Grenoble (Isère)...	84,220	»	7,23	4, 56	0, 95	3,04	0,14	1,58
Chaux artificielles à argiles ordinaires.								
De simple cuisson..........	71,840	»	19,21	8, 95	traces	»	0,39	2,14
Id.	69,130	»	20,85	10, 02	traces	»	0,44	2,08
Chaux éminemment siliceuses.								
De simple cuisson..........	69,440	»	30,56	»	traces	»	0,44	»
De double cuisson..........	69,440	»	30,56	»	traces	»	0,44	»
De double cuisson..........	69,920	»	25,06	5, 00	traces	»	0,43	5,01
De simple cuisson..........	69,920	»	25,06	5, 00	traces	»	0,43	5,01
Chaux grasse rendue hydraulique par adjonction de ciment.............	69,500	»	16,65	6,90	3,31	3,64	0,34	3,40

53. **Pouzzolanes. Arènes.** — On désigne sous le nom de *pouzzolanes* des produits naturels ou artificiels qui peuvent se combiner immédiatement avec la chaux, et donner à cette dernière les qualités hydrauliques par le fait d'un mélange établi dans certaines proportions.

Les pouzzolanes doivent leur nom aux produits volcaniques exploités par les colonies grecques, et plus tard par les Romains, aux environs de Pouzzoles, petite ville du royaume de Naples. Ce sont des laves ou déjections volcaniques plus ou moins anciennes, modifiées par l'action du temps, et composées essentiellement de silice, d'alumine et de peroxyde de fer, auxquels s'unissent accidentellement la magnésie, la chaux, la potasse, la soude, et probablement d'autres principes, en quantités à peine pondérables. Les pouzzolanes se trouvent toujours sur les flancs ou dans les volcans allumés ou éteints. Les catacombes de Rome sont creusées dans des massifs de pouzzolane ; les anciens volcans de l'Auvergne, du Vivarais et de l'Hérault en fournissent de diverses qualités.

La composition des pouzzolanes, quant à la quantité d'argile qu'elle renferme, est encore en dehors de celle de la chaux-ciment limite (39) ; elle est ordinairement de 61 à 90 d'argile pour 39 à 10 de chaux. A l'état naturel, ou après une calcination préalable, les pouzzolanes renferment du silicate de chaux, sans qu'il y ait assez de chaux libre pour que, réduit en poudre, le silicate fasse pâte lorsqu'on le jette dans l'eau : cette poudre est tellement maigre, que sa fusion dans l'eau s'opère difficilement.

On emploie quelquefois des pouzzolanes qui ont la propriété de prendre consistance sous l'eau en vingt-quatre heures, sans être mélangées à aucune autre matière ; mais ordinairement on n'en fait usage que mélangées aux chaux grasses, dans des proportions qui communiquent à celles-ci un degré d'hydraulicité qui leur permet de durcir promptement. Le silicate étant mis ainsi, par rapport à la chaux, dans les mêmes conditions que dans les chaux plus ou moins hydrauliques, ou que dans les chaux-ciments, le mélange possède les propriétés de ces produits.

La pouzzolane varie de couleur : elle peut être blanche, noire, jaune, grise, brune ou violette ; celle de Rome est d'un rouge brun mêlé de particules d'un brillant métallique. Les meilleures pouzzolanes nous viennent d'Italie, et nous sont expédiées de Civita-Vecchia. On a aussi employé, sur les ports du littoral de la

Méditerranée, les pouzzolanes de Livourne et celles de Rachegoun (Algérie). On trouve aussi des pouzzolanes naturelles susceptibles d'un bon emploi dans le revers sud des montagnes de l'Auvergne, entre Chaudes-Aigues et la Guiolle, dans le Vivarais et à Bessan (Hérault).

On trouve aussi dans plusieurs localités des sables jouissant de quelques propriétés pouzzolaniques, lorsqu'ils ont été soumis à une légère torréfaction. Ces sables sont abondants aux environs de Brest et en plusieurs points de la basse Bretagne. Dans les environs de Saint-Astier, entre Périgueux et Mucidan (Dordogne), on trouve un sable quartzeux, à grains inégaux entremêlés d'argile brune ou jaune, en proportion variable de un quart aux trois quarts du volume total, dont les qualités pouzzolaniques sont très-prononcées, indépendamment de toute cuisson. Ces espèces de sables se désignent sous le nom d'*arènes*.

M. Avril, inspecteur général des ponts et chaussées, a fait connaître, en 1854, des roches amphiboliques ou diorites décomposées, jouissant naturellement de certaines propriétés pouzzolaniques; on les trouve en abondance aux environ de Châteaulin et de Saint-Servan, et en d'autres points de la basse Bretagne : une cuisson modérée augmente leur énergie. Ces matières ont été employées avec succès aux travaux d'art du canal de Nantes à Brest.

54. **Pouzzolane artificielle.** — La pouzzolane, comme la chaux hydraulique (42), quand on n'a pas de matières qui renferment naturellement les proportions convenables d'argile et de chaux, peut se préparer en les composant de toutes pièces. C'est ce qu'on a fait pour plusieurs grands ouvrages d'art, et notamment pour le pont aqueduc de Guétin, sur l'Allier, et pour celui de Digoin, sur la Loire, où les matières employées étaient composées de 1 partie en volume de chaux grasse cuite et éteinte à l'état de pâte molle, et de 4 parties d'argile, ou plutôt d'une terre argileuse, trouvée sur les lieux et amenée par une addition d'eau à la même consistance que la chaux. Les matières, maintenues à la consistance de pâte à briques ordinaires, se mélangeaient à l'aide d'un manége à deux roues, semblable à ceux que l'on emploie pour la fabrication du mortier sur les grands ateliers de construction. Le mélange terminé, on en mettait le produit en pains prismatiques, à bases triangulaires, au moyen d'un moule imaginé par M. Saint-Léger; deux hommes fabriquaient, en une journée de

douze heures de travail, de 3 000 à 3 500 pains, dont 650 formaient un mètre cube. On faisait ensuite dessécher les pains en les exposant au soleil. Par un beau temps d'été, la dessiccation durait de sept à huit jours, après lesquels on emmagasinait les pains sous un hangar couvert pour les abriter de la pluie, en attendant le moment de la cuisson.

On cuisait les pains avec de la houille, mais on peut employer le bois; on avait soin de ménager le feu, surtout au commencement de l'opération et jusqu'à la parfaite dessiccation des pains : avec un petit feu bien conduit, la cuisson d'une fournée peut durer de trente à quarante heures. Les fours qui servent à cette cuisson sont les mêmes que pour cuire la chaux au moyen du bois (43).

La cuisson terminée, on pulvérise la pouzzolane. M. Saint-Léger a fait pour cela usage d'un manége garni d'une meule pesant de 650 à 700 kilogrammes, laquelle se mouvait sur une plateforme entourée d'une auge circulaire contre la paroi intérieure de laquelle se trouvait un tamis incliné; un soc de charrue agitait la matière derrière la meule, et une planche, convenablement disposée, la faisait tomber de temps en temps sur le tamis, qui séparait les parties encore trop grosses de la matière convenablement broyée; les parties rejetées par le tamis étaient replacées sous la meule.

La pouzzolane fabriquée de cette manière se conserve plus facilement que la chaux hydraulique (49); de plus, elle permet de donner au mortier le degré d'énergie dont on a besoin, avantage que ne possède pas la chaux.

Les fabriques de pouzzolanes sont très-nombreuses; celles de Paviers (Indre-et-Loire), de Fagnières (Marne), de Chartres, ont été exploitées avec avantage pour les grands travaux publics. Les fabriques de chaux des environs de Paris fournissent des pouzzolanes que l'on emploie avec assez de succès pour activer la prise des mortiers; elles ont la couleur des briques ou des tuileaux écrasés.

Tableau *de la composition chimique de quelques pouzzolanes, d'après* M. Vicat.

DÉSIGNATION DES POUZZOLANES.	CHAUX.	CARBONATE de CHAUX.	MAGNÉSIE.	CARBONATE de MAGNÉSIE.	MATIÈRES INERTES.	SILICE.	ALUMINE.	PEROXYDE DE FER.	PRINCIPES solubles et volatils.	RICHESSE en principes actifs sur 100 parties.
Pouzzolanes volcaniques.										
[Pou]zzolane des fouilles de Saint-Paul à Rome.......	8,80	»	4,70	»	»	45,00	14,80	12,00	14,70	73,30
— de Naples, brune.......	8,96	»	»	»	20,00	24,50	15,75	16,30	7,63	49,21
— — grise.......	9,47	»	4,40	»	2,50	42,00	15,50	12,50	13,64	71,37
— — — dite de feu..................	»	19,67	»	6,831	7,303	33,674	14,732	9,465	8,918	48,40
— strass du Rhin........	2,33	»	1,00	»	8,570	46,250	20,715	5,585	15,550	70,29
— brune de Bessan (Hérault)..............	8,70	»	»	»	4,50	38,50	18,35	14,90	15,05	65,55
Pouzzolanes artificielles.										
[Pou]zzolane d'arène rouge sableuse d'Alger............	»	»	2,65	»	21,00	45,50	19,33	8,92	1,75	67,48
— d'argile fine ocreuse...	»	»	»	»	»	65,50	22,35	10,40	1,75	87,85
— — réfractaire de Paviers (Ind.-et-Loire)	»	»	2,30	»	14,10	49,04	32,56	»	»	83,90
— d'argile blanche........	1,00	»	»	»	»	66,50	35,50	»	»	100,00
— — de la Rance à Saint-Malo........	13,00	8,07	»	»	30,00	30,50	13,50	4,00	0,93	44,00

55. **Ciment de briques ou de tuiles.** — On obtient cette matière, qui n'est qu'une pouzzolane artificielle, en pilant et tamisant l'argile bien cuite provenant de débris de briques, de tuiles ou de poteries. Ce ciment contenant généralement moins de 1/10 de chaux, il est encore en dehors de la pouzzolane (53) ; mais celle qu'il peut contenir est combinée avec la silice, et on remarque que quand l'argile n'a pas été trop cuite, la chaux grasse mélangée avec cette matière écrasée donne un mortier qui jouit d'un certain degré d'hydraulicité. Cependant, comme la pulvérisation de la brique est coûteuse, il est préférable d'employer la pouzzolane énergique, dont une petite quantité mélangée à la chaux grasse donne de très-bons mortiers hydrauliques. A Paris, même dans les derniers temps, on a encore fait plusieurs constructions, des travaux hydrauliques principalement, avec le mortier de ciment de briques ; mais depuis que l'usage de la chaux hydraulique est devenu commun, on ne l'emploie plus guère que dans le pavage des cours de quelques propriétés.

56. **Ciment romain.** — On désigne sous ce nom des produits provenant de la cuisson complète de calcaires marneux et argileux renfermant naturellement, et en proportions convenables, tous les principes qui les rendent susceptibles d'un durcissement très-rapide dans l'air et dans l'eau, sans addition d'aucun autre corps. Ces calcaires renferment généralement plus de 23 parties d'argile pour 100 ; cette quantité peut aller jusqu'à 40 ; mais quand elle dépasse 30 pour 100, les ciments obtenus sont généralement médiocres.

C'est en 1756 que Smeaton observait le premier que la chaux provenant de la cuisson de calcaires contenant de l'argile jouissait de la propriété de durcir sous l'eau. Quarante ans après cette précieuse découverte, que MM. Berthier et Vicat ont si bien développée depuis, M. Lesage, ingénieur militaire français, fixait l'attention des constructeurs sur les propriétés hydrauliques du calcaire compacte qui compose les galets de Boulogne-sur-Mer, duquel il avait obtenu une substance qu'il désignait sous le nom de *plâtre-ciment*. D'un autre côté, MM. Parker et Wyats prenaient à Londres un brevet pour l'exploitation d'un calcaire très-argileux produisant une matière analogue à la chaux hydraulique, mais à prise beaucoup plus énergique, à laquelle ils donnèrent le nom de *roman cement*, nom impropre, conservé cependant depuis sous celui de *ciment romain*, par les industriels français, pour les produits analogues qu'ils découvrirent subséquemment, et au nombre desquels on doit classer, par rang d'ancienneté, le ciment de Pouilly, découvert par M. Lacordaire, ingénieur des ponts et chaussées, et le ciment Gariel, de Vassy, découvert en 1831 par M. H. Gariel.

Les ciments romains sont employés depuis vingt-cinq ans avec de grands avantages dans les constructions hydrauliques. Ils possèdent à un degré supérieur toutes les propriétés des meilleures chaux hydrauliques, en acquérant presque instantanément, à l'air et dans l'eau, une plus grande dureté et une plus grande imperméabilité, et en adhérant encore davantage aux matériaux de construction.

Le développement donné depuis vingt-sept ans à la fabrication du ciment de Vassy, par MM. Gariel et Garnier d'abord, et par M. Gariel ensuite, a puissamment contribué à généraliser l'emploi des ciments romains dans les constructions. Le nombre des fabriques de cette matière, très-restreint il y a quinze ans, est considérable aujourd'hui, et il augmente encore chaque jour, par suite des découvertes fréquentes auxquelles les ingénieurs et les constructeurs sont conduits par l'étude des projets et l'exécution des grands ouvrages d'art, qui nécessitent souvent des déblais considérables qui font reconnaître les richesses minérales que le sol contient. Plus de vingt-cinq variétés de ciment romain figuraient à l'Exposition universelle de 1855. Mais les espèces préférées en France, et réputées pour la régularité de leur fabrication, sont celles connues sous le nom de *ciment Gariel de Vassy* (Yonne), de *ciment de Pouilly* (Côte-d'Or), fabrication Lacordaire, de *portland de Boulogne* (Pas-de-Calais), et de *ciment de Grenoble* (Isère).

Les calcaires à ciment se cuisent comme les pierres à chaux, si ce n'est qu'étant plus sujets à se fritter ils exigent plus de modération dans le feu et conséquemment moins de combustible. Les ciments ne s'éteignent ni ne font effervescence avec l'eau : il faut les traiter comme le plâtre pour les employer. Leur couleur est très-variable : brun foncé, brun clair, gris, nankin, jaune badigeon, etc., sont des nuances qui se rencontrent. Leur énergie, tant sous le rapport de la rapidité de la prise que sous celui de la dureté finale, est aussi très-variable et dépend d'une foule de circonstances. Il y a même des calcaires contenant de la silice gélatineuse dans les proportions qui semblent convenir aux ciments, auxquels aucun degré de cuisson ne peut communiquer la propriété d'une prise prompte et énergique.

On rencontre quelquefois des calcaires dont l'argile contient, outre la silice et l'alumine, de 6 à 12 pour 100 de magnésie, dont la présence paraît exalter la qualité du ciment pour les travaux à la mer.

Comme pour les chaux hydrauliques (42), on est parvenu à fabriquer des ciments artificiels en soumettant à un degré de cuisson convenable des mélanges de craie et d'argile ou de marnes plus ou moins chargées en argile ou en carbonate de chaux. Comme avec les ciments naturels, on peut obtenir ainsi, par un excès de cuisson indiqué par l'expérience, des produits à prise très-lente, mais qui acquièrent assez rapidement une dureté supérieure à celle des ciments correspondants à prise rapide. Si la chaux et l'argile que l'on emploie ne contiennent pas d'oxyde de fer, le ciment obtenu est blanc, et convient particulièrement à certains usages.

Quand un calcaire argileux n'est cuit qu'incomplétement, de manière à ne perdre qu'une partie de son acide carbonique, si on le pulvérise et qu'on le gâche à la manière des ciments, on obtient des résultats très-divers, selon le calcaire et la proportion d'acide carbonique retenu ; ainsi la prise peut avoir lieu en quelques minutes, et elle peut persister et même faire des progrès, ou bien se terminer par une désagrégation complète. Un calcaire argileux complétement cuit et éteint en pâte ayant fait prise après six jours, le même calcaire, selon qu'il contenait 20 ou 30 pour 100 d'acide carbonique, employé comme ciment, a fait prise après un mois ou après quinze minutes.

A quelques exceptions près, les ciments convenablement cuits s'éventent peut-être plus facilement que le plâtre ; aussi, pour leur conserver toute leur énergie, doit-on les garantir avec soin du contact de l'air et de l'humidité ; ils font prise en quelques minutes, et quelquefois en quelques secondes, quand ils sont bien vifs, et beaucoup plus lentement, quoique non éventés, après un certain temps de conservation dans des barils. Lorsque la prise du ciment est trop rapide pour en permettre l'emploi, on peut la retarder en l'étendant en couches peu épaisses, pendant quelques jours, sous un hangar ouvert à tous vents.

Les ciments, en s'éventant, se chargent d'une quantité d'eau et d'acide carbonique proportionnée à la quantité de chaux qu'ils contiennent. En cet état, ils ne font plus prise employés seuls ; mais en les mélangeant comme pouzzolane à de la chaux grasse, ils lui communiquent la propriété hydraulique à un degré bien supérieur à celui qu'on peut obtenir d'eux à l'état vif, et de plus la durée de la prise en rend l'emploi très-facile. Selon le degré d'énergie que l'on veut communiquer à une chaux hydraulique ainsi obtenue, on mêle de 100 à 200 parties de ciment à 100 de chaux grasse. Mais si le ciment éventé est employé comme pouzzolane, il suffit de lui adjoindre de 10 à 30 parties de chaux caustique pour 100, selon que l'on veut obtenir une prise plus ou moins rapide sous l'eau.

Les ciments romains peuvent servir à hydrauliser les chaux grasses, soit par une action lente, soit par une action rapide ; dans le premier cas, on opère le mélange du ciment en poudre avec la chaux en bouillie, sans se préoccuper de la prise du ciment, qui est détruite par l'effet d'un gâchage nécessairement prolongé ; dans le second, on cherche à profiter de la vivacité du ciment, et, pour cela, on n'en opère le mélange qu'avec le mortier et au moment de l'emploi, en tenant préalablement ce mortier plus clair et moins chargé en chaux qu'à l'ordinaire (*mortier bâtard*, p. 122).

Les ciments s'emploient pour rejointoyements, pour restaurations d'édifices dégradés, pour enduits de citernes, de bassins, de fosses d'aisances, pour chapes de voûtes, pour dallages et carrelages; pour moulages d'ornements d'architecture, etc. On en fabrique aussi des tuyaux de conduite pour les eaux et pour le gaz d'éclairage ; ils rendent d'éminents services pour les travaux à la mer, où on a surtout besoin d'une prise instantanée ; mais tous ne résistent pas indéfiniment à l'action saline.

Les ciments n'offrent, généralement, des garanties bien certaines de durée que sous l'eau, dans une terre fraîche, ou dans des lieux constamment humides ; à cette condition, ils arrivent en quelques mois à une dureté que les meilleurs mortiers hydrauliques n'atteignent, dans les mêmes circonstances, qu'après un an ou dix-huit mois.

En plein air, les rejointoyements et les enduits extérieurs en ciment tiennent difficilement, à cause du retrait qui les fendille et les détache des parements si on emploie des mortiers trop gras. Tout ciment mis en œuvre contient en effet, dit M. Vicat, une quantité d'eau qui, après une dessiccation en apparence complète, peut s'élever encore à 16 ou 20 pour 100. Cette eau latente n'est pas tellement fixée ou combinée, que le temps, et surtout les grandes chaleurs d'été, ne puissent en diminuer la quantité par évaporation ; de là, des gerçures profondes. L'intervention du sable est le seul moyen à opposer au retrait qui les produit, ainsi qu'aux effets destructeurs de la gelée ; encore ne réussit-il pas toujours.

TABLEAU *de la composition chimique de quelques ciments, d'après les analyses de* M. VICAT (Recherches sur les causes chimiques de la destruction des composés hydrauliques par l'eau de mer, 1857).

DÉSIGNATION DES CIMENTS.	CHAUX.	MAGNÉSIE	MATIÈRES INERTES.	SILICE.	ALUMINE.	PEROXYDE DE FER.	EAU et acide carbonique.	ACIDE sulfurique.	PRINCIPES alcalins.	PRINCIPES actifs pour 1 de chaux.
Ciments naturels.										
Ciment anglais (Médina)........	43,45	13,95	»	19,50	5,60	12,05	2,50	0,80	2,15	0,90
— de Cahors................	44,45	4,80	»	26,00	12,15	5,50	4,58	1,32	1,20	0,96
Ancien ciment de Boulogne (Pas-de-Calais)............	49,28	2,58	4,305	28,020	9,575	5,726	»	0,514	»	0,81
Ciment de Pouilly (Côte-d'Or)....	49,60	»	»	26,000	10,005	5,400	7,25	0,850	1,195	0,72
— de Grenoble (Isère).......	58,08	2,132	»	20,887	13,075	3,026	»	2,80	»	0.65
— de Guetary (B.-Pyrénées).	58,79	»	»	24,748	9,518	5,902	0,785	0,257	»	0,58
— de Vitry-le-Français.....	55,70	»	»	20,000	9,770	4,330	6,500	0,200	3,30	0,53
— d'Urrugne (B.-Pyrénées)..	63,44	1,11	»	22,75	8,75	3,75	»	0,200	»	0,51
— de la butte Chaumont (Seine)................	62,04	2,371	»	22,765	8,254	4.57	»	»	»	0,53
— de Zumaya (Espagne).....	30,90	»	6,65	25,00	18,55	7,45	7,60	»	3,85	1,41
— de Vassy (Yonne)........	49,50	»	»	17,75	6,80	7,35	3,60	5,00	»	0,41
Ciments artificiels.										
Ciment de Portland (anglais).....	63,70	»	»	20,84	6,66	5,30	2,30	1,20	»	0,43
— de Portland (français).....	61,75	»	»	25,40	7,25	4,50	1,40	»	»	0,52
— français avec argile pure...	55,555	»	»	28,72	15.725	»	»	»	»	0,80
— français avec argile pure...	60,960	»	»	25,40	14,00	»	»	»	»	0,65

57. **Ciment de Vassy.** — Les résultats remarquables obtenus dans les nombreux travaux exécutés depuis 1832 avec le ciment Gariel doivent le faire classer au premier rang, et la plupart des devis en prescrivent l'emploi pour les travaux de l'Etat.

C'est en 1831 que M. H. Gariel découvrit les carrières de ce ciment naturel, à Vassy-lez-Avallon (Yonne). Depuis, son usine a toujours été seule à fabriquer ce produit dans la localité, et l'exploitation se fait sur une échelle assez considérable pour occuper :

200 ouvriers à l'extraction du calcaire ;
150 — à la fabrication et au service des machines ;
120 — à la confection des barriques, etc. ;
500 maçons, gâcheurs et manœuvres, à l'exécution des travaux de ciment entrepris par l'exploitation ;
1 500 ouvriers appartenant pour ainsi dire à tous les corps de métier : tailleurs de pierre, poseurs, bardeurs, terrassiers, charpentiers, forgerons, etc.

En sus de ces 2 500 ouvriers environ occupés par l'exploitation de Vassy, 120 chevaux sont employés pour transporter le calcaire à l'usine et le ciment au port d'embarquement, et pour mettre en mouvement plusieurs meules et blutoirs. Une machine à vapeur de la force de 50 chevaux fait encore fonctionner les différents appareils de l'usine.

La fabrication journalière peut s'élever à 65 000 kilogrammes de ciment, soit 23 400 000 kilogrammes par année.

Le ciment de Vassy provient d'un calcaire argileux et magnésien dur, d'une couleur bleu-cendre, que l'on trouve immédiatement au-dessus du liais, et dont la composition chimique est :

Carbonate de chaux	63,8
— de magnésie	1,5
— de fer	11,6
Silice	14,0
Alumine	5,7
Eau et matières organiques	3,4
	100,0

Réduit par la calcination dans des fours à chaux ordinaires, il perd à peu près 40 pour 100 de son poids ; sa couleur devient jaune terne, et il donne à l'analyse les proportions ci-après indiquées.

Chaux	56,6
Protoxyde de fer	13,7
Magnésie	1,1
Silice	21,2
Alumine	6,9
Perte	0,5
	100,0

Après la calcination, on pulvérise le ciment à l'aide de meules verticales, mues par des manéges analogues à ceux employés dans la fabrication de la pouzzolane artificielle (54), et par une machine à vapeur ; on le tamise dans un blutoir à toile en cuivre de dix-huit fils par centimètre, et on l'enferme ensuite dans des barriques goudronnées et garnies à l'intérieur, pour en faciliter le transport et en assurer la conservation. En cet état, le ciment peut se conserver pendant plus d'une année sans rien perdre de ses qualités essentielles, pourvu qu'on ait soin de le placer dans un lieu bien sec et hors de contact avec le sol.

L'avarie du ciment ayant pour cause principale l'humidité de l'air ambiant, elle se manifeste d'abord au contact des parois de la barrique, puis elle gagne lentement, mais progressivement, jusqu'au centre ; il arrive assez souvent que le contenu d'une barrique est avarié à la surface, tandis qu'il est d'excellente qualité au centre. Pour que le ciment puisse être réputé non avarié et propre à un bon emploi, il faut que les fragments non désagglomérés que l'on retire de la barrique cèdent facilement sous la pression des doigts, et que sa couleur n'ait éprouvé aucune altération, c'est-à-dire ne soit pas devenue blanchâtre. On est quelquefois obligé d'employer des barres de fer pour retirer le ciment des barriques, et souvent il faut avoir recours à la truelle du gâcheur.

Le ciment en poudre étant très-compressible, sa densité est très-variable, comme le fait voir le tableau suivant :

	Densité.
Mesuré libre, litre par litre, à la sortie du blutoir	0,80
Comprimé dans les barriques pour être livré à la consommation	1,18
Au delà de ce degré de compression, il acquiert, avec le temps, une force d'expansion suffisante pour briser l'enveloppe.	
On peut par la compression arriver à	1,50
Dans cet état, les barriques se briseraient promptement.	
Retiré des barriques et mesuré immédiatement par petites parties au moment de l'emploi, de nombreuses expériences ont donné	0,96
Cette dernière valeur doit être prise pour base dans tous les calculs de sous-détails de travaux.	

La quantité de mortier obtenue est à peu près proportionnelle au poids du ciment employé; c'est pour cette raison que le prix de celui-ci est fixé d'après le poids et non selon le volume.

Il est d'usage, dans le commerce du ciment, de compter le poids des barriques au même prix que leur contenu. Le poids de l'enveloppe varie de 0,08 à 0,12 du poids total, suivant la densité et l'épaisseur du bois, soit 0,1 en moyenne. Chaque barrique contient de 100 à 235 litres de ciment, et pèse de 130 à 300 kilogrammes.

Le ciment s'emploie sous la forme de mortier, avec ou sans sable, en y ajoutant une quantité d'eau égale à environ la moitié de son volume; cette quantité d'eau varie légèrement suivant la température et d'après le degré d'humidité du sable.

Un mètre cube de ciment en poudre, pris à la densité 0,96, et converti en mortier sans mélange de sable, perd 17 pour 100 de son volume, et ne donne que $0^{m},83$ de mortier.

On emploie rarement le ciment pur; on le mélange ordinairement avec une certaine quantité de sable dur et purgé de vase et de toute matière terreuse. On obtient ainsi un mortier plus résistant, moins sujet à se fendiller à la surface, et beaucoup plus économique. Les mortiers de ciment pur ne sont guère en usage que pour les cas où un durcissement instantané est nécessaire, par exemple, pour l'étanchement de sources dans les radiers des bassins et écluses, ou pour d'autres cas analogues.

La prise du mortier de ciment de Vassy gâché à la sortie du blutoir, sans mélange de sable, s'opère en une ou deux minutes, quand le calcaire provient des bancs supérieurs; la durée de prise est de cinq à sept minutes, quand le ciment provient des bancs inférieurs; lorsqu'on élève la température de cuisson, cette durée de prise atteint parfois de quatre à cinq heures. Dans les grandes chaleurs, et quand le ciment est de récente fabrication, l'ouvrier le plus exercé a besoin de développer une grande activité pour l'employer dans de bonnes conditions. L'intervalle entre le moment du gâchage et celui du durcissement augmente avec l'âge du ciment, l'abaissement de la température et la quantité de sable, surtout si celui-ci est humide, et il peut s'élever jusqu'à une demi-heure en été et une heure en hiver, sans que le ciment ait rien perdu de ses autres qualités.

Au moment où commence le durcissement, et pendant que

s'opère la combinaison, la température du mortier sans sable atteint quelquefois 65 degrés.

Le ciment qui vient d'être employé est d'un jaune terre très-foncé; mais en séchant il prend une couleur qui a beaucoup d'analogie avec celle de la pierre de taille.

Les plus heureux résultats ont été obtenus avec le ciment de Vassy pour la construction des souterrains; ponts, aqueducs, égouts, bassins, conduites d'eau, etc., dont on fait la maçonnerie en hourdant les matériaux avec du mortier de ciment, ou avec des pierres factices moulées sous différentes formes et composées de ce mortier agglutinant des éclats de meulière. Presque tous les égouts de Paris se font maintenant en maçonnerie de meulière brute et ciment bloqués dans des coffres. Ce ciment a été aussi employé avec succès à la restauration d'un grand nombre de constructions hydrauliques et monumentales, dont la ruine faisait de rapides progrès, et à faire des ouvrages neufs devant réunir la solidité et la légèreté, tels que cloisons en briques, voûtes, etc. Les scellements de toutes sortes en ciment sont préférables à ceux de toute autre matière, même de plomb. Sa prompte solidification le rend très-propre à la reprise des murs en sous-œuvre, en assurant l'incompressibilité des maçonneries; et son imperméabilité le rend très-utile pour la construction des batardeaux et des conduites de toute espèce, ainsi que pour l'étanchement des sources, des fuites d'eau, etc.

58. **Mortiers.** — Généralement les mortiers sont des composés de plusieurs matières différentes, amenés d'abord à l'état de pâte, et dont la propriété essentielle est de durcir en adhérant plus ou moins fortement aux matériaux de construction, de manière à les relier et à en former des masses solides, devant remplir des conditions déterminées de forme et de résistance.

La nature des mortiers varie suivant les localités et la destination de la construction; ceux que l'on emploie le plus ordinairement sont de terre, de chaux, de pouzzolane, de ciment ou de plâtre, principes essentiels que l'on amène à l'état de pâte à l'aide de l'eau, et auxquels, excepté le plâtre, on mélange ordinairement du sable.

59. **Eau qu'il convient d'employer pour éteindre les chaux** (50) **et pour la fabrication des mortiers en général.** — Cette eau doit, autant que possible, être très-pure. On ne doit faire usage des eaux de mer et de celles qui sont saumâtres, qu'autant que

l'expérience a prouvé qu'elles fournissent d'aussi bons mortiers que les eaux douces.

L'emploi de l'eau de mer est presque toujours défendu, et cependant ce principe ne doit pas être général ; il est certain que le mortier fait avec cette eau éprouve un retard dans son durcissement et que sa dessiccation est plus lente ; de plus, il produit, pendant assez longtemps, à la surface des maçonneries, des efflorescences salines qui doivent en faire supprimer l'emploi dans la construction des maisons d'habitation, mais qui sont sans importance pour des travaux maritimes, tels que murs de quais et autres ouvrages analogues.

L'emploi de l'eau de mer pour l'extinction diminue le foisonnement de la chaux dans une notable proportion ; ainsi, nous avons observé qu'un mètre cube de chaux grasse d'une fabrique de Béziers (Hérault), éteinte par fusion, donnait en moyenne 2 mètres cubes de pâte quand on employait de l'eau douce, et $1^{m},50$ au plus quand on faisait usage de l'eau de la Méditerranée.

De diverses observations il résulte que la réduction en pâte d'un mètre cube de chaux grasse absorbe moyennement 880 kilogrammes d'eau de mer, contenant $6^{k},132$ de sulfate de magnésie, ou $3^{k},954$ d'acide sulfurique pouvant engendrer $6^{k},72$ de sulfate de chaux. Si, à cette dernière quantité, on ajoute moitié en sus pour la quantité d'eau qu'exige le gâchage du mortier, on arrive à $10^{k},08$ de sulfate de chaux. Cet excès de chaux introduite par l'eau de mer dans les mortiers paraît être jusqu'à présent le seul inconvénient de l'emploi de cette eau, et cet inconvénient, si faible qu'il soit, n'existant pas avec l'eau douce, c'est donc à cette dernière qu'on doit donner la préférence quand on est libre du choix, soit pour l'extinction de la chaux, soit pour la fabrication des mortiers.

60. **Sable.** — Les sables employés à la fabrication des mortiers doivent être non terreux et entièrement dépourvus de matières animales, lesquelles formeraient, avec la chaux, un savon soluble qui retarderait la solidification des mortiers ; ils doivent être rudes au toucher, et crier lorsqu'on les serre dans la main.

On reconnaît que les sables sont bien propres, en les remuant dans de l'eau : si celle-ci reste limpide, c'est que le sable est pur et très-bon ; si au contraire elle devient bourbeuse, c'est que le sable est terreux.

Généralement, on préfère les sables de rivières à ceux de carrières ; on est plus sûr d'y rencontrer toutes les qualités des bons sables. Certains constructeurs admettent que la plupart des sables ont l'avantage de faire produire à la chaux avec laquelle on les mélange une action chimique favorable au durcissement des mortiers ; d'autres, au contraire, prétendent que cette action est nulle, et que les sables sont des matières complétement inertes. Si l'emploi du sable est considéré sous le rapport de la cohésion des mortiers, tous sont d'accord sur ce point, que les sables anguleux exercent une action très-favorable à cette cohésion, et que les sables à grains ronds et polis ne possèdent pas au même degré cette propriété.

La nature du sable a, comme celle de la chaux, une très-grande influence sur les qualités du mortier. Il paraît cependant résulter des observations de M. Vicat que le sable quartzeux ne contribue pas, comme on l'avait cru, à augmenter la force de cohésion dont toute espèce de chaux indistinctement est susceptible ; mais qu'il est utile à quelques-unes, nuisible à d'autres, et qu'il en existe, parmi les espèces intermédiaires, à la solidité desquelles sa présence ne change rien. Voici, d'après le même ingénieur, l'ordre dans lequel on peut classer les sables éminemment siliceux, quant à leur convenance pour différentes chaux dont les mortiers doivent être exposés à l'air.

Pour les chaux éminemment hydrauliques : 1° le sable fin ; 2° le sable à grains inégaux, provenant du mélange, soit du gros sable avec le fin, soit de celui-ci avec le gravier ; 3° le gros sable.

Pour les chaux communes, grasses et très-grasses : 1° le gros sable ; 2° les sables mêlés ; 3° le sable fin.

Les chaux qui ont fourni ces résultats avaient été éteintes par immersion (50) ; mais il est probable qu'on y arriverait également par les autres modes d'extinction.

En général, les gros sables doivent être préférés aux sables fins pour les mortiers de chaux grasses ; au contraire, pour les mortiers de chaux hydrauliques, les sables fins, pourvu qu'ils soient en grains palpables, durs et nets, doivent être préférés aux gros sables. La cohésion finale du mortier hydraulique à sable moyen étant représentée par 100, elle descend à 70 par l'emploi du gros sable tel que celui de la Seine, et à 50 par l'emploi du menu gravier.

61. **Mortier de terre.** — C'est avec ce mortier, fait d'une terre aussi argileuse que possible et exploitée à proximité des travaux

que l'on exécute, que fréquemment, dans beaucoup de campagnes, on hourde les maçonneries ordinaires en moellons ou en briques.

La terre argileuse s'extrait facilement à l'aide de la pioche. Pour en fabriquer le mortier, on en étale une certaine quantité sur une aire convenablement préparée; on jette de l'eau dessus pour la détremper, et on la réduit en une pâte plus ou moins ferme, en la manipulant avec la pelle et la pioche, ou mieux le rabot en fer dont la figure 3 représente la forme. Ce rabot en fer est quelquefois remplacé par un simple morceau de bois de 0^{m},20 de longueur sur 0^{m},10 de largeur, arrondi et aminci, et percé au milieu d'un trou pour y fixer le manche. Le rabot en bois a l'inconvénient de pénétrer difficilement dans la terre, et d'en mal pulvériser les mottes : le rabot en fer est de beaucoup préférable.

Fig. 3.

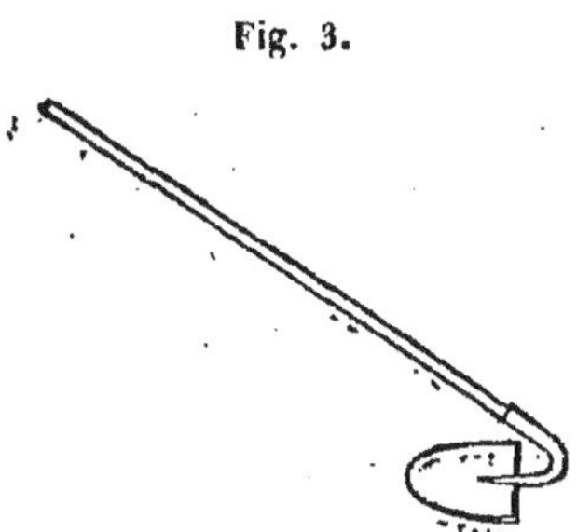

Dans la campagne, quand la terre s'extrait tout près de la construction, il arrive quelquefois qu'après en avoir pioché un peu, le garçon la transforme en mortier sur le tas même ; ayant porté ce mortier au maçon, il pioche une nouvelle quantité de terre, qu'il transforme en mortier, et continue ainsi de suite, quelquefois jusqu'à des profondeurs assez considérables.

Pour que le mortier de terre ne se ramollisse pas, on garantit de la pluie et de l'humidité les maçonneries qui en sont hourdées, en les recouvrant, lorsque le mortier est sec et a perdu son humidité, d'un enduit, soit en mortier de chaux, soit en plâtre, qui puisse résister aux intempéries de l'air. Ce genre de maçonnerie est fréquemment employé pour la construction des maisons rurales et des murs de clôture dans les pays où l'on a des matériaux bien gisants, et offrant par eux-mêmes une certaine stabilité lorsqu'on les range les uns sur les autres.

On fait aussi du mortier avec une terre franche composée d'argile et d'une forte proportion de sable ; on l'emploie exclusivement à la construction des maçonneries de briques qui doivent être soumises à l'action du feu, par exemple, celles des fourneaux de machines à vapeur.

62. **Mortiers de chaux et sable, et de chaux, sable et pouzzolane.** — Ces mortiers sont un mélange de chaux et de sable,

ou de ces deux corps avec la pouzzolane, dans des proportions qui doivent être déterminées par expérience, afin que l'on soit sûr d'obtenir un mortier plein et jouissant du degré d'hydraulicité et d'énergie qu'exigent les conditions dans lesquelles se trouveront les maçonneries.

Quant à obtenir un mortier plein, il n'y a, nous le répétons, que des expériences directes qui puissent indiquer les proportions de sable et de chaux qui doivent entrer dans la composition ; ces proportions varient de 1,5 à 4 parties de sable pour 1 de chaux en pâte. Pour des ouvrages où l'imperméabilité est une condition indispensable, on doit observer que le volume de chaux ne doit jamais être moindre que celui des vides laissés entre les grains de sable, et que, quand on n'emploie que ce volume de chaux, le cube du mortier est à peu près égal à celui du sable employé, excepté cependant dans le cas où les particules de chaux seraient assez volumineuses pour s'interposer entre les grains de sable et en empêcher le contact.

Pour déterminer le volume des vides existant entre les grains de sable, on remplit de ce sable, convenablement desséché, un vase quelconque d'une capacité connue, et on y verse une quantité d'eau suffisante pour qu'elle vienne effleurer le dessus du sable : le volume de l'eau versée est égal à celui des vides. Nous avons souvent expérimenté de cette manière sur des sables de rivière dont la grosseur variait d'un tiers de millimètre à un millimètre et demi, et nous avons trouvé que le volume des vides variait de $0^m,31$ à $0^m,38$ par mètre cube de sable légèrement humide. Si l'on tassait et comprimait fortement le sable, l'eau sortait à la surface, et la quantité qui remplissait les vides du sable n'était plus que les 0,18 ou 0,22 du volume primitif de celui-ci.

D'après M. Raucourt (*Traité de l'art de faire de bons mortiers*), pour les débris de pierres ou cailloux de $0^m,027$ à $0^m,04$ de diamètre, tels que ceux que l'on mêle au mortier pour la fabrication du béton, il faut, pour un volume de pierre, un demi-volume d'eau et plus, à quelques variations près, pour remplir les vides ; pour des sables ou graviers de $0^m,011$ à $0^m,014$ de diamètre, il faut un demi-volume d'eau ; pour des gros sables de $0^m,002$ à $0^m,0045$ de diamètre, cinq douzièmes ; pour des sables moyens, de $0^m,001$ de diamètre, deux cinquièmes de volume ; pour les sables fins, de $0^m,00023$ de diamètre, un tiers de volume, et pour les sablons et les terres, deux septièmes de volume.

Quant au degré d'hydraulicité et d'énergie, pour l'obtenir, il n'y a encore que des expériences directes qui peuvent donner les proportions de sable, de chaux et de ciment ou de pouzzolane qui doivent entrer dans la composition du mortier.

Pour des massifs de maçonnerie qui ne doivent être exposés à une action destructive ou à une charge d'eau considérable qu'à une époque éloignée, on peut faire usage d'un mortier non très-hydraulique, que l'on obtient avec de la chaux hydraulique faible et du sable, ou avec de la chaux énergique mélangée avec de la chaux grasse et du sable, ou encore avec de la chaux grasse et du ciment ordinaire. Si, au contraire, les mortiers peuvent être soumis à des causes de dégradation presque au moment de leur emploi, ils doivent être très-énergiques, et alors ils se font avec de la chaux très-hydraulique et du sable, ou de la chaux grasse ou faiblement hydraulique, du sable et de la pouzzolane. (Voir le mortier de ciment romain, n° 65.)

Les nombreuses applications que nous avons faites des mortiers fabriqués suivant les proportions indiquées dans le tableau que nous donnons à la page suivante, et les expériences directes que nous avons souvent répétées, nous permettent de n'avoir aucun doute sur les bons résultats qu'ils fournissent.

TABLEAU *de la composition d'un mètre cube de quelques mortiers.*

CHAUX.	VOLUME de chaux.	VOLUME de sable.	VOLUME de ciment de tuileaux.	VOLUME de pouzzolane	OBSERVATIONS.
	éteinte par fusion. m. cub.	de rivière. m. cub.	m. cub.	m. cub.	
1. Grasse (non hydr.)	0,370	0,950	....	....	Murs de clôture, fondations de bâtiments.
2. Id. (un peu hyd.)	0,340	....	0,820	....	Pavage des cours.
3. Id. Id.	0,250	0,940	....	0,200	Réservoirs, etc.
4. Hyd. (très-énerg.)	0,360	1,000	....	0,040	Travaux dans l'eau.
5. Id. (énergie ord.)	0,333	1,020	....	....	Service des eaux et égouts de la ville de Paris, pour les constructions hydrauliques [1].
6. Id. (très-énerg.)	0,400	1,000			
7. Id. (énergie ord.)	0,370	0,950	....	....	Service de la navigation et des ponts de Paris.
		de plaine.			
8. Id. Id.	0,380	1,020	....	....	Maçonnerie du fort de Charenton.
	par immers.				
9. Id. Id.	0,440	1,000	....	....	Pour enduit *id.*
10. Id. (très-maigre).	0,100	1,000	....	....	Les 0m,100 de chaux sont amenés au volume de lait de chaux de 0m,340 [2].
	par fusion.			de Bessan (Hérault).	
11. Peu hyd. (mortier énerg.)........	0,450	0,450	....	0,450	Maçonnerie du pont canal de l'Orb, à Béziers.
	par immers.				
12. Hyd. (mortier très-énerg.)........	0,480	1,000	....	....	(Chaux du Theil) travaux maritimes des ports de Cette, de Marseille, de Toulon, d'Alger, etc.
	en pâte.				
13. Mortier de chaux hyd. énerg......	0,550	1,000	....	....	Proport. moyenne indiquée par M. Vicat, pour les bons mortiers hyd. destinés aux maçonneries hors de l'eau.
	en pâte.				
14. Chaux hyd. (mortier très-énerg.)	0,65	1,000	....	....	Prop. moyenne indiquée par M. Vicat, pour les bons mortiers hyd. destinés à être immergés sous une eau profonde.

[1] Les maçonneries des réservoirs recevant les eaux du puits de Grenelle, situés place de l'Estrapade, sont hourdées avec le premier de ces mortiers.

[2] Ce mortier est employé avec avantage, sur une épaisseur de 0m,30 à 0m,40, dans le fond d'une fondation, sur un sol douteux. Le réservoir d'eau situé rue des Amandiers repose sur une couche de 0m,50 de ce mortier, qui finit par prendre beaucoup de consistance.

63. **Fabrication du mortier.** — Les proportions de chaux et de sable étant déterminées, on procède à la fabrication du mortier, qui comprend trois opérations distinctes :

1° *L'extinction de la chaux;* nous avons examiné au n° 50 les différentes manières de l'effectuer;

2° *Le dosage des matières,* opération qui consiste à mesurer et approcher les quantités de chaux et de sable qui doivent entrer dans le mortier, ce qui se fait à l'aide de brouettes fermées sur le devant par une planche, et ayant une capacité déterminée de 5 à 8 centièmes de mètre cube ;

3° *La manipulation ou mélange des matières,* ce qui se fait à bras d'hommes dans les petits chantiers, et mécaniquement pour les grands travaux.

Une observation importante qu'il convient de faire ici, c'est que si les mortiers de chaux grasse ont tout à gagner à être corroyés à plusieurs reprises, c'est-à-dire à être fabriqués à l'avance et ramollis ensuite au fur et à mesure de leur emploi par une addition d'eau, ce qui leur fait absorber la plus grande dose possible d'acide carbonique, il n'en est pas de même des mortiers de chaux hydraulique, qui ne doivent dans aucun cas être délavés et ramollis par une addition d'eau, quand ils ont éprouvé un commencement de prise.

Manipulation a bras. — Supposons que l'on ait à faire, par exemple, du mortier n° 5 du tableau précédent. Pour cela, sur une aire faite en planches, afin que la terre ne se mélange pas au mortier, on étale à la pelle trois brouettées de sable en forme de bassin circulaire; dans ce bassin, on verse la quantité convenable de chaux en pâte, c'est-à-dire, dans le cas qui nous occupe, une brouettée d'un volume à très-peu de chose près égal à celui de chacune des brouettées de sable. Cela fait, on procède au mélange du sable avec la chaux à l'aide de rabots en fer ou en bois semblables à ceux employés pour faire le mortier de terre (61); on pousse avec force cet instrument en le tenant sur le plat, afin de comprimer les matières sur le plancher pour en écraser les mottes, et on le retire à soi en le mettant sur le tranchant pour soulever la matière et toujours amener un peu de sable du bassin sur la partie ramollie. Un manœuvre retrousse le tas avec une pelle, au fur et à mesure que d'autres l'étalent avec les rabots ; et quand les matières sont bien mélangées, qu'on n'aperçoit plus aucune particule de chaux séparée du sable, ce même garçon relève une dernière fois le tas, dans lequel les autres garçons viennent puiser le mortier pour le porter à leurs compagnons.

Il arrive quelquefois, surtout par un temps sec et chaud, que la chaux est trop raffermie et le sable trop sec pour permettre un mélange facile. Dans ce cas, on ramollit la chaux en la battant avec des pilons, ou en jetant dessus une certaine quantité d'eau dans laquelle on a délayé un peu de chaux. Un certain nombre de constructeurs préfèrent le premier moyen, qui est très-dispendieux, en objectant qu'une addition d'eau diminue les qualités du mortier. Théoriquement, cette idée n'est pas contestable, surtout quand la chaux éteinte n'est pas très-consistante et que le sable est mouillé; mais, dans la pratique, on n'en tient pas souvent compte, et on conçoit que la chaux hydraulique, qui est celle qui prend le plus de consistance avant sa transformation en mortier, et qui, par conséquent, réclame surtout un ramollissement préalable, durcissant rapidement sous l'eau, ne peut perdre que peu, sinon rien, de ses qualités par une addition de lait de chaux. Pour notre part, sur presque tous les chantiers que nous avons eu à diriger, nous avons employé ce dernier moyen quand la chaux était trop ferme et le sable trop sec, et les mortiers que nous avons fait fabriquer nous ont toujours paru être excellents.

Manipulation mécanique. — Elle s'opère le plus souvent à l'aide d'un manége faisant tourner une, deux et quelquefois trois roues, semblables à celles des voitures, sur le fond d'une auge circulaire dans laquelle on place les matières à mélanger. Le diamètre de ces roues varie de $1^m,70$ à $1^m,90$, et leur largeur de jante de $0^m,10$ à $0^m,15$. L'auge a son fond dallé en matériaux très-durs, et garni d'une vanne pour donner à volonté écoulement au mortier fabriqué; sa section transversale est un trapèze ayant $0^m,65$ pour base inférieure et $0^m,75$ pour base supérieure; la distance du milieu de cette section transversale à l'axe du manége est de 2 mètres. Tout le système mobile est entraîné par une pièce de bois horizontale formant le bras du manége, et il tourne autour d'un goujon vertical en fer fixé à la partie supérieure d'un arbre en bois scellé fortement en terre au moyen d'un fort massif de maçonnerie. Un appareil composé de deux lames de fer en forme de soc de charrue est entraîné par cette pièce horizontale, et il est supporté par deux petites roues de $0^m,30$ de diamètre, qui se meuvent sur deux petits rails en fer fixés à $0^m,10$ des bords de l'auge. Dans son mouvement, cet appareil détache les matières adhérentes aux parois et au fond de l'auge ; en les labourant et en les rejetant les unes sur les autres, il facilite leur mélange. Derrière cet appareil est adapté un rabot qui a la forme de la section transversale de l'auge ; on le tient suspendu hors de l'auge au moyen d'un crochet pendant la manipulation des matières, et en le descendant dans l'auge quand le mortier est terminé, il fait tomber celui-ci, en quelques tours de manége, par la vanne réservée dans le fond de l'auge. Un plan incliné amène le mortier dans une espèce de hangar, dont le sol est à environ 2m,40 au-dessous de celui du manége, et qui est couvert par une partie de la chaussée du manége, partie que l'on supporte par des pièces de bois. Ordinairement, le sol du manége est élevé à l'aide de remblais, de manière à mettre le sol du hangar au niveau du sol environnant. Les garçons viennent directement charger le mortier sous le hangar, qui a l'avantage de le mettre à l'abri de l'action du soleil et de la pluie, depuis le moment de sa fabrication jusqu'à celui de son emploi.

Un manége à une ou deux roues est manœuvré par un cheval qui travaille cinq heures par jour, de sorte qu'il faut deux chevaux pour faire la journée de dix heures. Le chemin suivi par le cheval a 4 mètres de rayon.

Pour fabriquer le mortier avec ce manége, on fait le dosage des matières avec des brouettes, comme pour la manipulation à bras ; on verse d'abord dans l'auge annulaire les brouettes contenant la chaux qui doit entrer dans une bassinée, en ayant soin de ne pas accumuler celle-ci en un seul point ; puis on fait faire quelques tours aux roues pour la ramollir et la répartir dans toute l'étendue de l'auge ; alors, sans arrêter le cheval, et au fur et à mesure que le mélange s'opère, on verse successivement, sur toute l'étendue de l'auge, les brouettes de sable nécessaires d'après les proportions arrêtées. Pendant que le mélange s'effectue, on remplit les brouettes pour une nouvelle bassinée, et on les amène aux abords du manége. Il faut à peu près vingt-deux minutes pour faire une bassinée de 0m. c.,90 de mortier ; ce qui fait 2m. c.,46 de mortier par heure, ou 24m. c.,60 par journée de dix heures.

On fabrique aussi mécaniquement le mortier à l'aide de tonneaux en bois de chêne d'environ 1m,50 de hauteur et 1m,10 de diamètre, légèrement évasés par le haut, fermés par le bas, et portant latéralement, à leur partie inférieure, une ouverture qui se ferme à volonté avec une porte à coulisse, et qui sert à l'écoulement du mortier. Aux parois intérieures du tonneau, à différentes hauteurs, sont fixés des croisillons en fonte, tranchants et armés de dents en fer. Un arbre vertical, placé dans l'axe du tonneau, porte des croisillons armés de dents qui se croisent avec les premiers. Ces tonneaux, imaginés par M. Bernard, inspecteur des ponts et chaussées, ont été employés avec avantage au port de Toulon.

M. Roger, architecte, a apporté deux modifications importantes aux tonneaux de M. Bernard : la première consiste en ce que le mortier s'écoule non-seulement par une porte latérale, mais aussi par des ouvertures pratiquées dans le fond du tonneau, ce qui facilite la vidange ; la seconde, en ce que l'arbre vertical porte des disques en fonte qui écrasent le mortier contre le fond du tonneau.

Au simple mélange des tonneaux de M. Bernard, ceux de M. Roger ajoutent le broiement ; aussi ces derniers fournissent-ils des mortiers supérieurs, surtout lorsque le sable est argileux.

On construit des tonneaux Roger de toutes grandeurs : il y en a qui sont manœuvrés par un seul homme, d'autres par deux et par quatre, et il y en a qui le sont par un cheval et même par deux.

Sur les grands ateliers, on a été amené à utiliser la vapeur pour la fabrication du mortier. Une machine à vapeur peut mettre en mouvement plusieurs manéges à roues ; et avec une locomobile de trois à quatre chevaux, on manœuvre avec avantage les tonneaux broyeurs. Par cette application de la vapeur, on accélère considérablement le travail, en même temps que l'on obtient une économie sensible dans le prix de fabrication du mortier.

Fabrication du mortier de ciment de tuileaux ou de pouzzolane. — Quand on remplace, en totalité ou en partie, le sable par le ciment de tuileaux ou la pouzzolane pour obtenir des mortiers très-énergiques, la fabrication, soit à bras, soit mécanique, s'opère comme pour le sable seul.

64. **Prix de revient de la fabrication du mortier** (63). — Les prix suivants sont donnés pour Paris ; mais il sera facile de les modifier pour les localités où la main-d'œuvre serait différemment rétribuée.

1° *Fabrication au rabot.* On peut établir le prix de revient du mètre cube de mortier obtenu par ce procédé d'après les données suivantes :

L'établissement du plancher sur le sol, l'intérêt du prix et l'entretien des brouettes de mesure, des seaux, etc., peuvent être estimés à 30 francs par année.

Un rabot coûte 5 francs ; il peut servir à fabriquer 300 mètres cubes de mortier dans une année, et l'intérêt du prix d'achat et l'entretien peuvent être évalués à 5 francs pour une année.

Un chef d'atelier peut surveiller quatre équipages composés chacun de cinq garçons, y compris les manœuvres qui approchent les matières.

Le chef d'atelier est payé 6 francs par jour, et les garçons 2 fr. 50 c.

SOUS-DÉTAIL DE LA FABRICATION D'UN MÈTRE CUBE DE MORTIER.

	fr.
0h.,00 d'ouvrier à 2 fr. 50 c. pour dix heures..........	2,25
0 ,25 de chef d'atelier à 6 francs pour dix heures......	0,15
Frais d'outils..	0,13
Total....................	2,53

2° *Fabrication avec le manége.* Le premier établissement d'un manége revient à environ 440 francs, et pour les établissements successifs du même manége en divers lieux on peut compter sur 170 francs de dépense chaque fois. Comme à la fin des travaux on trouve presque toujours à utiliser les moellons qui ont servi à construire l'auge et le hangar, cette circonstance tend encore à diminuer un peu ces prix d'établissement.

Supposant que le manége n'a servi qu'une campagne dans un seul emplacement, l'intérêt du prix d'établissement sera de 0 fr. 11 c. par journée de travail, en supposant dans l'année deux cents jours de travail.

Comptant sur 45 francs pour l'entretien annuel des brouettes, seaux, etc., cela fera par jour de travail 0 fr. 225.

Pour le service de la machine, il faut par journée de travail :

	fr.
2 chevaux à 5 francs............	10,00
1 conducteur à 3 francs.........	3,00
6 garçons à 2 fr. 50 c...........	15,00
1 heure de chef d'atelier à 6 francs.	0,60
Entretien du manége.............	1,20
Total.............	29,80

Admettant que le manége dure huit ans, après lesquels la valeur intrinsèque des matériaux soit de 100 francs, la perte totale sur le manége sera de 340 francs ; ce qui fait 42 fr. 50 c. par an, ou 0 fr. 21 c. par journée de travail.

La dépense journalière occasionnée par le manége sera donc de 0,11 + 0,23 + 29,80 + 0,21 = 30 fr. 35 c.

Le prix de chacun des 24m. c.,60 de mortier fabriqués par journée de travail sera donc de 1 fr. 24 c.

En faisant mouvoir les manéges à roues à l'aide d'une machine à vapeur, on peut réduire de 25 pour 100 environ le prix de revient précédent.

3° *Fabrication avec un tonneau Roger*. Un de ces tonneaux coûte 1 005 francs; huit hommes en font le service, et fabriquent 25 mètres cubes de mortier en dix heures de travail, ou 5 000 mètres cubes en deux cents jours de travail dans l'année.

L'entretien annuel ne dépasse pas 200 francs.

Admettant que le tonneau dure dix ans, après lesquels les débris valent 100 francs, la perte annuelle sera de 90 fr. 50 c.

On peut, comme dans le cas précédent, compter 45 francs pour l'entretien annuel des brouettes, seaux, etc.

Les trois dépenses annuelles précédentes, plus l'intérêt, font un total de 385 fr. 75 c.; ce qui fait, pour les frais d'outils, par chaque mètre cube de mortier, 0 fr. 08 c.

SOUS-DÉTAIL PAR MÈTRE CUBE DE MORTIER.

1° *Avec des hommes.*

	fr.
3h.,2 d'ouvrier à 2 fr. 50 c.	0,80
0 ,2 de chef d'atelier à 6 francs	0,12
Frais d'outils	0,08
Total	1,00

2° *Avec un cheval.*

	fr.
0h.,40 de cheval et de conducteur à 8 francs	0,32
1 ,60 de garçon à 2 fr. 50 c.	0,40
0 ,20 de chef d'atelier à 6 francs	0,12
Frais d'outils	0,08
Total	0,92

3° *Fabrication aux réservoirs de Passy avec deux tonneaux manœuvrés par une locomobile.* — M. Gariel entrepreneur.

Établissement.

	fr.
Locomobile de la force nominale de quatre chevaux	4 800
Transmission complète et montage	1 000
Charpente et ferrements	150
Les deux tonneaux	1 000
Total	6 950

Dépense journalière.

	fr.
100 kilogrammes de houille	4,50
Chauffeur	4,00
Huile, étoupes, chiffons, etc	1,50
Intérêt, entretien et amortissement	10,00
Deux hommes pour mesurer et approcher le sable; deux hommes pour sortir la chaux des bassins et l'approcher; deux hommes pour mélanger les matières et charger les broyeurs; en tout six hommes à 3 francs par jour	18,00
Faux frais	2,00
Total	40,00
Prix de revient de la fabrication du mètre cube de mortier, en supposant que l'on ne fabrique que 50 mètres cubes en dix heures de travail	0,80

65. **Mortier de ciment romain** (56). — Ce mortier est un mélange de ciment et de sable dans des proportions telles que, comme pour la chaux, le mortier soit plein, c'est-à-dire que les vides du sable soient entièrement remplis, quand le mortier est destiné à des ouvrages qui, à la condition de solidité, doivent joindre aussi celle d'une parfaite imperméabilité. Nous avons indiqué au n° 62 comment on peut déterminer ces vides, et ce qu'ils sont pour différents sables. Pour proportionner le ciment de Vassy, on aura égard à ce qu'un mètre cube, ou 960 kilogrammes de ciment sortant des barriques, ne donne que $0^m,830$ de pâte après le gâchage (57).

Nous indiquons dans le tableau ci-contre les compositions généralement adoptées pour les mortiers de ciment de Vassy; il sera, du reste, facile de modifier ces compositions suivant que les maçonneries à exécuter devront être douées de plus ou moins d'énergie et d'imperméabilité. Quoique les nombres de ce tableau se rapportent au ciment de Vassy, en tenant compte de la différence de densité des diverses variétés de ciment, ils peuvent ordinairement, à très-peu de chose près, s'appliquer à tous les ciments susceptibles de produire avec un poids égal de poudre le même volume de pâte que le ciment de Vassy. Cependant il faut, quand on a un choix à faire entre tels ou tels ciments, les essayer toujours avec la dose de sable qu'ils sont destinés à recevoir dans l'emploi; car il arrive encore assez souvent que des ciments de provenances différentes donnant, gâchés purs, des résultats équivalents, se comportent, au contraire, très-différemment par l'adjonction de part et d'autre d'une même quantité de sable. Ainsi,

M. Vicat rapporte avoir vu des ciments que la présence du sable affaiblissait au point de réduire leur ténacité à $1^k,20$ par centimètre carré après un mois d'immersion, tandis que chez leurs équivalents employés purs, le sable, dans les mêmes circonstances, laissait encore à l'agrégat 3 à 4 kilogrammes de ténacité.

TABLEAU *de la composition du mètre cube de quelques mortiers de ciment romain.*

NUMÉROS.	PROPORTIONS EN VOLUME.		VOLUME de sable.	POIDS DE CIMENT, déchet compris.	
	ciment.	sable.		sans tare.	avec tare. (57)
			m. cub.	kil.	kil.
1	1	0	0,00	1 204	1 336
2	3	1	0,35	928	1 030
3	2	1	0,46	843	936
4	3	2	0,55	771	856
5	1	1	0,70	651	723
6	2	3	0,84	530	588
7	1	2	0,98	451	480
8	1	2,5	1,00	390	423
9	1	3	1,00	300	325
10	1	3,5	1,00	258	280
11	1	4	1,00	235	255
12	1	4,5	1,00	205	220
13	1	5	1,00	185	200

Le mortier n° 1, c'est-à-dire celui de ciment pur, est employé exclusivement à l'étanchement des sources et des fuites d'eau ; son extrême imperméabilité et sa solidification presque instantanée le rendent très-propre à ces sortes de travaux.

Les mortiers 2, 3, 4 et 5 sont employés pour faire les enduits de fosses, de citernes, de réservoirs, etc., pour lesquels l'adhérence et l'imperméabilité sont les principales conditions à exiger.

Les mortiers 6, 7 et 8 sont ceux dont l'usage est le plus fréquent : on les emploie avec de grands avantages de solidité pour hourder toutes les maçonneries de meulières, de briques, de moellons, etc.; pour faire des rejointoiements de toute nature, des chapes et des enduits de maçonneries neuves ou vieilles ; on les emploie également pour la reprise des maçonneries en sous-œuvre et pour la restauration des vieux parements de pierre de taille dégradés par le temps, et en général pour tous les ouvrages couverts ou continuellement exposés aux intempéries de l'atmosphère, auxquelles ils résistent parfaitement.

Les mortiers 9 et 10 sont employés avec de très-grands avantages pour les murs, voûtes et massifs qui peuvent attendre le parfait durcissement avant d'être soumis à de fortes pressions, ou pour lesquels la condition de complète imperméabilité n'est pas indispensable.

Les mortiers de ciment dans lesquels les proportions de ciment sont moindres que pour celui du n° 10 commencent à être maigres et à perdre graduellement leurs qualités principales, autant sous le rapport de l'adhérence que sous celui de l'imperméabilité; cependant on peut encore les utiliser avec avantage, pour les travaux de remplissage et la construction des massifs. Le mortier n° 13 jouissant encore de la propriété d'un durcissement presque immédiat (deux heures sous l'eau), dans un grand nombre de cas, il peut remplacer très-utilement les mortiers de bonnes chaux hydrauliques.

66. **Mortier bâtard.** — On désigne ainsi les mortiers de chaux dans lesquels on a fait entrer une certaine quantité de ciment en poudre, pour leur donner plus de résistance et en hâter la solidification (page 102); on les emploie avec beaucoup d'avantages dans différentes espèces de travaux. On obtient des mortiers très-hydrauliques en ajoutant à ceux faits avec de la chaux grasse de 1/10 à 1/5 de leur volume de ciment de Vassy en poudre. Pour toutes les maçonneries des fondations et des massifs du pont-viaduc construit sur l'Aude, à Coursan, pour le chemin de fer du Midi, on a obtenu des résultats qui n'ont rien laissé à désirer, en ajoutant à 1 mètre cube de mortier composé de 0m,45 de chaux grasse éteinte en pâte et de 0m,95 de sable de rivière :

1° Pour les bétons et les maçonneries faites en contre-bas de l'étiage, 0m,172 ou 183 kilogrammes de ciment Gariel en poudre;

2° Pour les maçonneries de massifs faits au-dessus de l'étiage, 0m,095 ou 100 kilogrammes environ de ciment Gariel en poudre.

Si l'on veut être assuré du succès des enduits faits avec le mortier bâtard, il faut ajouter le ciment en poudre au mortier ordinaire déjà fait, et triturer le tout dans l'auge, comme il va être indiqué pour les mortiers de ciment. Pour les maçonneries, on fabrique le mortier de chaux, soit au rabot, soit au manége, en ayant soin de le faire un peu clair; puis on y ajoute le ciment en poudre, que l'on mélange avec soin à toute la masse, avec le manége ou les rabots. Quand la dose de ciment dépasse le 1/10 du volume du mortier de chaux, le mélange au rabot doit être préféré.

67. **Gâchage du ciment de Vassy.** — Cette opération est une de celles qui contribuent le plus, lorsqu'elle est bien faite, à la réussite des travaux de ce ciment; aussi l'ouvrier gâcheur doit-il apporter tous ses soins à en assurer la bonne exécution.

L'introduction du sable dans les ciments en général diminue considérablement, dans les premiers temps, la cohésion dont ces derniers, employés seuls, sont susceptibles, et cela d'abord par le défaut d'adhérence du sable à la gangue, ensuite par le surcroît dans la quantité d'eau introduite. La cohésion de ces agrégats, mesurée à une époque quelconque après leur confection, suit toujours la raison inverse du degré de liquidité donné aux ciments dans l'acte du gâchage. Tout ciment qu'on est obligé d'amener à la consistance de coulis clair n'atteint que la moitié de la force que lui aurait donnée une consistance pâteuse ordinaire ; il reste d'ailleurs poreux, et son tissu est lâche et perméable.

Fig. 4.

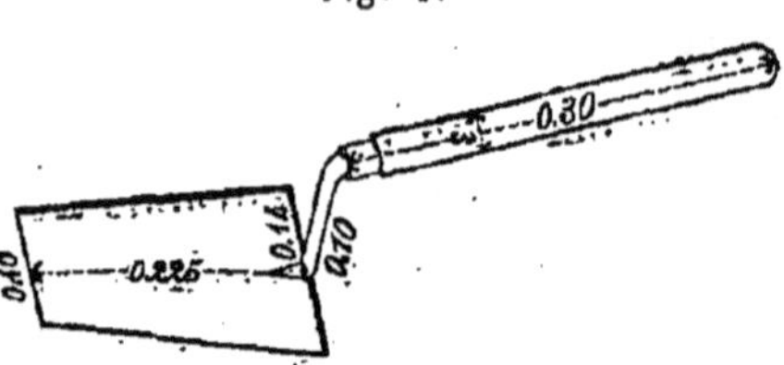

On gâche le ciment à l'aide d'une truelle mince en acier ou en fer, à long manche, *fig.* 4, dans une auge à fond rectangulaire, dont une paroi latérale est supprimée, et dont les trois autres s'élèvent perpendiculairement au fond, comme le montre la figure 5. L'ouvrier ayant placé cette auge de manière que le fond se trouve à la hauteur de son ventre, et que la face ouverte soit de son côté, toutes les matières ayant été approchées près de lui, il défonce une barrique de ciment, et, à l'aide de sébiles en bois, il mesure le sable et le ciment en poudre qui doivent faire une gâchée : le volume total de ces matières peut varier de 1 à 6 litres. Il verse alors les sébiles dans l'auge, et, à l'aide de la truelle, il mélange les matières à sec, et en fait une digue sur le côté ouvert de l'auge. Il verse derrière ce barrage, en une seule fois si c'est possible, la quantité d'eau convenable, et, avec le bout de la truelle, il pousse rapidement par petites parties toute la digue sur l'eau, qui ne tarde pas à être absorbée; puis il agite le tout avec la truelle pour en former un mélange préparatoire qu'il pousse sur un des côtés de l'auge. Alors il fait successivement passer la pâte par petites parties sous le plat de la truelle, en la comprimant avec force afin d'en broyer et d'en triturer jusqu'aux dernières parcelles. Ayant ainsi fait passer la matière de l'autre côté de l'auge, où on la pousse en relevant les bords de la pâte sur le milieu, on recommence dans le sens opposé à faire passer le ciment sous le plat de la truelle. Pour un gâcheur très-attentif et très-agile, ces deux opérations peuvent suffire; mais avec des gâcheurs ordinaires, le ciment doit être repassé trois et même quatre fois.

Fig. 5.

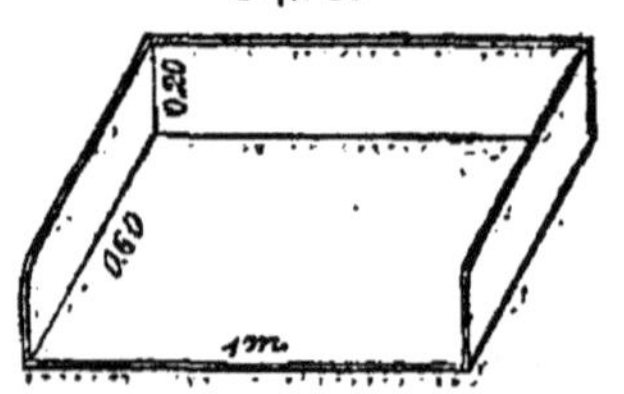

Le gâchage du ciment doit se faire par le travail du poignet et non à force d'eau, dont le volume ne doit jamais excéder sensiblement la moitié de celui du ciment en poudre. D'abord cette quantité d'eau paraît insuffisante; mais, après quelques instants de trituration du mélange, on reconnaît qu'elle est convenable. Au premier tour, le mortier présente l'aspect d'une pâte ferme, qui se ramollit sensiblement par la trituration; et, quand il est convenablement gâché, qu'il est homogène dans toutes ses parties, relevé en tas avec la truelle, il a un aspect luisant et légèrement huileux. Dans cet état, le gâcheur le verse dans un seau, et on le porte au poseur qui doit l'employer.

Pour l'exécution des grands travaux de maçonnerie, on emploie souvent des mortiers maigres en ciment; la grande proportion de sable ralentit la prise, mais l'on arrive cependant à obtenir d'assez bons résultats en faisant le mélange au rabot. Pour cela, on mélange d'abord les matières à sec, et l'on en forme une espèce de bassin circulaire dans lequel on verse la quantité d'eau nécessaire, puis on opère la trituration comme il a été indiqué au n° 63 pour la manipulation des mortiers de chaux à bras d'hommes.

On pourrait très-bien, en ralentissant la prise du ciment par une hydratation préalable qui pourrait ne pas être nuisible, gâcher le mortier de ciment au moyen de tonneaux broyeurs (63), auxquels on apporterait de légères modifications intérieures. Nul doute que l'on obtiendrait ainsi un mélange et une massivation qui ne le céderaient pas à ce qu'on obtient avec la vis horizontale imaginée récemment par M. Michel Greveldinger. Cette vis fournit des résultats qui nous paraissent parfaits pour le mélange du béton; mais, pour le gâchage du ciment, si elle donne de l'économie sous le rapport de la main-d'œuvre, d'un autre côté elle présente, selon nous, l'inconvénient d'employer une grande quantité d'eau et d'opérer le gâchage par la division des parties, et non par une trituration et une massivation qui les rapprochent, condition indispensable à une bonne confection des mortiers hydrauliques, et qui a une grande influence sur la cohésion qu'ils peuvent acquérir.

68. **Dureté et cohésion finale des mortiers.** — Comme nous l'avons dit au n° 38, le durcissement des mortiers est dû à la transformation de la chaux en carbonate de chaux par l'absorption de l'acide carbonique de l'air, et, pour les chaux hydrauliques, le durcissement n'est pas seulement dû à l'action de l'acide carbonique, mais aussi à une combinaison qui se fait entre l'hydrate de chaux et les silicates d'alumine et de chaux; c'est à cette dernière cause qu'est due la propriété qu'ont les mortiers hydrauliques de durcir sans l'intervention de l'acide carbonique, sous l'eau, par exemple.

Les parties extérieures font prise les premières, et ce n'est que de proche en proche que l'acide carbonique atteint les parties intérieures, et cela d'autant plus lentement que les parties déjà solidifiées deviennent plus dures et plus épaisses.

1° *Mortiers de chaux grasse.* Lorsque ces mortiers sont employés dans des massifs de fondation hors de l'eau, ce n'est qu'après deux ou trois cents ans qu'ils ont acquis une cohésion que l'on peut considérer comme finale. Dans la construction des maisons et dans les parties élevées et à couvert, la cohésion finale de ces mortiers, c'est-à-dire la plus grande résistance à la traction qu'ils peuvent atteindre, varie de 1k,25 à 2k,50 par centimètre carré.

2° *Mortiers de chaux hydraulique.* Quand ces mortiers sont de bonne qualité, employés en massifs de fondation ou immergés dans l'eau douce, ou même dans l'eau de mer lorsqu'ils résistent bien à son action, ils arrivent à très-peu de chose près à leur dureté maxima après quatre ans. Indépendamment de la dureté provenant de l'absorption de l'acide carbonique, la cohésion spéciale à ces mortiers progresse plus rapidement pendant les six premiers mois que pendant les six mois suivants. Pendant la deuxième année, la dureté n'augmente guère que de 1/5 à 1/4 de celle déjà acquise; au delà de la deuxième année, l'augmentation de dureté, si elle a lieu, n'est plus sensiblement appréciable.

La cohésion maxima qu'acquièrent les mortiers de chaux hydrauliques, employés dans les maçonneries exposées à toutes les intempéries, varient dans les limites suivantes par centimètre carré :

Mortiers de chaux faiblement hydrauliques....	2 à 5	kilogrammes.
— hydrauliques ordinaires....	5 à 9	
— éminemment hydrauliques..	9 à 15	

Les mortiers de chaux grasse et de pouzzolane de bonne qualité, sans mélange de sable, atteignent, après deux mois d'immersion en eau douce, la moitié de leur cohésion finale, laquelle a lieu du commencement de la deuxième année à la fin de la troisième. Cette cohésion, qui varie avec les matières employées et les soins apportés à la confection des mortiers, dépasse rarement 15 kilogrammes par centimètre carré, et elle peut s'arrêter à 5 kilogrammes.

3° *Mortiers de ciment romain.* Les bons ciments employés purs font généralement prise sous l'eau en quelques minutes, et au plus en deux heures; ils ont alors acquis à très-peu de chose près le 1/5 de leur dureté finale. On peut estimer que la dureté est arrivée au 1/4 de la dureté maxima après le troisième jour, au 1/3 après le premier mois, à la 1/2 après le troisième, aux 2/3 après le sixième, et aux 9/10 après la première année. De la première année à la moitié de la deuxième, la progression de la dureté est très-peu sensible, bien qu'elle existe. Ayant eu à réparer le mortier d'un même bloc après dix-huit mois de gâchage et après trois ans, nous n'y avons reconnu aucune différence de dureté appréciable, ce qui nous conduit à penser que l'on peut considérer la dureté comme finale après douze ou dix-huit mois.

Nos observations ont été faites sur du mortier de ciment Gariel gâché pur, et nous avons constaté que sa ténacité par traction, qui avait atteint 6^{k},50 par centimètre carré après le premier mois d'immersion en eau de mer, était arrivée à 14^{k},20 après le sixième, à 17^{k},70 après la première année, et à 20^{k},30 après dix-huit mois. On appréciera le parti qu'on peut tirer d'un ciment atteignant un tel degré de ténacité, si l'on considère que des bétons, ayant une ténacité même inférieure à 6 kilogrammes, ont résisté pendant un demi-siècle et plus à l'action des coups de mer les plus violents.

69. **Action destructive de l'eau de mer sur certains mortiers.** — Les premières observations faites sur cette action ne datent que de quelques années (1842) ; elles furent en quelque sorte motivées par les grands désastres qui survinrent aux travaux maritimes de Saint-Malo, de la Rochelle et du Havre. Avant l'exécution de ces derniers, on s'était tenu à employer, pour des travaux analogues, des mortiers connus par une très-grande expérience, quand des considérations d'économie conduisirent les ingénieurs à introduire dans la composition des mortiers de nouvelles chaux, des pouzzolanes artificielles et de nouveaux ciments, conformément aux principes énoncés par un savant ingénieur.

En dehors de l'action dynamique des vagues et de celle du temps, il n'a pas encore été possible de poser des règles générales et absolues pour énoncer les causes et les effets susceptibles de produire les altérations remarquées après un temps plus ou moins long sur certains composés hydrauliques employés à la mer.

On est bien arrivé à déduire de l'expérience chimique que ces altérations, coïncidant presque toujours avec l'existence en plus grande abondance du sulfate de chaux, doivent être en quelque sorte attribuées à ce sel, formé par l'action, sur la chaux, du sulfate de magnésie de l'eau de mer. Mais comme, de son côté, la pratique des faits vient mettre en évidence l'action plus ou moins conservatrice produite par les éléments minéralogiques, botaniques et zoologiques que contient l'eau de mer libre, et par les influences de température, de lumière, d'agitation, de profondeur, etc. ; il en résulte que jusqu'à présent il a été impossible de donner une appréciation de ces causes et effets de destruction qui ne se trouve pas démentie par quelques faits. Ainsi, l'expérience a souvent démontré que tel mortier qui résistera parfaitement à Alger sera susceptible de s'altérer à Toulon ou dans l'Océan.

La complication de la question de résistance des mortiers destinés à la mer conduit le constructeur à être très-prudent au sujet des expériences de laboratoires, car elles peuvent très-souvent le conduire à une fausse appréciation de ces mortiers ; et si elles sont parfois utiles pour reconnaître les premières réactions des matériaux, elles ne sont pas suffisantes pour qu'on puisse en déduire la résistance réelle des mortiers marins dans l'avenir.

Ce n'est que par l'expérience, et en plaçant les mortiers d'essai dans des conditions identiquement semblables à celles où doivent se produire les effets qu'on veut observer, qu'on arrivera à une solution certaine de la question. Sous ce rapport, nos remarques nombreuses ne font que confirmer la conclusion suivante de M. Minard, inspecteur général des ponts et chaussées : « Le seul moyen de connaître l'action de la mer sur un nouveau mortier est de l'immerger en mer libre dans les parages où il doit être employé ; vouloir suppléer à la mer par des opérations chimiques de laboratoire serait s'exposer à de nouveaux désastres. »

En faisant des essais en mer libre, l'ingénieur ou le constructeur d'un travail sous-marin doit apporter tous ses soins à déterminer les propriétés physiques des matériaux à employer, et les proportions dans lesquelles ces matériaux entreront dans leur mélange. Ces considérations ont une très-grande importance pour la conservation des ouvrages en mer. Ainsi, l'expérience démontre fréquemment qu'en dehors de l'affinité chimique des matériaux entre eux, il arrive que des traces d'altération se produisent dans certaines maçonneries pour lesquelles on a fait usage de sables, de cailloux ou de moellons calcaires, susceptibles d'une dilatation ou d'une contraction très-variable selon la température du lieu où ils se trouvent placés, tandis qu'aucun indice d'altération ne se remarque dans des maçonneries placées dans les mêmes conditions, hourdées à dosage égal d'une même chaux ou d'un même ciment, mais faites avec des sables, des cailloux ou des moellons granitiques ou quartzeux.

Les proportions de chaux, de ciment et de sable à faire entrer dans la composition du mortier destiné à être employé à la mer, doivent être, dans tous les cas, établies de manière que la quantité de pâte soit à très-peu de chose près égale au vide du sable quand il s'agit de mortier ou de béton qui ne sont immergés qu'après la prise à l'air; si, au contraire, l'immersion doit être immédiate, on augmente la quantité de pâte d'environ 15 pour 100, afin de parer à la perte de pâte produite par le délavage et la formation des laitances.

Pour les maçonneries de béton ou de moellons, la quantité de mortier doit être réduite à celle qui est strictement nécessaire pour envelopper et relier parfaitement entre eux les cailloux ou les moellons. Pour le béton, cette quantité ne doit pas excéder le volume des vides des cailloux, augmenté d'un dixième environ quand il s'agit d'une immersion immédiate. Pour les maçonneries de moellons, cette quantité doit être réduite à la plus stricte limite par un parfait agencement des matériaux employés ; et, à ce propos, nous avons pu nous convaincre par expérience, sur les indications d'un ingénieur maritime, que plusieurs éclats de pierre, reliés entre eux par un joint en mortier de chaux très-peu hydraulique n'excédant pas *deux ou trois millimètres* d'épaisseur, étaient susceptibles de rester indéfiniment soudés entre eux, bien qu'immergés dans l'eau de mer après la prise du mortier à l'air, tandis que des éclats de même pierre, reliés entre eux avec le même mortier et immergés dans les mêmes conditions, mais l'épaisseur des joints étant de *un centimètre*, n'étaient pas susceptibles de rester immergés plus de quinze à vingt jours sans que la décomposition du mortier eût lieu, et que les éclats fussent séparés.

Jointe à la condition d'économie et à celle d'augmentation de densité, cette dernière considération nous paraît de nature à faire préférer, pour les travaux à la mer, les maçonneries de moellons à celles de béton, tant que ces dernières ne sont pas motivées par une immersion immédiate avant la prise du mortier.

70. **Plâtre.** — Le sulfate de chaux, soumis à une certaine température, perd son eau de cristallisation et fournit le plâtre.

Le sulfate de chaux est très-répandu dans la nature, mais moins que le carbonate. On le rencontre à l'état anhydre ($CaO.SO^3$), et les minéralogistes lui donnent le nom d'*anhydrite*, et à l'état hydraté ($CaO.SO^3 + 2HO$), on l'appelle alors *gypse*, *pierre à plâtre*. Ces deux minéraux forment souvent des amas lenticulaires considérables dans les couches de tryas, où ils sont ordinairement associés au sel gemme. On rencontre des amas semblables de gypse dans le terrain tertiaire inférieur ; c'est dans cette formation géologique que se trouve la pierre à plâtre des environs de Paris. Les couches gypseuses y sont intercalées dans des couches marneuses, supérieures au calcaire grossier, qui est la pierre à bâtir de Paris. Le gypse appartenant à cet étage géologique est une formation d'eau douce ; on a pu le constater facilement par la nature des coquilles fluviatiles dont on trouve les restes dans les couches environnantes.

Comme on a reconnu que les grandes couches de gypse surmontent souvent des bancs de pierre calcaire sans en être jamais surmontées, on est porté à en conclure qu'elles sont d'une formation plus récente.

Le sulfate de chaux anhydre, ou anhydrite, a une densité de 2,9. Il forme des masses compactes, à textures cristallines, assez dures.

Le sulfate de chaux hydraté se rencontre quelquefois à l'état de cristaux bien déterminés, qui se reconnaissent facilement, parmi les matières minérales, à leur peu de dureté, car on les raye avec l'ongle.

Quand le sulfate de chaux est pur, il ne donne point d'étincelle par le choc de l'acier, et ne fait pas effervescence avec les acides.

Les eaux de puits des environs de Paris contiennent une certaine quantité de ce sel en dissolution. On dit alors qu'elles sont *séléniteuses*, et, dans ce cas, elles sont impropres aux usages domestiques, tels que le savonnage, la cuisson des légumes, etc. Si l'on évapore des quantités souvent répétées de cette eau, comme dans les chaudières à vapeur, il se forme un dépôt de sulfate de chaux hydratée.

Le sulfate de chaux est peu soluble dans l'eau ; à la température ordinaire, il se dissout dans environ cinq cents fois son poids d'eau. Le maximum de solubilité correspond à $+35°$; à 0°, 100 parties d'eau en dissolvent 0p,205, et à 35°, 0p,254 ; au-dessus de 35°, la solubilité diminue à mesure que la température augmente, et à 100°, 100 parties d'eau n'en dissolvent que 0p,217.

Le gypse, chauffé à 120° ou 130°, abandonne complétement son eau, et se change en sulfate de chaux anhydre ; mais à cet état, mis en contact avec l'eau, il reprend facilement celle qu'il a perdue, et s'échauffe d'une manière sensible. Pour que ce dernier effet se manifeste, il faut que le gypse n'ait pas été trop chauffé ; ainsi, lorsque la température s'élève seulement à 160°, la matière ne reprend plus son eau que très-lentement. Le sulfate de chaux anhydre de la nature, l'anhydrite, ne se combine pas avec l'eau, il se comporte comme le gypse qui a été calciné au rouge. Le sulfate de chaux fond à la température rouge, et il se solidifie par le refroidissement en une masse cristalline, dont les clivages sont les mêmes que ceux de l'anhydrite.

C'est sur cette propriété du gypse de perdre son eau de cristallisation à une température peu élevée, et de la reprendre promptement quand on le mélange avec ce liquide, qu'est fondé l'emploi du plâtre comme mortier dans les constructions et pour le moulage. En mélangeant avec de l'eau du plâtre déshydraté réduit en poudre fine, on en forme une pâte liquide, dans laquelle, au premier moment, les parcelles de sulfate de chaux anhydre sont mécaniquement mélangées ; mais bientôt le sulfate de chaux se combine avec l'eau, et se change en sulfate hydraté. Une partie de l'eau mélangée disparaît dans la combinaison ; les particules, qui étaient désagrégées dans la pâte liquide, s'agrégent en petits cristaux au moment où ils se combinent avec l'eau. Ces petits cristaux se *feutrent*, pour ainsi dire, les uns dans les autres, et toute la matière finit par se prendre en une masse solide (76).

Le plâtre n'a rien de caustique comme la chaux, on peut le manier sans danger ; réduit en poudre, il n'a besoin du mélange d'aucune matière autre que l'eau, dans une convenable proportion, pour faire prise et former un corps solide d'une dureté moyenne à peu près égale à celle de la pierre tendre.

Cette qualité du plâtre d'acquérir promptement un certain degré de solidité et de dureté le rendrait préférable au mortier, s'il pouvait résister aux intempéries atmosphériques et à l'humidité ; mais il n'en est pas ainsi, et il ne peut être employé que pour des travaux recouverts, si l'on veut qu'il se conserve parfaitement. Dans les localités où le plâtre est de bonne qualité, à Paris et dans ses environs, par exemple, on en fait une immense consommation dans la construction des maisons. Sa facile adhésion à la pierre et au bois permet de l'employer avantageusement pour la construction des murs et des voûtes, ainsi que pour les enduits intérieurs et extérieurs ; on en recouvre aussi les cloisons, pans de bois, planchers, etc.; de manière qu'un bâtiment, depuis le sol du rez-de-chaussée jusqu'au grenier, peut être entièrement recouvert de plâtre, et paraître composé d'une seule pièce de cette matière.

Le plâtre employé à Paris est tiré des carrières de Montmartre, Pantin, Ménilmontant, Charonne, Montreuil, etc.; celui de Pantin est le plus estimé.

71. **Variétés de pierres à plâtre.** — On en distingue plusieurs, dont les principales sont : 1° le *gypse filamenteux ;* 2° la *sélénite ;* 3° l'*alabastrite;* 4° le *sulfate de chaux calcarifère*, ou la pierre à plâtre commune.

Le *gypse filamenteux* est un sulfate de chaux naturel, pur et en masse, mais cristallisé confusément; on en fait du plâtre de choix pour les sculpteurs.

La *sélénite*, dite *gypse feuilleté*, ou encore *pierre à Jésus*, est aussi une espèce de sulfate de chaux naturel, que l'on trouve en cristaux volumineux pouvant se diviser en lames minces et brillantes; elle fournit le plus beau et le meilleur plâtre pour les ouvrages de sculpture.

L'*alabastrite*, ou *faux albâtre*, a l'aspect du marbre blanc; il jouit d'une demi-transparence; il a quelque analogie avec l'albâtre calcaire (21), mais sans en avoir ni la beauté, ni la solidité. On en fait des objets d'ornements, tels que vases, massifs de pendules, etc. Cette pierre possède les mêmes propriétés que les deux espèces précédentes.

Le plâtre destiné au moulage des objets délicats doit être plus pur que celui qu'on emploie dans les constructions, et il doit être cuit avec des précautions particulières et hors du contact du combustible. A Paris, on se sert pour cela du *gypse en fer de lance*, qui forme des petites couches au milieu du terrain gypseux de Montmartre. On concasse ce gypse en morceaux de la grosseur d'une noix, et on le cuit dans des fours analogues à ceux des boulangers, à une température bien inférieure à celle du rouge sombre, et qu'on règle avec le plus grand soin.

Le *sulfate de chaux calcarifère*, ou la pierre ordinaire à plâtre, est composé des mêmes substances que le gypse, la sélénite et l'alabastrite, mélangées d'environ 12 pour 100 de carbonate de chaux, d'argile ou de sable : aussi acquiert-il un plus haut degré de dureté.

La pierre à plâtre des environs de Paris renferme :

Sulfate de chaux...........	70,39
Eau.....................	18,77
Carbonate de chaux........	7,63
Argile..................	3,21
	100,00

Le sulfate de chaux ($CaO.SO^3+2HO$) se compose de 32,9 parties de chaux, 46,3 d'acide sulfurique et 20,8 d'eau. Ainsi, la pierre à plâtre est d'autant plus pure, que sa composition se rapproche davantage de ces proportions.

On détermine facilement la quantité de carbonate de chaux que contient la pierre à plâtre en opérant comme il suit : on met un poids déterminé de la pierre, d'abord pulvérisée, dans un verre ou dans un vase en terre vernie contenant de l'eau, et l'on verse dessus une demi-partie d'acide nitrique étendu d'environ trois fois son poids d'eau; on laisse reposer, et après quelques heures on décante le liquide en inclinant doucement le vase; on lave ensuite à plusieurs reprises le dépôt avec de l'eau pure, en laissant reposer chaque fois avant de répéter la décantation. Quand l'eau de lavage cesse d'être acidulée, ce que l'on reconnaît en en plaçant quelques gouttes sur la langue, on étend le dépôt sur une feuille de papier, et on le laisse bien sécher; alors on le pèse, et la perte de poids éprouvée est le poids du carbonate calcaire contenu dans la pierre à plâtre soumise à l'épreuve.

72. **Extraction de la pierre à plâtre.** — Elle se fait à peu près de la même manière que pour les pierres calcaires (25), soit à ciel ouvert, soit par galeries : ce dernier mode est le plus en usage pour les carrières des départements de la Seine et de Seine-et-Oise, dont les galeries ont quelquefois de 400 à 600 mètres de longueur. Dans ces carrières, on sépare également les blocs, après les avoir tranchés, au moyen de coins en fer ou en bois, de pics à roche et de leviers; à l'aide de tarières, on fait aussi des trous de mine que l'on remplit ensuite de poudre dont l'explosion détache les plus gros blocs; on réduit enfin ces blocs en morceaux faciles à transporter.

Deux ouvriers carriers peuvent, dans une journée de douze heures de travail, extraire et réduire en moellons environ 5 mètres cubes de pierre à plâtre.

Les bancs de pierre d'une même carrière offrent beaucoup de

choix quant à la qualité du plâtre ; aussi un plâtrier qui connaît son métier apporte-t-il tous ses soins à mélanger les diverses espèces de pierres en les plaçant au four, quand il veut obtenir un plâtre d'une qualité uniforme. Ces bancs prennent des noms différents, suivant les localités ; mais on les désigne ordinairement de la manière suivante :

1° Le *souchet*, qui se trouve situé sous le ciel de la carrière, et qui peut avoir 0m,65 de hauteur ; c'est le premier banc que les ouvriers enlèvent, à cause de son peu de fermeté : on l'emploie ordinairement à l'état de poussière pour recouvrir les fours, et il ne fournit qu'un plâtre médiocre.

2° Le *bousineux*. Ce banc fournit également du plâtre d'une qualité inférieure ; il se trouve immédiatement au-dessous du souchet, et il peut avoir 0m,40 de hauteur.

3° Le *toisé*, le *petit dur* et le *gros dur*, dont les hauteurs varient de 0m,45 à 0m,28, fournissent du plâtre d'une excellente qualité.

4° La *ceinture*, le *gros gris* et le *petit glandeux* sont placés au-dessous des précédents, sous des hauteurs de 0m,43 à 0m,28 ; ils fournissent du plâtre d'une qualité très-médiocre.

5° Le *gros glandeux*, la *brioche* et le *banc rouge* sont les bancs qui fournissent le meilleur plâtre, qui aurait même trop d'énergie s'il ne se trouvait mêlé au four avec les plâtres produits par les pierres des autres bancs.

6° Le *gros banc*, d'une hauteur d'un mètre, fournit un plâtre d'une qualité moyenne. Ce banc se trouve ordinairement sur le sol de la carrière, lequel est formé par un banc de pierre très-dure, nommé *sous-pieds*, qui donne une excellente pierre à plâtre, mais que l'on exploite rarement, à cause des difficultés que fait naître l'arrivée de l'eau à cette profondeur : ce banc se trouve quelquefois à 150 mètres au-dessous du sol extérieur.

L'exploitation des carrières à plâtre exige de la part des ouvriers beaucoup d'habitude et d'attention, pour éviter les nombreux accidents auxquels ils sont exposés ; on est très-souvent obligé de soutenir les ciels, ordinairement coupés par des *feuillères* ou filets, en construisant dessous des piliers et des voûtes en maçonnerie. Lorsque le ciel d'une galerie paraît s'affaisser à un endroit, on construit en dessous, pour le consolider, des arceaux en maçonnerie de 0m,40 à 0m,50 de longueur. Comme le montre la figure 6, on entaille

Fig. 6.

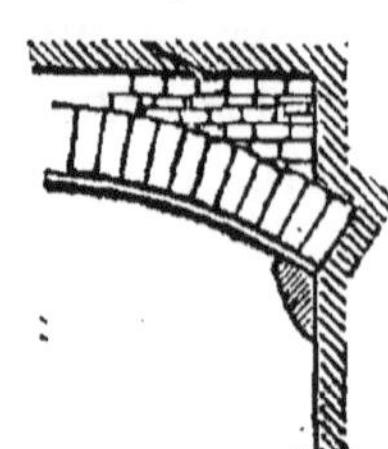

les naissances de ces arceaux dans la masse de pierre à plâtre formant les parois latérales de la galerie, et des grands cercles de cuves, supportés aux extrémités par de forts patins en plâtre, servent de cintre.

L'ouvrier maçon appelé à exécuter ces travaux de consolidation doit y apporter tous ses soins; il doit, autant que possible, éviter d'ébranler par des chocs les parties qui menacent de tomber. Il lui conviendra de se renseigner, auprès des ouvriers qui exploitent la carrière, sur la manière dont se comporte le terrain au-dessus du ciel dans les cas d'éboulements, et sur les indices précurseurs de ces éboulements; il devra, du reste, être très-attentif, afin que tout craquement ou mouvement dans les bancs supérieurs ou inférieurs de la carrière, aux environs du point où il travaille, ne lui échappe pas. Si les pierres ou les terres s'égrènent à plusieurs reprises successives et à de courts intervalles, le plus souvent un éboulement ne tarde pas à se produire; alors le maçon doit prendre toutes les précautions pour se préserver du danger probable, et il doit même quitter le travail si les terres continuent à s'égrener. Le fait suivant peut donner une idée de l'importance de ces précautions : en 1841, l'un de nous, M. Laroque, était occupé, avec plusieurs maçons, dans une carrière à plâtre de Chanteloup (Seine-et-Oise), à construire une voûte en un point où le ciel était entièrement tombé, en entraînant dans sa chute une énorme quantité de pierre et de terre. Le vide conique formé dans le ciel pouvait avoir une hauteur de 10 à 12 mètres, et une base de 8 mètres de diamètre. Les pieds-droits étaient arasés, et il ne restait plus que quelques rangs de pierre à poser pour fermer la voûte dans toute sa longueur, lorsqu'on entendit les terres s'égrener à trois reprises consécutives. D'après l'avis des carriers, tout le monde devait quitter les travaux avec empressement lorsque ce signe précurseur d'un éboulement se ferait entendre; c'est ce que l'on fit : les ouvriers avaient à peine descendu leurs outils de dessus l'échafaud et fait quelques pas pour se retirer, qu'ils entendirent d'énormes blocs tomber sur l'échafaud, et, quelques instants après, 200 mètres cubes de terre et de pierre couvraient l'emplacement qu'ils venaient si heureusement d'abandonner.

Toutes les pierres employées pour exécuter les travaux de consolidation dans les carrières à plâtre proviennent de ces carrières mêmes. Dans quelques localités, on emploie aussi les plus durs moellons de pierre à plâtre pour construire les bâtiments ; mais, à Paris, ils sont prohibés pour cet usage, à cause de leur peu de résistance sous la charge et aux intempéries de l'atmosphère : à peine en construit-on quelques murs de clôture.

Fig. 7.

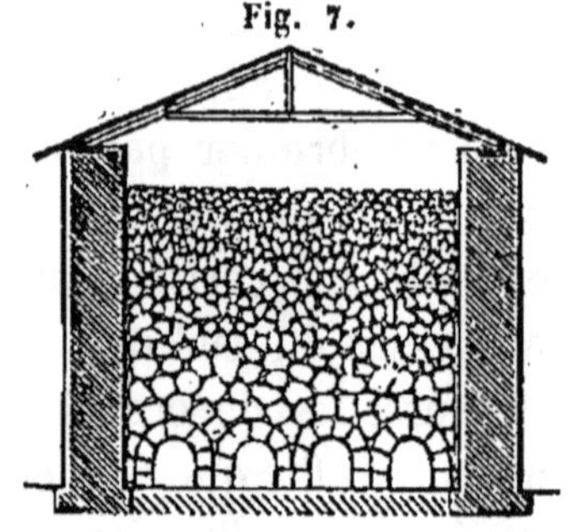

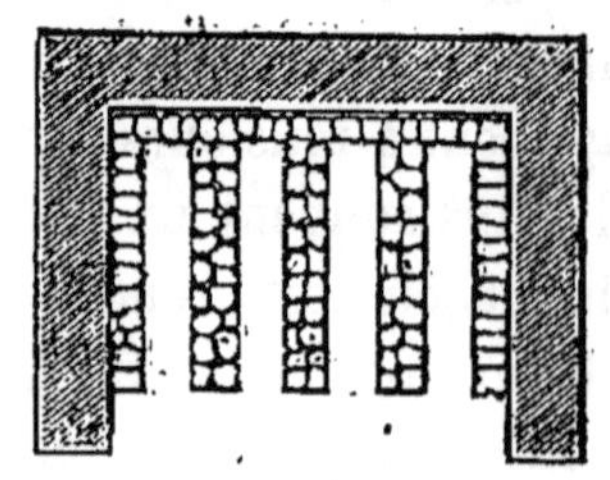

73. Cuisson de la pierre à plâtre. — Les fours employés à cette cuisson s'établissent aux abords des carrières, et ils se composent ordinairement, comme l'indique la figure 7, d'un mur de 4m,50 environ de hauteur formant le derrière du four, et de deux autres construits perpendiculairement au premier et destinés à supporter un comble à deux égouts, dont les tuiles sont posées à claire-voie, afin de laisser dégager librement la fumée et les vapeurs.

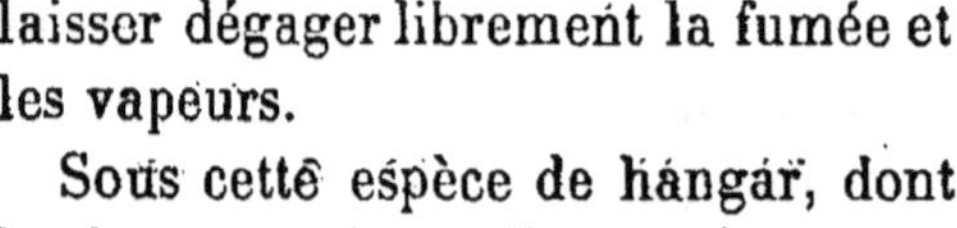

Sous cette espèce de hangar, dont le devant reste entièrement ouvert, on établit, parallèlement aux murs latéraux, plusieurs petites galeries voûtées, de 0m,65 environ de hauteur sur 0m,50 de largeur, séparées par des piliers de même largeur. Ces galeries, qui servent de foyers, se font avec les plus gros morceaux de pierre à plâtre, en ayant soin de laisser des petits vides dans les voûtes pour faciliter le passage de la fumée. Au fur et à mesure qu'on construit les voûtes, on les consolide en remplissant les vides laissés entre les extrados voisins ; puis on stratifie la pierre à plâtre par couches sur toute l'étendue du four, et on élève la charge jusqu'au sommet des murs du four, en ayant soin de placer, autant que possible, les plus gros morceaux, qui sont les plus difficiles à cuire, vers le bas du four ; on termine le chargement par une couche d'éclats provenant des résidus de l'extraction.

On remplit alors les galeries de fagots, de bourrées ou de bois fendu ; on y met le feu, que l'on active graduellement au commencement, puis on entretient une chaleur régulière jusqu'à la fin de l'opération. La flamme, passant à travers les vides nombreux qui existent entre les pierres, s'élève graduellement jusqu'au haut de la charge et distribue également la chaleur dans toutes ses parties. La cuisson terminée, on recouvre la masse d'une couche de poussier de pierre à plâtre, afin de concentrer la chaleur.

La quantité de combustible brûlé dans ces fours varie évidemment suivant l'essence et l'état de dessiccation des bois.

TABLEAU *des résultats moyens obtenus pour trois fours, contenant chacun* 60 *mètres cubes de plâtre.* (Carrières de Chanteloup.)

BOIS.	FAGOTS OU BOURRÉES		COMBUSTIBLE BRULÉ	
	Nombre.	Poids de chaque.	en totalité.	par mètre cube.
		k.	k.	k.
Chêne	550	23,00	12 650	210,83
Bouleau et châtaignier mélangés.	700	16,50	11 550	192,50
Chêne et charme mélangés	900	9,00	8 100	135,00

La durée de la cuisson du plâtre varie de dix à quinze heures; elle dépend de la quantité de pierre mise au four, du degré de dessiccation du bois et de l'état de l'atmosphère. L'habitude indique assez le point auquel il faut arrêter le feu, et ce moment est très-important à saisir, car la bonne qualité du plâtre dépend, en grande partie, de la cuisson à un degré précis, en deçà et au delà duquel on n'obtient qu'un plâtre très-inférieur.

La houille peut aussi être employée pour cuire le plâtre; mais comme il importe que celui-ci conserve sa blancheur lorsqu'il doit servir à la bâtisse, on est obligé d'avoir recours à des fours particuliers, où les combustibles brûlent dans un foyer séparé dont la chaleur est réverbérée sur la pierre à plâtre, ou au moins dont les gaz ne sortent, autant que possible, que brûlés pour traverser la pierre à plâtre. Les fours coniques, semblables à ceux qui servent à cuire la pierre à chaux (43), où la houille est mêlée avec la pierre, ne sont ordinairement employés que pour la cuisson du plâtre destiné à amender les terres.

Le poids de la pierre à plâtre diminue d'un quart environ à la cuisson, par suite de l'évaporation de l'eau de cristallisation (71).

74. Indices de bonne ou de mauvaise qualité du plâtre. — Conservation du plâtre. — Quand le plâtre est convenablement cuit, l'ouvrier qui l'emploie sent, en le maniant, qu'il est doux et qu'il s'attache aux doigts : c'est à ces indices que l'on peut surtout reconnaître le bon plâtre. Les enduits qu'il forme sont d'un grain fin et agréable à l'œil. Lorsque le plâtre n'est pas assez cuit, il est aride, n'absorbe l'eau qu'imparfaitement, et ne forme pas un corps assez solide. Quand il est trop cuit, il refuse l'eau, parce qu'il est en partie vitrifié; il est devenu maigre, graveleux, il s'égrène au lieu de former un corps solide quand il est employé.

Les plâtres de mauvaise qualité sont, en général, d'une couleur jaunâtre ; ils sont rudes au toucher, comme la pierre calcaire pulvérisée; ils sont longs à prendre ; ils donnent des enduits qui se gercent facilement, et qui, au lieu de résonner sous la truelle brettée, se rayent profondément.

Après la cuisson, le plâtre se retire du four, et on le réduit en petits morceaux avec un outil à peu près semblable à ceux dont les casseurs de cailloux font usage sur les routes. C'est dans cet état que, il y a quelques années, il était ensaché et livré aux maçons; maintenant, on ne l'amène sur les chantiers que réduit en poudre, au moyen de manéges disposés à cet effet. Le plâtre poudre absorbant avec avidité l'humidité atmosphérique, il est plus sujet à s'éventer que le plâtre en morceaux ou en *gravats;* aussi les ouvriers maçons disent-ils que ce dernier était souvent de meilleure qualité que le plâtre en poudre : les garçons, qui sont maintenant dispensés de battre les gravats, travail très-pénible, sont loin, comme on le pense, d'avoir la même opinion à ce sujet.

Autant que possible, le plâtre doit être employé peu de temps après sa fabrication. Il en est cependant dont la prise serait alors tellement rapide que l'ouvrier n'aurait pas le temps de s'en servir, il prendrait corps dans l'auge : le maître compagnon, pour tirer le meilleur parti possible de ce plâtre, a soin de le conserver quatre ou cinq jours dans le gâchoir avant de l'employer.

Quand on veut conserver le plâtre, il faut apporter les plus grandes précautions pour le préserver du contact de l'air, sans quoi il en absorberait peu à peu toute l'humidité dont il est susceptible de s'emparer, et, une fois *éventé,* il ne serait plus bon à rien, à moins de le remettre de nouveau au four, encore ne retrouve-t-il jamais ses qualités primitives. Nous avons vu du plâtre conserver d'une année à l'autre ses bonnes qualités, en le disposant en tas sur un sol sec, sans être adossé à des murs en maçonnerie; on avait arrosé la surface du tas en y répandant uniformément un peu d'eau, de manière à former une croûte qui préservait des influences atmosphériques le plâtre placé dessous. Cette croûte peut être remplacée par une enveloppe en plâtre de $0^m,03$ à $0^m,04$, de laquelle on recouvre entièrement le tas de plâtre.

Dans les pays où le plâtre est rare et où on le tire de loin, il faut, autant que possible, le faire venir en pierre et le cuire sur les lieux, ou bien le renfermer dans des tonneaux pour qu'il n'absorbe pas l'humidité de l'air pendant le trajet.

75. Sous le rapport de l'emploi dans les constructions, on distingue, à Paris, trois sortes de plâtre :

1° Le *plâtre au panier*. C'est celui qui est à l'état dans lequel le fabricant le livre à l'entrepreneur; on l'emploie pour faire les aires de plancher, hourder les murs et pans de bois, et faire les crépis. On appelle encore ainsi le plâtre tamisé dans un panier d'osier ; ce dernier est plus fin que le précédent, et il sert ordinairement à faire les crépis d'une faible *charge* (épaisseur).

2° Le *plâtre au sas*. C'est celui qui est passé dans un tamis de crin ; il sert ordinairement à faire les enduits et les moulures.

3° Le *plâtre au tamis de soie*. Il est utilisé pour faire les beaux enduits et moulures qui doivent recevoir de la peinture.

On distingue encore les *mouchettes* et la *fleur de plâtre*.

Les *mouchettes* sont les résidus provenant du passage du plâtre au sas. On les utilise ordinairement en les mêlant avec de l'autre plâtre pour faire de gros ouvrages.

La *fleur de plâtre* est le plâtre qui se trouve en poussière plus fine encore que le plâtre passé au tamis de soie ; on l'obtient en le faisant sauter sur une pelle, à laquelle il s'attache assez facilement : c'est de ce mode de préparation que lui vient le nom de *plâtre à la pelle*, que lui donnent les maçons ; il sert ordinairement à *octer* les moulures, c'est-à-dire à boucher les petits trous.

76. **Gâchage du plâtre.** — Cette opération a pour but de faire reprendre rapidement et en une seule fois au plâtre l'eau qu'il contenait avant la cuisson. Cette eau le réduit en pâte, ce qui permet de l'employer comme mortier, puis provoque, à mesure qu'elle est absorbée, une cristallisation confuse qui fait adhérer entre elles les molécules du plâtre, de manière à en former une masse plus ou moins dure.

Par de nombreuses expériences, nous avons reconnu :

1° Que pour le plâtre bien cuit, passé au sas et destiné à faire des enduits, il fallait employer environ 30 litres d'eau pour gâcher un sac de plâtre contenant 25 litres ;

2° Que pour le plâtre bien cuit, passé au panier et gâché pour hourder les maçonneries ou pour faire les crépis, il fallait, en moyenne, 18 litres d'eau par sac de plâtre de 25 litres;

3° Que le plâtre non assez cuit ou trop cuit absorbait 1/8 d'eau de moins que les précédents.

En général, l'expérience a prouvé qu'une pierre à plâtre, cuite à un degré convenable et écrasée ensuite, pouvait absorber un volume d'eau à peu près égal à celui qu'elle contenait avant la cuisson.

A Paris et aux environs, pour opérer le gâchage du plâtre, on commence par mettre dans l'auge l'eau nécessaire à la quantité de plâtre à gâcher : pour *un voyage*, le garçon verse environ deux seaux d'eau dans l'auge ; pour *deux truellées*, un seau et demi ; *une truellée*, un seau ; *une demi-truellée*, un demi-seau ; et pour *une poignée*, environ un quart de seau ; quand le maçon crie de lui gâcher *gros comme un œuf*, il demande à peu près la moitié d'une poignée. Une fois l'eau versée dans l'auge, on y ajoute, avec la pelle, la quantité convenable de plâtre, en ayant soin de le répandre bien uniformément sur toute la surface de l'eau.

La proportion de plâtre à mélanger à l'eau dépend de la nature des ouvrages à exécuter : si le travail nécessite l'emploi d'un plâtre très-énergique, dont la solidification doit se faire promptement, on met dans l'eau une quantité de plâtre nécessaire pour former une pâte d'une consistance convenable pour en permettre l'emploi immédiat : c'est ce que les maçons appellent *gâcher serré; gâcher clair*, au contraire, consiste à ne mettre dans l'eau que la quantité de plâtre nécessaire à la formation d'une pâte un peu liquide, de manière à ralentir la prise. Il est des natures d'ouvrages pour lesquelles le plâtre doit être gâché *très-clair*, surtout quand il est énergique ; c'est ce que l'on fait pour les enduits de plafonds, et en général pour tous ceux d'une grande surface et de peu d'épaisseur. Enfin, lorsqu'on a à remplir des vides où la main ni la truelle ne peuvent atteindre, pour couler des pierres, par exemple, on fait un *coulis*, c'est-à-dire qu'on gâche le plâtre assez clair pour que, versé dans des godets convenablement placés au-dessus des vides à remplir, il pénètre en tous les points de ces vides. Le plâtre gâché à ce degré ne se solidifie qu'imparfaitement et au bout d'un certain temps ; c'est à ce plâtre, quand il a déjà commencé à prendre, que les ouvriers donnent le nom de *plâtre noyé*.

Le plâtre étant versé dans l'eau, le garçon, sans rien agiter, met l'auge sur sa tête, et l'apporte au compagnon, qui en mélange lui-même le contenu, en l'agitant dans tous les sens avec une truelle en cuivre et en écrasant les mottes avec la main gauche. Si le plâtre gâché est trop clair pour être employé immédiatement, le maçon le laisse un peu *couder*, c'est-à-dire prendre quelque consistance; ensuite il l'emploie avec rapidité, car une fois que le plâtre a coudé un peu, il n'est pas longtemps à prendre.

L'usage des truelles en cuivre est absolument nécessaire pour l'emploi du plâtre; les truelles en fer seraient promptement détruites, à cause de leur facile oxydation, et le plâtre y adhérerait trop fortement.

Dans les localités où le plâtre est d'un prix très-élevé, son emploi est moins général qu'à Paris; on n'en fait alors usage que pour les scellements de petites ferrures, pour les galandages des cloisons en briques, pour les enduits, et surtout pour les plafonds et les corniches. Dans ces localités, le maçon, désigné sous le nom de *plâtrier* ou de *plafonneur*, gâche lui-même son plâtre, qu'il ne prépare pas en aussi grande quantité qu'à Paris, et que cependant il laisse encore quelquefois noyer; il l'emploie avec une grande truelle très-mince, en acier, dont il se sert pour dresser avec perfection les surfaces des enduits et des plafonds.

Pendant le gâchage et l'emploi du plâtre, deux opérations bien simples en apparence, il se passe plusieurs phénomènes intéressants :

1° Le plâtre reprend l'eau dont il a été privé par l'action du feu;

2° Il s'opère une cristallisation confuse pendant laquelle des milliers de petits cristaux se produisent presque instantanément, adhèrent les uns aux autres et forment un tout solide;

3° Il y a production de chaleur, due à ce que l'eau, en se solidifiant, abandonne une partie de son calorique;

4° Enfin, il y a gonflement et augmentation de volume; ce qui provient de ce que, pendant la cristallisation confuse et précipitée, les molécules n'ont pas le temps de prendre un arrangement parfait avant la prise. Cette force d'expansion du plâtre est suffisante pour renverser les constructions les plus solides, aussi est-il important d'y avoir égard dans les travaux de maçonnerie.

D'après de nombreuses expériences, nous avons reconnu qu'un mètre cube de plâtre en poudre produisait $1^{m},18$ de mortier au premier instant de solidification, que le gonflement opéré dans le volume du plâtre, vingt-quatre heures après son emploi, était de 1 pour 100, et que la moitié de ce gonflement était produite une heure après l'emploi.

77. **Cohésion du plâtre.** — Le plâtre est loin d'avoir la ténacité du mortier, qui durcit avec le temps : il résulte des expériences de plusieurs architectes, et notamment de Rondelet, que le plâtre qui unit deux briques, par exemple, avec un tiers plus de force que ne le fait le mortier de chaux, perd de sa force à mesure qu'il vieillit, tandis que celle du mortier va en augmentant. L'adhésion du plâtre aux pierres et à la brique est toujours moindre que sa force de cohésion avec lui-même.

Le mortier de plâtre arrive à sa cohésion finale après un mois d'exposition à l'air, sous une température de 20° à 25° centigrades. Sa résistance maximum à la traction varie de 12 à 16 kilogrammes par centimètre carré de section ; si on le mêle à moitié de son volume de gros sable, cette ténacité descend à 5 kilogrammes, et à 3k,75 quand le sable s'approche du menu gravier (88).

Dans un lieu humide, le plâtre n'acquiert jamais la cohésion précédente. Des fragments d'enduit, provenant d'un rez-de-chaussée de maison humide, nous ont donné une résistance de 2 kilogrammes au plus par centimètre carré ; ces mêmes fragments, après un mois d'exposition à l'air, en juillet, avaient pris une résistance de 7 kilogrammes par centimètre carré.

78. **Plâtras.** — C'est ainsi qu'on désigne les morceaux, plus ou moins informes, provenant de la démolition d'anciennes constructions, et principalement des ouvrages en plâtre. Ceux qui proviennent des lieux bas et humides contiennent toujours une grande quantité de chaux nitratée, qui les rend impropres à tous usages ; à Paris, et généralement dans toutes les grandes villes, les salpêtriers les enlèvent pour en extraire le salpêtre, et dans le cas contraire on les conduit aux décharges publiques. Les plâtras non salpêtrés sont au contraire utilisés avec avantage dans les nouvelles constructions ; on les divise en deux espèces : *plâtras blancs* et *plâtras noirs*.

Les *plâtras blancs* proviennent des démolitions des pans de bois, planchers, etc. ; ils sont bien estimés quand ils sont secs, à cause de leur légèreté, et on les emploie pour toute espèce d'ouvrages légers, à l'intérieur des bâtiments, comme pour hourder les pans de bois, les bandes de trémies, les manteaux et jambages de cheminées, et en général toutes les maçonneries non destinées à supporter de fortes charges, ni exposées à l'humidité.

Les *plâtras noirs* proviennent de la démolition des vieux coffres de cheminées en plâtre; la suie qui les a noircis d'un côté et le bistre qui les a pénétrés dans toute leur épaisseur les font rejeter des constructions qui exigent de la blancheur, ces plâtras ayant l'inconvénient de faire apparaître, après très-peu de temps, une teinte de bistre à travers les crépis et enduits qui les recouvrent; on les emploie ordinairement à la construction des murs dosserets pour cheminées, ou pour des murs de clôture et autres ouvrages qui n'exigent pas une grande propreté.

Les plâtras sont inférieurs aux moellons ordinaires, tant sous le rapport de la durée que sous celui de la résistance; mais ils ont l'avantage de ne pas charger autant les bâtiments, et de coûter moitié moins : comme les moellons, on les vend au mètre cube.

79. **Carreaux et poteries creuses en plâtre.** — Avec le mortier de plâtre et des plâtras de peu d'épaisseur, on fait des carreaux qui servent à construire des cloisons d'appartements; ils ont ordinairement 0m,48 de longueur sur 0m,32 de largeur, et de 0m,055 jusqu'à 0m,16 d'épaisseur : l'épaisseur la plus habituelle est de 0m,08; c'est celle qui est la plus conforme à l'équarrissage ordinaire des huisseries et des poteaux de remplissage des cloisons.

On fait aussi usage à Paris de carreaux creux en plâtre, ayant à peu près les mêmes dimensions que les précédents; ils ont l'avantage d'être très-légers, et surtout d'assourdir les appartements divisés par les cloisons qui en sont construites. On prépare également à l'avance des carreaux circulaires, pour la construction des niches des poêles de salles à manger.

On a aussi fabriqué avec du plâtre des poteries creuses de mêmes formes et à peu près de mêmes dimensions que celles en terre cuite, dont nous avons parlé au nº 36. On les a employées à la construction des planchers en fer pour remplir les intervalles des fermes, ce que l'on fait avec des plâtras, qui pèsent moitié plus, ou avec de la poterie en terre cuite, dont le prix est deux fois plus élevé. Ces poteries en plâtre paraissent jouir d'une solidité suffisante pour les ouvrages auxquels on les a employées. Ainsi, M. Dalmont, architecte, dit, dans un rapport fait à l'Académie de l'industrie, qu'une de ces poteries résiste à une pression de 1 000 kilogrammes, et que dans un bâtiment où on en a fait usage, les plafonds étant parfaitement dressés avant d'être enduits, ils offraient, en leur faisant éprouver des secousses considérables, une résistance plus grande que les planchers en charpente, quoique les vides occasionnés par la distance des fermes fussent de 1m,45 sur 1m,60. Des calculs rigoureux ont établi qu'un plancher en bois, pour une pièce d'une certaine dimension, pesant 15 000 kilogrammes et coûtant 1 400 francs, un plancher en fer d'une même dimension, avec remplissage en pots de terre cuite, pèse 11 000 kilogrammes et revient à 1 300 francs, et que le même plancher, avec remplissage en poterie creuse de plâtre, ne pèse que 8 400 kilogrammes et ne revient qu'à 1 000 francs. Comme on le voit, ces poteries offrent de grands avantages pour la construction des planchers.

80. **Plâtre aluné.** — Depuis un certain nombre d'années, on emploie, pour mouler des objets d'art, un plâtre cuit avec de l'alun, et qui en renferme 2 pour 100. Il prend plus de dureté que le plâtre ordinaire; il présente aussi un plus bel aspect, parce qu'il est moins mat et qu'il jouit même d'une certaine translucidité. Pour préparer le plâtre aluné, on donne au plâtre une première cuisson, qui le prive de son eau de cristallisation; puis, immédiatement après, on le jette dans un bain d'eau saturée d'alun. Au bout de six heures, on le retire de ce bain, et, après l'avoir laissé sécher à l'air, on lui fait subir une seconde cuisson, en le chauffant au rouge brun. Après l'avoir pulvérisé dans un mortier ou sous des meules, il peut être employé de la même manière que le plâtre ordinaire; mais souvent, au lieu de le gâcher dans l'eau pure, on le gâche dans une dissolution d'alun. La prise du plâtre aluné est moins prompte que celle du plâtre ordinaire, il est encore mou après plusieurs heures; de plus il ne s'évente pas en vieillissant. Le plâtre aluné remplace le stuc avec avantage; mais il coûte 22 francs le quintal métrique, quatre fois plus que le stuc ordinaire. Mêlé avec une égale quantité de sable, il donne une matière qui prend une extrême dureté, et avec laquelle on a fabriqué des dalles; il supporte même le mélange de 2 parties de sable.

81. **Stucs.**—On fait souvent usage d'un marbre artificiel, appelé *stuc*, pour revêtir des murs, des colonnes, et pour confectionner divers objets d'ornement. On distingue le *stuc en chaux* et le *stuc en plâtre*.

1° *Stuc en chaux*. On fait un mortier avec de la chaux et du sable fin tamisé, et on le mélange avec soin jusqu'à ce qu'il ne reste plus de grumeaux. On fait un bassin sur une palette, avec une certaine quantité de ce mortier; on y verse de l'eau, sur laquelle on sème avec la main une quantité de plâtre nécessaire pour l'absorber; alors, on se hâte de faire le mélange du plâtre gâché et du mortier, afin de l'employer le plus promptement possible. Ce mélange, qui contient 2 parties de plâtre gâché pour 1 de mortier, sert à former la masse des corniches et moulures, ou la couche intérieure des enduits pleins. Pour les dernières couches de l'ébauche, la quantité de plâtre gâché n'est plus que de 1 partie pour 3 de mortier.

La masse étant ainsi formée, on la laisse sécher jusqu'à ce qu'elle ne contienne plus d'humidité à l'intérieur, avant de poser la dernière couche ou le stuc proprement dit. Cette couche est faite d'un mélange de quantités égales de chaux et de marbre en poudre tamisé. La chaux doit être choisie morceau par morceau, afin d'éviter les incuits et les biscuits; on l'éteint par immersion, puis on l'écrase sur un marbre avec une mollette, comme on le fait pour la peinture. Après quatre ou cinq mois d'extinction, on mêle cette chaux avec la poudre de marbre sans y ajouter d'eau, et on broie jusqu'à ce que le mélange soit parfait.

Une fois que l'on a préparé une certaine quantité de cette pâte, on mouille l'ébauche jusqu'à ce qu'elle n'absorbe plus d'eau, et avec un pinceau on applique dessus un peu de stuc, que l'on a délayé dans un vase. Alors, au moyen d'une spatule, on applique une couche de stuc dur, dont, à mesure qu'elle sèche, on termine les formes et à laquelle on donne le poli avec des ébauchoirs en acier et du linge mouillé enveloppé autour du doigt ou même avec le doigt seul.

Le stuc à la chaux peut s'employer à l'extérieur comme à l'intérieur; seulement, dans le premier cas, l'ébauche ou les premières couches doivent être faites entièrement au mortier de chaux hydraulique.

2° *Stuc en plâtre.* Ce stuc s'obtient en gâchant du plâtre de choix dans une dissolution de colle forte. On commence par choisir du bon plâtre bien cuit, on l'écrase dans un mortier en fonte ou sous une meule, puis on le passe dans un tamis de soie bien fin. Quelquefois même, afin d'être plus sûr de son plâtre, le stuccateur choisit lui-même le meilleur et le plus blanc sulfate de chaux, le casse en morceaux de la grosseur d'un œuf et le cuit dans un four très-chaud de boulanger, ou analogue, dont il ferme hermétiquement l'ouverture. Après avoir préparé, au moyen d'un crépi, la surface sur laquelle le stuc doit être appliqué, l'ouvrier gâche son plâtre à stucquer dans une eau où il a fait fondre une quantité de colle de Flandre suffisante pour que la dissolution ne soit pas trop claire : l'expérience guide pour le degré de force à lui donner. Le *plâtre maigre* exige plus de colle que le *plâtre gras* et *onctueux* au toucher. Le plâtre ainsi gâché fait prise plus lentement que s'il était gâché à l'eau pure. La colle de Flandre peut être remplacée par d'autres matières gélatineuses. Si l'on veut obtenir un stuc blanc, il faut employer une colle incolore, de la colle de poisson, par exemple. Pour avoir des stucs colorés en jaune ou en vert, on ajoute de l'hydrate de peroxyde de fer ou de l'oxyde de chrome. On obtient d'autres couleurs avec les oxydes de manganèse, de cuivre, les hydrocarbonates de cuivre, etc. Le plâtre étant gâché et remué, on l'emploie à la manière ordinaire. Si l'on veut donner au stuc un aspect rubané ou marbré, on fait dans l'enduit des veines que l'on remplit avec du plâtre gâché coloré. On imite les brèches en introduisant dans la pâte des fragments de stuc coloré. Les granits se font, comme les brèches, en taillant le stuc, et en remplissant les trous avec une pâte ayant la couleur des cristaux qu'on veut représenter.

Quelquefois le stuc s'applique liquide, à l'aide d'une brosse; dans ce cas, on en superpose une vingtaine de couches sur la surface que l'on veut recouvrir.

Pour polir le stuc, on emploie le grès pilé et une molette de pierre; il présente alors des cavités qu'on rebouche avec du stuc liquide plus chargé de gélatine. On le passe à la pierre ponce, puis on rebouche de nouveau les cavités, et on répète l'opération jusqu'à ce que la surface soit bien unie. On lui donne alors un poli plus parfait avec la pierre de touche, et on relève ce poli en le frottant avec des chiffons légèrement enduits de cire.

Avant de commencer le polissage, les surfaces doivent être parfaitement dressées, surtout lorsqu'elles sont grandes; car les flaches, qui deviennent plus sensibles par l'effet du poli, seraient d'un effet désagréable.

Le stuc en plâtre est très-employé, mais il n'a de durée que dans les appartements et autres lieux secs.

Prix *de M. H. Bex, pour Paris, du mètre carré poli de quelques variétés de stucs.*

ROCHE IMITÉE.	Le mètre carré poli.
	fr.
Marbre blanc statuaire; stuc appliqué à la brosse..............	10
Marbre blanc veiné, jaune antique, etc.; stuc posé à la truelle.	13 à 14
Sarrancolin, brèche d'Alet, brèche africaine................	15 à 16
Serpentines, marbre vert Campan, portor, griotte............	17
Granits et porphyres..	16 à 18

Pour tous les stucs à la truelle, il faut compter en sus 4 fr. 50 c. d'épannelage. Pour les granits et les porphyres, la taille augmente encore le prix de 3 francs.

82. **Blanc en bourre.** — C'est du mortier de chaux et de sable, ou de chaux et d'argile douce, auquel on a mélangé de la bourre, et dont on fait les plafonds et les enduits dans les localités où le plâtre manque.

La fabrication du mortier de blanc en bourre exige quelques précautions. Pour l'opérer, on dispose le bassin qui reçoit la chaux éteinte, de manière que cette matière traverse une grille qui ne laisse passer ni biscuit, ni pierre, ou autre matière étrangère. Le mortier doit être fait avec cette chaux et du sable très-fin (surtout pour la dernière couche), d'une bonne qualité, et dans des proportions déterminées, Quelquefois, on remplace le sable par l'argile pure et douce ; mais alors le blanc en bourre est de beaucoup inférieur à celui qui est fait avec le mortier de chaux et de sable.

Lorsque le mortier est fait, en le remuant toujours avec un bâton, on jette dessus, à plusieurs reprises, de la bourre, jusqu'à ce que le mélange ait acquis une certaine consistance. Pour les couches inférieures des enduits, le mortier se fait avec de la bourre rousse, qui est moins coûteuse que la blanche; mais, pour les couches apparentes, il se fait avec cette dernière.

De toutes les bourres, les meilleures sont les bourres de veau et celles qui proviennent de la tonte des draps; elles ont plus de liant et d'élasticité que les autres, et sont moins sujettes à se mettre en flocons, ce qui permet d'en obtenir de plus beaux enduits. Avant de faire usage de la bourre, il faut avoir soin de la battre avec des baguettes pour bien en séparer toutes les fibres.

Pour obtenir de bons enduits, qui prennent un beau poli, il faut que la chaux que l'on emploie soit éteinte depuis plusieurs mois, afin que l'on soit assuré qu'aucune de ses particules n'a échappé à l'extinction.

Il faut éviter d'employer le blanc en bourre pendant les temps de gelée. Avec la truelle, on le pose sur un lattis jointif, préparé et fixé aux solives, de manière que les lattes ne se touchent cependant pas immédiatement, afin que le mortier puisse passer dans les intervalles et s'accrocher en séchant.

La première couche doit avoir de 0m,018 à 0m,020 d'épaisseur; la seconde, que l'on pose quand la première est à moitié sèche, afin qu'elle adhère mieux, n'a que 0m,007 environ; enfin, la troisième n'a que de 0m,002 à 0m,004 d'épaisseur : elle est en mortier plus fin que les premières.

Il faut avoir soin de passer la truelle plusieurs fois sur chaque couche, à mesure qu'elle sèche, pour boucher les crevasses et les gerçures qui s'y forment par le retrait du mortier, et particulièrement sur la dernière couche, qui devient, lorsqu'elle est faite avec soin, aussi unie et aussi lisse que nos stucs.

Cette troisième couche (ou la deuxième, si on n'en met que deux) doit être faite en chaux très-pure, mêlée avec de la bourre de veau blanche; elle doit être très-légère, et à la consistance seulement du plâtre à gobeter.

Ces sortes d'ouvrages se font le plus ordinairement à deux couches; mais il faut les exécuter comme nous l'indiquons ici, pour qu'ils réussissent parfaitement.

Les plafonneurs en ce genre font aussi avec la même matière des corniches de plafonds et des moulures de lambris. C'est particulièrement dans les départements du Nord et du Pas-de-Calais que ces ouvriers sont le plus adroits.

Lorsqu'on veut peindre les enduits faits de blanc en bourre, il est bon de ne le faire qu'une année après leur exécution, et dans la belle saison.

83. **Bitume.** — Cette substance minérale est composée, comme les corps organiques, de carbone, d'hydrogène et d'oxygène; on la trouve sous trois états : liquide, molle ou solide; elle est liquéfiable à la température de l'eau bouillante; elle s'allume aisément et brûle avec vivacité, en répandant une fumée épaisse; sa cassure est conchoïde, sa couleur noire, son éclat luisant, et sa densité est ordinairement 1,16, et varie de 1 à 1,6; elle est très-commune dans les pays volcaniques.

Dans la nature, le bitume imprègne ordinairement une gangue, qui peut être un calcaire, une argile, un grès, une roche feldspathique. Le minerai bitumineux se désigne le plus souvent sous le nom de *roche asphaltique*. Le nom d'*asphalte* est donné plus particulièrement à la roche asphaltique à gangue calcaire, qui donne, en y ajoutant une certaine quantité de bitume, une matière qui se ramollit quand on la chauffe dans une chaudière, qui est plastique, et à laquelle on peut même joindre une forte proportion de sable, sans que le bitume cesse d'agglutiner le tout en refroidissant; on en fait des mastics jouissant de propriétés très-précieuses dans bien des circonstances.

La richesse d'une roche asphaltique consiste dans la plus ou moins grande proportion de bitume qu'elle renferme; or, comme ce dernier est soluble dans les hydrogènes carbonés liquides, tels que l'essence de térébenthine, l'huile de naphte, et surtout la benzine, en traitant un minerai par la benzine, on pourra déterminer la quantité de bitume qu'il contient.

La gangue devant former par la chaleur une pâte bien homogène avec le moins de bitume possible, il est évident que sa nature a une grande influence sur la valeur du minerai, à égale proportion de bitume.

Le meilleur minerai est celui dont la gangue est un calcaire pulvérulent, parce qu'étant complétement imprégné de bitume, il fond facilement, et s'agglutine, même à la température ordinaire, dès qu'il en contient 5 pour 100. Lorsque le calcaire est cristallisé, il n'en est plus de même, et le minerai est beaucoup moins estimé.

Quand la gangue est une argile, le minerai est encore entièrement imprégné par le bitume; mais l'eau qu'il renferme en rend le traitement difficile et donne lieu à des pertes.

Si la gangue est un grès ou une roche feldspathique fragmentaire, le bitume est interposé entre les grains sans les pénétrer. Le minerai n'a alors de valeur que parce qu'en le chauffant dans l'eau bouillante le bitume s'en sépare et surnage à la surface, où on peut le recueillir. Aujourd'hui, on a en général recours à la distillation pour séparer les bitumes de leur gangue, ce qui permet de recueillir différents autres produits qui ont une grande valeur dans le commerce.

Les mines du *Val-Travers* (Suisse), de *Chavaroche* (Savoie) et de *Rocca-Secca* près Naples, sont exploitées par la même Société. La roche asphaltique y est à gangue calcaire imprégnée de bitume ; on l'extrait à la mine. Une partie est cassée en morceaux de $0^m,03$ à $0^m,04$ de côté, mise dans des tonneaux et livrée au commerce ; l'autre partie est réduite en poudre, dont les quatre cinquièmes sont livrés au commerce dans des tonneaux, et l'autre cinquième réduit en mastic bitumineux par une addition de 2,5 à 4,5 pour 100 de son poids de bitume ductile. Le mélange se compose, en moyenne, de 84,5 de calcaire et 15,5 de bitume : on l'opère à chaud dans une chaudière, d'où on le tire pour le mettre en pains à l'aide de moules ; refroidis, ces pains sont solides et livrés au commerce ; ils ont $0^m,50$ de long, $0^m,33$ de large, et $0^m,11$ d'épaisseur.

Pour obtenir du mastic de la meilleure qualité possible, le bitume qu'on allie à la roche asphaltique ne doit pas être fragile, comme le sont, par exemple, le brai de Bayonne et les bitumes obtenus dans la fabrication du gaz ; il doit être doux et solide, pour qu'il s'allie bien à la roche. Celui de Bastennes (Landes) remplit très-bien ces conditions, et on s'en sert autant que possible. Comme son extraction s'est beaucoup ralentie dans ces derniers temps, la Société de Val-Travers a cherché à le remplacer par des bitumes obtenus à l'aide de procédés dus à M. Armand. Le premier procédé consiste à extraire directement le bitume de la roche d'asphalte par distillation, et le second à soumettre à un traitement particulier un mélange de bitume, de suif, d'arcanson bitumineux et de bitume de schiste, dans lequel on introduit du sulfure de carbone saturé de soufre.

Dans la fabrication du bitume, on recueille, comme produits accessoires, la chaux qui provient de la calcination de l'asphalte, la paraffine, un baume employé en médecine, le bitume dit *de Judée*, la benzine, et surtout le naphte et le pétrole, qui servent pour les vernis et pour l'éclairage.

Pur ou mélangé de sable, le mastic bitumineux sert aux dallages intérieurs et extérieurs, aux sols de terrasses, aux couvertures de bâtiments, aux chapes de ponts, etc.

TABLEAU *des prix, à Paris, de l'asphalte, du mastic bitumineux et des principaux ouvrages exécutés en bitume de Val-Travers.*

MATIÈRES DIVERSES.	Quintal métrique.	OUVRAGES EN BITUME.	Mètre carré.
	fr.		fr.
Asphalte en roche........	7	Dallage pour trottoirs, places publiques, casernes, hospices, usines, etc. ($0^m,015$ d'épaisseur).............	4,25
— en poudre.........	8	Dallage en pente............	6,50
Mastic bitumineux en pains.	11	Chapes de voûtes..........	5,50
Bitume raffiné...........	40	Chaussées en mastic, en grès ou bien en asphalte comprimé.	13

A Seyssel, l'asphalte est réduit en poudre à l'aide des meules, puis converti en mastic bitumineux, en y mélangeant, par fusion dans des chaudières, de 4,5 à 14 pour 100 de bitume de Bastennes ou de Gaujac. Ce mastic est coulé en pains, que l'on transporte sur le lieu des travaux. Là, on le concasse pour le refondre avec du bitume et avec du gravier desséché. Pour les dallages habituels de trottoirs, on ajoute 4 pour 100 de bitume et 50 pour 100 de gravier ; mais ces proportions varient suivant la destination des dallages. Quelquefois, pour obtenir une pâte plus liante, on fabrique directement le mastic sur les chantiers, au moyen de la poudre d'asphalte.

En Auvergne, on exploite plusieurs gisements de bitume. Dans quelques-uns la roche est calcaire, et dans les autres c'est un grès quartzeux très-mou qui est cimenté par du bitume.

Le minerai de bitume de Bastennes est une mollasse sableuse et argileuse, qui renferme souvent des fossiles ; on y observe aussi des petits cristaux de gypse, de sulfate de fer et d'alun. La distillation sèche d'un échantillon de ce minerai a donné à M. Armand :

Pétrole........................	1,31
Eau..........................	2,11
Bitume.......................	7,89
Gangue formant le résidu fixe.......	88,16

Le bitume de Bastennes est d'excellente qualité ; mais les gisements explorés sont en partie épuisés. Il coûte 40 francs le quintal métrique rendu à Paris.

A Lobsann (Bas-Rhin), on exploite un bitume que l'on joint, comme celui de Bastennes, aux asphaltes de différentes provenances pour obtenir les mastics bitumineux.

La grande extension prise dans ces derniers temps par l'emploi du bitume, et la trop faible importance des gisements français et même européens, ont fait songer à tirer ce produit de contrées très-lointaines, telles que le Canada et surtout l'île de la Trinité (Antilles).

Au Canada, il existe plusieurs sources de pétrole et des gisements de bitume, dont un des plus importants est celui d'Enniskillen. Le bitume de ce gisement étant très-riche en naphte, il tache les doigts, et il est mou et glutineux à la température ordinaire. Son point de fusion est à 83° ; au-dessous de cette température, il ne dégage plus de fumée et devient pâteux. Lorsqu'on le chauffe, il entre promptement en ébullition; il dégage du naphte, différentes huiles et de l'eau. On a cherché à le purifier en le chauffant dans l'eau bouillante, comme on le fait pour certains minerais dont on veut séparer la partie terreuse; il vient s'étendre en une couche liquide à la surface de l'eau, mais la partie terreuse ne s'en sépare qu'imparfaitement. Pour l'épurer, les habitants du Canada le pressent dans un linge, à travers lequel il s'écoule, pendant que la matière terreuse reste à l'intérieur. Avant l'épuration, il se compose, d'après un essai de MM. Brivet et Delesse (*Matériaux de construction*), de :

Bitume	62,5
Matières organiques et débris végétaux	24,8
Argile et un peu de sable quartzeux	12,7

Jusqu'à présent, on l'a exploité plutôt pour l'huile de pétrole, qu'il contient en grande quantité, que pour le bitume lui-même.

Dans l'île de la Trinité se trouve un véritable lac inépuisable de bitume, d'une demi-lieue d'étendue. Ce bitume est solide et inodore; sa couleur est brun rougeâtre à l'extérieur et noire à l'intérieur; il est fragile et à cassure conchoïde, légèrement écailleuse; par suite, à l'état naturel, il ne peut pas immédiatement servir à faire du mastic bitumineux. Dans son intérieur, on observe des petites cavités contenant une eau limpide. Il est impur, et mélangé d'une forte quantité de schlamm ou d'argile; son analyse par distillation a donné à M. Armand les proportions indiquées en tête de la page suivante.

Naphte	12,72
Pétrole	6,09
Bitume	15,56
Carbone du résidu fixe	12,64
Argile calcinée du résidu fixe	22,15
Eau	26,80
Ammoniaque, hydrogène sulfuré, sulfure de carbone	0,14
Produits gazeux non condensés et perte	4,72

La Société du Val-Travers exploite le bitume de la Trinité sur une grande échelle; elle le soumet à la distillation dans les appareils de M. Armand. Les naphtes et les pétroles obtenus sont livrés au commerce, et le bitume sert à la confection des mastics.

Lave fusible. — On désigne ainsi un mastic bitumineux préparé, à Clichy, avec des bitumes artificiels convenablement épurés.

La Compagnie de la Lave fusible est parvenue à utiliser les goudrons des gaz, en les évaporant et en les distillant dans des appareils clos, dont on élève la température à l'aide de la vapeur humide ou surchauffée. De même que ceux de la Société du Val-Travers, ces procédés permettent de recueillir toutes les huiles essentielles qui ont un prix très-élevé, et qui étaient perdues dans les méthodes pratiquées antérieurement pour épurer les bitumes naturels ou artificiels. On améliore, du reste, les bitumes artificiels en y introduisant du caoutchouc ou de la gutta-percha en dissolution dans de l'huile bitumineuse.

Pour former la lave fusible, le brai, convenablement épuré, est mélangé à trois fois son poids de matière terreuse, notamment de la craie de Meudon, qui est préalablement desséchée et complétement privée d'eau. Le mastic ainsi obtenu résiste bien à la chaleur de l'été et à la gelée de l'hiver.

La lave fusible est employée aux mêmes usages que les mastics bitumineux naturels, pour dallages de trottoirs, terrasses, vestibules, pour l'assainissement des caves et autres lieux humides; on l'emploie surtout avec avantage à la construction des réservoirs, des citernes, des bassins destinés à recevoir l'eau ou les acides : le fond des lacs du bois de Boulogne en a été enduit.

Prix du mètre carré de lave fusible.

	fr.
Crépis bruts pour assainir les murs de caves ou de rez-de-chaussée	3
Trottoirs, terrasses, aires de magasins, fonds de bassins, de 0m,015 d'épaisseur	4
Enduits dressés, sur murs, de 0m,01 d'épaisseur, à deux couches, avec surface inclinée ou verticale, pour bassins et citernes	6
Chaussées quadrillées de portes cochères, de 0m,05 d'épaisseur	9

Depuis quelques années, on emploie en France, avec le plus grand succès, les mastics bitumineux pour daller les trottoirs, places, etc., faire les joints des pavés dans les lieux humides, construire des chapes pour empêcher l'eau de s'infiltrer à travers les voûtes en maçonnerie, et couvrir les terrasses des bâtiments et le dessus des maçonneries en pierre de taille auxquelles on veut assurer une grande durée; au fort de Charenton, tout le dessus des tablettes et des corniches en a été recouvert d'une couche. Le bitume est aussi employé à la construction des réservoirs, des citernes et des carrelages en briques de buanderies, où il coule continuellement de l'eau; à poser les carreaux ordinaires en terre cuite dans tous les lieux humides, et même à recouvrir entièrement le sol intérieur des grands édifices; dans une grande partie des casernes des forts de Paris, les planchers, qui sont formés par des voûtes en maçonnerie surmontées de $0^m,10$ de béton, sont entièrement recouverts d'une aire en bitume faisant office de carrelage. On fait également usage du bitume pour assainir les lieux humides, soit en posant le parquet ou le carrelage avec cette matière, soit en recouvrant les murs d'un enduit qui en est fabriqué; enfin, on hourde quelquefois avec du bitume des maçonneries de briques ou de moellons qui ont besoin d'un certain degré d'élasticité, par exemple, des appuis exposés à des mouvements de vibration ou de dilatation : c'est ainsi que l'on a exécuté les maçonneries en briques de la cunette de l'aqueduc de ceinture qui conduit les eaux du canal de l'Ourcq à Monceaux, dans la partie supportée par le pont qui passe sur le chemin de Strasbourg, près de la rue Lafayette.

Les aires en bitume réussissent beaucoup mieux sur des plans horizontaux que sur des plans inclinés, surtout quand elles sont exposées au soleil; il arrive souvent, dans ce dernier cas, que le bitume, qui est d'une consistance convenable en temps humide, fond et descend vers le bas du plan incliné. Lorsque le bitume est de mauvaise qualité, il entre difficilement en fusion; de plus, il devient dur pendant l'hiver, perd une partie de son élasticité, et casse en tous sens lorsqu'on marche sur les aires qui en sont formées.

Pour employer le mastic bitumineux, on le fait fondre dans une chaudière en tôle, à la partie inférieure de laquelle est un foyer, et on y mélange, en brassant le tout avec une poêle en fer qui sert également à le puiser, une quantité de sable fin, lavé, tamisé et séché, suffisante pour former une pâte épaisse, que l'on coule alors par bandes de $0^{m},60$ à $0^{m},90$ de largeur, et de $0^{m},01$ à $0^{m},02$, ordinairement $0^{m},015$ d'épaisseur, en l'étalant avec une palette allongée en bois; des règles en bois, que l'on place sur l'aire, fixent la largeur et l'épaisseur de ces couches. La surface que l'on couvre à chaque reprise est de 1 mètre environ, et la bonté du travail dépend beaucoup du soin que l'ouvrier apporte à bien souder entre elles toutes les bandes et parties de bandes. Pour les trottoirs, le bitume se place sur une aire en béton recouverte d'une légère couche de sable que l'on comprime en dressant la surface, et avant que la couche de bitume ne se soit solidifiée entièrement on la saupoudre de gros sable que l'on bat, tout en unissant la surface, avec des planchettes carrées armées d'un long manche qui sert à les manœuvrer; ce sable rend la couche bitumineuse plus propre à bien résister à l'action destructive des pieds.

Le mètre cube de mastic bitumineux employé à Paris pour trottoirs est en général composé de la manière suivante :

Roche calcaire asphaltique de Seyssel, de Val-Travers ou de Frangy, réduite en poudre....................................	1 400 kilogr.
Malt ou goudron minéral naturel de Bastennes ou de Lobsann...	168 —
Sable fin lavé, tamisé et séché.......................................	$0^{m},45$

84. **Mastics.** — Ce sont des mortiers que l'on fait en petite quantité, ordinairement avec des matières différentes dont le mélange acquiert une certaine dureté. Leur usage est bien moins fréquent depuis l'emploi du ciment romain (56), qui les remplace avec avantage, tant sous le rapport de la simplicité de confection du mortier, que sous celui du degré de dureté que l'on obtient presque instantanément. Nous nous contenterons d'indiquer les deux espèces de mastic qui sont encore d'un usage assez fréquent; mais il est facile d'en faire beaucoup d'autres avec différentes matières minérales, végétales et animales triturées et mélangées ensemble, dans des proportions convenables.

Mastic Dihl. — Ce mastic s'emploie encore souvent pour rejointoyer les dallages dans les lieux humides, et les parements des maçonneries en pierre de taille destinées à être peintes à l'huile et exposées à l'action de l'air marin, celles des phares, par exemple. Il est composé de gazettes de fabriques de porcelaine réduites en poudre et d'oxyde de plomb, dans les proportions suivantes :

Ciment de gazettes, en volume..........	0,92
Oxyde de plomb, —	0,08

Ces matières sont triturées et mélangées ensemble avec de l'huile de lin.

Les parties sur lesquelles on applique ce mastic doivent être préalablement bien nettoyées et séchées; car, s'il en était autrement, quelque degré de dureté que pût acquérir le mastic, il n'adhérerait pas aux pierres et s'en détacherait promptement.

Mastic de limaille. — Ce mastic peut être employé aux mêmes usages que le précédent; la solidité et la dureté qu'il acquiert avec le temps sont incontestables, mais il ne peut servir que pour les travaux qui n'exigent pas une grande propreté : il n'est ordinairement employé que pour faire les joints des tablettes de murs d'appui et ceux des dallages de rez-de-chaussée. Il est composé le plus souvent de 12 kilogrammes de limaille de fer, quelquefois mélangée de limaille de cuivre, et de 1k,50 de sel, que l'on met infuser pendant vingt-quatre heures dans 2 litres de vinaigre, auxquels on ajoute quelquefois 1/2 litre d'urine et quatre aulx; au bout de ce temps, on obtient, par le mélange des matières, un mastic que l'on emploie immédiatement. Pour obtenir de bons résultats de ce mastic, la limaille dont il est fabriqué ne doit pas être oxydée, *rouillée*.

85. **Lattes.** — On les emploie dans l'exécution des légers ouvrages en plâtrerie, pans de bois, cloisons, plafonds, et en général de tous les travaux en charpente qui doivent être couverts d'une couche de plâtre, pour faciliter l'adhérence de cette matière et relier les petits matériaux de remplissage dont on peut faire usage. Dans les localités où l'on fait usage du blanc en bourre (82), les lattes s'emploient dans le même but que pour le plâtre.

Les lattes ont des dimensions qui varient selon les localités; celles qui sont le plus généralement employées à Paris ont 1m,30 de longueur, 0m,030 à 0m,045 de largeur et 0m,005 à 0m,010 d'épaisseur. On les livre au commerce par bottes, qui en contiennent cinquante-deux. Il faut environ dix-neuf lattes, déchet compris, pour faire 1 mètre carré à lattes jointives; d'après cette donnée, il est facile de calculer le nombre des lattes qui seront employées, selon qu'elles seront plus ou moins espacées.

Sous le rapport de la qualité, on distingue la *latte de cœur de chêne* et la *latte blanche*.

La *latte de cœur de chêne* est la meilleure; on la reconnaît à la résistance que l'on éprouve pour la casser, à sa couleur foncée et à sa grande pesanteur. On doit l'employer de préférence à toute autre pour la construction des plafonds, où leur position horizontale demande plus de rigidité, et pour les pans de bois extérieurs, à cause de leur plus grande résistance aux intermittences de sécheresse et d'humidité.

La *latte blanche*, quoique d'une qualité inférieure à la précédente, peut être employée pour latter les cloisons légères et autres ouvrages intérieurs; elle est ordinairement en bois de chêne de qualité inférieure ou en châtaignier; on la reconnaît facilement à sa légèreté, à sa couleur presque blanche, et à la facilité avec laquelle on peut la casser. Avant de l'employer, il faut avoir soin de la laisser séjourner quelque temps dans l'eau, sans quoi les vers la piqueraient et la détruiraient promptement.

Dans plusieurs localités, les lattes sont en sapin ou en peuplier, et elles ont de 4 à 5 mètres de longueur, $0^m,04$ de largeur et $0^m,005$ d'épaisseur. Parfois même, ce sont des planches que l'on refend à la hachette, pour permettre l'adhérence du plâtre ou du mortier.

86. **Bardeau.** — On désigne ainsi des bouts de bois refendus bruts, que l'on pose sur les solives de planchers, pour recevoir l'aire en plâtre ou en mortier qui doit supporter le carrelage ou les lambourdes du parquet. Les dimensions des bouts de bardeau varient en raison de l'écartement des solives; les mesures ordinaires sont $0^m,32$ pour la longueur, $0^m,04$ à $0^m,05$ pour la largeur, et $0^m,015$ à $0^m,020$ pour l'épaisseur.

On fait aussi du bardeau en refendant des douves de tonneaux ou des planches très-minces de bateaux. Ce bardeau remplace le précédent avec avantage, quand les douves ou les planches sont de bonne qualité.

A défaut de bardeau, on emploie aussi, pour recevoir les aires de planchers, des lattes neuves ou mêmes vieilles, que l'on pose de toute leur longueur transversalement aux solives, sur lesquelles on les fixe au moyen de trois lattes, placées en travers sur chaque longueur des premières et clouées de distance en distance avec des clous à bateau.

Il faut environ cinquante bouts de bardeau ordinaire par mètre carré de plancher; avec une vieille futaille, on peut faire du bardeau pour recouvrir $2^m,66$ de plancher. Quand l'aire est en plâtre, il faut avoir soin que les bouts de bardeau faits avec des planches n'aient pas plus de $0^m,07$ de largeur, sans quoi ils travailleraient sous l'influence de l'humidité du plâtre, et ils soulèveraient l'aire en différentes places.

87. **Clous à lattes. Clous à bateau. Rappointis.**

1° Les *clous à lattes* sont à tige carrée et à tête très-large ; ils ont environ $0^m,028$ de longueur, et le kilogramme en contient six cent quatre-vingts. Depuis la fabrication de ces clous par procédés mécaniques, ils sont employés avec moins d'avantage, à cause de la facilité avec laquelle ils se tordent ou se cassent ; aussi les remplace-t-on souvent par des *clous d'épingle* de $0^m,027$ de longueur. Ces derniers ont l'avantage de fendre bien moins les lattes ; mais les clous ordinaires, par l'effet de leur large tête, procurent une plus grande adhérence du plâtre au bois, quand on ne les enfonce pas tout à fait. Les clous d'épingle reviennent moins cher que les clous ordinaires ; il en faut environ mille pour 1 kilogramme.

Si l'on emploie quatre clous ordinaires par latte, il en faut $0^k,25$ par botte de lattes, compris pertes et déchets, ou 94 grammes pour 1 mètre superficiel de lattis jointif ; pour cinq clous par latte, ces poids deviennent respectivement $0^k,28$ et 105 grammes.

Pour latter avec solidité sur des vieux bois de charpente, on emploie des clous d'épingle de $0^m,034$ de longueur, dont huit cent vingt pèsent 1 kilogramme.

2° Les *clous à bateau* ont à peu près la même forme que les clous à lattes ordinaires ; mais leurs dimensions sont plus fortes, ils ont environ $0^m,035$ de longueur et une très-large tête. On les emploie pour faire adhérer le plâtre au bois quand la forte charge rendrait le lattis ordinaire insuffisant.

3° Les *rappointis* sont de vieilles tiges de fer de différentes formes, que le serrurier a dressées et appointées ; leur longueur varie de $0^m,06$ à $0^m,18$. On les emploie pour retenir le plâtre placé sous des charges extraordinaires : ainsi, dans les bandes de trémies, on en larde les chevêtres ; il en est de même des saillies d'entablements sur pans de bois. Dès que l'épaisseur des travaux de plâtre atteint $0^m,07$, il faut faire usage de rappointis si l'on veut être assuré de leur solidité.

La fourniture des clous à bateau et des rappointis n'est pas comprise dans le prix des travaux de plâtre, on n'y tient compte que de la pose ; ordinairement, le serrurier les fournit à l'entrepreneur, au compte du propriétaire.

88. **Résistance des matériaux employés dans les ouvrages de maçonnerie.** — La connaissance de la limite de cette résistance est indispensable pour proportionner les sections à donner aux maçonneries, afin qu'elles résistent aux efforts qu'elles ont à suppor-

ter et qu'elles jouissent d'un degré de stabilité qui assure leur durée. C'est par des expériences directes que l'on peut déterminer cette résistance limite ; et en étudiant avec soin les constructions qui ont le plus d'analogie avec celle que l'on veut ériger, et qui se sont bien conservées, on fixe approximativement à quelle portion de l'effort limite on peut en toute sécurité faire travailler les matériaux.

Pour calculer, par exemple, la section à donner à un pilier, à sa partie inférieure, on calcule le poids du pilier et de la masse qu'il supporte ; on y ajoute la charge étrangère permanente ou accidentelle qui peut reposer en outre sur le pilier, et, divisant la somme par l'effort sous lequel on peut en toute sécurité faire travailler la pierre par décimètre carré, par exemple, on aura la section de la base du pilier en décimètres carrés.

Lorsqu'un corps solide est soumis à une action de compression ou d'extension, il se raccourcit ou s'allonge d'une certaine quantité, variable selon sa nature, mais proportionnelle, pour une même matière, à la longueur de la pièce et à l'effort qui la sollicite, et en raison inverse de la section transversale de la pièce.

Cette loi n'est vraie qu'autant que la charge ne produit pas une variation de longueur supérieure à celle que peut atteindre la pièce, sans cesser de reprendre sa longueur primitive quand l'effort cesse son action. Cette plus grande variation correspond à ce qu'on appelle la limite d'élasticité, limite qu'il ne faut jamais dépasser ni même atteindre dans la pratique, car elle suffit, avec le seul concours d'un certain laps de temps, pour briser la pièce.

Si, sous la charge correspondante à la limite d'élasticité, la pièce se rompait instantanément, cette charge serait facile à déterminer ; mais comme il lui faut le concours du temps ou d'une addition de poids, sa détermination offre plus de difficultés. Aussi les expériences que l'on fait dans la pratique ne font-elles que constater la charge qui produit la rupture dans un temps très-court ; c'est ce qui fait que les praticiens préfèrent partir de résultats déduits des travaux existants pour calculer les dimensions des différentes parties de leurs constructions, et cela avec d'autant plus de raison que les matériaux sont soumis à des actions physiques qui peuvent les altérer indépendamment de la charge.

En général, les ouvrages de maçonnerie sont sollicités par compression ; ce n'est qu'accidentellement qu'ils se trouvent soumis à des efforts d'extension, auxquels, du reste, ils sont peu propres à résister.

89. **Résistance à l'écrasement et poids du mètre cube des matériaux.**

1° *Pierres naturelles et pierres artificielles.* — Les pierres peuvent être considérées, dans la pratique, comme incompressibles sous la pression; mais, sous une charge suffisante, les plus dures se divisent tout à coup avec éclat en lames ou aiguilles de faible résistance (23), et les plus tendres se partagent en deux pyramides ayant pour bases les faces inférieure et supérieure de la pierre chargée, et dont les sommets sont situés vers le centre de cette pierre; les parties latérales sont chassées au dehors et se réduisent en aiguilles ou en petits prismes. La cohésion des molécules étant détruite quand les pierres commencent à se fendiller, phénomène qui se produit dès que la charge dépasse un peu la moitié de celle d'écrasement, il est évident que c'est à ce point que l'on doit fixer la limite à atteindre, et que, pour des appuis isolés surtout, il faut se tenir au-dessous de cette limite.

On a remarqué que les charges que peuvent supporter des pierres prismatiques de même espèce sont à peu près proportionnelles aux cubes des nombres qui représentent leurs densités, et que, par conséquent, les plus denses sont les plus résistantes.

Les charges que peuvent supporter des pierres de même espèce et de figures semblables sont proportionnelles aux aires des sections transversales.

Les résistances de trois prismes de même hauteur, de bases équivalentes et de même pierre sont entre elles comme les nombres 703, 806 et 917, selon que leur base est respectivement rectangulaire, carrée ou circulaire; ce qui fait voir qu'à section égale une pierre résiste d'autant mieux qu'elle se rapproche davantage de la forme cylindrique.

La résistance du cube étant représentée par l'unité, celle du cylindre inscrit posé sur sa base est 0,80, celle du même cylindre posé sur une arête est 0,32, et celle de la sphère inscrite 0,26.

Il est plus facile d'écraser plusieurs pierres superposées qu'un seul bloc de même forme, de même dimension et de même nature que l'ensemble. Pour trois pierres cubes superposées, Rondelet a trouvé la résistance réduite aux 2/3 environ, effet que diminue l'interposition du mortier; et, d'après M. Vicat, un cube de $0^{m},03$ de côté perd 1/6 de sa force quand il est formé de huit petits cubes, et 1/5 quand il se compose de quatre prismes égaux posés à joints recouverts.

D'après ces faits, et à cause de toutes les imperfections de l'exécution, dans la pratique on fixe la charge permanente au 1/10 de celle qui produit la rupture de la pierre ; dans les constructions les plus légères elle ne dépasse pas 1/6, et dans les constructions en moellons ou en petits matériaux on la réduit quelquefois au 1/15 et même au 1/20 ; il en est de même pour les supports isolés dont le rapport de la hauteur à la plus petite dimension de la section transversale est très-grand ; il convient, du reste, que ce rapport n'atteigne pas la valeur 12.

TABLEAU *des poids du mètre cube de différents matériaux employés dans les ouvrages de maçonnerie, et des charges, par centimètre carré de section, qui écrasent ces matériaux après un temps très-court. — Les résultats accompagnés d'un astérisque ont été trouvés par nous en opérant sur des cubes ayant de 0m,01 à 0m,02 d'arête; les autres ont été fournis par des cubes de 0m,03 à 0m,05 d'arête.*

DÉSIGNATION DES MATÉRIAUX.	POIDS d'un mèt. cube	CHARGE produisant l'écrasement
PIERRES VOLCANIQUES, GRANITIQUES, SILICEUSES ET ARGILEUSES.		
	kil.	kil.
Basaltes de Suède et d'Auvergne	2 950	2 000
Porphyre	2 870	2 470
Granit vert des Vosges	2 850	620
— gris de Bretagne	2 742	650
— de Normandie (Flamanville)	2 711*	707*
— gris des Vosges	2 643	420
Grès dur de Fontainebleau	2 570*	895*
— tendre	2 491	4
Pierre porc ou puante (argileuse)	2 663	680
— grise de Florence (argileuse à grain fin)	2 561	420
— meulière de Châtillon, près Paris (compacte)	2 423	»
PIERRES CALCAIRES.		
Marbre noir de Flandre	2 722	790
— blanc veiné, statuaire et turquin	2 694	310
Pierre noire de Saint-Fortunat, très-dure et coquilleuse.	2 653	630
Roche de Châtillon, près Paris, dure et peu coquilleuse.	2 292	170
— de la butte aux Cailles	2 400*	325*
Liais de Bagneux, près Paris, très-dur, à grain fin	2 443	440
Roche douce de Bagneux, près Paris	2 085	130
— d'Arcueil, près Paris	2 304	250
— de Saint-Nom, près Versailles	2 391*	263*
Pierre de Saillancourt, près Pontoise, 1re qualité	2 413	140
— — — 2e qualité	2 101	90
— ferme de Conflans, employée à Paris	2 077	90

DÉSIGNATION DES MATÉRIAUX.	POIDS d'un mèt. cube	CHARGE produisant l'écrasement
Pierre tendre (lambourde et vergelet) employée à Paris, résistant à l'eau	kil. 1 822	kil. 60
— tendre de Carrières-sous-Bois, près Saint-Germain, remplaçant le vergelet	1 791*	58*
Lambourde de qualité inférieure, résistant mal à l'eau.	1 564	20
Calcaire dur de Givry, près Paris	2 362	310
— tendre de Givry, près Paris	2 070	120
— jaune et oolithique de Jaumont, près Metz, 1re qualité.	2 201	180
— — — 2e qualité.	2 009	120
— jaune d'Amanvillers, près Metz, 1re qualité.	2 001	120
— — — 2e qualité.	2 007	100
Pierre de roche de Château-Landon	2 632*	350*
Roche vive de Saulny, près Metz (non rompue)	2 481	300
— jaune de Rozérieulle, près Metz	2 400	180
Calcaire bleu à gryphite, donnant les chaux hydrauliques de Metz (non rompu)	2 600	300
BRIQUES (27).		
Briques bien cuites de Bourgogne	2 195*	150*
— — de Sarcelles	1 997*	125*
— d'une cuisson ordinaire, de Montereau	1 780*	110*
— rouges de pays (Paris)	1 520*	90*
PLATRE ET MORTIER (62 et 70).		
Plâtre au panier, gâché très-serré, trente heures après l'emploi	1 571	52
— au panier, gâché avec du lait de chaux	»	73
Mortier ordinaire de chaux et sable, après six mois d'emploi	1 651	35
— ordinaire de chaux et ciment de tuileaux	1 465	48
— — et de grès pilé	1 683	29
— de pouzzolane de Naples ou de Rome	1 462	37
— en ciment des démolitions de la Bastille	1 491	55
— en ciment de Vassy avec moitié sable, quinze jours après le gâchage	2 110*	155*
Béton en mortier de chaux hydraulique, six mois après la fabrication	1 851	41
D'APRÈS LES EXPÉRIENCES DE M. VICAT, SUR DES CUBES DE 0m,01 DE COTÉ.		
Pierre calcaire à tissu arénacé (sablonneuse)	»	94
— à tissu oolithique (globuleuse)	»	06
— à tissu compacte (lithographique)	»	185
Brique crue ou argile séchée à l'air libre	»	233
Plâtre ordinaire gâché ferme	»	90
— moins ferme que le précédent	»	42
Mortier en chaux grasse et sable ordinaire, âgé de quatorze ans	»	19
— — hydraulique ordinaire	»	74
— éminemment hydraulique	»	144

DÉSIGNATION DES MATÉRIAUX.		POIDS d'un mèt. cube	CHARGE produisant l'écrasement
D'APRÈS DES EXPÉRIENCES RÉCENTES FAITES AU CONSERVATOIRE DES ARTS ET MÉTIERS.			
1° *Pierres calcaires.*		kil.	kil.
Roche de Bagneux.....	cubes de 0m,06 sur 0m,06	2 777	731
Laversine............	id.	2 546	572
Vitry................	id.	2 453	484
Moulin...............	id.	2 296	249
Saint-Nom............	id.	»	432
Forgel...............	id.	2 245	244
Marly-la-Ville.........	cubes de 0m,082 sur 0m,082	2 065	246
Vergelet-Ferré........	id.	1 887	125
Abbaye-du-Val........	id.	1 727	64,3
Banc-Royal de Merry..	id.	1 722	61,5
Vergelet fin..........	id.	1 497	41,9
Lambourde...........	id.	1 696	36,4
Cal. de Caumont (Eure).	id.	2 020	424
2° *Grès bigarré des Vosges.*			
Niéderwiller..........	cubes de 0m,082 sur 0m,082	2 170	460
Witzbourg............	id.	»	412
Bréménil............	id.	»	442
Kibolo..............	id.	»	419
Archeviller...........	id.	»	362
Merwiller............	id.	»	294
3° *Cubes artificiels en plâtre et silice.*			
Plâtres ilicaté sans cailloux...............	cubes pleins de 0m,20 de côté.	»	49,50
id. avec cailloux..	id.	»	64,32
id. sans cailloux..	cubes de 0m,20 de côté, évidés de manière à diminuer de 1/4 la section résistante.	»	58,38
id. avec cailloux..	id.	»	66,77

POIDS *du mètre cube de quelques matériaux qui ne figurent pas dans le tableau précédent.*

DÉSIGNATION DES MATÉRIAUX.	POIDS DU MÈTRE CUBE de	à
	kil.	kil.
Terre végétale	1 214	1 285
Argile et glaise	1 656	1 756
Sable fin et sec	1 399	1 428
— humide	1 900	»
— de rivière humide	1 717	1 856
Gravier et cailloutis	1 371	1 485
Ciment de tuileaux	1 171	1 228
Chaux hydraulique vive sortant du four	800	857
— — éteinte en pâte ferme	1 328	1 428
— — éteinte en poudre	650	700
Pierre à plâtre ordinaire	2 168	»
Pierre à ciment de Vassy	2 500	»
Plâtre cuit passé au panier	1 200*	1 270*
L'eau pour le gâcher pèse	397*	415*
Plâtre gâché, vingt-quatre heures après l'emploi	1 577*	1 600*
— deux mois après l'emploi	1 390*	1 410*
L'eau vaporisée pèse	171	186
— combinée par cristallisation pèse	157	»
Meulière de Corbeil	1 080	1 115
Moellon dur d'Arcueil	1 025	1 140
— de Nanterre	820	900
Maçonnerie fraîche de moellons	2 230	2 250
— de briques	1 860	1 890
Bitume ou asphalte	1 000	1 600
CARREAUX DE PLATRE ET PLATRAS (78 et 79).	Un carreau	
Épaisseur.	humide.	sec.
Pour cloisons légères, de 0m,487 sur 0m,325 — 0m,068	15	12
— 0 ,081	18	15
— 0 ,095	21	17
— 0 ,108	23	20
Long. / Larg. / Épaiss.	Le cent de compte.	
Briques de Bourgogne — 0m,226 / 0m,108 / 0m,054	241	428
Briques de Montereau — 0 ,217 / 0 ,108 / 0 ,050	208	214
Briques de Sarcelles — 0 ,210 / 0 ,088 / 0 ,047	180	184
Brique flottante composée de farine volcanique — 0 ,189 / 0 ,115 / 0 ,045	44	»
Carreaux de 0m,162, à six pans, de Bourgogne	84	»
— — de Sarcelles	74	»

La résistance du mortier de ciment de Vassy à la pression a été en outre constatée par MM. Gariel et Garnier, en écrasant des prismes de 0m,16 de longueur, 0m,08 de largeur et 0m,054 d'épaisseur, fabriqués depuis deux ans et demi et étant constamment restés à l'air. Dix expériences successives ont donné pour limites supérieure et inférieure de résistance 197 et 121 kilogrammes, et en moyenne 150 kilogrammes par centimètre carré. Si ces prismes étaient restés pendant le même temps dans l'eau ou dans une terre humide, leur résistance aurait été plus grande de 1/5 environ.

D'après M. Vicat, une maçonnerie âgée de cinq mois peut supporter, sans altération quelconque, 200 000 kilogrammes par mètre carré pour un appareil en pierre de taille, et 40 000 kilogrammes en moyenne pour un massif en moellons bien gisants et mortier médiocrement hydraulique.

Lorsqu'il s'agit d'une maçonnerie de voûte, laquelle offre plus de difficultés d'exécution et de chances de destruction, et qui est abandonnée à elle-même avant que le mortier soit tout à fait pris, nous pensons que les coefficients ci-dessus de M. Vicat doivent ordinairement être réduits au quart. Les ingénieurs et architectes peuvent, du reste, modifier cette valeur selon les soins apportés dans la construction, le retard mis au décintrement, et le degré de stabilité dont doit jouir la construction.

M. Dejardin, ingénieur des ponts et chaussées, dans sa *Routine de l'établissement des voûtes*, a donné les valeurs suivantes du coefficient de *résistance pratique à l'écrasement*, par mètre carré, selon les diverses espèces de maçonnerie, qui peuvent être adoptées pour l'établissement des voûtes, savoir :

Maçonnerie en moellons	informes, en béton....		5 000 kilogr.
—	—	dits *pendants*.........	10 000
—	—	équarris, bien posés...	20 000
—	—	appareillés en coupe...	30 000
—	en pierres de taille appareillées.....		50 000

2° *Bois.* — D'après Rondelet, un cube de chêne chargé suivant la longueur de ses fibres s'écrase sous une charge de 385 à 462 kilogrammes par centimètre carré de section, et un cube de sapin sous celle de 439 à 462 kilogrammes ; de plus, cette charge de rupture reste à peu près la même tant que la longueur de la pièce ne dépasse pas sept à huit fois la plus petite dimension de la section transversale.

D'après le même auteur, la résistance d'un cube de bois à l'écrasement étant 1, celle des poteaux est représentée par les nombres du tableau suivant, dans lequel r désigne le rapport de la hauteur du poteau au côté de sa base.

Rapport r.....	1	12	24	36	48	60	72
Résistance.....	1	$\frac{5}{6}$	$\frac{1}{2}$	$\frac{1}{3}$	$\frac{1}{6}$	$\frac{1}{12}$	$\frac{1}{24}$

Les supports en sapin se font en général un peu plus forts que ceux en chêne.

Pour les constructions de durée, la charge permanente des bois ne doit pas dépasser le 1/10 de la charge de rupture des pièces dans les mêmes conditions, et, pour les constructions temporaires ou de peu d'importance, le 1/6 ou le 1/5 au maximum.

Les pilots enfoncés complétement dans le sol se chargent de 30 à 35 kilogrammes, et même quelquefois plus, par centimètre carré de section.

Le poids du mètre cube varie de 930 à 1 220 kilogrammes pour le chêne vert, de 643 à 1 015 kilogrammes pour le chêne sec ; il est environ de 820 kilogrammes pour le pin du Nord, de 670 kilogrammes pour le sapin jaune aurore, de 540 kilogrammes pour l'épicéa, et de 460 kilogrammes pour le sapin abies.

3° *Fonte.* — D'après des expériences de M. E. Hodgkinson, il résulte que la résistance à la rupture par compression est sensiblement constante pour des hauteurs de pièces variant de une à cinq fois la plus petite dimension de la section transversale ; en deçà, la résistance est plus grande, et au delà elle diminue considérablement à mesure que ce rapport augmente. Des expériences sur dix-huit espèces de fonte ont donné une résistance moyenne de 6 321 kilogrammes par centimètre carré ; mais comme cette résistance a varié de 3 965 à 11 153 kilogrammes d'une fonte à une autre, il y a donc lieu, dans la pratique, d'essayer les fontes que l'on veut employer. La résistance généralement admise jusqu'ici dans les ouvrages français est de 10 000 kilogrammes, nombre qu'il paraît convenable de réduire à 8 000 kilogrammes.

Supposant la résistance maximum de la fonte égale à 8 000 kilogrammes, en la faisant travailler au 1/6 de cette charge, le tableau suivant donne les charges que l'on peut faire supporter aux supports ou colonnes en fonte pour différents rapports r de la longueur l de la pièce à la plus petite dimension d de la section transversale.

Rapport $r=\frac{l}{d}$	<5	10	20	30	40	50	60	70	80	90	100
Charge en kil...	1333	746	476	297	195	169	98	74	58	46	38

La fonte pèse environ $7^k,2$ par décimètre cube.

4° *Fer*. — On admettait que des prismes courts en fer s'écrasaient sous des charges de 4 955 kilogrammes par centimètre carré de section ; les dernières expériences semblent devoir porter ce chiffre à 4 000 kilogrammes pour le bon fer en barres laminé, et à 3 800 environ pour les tôles de bonne qualité à cassure fibreuse ou cristalline, d'une épaisseur de 0m,0005 à 0m,015.

Admettant la résistance de 4 000 kilogrammes et faisant travailler le fer au 1/5 de la charge de rupture, le tableau suivant donne les charges que l'on peut faire supporter aux supports ou colonnes en fer.

Rapport $r = \frac{l}{d}$	$\leqslant 5$	10	20	30	40	50	60	70	80	90	100
Charge en kil...	800	500	457	400	340	285	239	200	168	143	122

Le poids du décimètre cube de fer est de $7^k,58$ environ.

90. **Résistance à la traction.**

1° *Pierres naturelles et artificielles*. — Ces matériaux ne sont employés qu'accidentellement pour résister à la traction, sous laquelle ils se rompent facilement, et sans allongement sensible pour la pratique avant la rupture. Comme pour la compression, la charge permanente qu'il convient de leur faire supporter ne doit pas dépasser le 1/10 de la tension de rupture.

TABLEAU *indiquant les poids nécessaires pour rompre, dans un temps très-court, divers matériaux soumis à un effort de traction, par centimètre carré de section. Les résultats accompagnés d'un astérisque ont été obtenus par nous, en opérant sur des sections rectangulaires de* 0m.car.,04 *de surface.*

DÉSIGNATION DES MATÉRIAUX.	CHARGE produisant la rupture.
	kil.
Basalte d'Auvergne	77,0
Calcaire de Portland	60,0
— blanc d'un grain fin et homogène	14,4
— à tissu compacte (lithographique)	30,8
— à tissu arénacé (sablonneuse)	22.9
— à tissu oolithique (globuleuse)	13,7
Roche de Bagneux, près Paris	15,1 *
Pierre tendre, dite *vergelet*	7,3 *
Briques de Provence, très-bien cuites et d'un grain très-uni	19,5
— de Bourgogne, très-dures	20,7 *
— de Paris, bien cuites	11,9 *
Plâtre au panier, gâché très-serré	9,8 *
— au sas, gâché moins serré que le précédent	7,0 *
— au panier, gâché pour enduits (pas trop serré)	4,9 *
Mortier en chaux grasse, âgé de quatorze ans	4.2
— en chaux grasse (mauvais)	0,75
— en chaux hydraulique ordinaire et sable	9,0
— en chaux hydraulique des buttes Chaumont, près Paris, un an après son emploi	7,10 *
— en chaux éminemment hydraulique, âgé de quatorze ans.	15,0
— en ciment de Pouilly et sable (parties égales), après un an de durcissement à l'air ou dans l'eau	9,60
— en ciment de Vassy et sable (parties égales) après six mois de durcissement à l'air	9,62 *
— en ciment de Vassy et sable (parties égales), après un an de durcissement dans l'eau, aux enduits des radiers des égouts de Paris	15,10 *
— en ciment de Vassy (pur), après un an de durcissement dans un massif de fondation humide	20,70 *
— en ciment de Vassy (pur), après un mois de durcissement dans l'eau de mer	11,30 *
— en ciment de Vassy et sable (parties égales), après un mois de durcissement dans l'eau de mer	8,50 *

2° TABLEAU *de la charge de rupture et de celle d'une grande sécurité pratique, par millimètre carré de section, pour les matériaux principalement employés pour résister à des efforts de traction.*

DÉSIGNATION DES CORPS.	RUPTURE.	SÉCURITÉ.
BOIS (*a*).	kil.	kil.
Chêne fort	8,00	0,80
— faible	6,00	0,60
Sapin	8,0 à 9,0	0,8 à 0,9
Sapin des Vosges	4,00	0,40
Pin silvestre des Vosges	2,48	0,248
MÉTAUX (*b*).		
Fer forgé ou étiré en barres. — Le plus fort, de petit échantillon	60,00	10,00
Fer forgé ou étiré en barres. — Le plus faible, de gros échantillon	25,00	4,16
Fer forgé ou étiré en barres. — Moyen	40,00	6,66
Tôles	35,00	6,00
Fil de fer non recuit. — Le plus fort, de 0m,0005 à 0m,001 de diamètre	80,00	13,33
Fil de fer non recuit. — Le plus faible, d'un grand diamètre	50,00	8,33
Fil de fer non recuit. — Moyen, de 0m,001 à 0m,003 de diamètre	60,00	10,00
Chaînes en fer doux. — Ordinaires à maillons oblongs	24,00	4,00
Chaînes en fer doux. — Renforcées par des étançons	32,00	5,33
Fonte de fer grise	13,00	2,16
Acier. — Fondu ou de cémentation, étiré au marteau et en petits échantillons (1re qualité)	100,00	16,67
Acier. — Le plus mauvais, en barres de très-gros échantillons, mal trempé	36,00	6,00
Acier. — Moyen	75,00	12,50
CORDES ET COURROIES (96).		
Aussières et grelins en chanvre de Strasbourg, de 0m,013 à 0m,014 de diamètre	8,80	4,40
Les mêmes en chanvre de Lorraine	6,50	3,25
Aussières et grelins en chanvre de Lorraine ou de Strasbourg, de 0m,023	6,00	3,00
Aussières et grelins de Strasbourg, de 0m,040 à 0m,054	5,50	2,75
Cordages goudronnés	4,40	2,20
Vieille corde, de 0m,023	4,20	2,10
Courroie en cuir noir	»	0,20

(*a*) Dans la pratique, les pièces de bois ne peuvent être soumises à une traction permanente supérieure au 1/10 de celle de rupture. Cette faible charge est due aux altérations auxquelles les bois sont sujets : ainsi, l'expérience a appris que le bois de chêne, qui résiste cependant bien aux intempéries des saisons, ne peut être exposé plus de vingt-cinq à trente ans à l'air libre, à la manière des pièces de pont, sans être renouvelé.

(*b*) Il convient que la charge permanente des fers ne dépasse dans aucun cas le 1/3 de la charge de rupture, et qu'elle n'en soit que le 1/4 ou le 1/5 et même le 1/6, quand les constructions sont de grande durée, et que l'on n'est pas suffisamment éclairé sur la qualité et l'homogénéité des fers. Pour la fonte, la charge permanente ne doit jamais dépasser le 1/4 de la charge de rupture, et encore doit-on éviter son emploi dans les constructions exposées à des chocs.

Le rapport des charges permanentes aux charges de rupture pour les autres métaux est le même que pour le fer ou la fonte, suivant que leur état se rapproche plus de celui de l'un ou de l'autre de ces métaux.

91. **Résistance à la flexion.**

1° PIÈCE PRISMATIQUE ENCASTRÉE PAR UNE EXTRÉMITÉ ET CHARGÉE D'UN POIDS P QUI TEND A LA ROMPRE EN AGISSANT A SON AUTRE EXTRÉMITÉ.

Si la section transversale de la pièce est rectangulaire, on a :

$$PL = \frac{Rbh^2}{6} \qquad (1)$$

Les forces sont exprimées en kilogrammes, les dimensions en mètres.

PL, moment de la force P pour rompre la pièce à la section d'encastrement, qui est la section de plus grande fatigue.

L, longueur de la pièce, ou mieux la distance du point d'application de P à la section d'encastrement.

$\frac{Rbh^2}{6}$, moment des résistances de toutes les fibres à la section d'encastrement.

R, plus grande résistance à la traction et à la compression, à laquelle il convient de soumettre dans la pratique les fibres qui composent la pièce par mètre carré de surface.

b, largeur de la section transversale de la pièce, ou dimension de cette section perpendiculaire à P. Lorsque P est un poids, cette dimension est horizontale.

h, hauteur de la pièce, ou dimension parallèle à P de la section transversale.

Le moment de résistance $\frac{Rbh^2}{6}$ de la pièce étant donné, de l'équation (1) on conclura la valeur de P ou celle de L, l'une ou l'autre de ces quantités étant connue.

Si les valeurs de P et L étaient déterminées d'avance, de cette même équation on tirerait celles de b et h, en établissant entre b et h un rapport convenable à la pratique : pour les pièces de fonte sans nervure, on fait $b = \frac{1}{12}h$ au minimum, $b = \frac{1}{4}h$ au maximum, et $b = \frac{1}{8}h$ en moyenne ; pour le bois, on fait varier b entre $\frac{1}{3}$ et $\frac{1}{2}$ de h, et même, pour des pièces isolées, il convient de faire $b = \frac{5}{7}h$.

TABLEAU *des valeurs de* R *qu'on ne doit pas dépasser dans la pratique.*

DÉSIGNATION DES MATIÈRES.	VALEUR DE R.
Chêne	550 000 à 750 000
Sapin jaune ou blanc	600 000 à 800 000
Fer laminé en barres et tubes en tôle	4 700 000 à 7 800 000
Fonte grise à grain fin	7 500 000 à 10 000 000
Fonte grise ordinaire, anglaise	5 600 000 à 7 500 000

Application. Quelles doivent être les valeurs de h et b d'une pièce de sapin encastrée par une extrémité, pour P = 500 kilogrammes et L = 1m,50, en négligeant le poids de la pièce?

Faisant $b = \frac{5}{7} h$, et remplaçant les lettres par leurs valeurs dans la formule (1), on a :

$$500 \times 1,5 = \frac{600\,000 \times 5 \times h^3}{7 \times 6}; \text{ d'où } h = \sqrt[3]{\frac{500 \times 1,5 \times 7 \times 6}{600\,000 \times 5}} = 0^m,219,$$

$$\text{et par suite } b = \tfrac{5}{7} \times 0,219 = 0^m,156.$$

Lorsque la section de la pièce est un carré dont le côté est q, la formule (1) devient en y faisant $b = h = q$:

$$PL = \frac{Rq^3}{6}. \qquad (2)$$

Pour une section à double T, *à nervures égales*, on a :

Fig. 8.

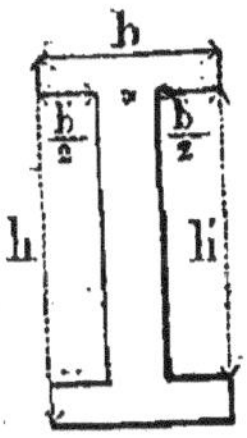

$$PL = \frac{R\,(bh^3 - b'h'^3)}{6h} \qquad (3)$$

Si la pièce, au lieu d'être chargée d'un poids unique appliqué à son extrémité, était uniformément chargée d'un poids p *par mètre de longueur*, le premier membre PL de chacune des formules (1), (2) et (3) deviendrait :

$$\frac{pL^2}{2}.$$

La pièce étant chargée d'un poids P *à son extrémité, et d'un poids* pL *réparti uniformément sur toute sa longueur*, le premier membre des équations (1), (2) et (3) devient :

$$PL + \frac{pL^2}{2} \text{ ou } \left(P + \frac{pL}{2}\right) L.$$

2° Pièce prismatique reposant sur deux appuis placés a ses extrémités.

Suivant que la charge est d'un poids P placé au milieu L de la distance des appuis, ou d'un poids pL réparti uniformément sur la longueur L, ou à la fois du poids P au milieu et de celui pL réparti uniformément, le premier membre des équations (1), (2) et (3) devient respectivement :

$$\frac{PL}{4};\ \frac{pL^2}{8},\ \left(P+\frac{pL}{2}\right)\frac{L}{4}.$$

Si le poids unique P est placé à des distances l et l' des appuis, le premier membre de ces équations est :

$$\frac{Pll'}{L}.$$

Si, outre le poids P, il y a une charge pL répartie uniformément, le premier membre des équations (1), (2) et (3) devient :

$$\left(P+\frac{pL}{2}\right)\frac{ll'}{L}.$$

3° Pièce prismatique encastrée par ses deux extrémités.

Suivant que la pièce est chargée d'un poids unique P au milieu de sa longueur, ou d'un poids pL réparti uniformément, on a respectivement par le premier membre des équations (1), (2) et (3).

$$\frac{PL}{8} \text{ et } \frac{pL^2}{12}.$$

Dans les constructions, les poutres n'étant en général prises dans les murs que de 0m,30 à 0m,50 au plus, cela ne suffit pas pour produire un encastrement complet, et il est prudent de supposer que les pièces reposent simplement sur deux appuis.

92. Cohésion et adhérence des mortiers (68 et 77). **Frottement.** — D'après Rondelet, la force de cohésion des mortiers et ciments est le 1/8 environ de leur résistance à l'écrasement, et leur adhérence pour les pierres et pour les briques surpasse leur force de cohésion. Admettant ce rapport et 35 kilogrammes pour la résistance à l'écrasement du mortier ordinaire, on trouve, pour la force de cohésion, 4k,37, nombre qui diffère très-peu de celui qu'indique le tableau précédent. Ce célèbre architecte a aussi remarqué que la force avec laquelle du plâtre gâché à la manière ordinaire adhérait aux briques et aux pierres était les 2/3 seulement de sa propre force de cohésion : ainsi, cette force étant de $4^k,90$, on a pour celle d'adhésion $4,90 \times \frac{2}{3} = 3^k,27$ environ. Cette adhésion est plus grande néanmoins pour les pierres meulières et les briques que pour les pierres calcaires ; comme nous l'avons déjà dit au n° 77, au lieu d'augmenter avec le temps, comme pour le mortier, elle diminue beaucoup.

Pour les mortiers de ciment Gariel, nous avons remarqué que la gangue de ciment pur présentait la résistance maxima, et que cette résistance diminuait à mesure que la quantité de sable ajoutée pour la confection du mortier augmentait.

Frottement. — Lorsqu'un corps se meut en s'appuyant sur un autre en repos ou ayant un mouvement différent du premier, il naît une résistance, appelée *frottement*, qui s'oppose directement au mouvement.

L'expérience prouve que le frottement est proportionnel à la pression que les surfaces en contact exercent l'une sur l'autre ; qu'il varie selon la nature et l'état de ces surfaces, et qu'il est indépendant de l'étendue de ces surfaces et de leur vitesse relative, du moins tant que cette vitesse ne dépasse pas 4 mètres environ par seconde.

En lubrifiant les surfaces en contact avec des corps onctueux, tels que l'huile, la graisse, le savon, etc., on diminue considérablement le frottement.

Nous venons de dire que le frottement est proportionnel à la pression des surfaces entre elles ; mais cela n'a lieu que jusqu'à une certaine limite ; au delà, les surfaces *grippent*, s'entament, et le frottement devient considérable sans varier suivant aucune loi. Les corps onctueux, tout en diminuant le frottement, reculent considérablement la limite à laquelle les surfaces commencent à gripper.

L'expérience prouve aussi que quand deux surfaces ont été en contact et en repos pendant un certain temps, le frottement est plus considérable au premier instant du mouvement que quand le mouvement a lieu. Cela est d'autant plus sensible que la pression est plus grande, et que les corps sont plus compressibles ; ces deux circonstances tendant à faire pénétrer les surfaces et à chasser l'enduit.

Le rapport entre le frottement F, c'est-à-dire la résistance qui s'oppose directement au mouvement, et la pression P qui s'exerce normalement entre les deux surfaces en contact, est ce que l'on appelle *coefficient de frottement;* ainsi, en le désignant par f, on a :

$$f = \frac{F}{P}, \text{ d'où } F = fP, \text{ et } P = \frac{F}{f}.$$

Pour $P = 25\,000^k$ et $f = 0{,}75$, on a $F = 0{,}75 \times 25\,000 = 18\,750$ kil.

Ces formules s'appliquent au premier instant du mouvement, après quelque temps de repos, comme pendant le mouvement; seulement f et par suite F ont d'autres valeurs.

L'expérience prouvant qu'un léger choc, donné sur les corps en contact depuis un certain temps, produit un ébranlement suffisant pour faire commencer le mouvement quand le corps mobile est sollicité par un effort de très-peu supérieur à celui qui est capable de le continuer, on ne tient pas compte de l'augmentation de frottement due à la durée du contact dans l'évaluation de la stabilité des constructions soumises à des ébranlements.

TABLEAU *des valeurs du coefficient* f *pour quelques matériaux de construction*, d'après M. MORIN.

NATURE DES MATÉRIAUX ET ENDUITS.	RAPPORT f.	
	au départ après quelque temps de contact.	pendant le mouvement.
Calcaire tendre, dit *calcaire oolithique*, bien dressé sur lui-même, sans enduit	0,74	0,64
Calcaire dur, dit *muschelkalk*, bien dressé sur calcaire oolithique, sans enduit	0,75	0,67
Brique ordinaire sur calcaire oolithique, sans enduit	0,67	0,65
Muschelkalk sur muschelkalk, sans enduit	0,70	0,38
Calcaire oolithique sur muschelkalk, sans enduit	0,75	0,65
Brique ordinaire sur muschelkalk, sans enduit	0,67	0,60
Calcaire oolithique sur calcaire oolithique, enduit de mortier de 3 parties de sable fin et 1 partie de chaux hydraulique, après dix à quinze minutes de contact	0,74	»

TABLEAU *des résistances de quelques matériaux au glissement, à l'instant du départ et après quelque temps de contact,* d'après divers opérateurs.

PREMIÈRE PARTIE. — FROTTEMENT PROPREMENT DIT.

NATURE DES MATÉRIAUX ET ENDUITS.	Opérateurs.	RAPPORT du frottement à la pression.
Grès uni sur grès uni, à sec	Rennie.	0,71
— — avec mortier frais	Id.	0,66
Calcaire dur poli sur calcaire dur poli	Rondelet.	0,58
— bouchardé sur calcaire bouchardé	Boistard.	0,78
Granit bien dressé sur granit bouchardé	Rennie.	0,66
— avec mortier frais sur granit bouchardé	Id.	0,49
Caisse en bois sur pavé	Régnier.	0,58
— — sur terre battue	Hubert.	0,33
Pierre de libage sur un lit d'argile sèche	Lesbros.	0,51
— — l'argile étant humide et ramollie	Id.	0,34
— — l'argile pareillement humide mais recouverte de grosse grève	Id.	0,40

DEUXIÈME PARTIE. — COHÉSION OU ADHÉRENCE. — *La rupture ayant lieu dans l'intérieur de la couche de mortier, ou à la jonction de la couche de plâtre avec la pierre, la résistance est due à la cohésion dans le premier cas, et à l'adhérence dans le second.*

NATURE DES MATÉRIAUX SUPERPOSÉS ET DE L'ENDUIT.	Opérateurs.	SURFACE en décimètres carrés.	JOURS de contact à l'air ou dans l'eau.	RÉSISTANCE moyenne par mètre carré
Calcaire bouchardé fiché sur calcaire bouchardé, avec mortier de chaux grasse et sable fin	Boistard	1 à 2 3 à 5 47	17 à l'air. Id. 48 à l'eau	6 600k. 9 400 1 200
Le même, avec mortier en chaux grasse et ciment	Id.	1 à 2 3 à 5	17 à l'air. Id.	3 200 5 300
Le même, avec mortier en chaux grasse et ciment, non rompu	Id.	47	48 à l'eau	1 100
Calcaire tendre de Jaumont fiché sur calcaire tendre de Jaumont, avec mortier de chaux hydraulique de Metz et sable fin	Morin.	1 à 3 2 à 3 Id. 4 à 6 7 à 8	83 à l'air. 48 — 43 — 48 — Id.	18 000 12 000 10 100 10 000 9 400
Briques ordinaires fichées avec le même mortier	Id.	1,3 2,6	Id. Id.	14 000 10 000
Calcaire de Jaumont fiché sur calcaire de Jaumont, avec plâtre ordinaire	Id.	2,0 8,0	Id. Id.	22 000 28 000
Calcaire bleu à gryphite très-lisse, sur lui-même, avec plâtre	Id.	2,5 4,5	Id. Id.	11 000 20 000

Le coefficient de glissement 0,78 de la pierre bouchardée sur pierre bouchardée dépasse certainement 1,00 quand les maçonneries sont unies par un mortier de moyenne qualité, dont l'adhérence s'ajoute au frottement.

Ordinairement on prend 0,76 pour la valeur du coefficient de frottement de la maçonnerie sur elle-même. Quelques observations font baisser cette valeur à 0,57 quand le mortier est frais, et la portent, au contraire, à 1,00 quand le mortier, de moyenne qualité, a fait prise, pour la maçonnerie de moellons comme pour celle de pierre de taille.

Le coefficient de frottement d'un mur ou d'un massif sur sa fondation se prend égal à 0,76, quand la fondation est un rocher naturel ou qu'elle est en béton; à 0,57 si le mur ou massif repose sur le *sol naturel* (terre ou sable), et à 0,30 environ si le fond est argileux sujet à être détrempé.

La cohésion d'un massif sur une base en béton peut varier de 10 000 à 144 000 kilogrammes par mètre carré, selon la qualité du mortier; mais on ne tient généralement pas compte de cette cohésion dans l'établissement des murs ou massifs soumis à une poussée horizontale, comme dans les murs de soutenement ou les piliers de ponts suspendus, la prise du mortier pouvant n'être pas complète quand la poussée commence à agir. La cohésion de la maçonnerie avec un sol naturel de terre ou de sable est nulle.

CHAPITRE III.

OUTILS ET APPAREILS EMPLOYÉS POUR EXÉCUTER LES OUVRAGES DE MAÇONNERIE.

APPAREILS MÉCANIQUES.

93. **Importance du choix des outils et appareils.** — Le degré de perfection et d'activité apporté dans l'exécution des ouvrages de maçonnerie ne dépend pas seulement de l'emploi des matériaux les plus convenables, mais aussi du bon outillage dont les ateliers sont fournis. Aussi les entrepreneurs doivent-ils toujours avoir en quantité suffisante, et dans un parfait état de service, les gros outils, agrès et équipages, dont ils peuvent avoir besoin sur leurs chantiers, et qu'ils fournissent ordinairement. De leur côté, les ouvriers doivent s'appliquer à s'en servir avec beaucoup d'entendement, à établir, d'une manière précise et solide, les équipages nécessaires à l'exécution des travaux, afin d'éviter les pertes de temps et les accidents, qui sont presque toujours la conséquence de ce manque de précaution ; ainsi l'établissement des échafauds, la pose des chèvres, des treuils, etc., réclament tous leurs soins. Les ouvriers maçons doivent aussi faire preuve de tact dans le choix des outils qu'ils fournissent et dont ils doivent être munis pour arriver sur les ateliers, d'habitude à bien s'en servir, et de soins à les tenir toujours dans un bon état de service, en les affûtant ou en les faisant réparer à propos.

94. **Levier.** — La perpendiculaire abaissée d'un point sur la direction d'une force est le *bras de levier* de cette force par rapport à ce point. Le produit de la force par son bras de levier est le *moment* de cette force.

En mécanique, on nomme *levier* une ou plusieurs tiges rigides mobiles autour d'un point, ou mieux d'un petit axe commun, solidaires entre elles, et sollicitées par des forces situées dans un même plan perpendiculaire au petit axe.

On donne le nom de *puissances* aux forces motrices qui tendent à faire tourner dans un sens le levier autour de son axe, et celui de *résistances* à celles qui s'opposent au mouvement du levier, ou plutôt qui le sollicitent dans l'autre sens.

Pour qu'un levier sollicité par un nombre quelconque de forces soit en équilibre statique, c'est-à-dire dans un état tel que le moindre effort ajouté aux puissances produise le mouvement, il suffit que la somme des moments des puissances soit égale à celle des moments des résistances. Ainsi, pour le cas du levier le plus simple et le plus employé dans la pratique, celui où il n'est composé, comme l'indique la figure 9, que d'une simple tige mobile autour d'un des points de sa longueur, et sollicitée par une puissance P et une résistance R, pour qu'il y ait équilibre, on doit avoir, p et r étant les bras de levier de ces forces,

Fig. 9.

$$P \times p = R \times r;$$

$$\text{D'où } P = R\,\frac{r}{p},\quad R = P\,\frac{p}{r},\quad p = r\,\frac{R}{P}\quad \text{et } r = p\,\frac{P}{R},$$

formules qui permettent de calculer respectivement l'une des quantités P, R, p et r quand les trois autres sont connues. Ainsi, ayant à déterminer la puissance P qu'il faudra appliquer à l'extrémité du bras de levier $p = 2$ mètres pour faire équilibre à un poids ou une résistance $R = 1000$ kilogrammes agissant à l'extrémité d'un bras de levier $r = 0^m,20$, la première des quatre formules précédentes donne, en remplaçant les lettres par leurs valeurs,

$$P = \frac{1000 \times 0,20}{2} = 100 \text{ kilogrammes.}$$

100 kilogrammes produisant l'équilibre, la plus légère augmentation de cette puissance, ou de son bras de levier, déterminera le mouvement.

Il peut arriver que la puissance et la résistance agissent sur le levier d'un même côté du point de rotation, mais toujours évidemment de manière à tendre à produire le mouvement dans un sens contraire ; dans ce cas, en conservant aux lettres P, R, p et r les mêmes significations que ci-dessus, les relations précédentes subsistent encore entre ces quantités quand il y a équilibre.

En terme de chantier, on nomme *levier* une pièce de bois dont on se sert pour soulever de gros fardeaux par abatage : on incline cette pièce en introduisant une de ses extrémités sous le fardeau, et en l'abattant, après avoir mis dessous, près de la charge, un coin pour servir d'appui, on soulève le fardeau. On appelle aussi *leviers* les barres de bois que l'on introduit successivement dans les trous de l'arbre d'une chèvre ou d'un treuil pour en opérer la rotation quand on soulève des fardeaux.

Les leviers en bois doivent, autant que possible, être en chêne ou en frêne ; leur longueur varie de $1^m,50$ à 3 mètres ; ils sont ordinairement faits avec des *boulins* de $0^m,10$ à $0^m,12$ de diamètre. Pour un même effort de l'ouvrier, la charge soulevée croissant comme le bras de levier de la puissance et en raison inverse de celui de la résistance, ce que fait voir la seconde des quatre formules posées ci-dessus, l'ouvrier, pour soulever de fortes charges, doit approcher le plus possible le point d'appui de ces charges, et agir à l'extrémité libre du levier.

95. **Pinces.** — On désigne ainsi des espèces de leviers en fer de différentes dimensions. Celles que l'on emploie dans les chantiers de maçonnerie sont aplaties à leurs extrémités, afin qu'on puisse les faire pénétrer plus facilement sous les pierres ; de plus, une des extrémités est recourbée sous un angle obtus, comme l'indique la figure 10, de manière à former un talon par lequel la pince prend appui, tout en tenant le bras du levier soulevé, ce qui n'oblige pas l'ouvrier à trop se baisser pour la manœuvre. Ces sortes d'outils servent beaucoup dans le *bardage* et la *pose* des pierres.

Fig. 10.

96. **Cordages.** — Les graves accidents qui peuvent résulter de la mauvaise qualité des cordages employés dans les constructions engagent assez les entrepreneurs, chefs d'atelier et ouvriers, chacun en ce qui le concerne, à s'assurer de leur bon état : d'abord, l'entrepreneur quand il en fait l'acquisition; le chef d'atelier, quand il les reçoit sur son chantier et les fait employer, qu'ils soient neufs ou vieux ; enfin, l'ouvrier, avant de faire usage d'un cordage, doit s'assurer avec soin s'il n'est pas trop vieux, ni brûlé ou échauffé, et s'il est susceptible de résister sous les charges qu'il va avoir à supporter.

Les bons cordages sont ordinairement durs et souples tout à la fois; on les reconnaît facilement à leur aspect argentin, de couleur gris-perle, ensuite verdâtre, puis jaune ; s'ils sont très-foncés ou noirs, c'est que le chanvre a été trop roui, il a trop fermenté et a commencé à pourrir ; s'ils sont tachetés de brun, c'est que le chanvre a été trop mouillé, et les parties brunes sont ordinairement pourries. Les cordages sont aussi défectueux, quand ils sont cotonneux avant d'avoir servi, lorsqu'on y trouve des esquilles de chènevottes, et quand les *torons* sont de grosseurs différentes et inégalement tordus. L'*âme*, que l'on place quelquefois à l'intérieur des cordages pour en augmenter la grosseur, a l'inconvénient de les faire échauffer et pourrir plus promptement dans l'eau. Il faut éviter d'employer tous les cordages qui sentent le moisi, le pourri ou l'échauffé.

Les meilleurs chanvres employés à la fabrication des cordages viennent de Russie, de Suisse, d'Alsace et de quelques contrées de l'Italie ; on donne la préférence à ceux qui proviennent des vallées avoisinant les hautes montagnes, et qui ont des brins d'une hauteur de 1 mètre à 1m,30.

D'après les expériences de Duhamel, d et c étant respectivement, en centimètres, le diamètre et la circonférence d'une corde blanche en chanvre, le poids capable de rompre cette corde est moyennement égal à

$$400\ d^2, \text{ ou } 4{,}5\ c^2 \text{ kilogrammes},$$

ce qui revient à environ 5k,1 par millimètre carré de section.

Les cinq premières résistances à la rupture des cordes du commerce fabriquées en chanvres d'Alsace ou de Lorraine, consignées dans le tableau de la page 168, sont dues aux expériences de M. Badson de Noirfontaine (*Mémorial de l'officier du génie*, année 1829). De ces expériences, il résulte que les cordes se rompent de préférence aux points d'attache ou d'enroulement et aux nœuds, et qu'elles cèdent, au bout de quelques heures, sous des efforts plus faibles que ceux qu'elles ont supportés pendant quelques minutes. Leur résistance momentanée peut être évaluée, terme moyen, à 5 ou 6 kilogrammes par millimètre carré de section; mais on ne doit pas leur faire supporter dans la pratique plus de la moitié de cette charge. Enfin, la rupture est toujours précédée d'un allongement qui est moyennement le 1/6 de la longueur primitive ; cet allongement est réduit au 1/10 pour la moitié de la charge de rupture.

D'après Coulomb, la résistance d'une corde goudronnée n'est que les 2/3 ou les 3/4 de celle d'une corde blanche d'un même nombre de fils de caret.

D'après Duhamel, les cordes goudronnées ont moins de durée et de résistance que les cordes blanches ; le goudron y entre pour 1/6 environ du poids total. La résistance des cordes mouillées n'est que le 1/3 environ de celle des cordes sèches. Le graissage avec du savon, des huiles, etc., est plus nuisible qu'utile, en ce qu'il tend à faciliter le glissement des fils et torons.

Selon qu'une corde s'allonge de 1/7 à 1/5 sous la charge de rupture, son diamètre diminue de 1/14 à 1/7. Une corde sèche, en se mouillant, perd de 1/30 à 1/20 de sa longueur primitive ; ce raccourcissement a été déjà la cause de bien des accidents, et on en doit tenir bien compte dans l'emploi des cordes très-longues qui peuvent être mouillées après leur mise en place.

97. Les cordages employés sur les chantiers de maçonnerie sont désignés sous différents noms, suivant leur grosseur : ainsi les ouvriers distinguent les *câbles*, les *câbleaux*, les *cordages à main* ou *troussières*, et les *lignes* ou *cordeaux*.

Câbles. — On désigne ainsi les gros cordages employés pour élever les matériaux à l'aide de chèvres, de treuils, etc., ou qui servent à fixer ces appareils ; leur diamètre varie de 0m,025 à 0m,070. Avant d'en faire usage, on doit les soumettre à une inspection sévère, surtout s'ils sont déjà vieux. Lorsque quelques fils de caret sont endommagés, on peut raccommoder les câbles en roulant fortement autour de la partie détériorée, sur une certaine étendue, de la ficelle de 0m,004 ou 0m,005 de diamètre.

Pour suspendre et élever les pierres ou les *bourriquets* dans lesquels on monte les matériaux, on se sert d'un gros cordage, appelé *braye* ou *élingue*, que l'on accroche à l'*esse* du câble de la chèvre ou du treuil.

Les *câbleaux* sont des câbles d'un petit diamètre ; les ouvriers les appellent quelquefois *châbleaux ;* on s'en sert ordinairement pour les treuils et les moufles qui ne doivent pas monter de grands poids.

Les *cordages à main* ou *troussières* sont employés pour relier entre elles les différentes pièces des échafauds ; leur longueur varie de 2 à 5 mètres, et ils ont de 0m,01 à 0m,015 de diamètre. Avant de s'en servir, il faut observer avec soin ce qui a été dit au commencement du nº 96 sur les qualités et les défauts des cordes en général.

Les *lignes* ou *cordeaux* sont les petites cordes de 0m,002 à 0m,005 de diamètre dont se servent les maçons pour implanter les murs et dresser les parements. Le petit cordeau retors employé pour le *plomb* se nomme *fouet.*

98. **Roideur des cordes.** — Lorsqu'on vainc une résistance Q au

moyen d'une corde qui s'enroule sur une poulie ou sur un tambour, en outre de Q, la puissance P doit vaincre une résistance R due à la roideur de la corde, c'est-à-dire à la difficulté que l'on éprouve pour infléchir cette corde.

Des expériences de Coulomb, il résulte que R est inversement proportionnel au diamètre de la poulie, et qu'on a

$$R = \frac{1}{D}(A + BQ). \quad (a)$$

D, diamètre de la poulie ou du tambour en mètres ;
A, quantité ou roideur constante pour une même corde;
BQ, quantité ou roideur variable proportionnelle à Q.

M. Morin, en discutant les résultats de Coulomb, a conclu :

1° Que, pour les cordes en chanvre non goudronnées, dites *cordes blanches*, sèches ou imbibées d'eau, en bon état, A et B varient à peu près proportionnellement au carré du diamètre de la corde ;

2° Que, pour ces mêmes cordes à demi usées, A et B varient comme les puissances 1,5, c'est-à-dire comme les racines carrées des cubes des diamètres des cordes ;

3° Que, pour les cordes goudronnées, B est proportionnel au nombre des fils de caret de la corde.

De cette discussion, M. Morin a conclu les formules suivantes, dans lesquelles n désigne le nombre des fils de caret de la corde :

1° *Cordes blanches.*

$$A = (0{,}000297 + 0{,}000245\, n)\, n \text{ et } B = 0{,}000363\, n;$$

$$\text{d'où } R = \frac{1}{D}\left[(0{,}000297 + 0{,}000245\, n)\, n + 0{,}000363\, nQ\right] \text{ kilogrammes.}$$

2° *Cordes goudronnées.*

$$A = (0{,}0014575 + 0{,}000346\, n)\, n \text{ et } B = 0{,}0004181\, n;$$

$$\text{d'où } R = \frac{1}{D}\left[(0{,}0014575 + 0{,}000346\, n)\, n + 0{,}0004181\, nQ\right] \text{ kilogrammes.}$$

M. Morin, en faisant usage de ces formules, a calculé les résultats du tableau que nous donnons à la page suivante.

NOMBRE DE FILS.	CORDES BLANCHES.			CORDES GOUDRONNÉES.		
	Diamètre.	ROIDEUR constante A.	ROIDEUR variable B, par kilogram. de la charge Q.	Diamètre.	ROIDEUR constante A.	ROIDEUR variable B, par kilogramme de la charge Q.
	mètres.	kilogr.	kilogr.	mètres.	kilogr.	kilogr.
6	0,0089	0,0106038	0,002178	0,0105	0,021201	0,002512992
9	0,0110	0,0225207	0,003267	0,0129	0,041143	0,003769488
12	0,0127	0,0388476	0,004356	0,0149	0,067314	0,005025984
15	0,0141	0,0595845	0,005445	0,0167	0,097712	0,006282480
18	0,0155	0,0847314	0,006534	0,0183	0,138339	0,007538976
21	0,0168	0,1142883	0,007623	0,0198	0,183193	0,008795472
24	0,0179	0,1482552	0,008712	0,0211	0,234276	0,010051968
27	0,0190	0,1866321	0,009801	0,0224	0,291586	0,011308464
30	0,0200	0,2294190	0,010890	0,0236	0,355125	0,012564963
33	0,0210	0,2766159	0,011979	0,0247	0,424891	0,013821456
36	0,0220	0,3282228	0,013068	0,0258	0,500886	0,015077952
39	0,0228	0,3842397	0,014157	0,0268	0,583108	0,016334448
42	0,0237	0,4446666	0,015246	0,0279	0,671558	0,017590944
45	0,0246	0,5095035	0,016335	0,0289	0,766237	0,018847440
48	0,0254	0,5787504	0,017424	0,0298	0,867144	0,020103936
51	0,0261	0,6524073	0,018513	0,0308	0,974278	0,021360432
54	0,0268	0,7304742	0,019602	0,0316	1,087641	0,022616928
57	0,0276	0,8129511	0,020691	0,0326	1,207231	0,023873424
60	0,0283	0,8998380	0,021780	0,0334	1,333050	0,025129920

Application. — Quelle est la résistance due à la roideur d'une corde blanche neuve de $0^m,0254$ de diamètre, s'enroulant sur une poulie de $0^m,40$ de diamètre, et élevant un poids de 500 kilogrammes?

Remplaçant dans la formule (a), les lettres A et B par les valeurs du tableau qui correspondent au diamètre de corde $0^m,0254$, on a, en y faisant de plus $D = 0,40$ et $A = 500$,

$$R = \frac{1}{0,40}(0,5787504 + 0,017424 \times 500) = 23^k,23.$$

Les cordes blanches imbibées d'eau ont une roideur sensiblement plus grande que lorsqu'elles sont sèches, surtout quand leur diamètre est un peu fort.

On diminue beaucoup la roideur des cordes en les imprégnant d'un corps gras ou en les frottant de savon ; mais on diminue aussi leur résistance (96).

99. **Poulie.** — En général, on donne ce nom à une roue en bois ou en métal armée à son centre d'un petit arbre tournant sur deux coussinets, ou le plus souvent percée à son centre d'un trou ou

œil circulaire qui lui permet de tourner sur un petit axe, qui alors est pris dans un objet fixe, tel que le sommet d'une chèvre ou d'une grue, par exemple, ou ordinairement dans une *chape* qui embrasse la poulie, comme l'indique la figure 11, qui donne les proportions d'une poulie à chape.

Fig. 11.

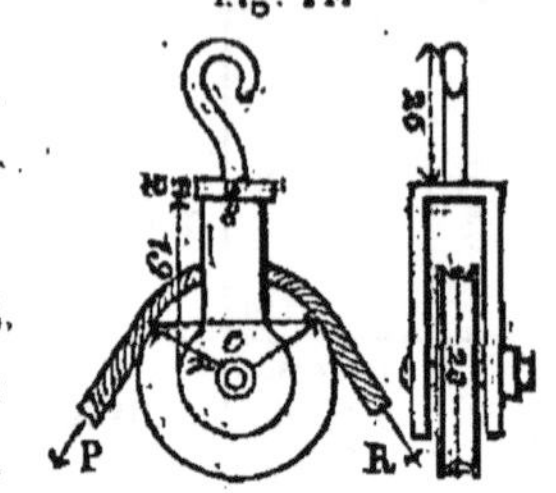

Les poulies dont on fait usage sur les chantiers de construction ont toujours leur pourtour creusé en *gorge*, afin que le cordage porte convenablement et ne tende pas à s'écarter ; c'est pour cette dernière raison que l'on fait, au contraire, le pourtour de la poulie convexe dans le sens de la largeur, quand on fait usage de cordes plates ou de courroies.

En mécanique, on distingue deux espèces de poulies : la *poulie fixe* ou de renvoi, et la *poulie mobile*.

La *poulie fixe* est celle qui ne peut que tourner autour de son axe ; la puissance et la résistance agissent directement en sens contraire sur le cordage qui passe sur son pourtour.

Négligeant le frottement de l'axe et la roideur de la corde, il est évident que, pour l'équilibre, la puissance P sera égale au poids à élever, ou mieux à la résistance à vaincre Q. Quant à la pression de la poulie sur son axe ou à la traction de la chape sur son point d'attache, elle n'est autre chose que la résultante de P et Q, et si on la représente par R, on a, en désignant par r le rayon de l'arc formé par l'axe du cordage, et par c la corde qui soustend cet arc.

$$R = P\,\frac{c}{r}.$$

La *poulie* est dite *mobile* lorsque, outre son mouvement de rotation autour de son axe, elle prend un mouvement de translation ; une des extrémités du cordage est reliée à un point fixe, et la charge ou résistance à vaincre est fixée à la chape dans l'axe de la poulie, et participe à son mouvement de translation. Cette résistance est égale à la résultante des tensions des deux brins du cordage, c'est-à-dire à la pression de la poulie sur son axe ; et si on la désigne par R, on a, comme dans le cas précédent,

$$R = P\,\frac{c}{r}, \text{ ou } P = R\,\frac{r}{c}.$$

Dans le cas où les deux brins du cordon sont parallèles, on a

$c = 2r$, et il vient $R = 2P$; ce qui devait être, toujours en négligeant la roideur de la corde et les frottements.

100. **Moufle et palan.** — On monte quelquefois deux, trois et même quatre poulies l'une à côté de l'autre dans la même chape; leur ensemble prend le nom de *moufle*.

Fig. 12.

A a P Q b B

Un système composé de deux moufles, sur les poulies desquelles on fait passer un même cordage, prend le nom de *palan*, *fig.* 12.

En négligeant les divers frottements et autres résistances passives, tous les cordons allant d'une moufle à l'autre ont la même tension, qui est égale à celle du cordon libre ou *garant*, c'est-à-dire à la puissance P; or, comme la charge Q ou la résistance à vaincre R est évidemment égale à la somme des tensions de tous les cordons allant d'une moufle à l'autre, si l'on désigne par n le nombre de ces cordons, on a :

$$R = nP, \text{ ou } P = \frac{R}{n}.$$

Pour $R = 500$ kilogrammes et $n = 6$, cette formule donne $P = 83^k,33$. A cause de toutes les résistances passives, il faudrait, dans la pratique, augmenter P d'un tiers environ.

Pendant que la puissance parcourt un espace quelconque $E = Aa$, la résistance avance seulement de $\frac{E}{n} = Bb$.

On conçoit que la puissance P du palan puisse être produite par un second palan dont elle serait la résistance, et obtenir ainsi un effort plus considérable.

Les palans ne sont pas d'un usage très-fréquent sur les chantiers de maçonnerie; les charpentiers, au contraire, les emploient à chaque instant.

101. **Treuil.** — En mécanique, on donne en général ce nom à tout système solide mobile autour d'un axe, et sollicité par une ou plusieurs forces motrices, dites *puissances*, qui tendent à produire le mouvement dans un sens, et par d'autres, dites *résistances*, qui s'opposent à ce mouvement, sans que, comme pour le levier, toutes ces forces soient situées dans un même plan (94). Ordinairement chaque force est dans un plan perpendiculaire à l'axe; c'est ce que nous supposons dans tout ce qui suit.

La perpendiculaire commune à l'axe du treuil et à la direction d'une force est le *bras de levier* de cette force, et le produit de la longueur de cette perpendiculaire par l'intensité de la force est le *moment* de cette force.

Dans la pratique, le treuil se compose d'un arbre horizontal de 0m,10 à 0m,30 de diamètre, autour duquel s'enroule une corde, dont une extrémité est fixée à cet arbre, tandis qu'à celle qui reste libre on attache le poids à élever. Cet arbre est retenu à une charpente à l'aide de tourillons et coussinets qui lui permettent de tourner librement, et on lui communique le mouvement à l'aide de manivelles placées à ses extrémités, si la charge est faible, ou au moyen d'une courroie qui passe sur une espèce de poulie montée en un des points de sa longueur, ou avec des bras qui y sont fixés; ou encore, si l'effort à produire est considérable, comme dans la chèvre (104), avec des barres ou leviers dont on implante successivement, à mesure qu'on le fait tourner, une des extrémités dans des trous qu'il porte.

Le treuil s'applique à presque tous les appareils mis en usage pour monter les matériaux de toute espèce dans les travaux de construction. Depuis quelques années, on substitue le plus souvent la fonte ou le fer au bois dans sa construction.

Le treuil est employé avec avantage à l'exécution des puits et des travaux souterrains; on fait reposer l'arbre sur des supports, de manière qu'il se trouve dans l'axe du puits et à 1m,10 ou 1m,30 au-dessus du sol, et on lui imprime le mouvement à l'aide de manivelles ou de petits leviers fixés à ses extrémités. L'extrémité libre du câble est munie d'une esse à laquelle on accroche les seaux, paniers ou *bourriquets* dans lesquels on place les matériaux à descendre ou à monter. Les ouvriers chargés de ce travail doivent apporter une attention toute particulière à remplir convenablement et à bien accrocher les seaux, paniers, etc.; ils ne doivent jamais descendre de matériaux sans prévenir leurs camarades qui sont dans la fouille pour les recevoir; à chaque instant, ils vérifient si le treuil ne s'est pas dérangé, si le câble est en bon état, et si le crochet qui est au bout de ce dernier est toujours bien fixé : ils doivent se pénétrer que les accidents qui pourront survenir auront très-souvent pour cause unique d'avoir négligé ces précautions.

Les constructeurs de puits se servent ordinairement d'un treuil formé simplement d'un *boulin* ou *moriset*, aux extrémités duquel ils fixent des manches en bois de cornouiller qui servent de leviers pour le manœuvrer; ils font reposer seulement l'arbre, qui ne porte pas de tourillons, sur des supports fixés de chaque côté de la fouille, et formés avec des *plats-bords* que l'on entaille à leur partie supérieure pour recevoir l'arbre et servir de coussinets; on empêche le treuil de sortir de ces entailles, à l'aide de plaques de tôle clouées sur les plats-bords et entourant les parties frottantes.

Comme le levier (94), pour qu'un treuil sollicité par un nombre quelconque de forces soit en équilibre statique, c'est-à-dire dans un tel état que la moindre augmentation d'une puissance ou de son bras de levier produise le mouvement, il suffit que la somme des moments des puissances soit égale à la somme des moments des résistances. Ainsi, pour le cas du treuil ordinaire, désignant par P la puissance, par p son bras de levier, c'est-à-dire le rayon de la manivelle ou de la roue, ou la longueur du levier que sollicite P, par R la résistance ou le poids de la corde, du panier et de la charge, et par r le bras de levier de R ou le rayon de l'arbre du treuil augmenté du rayon de la corde, on a, pour l'équilibre, en négligeant la roideur de la corde et le frottement des tourillons :

$$P \times p = R \times r;$$

$$\text{D'où } P = R\,\frac{r}{p},\quad R = P\,\frac{p}{r},\quad p = r\,\frac{R}{P}\quad \text{et } r = p\,\frac{P}{R},$$

formules qui permettent de calculer l'une des quantités P, R, p et r, les trois autres étant connues.

Soit, par exemple, à déterminer le poids que pourra élever un homme en agissant sur un levier, à la distance de $1^m,60$ de l'axe du treuil, le rayon de l'arbre plus celui de la corde étant de $0^m,20$.

L'effort de l'homme agissant sur un levier étant en moyenne de 30 kilogrammes, remplaçant P par cette valeur dans la deuxième des formules précédentes, et faisant $p = 1^m,60$, et $r = 0^m,20$, on a :

$$R = 30\,\frac{1,60}{0,2} = 240 \text{ kilogrammes.}$$

Ainsi, en négligeant la roideur de la corde et le frottement des tourillons, le poids utile élevé serait de 240 kilogrammes, moins le poids de la corde et du seau ou panier. Pour des efforts considérables, le rayon de la corde étant très-grand, on pourra tenir compte de la roideur d'après ce qui a été dit au n° 98.

102. **Treuil chinois ou différentiel.** — Dans ce système de treuil, représenté figure 13, un côté de la corde se déroulant pendant que l'autre s'enroule, le fardeau ou la résistance R n'avance, par tour de treuil, que d'une quantité égale à la différence des circonférences ayant pour rayons ceux des deux parties du treuil augmentés du rayon de la corde.

Fig. 13.

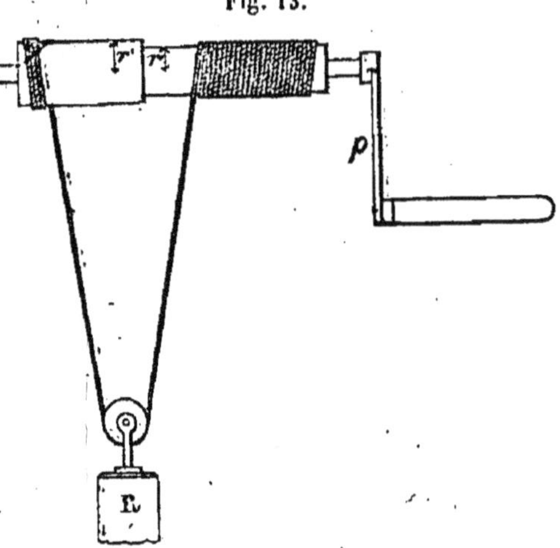

Appelant P la puissance, p son bras de levier, c'est-à-dire la longueur du rayon de la manivelle ou du levier sur lequel agit P, R la résistance, et r et r' les rayons des deux parties de l'arbre du treuil augmentés de celui de la corde, on a, en négligeant la roideur de la corde et les frottements :

$$P \times p + \frac{R}{2}\, r' = \frac{R}{2}\, r;$$

D'où $P = R\,\frac{r - r'}{2\,p}$, $R = P\,\frac{2\,p}{r - r'}$, $p = (r - r')\,\frac{R}{2\,P}$ et $r - r' = p\,\frac{2P}{R}$.

Comme l'on peut rendre la différence $r - r'$ aussi petite que l'on veut, la valeur précédente de R fait voir que, dans la limite de la résistance des matériaux, ce treuil peut servir à soulever un fardeau d'un poids aussi considérable que l'on veut; on l'utilise avec avantage pour l'extraction des pilots.

103. **Cabestan.** — Cette machine n'est autre chose qu'un treuil dont l'arbre est vertical et porte une tête percée de trous ou *amolettes*, qui reçoivent des barres ou leviers. Des hommes tournent autour du treuil en poussant ces leviers, et enroulent la corde en faisant avancer le fardeau attaché à son extrémité. Les tourillons de l'arbre sont retenus dans des collets fixés à une charpente disposée à cet effet.

Les conditions d'équibre du cabestan sont les mêmes que pour le treuil (101).

104. **Chèvre.** — Cette machine, qui est d'un usage continuel sur les chantiers de maçonnerie pour monter ou descendre les gros far-

deaux, est ordinairement composée, comme l'indique la figure 14, de deux pièces de bois, appelées *bras*, formant entre elles un angle aigu, et dont on maintient l'écartement par plusieurs entretoises qui s'y assemblent à tenons et mortaises. Les bras portent les coussinets d'un treuil placé à 1m,60 du pied de la chèvre; l'arbre de ce treuil est garni de parties carrées dans lesquelles sont percés des trous destinés à recevoir les bouts des leviers servant à la manœuvre. A la partie supérieure de la chèvre se trouve une poulie tournant sur un boulon, qui relie en même temps les bras en les traversant de part en part. La partie déroulée du câble du treuil vient passer sur la poulie, et à son extrémité on attache le fardeau à monter ou à descendre.

Fig. 14.

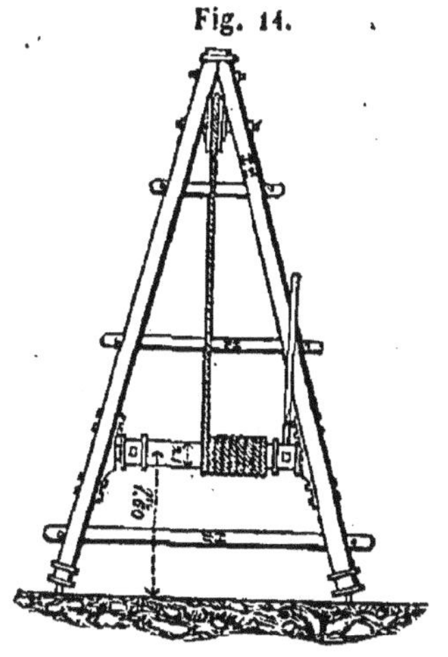

Ordinairement, les entretoises sont espacées de 0m,90 environ, ce qui forme une espèce d'échelle qui permet à l'ouvrier de monter au sommet de la chèvre.

Pour se servir de la chèvre, on la place dans une position inclinée, afin que les fardeaux en montant ne touchent pas au treuil et aux entretoises, et on l'y maintient à l'aide de trois cordages qui partent de son sommet et vont s'amarrer à des objets environnants de la fixité desquels on est parfaitement sûr. Les deux cordages disposés pour empêcher la chèvre de tomber en avant se nomment *haubans;* le troisième, que l'on dispose en sens contraire des deux premiers, pour éviter le renversement de la chèvre, s'appelle *contre-hauban.*

Le treuil des chèvres est quelquefois commandé par des engrenages que l'on fait mouvoir à l'aide de manivelles ; cette disposition facilite beaucoup la manœuvre, tout en donnant une grande puissance. Cependant, à cause de leur simplicité, les chèvres à leviers sont les plus communément employées. Les treuils à leviers en fer (Voir leur description au n° 108), auxquels on adapte un déclic, sont d'une grande puissance et d'une manœuvre très-facile ; de plus, cette disposition empêchant les fardeaux de redescendre tout à coup, quand on les élève, elle évite bien des accidents.

Depuis quelques années, on remplace très-avantageusement les treuils des chèvres par la machine Grondar, à chaîne continue, qui est d'une grande commodité; il est fâcheux que son prix élevé n'en ait guère jusqu'ici permis l'emploi que sur les grands ateliers.

Pour équiper une chèvre, on pose ses deux bras dans leur position relative, sur le sol ou le plancher sur lequel on doit la dresser, en faisant pénétrer les tenons des entretoises dans leurs mortaises et les tourillons du treuil dans leurs coussinets; on serre les liens et les boulons qui relient le haut des bras, et on met, en dehors des bras, les chevillettes des tenons d'entretoises. Alors on fixe la poulie, on enroule le câble sur le treuil, en laissant passer le bout libre sur la poulie, et on attache les haubans et le contre-hauban au sommet de la chèvre. On procède alors au dressage : pour cela, deux hommes se placent sur les pieds de la chèvre et les tiennent fixés sur le sol, pendant que d'autres dressent la chèvre en agissant près de son sommet et en s'avançant vers les pieds à mesure qu'elle s'élève, ou encore en tirant sur les haubans ou sur des cordes provisoires, quand on peut leur donner une direction de bas en haut.

La chèvre étant dressée, on amarre les haubans et le contre-hauban à des objets offrant une garantie convenable de résistance, tels que des trumeaux de bâtiments, des balcons, des barres d'appuis de croisées, etc. Quand on ne trouve pas d'endroits assez solides, on les amarre à des pieux de 1 mètre à $1^m,20$ de longueur, que l'on a bien enfoncés dans le sol ou scellés dans de forts patins en plâtre; on a soin d'incliner ces forts piquets de manière que la partie libre fasse au moins un angle droit avec la direction du hauban, afin que celui-ci ne tende pas à les quitter en se soulevant. Pour une hauteur ordinaire de chèvre de 4 mètres à $4^m,50$, les points d'amarrage ne doivent pas se trouver à moins de 7 à 8 mètres de distance de la chèvre, quand ils sont au niveau des pieds de celle-ci; ce qui correspond à un angle de 30° environ du câble avec l'horizon. Dans tous les cas, pour des angles plus grands, la traction sur les haubans devient trop considérable, même pour des fardeaux ordinaires; c'est également pour éviter cet inconvénient que l'inclinaison de la chèvre du côté où elle prend les fardeaux ne doit jamais dépasser 1/5 de sa hauteur. On doit tendre convenablement les câbles, mais pas trop, afin qu'ils puissent se raccourcir sans se rompre ni arracher les amarres, dans le cas où ils viendraient à se mouiller (96).

Avant de se servir d'une chèvre, il faut s'assurer si toutes ses parties, et principalement les cordages, sont en bon état, bien disposés et d'une résistance convenable.

Quant à la charge que l'on peut élever avec la chèvre, on pourra la calculer en remarquant d'abord que dans le treuil de la chèvre il existe entre la puissance et la résistance les relations ordinaires du treuil (101); puis, que la résistance R n'est autre chose que le poids élevé, abstraction faite de la roideur de la corde s'enroulant sur la poulie, et du frottement de celle-ci sur son axe.

105. **Chèvre à pied.** — Lorsqu'on n'a pas besoin d'une grande hauteur, on se sert fréquemment d'une chèvre qui s'appuie sur un troisième pied appelé *bicoque* ou *pied de chèvre*, de manière à se tenir debout sans hauban, ce qui est surtout avantageux dans les circonstances où il est difficile de trouver des points d'amarrage.

106. **Chevrette.** — A défaut de chèvre, on fait usage d'un ensemble de trois poutrelles réunies fortement à leur partie supérieure à l'aide de cordages, ou mieux d'un boulon qui les traverse, et dont on écarte les pieds de manière qu'ils occupent sur le sol à peu près les sommets d'un triangle équilatéral. Au sommet de cette chevrette, on suspend une corde à laquelle on attache la chape de la poulie sur laquelle passe le câble qui sert à élever les matériaux; ce câble se manœuvre ordinairement à la main, mais on a recours à un palan quand la grandeur des efforts à produire l'exige.

107. La chèvre n'est qu'une simplification de la *grue;* elle en diffère en ce qu'elle ne peut tourner dans le sens horizontal. Malré ce désavantage, on lui donne la préférence sur les chantiers de construction, à cause de son prix moins élevé et de la facilité avec laquelle on peut la transporter et l'établir en un lieu quelconque. La grue ne s'emploie guère qu'à demeure permanente, dans les entrepôts, les gares, etc., où les matières à charger ou à décharger s'amènent à sa proximité.

Fig. 15.

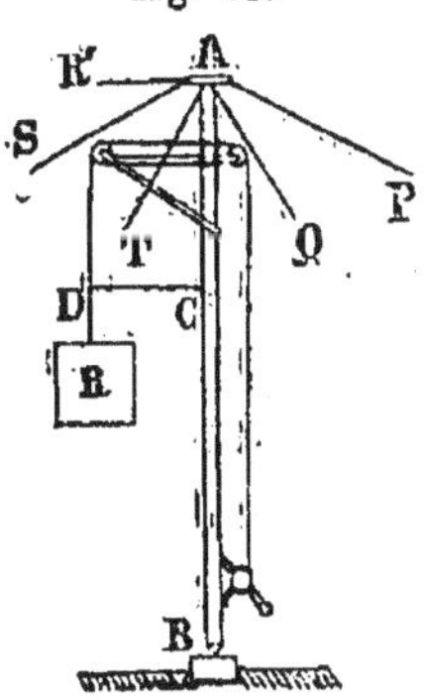

108. **Sapine.** — On nomme ainsi une espèce de grue qui s'employait fréquemment pour monter les matériaux dans les bâtiments en construction. Cette machine est ordinairement composée, comme l'indique la figure 15, d'une grande pièce de sapin qui atteint le sommet des murs à élever ; son pied est armé d'un pivot mobile

dans une crapaudine fixée sur une pièce de bois placée sur le sol, et son sommet porte un fort goujon qui peut tourner dans un collier en fer maintenu par des haubans. Cette pièce peut ainsi tourner horizontalement, tout en restant dans une position verticale, ce qui permet d'élever les matériaux en les faisant passer à côté des obstacles, et de les déposer directement sur les échafaudages ou sur les murs; elle porte, à $1^m,60$ ou $1^m,80$ de son sommet, deux pièces de bois transversales qui l'embrassent, qui se relèvent un peu du côté où l'on doit élever les matériaux, et qui sont reliées à leurs extrémités par de forts boulons servant d'axes à des poulies. Une troisième poulie est fixée à la partie supérieure de la sapine, qui est percée d'un trou pour la recevoir. Un câble ou une chaîne en fer passe dans ces trois poulies, et vient ordinairement se fixer par une extrémité à la traverse, derrière la poulie d'avant, de manière à recevoir une poulie mobile (99), à la chape de laquelle on accroche les charges à élever. Le câble ou la chaîne s'enroule par son autre extrémité sur un treuil solidement fixé au sol ou contre le pied de la sapine, et que l'on manœuvre au moyen de manivelles ou de leviers.

Sur deux côtés opposés de la sapine sont implantées des tiges rondes en fer formant une espèce d'échelle de perroquet, qui permet, quand il y a nécessité, de monter au sommet de la machine et d'en descendre. Les échelons d'une même face sont espacés de $0^m,65$, et on a soin de les faire correspondre au milieu des espaces verticaux qui séparent les échelons de l'autre côté.

Les haubans, qui sont le plus souvent au nombre de quatre ou cinq, s'amarrent comme pour la chèvre (104).

On se rendrait aussi compte de la charge que peut élever un effort donné, ou de la puissance à développer pour vaincre une résistance déterminée, en opérant comme pour la chèvre.

Aujourd'hui on remplace avec avantage la sapine par un appareil que les ouvriers désignent également sous le nom de *sapine*, qui est formé de quatre grandes pièces de bois de sapin s'élevant à 2 mètres environ au-dessus de l'édifice à construire, et dont l'équarrissage au gros bout doit être au moins de $0^m,35$ sur $0^m,35$ pour une longueur de 20 mètres. Ces pièces sont scellées fortement dans le sol aux sommets d'un rectangle ayant en moyenne 3 mètres sur 2 mètres pour une sapine de 20 mètres de hauteur, le grand côté de ce rectangle étant placé parallèlement à l'édifice. De plus, chaque pièce est reliée à chacune de ses voisines, sur toute sa hauteur, par quatre croix de Saint-André de 5 mètres de longueur, en fortes planches, et par des traverses, le tout bien boulonné, de manière à obtenir une charpente très-rigide. Enfin, sur le cadre formé par les traverses reliant les sommets des quatre poteaux, on repose deux poutrelles, entre lesquelles on place la poulie sur laquelle passe un câble, ou une chaîne, manœuvré par un treuil, ou une machine Grondar, fixé au pied de l'appareil, comme pour la sapine simple ou pour la chèvre.

Les poteaux maîtres sont garnis, de bas en haut, d'échantignolles en bois ou de tiges en fer, lesquelles, en faisant office d'échelons, permettent de monter au sommet de l'appareil ou d'en descendre.

Un des grands avantages de cette disposition consiste en ce qu'on fixe aux deux poteaux voisins de l'édifice une traverse horizontale, sur laquelle on place des plats-bords, dont l'un des bouts repose sur la maçonnerie : ce qui constitue un chemin solide, que l'on établit à toute hauteur, et qui permet de décharger et de manœuvrer les matériaux avec plus de sécurité qu'avec la sapine simple.

Cette sapine, qui est une modification des trucs de chemins de fer, est employée aujourd'hui dans toutes les constructions de quelque importance ; c'est au moyen d'une sapine analogue que l'on a soulevé la fontaine du Palmier, place du Châtelet.

Pour la construction des ponts de quelque importance, la sapine est remplacée avec avantage par une espèce de *chemin de fer truc* supporté par les cintres du pont et allant d'une culée à l'autre. Sur ce chemin de fer se meut un chariot à treuil en fonte, à l'aide duquel on élève, transporte et descend les matériaux.

Les treuils dont on fait le plus fréquemment usage aujourd'hui pour les sapines sont manœuvrés au moyen de deux leviers en fer de $1^m,70$ de longueur. La partie du treuil sur laquelle s'enroule la chaîne a environ $0^m,88$ de longueur et $0^m,22$ de diamètre ; elle est en bois, et traversée par un arbre en fer portant les tourillons, ou mieux, elle est en fonte. A chacune des extrémités de cet arbre sont solidement fixées deux roues à rochet, et articulé librement l'un des leviers en fer. Un cliquet pénètre entre les dents d'un des rochets, de manière à permettre le mouvement du treuil dans un sens, et à le rendre impossible dans l'autre ; un second cliquet, articulé sur le levier même, court sur le second rochet quand on lève le levier, et il l'entraîne ainsi que l'arbre du treuil quand on abaisse le levier. L'on conçoit alors qu'à chaque oscillation du levier, on fait tourner le treuil et par suite monter la charge d'une certaine quantité. Si la charge est considérable, les deux leviers montent et s'abaissent ensemble ; dans le cas contraire, un levier monte pendant que l'autre s'abaisse, et la vitesse de l'appareil est doublée. Chaque levier est ordinairement manœuvré par deux hommes, qui le font osciller d'une certaine quantité au-dessus et au-dessous de la position horizontale. Comme les articulations des leviers, c'est-à-dire l'axe du treuil, sont à $0^m,60$ environ au-dessus du sol, il en résulte que les hommes les font baisser en s'aidant du poids de leur corps, et produisent un grand effort, auquel s'ajoute encore le poids des leviers.

On peut augmenter la puissance de cet appareil, en montant aux extrémités de l'arbre du treuil des roues d'engrenage commandées par des pignons disposés sur un second arbre parallèle au premier ; c'est sur ce second arbre que sont fixés les rochets et articulés les leviers.

Il est bon de faire le support du treuil en fer : la fonte craignant les chocs, et le bois étant encombrant au pied de la sapine.

Sur les grands chantiers, on a quelquefois, pour accélérer le montage des petits matériaux, substitué au treuil des sapines une simple poulie de renvoi sous laquelle passe le câble, à l'extrémité duquel on attelle un ou deux chevaux.

109. **Cric.** — Cet instrument est un de ceux qui rendent le plus de services sur les chantiers de construction, où il sert à soulever les objets d'un grand poids ; les tailleurs de pierre surtout en font un usage continuel pour manœuvrer les pierres et les mettre dans les positions qui peuvent faciliter leur travail.

Il y a plusieurs espèces de crics ; mais on distingue particulièrement le *cric simple* et le *cric composé*, comme le plus généralement employés. Ils ont tous deux à peu près le même aspect, et sont formés d'un fort madrier en bois dur, dit *chape du cric*, de $0^m,70$ à $1^m,20$ de longueur, sur $0^m,20$ à $0^m,30$ de largeur, et $0^m,10$ à $0^m,15$ d'épaisseur, tout bardé de fer, d'où il sort, par une de ses extrémités et dans le sens de son axe, une crémaillère en fer qui glisse dans une rainure intérieure, *fig.* 16. A la partie inférieure, le corps de la crémaillère se recourbe pour sortir latéralement à la chape, du côté opposé à la manivelle. Cette partie recourbée, qui peut des-

Fig. 16.

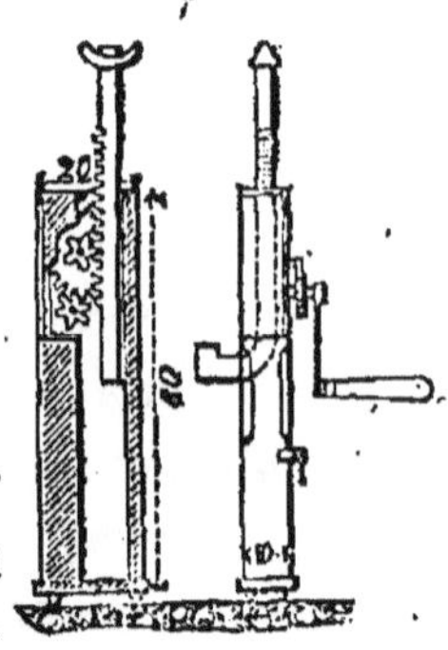

cendre à environ $0^m,10$ du sol, sert à soulever les objets qui n'offrent des points de prise que très-bas. A la partie supérieure, la crémaillère est armée d'un croissant en fer, dont les pointes, en pénétrant légèrement dans les pièces que l'on soulève, les empêchent de glisser.

La crémaillère est mise en mouvement par une manivelle dont l'arbre traverse la chape à peu près aux 2/3 de sa hauteur.

Quand le pignon qui commande la crémaillère est monté directement sur l'arbre de la manivelle, le cric est dit *simple;* il est dit *composé*, lorsque le mouvement de la manivelle ne se transmet à la crémaillère que par l'intermédiaire de plusieurs pignons et d'une ou plusieurs roues d'engrenage, le tout enfermé dans le corps de la chape; cette dernière disposition permet de soulever des charges beaucoup plus grandes.

Le dessous du cric est armé de deux pointes en fer, qui, en pénétrant dans le sol ou dans tout autre corps pris pour point d'appui, s'opposent au glissement, souvent cause de graves accidents. On a toujours soin de garnir l'arbre de la manivelle, au contact de la face extérieure de la chape, d'un rochet dans les dents duquel entre l'extrémité d'un cliquet poussé par un ressort. Cette disposition permet de lâcher la manivelle quand on veut se reposer ou vérifier l'état de la pièce soulevée, sans que la charge retombe avec fracas. Si l'on voulait descendre le fardeau d'une certaine quantité, il suffirait de lever le cliquet en agissant sur la manivelle, et de laisser tourner lentement celle-ci en sens contraire.

La crémaillère est quelquefois remplacée par une vis commandée par un pignon à dents hélicoïdales.

Pour soulever un fardeau, on repose le pied du cric sur le sol ou sur un autre point d'appui résistant; on place la tête de la crémaillère ou son crochet inférieur sous l'objet à soulever, en ayant soin d'interposer une cale de $0^m,04$ ou $0^m,05$ quand la surface, devant rester nette, est sujette à se détériorer, et tournant la manivelle, le fardeau se soulève.

Pour calculer l'effort que l'on peut produire avec cette machine, on se base sur ce que, abstraction faite de tous les frottements, pour le cric simple, la puissance est à la résistance comme le rayon du pignon est à celui de la manivelle, et sur ce que, pour le cric composé, la puissance est à la résistance comme le produit des rayons des pignons est à celui des rayons des roues et de la manivelle. Ainsi, la puissance agissant sur la manivelle d'un cric composé étant 30 kilogrammes, le rayon de cette manivelle $0^m,20$, celui de la roue $0^m,12$, et ceux des pignons $0^m,03$ pour celui qui s'engrène avec la crémaillère, et $0^m,04$ pour celui qui est monté sur l'axe de la manivelle, on a, R étant la résistance,

$$30 : R :: 3 \times 4 : 20 \times 12,\ \text{d'où } R = \frac{30 \times 20 \times 12}{3 \times 4} = 600 \text{ kilogrammes.}$$

Les frottements pourraient diminuer de 1/3 cette valeur de R.

110. **Instruments de transport.** — Les matériaux employés dans les ouvrages de maçonnerie se transportent en waggons sur chemins de fer, ou à l'aide de charrettes, de tombereaux, de binards, etc., traînés par des chevaux, quand la distance est grande; sur les chantiers, pour le transport des matériaux d'un endroit à l'autre, à de petites distances, on fait usage d'autres outils manœuvrés par des hommes : c'est sur ces derniers instruments qu'il est nécessaire de donner quelques détails dans ce traité.

111. **Brouette.** — Cette machine, imaginée par Pascal, est le plus généralement employée pour le transport des déblais et des matériaux sur les chantiers de construction, où on la désigne sous différents noms, selon sa forme et le travail qu'elle sert à effectuer.

Fig. 17.

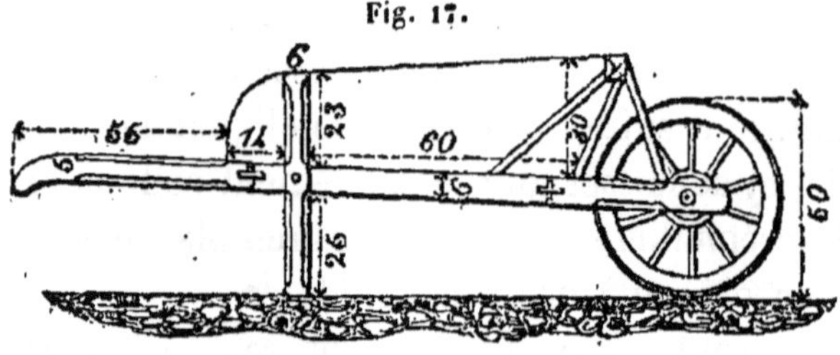

La *brouette ordinaire à coffre*, *fig.* 17, est employée de préférence pour transporter les terres, les sables, le mortier, et en général toutes les matières menues; sa contenance varie de 1/20 à 1/30 de mètre cube, mais elle est le plus ordinairement 1/25 de mètre cube sur les ateliers de maçonnerie; souvent les matières y sont maintenues par une petite planche de $0^m,10$ à $0^m,15$ de hauteur placée sur le devant. Une brouette vide pèse de 22 à 25 kilogrammes, et, avec elle, un homme transporte moyennement une charge de 90 à 100 kilogrammes. Elle coûte de 10 à 15 francs. On consolide le plus souvent les pieds de la brouette à l'aide de petites jambes de force, qui les relient aux brancards. Aujourd'hui, pour les terrassements principalement, on substitue souvent à la brouette précédente, dite *française*, la *brouette anglaise*, dont la caisse est plus évasée de l'avant à l'arrière et du fond aux bords supérieurs, ce qui facilite son déchargement, et dont les brancards, au lieu d'être parallèles ou légèrement inclinés, sont espacés intérieurement de $0^m,56$ aux poignées et de $0^m,21$ à l'axe de la roue, ce qui diminue le balancement des bras de l'ouvrier pendant la marche. Cette brouette cube de 1/15 à 1/20 de mètre; elle pèse de 20 à 25 kilogrammes, et elle coûte de 12 à 16 francs.

La *brouette à barres* est particulièrement employée au transport des moellons, meulières, etc. La forme du brancard est la même que pour la brouette à coffre, mais il n'y a pas de caisse ; un fond et un dossier à claire-voie en bois servent simplement à supporter et à soutenir les moellons, qui sont alors plus faciles à décharger, soit à la main, soit en les versant, que si l'on faisait usage de la brouette à coffre.

Les *brouettes de mesure* sont employées pour faire le dosage des matières qui doivent entrer dans la composition du mortier ou du béton (63); elles sont fermées entièrement sur les quatre côtés, et leur contenance varie de 50 à 80 litres. Celles qui servent à doser les petites pierres à béton ont même forme et même capacité que les autres; mais leur fond est percé de trous quand il est en planches, et on le forme souvent d'un simple grillage en tringles de fer, afin de faciliter l'écoulement de l'eau que l'on jette sur les cailloux pour les laver.

La *brouette normande*, qui sert principalement au transport des lourds fardeaux, n'est autre chose qu'une brouette à barres, de grande dimension, reposant sur deux pieds et deux ou trois roues ; ses bras ont 2 à 3 mètres de longueur, et un homme, en passant sur ses épaules une bricole croisée, dont les bouts sont fixés à ces bras, peut transporter avec cette brouette une charge environ quatre fois plus grande qu'avec la brouette ordinaire ; de plus, la grande longueur des bras permet à plusieurs hommes d'agir simultanément, d'une manière assez commode, quand la charge le réclame. Cette brouette est très-peu employée sur les chantiers de construction.

112. Construction des brouettes. — Les meilleurs bois pour la construction des brouettes sont le saule rouge, l'orme et le bois blanc ; ils offrent une solidité suffisante; leurs fibres chanvreuses résistent bien aux chocs des matériaux, et leur légèreté permet aux rouleurs de transporter un poids utile plus considérable, sans augmenter leur fatigue.

Pour empêcher les tourillons de la roue d'user promptement

les trous faits dans les bras pour les recevoir, on encastre à queue d'aronde dans chaque bras, à l'endroit de ces trous, un morceau de frêne imprégné d'huile bouillie, ayant moitié de l'épaisseur du bras, et dont les fibres sont verticales. La face intérieure des bras, opposée au morceau de frêne, est garnie d'une plaque de tôle pour résister au frottement du moyeu de la roue.

113. Comme un ouvrier ne peut parcourir qu'un certain espace avec une brouette chargée sans se reposer, quand on a une grande quantité de matières à transporter à une certaine distance, on divise cette distance en plusieurs relais desservis chacun par un ouvrier différent : ainsi, un premier ouvrier conduit au bout du premier relais la brouette que viennent de remplir des hommes chargés de ce travail; là, il la donne à un deuxième rouleur, et il ramène aux chargeurs la brouette vide que ce deuxième rouleur a laissée pour conduire la brouette chargée à l'homme qui parcourt le troisième relais, et ainsi de suite. La distance de 30 mètres est celle que l'on adopte le plus généralement pour un relais dans les grands travaux de terrassement, ce qui fait 60 mètres pour l'allée et la venue.

114. **Civière** ou **bard.** — Quand on a à gravir des rampes trop rapides pour pouvoir rouler les matériaux à la brouette, on se sert d'une civière formée de deux petits brancards réunis en leur milieu, sur une certaine longueur, par des petites planches non jointives sur lesquelles on place les matériaux. Deux hommes la portent assez facilement, et, selon la charge, on peut en adjoindre quatre autres qui se placent à côté des premiers, en dehors du bard. Ce mode de transport est employé avec assez d'avantage sur les grands ateliers pour transporter les moellons piqués ou les pierres de taille qui ne sont pas d'un grand poids; on en fait aussi communément usage pour décharger les bateaux de meulières ou de moellons qui sont livrés sur les ports de Paris.

115. **Camion, tombereau, waggon, waggonnet.** — Le camion est une espèce de petit tombereau léger à deux roues, auquel s'attellent deux hommes pour transporter les matériaux sur un même chantier, ou d'un chantier à l'autre. La capacité de la caisse est de 1/3 de mètre cube.

Le camion est employé fréquemment pour les corvées et les petites réparations; le compagnon et le garçon le prennent pour conduire leurs outils, équipages, etc., et pour aller chercher tous les matins les matériaux dont ils auront besoin dans le courant de la journée. La manœuvre du camion établit, en quelque sorte, la distinction entre le compagnon et son garçon ; l'habitude est que ce dernier s'attolle toujours à la flèche pour tirer, pendant que le compagnon pousse derrière.

Camion à flèche du département de la Seine.

Diamètre des roues	$1^m,25$
Distance des roues à l'intérieur des jantes	1 ,05
Caisse à l'intérieur : longueur, $1^m,30$; largeur, $0^m,75$; profondeur, $0^m,37$. Chargement	0 ,35
Longueur de la flèche, depuis le devant de la caisse	1 ,32
Distance de l'attelle au-devant de la caisse	1 ,09
Hauteur du-dessous de la flèche, supposée horizontale, au-dessus du sol	0 ,64
Longueur de l'attelle	0 ,99
Poids du camion	310k,00
Prix moyen	150f,00

Des crochets fixés contre le châssis et contre la flèche servent à fixer des bricoles que les traîneurs se passent en écharpe pour faciliter la traction ; l'attelle sert à guider le camion. Dans les camions ordinaires, la flèche est remplacée par deux brancards qui se trouvent à environ $0^m,95$ au-dessus du sol ; c'est en augmentant le diamètre des roues qu'on obtient cet exhaussement des brancards.

Sur les grands ateliers, dès que la distance à laquelle on a à transporter les matériaux varie de 60 à 90 mètres, il y a avantage à se servir du camion.

En général, on admet que le mode de transport le plus avantageux en plaine, jusqu'à la distance de 60 mètres, est la brouette, puis la civière, la hotte et le panier ; que, de 60 à 150 mètres, c'est le camion ; de 150 à 500 mètres, le tombereau à un cheval ; de 500 à 3 500 mètres, le tombereau à deux chevaux, et au delà la voiture à trois chevaux. Pour des volumes considérables de déblais, on fait le plus habituellement usage de la brouette pour les distances de transport de moins de 100 mètres ; du tombereau, pour celles de 100 à 500 mètres ; de waggons traînés par des chevaux, pour celles de 500 à 2 000 mètres, et de waggons remorqués par des locomotives pour des distances de 2 000 mètres et au-dessus.

Dans le percement des tunnels, on fait usage pour mener les déblais aux puits d'extraction de petits waggonnets cubant $0^m,25$;

ils roulent sur des petits chemins formés de deux bandes de fer posées à plat sur longrines ; ces bandes sont espacées intérieurement de 0m,50.

116. Oiseau. — Pour transporter le mortier et principalement pour le monter à l'aide d'échelles, on se sert d'un assemblage, appelé *oiseau* ou *volée*, formé de deux planches disposées à angle droit, et maintenues dans cette position par quatre barres de bois, comme l'indique la figure 18. Deux de ces barres font saillie de 0m,40 à 0m,50 environ sur le sommet de l'angle droit ; ces saillies sont taillées pour envelopper le cou de l'ouvrier, qui les met à califourchon sur ses épaules, et les bouts sont arrondis en poignées, que l'ouvrier tient dans ses mains quand il porte l'oiseau.

Fig. 18.

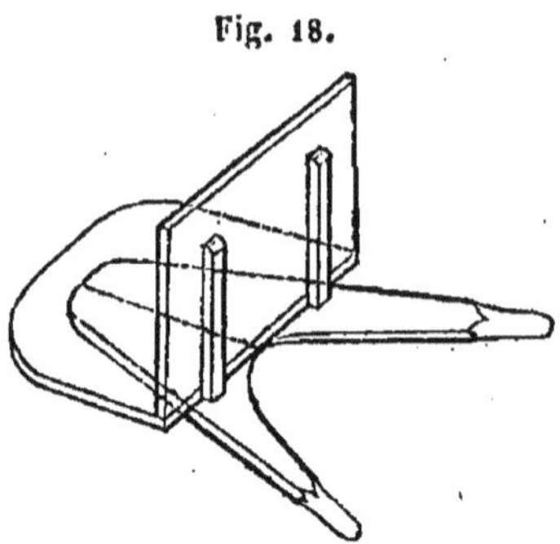

Pour remplir l'oiseau, le garçon le pose à une hauteur un peu inférieure à ses épaules, sur un chevalet destiné à cet usage.

117. Coulotte. — Pour les travaux exécutés en contre-bas du sol, les garçons amènent le mortier au bord de la fouille à l'aide de brouettes qu'ils versent dans des trémies formées de deux planches clouées l'une sur l'autre à angle droit ; ces espèces d'auges, appelées *coulottes*, arrivent jusqu'au bas de la fouille, où elles amènent le mortier dans des baquets ou des auges placés à proximité des maçons.

118. Rouleaux ou roules. — On nomme ainsi les petites pièces de bois à section circulaire que l'on place sous les pierres pour en faciliter le déplacement ou le transport à de petites distances, et aussi pour les monter à une certaine hauteur ou les descendre, en établissant avec des plats-bords un plan incliné sur lequel on les fait avancer en les poussant avec l'épaule et en les tirant à bras avec des cordes qui peuvent, au besoin, s'enrouler sur un treuil. Lorsqu'il s'agit de la descente, on modère le mouvement avec un treuil, ou simplement à l'aide d'une corde qui passe sur un pieu de retenue et qu'un ouvrier laisse couler doucement.

Afin que l'on puisse facilement changer la direction du mouvement, le diamètre des rouleaux diminue légèrement depuis le milieu jusqu'aux extrémités ; cette précaution fait que la pierre portant vers son milieu, ses arêtes sont moins sujettes à s'écorner ; c'est même pour éviter cet inconvénient que, très-souvent, on ne repose les pierres sur les roules que par l'intermédiaire d'un madrier qui avance avec ces pierres.

Les dimensions des rouleaux varient selon la grosseur des pierres à manœuvrer; mais le plus souvent ils ont de $0^m,06$ à $0^m,07$ de diamètre, et de $0^m,60$ à $0^m,70$ de longueur.

En général, pour transporter les pierres, on établit un chemin en planches ou en plats-bords; sans cette précaution, les inégalités du sol, en calant à chaque instant les rouleaux, rendraient la manœuvre très-difficile. Ces plats-bords sont surtout indispensables quand on fait avancer les pierres sur un mur en construction; car alors, tout en facilitant le mouvement, ils empêchent l'ébranlement des pierres fraîchement posées.

119. **Chariot, diable et binard.** — 1° Le *chariot* est une voiture très-basse, à deux roues, que l'on emploie sur les chantiers pour conduire les pierres de taille. Elle est composée d'une grande pièce de bois formant flèche ou limon, à laquelle deux autres pièces de bois parallèles sont reliées par des barres qui les traversent toutes les trois; d'un plancher en madriers qui repose sur ces trois pièces et dont le plan s'élève au-dessus des roues, afin que les pierres ne les touchent pas pendant le chargement ni pendant le roulement, et d'un essieu garni de ses roues. La flèche ne porte pas sur l'essieu, afin de ne pas le charger vers son milieu; des fourrures en bois de champ, placées sous les pièces parallèles, font reposer tout le système sur l'essieu. Pour éviter plus sûrement que la flèche porte sur l'essieu, par suite de flexion des planches sous de fortes charges, on la relie aux pièces parallèles par des armatures en fer placées aux extrémités du plancher.

Le transport des pierres au chariot réclame beaucoup de soins de la part des ouvriers, pour éviter de les écorner, surtout pendant le chargement et le déchargement. Pour faire la première de ces opérations, on soulève la flèche de manière que le derrière du chariot touche à terre au pied de la pierre que l'on a dressée sur une de ses faces; alors on cale les roues, et on renverse la pierre sur le plancher, en ayant soin de placer des torches de paille ou des paillassons tressés sous les faces qui portent, afin de garantir les arêtes; puis, abaissant la flèche en maintenant la pierre sur le plancher, elle se trouve ainsi chargée sur le derrière du chariot, et on la fait avancer jusqu'au point qu'elle doit occuper sur le plancher, en frappant avec secousse et à plusieurs reprises le limon par terre. On conduit alors la pierre au lieu où elle doit être employée, et on procède à son déchargement : pour cela, on place d'abord à terre des torches pour la recevoir, ainsi qu'une petite pierre que l'on dispose de manière qu'elle se trouve sous le milieu de la face qui doit reposer, afin de se réserver des prises pour manier le bloc ; puis, après avoir calé les roues, on lâche doucement la flèche jusqu'à ce que le derrière du chariot porte à terre; alors on fait descendre la pierre, on décale les roues, et avec des pinces ou des leviers on les fait avancer de manière à dégager le chariot de dessous la pierre, que l'on fait tomber sur les paillassons et la petite pierre dont il vient d'être question.

Il arrive souvent que l'on prend directemeut les pierres sur le chariot, avec la chèvre ou tout autre appareil qui les monte immédiatement ; de cette manière, on évite un second remaniement qui est quelquefois très-dispendieux.

Le chariot s'emploie ordinairement pour le transport des pierres de gros volume; il est traîné par six hommes avec le *pinceur* (2), et souvent encore un cheval est attelé en avant de la flèche.

2° Le *diable* est un chariot de petite dimension, que l'on emploie principalement pour le transport des petits morceaux de pierre ; il est ordinairement traîné par deux à quatre hommes avec le pinceur.

3° Le *binard* est un chariot bas à quatre roues, muni d'un brancard ; il sert au transport des pierres d'un fort volume, et il est traîné par un à trois et parfois jusqu'à cinq chevaux.

Pour charger le binard, on prend les mêmes précautions que pour le chariot; mais, au lieu de basculer le plancher, on place sur le derrière deux forts plats-bords dont une extrémité repose sur le sol, ce qui forme un chemin incliné sur lequel les pierres se roulent assez facilement.

Depuis quelque temps on fait usage d'un binard dont le plancher est garni d'un système de rails ou d'un système de rouleaux, sur lequel repose un second plancher retenu par une chaîne qui s'enroule sur un treuil placé à l'avant du binard. Les pierres sont chargées sur le second plancher, et quand on arrive sur l'atelier, on n'a qu'à incliner le binard et à lâcher le treuil, pour que ce plancher descende sur le sol, où il est très-facile de le décharger. Avec des chariots à deux roues d'un très-grand diamètre, on fait encore usage d'un plancher indépendant, mais que l'on suspend en dessous de l'essieu pour le transport ; le chargement et le déchargement sont ainsi rendus aussi faciles que possible, puisqu'ils se font quand le plancher repose sur le sol, et qu'on en a éloigné le chariot.

120. **Transport de l'eau.** — Aux appareils de transport dont il vient d'être question, il faut joindre les seaux dont on fait usage pour transporter l'eau employée sur les chantiers de construction. Ils sont ordinairement en bois très-fort et cerclés en fer ; leur contenance est habituellement de 20 à 22 litres.

Quand on puise l'eau à de trop grandes distances des chantiers pour qu'il soit possible de la transporter économiquement avec des seaux, on fait usage d'un petit tonneau de 130 à 150 litres de capacité placé sur un brancard à deux roues, qui peut facilement être traîné par deux hommes. Pour les grands ateliers, où la consommation d'eau est considérable, on emploie des tonneaux d'une plus grande contenance, équipés de la même manière et traînés par des chevaux.

Quand le travail a une certaine importance, il peut y avoir avantage à établir un puits auquel on adapte une pompe, ou à prendre une concession momentanée, si l'on se trouve dans une ville où il existe une distribution d'eau.

OUTILS PROPREMENT DITS.

121. Les instruments dont se servent les ouvriers pour l'exécution des ouvrages de maçonnerie peuvent se diviser en deux classes : 1° ceux qui composent leur outillage ordinaire et dont ils se servent journellement ; 2° ceux qui ne sont employés qu'accidentellement, pour l'exécution de travaux spéciaux. Comme nous aurons occasion de parler de ces derniers lorsqu'il sera question des ouvrages qui réclament leur emploi, nous ne nous occuperons tout d'abord que des premiers.

122. **Outils employés pour tailler la pierre.** — La forme de ces outils varie suivant la nature et la dureté de la pierre. Les calcaires durs (19) se taillent avec le *têtu*, le *ciseau*, la *gradine*, la *pioche*, le *poinçon*, le *marteau bretté* ou *laye*, la *boucharde* et la *ripe ;* pour les pierres calcaires tendres (20), on fait usage du *ciseau,* de la *pioche à pierre tendre*, du *marteau* dit *rustique* et du *marteau tranchant;* mais le plus souvent cette dernière taille se fait sans ciseau.

Le *têtu*, *fig.* 19, est un lourd marteau en fer aciéré, qui porte une tête carrée d'un côté et une pointe de l'autre. Les ouvriers s'en servent pour dégrossir les pierres quand elles sont très-irrégulières et qu'il y a beaucoup d'abatage; dans ce travail, ils doivent apporter une grande attention pour bien diriger leurs coups, afin de ne pas abattre plus de pierre qu'il ne faut. Le têtu est ordinairement fourni par l'entrepreneur.

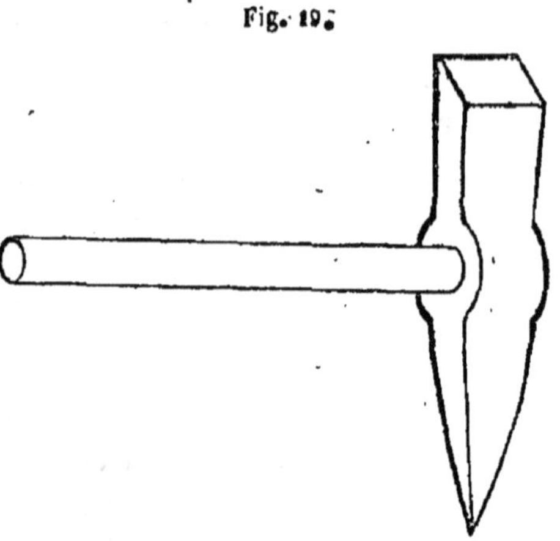
Fig. 19.

Les *ciseaux*, *fig*. 20, sont des morceaux d'acier ou de fer aciéré à l'extrémité, de forme cylindrique ou prismatique, dont le diamètre varie de 0m,01 à 0m,02 et la longueur de 0m,15 à 0m,20, et qui sont aplatis à une extrémité, de manière à former un tranchant, que l'ouvrier a soin d'affûter au fur et à mesure qu'il s'arrondit, et de faire rebattre à chaud quand il est usé.

Fig. 20.

Les *gradines* sont des ciseaux dont le tranchant est dentelé; on les emploie pour tailler les pierres très-dures; pour les pierres tendres, les ciseaux à tranche large lui sont préférables.

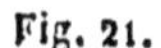

Les *poinçons* sont des espèces des ciseaux ronds ou carrés, dont le tranchant est remplacé par une simple pointe; ils servent ordinairement pour faire les refouillements et les percements de trous.

Pour se servir des ciseaux, gradines et poinçons, avec la main gauche on les serre en appliquant leur tranchant ou leur pointe sur la pierre, et de la main droite on frappe sur leur tête avec un maillet en bois de charme ou de buis, dont la forme varie suivant les localités, ou avec une massette en fer, de la forme d'un parallélipipède, et percée d'un trou qui reçoit un manche en bois.

Fig. 21.

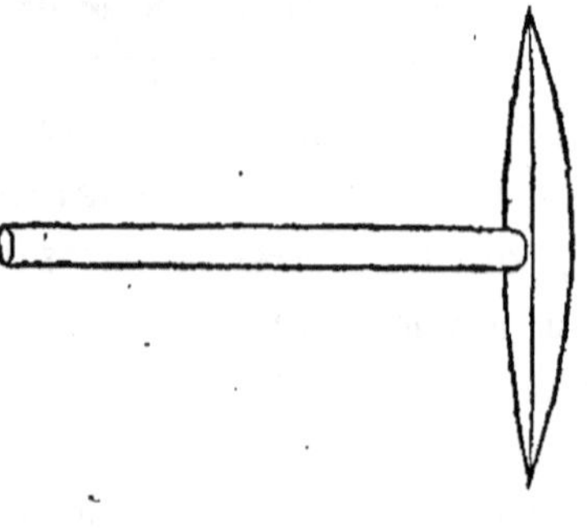

La *pioche à pierre dure*, *fig*. 21, est un marteau en fer terminé par des pointes aciérées à quatre pans. Pour les pierres très-dures, ces pointes ne doivent pas être trop fines, car elles se briseraient trop facilement.

La *pioche à pierre tendre* a à peu près la même forme que la précédente; seulement l'une des pointes est remplacée par un tranchant de $0^m,03$ ou $0^m,04$ de largeur, et l'autre par une *herminette* de même largeur. On donne le nom d'*herminette* à une espèce de hachette recourbée, à tranchant perpendiculaire au manche, et qui sert le plus habituellement à planer et doler le bois.

Marteau bretté ou *laye*. — On nomme ainsi un marteau dont les extrémités, aplaties dans le sens parallèle au manche, forment des tranchants qui sont découpés en dents ; cette disposition facilite beaucoup le dressage des parements de la pierre. Pour les pierres tendres, le marteau n'est ordinairement bretté que d'un côté, l'autre tranchant reste uni, comme l'indique la figure 22.

Fig. 22.

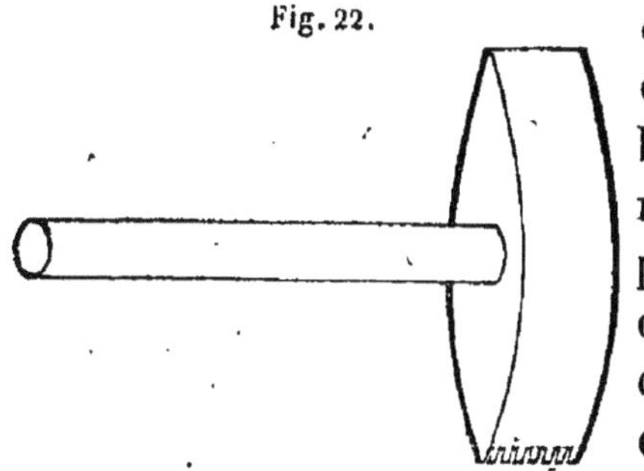

Le marteau bretté est l'outil au moyen duquel on finit de dresser les parements des pierres; aussi faut-il une certaine habitude à s'en servir pour faire convenablement ce travail. Une pierre dressée au marteau bretté est dite *layée*.

Le *rustique* a absolument la même forme que le marteau bretté; seulement les intervalles des dents sont beaucoup plus grands, ils ont ordinairement $0^m,005$ ou $0^m,006$.

En général, le choix de la pioche et du marteau consiste, de la part de l'ouvrier, à bien les prendre à sa main, à vérifier s'il n'y a pas de paille dans l'acier formant les pointes et les tranchants, et si les côtés de l'œil sont assez épais pour avoir une résistance convenable; il arrive souvent que, faute de remplir cette dernière condition, l'outil se casse dans l'œil quand on le fait recharger d'acier.

Fig. 23.

La *ripe*, *fig*. 23, est une tige en fer dont les extrémités sont courbées en sens opposé et portent des tranchants en acier, dont l'un est denté et l'autre uni. L'ouvrier, prenant cet outil à la main, passe d'abord le côté denté sur les parements des pierres pour en effacer les inégalités laissées par le marteau bretté, puis il termine la taille avec le tranchant uni. Une surface est ordinairement terminée quand elle a été passée à la ripe.

La *boucharde* est un marteau dont les têtes sont carrées et taillées en pointes de diamant, comme l'indique la figure 24, qui représente dans sa moitié des pointes déjà usées.

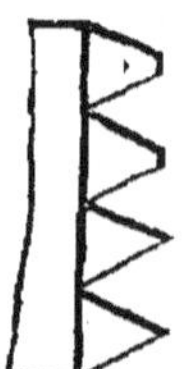

Fig. 24.

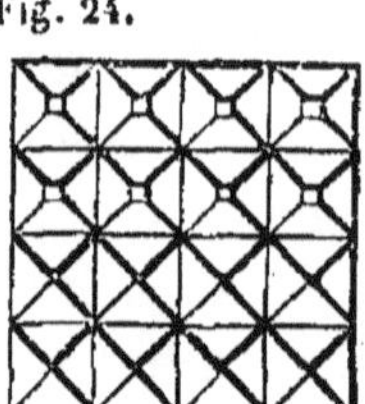

Cet outil est ordinairement fourni par l'entrepreneur. Pour s'en servir, l'ouvrier frappe du plat de ses têtes les parements dégrossis à la pioche, de manière à en détacher les aspérités.

Sur différents travaux hydrauliques, les parements des pierres sont entièrement terminés au moyen de la boucharde fine, avec laquelle on les frappe entre quatre ciselures parfaitement régulières qui forment les arêtes des pierres. A Paris, les parements des pierres sont layés, c'est-à-dire dressés au marteau brètté, puis passés à la ripe. Plusieurs constructeurs préfèrent ce dernier mode de travail, en objectant que la boucharde meurtrit la surface des parements, et en facilite l'éclat à la gelée. Nous nous sommes souvent rendu compte de la valeur de cette objection, et nous avons remarqué que les parements bouchardés ne s'écaillaient à la gelée que quand les pierres n'étaient pas d'une grande dureté; mais que, pour les pierres très-dures, la boucharde n'était pas plus nuisible que le marteau.

On se sert aussi de la boucharde pour dégrossir les parements, dont on enlève ensuite les aspérités au moyen du marteau bretté, après lequel on passe le côté denté de la ripe, puis le côté uni pour terminer la taille.

Aux outils dont il vient d'être question, il faut ajouter, pour compléter l'outillage ordinaire du tailleur de pierre, cinq ou six ciseaux, une équerre en fer, un compas, deux règles plates, de $0^m,01$ d'épaisseur sur $1^m,50$ à 2 mètres de longueur, et une brosse. Le tout se place ordinairement dans une boîte en tôle ou en cuir, dont le fond est en bois, et que les ouvriers nomment *botte*.

Les tailleurs de pierre qui travaillent ordinairement aux ravalements sont en outre munis d'une série complémentaire de petits outils, tels que guillaumes, petits ciseaux, ripes, etc., dont les formes varient suivant les moulures à ravaler.

123. Instruments composant l'outillage ordinaire du compagnon maçon.

Auge. — C'est le nom que l'on donne à l'espèce de coffre à base

Fig. 25.

rectangulaire et à parois latérales évasées, *fig.* 25, dans lequel le maçon place son mortier ou gâche son plâtre au moment de l'employer. La longueur intérieure de l'auge est ordinairement de 0m,75 au bord supérieur et 0m,50 au fond; sa largeur, de 0m,50 en haut et 0m,30 au fond, et sa profondeur varie de 0m,22 à 0m,26.

Pour le plâtre, les auges se font en chêne, et on les rabote bien à l'intérieur, afin que le plâtre y adhère moins. A part les assemblages qui relient entre elles les parois d'une auge, on s'oppose encore à leur disjonction par de petites équerres, en zinc épais ou en fer, fixées sur les arêtes. Les auges employées pour mettre le mortier sont ordinairement en sapin.

Le compagnon maçon qui travaille le plâtre doit toujours être muni de deux auges; l'une est près de lui, et il en emploie le contenu pendant que le garçon est en train de remplir l'autre au gâchoir.

Truelle à mortier. — Cette truelle, qui est ordinairement en fer, varie de forme suivant les localités; celle dont les maçons limousins se servent le plus habituellement a la forme indiquée *fig.* 26; on la désigne sous le nom de *guerluchone.* L'espèce de pointe arrondie que forme son extrémité est très-commode pour faire pénétrer le mortier dans les joints.

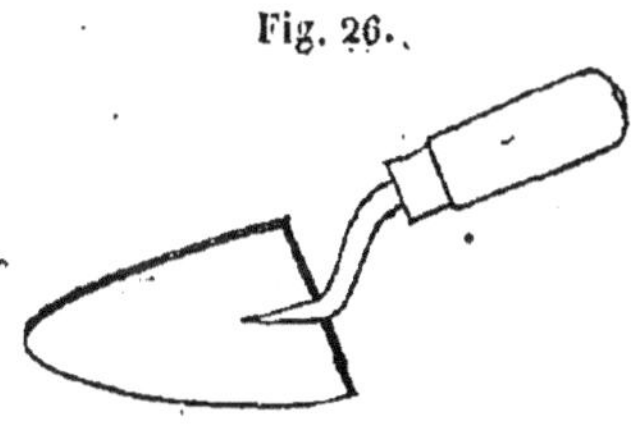
Fig. 26.

Depuis quelques années, beaucoup de maçons remplacent la guerluchone par une truelle en fer dont la forme se rapproche de celle de la truelle à plâtre; sa lame a environ 0m,18 de longueur, 0m,06 de largeur à son extrémité, et 0m,08 ou 0m,09 près du manche. Cette forme de truelle paraît plus commode que la première pour prendre le mortier; et, en outre, elle est plus avantageuse pour faire les enduits, que l'on dresse beaucoup plus facilement. Pour faire les rejointoyements, on se sert d'une petite truelle nommée *spatule*, dont la lame, qui a environ 0m,12 de longueur et 0m,03 ou 0m,04 de largeur, se termine en pointe arrondie comme la guerluchone. Cette spatule sert aussi au maçon qui fait des enduits en mortier de chaux ou de ciment, pour enlever le mortier qui s'attache après sa truelle.

Truelle à plâtre. — Elle est ordinairement en cuivre jaune; le fer, s'oxydant très-vite par son contact avec le plâtre qui s'y attache fortement en lui faisant perdre son poli, ne permettrait pas au maçon de lisser ses enduits avec facilité, ni de nettoyer continuellement sa truelle en la passant simplement entre ses doigts, avantages que possède le cuivre.

Fg. 27.

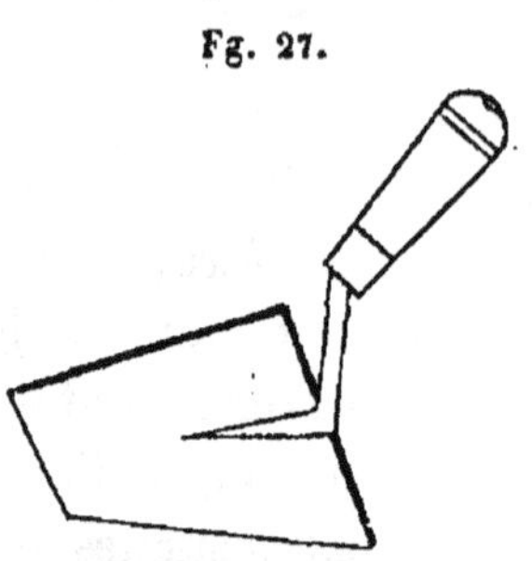

La figure 27 indique la forme de la truelle à plâtre. Les maçons doivent éviter d'ébrécher les côtés de cet outil en en frappant des corps durs ; car les petites aspérités qui en résulteraient pourraient leur écorcher les doigts pendant le nettoyage, et rayer les enduits au lieu de les lisser, dernier inconvénient qui serait surtout sensible quand les enduits ne doivent pas être passés à la truelle brettée, comme, par exemple, ceux en plâtre au panier (75). Les angles de la truelle doivent aussi toujours être bien nets, afin que le maçon puisse enlever facilement le plâtre des angles de l'auge.

Pour nettoyer et polir la truelle en cuivre, le garçon la frotte avec un morceau de charbon mouillé, qu'il a choisi bien brûlé, ou avec un morceau de bois de sapin sous lequel il écrase des petits morceaux de charbon tendre, qu'il trouve dans le plâtre et qui proviennent de sa cuisson. Il doit éviter de la frotter avec du grès ou autre matière de ce genre ; car, au lieu de la polir, il la rayerait tellement que le plâtre ne pourrait plus s'en détacher. Un garçon doit polir la truelle de son compagnon aussitôt qu'il s'aperçoit que le plâtre s'en détache difficilement. Quant au choix de la truelle en cuivre, lorsque le maçon en fait l'acquisition, il consiste à la prendre bien à sa main ; celles dont le manche est un peu ouvert sont les plus commodes ; il faut aussi observer si le cuivre est bien jaune, s'il n'y a pas de défaut dans la lame ni dans le manche. La grandeur de la truelle est indiquée par l'un des numéros 5, 6, 7 ou 8, qui se trouve sur la lame, suivant que celle-ci a respectivement $0^m,170$, $0^m,178$, $0^m,185$ ou $0^m,19$ de longueur, et à peu près autant de largeur près du manche : la truelle n° 7 est celle qui est employée le plus fréquemment ; mais l'habitude et la force de l'ouvrier le guident quant à la grandeur qu'il doit prendre.

La *truelle des plafonneurs* (6) est généralement en acier très-mince, et elle est plus allongée que la truelle en cuivre. La longueur de la lame est moyennement de $0^m,22$ à $0^m,25$, et la largeur de $0^m,12$ à $0^m,15$ près du manche et de $0^m,07$ à $0^m,09$ à son extrémité, qui est parfois arrondie comme pour la guerluchone. Cet outil réclame le même soin d'entretien que la truelle en cuivre; il doit être tenu dans un état parfait de propreté, et ses arêtes doivent être nettes et sans dents, afin qu'elles ne fassent pas de rayures quand on lisse le plâtre.

Fig. 28.

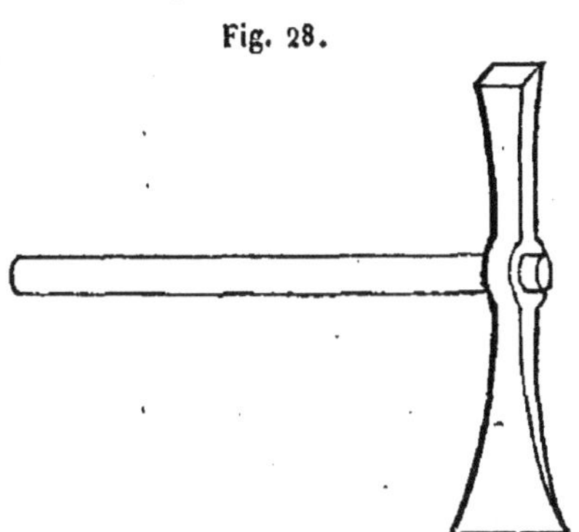

Hachette. — On nomme ainsi un marteau à tête carrée d'un côté et à tranchant de l'autre, *fig.* 28. La tête sert à frapper sur les moellons pour les diriger et les tasser sur le lit de mortier, et le tranchant s'emploie pour les fendre et les équarrir lorsqu'ils n'ont pas des dimensions et des formes convenables pour remplir l'espace qu'ils doivent occuper dans la maçonnerie. Le tranchant sert aussi à *smiller* ou *piquer* les parements, à *ébousiner* les lits pour les rendre horizontaux, et à hacher et à démolir les vieux plâtres et mortiers.

Le maçon à plâtre doit aussi être muni d'une *petite hachette*, de même forme, mais de dimensions beaucoup moindres que la précédente, qui est dite *grosse hachette*. Il s'en sert pour clouer les lattes de pans de bois et de plafonds, enfoncer les chevillettes, hacher les crevasses, équarrir les soudures, etc. ; en un mot, cet outil est un de ceux qui lui sont le plus indispensables et dont il fait usage à chaque instant.

Pour tailler les moellons durs, le tranchant de la hachette doit être très-court de biseau et très-étroit; pour les moellons tendres, au contraire, le tranchant doit être très-allongé et le plus large possible.

Fig. 29.

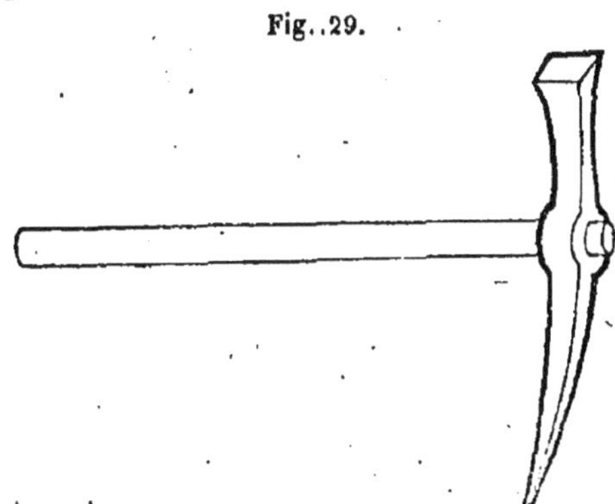

Les piqueurs de moellons exécutent ordinairement leur travail au moyen d'une espèce de hachette, nommée *laye*, dont le tranchant est très-court et a ordinairement de $0^m,10$ à $0^m,12$ de largeur.

Marteau de maçon. — Cet outil est à peu près de même forme que la grosse hachette, seulement le tranchant est remplacé par un pic très-allongé, *fig*. 29. On s'en sert pour faire les démolitions et pour percer les trous de scellements dans les murs.

Pour les démolitions d'ouvrages hydrauliques, on emploie un marteau dont la forme offre plus de résistance que le marteau de maçon à plâtre; sa pointe est plus raccourcie, et la tête est moins longue et d'un carré beaucoup plus fort.

Fig. 30.

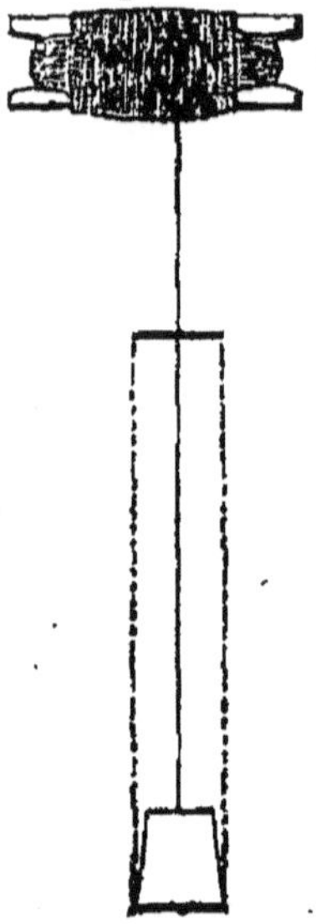

Fil à plomb. — Cet outil guide pour élever les parements de murs et faire les arêtes et les angles verticalement. Il est ordinairement composé, comme l'indique la figure 30, d'un tronc de cône en fer ou en cuivre, dans l'axe duquel passe un cordeau appelé *fouet* (97), qui y est retenu par un nœud; d'une plaque carrée de même métal que le tronc de cône, que les ouvriers appellent *chat*, et qui est percée à son centre d'un trou qui lui permet de glisser le long du cordeau; enfin d'une autre plaque en métal ou en bois, qui fait l'office de bobine pour y entourer le cordeau.

Le chat a pour côté le grand diamètre du plomb, de manière qu'en le tenant horizontal et en appliquant une de ses arêtes contre le haut du parement d'un mur, si on laisse pendre librement une certaine longueur de cordeau, et que le bord inférieur du plomb ne fasse que se mettre en contact avec le mur, c'est que le parement est vertical; si, au contraire, ce bord inférieur se trouve séparé du mur, c'est que le parement surplombe, pour la hauteur qui sépare le chat de la base inférieure du plomb, de la quantité dont il est éloigné du plomb; enfin, si, pour amener la grande base du tronc au contact du mur, on est obligé d'éloigner le chat du parement, l'éloignement sera le fruit du mur pour la hauteur qui sépare le chat du plomb; ainsi, cette hauteur étant de 2 mètres, par exemple, et la distance du chat au mur de $0^m,10$, c'est que le fruit du mur est de $0^m,05$ par mètre.

Fig. 31.

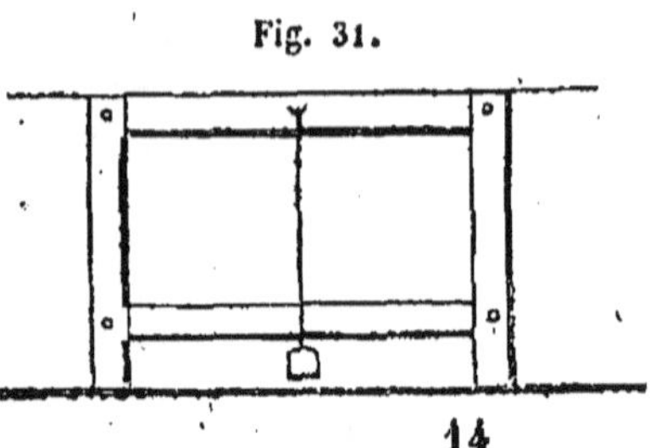

La longueur minimum du cordeau doit être de 9 à 10 mètres.

Niveau de maçon. — C'est, *fig*. 31, un système composé de deux petites règles assemblées à angle droit dans deux petits montants de même largeur et de même épaisseur, et dont l'une se trouve à $0^m,06$ ou $0^m,07$ des extrémités inférieures de ces montants. Par un trou percé au milieu de la traverse supérieure passe un cordeau au bout duquel est suspendu un petit plomb ; ce cordeau coïncide avec un trait marqué sur la traverse inférieure, quand les pieds des deux montants sont dans un même plan horizontal. D'après cette disposition, on conçoit que, plaçant les pieds du niveau en tous sens sur une surface, si le cordeau, rendu libre en tenant convenablement le niveau, coïncide toujours avec le trait vertical marqué sur la traverse inférieure, c'est que cette surface est horizontale. Faisant reposer une règle de largeur uniforme sur deux points suffisamment éloignés, et posant le niveau sur la règle, il indiquera encore si les deux points sont à la même hauteur; et, dans le cas contraire, lequel est le plus élevé; il est évident que celui-ci se trouvera de l'autre côté du petit trait par rapport au cordeau.

Pour poser une règle de niveau, ou obtenir un point de niveau avec un autre, il suffit de reposer une des extrémités de la règle de largeur uniforme sur le point donné, et de placer le niveau sur le milieu de cette règle, dont on élève ou dont on abaisse l'autre extrémité jusqu'à ce que le fil-à plomb vienne battre dans le petit trait; la règle sera alors de niveau, et tous les points de son côté inférieur le seront également avec le point donné.

L'avantage de ce niveau est de permettre de placer une règle horizontalement, même quand on ne peut pas placer le niveau dessus ; par exemple, quand il s'agit de poser la règle pour faire la feuillure de la traverse supérieure d'une croisée qui atteint près du plafond. On opère alors comme dans le cas précédent; seulement, au lieu de placer les pieds du niveau sur la règle, on applique sa traverse supérieure en dessous. On conçoit que ce niveau peut aussi servir à vérifier directement l'horizontalité de la face inférieure d'un objet quelconque.

Le *niveau de poseur*, que les maçons emploient encore quelquefois, quoique moins commode pour eux que le précédent, et ne jouissant pas du dernier avantage que nous venons de signaler, est composé de trois règles en bois ou en fer formant un triangle isocèle rectangle, au sommet de l'angle droit duquel est suspendu le fil à plomb ; la règle formant la base du triangle porte en son milieu le petit trait vertical de repère, et se trouve à $0^m,07$ ou

$0^m,08$ des pieds du niveau ou des extrémités des deux premières règles. En posant ce niveau sur une règle, ou en tous sens sur le lit d'une pierre, le poseur reconnaît s'il y a horizontalité, comme avec le niveau de maçon.

Le *guillaume*, *fig.* 32, est une espèce de rabot en bois dur, taillé en biseau très-allongé, garni d'une lame d'acier sur le biseau et évidé de manière à former une poignée vers l'autre extrémité. Cet outil sert à prolonger et à régulariser les *arêtes* et les *cueillies d'angle*, lorsque les règles ne sont pas assez longues, ou que ces ouvrages sont mal dressés; on l'emploie aussi pour couper et prolonger les moulures lorsqu'on les fait, en totalité ou en partie, sans calibre. Le maçon à plâtre fait un usage continuel du guillaume, dont il doit affûter le fer avec soin, et le poser de manière qu'il effleure, sans le dépasser, le dessous du guillaume, sans quoi il mordrait dans les arêtes, cueillies et moulures, et ne permettrait pas de les dresser.

Fig. 32.

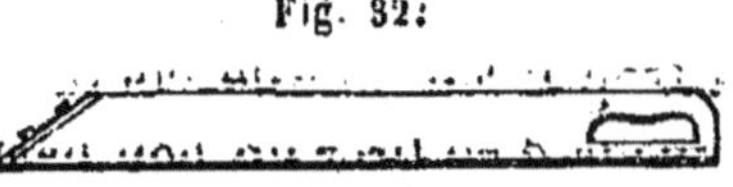

Les guillaumes, principalement ceux employés à l'exécution des moulures, sont de dimensions très-diverses. Le *gros-guillaume*, qui est employé le plus communément, a environ $0^m,50$ de longueur, $0^m,06$ de largeur et $0^m,04$ d'épaisseur; il est ordinairement en bois de charme ou de hêtre.

Truelle brettée. — C'est une plaque d'acier de forme rectangulaire, au centre de laquelle est fixé un manche perpendiculaire à son plan; les deux grands côtés de cette plaque sont taillés en biseau, dont un est denté; *fig.* 33.

Fig. 33.

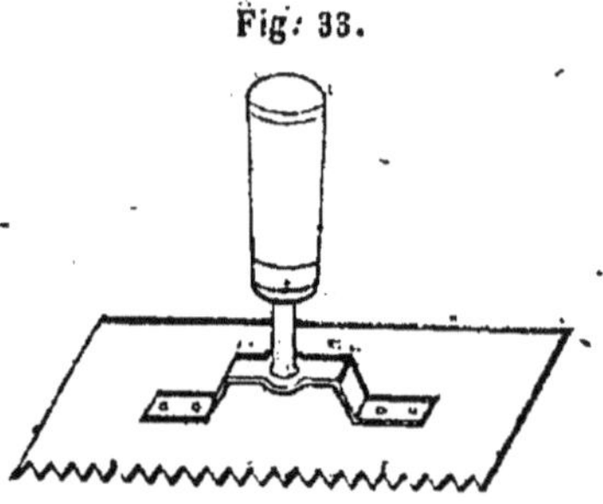

Cet instrument est peut-être le plus important de tous ceux dont se sert le maçon à plâtre, tant sous le rapport de son usage fréquent que sous celui du tact et de l'habitude que réclame son emploi. Il sert à nettoyer et à dresser les enduits en plâtre; le maçon passe le côté denté sur les enduits sitôt que le plâtre a fait prise, pour les dégrossir, puis il donne le fini désirable avec le côté uni. C'est à la perfection de ce travail, fait à la truelle brettée, que l'on reconnaît le maçon habile; il a fait disparaître toutes les flaches et les côtes, qui choquent d'autant plus l'œil que l'enduit se rapproche davantage du poli.

Un choix bien entendu, lorsque le maçon fait l'acquisition de la truelle brettée, contribue beaucoup à la facile et bonne exécution du travail ; aussi doit-il bien observer si l'acier est dur, s'il n'y a pas de paille dans la lame ; car, malgré tous ses soins, une truelle pailleuse ne lui donnera jamais que de très-vilains plâtres. Il doit choisir celle dont la fourchette est la plus courte ; une lame mince et trop large sautille continuellement sur le plâtre, et il est bien difficile d'en tirer un bon parti ; le manche en bois doit porter un repos, c'est-à-dire une petite cheville qui le retient solidement à la queue en fer, sans quoi le ballottement continuel de la truelle dans son manche nuit beaucoup à la perfection des enduits.

L'affûtage de cet outil réclame aussi tous les soins du maçon : il doit faire les biseaux le plus courts possible, bomber un peu les tranchants dans le sens de la longueur ; car, s'il les faisait creux ou même droits, les angles marqueraient sur le plâtre quand on le nettoierait, tandis qu'avec un peu de rond, en ayant soin de baisser légèrement la main, on parvient toujours à bien dresser et à bien unir les enduits.

Le maçon, en se servant de la truelle brettée, doit éviter avec soin de la heurter contre des ferrements, des clous ou tout autre corps dur ; car les brèches qui se feraient au tranchant rayeraient les enduits et leur donneraient un aspect désagréable.

La truelle brettée est aussi employée pour dresser les revêtements en ciment romain ; mais alors la lame doit être épaisse et très-dure, afin qu'elle s'use le moins possible par le frottement sur les grains de sable que contient le mortier.

Fig. 34.

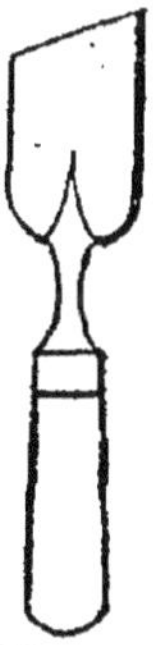

Le *riflard*, *fig.* 34, est une espèce de ciseau à manche en bois dur, dont la lame en acier a 0m,06 de largeur. On s'en sert pour recouper les repères et les nus, pour dégager les cueillies d'angle, couper les arêtes et dégrossir les moulures, lorsqu'on les fait à la main ; on l'emploie aussi pour nettoyer les plâtres dans les endroits où l'on ne peut atteindre avec la truelle brettée. Une grande habitude est indispensable pour se servir du riflard avec précision.

Un bon choix, lors de l'acquisition du riflard, ne contribue pas peu à la perfection des travaux auxquels on l'emploie ; aussi faut-il, comme pour la truelle brettée, rechercher une lame en acier dur et privé de paille ; mais les lames minces sont toujours préférées.

En affûtant le riflard, il faut allonger autant que possible le biseau, et faire le tranchant parfaitement droit et un peu en onglet, comme l'indique la figure 34, ce qui le rend plus commode pour dégager les angles.

Il faut éviter de heurter le riflard contre des corps durs; les brèches qui en résulteraient le rendraient impropre à fournir un bon travail, ou exigeraient un affûtage pour les faire disparaître; c'est pour cette raison que les garçons doivent éviter de nettoyer les auges et les taloches avec cet outil.

Taloche. — C'est, *fig.* 35, une planche rectangulaire en bois dur, dont une face est parfaitement dressée, et l'autre surmontée, au milieu, d'une traverse en bois, dans laquelle se trouve fixé, perpendiculairement à la taloche, un manche également en bois. On en fait usage pour exécuter les enduits et les crépis; le maçon, la prenant dans sa main gauche, par le manche, la place horizontalement, le manche en bas, et la couvre de plâtre qu'il puise dans l'auge avec sa truelle; alors il prend le manche à deux mains, et promène la taloche contre le mur ou sous le plafond, en y faisant adhérer le plâtre, qu'il étale convenablement.

Fig. 35.

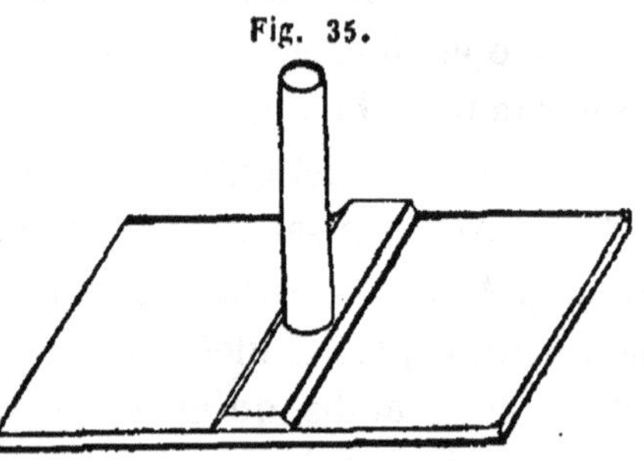

Un maçon a ordinairement deux taloches, une petite pour les crépis, et une grande pour les enduits; la première a environ $0^m,45$ de long sur $0^m,26$ de large, et la seconde, $0^m,50$ sur $0^m,35$. Elles sont ordinairement en bois de chêne ou de noyer de $0^m,01$ d'épaisseur, et quelquefois moins.

Aux instruments que nous venons de passer en revue, un maçon doit ajouter, pour avoir un outillage complet, deux règles en bois de chêne ou de sapin, de 2 mètres de longueur, dont une plate, de $0^m,10$ de largeur sur $0^m,03$ d'épaisseur, et l'autre carrée, de $0^m,04$ de côté, dont il se sert pour battre les nus, faire les arêtes, les cueillies d'angle, les feuillures, etc.; six *chevillettes* en fer, à crochet, et de $0^m,30$ environ de longueur, *fig.* 36, avec lesquelles il fixe ses règles; enfin, une série de petits outils en fer aciéré, tels que *gouges*, *petits fers*, *grattoirs*, *fig.* 37, équerres en fer et en bois, petits guillaumes, etc., qu'il emploie pour pousser et raccorder à la main les moulures, les retours de cha-

Fig. 36.

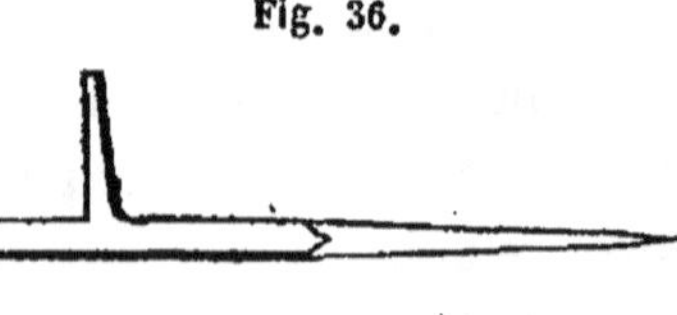

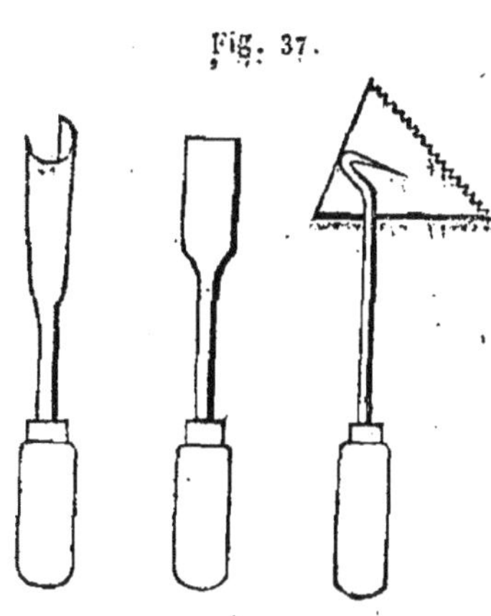
Fig. 37.

piteaux, de corniches et autres travaux de moulures interrompus dans les emplacements où l'on ne peut faire glisser le calibre. Cette partie minutieuse de l'outillage du maçon doit être constamment dans un état complet de propreté; aussi le garçon doit-il, aussitôt que le compagnon s'en est servi, les passer au sable, puis les graisser avec du suif pour les empêcher de se rouiller.

ÉCHAFAUDS.

124. Les *échafauds* sont des espèces de planchers provisoires supportés par une charpente légère, que l'on établit sur les ateliers de maçonnerie, pour faciliter le travail, et que l'on élève au fur et à mesure que la construction monte. La destination temporaire des échafauds permet de leur donner une grande légèreté; mais leur solidité doit être suffisante pour supporter les ouvriers qui travailleront dessus, ainsi que les matériaux qui pourront y être accumulés. L'ouvrier chargé de les établir doit y apporter une attention toute particulière; ce qui lui est assez prescrit par les graves accidents qui résultent presque toujours de la négligence mise à bien faire ce travail.

On peut diviser les échafauds en deux classes : la première comprenant ceux qui sont simplement faits par les maçons, et qui sont le plus ordinairement employés; la seconde, ceux qui sont établis par des charpentiers, pour la construction des monuments importants. Le cadre de cet ouvrage ne nous permet d'examiner que les échafauds de la première classe.

125. Nous distinguerons trois sortes d'échafauds établis par les maçons eux-mêmes :

1° Les *échafauds sur plans verticaux*, servant à construire les murs, pans de bois et cheminées, et à restaurer les ravalements de toute nature;

2° Les *échafauds sur plans horizontaux*, pour construire les plafonds et faire les rejointoyements et enduits de voûtes;

3° Les *échafauds volants*, employés pour faire les ravalements partiels ou autres ouvrages qui n'ont pas besoin d'être échafaudés de fond.

126. Les agrès nécessaires à l'établissement de ces échafauds sont les *cordages* ou *troussières* (97), les *échasses* ou *écoperches*, les *boulins*, les *planches* et les *échelles*.

On nomme *échasses* ou *écoperches* les pièces de bois de brin que l'on dresse pour supporter les planches d'échafauds; on les prend en aune ou en sapin, dont la légèreté les rend faciles à manœuvrer; elles ont de 5 à 10 mètres de longueur, et de 0m,15 à 0m,25 de diamètre au pied; au sommet, elles se terminent quelquefois en pointe, mais alors on ne doit pas les charger dans toute la partie qui a moins de 0m,07 à 0m,08 de diamètre.

Les *boulins* sont des morceaux de bois ronds, ordinairement en aune ou en chêne, dont la longueur est environ de 2m,50 et le diamètre de 0m,10 à 0m,15, et que l'on emploie pour former les traverses horizontales des échafauds. Les boulins en chêne sont de beaucoup préférables à ceux en aune, qui ont l'inconvénient de se rompre tout à coup, quelquefois sous des charges peu considérables.

On désigne sous le nom de *morizets* des boulins de 4 mètres environ de longueur, que l'on emploie généralement pour les échafauds de plafonds.

En général, il faut éviter de se servir d'échasses et de boulins dont le bois est échauffé ou pourri dans toutes leurs parties, ou même en quelques-unes. L'ouvrier, avant de s'en servir, doit observer minutieusement s'ils n'ont pas quelques défauts qui pourraient occasionner leur rupture, quand les échafauds seront chargés d'ouvriers et de matériaux.

Les *planches* que l'on emploie à la construction des échafauds proviennent des *déchirages* de bateaux; elles ont ordinairement 4 mètres de longueur, de 0m,30 à 0m,35 de largeur, et de 0m,04 à 0m,05 d'épaisseur; pour les empêcher de se fendre, on cloue trois petites traverses sur une de leurs faces, une à chaque extrémité et une vers le milieu.

Echelles. — Il y en a de dimensions très-diverses; les montants des plus grandes dont on se sert sur les chantiers de constructions sont généralement en bois de brin; on en maintient l'écartement, de distance en distance, par des boulons en fer et à écrous, qui remplacent en même temps des échelons; ceux-ci sont en bois de charme ou d'aune, on les fait plus forts au milieu que vers les extrémités encastrées dans les montants, et l'on doit avoir soin de remplacer immédiatement ceux qui sont cassés ou qui paraissent trop faibles.

L'inclinaison minimum à donner aux échelles pour faciliter le montage est environ le 1/4 de leur longueur ; même sous cette plus faible inclinaison, les échelles tendent à fléchir sous leur propre poids et les charges qu'elles supportent ; pour éviter cet inconvénient, empêcher la rupture et s'opposer aux ballottements continuels, lorsque les échelles sont longues et que les charges qu'elles ont à supporter sont grandes, on les étançonne en leur milieu à l'aide de deux écoperches, qu'on relie et qu'on dispose en arcs-boutants sous le derrière des échelles.

L'entr'axe des échelons qui rend le montage le plus facile est de $0^m,28$ environ.

Fig. 38.

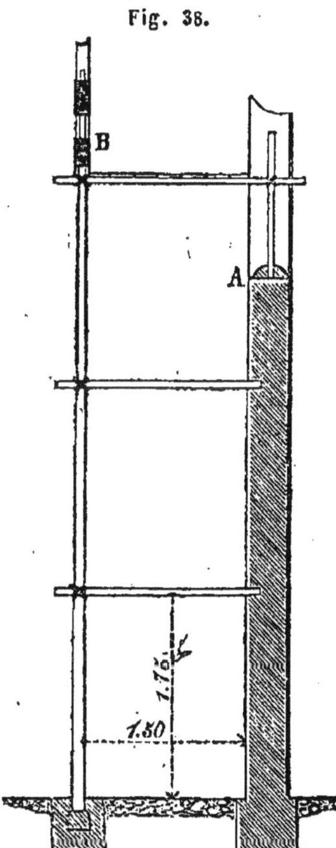

127. Echafaud sur plan vertical, *fig.* 38. — Pour établir cet échafaud, on commence par placer verticalement, à $1^m,50$ du pied du mur ou du pan de bois à construire, des échasses espacées entre elles de 2 mètres ; on scelle leurs pieds dans le sol ou simplement dessus, au moyen de petits massifs en moellons et plâtre, que l'on appelle *patins*. Cela fait, tous les $1^m,75$ de hauteur environ, et au fur et à mesure que la construction s'élève, on place des boulins, qu'on lie d'un bout aux échasses au moyen de cordages à main, et que de l'autre on scelle de $0^m,10$ au moins dans le mur ou le pan de bois ; sur chaque étage de boulins on établit un plancher en planches de bateau, en ayant bien soin d'éviter les bascules. Lorsqu'on a élevé la maçonnerie aussi haut qu'il est possible au-dessus d'un plancher, on pose les boulins de l'étage supérieur, et dessus l'on place des planches du plancher que l'on va quitter. On a soin de laisser tous les boulins en place pour consolider les échasses, et sur chacun de leurs étages on réserve un rang de planches pour faciliter le travail si l'on a des alignements ou des aplombs à relever.

Lorsque les murs d'un bâtiment sont en pierre de taille, on ne peut y sceller les boulins; alors on dresse les échasses en face des croisées, et vis-à-vis, sur les appuis de celles-ci, ou à l'intérieur du bâtiment, on pose des boulins verticaux, auxquels on relie les boulins horizontaux comme aux échasses; c'est ce que montre en A la figure 38.

Lorsque les échasses n'ont pas une longueur suffisante pour atteindre le sommet du mur à construire, on les *ente*, c'est-à-dire qu'on les prolonge par d'autres qu'on relie à leur sommet, en ayant soin de faire reposer le pied de chacune de ces dernières échasses sur un des derniers boulins horizontaux : la figure 38 montre cette disposition en B. Cela fait, on continue l'échafaud comme si les échasses étaient d'une seule pièce.

128. **Échafaud sur plan horizontal**, *fig*. 39. — Pour établir un tel échafaud, pour un plafond, par exemple, on place verticalement des boulins le long de deux murs opposés de la pièce à plafonner, en les espaçant de 2 mètres environ l'un de l'autre; à ces boulins, comme la figure 39 l'indique en *a*, on lie des traverses horizontales, sur lesquelles on pose le plancher de l'échafaud. Ces traverses sont ordinairement formées par des écoperches ou des morizets (126), que l'on ente, comme la figure 39 l'indique en *b*, pour leur donner la longueur de la pièce; on a soin de les étrésillonner en dessous, de distance en distance, pour qu'elles puissent supporter le plancher et la charge, qui est assez considérable, surtout quand on étrésillonne sur l'échafaud les planches qui servent à construire les augets du plafond.

Fig. 39.

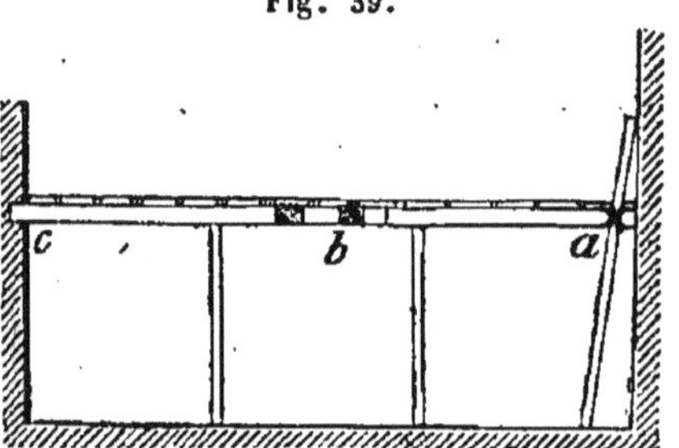

La hauteur à laquelle on pose cet échafaud est telle, que la distance entre la tête des hommes qui travaillent dessus et le plafond soit de quelques centimètres, sans dépasser 0m,06 ou 0m,07; un plus grand intervalle rend le travail fatigant et difficile, surtout pour jeter et enduire le plafond.

Quand on peut, sans inconvénient, percer les murs, on y fait des trous pour sceller les bouts des traverses, et on supprime les boulins verticaux, lesquels, s'élevant presque toujours au-dessus de l'échafaud, obligent d'interrompre les enduits des murs et de les raccorder quand on les a enlevés : cette disposition est indiquée en *c* par la figure 39.

En posant les planches sur les traverses, il faut avoir bien soin d'éviter les ressauts des bouts de planches, les bascules, les trous et les trop grands intervalles entre les planches ; car les maçons, en enduisant le plafond, sont tellement pressés par la prise de leur plâtre, qu'ils courent continuellement sur l'échafaud sans regarder à leurs pieds, et on conçoit que si l'on ne prenait pas les précautions précédentes, ils pourraient tomber et se blesser grièvement.

Les échafaudages qui servent à enduire les voûtes s'établissent à peu près de la même manière que pour les plafonds.

129. **Échafauds volants.** — Ces échafauds se construisent de différentes manières, selon la nature des travaux et la disposition des emplacements où on les exécute. Pour les travaux de bâtiments, quand il y a impossibilité de faire reposer les échasses sur le sol, dans une rue étroite et très-fréquentée, par exemple, si l'on peut disposer du premier étage, on établit un échafaud à bascule, *fig.* 40. De fortes pièces de bois A se posent horizontalement sur les appuis des fenêtres, et on s'oppose à leur mouvement de bascule en serrant leur partie intérieure entre un potelet C, qui repose sur le plancher, et un poteau vertical B, dont l'extrémité supérieure s'appuie sous le plafond. Sur les parties extérieures de ces pièces, on établit le premier plancher de l'échafaud ; puis, à une distance convenable du mur, on scelle les pieds des échasses avec de forts patins en plâtre, comme on le ferait sur le sol.

Fig. 40.

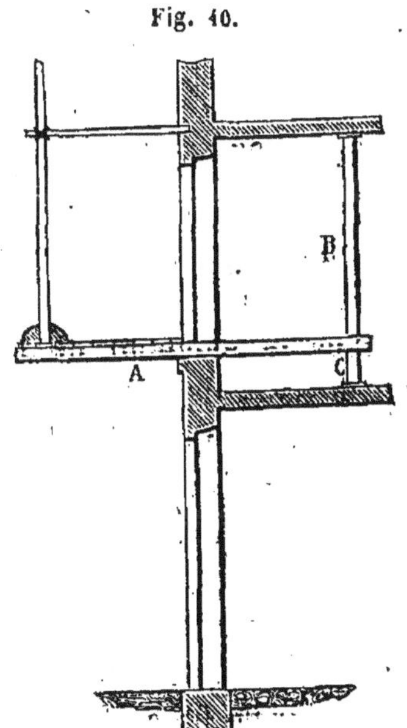

Lorsque le travail est de peu d'importance, et que le premier plancher ne doit pas porter d'échafaudage supérieur, on en remplace les pièces horizontales A par de forts morizets, dont on empêche le mouvement de bascule en les attachant simplement après un boulin vertical s'appuyant sur le plancher et sous le plafond, et qui remplace ainsi le potelet C et le poteau B.

Quand le premier étage du bâtiment n'est pas libre, on supporte la partie extérieure des premiers boulins horizontaux par des boulins inclinés, dont les pieds sont scellés au bas du mur dans des patins en plâtre, comme l'indique la figure 41. On établit ensuite l'échafaud sur le premier plancher, comme dans le cas précédent.

Fig. 41.

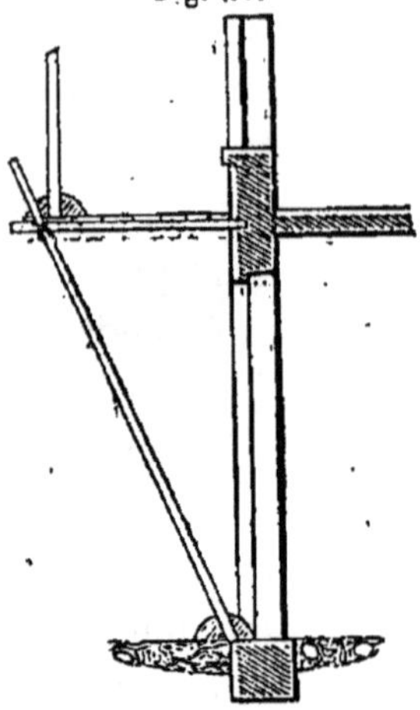

Comme, dans cette disposition, il y a une force qui tend à détacher l'échafaud du mur, pour éviter tout mouvement, on scelle avec le plus grand soin dans le mur les boulins du premier rang, et il convient même de fixer à chacun une patte en fer qui tienne dans le scellement.

Pour des réparations accidentelles, les échafauds ne se composent souvent, comme l'indique la figure 42, que d'une ou deux planches placées sur des boulins liés aux extrémités de cordages, qui viennent passer sur le sommet du mur pour aller se fixer par leurs autres extrémités contre la face opposée de ce mur, soit à des crampons, soit à des pièces de bois chargées de pierres. Le frottement considérable des cordages sur le mur permet de se servir d'amarrages d'une résistance peu considérable, mais qui doit toujours se trouver au delà de la limite nécessaire.

Fig. 42.

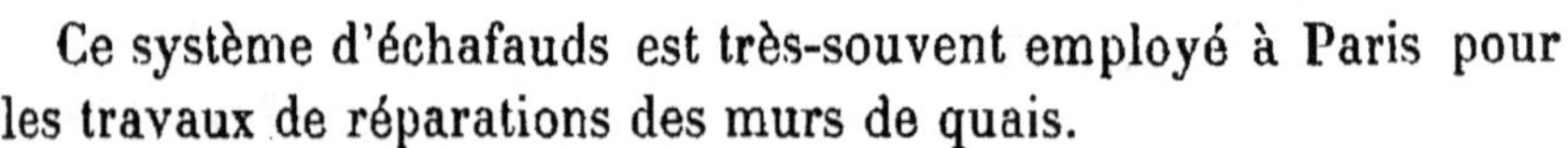

Ce système d'échafauds est très-souvent employé à Paris pour les travaux de réparations des murs de quais.

Enfin, parmi les échafauds volants, se range naturellement celui qui est composé uniquement d'une *corde à nœuds*, que l'on fixe au sommet du mur, en la laissant pendre sur la face à réparer, et à laquelle on se suspend pour travailler.

L'ouvrier s'asseoit sur une petite *sellette* en bois, garnie de deux *bretelles* qui passent une de chaque côté de l'ouvrier pour venir s'accrocher à la corde, à l'aide d'agrafes en fer dont elles sont garnies ; en outre, aux jambes de l'ouvrier, au-dessous des genoux, se trouvent fixées des lanières, également armées d'agrafes, qui s'accrochent aussi à la corde. Cette quadruple attache, non-seulement rend libres les deux mains de l'ouvrier, mais aussi lui permet, en descendant ou en montant l'une après l'autre les quatre attaches, de descendre ou de monter sans trop de fatigue le long de la corde.

Le diamètre de la corde est le plus ordinairement de $0^m,034$; c'est un hauban de quatre torons de chacun quarante fils de caret. La distance de milieu en milieu des nœuds varie de $0^m,30$ à $0^m,40$.

Les maçons font assez rarement usage de ce genre d'échafaud; mais les badigeonneurs et les fumistes l'emploient très-fréquemment à Paris.

On conçoit que, pour ces deux derniers systèmes d'échafauds, on doit, avant tout, s'assurer que les points d'attache des cordes sont solides, et que celles-ci réunissent toutes les conditions qui concourent à leur donner une grande résistance (96).

CHAPITRE IV.

TERRASSEMENTS.

130. Les travaux de terrassements comprennent toutes les opérations ayant pour but de transformer le sol, soit en y rapportant des terres pour le rehausser, soit en le fouillant pour y pratiquer des excavations pour la construction des ouvrages d'art, tels que routes, canaux, fondations d'édifices, etc.

131. **Outils.** — Pour exécuter les déblais dans les terres ordinaires, les sables, les graviers, etc., les ouvriers terrassiers commencent par les ameublir avec une pioche dite *tournée*. Cet instrument, *fig.* 43, est en fer aplati et pèse de $2^k,5$ à $3^k,75$; ses extrémités, aciérées sur $0^m,06$ de longueur, sont l'une à tranche plate très-allongée et en forme d'*herminette*, et l'autre à pic; il est percé au milieu d'un trou circulaire pour recevoir un manche de $0^m,86$ de longueur et de $0^m,035$ de diamètre. Une tournée de $0^m,70$ de longueur totale et de $0^m,075$ de largeur à l'extrémité de l'herminette pèse $3^k,75$, et coûte 7 francs, y compris le manche qui entre pour 1 franc dans ce prix.

Fig. 43.

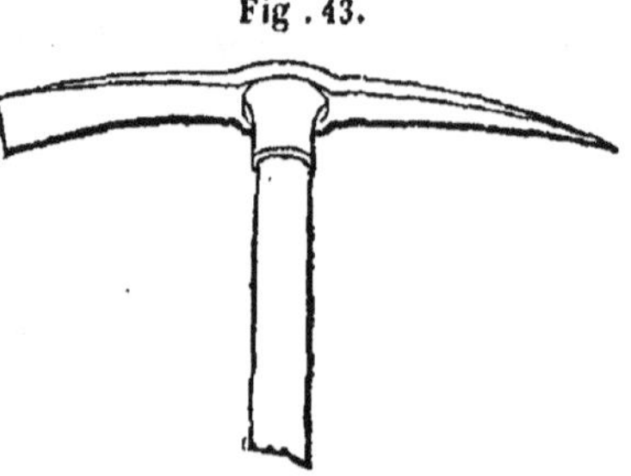

Pour enlever les terres au fur et à mesure qu'elles sont piochées, les ouvriers se servent de la pelle. L'état de cet instrument, que tout le monde connaît, et surtout sa bonne disposition influent d'une manière très-sensible sur la quantité d'ouvrage faite par les terrassiers; aussi a-t-on lieu d'être étonné de ne pas voir encore un modèle de pelle généralement adopté. Au contraire, on voit journellement les ouvriers se servir de pelles de formes différentes : les unes sont en bois, les autres en fer. Elles sont ordinairement rondes, ou de coupes plus ou moins bizarres; les manches sont droits ou courbés; enfin, avec toutes ces formes plus ou moins avantageuses à l'accélération du travail, on s'explique difficilement comment une grande partie des ouvriers et entrepreneurs n'ont pas encore compris l'importance qu'il y aurait pour eux à adopter le modèle qui aurait une fois été reconnu pour le plus commode et le plus avantageux.

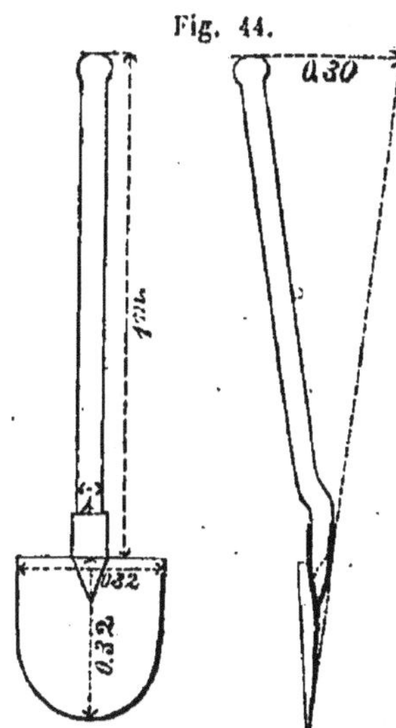

Fig. 44.

Des nombreuses observations que nous avons faites sur les ateliers où l'on se servait de cet instrument, nous avons acquis la certitude que les pelles en fer battu d'un assez fort échantillon (0m,003 d'épaisseur), dont la forme et les dimensions se rapprochent le plus de celles indiquées par la figure 44, offrent des avantages incontestables pour le maniement des terres. Ce genre de pelle remplace avantageusement la bêche, et rend souvent le piochage inutile; car, en raison de sa forme, on peut, sans effort considérable, l'introduire dans les terres qui ne sont pas trop compactes; dans les terrains humides et graveleux, sa forme ronde la fait glisser et lui permet de déranger les cailloux qui se présentent sur son passage, avantage qu'on obtient difficilement avec les autres pelles de différentes formes.

Un manche légèrement courbé vers l'extrémité facilite le pelletage, et comme, en terminant la pelle non en demi-cercle mais en ogive, elle pénètre encore plus facilement dans la terre, on adopte très-souvent cette disposition. On règle la longueur du manche, qui n'est pas renflé au bout, de manière que la longueur totale de la pelle soit de 1m,40.

Une pelle du poids de 1k,25, aciérée sur 0m,06 de longueur, coûte environ 3 fr. 50 c., manche compris.

Pour les terres meubles et humides, telles que la terre végétale, le sable fin, la tourbe, l'argile et quelquefois la marne, on opère la fouille au moyen de la *pelle*, de la *bêche* ou du *louchet*.

Lorsque les terres présentent une trop grande cohésion pour qu'on puisse les ameublir avec la tournée, c'est-à-dire quand elles commencent à avoir la consistance du roc, on a recours à la *pince* et au *pic*. Ce dernier outil n'est souvent qu'à une seule pointe fortement aciérée, et l'œil qui le termine de l'autre côté reçoit un manche, dont la longueur varie de 0m,60 à 0m,80, suivant la longueur du pic, qui dépend elle-même de la nature des déblais à fouiller. Parfois le pic est à deux pointes, et l'œil pour le manche se trouve au milieu.

Généralement le pic ne sert qu'à pratiquer des *tranches* ou saignées, dans lesquelles, à coup de *masses* ou de marteaux, on enforce des *coins* pour opérer l'excavation, que l'on achève en soulevant les blocs avec la pince. Le poids des coins varie de $0^k,5$ à 5 kilogrammes, et celui des masses de 5 à 10 kilogrammes. Les manches doivent être en bois durs et souples ; on les fait ordinairement en cornouiller.

Pour le roc dur, on emploie ordinairement la *pointerolle*. Cet outil en fer est terminé d'un côté par une pointe obtuse, et de l'autre par une tête carrée, sur laquelle on frappe avec une massette, à manche court, pouvant peser 2 kilogrammes. Les extrémités de la pointerolle doivent être aciérées. Un manche long de $0^m,30$ est placé au milieu de sa longueur, qui est environ de $0^m,20$.

Pour les roches excessivement dures, on se sert du *fleuret*, qui n'est autre chose qu'une tige en fer rond de $0^m,03$ à $0^m,04$ de diamètre, et de $0^m,50$ à $0^m,75$ de longueur, terminée d'un bout par une tête, et de l'autre par un biseau courbe et allongé. La largeur de ce biseau doit être un peu plus grande que le diamètre de la tige, afin que le fleuret puisse tourner librement dans les trous qu'il sert à pratiquer dans le roc.

Pour exécuter dans l'eau la fouille des terres, des sables ou des graviers, on emploie la *drague à main*, espèce de grande pelle en fer dont les côtés latéraux et celui qui porte la douille sont recourbés d'équerre sur $0^m,07$ ou $0^m,08$ de hauteur, pour former une espèce de coffre ouvert sur le devant. Le manche est perpendiculaire au fond de la drague, et il a une longueur suffisante pour que l'ouvrier placé à la surface de l'eau puisse aller puiser les terres au fond. Le devant de la drague est souvent armé de trois ou quatre dents en acier, lesquelles, en labourant la terre, facilitent son chargement sur la drague, dont le fond est percé de petits trous qui laissent égoutter l'eau.

Lorsqu'il s'agit de fouilles considérables à exécuter dans l'eau, la drague à main est remplacée très-avantageusement par un *bateau dragueur*, que fait fonctionner soit un manége à un ou deux chevaux, soit une machine à vapeur.

132. **Exécution des fouilles ou des déblais.** — Cette opération, comme toutes les autres parties des travaux de construction, réclame une certaine habitude des ouvriers pour être bien exécutée. Au premier abord, on pourrait croire qu'il suffit de travailler avec activité pour mener à bien l'exécution des déblais ; mais il n'en est pas ainsi, et l'on peut arriver à des résultats bien différents, selon que l'on s'y prend avec plus ou moins d'habileté.

La méthode généralement employée pour exécuter les fouilles consiste à piocher les terres par couches successives de $0^m,30$ à $0^m,40$ d'épaisseur, que les ouvriers appellent *plumées*, et à les enlever au fur et à mesure qu'elles sont ameublies.

Lorsque la fouille a de grandes dimensions, on attaque, toutes les fois que cela est possible, les déblais par leur partie inférieure, en dressant immédiatement le fond de la fouille, afin de faciliter le *pelletage* des terres. Dans ce cas, on peut employer la méthode dite d'*abatage*, qui est très-expéditive, et qui consiste, une fois que la fouille est faite en un point, à attaquer la masse latéralement, en la creusant en dessous, et à la détacher par parties, en faisant tomber les portions qui ne sont plus retenues que par la cohésion des terres, à l'aide de deux ou trois pieux en bois armés d'une pointe en fer et frettés par le haut, que l'on enfonce à coups de masse dans la limite de la partie minée. Les terres, en s'éboulant ainsi dans la fouille, s'ameublissent au point de pouvoir être pour ainsi dire chargées directement avec la pelle. On peut de cette manière détacher à la fois des masses de 20 à 30 mètres cubes.

L'ouvrier terrassier doit apporter un soin tout particulier à bien dresser les berges de la fouille, surtout quand elle est destinée à recevoir des maçonneries de fondations.

133. **Disposition des ateliers et nombre d'ouvriers.**—Les dépenses relatives à la main-d'œuvre constituant, en grande partie, le prix de revient des travaux de terrassement, on doit apporter une habitude et des soins tout particuliers dans la direction et le placement des ouvriers, afin d'en obtenir un bon et rapide travail. Les données suivantes pourront servir à déterminer le nombre des ouvriers à employer et la manière de les disposer sur un chantier.

Un terrassier peut jeter la terre à la pelle à 4 mètres de distance horizontale, ou à une hauteur verticale de $1^m,60$ à 2 mètres. Il peut enlever à la pelle et charger sur une brouette de 20 à 25 mètres cubes de terre, dans sa journée de dix heures de travail; il faut réduire ce volume de 1/4 lorsque la terre est jetée horizontalement à 2 mètres au moins et à 4 au plus, ou qu'elle est élevée verticalement de $1^m,60$ à 2 mètres, ou encore chargée en tombereau.

Relativement à la fouille, il n'y a guère que des expériences directes qui permettent d'évaluer la quantité qu'en peut faire un terrassier, cette quantité étant variable selon la nature et la dureté des terres. Cependant, dans les terrains ordinaires, analogues au sol rapporté de Paris, lorsqu'il y a nécessité de faire usage de la pioche, et qu'il y a impossibilité d'employer l'abatage (132), un terrassier peut fouiller et jeter à la pelle, horizontalement, à 4 mètres au plus, ou sur une banquette élevée de 1^m,60 à 2 mètres, environ 7 à 9 mètres cubes de terre.

Le nombre de piocheurs nécessaire pour fournir de la terre à un pelleteur varie selon la dureté du terrain et la hauteur à laquelle le pelleteur jette la terre; pour le déterminer, on fait piocher un homme pendant t minutes; puis on compte le nombre t' de minutes que met un autre homme pour enlever, à la pelle, la terre ameublie, et le rapport $\frac{t'}{t}$ est le nombre de piocheurs nécessaire pour entretenir un pelleteur. Dans cette expérience, le piocheur étant fourni par celui qui fait exécuter, et le chargeur par l'entrepreneur, chacune des parties intéressées donne ses instructions à l'ouvrier qui travaille dans le sens de ses intérêts, et a, par conséquent, sujet d'être satisfaite.

Dans les travaux du génie militaire, le rapport du nombre des hommes employés à la fouille, piocheurs et chargeurs, à celui des rouleurs qui parcourent le premier relais est le nombre par lequel on désigne la nature de la terre; ainsi, par exemple, si un homme suffit pour charger une brouette pendant qu'un autre parcourt un relais horizontal de 30 mètres, on dit que la *terre* est *à un homme;* si un homme ne suffit pas, et que, par exemple, pour deux rouleurs au premier relais, il faille un piocheur et deux chargeurs, la *terre* est *à un homme et demi ;* la *terre* peut être *à deux, à trois*, etc., *hommes.* On conçoit que les prix doivent être différents pour ces diverses espèces de terre.

134. **Déblai de terres ordinaires par dépôts et emprunts. —** En général, sur les grands ateliers de terrassement, les dispositions doivent être prises pour éviter les remaniements inutiles de terre, et, à cet effet, les chargements en brouettes, en tombereaux ou en waggons doivent s'opérer, autant que possible, de la fouille même. Les moyens d'exécution, bien qu'étant très-variables en raison de la nature du terrain, de la hauteur et de la largeur de la fouille, doivent toujours avoir pour point commun une bonne disposition de banquettes, de chemins, de relais et de lieux de chargement, et le personnel doit toujours être distribué de manière que les pelleteurs ne soient jamais arrêtés par les piocheurs, et les rouleurs par les chargeurs. Si l'enlèvement s'effectue à l'aide de

camions, de tombereaux ou de waggons, l'arrivée des véhicules au point de chargement doit se faire avec méthode, de manière à n'apporter aucune interruption dans l'exécution des fouilles.

Pour les routes et les chemins de fer, une condition essentielle consiste en ce que les remblais soient compensés par les déblais; alors les moyens d'exécution et de transport sont subordonnés à la plus ou moins grande distance à parcourir pour obtenir cette compensation; mais, en dehors du mode de transport, la marche à suivre étant à très-peu de chose près la même que quand il s'agit d'exécuter des fouilles par dépôts et emprunts, nous nous bornerons à la décrire pour ce cas particulier, où elle se résume en une bonne combinaison de la fouille et du jet.

Le système par dépôts et emprunts consiste dans l'exécution d'un déblai dont les terres sont mises en *dépôts* ou en *cavaliers* sur l'un ou les deux côtés de la fouille, ou d'un remblai fait au moyen d'*emprunts*, c'est-à-dire de fouilles exécutées sur l'un ou les deux côtés du cavalier.

Si les moyens mécaniques ne peuvent être employés avantageusement pour élever les terres fouillées et en former des cavaliers, le mouvement des terres s'opère au moyen de brouettes ou de tombereaux.

Exécution d'un déblai au moyen de brouettes. — La longueur du relais étant de 30 mètres sur un plan horizontal, elle sera réduite à 20 mètres sur un plan dont la pente est de $0^m,08$ par mètre, et les terres seront élevées de $1^m,60$ à l'extrémité du relais, hauteur qui est celle du jet vertical à la pelle.

La fouille à exécuter devra alors être partagée dans le sens de sa longueur en tranchées de 20 mètres de longueur, lesquelles, avec palier horizontal de $1^m,50$ de largeur, recevront chacune un atelier. Cet atelier sera composé, par chaque 2 mètres de largeur de la tranchée, d'un piocheur chargeant les brouettes si la terre est meuble, ou d'un piocheur et d'un chargeur si elle est assez dure pour que ces deux hommes soient constamment occupés pendant qu'un troisième conduit la terre à un relais. Comme il doit toujours y avoir sur chaque atelier élémentaire une brouette en charge, le nombre des brouettes pour chacun d'eux sera égal à celui des rouleurs plus 1. Si, par exemple, la fouille a 6 mètres de largeur, on y établira un atelier composé de trois ateliers élémentaires, et si la terre est assez ferme pour exiger un piocheur et un pelleteur pour un rouleur, la terre n'étant transportée qu'à un relais, le personnel de l'atelier se composera de trois piocheurs, trois pelleteurs et trois rouleurs. Si le dépôt des déblais n'était pas placé immédiatement au bord de la tranchée, on ajouterait le nombre de rouleurs nécessaire.

Au commencement, les déblais sont portés à l'extrémité du lieu de dépôt; il en résulte que la fouille étant commencée près du bord voisin du dépôt, la distance de transport et par suite le travail des rouleurs varient le moins possible.

L'atelier enlève d'abord une tranche dont l'épaisseur, nulle au point de départ, augmente progressivement de manière à être $1^m,60$ à la distance de 20 mètres; puis il extrait la terre à cette profondeur dans toute l'étendue de la fouille, en ne réservant que les rampes nécessaires. Au lieu d'enlever toute la tranche inclinée de 20 mètres, on peut d'abord ne creuser que les rampes, puis faire la fouille de $1^m,60$ d'épaisseur uniforme. Quand l'excavation est arrivée à $1^m,60$, on enlève une autre couche d'une égale épaisseur, en continuant les rampes, auxquelles on donne les directions qui nécessiteront le moins de transport transversal pour extraire cette seconde couche. On enlève ensuite une troisième couche, et on continue ainsi de suite jusqu'à ce que la fouille soit arrivée à la profondeur voulue. Alors on procède à l'enlèvement des rampes, auxquelles on a donné environ $1^m,50$ de largeur, pour que deux rouleurs puissent se croiser. L'on conçoit que, pour accélérer le travail, on peut, en ménageant des rampes convenables, disposer un atelier tous les 20 mètres de longueur d'une même couche, au lieu de faire enlever toute la couche par le même atelier. On conçoit aussi qu'au lieu de procéder par couches de $1^m,60$ d'épaisseur, il peut être convenable, si la nature des terres varie ou si l'eau peut arriver dans la fouille à une certaine profondeur, de modifier cette épaisseur $1^m,60$.

Parfois, au lieu de réserver les rampes en déblais, on les établit à l'aide de tréteaux et de plats-bords; cela permet d'enlever en totalité les tranches successives. Du reste, il est facile de comprendre que l'on ne peut poser de règle absolue pour la disposition des ateliers de terrassement, les conditions d'exécution étant loin d'être toujours les mêmes.

Pour former le dépôt de remblai au moyen de la brouette, on procède également par couches successives de $1^m,60$ environ, à l'aide de rampes inclinées à $0^m,08$ par mètre, et dirigées de manière à diminuer, autant que possible, les transports transversaux et les élévations verticales des remblais. Comme au déblai, on peut encore diviser le travail en ateliers de 20 mètres de longueur, en réservant des rampes convenables de 1 mètre à 1^{m},50 de largeur, disposées, autant que possible, sur le bord du remblai, entre le talus naturel des terres, qui est à environ 1 de base pour 1 de hauteur, et le talus définitif, qui est ordinairement à 1 et 1/2 de base pour 1 de hauteur.

Quelle que soit la disposition des rampes, le transport horizontal transversal est toujours considérable et dispendieux; pour y remédier, on a eu recours à différents appareils mécaniques transformant ce transport horizontal en une élévation verticale, et qui ont, dans quelques cas, donné d'assez bons résultats.

Les dispositions que nous venons de décrire succinctement peuvent aussi être adoptées quand on fait usage de camions ou de tombereaux, mais en réduisant la pente des rampes à 0^{m},05 ou 0^{m},06 par mètre.

135. **Prix de revient des terrassements.** — On peut nocer que pour des terrains ordinaires (terre végétale, alluvion, sable et menu gravier), le temps nécessaire à la fouille, en grandes tranchées de plus de 0^{m},20 d'épaisseur et de 2 mètres de largeur au moins, sans embarras d'étais, est à très-peu près égal à une fois et demi celui nécessaire à un jet de pelle de 1^{m},60 de hauteur verticale. C'est ce que confirment les résultats du tableau suivant, déduits de nos observations sur plusieurs chantiers, et qui peuvent être pris comme terme moyen du temps nécessaire à l'exécution des déblais dans les terrains analogues à celui du sol supérieur de Paris (terres végétales ou gravats rapportés).

Pour 1 mètre cube.	Heures de terrassier.
Fouille en grandes tranchées ayant au moins 2 mètres de largeur au fond, sans étais	0,80
— en tranchées ou rigoles ayant moins de 2 mètres de largeur au fond, avec embarras d'étais	0,90
Jet à la pelle à une distance horizontale de 3 mètres ou à une hauteur verticale de 1^{m},60, en rigoles ou tranchées ayant au moins 2 mètres de largeur au fond, sans étais ni banquettes	0,50
— à une distance horizontale de 3 mètres ou à une hauteur verticale de 1^{m},60, en rigoles ou tranchées ayant moins de 2 mètres de largeur au fond, avec étais et banquettes	0,60
— en brouette, caisse ou camion n'excédant pas 1^{m},20 de hauteur	0,40
— en tombereau ou en waggon, ou encore sur berge ou sur banquette de 2 mètres de hauteur, en grandes tranchées	0,60

Les résultats précédents doivent être modifiés selon les données du tableau suivant, quand il s'agit de terres dures, grasses ou humides, et d'un pelletage difficile.

TABLEAU *des quantités moyennes de déblai qu'un terrassier de force ordinaire peut piocher et jeter à une hauteur de* $1^m,60$, *ou charger en brouette dans une journée de dix heures de travail, pour différentes natures de sol, en grandes tranchées.*

	Cube fouillé et jeté à $1^m,60$ en 10 h.	RÉPARTITION DES HEURES EMPLOYÉES	
		à la fouille.	au jet ou à la charge.
	m.	h.	h.
Terre végétale de diverses espèces (alluvions, sables, etc.)	7,70	6,25	3,75
Terre marneuse et argileuse, moyennement compacte	6,00	6,70	3,30
Terre compacte, dure	5,25	7,10	2,90
Terre crayeuse	4,90	7,00	3,00
Terre fortement imbibée d'eau	4,25	7,24	2,76
Tuf moyennement dur	2,85	8,40	1,60
Tuf très-dur	2,38	8,70	1,30
Roc tendre, gypse, enlevé au pic et au coin	2,00	8,80	1,20

136. **Étrésillonnement des berges.** — Quelle que soit la nature des terres, il est une mesure de précaution à prendre pour éviter les éboulements, quand la fouille, taillée à pic, atteint une certaine profondeur; elle consiste à étrésillonner les berges avec des *étais* en bois placés en *arcs-boutants*. Afin que ces derniers soient moins chargés et qu'on puisse les serrer plus facilement contre les couches de terre, on donne aux berges un talus de $0^m,02$ à $0^m,03$ par mètre de profondeur.

137. **Fouilles de terres imbibées d'eau.** — Ces fouilles sont toujours plus dispendieuses que celles de terres ordinaires, bien qu'elles soient tenues asséchées au moyen d'épuisements. Cette plus-value est d'autant plus sensible, que les terres sont plus grasses ou plus argileuses; car à cet état les terres forment une pâte compacte adhérant fortement à la pelle, ou une boue qu'il n'est possible d'enlever qu'en faisant usage de civières à caisse ou de seaux.

Au pont de Croix-Daurade, sur l'Hers, près Toulouse, M. Laroque, pour implanter les culées sur le roc, a été obligé de faire exécuter un déblai ayant près de $3^m,50$ d'épaisseur en contre-bas de l'étiage, dans un sol formé de sable argileux et de tuf mollasse, que la drague ne pouvait attaquer. Les fouilles ont été faites dans l'enceinte d'un batardeau qu'on tenait asséchée au moyen de deux pompes Letestu de $0^m,40$ de diamètre, élevant moyennement chacune 530 mètres cubes d'eau par vingt-quatre heures. Chaque pompe était manœuvrée par douze hommes relayés toutes les heures par douze autres, de sorte que pour les deux pompes il y avait constamment quarante-huit hommes sur le chantier, non compris deux hommes pour soigner les pompes. Le travail d'une journée de dix heures, comprenant l'épuisement, la fouille, le transport en civières à 35 mètres de distance sur rampe de $0^m,10$, était de 50 mètres cubes mesurés en cavalier ou de 40 mètres cubes environ d'excavation, et le prix de ce travail s'est divisé comme l'indique le tableau suivant.

1° *Epuisement.*

	fr.
Manœuvre des pompes, douze cents heures de manœuvre à $0^f,22$	264,00
Indemnité de nuit aux hommes des pompes, trois cents heures à $0^f,22$	66,00
Entretien des pompes, frais d'huile, etc.	1,00
Surveillants des pompes, vingt-quatre heures à $0^f,30$	7,20
Creusage des rigoles pour amener l'eau aux pompes, cinquante heures, à $0^f,22$	11,00
Total des dépenses d'épuisement	349,20
Id. pour chacun des 40 mètres cubes	8,73

2° *Fouille, charge et transport.*

Fouille, vingt heures de terrassier, à $0^f,30$	6,00
Chargement en civières, soixante heures, à $0^f,22$	13,20
Transport en civières, trois cent soixante heures, à $0^f,22$	79,20
Décharge et nettoyage des civières, vingt heures, à $0^f,22$	4,40
Surveillants, douze heures, à $0^f,40$	4,80
Total des dépenses de fouille	107,60
Id. pour chacun des 40 mètres cubes	2,69
Prix total du mètre cube de fouille mis en dépôt, $8^f,73 + 2^f,69$	11,42

Le travail était exécuté en régie ; s'il n'en était pas ainsi, il faudrait ajouter à la dépense précédente les faux frais et le bénéfice de l'entrepreneur.

Aux fondations du pont de l'Aude, à Coursan, des déblais faits dans des terres d'alluvion couvertes de $0^m,15$ à $0^m,20$ de hauteur d'eau, que laissaient constamment les vis d'Archimède, sont revenus, non compris l'épuisement, à 3 fr. 75 c. le mètre cube, pour la fouille, le chargement des seaux et des civières, et le transport à la distance moyenne de 30 mètres sur un terrain incliné à 0m,10 par mètre.

138. Déblais au-dessous de l'eau. — Draguage. — Pour les fondations d'ouvrages d'art, il arrive souvent que les moyens d'épuisement seraient insuffisants ou trop dispendieux pour que l'on puisse exécuter les fouilles à sec. S'il s'agit de roc ou d'un terrain dur et argileux, on a forcément recours à un batardeau pour entourer l'espace à creuser; si l'épuisement est possible, on l'exécute, et la fouille se fait à sec; mais, dans le cas contraire, on est obligé de se servir de la cloche à plongeur ou du scaphandre, moyens très-dispendieux qui ne s'emploient que dans les cas extraordinaires.

Quand le terrain à fouiller dans l'eau est composé de sable et de menu gravier, ou même de terre friable, on fait usage de la drague à main (131) toutes les fois que le volume de la fouille n'est pas assez important pour que l'on ait recours à la drague-machine, ou qu'il est impossible d'amener le bateau dragueur au-dessus de l'excavation.

Le draguage à la main s'exécute ordinairement par des ouvriers spéciaux, habitués à ce genre de travail, et qu'on désigne sous le nom de *dragueurs*. En leur absence, on a recours à des manœuvres; mais le travail produit est considérablement réduit. Sur la rivière l'Orb, à Béziers, et sur l'Aude, à Coursan, nous avons constaté que, sous une profondeur d'eau variant de 2m,50 à 4 mètres, deux dragueurs expérimentés pouvaient ensemble extraire trois bateaux de sable cubant moyennement 2m,80 chacun, soit 8m,40 par journée de dix heures, au lieu que deux manœuvres ne faisaient que la moitié de ce travail. Il est vrai de dire que chaque dragueur était payé 4 fr. 50 c. par jour, mais fournissait son bateau et sa drague, tandis que les manœuvres ne recevaient que 2 fr. 75 c. par jour chacun, mais sans fournir ni bateaux ni outils.

L'emploi de la machine à draguer, lorsqu'il est possible, diminue considérablement le prix de revient des fouilles. Nous donnons à la page suivante la dépense et le travail en une journée de dix heures, pour une petite drague à manége mue par deux chevaux, dont nous avons fait usage pour extraire de l'Aude, à Coursan, des sables et graviers destinés au ballastage du chemin de fer du Midi. Pour une forte drague, ces prix seraient encore réduits dans une notable proportion.

Cube dragué en dix heures de travail par la drague mue par un manége à deux chevaux, la profondeur d'eau étant de 3 à 4 mètres. 80 m. c.

1° *Draguage.*

	Dépense brute.
	fr.
1 patron chef	5,00
1 aide	3,00
3 manœuvres à 2 fr. 50 c	7,50
1 forgeron	4,25
3 chevaux	15,00
1 conducteur	2,25
Temps du patron et de son aide pendant les journées de non-travail	6,40
Intérêt du prix d'acquisition de la drague, estimé 12 000 francs, et travaillant moyennement deux cents jours par an	3,00
Entretien, valeur des fers, bois, etc	5,50
Total pour 80 mètres cubes	51,90
Pour 1 mètre cube	0,65

2° *Transport des sables dragués à une distance de 100 mètres, au moyen de barques; mise sur berges; reprise et transport au camion à une distance de 40 mètres; mise en dépôt et emmétrage.*

1 marin pour conduire les barques	4,50
4 hommes pour décharger les barques, à 3 francs	12,00
3 chargeurs de camions, à 3 francs	9,00
1 rouleur à la flèche de chacun des trois camions, à 3 francs	9,00
1 cheval à chacun des trois camions, à 5 francs	15,00
6 manœuvres à la mise en dépôt et à l'emmétrage, à 2 fr. 50 c	15,00
Valeur des barques et camions, et entretien	8,00
Total pour 80 mètres cubes	72,50
Pour 1 mètre cube	0,91
Prix total du mètre cube de draguage mis en dépôt, 0f,65 + 0f,91	1,56

139. **Extraction des roches.** — On a soin d'opérer par gradins, afin que les massifs présentent toujours deux faces libres, ce qui rend leur attaque plus facile, en même temps que cela permet de multiplier les ateliers.

1° *Extraction par abatage.* — Pour les roches trop tendres ou trop fendillées, qui ne permettent pas de faire avantageusement usage de la poudre, on procède par abatage, en se servant du pic, de la tranche, du coin, du levier, et parfois de la pointerolle (131). On pratique une tranchée ou saignée de 0m,05 à 0m,08 de largeur dans la partie la plus tendre du rocher, et en profitant, autant que possible, des veines ou fissures naturelles qui peuvent s'y trouver. On enfonce alors à la masse des coins dans la tranche, et, à l'aide de gros leviers dont l'extrémité recourbée est introduite dans la tranche, on détache les blocs, que l'on débite alors en moellons transportables, en pratiquant des petites saignées dans lesquelles on enfonce des coins.

Le procédé d'extraction par abatage est aussi employé pour des roches dures et compactes d'un grand prix, que l'on veut obtenir en blocs réguliers, telles que les marbres, les pierres de taille, etc. Pour ces matériaux, les devis proscrivent, du reste, presque toujours l'emploi de la poudre pour leur extraction.

2° *Extraction à la poudre.* — Pour l'exécution des déblais proprement dits, ainsi que pour l'extraction des moellons et des enrochements, le procédé par abatage est remplacé avec une très-grande économie par l'emploi de la poudre, dont la transformation en gaz produit, dans l'espace qu'elle occupe, une pression qu'on évalue à environ 4 000 atmosphères, et qui permet de diviser les roches les plus dures et les plus compactes.

On commence par forer dans la roche un ou plusieurs trous de $0^m,03$ à $0^m,06$ de diamètre, et de $0^m,50$ à 2 mètres de profondeur, selon la puissance du bloc que l'on veut détacher; on verse alors la quantité convenable de poudre dans la partie inférieure de ces trous, et on finit de les remplir au moyen de sable terreux, d'argile ou de débris calcaire, que l'on bourre au fur et à mesure du remplissage. On a soin de loger une mèche dans toute la longueur de cette espèce de tampon en terre, ou d'y réserver un trou pour la recevoir. Cette mèche se calcule de manière qu'après en avoir enflammé l'extrémité, les ouvriers aient le temps, avant l'explosion, de se mettre à l'abri des éclats qui peuvent être projetés.

La charge de poudre varie de $0^k,60$ à 2 kilogrammes; elle dépend, ainsi que la capacité et la profondeur des trous de mine, de la dureté de la pierre et du volume des blocs à détacher.

Pour percer les trous de mine, on fait usage du fleuret (131), que l'on frappe avec une masse, en ayant soin de le faire tourner d'un sixième de circonférence environ après chaque coup, ou d'une barre en fer rond assez pesante, et portant, comme le fleuret, un tranchant aciéré à son extrémité. Cet outil, appelé *barre à mine*, est successivement soulevé et projeté sur le fond du trou que l'on creuse, en ayant également soin de le tourner d'une certaine quantité à chaque coup.

Au fur et à mesure de la descente du trou, on a soin de retirer les détritus au moyen d'une cuiller en fer, dite *curette*. Pour les roches très-dures, afin que la barre à mine ne s'échauffe pas, et aussi pour que la pierre soit moins dure et que le curage soit plus facile, l'ouvrier a soin de verser de l'eau dans le trou ; dans ce cas, les détritus sont à l'état de boue liquide.

La barre à mine est lancée par un ou deux hommes. Pour le fleuret, deux hommes au moins sont nécessaires : un pour tenir l'outil et un second pour frapper dessus avec la masse, dont le poids varie de 4 à 6 kilogrammes. La profondeur de forage produite en un jour par deux hommes, soit avec le fleuret, soit avec la barre à mine, varie de $0^m,25$ à $0^m,75$, selon le degré de dureté de la roche.

Quand le trou est arrivé à la profondeur voulue, on le cure avec soin, puis on le sèche avec des étoupes ou des chiffons passés dans l'œil de la curette. Alors on y verse de la poudre jusqu'au tiers ou à la moitié de sa hauteur, ou mieux, on y introduit une cartouche disposée à cet effet, en ayant soin, pour la pousser au fond, de se servir d'un *bourroir* en cuivre ou en bois, afin d'éviter les explosions. La charge mise, on enfonce dans sa partie supérieure, sur le côté du trou, une *épinglette* en cuivre, autour de laquelle on comprime la bourre, à l'aide d'un *bourroir* dont la forme est à peu près celle de la barre à mine, si ce n'est que son extrémité est en cuivre et qu'elle porte une échancrure de même diamètre que l'épinglette, dans laquelle celle-ci passe librement, de manière à ne pas gêner le jeu du bourroir. Le bourrage étant complet, on retire l'épinglette, en la faisant tourner afin qu'elle laisse un trou bien lisse. Le bourroir, passé dans un anneau qui termine supérieurement l'épinglette, rend facile cette opération, qui doit être exécutée sans secousse, afin d'éviter tout échauffement ou étincelle qui pourraient enflammer la poudre. On remplit alors le petit trou laissé par l'épinglette avec de la poudre ou des petites fusées que l'on met en contact avec une mèche soufrée ou un morceau d'amadou, lesquels brûlent assez lentement pour qu'après y avoir mis le feu l'ouvrier ait le temps de s'éloigner avant que la poudre fasse explosion. Quelquefois, au lieu d'une épinglette, on laisse dans le trou une paille ou un petit tube de fer-blanc rempli de poudre. Depuis quelques années, on remplace très-avantageusement dans le bourrage l'épinglette par des mèches de sûreté dites *de Bickfort*, qui sont spécialement fabriquées pour cet objet. Elles sont formées d'une petite corde de coton dont l'âme est un filet continu de poudre recouvert d'un ruban goudronné contourné en spirale. Comme elles brûlent assez lentement, on peut en allumer directement le bout extérieur, et avoir le temps de se garer avant l'explosion. De plus, comme elles ne craignent pas l'humidité, quand le trou de mine est sous l'eau ou ne peut être séché, il suffit de placer la poudre dans une cartouche imperméable, en toile ou en papier goudronné, ou un tube en fer-blanc, à laquelle on adapte une de ces mèches imperméables.

Afin d'éviter les pertes de temps et les accidents, on a soin de faire partir à la fois tous les trous de mine de l'atelier ; les ouvriers ne se garent ainsi qu'une seule fois pour plusieurs explosions. Il arrive quelquefois qu'un trou de mine rate ; ce cas réclame une grande prudence, et le chef d'atelier doit fixer un délai d'une certaine durée entre la mise du feu et la visite du trou, dont l'explosion a pu n'être que retardée. Dans des roches fissurées, il peut arriver que le départ d'un trou de mine communique l'explosion à d'autres situés à plusieurs mètres de distance ; on conçoit alors combien il est prudent de faire partir ensemble tous les trous de mine chargés, et de ne reprendre le travail que quand on a fait faire explosion aux trous qui ont raté. On a vu des trous qui, après avoir raté, ont fait explosion quinze ou vingt heures plus tard, par suite de l'inflammation d'autres trous.

Quand les trous de mine ont fait explosion, les ouvriers, à l'aide de pics et de leviers, procèdent à l'abatage des parties de roche détachées par la poudre, et les divisent en blocs transportables.

Quand il s'agit d'une extraction sur une grande échelle dans une roche attaquable par les acides, comme le sont les calcaires, on peut faire usage du procédé que M. Courbebaisse, ingénieur des ponts et chaussées, a employé pour déblayer, dans un marbre grossier très-dur, des masses verticales de 50 mètres de hauteur et de 10 à 12 mètres de largeur, lors de la construction d'une route dans des défilés de rocher sur les bords du Lot (*Annales des ponts et chaussées*, année 1855). Le mode ordinaire d'extraction faisait revenir le mètre cube à 4 ou 5 francs.

Le procédé de M. Courbebaisse consiste à commencer le forage avec des barres à mine de $0^m,035$ de diamètre et de 2 à 3 mètres de longueur, pesant de 15 à 20 kilogrammes, à deux bouts aciérés, l'un de $0^m,07$, l'autre de $0^m,06$, manœuvrées par deux ouvriers; à le continuer ensuite avec des barres à mine de 5 mètres de longueur, pesant 35 kilogrammes, ayant un bout aciéré de $0^m,055$, et l'autre façonné en douille pour recevoir un manche en bois. Ces dernières barres sont manœuvrées par trois ou quatre ouvriers, un assis, deux debout, et un quatrième quelquefois placé à un niveau supérieur.

Les barres doivent être en bon fer non cassant, les bouts en bon acier, bien soudés, et aiguisés de temps en temps en étirant l'acier au rouge cerise avec un petit marteau.

Le soin principal à avoir est de faire le trou bien rond et très-étroit, pour que la barre à mine ne s'y engage pas. Une forme convenable donnée à l'extrémité de la barre à mine et l'attention de la tourner un peu à chaque coup suffisent, en général, pour obtenir ce résultat.

Le trou ayant atteint la profondeur voulue, on y descend, jusqu'à la limite où doit commencer la corrosion pour faire la chambre à poudre, un tube en cuivre un peu plus étroit que le trou; on lute l'intervalle entre le tube et le trou au moyen d'étoupes et d'argile, que l'on enfonce avec une petite tringle. Une couronne d'étoupes enduites d'argile, fixée à l'extrémité du tube avant de le descendre dans le trou, empêche le lut de descendre au-dessous du tube. Au dehors du trou, le tube s'élève à une certaine hauteur, où il se recourbe de manière à amener dans un vase l'acide et les produits de la corrosion. Un second tube plus petit, partant du fond d'un second vase contenant de l'acide chlorhydrique étendu, pénètre dans le premier tube au-dessus de l'ouverture du trou et descend jusqu'au fond de celui-ci, de manière à dépasser le gros tube de toute la hauteur de la chambre à excaver. L'appareil ainsi disposé, on verse l'acide étendu dans le second vase; il descend au fond du trou par le petit tuyau et attaque les parois du rocher; il se dégage en abondance de l'acide carbonique, qui remonte par le gros tube, en entraînant avec lui une partie du liquide à l'état de mousse, qu'il projette dans le premier vase. Quand toute la quantité d'acide à employer a passé dans ce vase, on le reverse dans le second, et on continue l'opération jusqu'à ce que l'acide soit complétement saturé et transformé en chlorure de calcium. Au lieu d'employer deux vases, on peut n'en avoir qu'un, duquel part l'acide et dans lequel il revient en mousse; mais l'opération est un peu moins rapide. La force motrice qui produit le mouvement du liquide consiste dans la différence de densité de l'acide descendant par le petit tuyau, et de celui mélangé de mousse remontant par le gros.

Les vases les moins chers et les plus commodes sont de vieilles futailles que l'on peut goudronner. Le gros tube est en cuivre, que l'on pourrait préserver de l'action de l'acide en le couvrant d'une couche de goudron ; le petit tube est en plomb. Ces tubes peuvent être en gutta-percha ou en caoutchouc vulcanisé.

La partie de trou à corroder doit être bien étanche, sans quoi on perdrait beaucoup d'acide. Dans le cas où l'on n'aurait pas pu éviter les fissures, on cherche à les boucher par un écoulement d'eau argilée ou plâtrée. On peut forcer cette eau à pénétrer dans les fissures en la comprimant avec une barre garnie d'étoupes fonctionnant comme un piston, et que l'on chasse à coups de marteau. Quelquefois, quand les fissures sont faibles et que l'acide ne s'y perd que lentement, on se contente de le verser goutte à goutte dans le trou, en supprimant l'appareil des tubes.

Quand la cavité est suffisamment grande, on la vide avec de petits seaux ou de longs paquets de chanvre fixés au bout d'une ficelle; puis on l'étanche et on la sèche bien avec des paquets d'étoupes qu'on retourne en tous sens avec un tire-bourre emmanché d'une longue perche. Alors on procède au chargement, en versant la moitié de la poudre, descendant une mèche Bickfort si la mine doit partir isolément, et versant le reste de la charge. On bourre ensuite avec du sable versé, qu'on tasse jusqu'à l'orifice du trou, et on n'a plus qu'à mettre le feu.

On trouve quelquefois économie à mêler à la poudre une certaine quantité de sciure de bois bien sèche. Pour faire descendre et tasser, soit la poudre, soit le sable sec qui doit servir de bourre, on descend dans le trou une tige en bois ou en cuivre, et on l'agite, en la remontant à mesure qu'on verse la poudre ou le sable ; on doit proscrire sévèrement les tiges en fer, dont l'emploi imprudent a donné lieu à de graves accidents.

Si l'on a une série de mines à faire éclater simultanément, on doit, après avoir versé la moitié de la poudre, descendre dans chacune un petit tube en fer-blanc renfermant une mèche à combustion rapide, formée d'un simple fil de coton non retors enduit d'une pâte de poudre et d'alcool bien séchée, achever de verser la poudre, bourrer avec du sable versé en le tassant autour du tube en fer-blanc, réunir en dehors toutes les mèches rapides à peu près de même longueur, et mettre le feu à leur réunion, au moyen d'une mèche soufrée, et en prenant toutes les précautions convenables. On aurait sans doute avantage à employer une pile galvanique, comme cela a été fait en quelques circonstances.

Le carbonate de chaux exige 0,72 de son poids d'acide chlorhydrique pur pour être décomposé. Si l'on emploie l'acide du commerce, d'une densité de 1,20 et contenant 0,40 d'acide pur, chaque kilogramme de carbonate de chaux consommera, pour sa décomposition, 1k,80 d'acide du commerce, et dégagera 0k,43 ou 217 litres d'acide carbonique.

M. Courbebaisse a essayé son procédé sur des masses compactes de marbre très-dur et très-lourd, d'une densité de 2,70. Chaque décimètre cube de vide, pouvant loger 1 kilogramme de poudre, demandait donc pour sa création $2,70 \times 1,80 = 4^{k},86$ d'acide ; la quantité déduite de l'expérience s'est trouvée de 6 kilogrammes, à cause des pertes de toute nature faites dans l'emploi.

Voici comment M. Courbebaisse divise le prix de revient d'une grande mine, de 7 mètres de profondeur, ayant au-devant de 7 à 8 mètres, et contenant 70 kilogrammes de poudre :

	fr.
7 mètres de trous, à 4 francs le mètre	28
360 kilogrammes d'acide pour faire 60 litres de vide, à 20 francs les 100 kilogrammes	72
70 kilogrammes de poudre, à 2 francs	140
Façon de la poche et faux frais de toute espèce	10
Dix journée d'ouvriers à 2 francs pour détacher les blocs ébranlés	20
Dix petits trous de mine pour diviser les blocs trop gros, à 5 francs l'un	30
Total	300

Une pareille mine peut déblayer une masse de 7 mètres de hauteur, 7 à 8 mètres d'épaisseur et 10 à 12 mètres de largeur, soit moyennement 500 mètres cubes, ce qui porte le prix d'extraction à environ 60 centimes le mètre cube.

140. **Mine sous-marine.** — Pour extraire la *Roche sans nom* existant à l'entrée du port d'Alger, M. Ravier, ingénieur en chef des ponts et chaussées, fait usage d'un nouveau genre de mine, déjà employé aux Etats-Unis, et n'exigeant aucun travail préparatoire de forage. On pose simplement sur la roche à faire éclater une ou plusieurs grosses bouteilles, dites *bonbonnes*, de 50 à 60 litres de capacité, remplies de poudre à mine, et on y met le feu simultanément au moyen d'un courant électrique. La colonne d'eau fait office de bourrage, et chaque mine brise de 5 à 6 mètres cubes de rocher. L'effet extérieur consiste en une gerbe d'eau de 5 à 6 mètres de hauteur et de 4 à 5 mètres de diamètre, d'un beau spectacle. Pour unir le fond à la profondeur de 10 mètres, nécessaire à la libre circulation des vaisseaux de haut bord, il y a encore 2 000 mètres cubes de roche à faire sauter.

141. Enlèvement des terres. — Lorsque les fouilles ont de grandes dimensions et une certaine profondeur, on réserve des rampes dans les déblais, pour qu'on puisse faire arriver les tombereaux ou camions au fond de la fouille et les charger directement, ce qui diminue sensiblement les frais. S'il y a impossibilité de faire descendre les tombereaux ou camions dans la fouille, on a recours à la brouette (111), soit pour monter simplement les déblais au bord de l'excavation, où on les chargera ensuite en tombereaux ou en camions, soit pour les conduire directement à la décharge, si celle-ci est très-peu éloignée (115); on réserve des petites rampes dans les déblais, ou on les établit à l'aide de plats-bords.

Enfin, si le fond de la fouille est aussi inaccessible à la brouette, on établit sur les parois de la fouille des banquettes en retraite l'une sur l'autre, sur lesquelles se placent des ouvriers qui jettent à la pelle, sur la banquette supérieure ou sur la berge, les terres qu'on leur envoie de la banquette immédiatement inférieure ou du fond de la fouille. Ces banquettes, dont la distance verticale peut varier de $1^m,60$ à 2 mètres, s'établissent quelquefois avec des planches.

Il peut encore arriver que la fouille soit trop étroite et sa profondeur trop considérable pour qu'on puisse employer ce dernier moyen ; alors, pour monter les terres, on a recours au treuil (101), dont on garnit la corde d'un seau, d'une caisse ou d'un *bourriquet*, que l'on remplit au fond de la fouille et que l'on vide à la surface du sol. C'est le procédé dont on fait toujours usage pour creuser les puits et percer les souterrains.

142. Transport des terres. — Le transport des terres se fait en les jetant à la pelle, lorsque la distance n'est que de quelques mètres (133) ; mais quand elle est plus considérable, on fait usage de brouettes, de camions, de tombereaux, etc.

143. Transport à la brouette (111, 112 et 134).—Les brouettes employées pour les terrassements ont ordinairement 1/25 de mètre cube de capacité ; cependant on en fait dont le contenu atteint 1/20, et d'autres où il n'est que de 1/33 de mètre cube.

Le relais est à peu près constant dans toutes les localités : il est de 30 mètres sur un plan horizontal, et de 20 mètres sur les rampes de $0^m,08$ par mètre. Le poids de la charge des brouettes est, au contraire, très-variable ; il ne doit pas être inférieur à 60 kilogrammes ; il est ordinairement de 70 kilogrammes environ ; on le porte quelquefois à 80 kilogrammes, et on voit même des ateliers rouler avec des charges supérieures à 100 kilogrammes ; cette variation apporte la plus grande différence dans le travail des ateliers.

Un fort rouleur à la tâche, dans une journée de huit à neuf heures de travail, parcourt environ 30 000 mètres ou 7,5 lieues de 4 kilomètres, avec sa brouette tant pleine que vide.

La quantité d'ouvrage faite par un rouleur augmente sensiblement par l'emploi d'un bon système de chemins en planches, bien unis et souvent nettoyés avec la pelle ; c'est surtout dans les rampes que les chemins de cette nature sont souvent nécessaires, et, lorsqu'il pleut, on doit avoir soin de les saupoudrer de sable ou de décombres, pour empêcher les pieds des travailleurs de glisser. Il faut aussi enlever la terre qui reste adhérente à la brouette, aussi souvent que le besoin s'en fait sentir.

L'expérience prouve qu'il y a avantage de ramener, autant que possible, le centre de gravité de la charge sur le devant de la brouette, et de réduire la longueur des bras à $0^m,50$ ou $0^m,60$, minimum de longueur nécessaire pour que le mouvement des jambes des hommes ne soit pas gêné ; l'une et l'autre de ces précautions tendent à reporter la charge sur la roue de la brouette, au lieu de suspendre aux bras de l'homme.

Dans les chantiers bien organisés, jamais une partie des ouvriers n'est inoccupée pendant que l'autre travaille ; les ouvriers qui chargent ont juste le temps de remplir la brouette pendant que le rouleur parcourt le relais, allée et venue. Ainsi, pour une terre facile, un ouvrier chargeant 20 mètres cubes de terre en dix heures ou 36 000 secondes, pour charger une brouette de $0^{mc},04$, il mettra $\frac{36\,000 \times 0,04}{20} = 72$ secondes, et comme un rouleur parcourt 30 000 mètres dans sa journée de dix heures de travail, ou $\frac{30\,000 \times 72}{36\,000} = 60$ mètres en 72 secondes, le relais sera donc de 30 mètres, ou 60 mètres pour l'allée et la venue.

144. Transport au camion (115). — Dans un petit tombereau traîné par trois hommes, on charge habituellement $0^{mc},20$ de terre.

S'il n'y avait pas de temps d'arrêt, le camion parcourrait 30 000 mètres en dix heures, et comme il faut compter sur 50 à 60 secondes, soit $0^h,02$ pour s'atteler au camion, le décharger et le remettre en marche, il en résulte que le temps employé pour transporter le contenu $0^{mc},20$ du camion à une distance de 30 mètres est

$$0,02 + \frac{10 \times 30 \times 2}{30\,000} = 0^h,04.$$

Pour transporter 1 mètre cube à la même distance, il faudra donc

$$\frac{0,04 \times 1}{0,2} = 0^h,2.$$

Si la distance de transport est de 60 mètres, le transport d'un camion exigera

$$0,02 + \frac{10 \times 60 \times 2}{30\ 000} = 0^h,06,$$

ce qui fait $\frac{0,06}{0,2} = 0^h,3$ par mètre cube.

A une distance de 90 mètres, ces temps seraient respectivement $0^h,08$ et $0^h,4$.

Un ouvrier chargeant 20 mètres cubes de terre en dix heures, deux ouvriers mettront $\frac{10 \times 0,2}{20 \times 2} = 0^h,05$ pour charger le contenu $0^{mc},2$ du camion. Ce temps, comparé à $0^h,08$, que mettent les rouleurs pour parcourir un relais de 90 mètres, fait voir que, pour une terre aussi facile, on pourrait à la rigueur fixer le relais à moins de 90 mètres; cependant il convient de le porter à 100 mètres, afin de soulager les chargeurs, qui fatiguent évidemment plus pour jeter la terre dans un camion que sur une brouette.

145. **Transport au tombereau.** — Pour transporter les terres d'une fouille à une grande distance, on fait usage de tombereaux (115), qui sont ordinairement attelés d'un cheval, et ont alors une capacité de $0^{mc},50$. Dans quelques localités, à Paris, par exemple, on les fait plus grands; ils sont traînés le plus souvent par deux chevaux, et peuvent contenir de 1 mètre cube à $1^{mc},50$ de terre. Sur les routes du département de la Seine, on fait même usage de tombereaux à bascule cubant $1^{mc},80$; ils coûtent 500 francs et pèsent 750 kilogrammes.

Le temps nécessaire au transport au tombereau peut se diviser en trois parties distinctes :

1° *Le temps nécessaire au chargement.* — En supposant qu'un homme puisse charger 15 mètres cubes de terre en dix heures de travail (dans le plus grand nombre de cas, il convient de réduire ce nombre à 12 mètres cubes) (133), si l'on représente par C la capacité du tombereau, et par N le nombre des chargeurs, ce temps sera $\frac{10 \times C}{15 \times N}$. Le nombre N ne doit pas dépasser 3, car autrement les chargeurs se gêneraient, et il comprend le conducteur, qui travaille comme chargeur.

2° *Le temps nécessaire au mouvement.* — Un cheval attelé à un tombereau parcourant 30 000 mètres en dix heures ; pour parcourir R relais de 100 mètres, aller et retour, il mettra $R \frac{10 \times 200}{30\,000} = R \times 0^h,067$.

3° *Le temps nécessaire au déchargement et à la mise en marche du tombereau.* — Ce temps peut être évalué à $0^h,033$ ou $0^h,05$, suivant la dimension du tombereau.

Il résulte donc que le temps employé pour charger un tombereau de 1 mètre cube de capacité, le conduire à 100 mètres de distance et le décharger, en ayant deux chargeurs avec le charretier, est :

Chargement		$0^h,222$ de deux terrassiers.
Chargement	$0^h,222$	0 ,339 de tombereau à deux chevaux et de son conducteur.
Parcours de chaque 100 mètres de la distance totale, aller et retour	0 ,067	
Déchargement	0 ,050	

Ces nombres permettront de calculer facilement le prix du transport des terres, connaissant ce que l'on paye par jour les terrassiers, ainsi que le tombereau avec son conducteur.

Si l'on n'avait qu'un tombereau, et que les chargeurs n'eussent pas d'occupation pendant que le tombereau est en marche, au lieu de tenir compte seulement de $0^h,222$ à chaque terrassier, il faudrait supposer qu'ils travaillent aussi longtemps que le tombereau, c'est-à-dire pendant $0^h,339$ pour le transport du mètre cube de terre à 100 mètres ; sur un atelier bien organisé, on s'arrange pour qu'il y ait toujours un tombereau en charge pendant que les autres sont en marche ; de cette manière, on évite les pertes de temps, et on se trouve dans les conditions du tableau précédent.

146. **Transports à la banaste, au couffin et à dos d'âne.** — Ces moyens sont surtout employés pour le transport des déblais et des matériaux dans les pays montagneux, où la pente trop rapide des chemins rend à peu près impossibles les modes ordinaires de transport.

Le *transport à la banaste et au couffin* est fréquemment employé en Algérie et dans le midi de la France, où il remplace la brouette, quand les déblais doivent être transportés à de petites distances. La *banaste* est un panier en bois de châtaignier, cubant $0^m,01$. Le *couffin* est un panier en jonc d'une capacité à peu près égale à celle de la banaste. Des hommes portent ces paniers sur les épaules, à la manière des coltineurs de charbon.

Le *transport à dos d'âne* est très-employé en Corse et en Algérie, où il remplace souvent le transport au camion et au tombereau. Il se fait en chargeant sur le dos de l'âne deux bennes ou deux couffins d'une capacité de $0^{mc},04$ chacun.

147. Transport par chemins de fer. — Au chemin de fer de Saint-Germain, pour les tranchées des Batignolles, les waggons étant remorqués par des chevaux et la distance de transport étant de 1 000 à 1 500 mètres, le prix du transport de 1 mètre cube à 1 000 mètres s'est divisé en :

	fr.
Transport proprement dit.............	0,20
Réparation et graissage des waggons......	0,08
Dépréciation........................	0,03
Total.............	0,31

La décharge est revenue à $0^{f},13$ par mètre cube, y compris les chevaux qui conduisaient les waggons de la gare la plus voisine à la décharge.

La distance de transport ayant été de 3 000 mètres, on a fait usage de locomotives, et le prix du transport de 1 mètre cube à 1 000 mètres s'est divisé en :

	fr.
Transport proprement-dit, c'est-à-dire salaire des mécaniciens, combustible et réparations..................	0,10
Réparation des waggons..............................	0,24
Dépréciation des waggons............................	0,03
Total..................	0,37

La décharge des waggons est revenue, par mètre cube, à :

	fr.
Chevaux employés à traîner les waggons du point où les déposaient les locomotives jusqu'à la décharge et les ramener.	0,18
Ouvriers..	0,08
Total....................	0,26

Ainsi, sous le point de vue de l'économie, il y aurait avantage à faire remorquer les waggons par les chevaux; mais les travaux s'exécutent avec moins de rapidité.

Nous allons donner un aperçu de la manière dont se sont divisées les dépenses de la tranchée de Clamart (chemin de fer de Versailles, rive gauche), d'après les séries de prix établies par M. Brabant. Les nombres qui suivent sont extraits du *Portefeuille de l'ingénieur des chemins de fer*, de MM. Perdonnet et Polonceau.

Le cube total des déblais était de 378 000 mètres cubes; mais comme les trois quarts seulement ont été transportés d'un même côté de la tranchée, à une distance supérieure à 1 000 mètres, les prix suivants sont établis dans l'hypothèse d'un volume de 300 000 mètres à transporter à une distance de 1 000 mètres.

L'accélération des travaux a dû faire sacrifier l'argent pour économiser le temps (les travaux devant être terminés en vingt mois, il a fallu effectuer un transport de 600 mètres cubes par journée de dix heures de travail).

Les waggons contenaient $1^{mc},50$ de terre et descendaient pleins un chemin incliné de $0^{m},004$ par mètre. Trois chevaux en remorquaient dix à la vitesse de 25 000 mètres par jour, et une locomotive, dont les pistons avaient $0^{m},25$ de diamètre, en traînait vingt à la vitesse de 100 000 mètres par jour de dix heures.

On a compté, pour le temps perdu à la charge et à la décharge, dix minutes par voyage, quels que soient le mode de traction et la distance de transport.

Le transport s'effectuant avec des chevaux, il a fallu, pour 600 mètres cubes à transporter par jour, cent cinquante waggons (quatre-vingts à la charge et décharge, quarante sur la voie, dix à la réserve et vingt en réparation). Avec les locomotives, il a fallu cent trente-deux waggons (quatre-vingts en charge et décharge, vingt sur la voie, dix en réserve, vingt en réparation et deux waggons intermédiaires). Le nombre des locomotives doit être double du nombre nécessaire ; ainsi, pour une que l'on avait en marche, il en fallait une seconde en réserve ou en réparation.

Prix *du transport de 1 mètre cube de déblai à une distance de 1 000 mètres, sur un chemin dont la pente est de* $0^{m},004$ *par mètre, les waggons étant remorqués par des chevaux.*

	fr.
Intérêt à 5 pour 100 de 375 000 francs qu'a coûté le matériel d'exploitation, et dépréciation de ce matériel	0,4625
Entretien du matériel	0,2000
Le matériel d'exploitation comprend cent cinquante waggons de terrassement à 650 francs pièce, 3 000 mètres de doubles voies en fer à 80 francs, quarante changements de voies provisoires à 225 francs pièce, hangar, bâtiments, outils, deux échafauds de décharge.	
Pose, démontage et entretien des voies provisoires	0,0873
Transport des déblais	0,5246
Ce transport exige huit chevaux, payés 48 francs par jour, pour conduire les waggons au point où ils doivent être pris par les chevaux chargés du transport ; trois chevaux et deux conducteurs, payés 24 francs par jour, par chaque dix waggons portant 15 mètres cubes	
A reporter	1,0744

	fr.
Report..................	1,0744
de terre à 25 000 mètres par jour; dix minutes de temps perdu (temps pendant lequel les trois chevaux et les conducteurs ne marchent pas); douze ouvriers pour pousser et décrocher les waggons, 30 francs par jour; aiguilleurs, nettoyeurs de rails et graisseurs, douze ouvriers payés 24 francs par jour.	
Fouille et charge..................	0,6000
Reprises et jets à la pelle ou transports en brouettes nécessaires pour charger en waggons..................	0,3000
Déchargement et manœuvre des ponts de décharge, vingt-quatre ouvriers à 84 francs par jour..................	0,1400
Dépenses diverses..................	0,1167
Manœuvres pour travaux divers, seize ouvriers à 40 francs par jour; surveillants et gardiens, dix employés à 30 francs par jour.	
Total..................	2,2311

Pour un supplément de transport à 1 000 mètres, l'excès de dépense n'est que de 0f,0402.

Sur un chemin horizontal, au lieu de trois chevaux pour conduire dix waggons, il en faudrait cinq, ce qui porterait le prix du mètre cube transporté à 1 000 mètres à 2f,3085, et l'excès par 1 000 mètres de distance en plus, à 0f,0467.

Si le chemin montait de 0m,004 par mètre, il faudrait huit chevaux et deux conducteurs payés 54 francs par jour, ce qui porterait les prix précédents à 2f,4243 et à 0f,0564.

Quand les waggons sont remorqués par une locomotive, il faut cent trente-deux waggons, deux locomotives du prix de 33 000 francs pièce, douze chevaux pour amener les waggons au point où la locomotive peut les prendre. La locomotive, estimée être de la force de dix chevaux, produit une dépense journalière évaluée à 101 francs. Ces diverses dépenses font que le prix du transport de 1 mètre cube à 1 000 mètres est de 2f,3005 sur un chemin descendant de 0m,004 par mètre, 2f,3728 sur un chemin horizontal, et 2f,5137 sur un chemin dont la pente ascendante est de 0m,004 par mètre. Pour ces divers chemins, l'augmentation de dépense pour un excès de 1 000 mètres de distance de transport est respectivement 0f,0344, 0f,0391 et 0f,0466.

En effectuant le transport par plans automoteurs, ce qui est nécessaire toutes les fois que les déblais doivent être descendus à une grande profondeur, il faut le même nombre de waggons qu'avec des chevaux, douze conducteurs de waggons et quinze chevaux, et le prix du transport du mètre cube à une distance de 1 000 mètres est de 2f,2861. Ce prix a été établi dans l'hypothèse où le plan automoteur a 200 mètres de longueur et 0^{m},05 de pente par mètre ; cela suffit pour que les waggons acquièrent une impulsion nécessaire pour parcourir ensuite une distance de 800 mètres ; ils pourraient même franchir un espace plus long ; mais alors il faudrait leur laisser prendre sur le plan une vitesse qui serait dangereuse.

D'après les résultats précédents, et en supposant qu'un tombereau attelé de deux chevaux serait payé 14 francs par jour de dix heures, y compris le conducteur ; que le temps perdu à la charge et à la décharge serait de 1/40 de jour, que deux chevaux pourraient traîner 0^{mc},80 ou 1 mètre cube de terre en parcourant 36 000 mètres par jour, selon que le chemin serait en terre ou serait une route bien entretenue, MM. Perdonnet et Polonceau ont établi le tableau suivant :

TABLEAU *du prix de revient du transport de 1 mètre cube de déblai à une distance de 1 000 mètres sur des chemins horizontaux.*

DISTANCES de TRANSPORT.	TRANSPORT AU TOMBEREAU		TRANSPORT EN WAGGONS traînés par des	
	sur chemins en terre.	sur routes entretenues.	chevaux.	locomotives.
m.	fr.	fr.	fr.	fr.
1 000	2,2195	1,7580	2,3085	2,3728
1 500	2,7955	2,1470	2,5420	2,5783
1 600	2,9107	2,2248	2,5887	2,6174
1 700	3,0259	2,3026	2,6354	2,6565
1 800	3,1411	2,3804	2,6821	2,6956
1 900	3,2563	2,4582	2,7288	2,7347
2 000	3,3715	2,5360	2,7755	2,7738
3 000	4,5235	3,3140	3,2425	3,1648
4 000	5,6755	4,0920	3,7095	3,5508
4 500	6,2515	4,4810	3,9430	3,7513
4 600	6,3667	4,5588	3,9897	3,7904
4 700	6,4819	4,6366	4,0364	3,8295

Ce tableau fait voir que, sous le rapport de l'économie, l'usage des waggons n'est plus avantageux que celui des tombereaux que pour des volumes de déblais considérables et pour des distances de transport supérieures à 1 000 mètres ; cependant on y a souvent recours pour des distances moindres, parce que les chemins en terre sont impraticables avec des tombereaux par les temps humides, au lieu qu'avec des waggons et des voies en fer on est rarement obligé d'interrompre les travaux.

Il est à remarquer que l'on peut diminuer notablement les prix du tableau précédent, quand les circonstances n'exigent pas, comme dans la vallée de Clamart, une exécution aussi rapide.

Le plus habituellement, pour les grands terrassements, on fait usage de la brouette pour les distances de transport de moins de 100 mètres ; du tombereau, pour celles de 100 à 500 mètres ; des waggons traînés par des chevaux, pour celles de 500 à 2 000 mètres ; et des waggons remorqués par des locomotives, pour des distances de 2 000 mètres et au-dessus.

On a donné différentes formules pour calculer les prix de revient du transport en waggons traînés par des chevaux, du mètre cube de terrassement et de ballast ; la formule (1) a été établie par M. Duvignaud, ingénieur en chef des ponts et chaussées, pour les transports exécutés sur la deuxième section du chemin de fer d'Orléans à Bordeaux, entre Poitiers et Libourne ; elle comprend les mains-d'œuvre supplémentaires pour chargement et déchargement, les faux frais, le bénéfice de l'entrepreneur, la fourniture des waggons et des voies formées de bandes de fer de $0^m,075$ sur $0^m,02$, posées de champ, sans coussinets, sur des petites traverses en bois blanc ; elle ne comprend pas les frais de fouille et de charge.

$$x = \frac{L + 8}{V} \times 900 + 0,25 + 0,045\,D \pm DI \qquad (1)$$

x, prix du mètre cube en francs ;
L, longueur cumulée du déblai et du remblai, exprimée en hectomètres ;
V, volume transporté en mètres cubes ;
D, distance du centre de gravité du déblai à celui du remblai, en hectomètres ;
I, déclivité.

Pour les ateliers où les voies servent pour la seconde fois, on a

$$x = \frac{L + 8}{V} \times 250 + 0,25 + 0,045\,D \pm DI$$

La formule (2) a été appliquée au chemin de fer du Nord :

$$x = \frac{15\,D + 2\,000}{V} \times 0,000\,31\,D + 0,40 \qquad (2)$$

D, distance moyenne du transport, en mètres.

Cette formule suppose :

1° Que la longueur des voies provisoires avec rails définitifs est égale à 3 D ;
2° Que la longueur des voies provisoires établies sans rails définitifs est de 300 mètres ;
3° Que le développement total des voies posées, déplacées ou enlevées pour l'exécution des travaux est égale à 6 D.

La formule (3) a été établie par M. Brabant, en 1847, dans le but de calculer approximativement les frais de transport en waggons pour la tranchée à ouvrir sur la ligne de Lille à Dunkerque.

$$x = \frac{D + 20}{V} \times 0{,}50 + 0{,}40 + 0{,}04\,D \qquad (3)$$

D, distance moyenne de transport en hectomètres ;
V, volume à transporter en milliers de mètres.

Cette valeur de x comprend la fourniture et l'entretien du matériel, waggons et voies provisoires formées avec un matériel provisoire (*), les frais de pose, dépose, repose et entretien des voies, les mains-d'œuvre supplémentaires pour chargement et déchargement, et généralement toutes les dépenses, sauf celles de fouille et de charge.

(*) Pour des cubes d'une certaine importance, la formule précédente peut encore s'appliquer au cas où les voies provisoires sont formées avec un matériel définitif.

(A.) TABLEAU *dressé par* M. BRABANT, *d'après les formules précédentes, et donnant le prix du transport de 1 mètre cube de déblai ou de ballast, avec waggons de terrassement ordinaires trainés par des chevaux sur voies provisoires*, en supposant la voie horizontale.

FORMULES.	DISTANCE de transport.	PRIX DU MÈTRE CUBE POUR UN VOLUME DE						
		25 000	50 000	75 000	100 000	150 000	200 000	300 000
		fr.	fr.	fr.	fr.	fr.	fr.	fr.
(1)	500	1,231	0,853	0,727	0,664	0,601	0,570	0,538
	1 000	1,636	1,168	1,012	0,934	0,856	0,817	0,778
	1 500	2,041	1,483	1,297	1,204	1,111	1,065	1,018
	2 000	2,446	1,798	1,582	1,474	1,366	1,312	1,258
	2 500	2,851	2,113	1,867	1,744	1,621	1,560	1,498
	3 000	3,256	2,428	2,152	2,014	1,876	1,807	1,738
(2)	500	0,935	0,745	0,682	0,650	0,618	0,603	0,587
	1 000	1,390	1,050	0,937	0,880	0,823	0,795	0,767
	1 500	1,845	1,355	1,192	1,110	1,028	0,988	0,947
	2 000	2,300	1,660	1,447	1,340	1,233	1,180	1,127
	2 500	2,755	1,965	1,702	1,570	1,438	1,373	1,307
	3 000	3,210	2,270	1,957	1,800	1,643	1,565	1,487
(3)	500	1,100	0,850	0,767	0,725	0,683	0,663	0,642
	1 000	1,400	1,100	1,000	0,950	0,900	0,875	0,850
	1 500	1,700	1,350	1,233	1,175	1,116	1,088	1,058
	2 000	2,000	1,600	1,467	1,400	1,333	1,300	1,267
	2 500	2,300	1,850	1,700	1,625	1,550	1,513	1,475
	3 000	2,600	2,100	1,933	1,850	1,766	1,725	1,683

(B.) M. BRABANT *a également dressé le tableau comparatif ci-contre, des prix moyens du transport sur voies horizontales de* 1 *mètre cube de terre ou de ballast du poids moyen de* 1 600 *kilogrammes.*

DISTANCE DE TRANSPORT.	MODE DE TRANSPORT.										
	A la brouette.	Au camion traîné par des hommes.	A dos de mule.	Au tombereau traîné par des chevaux.	VOLUME de 100 000 mètres transportés sur voies provisoires avec waggons ordinaires de terrassement. — chevaux au pas.	VOLUME de 100 000 mètres transportés sur voies provisoires avec waggons ordinaires de terrassement. — locomotive à la vitesse de 12 kilom. à l'heure.	VOLUME de 20 000 mètres transportés sur voies définitives avec locomotives à la vitesse de 25 kilom. à l'heure. — tous frais compris [1].	VOLUME de 20 000 mètres transportés sur voies définitives avec locomotives à la vitesse de 25 kilom. à l'heure. — Non compris la dépense des voies.	VOLUME de 20 000 mètres transportés sur voies définitives avec locomotives à la vitesse de 25 kilom. à l'heure. — Dépense des véhicules seulement.	SUR COURS D'EAU [2]. — grand bateau de 30 mètres cubes à un cheval.	SUR COURS D'EAU [2]. — petit bateau de 2 mètres cubes à un homme.
	1	2	3	4	5	6	7	8	9	10	11
Formules.	0,450 D	0,10 + 0,25 D	0,20 + 0,25 D	0,30 + 0,12 D	0,50 + 0,045 D	0,56 + 0,036 D	0,45 + 0,01 D	0,45 + 0,005 D	0,20 + 0,005 D	0,24 + 0,004 D	0,08 + 0,008 D
10	0,045	»	»	»	»	»	»	»	»	»	»
20	0,090	»	»	»	»	»	»	»	»	»	»
30	0,135	»	»	»	»	»	»	»	»	»	»
40	0,180	»	»	»	»	»	»	»	»	»	»
50	0,225	0,225	0,325	»	»	»	»	»	»	»	»
60	0,270	0,250	0,350	»	»	»	»	»	»	»	»
70	0,315	0,275	0,375	»	»	»	»	»	»	»	»
80	0,360	0,300	0,400	»	»	»	»	»	»	»	»
90	0,405	0,325	0,425	»	»	»	»	»	»	»	»
100	0,450	0,350	0,450	0,420	0,545	0,596	0,460	0,455	0,205	0,244	0,088
120	0,540	0,400	0,500	0,444	0,554	0,603	0,462	0,456	0,206	0,245	0,090
140	0,630	0,450	0,550	0,468	0,563	0,610	0,464	0,457	0,207	0,246	0,091
160	0,720	0,500	0,600	0,492	0,572	0,618	0,466	0,458	0,208	0,246	0,093
180	0,810	0,550	0,650	0,516	0,581	0,624	0,468	0,459	0,209	0,247	0,094
200	0,900	0,600	0,700	0,540	0,590	0,632	0,470	0,460	0,210	0,248	0,096
300	»	0,850	0,950	0,660	0,635	0,668	0,480	0,465	0,215	0,252	0,104
400	»	1,100	1,200	0,780	0,680	0,704	0,490	0,470	0,220	0,256	0,112
500	»	1,350	1,450	0,900	0,725	0,740	0,500	0,475	0,225	0,260	0,120
600	»	1,600	1,700	1,020	0,770	0,776	0,510	0,480	0,230	0,264	0,128
700	»	1,850	1,950	1,140	0,815	0,812	0,520	0,485	0,235	0,268	0,136
800	»	2,100	2,200	1,260	0,860	0,848	0,530	0,490	0,240	0,272	0,144
900	»	2,350	2,450	1,380	0,905	0,884	0,540	0,495	0,245	0,276	0,152
1 000	»	2,600	2,700	1,500	0,950	0,920	0,550	0,500	0,250	0,280	0,160
1 100	»	»	»	1,620	0,995	0,956	0,560	0,505	0,255	0,284	0,168
1 200	»	»	»	1,740	1,040	0,982	0,570	0,510	0,260	0,288	0,176
1 300	»	»	»	1,860	1,085	1,028	0,580	0,515	0,265	0,292	0,184
1 400	»	»	»	1,980	1,130	1,064	0,590	0,520	0,270	0,296	0,192
1 500	»	»	»	2,100	1,175	1,100	0,600	0,525	0,275	0,300	0,200
1 600	»	»	»	2,220	1,220	1,130	0,610	0,530	0,280	0,304	0,208
1 700	»	»	»	2,340	1,265	1,172	0,620	0,535	0,285	0,308	0,216
1 800	»	»	»	2,460	1,310	1,208	0,630	0,540	0,290	0,312	0,224
1 900	»	»	»	2,580	1,350	1,244	0,640	0,545	0,295	0,316	0,232
2 000	»	»	»	2,700	1,400	1,280	0,650	0,550	0,300	0,320	0,240
2 500	»	»	»	»	1,625	1,460	0,700	0,575	0,325	0,340	0,280
3 000	»	»	»	»	1,850	1,640	0,750	0,600	0,350	0,360	0,320
4 000	»	»	»	»	»	2,000	0,850	0,650	0,400	0,400	0,400
5 000	»	»	»	»	»	2,360	0,950	0,700	0,450	0,440	0,480
10 000	»	»	»	»	»	4,160	1,450	0,950	0,700	0,640	0,880
15 000	»	»	»	»	»	5,960	1,950	1,200	0,950	0,840	1,280
20 000	»	»	»	»	»	»	2,450	1,450	1,200	1,040	1,680
25 000	»	»	»	»	»	»	2,950	1,700	1,450	1,240	2,080
50 000	»	»	»	»	»	»	5,450	2,950	2,700	2,240	4,080

[1] Voies de fer, waggons, remaniement des déblais, déchargement, etc.
[2] Non compris les frais de chargement et de déchargement, et ceux de transport du lieu d'extraction u bateau et du bateau au lieu d'emploi.

Remarques sur le tableau précédent.

1° Les waggons sont supposés porter 2 mètres cubes ; un tombereau attelé de deux chevaux est du prix de 12 francs par jour, il porte 0mc,666, parcourt 30 000 mètres, et le temps perdu à la charge et à la décharge est de quinze minutes.

2° Il est évident qu'on ne peut établir de comparaison qu'entre les prix des sept premières colonnes du tableau.

3 Dans le cas où le poids du mètre cube ne serait pas 1,600 kilogrammes, à l'exception des prix des colonnes 5 et 6, tous les autres varieraient proportionnellement au poids ; quant à ceux de ces colonnes, qui dépendent d'éléments très-importants qui ne varient pas comme les poids à transporter, on s'éloignerait peu de la vérité en adoptant moitié de la variation proportionnelle au poids.

4° Sur les rampes, aux distances mesurées horizontalement, on ajoutera dix fois la distance verticale du centre de gravité du déblai à celui du remblai, lorsqu'il s'agira de transporter à la brouette, au camion, à dos de mule et au tombereau ; quarante fois cette distance verticale pour le transport en waggons, et mille fois pour le transport en bateaux quand il n'y a pas d'écluses ; dans le cas contraire, on compte dix à quinze minutes de temps perdu par écluse, suivant la hauteur de chute.

Pour les pentes, on retranche des distances horizontales moitié des quantités qu'on ajoute pour les rampes. Dans la pratique, on tient rarement compte de ces réductions.

5° Les éléments concernant les prix des colonnes 5, 6 et 7 sont :

Matériel des ateliers des voies en fer et des waggons, moins-value, entretien, pose, dépose, repose, etc. ;

Transport proprement dit, frais de traction, graissage des waggons, formation des convois, manœuvre des aiguilles et nettoyage des voies ;

Déblais, remaniement à la charge, ouverture de la cunette et déchargement.

6° Si l'on voulait établir une comparaison entre les prix des tableaux précédents et ceux de la page 246, il faudrait d'abord retrancher de ces derniers la fouille et la charge, comprises pour 0f,60, prix payé à la tranchée de Clamart, ouverte dans une marne très-compacte, mêlée de terre et de cailloux d'une extraction difficile.

La grande différence que l'on aurait encore doit être attribuée aux perfectionnements apportés dans les travaux depuis 1838 ; à ce que les chiffres du tableau (B) sont des moyennes, au lieu qu'à Clamart la main-d'œuvre est d'un prix très-élevé ; enfin, à ce que les déblais de Clamart étaient d'un poids énorme, et qu'ils foisonnaient de 50 pour 100 ; de plus encore, les travaux ont été poussés avec une rapidité exceptionnelle.

148. Tableau du prix approximatif du transport de 1 mètre cube de déblai par les différents moyens qui viennent d'être examinés.

Les résultats de ce tableau ont été établis dans les hypothèses :

1° Que pour les transports, autres que ceux en waggons, les prix comprennent la fourniture du matériel, qui est du reste relativement très-faible, le temps de la voiture pendant le chargement, le roulage, le temps et les frais de déchargement, mais non les frais de chargement ;

2° Que, pour le transport en waggons traînés par des chevaux, les prix comprennent le transport proprement dit, le graissage des waggons, l'entretien, le renouvellement des pièces usées et la dépréciation du matériel, mais non l'acquisition des waggons et l'établissement de la voie ;

3° Que les chemins sont horizontaux ; dès que la pente atteint 1/6 pour le transport à la banaste et à dos d'âne, et 1/12 pour le transport à la brouette, au camion ou au tombereau, l'étendue des relais doit être diminuée de 1/3 ;

4° Que le prix de la journée de dix heures de travail est :

	fr.
Pour le manœuvre	2,50
Pour une voiture à un cheval, conducteur compris	6,50
Id. à deux chevaux, *id*	12,00
Pour un âne, un homme conduisant six à douze ânes compris	2,50

MODES DE TRANSPORT.	PRIX DU TRANSPORT de 1 mètre cube de déblai à un relai de		
	30 mètres.	100 mètres.	pour chaque 100 mètres en plus des 100 premiers.
	fr.	fr.	fr.
A la brouette	0,125	0,420	»
Au camion	0,150	0,333	»
Au tombereau	»	0,410	0,08
Au waggon	»	0,380	0,03
A la banaste ou au couffin	0,360	1,160	»
A dos d'âne	0,610	0,700	0,13

149. Influence des rampes sur les distances de transport.— Il est évident qu'une rampe ascendante du déblai au remblai augmente le travail, puisque, outre le travail dépensé pour le transport horizontal, il faut encore élever les matériaux. Des ingénieurs admettent que le travail est le même pour monter une rampe de 20 mètres de base sur $2^m,50$ de hauteur (inclinée au 1/8) que pour parcourir une distance horizontale de 30 mètres. La pente 1/8 exigeant un travail au-dessus des forces de l'homme, il convient d'adopter, comme dans les travaux du génie militaire, une rampe au 1/12, et de considérer comme équivalent de la distance horizontale 30 mètres, une rampe de 20 mètres de base sur seulement $1^m,65$ de hauteur. Ainsi, considérant que, pour s'élever de la hauteur H, il faut parcourir une rampe de 12 H de base, comme 20 mètres de cette rampe équivalent à 30 mètres de transport horizontal, 1 mètre équivaut à $1^m,50$, et les 12 H, à $12\,H \times 1,50 = 18\,H$; ce qui revient à ajouter 6 H à l'espace réellement parcouru horizontalement, sans que cet espace horizontal soit jamais inférieur à 12 H, mais pouvant être égal ou supérieur à cette limite. Dans le cas où un chemin direct donnerait un espace moindre, on adopterait un chemin composé de deux directions, ou d'un plus grand nombre, si cela était nécessaire, se raccordant de manière que l'ouvrier pût facilement passer de l'une sur l'autre avec sa brouette.

Dans le transport à la brouette, l'ouvrier fatigue peut-être un peu moins en descendant ; mais comme il fatigue beaucoup plus en montant, à vide il est vrai, une pente descendante ne peut être très-favorable, et on règle les relais comme sur un chemin horizontal.

Pour le transport ordinaire en tombereau, il ne convient pas que l'inclinaison des rampes dépasse 1/20.

150. **Montage des terres.** — Lorsqu'on a à élever des terres verticalement, on peut placer des ouvriers à des étages différents espacés de $1^m,65$, et compter que chaque ouvrier, en dix heures de travail, peut jeter 15 mètres cubes de terre d'un étage à l'étage supérieur. On peut aussi disposer des rampes s'élevant de $1^m,65$ pour 20 mètres de base, ce qui équivaut à un relais horizontal de 30 mètres ; ces deux manières d'opérer font voir que l'on doit adopter la hauteur verticale $1^m,65$ pour relais.

Dans un grand nombre de cas, on est obligé d'élever les terres tout à fait verticalement ; on fait alors usage de treuils ordinaires mus à bras d'homme, ou de treuils à tambour mis en mouvement par des chevaux ou par des machines à vapeur.

L'arbre du treuil, ordinairement employé pour le montage des déblais à bras d'homme, a de $0^m,15$ à $0^m,20$ de diamètre, et 1 mètre à $1^m,20$ de longueur ; la manivelle a $0^m,40$ de rayon, le diamètre de la corde est de $0^m,03$, et la caisse ou le panier destiné à recevoir les terres à élever, et que l'on nomme *bourriquet,* a $0^{mc},033$ de capacité.

Le panier mettant vingt secondes, ou $0^h,00556$ pour s'élever de 5 mètres, pour s'élever à la hauteur d'une banquette de 2 mètres, il mettra $\frac{0^h,00556 \times 2^m,00}{5} = 0^h,00222$; comme il descend de 5 mètres en quinze secondes, ou $0^h,00417$, la descente d'une hauteur de banquette durera $\frac{0^h,00417 \times 2,00}{5} = 0^h,00167$. De ces nombres, comme de plus il faut $20'' = 0^h,00556$ pour décrocher un panier plein et en accrocher un vide, et $25'' = 0^h,00695$ pour vider le panier, il résulte que, pour élever le contenu $0^m,033$ du panier à une hauteur de B banquettes, il faudra un temps représenté par

$$t = B\,(0^h,00222 + 0^h,00167) + 0^h,00556 + 0^h,00695.$$

Si on a B = 3, par exemple, on conclut :

$$t = 0^{h},02418.$$

Le temps nécessaire pour élever 1 mètre cube est :

$$T = \frac{t \times 1}{0,033}$$

et quand B = 3, on a

$$T = \frac{0,02418 \times 1}{0,033} = 0^{h},732.$$

Pour manœuvrer une telle machine, il faut trois hommes : un pour remplir le panier, et les deux autres pour tourner la manivelle, décrocher le panier et le vider. La journée de chaque ouvrier étant payée 3 francs, par exemple, on a pour une heure des trois ouvriers $0^{f},90$; chaque mètre cube de déblai élevé à la hauteur de trois banquettes ou de 6 mètres coûte alors $0^{f},90 \times 0^{h},732 = 0^{f},659$.

Partant de l'hypothèse qu'un ouvrier jette à la pelle, dans une journée, 15 mètres cubes de terre d'une banquette sur l'autre, il sera facile de déterminer l'avantage d'un procédé sur l'autre pour une hauteur d'élévation déterminée.

A la percée du tunnel de Saint-Cloud (chemin de fer de Paris à Versailles), pour des profondeurs moyennes de puits de $24^{m},50$, on a obtenu, en dix heures de travail, les résultats suivants, les prix ne comprenant ni les frais de matériel ni les frais généraux :

1° Un treuil mû à bras d'homme montait moyennement à chaque puits, à l'aide de baquets cubant $0^{m},033$, un volume de $9^{m},56$ de déblai compacte, ou $16^{mc},67$, foisonnement compris, et la dépense était :

	fr.
Pour quatre hommes à la manœuvre du treuil, à 3 francs par jour...	12,000
Soit, par mètre cube de déblai compacte et par mètre de hauteur d'élévation..	0,051

2° Un treuil à manége (tambour de $1^{m},40$ du diamètre, et levier d'attelage de $3^{m},50$), mû par un cheval, montait moyennement à chaque puits, avec des paniers coniques cubant $0^{m},071$, un volume de $12^{mc},24$ de déblai compacte, ou $21^{mc},30$ de terre fouillée, et la dépense se divisait comme il suit :

	fr.
Pour deux chevaux et un conducteur..............................	13,000
Pour deux hommes recevant les paniers, à 3 francs................	6,000
Total..................	19,000
Soit, par mètre cube de déblai compacte et par mètre de hauteur d'élévation..	0,063

fr.

3° Un treuil à manége (diamètre du tambour $2^m,50$, levier d'attelage $3^m,50$), mû par deux chevaux, montait moyennement à chaque puits, avec des camions cubant chacun $0^m,30$, un volume de $29^{mc},30$ de déblai compacte, ou 51 mètres cubes de terre fouillée, et la dépense était :

	fr.
Pour quatre chevaux et deux conducteurs	26,000
Pour trois hommes recevant et déchargeant les camions	9,000
Total	35,000
Soit, par mètre cube de déblai compacte et par mètre de hauteur	0,049

Dans les trois expériences précédentes, les cordes s'enroulaient sur les treuils de manière à permettre la descente des baquets vides pendant la montée des baquets pleins.

Pour élever les terres par des puits pour le percement de tunnels, on fait encore usage de treuils dont l'arbre a $0^m,30$ de diamètre et environ $2^m,70$ de longueur, qui sont mus à l'aide d'une roue à chevilles de $4^m,40$ de diamètre, et armés d'un frein puissant dont la poulie doit avoir $0^m,80$ environ, afin que l'ouvrier le manœuvre facilement d'une seule main. A chaque extrémité de la corde est suspendue une *benne* ou *bourriquet* cubant $0^m,25$. Pour monter les terres et descendre le mortier, le bourriquet est une caisse carrée en bois, dont une paroi latérale s'ouvre comme une porte à loquet ; ce qui permet de vider la caisse sans la renverser. Pour la descente des moellons, le bourriquet est simplement une caisse en bois dont les parois sont à claire-voie ; elle cube encore $0^m,25$.

Dans quelques cas, on obtient des résultats assez avantageux, en faisant usage de la hotte pour élever les terres. Par ce moyen, nous avons observé qu'un manœuvre pouvait effectuer moyennement, en une heure, soit par une échelle, soit par un escalier, à une hauteur moyenne de 3 mètres, vingt-sept voyages, la hotte cubant $0^m,03$. Il en résulte que le volume élevé en dix heures est environ de $0,03 \times 27 \times 10 = 8^{mc},10$.

Le prix de la journée de manœuvre étant de 3 francs, chaque mètre cube élevé à la hauteur de 1 mètre revient à $0^f,124$.

151. Remblais, leur foisonnement et leur compression. — Le degré de compressibilité des remblais dépend en grande partie de la manière d'amonceler les terres.

Lorsqu'on a des remblais assez considérables à exécuter, il faut, autant que possible, faire rouler les brouettes, camions ou tombereaux qui amènent de la nouvelle terre sur celle qui est déjà en place, en ayant soin de *régaler* les remblais au fur et à mesure qu'ils arrivent, de manière à en dresser la surface ; ce que l'on fait en les poussant simplement à la pelle sur le devant de la masse, où ils prennent leur talus naturel.

Quand les remblais sont faits derrière des maçonneries ou pour remplir une tranchée, il faut les régaler et les pilonner par couches successives de 0ᵐ,20 à 0ᵐ,25 d'épaisseur. S'il y a possibilité de faire arriver de l'eau sur les terres rapportées, c'est le moyen le plus sûr et le plus expéditif pour en obtenir immédiatement le tassement complet; les terres végétales ou rapportées qui proviennent des tranchées faites dans les rues de Paris, pour la pose des tuyaux de conduite d'eau ou de gaz, sont ordinairement remblayées en employant ce moyen de compression, et, malgré le volume occupé dans la tranchée par les tuyaux, il arrive quelquefois, quand le diamètre des tuyaux n'excède pas 0ᵐ,20, que toutes les terres provenant de la fouille peuvent y entrer comme remblais, sans qu'on soit obligé d'en conduire aux décharges. Il serait très-difficile d'obtenir un semblable degré de compression par tout autre moyen; même en pilonnant les terres, il en reste toujours un excès à peu près égal au foisonnement qui est résulté de l'ameublissement des terres en sortant de la fouille, à moins cependant que la fouille ne soit faite dans un terrain compressible ou mouvant. Pour les tranchées de tuyaux, on se contente souvent de bomber le remblai de 0ᵐ,10 à 0ᵐ,15 au-dessus de la tranchée; au bout de quelques jours, la compression est complète, et la quantité de terre à enlever est nulle ou très-petite.

Le foisonnement des terres a une notable importance dans l'estimation des travaux de terrassement, car si le poids à transporter est égal à celui des terres fouillées, le volume à charger en panier, brouettes, camions, etc., et à mettre en cavalier est supérieur à celui de l'excavation.

Il n'y a guère que des expériences directes qui peuvent donner le foisonnement, qui peut varier de 0ᵐ,05 à 0ᵐ,75 pour 1 mètre cube de fouille, selon que la terre est maigre et légère, ou qu'elle est argileuse, dure et compacte ou d'une nature quelconque susceptible de se tenir en grosses mottes ou en moellons. Au souterrain du consulat de Suède à Alger, qui est percé dans une argile plastique très-ferme, le volume des déblais, après cinq jours d'exposition à l'air, était de 1ᵐ,50 par mètre cube d'excavation. Au tunnel de Saint-Cloud, qui est percé dans une marne très-compacte, plusieurs observations ont montré que le volume des déblais était de 1ᵐ,74 par mètre cube d'excavation. Au souterrain de Han, percé à la mine dans un calcaire grossier, le volume des déblais a été de 1m,65 par mètre cube de fouille. Enfin, au souterrain de Revin, percé dans une roche schisteuse, les déblais se sont élevés à 1mc,75 par mètre cube de fouille. Il est à remarquer que, pour le terrain de rocher non susceptible de se fendiller ou de se gonfler par l'exposition à l'air, comme la marne et les schistes, par exemple, le foisonnement est dû presque entièrement aux vides qui se forment entre les blocs.

De nos observations, il résulte que 1 mètre cube d'excavation donne, à très-peu de chose près, les volumes de déblais consignés au tableau suivant :

NATURE DES TERRES.	CUBE DU DÉBLAI	
	sans compression et mesuré cinq jours après la fouille.	comprimé au maximum avec le pilon ou avec de l'eau.
	m. c.	m.c.
Terre végétale de diverses espèces (alluvions, sables)........................	1,10	1,05
Terre franche très-grasse...............	1,20	1,07
Terre marneuse et argileuse moyennement compacte..............................	1,50	1,30
Terre marneuse et argileuse très-compacte et très-dure..........................	1,70	1,40
Terre crayeuse..........................	1,20	1,10
Tuf dur ou moyennement dur.............	1,55	1,30
Roc à la mine réduit en moellons.........	1,65	1,40

152. **Fouilles souterraines.** — Lorsque les tranchées atteignent une profondeur telle que la surface du sol est à 7 ou 8 mètres au-dessus de l'extrados de la voûte du passage à établir, on conçoit que la fouille de l'énorme quantité de déblais, et sa mise en cavalier, ou son transport à une grande distance, entraînent dans des frais considérables de main-d'œuvre et d'acquisition de terrain pour dépôts, et que très-souvent, au lieu d'opérer à ciel ouvert, il peut y avoir économie à procéder souterrainement.

Quoiqu'il ne puisse y avoir de règle fixe pour donner la préférence à l'un ou à l'autre de ces modes d'opérer, dans les travaux de routes, de chemins de fer ou de canaux, on admet cependant généralement que, lorsqu'une tranchée dépasse 16 mètres de profondeur, il y a avantage à établir un tunnel, quoique les difficultés d'exécution soient presque toujours beaucoup plus grandes et qu'elles exigent une attention et des soins toujours soutenus.

L'exécution de la fouille proprement dite s'effectue avec les mêmes outils et à très-peu de chose près par les mêmes moyens que pour les tranchées à ciel ouvert (131); seulement on doit la faire précéder de travaux préparatoires, ayant pour objet d'assurer toute sécurité aux ouvriers, et consistant notamment dans l'étayement, le blindage et le muraillement des galeries, ainsi que dans l'emploi des moyens de ventilation.

Les fouilles de souterrains s'attaquent ordinairement à la fois par les deux extrémités et par des puits que l'on pratique de distance en distance sur toute l'étendue de la percée. Les déblais des extrémités s'enlèvent le plus souvent à la brouette, au tombereau ou au waggon. Pour racheter la différence de niveau du sol naturel et du fond du souterrain, on établit parfois des plans automoteurs sur lesquels, à l'aide de cordes passant sur des poulies, les waggons pleins descendant remontent les waggons vides. Le montage des déblais enlevés par les puits s'effectue au moyen de treuils ou autres machines établis à l'orifice de ces puits.

153. **Excavation souterraine dans un terrain de rocher.** — Lorsque le terrain est assez dur pour ne pas nécessiter de revêtement en maçonnerie, on commence le travail en entrant en très-petites galeries par les extrémités, et en perçant les puits sur l'axe du souterrain. La distance entre ces puits dépend de la rapidité d'exécution que l'on veut obtenir. Avec les premiers déblais, on élève de 1m,50 à 1m,75 les bords des puits, afin d'éloigner les eaux pluviales et de faciliter le déchargement des bennes et le chargement des déblais en tombereau ou en waggon. Lorsque les puits sont arrivés à la profondeur voulue, on perce, en avant et en arrière de chacun d'eux, dans l'axe du souterrain, une *petite galerie d'axe*, que l'on désigne sous le nom de *trou de rat*, et dont les dimensions sont de 1m,50 à 1m,80 de hauteur sur 1 mètre de largeur. Parfois on attaque presque en entier le demi-cercle supérieur de la galerie, en agissant toujours sur une section suffisante pour permettre le roulage de petits waggons de terrassement sur chemin de fer. Cette partie supérieure, appelée *couronne d'avancement*, se perce entièrement d'un puits à l'autre avant d'attaquer la partie inférieure. S'il arrive qu'on rencontre l'eau, on descend les puits à 1m,50 ou 2 mètres en contre-bas du sol de la petite galerie, et à la hauteur de ce sol on les recouvre d'un fort plancher,

percé seulement de trous pour le passage des tuyaux des pompes d'épuisement, lesquelles sont mues par des hommes, des chevaux ou des machines à vapeur, selon le volume d'eau à épuiser.

Les eaux sont amenées dans chaque puits par une petite rigole de 0m,50 de largeur environ, qui est creusée assez profondément dans le sol de la galerie, pour que les eaux s'y écoulent facilement. Cette rigole se recouvre au moyen de planches, ou mieux de pierres plates, quand les déblais en fournissent.

Si l'on a commencé par une petite galerie d'axe, après l'avoir percée dans toute l'étendue du tunnel, afin que l'on puisse fixer exactement la direction de celui-ci et donner écoulement à l'eau de l'amont vers l'aval, on procède au déblayement complet de la couronne d'avancement. Ce travail terminé, on procède à la fouille du *revanché*, c'est-à-dire de la partie inférieure comprise entre les pieds-droits du tunnel, en ayant soin de se débarrasser des eaux par les mêmes moyens, et en prenant toutes les dispositions d'étayement et de blindage nécessaires, ainsi que les précautions que nous avons indiquées au n° 72, pour l'extraction de la pierre à plâtre, ou au n° 139, pour l'extraction de la roche au moyen de la poudre.

154. **Excavation souterraine dans un terrain ordinaire, sable, tuf, marne,** etc. — Dans un terrain qui n'est pas susceptible de se soutenir sans un revêtement en maçonnerie, on commence par creuser les puits jusqu'à 2 mètres environ en contre-bas du sol de la petite galerie, pour faciliter l'assèchement du terrain à fouiller. Au fur et à mesure de la descente des puits, on a soin de les blinder à l'aide d'un cuvelage en planches ou en madriers, retenus par des cercles en fer ou en bois. Quand ils sont creusés, on les recouvre avec soin, à la hauteur de la galerie d'axe, dite *trou de rat*, d'un fort plancher à travers lequel passent les tuyaux de la pompe d'épuisement. On perce alors la galerie d'axe, à laquelle on donne environ 1m,80 de hauteur sur 1 mètre de largeur, et que l'on a soin de blinder et de soutenir à mesure qu'elle avance, si le terrain n'a pas assez de consistance pour se soutenir de lui-même.

Le plus souvent le blindage en charpente est posé par les ouvriers mineurs, et il se compose généralement, comme le montre la figure 45 en élévation et en plan, de cadres formés de deux traverses horizontales T, de 0m,20 sur 0m,20 d'équarrissage, et de deux poteaux légèrement inclinés P, d'une section de 0m,15 sur $0^m,15$; sur les traverses supérieures, et au besoin contre les poteaux P, on pose des madriers ou des planches. Dans le cas de sable fin ou de terre humide et coulante, ces madriers doivent être jointifs et d'une épaisseur suffisante pour résister à la pression de la terre, qui peut être assez grande. Si, au contraire, le sol a une certaine consistance, on se contente d'étayer le ciel de la galerie au moyen de quelques madriers reposant sur les traverses supérieures.

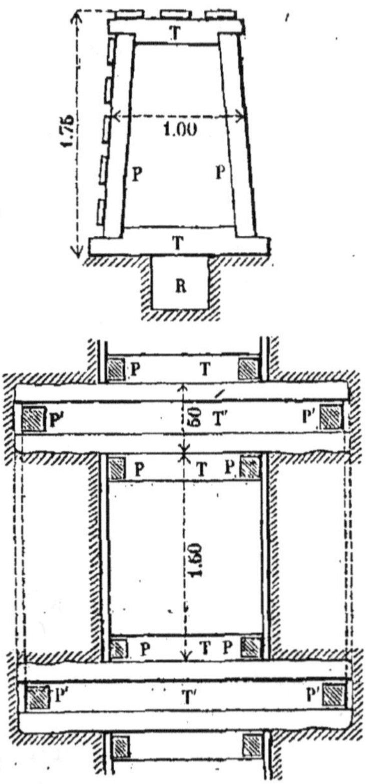

Fig. 45.

L'espacement des cadres ne doit pas, autant que possible, excéder $1^m,50$ d'axe en axe, si le terrain a nécessité la pose de planches ou de madriers contre les poteaux montants. On fait alors le blindage au moyen de madriers ayant au plus $1^m,50$ de longueur, qui doit être l'écartement hors œuvre des cadres. D'un ensemble de deux cadres à l'ensemble suivant, on laisse libre un intervalle de $0^m,40$ à $0^m,50$, que l'on creuse ensuite latéralement pour la pose des cadres de la *moyenne tranchée*.

Avant de poser les traverses inférieures T, on a soin de creuser dans le fond de la galerie une rigole R, de $0^m,40$ environ de largeur et de profondeur, pour donner écoulement à l'eau vers les puits. Des planches posées sur les traverses inférieures T couvrent cette rigole et facilitent le roulage des brouettes. Dans un terrain sablonneux, la rigole se fait en planches; sans cette précaution, elle se comblerait presque immédiatement.

La galerie d'axe étant creusée d'une des extrémités du souterrain à un puits, ou d'un puits à un autre, on arrête le parfait alignement du souterrain; puis on procède à la fouille de la *moyenne galerie*, à laquelle on donne généralement en largeur le tiers environ de la largeur de la voûte du souterrain, mesurée à l'intrados, et en hauteur celle comprise entre le sommet de l'intrados de la voûte et une ligne passant à $0^m,50$ environ en contre-bas des naissances de cette voûte. C'est au niveau de cette ligne que l'on a établi le sol des trous de rat.

Pour établir la moyenne galerie, *fig.* 45 et 46, dont l'échelle de la première est double de celle de la seconde, on creuse latéralement les intervalles de 0m,40 à 0m,50 laissés entre les ensembles successifs de deux cadres du blindage de la petite galerie, et dans ces intervalles on établit des cadres formés, à peu près comme ceux de la petite galerie, de deux traverses horizontales T' et de deux poteaux montants P'. Au fur et à mesure que l'on a posé les *chevalements* ou cadres de la seconde galerie, on enlève ceux de la petite galerie d'axe, et on fouille entre les deux nouveaux cadres, de manière à pouvoir placer sur les traverses supérieures T', qui sont plus élevées que celles T, les madriers qui doivent soutenir parfaitement le ciel, puis, si cela est nécessaire, les madriers s'appliquant contre les poteaux P'.

Fig. 46.

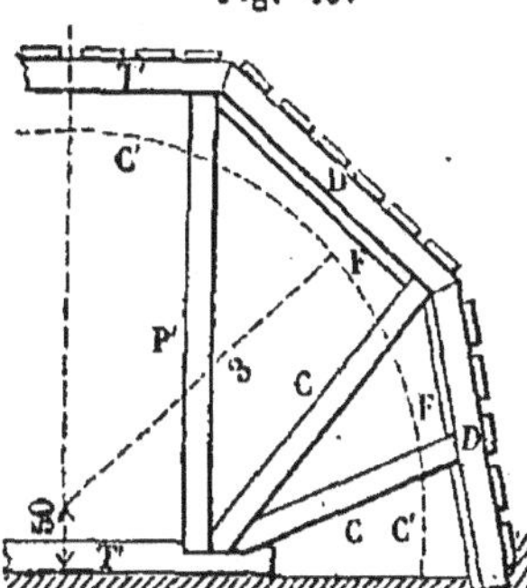

Lorsque cette seconde galerie est terminée, on creuse derrière les poteaux P' des tranchées de 0m,50 de largeur environ, pour mettre en place les contre-fiches C et les pièces D qui doivent compléter les fermes d'étayement de la couronne d'avancement ; des petites fourrures F, placées en dernier lieu, contre-butent les extrémités des contre-fiches. On fait alors le *battage en grand*, c'est-à-dire qu'on exécute la fouille de manière à pouvoir placer sur les pièces D les madriers allant d'un cadre à l'autre.

Les cadres de la couronne d'avancement sont ordinairement posés par les ouvriers mineurs, qui les espacent au plus de 2 mètres d'axe en axe, et qui réduisent souvent cet intervalle à 1m,50, quand le sol est peu résistant.

Le blindage de la partie supérieure du souterrain étant terminé, les charpentiers procèdent à la pose du cintre C' de la voûte, en plaçant les fermes dans les intervalles des cadres d'étayement ; les mineurs étayent les madriers du blindage à l'aide de petits potelets reposant sur les fermes du cintre ; ils retirent, au fur et à mesure que la voûte avance, les diverses pièces des cadres d'étayement, et l'on peut considérer le travail de terrasse de cette partie supérieure comme achevé. Les maçons construisent alors la voûte, en avançant par anneaux ; les charpentiers leur placent les couchis au fur et à mesure de la pose des assises, et les mineurs retirent, si cela est possible, les madriers de blindage, afin de ne pas les laisser derrière les maçonneries. Pour le grand égout collecteur de Paris, le cintre C' est à courbure elliptique de 2 mètres de petit axe et de 5^{m},60 de grand axe.

La partie supérieure du tunnel étant achevée, on procède à l'exétion de la partie inférieure, en fouillant d'abord une tranchée d'axe, dans le fond de laquelle on creuse une rigole d'écoulement pour les eaux; cette tranchée, à laquelle on donne de 1^{m},75 à 2 mètres de largeur, descend jusqu'au fond du souterrain, et on l'étaye avec soin. On procède ensuite au déblayement complet, en opérant par longueurs alternatives de 3 à 4 mètres au plus, séparées par une longueur égale; on exécute les pieds-droits en sous-œuvre sur deux longueurs successives déblayées, et ce n'est qu'alors qu'on enlève les déblais de la partie intermédiaire aux portions maçonnées; puis, l'on construit les pieds-droits dans cette partie, et l'on continue ainsi de suite.

Dans les terrains assez consistants pour rester pendant un certain temps sans avoir besoin d'étais, on se borne à placer les cadres d'étayement et à soutenir le ciel; à part le rocher, quoi qu'il en soit de la solidité de la terre, il serait imprudent d'agir autrement, car les terres conservent rarement leur cohésion au contact de l'air, et de leur éboulement pourraient résulter de graves accidents.

L'étayement ordinaire devient même parfois insuffisant dans les terrains mous et très-humides, que l'on peut rencontrer dans le percement d'un tunnel passant sous un canal ou sous une rivière; dans ce cas, on a recours à des dispositions spéciales analogues à celles adoptées par l'ingénieur Brunel pour la percée du tunnel sous la Tamise.

155. **Dispositions générales relatives aux déblais souterrains.** — Suivant la nature du sol, les fouilles souterraines s'exécutent à la pioche, au pic, à la pince ou à la poudre. Quant au transport des déblais, il se fait, soit au moyen de bennes que l'on charge sur des brouettes pour les amener aux puits, soit au moyen de camions ou de waggons qui roulent sur chemin de fer et qui sont susceptibles d'être montés par les puits. Généralement, quand les puits ne sont espacés que de 100 mètres, le transport en bennes sur brouettes fournit des résultats aussi avantageux que celui en waggons sur railway.

Les déblais provenant de la fouille des puits s'élèvent avec des baquets, au moyen d'un treuil à bras ; mais, pour le montage des déblais de la galerie, il y a de grands avantages à employer le manége de maraîcher mû par un ou deux chevaux, si toutefois la fouille marche assez vite pour l'entretenir ; on peut même remplacer les chevaux par une machine à vapeur. Au grand égout collecteur de la ville de Paris, les entrepreneurs ont obtenu de bons résultats, en faisant usage, pour monter les déblais, d'une chaîne sans fin passant sur un système de poulies, à laquelle on accrochait successivement les bennes ou baquets ; la machine motrice sur chaque puits était une locomobile de la force de quatre chevaux.

Avec les manéges ou les machines à vapeur, les bennes sont toujours plus grandes que celles mues à bras d'hommes, ou bien on en élève plusieurs à la fois. On doit, du reste, autant que possible, utiliser le moteur qui monte les déblais pour faire mouvoir les pompes d'épuisement ; ce qui se fait à l'aide d'une courroie passant sur une poulie ou un tambour adapté à la locomobile ou au manége, et sur une poulie dont l'arbre porte les manivelles ou les excentriques qui impriment le mouvement de va-et-vient aux pistons des pompes.

Lorsque le percement d'un puits se fait à la poudre, le mineur doit se faire remonter hors du puits, ou au moins à une hauteur de 20 mètres, aussitôt qu'il a mis le feu à la mèche, sans quoi il pourrait être atteint par les éclats de pierre. Un système de ventilation pourra être établi à l'ouverture du puits pour faire sortir promptement les gaz produits par l'explosion de la poudre ; cette ventilation occasionne ordinairement une perte notable de temps.

Les plus grandes précautions doivent être prises pour faire partir les coups de mine sous galerie ; une consigne sévère doit prescrire que les explosions aient régulièrement lieu à des heures déterminées, et qu'aucun ouvrier ne reste sous la galerie au moment où elles se produisent ; à cet effet, un signal d'alarme avertit les ouvriers de se retirer, et la reprise des travaux n'a lieu qu'après un temps fixé par le chef d'atelier.

156. **Ventilation.** — Avant que la communication des puits entre eux ne soit établie, il arrive fréquemment que l'air ne se renouvelle pas suffisamment dans la galerie ; alors on établit une ventilation convenable ; ce qui peut se faire simplement à l'aide d'un soufflet de forge foulant l'air dans des tuyaux en cuir ou en toile qui le portent au fond de la galerie ; un petit poêle métallique, tenu constamment allumé au sommet du puits, peut, dans

certains cas, en appelant l'air de la galerie, produire une ventilation convenable.

Il n'est guère possible de fixer *à priori* à quelle profondeur de galerie la ventilation artificielle sera nécessaire ; cette profondeur dépendant de la différence de température entre l'air de la galerie et l'air extérieur, et des fissures qui peuvent se trouver dans le sol, causes qui produisent une ventilation naturelle plus ou moins active ; il peut arriver aussi que des gaz se dégagent du terrain et exigent une ventilation artificielle plus prompte et plus active. Nous avons vu dans des terrains à très-peu de chose près semblables, et pour des puits de même profondeur, qu'à 30 mètres en galerie les ouvriers avaient quelquefois beaucoup de peine à respirer, et la chandelle ou la lampe ne brûlait que faiblement, tandis que dans d'autres cas, à 75 et même 100 mètres la respiration n'était nullement gênée.

157. **Eclairage sous galerie.** — Plusieurs essais ont été faits ; mais l'éclairage par la lampe des mineurs et l'éclairage par la chandelle sont encore ceux qui ont fourni les meilleurs résultats, tant sous le rapport de la simplicité que sous celui de l'économie.

La quantité de chandelle brûlée par ouvrier varie beaucoup suivant les circonstances : sur un point où il n'existe pas de courant d'air, en dix heures de travail, un ouvrier brûle trois chandelles de seize au kilogramme, ce qui fait un poids de 0k,1875 ; mais, sur les points où l'air est en mouvement, il arrive à en brûler le double. En moyenne, on admet qu'un ouvrier occupé en galerie brûle quatre chandelles de seize au kilogramme, ou 0k,25 par journée de dix heures. L'emploi de la lampe des mineurs présente une économie d'environ 1/4 sur celui de la chandelle ; en outre, cette lampe est plus maniable et plus facile à placer. Il convient de faire fournir l'éclairage par l'ouvrier, et de lui allouer sur le prix de sa journée de dix heures une plus-value de 30 centimes s'il emploie de la chandelle, et de 20 centimes s'il fait usage d'huile avec la lampe des mineurs, lampe qu'il fournit lui-même ; on est sûr d'obtenir ainsi un éclairage fait avec plus de soin et plus d'économie.

158. **Prix des déblais souterrains.** — Ces prix sont variables en raison de la nature du sol et de la section de la galerie. Plusieurs exemples nous ont démontré que, non compris le montage proprement dit, en tenant compte de la fouille, de la charge et du transport en brouette ou en camion, à une distance de 50 mètres sous galerie, le prix des excavations en tranchées à ciel ouvert

était à celui des excavations souterraines, pour des sections égales de tranchées et de galèries, dans le rapport moyen de 1 à 4 pour les terres, sables, marnes et tufs piochables à la tournée, de 1 à 3 pour les marnes et tufs fouillables au pic, sans emploi de la poudre, et de 1 à 2,5 pour les roches très-dures exigeant l'usage de la mine.

TABLEAU *du temps employé à l'excavation du mètre cube de déblai pour quelques souterrains de diverses sections, dans différentes natures de terrain.*

DÉSIGNATION.	SECTION moyenne de l'excavation.	HEURES DE		
		mineurs ou piocheurs	chargeurs ou rouleurs.	manœuvres aux treuils.
I. *Tunnel du Consulat de Suède, à Alger.* (Argile dure et compacte. Transport au camion à des distances de 0 à 100 mètres.)..	m. c. 4,50	h. 6,50	h. 6,50	h. »
II. *Galerie d'égout, sous le boulevard du Combat, à Paris.* (Gypse ou pierre à plâtre. Transport en baquets sur brouettes à des distances de 0 à 50 mètres. Puits de 10 mètres de hauteur moyenne.)..........	2,60	13,00	6,50	13,00
La même galerie. (Terrain de remblai d'anciennes carrières.)................	*id.*	3,60	3,60	7,20
III. *Galerie percée sous le canal de l'Ourcq.* (Terrain ordinaire avec suintement d'eau. Transport à la brouette à des distances de 0 à 40 mètres.)......................	3,65	4,75	4,75	»
IV. *Galerie d'égout, à Passy.* (Sable vert très-fin, compacte et mêlé d'argile. Transport à la brouette à des distances de 0 à 40 mètres. Puits de 9 mètres de profondeur.).............................	3,80	4,50	4,50	9,00
V. *Souterrain de Saint-Cloud, chemin de fer de Paris à Versailles.* (Terrain de marne verte, renfermant environ 3 pour 100 de gypse, ou pierre à plâtre compacte. D'après une notice publiée en 1846, par M. Tony-Fontenay, entrepreneur du souterrain.)...	69,50	»	»	»
1° *Moyenne de tous les travaux d'excavation de la grande section de souterrain.* (Fouille, charge, transport en brouette ou en camion sous galerie à des distances de 0 à 40 mètres, accrochage des camions, mais non compris montage.)............	*id.*	5,30	6,70	»
2° *Moyenne des travaux d'excavation de dix puits, ayant chacun 27m,24 de profondeur et 10 mètres environ de section, et de dix petites galeries de 10 mètres de longueur et 4 mètres de section.* (Fouille, charge, transport en brouette, accrochage des baquets, montage au treuil à bras d'homme, et décharge à 5 mètres de l'orifice du puits.)	»	8,50	4,50	5,75

DÉSIGNATION.	SECTION moyenne de l'excavation.	HEURES DE mineurs ou piocheurs	chargeurs ou rouleurs.	manœuvres aux treuils.
	m. c.	h.	h.	h.
VI. *Souterrain de Montretout, chemin de fer de Paris à Versailles.* (Terrain mélangé de couches marneuses, de sable et de grès.)	»	»	»	»
1° *Fouille des galeries d'axe.* (Fouille, charge, transport sous galerie à des distances de 0 à 10 mètres, montage au treuil à bras d'homme, à une hauteur de 10 mètres, décharge à 5 mètres de l'orifice.)...	3,70	4,00	5,00	4,00
2° *Fouille pour la reprise en sous-œuvre des pieds-droits.* (Fouille, charge, transport sous galerie, en brouette ou camion, à des distances de 0 à 30 mètres, montage à 10 mètres de hauteur au treuil à bras, et décharge à 5 mètres du puits.)...........	»	5,00	7,50	5,00
VII. *Souterrain de Revin, canalisation de la Meuse.* (Roche schisteuse feuilletée, avec rognons de quartz. Extraction à la mine, compris transport sous galerie, enlèvement aux extrémités et montage par des puits de 30 mètres de hauteur moyenne.)......	45,00		»	
1° *Excavation de la galerie en grande section*..............................	»		58,00	
2° *Excavation des puits, des galeries latérales, des galeries d'axe*, etc. (Le temps du mineur a été les 0,35 du temps total.)....	»		150,00	
VIII. *Souterrain de Han, canalisation de la Meuse.* (Roche calcaire, à grain fin, d'un gris bleu. Extraction à la mine, compris transport sous galerie, enlèvement aux extrémités et montage par des puits de 32 mètres de hauteur moyenne.).........	45,00		»	
1° *Excavation de la galerie en grande section*..............................	»		37,00	
2° *Excavation des puits, des galeries latérales, des galeries d'axe*, etc. (Le temps du mineur a été les 0,40 du temps total.)....	»		122,00	

Outre la dépense de main-d'œuvre proprement dite de percement, la construction des souterrains en exige d'autres qui sont proportionnelles aux nombres du tableau suivant, la dépense totale étant représentée par 1.

1° *Pour des souterrains excavés dans des terrains pour lesquels le blindage et les revêtements sont nécessaires*, comme au souterrain de Saint-Cloud, par exemple.

Terrassement proprement dit (le prix de la journée du terrassier étant de 3 francs)........................	0,215
Charpente (blindage et cintres)........................	0,325
Maçonnerie..	0,360
Épuisements et travaux pour l'écoulement des eaux.......	0,036
Frais généraux.....................................	0,064
	1,000

2° *Pour des souterrains excavés dans le rocher, n'exigeant ni blindage, ni revêtements accidentels,* tels que le souterrain de Revin.

Main-d'œuvre d'excavation (prix moyen de la journée, 2 fr. 30 c.)	0,666
Fourniture de poudre	0,095
Acquisition et réparation d'outils	0,155
Matériel de roulage (planches, brouettes, etc.)	0,031
Charpente pour blindage et étayement, rigoles d'écoulement des eaux et dépenses diverses	0,053
	1,000

159. **Poussée des terres.** — Cette poussée, qu'il est nécessaire de connaître, ainsi que son point d'application, afin de proportionner et de disposer convenablement les murs ou étais qui devront soutenir les terres, dépend du talus affecté par ces terres lorsqu'elles sont abandonnées à elles-mêmes.

Soit, *fig.* 47, *eg* le talus naturel des terres à soutenir. Supposant que le prisme *ceg* soit d'un seul morceau, il se maintiendra en équilibre sans exercer aucune poussée contre le mur *bcef*; mais si nous considérons un prisme *cei*, il est évident qu'il exercera contre le mur une poussée due à son poids, et diminuée par le frottement des terres sur le talus *ei* et par la cohésion (cette cohésion peut être considérée comme nulle pour les terres remuées, comme le sont généralement celles que l'on rapporte derrière les murs de soutènement, et nous allons d'abord la supposer telle dans ce qui suit); si maintenant nous considérons un prisme très-mince le long du parement *ce*, il est évident qu'il exercera contre le mur une poussée moindre que celle du prisme *cei*. Il existe donc, entre le prisme qui s'applique sur le talus *cg* et celui infiniment mince pris contre le parement *ce*, un prisme qui doit exercer une plus grande poussée que tous les autres que l'on peut considérer entre ces deux limites.

Fig. 47.

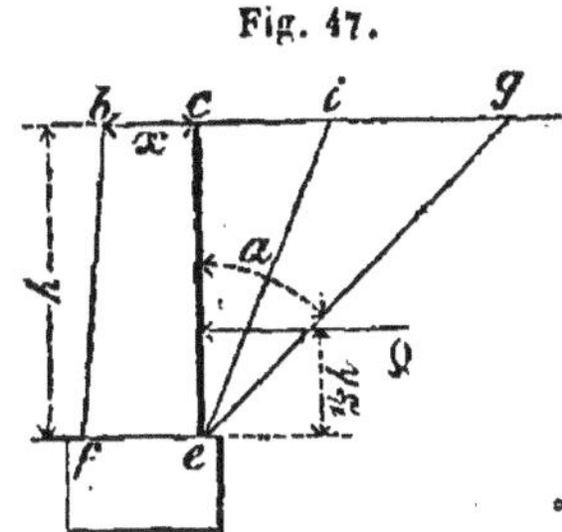

On prouve facilement, mais par des calculs assez longs, et que nous ne pouvons rapporter ici, que le *prisme de plus grande poussée* est déterminé par le bissectrice de l'angle formé par la verticale *ce* et le talus naturel *eg*.

Supposant l'angle $cei, = \frac{1}{2} a$, le prisme *cei* est celui de plus grande poussée, et on a

$$Q = \frac{dh^2}{2} \tang^2 \frac{1}{2} a. \qquad (a)$$

Q, poussée des terres contre le parement vertical *ce* ;
d, poids du mètre cube de terre (89);
h, hauteur *ce* des terres derrière le mur ;
a, angle de la verticale *ce* avec le talus naturel *eg*. Dans la pratique, il convient de déterminer directement la valeur de *a* en creusant verticalement les terres, après en avoir dressé la surface. Diverses expériences ont donné : pour le sable fin très-sec, $a = 60°$; pour la terre sèche et pulvérisée, $a = 46°,50$; pour la terre humectée, $a = 54°$, et pour les terres les plus fortes et les plus dures, $a = 55°$, valeurs qui correspondent respectivement, pour des profondeurs d'excavation représentées par 1, à des bases de talus 1,78, 1,34, 1,05 et 0,69.

Dans le cas où le frottement et la cohésion sont nuls, ce qui a lieu pour les liquides, l'angle *a* étant droit, on a tang $\frac{1}{2} a = 1$, et par suite,

$$Q = \frac{dh^2}{2}.$$

Quand les terres ont de la cohésion, la valeur de la poussée horizontale est

$$Q = \frac{dh}{2} \operatorname{tang}^2 \frac{1}{2} a (h - h'). \qquad (a')$$

h', profondeur à laquelle on a creusé les terres à pic avant leur éboulement, la surface des terres ayant été dressée horizontalement.

Il s'agit de déterminer le point d'application de la poussée totale Q. Comme on démontre que, quand la cohésion est nulle, ce qui a lieu pour les liquides, cette poussée totale sur le parement du mur peut être représentée par la surface d'un triangle dont la hauteur est *h*, et dont la base et les parallèles à cette base représentent les pressions au pied du mur et sur les divers points respectifs de la hauteur de son parement, il en résulte que la résultante Q de toutes les pressions est appliquée au centre de gravité du triangle, c'est-à-dire à 1/3 de *h* à partir du pied *e* du mur. Quand la cohésion n'est pas nulle, le point d'application de la résultante Q se trouve un peu plus bas que dans le cas précédent.

160. Tableau *pour calculer les hauteurs et les bases des talus d'excavation, quand on connaît le talus naturel de la terre et la hauteur à laquelle on peut la couper à pic sans qu'elle s'éboule.* (Aide-Mémoire portatif à l'usage des officiers du génie, par M. Laisné.)

	0,50	0,60	0,70	0,80	0,90	1,00	1,10	1,20	1,30	1,40	1,50	1,60
0,20	2,95	2,40	2,11	1,92	1,80	1,71	1,64	1,59	1,55	1,52	1,49	1,47
0,25	4,30	3,19	2,65	2,34	2,14	1,99	1,89	1,82	1,95	1,70	1,66	1,63
0,30	6,84	4,43	3,42	2,89	2,57	2,35	2,19	2,08	1,99	1,91	1,86	1,81
0,40	28,30	10,37	6,36	4,72	3,88	3,36	3,02	2,78	2,60	2,46	2,35	2,26
0,50	Infini.	43,30	14,98	8,83	6,38	5,11	4,34	3,84	3,48	3,22	3,02	2,87
0,60	.....	Infini.	62,77	20,86	11,93	8,41	6,63	5,53	4,83	4,33	3,97	3,69
0,70	.....	......	Infini.	87,57	28,26	15,77	10,90	8,42	6,96	6,00	5,33	4,84
0,75	.....	......	......	356,96	51,54	23,26	14,63	10,69	8,52	7,16	6,25	5,60
0,80	.....	......	......	Infini.	119,08	37,41	20,47	13,92	10,61	8,65	7,39	6,51
0,90	.....	......	......	......	Infini.	157,39	48,55	26,65	17,51	13,18	10,65	9,01
1,00	.....	......	......	......	......	Infini.	204,69	61,95	32,86	21,77	16,21	12,98
1,10	.....	......	......	......	......	......	Infini.	260,64	79,01	40,81	26,73	19,74
1,20	.....	......	......	......	......	......	......	Infini.	328,14	96,93	50,09	32,53

Les nombres de la ligne horizontale supérieure de cette table indiquent la base du talus naturel des terres sur une hauteur égale à l'unité, et ceux de la première colonne verticale indiquent, aussi pour une hauteur égale à l'unité, la base du talus d'excavation.

Soit h' la hauteur, déterminée par une expérience, à laquelle on peut couper la terre à pic sans qu'elle s'éboule.

On peut, avec cette table, résoudre de suite deux questions:

1° *Quelle est la hauteur* h *qu'on peut donner à une excavation ayant une base déterminée de* $0^m,40$ *par mètre de hauteur, le talus naturel des terres étant connu, et égal à* $1^m,10$, *par exemple?*

Solution : La hauteur cherchée sera h', multipliée par le nombre 3,02 qui fait à la fois partie des colonnes verticale et horizontale dans lesquelles se trouvent respectivement la base du talus naturel des terres $0^m,40$, et celle du talus d'excavation $1^m,10$. Ainsi pour $h' = 3^m,00$, on aura $h = 3^m,00 \times 3,02 = 9^m,06$, et par suite, la base totale du talus de l'excavation sera $0^m,40 \times 9,06 = 3^m,624$.

2° *Quel est le talus le plus roide qu'on peut donner à une excavation d'une hauteur déterminée* $h = 9^m,06$, *le talus naturel des terres étant connu, et de* $1^m,10$, *par exemple?*

Solution : Divisez la hauteur $9^m,06$ de l'excavation par h' (soit par 3), cherchez le nombre 3,02 égal ou immédiatement supérieur au quotient obtenu 3,02 dans la colonne verticale qui contient la base du talus naturel 1,10 des terres, et la base du talus cherché sera le nombre 0m,40 qui lui correspondra horizontalement dans la colonne des bases des talus d'excavation. Le talus total de l'excavation sera alors 0m,40 × 9,06 = 3m,624.

Pour plus de sûreté, il faudra toujours prendre *h* moindre que la valeur donnée par l'expérience, quand même celle-ci aurait duré plusieurs mois.

161. **Nivellement.** La connaissance des principaux détails de cette opération est nécessaire aux chefs de chantiers et même aux ouvriers, surtout sur les ateliers de travaux publics, où presque toutes les hauteurs cotées sur les plans d'exécution sont ordinairement indiquées par leur distance en contre-bas d'un *plan horizontal de comparaison*, c'est-à-dire d'un plan horizontal fictif que l'on prend à une hauteur quelconque, 100 mètres par exemple, au-dessus des points à niveler les plus élevés, monuments ou montagnes. C'est ainsi que le nivellement de la ville de Paris est rattaché à un plan horizontal de comparaison, situé à 50 mètres au-dessus du niveau légal de l'eau dans le bassin de la Villette.

Cela posé, on conçoit que, commençant une construction quelconque, un bâtiment d'habitation, par exemple, dans les environs d'un repère coté 60 mètres, qui se trouve par conséquent à 10 mètres en contre-bas du niveau légal de l'eau dans le bassin de la Villette, si la cote de la fouille des caves est 65 mètres, et celles des appuis du premier étage et du dessus de la corniche respectivement 58 mètres et 51 mètres, c'est que le sol des caves doit être à 5 mètres en contre-bas du repère, tandis que les appuis du premier étage et le dessus de la corniche seront à 2 mètres et 9 mètres au-dessus de ce repère.

Nous allons indiquer comment il faut s'y prendre pour faire un nivellement, c'est-à-dire pour déterminer les cotes des différents points que l'on veut relever par rapport à un plan de comparaison, ce qui donnera les différences de niveau de ces différents points, soit entre eux, soit par rapport à un repère, s'il y en a un de déterminé. Nous allons supposer qu'il s'agisse d'établir une route, et que l'on veuille déterminer la hauteur des terrains aux différents points par lesquels on a l'intention de faire passer l'axe de la route projetée, afin de se rendre compte des quantités de déblais et de remblais à effectuer, et des distances de transport. Les détails suivants feront voir comment on opérerait si l'on voulait simplement déterminer la position verticale du sol, sur lequel on veut établir un bâtiment, par rapport à un point de repère, pour avoir la profondeur de la fouille des caves.

On commence par placer des piquets de distance en distance, sur toute la ligne à relever, et de manière qu'entre deux piquets consécutifs quelconques il y ait toujours un point duquel on puisse voir ces deux piquets. Cela fait, pour éviter la confusion, à mesure que l'on opère sur le terrain, on inscrit les résultats obtenus sur un tableau analogue au suivant, que l'on a soin de tracer à l'avance.

NUMÉROS des PIQUETS.	DISTANCE des PIQUETS.	COUPS		COTES.	OBSERVATIONS.
		ARRIÈRE.	AVANT.		
	mètres.	mètres.	mètres.	mètres.	
1 *	....	....	....	100,00	* Indiquer la nature du terrain, les difficultés d'exécution, les noms des propriétaires, etc.
»	38,00	1,20	1,80	»	
2	....	....	....	100,60	
»	31,45	1,78	2,40	»	
3	....	....	....	101,22	
»	25,00	0,85	2,22	»	
4	....	....	....	102,59	
»	29,30	1,80	0,50	»	
5	....	....	....	101,29	

Les deux premières colonnes se remplissent sans difficulté; puisque, dans la première colonne, on place les numéros des piquets dans l'ordre où on les rencontre en suivant l'axe de la route, et, dans la seconde, en regard, les distances des piquets successifs.

Pour obtenir les nombres des deux colonnes suivantes, on se place avec un niveau d'eau, ou mieux à bulle d'air, à peu près au milieu de l'intervalle de deux piquets successifs, et toujours en un point duquel on puisse voir les deux piquets ; on appelle *coup arrière*, le nombre accusé par la personne qui tient la mire lorsqu'on regarde du côté du point de départ, et *coup avant*, le nombre indiqué par cette personne lorsqu'on regarde en avant. Ainsi, dans les exemples du tableau précédent, le niveau étant placé entre les piquets 1 et 2, les coups arrière et avant sont respectivement $1^{m},20$ et $1^{m},80$; entre les piquets 2 et 3, ces coups sont $1^{m},78$ et $2^{m},40$, etc.

Pour avoir les nombres de la cinquième colonne, qui expriment les distances des différents points du sol où se trouvent les piquets, au-dessous du plan horizontal de comparaison, pour le piquet nº 1, on prend la cote 100 mètres, ou tout autre nombre tel que l'horizontale menée à la hauteur qu'il exprime passe au-dessus de tous les points de la surface du terrain que l'on a à niveler ; pour avoir la cote du piquet nº 2, à la cote 100 mètres du piquet nº 1, on ajoute le coup avant $1^{m},80$, de la somme on retranche le coup arrière $1^{m},20$, et la différence $100^{m},60$ est la cote cherchée, que l'on écrit en face du nombre 2 indiquant le numéro d'ordre du piquet ; on opère de la même manière pour avoir la cote d'un piquet quelconque, c'est-à-dire qu'à la cote du piquet précédent on ajoute le coup avant, et de la somme on retranche le coup arrière.

Il est évident que, dans le cas où l'on donne plusieurs coups avant sans changer le niveau de place, ce que, par exemple, on fait lorsqu'on veut déterminer les cotes des différents points d'un terrain accidenté sur lequel on doit bâtir, pour avoir les cotes des piquets sur lesquels on donne ces coups de niveau, il suffit d'ajouter chaque coup avant à la dernière cote obtenue ou supposée, et de retrancher de chacune des sommes que l'on vient d'obtenir le coup arrière donné sur cette dernière cote.

Au lieu de prendre le plan de comparaison au-dessus de la surface à niveler, on peut le supposer au-dessous ; c'est même ce que l'on fait le plus habituellement aujourd'hui, en prenant, quand cela est possible, le niveau de la mer pour plan de comparaison.

CHAPITRE V.

MAÇONNERIES.

162. On désigne, sous le nom de *maçonnerie*, un ouvrage quelconque composé de pierres naturelles ou artificielles plus ou moins grosses, reliées ensemble par du mortier de chaux, du plâtre, de la terre, etc., ou simplement posées à sec en liaison les unes avec les autres; il y a aussi la maçonnerie de *pisé*, qui est faite en terre battue et desséchée sur place.

Les maçonneries se distinguent par la nature des matériaux employés pour leur exécution : ainsi il y a les maçonneries de *pierre de taille*, de *moellons*, de *meulière*, de *briques*, etc., qui peuvent être à *assises régulières* ou *irrégulières*.

Dans les maçonneries de moellons ou de meulière, on distingue celles où ces matériaux sont posés avec leurs lits simplement ébousinés, et celles où on les a taillés préalablement, de manière à leur donner une hauteur régulière dans chaque assise.

Les maçonneries à assises irrégulières se font avec des moellons ou des meulières que l'on pose à la main, de manière à parementer la maçonnerie, ou sans même prendre cette précaution, ce que l'on fait généralement pour les fondations ou les murs adossés à un terre-plein. Cette maçonnerie non parementée prend le nom de *blocage*, nom que l'on donne aussi aux remplissages que l'on fait en éclats de pierres posés en tous sens dans l'intérieur des murs de grande épaisseur parementés en pierre de taille ou en moellons taillés.

Les maçonneries à assises irrégulières sont d'autant meilleures que l'on a apporté plus de soin à bien proportionner les dimensions des pierres à celles des espaces qu'elles doivent remplir, et qu'elles sont mieux hourdées, c'est-à-dire enveloppées de mortier ou de plâtre sur toute leur surface.

On peut aussi ranger dans les maçonneries à assises irrégulières, celle formée d'éclats de pierres ou de cailloux jetés sans précaution et mélangés avec le mortier, c'est-à-dire la maçonnerie de *béton*, par laquelle nous allons commencer la revue des diverses espèces de maçonneries.

MAÇONNERIE DE BÉTON.

163. **Maçonnerie de béton.** — Cette maçonnerie, que l'on fait avec du mortier de chaux hydraulique (38), ayant la propriété de durcir promptement sous l'eau, est fréquemment mise en usage dans les travaux hydrauliques. Les proportions de cailloux ou de meulière cassée et de mortier qui entrent dans la composition du béton dépendent des vides existant entre les pierres, ainsi que de l'énergie de la prise et du degré de dureté dont on a besoin pour chaque nature d'ouvrage. Le béton est dit *gras* ou *maigre*, selon que le mortier entre en grande ou en petite quantité dans sa composition, ou mieux, selon que le mortier remplit complétement ou seulement en partie les vides qui se trouvent entre les pierres.

Pour se rendre compte de la proportion de mortier qu'il convient de faire entrer dans un béton, il est nécessaire de connaître le volume des vides existant entre les cailloux et les pierres cassées que l'on emploie. Ce volume se détermine, comme pour le sable (62), en remplissant de ces pierres ou cailloux convenablement desséchés un vase de capacité connue, et en versant dessus assez d'eau pour qu'elle effleure leur surface : le volume d'eau versé est égal à celui des vides.

De plusieurs expériences faites de cette manière, il résulte que, dans 1 mètre cube apparent de cailloux mêlés, de diverses grosseurs, mais ne dépassant pas $0^{m},05$ dans aucun sens, semblables à ceux dont on se sert à Paris, le vide est de $0^{mc},38$, et que, pour les pierres cassées et les cailloux de grosseur à peu près uniforme et ne dépassant pas $0^{m},05$, il est de $0^{mc},46$.

Pour obtenir un béton dont les vides des cailloux soient bien remplis, il est évident que le volume du mortier doit être au moins égal à celui des vides; et comme, d'une part, le mortier peut ne pas se répartir de manière à remplir tous les vides, et que, de l'autre, les particules de sable peuvent s'interposer entre les surfaces de contact des cailloux, de manière à augmenter le volume des vides, on voit que, pour être sûr d'obtenir un béton bien plein, le volume du mortier doit dépasser celui des vides; il doit être au moins de 1/4 plus grand; ainsi, selon que le volume des vides sera de $0^{mc},38$ ou de $0^{mc},46$, celui du mortier employé devra être au moins de $0^{mc},48$ ou de $0^{mc},58$ pour obtenir un béton plein, propre à la construction des massifs de fondations qui doivent résister à la pression de l'eau.

Lorsque le béton n'est pas destiné à résister à la pression de l'eau, quand, par exemple, il est employé à la construction de fondations qui se trouvent au-dessus de la masse d'eau, il n'y a pas nécessité qu'il soit imperméable, il suffit qu'il soit incompressible et qu'il résiste à la rupture ; alors le volume du mortier peut être égal et même quelquefois inférieur à celui des vides des cailloux ou des pierres cassées.

TABLEAU *des proportions de mortier et de cailloux mêlés, de diverses grosseurs, mais inférieures à* $0^m,05$, *par mètre cube de quelques bétons.*

Nos	DÉSIGNATION.	MORTIER.	CAILLOUX	OBSERVATIONS.
		m. cub.	m. cub.	
1	Béton gras..........	0,55	0,77	Pour radiers, réservoirs, etc., soumis à une pression d'eau considérable.
2	— ordinaire.....	0,52	0,78	Pour les ouvrages de maçonnerie des eaux et égouts de la ville de Paris.
3	— —	0,48	0,84	Pour les travaux de navigation dans Paris, fondations de piles de ponts, de murs de quais, etc.
4	— un peu maigre.	0,45	0,90	Pour fondations d'édifices sur terrains humides et mouvants.
5	— maigre.......	0,38	1,00	Massifs, fondations, etc., sur terrains secs et mouvants.
6	— très-maigre...	0,20	1,00	
7	— ordinaire......	0,50	1,00	Pour blocs artificiels faits avec mortier de chaux du Theil, ports de Marseille, de Toulon et d'Alger.
8	— moyenn. gras.	0,56	0,90	Jeté dans des enceintes asséchées.
9	— très-gras......	0,57	0,85	Immergé frais à la mer.

Les voûtes inférieures formant le fond, ainsi qu'une partie des murs des réservoirs des eaux de la ville de Paris, situés rue Racine et place de la Vieille-Estrapade, ont été construits avec le béton no 1.

Les piliers de fondation supportant les mêmes réservoirs ont été établis avec le béton no 2, ordinairement employé dans les travaux de maçonnerie des eaux et égouts de la ville de Paris.

Le béton no 3 est celui qui est généralement employé dans les travaux de navigation dans Paris.

Le bétons nos 4, 5 et 6, employés dans les différentes positions détaillées au tableau précédent, ont fourni d'excellents résultats.

Le volume des vides des pierres cassées ou des cailloux de grosseur uniforme étant plus considérable que pour les mêmes matériaux de différentes grosseurs et mélangés, pour obtenir avec ces premiers des bétons jouissant des propriétés de ceux du tableau précédent, on devra augmenter les volumes de mortier de ce tableau de la différence des vides. Ainsi, pour obtenir 1 mètre cube du béton n° 2 avec des matériaux de grosseur uniforme, le vide du mètre cube de pierre étant $0^{mc},46$ ou $0^{mc},38$ selon que la grosseur est uniforme ou non, ce qui donne une différence de vide de $0^{mc},08$, on devra employer $0^{mc},78$ de pierre, et $0,52 + 0,08 \times 0,78 = 0^{mc},583$ de mortier.

Il arrive quelquefois qu'on a des cailloux de très-petites dimensions; alors, au lieu d'y mélanger du mortier, on y ajoute simplement une certaine quantité de chaux éteinte, et le mélange de ces matières fournit un excellent béton.

Lors de l'exécution du canal Saint-Martin, plusieurs murs des bassins ont dû être fondés à 3 ou 4 mètres au-dessous du fond du canal. Il suffisait, à cette profondeur, d'établir un massif de fondation incompressible, sans s'inquiéter s'il serait imperméable ou non; alors on l'a construit avec un béton maigre formé de gravier de la Seine, mêlé avec 1/7 de son volume de chaux hydraulique éteinte. On a ainsi obtenu un tuf artificiel qui, soumis à la pression de l'eau, est resté étanche sous une charge de $0^{m},40$; sous une charge plus forte, l'eau l'a traversé, mais il n'en a pas moins fourni les résultats que l'on attendait, quoique ayant coûté à peu près la moitié seulement des bétons ordinaires.

En général, on obtient plus ou moins d'énergie dans la prise des bétons, suivant que les mortiers employés à leur fabrication sont plus ou moins hydrauliques. On peut activer cette prise autant qu'on le désire, en mélangeant aux mortiers une quantité plus ou moins grande de pouzzolane ou de ciment romain (53 et 56).

164. **Fabrication du béton.** — Lorsque les proportions de pierre et de mortier qui doivent entrer dans la composition d'un béton sont fixées, on procède au dosage de ces matières, puis à leur mélange.

Le *dosage des matières* se fait, comme pour le mortier (63), au moyen de brouettes de mesure fermées, dont la capacité varie de $0^{mc},050$ à $0^{mc},080$, en prenant le nombre des brouettées de chaque matière en rapport avec les proportions adoptées pour la composition du béton. Les brouettes servant à mesurer les cailloux diffèrent de celles employées pour le mortier, en ce sens que le fond est percé de trous ou formé de tringles en fer espacées, afin de faciliter le passage de l'eau que l'on est obligé de jeter sur les cailloux pour les nettoyer (111).

Le *mélange des matières* se fait à bras, à l'aide de *griffes* en fer à

Fig. 48.

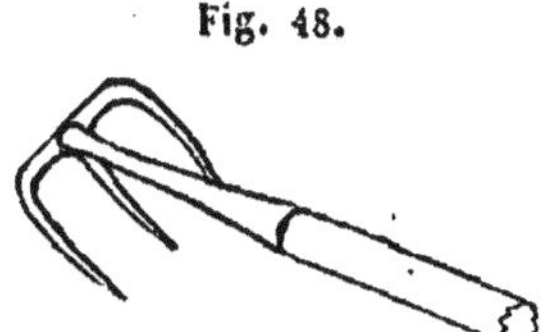

trois dents, *fig.* 48, ou au moyen de machines, quand on a de grandes quantités de béton à fabriquer.

Pour opérer le mélange avec la griffe, on établit, comme pour fabriquer le mortier avec le rabot (63), une plate-forme en planches; puis, en supposant que l'on veuille faire, par exemple, du béton n° 2 (tableau page 274), on commence par remplir cinq brouettes de même capacité, trois de cailloux et deux de mortier fabriqué à part. On amène alors une première brouettée de cailloux, que l'on étale sur toute l'étendue de l'aire préparée; dessus, afin de faciliter le mélange, on stratifie uniformément une brouettée de mortier, que l'on recouvre à son tour de la seconde brouettée de cailloux, puis de la seconde de mortier, et enfin de la troisième de cailloux, en ayant soin d'étaler toutes ces brouettées au fur et à mesure qu'on les superpose. Il faut commencer ces stratifications par une couche de cailloux; car si l'on versait d'abord du mortier, comme il tend toujours à retomber sur la plate-forme, son mélange avec les cailloux serait très-difficile.

Cette première opération terminée, on retrousse le tas avec la pelle, puis, avec la griffe, on l'étale de nouveau en tirant la matière à soi tout autour du tas; on retrousse la masse, puis on l'étale, et on continue ainsi de suite jusqu'à ce que le mélange soit complet, ce qui a lieu quand tous les cailloux sont entièrement enveloppés de mortier.

Détail du temps employé à la fabrication de 1 mètre cube de béton, en faisant usage de la griffe.

	h.
Lavage des cailloux..............................	0,60
Charge, transport et étalage des cailloux et du mortier.	1,70
Mélange..	5,00
Total..............	7,30

Sous-détail du prix de fabrication de 1 mètre cube de béton (64).

	fr.
7h,30 d'ouvrier à 2 fr. 50 c. pour dix heures.........	1,82
0h,25 de chef d'atelier à 6 francs —	0,15
Frais d'outils..	0,13
Total..............	2,10

Quand on a une grande quantité de béton à fabriquer, il convient de faire usage de machines.

La *machine à coffres*, *fig.* 49, est une des premières dont on ait fait usage sur les grands ateliers pour fabriquer le béton ; elle se compose de dix coffres en fonte, ayant la forme et les dimensions indiquées par la figure. Sa manœuvre exige de six à dix ouvriers, dont moitié de chaque côté de la machine, suivant que l'on veut accélérer plus ou moins la fabrication. A la tête de la machine, on établit une plate-forme en planches, sur laquelle on fait la stratification des cailloux et du mortier, que l'on approche à la brouette. Des ouvriers jettent à la pelle le mélange préparatoire dans le premier coffre A, lequel étant convenablement rempli, deux ouvriers, saisissant les poignées *a*, *a*, le font tourner autour de son axe pour en verser le contenu dans le deuxième coffre B ; ils remettent alors le coffre A dans sa position primitive, et, pendant qu'on le charge de nouveau, font passer les matières du deuxième coffre dans le troisième ; puis ils viennent recommencer par le premier coffre, s'il y a dix ouvriers occupés à la manœuvre, pendant que les deux ouvriers voisins font passer la matière dans les deux coffres suivants, et ainsi de suite. Un léger choc des poignées *a*, *a*, sur le haut des jambes de force du coffre suivant, suffit pour détacher la matière et la faire passer d'un coffre dans l'autre. La matière est convenablement mélangée et fournit un bon béton quand elle a passé dans les dix coffres. Autant que possible, on doit disposer cette machine de manière que le dernier coffre verse le béton à l'endroit même où il doit être employé.

Fig. 49.

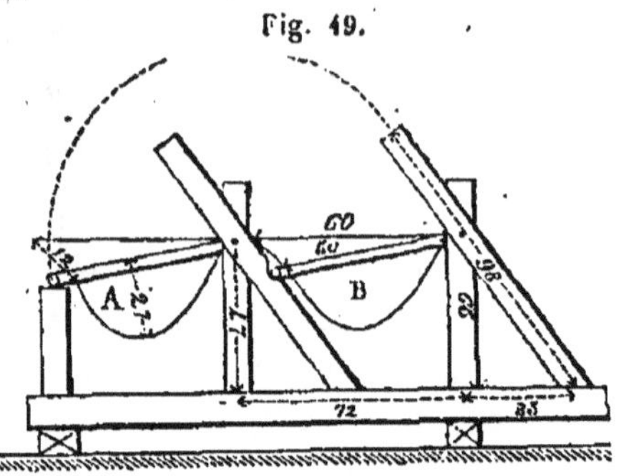

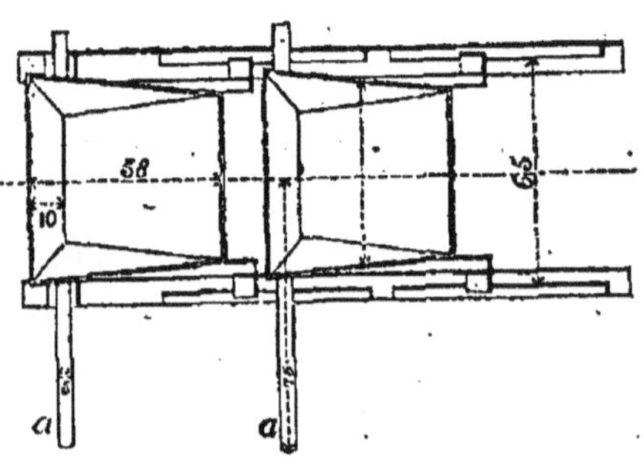

L'économie que fournit l'emploi de cette machine sur celui de la griffe est peu sensible ; l'avantage consiste surtout dans le mélange plus complet et plus rationnel des matières.

Une machine à coffres coûtant environ 550 francs de premier établissement, comme on peut supposer qu'elle durerait au moins trois ans, et qu'au bout de ce temps elle vaudrait encore 50 francs, la perte définitive est donc de 500 francs, ce qui fait annuellement 166 fr. 67 c.

L'établissement d'une plate-forme à chaque extrémité de la machine, l'intérêt du prix d'achat des brouettes, des seaux, etc., et l'entretien peuvent être évalués à 80 francs par an.

Ajoutant à ces deux sommes 300 francs par an pour l'entretien et les frais de déplacement de la machine, ainsi que 27 fr. 50 c. pour l'intérêt du prix d'achat, on voit que les frais d'outils s'élèvent par année à 574 fr. 17 c.

Avec dix hommes pour faire fonctionner la machine, on peut fabriquer moyennement 35 mètres cubes de béton par journée de dix heures de travail. Supposant que la machine fonctionne cent cinquante jours par année, elle fabriquera donc annuellement 5 250 mètres cubes de béton.

Aux réservoirs de la Vieille-Estrapade, le nombre d'heures d'ouvrier employé à la fabrication de 1 mètre cube de béton s'est divisé comme il suit :

	h.
Lavage des cailloux	0,60
Dosage et approchage des cailloux et du mortier	2,00
Étendage des cailloux et du mortier, et leur placement dans les coffres	0,86
Service de la machine	2,86
Enlèvement du béton	0,60
Total	6,92

Sous-détail du prix de fabrication de 1 mètre cube de béton.

	fr.
6h,92 d'ouvrier à 2 fr. 50 c. pour dix heures	1,73
0h,14 de chef d'atelier à 6 francs —	0,08
Frais d'outils, 574 fr. 17 c. pour 5 250 mètres cubes de béton	0,11
Total	1,92

Au port d'Alger, on a fabriqué le béton avec une machine dite *couloir à béton*. C'est une caisse rectangulaire de 1 mètre sur 0m,80 de section, et de 2m,50 de hauteur, en bois de 0m,075 d'épaisseur. Elle porte, à la partie inférieure, une ouverture latérale de 1 mètre de largeur sur 0m,60 de hauteur, par laquelle sort le béton; à sa partie supérieure, sur sa large face, se trouve un plan incliné en bois doublé de tôle de 0m,003 d'épaisseur, sur lequel on place les matières à mélanger, lesquelles, en quittant ce plan, tombent d'abord sur un deuxième plan, incliné en sens contraire du premier et fixé au milieu de la caisse, contre la paroi opposée, puis sur un troisième plan, incliné comme le premier, et dont le bas repose sur le seuil de l'ouverture latérale de la caisse, de manière à y amener la matière mélangée.

Le prix d'une telle machine, y compris un léger échafaudage ou une rampe pour élever les matières, peut être estimé 150 francs.

En supposant que cet appareil fonctionne cent cinquante jours dans l'année, il pourra fabriquer annuellement 9000 mètres cubes de béton. Supposant encore que cette machine, à la fin de la campagne, a éprouvé une perte de valeur de 100 francs, y compris les réparations, ajoutant à cette somme 7 fr. 50 c. pour l'intérêt du prix d'établissement, plus 100 francs pour les plates-formes destinées à préparer les matières et à recevoir le béton à la sortie de la machine, pour l'intérêt du prix d'achat des brouettes, seaux, etc., et pour l'entretien, on aura une somme de 207 fr. 50 c. pour les frais d'outils : ce qui fait 0f,024 par mètre cube de béton.

Nombre d'heures d'ouvrier employé à la fabrication de 1 mètre cube de béton.

	h.
Lavage des cailloux	0,60
Dosage et approchage des cailloux et du mortier	2,00
Pour jeter et étendre ces matières sur le plan incliné du couloir	0,86
Pour débarrasser le couloir du béton fait	0,60
Total	4,06

Sous-détail du prix de fabrication de 1 mètre cube de béton.

	fr.
4h,06 d'ouvrier à 2 fr. 50 c. pour dix heures	1,015
0h,17 de chef d'atelier à 6 francs —	0,102
Frais d'outils	0,024
Total	1,141

Le couloir est généralement employé aujourd'hui quand on a des quantités considérables de béton à fabriquer; mais, au lieu d'être à trois plans, il est souvent à cinq, répartis sur sa longueur et successivement inclinés en sens inverse. Depuis quelque temps, on remplace avec avantage le couloir en bois par un cylindre en tôle de 2m,50 à 3 mètres de hauteur et de 0m,60 de diamètre, muni itnérieurement de croisillons en fer placés dans des sens différents. Ce couloir économique est facile à poser et à transporter, et les matières, en le traversant, sont parfaitement mélangées par les croisillons.

En raison du prix de revient de la fabrication du mètre cube de béton, les trois modes que nous venons d'examiner se classent ainsi :

	fr.
Griffe à dents	2,10
Machine à coffres	1,92
Couloir	1,14

Ces prix ne comprennent que les frais de dosage, d'approchage et de mélange des matières ; mais non ceux du transport du béton à pied d'œuvre, de sa mise en place et de son pilonnage, ni ceux de fabrication du mortier (64).

165. **Transport du béton.** — On transporte le béton, du point où on le fabrique à celui où on l'emploie, à l'aide de la brouette à coffre, toutes les fois que la différence de niveau permet d'établir des rampes d'une inclinaison convenable (149), ou qu'il suffit de l'approcher d'une fouille, au fond de laquelle on le fait arriver par une *coulotte*, ou en le jetant directement depuis le dessus de la fouille. Quand la hauteur à laquelle on élève le béton ne permet pas l'usage de la brouette, on transporte le béton avec l'oiseau, en faisant usage d'échelles (126).

166. **Mise en œuvre du béton hors de l'eau.** — Lorsque le béton est employé pour faire des massifs de fondations, des blocs artificiels ou autres travaux hors de l'eau ou dans des enceintes asséchées, on le jette directement avec la griffe et la pelle dans la caisse ou dans l'enceinte qui doit le contenir, ou bien on le transporte et on le verse avec la brouette, le camion, le waggonnet, et parfois avec l'oiseau, sur la place qu'il doit occuper, en ayant soin de le régaler par couches horizontales de 0m,20 à 0m,25 d'épaisseur, afin de rapprocher les cailloux qui tendent toujours à s'écarter lorsqu'on jette le béton ; par cette précaution, on rend au béton son homogénéité, ce qui est surtout essentiel lorsqu'il doit être imperméable. De plus, on a soin de pilonner les couches, au fur et à mesure qu'on les pose, avec des pilons en fonte ou en bois, afin de faire prendre aux cailloux les positions les plus favorables, et de remplir les vides en répartissant uniformément le mortier dans toute la masse.

Fig. 50

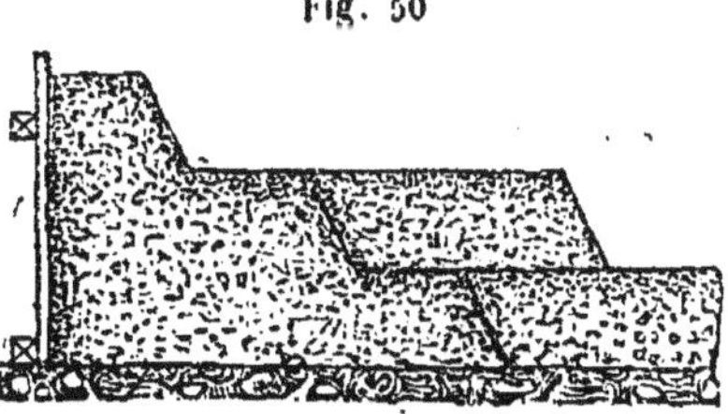

Lorsqu'on est obligé d'interrompre des couches de béton, on les termine toujours par redans inclinés, comme l'indique la figure 50, afin que les parties interrompues un jour se raccordent bien avec celles qui se feront les jours suivants. Lorsqu'on veut continuer une couche interrompue, qui a eu le temps de sécher, on nettoie parfaitement la surface du redan, et on applique dessus une couche de mortier frais, sur laquelle on pose le nouveau béton. On prend également cette précaution pour raccorder une couche, qui a eu le temps de sécher, avec celle que l'on vient placer dessus.

Quand on fait des bétonnages en élévation ou pour des blocs artificiels destinés aux enrochements de jetées, on maintient latéralement le béton frais par des encaissements en madriers, que l'on construit sur place et qu'on a soin de bien dresser, surtout quand les parements qu'ils servent à former doivent être apparents.

Pour des fondations ou des voûtes, on peut remplacer les encaissements en madriers par des cloisons en vieilles briques posées de champ et hourdées en plâtre, que l'on démolit lorsque le béton a fait prise. C'est ainsi qu'on a construit les cintres des grandes voûtes des réservoirs de la place de l'Estrapade. Ces voûtes, qui ont de 45 à 50 mètres de longueur, 3m,05 d'ouverture et 0m,76 d'épaisseur à la clef, ont été décintrées après la pose du béton; leurs extrados ont été arasés horizontalement, puis recouverts d'un enduit en ciment de Vassy qui forme le fond des réservoirs. Les cintres avaient 0m,11 d'épaisseur (deux briques de champ).

Pour obtenir des parements de maçonnerie de béton aussi pleins et aussi unis que possible, on relève le long des encaissements les parties de béton le mieux fournies de mortier et dont les cailloux sont les plus fins. Quand on ne prend pas cette précaution, il se trouve dans les parements des endroits où les cailloux se sont particulièrement réunis, ce qui diminue sensiblement l'aspect satisfaisant du travail et la solidité des surfaces vues, qui s'égrènent et se désagrégent sous l'action des chocs; on comprend que pour les blocs artificiels notamment, une condition essentielle est que les parements soient bien pleins, afin qu'ils ne puissent être désagrégés par l'action des lames et des coups de mer.

On peut compter que le transport de 1 mètre cube de béton à une distance moyenne de 30 mètres, sa pose et son pilonnage hors de l'eau exigent 6h,5 de travail d'un ouvrier.

167. **Mise en œuvre du béton sous l'eau.** — L'immersion du béton en eau profonde présente généralement plus de difficultés et demande plus de soin que son emploi à sec. Pour des profondeurs d'eau qui ne dépassent pas de 1m,50 à 2 mètres, on adopte généralement le *coulage au talus*, qui consiste à descendre d'abord,

au moyen d'une coulotte ou d'une caisse en planches, une certaine quantité de béton pour former le talus naturel, qu'on fait ensuite avancer progressivement, en posant le béton hors de l'eau à la crête de ce talus, comme s'il s'agissait d'un remblai. De temps à autre on facilite le glissement au moyen de la pelle. Le béton chasse devant lui la laitance, qu'on a soin d'enlever, au fur et à mesure qu'elle se forme, au moyen de la drague à main ou de pompes. Le coulage au talus est fréquemment employé pour les massifs de radiers ou de fondations de ponts, quand la profondeur d'eau ne dépasse pas 2 mètres.

Quand la profondeur d'eau excède 2 mètres, le coulage du béton se fait au moyen d'une trémie, ou mieux avec des caisses prismatiques ou demi-cylindriques que l'on descend au fond de l'eau avec un treuil, et où on les vide en les basculant, ou en ouvrant une soupape, ou encore par tout autre moyen qui permet à la caisse de s'ouvrir en dessous. La caisse demi-cylindrique est employée aux travaux maritimes du port de Toulon, et elle est généralement adoptée aujourd'hui ; elle présente sur les autres l'avantage de diminuer les remaniements du béton sous l'eau, et de le maintenir autant que possible à la consistance de fabrication, en réduisant son délayement et la formation de la laitance.

La laitance se produit toujours en plus ou moins grande quantité, suivant les précautions apportées à l'immersion ; elle est formée en grande partie par la chaux délayée, mais aussi par la vase qui s'est déposée sur le fond après le draguage, et qui se soulève quand on coule le béton. C'est afin de remplacer la chaux qui forme la laitance, qu'on en force un peu la dose dans le mortier employé à la fabrication du béton destiné à être coulé.

Quand le béton est coulé dans une enceinte non jointive, la laitance est entraînée naturellement s'il existe un petit courant ; mais si, au contraire, l'enceinte est bien close, l'eau ne peut se renouveler, et la laitance se dépose en si grande quantité qu'il devient nécessaire de l'enlever.

L'immersion du béton doit se faire sans secousse, afin d'éviter tout délavement ; la caisse doit être parfaitement remplie, et la surface du béton doit être égalisée avec le plat de la pelle, de manière à la rendre presque lisse, et par suite plus propre à s'opposer à la pénétration de l'eau dans le béton. La caisse ne doit être vidée que quand elle arrive à $0^m,30$ ou $0^m,40$ du fond.

Quand il y a un courant, les *couches de caissées*, auxquelles on peut donner environ 1 mètre de hauteur, se forment en allant de l'amont vers l'aval; afin de favoriser l'écoulement de la laitance, qui se trouve naturellement entraînée en avant sur la couche inférieure, où elle se dépose, et d'où on l'enlève avec la drague à main, ou mieux au moyen d'une pompe Letestu, qui convient parfaitement pour ce genre de travail.

Les caissées doivent être descendues les unes sur les autres jusqu'à ce que le tas ait la hauteur qu'on veut donner à la couche. Quand un tas est formé, on avance le treuil sur l'emplacement du tas suivant, et on continue ainsi de suite par zones de tas, en ayant soin de toujours comprimer le béton au fur et à mesure de sa pose avec un pilon muni d'un long manche. La laitance va se déposer entre les bases des cônes formant les sommets des tas, d'où il est très-important de l'enlever à mesure de sa formation, et surtout avant de placer dessus du nouveau béton, sans quoi elle formerait une espèce de vide sans consistance dans la masse. On facilite l'enlèvement de la laitance en la chassant avec un balai vers la couche inférieure, ou même vers un puisard disposé exprès pour faciliter son aspiration par des pompes. Quand une couche de caissées de 1 mètre environ d'épaisseur est coulée, on en pose dessus une nouvelle, et l'on continue ainsi de suite jusqu'à ce que le massif de béton arrive à la hauteur voulue.

Au lieu de faire l'immersion du béton par couches horizontales de caissées, pour faciliter l'écoulement de la laitance, on peut le couler par gradins allongés donnant lieu à un talus de 28 de base pour 4 à 5 de hauteur. Cette disposition a été appliquée par M. l'inspecteur général Noël, à la fondation du troisième bassin de radoub du port de Toulon, et elle a fourni d'excellents résultats.

Le coulage au talus avec des caissées a été employé avantageusement pour de grandes profondeurs d'eau. Toute la hauteur de béton se mène d'une seule couche, que l'on pose par bandes appliquées les unes contre les autres, montées successivement du fond jusqu'à la surface, et ayant un talus de 1 et 1/2 à 2 de base pour 1 de hauteur. Sous cette inclinaison, et à cause de la perte de poids due à l'immersion, il ne se produit aucun éboulement ni roulement de pierrailles, surtout si l'on emploie le béton aussi ferme que possible, et qu'on ne le comprime pas trop au fur et à mesure de sa pose. La laitance ne se forme qu'en petite quantité, et elle descend au pied du talus, d'où on l'enlève facilement.

MAÇONNERIE DE PIERRE DE TAILLE.

168. On désigne, sous le nom de *pierre de taille,* tout bloc de pierre, taillé sous différentes formes ou destiné à l'être, dont le poids est ordinairement trop considérable pour qu'il soit possible à un seul homme de le porter. La *maçonnerie* dite *de pierre de taille* est celle qui est formée par l'assemblage de plusieurs de ces blocs, reliés entre eux par du mortier ou du plâtre. On en distingue de deux sortes, celle en pierre dure et celle en pierre tendre (18).

L'*exécution des maçonneries de pierre de taille* comprend l'*appareil,* les *tailles* et *sciages* de toute espèce, le *bardage,* le *montage* et la *pose* de la pierre, opérations que nous allons passer en revue.

169. **Appareil.** — C'est ainsi qu'on désigne le détail de la disposition des pierres dans un édifice. *Appareiller,* c'est faire d'avance les dessins qui donnent les formes et les dimensions des pierres qui doivent entrer dans l'édifice. On appelle aussi *appareiller,* tracer la besogne aux tailleurs de pierres, d'après les plans de l'appareil; l'*appareilleur* est le chef ouvrier chargé de ce tracé et de diriger la pose des pierres et leur raccordement; ses attributions consistent à aller faire le choix des pierres sur les carrières, à en régler l'emploi, à tracer les coupes, à faire les panneaux, etc.; c'est-à-dire que l'appareilleur, après avoir choisi ses pierres, dirige les ouvriers chargés de leur débit, de leur taille et de leur pose.

Un appareilleur doit connaître parfaitement les principaux éléments de géométrie pratique; il doit aussi savoir bien distinguer la nature et les propriétés des matériaux qu'il doit employer, et, à cet effet, il a dû non-seulement exécuter en petit les modèles des parties les plus difficiles à appareiller, mais aussi tailler lui-même la pierre sur le chantier, pour apprécier ses qualités et de quelle manière il convient de la travailler; enfin, il doit, en outre, connaître assez de dessin et de géométrie descriptive pour pouvoir tracer en grand les épures suivant les dessins qui lui sont remis par le directeur des travaux.

Un bon appareilleur est un des agents les plus précieux pour l'entrepreneur, lequel, étant seul responsable du travail, pourrait éprouver des pertes considérables, si cet employé, par incapacité, par manque de soin, ou encore par connivence coupable avec les fournisseurs, recevait des matériaux de mauvaise nature ou de dimensions non appropriées à l'usage qu'on en veut faire.

Lorsque l'importance d'un travail est telle, que le temps est insuffisant à l'appareilleur pour une bonne direction, cet agent se fait aider par un ou plusieurs des ouvriers les plus intelligents du chantier, auxquels on donne le nom de *souffleurs*.

Dans tout appareil, une pierre quelconque doit toujours avoir deux faces normales à la direction de l'effort auquel elle résiste et qu'elle transmet; ainsi, pour un mur vertical, les faces inférieure et supérieure de chaque pierre doivent être horizontales; ces faces prennent le nom de *lits*, et elles doivent être les mêmes que celles qui forment les lits à la carrière, quand les pierres proviennent de roches stratifiées (*fig.* 51 : 1, élévation; 2, plan de l'assise inférieure; 3, coupe transversale suivant *a b*). La face apparente d'une pierre prend le nom de *parement*. Les faces latérales sont appelées *joints;* elles doivent être perpendiculaires au parement et aux lits. On donne aussi le nom de *joint* à l'intervalle de 0m,004 à 0m,010 que l'on réserve toujours entre les pierres, pour éviter qu'elles se touchent, et que l'on remplit de plâtre ou de mortier pour relier les pierres. Toutes ces faces se dressent avec d'autant plus de soin que la construction doit être mieux finie et plus solide.

Fig. 51.

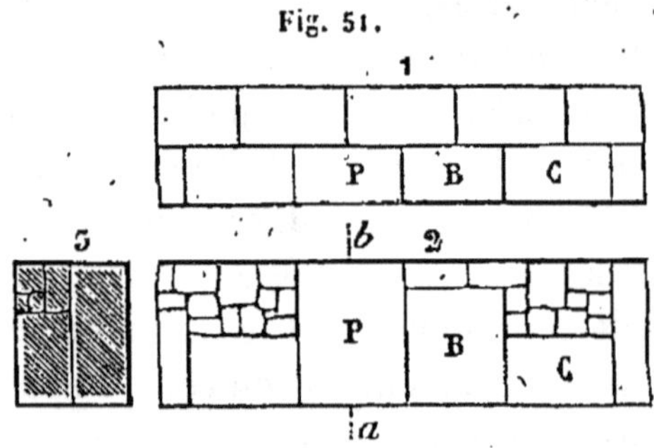

Dans une construction, on donne le nom d'*assise* à chaque rangée horizontale de pierres. La *hauteur d'assise* d'une pierre est la distance de ses lits. Dans une construction solide, cette hauteur doit être égale pour toutes les pierres d'une même assise, et si la construction est très-soignée, elle est la même pour les différentes assises. Les ressauts qui résulteraient de l'inégale hauteur de toutes les pierres d'une même assise seraient d'un effet désagréable à l'œil, et l'inégalité du tassement des joints ainsi que les réactions inclinées des pierres l'une sur l'autre nuiraient à la solidité de la construction.

La dimension d'une pierre perpendiculairement à son parement, c'est-à-dire la quantité dont elle pénètre dans l'épaisseur du mur, s'appelle *queue* de la pierre. Pour une même assise, la longueur de queue doit être différente pour deux pierres consécutives, afin de bien relier entre eux tous les matériaux d'une même assise.

Une pierre C, plus longue en parement qu'en queue, prend le nom de *carreau*. Le rapport entre la longueur du parement et la hauteur d'assise d'un carreau dépend de la dureté de la pierre : pour une pierre tendre, ce rapport ne dépasse pas 2,5; pour une pierre dure, il va à 3,5. Une pierre B, qui est, au contraire, plus longue en queue qu'en parement, prend le nom de *boutisse;* sa longueur en parement doit toujours être plus grande que sa hauteur d'assise. Quand une pierre P s'étend d'un parement à l'autre du mur, on dit qu'elle fait *parpaing*, et elle-même prend le nom de *parpaing*.

Les joints verticaux ne doivent pas se correspondre dans deux assises consécutives; leur distance doit être de 0m,16 à 0m,20 au moins. Cette condition ajoute considérablement à la solidité de la construction, puisqu'alors il ne peut y avoir aucun mouvement sans que les pierres se brisent ou glissent avec effort les unes sur les autres.

La face latérale opposée au parement, et noyée dans l'épaisseur du mur, se laisse entièrement brute, et on garnit par un blocage les vides qui restent entre les pierres qui forment les parements.

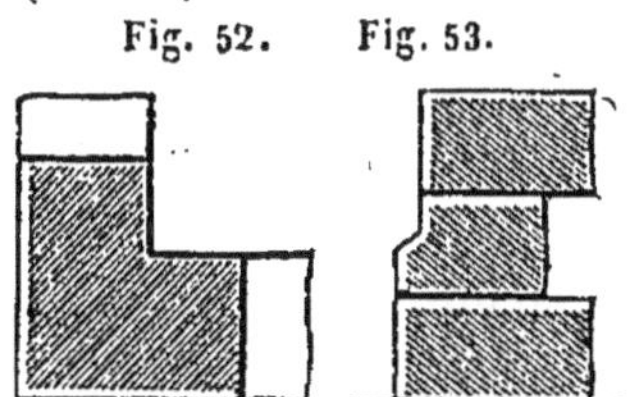
Fig. 52. Fig. 53.

Il faut éviter avec soin de placer des joints verticaux ou horizontaux dans les angles rentrants ou saillants que peut former le parement d'un mur. Ainsi, une pierre formant l'angle de deux murs doit faire partie de ces deux murs, afin de les relier, *fig.* 52, et s'il y a une retraite horizontale dans le parement d'un mur, *fig.* 53, il faut éviter qu'elle corresponde à un lit, afin de ne pas avoir un joint dans une partie où l'eau peut couler ou séjourner.

170. **Taille de la pierre.** — Cette opération consiste à dresser convenablement les faces des blocs de pierre, et à leur donner les formes et les dimensions qui conviennent à l'appareil (169).

La taille seule des lits est suffisante pour la *maçonnerie de libages*, c'est-à-dire pour la maçonnerie en blocs de pierre de formes irrégulières et grossièrement dressés, que l'on emploie encore quelquefois dans les massifs de fondations; mais elle ne l'est plus pour les maçonneries soignées et apparentes ; il faut alors que les parements soient parfaitement dressés, et que de plus les joints le soient régulièrement, afin que les pierres puissent s'approcher convenablement et uniformément les unes des autres, sans quoi il en résulterait des joints inégaux, qui seraient d'un aspect désagréable, tout en nuisant à la solidité. Ainsi, toute pierre de taille qui ne fait pas parpaing doit être taillée sur cinq faces, qui sont planes dans les murs verticaux. La taille du parement est, en général, d'un fini plus parfait que celle des faces noyées dans l'épaisseur de la maçonnerie.

La taille de la pierre se fait dans un emplacement choisi aux abords de la construction, et que les ouvriers nomment *chantier*. Toute taille faite en cet endroit est dite *taille sur le chantier*. On nomme *tailles sur le tas*, celles qui sont faites sur place pour la réparation des édifices, et celles que l'on est obligé de faire quand les pierres sont posées. On fait aussi sur le tas la taille qu'entraîne le *ravalement*, opération qui consiste en une retaille complète des parties saillantes résultant des défauts de la taille primitive ou de la pose, afin de dresser parfaitement les parements vus de l'édifice que l'on vient de construire. Cette opération se fait en même temps que le *rejointoyement*, qui consiste à remplir parfaitement de mortier ou de plâtre les bords des lits et des joints.

On donne le nom d'*abatage* à la partie de pierre piochée ou jetée bas à l'extérieur de deux faces adjacentes conservées, pour former les angles saillants d'avant-corps, de harpes, de crossettes, de claveaux, et l'épannelage des moulures, etc., ou encore pour donner une forme cylindrique à une pierre. On appelle *évidement*, la partie de pierre piochée entre deux faces adjacentes pour faire des angles rentrants d'arrière-corps, etc. Enfin, on nomme *refouillement*, toute partie de pierre évidée à la masse et au poinçon entre trois ou un plus grand nombre de faces.

Pour tailler la pierre, l'ouvrier se sert des divers outils dont nous avons parlé au nº 122. Pour faire son travail, il commence par mettre sa pierre en *chantier*, opération qui consiste à soulever la pierre d'un côté jusqu'à ce que la face à tailler soit inclinée sous un angle de 73° environ à l'horizon, c'est-à-dire à $0^m,30$ de base pour 1 mètre de hauteur, comme l'indique la figure 54, et à la maintenir dans cette position à l'aide d'une cale C placée dessous, et d'un tasseau T établi derrière. Pour faire ces appuis, on emploie des moellons ou des éclats de pierre du chantier. Lorsque les pierres

Fig. 54.

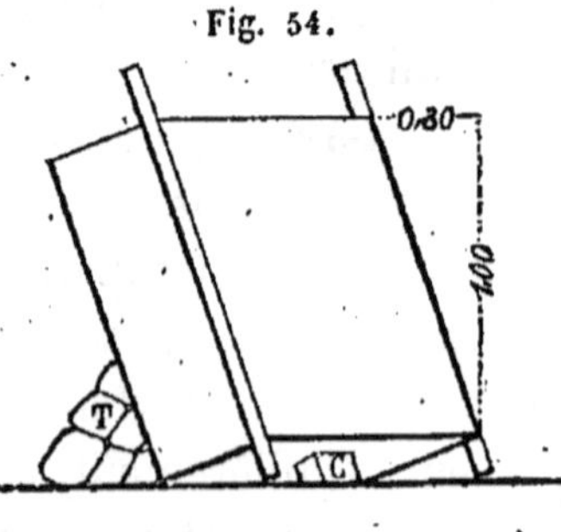

sont très-lourdes, pour les mettre en chantier, l'ouvrier se fait aider par ses camarades, et il se sert de la pince ou du cric (95 et 109).

C'est ordinairement par un des lits que l'ouvrier commence la taille d'une pierre. Après l'avoir mise en chantier, il trace sur une de ses faces latérales une ligne qui limite ce qu'il faut enlever sur le lit à tailler, soit pour le purger de bousin, soit pour donner à la pierre l'épaisseur demandée ; alors il fait avec le ciseau (122) une *plumée* ou *ciselure*, de la largeur de cet outil, le long du côté du lit qui correspond à la ligne tracée, en suivant exactement ce trait ; il vérifie de temps en temps si la ciselure est droite, en appliquant une règle dessus à mesure qu'il enlève les sinuosités. Cette première ciselure terminée, l'ouvrier en fait une semblable sur la même face le long de l'arête opposée ; pour arriver à mettre cette seconde ciselure dans un même plan avec la première, il applique contre la pierre, comme le montre la figure 54, une première règle dont le champ effleure bien la ciselure faite dans toute sa longueur, et contre la face opposée il place une seconde règle qu'il *dégauchit*, c'est-à-dire amène dans une position telle, que le plan passant par son œil et par l'arête de cette règle contienne l'arête qui coïncide avec la première ciselure ; la seconde règle, dans cette position, sert à tracer la ligne qui détermine la position de la seconde ciselure, que l'on exécute de la même manière que la première. Ces deux premières ciselures achevées, l'ouvrier en fait une semblable le long de chacune des deux autres arêtes de la face qu'il dresse ; le trait qui détermine la position de chacune de ces dernières se trace en faisant simplement passer par deux des extrémités des premières ciselures l'arête d'une règle appliquée contre la face latérale de la pierre.

La face étant entièrement encadrée de ciselures, l'ouvrier achève de la dresser en faisant sauter toutes les parties de pierre qui dépassent le plan des ciselures. Pour cela, il commence à dégrossir à la pioche, en ayant soin de ne pas atteindre au-dessous du plan des ciselures ; puis il achève de dresser le lit au moyen du rustique ou du marteau.

Le premier lit étant taillé, on trace dessus, d'après le plan d'appareil, la base de la surface latérale de la pierre ; ce qui se fait au moyen de l'équerre, si cette base est rectangulaire, ou de panneaux et de fausses équerres, si la pierre doit avoir des formes particulières. Ce tracé terminé, on met la pierre en chantier pour tailler le parement ; cette face se taille comme la précédente, si ce n'est que, devant être apparente, on lui donne un fini plus parfait; après avoir fait le dégrossissage à la pioche ou au rustique, on *relève* les ciselures, que l'on redresse si cela est nécessaire, et on termine la taille, soit avec le marteau bretté et la ripe, soit simplement avec la boucharde (122).

Quand la taille du parement est terminée, on fait successivement celle des joints, celle de l'autre parement s'il y a lieu, et enfin celle du second lit.

Toutes les faces d'une pierre de taille doivent être parfaitement dressées ; mais la taille des lits et des joints doit être grossière, afin que le mortier adhère bien à la pierre.

La taille des parements de moulures se fait ordinairement sur le tas pour la pierre tendre ; il en est de même pour les pierres dures lorsque les profils renferment des moulures de petites dimensions ; on exécute seulement sur le chantier des tailles *d'épannelage*, qui consistent à préparer la masse dans laquelle on doit faire les moulures. Pour les pierres très-dures, et lorsque les moulures ont de grandes dimensions, il y a avantage à faire la taille sur le chantier, et même à la carrière, quand elle est très-éloignée.

171. **Temps que les différentes tailles exigent de l'ouvrier.** — De nos observations, il résulte que le *temps qu'exige la taille du mètre carré de parement de pierre dure* se divise comme l'indique le détail suivant, applicable à la pierre de roche de Paris (19).

	h.
1° Mise en chantier	0,30
2° Plumées ou ciselures	2,40
3° Dégrossissage de la pierre avec la pointe du marteau	2,30
4° Première taille au moyen de la boucharde ou du rustique	1,40
5° Layement au moyen du marteau bretté	3,40
6° Ripement de la pierre	1,20
Total	11,00

Cette taille comprend ordinairement un abatage de 0m,05 à 0m,10 d'épaisseur.

Nous donnons dans les tableaux suivants plusieurs résultats sur le temps que met un ouvrier pour exécuter divers ouvrages de taille de pierre. Au moyen de ces résultats, il sera facile d'établir le prix de revient de ces travaux dans chaque localité, la pierre étant de la nature de celles mentionnées aux tableaux, et le salaire du tailleur de pierre étant déterminé.

1° TABLEAU

Du temps que met un ouvrier pour exécuter 1 mètre carré de différents ouvrages de taille de pierre.

NATURE DES PIERRES.	LITS ET JOINTS DRESSÉS POUR		PAREMENTS DROITS (169).							TRAIT de sciage comprenant deux faces.
					LAYÉS APRÈS			DE MOULURES, y compris les tailles d'épannelage, suivant des profils dont le développement de chaque membre varie de :		
	OUVRAGES ordinaires.	ASSISES circulaires et claveaux, après l'abatage.	RUSTIQUES ou bouchardés grossièrem. entre ciselures.	LAYÉS ET RIPÉS ou bouchardés finem. entre ciselures bien dressées.	abatage.	évidement.	refouillement.	0m,01 à 0m,10	0m,10 à 0m,80 et au-dessus.	
	h.	h.	h.	h.	h.	h.	h.	h.	h.	h.
Pierre tendre, vergelet, Conflans, lambourde, etc	2,50	2,00	3,00	5,10	2,15	5,00	5,15	17,00	13,50	9,00
Pierre franche (plaine de Paris)...............	3,00	2,60	5,30	9,00	3,40	6,00	7,00	30,00	24,00	14,20
Pierre de roche, dureté ordinaire (plaine de Paris)............................	4,10	3,50	7,00	11,00	5,00	11,00	11,20	37,60	31,60	19,00
Pierre de roche très-dure, Saint-Nom, Saillancourt, Bagneux, etc.................	5,00	4,30	9,00	15,00	6,00	14,00	15,50	42,10	36,30	22,20
Pierre de roche, marbre, Château-Landon, Châtillon-sur-Marne, etc..................	6,20	5,50	10,00	17,00	7,00	15,50	16,80	44,00	38,00	30,10

2° TABLEAU

Du temps employé pour les abatages, évidements, refouillements et pour les retontes ou ravalements sur le tas, y compris rejointoyement.

NATURE DES PIERRES.	POUR 1 MÈTRE CARRÉ de retonte ou ravalement sur le tas.					POUR 1 MÈTRE CUBE.					
	SUR MURS DROITS.				SUR MOULURES.	ABATAGE SUR LE		ÉVIDEMENT SUR LE		REFOUILLEMENT SUR LE	
	Épaisseurs des abatages en millimètres.					chantier	tas.	chantier.	tas.	chantier, par grandes parties, pour auges, soupiraux, etc.	tas, par petites parties, pour incrustements percements de trous au-dessus de 0m,20 de côté.
	2 à 7	9 à 27	29 à 54	56 à 81	9 à 18						
	h.	h.	h.	h.	h.	h.	h.	h.	h.	h.	h.
Pierre tendre, vergelet, Conflans, etc.	2,70	4,00	6,25	8,50	9,00	38,00	43,70	45,20	48,70	77,50	96,30
Pierre franche (plaine de Paris)	4,25	6,30	10,30	14,00	15,00	57,20	63,00	66,30	71,70	110,00	143,00
Pierre de roche ordinaire	5,50	8,90	14,00	19,00	20,00	75,00	85,00	88,00	95,00	150,50	190,30

De nos observations, il résulte :

1° Que le temps employé pour les tailles et retontes de parements courbes est à peu près égal à une fois et demie celui employé pour les mêmes ouvrages sur plans ;

2° Que, toutes choses égales d'ailleurs, le temps exigé pour l'abatage, l'évidement et le refouillement de 1 mètre cube de roche dure ou de pierre de Château-Landon, de Châtillon-sur-Marne, etc., est à peu près au temps employé pour abattre 1 mètre cube de roche ordinaire, comme le temps nécessaire pour tailler le mètre carré de la pierre considérée est à celui que demande la même taille pour la roche ordinaire, ces tailles étant layées l'une et l'autre : ainsi, désignant par x le temps qu'exige l'abatage sur le chantier du mètre cube de Château-Landon, la durée du même abatage dans la roche ordinaire étant de 75 heures, et le mètre carré de surface layée sur le chantier de la pierre de Château-Landon et de la roche ordinaire étant respectivement 17 heures et 11 heures, on a

$$x : 75 = 17 : 11, \text{ d'où } x = \frac{75 \times 17}{11} = 116 \text{ heures.}$$

Par expérience, nous avons trouvé 114h,8.

172. **Bardage.** — Le bardage de la pierre de taille se fait au moyen de roules, de bards ou de binards ; nous avons passé en revue, aux nos 114, 118 et 119, les précautions qu'exige l'emploi de ces divers instruments pour le transport de la pierre.

Le bardage de la pierre avec le bard s'effectuant rarement, et celui au moyen de roules étant très-accidenté, nous nous contenterons de donner quelques résultats sur le temps qu'exige le transport au moyen du binard, et encore n'y a-t-il que celui employé au chargement et au déchargement que l'on puisse à peu près fixer ; car la durée du transport varie considérablement, suivant la disposition des lieux et les intempéries de l'atmosphère. En effet, le sol peut être de niveau ou suivre une forte pente ; il peut être solide, comme en été, ou très-mou et presque impraticable, comme dans la saison des pluies ; enfin, si le bardage se fait sur la voie publique, il peut se présenter des embarras accidentels qui occasionnent des retards imprévus.

Sur un sol ferme et à peu près de niveau, le temps employé pour barder la pierre de taille à 100 mètres de distance, au moyen d'un binard, servi par un chef bardeur ou pinceur et six garçons, se compose ainsi qu'il suit :

	Heures.
Durée du chargement et du déchargement de 1/3 de mètre cube...	0,60
Durée du parcours de 100 mètres et du retour à vide.............	0,10
Total..................	0,70

Pour 1 mètre cube, ces temps sont donc respectivement $1^h,80$ et $0^h,30$; total, $2^h,10$.

Si la distance de transport était différente de 100 mètres, si elle était N mètres par exemple, la durée totale du bardage de 1 mètre cube de pierre à cette distance serait évidemment :

$$1^h,80 + 0,30 \times \frac{N}{100}.$$

Lorsque le binard est traîné par deux chevaux, et servi par trois garçons et un chef bardeur, le temps se divise comme il suit :

	Heures.
Durée du chargement et du déchargement de 2/3 de mètre cube...	0,95
Durée du parcours de 100 mètres et du retour à vide.............	0,07
Total................	1,02

Pour 1 mètre cube, ces nombres sont respectivement $1^h,425$ et $0^h,105$; total, $1^h,53$.

Pour la distance de transport N mètres, la durée du bardage du mètre cube serait :

$$1^h,425 + 0^h,105 \times \frac{N}{100}.$$

173. **Montage.** — Nous avons décrit, aux nos 104 et suivants, les divers appareils employés pour monter les fardeaux, et la pierre en particulier. Il nous reste à détailler ici les moyens usités pour suspendre la pierre au câble ou à la chaîne de la chèvre ou de la sapine, et à faire observer que cette partie du travail, en raison des graves accidents qu'elle peut occasionner, réclame le plus de soin et d'habitude ; aussi est-il prudent de toujours la confier au même ouvrier.

Le plus ordinairement, pour monter une pierre, on l'enveloppe d'une corde sans fin, dont on écarte les brins, comme l'indique la

Fig. 55.

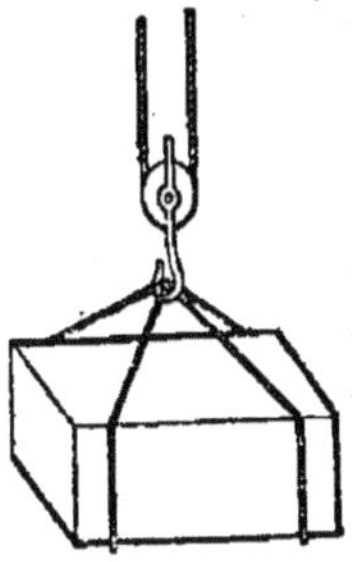

figure 55, afin que la pierre ne puisse ni glisser, ni tourner. Aux points où la corde porte sur les arêtes, on empêche celles-ci de s'épaufrer en les garnissant de petits paillassons très-épais. Cette corde, appelée *élingue* ou *braye*, a ses extrémités réunies solidement par une *épissure*, et on l'enveloppe ordinairement d'une forte toile sous laquelle on met de la filasse, ce qui l'empêche de se couper et de dégrader la pierre. Une esse, fixée directement à l'extrémité de la chaîne ou du câble de la chèvre ou de la sapine, ou à la chape d'une poulie mobile manœuvrée par cette chaîne ou par cette corde, sert à accrocher la braye.

Lorsque les pierres que l'on a à monter sont destinées à des ouvrages précieux, pour lesquels on les a taillées délicatement, on renonce à l'emploi de l'élingue, qui peut toujours abîmer les arêtes; on fait alors usage d'un petit instrument en fer, *fig.* 56, appelé *louve*, qui se compose d'une partie centrale A, taillée en queue d'aronde à sa partie inférieure et dont la tête porte un anneau qui s'accroche à l'esse du câble de la chèvre ou de la sapine, et de deux parties latérales *a*, *a*, d'épaisseur uniforme, légèrement recourbées d'équerre par le haut, et retenues à la pièce A par un anneau qui leur permet tout mouvement longitudinal quand la louve n'est pas chargée.

Fig. 56.

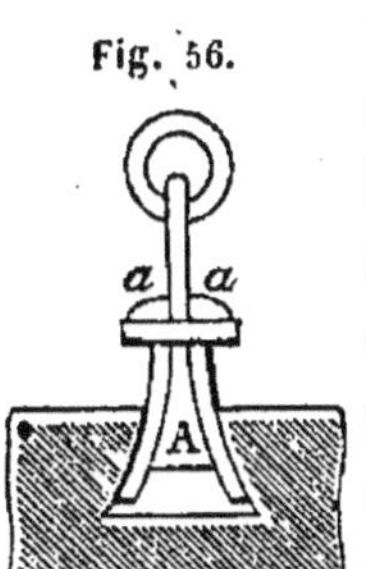

Pour se servir de cet outil, on fait dans le lit supérieur de la pierre un trou que l'on creuse en queue d'aronde de même inclinaison que la louve. Dans ce trou on introduit le bas de la pièce A, en tenant les parties *a*, *a*, soulevées de toute la longueur de la queue; on fait alors descendre les pièces *a*, *a*, et la louve, se trouvant ainsi emprisonnée, permet de soulever la pierre.

L'emploi de cet outil est assez dispendieux, à cause du trou, qui doit être fait avec soin; mais il rend le reste de l'opération plus expéditif qu'avec l'élingue. On n'en peut faire usage du reste que pour les pierres dures, ou moyennement dures; les pierres tendres éclateraient. On a ainsi monté ou descendu sur le tas une grande partie des pierres employées à la construction des piédestaux du pont de la Concorde et des culées du pont aux Doubles. Bien que la pierre des carrières de Beaucaire n'ait qu'une dureté à peu près égale au bon vergelet de Paris, elle a été entièrement montée à la louve pour la construction du pont-canal de l'Orb, à Béziers.

Enfin, on remplace assez souvent la louve par un simple piton à vis, que l'on fait pénétrer dans un trou creusé dans le milieu du lit de la pierre. Ce trou, que l'on fait au trépan, ayant le diamètre de l'âme de la vis, les filets triangulaires de celle-ci se noient complétement dans la pierre.

De nos observations, il résulte qu'un atelier composé d'un brayeur et de quatre garçons, montant à chaque voyage 1/3 de mètre cube de pierre, mettrait, savoir :

	Minutes.
Pour brayer ou louver la pierre..................................	17
Pour la monter ou la descendre à 5 mètres....................	18
Pour la recevoir sur le tas, la délier, descendre le câble et barder la pierre en haut et en bas à 4 ou 5 mètres de distance sur rouleaux..	25
Total pour un voyage...........	1 h. 0'.

Pour chaque mètre d'élévation ou de descente, en plus des cinq premiers, il faudrait compter environ trois minutes.

174. **Pose de la pierre de taille.** — Lorsque la pierre à poser est approchée à pied d'œuvre, on commence d'abord par la présenter dans la place qu'elle doit occuper, en la faisant reposer sur des cales en bois, et quelquefois en plomb, ayant une épaisseur égale à celle que l'on veut donner au joint de mortier, c'est-à-dire de 0m,004 à 0m,010. Ces cales se placent aux angles de la pierre et au moins à 0m,03 ou 0m,04 des arêtes, afin d'éviter les écornures. Lorsque le poseur s'est ainsi assuré que la pierre a bien toutes les dimensions voulues, il la soulève à la louve, ou lui fait faire quartier sur le côté; puis il nettoie et arrose, si la pierre est tendre et spongieuse, l'assise inférieure et la pierre qu'il pose; il étend sur toute la surface que doit couvrir la pierre une couche de mortier fin, d'une épaisseur un peu plus forte que celle des cales; il met la pierre en place, et il frappe dessus avec un pilon ou un maillet en bois, jusqu'à ce que le mortier souffle de toutes parts, et que la pierre repose sur les cales. Il convient d'enlever les cales quand la pierre occupe sa position définitive.

Il arrive très-souvent que l'on pose les pierres de chaînes d'angles et autres, de tablettes de couronnement, etc., en étendant de suite la couche de mortier fin, sans mettre de cales, et en réglant son épaisseur avec la truelle. Pour opérer ainsi, il faut que le mortier soit assez ferme, sans quoi le poids de la pierre le ferait couler, et l'on obtiendrait des joints d'une épaisseur trop faible et non uniforme, ce qui ne nuirait pas peu à la solidité de la construction.

Dans tous les cas, avant de poser la pierre, il faut s'assurer avec soin que le mortier ne contient pas de graviers d'une grosseur excédant l'épaisseur que doit avoir le joint ; ce qui obligerait, pour les retirer, de soulever la pierre déjà mise en place, et ralentirait l'exécution.

Quelquefois les lits des pierres sont flacheux sur le derrière, c'est-à-dire que la queue se termine plus ou moins en pointe. Pour remédier à cet inconvénient, on remplit ces flaches avec des éclats de pierre dure, que l'on enfonce dans le mortier.

Dans cette pose, l'ouvrier doit autant que possible rendre nul l'effet des petits défauts de la taille des parements ou des lits et joints ; il doit apporter une grande attention à éviter les *balèvres*, qui nécessitent ordinairement un ravalement dispendieux. S'il se sert de la pince pour faire abatage, il doit, pour éviter les écornures, placer un bout de latte ou de planche sur le bord des arêtes de la pierre, au point où porte la pince.

Fig. 57.

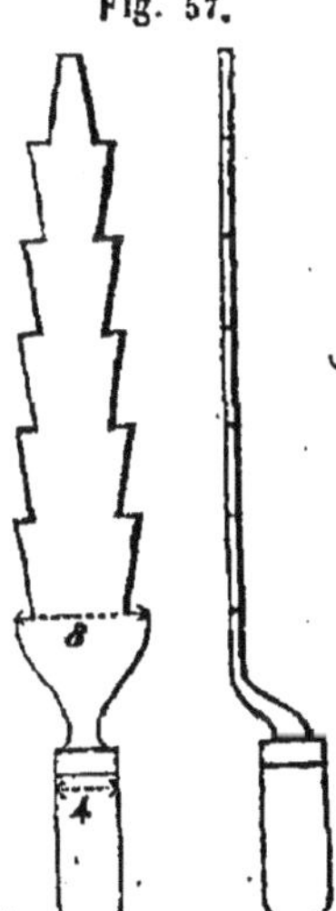

Une fois que la pierre est bien en place sur un bon lit de mortier, il ne reste plus pour terminer la pose qu'à remplir les joints montants, ce que l'on fait ordinairement à l'aide de la *fiche* à dents en fer, *fig.* 57.

Un autre moyen de poser la pierre consiste à la placer sur cales, comme il a été indiqué ci-dessus, en ayant toujours soin de nettoyer l'assise inférieure ; puis à ficher les joints, c'est-à-dire à les garnir de mortier que l'on y fait pénétrer au moyen d'une *fiche* à dents. Les dents de cet outil pressent le mortier et le font pénétrer sous la pierre ; mais, comme la pression est proportionnelle à la surface pressante, et qu'elle peut par conséquent être énorme, il arrive parfois que les pierres sont ébranlées ; quelquefois aussi il y a impossibilité de faire pénétrer le mortier en tous les points du joint. Malgré ces inconvénients, cette manière d'opérer est fréquente, parce qu'elle est plus facile et plus expéditive que la première, qui doit toujours lui être préférée sous le rapport de la solidité de la maçonnerie. L'emploi de la fiche à dents n'est réellement d'un bon effet que pour les joints montants.

A Paris, et dans presque toutes les localités où l'emploi du plâtre est commun, on fait généralement usage d'un troisième moyen pour poser les pierres, et principalement les pierres tendres. Ce moyen consiste encore à poser les pierres sur cales, comme il a été indiqué ci-dessus, et à les *couler* ensuite, c'est-à-dire à remplir le lit et les joints avec du plâtre gâché très-clair ou coulis (76) ; on fait même quelquefois du coulis avec du mortier de chaux ou de ciment. Pour faire ce remplissage, on ferme tout le contour des lits et des joints avec du plâtre ou du mortier d'une consistance suffisante, en laissant libre, à la partie supérieure des joints, une petite étendue sur laquelle on fait un godet dans lequel on verse le coulis ; on a soin de remuer constamment celui-ci en le versant, afin qu'il reste bien homogène et que l'eau ne s'introduise pas seule dans les joints.

Lorsque les pierres sont posées sur plâtre, la prompte solidification de cette matière oblige d'avoir recours à ce troisième moyen, surtout pour les pierres tendres ; on n'aurait pas le temps, avant la prise, de placer convenablement la pierre sur un lit de plâtre d'abord étendu.

Il n'en est pas de même du mortier de chaux, et comme son coulis donne toujours de mauvais résultats, il convient de n'en pas faire usage. L'eau qu'il contient étant absorbée par la pierre, il se forme presque toujours des vides que l'on remplit difficilement, malgré tous les soins que l'on met à faire ce remplissage au fur et à mesure de l'absorption de l'eau ; et, comme de la dessiccation du coulis de mortier de chaux il résulte encore un retrait qui augmente ces vides, il arrive très-souvent que la pierre repose entièrement sur les cales, lesquelles, en pourrissant, occasionnent des tassements considérables dans les maçonneries.

Lorsque la pose de la pierre se fait dans l'eau, il y a impossibilité de faire usage de mortier, qui serait délayé et lavé ; alors on se contente de poser simplement les pierres sur cales, qui doivent être en plomb de préférence au bois. Un mortier à prise rapide et énergique, comme celui de ciment romain, par exemple, peut cependant être employé pour poser la pierre sous l'eau.

Quand toutes les pierres d'une assise sont posées, il arrive presque toujours que quelques-unes sont plus élevées que les autres ; il y a alors nécessité de dresser le lit supérieur de l'assise, en enlevant toutes les saillies, avant de poser les pierres de l'assise qui doit la couvrir ; sans cette précaution, il est impossible d'obtenir une belle et solide maçonnerie.

Enfin, quand l'ensemble de la maçonnerie est terminé, on procède au *ravalement*, au *ragrément* et au *rejointoyement* des surfaces apparentes.

Le *temps employé à la pose de la pierre de taille* varie en raison de l'espèce d'ouvrage et des difficultés qui naissent de l'emplacement où la pierre doit être posée.

Les maçons, aidés de leurs garçons, posent ordinairement les libages, les bornes, les auges, les seuils, les marches, les appuis, les dalles, et en général toutes les pierres isolées, ainsi que celles de massifs de maçonnerie ; mais la pose de quelque importance, comme celle des pierres d'assises, de claveaux, de voussoirs, etc., doit, autant que possible, être confiée à des ouvriers qui s'occupent spécialement de ce genre de travail.

Une brigade de ces ouvriers est ordinairement composée d'un poseur, d'un contre-poseur et de deux garçons qui servent le poseur et fichent les pierres. Le tableau suivant donne le temps que met une telle *équipe* pour poser 1 mètre cube de diverses maçonneries de pierre de taille.

	Heures.
Ouvrages ordinaires, parements de murs, chaînes, parpaings, parapets, cordons, etc.	4,00
Assises en reprises, plates-bandes droites, voûtes en berceau.	5,00
Assises en reprises par petites parties, dans l'embarras des étais	7,50
Voûtes en arcs de cloître, voûtes d'arête, voûtes sphériques ou calottes	10,00
Morceaux posés par incrustement	15,00

Pose par un maçon avec son garçon.

Libages, auges, bornes et autres ouvrages semblables	11,00
Seuils, marches, appuis, caniveaux	27,00
Dalles de $0^m,08$ à $0^m,10$ d'épaisseur, par mètre superficiel	1,25

175. *Remarque.* — A l'aide des résultats consignés dans les trois numéros précédents, connaissant la rétribution journalière des ouvriers, il sera facile de déterminer assez approximativement le prix du bardage, du montage et de la pose de la pierre, et par suite celui de la main-d'œuvre qu'exige l'établissement proprement dit de la maçonnerie.

176. **Dépose de la pierre de taille.** — Le temps employé pour exécuter ce travail varie en raison du plus ou moins de soin que l'on apporte pour conserver à la pierre toutes ses formes et quali-

tés. Nous avons plusieurs fois noté ce temps, et de nos observations il résulte que, par mètre cube de démolition soignée, il est, y compris le bardage de la pierre à une distance maximum de 10 mètres et son arrangement :

	Heures.
Pour maçon ou déposeur	3,5
Pour garçon	10,5

177. **Quantité de plâtre ou de mortier employée pour poser la pierre de taille.** — Cette quantité varie selon la nature de l'ouvrage, comme le fait voir le tableau suivant, qui donne les résultats moyens déduits par nous d'un grand nombre d'expériences.

Volume de mortier ou de plâtre employé par mètre cube de différentes maçonneries de pierre de taille.

	Mètres cubes.
Libages ordinaires	0,090
Assises ordinaires de $0^m,30$ à $0^m,50$ de hauteur	0,075
Id., de $0^m,50$ à $0^m,80$ *id.*	0,065
Parpaings et assises de $0^m,25$ à $0^m,30$ d'appareil	0,080
Claveaux de plates-bandes droites	0,085
Voûtes en berceau et en arc de cloître	0,100
Voûtes d'arête et sphériques	0,105
Marches, seuils et appuis, pour garnissage et coulement	0,175
Dalles de $0^m,06$ à $0^m,10$ d'épaisseur, $0^m,023$ par mètre superficiel	0,290

178. **Déchet de la pierre de taille.** — Il est impossible de poser des nombres représentant d'une manière absolue le déchet qu'éprouve la pierre de taille depuis sa sortie de la carrière jusqu'à ce qu'elle soit posée, à cause de l'infinité de circonstances dans lesquelles elle peut se trouver. S'il y avait possibilité de suivre et d'observer avec attention chaque morceau de pierre dans toutes ses phases, depuis la carrière jusqu'à sa pose, on pourrait peut-être obtenir un résultat assez positif ; mais cette marche étant impraticable, il faut se contenter d'une approximation.

Le déchet de la pierre de taille varie en raison :

1° De la hauteur et de la longueur de l'appareil ;

2° De la forme plus ou moins régulière des blocs bruts ;

3° De la manière dont ces blocs ont été équarris et ébousinés sur la carrière ;

4° De la qualité de la pierre ;

5° De ce que l'appareil est ou non réglé en hauteur, longueur et largeur.

Le déchet est plus considérable pour les assises de bas appareil que de haut appareil ; il est, en effet, facile de comprendre qu'il y a moins de déchet dans la taille de deux lits d'une assise de 0m,60 que dans celle des quatre lits de deux assises de chacune 0m,30.

Le déchet est plus considérable pour lespierres tendres que pour les pierres dures, à cause des plus nombreuses épaufrures de leurs blocs à l'état brut, et de leurs formes plus irrégulières.

On peut poser que le déchet qu'éprouve la pierre de taille, par le fait de la taille des parements des lits et des joints, varie de 1/18 à 1/3 de son volume à l'état brut.

Malgré toutes ces causes d'incertitude, nous allons indiquer les déchets approximatifs qui peuvent avoir lieu pour des assises de diverses hauteurs et de largeur moyenne.

Déchet qu'éprouve chaque assise ordinaire en pierre de 1 mètre à 1m,30 de longueur, sur 0m,40 à 0m,50 de largeur. (Traité complet du toisé des ouvrages de maçonnerie, par Blottas.)

HAUTEUR D'ASSISE.	DÉCHET POUR LES PIERRES	
	DURES.	TENDRES.
m.		
0,32	1/4	1/3
0,40	1/5	1/4
0,48	1/6	1/5
0,57	1/8	1/6
0,65	1/10	1/8
0,81	1/12	1/10

Pour les assises d'appareil réglé, le déchet est évalué à 1/4 de plus que les quantités précédentes.

Déchet de la pierre dans divers travaux.

Libages dont les lits sont dégrossis, bornes, auges et autres ouvrages semblables	1/18
Dalles de 0m,054 d'épaisseur	1/5
Id., de 0m,08 *id.*	1/6
Seuils, marches et appuis	1/5
Claveaux pour plates-bandes droites et voussoirs mesurés par équarrissage, en pierre dure	1/6
Claveaux pour plates-bandes droites et voussoirs mesurés par équarrissage, en pierre tendre	1/5
Claveaux droits, dont les abatages sont compris dans le déchet, en pierre dure	1/5
Claveaux droits, dont les abatages sont compris dans le déchet, en pierre tendre	5/12

Les voussoirs des différentes voûtes, lorsqu'ils ne sont pas mesurés par équarrissage, produisent un déchet qu'il est difficile d'exprimer avec exactitude ; il dépend du diamètre et de la forme de la voûte, et Blottas le fixe approximativement ainsi qu'il suit :

Voûtes en berceau...........	Pierre dure.........	1/2
	Pierre tendre.......	7/12
Voûtes sphériques et d'arête...	Pierre dure.........	2/3
	Pierre tendre.......	3/4

MAÇONNERIE DE MOELLONS.

179. L'exécution de la maçonnerie de moellons est soumise à des règles à peu près semblables à celles suivies pour exécuter la maçonnerie de pierre de taille, autant sous le rapport de la taille et de la mise en œuvre des moellons, que sous celui des dispositions à leur donner dans leur emploi ; la seule différence existant entre ces deux sortes de maçonneries consiste en ce que les dimensions de moellons sont à peu près deux fois moindres que celles des blocs dont on fait usage pour la maçonnerie ordinaire de pierre de taille.

Sous le rapport de la mise en œuvre, on distingue quatre sortes de maçonneries de moellons : 1° celle en *moellons bruts simplement ébousinés ;* 2° celle en *moellons smillés ;* 3° celle en *moellons piqués ;* 4° et celle en *moellons d'appareil* (26).

180. **Ébousinage des moellons.** — Cette opération, qui est faite ordinairement sur l'échafaud, par le maçon, à mesure qu'il emploie les moellons, consiste simplement à les purger de leur *bousin* de carrière, en faisant usage de la hachette, et à en dresser grossièrement les lits et les joints. Lorsque ce travail est fait en dehors de la maçonnerie, un ouvrier qui en est chargé spécialement peut ébousiner 6 mètres cubes de moellons dans sa journée de dix heures de travail.

Les moellons simplement ébousinés sont ordinairement employés à la construction des massifs de fondations ou à celle des murs dont les parements doivent être cachés ou recouverts d'un enduit.

181. **Smillage des moellons.** — Ce travail se fait au moyen de la grosse hachette ou de la laye (123) ; il consiste à dégrossir les moellons bruts et à régulariser leurs formes, en les taillant de manière que leurs joints soient plus ou moins pleins, et leurs lits à

peu près parallèles entre eux et d'équerre avec le parement, lequel doit être taillé assez proprement.

Le temps employé pour smiller les moellons varie en raison du degré de dureté de la pierre. D'après nos observations, un ouvrier, dans sa journée de dix heures de travail, peut smiller, pour la pierre dure, environ trois cents moellons, ayant une surface totale de parement de 12 mètres carrés, ce qui fait en moyenne, pour chaque moellon, un parement de $0^m,20$ sur $0^m,20$; pour la pierre tendre, ce travail s'élève à cinq cents moellons, dont la surface totale de parement est de 19 mètres carrés.

Les moellons smillés sont employés à la construction des parements de murs ou de voûtes qui doivent rester apparents, et que l'on rejointoie seulement.

182. **Taille des moellons piqués et d'appareil** (26). — Cette taille est faite quelquefois par les maçons; mais, sur les chantiers importants, elle est confiée à des ouvriers spéciaux, appelés *piqueurs de moellons*. Pour exécuter ce travail, on opère ainsi qu'il suit: on commence d'abord par établir un *chantier*, c'est-à-dire un petit massif de $0^m,50$ à $0^m,60$ de hauteur en pierre sèche, sur lequel on pose chaque moellon pour le tailler, ce que l'on fait en le dégrossissant d'abord; puis, avec la laye ou la grosse hachette, on taille parfaitement son parement, de manière à le bien dresser et à n'y laisser aucune flache; enfin, on coupe ses lits et ses joints bien d'équerre entre eux et avec le parement, et de manière à faire des arêtes très-vives. Quelquefois on trace les arêtes au moyen d'une petite équerre en fer; mais les ouvriers habitués à faire ce travail réussissent à équarrir parfaitement les moellons sans faire usage de cet outil. Les moellons d'appareil, qui sont ordinairement employés pour les têtes de murs, ou comme voussoirs, sommiers, etc., sont taillés suivant les formes indiquées par des panneaux remis aux ouvriers et coupés d'après l'épure des ouvrages à exécuter.

Comme pour le smillage (181), le temps employé pour piquer les moellons dépend de la dureté de la pierre. Un ouvrier piqueur peut tailler environ cinquante-deux moellons de roche dure, correspondant à 2 mètres carrés de parement, dans sa journée de dix heures de travail; pour la pierre tendre, le produit journalier est environ de cent cinq moellons, fournissant 4 mètres carrés de parement.

Les coupes des moellons d'appareil étant très-variées, ce n'est que par des expériences directes que l'on peut se rendre compte du temps qu'exigera leur taille.

183. **Pose des moellons.** — Comme nous l'avons déjà dit au n° 179, les dispositions à donner aux moellons dans la maçonnerie doivent être les mêmes que pour la pierre de taille (169). Ainsi, *fig.* 58, on a soin dans une même assise de placer un moellon court à côté d'un long, et de ne jamais faire correspondre les joints de deux assises en contact, afin qu'il y ait liaison complète dans toute la masse.

Fig. 58.

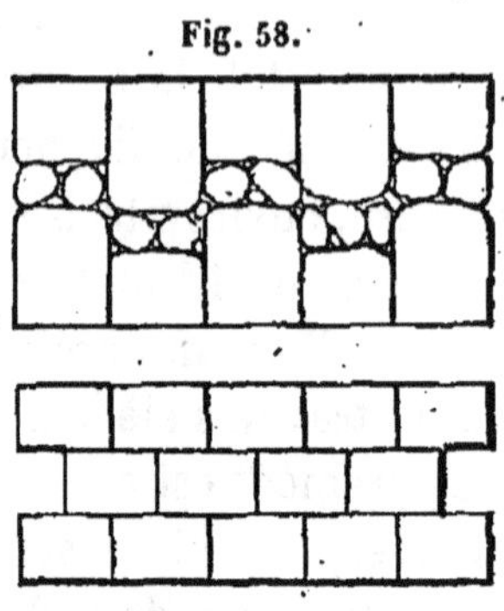

La pose des moellons n'offre pas les difficultés de celle des pierres de taille (174); les morceaux étant plus petits, ils sont moins lourds, et par conséquent plus maniables : aussi les pose-t-on toujours directement sur plâtre ou sur mortier de chaux, sans faire usage de cales.

Pour la maçonnerie de moellons bruts ou smillés, hourdée en mortier de chaux, après avoir nettoyé et mouillé l'endroit où il doit poser ses moellons, et arrosé ceux-ci s'ils sont trop secs, afin de faciliter l'adhérence du mortier à la pierre, le maçon étend une couche de mortier de 0^m,02 à 0^m,03 d'épaisseur sur l'assise, le long du parement du mur ou du massif qu'il construit; cela fait, il commence par poser sur cette couche de mortier les plus beaux moellons pour continuer le parement, en les tassant au fur et à mesure avec sa hachette sur la couche de mortier, et en les amenant dans le plan des lignes ou cordeaux. Après avoir posé un moellon, l'ouvrier doit avoir soin de garnir de mortier son joint montant libre, et de poser alors un autre moellon sur la couche de mortier, en le poussant avec la hachette contre le moellon voisin, jusqu'à ce que l'épaisseur du mortier qui les sépare n'excède pas 0^m,02. L'ouvrier doit avoir soin de placer en dessous le plus beau des lits de chaque moellon, et de caler les moellons qui sont maigres de queue en enfonçant des éclats de pierre dans la couche de mortier. Chaque moellon doit être bien affermi et tassé avec la hachette sur la couche de mortier; sans cette précaution, les vides qui pourraient rester dans la maçonnerie occasionneraient des tassements qui nuiraient considérablement à la stabilité de la construction.

Une fois les moellons des parements posés, l'ouvrier procède au blocage (162) : pour cela, il étend un lit de mortier, en ayant soin d'en bien garnir le derrière des moellons de parements ; alors il pose à bain de mortier les principaux moellons de blocage, en les entremêlant bien les uns avec les autres, de manière à obtenir une liaison complète, et en les affermissant avec la hachette ; enfin, il arase l'assise en remplissant avec soin tous les vides qui se trouvent entre les moellons avec du mortier, dans lequel il enfonce des éclats de moellons, qu'il frappe avec la hachette jusqu'à ce que le mortier souffle de toutes parts.

Quand l'assise est ainsi arasée, le maçon ramasse avec soin le mortier qui recouvre les joints, et il l'applique sur le blocage. Beaucoup d'ouvriers enduisent les joints à chaque arase d'assise ; c'est une très-mauvaise habitude sous le rapport de la solidité de l'ouvrage ainsi que sous celui de l'économie de temps et de mortier. En effet, les joints étant ainsi enduits, le dessus de l'assise forme une surface lisse à laquelle la couche de mortier qui sert à poser l'assise supérieure adhère difficilement, surtout quand l'enduit a eu le temps de sécher, ou qu'il se trouve couvert de poussière. Pour obvier à cet inconvénient, et pour obtenir l'adhérence complète, sans laquelle la solidité de la maçonnerie ne serait pas peu diminuée, on serait obligé de dégrader les joints pour enlever le mortier sec, afin que le mortier frais, en y pénétrant, relie bien entre elles les deux assises. C'est surtout pour les maçonneries exécutées sur pied, c'est-à-dire sans échafaud, en marchant dessus, que cette précaution a de l'importance.

Dans les murs d'une faible épaisseur, on arase autant que possible chaque assise ; mais, pour les massifs, il est bon de laisser des moellons faire saillie sur le plan de l'assise, afin de relier cette assise avec celle qui sera placée dessus.

La marche à suivre dans l'exécution des maçonneries de moellons hourdées en plâtre n'est autre que la précédente, sous le rapport de la disposition des matériaux ; mais la prise rapide du plâtre oblige d'apporter quelques modifications dans la manière d'opérer. Le maçon commence par préparer les moellons qui doivent former une certaine étendue du parement de l'assise, en les mettant provisoirement en place à sec ; il commande alors le gâchage d'une quantité de plâtre au plus suffisante à leur pose ; il enlève les moellons préparés, en les laissant dans l'ordre de leur emploi, afin de ne pas avoir à les choisir, et de pouvoir les poser avant la prise du plâtre dans l'auge. Il remue le plâtre qu'on vient de lui apporter, il en étale sur le tas avec sa truelle une quantité suffisante pour poser seulement deux ou trois moellons; quand ceux-ci sont en place, il pose de même les deux ou trois suivants, et ainsi de suite, jusqu'à ce qu'il ait employé tout le plâtre contenu dans son auge; il doit avoir bien soin de remplir les joints et de caler avec des éclats de pierre les moellons maigres de queue, au fur et à mesure de la pose.

Pour faire le blocage ou garnissage, le maçon étale un lit de plâtre entre les moellons des parements, et dessus il pose les moellons, en laissant entre eux des joints d'une largeur suffisante pour qu'on puisse bien les remplir de plâtre; il doit de plus avoir soin de bien poser tous les garnis à bain de plâtre.

Des maçons ont la mauvaise habitude de poser seulement sur plâtre les moellons des parements, et de garnir l'intérieur du mur à sec, en jetant ensuite sur ce garnissage du plâtre pour remplir les vides. On conçoit qu'une telle manière d'opérer ne peut fournir une maçonnerie bien pleine et présentant toute la solidité dont elle est susceptible; les ouvriers qui la suivent croient économiser le plâtre, mais c'est une erreur, car ils en emploient autant et quelquefois plus que s'ils garnissaient convenablement.

Des ouvriers, dans un but d'économie, cherchent à employer le moins de plâtre possible, même quand ils font des maçonneries bien pleines. A cet égard, il convient de se tenir dans une juste limite, basée sur la faible différence qui existe entre le prix du mètre cube de plâtre et celui de moellons.

	fr.
Le plâtre, par son gâchage, foisonnant de 1/5 de son volume en poudre (76), et le prix du mètre cube de plâtre en poudre étant de 16 francs, le mètre cube de mortier de plâtre revient donc à....................	13,33
Le mètre cube de moellons préparés pour être employés revient à.......	11,00
La différence est donc................	2,33

Ce qui montre que le prix du plâtre est loin d'être le double de celui des moellons, comme le croient généralement les ouvriers qui se préoccupent surtout d'économiser cette matière, souvent même dans un but condamnable.

La *pose des moellons piqués* demande plus de soins que celle des moellons bruts. Elle se fait ordinairement sur du mortier de chaux ou de plâtre très-fin; l'épaisseur des joints ne doit pas excéder 0m,01; les moellons doivent être choisis tous de même hauteur pour chaque assise. Quand une assise est posée, on l'arase avec soin en taillant les moellons qui se trouvent avoir une trop grande épaisseur.

184. **Mortier ou plâtre employé pour l'exécution des maçonneries de moellons.** — Comme le fait voir le tableau suivant, la quantité de mortier ou de plâtre employée au hourdage des maçonneries de moellons est d'autant plus grande, que les moellons sont de formes plus irrégulières et de dimensions moindres.

TABLEAU *des volumes de mortier et de plâtre en poudre employés par mètre cube de différentes maçonneries de moellons.*

DÉSIGNATION DES MAÇONNERIES.	MORTIER.	PLATRE en poudre.
Maçonnerie de blocage en moellonnailles de formes irrégulières, et dont le volume n'excède pas 0m,003..	m. cub. 0,400	m. cub. 0,320
Maçonnerie ordinaire de massifs ou de murs en moellons, dont les parements sont bruts ou smillés, et les lits et joints ébousinés et équarris.	0,320	0,250
Maçonnerie de moellons smillés ou d'appareil pour parements de murs, voûtes, etc.....................	0,250	0,200

Pour les maçonneries de meulière, les volumes du tableau précédent augmentent de leur 1/7 à leur 1/6.

185. **Temps employé à l'exécution des maçonneries de moellons.** — Ce temps varie suivant : 1° la perfection apportée dans le dressage des parements vus ; 2° l'épaisseur des maçonneries ; 3° la hauteur à laquelle le travail est exécuté.

Nous avons plusieurs fois pris note du temps employé par un maçon limousin pour exécuter, dans diverses circonstances, 1 mètre cube de maçonnerie de moellons hourdée en plâtre ; nous consignons dans le tableau ci-contre les résultats de nos observations.

DÉSIGNATION DES MAÇONNERIES.	HEURES de limousin par mètre cube.
Massifs, blocages et remplissages des reins de voûtes, sans aucun ébousinage de moellons.	h. 3,0
Murs de fondations, de terrasses, etc., au-dessus de 0m,30 d'épaisseur, sans aucun parement, les moellons ébousinés et bloqués le long des terres.	4,0
Les mêmes, au-dessous de 0m,30 d'épaisseur.	5,0
Voûtes en berceau et murs de caves ou de clôtures, au-dessus de 0m,40 d'épaisseur, à deux parements, les moellons étant smillés proprement avant leur emploi.	5,0
Id., au-dessous de 0m,40 d'épaisseur.	6,0
Parements de voûtes d'arête ou en arc de cloître.	11,0
Murs en élévation, de 0m,40 au moins d'épaisseur, construits entre deux lignes, jusqu'à 3 mètres de hauteur, les moellons étant ébousinés et les parements devant être recouverts d'un crépi ou d'un enduit.	6,0
Id., de 3 à 8 mètres de hauteur.	8,5 *
Id., sur plan circulaire, élevés au plomb, jusqu'à 3 mètres de hauteur.	9,0 *
Id., sur plan circulaire, élevés au plomb, de 3 à 8 mètres de hauteur.	12,0 *
Maçonnerie de moellons piqués, exécutée avec soin, pour parements de murs de caves, de clôtures ou de terrasses, les moellons étant servis tout piqués au maçon.	11,0
Maçonnerie de moellons posés à sec pour perrés.	4,0

(*) Ces trois nombres doivent être augmentés de leur 1/5 environ lorsque les maçonneries ont moins de 0m,40 d'épaisseur.

Lorsque la distance de laquelle on est obligé de barder les matériaux n'excède pas 10 mètres, un garçon est suffisant pour servir un maçon, c'est-à-dire pour gâcher son plâtre et approcher à pied d'œuvre tous les matériaux qu'il peut employer. Lorsque la distance de bardage excède 10 mètres, le nombre d'heures de garçon doit être augmenté en raison de l'excès de la distance de transport sur 10 mètres (172). Quand les maçonneries sont hourdées en mortier de chaux, il faut ajouter au temps du garçon celui nécessaire à la fabrication du mortier employé (64), cette fabrication ne faisant pas partie du service ordinaire.

186. **Déchet produit par la taille des moellons.** — Ce déchet varie en raison de la forme plus ou moins régulière des moellons bruts et du degré de perfection apporté dans la taille ; il est impossible de poser des nombres qui le représentent généralement.

Le déchet qu'éprouvent les moellons ébousinés est à peu près compensé par les 0m,03 que l'on donne ordinairement en plus du mètre à la hauteur du *métré*, et par la partie de mortier qui empêche le contact des moellons.

Les moellons smillés, ayant subi une taille plus considérable que les moellons simplement ébousinés, éprouvent nécessairement un véritable déchet, c'est-à-dire que le mètre cube de moellons bruts ne peut fournir 1 mètre cube de maçonnerie de moellons smillés : ce déchet varie de 1/10 à 1/5, en sus de l'excédant donné à l'emmétrage des moellons.

Pour les moellons piqués, dont la taille est plus parfaite encore que pour les précédents, le déchet varie du 1/4 au 1/3.

Enfin, pour les moellons d'appareil, le déchet est d'environ 1/2.

Dans ces évaluations, les moellons trop petits pour être taillés ne sont pas comptés comme déchet; on les emploie comme *garnis*, soit pour l'intérieur des murs, soit pour les reins des voûtes.

MAÇONNERIE DE MEULIÈRE.

187. **Mode d'exécution de la maçonnerie de meulière.** — Ce mode d'exécution est à peu près le même que pour la maçonnerie de moellons (179), ce qui tient à ce que, sous le rapport du volume, les blocs de meulière sont de véritables moellons. La facilité avec laquelle le mortier adhère à la meulière, en pénétrant dans ses nombreuses cavités, ainsi que la presque indestructibilité de la plus grande partie de cette pierre, soit par l'eau, soit par la gelée, la rendent très-propre pour l'exécution des constructions hydrauliques.

188. **Taille de la meulière.** — Par sa nature, la meulière n'est pas susceptible d'être taillée proprement; on parvient cependant à en obtenir des parements d'une assez grande perfection.

Souvent on se contente de dégrossir simplement les morceaux de meulière, et de rejointoyer les parements apparents de la construction; mais le plus ordinairement on les emploie tout bruts, tels qu'ils arrivent de la carrière.

Pour faire le piquage et le smillage de la meulière, on se sert du couperet et du marteau (15). Le maniement de ces outils réclame une grande habitude pour joindre l'activité à la perfection. Ce travail est presque toujours fait par des ouvriers spéciaux, que l'on désigne sur le chantier sous le nom de *piqueurs de meulière* (122).

Piquage.— Pour bien piquer un bloc de meulière, l'ouvrier doit, autant que possible, le faire reposer par un joint sur le sol, ou sur le chantier, s'il en fait un (182); alors il donne les coups de couperet très-secs, principalement sur les parties dures à faire sauter, en ayant soin de frapper dans le sens des joints. S'il y a nécessité de piocher sur le bord d'un des lits, l'ouvrier doit le faire avec beaucoup de ménagement, sans quoi il en résulterait presque toujours, sur les arêtes, des épaufrures qui nécessiteraient le rebut de la meulière si elle n'avait plus des dimensions suffisantes pour permettre une nouvelle taille.

Le temps qu'exige le piquage varie selon la dureté des matériaux; pour ceux d'une dureté moyenne, un piqueur de meulière peut tailler dans sa journée environ vingt-cinq blocs, pouvant faire 1 mètre carré de surface de parement.

Smillage. — L'opération du smillage, consistant simplement à former les lits et les joints et à dégrossir les parements, exige beaucoup moins de précaution que la précédente. Dans une journée, si la meulière n'est pas très-dure, un piqueur peut en smiller environ cent soixante-dix blocs, pouvant faire de 5 à 5,5 mètres carrés de parement; si, au contraire, la meulière est dure et caillasseuse, ce travail se réduit à quatre-vingt-dix blocs au plus, pouvant faire de 3,25 à 3,50 mètres carrés de parement.

189. **Déchet dû au smillage et au piquage de la meulière.** — Ce déchet, pour les meulières des parements smillés ou piqués, varie de 1/10 jusqu'à 1/3 environ, suivant la forme plus ou moins régulière des matériaux bruts et le degré de perfection apporté dans la taille.

190. **Nettoyage de la meulière terreuse.** — Lorsque la meulière est couverte de terre, on est obligé de l'en purger pour que le mortier puisse y adhérer. Au fort de Charenton, cette opération se faisait à l'aide de petits balais en fil de fer, et un garçon nettoyait environ 4 mètres cubes de meulière dans sa journée. Les meulières des environs de Corbeil, de Châtillon, etc., que l'on emploie ordinairement à Paris, exigent rarement un nettoyage préalable; elles sont, en général, assez propres pour que le mortier y adhère suffisamment.

191. **Pose de la meulière.** — Elle se fait de la même manière que pour le moellon (183); seulement, quand les morceaux sont de formes très-irrégulières, au lieu d'araser chaque assise, on pose les blocs dans tous les sens, en les enclavant les uns dans les autres, de manière à rendre l'épaisseur de mortier aussi uniforme que possible; on a soin d'affermir chacun d'eux dans son alvéole en le frappant avec la tête de la hachette, et d'assujettir au moyen de cales

ou garnis posés à bain de mortier ceux dont les lits ne sont pas plats.

Comme les meulières piquées et smillées sont de véritables moellons par leur forme et leurs dimensions, leur pose se fait comme celle de ces derniers, en suivant les mêmes conditions de liaison et de position des joints.

192. **Temps employé à l'exécution des maçonneries de meulière.** — La main-d'œuvre est bien plus pénible pour ces maçonneries que pour celles en moellons. Les meulières, par leur contexture graveleuse, et surtout lorsqu'elles sont mouillées, usent les doigts des maçons, qui ont quelquefois les mains ensanglantées, et éprouvent les douleurs les plus vives en maniant ou en retournant une meulière imprégnée de mortier de chaux.

Nous nous sommes souvent rendu compte du temps employé à l'exécution de 1 mètre cube de maçonnerie de meulière, et de nos observations il résulte que ce temps est le même que pour la maçonnerie de moellons (185); le surcroît de durée, dû à l'assujettissement des meulières, à cause de leur forme irrégulière, se trouve entièrement compensé par le temps employé à l'ébousinage des moellons.

193. **Mortier ou plâtre nécessaire à la pose de la meulière.** — Les proportions de mortier ou de plâtre nécessaires pour hourder les maçonneries de meulière varient, comme pour les moellons (184), suivant la grosseur et les formes plus ou moins irrégulières des morceaux employés. Nos nombreuses observations à ce sujet nous ont fourni en moyenne, pour 1 mètre cube de maçonnerie, les résultats consignés au tableau suivant.

DÉSIGNATION DES MAÇONNERIES.	MORTIER.	PLATRE en poudre.
	m. cub.	m. cub.
Maçonnerie de blocage ou garni de meulière dont le volume n'excède pas 0m,003	0,450	0,360
Maçonnerie ordinaire en meulière brute, telle que massifs ou murs dont les parements sont recouverts d'un enduit ou rocaillés	0,400	0,320
Maçonnerie de meulière piquée ou smillée pour parements de murs, de voûtes, etc.	0,330	0,264

194. **Emmétrage des moellons et des meulières.** — Pour faire ce travail, on dispose sur un sol bien uni les matériaux en tas dont la forme est un parallélipipède rectangle de 1 mètre de hauteur, afin que le mesurage soit facile. Ces tas s'établissent comme de la maçonnerie en pierre sèche; ainsi, les matériaux se posent par assise, et à la main, en ayant soin de bien les enclaver les uns

dans les autres, afin de laisser le moins de vide possible dans l'intérieur des métrés. On donne un excès de 0m,02 à 0m,03 à la hauteur des tas pour compenser les vides. L'ouvrier doit dresser avec soin les parements des métrés, sans se servir d'aucun outil pour faire cette opération ni pour tasser les matériaux, qui s'emmètrent dans l'état où le carrier les livre.

L'emmétrage n'est ordinairement bien fait qu'à la journée, et encore faut-il qu'il soit confié à des ouvriers intelligents et consciencieux. Quand il est fait à la tâche, il arrive très-souvent que les ouvriers, dans le but d'augmenter leur gain, au lieu de poser à la main chaque moellon ou meulière, ne prennent cette précaution que pour les parements ; ils se contentent même quelquefois de faire simplement décharger les voitures de matériaux dans l'intérieur des tas, dont ils ont soin de bien dresser le dessus. De cette manière, le volume des vides peut être trop grand de 7 à 8 pour 100 du volume total du tas.

Lorsque l'emmétrage est fait convenablement et avec soin, un ouvrier peut disposer environ de 10 à 12 mètres cubes de matériaux dans sa journée de dix heures de travail.

ROCAILLAGES.

195. **Rocaillages ordinaires.** — Quand on veut donner aux constructions un aspect rustique, on rocaille les parements vus, c'est-à-dire qu'on les fait avec des moellons ou meulières brutes ou quelquefois smillées grossièrement, et l'on remplit les grands joints et les défauts formés par les irrégularités des moellons ou des meulières au moyen d'éclats de moellons ou de petits garnis de meulière concassée.

Les rocaillages se font de deux manières : la première, que l'on doit préférer, autant sous le rapport de la solidité que sous celui de l'aspect des parements, consiste à poser les éclats de meulière au fur et à mesure de l'exécution de la maçonnerie, avec le mortier employé pour hourder cette dernière. Tous les parements extérieurs des murs des casernes, pavillons et magasins à poudre des forts des environs de Paris ont été rocaillés de cette manière. Dans une partie de ces forts, les meulières de parements ont été smillées grossièrement et posées par assises presque de niveau, et les joints de mortier qui les enveloppent ont été garnis d'éclats de meulière ; dans l'autre partie, les meulières de parements sont brutes, on les a posées n'importe dans quel sens, en les enclavant les unes dans les autres et en laissant apparente leur plus belle face, et on a rempli les grands joints avec des rocailles.

La deuxième manière de faire les rocaillages consiste à construire d'abord entièrement la maçonnerie, puis ensuite à dégrader le mortier apparent des joints, pour le remplacer par du nouveau mortier, dans lequel on enfonce des rocailles. Le bon résultat de cette manière d'opérer dépend surtout du soin qu'apporte l'ouvrier à dégrader les joints assez profondément et à les bien nettoyer avant d'appliquer le mortier frais. C'est ainsi qu'à Paris on a exécuté les rocaillages des parements extérieurs des murs des prisons de la Roquette, des Jeunes-Détenus et de la Nouvelle-Force, ainsi que ceux des abattoirs et des réservoirs d'eau de la rue de la Vieille-Estrapade.

196. **Rocaillages pour enduits.** — On construit aussi des rocaillages qu'on ne laisse pas apparents ; leur but principal est de remplir les grands joints qui existent dans les parements de meulière brute avant d'appliquer l'enduit de mortier, ou de faciliter l'adhérence de l'enduit sur d'anciens parements, ou sur des parements neufs qui n'offrent pas assez d'aspérités, tels, par exemple, que ceux en moellons.

Pour que les rocaillages destinés à la consolidation des enduits soient bien faits et atteignent le but auquel on les destine, les faces des éclats de meulière doivent être propres et nettes, et les ouvriers doivent avoir soin de ne pas couvrir de mortier les faces apparentes. Un rocaillage est d'autant mieux fait, que le mortier qui a servi à le poser est moins apparent ; en effet, l'enduit adhère bien moins à ce mortier qu'à la surface remplie d'aspérités de la meulière, et il est d'autant plus solide que les nombreuses cavités de la surface qu'il couvre sont plus profondes.

197. **Rocaillages d'ornementation.** — Outre les rocaillages ordinaires dont nous venons de parler, on en fait qui recouvrent entièrement des parements apparents de murs en meulières ou en moellons ; ils sont formés d'un mélange de coquillages et de petits éclats de meulière et de mâchefer de $0^m,03$ à $0^m,04$ de côté, que l'on scelle sur un crépi de mortier de chaux, de ciment romain ou quelquefois de plâtre coloré. Souvent on fait cuire la meulière avant de la casser, afin de donner aux éclats une couleur plus vive.

Ces sortes de rocaillages, encadrés dans des bandeaux de pierre de taille formant des rectangles, des losanges, des cercles, etc., convenablement disposés et combinés, fournissent parfois des ornementations du plus agréable aspect ; c'est ainsi qu'aux environs de Paris on orne le plus souvent les soubassements des maisons de plaisance, et particulièrement ceux des bâtiments pittoresques, appelés *fabriques* par les artistes. Des ouvriers spéciaux, que l'on nomme *rocailleurs*, font ce genre de rocaillages ; ils construisent également les grottes et les rochers en meulières et cailloux, dans les jardins auxquels on veut donner un aspect pittoresque.

198. La solidité des rocaillages, en général, dépend en grande partie du soin que l'ouvrier apporte à bien enfoncer les garnis dans le sens de leur longueur, en évitant de les coller à plat ; s'il n'en était pas ainsi, le rocaillage étant apparent, les premières gelées le détruiraient entièrement, et s'il était couvert d'un enduit, celui-ci se détacherait, en entraînant avec lui les rocailles non scellées qui devaient le retenir au mur.

199. **Temps et mortier nécessaires à l'exécution des rocaillages.** — Nous indiquons dans le tableau suivant les résultats d'expériences faites pour déterminer les quantités de mortier nécessaires au scellement des divers rocaillages, et les nombres d'heures de l'ouvrier avec son aide employés pour exécuter ces rocaillages.

DÉSIGNATION DES ROCAILLAGES.	POUR 1 MÈTRE CARRÉ DE PAREMENT rocaillé. Heures de maçon avec son aide.	POUR 1 MÈTRE CARRÉ DE PAREMENT rocaillé. Cube de mortier.
Rocaillage fait au fur et à mesure de l'exécution des maçonneries, sur parement de meulière brute ou smillée grossièrement, posée par assises à peu près régulières ou dans tous les sens (195)...............	heures. 1,3	m. cub. 0,010
Rocaillage fait dans les mêmes conditions que le précédent, mais après l'exécution entière des parements des maçonneries................................	1,1	0,025
Rocaillage pour enduit, affleurant les plus forts moellons et meulières, compris le dégradage des joints pour la maçonnerie neuve, mais non le dégradage et le lavage pour la vieille maçonnerie...............	0,8	0,025
Rocaillage d'ornementation posé à bain de mortier, pour soubassement................................	3,0	0,040

MAÇONNERIE DE BRIQUE.

200. **Maçonnerie de brique.** — La grande solidité de la brique et sa parfaite adhérence aux plâtres, mortiers et ciments permettent d'en obtenir d'excellentes constructions, et la rendent très-propre aux ouvrages hydrauliques. Dans les contrées où la pierre est rare et coûteuse, la brique, lorsqu'elle est bien fabriquée (30), c'est-à-dire lorsqu'elle est dure, bien cuite et qu'elle n'absorbe pas l'humidité, la remplace avec avantage, et permet, par sa grande régularité, de diminuer sensiblement l'épaisseur des maçonneries.

Dans l'exécution des maçonneries, les briques se posent d'après les mêmes principes de liaison que pour les pierres de taille et les moellons (169 et 183), c'est-à-dire en ayant soin d'éviter les continuations de joints, surtout verticalement, condition à laquelle, du reste, la forme régulière des briques permet de satisfaire facilement.

Les murs en briques se font de différentes épaisseurs.

Ceux dont l'épaisseur est égale à celle d'une brique prennent le nom de *galandages* ou de *cloisons en briques de champ*. La disposition à donner aux briques lors de leur pose est toute simple ; il suffit, comme l'indique la figure 59, de faire correspondre chaque joint vertical de l'assise que l'on pose au milieu des briques de l'assise inférieure.

Fig. 59.

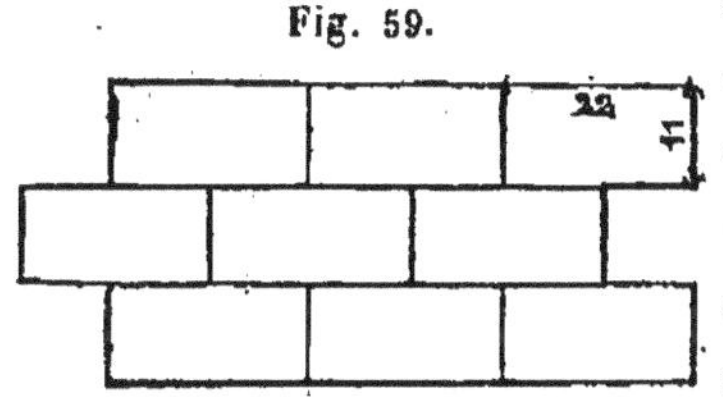

Les murs dont l'épaisseur est égale à la largeur des briques se désignent sous le nom de *cloisons en briques panneresses*. A la pose, les briques s'entrelacent comme dans les cloisons précédentes.

On désigne ordinairement les murs dont l'épaisseur est égale à la longueur d'une brique sous le nom de *cloisons en briques boutisses*. Dans ces cloisons, on dispose les briques, dans chaque assise, comme la figure 60 l'indique en élévation et en plan, et l'on place chaque assise de manière que les briques en long croisent les briques en travers de l'assise inférieure, afin qu'il y ait liaison complète dans tous les sens.

Fig. 60.

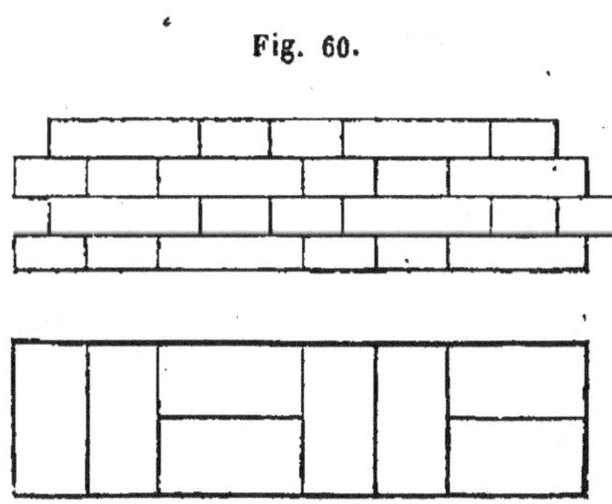

Fig. 61.

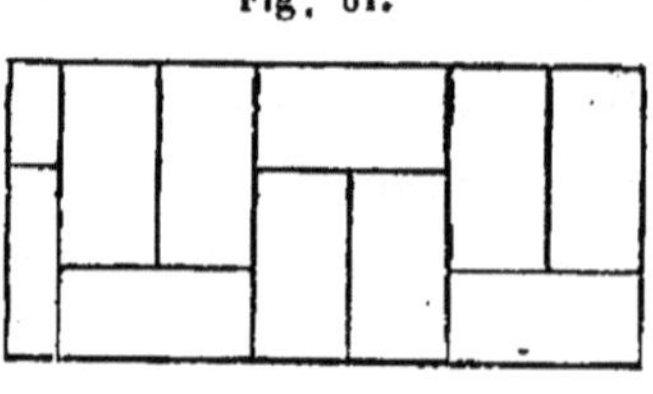

Pour obtenir une liaison complète dans les murs dont l'épaisseur est égale à trois largeurs de briques, on dispose ordinairement les briques de chaque assise comme l'indique la figure 61, et l'on pose chaque assise de manière que ses joints montants se croisent avec ceux de l'assise inférieure, comme dans l'élévation de la figure 60.

Fig. 62.

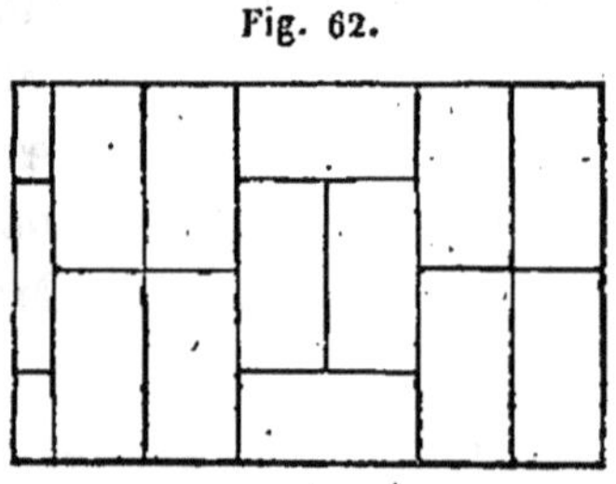

Fig. 63.

Pour les murs dont l'épaisseur est égale à deux fois la longueur d'une brique, on adopte généralement, dans chaque assise, l'une ou l'autre des dispositions représentées *fig*. 62 et 63. Dans ces arrangements, la liaison paraît être moins complète que dans les murs de trois largeurs de briques; mais, avec un peu d'attention à bien croiser les joints en superposant les assises, on parvient toujours à liaisonner le mur d'une manière satisfaisante.

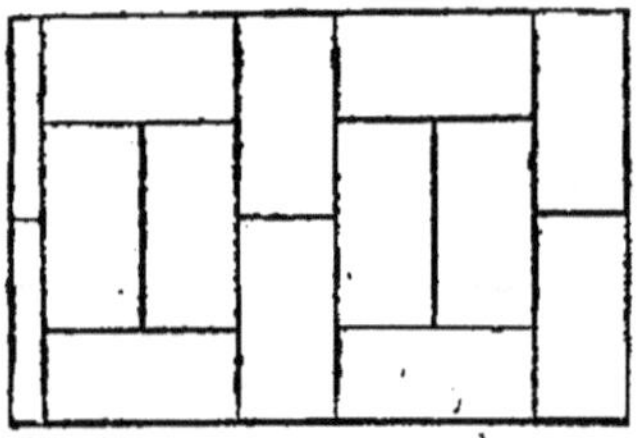

201. **Pose des briques.** — Avant de poser les briques, le maçon doit avoir soin de les faire tremper dans l'eau; sans cette précaution, elles absorberaient l'eau du mortier ou du plâtre, et leur adhérence avec ces matières serait incomplète. Cela fait, l'ouvrier place la couche de mortier sur laquelle il doit poser les briques, en ayant soin qu'elle s'arrête à $0^m,02$ ou $0^m,03$ de la face du mur, afin qu'en pressant les briques dessus pour les mettre en place, le mortier ne s'échappe pas des joints pour tomber à terre ou barbouiller les parements. En général, un parement propre et net de maçonnerie de briques est un indice du soin et de l'habileté apportés par l'ouvrier dans son travail.

L'épaisseur des joints de mortier ou de plâtre ne doit pas excéder $0^m,01$.

Dans la construction des cloisons en briques de champ (200), l'ouvrier, au lieu de placer le mortier sur les briques déjà posées, en recouvre un lit et un joint de la brique qu'il tient à la main, et, en cet état, il la pose en la pressant fortement sur et contre les briques déjà posées, avec lesquelles elle doit rester en contact.

202. TABLEAU *du temps et des quantités de matériaux employés à l'exécution de différents ouvrages en briques.*

NATURE DES OUVRAGES.	HEURES d'un maçon avec son aide.	CUBE de mortier ou de plâtre gâché.	NOMBRE de briques, déchet compris.
1° *Briques modèle de Bourgogne.* Pour 1 mètre carré de cloison dont l'épaisseur est égale à celle de la brique (0m,055).................	h. 0,8	m. cub. 0,016	38
Pour 1 mètre carré de cloison dont l'épaisseur est égale à la largeur de la brique (0m,107)........	1,8	0,03	75
Pour 1 mètre carré de cloison dont l'épaisseur est égale à la longueur de la brique (0m,22)........	3,8	0,05	140
Pour 1 mètre cube de maçonnerie de briques, au-dessus de 0m,22 d'épaisseur, pour murs de face, de refend, de pignon, etc., y compris échafaudage, et montage des matériaux à 7 ou 8 mètres de hauteur..........................	15,0	0,20	635
Pour 1 mètre cube de même maçonnerie pour voûtes............	16,0	0,22	640
2° *Briques modèle de Toulouse* (longueur 0m,42, largeur 0m,29, épaisseur 0m,05). Pour 1 mètre cube de maçonnerie, pour murs ou voûtes de 0m,28 d'épaisseur au moins.....	7,5	0,25	145
3° *Briques modèle de Perpignan* (longueur 0m,44, largeur 0m,22, épaisseur 0m,045). Pour 1 mètre cube de maçonnerie de murs ou voûtes de 0m,23 d'épaisseur au moins..........................	9,0	0,29	190
4° *Briques modèle de Rodez* (longueur 0m,25, largeur 0m,12, épaisseur 0m,055). Pour 1 mètre cube de maçonnerie de murs ou voûtes de 0m,26 d'épaisseur au moins....	12,5	0,30	495

Selon que les ouvrages détaillés au tableau précédent, pour les briques du modèle de Bourgogne, sont exécutés en briques de Montereau ou en briques de pays (35), les nombres de briques employés augmentent d'environ 7 pour 100 pour les premières, et de 15 pour 100 pour les secondes.

MAÇONNERIE MIXTE EN PIERRE DE TAILLE ET PETITS MATÉRIAUX.

203. On construit souvent des murs dans lesquels on fait entrer à la fois de la pierre de taille et des moellons, meulières, briques, etc. La pierre de taille se dispose ordinairement par assises horizontales en bandeaux, ou par chaînes verticales, que l'on élève de distance en distance et principalement aux angles des murs.

Les assises horizontales ne peuvent avoir aucun inconvénient; elles ont, au contraire, le très-grand avantage de relier dans toute leur étendue les maçonneries en petits matériaux sur lesquelles elles reposent. Quant aux chaînes verticales, elles ont l'avantage de donner à la maçonnerie plus de stabilité et de résistance aux points où elles se trouvent, que dans les parties en petits matériaux hourdés en mortier ordinaire; mais, d'un autre côté, l'inégalité de tassement, qu'il est impossible de prévenir, a quelquefois de graves inconvéniennts. Le tassement est proportionnel à l'épaisseur totale des joints en mortier, laquelle est beaucoup plus grande dans la maçonnerie de petits matériaux que dans celle de pierre de taille, où les joints sont moins épais et moins nombreux.

Fig. 64.

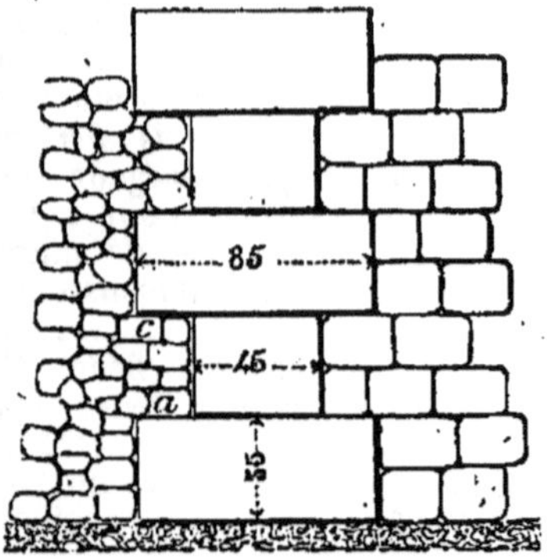

Les pierres formant ces chaînes, *fig.* 64, s'étendent ordinairement dans toute l'épaisseur du mur; on doit prendre la précaution de les alterner en courtes et longues, en commençant par en poser une longue sur la fondation. La seconde pierre doit être plus courte de 0m,40 au moins que la première, afin que son *déharpement* sur celle-ci ne soit pas inférieur à 0m,20. La troisième pierre doit être de même longueur que la première, afin de jeter *harpe* sur la deuxième, et ainsi de suite jusqu'à l'arase supérieure du mur, où l'on termine par une pierre longue.

On diminue sensiblement les effets produits par l'inégalité de tassement des chaînes verticales et des maçonneries de petits matériaux, en plaçant sur les parties *a* des lits supérieurs des pierres saillantes une couche de 0m,03 à 0m,04 d'épaisseur de mortier, fabriqué de manière que sa prise soit plus lente que celle du mortier employé pour le reste de la maçonnerie, puis en posant les moellons ou les meulières sur cette couche de mortier, en ayant soin, au contraire, de ne laisser qu'un très-petit joint entre ces matériaux et les parties *c* des lits inférieurs des pierres saillantes. Par cette précaution, s'il se produit un plus grand tassement dans la maçonnerie de petits matériaux que dans les chaînes, au lieu de se faire des déchirures au droit des parties de maçonnerie engagées entre les harpes des chaînes, la couche épaisse de mortier, par le peu de dureté qu'elle a encore acquise, se comprime et permet le mouvement de la maçonnerie. Comme, par suite de cette compression, les joints inférieurs des harpes s'agrandissent, on les remplit de mortier en faisant le rejointoyement des parements.

Lorsqu'on construit des chaînes dans des murs hourdés en plâtre, on a soin de ne pas garnir de plâtre les joints qui séparent les chaînes de l'autre maçonnerie, au fur et à mesure qu'on élève la construction; on évite également de faire porter les moellons sur les harpes des chaînes, afin de laisser libre le tassement de la maçonnerie de petits matériaux. Ce n'est que quand tous les tassements sont produits, qu'on remplit les joints en plâtre noyé ou en mortier de chaux, et qu'on fait les enduits, qui, sans cette précaution, se fendilleraient.

Quand il s'agit de chaînes d'angle, il y a encore un autre motif qui engage à ne pas garnir immédiatement de plâtre les joints qui séparent les chaînes des moellons, et à faire ces joints très-larges ($0^m,06$ ou $0^m,07$), c'est que le plâtre, en durcissant, produit son effet de gonflement (76), et que, par cet effet, les murs dérangeraient les chaînes en les poussant au vide. C'est ce qui explique l'utilité des joints non remplis que l'on voit dans les pignons des bâtiments que l'on élève, au droit des angles des murs de face ou de dosseret de cheminées.

MAÇONNERIES HOURDÉES EN MORTIER DE CIMENT ROMAIN.

204. Les règles à suivre, quant à la disposition des matériaux, sont les mêmes pour les maçonneries hourdées en mortier de ciment que pour celles qui le sont en mortier ordinaire ou en plâtre; mais de ce que la supériorité de ces maçonneries sur les maçonneries ordinaires est due en grande partie à l'avantage du mortier de ciment sur le mortier ordinaire, tant à cause de son plus prompt durcissement dans l'eau ou à l'air, que de sa plus grande adhé-

rence aux matériaux de construction et de son degré d'imperméabilité plus considérable, il en résulte que des soins tout particuliers sont nécessaires pour assurer la bonne exécution de ces maçonneries.

Pour que le mortier de ciment romain employé à hourder les maçonneries fournisse un bon résultat, le maçon doit commencer par faire nettoyer parfaitement par les garçons les matériaux qu'il doit employer; la meulière, dont on fait généralement usage à Paris avec le ciment, se lave à l'eau au moyen de brosses de chiendent; un garçon en lave environ 2 mètres cubes dans sa journée. De son côté, le maçon prépare et nettoie les endroits où il doit poser de la maçonnerie, en les dégradant, en les brossant fortement et en les lavant pour faciliter l'adhérence. Ces opérations terminées, il fait gâcher la quantité de ciment dont il a besoin (67), et il l'emploie à poser à bain de mortier les matériaux lavés, en les tassant pour les affermir pendant que le mortier est mou, afin que celui-ci remplisse bien tous les interstices; il doit éviter de tasser les matériaux et de frapper sur les maçonneries exécutées après la prise du ciment, car il briserait le mortier, et, au lieu d'une excellente maçonnerie, il en obtiendrait une bien inférieure à celle hourdée en mortier ordinaire.

Pendant tout le cours de l'exécution, l'ouvrier doit entretenir la maçonnerie dans un état complet de propreté, en ayant soin d'enlever avec la brosse les parcelles de mortier écrasé, les éclats de pierre et les autres détritus.

La maçonnerie déjà exécutée, ainsi que les matériaux employés pour faire la nouvelle, doivent être tenus humides en les arrosant très-fréquemment, surtout pendant les grandes chaleurs.

En résumé, l'exécution des maçonneries hourdées en mortier de ciment romain demande plusieurs petits soins particuliers, qui, tout en paraissant ne pas avoir une grande importance, influent d'une manière très-sensible sur les bons résultats que l'on peut obtenir.

L'emploi du ciment romain, déjà si répandu, est appelé à jouer un plus grand rôle encore, surtout dans les constructions hydrauliques. Le propriétaire de l'exploitation du ciment de Vassy, M. H. Gariel en a fait, il y a déjà plusieurs années, une application remarquable dans la reconstruction du pont aux Doubles, à Paris : les deux arches qu'avait ce pont ont été remplacées par une seule de 31 mètres de corde, 3m,10 de flèche, et 1m,30 seulement d'épaisseur à la clef, construite en petits matériaux de meulière hourdés en ciment de Vassy.

Depuis cette application, M. Gariel a exécuté avec le ciment de Vassy plusieurs grands ouvrages d'art, entre autres le pont Napoléon, à Bercy, et ceux d'Austerlitz, de Notre-Dame, des Invalides, de l'Alma et du Petit-Pont, à Paris; les têtes et tympans sont en pierre de taille ou en moellons piqués, et la douelle en moellons ou meulières smillés, le tout posé avec du mortier de ciment. Nous donnons plus loin les dimensions de ces différents ponts, dont l'exécution n'a rien laissé à désirer, tant sous le rapport de la rapidité que sous celui des moyens employés et de la solidité obtenue.

205. **Pierres factices en éclats de pierre et ciment.** — La prompte solidification des mortiers de ciment de Vassy permet de fabriquer des pierres factices de différentes formes, à l'aide d'éclats de meulières, de briques ou de toutes pierres très-dures, que l'on agglutine avec ces mortiers dans des moules en bois préparés à cet effet. Des constructions hydrauliques d'une très-grande importance ont été exécutées avec ces pierres faites d'éclats de meulières. Comme il nous serait difficile d'examiner toutes ces constructions, nous nous contenterons de citer les suivantes :

1° Plusieurs voûtes des égouts de la ville de Paris ont été construites en voussoirs de $0^m,13$ à $0^m,15$ d'épaisseur; pour plusieurs égouts même, pieds-droits et voûtes sont établis en pierre factice de ciment; les pieds-droits et la voûte de l'égout du boulevard du Combat, ainsi construits, n'ont que $0^m,13$ d'épaisseur. Cette galerie, qui a 800 mètres de longueur, 1 mètre de largeur dans œuvre, et 2 mètres sous clef, est ouverte en plusieurs points dans un sol très-mouvant; les puits ont 10 ou 11 mètres de profondeur et reposent sur des pieds-droits de $0^m,13$ d'épaisseur. Malgré la charge énorme que supportent ces faibles pieds-droits, et les causes de destruction résultant de la mobilité du sol, toute la construction s'est maintenue dans le meilleur état de stabilité jusqu'à ce jour;

2° Le bassin épuratoire de la barrière de la Villette, recevant son eau du canal de l'Ourcq, a été construit en 1844 en maçonnerie de pierre factice de ciment de Vassy. Ce travail est remarquable par la hardiesse de ses dimensions; ainsi la couverture en terrasse de ce bassin, qui se trouve à fleur du sol, est formée par trois grandes voûtes longitudinales de 52 mètres de longueur, 3 mètres de hauteur sous clef, $3^m,73$ de corde, $0^m,35$ de flèche et $0^m,20$ d'épaisseur. Les deux murs sur lesquels reposent la voûte du milieu et un côté des voûtes latérales, afin qu'ils diminuent très-peu la capacité du bassin, sont percés en arceaux de 2 mètres de corde et de $0^m,50$ de flèche, reposant sur des piliers de $1^m,50$ de hauteur et seulement $0^m,50$ de largeur sur $0^m,30$ d'épaisseur;

3° Les deux tunnels, de chacun 50 mètres de longueur, 2 mètres de hauteur sous clef, et 1 mètre de largeur dans œuvre, passant sous le canal de l'Ourcq, sont construits en prismes de ciment; ceux des pieds-droits ont $0^m,30$ d'épaisseur, et ceux de la voûte $0^m,20$ seulement. Ces tunnels ont été exécutés sans mettre le canal à sec, quoique pour l'un d'eux la distance de la voûte au fond du canal n'excède pas $2^m,50$. Un de ces tunnels a été construit en 1846, à la jonction du mur d'enceinte de Paris, et l'autre en 1849, en face du village de Pantin.

4° Aux ouvrages précédents il convient d'ajouter : le souterrain du consulat de Suède, à Alger; le réseau entier des égouts de la ville d'Oran, et les conduites libres d'eau d'Avallon, d'Auxerre, de Castelnaudary, de Rodez, de Mascara, de Tlemcen, etc.

La fabrication et la pose des pierres factices de ciment, que l'on désigne aussi sous le nom de *prismes de ciment*, sont soumises aux règles et aux soins de propreté prescrits pour la construction des maçonneries hourdées en mortier de ciment. On obtient d'excellents résultats lorsqu'on emploie à la fabrication de ces pierres factices des meulières, des briques, des cailloux granitiques, etc., concassés à la grosseur de $0^m,06$ à $0^m,07$ au plus ; ces petits cailloux, posés et serrés le plus possible dans le mortier de ciment, forment un béton très-résistant.

Le petit retrait qui se produit parfois, lors de la dessiccation du mortier, doit engager à ne poser autant que possible les pierres factices de ciment que plusieurs jours après leur fabrication, surtout lorsqu'elles doivent être placées extérieurement, pour chaperons de murs, par exemple. On doit toujours avoir soin de faire tremper ces pierres factices dans l'eau, comme les briques, avant de les poser (201).

206. **Maçonneries de pierrailles et ciment établies au moyen de coffrages.** — Quand les maçonneries ont une épaisseur supérieure à $0^m,10$, au lieu de les exécuter en prismes (205), il y a avantage à les faire en pierrailles et ciment, que l'on pose directement dans un coffrage en bois déterminant les faces des maçonneries. Presque tous les égouts qui s'établissent maintenant à Paris

se font avec cette maçonnerie, qui s'exécute très-rapidement, et dont l'épaisseur est à très-peu près de chose les 2/3 de celle qu'il faudrait adopter si l'on faisait usage d'un mortier de bonne chaux hydraulique. Les pieds-droits et les voûtes ont 0m,20 d'épaisseur, et leur face intérieure est revêtue d'un enduit mince très-soigné en ciment, lequel donne à ce genre d'ouvrage un aspect de propreté que sont loin d'atteindre les parements en mortier ordinaire.

207. Tableau *du temps et des quantités de ciment et de sable nécessaires à l'exécution de quelques ouvrages.*

POUR 1 MÈTRE CUBE DE	HEURES DE maçon poseur.	HEURES DE gâcheur.	HEURES DE garçon pour le service et pour le lavage des matériaux.	KILOGRAM. de ciment, tare comprise.	SABLE TAMISÉ.	MORTIER produit par le mélange.
	h.	h.	h.	kilog.	m.c.	m. cub.
Maçonnerie de meulière brute ordinaire, pour voûtes ou murs de 0m,25 d'épaisseur au moins	10,0	10,0	15,0	338	0,33	0,47
Maçonnerie de meulière de très-petite dimension, de 0mc,002 au maximum, pour reprises de pierre de taille, rocaillages, etc.	30,0	15,0	15,0	432	0,42	0,60
Maçonnerie de prismes en éclats de meulière	15,0	15,0	20,0	400	0,40	0,56
Maçonnerie de pierrailles et ciment faite au moyen de coffrages, pour murs de 0m,15 à 0m,25 d'épaisseur	11,0	11,0	13,0	360	0,36	0,50
Maçonnerie de moellons bruts, pour murs ou voûtes de 0m,30 d'épaisseur au moins	7,5	7,5	7,5	238	0,24	0,33
Maçonnerie de moellons ordinaires ébousinés, pour murs et massifs de 0m,25 d'épaisseur minimum	10,0	10,0	12,0	300	0,28	0,41
Maçonnerie de pierre de taille, pour pose et fichage au moyen de ciment	12,0	3,0	20,0	72	0,07	0,10
Maçonnerie de briques, pour murs ou voûtes au-dessus de 0m,22 d'épaisseur	16,0	8,0	8,0	210	0,21	0,30
Maçonnerie de briques, pour cloisons au-dessous de 0m,22 d'épaisseur	20,0	9,0	11,0	230	0,22	0,32

Les résultats de ce tableau supposent des mortiers composés de parties égales de ciment et de sable; les quantités de ciment seraient évidemment réduites, si l'on faisait usage de mortiers plus maigres (65).

MAÇONNERIE DE PISÉ.

208. **Terre convenable à la fabrication du pisé.** — Comme nous l'avons dit précédemment (162), le pisé est une maçonnerie économique qu'on fait avec de la terre que l'on comprime simplement sur place, ou que l'on transforme quelquefois préalablement en moellons factices; particulièrement dans les localités où les pierres sont rares, on en érige les constructions de peu d'importance, et surtout les bâtiments ruraux.

La terre argileuse, dite *terre franche*, un peu graveleuse, et la terre végétale sont les plus convenables pour faire la maçonnerie de pisé; on y mélange, en les pétrissant, de la paille ou du foin pour les empêcher de gercer en se desséchant. La terre sablonneuse, sans liant, est impropre à la confection de cette maçonnerie : pour qu'une terre soit convenable, légèrement humide, elle doit faire corps lorsqu'on la comprime dans la main.

209. **Exécution de la maçonnerie de pisé.** — Après avoir, si cela est nécessaire, passé la terre à la claie, l'avoir mouillée légèrement si elle n'est pas assez humide, et triturée pour y mélanger le foin ou la paille, pour les constructions grossières, l'ouvrier la pose simplement dans l'emplacement du mur à construire, en se servant à cet effet d'une fourche ordinaire, qui lui sert en même temps à dresser les parements, dont la position est fixée par des cordeaux tendus.

Pour les maçonneries qui exigent plus de soins, on construit les murs par parties, au moyen d'un encaissement formé par un châssis mobile, dont les deux parois en planches sont maintenues à une distance égale à l'épaisseur du mur. Entre ces deux parois, que l'on place dans les parements du mur, on stratifie la terre par couches de $0^m,10$ d'épaisseur, que l'on comprime avec des pilons ou des battoirs, jusqu'à ce que cette épaisseur soit réduite à $0^m,05$ ou $0^m,06$. Le châssis a ordinairement 3 mètres de longueur, 1 mètre de hauteur, et de $0^m,50$ à $0^m,60$ de largeur, suivant l'épaisseur que l'on veut donner à la construction. Quand cette espèce de coffre est rempli, on fait sauter les clavettes qui relient ses parois aux traverses qui règlent l'écartement, on enlève les parois, on retire les traverses, et on place le coffre en un autre point du mur. On remplit avec de la terre les trous laissés dans le mur, par suite de l'enlèvement des traverses. En serrant de plus en plus les clavettes des traverses, à mesure que la construction s'élève, on donne un fruit convenable à ce genre de maçonnerie. Ce fruit est ordinairement de 0m,007 à 0m,008 par mètre de hauteur pour chaque parement. Pour faciliter la liaison des blocs de pisé entre eux, on incline à 60° environ leurs joints montants, et l'on a soin que les inclinaisons se trouvent en sens contraire dans les assises voisines ; il faut encore, comme dans toutes les autres espèces de maçonneries, éviter que les joints montants se correspondent dans deux assises voisines de blocs.

Quand la terre est à pied d'œuvre, deux ouvriers habitués à ce genre de travail font environ 8 ou 9 mètres cubes de maçonnerie de pisé dans une journée de douze heures.

Les maçonneries de pisé ne sont employées le plus souvent que pour des constructions peu élevées et qui ne doivent pas supporter de fortes charges ; on en fait un usage fréquent pour les murs de clôture dans les localités où le moellon est rare. Ces murs sont ordinairement recouverts par un toit de chaume faisant saillie de 0m,12 à 0m,15 sur les parements ; on maintient ce toit en place en le chargeant d'une espèce de chaperon en terre enduit, que l'on renouvelle de temps à autre.

Dans les départements de l'Ain, du Rhône et de l'Isère, et dans les pays où le sol argileux ne fournit pas de pierre, on construit des maisons à plusieurs étages en pisé. On rend les murs solidaires entre eux au moyen de pièces de bois de faible équarrissage, reliées entre elles et posées à plat dans les murs de refend et de face. Quelquefois on construit les angles en moellons ; mais alors le tassement inégal des différentes parties de la construction est une cause grave de destruction. On augmenterait beaucoup la solidité du pisé, en plaçant dans l'intérieur des murs, à des hauteurs différentes, des lattes ou des verges disposées horizontalement dans le sens longitudinal.

210. **Conservation des constructions en pisé.** — Le pisé acquiert assez de consistance lorsqu'au lieu d'eau pure pour humecter la terre on emploie un lait de chaux.

Un enduit formé de 1 partie de chaux pour 4 d'argile, et d'une quantité de bourre suffisante pour en parsemer toute la masse, rend le pisé convenable pour résister à l'action destructive de l'air et de la pluie. Cet enduit ne doit être appliqué qu'après la dessiccation des murs. Dans le département du Rhône, on a reconnu que des murs de 0m,50 à 0m,55 d'épaisseur, achevés vers le commencement de mai, peuvent recevoir l'enduit à la fin de septembre, que ceux terminés en juillet et même en août peuvent encore être enduits avant l'hiver; mais que ceux finis plus tard exigent au moins six mois de dessiccation. Le vernis ne doit pas être appliqué pendant les temps de gelée, et il convient même que le temps ne soit ni humide ni pluvieux. Plus le pisé est sec, mieux l'enduit s'y attache.

Pour les maisons, et même pour les murs de clôture, une fondation en maçonnerie de moellons, s'élevant jusqu'au-dessus du sol, est nécessaire pour empêcher l'humidité de celui-ci de détruire la cohésion de la terre formant le pisé.

ENDUITS EN MORTIERS HYDRAULIQUES.

211. L'application des enduits en mortiers hydrauliques se fait principalement sur l'extrados des voûtes et sur les murs de soubassement, afin de préserver la maçonnerie de l'humidité et des infiltrations d'eau; on recouvre également de ces enduits tous les murs et radiers de réservoirs, de citernes, de fosses, d'aqueducs, etc., et, en général, de toute construction destinée à contenir de l'eau ou d'autres matières liquides.

Les mortiers préférables pour l'exécution de ces enduits sont ceux de chaux hydraulique, et surtout ceux de ciment romain de Vassy; la prompte solidification de ces derniers à l'air et dans l'eau, et leur degré d'imperméabilité leur donnent une supériorité incontestable sur tous les autres, surtout lorsqu'il s'agit de résister à la pression d'un liquide.

Quelle que soit la position des surfaces sur lesquelles les enduits doivent être appliqués, l'adhérence est une condition indispensable à obtenir, et sa réussite réclame de l'ouvrier une grande habitude et des soins tout particuliers.

212. **Préparation des surfaces pour l'application des enduits.** — Lorsque l'enduit doit être appliqué sur une maçonnerie neuve hourdée en mortier de chaux, si les parements sont assez bruts pour présenter des aspérités suffisantes pour retenir l'enduit, l'ouvrier commence par dégrader légèrement les joints si l'enduit est en mortier de chaux, et très-profondément s'il est en mortier de ciment, afin qu'on puisse tous les garnir d'un rocaillage (196), surtout si la maçonnerie est en moellons. Ce dégradage fait, l'ou-

vrier brosse et mouille les parements pour augmenter l'adhérence de l'enduit.

S'il s'agit, au contraire, d'une vieille construction, dont les parements sont trop unis et couverts de matières nuisibles à l'adhérence du mortier, et que la maçonnerie soit hourdée en plâtre ou en mortier de terre, on dégrade d'abord les joints profondément et carrément; puis on pique à la pioche les matériaux, afin de priver les parements de toutes les parties altérées, et d'y faire des aspérités. Cela fait, on nettoie parfaitement les parements en les frottant d'abord à sec avec des balais très-durs, et en les lavant ensuite à l'eau au moyen de brosses ou de balais, jusqu'à ce qu'on ait entièrement enlevé la poussière, qui aurait diminué l'adhérence de l'enduit.

Pour les parements supérieurs horizontaux, comme lorsqu'il s'agit de radiers, le nettoyage offre plus de difficultés : l'ouvrier éprouve beaucoup de peine pour retirer avec la brosse et la pointe de la truelle tous les détritus qui se logent dans les petites cavités provenant du dégradage. Cependant, le soulèvement des enduits de radiers provenant presque toujours de leur défaut d'adhérence à la maçonnerie, défaut dû ordinairement aux détritus non enlevés, on conçoit l'importance d'un nettoyage parfait.

On nettoie très-bien les parements lorsqu'il y a possibilité de projeter de l'eau dessus avec une pompe foulante : par sa grande vitesse, l'eau détache et entraîne la poussière, les matières terreuses et les parcelles de mortier et de pierre ébranlées lors du dégradage.

213. **Pose des enduits en mortier de chaux.** — Le dégradage et le lavage des parements étant terminés, on commence par remplir les plus grands joints avec un rocaillage fait comme il a été indiqué au n° 196; puis on procède, en opérant comme il suit, à la pose du mortier. Si le parement est vertical, l'ouvrier jette dessus, en la lançant de bas en haut, chaque truellée de mortier qu'il prend dans l'auge; ce coup de truelle doit être donné de manière qu'en prenant le mortier la palette de la truelle soit horizontale, et qu'elle se trouve presque parallèle au parement du mur lorsque le mortier la quitte; chaque truellée de mortier doit être appliquée avec force, en dirigeant la truelle contre le mur, et en la ramenant rapidement vers soi. Il faut une grande habitude pour bien faire ce travail; l'ouvrier doit apporter un soin tout particulier dans l'application du mortier sur le mur, et, à ce sujet, nous rappelle-

rons les paroles qu'un ancien maître compagnon nous a souvent répétées : lorsque le parement est bien préparé, la solidité de l'enduit dépend entièrement du coup de truelle du maçon.

L'ouvrier, en appliquant le mortier truellée par truellée, en couvre d'une couche grossièrement dressée une partie du mur; il doit éviter de jeter plusieurs truellées les unes sur les autres, ce qui les ferait détacher, et rendrait extrêmement difficile l'adhérence d'autre mortier aux places qu'elles couvraient. Cette première partie couverte, on laisse un peu raffermir le mortier, en couvrant une partie voisine ; alors on vient appliquer une deuxième couche d'un mortier ordinairement plus fin, en la dressant avec le plat de la truelle, que l'on repasse de temps à autre pour fermer les fissures qui se forment jusqu'à ce que le mortier ait acquis un certain degré de dureté.

M. Laroque a dirigé l'exécution des enduits en mortier de chaux des parements des casemates et de la porte d'entrée du fort de Charenton ; le mortier a été jeté à la truelle, et on a dressé la dernière couche des enduits avec des petites taloches carrées de 0m,20 de côté, portant une poignée. Ces enduits ont parfaitement réussi, et il ne s'est formé aucune gerce ni fissure depuis leur exécution (avril 1843).

Les enduits en mortier de chaux sont surtout difficiles à appliquer sur des plans en dessous, ou sur des intrados de voûtes ; c'est particulièrement dans ces cas qu'il faut éviter de jeter de suite plusieurs truellées de mortier l'une sur l'autre ; on doit, au contraire, parsemer les truellées çà et là, et ne revenir jeter du nouveau mortier sur les premières truellées, ou auprès d'elles, que lorsque celles-ci ont acquis un certain degré de fermeté.

Les chapes de voûtes et les enduits de radiers doivent être posés d'une seule couche, que l'on dresse au fur et à mesure de la pose.

214. **Pose des enduits en mortier de ciment.** — Lorsque les parements sont parfaitement préparés (212), et que le rocaillage des joints est terminé (213), l'ouvrier, après avoir fait gâcher son mortier, le projette sur le mur de la même manière que pour le mortier de chaux (213) ; seulement, comme la prise du mortier de ciment est très-prompte, il doit faire cette opération avec assez de rapidité pour que le mortier contenu dans l'auge soit employé avant qu'il commence à durcir. L'enduit se fait d'une seule couche, et on le dresse au fur et à mesure de la pose, non en lissant avec le plat de la truelle, mais en enlevant le mortier avec le champ

de cet outil pour régulariser l'épaisseur; le mortier que ramasse ainsi la truelle se rejette successivément sur la partie molle de l'enduit, jusqu'à ce que cette partie soit privée d'arrachements, qu'elle soit bien pleine et suffisamment dressée.

Les joints de raccordement et les soudures des parties d'enduit formées par les différentes gâchées doivent être faits avec soin lors de la pose du mortier ; ces joints doivent être taillés en biseau très-allongé, et rendus raboteux, en les crépissant avec le champ de la truelle, avant la prise du mortier, afin d'augmenter la surface de soudure et de faciliter l'adhérence. Avant d'appliquer du nouveau mortier sur ces joints biseautés, on doit les mouiller légèrement, et avoir soin de les couvrir avec les premières truellées de la gâchée, afin que le mortier frais pénètre bien dans toutes les petites cavités, adhère fortement et produise une bonne soudure.

Fig. 65.

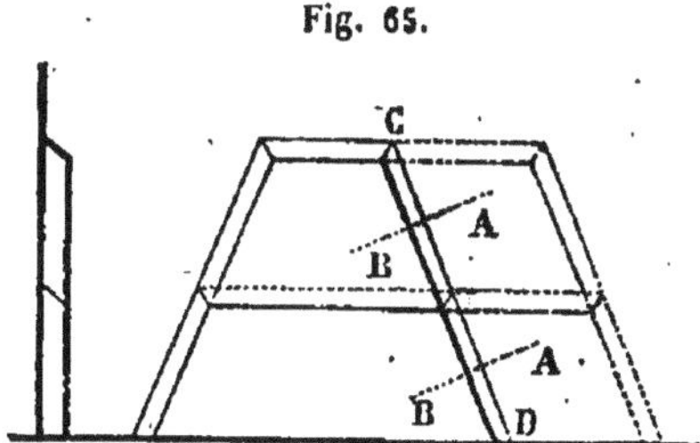

Pour les enduits des parements verticaux, les joints de soudure doivent être sensiblement inclinés à l'horizon, dans le sens de leur longueur. La figure 65 montre de face et latéralement la disposition adoptée; par là, en posant le mortier des gâchées A, A, il tend par son poids à presser et à s'appliquer sur le joint de soudure CD de la partie d'enduit déjà faite, et il facilite et augmente l'adhérence. L'ouvrier contribue encore à augmenter sensiblement l'effet de cette disposition, en ramenant toujours dans le sens AB, sur le joint CD, le mortier des gâchées A, A ; il diminuerait au contraire l'adhérence, si, en dressant l'enduit, il tirait le mortier dans le sens BA.

Les enduits soignés recouvrant des maçonneries apparentes doivent d'abord être dégrossis avec le champ de la truelle, comme il a été indiqué ci-dessus; puis on les dresse parfaitement à la règle au moyen de la truelle brettée (123). On ne doit faire usage de cet outil que quand la prise du mortier est complète, sans quoi on ébranlerait le mortier, on arracherait les grains de sable qui le composent, et on n'obtiendrait qu'une surface raboteuse, tout en nuisant à la solidité de l'enduit.

Une des précautions qu'il importe surtout de prendre consiste à tenir continuellement la surface sur laquelle on applique le mortier de ciment dans un état complet d'humidité. Si cette application se fait sur de vieilles maçonneries, non-seulement il faut laver et mouiller les surfaces lors de la pose de l'enduit, mais il faut encore faire son possible pour que les maçonneries soient parfaitement imbibées d'eau; cette précaution est de la plus grande urgence, surtout lorsque l'enduit doit être exposé à l'action d'un soleil ardent. Dans ce cas, le mortier maigre, composé de 3 parties de sable et de 2 parties de ciment, donne d'excellents résultats.

Au fur et à mesure de l'exécution de l'enduit, l'ouvrier doit avoir soin de le mouiller; si le temps est sec, et qu'il puisse répéter cette opération plusieurs jours de suite après l'exécution, le travail n'en sera que meilleur : la dessiccation du mortier se fera plus lentement, et on évitera les petites gerçures qui se forment quelquefois.

215. **Enduits en mortiers bâtards** (66). — Ces enduits se font comme ceux en mortier de chaux (213); ils ont sur ceux-ci l'avantage de durcir beaucoup plus promptement, et leur imperméabilité augmente avec la proportion de ciment qui entre dans la composition du mortier.

216. **Temps nécessaire à l'exécution des enduits hydrauliques.** — Le temps nécessaire à la préparation des parements et à la pose des enduits en mortier de chaux ou de ciment varie selon la nature et la position des parements. Plusieurs expériences que nous avons faites à ce sujet nous ont fourni, par mètre carré de parement, les résultats du tableau suivant :

DÉSIGNATION DES ENDUITS.	HEURES DE	
	maçon.	garçon.
	h.	h.
Préparation des parements de maçonneries neuves, en moellons ou en meulière, hourdées en mortier..........	.....	1,0
Préparation des parements de vieilles maçonneries ou de maçonneries neuves hourdées en plâtre..............	.....	1,8
Pose et dressage à la truelle d'enduits en mortier de chaux de $0^m,02$ à $0^m,03$ d'épaisseur sur parements verticaux.	1,3	1,3
Pose et dressage à la truelle d'enduits en mortier de ciment de $0^m,02$ à $0^m,03$ d'épaisseur sur parements verticaux ($1^h,2$ de gâcheur)..............................	1,8	0,9
Pose et dressage soigné à la truelle brettée d'enduits en mortier de ciment de $0^m,03$ ($1^h,2$ de gâcheur)............	3,0	0,8

Les nombres relatifs à la pose augmentent de 1/8 environ par chaque centimètre de l'épaisseur de l'enduit en plus des trois premiers; ils augmentent de 1/5 environ quand les enduits sont appliqués sur l'intrados des voûtes, et ils peuvent diminuer de 1/4 quand ils sont faits sur des plans horizontaux ou en chapes de voûtes.

REJOINTOYEMENTS.

Fig. 66.

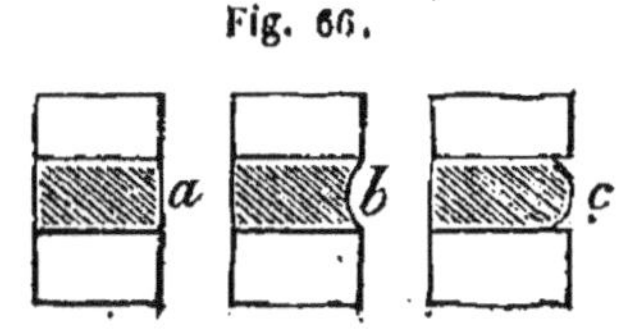

217. Rejointoyements en mortier de chaux ou de ciment. — On donne à la surface vue des joints différentes formes. Pour les maçonneries de pierres de taille ou de moellons piqués, cette surface est plane et affleure le parement du mur, comme l'indique le joint *a*, *fig.* 66. Lorsque ces joints doivent être soignés, on les trace, en se guidant avec une règle, au moyen d'un outil appelé *tire-joints*: c'est, *fig.* 67, une tige en fer, de $0^m,005$ à $0^m,006$ de largeur et de $0^m,25$ de longueur, garnie d'un manche en bois; on presse la partie arrondie de cette tige sur le mortier, et on frotte jusqu'à ce que le joint soit noirci dans toute la largeur de l'outil. Lorsque les joints sont en mortier de chaux, on fait aussi plats les joints des maçonneries de briques, en ayant soin de ne pas couvrir de mortier les faces de ces dernières.

Fig. 67.

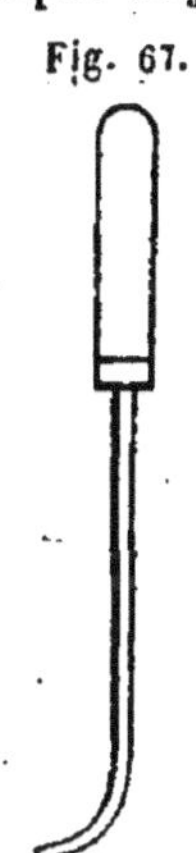

Les joints des parements des maçonneries de moellons ou de meulières bruts ou smillés se font quelquefois plats ou creux, *joint b*; mais le plus souvent on les fait en boudin, *joint c;* avec cette dernière forme, ils résistent beaucoup mieux à l'action de l'atmosphère et de la gelée, et, de plus, le dégagement des arêtes des matériaux donne aux parements un aspect tout à la fois agréable et de solidité; c'est ainsi que presque toujours on rejointoie les parements des murs de quais, de canaux, d'égouts, etc.

Avant de remplir les joints de mortier, ils doivent être parfaitement dégradés et nettoyés, afin que le mortier adhère parfaitement aux matériaux. Si l'on fait usage de mortier de chaux, on fiche les joints, c'est-à-dire qu'on les remplit de mortier avec la truelle, et on les presse fortement. En faisant ce travail, le maçon doit éviter de jeter du mortier sur les faces des matériaux; sans quoi les parements auraient un aspect de malpropreté, qui serait un indice du manque de soin de la part de l'ouvrier.

Quand on emploie le ciment romain pour faire des joints, comme le mortier durcit très-promptement, on lisse les joints au fur et à mesure de leur remplissage; il est cependant préférable de couper les joints avec le champ de la truelle, comme on le fait pour les enduits en mortier de ciment, et si le mur est apparent, on peut ensuite, avec la truelle brettée, dresser la surface des joints suivant le plan des moellons ou des pierres de taille; on contourne ensuite les pierres avec le côté tranchant du tire-joint, en évitant de frotter sur le fond des joints, comme on le fait pour les joints en mortier de chaux.

On doit, autant que possible, prendre les mêmes précautions, sous le rapport de la propreté et du mouillage, pour les rejointoyements en mortier de ciment romain que pour les enduits faits avec le même mortier (214).

218. Tableau *du temps que met un maçon avec son aide pour exécuter différents rejointoyements, y compris le dégradage et le nettoyage.*

DÉSIGNATION DES REJOINTOYEMENTS.	DURÉE.
	h.
Par mètre courant de joint en mortier de chaux ou de ciment sur maçonnerie neuve de pierre de taille........	0,2
Par mètre courant de joint sur vieille maçonnerie, jusqu'à $0^m,04$ de largeur de joint......................	0,3
Par mètre courant de joint sur vieille maçonnerie, de $0^m,04$ à $0^m,08$ de largeur........................	0,7
Par mètre carré de parement de maçonnerie neuve en moellons piqués, rejointoyement soigné et passé au fer...	1,5
Par mètre carré de parement en moellons ou meulières smillés, joints creux ou en boudin....................	0,9
Par mètre carré de parement en briques, rejointoyement soigné..	1,8

CHAPITRE VI.

OUVRAGES GÉNÉRAUX, LEUR EXÉCUTION ET RÈGLES THÉORIQUES ET PRATIQUES POUR EN DÉTERMINER LES DIMENSIONS.

TRACÉ. IMPLANTATION.

219. La connaissance du tracé et de l'implantation des ouvrages en maçonnerie étant indispensable à la bonne exécution de ces ouvrages; les conducteurs, chefs d'ateliers, et même les ouvriers, doivent s'appliquer à l'acquérir, soit en étudiant les règles que la géométrie leur offre, soit en s'initiant aux moyens pratiques ordinairement mis en usage pour faire ces opérations. On doit, dans tous les cas, faire ces opérations en suivant avec une grande exactitude les cotes des plans des constructions à ériger; des erreurs à cet égard sont toujours préjudiciables ou à la solidité, ou à l'économie.

Pour implanter une construction, un bâtiment, par exemple, l'alignement principal étant déterminé, ainsi que la cote de nivellement (161), on procède d'abord au tracé des fouilles de fondations, tracé qui se fait sur le terrain à l'aide de cordeaux retenus par des piquets et placés dans la direction des murs, d'après les indications des plans. Ces cordeaux donnent les limites de la fouille et guident pour établir les fondations. Quand ces dernières sont arrivées à la hauteur du sol, on dresse, comme l'indique la figure 68, à l'extrémité de chaque mur, et au milieu de son épais-

Fig. 68.

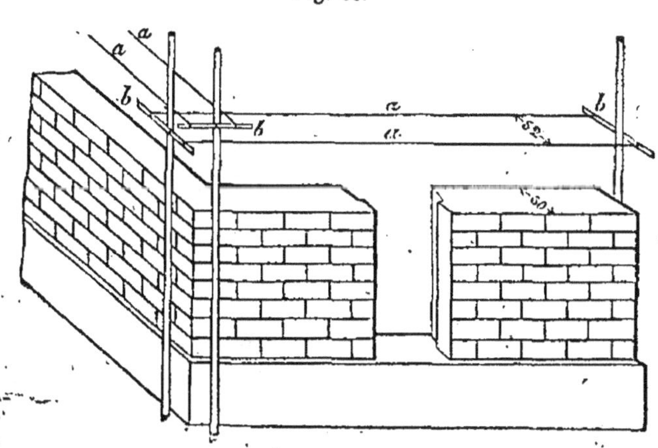

seur, une perche verticale ; après chacune de ces perches, on fixe horizontalement les *broches b* (planchettes minces), sur lesquelles, après y avoir indiqué par des entailles les directions et les épaisseurs des murs, on tend les lignes *a* qui doivent servir à élever les murs d'aplomb et à dresser leurs parements.

Pour qu'on puisse dresser avec facilité le parement d'un mur, il doit se trouver une ligne à $0^m,25$ environ au-dessus du sol, ou de l'échafaud sur lequel l'ouvrier travaille, et une autre à $1^m,25$ environ au-dessus de la première ; ces positions, en gênant peu la pose des matériaux, permettent de bien vérifier, et d'une manière continue, si le parement ne gauchit pas, c'est-à-dire si les matériaux que l'on pose pour le former sont placés à une distance bien uniforme du plan des lignes. Cette distance, qui est celle du parement au plan des lignes, est ordinairement de $0^m,01$ pour les maçonneries brutes destinées à recevoir un enduit, et de $0^m,005$ pour les parements soignés. Il est évident que l'on doit tenir compte de cette distance en fixant les lignes sur les broches ; ainsi, pour un mur brut de $0^m,50$ d'épaisseur, la distance des deux lignes placées sur la même broche doit être de $0^m,52$.

On change les broches et par suite les lignes de place à chaque étage de l'échafaud (127). En faisant ce travail, on doit relever avec soin les aplombs ou les talus des lignes inférieures, afin de continuer les parements dans le même plan.

Les perches après lesquelles on fixe les broches n'ont quelquefois pas assez de hauteur pour atteindre le dessus de la construction. Alors, on remédie à cet inconvénient en en posant de nouvelles à un niveau supérieur ; on les fixe aux extrémités des murs, ou on les pose sur des chevillettes sur lesquelles on les scelle au moyen de forts patins en plâtre.

Quand il y a des baies de portes ou de croisées indiquées sur le plan, on doit avoir soin de les tracer sur l'épaisseur des murs, dès que ceux-ci sont arasés au niveau du sol du rez-de-chaussée, ou à ceux des planchers supérieurs ; comme les allèges des croisées ont ordinairement moins d'épaisseur que les murs, on ne les construit presque jamais que quand on pose les appuis.

220. **Fruit.** — Malgré la retraite ordinaire des parements extérieurs des murs à chaque étage d'un bâtiment, on leur donne encore une légère inclinaison ou fruit de $0^m,002$ par mètre de hauteur. Cette précaution est surtout importante quand les maçon-

neries sont hourdées en plâtre ; ainsi, pour l'avoir négligée dans ce cas, il est arrivé souvent que des murs, quoique montés bien d'aplomb, se sont trouvés en surplomb quand ils ont été terminés.

FONDATIONS.

221. **But des fondations.** — Les principes généraux que nous avons exposés dans les chapitres précédents, sur la connaissance des matériaux et sur leur mise en œuvre, suffisent pour construire solidement des murs pleins ou simplement percés de baies de portes ou de croisées ; mais ils deviennent insuffisants dès qu'il s'agit de constructions soumises à des efforts considérables. Alors, on est obligé d'adopter des dispositions particulières, non-seulement pour l'exécution proprement dite des constructions, mais aussi pour leur établissement sur le sol, leur solidité dépendant en grande partie de la résistance et de l'inaltérabilité des fondations qui leur servent de base : il est bien évident que si cette base fléchit en quelques points, il doit en résulter une altération dans la connexion et la verticalité des murs. Il est donc très-important que les fondations présentent une résistance suffisante et uniforme dans toute leur étendue, et de faire intervenir les ressources de l'art pour réaliser cette condition principale dans le cas où le sol n'y satisfait pas naturellement.

222. **Examen des fouilles.** — Lorsque le sol est formé jusqu'à une certaine profondeur de terres végétales qui ont été remuées, ou de matières rapportées, comme il n'offre pas assez de résistance pour supporter sans affaissement les constructions à ériger, on est obligé de le déblayer, et de descendre la fouille jusqu'à ce que l'on ait atteint une couche de terrain qui présente une compacité et une résistance suffisantes. Il arrive souvent que la couche solide se trouve à une profondeur telle que l'on doit renoncer à l'atteindre par les fouilles et à y asseoir directement les fondations ; alors on a recours à des moyens auxiliaires pour donner au terrain qui la surmonte la solidité requise. Ces moyens varient selon la nature du sol, nature que l'on détermine, soit par des sondages, soit en faisant creuser des puits.

Malgré le grand nombre de nuances sous lesquelles les terrains se distinguent, si on les considère sous le rapport du plus ou moins de résistance qu'ils peuvent offrir pour les fondations, on peut les diviser en trois classes principales.

La première classe renferme les terrains les plus favorables, sur lesquels on peut établir directement les fondations : tels sont les diverses espèces de rocs, les tufs, les marnes et les terrains pierreux qu'on ne peut attaquer qu'à la mine ou au pic.

La deuxième classe comprend tous les terrains graveleux et sablonneux, qui ont la propriété d'être incompressibles lorsqu'ils sont encaissés.

La troisième classe renferme tous les terrains qui présentent des difficultés plus ou moins grandes, lorsqu'il s'agit de les consolider et de leur donner une résistance uniforme suffisante dans toute l'étendue des fondations. Les terrains mouvants, comme le sont principalement ceux qui sont glaiseux, et les terrains compressibles, tels que ceux qui sont tourbeux ou fraîchement rapportés, appartiennent à cette espèce.

223. **Exécution des fondations hors de l'eau.** — Lorsque les fouilles des fondations sont descendues à une profondeur convenable et ont atteint un terrain suffisamment résistant, après en avoir nivelé et dressé parfaitement le fond, on procède à l'exécution de la maçonnerie de fondation. Si cette maçonnerie est en moellons ou en meulières, l'ouvrier choisit les morceaux les plus gros et les plus résistants, et il en pose une première assise sur un lit de mortier qu'il a étendu sur le fond de la fouille ; il a soin de les liaisonner, comme il a été indiqué au n° 183, et de les frapper avec sa hachette pour les bien affermir et imprégner de mortier. Le premier rang étant posé et garni, il le recouvre d'un lit de mortier sur lequel il pose de la même manière, et toujours d'arasement, la deuxième assise, en ayant également bien soin de tasser chaque moellon et de croiser les joints montants avec ceux de la première assise ; on continue ainsi de suite jusqu'à ce que le sommet de la maçonnerie soit arrivé à $0^m,10$ ou $0^m,15$ en contre-bas de la surface du sol.

Quoique la maçonnerie des fondations soit cachée, on doit, avec plus de soin encore que pour celle à parements vus, prendre toutes les précautions qui assureront sa solidité. Une mauvaise exécution occasionnerait des effets très-nuisibles à la stabilité de la construction ; les murs se fendraient, perdraient leur aplomb, et il se formerait des crevasses dans les voûtes et dans toutes les parties de l'édifice.

Pour que les fondations soient solides et que le tassement soit uniforme dans toutes les parties de la construction, il faut composer chaque assise de matériaux de même hauteur et de même dureté, en plaçant les plus résistants dans le bas. Si quelques matériaux sont tendres et de médiocre qualité, on évite de les employer pour les parties de fondations qui auront à supporter de grandes masses de maçonnerie ou de fortes charges; ils pourraient s'écraser et compromettre la solidité de la construction, sinon en amener la ruine.

Lorsqu'une fondation repose sur le sol naturel incompressible, il suffit de lui donner de $0^m,05$ à $0^m,10$ d'empatement, c'est-à-dire de saillie, sur chaque face du mur qu'elle doit supporter : cela suffit pour que l'on soit sûr que la fondation sera pleine sur une épaisseur au moins égale à celle du mur et qu'il n'y aura pas de porte-à-faux, malgré le peu de soins que l'on met à dresser les parements dans les tranchées, et aussi pour que la résistance soit plus grande en raison de l'excès de charge que supporte la fondation.

224. **Fondations de piliers isolés.** — Pour des piliers isolés supportant de fortes charges, l'empatement précédent $0^m,05$ à $0^m,10$ de la fondation sur tout le pourtour de chaque pilier est insuffisant ; on est obligé de les fonder sur un mur continu construit comme pour le mur que remplacent ces piliers. Souvent, afin de répartir la pression des piliers sur toute la longueur du mur de fondation, on dispose ce mur en voûtes renversées dont les naissances sont placées sous les socles des divers piliers. Dans certains cas même, lorsqu'il y a plusieurs rangs de piliers, ceux-ci reposent sur les naissances de voûtes d'arête renversées qui reportent la charge sur toute l'étendue de l'espace qui sépare les piliers.

Dans toute construction, mais principalement pour les piliers isolés, on doit placer les pierres les plus résistantes au niveau du sol, jusqu'à une profondeur de $0^m,15$ à $0^m,20$.

Afin que le tassement soit le même dans tous les piliers isolés, on les construit du même nombre d'assises, on donne la même épaisseur aux joints, et on taille les lits pleins et bien perpendiculaires à l'axe.

225. **Fondations en libages.** — Pour les constructions de quelque importance, les fondations s'exécutent de la manière suivante : lorsque le fond de la fouille est bien nivelé, on y étend un lit de mortier, sur lequel on pose une assise de fort libages dont les lits seulement sont ébousinés ; ces matériaux font par-

paing si l'épaisseur du mur le permet, et on les dispose en boutisse dans le cas contraire (169), en ayant soin de bien les liaisonner, en croisant les joints en tous sens : ces joints doivent être garnis de mortier, au fur et à mesure de la pose.

On construit quelquefois des fondations entièrement en libages jusqu'au niveau du sol ; ou encore on établit, sous forme de chaînes en libages, les parties qui doivent supporter de fortes charges, comme celles qui se trouvent sous les angles, les trumeaux, les piliers, etc. ; on remplit les intervalles de ces chaînes en maçonnerie de moellon ou de meulière.

226. **Fondations en béton.** — L'emploi des libages pour les fondations est parfois très-dispendieux, surtout dans les localités où la pierre de taille est rare ; aussi n'y a-t-on recours maintenant que quand on peut se procurer de la pierre à un prix peu élevé, ou quand on veut utiliser de vieux matériaux. On a substitué avantageusement à la maçonnerie de libages une couche de maçonnerie de béton, qui coûte à peu près quatre fois moins. La hauteur de cette couche varie ordinairement de $0^m,30$ à $0^m,80$, et elle sert d'empatement aux murs supérieurs ; quelquefois les fondations s'exécutent entièrement en béton.

La propriété qu'ont les maçonneries de béton d'acquérir un très-haut degré d'incompressibilité, quand elles sont bien exécutées, doit les faire préférer à toutes les autres maçonneries pour la construction des fondations.

227. **Fondations par piliers.** — Dans un but d'économie, quand on est obligé de descendre à une grande profondeur pour trouver le sol résistant, les fondations peuvent être composées d'une série de piliers convenablement espacés et reliés à leur sommet par des voûtes en plein cintre ou en arc de cercle, comme l'indique la figure 69.

Fig. 69.

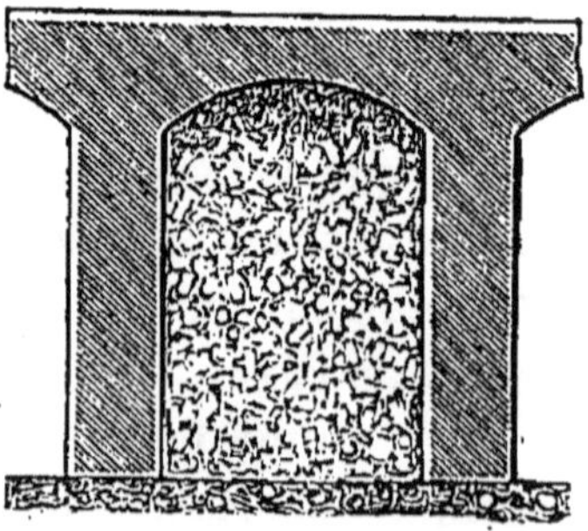

Quand la largeur de la fondation le permet, on ne descend la fouille jusqu'au sol résistant qu'aux emplacements des piliers, et on taille les massifs de terre intermédiaires, de manière à les faire servir de cintres pour établir les voûtes de couronnement. Dans le cas contraire, on fait la fouille entièrement ; puis on construit les piliers, dont on remplit les intervalles avec des terres provenant de la fouille ; en formant également, avec ces terres, les pâtés devant servir à l'établissement des arceaux.

Ces fondations s'exécutent ordinairement en béton. Les réservoirs d'eau de la rue de la Vieille-Estrapade, à Paris, sont fondés de cette manière; les piliers ont environ 2 mètres de côté, et une hauteur qui atteint de 12 à 15 mètres pour quelques-uns; ils sont reliés par une série de petites voûtes transversales sur lesquelles, au niveau de l'intrados à la clef, prennent naissance d'autres grandes voûtes longitudinales.

228. **Fondations sur racinaux.** — Si le sol sur lequel on veut construire n'offre pas assez de résistance, et qu'il soit de nature à s'affaisser sous le poids de la construction, on a recours aux *racinaux* (*fig.* 70, abstraction faite des pieux), c'est-à-dire à des pièces de charpente méplates, de $0^m,30$ sur $0^m,12$, dont la longueur est un peu supérieure à l'épaisseur de la fondation. On pose ces pièces bien de niveau sur le sol compressible, en les espaçant de 1 mètre à $1^m,20$ entre elles, et l'on fixe dessus, avec de forts clous ou des chevillettes, des madriers de chêne de $0^m,08$ à $0^m,09$ de largeur, de manière à former une espèce de plancher sur lequel on élève les fondations. Avant de fixer cette plate-forme, on doit avoir soin de remplir les intervalles des racinaux avec des moellonnailles posées à bain de mortier ou avec du béton, afin de les maintenir bien en place : on peut encore remplir ces intervalles avec de la terre, que l'on comprime au moyen d'un pilon; mais alors il faut apporter une plus grande attention si l'on ne veut pas déranger les racinaux, qui doivent, dans tous les cas, rester parfaitement de niveau dans toute l'étendue de la fondation (231).

Fig. 70.

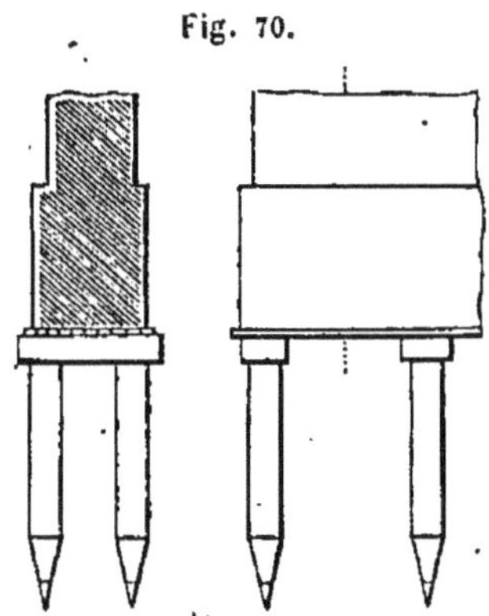

229. **Consolidation du sol au moyen de pieux en béton ou en mortier.** — On parvient à donner aux terrains compressibles un certain degré de résistance, en y enfonçant, de distance en distance, un pieu en bois, qu'on retire pour remplir l'alvéole qu'il laisse avec du mortier ou du béton fortement pilonné au fur et à mesure de la pose. On fait autant de ces pieux en béton que cela est nécessaire pour rendre le sol résistant, puis on recouvre ce sol d'une couche de béton bien pilonnée.

La pièce de bois a de 1 mètre à 1m,60 de longueur, et de 0m,18 à 0m,25 de diamètre à la partie supérieure ; sa tête doit être garnie d'une frette en fer, pour résister aux chocs du mouton ou du maillet, et elle est percée d'un trou dans lequel on passe une pince ou une barre de fer, qui sert, pendant le battage, à remuer et à tourner la pièce au fur et à mesure qu'on l'enfonce, de manière à lisser les parois de l'alvéole et à leur donner une certaine consistance qui permet la pose du béton sans qu'elles s'éboulent : ce mouvement imprimé au pieu le rend facile à retirer quand il est entièrement enfoncé.

Lorsque le sol est constamment sec, on peut à la rigueur substituer le sable au mortier ou au béton pour remplir les alvéoles des pieux en bois.

On conçoit que sur un sol consolidé par des pieux en béton, on peut encore faire usage d'une plate-forme en bois pour bien répartir la pression (228) ; mais le plus souvent on emploie une couche de béton assez forte pour qu'elle ne puisse se briser.

230. **Massifs de fondation en sable mouillé d'un lait de chaux.** — Si l'espace occupé par la fondation était très-grand, on pourrait, après avoir consolidé le sol au moyen de pieux en béton (229), le couvrir d'un massif de sable de 0m,60 à 0m,80 d'épaisseur, que l'on forme par couches successives de 0m,15 à 0m,20, parfaitement pilonnées et mouillées d'un lait de chaux très épais (50) ; ce massif, que l'on couvre également d'une couche de béton bien pilonnée, est incompressible et offre l'avantage de répartir uniformément la charge sur toute l'étendue de la fondation.

231. **Fondations sur pilotis.** — Quand le fond des fondations est glaiseux ou vaseux et qu'il n'offre aucune résistance, pour le consolider, on y enfonce, au moyen d'une sonnette, des pieux que l'on bat jusqu'à ce qu'ils offrent un appui suffisant. On dispose ces pieux en quinconce, en les espaçant d'environ 1 mètre d'axe en axe sur la longueur de la fondation, et en les plaçant sur deux ou trois rangs, selon la largeur de cette dernière. Ces pieux sont appointés sur une longueur de 0m,40 à 0m,50, et armés d'un sabot en fer ou en fonte, pour faciliter la pénétration dans le sol ; leur tête est garnie d'une frette en fer, qui les empêche d'éclater sous le choc du mouton.

Lorsque les pilotis sont tous battus au refus du mouton, on procède au recépage, c'est-à-dire qu'on les scie tous à un convenable et même niveau ; puis on pose dessus, en travers de la fondation, *fig.* 70, des racinaux que l'on y fixe solidement au moyen de chevillettes en fer, et alors on établit, comme il a déjà été indiqué au n° 228, une plate-forme en madriers, sur laquelle on pose la maçonnerie des fondations.

Les pieux, les racinaux et la plate-forme se font ordinairement en bois de chêne, qui résiste bien à l'humidité, et même aux intermittences de sécheresse et d'humidité, qui contribuent surtout à pourrir le bois.

Quand le sol est *très-compressible*, on commence par lui donner un certain degré de solidité, soit en le chargeant de pierres qui s'y enfoncent, soit en y faisant pénétrer des pieux par le gros bout, afin que le sol ne les soulève pas par l'effet de son élasticité, soit encore en combinant ces deux moyens, c'est-à-dire en enfonçant des pierres entre les pieux. Sur le sol ainsi préparé, on pose ensuite, soit la plate-forme en bois, soit la couche de béton si l'on ne craint pas sa rupture.

232. **Fondations sous l'eau.** — Pour établir les fondations des piles de ponts, des murs de revêtement, des jetées avancées dans la mer, et, en général, de toutes les constructions dont le pied est noyé, on a recours à l'un des moyens suivants :

Fig. 71.

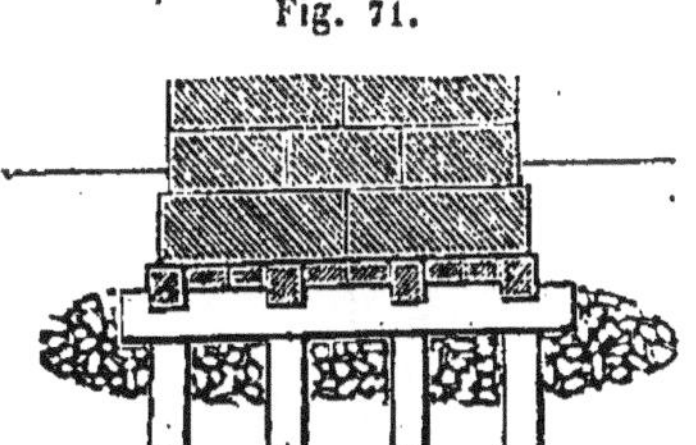

1° *Fondations sur pilotis*, *fig.* 71. — Ce moyen consiste à enfoncer, dans toute l'étendue des fondations, des pieux disposés en quinconce, et espacés de 0m,80 à 1m,20 d'axe en axe, selon la charge qu'ils doivent supporter et suivant leur diamètre, qui est, en général, le 1/24 de leur longueur, sans avoir moins de 0m,18. Ces pieux battus au refus peuvent supporter jusqu'à 50 kilogrammes par centimètre carré de section.

Les pieux étant enfoncés, on les recèpe tous de niveau à une hauteur convenable. On enlève entre les pieux la terre ameublie par le battage, et on la remplace par un blocage en pierres sèches si l'on opère à sec, ou par du béton ou de la maçonnerie à mortier hydraulique dans le cas contraire (167). On a soin de comprimer fortement ces matériaux à mesure qu'on les pose, afin qu'ils maintiennent bien les têtes des pieux, qu'ils augmentent les frottements latéraux s'opposant à l'enfoncement, et qu'ils ajoutent le plus possible à la rigidité du système.

On pose ensuite un grillage en charpente, formé de longrines reliant les files longitudinales de pieux et de traversines s'assemblant à mi-bois sur les longrines. On arase le remplissage au niveau du grillage, et sur le tout on établit une plate-forme en madriers, sur laquelle on élève l'édifice.

Comme la plate-forme unie adhère mal à la maçonnerie, il peut être convenable de la remplacer par une forte couche de béton enveloppant les têtes de pieux, sauf à placer sur ce massif, si on le juge nécessaire, un ou deux rangs de forts libages pour répartir convenablement la pression.

Ce premier mode peut s'employer, soit qu'il s'agisse de fonder sur des terrains secs qui ne sont incompressibles qu'à une certaine profondeur (231), soit qu'il s'agisse de fonder dans l'eau. Les procédés suivants sont spéciaux à ce dernier cas.

2° *Fondations à l'aide de batardeaux.* — On nomme *batardeaux* des digues dont on circonscrit l'emplacement de la fondation, afin de pouvoir épuiser l'eau, et ensuite établir la fondation sur le sol mis à sec, en opérant comme il a été indiqué ci-dessus. Nous reviendrons sur la construction des batardeaux et sur les dimensions à leur donner.

3° Pour fonder à de grandes profondeurs, on emploie encore quelquefois un *caisson* en bois que l'on amène sur l'emplacement de la fondation, et sur le fond plat duquel on établit la maçonnerie, *fig.* 72. Le caisson finit par s'enfoncer jusque près du sol, par suite du poids de la maçonnerie ; alors, afin de terminer l'échouage convenablement, on laisse pénétrer l'eau dans le caisson. On enlève ensuite les parois latérales du caisson, qui n'étaient retenues que par des tirants. Il est évident que le sol a dû être à l'avance consolidé par des pieux, si cela était nécessaire, et nivelé.

Fig. 72.

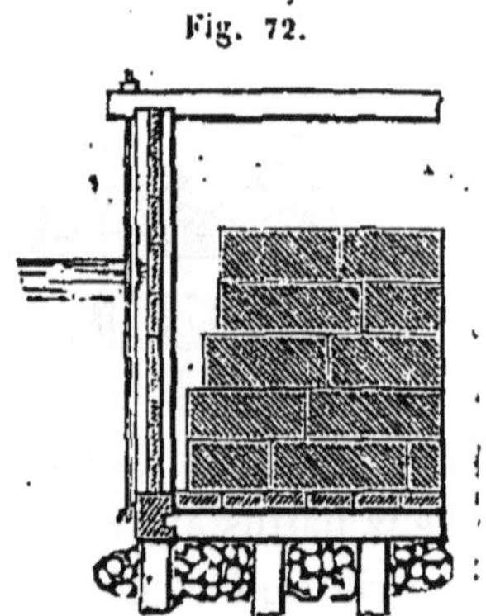

4° Le moyen de fonder par *encaissement*, *fig.* 73, est généralement préféré au précédent, à cause de sa simplicité et de son prix modéré. Il consiste à former autour de l'emplacement des fondations une enceinte de pieux et de palpanches ; à draguer dans cette enceinte jusqu'à ce que l'on atteigne un sol

Fig. 73.

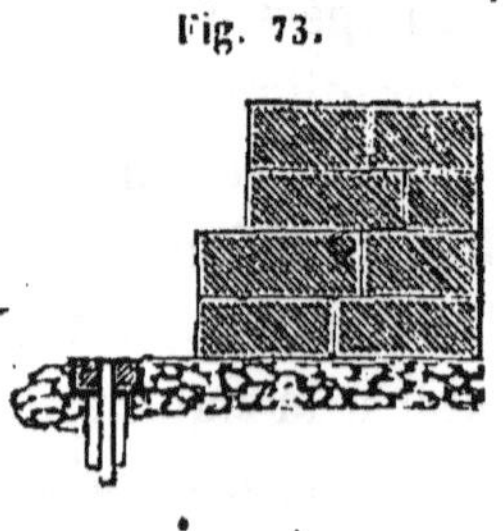

suffisamment incompressible, et à la remplir de béton, sur lequel on érige ensuite la construction (167).

Si le fond du lit était un roc dans lequel il y ait impossibilité d'enfoncer des pieux, on aurait recours à un caisson sans fond, construit sur le chantier, et dont les parois seraient formées de poteaux montants et de fortes palplanches, le tout maintenu par plusieurs cours d'entretoises horizontales. On amène le caisson sur l'emplacement de la fondation, on le fait échouer en le chargeant convenablement, puis on établit le massif de béton. Par des sondages faits avec soin, on relève le profil du rocher sur tout le contour où doit porter le caisson, dont on taille le mieux possible le bas des parois à la demande des sinuosités du profil.

Dans ces derniers temps, pour fonder à de grandes profondeurs sous l'eau, plusieurs ingénieurs, et entre autres M. Pluyette, au pont de Nogent-sur-Marne (*Annales des ponts et chaussées*, année 1856), ont fait usage d'un encaissement en tôle. On commence par draguer jusqu'au terrain solide dans tout l'emplacement de la pile; on échoue l'encaissement, et après avoir dragué à l'intérieur, de manière à unir le fond, on coule une couche de béton d'une épaisseur suffisante; quand cette couche est solide, on épuise l'eau, et alors on monte la pile à sec.

Au pont Saint-Michel, à Paris, on a fait avec succès un nouvel emploi d'un caisson sans fond, système de M. Baudemoulin, ingénieur en chef des ponts et chaussées. Ce caisson, au lieu d'être en tôle, est en bois, ce qui le rend beaucoup plus économique; ainsi, pour une arche de 35 mètres, il n'a coûté que 14000 francs environ, au lieu que le caisson en tôle de Nogent-sur-Marne est revenu à près de 90000 francs.

Le caisson a, intérieurement aux palplanches, 38^m,22 de longueur sur 6^m,22 de largeur à la base, et 36^m,34 de longueur sur 4^m,34 de largeur à la partie supérieure; sa profondeur est de 4^m,80.

Il se compose essentiellement : 1° d'une ossature formée de poteaux montants reliés par trois cours de moises horizontales; 2° d'une cloison en palplanches destinée à retenir le béton.

Les poteaux sont en chêne; ils sont espacés de 2 mètres d'axe en axe, et leur équarrissage est de 0^m,16. Les trois cours de moises sont en bois de 0^m,20 sur 0^m,25, et ils sont légèrement entaillés au droit des montants, auxquels ils sont d'ailleurs reliés par des boulons. Les deux cours inférieurs sont en chêne; mais le cours supérieur, qui a été enlevé après la pose des premières assises de la pile, est en sapin. Les palplanches sont en madriers de sapin de $0^m,22$ sur $0^m,08$; elles sont espacées de $0^m,05$ au moyen de tasseaux cloués sur leurs tranches, et elles sont taillées en coin à leur extrémité inférieure, pour faciliter leur pose et leur légère pénétration dans le sol.

Avant la pose des palplanches, on a fixé intérieurement, sur les poteaux, entre les deux cours supérieurs de moises, des planches jointives de $0^m,03$ d'épaisseur, dont on a recouvert les joints par des voliges garnies de mousse, pour obtenir dans le haut du caisson un bordage étanche. La mousse se fixait d'abord aux voliges avec de la terre glaise.

Le caisson, soutenu par quatorze chèvres établies sur quatre bateaux, a été descendu au fur et à mesure de sa construction. Les poteaux ont d'abord été assemblés au cours inférieur de moises situé à $0^m,80$ du bout des poteaux. On a descendu l'ensemble, jusqu'à ce qu'en faisant flotter les madriers du second cours de moises on pût les mettre en place. On a alors placé les moises du cours supérieur. Le cours du milieu est à $1^m,80$ de celui du bas, et à $2^m,20$ de celui du haut. Cette opération terminée, on a établi le bordage étanche entre les deux cours supérieurs de moises ; puis, en chargeant le caisson au moyen de moellons, on l'a fait descendre jusqu'au fond de la fouille, qui avait préalablement été faite à la drague jusqu'au sol résistant. On a ensuite placé les palplanches ; puis on a établi un enrochement tout autour du caisson. Quand l'enrochement a eu environ 1 mètre de hauteur, on l'a continué en utilisant les pierres qui avaient servi à l'échouage.

On a alors commencé à couler le béton, ce qui se faisait à l'aide de caisses demi-cylindriques cubant $0^m,650$. On a élevé le massif de béton, qui remplissait tout le caisson, jusqu'à $0^m,50$ en contre-bas du niveau de l'eau ; à l'aide des pompes mues par des locomobiles on a épuisé l'eau, puis on a posé le socle en pierre de taille de la pile. Ce socle a $3^m,50$ de largeur, et le pied de la pile $3^m,10$. Quand la maçonnerie a dépassé d'une quantité convenable le niveau de l'eau, on a enlevé le cours supérieur de moises, puis scié les poteaux et les moises au niveau du béton.

Le caisson dépassait de $1^m,20$ le niveau de l'eau, et il plongeait de $3^m,60$.

Mis en place, ce caisson est revenu à environ 14 000 francs. Le bois de chêne était compté à raison de 260 francs le mètre cube, et le bois de sapin à raison de 140 francs. Le prix du mètre carré de bordage calfaté est revenu à 7 francs.

Il convient de faire usage de ce système de caisson toutes les fois que l'épaisseur de la vase ou du gravier mouvant n'est pas trop grande, et que le fond solide ne se trouve pas à plus de 5 ou 6 mètres au-dessous du niveau de l'eau.

Au viaduc de l'Aude, à Coursan (chemin de fer de Bordeaux à Cette), les fondations ont été formées de massifs en béton coulé sur le gravier du fond de la rivière, dans des enceintes de pieux et de palplanches; chaque massif avait 3m,50 de hauteur, et, dès le mois de mars, le dessus se trouvait arasé au niveau de l'étiage. A partir de cette époque, les crues continuelles de la rivière n'ayant pas permis d'espérer de voir descendre le niveau des eaux à l'étiage avant le mois d'octobre, et MM. les ingénieurs, afin de ne pas interrompre les travaux, tenant à ce que les socles des piles et des culées fussent posés immédiatement, quoique l'eau continuât à se tenir de 1m,50 à 2 mètres au-dessus de l'étiage, M. Laroque fit construire, dans l'enceinte de palplanches, sur tout le pourtour du massif de béton, une seconde enceinte ou batardeau formé de murs en béton de ciment Gariel, que l'on posait avec la pelle à couler (235) entre les palplanches et un panneau en planches. Ces murs, quoiqu'ayant 2 mètres de hauteur et seulement 0m,30 d'épaisseur moyenne, ont parfaitement résisté; ils formaient un caisson bien étanche qu'on a pu épuiser; puis on a pu poser à sec le socle, ainsi que la semelle de décintrement des cintres. Ce caisson d'un nouveau genre a permis d'achever les cinq voûtes du viaduc pour le 16 mai, quand il y avait à craindre de ne commencer les piles qu'au mois d'octobre, et nous pensons qu'il peut rendre de grands services, non-seulement dans des cas exceptionnels analogues à celui du pont de l'Aude, mais aussi pour fonder sur rocher à des profondeurs d'eau de 4 à 5 mètres.

5° *Fondation tubulaire.* — Pour fonder les ponts de la Nouvelle et de Rivesalte (chemin de fer de Narbonne à Perpignan), on a appliqué un mode de construction imaginé par l'ingénieur Brunel, pour le forage des puits du tunnel sous la Tamise, et que nous avons suivi en 1845 pour établir une prise d'eau dans la Seine, au quai d'Austerlitz, à Paris. Il consiste à faire reposer la base de la pile ou de la culée sur plusieurs colonnes cylindriques, de 3 à 4 mètres de diamètre, que l'on établit de la manière suivante. Sur l'emplacement de la fondation, on construit hors de l'eau, en maçonnerie de briques et ciment, un cuvelage de puits d'un diamètre extérieur égal à celui de la colonne et d'une épaisseur de 0m,50 environ. Ce cuvelage s'établit sur un plancher flottant en bois, et s'immerge par son propre poids. On a soin qu'il s'élève de 1 mètre au-dessus de la surface de l'eau, et quand il repose sur le sol, par une disposition particulière, on enlève le fond mobile en bois, et on assujettit le cuvelage verticalement. On drague alors à la main le sable et la vase dans cette espèce de puits, en approchant le plus près possible des murs. Ce puits s'enfonce progressivement à mesure qu'on enlève la terre; quand il est descendu de 0m,50 à 0m,60, on élève le dessus de ses murs d'une quantité égale; on drague de nouveau et l'on continue ainsi de suite jusqu'à ce que le pied de la colonne repose sur le sol résistant. On coule alors à l'intérieur une couche de béton de ciment d'environ 1 mètre d'épaisseur, on épuise l'eau, et l'on finit de remplir la colonne avec de la maçonnerie. C'est sur ces colonnes, que l'on a établies en nombre suffisant, qu'on pose le socle de la construction.

Pour plusieurs ponts, les colonnes tubulaires, au lieu d'être en maçonnerie, comme nous venons de l'indiquer, sont en tôle ou en fonte, et également bétonnées et maçonnées à l'intérieur quand, par le draguage, on les a fait descendre jusqu'au sol résistant. Le viaduc du chemin de fer construit sur la Saône, à Lyon, a été fondé de cette manière.

233. **Fondations sur des sols argileux détrempés par les eaux.**— Ces fondations sont celles qui offrent le plus de difficultés. En vertu de leur viscosité et de leur élasticité, les terrains argileux détrempés se comportent à peu près comme des liquides. Ils transmettent la pression en tous sens; ils s'affaissent inégalement pour peu qu'ils ne soient pas chargés uniformément; les pilotis n'y adhèrent pas et tendent à sortir quand on bat les pilotis voisins. Il faut, pour construire avec quelque sécurité sur un terrain de cette nature, avoir recours à des plates-formes d'une grande étendue, à de larges empatements, répartir les pressions avec une grande uniformité, même pendant l'exécution du travail, et souvent charger par des remblais provisoires les abords de la construction. Il est même prudent, avant d'élever les parties supérieures de l'édifice, de charger les massifs inférieurs, pendant plusieurs mois, d'un poids au moins égal à celui qu'ils auront à supporter plus tard.

Les difficultés sont plus grandes encore lorsque ces terrains sont noyés. On est obligé alors d'avoir recours à la fois aux moyens de fonder sous l'eau, et aux moyens relatifs aux terrains compressibles.

234. **Enrochements.** — Pour fonder des piles de ponts, des jetées et autres ouvrages analogues, sur des fonds mobiles soumis à l'action de grands courants, ou à de grandes profondeurs d'eau, on fait un *enrochement*, c'est-à-dire un massif de maçonnerie en pierre sèche, établi en jetant simplement, sans aucun apprêt, les pierres dans l'eau. On construit en général des enrochements tout autour des fondations exposées à de grands courants, pour les préserver des affouillements. Les matériaux employés à ce genre de construction doivent être durs, de bonne qualité, et de diverses grosseurs, afin que, lorsqu'on les jette, ils s'enchevêtrent le mieux possible les uns dans les autres.

Les plus petits blocs doivent être jetés sur le fond du lit de fondation ; ainsi, pour la construction d'une jetée, par exemple, la première couche est formée de blocs naturels cubant de $0^{m},03$ à $0^{m},04$; la seconde, de blocs de $0^{mc},035$ à $0^{mc},055$; la troisième, de blocs de $0^{mc},50$ à $1^{mc},50$, et l'on termine ordinairement par une couche de blocs artificiels en maçonnerie de béton ou de moellons, dont le volume varie de 5 à 15 mètres cubes. Pour les enrochements en rivières, les plus petits blocs cubent ordinairement $0^{m},04$, et les plus gros $0^{m},10$.

Fig. 74.

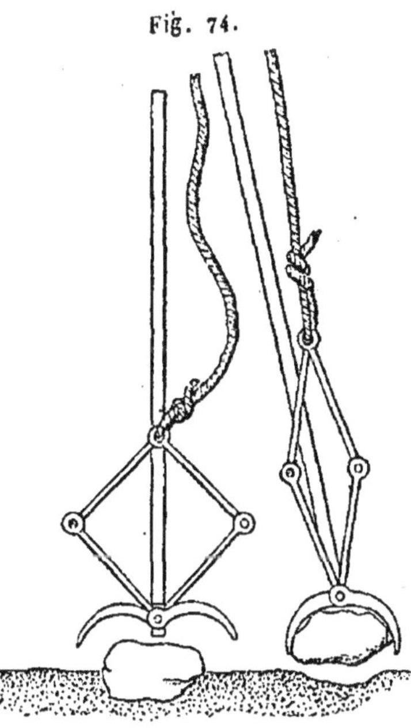

235. **Appareils employés pour l'exécution des travaux sous l'eau.** — Pour enlever du fond de l'eau une pierre ou tout autre objet analogue, on se sert d'une tenaille, *fig.* 74 ; l'axe d'articulation des mâchoires de cette tenaille est fixé à l'extrémité d'un long manche. Les mâchoires se prolongent au-dessus de l'articulation par des tiges formant avec d'autres un parallélogramme dont tous les côtés sont égaux et articulés. Une corde fixée au sommet supérieur du parallélogramme, et s'élevant le long du manche jusque hors de l'eau, permet, en la tirant, de serrer entre les mâchoires de la tenaille l'objet qui s'y trouve, et que l'on peut alors élever à la surface de l'eau.

Pour creuser le sol sous l'eau, on fait usage soit de la drague à main, soit de la drague à chapelets munis de hottes à griffes, laquelle est mue par des animaux ou par la vapeur.

La *cloche à plongeur*, employée pour retirer du fond de l'eau des corps qui y sont tombés, ou même pour y faire des travaux de démolition ou de construction, consiste en un vase ouvert par le bas, fermé sur toutes les autres faces, et dans lequel des hommes peuvent travailler à des profondeurs considérables sous l'eau.

La cloche à plongeur, telle qu'elle a été perfectionnée par Rennie, et telle qu'elle est encore employée en Angleterre, a à peu près la forme d'un parallélipipède. Sa largeur est de 1m,38, et sa hauteur extérieurement est de 1m,85, sur 1m,72 intérieurement. Ses dimensions vont un peu en augmentant depuis le haut jusqu'en bas. On la coule en fonte d'un seul jet, en faisant ses parois assez épaisses pour éviter toute fissure, même en cas d'accident, et afin que son poids soit suffisant pour qu'il ne soit pas nécessaire de la lester, quand on la submerge, quoique pleine d'air. Au sommet de la cloche est pratiquée une ouverture communiquant avec l'intérieur par plusieurs trous, également circulaires, et fermés par autant de soupapes en cuir s'ouvrant de haut en bas. Un fort tuyau de cuir vissé sur l'ouverture extérieure s'élève jusqu'à la pompe foulante placée sur l'échafaud ou le bâtiment duquel on manœuvre la cloche ; celle-ci est suspendue à de fortes chaînes engagées dans des anneaux en fer emprisonnés dans le corps de la cloche, au moment de la fusion.

L'intérieur de la cloche est éclairé à l'aide de douze lentilles circulaires en verre très-épais, solidement fixées par des écrous et du mastic sur le pourtour de la face supérieure.

La cloche contient aisément deux personnes assises sur des siéges convenablement placés. Le poids total de l'appareil est d'environ 4 000 kilogrammes. La pompe foulante qui fournit l'air est ordinairement manœuvrée par quatre hommes. Pour que l'air de la cloche n'ait aucune influence fâcheuse sur la santé des ouvriers, il faut qu'il renferme au plus 4 ou 5 pour 100 d'air vicié ; pour obtenir ce résultat, la pompe doit renouveler 4 à 5 mètres cubes d'air par heure et par homme. L'air vicié par la respiration étant plus chaud et par suite moins dense que l'air frais, il s'accumule au haut de la cloche, d'où on l'expulse à l'aide d'un robinet.

A mesure que la cloche s'enfonce sous l'eau et que la pression de l'air y devient plus considérable, les plongeurs ressentent dans les oreilles une douleur assez vive, qu'ils font disparaître en opérant dans la bouche, celle-ci et les narines étant fermées, un mouvement de déglutition, ou en avalant leur salive.

Lorsque l'eau est limpide, la lumière est très-grande sous la cloche. Les signaux sont communiqués le plus souvent par les plongeurs, aux personnes qui manœuvrent la cloche, au moyen de coups de marteau frappés contre les parois de celle-ci, et ils n'en exigent généralement qu'un petit nombre.

Pour extraire des pierres qui gisaient au fond du port de Cherbourg, on a fait usage d'une cloche, que son inventeur, M. le docteur Payène, appelle *bateau-plongeur*. Cet appareil, dont la forme se rapproche de celle d'un bateau, est divisé, par des cloisons à peu près verticales, en trois compartiments; le compartiment du milieu est divisé en deux chambres par une cloison horizontale garnie d'une porte qui permet aux ouvriers de passer de l'une des chambres dans l'autre; la chambre inférieure est sans fond.

Avant l'immersion, on comprime de l'air dans les compartiments extrêmes, et les plongeurs s'enferment dans la chambre supérieure. Cela fait, on foule de l'eau dans les compartiments extrêmes, dont l'air se rend dans la chambre intermédiaire supérieure, et, par suite de l'augmentation de poids due à cette eau, l'appareil s'immerge progressivement. Quand l'appareil est arrivé sur le fond, on ouvre la porte de la cloison horizontale, l'air comprimé refoule l'eau de la chambre inférieure, et les ouvriers y descendent pour travailler.

On maintient l'air de l'appareil à l'état respirable en le faisant passer, à l'aide d'un fort soufflet, dans une dissolution alcaline. La tuyère de ce soufflet est garnie d'une pomme d'arrosoir, laquelle, en divisant l'air en petits filets, le met mieux en contact avec la dissolution.

Le *scaphandre*, imaginé par M. Siébe, est un appareil que le plongeur porte lui-même, et qui le laisse assez libre de ses mouvements pour qu'il puisse procéder à des opérations de sauvetage, et même exécuter sous l'eau, à des profondeurs considérables, des ouvrages de construction ou de restauration. Le remplacement de l'air vicié par l'air pur se faisant au moyen d'une pompe fonctionnant avec beaucoup de régularité, l'ouvrier peut facilement rester sous l'eau pendant trois ou quatre heures et même plus.

Le scaphandre a été appliqué pour visiter et construire quelques parties de fondation des piles du pont de Beaucaire, sur le Rhône, pour le chemin de fer de Marseille à Nîmes; aux ports de Cette et de Marseille, on s'en sert fréquemment pour visiter l'état des fondations et y exécuter des réparations. M. Laroque, après avoir fait faire une partie de revêtement en ciment de Vassy, à une profondeur de 4m,50 sous l'eau, au port de la Joliette, pour s'assurer de l'état du travail, a fait lui-même une descente sous-marine, et il reste convaincu que l'on peut tirer un très-bon parti du scaphandre dans l'exécution des grands travaux hydrauliques; il est fâcheux que son prix soit si élevé (5 500 à 6 000 francs).

Le scaphandre se compose :

1° D'une pompe à air contenue dans une caisse de 0m,60 à 0m,80 de côté, dont le poids est de 125 kilogrammes environ ;

2° D'une autre caisse contenant des souliers plombés, des plaques de plomb et des vêtements de laine, tels que camisoles, caleçons, bas et bonnets;

3° D'un vêtement imperméable en caoutchouc d'une seule pièce, qui part du milieu du dos et couvre tout le corps en formant un pantalon à bas ;

4° D'une épaulière en métal, dont le collet circulaire porte un pas de vis, et la partie inférieure un système de bandelettes en cuivre qui sert à fixer le haut du vêtement imperméable ;

5° D'un casque en métal, de forme ovoïde, dont la hauteur est de 0m,35 et la largeur de 0m,27. La partie inférieure du casque, à la hauteur du col, est ouverte circulairement, et porte un écrou en métal qui s'adapte au pas de vis de l'épaulière et permet la réunion complète du casque au vêtement imperméable. La face du casque est munie, à la hauteur des yeux, de deux carreaux fixes en verre fort épais, de 0m,13 de diamètre ; à la hauteur de la bouche existe aussi un carreau mobile de même diamètre, qui est placé dans un châssis en métal formant le pas d'une vis dont l'ouverture du casque forme l'écrou; une rainure tient ce verre très-fixe, et on peut très-facilement le retirer, ce qui permet au plongeur de respirer librement sitôt sa sortie de l'eau.

Les carreaux sont préservés par des petites grilles en métal. Le conduit d'aspiration d'air pur et celui de décharge de l'air vicié sont formés à l'intérieur du casque par de petits canaux placés autour des carreaux ; l'air pur arrive par le dessus et derrière la tête, le casque est muni à cet effet d'un pas de vis qui reçoit l'écrou d'un tuyau en caoutchouc de 0m,035 de diamètre, au moyen duquel la pompe envoie l'air pur ; l'air vicié sort par une petite soupape placée sur le derrière du casque et dont la jonction s'opère sans permettre à l'eau d'entrer.

Pour se revêtir du scaphandre, il faut procéder comme il suit :

On se revêt d'abord d'une camisole de grosse laine, d'un caleçon et d'une paire de bas de même étoffe ; il faut mettre deux paires de bas, si la température le requiert. On endosse ensuite le vêtement en caoutchouc, qu'il faut avoir soin de placer auprès du feu, afin qu'il se ramollisse, dans le cas où il serait roide ; sans cette précaution, on pourrait couper le caoutchouc. Ces vêtements mis, on pose sur ses épaules un coussin-couronne qu'on fait passer par-dessus la tête, et on passe ensuite la tête dans l'épaulière ou collet du casque, qu'on raccorde au vêtement imperméable, en serrant fortement avec une clef les treize écrous. Les mains sont entièrement libres, et, afin que l'eau ne s'introduise pas par les poignets du vêtement imperméable, on les lie étroitement avec de larges bandelettes en caoutchouc, en ayant bien soin de placer des linges entre la peau et le vêtement ; on met une nouvelle paire de bas par-dessus le vêtement, qui doit être aussi recouvert d'un surtout en toile à navire, dont le but est de le garantir de l'usure qui pourrait résulter du frottement et des chocs.

Le plongeur se garnit ensuite les pieds de forts souliers à semelles de plomb, et il se recouvre la tête d'un gros bonnet de laine, qu'on doit bien lui appliquer sur les oreilles, ce qui est urgent (il serait même bon de boucher ces dernières avec du coton). Dans cet état, on lui recouvre la tête du casque, sans placer le verre mobile de face. Le casque est vissé sur l'épaulière, de manière que le tube à air revienne sous le bras gauche, sur le devant du plongeur; on lui attache autour du corps et sur le devant de l'épaule droite le cordage de signal et de sauvetage. On maintient le tube à air serré contre le corps par une ceinture à laquelle est adapté un étui contenant un couteau qui sert à trancher ce qui pourrait arrêter ou embarrasser le plongeur. On place des plaques de plomb, l'une sur le devant, l'autre sur le derrière; la corde qui les fixe doit enfiler les brides qui existent sur le casque, et, après avoir passé par les poids, elle est retenue par devant au moyen d'un nœud coulant.

Sur le ponton ou le quai d'où le plongeur doit descendre, on place le tuyau d'aspiration en forme de serpentin, de manière qu'il ne puisse se rouler et interrompre le passage de l'air ; on adapte à la pompe une extrémité du tuyau et l'autre au casque, et l'on essaye si la pompe fonctionne bien. Lorsque tout est convenablement disposé, et que le plongeur est prêt à descendre, on visse sur le devant du casque le verre mobile; à partir de ce moment, la pompe à air ne doit pas cesser de fonctionner, car, quoique le plongeur ne soit pas dans l'eau, il est entièrement privé d'air, puisque celui-ci ne peut plus arriver que par le tube du casque.

Avant de descendre dans l'eau, le plongeur fait régulariser le mouvement de la pompe suivant ses besoins, en faisant signe aux pompeurs d'agir plus ou moins vite, suivant qu'il n'a pas assez ou qu'il a trop d'air. Le premier cas se fait sentir par l'arrivée des sueurs, des étouffements et des crampes d'estomac; alors la pompe doit fonctionner plus vite; il doit en être autrement si le plongeur ressent de forts sifflements d'oreilles et des espèces de frissons.

La descente dans l'eau se fait au moyen d'une échelle fixée au fond par un lest. Les effets qui suivent l'immersion complète du plongeur sont d'abord un très-fort bourdonnement d'oreilles, un assourdissement de tous bruits extérieurs, et une obscurité presque complète, qui cesse au bout de quelques minutes de séjour sous l'eau.

Si le plongeur s'éloigne à une grande distance de l'échelle, il doit y attacher une ficelle qu'il tient à sa main et qui lui permet de retrouver son chemin; il doit se munir aussi d'un levier qui lui sert d'appui, et de plus avoir soin de marcher de préférence à reculons, en tâtant, s'il fait obscur; il doit se mouvoir lentement et dans des sens déterminés, afin de ne pas s'embarrasser dans le tube ou le cordon, et aussi pour éviter de briser les verres du casque en les cognant contre quelques pointes dures.

Deux hommes de confiance doivent être placés là où est descendu le plongeur pour observer soigneusement le cordon de signal et le tube de respiration, qui doit toujours être modérément tendu; la surveillance de ces hommes doit être continuelle; on ne doit leur permettre aucune conversation qui pourrait distraire leur attention des signaux ou de toute autre circonstance. Si par la corde, qu'ils ne doivent pas quitter, ils sentent la moindre secousse, due à une chute ou à tout autre accident, ils doivent haler de suite le plongeur, en veillant à ce qu'il n'y ait aucune interruption dans la pompe. Aussitôt que celui-ci a la tête hors de l'eau, le premier soin doit être de dévisser le verre mobile du casque, afin que le plongeur puisse respirer à l'aise.

Les surveillants doivent aussi signaler de temps en temps au plongeur que tout va bien; ce dernier doit leur répondre; dans le cas contraire, il faut le haler. Les signaux se font en tirant la corde de sauvetage un certain nombre de fois convenu, en raison de la nature du travail. Le plongeur peut aussi correspondre avec les surveillants en écrivant ce qu'il désire sur une ardoise fixée à l'extrémité d'une corde; les surveillants lui répondent par le même moyen.

Nous terminons ces indications sur le scaphandre en engageant à suivre avec une scrupuleuse attention les indications données par M. Sièbe pour l'entretien de ses appareils; car si l'on négligeait de les nettoyer ou de les entretenir quand ils sont en magasin, il en résulterait des avaries qui les mettraient promptement dans l'impossibilité de pouvoir servir.

Pelle à couler et encaissement à revêtir. — Avec l'encaissement à revêtir, on est parvenu à faire, à plusieurs mètres sous l'eau, au moyen du ciment de Vassy, et sans épuisements, des revêtements d'une épaisseur de $0^m,10$ à $0^m,20$, qui ont une parfaite adhérence avec les maçonneries restaurées, et qui présentent un parement droit et uni comme s'ils avaient été faits hors de l'eau avec la truelle.

De l'avis de MM. les ingénieurs qui se sont le plus spécialement occupés des effets produits par l'eau de mer sur les matières qui entrent dans la composition des mortiers hydrauliques, et entre autres de MM. Vicat et Féburier, le moyen à adopter pour préserver les maçonneries en mortiers douteux consiste à faire avec le plus grand soin, sur les parements, des rejointoyements ou des revêtements de $0^m,05$ à $0^m,10$ d'épaisseur, avec des ciments inattaquables par l'eau de mer, tels que ceux de Vassy et de Parker.

L'exécution de ces travaux préservatifs, assez simple pour des constructions neuves en cours d'exécution, présentait, pour la restauration des ouvrages, des difficultés qui se sont aplanies par l'usage du scaphandre, de la pelle à couler et de l'encaissement à revêtir; c'est ce qu'ont démontré les revêtements sous-marins en ciment de Vassy exécutés par M. Gariel dans les ports de la Méditerranée, en France et en Algérie.

L'*encaissement à revêtir* est formé de deux poteaux en bois, d'une longueur supérieure à la profondeur de l'eau, et espacés d'environ 2 mètres d'axe en axe. Ces poteaux sont réunis à leur partie inférieure par une traverse horizontale, et le long de chacun d'eux est fixée une tige en fer de $0^m,015$ de diamètre. La paroi de l'encaissement destinée à former le parement du revêtement se compose d'une série de madriers en chêne de $0^m,035$ d'épaisseur et de $0^m,25$ à $0^m,30$ de largeur, dont chacun est garni à ses extrémités d'un piton à vis, lequel, en glissant le long des tiges en fer, fait que tous les madriers se superposent sur toute la hauteur des poteaux en formant une surface unie.

Avant de poser l'encaissement, on procède à la préparation des surfaces à revêtir ou des parois des affouillements à remplir, c'est-à-dire qu'on les dégrade ou qu'on les pique au vif pour les dépouiller des mousses et lichens. Cette opération s'exécute au moyen de longues barres à mine appointées, et de brosses de chiendent ou de balais adaptés à des manches assez longs pour atteindre le fond de l'eau. On dépouille ensuite le pied de la paroi des résidus du dégradage ou des autres matières qui y sont accumulés, en se servant de râteaux en fer ou de dragues à main.

On place alors la ferme de l'encaissement, qui descend verticalement dans l'eau, la traverse inférieure étant lestée au moyen de moellonnailles maintenues par des planches fixées contre les poteaux, du côté opposé au revêtement à exécuter. On amène la charpente de manière que lorsque les madriers seront en place, leur face intérieure coïncide avec le parement que l'on veut obtenir; alors on la fixe solidement dans cette position au moyen d'amarres; puis, si le parement a partout la même épaisseur, on place tous les madriers de l'encaissement; dans le cas contraire, ou s'il y a des vides à remplir, on ne pose qu'un ou deux madriers à la fois, et l'on fait au fur et à mesure la partie correspondante du revêtement.

Le remplissage entre l'encaissement et le mur, c'est-à-dire l'exécution proprement dite du revêtement, se fait au moyen de la *pelle à couler*, instrument particulier à ce genre de travail, formé d'une lame de tôle de $0^m,45$ de côté, qui se relève sous un certain angle à partir d'environ la moitié de sa longueur, et qui est garnie d'une joue en retour d'équerre le long d'une arête longitudinale. Ce relèvement de l'extrémité de la joue suffit pour maintenir sur la pelle la matière que l'on descend dans l'encaissement. La saillie de la joue, plus l'épaisseur du manche, doit être égale à l'épaisseur la plus faible du revêtement, afin que la pelle puisse circuler partout avec la plus grande charge possible. La pelle à couler est garnie d'un pilon, dont le manche est aussi long que celui de la pelle, lequel doit sortir de $1^{m},50$ au moins de l'eau lorsqu'on travaille au fond de l'encaissement.

Ayant placé la pelle horizontalement, l'ouvrier la garnit de mortier de ciment et de cailloux concassés, en couvrant, sur toutes les faces vues, cette espèce de béton par un enduit de $0^{m},02$ d'épaisseur arasant la joue de la pelle. Ce garnissage de la pelle doit se faire avec rapidité, afin que l'immersion ait lieu au moment où le ciment commence à prendre, ce qui arrive parfois après une ou deux minutes.

La pellée étant bien régulièrement préparée, on la descend verticalement et avec précaution entre l'encaissement et le mur, en faisant glisser le manche contre les madriers; quand elle est arrivée à la profondeur voulue, l'ouvrier incline le manche vers lui, de manière à rendre l'extrémité de la pelle à peu près verticale, et soulevant légèrement la pelle, le contenu s'en détache facilement; avec le pilon on le régularise et on le fait adhérer à la paroi du mur et à la partie de parement déjà faite. Le pilon doit faire le nécessaire sans délayer le mortier; sa manœuvre étant faite avec beaucoup de précaution, elle ne produit qu'une laitance presque insensible avec un mortier très-gras, composé de 3 parties de ciment de Vassy pour 2 de sable.

Quand l'encaissement est garni jusqu'au niveau de l'eau, on le déplace pour le reposer à la suite et exécuter une nouvelle portion du revêtement.

Malgré les difficultés d'exécution, avec des ouvriers habiles, soigneux et exercés comme ils doivent l'être, les revêtements en ciment de Vassy se font avec beaucoup de célérité. Ainsi, pour le revêtement des fondations de la batterie Aljefna, à Alger, un atelier composé de six dégradeurs, deux plongeurs, trois poseurs, trois gâcheurs de ciment et deux manœuvres, en tout seize ouvriers, faisait en moyenne deux longueurs d'encaissement par journée de douze heures; la profondeur d'eau était de 2 mètres à $2^{m},50$, ce qui formait une surface de 5 à 6 mètres carrés pour les deux encaissements.

MURS.

236. **Division des murs.** — On distingue plusieurs espèces de murs : les *murs de fondation*, dont nous avons parlé nos 221 et suivants; les *murs de face*, *de clôture* et *de soutenement* ou *de terrasse*, dont les noms font assez connaître la destination; les

murs de refend, qui divisent la longueur et quelquefois la largeur d'un bâtiment, ordinairement ils réunissent les murs de face en allant de l'un à l'autre; les *murs pignons*, qui réunissent les extrémités de deux murs de face, et dont la partie supérieure, qui a la forme du comble, sert de support au faîtage et aux pannes; les *murs dosserets*, que l'on construit en exhaussement des pignons, pour y adosser les tuyaux de cheminées qui s'élèvent au-dessus de ces derniers; les *murs de soubassement* ou *allèges*, murs de peu d'épaisseur qui supportent ordinairement les appuis des croisées; enfin, les *murs d'appui*, qui servent d'appui ou de garde-corps dans un pont, un mur de quai ou une terrasse; ils s'élèvent à environ 1 mètre de hauteur au-dessus du sol, et on les nomme aussi *murs de parapet*.

237. **Construction des murs.** — Les règles données dans le chapitre précédent, pour l'exécution des diverses sortes de maçonneries, s'appliquent à la construction des murs en général, ces derniers n'étant autre chose que des massifs de maçonnerie en pierres de taille, ou en moellons, ou en briques, etc., dont l'épaisseur est plus ou moins considérable.

Quelle que soit la nature des pierres employées à la construction des murs, on doit toujours les hourder à bain de plâtre ou de mortier, les disposer en liaison les unes avec les autres, et, quand cela est possible, leur faire faire parpaing; la continuité des joints montants doit être évitée avec soin, et l'on doit se servir convenablement des lignes, afin de donner une épaisseur régulière aux murs, et de bien dresser leurs parements.

Murs de face. — Ces murs se construisent de la même manière que ceux de fondation (223); on les érige également en pierres de taille, en moellons, en meulières, en briques, etc.; et souvent plusieurs de ces matériaux entrent ensemble dans leur construction : ainsi, les jambes étrières, les angles et les jambages, linteaux et appuis des portes et croisées se font ordinairement en pierres de taille, tandis que les intervalles sont remplis en moellons ou en meulières; les parties formant les dossiers des cheminées se font en briques. Ces mélanges, convenablement faits de matériaux de diverses espèces, en même temps qu'ils ajoutent à la solidité de la construction, lui donnent un cachet de décoration qui annonce souvent sa destination.

Les murs de face se construisent parfaitement d'aplomb du côté du parement intérieur, tandis qu'ils doivent toujours avoir au moins $0^{m},002$ de fruit par mètre de hauteur du côté du parement extérieur ; ainsi, ayant $0^{m},60$ d'épaisseur au-dessus de la fondation, ils ne doivent plus avoir que $0^{m},59$ à une hauteur de 5 mètres, $0^{m},48$ à 10 mètres, et ainsi de suite.

Murs de refend. — Ces murs se construisent ordinairement d'aplomb sur les deux faces, et s'ils diminuent graduellement en épaisseur depuis les fondations jusqu'au sommet, on donne le même fruit aux deux parements, et on le prend à peu près égal à celui du parement extérieur du mur de face ; si l'on suppose un mur de refend ayant comme celui de face, $0^{m},60$ d'épaisseur à sa base sur la fondation, l'épaisseur du mur de face diminuant de $0^{m},002$ par mètre de hauteur, celle du mur de refend diminuera de $0^{m},004$; ainsi, à 5 mètres au-dessus de la fondation, le mur de refend n'aura plus que $0^{m},58$ d'épaisseur, et non $0^{m},59$. On diminue ordinairement l'épaisseur des murs de refend, non en donnant du fruit à leurs parements, mais en faisant des retraites à chaque hauteur de plancher.

En général, les murs de refend doivent être construits avec les mêmes soins que les murs de face ; on doit toujours les asseoir sur des fondations reposant sur le sol résistant et parfaitement arasées de niveau : en effet, ces murs ayant à supporter des souches de cheminées, des planchers, quelquefois des voûtes ou voussures, des portées d'escalier, etc., il est très-important qu'ils soient établis dans les mêmes conditions de solidité et de tassement que les murs de face.

Murs de clôture. — Leurs chaperons. — Leur hauteur. — Les murs de clôture n'ayant ordinairement aucune charge à supporter, une profondeur de $0^{m},50$ à $0^{m},80$ est ordinairement suffisante pour les fondations, dont l'épaisseur est de $0^{m},10$ à $0^{m},15$ supérieure à celle des murs, afin qu'il y ait un empatement de chaque côté de ceux-ci.

Lorsqu'un mur de clôture est construit sur un terrain incliné dans le sens de sa longueur, on fait la fondation par gradins, dont la hauteur varie selon l'inclinaison du sol, afin qu'elle ne tende pas à glisser sur sa base vers la partie inférieure.

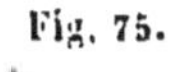
Fig. 75.

Les murs de clôture se recouvrent de chaperons, qui sont à deux égouts ou à un seul égout, selon que les murs sont mitoyens ou non, *fig.* 75. Ces chaperons se font en plâtre, en mortier de chaux, en tuiles ou encore en faîtières à recouvrement ; ils sont destinés à empêcher l'eau pluviale de s'infiltrer dans la maçonnerie ; et, comme on leur fait faire une saillie de $0^m,05$ à $0^m,10$ sur les nus des murs, ils empêchent encore que les parements de ces derniers ne soient lavés. Ces chaperons demandent à être réparés presque tous les ans ; aussi y a-t-il de grands avantages à les faire en pierres factices de ciment romain (205) ; ils ont une durée incomparablement plus grande, préservent mieux les murs des intempéries de l'atmosphère, et leur prix n'est guère plus élevé que lorsqu'ils sont en mortier de chaux ou en tuiles. Nous avons appliqué la quatrième disposition de la figure 75 aux chaperons en ciment d'un grand nombre de murs de clôture, et nous en avons toujours obtenu de bons résultats : ainsi, les chaperons des murs de clôture des terrains attenant aux réservoirs d'eau de la rue Saint-Victor, construits en 1841, sont dans un parfait état de conservation.

Pour des murs de peu d'importance, pour clôtures de vergers, de marais, etc., on fait aussi des chaperons en terre, en paille, fougères et autres matières analogues.

Dans les villes et faubourgs, chacun peut contraindre son voisin à contribuer à la construction et à la réparation de la clôture faisant séparation de leurs maisons, cours et jardins assis ès dites villes et faubourgs. La hauteur de la clôture est fixée selon les règlements particuliers ou les usages constants et reconnus ; et, à défaut d'usages et de règlements, tout mur de séparation entre voisins, qui sera construit ou rétabli à l'avenir, doit avoir au moins *trois mètres vingt centimètres* (10 pieds) de hauteur, compris le chaperon, dans les villes de *cinquante mille âmes et au-dessus*, et *deux mètres soixante centimètres* (8 pieds) *dans les autres.*

238. **Baies de portes et croisées.** — Ces baies, que l'on réserve dans les murs des bâtiments, se font de différentes manières. Pour les plus simples, celles que l'on fait habituellement dans les murs en moellons ou en meulières, on arase parfaitement de niveau les jambages, à la hauteur indiquée sur les plans, et dessus on repose les extrémités des linteaux en charpente devant former le couronnement de la baie. La hauteur à laquelle on place ces linteaux se règle en tenant compte des $0^m,03$ d'épaisseur du lattis et de l'enduit de recouvrement. Quand il doit y avoir des persiennes ou des volets à l'intérieur, la pièce de linteau de ce côté doit être refouillée comme préparation de la feuillure.

Pour les murs de $0^{m},40$ à $0^{m},60$ d'épaisseur, les linteaux sont formés de trois pièces de charpente dont la longueur est supérieure de $0^{m},50$ à la largeur de la baie. Les deux principales pièces, à peu près égales en équarrissage, se posent en retraite de $0^{m},03$, sur les nus des murs, afin qu'on puisse les recouvrir d'un lattis et de l'enduit ; celle de ces pièces située du côté intérieur doit être surélevée de $0^{m},05$ à $0^{m},10$ sur l'autre, pour former la feuillure du tableau et l'embrasement. La troisième pièce est simplement un remplissage, de plus ou moins d'équarrissage, que l'on place entre les deux premières pour remplir l'espace qui y est resté vide. La figure 76 représente cette disposition en élévation, en coupe et en plan.

Fig 76.

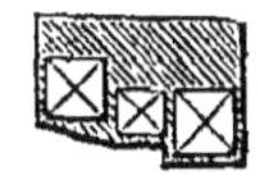

On remplace souvent, surtout pour les baies d'une grande largeur, les linteaux en bois, qui ont l'inconvénient de pourrir assez rapidement, par des linteaux en fer.

239. **Plates-bandes.** — Lorsqu'on renonce à l'emploi des linteaux en bois ou en fer pour recouvrir les baies, on y substitue des plates-bandes (espèce de voûtes) en moellons ou meulières taillés en voussoirs, *fig*. 77 ; un renformis fait sous l'enduit, ou un embrasement en menuiserie cache ordinairement le léger cintre que l'on donne à ces espèces de voûtes. Ces plates-bandes se construisent aussi très-souvent en briques, que l'on pose en largeur ou en longueur, selon l'ouverture de l'arceau, *fig*. 77.

Fig. 77.

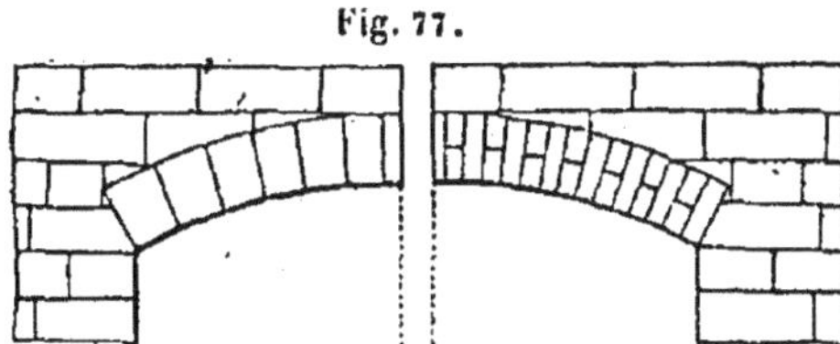

Les linteaux se forment quelquefois d'une seule pierre ; mais ce ne peut être que pour d'assez faibles ouvertures, et encore est-on obligé d'établir une voûte en dessus, pour les décharger en reportant sur les chambranles le poids de la maçonnerie qui les surmonte. Ce genre de linteaux est assez employé dans quelques localités ; dans d'autres, il l'est rarement, et seulement quand la maçonnerie doit être couverte d'un enduit, à cause de son aspect peu agréable.

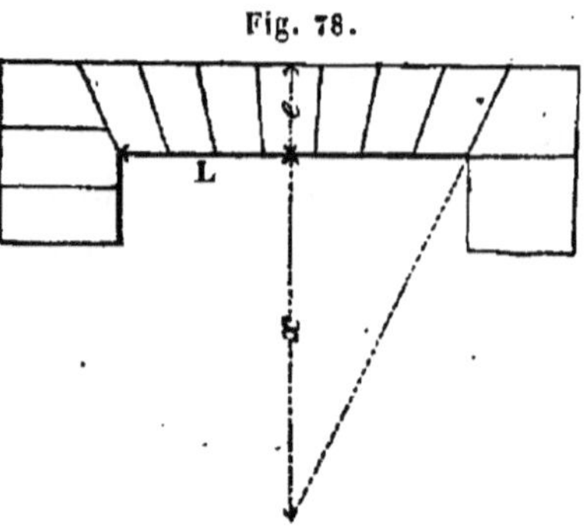

Fig. 78.

Les plates-bandes en pierre formées de plusieurs voussoirs ou claveaux appareillés, *fig.* 78, donnent, sous le rapport de l'aspect et de la solidité, des résultats qui les rendent bien préférables aux linteaux formés d'une seule pierre; mais, comme le centre vers lequel tendent les voussoirs est assez éloigné, l'exécution de ces plates-bandes doit être faite avec beaucoup de soin ; de plus, quand les baies ont une certaine largeur, on encastre dans les intrados des plates-bandes un ou deux linteaux en fer dont les extrémités reposent sur les sommiers. Ces linteaux doivent être peints à l'huile ou goudronnés, pour qu'ils soient préservés de l'oxydation, et l'on remplit de plâtre colorié de la même couleur que la pierre (en y mêlant un peu d'ocre jaune) les entailles faites pour les recevoir, lesquelles doivent avoir une profondeur suffisante pour qu'il y ait au moins $0^m,01$ de plâtre sur le fer; il est bon que ces linteaux portent quelques aspérités, faites à chaud au moyen du ciseau, pour retenir le plâtre.

240. **Dimensions des plates-bandes.** — Dans une voûte appareillée en plate-bande, *fig.* 78, on a, toutes les dimensions étant exprimées en mètres :

$$e = \frac{L+5}{14} \quad \text{et}\ x = \frac{3(L^2 - e^2)}{2e}.$$

L, moitié de la largeur à recouvrir ;
e, épaisseur de la plate-bande ;
x, distance du point de concours de tous les plans de joints à l'intrados de la plate-bande.

Pour $L = 0^m,80$, les formules précédentes donnent :

$$e = \frac{0,80+5}{14} = 0^m,414 \quad \text{et}\ x = \frac{3(0,80^2 - 0,414^2)}{2 \times 0,414} = 1^m,70.$$

241. **Épaisseur des murs.** — Cette épaisseur varie selon la longueur et la hauteur du mur, et le poids qu'il doit supporter. Elle dépend aussi de la position relative du mur : ainsi, la hauteur, la longueur et le poids étant les mêmes, un mur isolé résiste

moins que celui qui se rattache à un autre mur qui lui est perpendiculaire ; ce second mur est moins résistant qu'un troisième qui se rattache à deux autres murs, et ce dernier mur l'est moins encore que celui qui est soutenu par des planchers ou des charpentes en fer ou en bois. Un mur soutenu par un autre à ses deux extrémités exige une épaisseur d'autant plus grande qu'il a plus de longueur, et, quand il est très-long, son épaisseur doit être la même que s'il était isolé.

242. Formules empiriques données par Rondelet pour déterminer l'épaisseur des murs (*Traité sur l'art de bâtir*).

1° *Murs d'enceintes non couvertes.* — D'après les observations de Rondelet sur des édifices de tous genres, il résulte qu'un mur jouit d'une forte stabilité s'il a pour épaisseur le 1/8 de sa hauteur, que le 1/10 lui procure une stabilité moyenne, et le 1/12 le moindre degré de stabilité qu'il puisse avoir. Cependant, comme dans les édifices les murs se consolident mutuellement, il en résulte qu'avec une moindre épaisseur ils peuvent avoir quelquefois une stabilité suffisante (241).

Fig. 79.

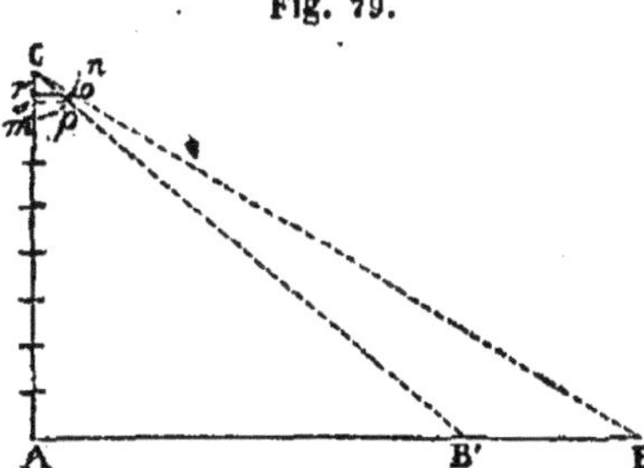

Supposons que l'on a un espace rectangulaire non couvert à entourer de murs, soient AB et AB', *fig.* 79, les dimensions de ce rectangle, c'est-à-dire les longueurs des murs. Pour avoir leurs épaisseurs, au point A on élève une perpendiculaire AC égale à leur hauteur ; du point C comme centre, avec un rayon égal au 1/8, au 1/10 ou au 1/12 de AC, suivant que la stabilité doit être grande, moyenne ou faible, on décrit un arc de cercle *mn;* on mène la droite CB, qui rencontre l'arc *mn* au point *o ;* du point *o* on abaisse la perpendiculaire *or* sur AC, et *or* est l'épaisseur du mur dont la longueur est AB.

Pour avoir l'épaisseur du mur dont la longueur est AB', il suffit de mener CB', et du point *p*, où cette droite rencontre l'arc *mn*, d'abaisser la perpendiculaire *ps*, qui est l'épaisseur du mur dont la longueur est AB'.

Si l'espace à entourer n'était pas un rectangle, mais un polygone quelconque, on déterminerait l'épaisseur de chaque mur en opérant comme on vient de le faire pour les murs AB et AB'.

Si tous les murs n'avaient pas la même hauteur, on opérerait encore de la même manière, mais en prenant la perpendiculaire AC égale à la hauteur de chacun d'eux.

Le triangle rectangle ABC donne $BC = \sqrt{AB^2 + AC^2}$. Les deux triangles ABC et C*or* étant semblables, on a :

$$or : Co = AB : CB = AB : \sqrt{AB^2 + AC^2};$$

d'où l'on tire, en faisant $Co = \frac{AC}{8}$;

$$or = \frac{AC}{8} \times \frac{AB}{\sqrt{AB^2 + AC^2}}, \text{ ou } e = \frac{h}{8} \times \frac{l}{\sqrt{l^2 + h^2}}.$$

$or = e$, épaisseur du mur en mètres ;
$AC = h$, hauteur du mur en mètres ;
$AB = l$, longueur du mur en mètres ;
$\frac{1}{8}$, coefficient qui varie suivant l'exposition du mur au vent et la nature des matériaux, et que Rondelet fait encore varier de 1/8 à 1/12 pour les mêmes matériaux, suivant qu'il veut donner au mur une plus ou moins grande stabilité.

La construction graphique et la formule précédente font voir que l'épaisseur d'un mur est d'autant plus grande que la hauteur et la longueur sont plus grandes.

2° *Murs isolés.* — Si la longueur l est grande par rapport à la hauteur h, ce qui peut arriver pour un mur de clôture, par exemple, la formule précédente donne sensiblement :

$$e = \frac{h}{8}.$$

La construction graphique donne le même résultat ; car si la longueur AB est très-grande par rapport à AC, CB est sensiblement parallèle à AB, et la perpendiculaire *or* diffère peu du 1/8 de AC, valeur que l'on adopterait pour un mur isolé, c'est-à-dire pour un mur qui ne serait soutenu par aucun autre.

Pour qu'un mur isolé résiste à la poussée du vent, il suffit que le moment de son poids, par rapport à son arête extérieure de contact avec la surface du sol, autour de laquelle le vent tend à le faire tourner, soit au moins égal au moment de la poussée du vent, pris également par rapport à cette arête : ainsi, pour l'équilibre statique, il suffit que l'on ait, par mètre de longueur du mur,

$$eh\delta \times \frac{e}{2} = ph \times \frac{h}{2}, \text{ d'où l'on tire } e = \sqrt{\frac{ph}{\delta}}.$$

p, pression du vent contre le mur, en kilogrammes, par mètre carré de surface ; elle est variable suivant les lieux : sur les bords de la mer, un vent qui vient du large peut donner $p = 278$ kilogrammes ;

ph, pression du vent contre 1 mètre de longueur de mur ; comme elle agit avec un bras de levier $\frac{h}{2}$ pour renverser le mur, son moment est $ph \times \frac{h}{2}$;

δ, poids de 1 mètre cube de maçonnerie (89) ;

eh, volume de 1 mètre de longueur de mur ; $eh\delta$ est son poids, et comme ce poids, qui est appliqué au centre de gravité du mur, a pour bras de levier $\frac{e}{2}$, il en résulte que son moment est $eh\delta \times \frac{e}{2}$.

Faisant dans cette formule $p = 278^k$, $h = 2^m,60$ et $\delta = 2200^k$, on en conclut, pour ce cas extrême, $e = 0^m,573$. La formule empirique précédente de Rondelet, en y faisant $h = 2^m,60$, et en supposant l très-grande, comme pour un mur de clôture, par exemple, donne seulement $e = 0^m,325$.

3° *Murs circulaires.* — De tels murs pouvant être considérés comme formés d'une infinité d'autres d'une longueur infiniment petite, et s'appuyant mutuellement par leurs extrémités, il en résulte qu'ils devraient subsister avec une épaisseur aussi faible que possible ; c'est en effet ce que confirme l'expérience suivante : si l'on prend une grande feuille de papier, il sera impossible de la faire tenir debout en ligne droite, au lieu que si on la tourne en cylindre, elle se tiendra avec une certaine stabilité, quoique son épaisseur ne soit pas le millième de sa hauteur.

Cependant, comme ces murs circulaires doivent avoir une certaine épaisseur pour être solides, il conviendra, pour déterminer leur épaisseur, de considérer l'enceinte comme un polygone régulier de douze côtés, ou, pour plus de facilité, de chercher simplement l'épaisseur d'un mur droit d'une longueur égale à la moitié du rayon de l'enceinte, et soutenu à ses deux extrémités. La formule du 1° devient alors :

$$e = \frac{h}{8} \times \frac{\frac{r}{2}}{\sqrt{\frac{r^2}{4} + h^2}}.$$

r, rayon de l'enceinte.

4° *Murs des bâtiments couverts d'un simple toit.* — Lorsque la charpente qui forme le toit d'un édifice est bien entendue, loin de nuire à la solidité des murs ou points d'appui qui la soutiennent, elle sert à les entretenir. Rondelet, pour établir une règle sûre et facile pour déterminer l'épaisseur à donner aux murs des édifices qui ne sont pas voûtés, a considéré que les entraits des fermes de charpente qui forment les combles étant toujours disposés dans le sens de la largeur L des bâtiments, ainsi que les poutres et les solives des planchers, ils doivent servir à entretenir les murs qui les supportent; mais qu'à cause de l'élasticité et de la flexibilité dont les bois sont susceptibles, ils ne laissent pas de fatiguer les murs en raison de la plus grande largeur des espaces qu'ils renferment, et que par conséquent c'est la largeur et la hauteur des pièces qui doivent servir à déterminer l'épaisseur des murs. Ainsi, pour avoir l'épaisseur des murs d'un édifice couvert d'un simple toit, quand rien ne s'appuie contre les faces de ces murs jusque sous les entraits de la ferme du comble, on prendra AB, *fig.* 79, égale à la largeur du bâtiment et non à la longueur du mur, et on décrira l'arc *mn* avec le 1/12 de la hauteur du mur pour rayon, au lieu du 1/8, ce qui donnera alors la formule :

$$e = \frac{h}{12} \times \frac{L}{\sqrt{L^2 + h^2}}.$$

L, largeur du bâtiment.

Si les murs qui supportent le toit étaient soutenus à une certaine hauteur par d'autres constructions ou par des toits inférieurs s'appuyant contre leurs faces extérieures, comme des appentis, ce qui a lieu dans les églises en basilique, l'arc *mn* serait décrit avec un rayon égal à la vingt-quatrième partie de la somme obtenue en ajoutant à la hauteur totale h du mur la hauteur h' dont ce mur surmonte l'appui extérieur; on ferait $AC = h + h'$, h' étant la distance verticale du faîte de l'appentis à la naissance du toit qui recouvre l'édifice. La formule précédente deviendrait alors

$$e = \frac{h + h'}{24} \times \frac{L}{\sqrt{L^2 + (h + h')^2}}.$$

5° *Murs de maisons d'habitation.* — Rondelet observe que, dans les maisons ordinaires, où la hauteur des planchers ne dépasse pas $3^m,90$ à $4^m,87$, pour déterminer l'épaisseur des murs de refend, il ne faut avoir égard qu'à la longueur de l'espace qu'ils divisent, et au nombre de planchers qu'ils ont à soutenir ; mais que, quant aux murs de face, qui sont isolés d'un côté dans toute leur hauteur, il faut avoir égard à la largeur du bâtiment et à son élévation.

Pour un *corps de logis simple*, dont les mêmes pièces tiennent toute la largeur ou profondeur L du bâtiment, pour déterminer l'épaisseur des murs de face, on ajoute la largeur L à la moitié de la hauteur du bâtiment sous la naissance du toit, et le 1/24 de cette somme est l'épaisseur à donner à chacun des murs de face, au-dessus du socle ou première retraite du rez-de-chaussée. Cette règle revient à la formule

$$e = \frac{L + \frac{h}{2}}{24}.$$

Pour une construction moyenne on augmente e de 0^m,027, et de 0^m,054 pour une construction solide.

Fig. 80.

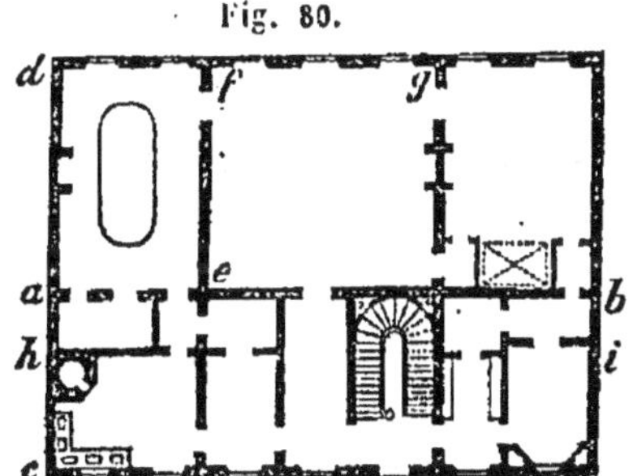

Pour un *corps de logis double*, *fig.* 80, c'est-à-dire pour un corps de logis divisé en deux par un mur *ab* parallèle aux murs de face, on obtient l'épaisseur à donner aux murs de face, en ajoutant la largeur $cd = L$ à la hauteur du bâtiment et en prenant le 1/48 de cette somme ; ce qui revient à la formule

$$e = \frac{L + h}{48}.$$

Pour déterminer l'épaisseur à donner à un *mur de refend ef*, on ajoute à la longueur $dg = L'$ de l'espace que ce mur doit diviser à la hauteur H de l'étage, et on prend le 1/36 de cette somme ; ce qui revient à la formule

$$e = \frac{L' + H}{36}.$$

On peut ajouter 1/2 pouce (0^m,0135) pour chaque étage au-dessus du rez-de-chaussée ; ainsi, pour trois étages, on ajouterait 0^m,0405 à la valeur de e pour avoir l'épaisseur du mur par le bas. Cette proportion est celle qui convient pour les constructions en briques ou en pierres d'une dureté moyenne. Si l'on est obligé d'employer des pierres tendres ou les tufs en usage dans quelques départements, au lieu de 0m,0135, on ajoute 0m,027 par étage à la valeur de *e*.

Pour déterminer l'épaisseur du mur *ab* qui divise l'espace compris entre les murs de face, même figure, on opère de la même manière que pour le mur *ef*. Ainsi, en supposant que *hi* ne soit qu'une légère séparation augmentant peu la solidité, on ajoute la longueur *cd* de l'espace divisé par ce mur à la hauteur de l'étage, et l'on prend le 1/36 de la somme; le résultat trouvé est l'épaisseur qu'il faut donner au mur s'il ne s'élève que d'un étage. Pour une plus grande hauteur, on ajoute encore 0m,0135 par étage au-dessus du rez-de-chaussée.

243. **Pans de bois et cloisons.** — Lorsqu'à un mur on substitue un pan de bois en charpente hourdé en plâtre et ravalé des deux côtés pour ne former qu'une seule pièce, il suffit de lui donner la moitié de l'épaisseur que devrait avoir, d'après la règle, le mur qu'il remplace. Pour une cloison légère qui ne porte pas de plancher, le 1/4 de l'épaisseur du mur suffit.

244. **Appuis isolés.** — L'épaisseur des appuis isolés maintenus d'aplomb par les parties environnantes varie du 1/8 au 1/12 de leur hauteur.

245. **Epaisseurs ordinaires des murs.** — Les observations qui ont permis à Rondelet d'établir les formules du n° 242 lui ont fait reconnaître que, pour les maisons d'habitation divisées en plusieurs étages par des planchers et entrecoupées par des murs de refend ou des pans de bois, l'épaisseur des murs de face était de 0m,41 à 0m,65; celle des murs mitoyens, de 0m,435 à 0m,54, et celle des murs de refend, de 0m,325 à 0m,487.

Les murs mitoyens renfermant ordinairement les cheminées des deux maisons voisines, leur moindre épaisseur 0m,435 est plus forte que la plus faible 0m,41 des murs de face.

En général, les données précédentes de Rondelet ne diffèrent pas sensiblement des épaisseurs en usage aujourd'hui dans la pratique, épaisseurs consignées dans le tableau que nous donnons à la page suivante.

TABLEAU *des épaisseurs en usage pour les murs des maisons d'habitation de largeur moyenne et d'une hauteur de trois à quatre étages.*

DÉSIGNATION DES PARTIES DU MUR.	MUR		HAUTEUR D'ÉTAGE.
	DE FACE.	DE REFEND.	
	m. m.	m. m.	
Aux fondations	0,75 à 1,00	0,70 à 0,85	
Au niveau du sol des caves	0,55 à 0,80	0,50 à 0,65	m. m.
— du rez-de-chaussée	0,50 à 0,65	0,35 à 0,40	
Au-dessus du plancher du 1er étage	0,45 à 0,55	....	3,25 à 5,00
— — 2e —	0,40 à 0,50	0,30 à 0,35	3,00 à 4,25
— — 3e —	0,32 à 0,40	0,25 à 0,30	2,80 à 3,50

DÉSIGNATION DES BATIMENTS.	ÉPAISSEURS AU REZ-DE-CHAUSSÉE. MURS :		
	de face.	mitoyens.	de refend.
	m. m.	m. m.	m. m.
Bâtiments plus considérables que les maisons d'habitation	0,65 à 1,00	0,55 à 0,65	0,40 à 0,55
Palais ou édifices avec voûtes au rez-de-chaussée	1,20 à 2,50	1,00 à 1,50	0,70 à 1,20

246. **Surface occupée par les murs.** — A Paris, dans les bâtiments actuels, le rapport de la superficie occupée par les murs, déduction faite des vides de portes et croisées, à celle des appartements qu'ils embrassent est environ 1/8.

247. **Murs de terrasse ou de soutenement.** — Nous avons donné, au n° 159, l'expression de la poussée horizontale Q des différentes natures de terres que l'on peut rencontrer, et la position du point d'application de cette poussée ; il nous reste à déterminer quelle épaisseur on doit donner à un mur pour résister à cette poussée, c'est-à-dire pour contenir les terres.

Il y aura équilibre statique quand le moment de la force Q, pris par rapport à l'arête extérieure du mur, sera égal au moment du poids du mur, pris par rapport à cette même arête, c'est-à-dire quand on aura, si la cohésion des terres est nulle,

$$\frac{dh^3}{6}\operatorname{tang}^2\frac{1}{2}a=d'\left[\frac{nh^2}{2}\times\frac{2nh}{3}+hx\left(nh+\frac{x}{2}\right)+\frac{n'h^2}{2}\left(nh+x+\frac{1}{3}n'h\right)\right];\ (b)$$

équation du second degré qui donne la valeur de x, laquelle est, en simplifiant,

$$x = h\left[-\left(n+\frac{n'}{2}\right) \pm \sqrt{\frac{d}{3d'}\operatorname{tang}^2\frac{1}{2}a + \frac{n^2}{3} - \frac{n'^2}{12}}\right].$$

d', poids du mètre cube de maçonnerie;
n, fruit, par mètre de hauteur du mur, du parement extérieur;
$d'\frac{nh^2}{2} \times \frac{2nh}{3}$, moment du massif formant le parement extérieur;
x, épaisseur du mur à sa partie supérieure;
$d'hx\left(nh + \frac{x}{2}\right)$, moment du massif de mur compris entre ceux qui forment les fruits;
n', fruit, par mètre, du parement intérieur du mur;
$d'\frac{n'h^2}{2}\left(nh + x + \frac{1}{3}n'h\right)$, moment du massif de maçonnerie formant le fruit du parement extérieur.

Nous avons négligé le prisme de terre compris entre le parement intérieur et la verticale passant par le pied du mur; mais, comme le parement intérieur se fait par retraites horizontales, ce prisme de terre ajoute, par son poids, à la stabilité du mur au lieu d'y nuire.

Lorsque les parements du mur sont verticaux, les valeurs de n et de n' sont nulles, et la formule précédente devient

$$x = h \operatorname{tang}\frac{1}{2}a\sqrt{\frac{d}{3d'}}.$$

Lorsque le mur résiste à un fluide, on a $\operatorname{tang}\frac{1}{2}a = 1$, et, par suite,

$$x = h\sqrt{\frac{d}{3d'}}.$$

Si le prisme de plus grande poussée était chargé d'un cavalier, à $\frac{dh^2}{2}$ il faudrait ajouter ph dans la valeur de Q (p poids du cavalier sur l'unité de surface du terrain); de sorte que le moment de cette poussée deviendrait

$$\frac{h^2}{6}\operatorname{tang}^2\frac{1}{2}a\,(dh + 2p),$$

et la formule (b) donnerait

$$x = h\left[-\left(n+\frac{n'}{2}\right)\pm\sqrt{\frac{\tang^2\frac{1}{2}a}{3d'}\left(d+\frac{2p}{h}\right)+\frac{n^2}{3}-\frac{n'^2}{12}}\right]$$

Le mur doit pouvoir résister non-seulement au renversement, mais aussi au glissement sur sa base ; il faut donc que la poussée Q des terres soit moindre que le frottement de glissement augmenté de la cohésion entre le mur et sa base, et que, par conséquent, pour l'équilibre statique, on ait

$$\frac{dh^2}{2}\tang^2\frac{1}{2}a = kd'\left(\frac{nh^2}{2}+hx+\frac{n'h^2}{2}\right)+c\,(nh+x+n'h);$$

d'où l'on tire

$$x = \frac{h^2}{2}\times\frac{d\tang^2\frac{1}{2}a-(n+n')\left(kd'+\frac{2c}{h}\right)}{kd'h+c}.$$

Les valeurs de d et de d' sont données au nº 89, et celles de l'angle a au nº 159.

k, coefficient de frottement du mur sur sa base, comme nous l'avons dit au nº 92, si le mur est établi sur une couche de béton, on a $k = 0,76$; s'il repose sur le sol naturel (terre ou sable), $k = 0,57$; sur rocher, on aurait, comme pour la maçonnerie, $k = 0,76$; pour un fond argileux sujet à être détrempé, on ferait $k = 0,30$ environ.

c, cohésion du mur sur sa base par mètre carré de cette base. Si le mur repose sur béton, $c = 10\,000$ à $144\,000$, selon que le mortier employé est de médiocre ou d'excellente qualité ; la maçonnerie n'ayant aucune cohésion avec un sol de terre ou de sable, on doit faire $c = 0$ dans la formule quand le mur repose directement sur le sol (92).

Quand le mur descend au-dessous du sol sur les deux faces, comme cela a généralement lieu, on conçoit que la butée des terres contre la seconde face s'oppose au renversement et au glissement. On calculera cette butée Q' à l'aide de la formule (a) du nº 159, dans laquelle on remplacera la hauteur h, comptée depuis le pied de la fondation, par la profondeur h_1 de la fondation, et la différence entre les moments de Q et Q', pris par rapport au pied de la fondation, formera le premier membre de la formule (b), qui fournira encore l'épaisseur x. Le frottement du mur sur sa base devra encore être supérieur à Q — Q'.

Si les terres avaient de la cohésion, on déterminerait l'épaisseur à donner au mur pour résister à Q de la même manière que quand la cohésion est nulle ; il suffirait de remplacer dans les formules précédentes la valeur de Q donnée formule (*a*) du nº 159, par celle que fournit la formule (*a'*) du même numéro.

Toutes les formules précédentes fournissent l'épaisseur à donner au mur pour qu'il y ait équilibre statique ; mais il est évident que cette épaisseur ne suffit pas dans la pratique, et qu'on doit l'augmenter, pour obtenir une stabilité convenable, d'une quantité qui dépend de la nature de la fondation sur laquelle repose le mur; car l'arête autour de laquelle le mur tend à tourner s'enfonce avec d'autant moins de peine, et le renversement est d'autant plus facile, que la fondation est plus compressible. Il conviendrait, par des observations sur les constructions existantes ou par des expériences directes, de déterminer le coefficient par lequel il faut multiplier le moment d'équilibre statique du mur, pour avoir une stabilité convenable pour chaque nature de fondation. D'après Gauthey, les dimensions calculées à l'aide des formules précédentes, où l'on a fait abstraction de la cohésion des terres, peuvent être adoptées avec confiance dans la pratique, surtout si l'on exécute les remblais derrière les murs à mesure qu'on les élève, afin de donner aux terres le temps de tasser et d'adhérer entre elles. Mais ces formules supposent que la base sur laquelle le mur est élevé est incompressible, et comme le défaut de soin et de précaution dans la fondation est une des causes les plus fréquentes de destruction des murs de revêtement, et que la moindre inégalité dans le tassement peut faire sortir le mur de son aplomb, il convient presque toujours d'ajouter quelque chose à l'épaisseur donnée par les formules, et d'avoir égard à la nature de la fondation et à son degré de compressibilité pour fixer la largeur de l'empatement sur lequel le mur est établi.

Dans le cas où les terres que l'on rapporte derrière un mur sont susceptibles de changer d'état, soit par leur contact avec l'eau, soit par toute autre circonstance, il y a lieu d'en tenir compte ; bien des murs se sont écroulés pour avoir négligé cette circonstance.

Lorsque le mur est établi sur un sol très-mauvais, il convient que le moment de stabilité du mur, pris par rapport à la ligne passant par le milieu de la base du mur, fasse équilibre au moment de la poussée des terres ; car alors le mur pressant également en tous les points de sa base, le tassement est aussi uniforme que possible; on obtient cette disposition en donnant un grand fruit au parement extérieur.

Pour apprécier, en général, l'augmentation à donner à un mur de soutenement au delà de l'épaisseur statique, M. Mary a imaginé de tracer sur le profil du mur la courbe des pressions, comme on le fait pour les voûtes; on voit ainsi en quel point et sous quel angle cette courbe vient rencontrer la fondation. Dans le cas du renversement, on calcule la surépaisseur de manière que la partie de la fondation qui y correspond ne s'affaisse pas ou ne s'écrase pas sous les 2/3 de la charge totale.

La courbe se détermine en divisant le mur en tranches verticales triangulaires ou rectangulaires, de manière à éviter la recherche des centres de gravité de figures polygonales, et en composant la poussée des terres ou de l'eau avec le poids de la première tranche, puis en composant la résultante obtenue avec le poids de la deuxième tranche, et ainsi de suite.

248. **Murs de revêtement.** — D'après Vauban, les profils des murs de rempart sont convenables lorsque le moment de la résistance est des 4/5 plus fort que celui de la poussée des terres (159 et 247). C'est pour cette résistance que M. Poncelet a donné la formule empirique suivante, pour calculer l'épaisseur des revêtements pleins à parements verticaux :

$$x = 0{,}845\ (\mathrm{H} + h)\ \mathrm{tang}\ \frac{1}{2}a\sqrt{\frac{d}{d'}},$$

qui devient, pour le cas des maçonneries moyennes,

$$x = 0{,}285\ (\mathrm{H} + h).$$

x, épaisseur du mur;
H, hauteur du revêtement;
h, hauteur entière de la surcharge;
a, angle du talus naturel des terres avec la verticale (159);
d, poids du mètre cube de terre (89);
d', poids du mètre cube de maçonnerie.

Ces formules sont applicables dans les limites de $h = 0$ et $h = \mathrm{H}$, qui correspondent aux surcharges ordinaires de la pratique.

Si le parement extérieur, au lieu d'être vertical, avait une inclinaison moindre qu'un 1/6, on prendrait l'épaisseur déduite de la formule précédente pour celle du revêtement cherché, mesurée au 1/9 de la hauteur à partir de la base. Cette règle est fondée sur le principe suivant :

Principe général de transformation d'un profil en un autre, d'a-

près Vauban. — Tous les profils de revêtements à parement intérieur vertical, de même hauteur et de même stabilité, mais dont les parements extérieurs sont inclinés à moins de 1/6 sur la verticale, ont, à 1/120 près, la même épaisseur au 1/9 de leur hauteur à partir de la base ; d'où il résulte que, jusqu'à cette limite, pour transformer un profil en un autre, il suffit de faire tourner le parement extérieur donné autour d'une horizontale comme axe, jusqu'à ce qu'il ait l'inclinaison voulue, cette horizontale étant tracée dans le parement donné, et au 1/9 de sa hauteur.

Lorsque l'inclinaison du talus extérieur varie de 0 à 1/5, la même égalité a encore lieu, mais seulement à 1/71 près.

TABLE *donnant les épaisseurs* x *des revêtements pour les diverses terres et maçonneries, avec ou sans berme, et pour des hauteurs de surcharges qui dépassent les limites ordinaires de la pratique; ces épaisseurs étant calculées en prenant la hauteur* H *des revêtements verticaux pour unité, et dans l'hypothèse de la rotation et d'une stabilité équivalente à celle du revêtement modèle de Vauban, sans contre-forts.*

Les lettres x, H, h, d et d' ont les mêmes significations que dans les formules précédentes, et $f = \text{tang}\ a$; f varie de 0,6 à 1, 4, suivant que les terres sont légères ou très-fortes, et $f = 1$ pour les terres moyennes, pour lesquelles $a = 45°$ (159).

VALEUR de $\frac{h}{H}$	VALEUR de x pour $\frac{d'}{d} = 1$ $f = 0,6$ la berme étant		VALEUR de x pour $\frac{d'}{d} = 1$ $f = 1,4$ la berme étant		VALEUR de x pour $\frac{d'}{d} = 1,5$ $f = 1$ la berme étant			VALEUR de x pour $\frac{d'}{d} = \frac{5}{3}$ $f = 0,6$ la berme étant		VALEUR de x pour $\frac{d'}{d} = \frac{5}{3}$ $f = 1,4$ la berme étant	
	nulle.	0,2 H.	nulle.	0,2 H.	nulle.	0,2 H.	totale	nulle.	0,2 H.	nulle.	0,2 H.
0,0	0,452	0,452	0,258	0,258	0,270	0,270	0,270	0,350	0,350	0,198	0,198
0,1	0,498	0,507	0,282	0,290	0,303	0,306	0,303	0,393	0,398	0,222	0,229
0,2	0,548	0,563	0,309	0,326	0,336	0,342	0,326	0,439	0,445	0,249	0,262
0,3	0,604	0,618	0,338	0,361	0,368	0,375	0,343	0,485	0,489	0,274	0,283
0,4	0,665	0,670	0,369	0,394	0,399	0,405	0,357	0,532	0,522	0,303	0,299
0,5	0,726	0,717	0,402	0,423	0,436	0,431	0,368	0,579	0,549	0,332	0,314
0,6	0,778	0,754	0,436	0,450	0,477	0,457	0,377	0,617	0,572	0,360	0,328
0,7	0,824	0,790	0,472	0,476	0,512	0,481	0,385	0,645	0,593	0,387	0,343
0,8	0,867	0,820	0,510	0,501	0,544	0,504	0,391	0,668	0,610	0,413	0,357
0,9	0,903	0,848	0,541	0,524	0,575	0,523	0,398	0,690	0,624	0,437	0,371
1,0	0,930	0,873	0,571	0,546	0,605	0,540	0,405	0,707	0,636	0,457	0,384
1,2	0,983	0,916	0,632	0,586	0,654	0,574	0,411	0,737	0,655	0,498	0,410
1,4	1,023	0,945	0,684	0,624	0,696	0,602	0,416	0,762	0,672	0,537	0,428
1,6	1,056	0,970	0,730	0,658	0,734	0,622	0,420	0,780	0,685	0,566	0,445
1,8	1,084	0,990	0,772	0,690	0,769	0,640	0,423	0,797	0,697	0,594	0,461
2,0	1,107	1,004	0,812	0,714	0,795	0,655	0,425	0,811	0,705	0,622	0,475
2,5	1,151	1,037	0,902	0,778	0,848	0,690	0,431	0,833	0,722	0,680	0,506
3,0	1,180	1,060	0,981	0,835	0,892	0,717	0,435	0,852	0,731	0,726	0,531
3,5	1,203	1,074	1,047	0,883	0,928	0,738	0,438	0,862	0,737	0,765	0,551
4,0	1,222	1,084	1,105	0,926	0,957	0,755	0,442	0,872	0,742	0,800	0,568
4,5	1,237	1,093	1,158	0,962	0,981	0,768	0,444	0,878	0,747	0,833	0,583
5,0	1,247	1,101	1,206	0,994	1,002	0,779	0,445	0,883	0,751	0,862	0,596
5,5	1,254	1,109	1,250	1,021	1,019	0,788	0,447	0,886	0,756	0,885	0,607
6,0	1,259	1,116	1,290	1,047	1,034	0,796	0,448	0,891	0,759	0,903	0,617
7,0	1,260	1,122	1,357	1,087	1,059	0,811	0,449	0,898	0,764	0,941	0,633
8,0	1,276	1,128	1,415	1,121	1,079	0,822	0,451	0,903	0,768	0,968	0,646
9,0	1,280	1,133	1,465	1,153	1,095	0,830	0,452	0,906	0,770	0,992	0,657
10,0	1,283	1,137	1,508	1,182	1,109	0,839	0,453	0,909	0,771	1,013	0,667
15,0	1,298	1,150	1,662	1,271	1,149	0,864	0,455	0,917	0,777	1,088	0,696
20,0	1,309	1,156	1,757	1,327	1,171	0,878	0,456	0,922	0,780	1,129	0,712
25,0	1,312	1,160	1,821	1,363	1,185	0,887	0,457	0,924	0,782	1,146	0,723
30,0	1,316	1,162	1,866	1,389	1,194	0,894	0,458	0,926	0,783	1,174	0,730
Infini.	1,337	1,176	2,144	1,541	1,243	0,927	0,461	0,934	0,789	1,279	0,769

Application. — Quelle doit être l'épaisseur d'un mur de quai de 7 mètres de hauteur, le poids du mètre cube de terre et de maçonnerie étant respectivement 1 500 et 2 250 kilogrammes, et $a = 45°$ ou $f = \text{tang}\ a = 1$?

Ayant $\frac{h}{H} = \frac{0}{7} = 0$, et $\frac{d'}{d} = \frac{2250}{1500} = 1,5$, le tableau donne $x = 0,270$.

L'épaisseur du mur en mètres sera alors

$$0,270 \times 7 = 1^m,89.$$

Si les valeurs de f et de $\frac{d'}{d}$ différaient notablement de celles de la table, on prendrait pour x une valeur proportionnelle entre celles de la table qui correspondent aux nombres les plus rapprochés des données.

249. **Epaisseur des murs en pierres sèches.** — On prend ordinairement pour cette épaisseur 1/4 en sus de celle que donneraient les formules précédentes pour un revêtement en maçonnerie de même hauteur et placé dans les mêmes circonstances.

250. F étant l'excès de la poussée Q sur le frottement (159 et 247), le tout calculé au niveau du sol inférieur, on donne, pour déterminer la profondeur h_1 à laquelle il faut descendre la fondation pour résister avec sécurité au glissement, la formule

$$h_1 = 1,4\ \text{tang}\ \frac{1}{2}\ a \sqrt{\frac{2\,F}{d}}. \qquad (a)$$

a est, comme au nº 159, l'angle de la verticale avec le talus naturel des terres; d est le poids du mètre cube de ces terres. Sur un sol de sable argileux, qui est celui où le glissement est surtout à craindre, on aurait environ $a = 60°$, $d = 1500$, et 0,30 pour le coefficient de frottement du mur sur le sol.

Cette formule est également applicable aux fondations des batardeaux et des réservoirs (253 et 254).

Nous avons vu, aux nos 159 et 247, comment on calcule la poussée Q et le frottement du mur sur sa base; on a donc le moyen de déterminer F.

Ainsi, ayant calculé l'épaisseur des murs, comme on l'a fait par application du nº 248, au niveau du sol inférieur, on détermine F; puis la formule précédente (a) donnera la profondeur h_1 à laquelle il faut descendre la fondation.

251. On donne aussi, pour déterminer, avec une approximation

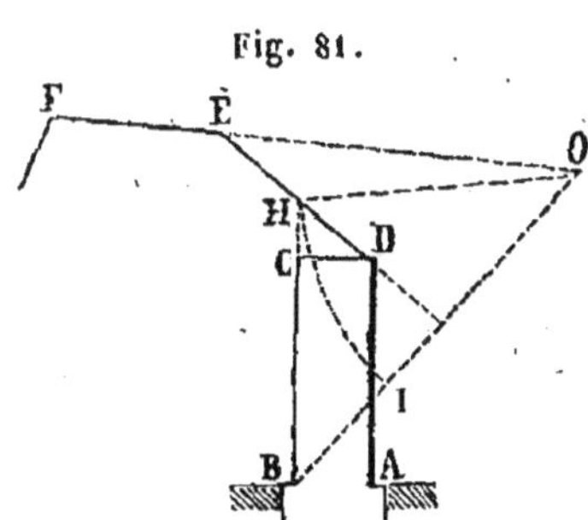

Fig. 81.

suffisante, la poussée horizontale Q des terres et la position de son point d'application, le procédé graphique suivant, *fig.* 81.

On abaisse du pied intérieur B du mur une perpendiculaire sur la direction du talus naturel ED des terres, et on la prolonge jusqu'à la rencontre de la plongée FE en O. Déterminant le point de rencontre H de BC avec ED, et prenant OI=OH, on a la poussée

$$Q = \frac{1}{2} d \times \overline{BI}^2.$$

Le point d'application de la poussée Q se trouve moyennement à 0,35 BH à partir du point B (159).

252. **Murs consolidés par des contre-forts.** — On augmente beaucoup la stabilité des murs de soutenement, en adossant des contre-forts en maçonnerie contre celle de leur face qui est en contact avec les terres, ou contre la face opposée, comme cela a lieu dans les barrages de quelques réservoirs ; les contre-forts intérieurs ont encore l'avantage de diviser le prisme de plus grande poussée, et par suite de diminuer cette poussée.

Gauthey a imaginé, pour un mur de quai de Châlons-sur-Saône, de faire servir les contre-forts comme pieds-droits de plusieurs voûtes étagées à différentes hauteurs et reliées également au parement intérieur du mur. Cette disposition est généralement imitée aujourd'hui pour la construction des murs de quais, des chaussées d'étangs, des murs de soutenement exécutés le long des routes en remblai, etc.

L'épaisseur à donner à la partie de mur comprise entre deux contre-forts, ainsi que les dimensions de ces derniers, pour qu'il y ait à la fois stabilité suffisante et diminution du cube de maçonnerie, ont été l'objet d'études théoriques et d'expériences pratiques nombreuses de la part de plusieurs ingénieurs et constructeurs distingués, et particulièrement de la part de M. Léveillé, ingénieur en chef des ponts et chaussées. C'est d'un excellent mémoire sur l'emploi des contre-forts, que cet ingénieur a publié, en mars 1844, dans les *Annales* du corps auquel il appartient, que nous extrayons le résumé suivant des principales considérations qui s'y trouvent développées.

Un contre-fort communique à la portion de mur contre laquelle il s'appuie une stabilité relative qui permet de la supposer fixe, du moins en la comparant aux autres sections du même mur. Dès lors, si les pierres, les moellons, ou même les grains de sable, de mortier, de terre, qui occupent l'intervalle entre deux contre-forts, sont tellement agencés et serrés les uns contre les autres, qu'aucun d'eux ne puisse prendre de mouvement sans faire éprouver aux autres un certain déplacement, la fixité de ceux de ces points qui correspondent aux contre-forts fera naître des arcs-boutants qui, dans certains cas, détruiront complétement l'action des forces extérieures.

Ainsi, lorsque le fond d'une caisse contenant du sable tassé vient à céder, une portion du sable immédiatement en contact avec le fond suit le mouvement ; mais bientôt il se forme, au-dessus de la partie qui a cédé, une voûte dont la flèche dépend de l'ouverture, et le massif de sable peut résister, en cet état, à des surcharges considérables.

En 1836, M. Léveillé a pu, dans le fond d'une caisse cubique, de 1m,20 de côté, et remplie de sable sur 1 mètre de hauteur, enlever un cercle de 1 mètre de diamètre, sans qu'il s'échappât autre chose que le sable nécessaire pour mettre à découvert une voûte de 1 mètre de diamètre sur 0m,60 de flèche. Cependant, la clef de cette voûte avait été chargée, dans un rayon de 0m,10, de poids additionnels formant une pression de 5 000 kilogrammes par mètre carré.

Dans un article inséré aux *Annales des ponts et chaussées* (année 1833, numéro de septembre et octobre, page 248), M. Vicat rapporte un fait qui s'explique par les considérations précédentes. Le voici : « La rupture, pour un prisme rectangulaire de plâtre de 0m,03 d'épaisseur, sur 0m,10 de portée, s'effectue au milieu, seulement sous un poids de 33k,15; mais ce poids n'en reste pas moins suspendu sur le joint des deux parties arc-boutées, lesquelles opposent encore une résistance qui ne pourra être vaincue qu'autant que la matière refoulée sur elle-même se brisera au point d'arc-boutement ; alors les ruptures au point d'encastrement deviendront possibles. »

Enfin la théorie des voûtes repose uniquement sur l'observation des faits suivants : si le mouvement, soit de rotation, soit de glissement, soit résultant de ces deux mouvements partiels, ne peut avoir lieu dans une partie du corps sans qu'il en résulte des pressions contre les faces qui limitent cette partie, et si la résistance des parties pressées est suffisante, il naîtra des réactions qui se combineront avec les forces motrices et pourront annihiler leur effet. Or, l'expérience de tous les jours montre que les murs, dont certains points sont retenus par des contre-forts, des murs de refend, des jambes de force, se courbent entre ces points avant que leur chute soit complète, et souvent même tout le mouvement se borne à cette courbure.

En 1836, M. Léveillé a pu évider assez un mur de soutenement pour qu'au milieu des $4^m,75$ qui séparaient ses contre-forts extérieurs, il n'eût que $0^m,50$ d'épaisseur. Cependant il était construit en moellons ordinaires et supportait plus de 7 mètres de hauteur de terres nouvellement remblayées.

Ces diverses considérations ont conduit M. Léveillé à penser que, dans l'emploi des contre-forts, on doit déterminer l'épaisseur du mur entre chacun d'eux, comme on le ferait d'une voûte ou d'une plate-bande (239); seulement on devra prendre, dans l'exécution des maçonneries, les soins nécessaires pour que les pierres ne puissent bouger isolément, et ne permettre l'action des forces extérieures qu'à l'instant où le mortier aura acquis de la dureté.

L'existence des contre-forts a donc pour premier effet, sur le mur proprement dit, de mettre en jeu la résistance à l'écrasement; et cette résistance, la plus considérable que les maçonneries puissent présenter, permet de réduire notablement leur épaisseur.

Il est vrai que cette substitution n'est que partielle dans le système, et que définitivement le moment de stabilité devra seul contre-balancer le moment de la poussée des terres.

Mais ici se présente l'avantage bien connu de l'emploi des contreforts, celui d'augmenter le bras de levier de la maçonnerie (247), et, par suite, de permettre la diminution du cube.

En résumé, le présent article a pour but principal de déterminer le minimum d'épaisseur que l'on puisse et que l'on doive donner à la partie du mur comprise entre les contre-forts; et cette détermination est fondée sur cette idée, que le mur, entre ces annexes, doit être considéré comme une plate-bande dont le poids propre est détruit par la résistance du sol, et qui, par suite, n'est poussée que par les forces horizontales de la poussée.

Partant de ces considérations, M. Léveillé est arrivé aux formules suivantes :

1° *Contre-forts extérieurs.*

$$D = \frac{H}{8} \times \frac{k - dt^2 (H + h)}{dt^2 (H + h)}. \qquad (a)$$

D, intervalle de deux contre-forts voisins ou longueur de mur qu'ils interceptent ;
H, hauteur du mur et des contre-forts ;
h, hauteur des terres au-dessus du sommet du mur ;
k, poids qu'un mètre carré de maçonnerie peut supporter sans altération (89) ;
d, poids du mètre cube de terre (89) ;
$t^2 = \operatorname{tang}^2 \frac{1}{2} a$;
a, angle que forme le talus naturel des terres avec la verticale (159).

$$e = D \sqrt{\frac{2}{3} \frac{dt^2 (H + h)}{k}}. \qquad (b)$$

e, épaisseur du mur entre les contre-forts.

$$e' = D \frac{dt^2 (H + h)}{k - dt^2 (H + h)}. \qquad (c)$$

e', épaisseur des contre-forts.

$$l = \frac{D + e'}{e'} e + \sqrt{\frac{D (D + e')}{e'^2} e^2 + \frac{dt^2 (H + h)^3}{3d'H} \times \frac{D + e'}{e'}}. \qquad (d)$$

l, longueur des contre-forts. Cette formule donne l dans l'hypothèse de l'équilibre mathématique autour des arêtes extérieures des contre-forts, et en supposant verticales toutes les faces des contre-forts et du mur ;
d', poids du mètre cube de maçonnerie.

$$V = \frac{LH}{D + e'} [e (D + e') + e'l]. \qquad (e)$$

V, cube de maçonnerie pour une longueur L de mur.

2° *Contre-forts intérieurs.*

Les formules précédentes supposent les contre-forts placés à l'opposite des terres ; c'est la position la plus convenable qu'on puisse leur assigner sous le rapport de l'économie ; mais, dans une foule de cas, il y a obligation de les appuyer contre la face opposée, et cette disposition apporte forcément des modifications dans les diverses dimensions.

La poussée agit dans ce cas en partie sur le derrière des contreforts et en partie dans leurs intervalles, et cette dernière fraction de la poussée totale est reportée, comme dans le premier cas, sur la zone de mur qui correspond aux contre-forts, si toutefois cette zone peut être considérée comme formée de points fixes.

Mais il arrive trop souvent que la force de cohésion qui rattache le mur à ses contre-forts n'est point assez considérable pour qu'il n'y ait pas séparation entre ces deux parties de la maçonnerie : dès lors, il ne se forme plus de voûtes, et le mur est, en quelque sorte, comme s'il n'existait pas de contre-forts.

Si l'on considère un mur qu'un mouvement de rotation a séparé de ces annexes, on voit la séparation, nulle en bas, atteindre son maximum à la partie supérieure : les résistances développées par la force de cohésion, dans le cas où la séparation ne peut avoir lieu, vont donc en croissant depuis le bas du mur, où la force est 0, jusqu'au sommet, où l'on peut supposer qu'elle atteigne la plus grande valeur R', que 1 mètre carré de maçonnerie puisse supporter sans altération.

C'est donc le moment $\frac{R'H^2e'}{3}$ qui doit faire équilibre au moment de la poussée

$$\frac{dt^2\,(H+h)^3}{6}\,D. \qquad (247)$$

Égalant ces deux moments, on en conclut

$$D = \frac{2R'H^2e'}{dt^2\,(H+h)^3}. \qquad (a')$$

Mais ici, comme dans le cas précédent, l'épaisseur des contre-forts doit encore satisfaire à la condition de procurer à ces annexes la stabilité nécessaire pour qu'ils puissent résister aux actions latérales.

L'intervalle entre deux contre-forts consécutifs peut être vide pendant que les intervalles voisins contiendront encore des remblais; de là nécessité d'une épaisseur beaucoup plus considérable que dans le cas des contre-forts extérieurs. Quelles que soient d'ailleurs les diverses causes de leur renversement transversal, une longue expérience a appris que l'on pouvait adopter avec confiance la formule suivante due à Vauban :

Saillie des contre-forts............ $0^m,65 + 0,2$ H.
Largeur à la racine................ $0^m,65 + 0,1$ H.
Largeur à la queue................ $2/3\,(0^m,65 + 0,1$ H).

M. Léveillé, supposant les contre-forts à base rectangulaire et non trapézoïdale, propose d'adopter la demi-somme des deux largeurs précédentes, ce qui le conduit à la formule empirique

$$e' = 0^m,55 + \frac{1}{12} H. \qquad (c')$$

L'épaisseur du mur entre les contre-forts doit être de

$$e = \sqrt{D(D + 2e')\frac{2}{3}\frac{dt^2(H+h)}{k}}. \qquad (b')$$

Égalant le moment de la poussée à celui de stabilité du mur, on en conclut, pour la longueur des contre-forts,

$$l = -e + \sqrt{\frac{dt^2(H+h)^3}{3d'H} \times \frac{D+e'}{e'} - \frac{D}{e'}e^2}. \qquad (d')$$

L'examen des variations que le cube de la maçonnerie subit, lorsque la distance entre les contre-forts éprouve elle-même des changements de grandeur, conduirait à des calculs très-compliqués. D'ailleurs, la valeur trouvée précédemment pour D est toujours assez petite pour que l'on n'ait pas à en chercher de moindre, et l'on ne pourrait lui en donner une plus grande sans s'exposer à voir le mur se détacher de ses contre-forts.

Coefficient de stabilité. — Ce qui précède suppose que les murs tourneraient sur leur arête extérieure. Or, la maçonnerie ne peut supporter sans altération et par mètre carré qu'un poids de grandeur finie ; et, dans l'hypothèse admise, la surface sur laquelle devrait reposer le poids de toute la maçonnerie serait nulle.

Dans le cas des contre-forts extérieurs, on obviera à cet inconvénient par l'addition, à chaque contre-fort, d'un prisme horizontal dont la base est triangulaire, et dont la face latérale reposant sur le sol peut supporter sans altération les 2/3 du poids de la maçonnerie ancienne augmentée de la maçonnerie nouvelle.

Désignant par y la dimension normale au mur, de la face du prisme triangulaire additionnel reposant sur le sol, on aura

$$y = \frac{\frac{2}{3}\frac{d'H}{k}\left[\frac{D+e'}{e'}e + l\right]}{1 - \frac{1}{3}\frac{d'H}{k}}. \qquad (f)$$

S'il s'agit de contre-forts intérieurs, on les allongera vers l'intérieur des terres, tout en leur conservant leur hauteur et leur épaisseur, et, les terminant toujours par une face verticale, on forcera ainsi la résultante de la poussée des terres et du poids de la maçonnerie à venir rencontrer le sol assez en arrière de l'arête extérieure, où elle passait précédemment, pour que la partie de mur extérieure au nouveau point de rencontre puisse supporter, sans altération, le poids de toute la maçonnerie ; x étant la longueur additionnelle des contre-forts, on a

$$x = \frac{-\left[l+e-2A\left(e+\frac{e'}{D+e'}l\right)\right] \pm \sqrt{(l+e)\left[l+e-2A\left(e+\frac{e'}{D+e'}l\right)\right]+2Ae\left(e+\frac{e'}{D+e'}l\right)\frac{D}{e'}}}{1-2A\frac{e'}{D+e'}}$$

formule dans laquelle

$$A = \frac{2}{3}\frac{d'H}{k}\left(1-\frac{1}{3}\frac{d'H}{k}\right). \qquad (g)$$

Si le mur n'avait pas de contre-forts, et si l'on se demandait quelle épaisseur e' devrait avoir un autre mur, également rectangulaire, pour que la résultante de la poussée et du poids passât à une distance en arrière de l'arête extérieure, telle qu'il n'y eût point à craindre d'altération, on poserait

$$e' = e \times \frac{1}{1-\frac{2}{3}\frac{d'H}{k}}.$$

C'est-à-dire que l'on passe d'une épaisseur à l'autre à l'aide d'un coefficient, appelé par les auteurs *coefficient de stabilité*.

Dans le cas des terres moyennes, et d'une hauteur de revêtement de 10 mètres, hauteur la plus commune des revêtements de Vauban, ce coefficient est

$$\frac{1}{1-\frac{2}{3}\times\frac{2100\times10}{36000}} = \frac{18}{11} = 1,64.$$

M. Poncelet adopte 1,912 pour la valeur numérique de ce coefficient.

Applications. — Pour le profil type de Vauban, et dans l'hypothèse de terres et de maçonneries dites *moyennes*, c'est-à-dire pour :

$H=10^m$, $h=2^m$, $d'=2100^k$, $d=1400^k$, $R'=3000^k$, $k=36000^k$ et $t^2=0,17$, dans le cas des contre-forts extérieurs, on prendra pour D la plus petite des valeurs numériques tirées des équations :

(*a*), qui donne, en remplaçant les lettres par leurs valeurs et en effectuant les calculs,

$$D = 14^{m},50,$$

et

$$D^3 + \frac{3}{2}\frac{H}{8}D^2 - \frac{1}{8}\frac{k\,(H+h)^2}{4d'} = 0.$$

Cette équation du troisième degré a au moins une racine réelle ; elle est positive et comprise entre 4 et 5 mètres.

Par suite, on posera.......................... $D = 5^{m},00$.
Assimilant les contre-forts aux murs de clôture, on leur donnera la valeur maximum fournie par la formule de Rondelet (2°, n° 242), c'est-à-dire $\frac{H}{8} = \frac{10}{8} = 1^{m},25$;
$D + e$.......................... $= 6^{m},25$;
La formule (*b*) donne *e*.......................... $= 1^{m},15$;
La formule (*d*) fournit *l*.......................... $= 1^{m},94$;
Et celle (*f*), *y*.......................... $= 3^{m},72$;
D'où $y + l$.......................... $= 5^{m},66$.

Dans le cas des contre-forts intérieurs, les formules :

(*c'*) (*a'*) (*b'*) (*d'*) (*g*)

donnent respectivement :

$$e' = 1^{m},3833, \quad D = 2^{m},01, \quad e = 0^{m},713, \quad l = 3^{m},20, \quad x = 1^{m},01.$$

Comparaison des cubes. — L'entraxe est de :

Pour les contre-forts extérieurs.......................... $6^{m},25$;
Id. intérieurs.......................... $3^{m},39$;
Pour le profil de Vauban.......................... $6^{m},00$.

Pour faciliter la comparaison des cubes, M. Léveillé a supposé que, sans changer les épaisseurs et les longueurs trouvées précédemment, on réduise à 6 mètres l'entraxe des contre-forts extérieurs, et qu'on fasse les calculs pour un mur dont la longueur soit de $600 \times 3^{m},39$, ou 339 fois 6 mètres, ou 2 034 mètres.

Le cube est alors :

1° Pour un mur sans contre-forts, rectangulaire, et dont l'épaisseur serait le 1/3 de la hauteur des terres :

$2\,034 \times 10 \times 4$.......................... 81 360 ^{mc};

2° Pour le profil de Vauban :

Pour le mur proprement dit, $2034 \times 10 \times \frac{5+11}{2} \times 0,55 = 53\,698^{mc}$.

Pour les contre-forts, $339 \times 10 \times \frac{1,65+1,10}{2} \times 2,65 = 8\,152$

Volume total.. 61 850

3° Dans le cas des contre-forts intérieurs, mais avec le profil indiqué ci-dessus :

Pour le mur proprement dit, $2034 \times 10 \times 0,713 =$... 14 502

Pour les contre-forts, $600 \times 10 \times 1,3833 \times 4,21 =$... 34 942

Volume total.. 49 444

4° Dans l'hypothèse des contre-forts extérieurs :

Pour le mur proprement dit, $2034 \times 10 \times 1,15 =$.... 23 391

Pour les contre-forts, $339 \times 10 \times 1,25 \times 5,66 =$.... 23 984

Volume total.. 47 375

Le rapprochement de ces quatre nombres est la réponse la plus forte que l'on puisse faire à cette assertion de Rondelet, que l'économie apparente procurée par les contre-forts est plus que balancée par la sujétion que présentent un plus grand développement de parements vus et la multiplicité des angles rentrants ou saillants.

253. **Batardeaux.** — L'exécution des piles de ponts, des écluses, des canaux et de beaucoup d'autres ouvrages hydrauliques, oblige souvent de faire une partie du travail à un niveau inférieur à celui de l'eau ; ce qui nécessite, pour garantir l'atelier de l'invasion de cette dernière, d'établir une digue en terre ou en maçonnerie, appelée *batardeau*, capable de résister à la pression de l'eau et aux infiltrations, et que l'on élève jusqu'au-dessus du niveau de l'eau.

Batardeaux en terre. — Lorsque la profondeur d'eau n'est que de 1 mètre environ, le batardeau se fait tout simplement en terre, en lui donnant de $0^m,80$ à $1^m,20$ d'épaisseur moyenne ; son exécution doit être soignée, et la terre bien pilonnée au fur et à mesure de la pose.

Si le batardeau doit être exposé au choc d'un courant rapide, ou que la profondeur d'eau atteigne $1^m,50$, sa construction doit être plus solide ; alors, on enfonce avec le mouton une suite de pieux contre lesquels on fixe des madriers jointifs, et c'est contre ce barrage en charpente, destiné à défendre la terre, que l'on tasse celle-ci pour terminer le batardeau. Quelquefois on a remplacé les madriers par des fascines.

Quand la profondeur de l'eau à intercepter excède $1^m,50$, on donne au batardeau en terre la disposition suivante, qui offre plus de résistance encore que la précédente. On bat sur deux rangs parallèles des pieux espacés entre eux de 1 mètre environ ; on réunit les pieux de chaque rang par des moises boulonnées, ou par des madriers qu'on cloue horizontalement ; entre ces moises, ou contre ces madriers, on place des *palplanches* taillées en biseau à leur extrémité inférieure, et posées à joints carrés l'une contre l'autre, ou assemblées entre elles à rainures et languettes ; ces palplanches, étant enfoncées jusqu'à ce que leur extrémité soit inférieure au sol sans consistance, forment deux cloisons que les pieux, qui doivent avoir été battus jusqu'à une certaine profondeur, rendent déjà très-solides. Cela fait, on nettoie le fond de l'intervalle des deux cloisons, c'est-à-dire qu'on enlève le sable et la vase qui s'y trouvent, opération qui est toujours facile quand cet espace n'est pas noyé, mais qui présente quelques difficultés dans le cas contraire : on est alors obligé de se servir de la drague à main, espèce de pelle en tôle de fer, fixée à l'extrémité d'une longue perche, et percée de trous pour que l'eau puisse en sortir sans que les matières terreuses que l'on élève s'échappent en quantité sensible (131).

Afin d'empêcher l'écartement des deux cloisons en charpente et d'augmenter leur fixité, on les réunit par des entretoises ou pièces transversales assemblées à tenons et mortaises dans les pieux de l'une et de l'autre ou boulonnées à ces pieux. Ces entretoises ne se placent ordinairement que quand le draguage est terminé, afin qu'elles ne gênent pas pendant l'exécution de ce travail.

Quand l'encaissement est terminé, on le remplit de terre, opération qui n'est pas la moins délicate, quoique au premier abord elle paraisse exiger peu de soins. Il importe beaucoup de choisir une terre convenable ; celle que l'on préfère généralement, et qui, en effet, réussit le mieux, est l'argile. On doit la jeter par petites parties, et la pilonner par couches de $0^m,15$ à $0^m,20$ d'épaisseur, au fur et à mesure de la pose ; sans cette précaution, elle se pelotonnerait, le tout ne formerait pas un corps compacte, et de la sécheresse occasionnée par un abaissement du niveau résulteraient des gerces qui donneraient lieu à de nombreuses fuites quand l'eau viendrait ensuite à s'élever. Quand un tel effet se produit, comme il est très-difficile d'arrêter les infiltrations dans ces sortes de batardeaux, on n'a pas d'autre ressource que d'enlever toutes les terres du batardeau, pour les replacer ensuite en prenant les précautions qui viennent d'être indiquées.

On doit avoir soin aussi de ne placer aucune entretoise au-dessous du niveau de l'eau, car celle-ci suivrait leur surface, et il en résulterait des sources très-abondantes.

Pour les batardeaux en terre employés pour fonder les bassins de radoub du port de Toulon, on a obtenu de bons résultats en mélangeant à l'argile de la paille ou du fumier pour en augmenter la liaison.

Les batardeaux ainsi construits doivent avoir une épaisseur suffisante pour résister, non-seulement aux infiltrations, mais aussi à la pression produite par l'eau qu'ils soutiennent; afin qu'ils aient une stabilité convenable, on leur donne ordinairement une épaisseur égale à la hauteur d'eau à retenir.

Batardeaux en maçonnerie. — Ces batardeaux se font ordinairement en béton ou en maçonnerie de moellons hourdée en mortier hydraulique. On doit avoir soin de draguer le fond sur lequel on veut les poser, jusqu'à ce que l'on ait atteint un sol assez résistant pour en supporter le poids sans affaissement. L'emploi du mortier de ciment de Vassy offre de très-grands avantages pour ces sortes de constructions : on en hourde entièrement les maçonneries, ou on le mélange dans une certaine proportion avec le mortier de chaux dont on fait usage, pour donner de l'énergie à ce dernier. On emploie également ce mortier pour faire les enduits des parements de la maçonnerie, et sa prise presque instantanée le rend très-propre pour étancher les sources qui se produisent assez souvent dans ces sortes d'ouvrages.

Dans plusieurs de nos ports de mer, pour fonder les murs de quais, les batardeaux se font uniquement en béton. Pour les établir, on coule, à l'emplacement du mur, un massif de béton de $0^m,50$ à $0^m,60$ plus épais que le mur; quand le béton a acquis une dureté convenable, on refouille le massif sur une largeur égale à l'épaisseur du mur, et jusqu'à la profondeur à laquelle il convient de descendre le mur, dont la première assise de moellons ou de pierres de taille se pose dans le fond de l'espèce de batardeau que l'on vient de former. Ce moyen a été employé au port de Cette.

L'épaisseur des batardeaux en maçonnerie se calcule par une formule semblable à celle qui donne l'épaisseur d'un mur de revêtement (248) : ainsi, on a, en remarquant que dans ce cas la hauteur h est négative, que $d = 1\,000$ kilogrammes, et que $\tang \frac{1}{2} a = 1$:

$$x = 0{,}845\,(H - h)\sqrt{\frac{1000}{d'}}.$$

Comme, au-devant des barrages de rivières et de cours d'eau naturels, il peut se former des atterrissements dont la poussée est plus grande que celle de l'eau, il faudrait, dans ce cas, faire $d = 1\,800$ kilogrammes, qui est le poids moyen des terres mouillées.

Pour les fondations à établir sous l'eau sur un fond de rocher, on peut appliquer le système de batardeau employé au viaduc de l'Aude (p. 344).

Lorsque les batardeaux sont destinés au barrage des eaux d'un aqueduc ou d'un canal dont la largeur n'excède pas $2^m{,}50$ et la hauteur $1^m{,}50$, on peut les exécuter en maçonnerie de briques hourdée en mortier de ciment romain, en ne leur donnant que $0^m{,}11$ ou $0^m{,}22$ d'épaisseur. Afin d'augmenter leur résistance, on les construit sur un plan circulaire, de manière qu'ils forment une voûte très-surbaissée, dont les murs de cunette du canal ou de l'aqueduc forment les culées, et dont l'extrados est tourné du côté de l'eau. Tous les batardeaux que l'on établit dans l'aqueduc de ceinture de la ville de Paris, pour cause de réparation, sont construits de cette manière. La cunette a $1^m{,}70$ de profondeur et $1^m{,}40$ de largeur, et quoiqu'on ne donne aux batardeaux que $0^m{,}11$ d'épaisseur (une brique en largeur), ils sont parfaitement imperméables, et résistent très-bien à la pression de l'eau.

254. **Barrages ou digues en maçonnerie.** — Ces barrages ne sont autre chose que des murs de soutenement résistant à la poussée de l'eau, ou mieux des batardeaux, dont on pourra calculer l'épaisseur à l'aide de la formule donnée pour ce cas au n° 247, ou à l'aide de celle du numéro précédent applicable aux batardeaux. Mais il y a lieu d'observer que, à l'encontre des batardeaux, ces constructions doivent être de longue durée, et, par conséquent, présenter plus de résistance. De plus, elles sont soumises à des causes d'instabilité qui n'existent pas quand elles soutiennent des terres, et qui exigent :

1° Que les fondations soient parfaitement enracinées dans le sol, de manière que l'eau ne puisse s'infiltrer ni en dessous ni derrière les côtés latéraux ; car, de ces infiltrations, il résulterait des sous-pressions qui tendraient à soulever le mur, et, par suite, à diminuer sa résistance, soit au glissement, soit au renversement. Comme, malgré tous les soins que l'on peut apporter dans l'établissement de ces constructions, des infiltrations peuvent se produire, soit dans la maçonnerie, soit sous la fondation, on doit en tenir compte en donnant à la digue une épaisseur convenable pour résister non-seulement à la poussée de l'eau, mais aussi à l'effet de ces sous-pressions.

2° Que les maçonneries soient parfaitement hourdées, et, de plus, revêtues d'un enduit complétement imperméable si les matériaux employés sont poreux.

Navier a donné les deux formules suivantes pour calculer l'épaisseur des murs devant théoriquement faire équilibre à la poussée de l'eau, cette épaisseur étant la même sur toute la hauteur du mur :

Pour la résistance au renversement,

$$x = 0{,}59\ h \sqrt{\frac{d}{d'}};$$

Pour la résistance au glissement,

$$x' = \frac{h}{2F} \times \frac{d}{d'}.$$

x et x', épaisseurs à donner au mur pour résister théoriquement, la première au renversement, la seconde au glissement ;
h, hauteur totale depuis la base de la fondation ;
d, densité de l'eau ; d', densité de la maçonnerie ;
F, rapport du frottement à la pression, eu égard à la résistance du terrain en aval de la fondation.

Dans les cas les plus favorables, les formules précédentes deviennent :

$$x = 0{,}41\ h,$$
$$x' = 0{,}50\ h,$$

valeurs qui ne doivent être considérées que comme des minima, au-dessous desquels on ne doit pas descendre dans la pratique ; car, au réservoir de Grosbois (canal de Bourgogne), où l'épaisseur est égale à 1,65 de l'épaisseur théorique nécessaire pour résister à la poussée, des lézardes se sont manifestées avant que les eaux fussent arrivées à leur hauteur définitive.

Le mur du réservoir de Bosméléac (canal de Nantes à Brest),

dont les parements sont l'un incliné et l'autre vertical, supporte une hauteur d'eau de $14^{m},30$, avec une épaisseur moyenne de 7 mètres. On peut le regarder comme présentant pratiquement un cube minimum de maçonnerie.

Le mur du réservoir de Vioreau, dont les deux parements sont verticaux, supporte une charge d'eau de 10 mètres avec une épaisseur de 8 mètres. Il peut être considéré comme présentant un cube maximum de maçonnerie.

En résumé, on se tiendra dans de bonnes limites, en calculant l'épaisseur par les premières des formules précédentes, dans lesquelles on aura substitué les valeurs qui se rapportent au cas que l'on considère, et en doublant la dimension ainsi déterminée.

VOUTES.

255. **Formes des voûtes. — Noms de leurs différentes parties.** — La surface intérieure des voûtes est engendrée par une droite qui se meut en restant horizontale, et en s'appuyant sur une demi-circonférence dont le diamètre est égal à la distance des pieds-droits, ce qui donne une *voûte en plein cintre;* ou sur une demi-ellipse ou une courbe à plusieurs centres, dont les extrémités sont, comme dans le cas précédent, tangentes aux pieds-droits, ce qui donne une *voûte en anse de panier;* ou sur un seul arc de cercle rencontrant les pieds-droits suivant un angle dont la valeur est moindre que 90°, ce qui donne une *voûte en arc de cercle;* ou enfin sur deux arcs qui rencontrent les pieds-droits tangentiellement ou suivant un certain angle, et qui se réunissent sur la verticale passant au milieu de l'intervalle des pieds-droits, ce qui donne une *voûte en ogive.*

Outre ces voûtes, que l'on peut appeler *voûtes cylindriques*, à cause du mode de génération de leur surface intérieure, et qui sont mises en usage le plus habituellement, on en distingue encore d'autres de différentes formes : ainsi, il y en a qui se composent de plusieurs de ces premières, comme les *voûtes d'arête* et celles *en arc de cloître;* d'autres, dont la surface intérieure est engendrée par un quart de circonférence, comme les *voûtes en dôme;* d'autres, où cette surface intérieure est une surface gauche, comme les *voûtes d'arête en tour ronde*, etc.

La surface intérieure d'une voûte se désigne sous le nom de *douelle* ou d'*intrados*, et la surface extérieure sous celui d'*extrados*.

Les *naissances* d'une voûte sont les points où elle se raccorde avec les pieds-droits.

La *montée* ou la *flèche* est la hauteur verticale de la clef au-dessus des naissances.

Pour les ponts, dans les voûtes en arc de cercle, il faut tenir les naissances au-dessus du niveau auquel atteignent les débâcles, afin qu'elles ne soient pas dégradées par les glaces et qu'elles ne rétrécissent pas le débouché. Il est difficile de satisfaire complétement à cette condition dans les voûtes en plein cintre et en anse de panier ; du reste, pour une certaine élévation de niveau au-dessus des naissances, le débouché est moins rétréci par ces voûtes que par celles en arc de cercle. Pour remédier jusqu'à un certain point à l'effet de ce rétrécissement, on a imaginé, aux ponts de Neuilly, de Bordeaux, etc., d'évaser la voûte sur les plans de tête, de manière à surhausser les naissances dans ces plans jusqu'au niveau des plus hautes eaux, tout en laissant la clef à la même hauteur que dans la partie cylindrique de la voûte. Dans son mouvement, la génératrice de chacune de ces parties évasées passe successivement dans tous les plans normaux à la partie cylindrique de la voûte.

On donne assez habituellement le nom d'*arches* aux voûtes de ponts ; et si le pont est en bois, la charpente qui remplace une arche s'appelle *travée*.

On désigne généralement sous le nom de *pieds-droits* les murs ou massifs sur lesquels reposent les joints des naissances d'une voûte.

Dans un pont, les pieds-droits ou appuis extrêmes prennent le nom de *culées*, et ceux intermédiaires celui de *piles* quand ils sont en pierre, et de *palées* lorsqu'ils sont en bois.

Comme on sait, par une pratique de tous les jours, que les voûtes peuvent être montées ou tout au moins se soutenir sans cintre jusqu'au plan de joint qui forme un angle de 30°, et même plus, avec l'horizontale, il en résulte qu'une voûte quelconque peut être considérée comme composée de trois parties : l'une, moyenne, rachetant un angle de 120° au plus, laquelle forme la voûte proprement dite ; les deux autres, latérales, et rachetant chacune un angle de 30° au moins, lesquelles ne fonctionnent que comme culées ou pieds-droits. Ainsi, sous le nom de *culées*, on devrait entendre toute la portion de voûte située au-dessous du joint incliné à 60° sur la verticale, et que l'on peut appeler *joint extrême*.

256. **Choix d'un système de voûtes** (extrait de la *Routine de l'établissement des voûtes*, par Dejardin, ingénieur des ponts et chaussées. — « Pourvu qu'on établisse les maçonneries suivant leur profil d'équilibre pratique, et qu'on ait égard à l'influence que peuvent exercer sur cet équilibre les terres fonctionnant, soit comme surcharges, soit comme agents directs ou indirects de fondation, on obtiendra une voûte suffisamment stable, quelle que soit la forme de son intrados. Il n'y a donc aucune différence à établir entre les *voûtes en plein cintre, en anse de panier, en arc de cercle, en ogive* ou *en plate-bande* (239), lorsqu'on les considère d'une manière absolue sous le rapport de la stabilité pratique.

« Le choix que fait le constructeur de l'une ou de l'autre des voûtes qui viennent d'êtres énumérées, pour l'appliquer à un office déterminé, n'est donc soumis qu'à des règles d'un autre ordre que celles de stabilité. Dans les travaux d'architecture, c'est un motif de convenance spéciale, souvent un motif de décoration, qui commande et l'espèce et même les dimensions de la voûte. Dans la construction des ponts en pierre, on n'a à satisfaire qu'à des convenances plus générales, et qui, conséquemment, laissent un champ plus libre aux déductions logiques de l'ingénieur. Sous ce dernier point de vue, on trouvera des instructions aussi sûres et aussi complètes que possible dans le grand ouvrage de Gauthey sur la construction des ponts. On ne fera ici que rappeler très-succinctement les principes les plus généraux de l'espèce :

« 1° Une voûte ou une série de voûtes a toujours pour objet d'occuper l'espace limité par un profil vertical ayant la figure d'un rectangle, ou plus souvent d'un trapèze. La disposition qui, toutes choses égales d'ailleurs, procurera le plus d'économie, est celle pour laquelle *le rapport des vides aux pleins, dans le profil des maçonneries, sera le plus considérable. On obtiendra presque toujours ce maximum d'économie, en adoptant des pleins cintres ou des arcs de cercle sur pieds-droits ;*

« 2° *Lorsqu'une voûte doit donner passage à un cours d'eau dont le niveau est variable, la voûte en arc de cercle sur pieds-droits doit être préférée, à l'exclusion de toutes les autres ;*

« 3° *S'il s'agit de deux rangs de voûtes superposées, et que chaque voûte du rang inférieur doive supporter à son sommet un pied-droit du rang supérieur, la voûte en ogive est seule admissible pour le rang inférieur ;*

« 4° Si une voûte doit soutenir un autre rang de voûtes d'une ouverture beaucoup plus petite, de telle sorte que la première puisse être considérée comme supportant des surcharges réparties uniformément et à intervalles rapprochés sur une horizontale, on sait, par induction, que le profil d'équilibre de l'intrados doit se rapprocher d'un arc de parabole; on sait, de plus, qu'un tel arc, tant que la flèche est petite par rapport à l'ouverture, se confond avec un arc de cercle. Ainsi donc, *lorsqu'une série de petites voûtes doit être superposée à une série de voûtes d'une ouverture beaucoup plus considérable, les voûtes du rang inférieur doivent avoir pour intrados un arc de cercle à petite flèche;*

« 5° *Les deux systèmes précédents pourront être réunis lorsqu'on voudra occuper une hauteur considérable, au moyen de trois rangs de voûtes superposées. On atteindrait le même but au moyen de trois rangs d'ogives superposés*, le nombre des voûtes étant n au rang inférieur, $2n$ au second, $4n$ au troisième. *Cette dernière disposition offrirait plus d'économie*, le rapport des vides aux pleins étant plus considérable. »

Les voûtes en anse de panier sont intermédiaires entre les voûtes en plein cintre et celles en arc de cercle; celles à intrados elliptique, dont la courbure est très-gracieuse, sont souvent adoptées aujourd'hui.

257. **Formes des piles.** — Les piles se construisent sur un plan rectangulaire; mais on les termine en amont et en aval par un massif de maçonnerie faisant saillie sur les têtes du pont; le massif d'amont s'appelle *avant-bec*, et celui d'aval *arrière-bec*. Ces becs s'élèvent jusqu'au-dessus des plus hautes eaux, afin qu'ils préservent complétement le massif de la pile du choc des corps flottants; ainsi, dans les ponts en plein cintre et en anse de panier, ils peuvent s'élever au-dessus des naissances; dans les ponts en arc de cercle, on les termine aux naissances, les eaux ne s'élevant pas plus haut. On surmonte les becs de demi-cônes qui les raccordent avec les *tympans* du pont.

Les avant-becs ne sont pas seulement destinés à préserver les massifs des piles du choc des corps flottants, mais aussi à faciliter, par leur forme, le passage de l'eau, de manière à diminuer la contraction et les tourbillonnements de celle-ci, et par suite les affouillements du sol. Il est évident que les formes qui doivent le mieux satisfaire à ces conditions sont celles que l'on doit donner aux proues et poupes verticales, pour faciliter le mouvement des bateaux. Par des expériences directes, sur des piles de $0^{m},15$ d'épaisseur et de diverses formes, le canal ayant $0^m,50$ de largeur, l'eau y circulant sur une épaisseur de $0^m,04$ et avec une vitesse de $3^m,90$ par seconde, Gauthey a reconnu que la forme rectangulaire était le plus défavorable, que la forme d'un triangle rectangle favorisait peut-être encore plus les affouillements, que celle en demi-cercle était un peu plus convenable, que le triangle équilatéral l'était davantage, et qu'une forme, plus favorable encore que cette dernière, était celle composée de deux arcs de cercle tangents aux faces de la pile et ayant leurs centres respectivement sur ces faces.

Dans des expériences sur l'avant-bec formé de deux arcs de cercle, on a fait descendre les naissances au-dessous du niveau de l'eau ; alors le remous a été considérable, et les courants ont divergé à peu près autant que dans les expériences faites avec les avant-becs rectangulaires.

Ces expériences conduisent à adopter la forme triangulaire équilatérale, ou mieux celle en arcs de cercle ; mais les angles aigus que ces formes présentent aux chocs des glaces et des autres corps flottants sont promptement endommagés : aussi donne-t-on en général la préférence aux avant-becs demi-circulaires.

Une forme elliptique concilierait en partie les avantages de la forme circulaire et de celle en arcs de cercle.

Pour les ponts biais, on emploie la disposition elliptique, ou une forme qui en approche beaucoup et qui est composée de deux arcs de cercle tangents entre eux et aux faces de la pile.

258. **Tracés des voûtes en plein cintre et en arcs de cercle.** — Ces tracés n'offrent aucune difficulté.

Dans une voûte en arc de cercle, désignant par m la montée (255), par l la demi-distance des pieds-droits, par r le rayon de l'arc d'intrados, et par a l'amplitude du demi-arc d'intrados, c'est-à-dire l'angle que font les joints des naissances avec la verticale, on a

$$r = \frac{1}{2}\left(\frac{l^2}{m} + m\right) \text{ ou } r = \frac{l^2 + m^2}{2m},$$

$$\text{et } \sin a = \frac{l}{r}.$$

Le rapport $\frac{m}{2l}$ de la montée à l'*ouverture* est appelé le *surbaissement* de la voûte, et l'on dit qu'une voûte est *surbaissée* au 1/3, au 1/4, etc., selon que ce rapport est $\frac{1}{3}$, $\frac{1}{4}$, etc.

Le rapport de la montée à l'ouverture des voûtes en arc de cercle est très-variable. En consultant le catalogue des ponts construits jusqu'à présent, on trouve des arcs d'intrados de toutes les amplitudes, depuis $2a = 30°$, jusqu'à $2a = 90°$, et même au delà. Dans les premiers, la montée est à peu près le 1/13 de l'ouverture, et dans les seconds, elle est environ le 1/5 ; mais, dans les voûtes en arc de cercle qui se construisent de nos jours et qui satisfont le mieux aux besoins les plus ordinaires de la pratique, $2a$ varie généralement de 50° à 70° : ainsi, au pont de Bordeaux, $2a = 67°$; au pont de la Concorde, $2a = 57°$; au pont d'Iéna, $2a = 53°$; au pont de Chester, $2a = 87°$, quoique son ouverture soit de 60 mètres. Les voûtes dans lesquelles $2a = 60°$ sont très-satisfaisantes sous le rapport du coup d'œil, à moins que l'ouverture ne soit extrêmement grande ; mais, comme alors un autre motif plus sérieux que celui de l'élégance du profil devrait peut-être conseiller de ne point trop réduire l'amplitude de l'intrados, les arcs donnant $2a = 60°$ pourraient donc devenir à peu près d'un usage général ; ils comportent d'ailleurs de très-grandes simplifications dans les calculs relatifs à leur établissement : ainsi pour $2a = 60°$, on a de suite

$$r = 2l, \quad m = r\left(1 - \frac{\sqrt{3}}{2}\right) = r \times 0{,}134,$$

et l'arc d'intrados a pour longueur $\frac{\pi}{3} r = r \times 1{,}047$.

La table suivante, rapportée par Sganzin (*Cours de construction*), donne, du reste, les nombres A, correspondant à des valeurs déterminées du rapport $\frac{m}{2l}$, qu'il faut multiplier par l'ouverture $2l$, pour avoir la longueur de l'arc d'intrados.

RAPPORTS $\frac{m}{2l}$.	VALEURS de A.	RAPPORTS $\frac{m}{2l}$.	VALEURS de A.	RAPPORTS $\frac{m}{2l}$.	VALEURS de A.	RAPPORTS $\frac{m}{2l}$.	VALEURS de A.
0,100	1,02645	0,151	1,05973	0,201	1,10447	0,251	1,16033
0,101	1,02698	0,152	1,06051	0,202	1,10548	0,252	1,16157
0,102	1,02752	0,153	1,06130	0,203	1,10650	0,253	1,16279
0,103	1,02806	0,154	1,06209	0,204	1,10752	0,254	1,16402
0,104	1,02860	0,155	1,06288	0,205	1,10855	0,255	1,16526
0,105	1,02914	0,156	1,06368	0,206	1,10958	0,256	1,16649
0,106	1,02970	0,157	1,06449	0,207	1,11062	0,257	1,16774
0,107	1,03026	0,158	1,06530	0,208	1,11165	0,258	1,16899
0,108	1,03082	0,159	1,06611	0,209	1,11269	0,259	1,17024
0,109	1,03139	0,160	1,06693	0,210	1,11374	0,260	1,17150
0,110	1,03196	0,161	1,06775	0,211	1,11479	0,261	1,17275
0,111	1,03254	0,162	1,06858	0,212	1,11584	0,262	1,17401
0,112	1,03312	0,163	1,06941	0,213	1,11692	0,263	1,17527
0,113	1,03371	0,164	1,07025	0,214	1,11796	0,264	1,17655
0,114	1,03430	0,165	1,07109	0,215	1,11904	0,265	1,17784
0,115	1,03490	0,166	1,07194	0,216	1,12011	0,266	1,17912
0,116	1,03551	0,167	1,07279	0,217	1,12118	0,267	1,18040
0,117	1,03611	0,168	1,07365	0,218	1,12225	0,268	1,18162
0,118	1,03672	0,169	1,07451	0,219	1,12334	0,269	1,18294
0,119	1,03734	0,170	1,07537	0,220	1,12445	0,270	1,18428
0,120	1,03797	0,171	1,07624	0,221	1,12556	0,271	1,18557
0,121	1,03860	0,172	1,07711	0,222	1,12663	0,272	1,18688
0,122	1,03923	0,173	1,07799	0,223	1,12774	0,273	1,18819
0,123	1,03987	0,174	1,07888	0,224	1,12885	0,274	1,18969
0,124	1,04051	0,175	1,07977	0,225	1,12997	0,275	1,19082
0,125	1,04116	0,176	1,08066	0,226	1,13108	0,276	1,19214
0,126	1,04181	0,177	1,08156	0,227	1,13219	0,277	1,19345
0,127	1,04247	0,178	1,08246	0,228	1,13331	0,278	1,19477
0,128	1,04313	0,179	1,08337	0,229	1,13444	0,279	1,19610
0,129	1,04380	0,180	1,08428	0,230	1,13557	0,280	1,19743
0,130	1,04447	0,181	1,08519	0,231	1,13671	0,281	1,19887
0,131	1,04515	0,182	1,08611	0,232	1,13786	0,282	1,20011
0,132	1,04584	0,183	1,08704	0,233	1,13903	0,283	1,20146
0,133	1,04652	0,184	1,08797	0,234	1,14020	0,284	1,20282
0,134	1,04722	0,185	1,08890	0,235	1,14136	0,285	1,20419
0,135	1,04792	0,186	1,08984	0,236	1,14247	0,286	1,20558
0,136	1,04862	0,187	1,09079	0,237	1,14363	0,287	1,20696
0,137	1,04932	0,188	1,09174	0,238	1,14480	0,288	1,20828
0,138	1,05003	0,189	1,09269	0,239	1,14597	0,289	1,20967
0,139	1,05075	0,190	1,09365	0,240	1,14714	0,290	1,21102
0,140	1,05147	0,191	1,09461	0,241	1,14831	0,291	1,21230
0,141	1,05220	0,192	1,09557	0,242	1,14949	0,292	1,21381
0,142	1,05293	0,193	1,09654	0,243	1,15067	0,293	1,21520
0,143	1,05367	0,194	1,09752	0,244	1,15186	0,294	1,21658
0,144	1,05441	0,195	1,09850	0,245	1,15308	0,295	1,21794
0,145	1,05516	0,196	1,09949	0,246	1,15429	0,296	1,21926
0,146	1,05591	0,197	1,10048	0,247	1,15549	0,297	1,22061
0,147	1,05667	0,198	1,10147	0,248	1,15670	0,298	1,22203
0,148	1,05743	0,199	1,10247	0,249	1,15791	0,299	1,22347
0,149	1,05819	0,200	1,10348	0,250	1,15912	0,300	1,22495
0,150	1,05896						

RAPPORTS $\frac{m}{2l}$.	VALEURS de A.	RAPPORTS $\frac{m}{2l}$.	VALEURS de A.	RAPPORTS $\frac{m}{2l}$.	VALEURS de A.	RAPPORTS $\frac{m}{2l}$.	VALEURS de A.
0,301	1,22635	0,351	1,30156	0,401	1,38496	0,451	1,47565
0,302	1,22776	0,352	1,30315	0,402	1,38671	0,452	1,47753
0,303	1,22918	0,353	1,30474	0,403	1,38846	0,453	1,47942
0,304	1,23061	0,354	1,30634	0,404	1,39021	0,454	1,48131
0,305	1,23205	0,355	1,30794	0,405	1,39196	0,455	1,48320
0,306	1,23349	0,356	1,30954	0,406	1,39372	0,456	1,48509
0,307	1,23491	0,357	1,31115	0,407	1,39548	0,457	1,48699
0,308	1,23636	0,358	1,31276	0,408	1,39724	0,458	1,48889
0,309	1,23780	0,359	1,31437	0,409	1,39900	0,459	1,49079
0,310	1,23925	0,360	1,31599	0,410	1,40077	0,460	1,49269
0,311	1,24070	0,361	1,31761	0,411	1,40254	0,461	1,49460
0,312	1,24216	0,362	1,31923	0,412	1,40432	0,462	1,49651
0,313	1,24360	0,363	1,32086	0,413	1,40610	0,463	1,49842
0,314	1,24506	0,364	1,32249	0,414	1,40788	0,464	1,50033
0,315	1,24654	0,365	1,32413	0,415	1,40966	0,465	1,50224
0,316	1,24801	0,366	1,32577	0,416	1,41145	0,466	1,50416
0,317	1,24946	0,367	1,32741	0,417	1,41324	0,467	1,50608
0,318	1,25095	0,368	1,32905	0,418	1,41503	0,468	1,50800
0,319	1,25243	0,369	1,33069	0,419	1,41682	0,469	1,50992
0,320	1,25391	0,370	1,33234	0,420	1,41861	0,470	1,51185
0,321	1,25539	0,371	1,33399	0,421	1,42041	0,471	1,51378
0,322	1,25686	0,372	1,33564	0,422	1,42222	0,472	1,51571
0,323	1,25836	0,373	1,33730	0,423	1,42402	0,473	1,51764
0,324	1,25987	0,374	1,33896	0,424	1,42582	0,474	1,51958
0,325	1,26137	0,375	1,34063	0,425	1,42764	0,475	1,52152
0,326	1,26286	0,376	1,34229	0,426	1,42945	0,476	1,52346
0,327	1,26437	0,377	1,34396	0,427	1,43127	0,477	1,52541
0,328	1,26588	0,378	1,34563	0,428	1,43309	0,478	1,52736
0,329	1,26740	0,379	1,34731	0,429	1,43491	0,479	1,52931
0,330	1,26892	0,380	1,34899	0,430	1,43673	0,480	1,53126
0,331	1,27044	0,381	1,35008	0,431	1,43856	0,481	1,53322
0,332	1,27196	0,382	1,35237	0,432	1,44039	0,482	1,53518
0,333	1,27349	0,383	1,35406	0,433	1,44222	0,483	1,53714
0,334	1,27502	0,384	1,35575	0,434	1,44405	0,484	1,53910
0,335	1,27656	0,385	1,35744	0,435	1,44589	0,485	1,54106
0,336	1,27810	0,386	1,35914	0,436	1,44773	0,486	1,54302
0,337	1,27964	0,387	1,36084	0,437	1,44957	0,487	1,54499
0,338	1,28118	0,388	1,36254	0,438	1,45142	0,488	1,54696
0,339	1,28273	0,389	1,36425	0,439	1,45327	0,489	1,54893
0,340	1,28428	0,390	1,36596	0,440	1,45512	0,490	1,55090
0,341	1,28589	0,391	1,36767	0,441	1,45697	0,491	1,55288
0,342	1,28739	0,392	1,36039	0,442	1,45883	0,492	1,55486
0,343	1,28895	0,393	1,37111	0,443	1,46069	0,493	1,55685
0,344	1,29052	0,394	1,37283	0,444	1,46255	0,494	1,55884
0,345	1,29209	0,395	1,37455	0,445	1,46441	0,495	1,56083
0,346	1,29366	0,396	1,37628	0,446	1,46628	0,496	1,56282
0,347	1,29523	0,397	1,37805	0,447	1,46815	0,497	1,56481
0,348	1,29681	0,398	1,37974	0,448	1,47002	0,498	1,56680
0,349	1,29839	0,399	1,38148	0,449	1,47189	0,499	1,56879
0,350	1,29997	0,400	1,38322	0,450	1,47377	0,500	1,57079

Application. — Quelle est la longueur L d'un arc de cercle dont la corde $2l = 4^m,70$, et la flèche $m = 0^m,47$?

$$\text{On a } \frac{m}{2l} = \frac{0,47}{4,70} = 0,100 \text{ ; la table donne } A = 1,02645 \text{ ;}$$

$$\text{Donc } L = 1,02645 \times 4,70 = 4^m,824.$$

259. **Tracé des voûtes en anse de panier.** — On désigne généralement sous le nom de *voûtes en anse de panier* (255), celles dont l'intrados a deux retombées verticales, c'est-à-dire tangentes aux pieds-droits, et qui a une flèche différente de la demi-ouverture. Ces voûtes peuvent, suivant une telle définition, être surhaussées ou surbaissées ; mais c'est presque constamment le dernier cas qui se présente dans la pratique.

L'un des inconvénients que présentent les voûtes en anse de panier est la difficulté du tracé de leur épure, qui, le plus souvent, nécessite des calculs assez compliqués. On décrit ordinairement l'intrados par rayons de courbure successifs, et la courbe est alors spécifiée par le nombre des centres : on en trace à trois centres, à cinq centres, à sept centres et jusqu'à vingt-un centres. Depuis quelque temps, on décrit souvent l'intrados suivant la figure rigoureuse d'une demi-ellipse ; ici les calculs deviennent inutiles, et déjà l'épure peut être confiée à l'intelligence d'un appareilleur. Enfin, nous donnons ci-dessous la description d'une nouvelle courbe surbaissée, qui a été proposée par Dejardin ; elle se confond pratiquement avec une demi-ellipse, et le tracé peut en être fait par rayons de courbure successifs aussi rapprochés qu'on voudra, c'est-à-dire à un nombre quelconque de centres, sans aucun calcul, et suivant un procédé purement graphique à la portée du premier maçon venu. Voici la manière de faire ce tracé.

Fig. 82.

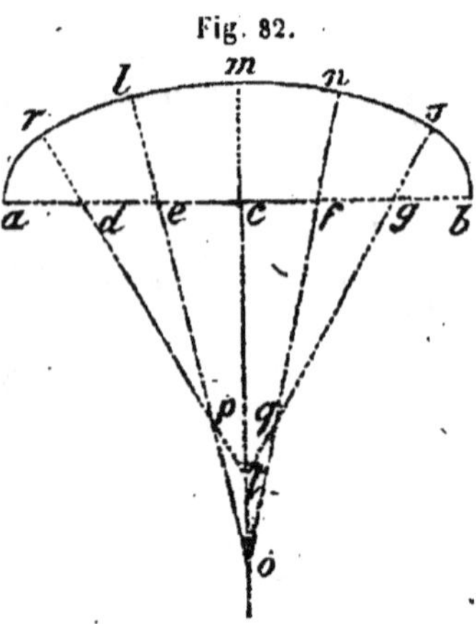

Diviser l'ouverture ab en six parties égales $ad = de =$ etc., *fig*. 82 ; par les points de division extrêmes d, g, mener les lignes rdt, sgt qui fassent chacune un angle de 60° avec l'horizontale, et qui se rencontrent en un point t sur l'axe vertical ; porter de t en o une longueur égale à celle d'une des divisions ad, de, etc. ; puis joindre le point o aux seconds points de division e, f par des droites indéfinies, qui couperont en p et q les lignes rdt, sgt. Les arcs de naissances se décriront des centres d, g, et s'arrêteront en r, s; les arcs intermédiaires se décriront des centres p, q, et s'arrêteront en l, n; enfin l'arc du sommet se décrira du centre o, et terminera la courbe suivant l, m, n.

En calculant trigonométriquement la hauteur cm, il est aisé de voir que, si $2l$ est l'ouverture totale ab et m la montée cm, on a généralement

$$m = 2l \times 0{,}2463 = \frac{l}{2}.$$

Dès que la flèche d'une anse de panier descend au-dessous du 1/3 de l'ouverture, les courbes à trois centres offrent ce qu'on appelle vulgairement des *jarrets*, c'est-à-dire un défaut de continuité choquant. Si la flèche est inférieure au 1/4 de l'ouverture, cinq et même sept centres ne sont plus suffisants. En général, la courbe est d'autant plus correcte que le nombre des centres est plus considérable, et les variations des rayons conséquemment moins brusques. On se trouve ainsi presque toujours amené à calculer les longueurs des rayons successifs.

Ordinairement, dans la pratique, quand le surbaissement est férieur au 1/4, on a recours à un arc de cercle unique, et, selon que le surbaissement varie de $\frac{1}{2}$ à $\frac{1}{3}$ ou de $\frac{1}{3}$ à $\frac{1}{4}$, les anses de panier sont à trois ou cinq centres pour les ouvertures de 1 à 10 mètres, à cinq ou sept pour celles de 10 à 40 mètres et à sept ou neuf pour celles de 40 à 50 mètres.

Dans les anses de panier dont la forme se rapproche de celle de l'ellipse, les arcs de cercle, en nombre impair, dont elles se composent, doivent se raccorder tangentiellement à leurs extrémités, afin d'éviter les jarrets, et de plus être décrits avec des rayons convenablement proportionnés, afin que leur ensemble forme une courbe bien continue et ne paraissant pas s'infléchir aux points de contact des arcs. Pour que ces conditions soient le plus convenablement remplies, les centres de deux arcs successifs doivent se trouver sur le même rayon passant par le point de contact des deux arcs, et les rayons aboutissant à ces points de contact doivent faire des angles égaux entre eux, et égaux au quotient de deux angles droits ou de 180° par le nombre des arcs qui doivent composer la courbe : ainsi, selon que l'anse de panier sera à trois, cinq, sept, etc., centres, les divers rayons feront respectivement entre eux des angles de 60°, 36°, 25°,714, etc. De plus, les rayons devront, d'après la méthode de M. Michal, inspecteur général des ponts et chaussées, être égaux aux rayons de courbure correspondants de l'ellipse qui a les mêmes axes que l'anse de panier.

C'est d'après ces hypothèses que M. Michal a calculé le tableau suivant, qui renferme, pour diverses montées, les valeurs des rayons nécessaires pour effectuer le tracé ; ces valeurs sont données en prenant l'ouverture pour unité.

ANSES A 5 CENTRES.		ANSES A 7 CENTRES.			ANSES A 9 CENTRES.			
Montée.	1er rayon	Montée.	1er rayon	2e rayon.	Montée.	1er rayon	2e rayon.	3e rayon.
0,36	0,278	0,33	0,228	0,315	0,25	0,130	0,171	0,299
0,35	0,265	0,32	0,216	0,302	0,24	0,120	0,159	0,278
0,34	0,252	0,31	0,203	0,289	0,23	0,111	0,148	0,268
0,33	0,239	0,30	0,192	0,276	0,22	0,102	0,138	0,252
0,32	0,225	0,29	0,180	0,263	0,21	0,093	0,126	0,237
0,31	0,212	0,28	0,168	0,249	0,20	0,083	0,114	0,222
0,30	0,198	0,27	0,156	0,236				
		0,26	0,145	0,223				
		0,25	0,133	0,210				

Fig. 83.

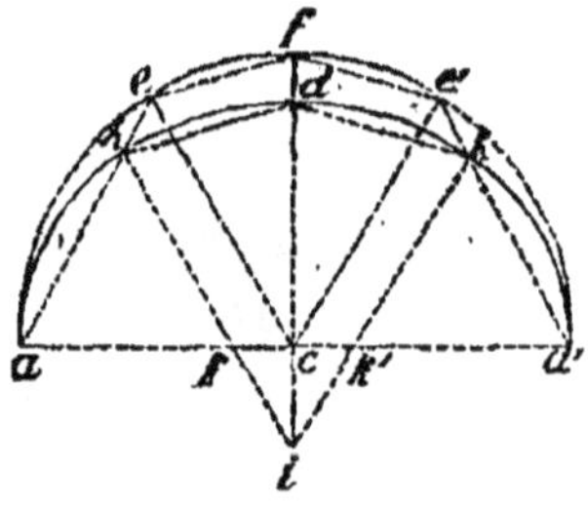

Soit, *fig.* 83, aa' l'ouverture, et cd la montée. Quand aa' est moindre que $3cd$, on emploie l'anse de panier à trois centres. Pour la tracer, sur aa', comme diamètre, on décrit une demi-circonférence, que l'on divise en trois parties égales par les rayons ce et ce'; on mène les cordes ae, ef, fe' et $e'a'$; par le point d on conduit dh parallèle à fe et dh' parallèle à fe', et les lignes hi et $h'i$, menées respectivement parallèles à ce et ce', déterminent les trois centres k, i et k', et par suite les rayons $ak = a'k'$ et hi de l'anse de panier $ahdh'a'$. D'abord les centres de deux arcs consécutifs sont bien placés sur le même rayon aboutissant au point de raccordement des arcs; de plus, deux rayons consécutifs font entre eux un angle de

$$\frac{180}{3} = 60^\circ;$$

car on a $akh = ace$, $hih' = ece'$ et $h'k'a' = e'ca'$.

Fig. 84.

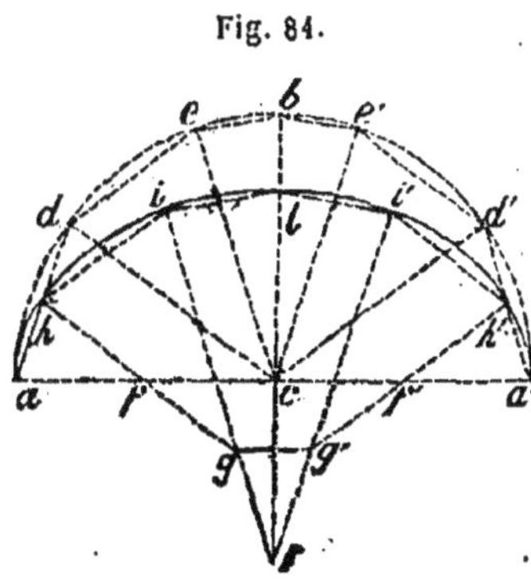

Pour tracer une anse de panier à cinq centres, on suit la même marche. Ainsi, après avoir, *fig.* 84, mené les rayons *cd*, *ce*, *ce'* et *cd'*, divisant la circonférence *aba'* en cinq parties égales, et les cordes *ad*, *de*, *eb*, etc., on prend le premier rayon *af* égal à la valeur consignée au tableau précédent, et l'on mène *gh* parallèle à *cd*. Conduisant ensuite *hi* parallèle à *de* et *li* parallèle à *be*, puis *ik* parallèle à *ce*, on obtient le deuxième centre *g* et le troisième *k*. Le tracé est le même de l'autre côté de *cl*; mais on peut, pour ce côté, commencer par le rayon *ki'*, le point *k* étant connu.

Pour une anse de panier à sept centres, on opérerait d'une manière semblable. Ainsi, on prendrait *af* égal au premier rayon du tableau, on mènerait *hg* parallèle au premier rayon diviseur *cd*; on prendrait ensuite *hg* égal au deuxième rayon consigné au tableau, on mènerait par *g* un parallèle au deuxième rayon diviseur, et le troisième et le quatrième centre se détermineraient de la même manière que le deuxième et le troisième *g* et *k* dans le cas précédent. On opérerait d'une manière tout à fait semblable pour une anse de panier à neuf centres, et en général pour un nombre impair quelconque de centres.

M. Lerouge, ingénieur en chef des ponts et chaussées, a, pour tracer les anses de panier, toujours supposé que les divers rayons passant par les points de raccordement feraient des angles égaux entre eux, mais que les rayons croîtraient suivant une progression arithmétique. C'est d'après cette hypothèse qu'il a calculé les résultats du tableau ci-contre, qui suppose l'ouverture prise pour unité. Ce tableau contient, en outre, la hauteur réduite du débouché enveloppé par la courbe, l'ouverture étant également prise pour unité.

ANSES A 3 CENTRES.			
Montée.	Premier rayon.	Différence des rayons successifs.	Hauteur réduite.
0,380	0,336	0,327	0,303
0,390	0,350	0,301	0,310
0,400	0,363	0,273	0,318
0,410	0,377	0,246	0,326
0,420	0,391	0,219	0,334
0,430	0,404	0,191	0,341
0,440	0,418	0,164	0,349
0,450	0,432	0,137	0,356
0,460	0,445	0,109	0,364
0,470	0,459	0,082	0,371
0,480	0,473	0,055	0,378
0,490	0,486	0,027	0,386
0,500	0,500	0,000	0,393

ANSES A 5 CENTRES.			
Montée.	Premier rayon.	Différence des rayons successifs.	Hauteur réduite.
0,350	0,245	0,228	0,274
0,360	0,262	0,213	0,282
0,370	0,279	0,198	0,290
0,380	0,296	0,183	0,298
0,390	0,313	0,167	0,306
0,400	0,330	0,152	0,315
0,410	0,347	0,137	0,323
0,420	0,364	0,122	0,330
0,430	0,381	0,107	0,338
0,440	0,398	0,091	0,346
0,450	0,416	0,077	0,354
0,460	0,432	0,061	0,362
0,470	0,449	0,046	0,370
0,480	0,466	0,030	0,377
0,490	0,483	0,015	0,385
0,500	0,500	0,000	0,393

ANSES A 7 CENTRES.			
Montée.	Premier rayon.	Différence des rayons successifs.	Hauteur réduite.
0,330	0,183	0,181	0,256
0,340	0,202	0,171	0,264
0,350	0,221	0,160	0,272
0,360	0,239	0,149	0,281
0,370	0,258	0,139	0,289
0,380	0,276	0,128	0,297
0,390	0,295	0,117	0,305
0,400	0,314	0,107	0,313
0,410	0,332	0,096	0,322
0,420	0,351	0,085	0,330
0,430	0,370	0,075	0,338
0,440	0,388	0,064	0,346
0,450	0,407	0,053	0,354
0,460	0,425	0,043	0,361
0,470	0,444	0,032	0,369
0,480	0,463	0,021	0,377
0,490	0,481	0,011	0,385
0,500	0,500	0,000	0,393

ANSES A 9 CENTRES.			
Montée.	Premier rayon.	Différence des rayons successifs.	Hauteur réduite.
0,320	0,148	0,148	0,246
0,330	0,167	0,140	0,255
0,340	0,187	0,132	0,263
0,350	0,206	0,123	0,272
0,360	0,226	0,115	0,280
0,370	0,245	0,107	0,288
0,380	0,265	0,099	0,297
0,390	0,285	0,091	0,305
0,400	0,304	0,082	0,313
0,410	0,324	0,074	0,321
0,420	0,343	0,066	0,329
0,430	0,363	0,058	0,337
0,440	0,383	0,049	0,345
0,450	0,402	0,041	0,353
0,460	0,422	0,033	0,361
0,470	0,441	0,025	0,369
0,480	0,461	0,016	0,377
0,490	0,480	0,008	0,385
0,500	0,500	0,000	0,393

Ajoutant la différence des rayons successifs au premier rayon, on a le deuxième; cette différence, ajoutée au deuxième rayon, donne le troisième, et ainsi de suite. A l'aide de ces divers rayons, on fera le tracé comme il a été indiqué ci-dessus.

Fig. 85.

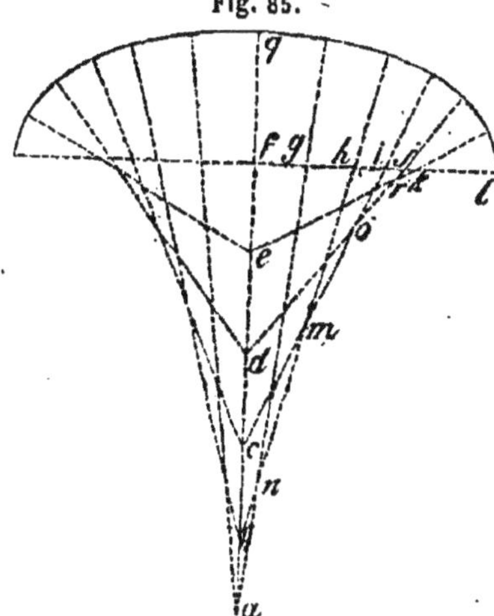

Au pont de Neuilly, on a employé une anse de panier à onze centres, que l'on a tracée comme l'indique la figure 85.

On prend un point k, que l'on croit devoir être le premier centre, et l'on divise fk de manière que $kj = \frac{ji}{2} = \frac{ih}{3} = \frac{hg}{4} = \frac{gf}{5}$. Cela fait, on prend $fa = 3fk$; on divise fa en cinq parties égales, aux points e, d, c, b; on joint ek, dj, ci, bh et ag, et si le point k a été bien choisi, la courbe ayant pour centres successifs les points k, r, o, m, n, a, passera par le sommet q de la montée. On conçoit que ce n'est que par tâtonnements que l'on arrivera à la position convenable du point k. Supposons que l'on a fait une première hypothèse, et que le point k choisi ne conviennne pas; on aura la valeur convenable x, de fk, à l'aide de la formule

$$x = \frac{m\,(a - b)}{4m - s}.$$

$a = fl$, demi-ouverture;
$b = fq$, montée;
m, valeur qu'on a prise pour fk dans la première hypothèse;
s, développement de la ligne brisée $anmork$ qu'a donnée la première hypothèse.

Fig. 86.

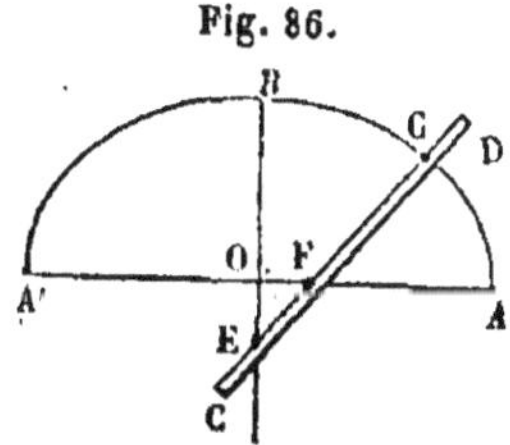

Tracé des voûtes elliptiques. — Dans plusieurs ponts nouvellement construits, on a adopté l'ellipse pour directrice de l'intrados et même de l'extrados. L'ellipse se trace de diverses manières; mais le moyen le plus simple et le plus fréquemment employé sur les chantiers de construction pour tracer en grand les épures des cintres et de coupe de pierre est le suivant :

AA' étant l'ouverture du pont ou le grand axe de l'ellipse, et OB la montée de la voûte ou le demi-petit axe de l'ellipse, on marque sur une arête d'une règle mince CD trois points E, F, G, tels que l'on ait EG=OA le demi-grand axe, et FG=OB le demi-petit axe, d'où EF=OA—OB la différence des demi-axes. Donnant alors à la règle différentes positions, mais de manière que le point E se trouve toujours sur la direction BO, et le point F sur AA', le point G se trouvera sur l'ellipse ABA' dans toutes ces positions; on conçoit que l'on pourra alors marquer sur l'épure autant de points que l'on voudra de la courbe, et par suite la tracer avec une exactitude suffisante pour la pratique.

260. **Considérations générales sur l'appareil des voûtes** (255). — Les matériaux employés le plus communément pour construire les voûtes en maçonnerie sont les pierres de taille, les moellons de toute espèce et les briques. Les formes et les dispositions que l'on donne à ces matériaux, pour la composition d'une voûte, sont soumises à des règles générales qu'il est nécessaire d'indiquer avant d'examiner le mode d'exécution particulier à chacun d'eux. L'analyse suivante de Monge, des voûtes en pierres de taille, résume ces règles d'une manière à la fois simple et pratique.

« Les voûtes construites en *pierres de taille* sont composées de pièces distinctes, auxquelles on donne le nom générique de *voussoirs*. Chaque voussoir a plusieurs faces qui exigent la plus grande attention dans l'exécution : 1° la face qui doit faire *parement*, et qui, devant être une partie de la surface visible de la voûte, doit être exécutée avec la plus grande précision, cette face se nomme *douelle;* 2° les faces par lesquelles les voussoirs consécutifs s'appliquent les uns contre les autres, et qu'on nomme généralement *joints*. Les joints exigent aussi la plus grande exactitude dans leur exécution, car la pression se transmettant d'un voussoir à l'autre perpendiculairement à la surface des joints, il est nécessaire que les deux pierres se touchent par le plus grand nombre possible de points, afin que, pour chaque point de contact, la pression soit la moindre, et que pour tous elle approche le plus de l'égalité. Il faut donc que dans chaque voussoir les joints approchent le plus de la véritable surface dont ils doivent faire partie, et, pour que cet objet soit plus facile à remplir, il faut que la surface des joints soit de la nature la plus simple et de l'exécution la plus susceptible de précision. C'est pour cela que l'on fait ordinairement les joints plans. Mais les surfaces de toutes les voûtes ne comportent pas cette disposition : dans quelques-unes, on blesserait trop les convenances dont nous parlerons dans un moment, si l'on ne taillait pas les joints suivant une surface courbe.

« Dans ce cas, il faut choisir, parmi toutes les surfaces courbes qui pourraient d'ailleurs satisfaire aux autres conditions, celle dont la génération est la plus simple, et dont l'exécution est la plus susceptible d'exactitude. Or, de toutes les surfaces courbes, celles qu'il est le plus facile d'exécuter sont celles qui sont engendrées par le mouvement d'une ligne droite, et surtout les surfaces développables ; ainsi, lorsqu'il est nécessaire que les joints des voussoirs soient des surfaces courbes, on les compose, autant qu'il est possible, de surfaces développables.

« Une des principales conditions auxquelles la forme des joints des voussoirs doit satisfaire, c'est d'être partout perpendiculaire à la surface de la voûte que ces voussoirs composent. Car si les deux angles qu'un même joint fait avec la surface de la voûte étaient sensiblement inégaux, celui de ces angles qui excéderait l'angle droit serait capable d'une plus grande résistance que l'autre ; et, dans l'action que deux voussoirs consécutifs exercent l'un sur l'autre, l'angle plus petit que l'angle droit serait exposé à éclater, ce qui, au moins, déformerait la voûte, et pourrait même altérer sa solidité et diminuer la durée de l'édifice. Lors donc que la surface d'un joint doit être courbe, il convient de l'engendrer par une droite qui soit partout perpendiculaire à la surface de la voûte, et si l'on veut de plus que la surface du joint soit développable, il faut que toutes les normales à la surface de la voûte, et qui composent pour ainsi dire le joint, soient consécutivement deux à deux dans un même plan. Or, nous venons de voir que cette condition ne peut être remplie, à moins que toutes les normales ne passent par une même ligne de courbure de la surface de la voûte : donc, si les surfaces des joints des voussoirs d'une voûte doivent être développables, il faut nécessairement que ces surfaces rencontrent celle de la voûte dans ses lignes de courbure.

« D'ailleurs, avec quelque précision que les voussoirs d'une voûte soient exécutés, leur division est toujours apparente sur la surface ; elle y trace des lignes très-sensibles, et ces lignes doivent être soumises à des lois générales, et satisfaire à des convenances particulières, selon la nature de la surface de la voûte. Parmi ces lois générales, les unes sont relatives à la stabilité, les autres à la durée de l'édifice ; de ce nombre est la règle qui prescrit que les joints d'un même voussoir soient rectangulaires entre eux, par la même raison qu'ils doivent être eux-mêmes perpendiculaires à la surface de la voûte. Aussi les lignes de division des voussoirs doivent être telles, que celles qui divisent la voûte en assises soient toutes perpendiculaires à celles qui divisent une même assise en voussoirs. Quant aux convenances particulières, il y en a de plusieurs sortes, et notre objet n'est pas d'en faire ici l'énumération ; mais il y en a une principale, c'est que les lignes de division des voussoirs, qui, comme nous venons de le voir, sont de deux espèces, et qui doivent se rencontrer toutes perpendiculairement, doivent aussi porter le caractère de la surface à laquelle elles appartiennent. Or, il n'existe pas de lignes sur la surface courbe qui puissent remplir en même temps toutes ces conditions, que les deux suites de lignes de courbure, et elles les remplissent complétement. Ainsi, la division d'une voûte en voussoirs doit donc *toujours* être faite par des lignes de courbure de la surface de la voûte, et les joints doivent être des portions de surfaces développables formées par la suite des normales à la surface, et qui, considérées consécutivement, sont deux à deux dans un même plan, en sorte que, pour chaque voussoir, les surfaces des quatre joints et celle de la voûte soient toutes rectangulaires. »

Une condition qui doit être généralement observée dans la construction des voûtes, c'est que les voussoirs soient en nombre impair, et placés symétriquement de chaque côté de celui qui doit se trouver au milieu de la voûte, pour la fermer, et que pour cette raison on nomme *clef*. Nous venons de voir que les voussoirs doivent avoir leurs surfaces de joints normales à l'intrados de la voûte. On était dans l'usage de les raccorder avec la maçonnerie qui les surmonte par des faces horizontales et verticales, surtout sur les tympans ; mais, dans les ponts que l'on construit aujourd'hui, la courbe d'extrados est le plus généralement continue comme celle d'intrados.

Les dimensions des voussoirs dépendent de celles des pierres que l'on a à sa disposition. Cependant, il ne faut pas que leur longueur soit trop grande par rapport à leur épaisseur, parce qu'ils se rompraient ; il faudrait, dans ce cas, les composer de plusieurs morceaux. Au pont de Neuilly, les voussoirs, qui sont les plus longs que l'on ait employés, ont $1^{m},80$ de longueur sur $0^{m},46$ d'épaisseur à la *douelle*.

264. La construction des voûtes comprend quatre phases distinctes : 1° *l'établissement et le levage des cintres ;* 2° *l'exécution*

de la maçonnerie sur cintres; 3° le décintrement; 4° les travaux complémentaires qui ne doivent être entamés qu'après le décintrement. Nous allons essayer de donner ici quelques détails sur ces diverses opérations, qui sont surtout du ressort de la pratique.

262. **Pression d'une voûte sur son cintre** (*Routine de l'établissement des voûtes*, Dejardin). — Les voûtes sont maçonnées sur des pâtés en terre ou en moellonnailles, ou sur des cintres en charpente. Dans l'un et l'autre cas, on doit, afin d'éviter une dépense en pure perte, ne commencer à soutenir la maçonnerie que vers le joint incliné à 30° sur l'horizontale (255). Si la voûte est établie suivant le profil d'équilibre, la pression normale sur le pâté ou sur le cintre sera sensiblement constante pour les voûtes circulaires, et réciproque au rayon de courbure pour les autres voûtes. Rapportée à l'unité de longueur et de largeur de l'intrados, si l'on suppose le frottement nul, cette pression a pour expression, selon que la voûte est circulaire ou non :

$$P = d\left(e + \frac{e^2}{2r}\right), \text{ ou } P = d\left(e + \frac{e^2}{2R}\right).$$

P, pression normale sur le cintre, par unité de surface d'intrados ;
d, pesanteur spécifique de la maçonnerie ;
e, épaisseur de la voûte à la clef;
r, rayon de l'intrados ;
R, rayon de courbure au sommet de l'intrados : la formule donne la pression sur le cintre en ce point.

A cause du frottement et de l'adhérence du mortier, si faibles qu'ils soient au moment même de la construction, on doit regarder les valeurs ci-dessus de P comme des limites supérieures, et les appliquer dans ce sens aux calculs de l'établissement des pâtés ou des cintres (265).

263. **Pâtés.** — Les *pâtés* se construisent ordinairement en moellonnailles posées à sec, que l'on recouvre d'un enduit de mortier ou de plâtre ; assez souvent, cependant, quand il y a possibilité, on les établit en terre. Généralement on ne fait usage de pâtés que pour des voûtes d'une ouverture médiocre, et qui ne comportent point, d'ailleurs, une grande correction de profil : telles sont les voûtes de caves de petites dimensions, les voûtes d'évidements ou de contre-forts dans des maçonneries qui doivent être enterrées, etc. On fait encore usage des pâtés pour des voûtes qui exigeraient un cintre en bois difficile à établir, et plus dispendieux qu'un pâté :

telles sont les voûtes d'arête et d'arc de cloître ; celles en dôme, en pénétration ; les voûtes rampantes, ou établies sur un plan circulaire, etc. Quoique l'on ne fasse usage de pâtés que pour des voûtes de petites dimensions, on prétend que le dôme du Panthéon de Rome, dont le diamètre intérieur a 43^m,50, a été construit sur un énorme pâté dont le volume est évalué à 60 000 mètres cubes.

Le système de pâtés en terre peut être sensiblement amélioré par l'interposition, entre le pâté et la voûte, de *couchis* en madriers, qui offrent une surface plus régulière, et qui remédient à l'inégalité du tassement de la terre. Du reste, il est évident que la masse de terre doit être contenue, tant entre les culées qu'en dehors des deux têtes de la voûte; si cette masse n'a point été taillée dans un déblai, elle doit être comprimée et massivée par tous les moyens connus; elle résistera d'autant plus uniformément que la flèche de la voûte sera moindre : dans le cas d'un arc de cercle de 60°, par exemple, et avec les soins convenables, on peut facilement appliquer ce système à des voûtes de 10 à 12 mètres d'ouverture.

264. **Cintres en briques.** — Pour les voûtes en béton, lorsqu'elles ne doivent pas rester enterrées, on peut se servir, comme cintres, de voûtes en briques posées de champ, sur un ou plusieurs rangs d'épaisseur, selon la portée de la voûte. Ces premières voûtes se construisent à l'aide de cintres très-légers, et on les démolit, quand le béton a acquis un degré de dureté convenable, pour faire servir à d'autres travaux les briques qui en proviennent, ce qui contribue à rendre la dépense moins considérable que si l'on faisait usage de cintres en charpente. Les voûtes longitudinales qui forment le fond des réservoirs d'eau situés rue de la Vieille-Estrapade ont été construites à l'aide de cintres de 0^m,11 d'épaisseur totale, formés par deux rangs de briques posées à plat sur plâtre (166).

265. **Cintres en charpente.** — Les cintres en charpente, exclusivement usités dans les constructions importantes, doivent d'abord être, comme toutes choses, considérés sous le point de vue de l'économie. Or, ici, l'économie résulte principalement de la manière dont les efforts sont répartis. Si les fermes sont trop espacées, elles supporteront chacune, ainsi que les couchis, une charge plus considérable ; il faudra donc des bois d'un plus fort équarrissage, qui coûteront plus cher pour l'acquisition et pour le levage. Si les fermes sont trop rapprochées, au contraire, on ob-

tiendra une grande économie sur le volume total des bois, surtout sur celui des couchis ; mais, en même temps, la main-d'œuvre par mètre cube de bois sera plus considérable, et les bois seront plus dépréciés. C'est entre ces deux limites que l'on trouvera la disposition la plus économique, dans chaque cas particulier ; mais il ne peut y avoir à cet égard aucune conclusion générale ni absolue, attendu que la valeur du bois varie de 1 à 5, et que celle de la main-d'œuvre varie de 1 à 2, sans qu'il y ait aucune corrélation entre les deux différences dans une même localité.

C'est donc des proportions diverses de la valeur du bois à celle de la main-d'œuvre que dépendent logiquement les espacements divers des fermes de cintres ; on est d'ailleurs maîtrisé à cet égard par la longueur du berceau, laquelle doit être divisée en parties égales : aussi, ces espacements varient-ils, en exécution, depuis 2 mètres jusqu'à 1^{m},20. A égalité de dépense, ou même avec un certain excès de dépense, on doit préférer les fermes peu espacées, parce que, étant moins chargées, elles se prêtent mieux à un décintrement fait avec méthode et mesure.

Une fois qu'on a réglé l'espacement des fermes, l'établissement des couchis n'offre aucune difficulté ; chacun d'eux fonctionne comme une poutre reposant sur deux appuis et supportant sur chaque unité de longueur une charge connue ; il doit avoir des dimensions telles, que cette charge ne lui fasse point prendre une flèche appréciable. Voici donc comment on opérera :

Soit l la distance entre les axes de deux fermes, n le nombre total de files de couchis : s'il s'agit d'un plein cintre, par exemple, la pression normale sur l'unité de longueur du berceau et de l'intrados étant connue (262), sur les 120° d'amplitude du cintre (255) et sur la longueur l du berceau, la charge totale sera, par suite :

$$\frac{\pi d l}{3}(2er+e^2).$$

et la charge Q uniformément répartie sur un des couchis deviendra, n étant le nombre des couchis compris dans l'amplitude de 120° :

$$Q=\frac{\pi d}{3}\frac{l}{n}(2er+e^2).$$

Cette valeur Q, qui décroît non-seulement en raison directe de l'espacement des fermes, mais encore en raison inverse du nombre des couchis, servira à régler les dimensions cherchées au moyen des formules du n° 91.

On sait que la résistance à la flexion d'une pièce est très-notablement accrue, lorsque ses deux extrémités sont fixées sur les supports (91). Ainsi, après avoir réglé les dimensions des couchis, comme s'ils devaient être simplement posés sur les fermes, on se procurera un grand avantage de stabilité en les clouant à leurs extrémités sur les fermes. Ce procédé, très-usité maintenant, est utile en outre pour le contre-ventement des fermes à leur sommet, c'est-à-dire là où elles tendent le plus à se déverser; de plus, il ne laisse pas que de contribuer à la facilité et à la régularité de la pose des voussoirs.

L'espacement des couchis dépend de l'espèce de maçonnerie dont la voûte est formée. Pour les voûtes de grandes dimensions, on a l'habitude de ne laisser aucun vide entre les couchis, lorsqu'elles sont construites en petits matériaux, tels que moellons, briques, béton, etc.; on a, au contraire, soin de les serrer les uns contre les autres, de manière à former un plancher solide sur lequel les ouvriers peuvent travailler. Placés de cette manière, les couchis ont encore l'avantage de former eux-mêmes une espèce de voûte qui permet d'alléger sensiblement les fermes du cintre. Souvent, on donne aux couchis des dimensions assez fortes pour pouvoir les espacer de $0^m,10$ à $0^m,15$, et on les recouvre de planches minces jointives, que l'on fixe transversalement dessus, en leur faisant prendre la courbure de la voûte : ce moyen a été employé pour la construction du Pont-aux-Doubles (204) et pour celle des divers autres ponts construits à Paris depuis 1850. Pour les voûtes de petites dimensions, pour celles de caves, par exemple, les maçons établissent ordinairement un plancher sur les arbalétriers du cintre, et ils posent les couchis au fur et à mesure que la construction de la voûte avance, en suivant la courbe d'intrados, que l'on trace habituellement à l'avance sur les pignons. Dans ce cas, on peut espacer les couchis de $0^m,04$ à $0^m,05$ entre eux. Ce vide peut être plus considérable toutes les fois que la voûte est appareillée par rangs de voussoirs réguliers; car, alors, il suffit qu'au milieu de chaque rang réponde une file de couchis, de manière que tous les joints se trouvent au droit d'un espace vide et soient accessibles par-dessous. Dans tous les cas, il faut réduire la largeur des couchis au double ou au triple de leur épaisseur au plus. Ce qui motive une largeur médiocre, c'est, d'une part, la courbure de l'intrados, qui doit être complétement inappréciable dans l'étendue de la largeur d'une file de couchis; d'autre part, l'économie du bois, attendu que, dans les pièces travaillant en portée, il y a avantage à diminuer la largeur relativement à l'épaisseur (91).

266. **Dispositions et forme des cintres en charpente.** — Les fermes de cintres peuvent être combinées suivant trois principes différents : ou bien ces fermes ne sont soutenues qu'à leur naissance par la maçonnerie, qui supporte à la fois et la charge verticale et la poussée horizontale de ces fermes, on dit alors que les cintres sont *retroussés;* ou bien, il existe, d'une naissance à l'autre, un certain nombre de points fixes, dont l'effet est réellement de partager la ferme totale en plusieurs autres de moindre ouverture, on dit alors que les cintres sont *fixes;* enfin, on emploie encore un système *mixte*, qui consiste à établir d'abord les fermes de manière qu'elles puissent être soutenues sur leurs deux naissances seulement, puis être étayées, pendant la construction, au moyen d'un certain nombre d'appuis fixes. On trouve à cette dernière disposition l'avantage de pouvoir partager en deux l'effet du décintrement, en supprimant d'abord les étais, puis en n'enlevant le cintre proprement dit qu'après le premier effet du tassement.

Les trois systèmes que l'on vient d'indiquer ont pour eux et contre eux des expériences fort nombreuses, exécutées sur une grande échelle, et qu'on trouve relatées en détail dans tous les ouvrages qui traitent de la construction des ponts. Mais ces expériences ne peuvent point prononcer d'une manière absolue ; on pourrait peut-être attribuer à la plupart d'entre elles le défaut de remonter à une époque où la combinaison des grandes fermes de charpente et le mode d'exécution des maçonneries n'étaient point entendus comme ils le sont maintenant. Alors, tout contribuait à exagérer les effets du tassement et les dangers du décintrement; aujourd'hui, ces effets sont incontestablement plus bornés, ces dangers sont nuls. Une aussi importante amélioration est due sans doute aux progrès naturels de l'art, à l'esprit d'analyse que les praticiens se sont peu à peu habitués à apporter dans leurs conceptions; mais la plus large part en revient à l'immortelle découverte de M. Vicat, qui, en créant la science des mortiers, a tout d'un coup fait faire un pas immense à l'établissement des maçonneries.

Il semble donc que le constructeur, chargé d'établir une grande ferme de cintre, doit faire abstraction des gigantesques tassements du pont de Neuilly où d'autres, et ne procéder que par l'analyse des efforts connus qu'il a à combattre, et des moyens de résistance dont il peut disposer. Quelle que soit la composition d'un appareil de cintre, il est indispensable qu'il soit *contreventé*, c'est-à-dire que les fermes soient reliées entre elles par des moises horizontales ou en écharpe.

Quant à la combinaison particulière des diverses pièces qui composent les fermes, on ne saurait rien dire de général. Chaque constructeur, après avoir posé les bases de l'établissement qu'il a en vue, consultera les nombreux dessins de fermes donnés dans les ouvrages spéciaux, en ayant bien soin de ne regarder aucun exemple comme un type absolu, et en se méfiant de l'énorme quantité de bois à laquelle le conduirait souvent une imitation trop servile. Quelle que soit, du reste, la disposition adoptée en définitive, elle doit indispensablement remplir ces deux conditions : 1° *empêcher le relèvement du sommet de la ferme, au moyen de grandes moises ou de brides partant de ce sommet et fixées vers les naissances, et d'ailleurs au moyen d'une surcharge provisoire sur le sommet pendant la construction des reins ;* 2° *ramener, autant que possible, tous les efforts à des résultantes horizontales qui se neutralisent réciproquement, en montant la voûte symétriquement des deux côtés à la fois.*

Règle générale, toutes les pièces d'une ferme de cintre doivent être disposées de manière que leur ensemble forme une triangulation dans laquelle les angles sont, autant que possible, égaux entre eux ; le déplacement de chaque pièce est ainsi rendu impossible par l'opposition de celles qui la croisent, et leur ensemble forme un système très-rigide qui reporte toute la pression sur les poteaux d'appui.

La figure 87 représente une ferme du cintre employé au pont-canal de l'Orb : ce système a été également appliqué à la construction des voûtes surbaissées au 1/10 du pont de Coursan, et nous en avons fait également usage pour la plupart des autres ponts que nous avons fait exécuter ; toujours il a fourni d'excellents résultats, tant sous le rapport de la solidité que sous celui de l'économie. Au pont de l'Orb, avec un volume de bois que l'on peut considérer comme minimum, et avec un seul appui intermédiaire, les abaissements aux sommets, au moment de la fermeture des voûtes, n'ont pas dépassé 0m,01 pour des ouvertures de 17 mètres et une flèche de 7 mètres.

Fig. 87.

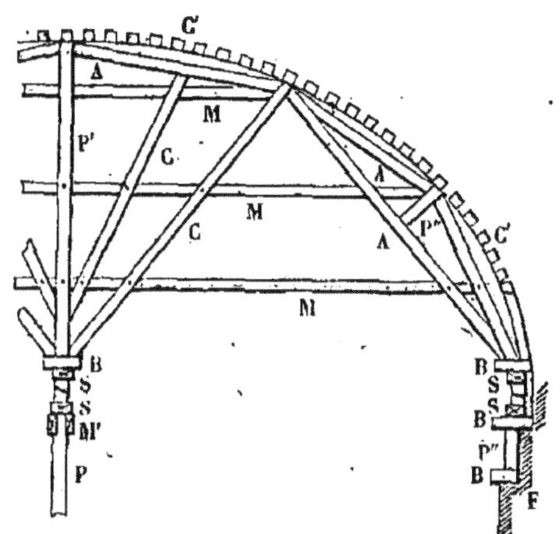

A, arbalétriers.
B, blochets.
C, contre-fiches.
P, pieux d'appui.
P', poteau principal.
P'', potelets.
S, semelles et coins de décintrement.
M, moises formant entrait.
M', liernes reliant les pieux.
C', couchis, que l'on recouvre d'une chemise en planches de 0m,015 d'épaisseur.
F, massif de fondation.

267. **Prix de revient des cintres.** — Supposant que le prix brut du bois de sapin d'équarrissage marchand, rendu à pied d'œuvre, soit de 66 francs le mètre cube, que le déchet du bois ne dépasse pas 16 pour 100, et que la journée de travail soit payée 4 fr. 50 c. aux charpentiers et 2 fr. 50 c. aux manœuvres, l'évaluation, aussi approximative que possible, du prix de revient des cintres de voûtes, par mètre superficiel de douelle, y compris toutes les fournitures de bois et de fer, la façon, le coltinage, le décintrage et l'enlèvement, est :

			fr.
1°	Pour les voûtes	de 2 mètres d'ouverture et au-dessous..	2,50
2°	*Id.*	de 2 à 5 mètres d'ouverture...........	5,00
3°	*Id.*	de 5 à 9 mètres *id.*	10,00
4°	*Id.*	de 9 à 12 mètres *id.*	15,00

Pour les voûtes de ponts d'une ouverture supérieure à 12 mètres, le prix de revient approximatif des cintres, par mètre carré de douelle, se compose à peu près des éléments suivants :

		fr.
1°	Bois pour pieux, 0m,04, à 75 francs..........................	3,00
2°	Bois en location pour cintres et couchis, y compris assemblage, déchet et décintrement, 0m,40, à 80 francs..........................	32,00
3°	Chemise en planches de 0m,015 recouvrant le cintre, 1m,50, à 2f,50.	3,75
4°	Battage des pieux d'appui, 0m,30 de longueur, à 10 francs le mètre courant..........................	3,00
5°	Fer fourni ou en location pour boulons, frettes, sabots, etc., 5k,50, à 0f,75..........................	4,12
	Prix total, y compris le décintrement..........	45,87

268. **Pose des cintres et tassement des voûtes au décintrement.** — Le but que nous nous sommes proposé étant de traiter particulièrement ce qui est relatif à l'exécution des ouvrages de maçonnerie, nous ne pousserons pas plus loin nos détails sur la construction des cintres, laquelle fait généralement partie des ouvrages de charpenterie ; nous nous bornerons seulement à développer quelques considérations relatives à la pose des cintres et à leur dépose, ces deux opérations ayant pour objet de contribuer d'une manière considérable au plus ou moins de stabilité des voûtes.

Lors de la pose des cintres, la plupart des constructeurs ont l'habitude de donner aux fermes un certain surhaussement, dont l'objet est de contre-balancer à peu près l'abaissement du sommet de la voûte qui peut résulter, tant du tassement du cintre pendant la construction, que de celui de la voûte elle-même après le décintrement. Dans l'état actuel de la science, et quoique plusieurs constructeurs se soient beaucoup occupés de cette question, le mode et la quantité de surhaussement ne peuvent absolument point être calculés, et, à cet égard, force est d'agir un peu au hasard.

Lorsqu'on décintre une voûte aussitôt après son achèvement, il est difficile de ne point penser qu'il se produit une légère compression dans le mortier des joints, compression qui complète la solidité de la voûte loin de l'altérer, et qui ne produit qu'un abaissement peu sensible du sommet quand la voûte est en plein cintre et qu'elle a été exécutée convenablement, c'est-à-dire lorsqu'on a mis la plus grande attention à donner aux joints de mortier une épaisseur régulière n'excédant jamais $0^{m},02$, et que les matériaux ont été bien affermis et tassés avec soin au fur et à mesure de leur pose ; quand ces précautions sont prises, l'abaissement se produit presque toujours sans déformer la régularité du profil d'intrados : pour les voûtes en arc de cercle, l'abaissement est toujours plus considérable.

Il est résulté de quelques observations faites par nous à ce sujet, qu'une voûte en plein cintre de 3 mètres d'ouverture, construite en maçonnerie de pierre de taille, avait baissé à son sommet de $0^{m},0015$ après le décintrement ; et, pour une voûte en arc de cercle, de 16 mètres de corde et de $1^{m},40$ de flèche, en même maçonnerie, l'abaissement au sommet a atteint le chiffre considérable de $0^{m},12$: le nombre des joints était de quatorze pour la première voûte, et de quarante pour la seconde, et leur épaisseur moyenne était de 0m,015, épaisseur de 0m,005 à 0m,007 trop forte. Nous avons trouvé que le tassement du mortier de chaux et sable avait été de 0m,023 par mètre de hauteur de joints pour la voûte en plein cintre, et de 0m,063 pour celle en arc de cercle. De ces expériences, il résulte que l'abaissement au sommet des voûtes en arc de cercle est d'autant plus fort, pour une même ouverture, que le rapport de la flèche à la corde est plus petit.

Pour les mortiers de ciment romain (65), le tassement est nul ; ainsi, la voûte du Pont-aux-Doubles, dont nous avons donné les dimensions (204), n'a pas baissé au sommet, lors du décintrement, et il en a été de même pour la généralité des grands ponts construits avec le ciment romain, et désignés au tableau du n° 269. Un aussi beau résultat n'a très-probablement jamais été obtenu pour les voûtes dont les maçonneries sont hourdées en mortier de chaux ; car, si bien que l'équilibre ait été calculé, quelque soin que l'on ait apporté à tenir compte de toutes les propriétés des corps, de tous les accidents que l'esprit peut saisir, on doit être assuré qu'au moment où l'on abandonnera une voûte à elle-même, la nature lui imposera un mode d'équilibre qui ne sera pas celui que l'on avait prévu, bien qu'il puisse s'en rapprocher beaucoup, et que souvent la différence échappe complétement à nos sens. (Pour exprimer ce retour à l'équilibre naturel, les maçons, qui en ont le sentiment intime, disent que la maçonnerie *s'asseoit.*) Quand les mortiers sont encore compressibles, l'équilibre nouveau s'établit sans aucune altération, même invisible, de la maçonnerie ; tout se passe comme si le mode d'équilibre prévu avait tout d'abord atteint la perfection, et le décintrement répare efficacement les fautes de calcul ; mais si l'on attend, au contraire, que les mortiers soient complétement secs, le nouvel arrangement du système ne peut se faire sans qu'il y ait écrasement sur certains points, déchirement sur d'autres, et la maçonnerie sera désorganisée au moment même où elle commencera à fonctionner, si le constructeur n'a employé aucun moyen pour empêcher cet effet.

Après ces considérations, nous nous garderions bien d'essayer seulement de critiquer les précautions si souvent appliquées et si universellement admises pour le rehaussement des cintres de voûtes ; nous croyons toutefois qu'elles ne sont pas indispensables en général, et que, si elles offrent quelques avantages, elles entraînent aussi des sujétions équivalentes.

En premier lieu, la hauteur du sommet de la voûte n'est presque jamais donnée d'une manière tellement impérieuse, qu'un médiocre abaissement de ce sommet puisse être considéré comme un vice radical de la construction, et si cela devait être, on agirait bien plus à coup sûr en relevant les naissances d'une hauteur égale à celle qu'on croirait avoir calculée pour le tassement du sommet; il n'y a donc point, quoi qu'il arrive, de nécessité à altérer la courbe d'intrados.

En second lieu, on est toujours porté à attribuer à la courbe de surhaussement une flèche trop considérable, précisément parce qu'en pareil cas on agit un peu au hasard. Il en résulte que cette courbe s'éloigne beaucoup, et souvent d'une manière disgracieuse, de la véritable courbe d'intrados qui a servi à l'épure de la voûte; que la direction des joints devient incertaine, et la pose des voussoirs plus difficile. Puis, lorsque le tassement est accompli, les modifications de courbure ne sont point précisément inverses de celles qu'on avait introduites dans la courbe de pose; le plus souvent, le tassement total est très-sensiblement inférieur à celui qu'on avait craint, et l'on arrive en définitive à un profil peu correct, sans avoir obtenu, au prix de mille sujétions, le résultat hypothétique que l'on avait en vue. Il n'est peut-être point de praticien qui n'avouât de bonne foi avoir éprouvé ce mécompte.

Lorsqu'au contraire on adoptera tout simplement pour courbe de pose celle du projet et de l'épure de la voûte, on pourra avoir, après le décintrement, un certain tassement provenant, pour une petite partie, de la compression des mortiers, et, pour la plus grande partie, des défauts d'équilibre dans le profil de la voûte. Mais si ce profil ne s'éloigne pas trop des conditions de stabilité pratique, le tassement s'accomplira d'une manière régulière, et la nouvelle courbe d'équilibre de l'intrados sera assurément une courbe continue, une courbe de même espèce que celle du projet, et ne différant de celle-ci qu'à un degré inappréciable à la vue simple. Le problème sera donc résolu sans sujétion et d'une manière complète, pratiquement.

Dans l'un et l'autre cas, on a la ressource de corriger, si l'on veut, le profil d'intrados, en retaillant sur le tas tout le parement de douelle; une semblable opération n'est pas trop coûteuse, si cette partie de la taille n'a été préalablement qu'ébauchée; elle est sans inconvénient, si les joints ont été bien dressés.

269. **Pose des voûtes.** — L'exécution des voûtes en maçonnerie de pierre de taille implique diverses précautions assez minutieuses, lorsqu'on a surhaussé le cintre (268) : on est alors dans l'usage de ne point donner aux joints une épaisseur uniforme, mais de les faire bâiller à l'intrados vers les reins, et à l'extrados vers le sommet ; de garnir ces joints d'étoupes sur les arêtes, et de modifier successivement leur direction en raison des tassements déjà observés ; enfin, les constructeurs emploient, dans cette circonstance, tous les moyens dont la pratique et une longue expérience de ces sortes d'ouvrages leur assurent d'avance de bons résultats.

Dans les détails qui vont suivre, on supposera implicitement que l'appareil des cintres est conforme à l'épure exacte de la voûte, et qu'ils ont été établis selon les principes et avec les précautions indiqués aux nos 262 et suivants. Dans ces conditions, les cintres n'éprouveront que des compressions de bout, compressions peu importantes, et dont on accepte d'avance les conséquences, parce que la régularité du profil n'en saurait souffrir radicalement.

1° *Voûtes en pierre de taille.* — Quand les voussoirs sont taillés et disposés d'après les règles indiquées au n° 260, on procède à leur pose. Pour faire cette opération, on commence d'abord par établir la division des voussoirs, conformément à l'épure, à chacune des extrémités du cintre, en marquant les points de division sur les couchis, soit par des petites encoches, soit en implantant des pointes; puis, lors de la pose de chaque rang de voussoirs, on trace, au moyen de règles, sur les couchis, la ligne d'arase du lit supérieur de ce rang, en donnant des points intermédiaires avec des *nivelettes*, ou en tendant un cordeau entre les points marqués aux extrémités du cintre.

Le principe de non-continuité des joints montants doit être rigoureusement observé, et, en général, tous ceux indiqués au n° 169.

Afin de diriger tous les plans de joints normalement à l'intrados, on se sert d'une ou de plusieurs fausses équerres levées sur l'épure de la voûte, et dont l'un des côtés est une certaine longueur de l'arc d'intrados, et l'autre côté une normale à cet arc. Si l'intrados est tracé à plusieurs centres, il faut changer ces fausses équerres chaque fois qu'on passe d'un arc à l'autre. Au pont Notre-Dame, dont les voûtes sont en ellipse, ce qui a nécessité un panneau en voliges pour chaque assise de voussoirs, on a remplacé les fausses équerres en traçant au chantier, sur la tête de chaque voussoir, une ligne bien apparente qui devait être verticale après la pose du voussoir.

Pour la pose des voussoirs, on doit interposer dans chacun des joints un lit de mortier d'une épaisseur uniforme de 0m,015 pour les voûtes de grandes dimensions, et de au moins 0m,008 pour les petites. En posant le mortier des joints, il faut avoir soin de n'en pas laisser sous les voussoirs quand on les pose sur le cintre; car l'arête supérieure de ces voussoirs s'appliquerait sur le cintre, et l'arête inférieure, au contraire, en serait séparée par l'interposition de ce mortier, et il en résulterait un déversement qui nuirait à la solidité, tout en produisant à l'intrados de la voûte des balèvres dont l'effet serait très-désagréable, et que l'on serait obligé de retailler après le décintrement. Le poseur doit affermir chaque voussoir au fur et à mesure de sa pose, au moyen d'un maillet en bois, afin de ne pas faire d'écornures; il doit également apporter une grande attention à ce que les vides qui peuvent exister entre les lits et les joints, par suite de défauts dans les voussoirs, soient remplis au moyen d'éclats de pierre enfoncés à bain de mortier; en un mot, il doit apporter tous ses soins à ce que les joints soient parfaitement fichés.

Les deux côtés de la voûte se montent en même temps, d'abord pour que leurs poussées se fassent équilibre sur le cintre et ne le détruisent pas, et ensuite pour que, les mortiers prenant la même consistance des deux côtés, le tassement soit égal. Il convient aussi de ne commencer une nouvelle assise de voussoirs que quand l'assise inférieure est entièrement posée. Au pont Notre-Dame, on s'est écarté de ces prescriptions; ainsi, on a commencé par poser sur cales tous les voussoirs en pierre de taille formant les deux têtes, puis on a fiché les joints en ciment de Vassy. Ces deux têtes terminées, on a procédé à la pose des voussoirs intermédiaires, qui sont de forts moellons piqués, dont deux assises forment une assise des têtes; comme pour les têtes, on a posé ces moellons sur cales, et on les a fichés en ciment au fur et à mesure, mais de manière à avoir toujours au moins deux assises non fichées, afin de ne pas déranger les voussoirs posés. Une fois le premier rouleau posé sur tout le cintre, on a complété l'épaisseur de la voûte entre les têtes, puis on a fait le remplissage des reins et établi les chapes en ciment et en bitume. On conçoit que, par ce mode d'opérer, la charge des cintres se trouve bien diminuée et placée progressivement; aussi est-il généralement suivi aujourd'hui.

La partie la plus délicate de l'exécution d'une voûte est sa *fermeture*, qui doit être faite de manière à limiter, autant que possible, l'abaissement au sommet lors du décintrement, lequel résulte, comme nous l'avons vu (268), pour une certaine partie, de la compression des mortiers. Cette opération se fait de plusieurs manières distinctes, dont la suivante est le plus communément suivie.

Quand il n'y a plus que les deux contre-clefs et la clef à poser sur le milieu de la voûte (260), on commence à fermer cette dernière à chacune de ses extrémités, et même dans l'intervalle, si la longueur de la voûte l'exige. Pour cela, on pose en ces points les pierres qui forment les contre-clefs; on dresse parfaitement sur place leurs lits apparents; on relève exactement le vide compris entre ces lits, et on taille la clef à la mesure de ce vide. Cela fait, on enduit les joints des *contre-clefs* d'une couche de mortier ferme, mais onctueux, et on pose aussitôt la clef, en l'enfonçant avec un fort maillet en bois ou avec une dame du poids de 40 à 50 kilogrammes, jusqu'à ce que son parement de douelle s'appuie sur le cintre. Cela fait, le mortier doit souffler de toutes parts; alors on introduit dans les joints maigres qui peuvent exister des éclats de pierre dure, en les enfonçant fortement avec la hachette. On continue ensuite, en opérant de la même manière, la pose des autres clefs et contre-clefs, jusqu'à ce que la voûte soit fermée entièrement.

Quelques constructeurs emploient le moyen suivant pour fermer les voûtes : après avoir recouvert d'un lit de mortier les joints des contre-clefs, et lorsque la clef est taillée à la dimension voulue, on suspend cette dernière, au moyen d'une louve et d'une petite chèvre, à l'aplomb de l'espace qu'elle doit occuper; puis on la laisse tomber à sa place, en la dirigeant en conséquence. Comme on a eu l'attention d'enlever d'abord les couchis au-dessous du rang de la clef, chaque morceau, en perdant toute sa force vive, peut descendre un peu au-dessous de l'intrados, et l'on doit même s'y prendre de manière qu'il en soit ainsi, afin qu'une petite retaille, à la clef seulement, puisse rendre unie toute la surface d'intrados. Au dire des constructeurs qui ont employé ce moyen, quand les mortiers sont hydrauliques et que l'opération est bien conduite, il en résulte aussitôt comme un commencement de décintrement, c'est-à-dire qu'on reconnaît, à n'en pas douter, que la pression sur le cintre a sensiblement diminué. Cette manière d'opérer peut donner des résultats satisfaisants; mais elle nous paraît d'une exécution tellement difficile, pour bien faire tomber chaque pierre à sa place, que nous préférons la méthode précédente, ou celle que nous donnons ci-après et qui la remplace avec de grands avantages.

Cette troisième méthode consiste à poser à sec sur les cintres les contre-clefs et la clef, en les espaçant de manière à réserver l'épaisseur des joints; à remplir ensuite ces derniers en y coulant du mortier de ciment, que l'on a soin de ne pas gâcher trop clair. Ce mortier étant coulé dans les joints, on ébranle un peu chaque pierre afin de bien le faire pénétrer dans tous les joints, ou on l'enfonce en le fichant avec la truelle; toutes les voûtes en moellons piqués des casemates du fort de Charenton ont été fermées de cette manière, et l'affaissement de leur sommet au décintrement a été très-peu sensible : elles avaient 1 mètre d'épaisseur. La simplicité de ce procédé, et les bons résultats qu'on en obtient, le feront préférer à tous les autres employés jusqu'alors, quand tous les constructeurs auront eu connaissance des avantages qu'il présente.

Les coulis en mortier de chaux ou en plâtre doivent être généralement rejetés pour la fermeture des voûtes; cependant les derniers peuvent encore être employés pour les voûtes de petites dimensions en élévation; mais pour les voûtes de caves, et en général pour toutes celles établies dans des endroits humides, on ne doit recourir à leur usage que lorsqu'il n'est pas possible de faire autrement.

2° *Voûtes en petits matériaux.* — Pour les voûtes en moellons, briques, etc., le mode d'exécution est à peu de chose près le même que pour les voûtes en pierre de taille. Les joints ne doivent pas se correspondre dans deux assises voisines, et quand la voûte est en moellons ou meulières piqués, ou en briques, il faut tracer les joints longitudinaux sur les couchis. L'ouvrier doit poser chaque voussoir en le frottant sur les couchis du cintre, afin que son parement de douelle s'y applique bien et qu'il ne reste pas de mortier dessous, inconvénient qui occasionne toujours des balèvres d'un aspect désagréable après le décintrement et qui augmentent la dépense, puisqu'on est obligé de retailler l'intrados pour les faire disparaître. Les moellons ou meulières doivent toujours être un peu plus épais à la queue que vers le parement de douelle ; s'il en était autrement, on remplirait avec soin tous les vides résultant des moellons maigres de queue, au moyen d'éclats de pierre dure, qu'on enfoncerait à bain de mortier.

3° *Voûtes en petits matériaux hourdées en ciment.* — Comme nous l'avons dit, n° 204, les mortiers de ciment romain sont employés avec de grands avantages dans la construction des ouvrages hydrauliques; la très-grande force de cohésion de ces mortiers et leur adhérence intime avec les matériaux de construction ont inspiré à M. de Lagallisserie, ingénieur en chef des ponts et chaussées, l'idée de construire en moellons et ciment de Vassy des voûtes qui n'éprouveraient au décintrement aucun tassement sensible. La pression à la clef se reporterait alors d'une manière plus uniforme sur la totalité de l'épaisseur; la force de cohésion du mortier dans chaque joint tendrait d'ailleurs à diminuer notablement cette pression, et il deviendrait possible de réduire sans danger la flèche et l'*épaisseur à la clef.* M. Mary, alors ingénieur en chef du service des eaux et de l'assainissement de Paris, ayant eu de fréquentes occasions d'employer le ciment de Vassy et d'en apprécier toutes les qualités, fut consulté à ce sujet, et partagea l'opinion de M. de Lagallisserie.

Avant de mettre ce système de construction en application, et pour ne laisser aucun doute sur la réussite des voûtes projetées, les chefs de l'exploitation du ciment de Vassy, qui étaient MM. Gariel et Garnier, résolurent de construire à leurs frais un arceau d'essai ayant 31 mètres de corde sur 3 mètres de flèche seulement, 1m,30 d'épaisseur à la clef, et 1m,50 de distance entre les deux têtes. Un an après son exécution, cet arceau a été soumis, par ordre de M. le ministre des travaux publics, à différentes épreuves qui ont donné des résultats surprenants. Ainsi, cet arceau a parfaitement résisté au choc de deux pierres de taille cubant 1m,47 et ayant un poids total de 2 782 kilogrammes, qu'on a laissées tomber d'une hauteur de 0m,37 sur la clef. Suivant les calculs de M. Mondot de Lagorce, ingénieur en chef, qui présidait la Commission d'épreuve, ce choc équivaudrait à un poids de 200 000 kilogrammes posé sur la clef de la voûte.

Aussitôt après la connaissance des résultats produits par les expériences faites sur l'arceau de Vassy, MM. Gariel et Garnier furent chargés de la reconstruction du Pont-aux-Doubles, sur le petit bras de la Seine, à Paris. Ce pont se compose d'une seule arche semblable à l'arceau d'épreuve ; seulement, la distance entre les deux têtes est de 16 mètres.

Pour la voûte de ce pont, on a employé des moyens d'exécution tout particuliers, que nous allons essayer de résumer.

La prise du mortier de ciment étant presque instantanée, la voûte ne devait former qu'un seul voussoir après son achèvement ; il fallait alors éviter les ruptures qui ont ordinairement lieu aux naissances et aux reins des voûtes pendant leur exécution, lesquelles résultent presque toujours de l'affaissement qui se produit dans les cintres au fur et à mesure qu'on les charge. Pour obtenir un résultat satisfaisant, on divisa la voûte en quatre voussoirs, séparés entre eux par un intervalle de 1 mètre, *fig.* 88 ; il y avait

Fig. 88.

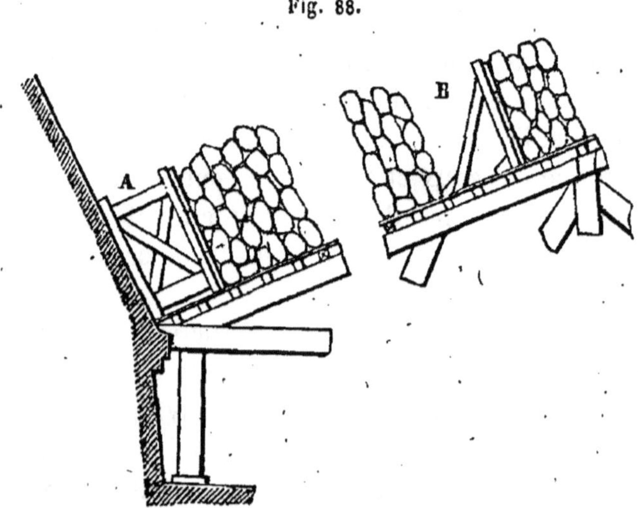

un de ces joints à chaque naissance, deux aux reins et un à la clef. Un encaissement en charpente, disposé comme l'indique la figure, était construit dans l'intervalle des joints A et B des naissances et des reins, afin de retenir la maçonnerie des voussoirs supérieurs et l'empêcher de glisser sur le cintre. Ces dispositions prises, après avoir chargé la surface du cintre d'une grande quantité de meulières, on a mis des maçons en nombre suffisant pour construire les quatre voussoirs à la fois, sur une épaisseur de 1 mètre environ, en appuyant les maçonneries contre les encaissements. Cette première partie du travail terminée, on a commencé à démonter les encaissements par fermes de 2 mètres de largeur, et l'on a rempli les parties de joints ainsi débarrassées en croisant le travail, c'est-à-dire en commençant pour les vides des naissances à la tête d'aval, et pour ceux des reins à la tête d'amont; mais, voyant que le glissement des maçonneries sur le cintre n'était pas à craindre, au lieu de continuer à opérer ainsi, on a démonté entièrement les encaissements en charpente, et l'on a ensuite rempli tous les joints en même temps, en mettant le même nombre d'ouvriers à chacun d'eux. Cette opération a été faite en deux jours. La voûte étant extradossée parallèlement sur 0m,80 à 1 mètre d'épaisseur et fermée entièrement, on a complété l'épaisseur de la voûte sur toute son étendue, en prenant toutes les précautions nécessaires pour assurer l'adhérence de la nouvelle maçonnerie avec celle du premier rouleau (204).

Lors du décintrement, il a été impossible d'apercevoir la plus légère fissure aux naissances et aux reins ni aucun abaissement à la clef. Presque tous les grands ponts exécutés avec le mortier de ciment romain ont fourni des résultats analogues; on n'y a observé d'autre abaissement à la clef que celui qui se produit naturellement par suite du chargement des cintres avant la fermeture des voûtes; après cette opération, l'abaissement n'était pas appréciable, et, dans un ou deux cas, nous avons même constaté un faible surhaussement, produit sans doute par la dilatation due à une élévation de température. De semblables résultats n'ont peut-être jamais été obtenus pour les voûtes hourdées en mortier de chaux.

Lorsqu'on fait usage du mortier de ciment romain, si l'exécution et la fermeture des voûtes se font par un temps chaud, il se produit presque toujours, lorsque la température baisse, un léger fendillement au droit des premiers joints des naissances. Ce fendillement, qu'on doit attribuer à la contraction des matériaux, n'a du reste aucun inconvénient; il n'est même pas appréciable quand les têtes des voûtes sont en pierre de taille, et bien qu'il se produise à un plus haut degré et presqu'à chaque joint dans les voûtes hourdées en mortier de chaux, la divisibilité des joints et la compressibilité du mortier le rendent invisible. Une bonne précaution à prendre pour rendre le fendillement aussi faible que possible consiste à fermer les voûtes en mortier de ciment le matin, avant les grandes chaleurs du jour.

Au Petit-Pont, qui a les mêmes dimensions que le Pont-aux-Doubles, si ce n'est que son ouverture est de 32m,50 en aval et de 31 mètres en amont, pour construire la voûte on a commencé par faire un premier rouleau sur tout le cintre avec des meulières piquées, en laissant un intervalle aux naissances et à la clef. Cette première assise étant posée, on l'a fermée aux naissances et à la clef. On a fait ensuite le complément de l'épaisseur de la voûte, en ne la fermant encore qu'en dernier lieu aux naissances et à la clef. Les parties apparentes sont en meulière piquée ; sur les têtes, deux voussoirs forment l'épaisseur de la voûte. Au Pont-aux-Doubles, toute la maçonnerie a été couverte de ciment de Vassy, dans lequel on a refouillé des joints pour imiter la pierre de taille. Les parapets de l'un et de l'autre de ces ponts sont en belle pierre de taille, et leurs extrados sont, comme les douelles, des surfaces profilées par des arcs de cercle.

D'après M. l'ingénieur Darcel (*Annales des ponts et chaussées*, mars et avril 1855), le prix de revient des ponts en ciment a été à peu près invariablement, à Paris, de 320 francs le mètre carré, à compter d'une extrémité à l'autre des culées, sans y comprendre les fondations, mais en comptant la pierre de taille des têtes, tympans, corniches, parapets, etc., ce qui, pour un pont de chemin de fer à deux voies, soit d'environ $8^{m},60$ de largeur entre les têtes, porterait la dépense par mètre courant de pont, de l'extrémité d'une culée à l'autre, à 2 752 francs (les fondations exceptées).

INDICATION DES ARCHES de ponts construits en petits matériaux et mortier de ciment de Vassy.	Nombre d'arches.	FORME DES VOUTES.	Ouverture.	Flèche.	Epaisseur moyenne à la clef.	Epaisseur aux naissances.	
			m.	m.	m.	m.	
Arche d'essai faite à Vassy. 1844.	1	Arc de cercle.	31,00	2,99	1,30	2,00	1
Id. la clef réduite à 0m,30 d'épaisseur.......... 1844.	1	Id.	31,00	2,99	0,30	2,00	2
Pont-aux-Doubles, à Paris. 1847.	1	Id.	31,00	3,10	1,35	3,00	3
Pont-aqueduc d'Avallon.. 1847.	1	Id.	30,00	3,00	1,00	1,50	4
Pont d'Arcy-sur-Eure.... 1847.	2	Id.	20,00	2,50	1,00	1,00	5
Arche marinière de Villeneuve-sur-Yonne............ 1851.	1	Anse de panier.	34,00	7,80	1,12	3,50	6
Pont Napoléon, à Paris (chemin de fer de ceinture)..... 1853.	5	Arc de cercle.	34,50	4,60	1,20	1,20	7
Petit-Pont, à Paris........ 1853.	1	Id.	amont 31 / av. 32,5	3,10	1,35	2,00	8
Pont Notre-Dame, à Paris. 1853.	5	Ellipse.	18,76	7,53	0,90	2,35	9
Pont d'Austerlitz, à Paris. 1854.	5	Arc de cercle.	32,24	4,10	1,20	1,20	10
Pont des Invalides, à Paris. 1855.	4	Id.	31,90	3,40	1,20	1,80	11
Pont de l'Alma, à Paris... 1855.	3	Ellipse.	43,00	8,60	1,50	3,10	12
Pont de l'Arche sur la Seine 1855.	4	Id.	30,00	8,50	1,00	»	13
Pont-canal de l'Orb (*a*), à Béziers................. 1855.	9	Anse de panier.	17,00	7,00	1,00	1,00	14
Pont biais à 60° sur l'Hers (*b*) (chemin de fer du Midi). 1855.	1	Arc de cercle.	20,785	2,57	0,90	1,00	15
Tunnel sous le canal (*c*), à Agen................ 1855.	1	Anse de panier.	8,00	2,00	0,50	1,00	16
Divers petits ponts au-dessus du chemin de fer du Midi. 1855.	1	Arc de cercle.	8,00	1,00	0,70	1,00	17
Pont biais à 55°, sur la Nive (*d*), à Bayonne............ 1856.	3	Id.	19,00	1,90	0,85	1,00	18
Tunnel de Brienne (*e*), à Moissac (chemin de fer du Midi). 1856.	1	Anse de panier.	8,00	1,00	0,60	1,00	19
Pont de l'Aude, à Coursan (chemin de fer du Midi).... 1856.	5	Arc de cercle.	16,80	1,67	0,94	1,06	20
Ponts fixes sur le canal du Berry.	plusieurs.	Id.	6,30	0,50	0,25	»	21
Pont de Masnier sur le canal Saint-Quentin..............	1	Id.	8,00	0,68	0,45	»	22
Pont de Croix-Daurade, près Toulouse................	1	Anse de panier.	19,155	6,00	0,85	0,85	33

(*a*) Longueur entre les tympans, 15 mètres. (*b*) Longueur entre les tympans, 8m,50. (*c*) Sur plan circulaire, longueur 47 mètres.

	MATÉRIAUX EMPLOYÉS.	Composition du mortier en volume, le ciment mesuré en poudre non tassée.		Poids du mètre cube de maçonnerie.	Rayon de courbure maximum de l'intrados.	Pression moyenne par centimètre carré à la clef.	Nombre de jours écoulés entre la fermeture de la voûte et le décintrement.	Abaissement observé.	Épaisseur des culées.
		sabl.	cim.	k.	m.	k.		m.	m.
1	Moellons calcaires..........	1	1	2 100	41,64	10,70	30	0,00	11,00
2	— Id.	1	1	»	»	41,00	»	»	»
3	— de meulière.......	1	1	2 000	40,30	10,70	180	0,02	13,00
4	— de granit.........	1	1	2 500	39,00	19,20	180	0,02	15,60
5	— calcaires.........	1	1	2 100	21,25	6,15	180	0,00	7,00
6	— de grès............	1	1	2 100	40,00	11,20	10	0,00	»
7	— de meulière.......	1	1	2 000	34,64	9,10	30	0,00	14,00
8	— Id.	1	1	2 000	44,14	11,60	30	0,04	13,00
9	— calcaires tendres..	2	1	2 000	11,68	3,50	1	0,00	»
10	— de meulière.......	3	2	2 000	33,75	0,90	30	0,035	10,00
11	— Id.	3	2	2 000	39,11	9,60	30	0,04	11,00
12	— Id.	3	2	2 000	53,75	13,50	»	»	10,00
13	— piqués de craie dure	2	1	2 200	25,50	8,00	»	»	8,00
14	— volcaniques.......	3	2	2 350	8,89	»	8	»	»
15	Briques modèle de Toulouse.	1	1	1 816	22,29	»	30	»	6,95
16	Moellons calcaires.........	1	1	2 200	10,30	»	8	»	2,10
17	»	1	1	2 200	8,50	»	2	»	2,50
18	»	1	1	2 200	24,70	»	25	»	6,50
19	Briques modèle de Toulouse.	1	1	1 816	10,30	»	2	»	2,10
20	Moellons volcaniques.......	3	2	2 350	20,00	»	30	»	8,30
21	Briques....................	1	1	»	»	»	»	»	»
22	Id.	1	1	»	»	»	»	»	»
23	Id.	3	2	1 816	»	»	10	»	(f) 3,00

(d) Longueur entre les têtes, 10 mètres. (e) Sur plan circulaire, longueur 54m,30.
(f) Avec contre-forts.

270. **Décintrement des voûtes.** — Avant d'exposer quand et comment on doit effectuer le décintrement des voûtes, nous devons rappeler en peu de mots ce qui se pratiquait et ce qui se fait encore quelquefois en pareil cas.

Beaucoup de constructeurs professent que la maçonnerie d'une voûte doit être laissée sur cintres un mois ou six semaines, c'est-à-dire jusqu'à ce que le mortier soit sec. Suivant le même système, on enlève successivement les couchis depuis les naissances jusqu'à la clef, en ruinant les cales qui séparent ces couchis de la ferme. Quand cette manœuvre devient impraticable, à cause de la grande pression que supportent les derniers couchis, on affaiblit peu à peu, au ciseau, les abouts des arbalétriers, de manière à obtenir un tassement lent et progressif. Dans quelques circonstances, fort rares heureusement, on a ruiné les points d'appui mêmes des fermes, en décintrant ainsi brusquement.

D'autres constructeurs croient qu'il peut être bon d'opérer d'une manière diamétralement opposée.

D'abord, il est prouvé maintenant, par de nombreux exemples, que, tant sous le rapport de la stabilité que sous celui du tassement, il n'y a aucun désavantage à décintrer les voûtes presque immédiatement après la pose des clefs ; mais, d'un autre côté, sous le rapport des mouvements, imperceptibles ou non, qui s'accomplissent dans la voûte au moment du décintrement, il y a, on n'en saurait douter, tout avantage à ce qu'alors le mortier soit encore dans un état qui lui permette de se comprimer, de se mouler suivant de nouvelles figures, sans que sa désorganisation s'ensuive. Il semble donc qu'*il faut maçonner les voûtes et les décintrer le plus promptement qu'on pourra*, afin d'éviter qu'il n'y ait quelques portions de mortier complétement prises au moment du décintrement.

En second lieu, tout le monde reconnaît qu'il faut se garder de laisser prendre aux voûtes une certaine vitesse lorsqu'elles s'abaissent au décintrement. L'expérience prouve, en effet, que ces modifications d'équilibre dans les maçonneries, et même leur écrasement ou leur renversement, sont loin d'être instantanés, et qu'ils demandent, au contraire, pour s'accomplir, un temps appréciable. Il faut donc que le décintrement soit fait et dirigé de telle manière que les cintres ne quittent la voûte que par progression insensible et en plusieurs phases, séparées par un intervalle de temps notable ; il est bon même, en cas d'accident prévu, que ce décintrement puisse être arrêté à un instant donné, de telle sorte que la voûte se retrouve sur ses cintres, comme avant le commencement de l'opération. Or, nous croyons qu'on peut atteindre ce but, en substituant au procédé de décintrement ci-dessus rappelé celui qu'on va indiquer, et qui est goûté par beaucoup de praticiens.

Chaque ferme du cintre n'étant maintenue qu'à ses deux extrémités par des coins doubles, à petit angle, on lui imprimera un mouvement aussi modéré qu'on voudra, soit d'abaissement vertical, soit d'écartement horizontal, en faisant glisser l'un sur l'autre les deux coins d'une même paire. Il suffit souvent, pour la manœuvre dont il s'agit, de placer à chaque pied de ferme un ouvrier, muni d'une cognée de charpentier ou d'un têtu de tailleur de pierre, qui frappera à petits coups sur le coin inférieur de la paire portant sur la semelle traînante. Quelquefois on éprouve de grandes difficultés pour faire glisser ce coin, à cause du poids considérable qui agit dessus; il arrive même assez souvent, lorsque ce coin est un peu desserré, que cette pression le lance avec force jusqu'au pied-droit opposé : les ouvriers doivent toujours se placer de manière que, ce cas arrivant, ils ne puissent être atteints. Le constructeur doit diriger l'opération et avoir l'œil sur les ouvriers, afin qu'ils agissent tous, autant que possible, d'une manière identique. Dans les premiers instants, et quoique l'abaissement des fermes soit accusé par le mouvement des coins, l'effet du décintrement de la voûte n'est pas visible, parce que tout l'espace rendu libre est successivement occupé en vertu de la réaction d'élasticité des bois, dont la compression décroît graduellement; en un mot, le cintre quitte la voûte comme un ressort qui se débande lentement. Lorsqu'une fois il s'est fait un jour continu entre l'intrados et la nappe des couchis, on peut enlever complétement les coins et ensuite les couchis; mais il vaut mieux différer d'un jour ou deux pour attendre les effets du tassement, lesquels peuvent très-bien ne se révéler qu'après ce délai.

Quelle que soit l'ouverture de la voûte, le mode de décintrement qu'on vient de décrire reste applicable.

Le système de coins a été remplacé avantageusement par plusieurs constructeurs français, pour des voûtes de ponts, par des sacs de forte toile remplis de sable bien tassé, et dont l'ouverture est cousue avec du fil très-fort ou seulement ficelée. Ces sacs se placent aux mêmes endroits que les coins dans le mode précédent, et ils résistent bien à l'effort considérable de compression auquel ils sont soumis. Quand on veut décintrer, on pratique une ouverture à l'extrémité de chacun des sacs, lesquels se vident alors lentement, et l'on peut activer l'écoulement du sable en le remuant avec une tige de bois ou de fer. Ce moyen simple et économique fournit un décintrement facile, excessivement régulier, sans aucune secousse.

Aujourd'hui, on remplace ordinairement les sacs par des boîtes en bois ou en tôle, imaginées par M. Bouziat, conducteur des ponts et chaussées. Au pont Saint-Michel, les seize fermes étaient espacées de 2m,03 d'axe en axe, et chacune reposait sur quatre boîtes en tôle remplies de sable. Ces boîtes étaient des cylindres en tôle de 0m,30 de diamètre sur autant de hauteur, ouverts par le haut et fermés par le bas au moyen d'un disque en bois de 0m,02 d'épaisseur qui y entrait exactement. Le cintre reposait sur le sable par l'intermédiaire d'un piston en bois de 0m,28 de diamètre et de 0m,25 de hauteur, qui pénétrait dans le cylindre au fur et à mesure qu'il se vidait. Quatre bouchons fixés au bas de chaque cylindre permettaient de faire couler le sable, et un homme placé à chaque retombée du cintre facilitait cet écoulement au moyen d'une pointe en fil de fer. Des bandes horizontales rouges, blanches et noires, marquées sur les pistons, et larges de 0m,01, permettaient de rendre la descente des cintres aussi régulière que possible. Le sable s'écoule d'autant mieux qu'il est plus sec; aussi convient-il que la pluie ne puisse venir le mouiller en pénétrant par le jeu de 0m,01 qui sépare, sur tout le pourtour, le piston du cylindre. Un temps sec est préférable aussi à un temps pluvieux et glacial pour opérer le décintrement. Il est important que le sable, en s'écoulant, s'amoncèle sur une petite plate-forme servant de base à la boîte; il y forme des petits cônes qui arrêtent l'écoulement dès qu'ils arrivent à la hauteur des trous, ce qui permet à un homme de gouverner plusieurs boîtes, en enlevant successivement les petits cônes.

Le prix total d'une boîte a été de 12 francs, dont 4 francs pour la tôle, 4 francs pour le piston cylindrique, 3 fr. 25 c. pour deux plates-formes en bois de chêne, de 0m,35 de côté, l'une servant de tête au piston, et l'autre de base à la boîte; c'est sur les angles de cette base que se formaient les cônes de sable; et, enfin, 75 centimes pour le sable, les bouchons en liége et le remplissage.

M. Dupuit, inspecteur des ponts et chaussées, et M. Meyer ont fait usage, pour décintrer les quatorze arches des Ponts-de-Cé, de verrins placés à côté des coins. Ayant tourné l'écrou de manière à soulever le cintre, on chasse avec facilité les coins, et le cintre, ne reposant plus que sur les verrins, descend d'un mouvement qu'on peut maîtriser complétement depuis le commencement jusqu'à la fin de l'opération. L'écrou est fileté à droite sur la moitié de sa longueur et à gauche sur l'autre moitié, et dans chacune de ces moitiés pénètre une vis à filets carrés de 0m,055 de diamètre extérieur et de 0m,045 à l'intérieur des filets. En tournant l'écrou, les deux vis y pénètrent simultanément, ou elles en sortent ; la course est de 0m,08 pour chaque vis. Les douze verrins employés ont coûté 903 francs. Les arches avaient 25 mètres d'ouverture, et MM. Dupuit et Meyer pensent que les verrins employés sont assez puissants pour être appliqués à des arches de la plus grande portée.

M. Laroque a fait, à son entière satisfaction, usage de verrins pour décintrer la voûte du pont de Croix-Daurade, près Toulouse. Ce pont, construit en 1857, est biais à 70° et a 19m,155 d'ouverture.

271. **Construction des voûtes sans cintre.** — En employant des mortiers à prise très-prompte, tels que le plâtre, les ciments, etc., et des matériaux bien gisants, il y a possibilité d'établir certaines voûtes sans faire usage de cintres ; avec des mortiers à prise ordinaire, on peut aussi alléger considérablement les cintres. Pour cela, il suffit de construire la voûte par *zones obliques*, comme nous allons l'indiquer.

Fig. 89.

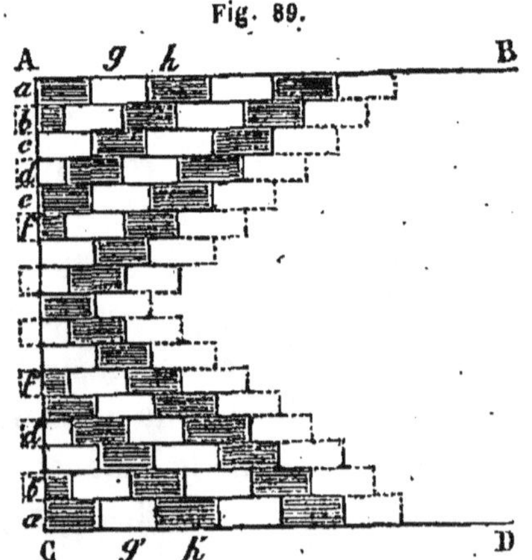

Soit, *fig.* 89, le développement de la surface de la douelle de la voûte à construire, dont AB, CD sont les naissances, et AC l'une des têtes. Si la tête AC s'applique contre un mur pignon, après avoir tracé la directrice d'intrados de la voûte sur ce mur, on commence par poser, suivant cette courbe, un premier rouleau formé de voussoirs *a*, *b*, *c*... *b'*, *a'*, dont on scelle une des extrémités dans le mur. Cela fait, on pose, en partant des naissances, les voussoirs complétant les zones obliques *dg*, *d'g'*, puis ceux complétant les zones *fh*, *f'h'*, et ainsi de suite, jusqu'à ce que la voûte soit entièrement terminée. On maintient chaque voussoir en place, au moment de sa pose, pendant les quelques minutes que dure la prise du mortier ; alors son adhérence aux voussoirs avec lesquels il est en contact suffit pour le soutenir, jusqu'à ce que la zone dont il fait partie se trouve fermée, soit par le rouleau *aa'* de tête, soit par la clef.

Si la tête AC, au lieu d'être adossée à un mur, devait rester apparente, on établirait un cintre léger pour poser le rouleau de tête *aa'*, puis on continuerait la voûte par zones obliques comme dans le cas précédent.

Si la voûte avait une grande longueur, on pourrait établir sur cintres, de distance en distance, des chaînes ou rouleaux analogues à *aa'*, de chaque côté desquels on poserait en même temps les zones obliques, en opérant comme à partir des rouleaux de tête. Cette dernière manière de procéder surtout exige, lorsque le parement d'intrados doit être soigné, que les voussoirs d'une même assise aient bien la même épaisseur dans toute l'étendue de la voûte ; cette condition n'est pas non plus sans importance pour la facile et bonne exécution de la voûte.

Cette manière de procéder, qui a déjà été suivie par M. Laroque, pour une voûte en briques et plâtre, entraîne dans un surcroît de main-d'œuvre ; mais la suppression des cintres procure en définitive une réduction assez notable sur la dépense totale. Nul doute qu'avec des ouvriers expérimentés on ne puisse exécuter ainsi les voûtes de moyennes dimensions, en maçonnerie de briques ou de moellons hourdée en plâtre ou en mortier de ciment. A Paris, par exemple, les voûtes de caves, dont les maçonneries sont hourdées en plâtre, peuvent être exécutées de cette manière et avec avantage.

Avec les mortiers dont la prise est prompte et énergique, on pourrait exécuter en briques ou en moellons des voûtes d'assez grandes dimensions, en employant des cintres légers sous les rouleaux de tête et sous ceux intermédiaires que l'on peut faire, et en les supprimant sous les zones obliques. On pourrait n'établir ainsi qu'une voûte de l'épaisseur d'une brique ou d'un moellon, puis compléter l'épaisseur de la voûte avec de la maçonnerie hourdée en mortier ordinaire. Pour la régularité de la douelle et pour la célérité du travail, il est préférable de se servir d'un cintre général construit légèrement, mais assez fort pour supporter les ouvriers et les matériaux qu'ils emploient pour chaque zone d'intrados.

On conçoit qu'avec des mortiers ordinaires, comme ceux de

chaux et sable, ce procédé permet d'alléger considérablement les cintres, puisque chaque zone oblique est fermée par sa clef sitôt qu'elle est établie.

Les zones obliques étant fermées au fur et à mesure qu'elles sont établies, la voûte s'équilibre successivement, et on a peu à craindre les fissures provenant de la compression des joints.

De ce qui précède, il ne résulte pas que l'on puisse construire sans cintres toutes les voûtes ; on doit, au contraire, y avoir recours toutes les fois, par exemple, que la surface de la douelle doit être régulière, ou que le travail doit être exécuté avec rapidité.

272. **Surface du profil vertical et poids d'une voûte** (280). — Le poids d'une voûte étant égal à son volume multiplié par la densité de la maçonnerie, et son volume, à la surface de son profil vertical multiplié par sa longueur, on a dans un grand nombre de cas à déterminer la surface de ce profil.

Fig. 90.

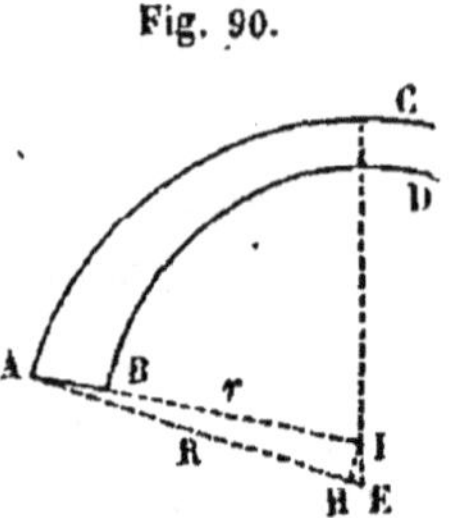

La surface du profil vertical ABDC d'une voûte à intrados et extrados circulaires s'obtient en retranchant de la surface EAC du secteur d'extrados la surface IBD du secteur d'intrados, plus deux fois la surface du triangle AEI, qui a pour base $AE = R$ et pour hauteur $IH = IE \sin \alpha = (R - r) \sin \alpha$, α étant l'angle AEI, c'est-à-dire la moitié de l'angle au centre correspondant à l'arc d'extrados AC.

Quand les deux arcs d'intrados et d'extrados sont concentriques, le triangle AEI est nul, et la surface du profil de la voûte est la différence des deux secteurs ; ainsi on a

$$S = R \times \frac{A}{2} - r \times \frac{a}{2}.$$

S, surface du profil ;
R et r, rayons de l'extrados et de l'intrados ;
A et a, longueurs des arcs d'extrados et d'intrados.

Désignant par e l'épaisseur $R - r$ de la voûte, on a aussi

$$S = e\,\frac{A + a}{2}.$$

Ainsi, la surface du profil est égale à l'épaisseur de la voûte multipliée par la demi-somme des arcs d'extrados et d'intrados.

Pour les voûtes en plein cintre, dont les deux arcs sont concentriques, les opérations précédentes reviennent à retrancher le demi-cercle d'intrados de celui d'extrados. Si l'arc d'extrados n'est pas concentrique à celui d'intrados, on retranche le demi-cercle d'intrados du secteur limité par l'arc d'extrados.

Pour les voûtes dont le profil est limité par des courbes quelconques, on peut calculer la surface du profil au moyen du procédé graphique suivant :

Fig. 91.

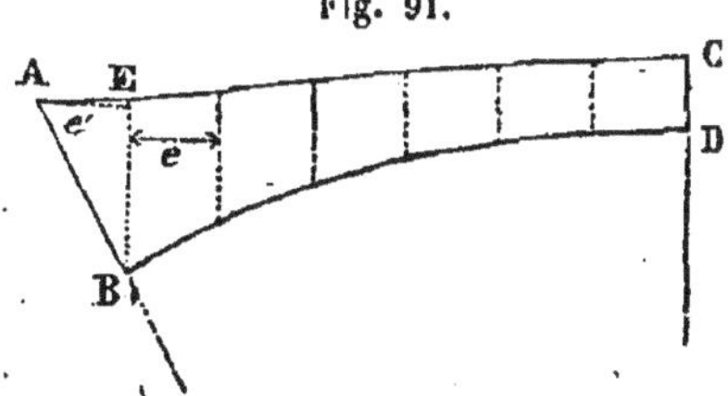

On trace sur l'épure même de la voûte, ou au moins sur un dessin à grande échelle, des parallèles uniformément espacées d'une quantité *e*, *fig.* 91, en menant l'une de ces parallèles par l'angle B, et en prenant l'intervalle *e* assez petit pour que les arcs de courbes interceptés se confondent sensiblement avec des lignes droites; on ajoute les longueurs de toutes les parallèles comprises dans la partie BDCE, on retranche de la somme obtenue la moitié de la somme des deux ordonnées extrêmes CD, BE, et le résultat, multiplié par l'intervalle constant *e*, donne la surface de la portion BDCE; en ajoutant à celle-ci la surface de la partie triangulaire ABE, on aura la surface totale du profil ABDC. Si la courbe AE peut être considérée comme une droite, multipliant la moitié de BE par la perpendiculaire *e'* abaissée de A sur BE, le produit est la surface du triangle ABE; s'il n'en était pas ainsi, on mènerait entre A et BE une série de parallèles comme entre BE et CD, et on évaluerait la surface ABE en opérant comme pour celle BDCE, mais en remarquant que l'ordonnée extrême en A est nulle.

On peut, dans tous les cas, pour déterminer S, faire usage de la formule de Simpson, que nous donnons plus loin pour le mesurage des voûtes en arc de cloître et des voûtes d'arête (*Introduction*, nos 1178 et 1179).

273. **Dimensions des voûtes. — Joints de rupture.** — Lorsque les dimensions d'une voûte et de ses culées sont réduites au point de ne pouvoir se soutenir, on remarque, au moment où l'équilibre va se rompre, qu'en général la voûte s'ouvre, comme l'indique la figure 92, à l'intrados à la clef, à l'extrados en des points placés dans les *reins* de la voûte, et que les pieds-droits tournent autour de l'arête extérieure de leur base.

Quelquefois, à la rupture, on remarque que la voûte se fend à la clef et dans les reins, mais sans s'ouvrir, et que les pieds-droits glissent sur leur base.

Il est encore un troisième cas possible, c'est celui où le voussoir inférieur, c'est-à-dire l'ensemble du pied-droit et de la partie de voûte inférieure au rein (255), exerce, pour tomber en avant, un effort plus grand que celui produit par le voussoir supérieur pour le faire tourner en sens contraire. Alors la voûte s'ouvre comme dans le premier cas, mais à l'extrados à la clef, à l'intrados aux reins, et les pieds-droits tournent autour de l'arête intérieure de leur base, *fig.* 94.

Une voûte peut être considérée comme composée de quatre voussoirs séparés par les joints où la rupture est possible, et qui doivent mutuellement se maintenir en équilibre.

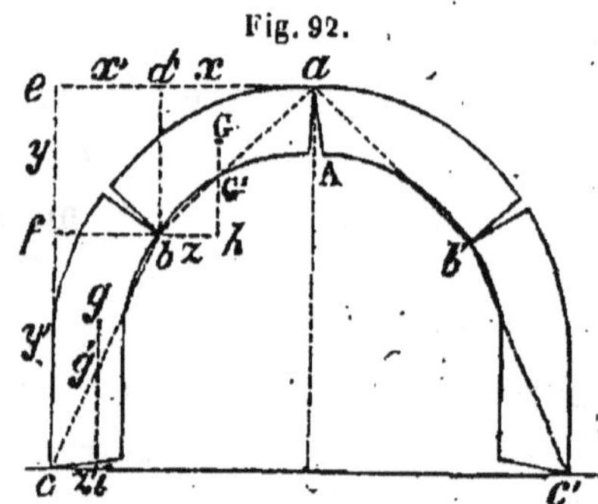

Fig. 92.

1° Examinons d'abord le *premier cas*, celui où il y a affaissement de la voûte et renversement des pieds-droits, *fig.* 92. Au moment où l'équilibre se rompt, on peut supposer théoriquement que les voussoirs ne reposent plus entre eux et sur le sol que par des arêtes a, b, b', c et c'; alors ab, bc, ab', et $b'c'$ sont entre eux dans le même état d'équilibre que des droites rigides ab, bc, ab' et $b'c'$, dont les poids sont ceux des voussoirs, et dont les centres de gravité sont placés aux points G', g', etc., situés sur les verticales passant par les centres de gravité G, g, etc., des voussoirs.

Il convient, pour abréger les calculs relatifs à la poussée des voûtes, de ne considérer qu'une tranche de voûte de 1 mètre de longueur; s'il y a équilibre sur 1 mètre, il est évident que l'équilibre subsistera sur toute l'étendue de la voûte.

Représentons :

ad par x, de par x', ef par y, fc par y', bh par z et ci par z'.
Soit P le poids du voussoir ab et Q celui du voussoir bc.

Le poids P, que l'on peut supposer appliqué en G' ou même en h, se décompose en deux forces verticales, l'une $P\frac{z}{x}$ appliquée en a, et l'autre $P\frac{x-z}{x}$ appliquée en b. Le poids Q, que l'on peut supposer appliqué en g' ou même en i, se décompose également en deux forces verticales, l'une $Q\frac{z'}{x'}$ appliquée en b, et l'autre $Q\frac{x'-z'}{x'}$ appliquée en c. Les voussoirs ab' et $b'c'$ fournissent les mêmes composantes, appliquées respectivement aux points a, b' et c'.

Ainsi, au point a agit une force verticale $2P\frac{z}{x}$, laquelle se décompose en deux forces égales dirigées, l'une suivant ab et l'autre suivant ab'. Représentant par C chacune de ces composantes, on a :

$$C : 2P\frac{z}{x} = ab \text{ ou } \sqrt{x^2+y^2} : 2y\text{, d'où } C = P\frac{z\sqrt{x^2+y^2}}{xy}.$$

La force C, agissant suivant ab, peut être supposée appliquée au point b, où elle se décompose en deux autres :

L'une verticale et égale à $P\frac{z}{x}$;

L'autre horizontale et égale à $P\frac{z\sqrt{y^2+x^2}}{xy} \times \frac{x}{\sqrt{x^2+y^2}} = P\frac{z}{y}$.

Considérant alors le voussoir bc, on voit qu'il est sollicité par la force horizontale $P\frac{z}{y}$ appliquée au point b, et par les forces verticales Q, $P\frac{x-z}{x}$ et $P\frac{z}{x}$ appliquées, la première au point g et les dernières au point b ; par conséquent, pour que ce voussoir ait de la stabilité, on doit avoir :

$$Qz' + \left(P\frac{x-z}{x} + P\frac{z}{x}\right)x' - P\frac{z}{y}y' > 0 ;$$

ou, en simplifiant,

$$Qz' + Px' - P\frac{zy'}{y} > 0. \qquad (a)$$

Ajoutant $Pz - Pz$ au premier membre de cette inégalité, on a :

$$Qz' + P(x'+z) - \left(Pz + P\frac{zy'}{y}\right) > 0.$$

Qz' est le moment du voussoir bc, pris par rapport au point c, $P(x'+z)$ est le moment du voussoir ab, pris par rapport au même point ; par conséquent, la somme de ces deux expressions est égale au moment total MA de la demi-voûte, pris par rapport au point c. (*Introduction à la science de l'ingénieur*, 1407 et suivants.)

$M = Q + P$, poids de la demi-voûte;
A, distance horizontale du centre de gravité de la demi-voûte au point c.

Le dernier terme du premier membre de l'inégalité précédente devient, en réduisant au même dénominateur,

$$Pz\frac{y+y'}{y} = PH\ \frac{z}{y}.$$

$H = y + y'$, hauteur totale de la voûte.

L'inégalité précédente devient donc en définitive :

$$MA - PH\ \frac{z}{y}\ \text{ou}\ H\left(\frac{MA}{H} - P\ \frac{z}{y}\right) > 0.$$

Ainsi, il y aura rupture quand le terme négatif sera plus grand que le terme positif, équilibre quand il lui sera égal, et on obtiendra une stabilité d'autant plus grande qu'il deviendra plus petit relativement à ce terme positif.

Le terme $\frac{MA}{H}$ étant constant, et celui $\frac{Pz}{y}$ étant seul variable, il est évident que si une voûte doit se rompre, ce sera au point pour lequel $P\frac{z}{y}$ est maximum; ainsi, la première chose à faire pour s'assurer qu'une voûte projetée résistera, c'est de déterminer la position du joint qui donne $P\ \frac{z}{y}$ maximum.

Il convient de remarquer que dans cette recherche on n'a à considérer que le voussoir supérieur, et que les joints pour lesquels on doit calculer les valeurs correspondantes de P, y et z, doivent être choisis voisins du joint qu'à l'œil on suppose devoir être celui de rupture. Il convient aussi, pour abréger les calculs, d'observer que les valeurs de P étant proportionnelles aux surfaces correspondantes du profil de la voûte, et que les valeurs de z et de y données par ces surfaces étant les mêmes que celles des portions correspondantes de la voûte, on peut opérer sur ces surfaces pour déterminer les valeurs successives de y et de z, et que la position du joint de rupture sera déterminée par la valeur maximum du produit de $\frac{z}{y}$ par la surface correspondante.

Si l'on arrivait à une valeur de $P\ \frac{z}{y}$ trop grande, on augmenterait la largeur des pieds-droits, de manière à faire croître convenablement MA.

Ce qui vient d'être dit s'applique aux voûtes surbaissées comme à celles en plein cintre.

Dans tout ce qui précède, nous avons supposé que la voûte n'avait à supporter que son propre poids ; mais ordinairement elle est surmontée d'un massif de maçonnerie formant une surface horizontale au-dessus de la voûte et des pieds-droits ; de plus encore, ce massif supporte ordinairement une surcharge accidentelle ou permanente.

Dans ces divers cas, les poids P, Q et M comprennent non-seulement ceux des parties correspondantes de la voûte proprement dite, mais aussi ceux des massifs de maçonnerie et les portions de surcharge qui reposent sur ces parties de la voûte. On a également égard à ces poids additionnels en déterminant les positions des centres de gravité.

Il convient de faire l'épure qui sert à déterminer le joint de rupture à une grande échelle ; cela aide à fixer la position des centres de gravité et à calculer les surfaces et par suite les poids des diverses parties de voûte que l'on a à considérer.

Comme la détermination de la position des centres de gravité des voussoirs nécessite des calculs en général fort longs, on peut, lorsqu'il s'agit d'une vérification, déterminer approximativement cette position au moyen du procédé suivant :

Fig. 93.

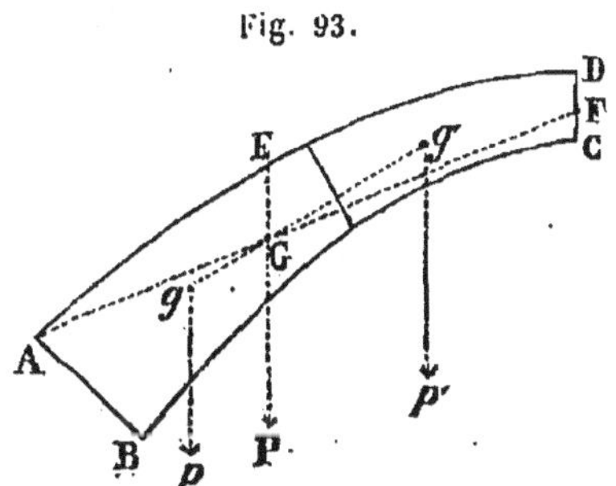

Après avoir tracé et découpé sur du carton bien homogène, ou sur du papier très-fort, ou encore sur une plaque de zinc, la surface ABCD, dont on veut déterminer le centre de gravité, *fig.* 93, on la suspend par un fil en un point quelconque A ; on trace sur la surface le prolongement du fil ou la verticale AF passant par le point A : cette verticale contient le centre de gravité cherché. Cela fait, en suspendant de même la surface par un autre point E, la nouvelle verticale que détermine le fil vient rencontrer la première AF au point G, qui est le centre de gravité cherché. Pour que l'intersection des verticales soit aussi bien déterminée que possible, il convient de choisir les points de suspension A et E, de manière que ces verticales se rencontrent sous un angle différant très-peu d'un droit.

S'il s'agissait de déterminer le centre de gravité de l'ensemble de deux voussoirs, ou plus généralement de deux systèmes quelconques dont les centres de gravité g et g' sont connus, p et p' étant les surfaces des profils des voussoirs, ou mieux les poids des systèmes, il suffirait de diviser la droite gg' en parties réciproquement proportionnelles à p et p'.

Ainsi, G étant le centre de gravité cherché, et ayant $p = 500^k$, $p' = 300^k$, $P = p + p' = 800^k$, $gg' = 8^m$ et $gG = x$, on a :

$$(500 + 300) : 300 = 8 : x.$$

$$\text{D'où } x = 8 \times \frac{300}{500 + 300} = 3 \text{ mètres.}$$

2° Le *deuxième cas de rupture* d'une voûte a lieu lorsque, par l'effet de la force horizontale maximum $P\frac{z}{y}$ du voussoir agissant, la culée ou pied-droit glisse sur sa base. Il est évident que ce glissement ne pourra s'effectuer lorsqu'on aura :

$$Mk > P\frac{z}{y}.$$

k, coefficient du frottement de la culée sur sa base; on peut le faire égal à 0,76 (247).

Les autres lettres ont les mêmes significations qu'au cas précédent.

3° Le *troisième cas de rupture* d'une voûte se présente quand, par la forme de la voûte ou par le mode de répartition de la charge, les pieds-droits tendent à tomber en avant; alors, la voûte s'ouvre à l'intérieur aux reins et à l'extérieur à la clef, comme l'indique la figure 94. Ce cas peut être considéré comme exceptionnel, et l'on pourra généralement se dispenser de faire les calculs suivants.

Fig. 94.

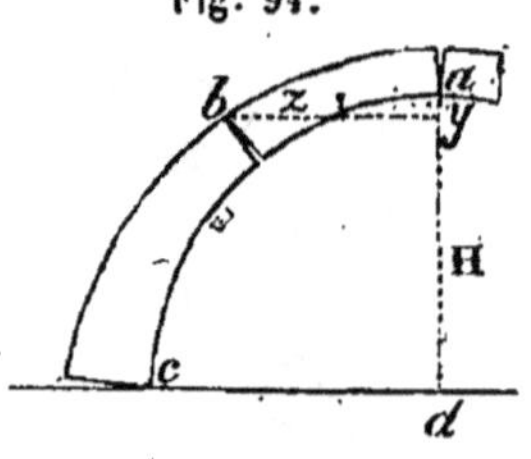

On établit les conditions d'équilibre comme dans le premier cas, en prenant pour axes de rotation des voussoirs les points a, b, c; et, pour qu'il y ait stabilité, on trouve que l'on doit avoir :

$$H\left(P\frac{z}{y} - \frac{MA}{H}\right) > 0, \text{ c'est-à-dire } P\frac{z}{y} > \frac{MA}{H}.$$

$H = ad$, hauteur de la voûte mesurée à l'intrados;
M, poids de la demi-voûte;
A, distance horizontale du centre de gravité de la demi-voûte au point de rotation c;

P, poids du voussoir agissant ab;
z, distance horizontale du centre de gravité du voussoir agissant au point de rotation b;
y, distance verticale des points de rotation a et b.

Si l'on n'arrivait pas à $P\frac{z}{y} > \frac{MA}{H}$, on ajouterait un massif de maçonnerie au pied-droit, en dehors de l'arête c. Dans ce troisième cas de rupture de voûte, ainsi que dans le deuxième, on a, comme au premier cas, égard à la maçonnerie et à la surcharge qui peuvent reposer sur la voûte (275).

274. **Épaisseur des voûtes à la clef.** — La méthode exposée dans le numéro précédent est une méthode de tâtonnement, puisque l'on part d'une hypothèse sur l'épaisseur de la voûte. Afin de ne pas faire cette supposition tout à fait au hasard, on a recours à la formule empirique suivante, que Perronnet a déduite de ses observations :

$$e = 0{,}0347\,d + 0^{m}{,}325. \qquad (a)$$

e, épaisseur de la voûte à la clef, en mètres;
d, distance des pieds-droits, si la voûte est en plein cintre; dans les voûtes surbaissées, d exprime le double du rayon qui a servi à tracer la directrice de l'intrados dans les voûtes en arc de cercle, et l'arc supérieur de cette directrice dans les voûtes en anse de panier.

Comme, pour des valeurs de d supérieures à 30 mètres, cette formule donne des épaisseurs trop fortes, on pourra la remplacer par les suivantes, que Dejardin a déduites de ses observations (*Routine de l'établissement des voûtes*), et qui sont relatives aux différentes espèces de voûtes les plus usitées. Nos propres observations prouvent en faveur des résultats fournis par ces formules, qui sont, r étant le rayon de l'arc d'intrados en mètres :

Pour les *voûtes en plein cintre :*

$$e = 0{,}10\,r + 0^{m}{,}50. \qquad (a')$$

Pour les *voûtes en arc de cercle,* de 60°, 50° et 40° d'amplitude (255) :

$$e = 0{,}05\,r + 0^{m}{,}30\ (b),\quad e = 0{,}035\,r + 0^{m}{,}30\ (c)\ \text{et}\ e = 0{,}02\,r + 0^{m}{,}30\ (d).$$

Pour les *voûtes en anse de panier* surbaissées au 1/3, r étant le rayon de courbure au sommet de l'intrados :

$$e = 0{,}07\,r + 0^{m}{,}50. \qquad (f)$$

Enfin, e étant la hauteur de la projection verticale constante des oints dans les *voûtes en ogive* tiers point, et r l'ouverture égale au rayon, on a :

$$e = 0{,}05\, r + 0^{m}{,}30.$$

Nous n'avons pas besoin de faire observer que tout ce qui est relatif à l'espèce de détermination qu'on vient de considérer reste entièrement livré à l'expérience particulière du constructeur, lequel doit, autant que possible, comparer les épaisseurs déduites des formules précédentes avec celles des voûtes existantes.

Voici quelques résultats de la comparaison de la formule de Perronnet avec celles proposées par Dejardin :

1° Pour les *voûtes en plein cintre*, la formule (a') donne des épaisseurs qui dépassent celles fournies par la formule de Perronnet de :

$$(0{,}10\, r + 0^{m}{,}30) - (0{,}0694\, r + 0^{m}{,}325), \text{ soit } 0{,}03\, r - 0^{m}{,}025.$$

2° Pour une *voûte elliptique* de 30 mètres d'ouverture sur 10 mètres de flèche, et dont le rayon de courbure au sommet de l'intrados est conséquemment de $22^{m}{,}50$, la formule (f) donne, pour e, $1^{m}{,}875$, et celle de Perronnet, $1^{m}{,}886$.

3° Pour la *voûte en arc de cercle* du pont d'Iéna, laquelle a 28 mètres d'ouverture pour $3^{m}{,}30$ de flèche, et, par conséquent, $31^{m}{,}35$ de rayon et 53° d'amplitude, l'épaisseur à la clef devrait être comprise entre les résultats des formules (b) et (c), c'est-à-dire entre $1^{m}{,}867$ et $1^{m}{,}397$, en se rapprochant davantage du dernier résultat; la formule de Perronnet donne $2^{m}{,}501$ pour cette épaisseur ; la dimension adoptée dans l'exécution a été de $1^{m}{,}44$, et elle paraît à tout le monde être parfaitement convenable.

Pour les *voûtes hourdées en mortier de ciment*, l'adhérence de celui-ci diminue sensiblement la poussée horizontale, qui peut même se trouver annulée. Ainsi, on trouve, dans les *Annales des ponts et chaussées* (année 1835), la description de deux voûtes en arc de cercle, maçonnées en briques et ciment hydraulique anglais, qui ont été construites comme essais par M. Brunel; ces voûtes, quoique très-plates, ont été construites sans cintres, et elles se sont soutenues en encorbellement sur toute l'étendue de leur demi-ouverture, qui était pour l'une de $11^{m}{,}20$, et pour l'autre de 15 mètres ; la poussée se trouvait donc complétement annulée par l'adhérence du mortier. Quoique aucune expérience de ce genre n'ait été faite en grand avec le mortier de ciment de Vassy, qui a la plus grande analogie avec le ciment anglais, les résultats fournis par la moitié du Pont-aux-Doubles (204) construite au 1/10, sans cintres, et l'emploi fréquent que nous avons fait de ce mortier, ne nous permettent pas de douter qu'en grand il fournirait sensiblement les résultats du mortier de ciment anglais.

De nombreuses expériences nous ont prouvé que pour les voûtes hourdées en mortier de ciment, on obtenait des épaisseurs à la clef suffisantes, en multipliant les épaisseurs fournies par les formules précédentes par le coefficient 0,75, quand on tenait compte de l'adhérence des mortiers, et par celui 0,93, quand on négligeait cette adhérence. Pour le Pont-aux-Doubles, l'angle d'amplitude étant de 45°,14, l'épaisseur à la clef devrait être comprise entre $1^m,71$ et $1^m,11$, et être en moyenne $1^m,41$; multipliant cette valeur par le coefficient 0,93, elle devient $1^m,31$ au lieu de $1^m,30$ que l'on a pris pour l'exécution. Comme, selon nous, cette épaisseur aurait pu être facilement réduite de $0^m,25$ à $0^m,30$, cela justifierait le coefficient 0,75.

Dans un travail récent (brochure publiée au Mans), M. Léveillé, ingénieur en chef des ponts et chaussées, a reconnu que la formule de Perronnet était applicable à une voûte de pont d'une forme quelconque, d désignant, dans tous les cas, l'ouverture ou la distance des pieds-droits; seulement, pour rendre les opérations plus faciles, M. Léveillé adopte :

$$e = \frac{1 + 0,1d}{3}.$$

Ainsi cette formule, dans laquelle d désigne toujours l'ouverture, est applicable aux voûtes en plein cintre, en anse de panier et en arc de cercle. D'après des comparaisons faites à un grand nombre de ponts, il résulte qu'elle est même applicable aux voûtes qui portent des convois, et aussi à celles chargées d'une grande épaisseur de terre.

Partant de l'épaisseur trouvée au moyen des formules précédentes, on détermine les joints de rupture comme il a été dit au n° 273, et par suite la valeur de la poussée horizontale $P\frac{z}{y}$ de chaque voussoir agissant sur son voussoir résistant. Si cette poussée s'exerçait uniformément sur toute la hauteur e du joint à la clef, il serait facile de calculer quelle devrait être la valeur de e pour y résister ; mais remarquons que le voussoir agissant ab, *fig.* 92, par sa tendance à tourner autour du point a, rend nulle la pression au point intérieur A, tandis qu'elle est maximum au point extérieur a. Il est évident que la voûte ne résistera qu'autant que cette pression maximum au point a ne dépassera pas la limite R que comporte la pierre de la voûte. La pression étant nulle en A, et R en a, on peut supposer que chaque point de e résiste en raison inverse de sa distance au point a, d'où il résulte que la résistance moyenne est $\frac{R}{2}$, et la résistance totale $\frac{Re}{2}$. Cette résistance totale peut être représentée par la surface d'un triangle dont la base est R et la hauteur e; son point d'application est situé au centre de gravité du triangle, c'est-à-dire à une distance $\frac{e}{3}$ de la base ou du point a; et comme le moment de cette résistance, pris par rapport au point de rotation b, doit être égal au moment du poids du voussoir agissant ab, pris par rapport à ce même point b, on doit donc avoir :

$$\frac{Re}{2}\left(y-\frac{e}{3}\right)=Pz.$$

Dans cette formule, les longueurs étant représentées en mètres et P en kilogrammes, R exprime le nombre de kilogrammes que peut supporter avec sécurité chaque mètre carré de la pierre qui compose la voûte (89).

La formule ainsi établie donnera la valeur de e, et si cette valeur était différente de celle que l'on a supposée pour déterminer le joint de rupture (273), on le déterminerait de nouveau en adoptant cette seconde valeur de e, et la nouvelle valeur de Pz fournirait pour e une valeur plus approchée.

275. **Épaisseur des pieds-droits ou culées.** — Lorsque les pieds-droits font culée, c'est-à-dire doivent résister à la poussée horizontale de la voûte, il peut arriver qu'ils se renversent en tournant autour de leur arête extérieure. Ce cas ne peut avoir lieu qu'autant que l'inégalité (a) du n° 273 ne serait pas satisfaite, et alors on augmenterait l'épaisseur du pied-droit et par suite z' de manière à y satisfaire. On opérerait d'une manière analogue pour le cas où le pied-droit pourrait tourner autour de son arête intérieure (3° 273).

Il peut arriver aussi que, par suite d'une trop faible épaisseur, le pied-droit glisse sur sa base. Ce glissement ne peut avoir lieu dès que l'inégalité du 2° du n° 273 est satisfaite.

Il peut arriver également que la voûte glisse sur ses naissances ; on vérifiera encore si cet effet est possible à l'aide de l'inégalité du 2° du n° 273, dans laquelle M ne comprendra plus le poids du pied-droit, mais seulement celui de la moitié de voûte qui le surmonte. Ce cas est évidemment celui qui exige la plus grande épaisseur de pied-droit. Cependant, comme l'épaisseur statique calculée pour le renversement est ordinairement plus que suffisante pour résister au glissement, on ne peut s'en tenir à celle calculée d'après le glissement.

Ordinairement, on augmente l'épaisseur statique trouvée d'une quantité telle, qu'en y supposant appliquée une pression égale aux 2/3 de la charge totale de la fondation, on n'ait à craindre ni le tassement du sol, ni l'écrasement des matériaux. Dans le *Mémorial du génie militaire*, au lieu d'opérer ainsi pour obtenir de la stabilité, on multiplie l'épaisseur statique par 1,38 ou 1,40, ce qui revient, lorsque les parements sont verticaux, à rendre le moment de stabilité du pied-droit égal à 1,90 ou deux fois celui de la poussée qui tend à le renverser. Ces valeurs sont fondées sur la stabilité des constructions établies par Vauban, et qui sont regardées comme des modèles ; mais si l'on examinait les admirables édifices du style sarrasin, ou seulement un grand nombre de ponts suspendus contruits en France et en Angleterre, on trouverait une valeur empirique beaucoup moindre. Dejardin adopte, dans sa *Routine de l'établissement des voûtes*, 1,50 pour la valeur de ce *coefficient de stabilité*, ce qui revient à multiplier par 1,23 l'épaisseur statique du mur.

Dejardin donne le moyen graphique et les formules qui suivent pour déterminer l'épaisseur pratique des pieds-droits.

Fig. 95.

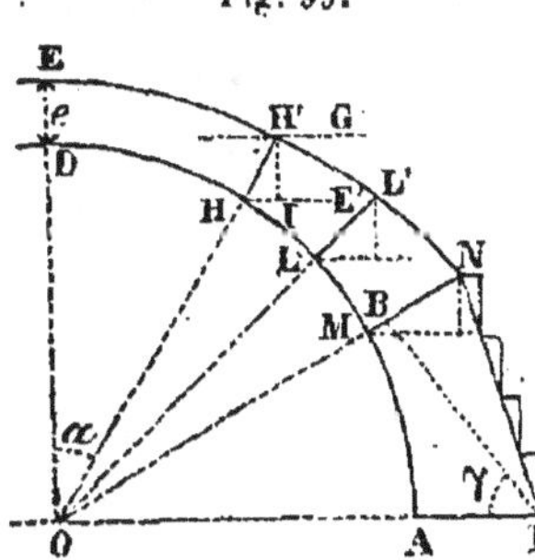

Par le point B, *fig.* 95, situé sur le joint extrême et au 1/5 de sa longueur (255), à partir de l'intrados, on mène la ligne BF faisant avec l'horizontale un angle tel que l'on ait :

$$\tang \gamma = \frac{P}{Q}.$$

P, poids de la demi-voûte MNDE sur l'unité de longueur ;
Q, poussée horizontale minimum (281 et 282).

Le point F ainsi déterminé est l'extrémité de la base de la culée, au niveau des naissances, et on pourra la raccorder avec l'extrémité N de l'extrados, soit par une droite inclinée NF, soit par une série de retraites, pour limiter extérieurement la culée entre le joint extrême MN et celui de naissance AF.

Lorsque la voûte n'aura pas un intrados circulaire, il faudra vérifier si la partie AFMN satisfait la condition de *résistance à l'écrasement* et de *résistance au glissement*, c'est-à-dire si l'on a à la fois :

$$P+P'<bR \text{ et } \frac{Q}{P+P'}<k.$$

P', poids de la portion AFMN ;
b, longueur du joint AF de naissance ;
R, coefficient de résistance pratique de la maçonnerie à l'écrasement (89) ;
k, coefficient de frottement de la voûte sur le joint AF (92 et 247).

Pour les *voûtes en plein cintre*, cette vérification est inutile, et, pour ce cas, le joint MN étant incliné à 30° avec l'horizontale (255), on reconnaît facilement que l'on a, en faisant tang $\gamma = 4/3$ (valeur inférieure à toutes celles que fournirait la table 1° du n° 283 pour les voûtes en plein cintre de 1 à 20 mètres de rayon ; on trouverait 1,386 pour le rayon de 1 mètre, et 1,339 pour celui de 20 mètres) :

$$b = 0{,}241\, r + 0{,}496\, e,$$

ou sensiblement :

$$b = 0{,}25\, r + 0{,}50\, e = \frac{r+2e}{4}.$$

r, rayon de l'intrados ;
e, épaisseur de la voûte à la clef.

Il résulte de cette formule que l'*épaisseur de la culée d'une voûte en plein cintre, au niveau de la naissance, est égale au* 1/4 *du rayon mené du centre de la voûte à l'extrémité de son extrados*, extrémité qui se termine au joint incliné à 30° (255). Il y a cependant exception pour les voûtes dont le rayon est compris entre 0 et 1m,50, pour lesquelles on terminera postérieurement le profil de la culée par une perpendiculaire menée du point extrême N de l'extrados, et il y aura un petit excès de stabilité.

Épaisseur des pieds-droits proprement dits, c'est-à-dire au-dessous des naissances. — On a, pour l'équilibre mathématique :

$$QH = (P+P')(A+E) + dEh \times \frac{E}{2}.$$

Faisant intervenir le coefficient de stabilité 1,50, il vient :

$$\frac{3}{2}\,QH = (P+P')\,(A+E) + dEh \times \frac{E}{2};$$

d'où l'on tire, pour l'épaisseur pratique des pieds-droits :

$$E = -\frac{P+P'}{dh} + \sqrt{\left(\frac{P+P'}{dh}\right)^2 + \frac{3QH}{dh} - \frac{2(P+P')A}{dh}}.$$

E, épaisseur des pieds-droits ;
P, poids de la demi-voûte MNDE;
P', poids de la culée AFMN, au-dessus de la naissance AF;
h, hauteur des pieds-droits, comptée de la fondation aux naissances AF;
d, poids du mètre cube de la maçonnerie des pieds-droits (89);
Q, poussée horizontale (281);
H, bras de levier de la poussée Q par rapport à l'arête de rotation du pied-droit;
A, distance horizontale du centre de gravité de l'ensemble P+P' à l'arête intérieure du pied-droit.

En ne considérant qu'une unité de longueur de voûte, ce qui simplifie les calculs, désignant par S la somme des surfaces des profils de la demi-voûte et de la culée sans le pied-droit, on a :

$$S = \frac{P+P'}{d},$$

et la formule précédente devient :

$$E = -\frac{S}{h} + \sqrt{\frac{S^2}{h^2} + \frac{3QH}{dh} - \frac{2SA}{h}}.$$

Lorsque les pieds-droits, au lieu d'avoir une épaisseur uniforme E, sont en talus sur leur face postérieure ;

$b<E$ étant leur épaisseur au sommet ou la longueur du joint des naissances, et $B>E$ étant leur épaisseur en bas, on prendra :

$$B = -\frac{b}{2} + \frac{\sqrt{3}}{2}\sqrt{b^2 + 2E^2}.$$

Lorsque $b=B$, cette formule donne $B=E$, ce qui devait être, puisqu'alors on retombe dans le cas des pieds-droits d'épaisseur uniforme.

Le talus total de la face postérieure est :

$$B - b = -\frac{3}{2}\,b + \frac{\sqrt{3}}{2}\sqrt{b^2+2E^2},$$

et il devient nul, comme cela devait être, quand $b = E$.

Un pied-droit doit pouvoir résister non-seulement à la poussée horizontale qui tend à le renverser, mais aussi à la charge verticale appliquée à son sommet et à son propre poids ; ainsi, on doit avoir au moins :

$$b = \frac{U}{R} \text{ et } B = \frac{U}{R - dh}.$$

U, charge verticale appliquée au sommet du pied-droit, par unité de longueur.

Pour avoir l'épaisseur à donner au pied-droit, à une hauteur quelconque h' au-dessous de son sommet, pour résister à l'écrasement, il suffit de remplacer h par h' dans la valeur précédente de B.

Dans son travail, cité p. 438, M. Léveillé a donné les formules suivantes pour calculer l'épaisseur des pieds-droits ou culées.

Arc de cercle : $E = (0{,}33 + 0{,}212\,d)\sqrt{\frac{h}{H} \times \frac{d}{f+e}}.$

Plein cintre : $E = (0{,}60 + 0{,}162\,d)\sqrt{\frac{h + 0{,}25\,d}{H} \times \frac{0{,}865\,d}{0{,}25\,d + e}}.$

Anse de panier : $E = (0{,}43 + 0{,}154\,d)\sqrt{\frac{h + 0{,}54\,b}{H} \times \frac{0{,}84\,d}{0{,}465\,b + e}}.$

E, épaisseur des culées ;
d, ouverture de la voûte ;
h, hauteur des culées ou distance verticale entre les naissances et le dessus des fondations ;
e, épaisseur de la voûte à la clef ;
f, flèche ;
b, pour les voûtes en anse de panier, la formule a été établie dans l'hypothèse que l'intrados est une ellipse ayant $d = 2a$ pour grand axe, et $b = f$ pour demi-petit axe (*Int.*, 1049) ;
H, distance verticale entre le dessus de la chaussée et le dessus des fondations. On a habituellement $H = h + f + e + 0^m,60$, le terme $0^m,60$ représentant la charge et le pavage qui d'ordinaire recouvrent la voûte, et dont le poids, après tassement, peut être considéré comme sensiblement égal à celui de la maçonnerie.

Le numérateur des fractions, ayant H pour dénominateur, représente la hauteur du point où le joint de rupture rencontre l'intrados au-dessus des fondations. Dans les *voûtes en arc de cercle*, le joint de rupture étant en général au-dessous des naissances, on l'a supposé aux naissances. Dans les *voûtes en plein cintre* extradossées horizontalement, le joint de rupture faisant un angle de 60°

avec la verticale, on doit prendre $h + 0,25\,d$ pour le numérateur de H; en ce point, le rapport de la flèche à la corde est de 0,288, valeur que le rapport de la flèche à la corde atteint rarement dans les voûtes en arc de cercle.

Pour les *voûtes en anse de panier*, le joint de rupture, normal à l'intrados, fait avec la verticale un angle de 45° ; et si l'on suppose que l'intrados est une ellipse, il est rencontré par le joint de rupture à une hauteur $0,54b$ au-dessus des naissances; de sorte que le numérateur de H est $h + 0,54\,b$.

Tableau *de ponts auxquels* M. Léveillé *a appliqué ses formules.*

Dans tous les calculs, l'épaisseur calculée de la clef a été substituée à l'épaisseur réelle, et l'on a pris 0m,60 pour la hauteur de surcharge.

DÉSIGNATION.	OUVERTURE.	FLÈCHE.	$\frac{f}{d}$	ÉPAISSEUR A LA CLEF		HAUTEUR des culées.	ÉPAISSEUR DES CULÉES	
				réelle.	cal-culée.		réelle.	cal-culée.
1° *Ponts en arc de cercle.*								
Pont sur le chemin des Fruitiers (chemin de fer du Nord).	m. 4,00	m. 0,70	0,175	m. 0,55	m. 0,47	m. 4,00	m. 1,80	m. 1,81
— de Paisia	5,00	0,80	0,160	0,52	0,50	2,00	1,70	1,95
— de Méry (ch. de fer du Nord)	7,63	0,90	0,118	0,65	0,59	4,31	3,56	3,61
— de Mélisey	11,40	1,50	0,132	0,60	0,71	3,55	5,20	4,68
— de Couturette, à Arbois	13,00	1,86	0,143	0,90	0,77	2,00	5,20	4,23
— sur le Salat	14,00	1,90	0,136	1,10	0,80	6,21	5,80	6,06
— de la rue des Abattoirs, à Paris (chemin de fer de Strasbourg)	16,05	1,55	0,097	0,90	0,87	3,93	10,00	7,24
— sur la Forth, à Stirling	16,30	3,12	0,192	0,84	0,88	6,32	4,88	5,15
— Saint-Maxence, sur l'Oise	23,40	1,95	0,083	1,46	1,11	8,45	11,80	12,17
— du chemin de fer du Nord, sur l'Oise	25,10	3,57	0,141	1,40	1,17	5,43	9,60	9,32
— de Dorlaston	26,37	4,11	0,156	1,07	1,21	5,03	9,76	9,00
2° *Ponts en plein cintre.*								
Aqueduc près d'Enghien (chemin de fer du Nord)	0,60	»	»	0,35	0,35	0,90	0,50	1,50
Pont de Paty	2,00	»	»	0,35	0,40	2,40	1,20	1,03
— sur le Thou	2,00	»	»	0,50	0,40	1,95	1,00	1,01
— des Mévoisins, de Paris à Chartres	3,00	»	»	0,40	0,43	3,60	1,40	1,31
— du Crochet (chemin de fer de Paris à Chartres)	4,00	»	»	0,50	0,47	4,00	1,50	1,61
— de Long-Sauls (chemin de fer de Paris à Chartres)	5,00	»	»	0,55	0,50	3,00	1,80	1,78
— d'Enghien (chemin de fer du Nord)	7,40	»	»	0,60	0,58	2,00	2,10	2,18
— de Pantin (canal Saint-Martin)	8,20	»	»	0,75	0,61	3,60	3,20	2,91
— de la Bastille (canal Saint-Martin)	11,00	»	»	1,20	0,70	6,30	3,00	3,25
— des Basses-Granges (Orléans à Tours)	15,00	»	»	1,20	0,83	2,00	3,80	3,88
— d'Eymoutiers	20,00	»	»	?	1,00	1,00	4,50	4,49
3° *Ponts en anse de panier.*								
Pont de Charolles	6,00	2,30	0,383	0,60	0,54	0,40	1,60	1,60
— du canal Saint-Denis	12,00	4,50	0,375	0,90	0,73	3,10	3,75	3,40
— de Château-Thierry	15,59	5,20	0.334	1,14	0,85	4,14	4,55	4,22
— de Dôle sur le Doubs	15,92	5,31	0,335	1,14	0,86	0,41	3,60	3,90
— de Welesley à Lymerich	21,34	5,33	0,250	0,61	1,04	3,66	5,03	6,47
— d'Orléans (chemin de fer de Vierzon)	24,20	7,97	0,328	1,20	1,14	0,87	5,62	5,33
— de Trilport	24,50	8,44	0,344	1,36	1,15	1,95	5,85	6,21
— de Mantes	35,10	10,49	0,313	1,95	1,50	0,98	8,77	8,65
— de Neuilly	38,98	9,74	0,250	1,62	1,62	2,30	10,80	10,80

De même que pour la clef (274), l'épaisseur des culées n'a pas besoin d'être augmentée pour la limite des hauteurs ordinaires de grands remblais, et même les culées tendent plutôt à se verser à l'intérieur de la voûte que vers les terres quand elles ont une très-grande hauteur ; c'est ce qui motive les voûtes superposées que l'on établit dans les culées pour entretoiser les murs, suppléer à leur défaut d'épaisseur et les empêcher de boucler.

Le tableau suivant ne contient que des voûtes en plein cintre, les autres pouvant toujours être évitées et ayant le désavantage de nécessiter des culées plus fortes.

DÉSIGNATION DES PONTS.	OUVERTURE.	ÉPAISSEUR A LA CLEF réelle.	ÉPAISSEUR A LA CLEF calculée.	HAUTEUR des culées.	ÉPAISSEUR DES CULÉES réelle.	ÉPAISSEUR DES CULÉES calculée.	SURCHARGE sur l'extrados.
	m.	m.	m.	m.	m.	m.	m.
Pont du rempart (Orléans à Tours).	1,20	0,45	0,37	1,20	0,55	0,74	1,70
— de Saint-Hylarion (Paris à Chartres)	2,00	0,40	0,40	3,80	1,20	1,09	4,40
— du Tertre (Paris à Chartres)	3,00	0,45	0,43	2,50	1,40	1,30	6,20
— de la Tuilerie (Paris à Chartres).	4,00	0,50	0,47	3,40	1,40	1,58	4,10
— des Voisins	5,00	0,55	0,50	2,50	1,50	1,73	5,15
— des Basses-Granges (Orléans à Tours)	15,00	1,20	0,83	2,00	3,80	3,88	1,30

276. **Voûtes légères en briques et en poteries.** — L'usage des briques pour la construction des voûtes d'une grande portée et d'une très-faible épaisseur est devenu très-fréquent depuis que l'on possède les mortiers de ciment romain pour en effectuer la liaison. Ces mortiers, par leur propriété hydraulique, leur très-grande dureté et leur cohésion supérieure, ont un avantage très-marqué sur le plâtre, qui perd sa résistance et se détruit à l'humidité, et dont le gonflement lors de la prise augmente considérablement la poussée des voûtes sur les murs ou pieds-droits.

Pour atténuer autant que possible les effets résultant du gonflement du plâtre, M. le capitaine du génie d'Olivier a imaginé une disposition de briques à crochets, qui paraît très-convenable pour les voûtes légères. La figure 96 fait suffisamment comprendre cette disposition (*Annales des ponts et chaussées*, année 1837).

Fig. 96.

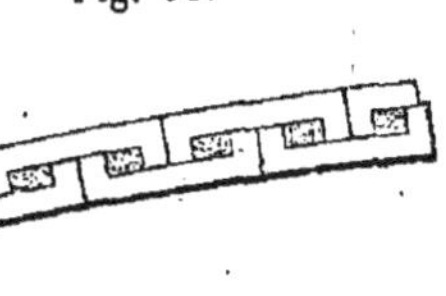

Des expériences de M. d'Olivier, il résulte que la poussée, par mètre courant, d'une voûte en briques à crochets, ayant $4^m,89$ d'ouverture, $0^m,47$ de flèche et $0^m,08$

d'épaisseur, est de 689k,66, soit 690 kilogrammes ou 345 kilogrammes pour chaque pied droit. La voûte qui a fourni ces résultats était extradossée parallèlement, c'est-à-dire qu'elle n'était chargée en aucun point, ce qui a lieu très-souvent; mais la garniture des reins diminuant la poussée, et la charge sur la clef l'augmentant, M. d'Olivier estime que ces deux efforts se compensent.

La moitié de la voûte dont il s'agit pesant environ 310 kilogrammes, on voit que pour une voûte surbaissée au 1/10, la poussée a été égale au poids augmenté de 1/10.

Les mortiers de ciment romain n'éprouvant pas de gonflement (65), il convient de les substituer au plâtre pour la construction des voûtes légères, toutes les fois que cela est possible. Les briques à crochets peuvent aussi s'employer avantageusement avec ces mortiers.

M. Lagarde, ingénieur civil (*Manuel du constructeur en général*), en combinant les résultats de M. d'Olivier avec ceux de Rondelet (277), a établi le tableau suivant, qui donne, pour les voûtes minces, des épaisseurs de pieds-droits s'accordant assez bien avec quelques applications que nous avons faites.

Dans ce tableau, la poussée est donnée par mètre courant sur chaque pied-droit; les pieds-droits sont supposés en maçonnerie de moellons, et d'un poids de 2 200 kilogrammes par mètre cube; ces pieds-droits sont de plus supposés ne pas s'élever au-dessus de la voûte et être d'une hauteur infinie. Dans le cas où la hauteur des pieds-droits ne serait que de 5 ou 6 mètres, on pourrait diminuer de 1/10 les épaisseurs du tableau.

	VOUTES DE 0^m,08 D'ÉPAISSEUR.							
OUVERTURE des voûtes.	PLEIN CINTRE.		SURBAISSÉES AU 1/3.		SURBAISSÉES AU 1/6.		SURBAISSÉES AU 1/10	
	Poussée.	Epaisseur des pieds-dr.	Poussée.	Epaisseur des pieds-dr.	Poussée.	Epaisseur des pieds-dr.	Poussée.	Epaisseur des pieds-dr.
m.	k.	m.	k.	m.	k.	m.	k.	m.
2	148	0,26	206	0,31	270	0,35	282	0,36
3	222	0,32	309	0,37	405	0,43	423	0,44
4	296	0,37	412	0,43	540	0,51	564	0,51
5	370	0,41	515	0,48	675	0,56	706	0,57
6	444	0,45	618	0,53	809	0,61	847	0,63
7	518	0,48	721	0,58	944	0,66	988	0,67
8	592	0,51	824	0,62	1 079	0,69	1 129	0,71
9	666	0,55	927	0,65	1.214	0,74	1 270	0,76
10	740	0,58	1 030	0,68	1 349	0,78	1 411	0,80
11	814	0,61	1 133	0,71	1 484	0,83	1 552	0,85
12	888	0,64	1 236	0,75	1 619	0,86	1 693	0,89
13	962	0,66	1 339	0,78	1 754	0,90	1 834	0,92
14	1 036	0,68	1 442	0,81	1 889	0,93	1 975	0,94
15	1 110	0,70	1 545	0,84	2 024	0,96	2 117	0,97
16	1 184	0,72	1 648	0,87	2 158	0,98	2 258	1,00
	VOUTES DE 0^m,12 D'ÉPAISSEUR.							
2	222	0,32	309	0,37	405	0,43	423	0,44
3	333	0,38	463	0,46	607	0,53	635	0,55
4	444	0,45	618	0,53	810	0,61	846	0,63
5	555	0,51	772	0,59	1 012	0,67	1 059	0,69
6	666	0,55	927	0,65	1 213	0,74	1 270	0,76
7	777	0,59	1 081	0,70	1 416	0,80	1 482	0,83
8	888	0,64	1 236	0,75	1 618	0,86	1 694	0,89
9	999	0,67	1 390	0,80	1 821	0,91	1 905	0,93
10	1 110	0,70	1 545	0,84	2 023	0,96	2 117	0,97
11	1 221	0,75	1 700	0,89	2 226	0,99	2 328	1,03
12	1 332	0,78	1 854	0,92	2 428	1,05	2 540	1,08
13	1 443	0,81	2 008	0,95	2 631	1,09	2 751	1,12
14	1 554	0,84	2 163	0,98	2 833	1,13	2 963	1,16
15	1 665	0,87	2 317	1,02	3 036	1,18	3 176	1,20
16	1 776	0,91	2 472	1,05	3 237	1,22	3 387	1,25

Malgré la forme avantageuse à la liaison des briques de M. d'Olivier, l'on conçoit que les propriétés du mortier de ciment romain, de n'éprouver aucun gonflement à la prise, d'augmenter de dureté à l'humidité, et d'avoir une force de cohésion suffisante pour relier convenablement des briques ordinaires, doivent leur faire donner la préférence sur le plâtre pour la construction des voûtes légères.

Lorsqu'on a besoin d'une grande légèreté, et que la voûte ne doit être soumise à aucune charge autre que celle due à son propre poids, on peut substituer aux briques pleines des briques ou des poteries creuses; c'est avec ces poteries que M. Laroque a établi la voûte en ogive recouvrant la nef de l'église de Bagnères-de-Luchon, dont la largeur est de 14m,50.

Avant l'emploi du ciment, l'application des voûtes minces en briques et plâtre était limitée à quelques voûtes d'églises et à de petites voûtes intérieures parfaitement protégées par une toiture ; mais aujourd'hui la grande adhérence du mortier de ciment permet d'exécuter des voûtes minces en briques posées à plat sur deux ou trois rangs d'épaisseur, lesquelles, sans trop fatiguer les murs pieds-droits, remplacent souvent avec avantage les planchers en charpente, et même les toitures, en les recouvrant d'une chape en ciment de 0m,03 d'épaisseur.

Nous avons fait construire plusieurs de ces voûtes minces avec le ciment Gariel, entre autres :

1° La voûte terrasse couvrant le réservoir d'eau de Mers-el-Kébir, près Oran (Algérie), qui a 25 mètres de longueur sur 16 mètres de largeur moyenne ; elle est en arc de cloître, sa flèche est de 1m,80, et elle est formée de trois rangs de briques de 0m,035 posées à plat et d'une chape en ciment de 0m,025, le tout recouvert d'une couche de béton maigre de 0m,15 d'épaisseur pour préserver la voûte et sa chape des influences atmosphériques ;

2° Les voûtes en dôme recouvrant les réservoirs d'eau des villes de Béziers et d'Agde (Hérault) ; elles ont 13m,50 et 16 mètres de diamètre aux naissances, et 3m,50 et 8 mètres de montée ; elles sont formées de deux rangs de briques posées à plat, et d'une chape en mortier de ciment faisant les parements extérieurs des dômes ;

3° La voûte en ogive de l'église de Barcelonne (Gers), de 13m,50 d'ouverture, formée de deux et trois rangs de briques posées à plat, et recouverte d'une chape en mortier de ciment.

Nous citerons encore, parmi les belles voûtes minces en briques, celle qui recouvre l'atelier de fabrication du ciment à Vassy, qui a 49m,35 de longueur sur 18m,60 de largeur. Cette voûte, en berceau, est formée de trois rangs de briques de 0m,028 d'épaisseur, et son extrados est recouvert d'une chape en ciment, sur laquelle on a placé une forte couche de terre cultivée en jardin.

Enfin, les réservoirs supérieurs que la ville de Paris vient de faire construire pour les eaux, à Passy, sont recouverts d'une série de voûtes d'arête, très-plates, occupant chacune un espace carré de 4 mètres de côté, et reposant sur des piliers carrés en briques et ciment de 0m,32 de côté et de 4 mètres de hauteur. Ces voûtes, qui n'ont que 0m,20 de flèche et 0m,08 d'épaisseur, y compris une chape mince en ciment, sont composées de deux rangs de briques minces posées à plat. La chape est recouverte d'une couche de mortier de ciment très-maigre, dont le but est de préserver la construction des effets immédiats de l'atmosphère.

Lorsque les voûtes minces ne supportent que leur propre poids, sans aucune surcharge, leur poussée est excessivement faible relativement à ce qu'elle serait si les voûtes avaient été faites en maçonneries ordinaires, et l'épaisseur des pieds-droits se trouve considérablement réduite. Mais si les voûtes supportent de grands poids, comme cela arrive pour les planchers de manufactures ou d'entrepôts, la poussée devient considérable et par suite aussi l'épaisseur des pieds-droits.

La résistance des pieds-droits doit être en harmonie avec la résistance de la voûte, si l'on veut que celle-ci puisse supporter une charge maximum, car il est évident qu'un défaut de résistance des pieds-droits diminuera la résistance proprement dite de la voûte. Nous avons fait construire, à titre d'essai, dans les vieux bâtiments du lazaret de Marseille, une voûte en arc de cercle de 1 mètre de longueur entre les têtes, de 5 mètres de corde, 0m,50 de flèche, et 0m,07 d'épaisseur uniforme, et formée de deux rangs de briques de 0m,03 d'épaisseur posées à plat avec mortier de ciment de Vassy. Cette voûte, qui avait pour points d'appui deux énormes piliers du lazaret, a supporté sans mouvement visible un poids de 45 000 kilogrammes, obtenu avec des rails et des coussinets; elle ne s'est rompue que sous une charge de 55 000 kilogrammes, soit 11 000 kilogrammes par mètre carré de surface horizontale d'extrados. Nul doute que la charge de rupture eût encore été plus considérable, si la forte poussée sur les points d'appui n'avait fait reculer de 0m,007 dans l'intérieur d'un pilier l'une des pierres formant sommier.

277. Voûtes minces pour planchers incombustibles. — La condition d'incombustibilité, si nécessaire pour les constructions industrielles, conduit à faire l'application de voûtes minces en briques et ciment pour former les planchers et les couvertures des manufactures, docks, halles et magasins, ainsi que des ateliers de blanchisseurs, teinturiers, etc., où l'humidité détruit promptement les planchers ou les combles en bois.

Ces dernières années, à l'imitation de ce qui se pratique depuis longtemps en Angleterre, les ingénieurs français ont une tendance à rendre incombustibles les planchers des bâtiments industriels et manufacturiers d'une grande surface, en les composant de voûtes minces en briques et ciment reposant sur des poutres en fer, en tôle ou en fonte, supportées par des piliers en briques ou par des colonnes en fonte. Ces voûtes ont ordinairement de 2^{m},75 à 3 mètres, et jusqu'à 3^{m},50 de portée; elles sont en arc de cercle, avec une flèche de 1/10 pour les bâtiments, et de 1/8 pour les entrepôts de marchandises lourdes. Ces proportions varient, du reste, selon la nature et la grandeur des charges à supporter, et la destination des constructions. Il est important d'élever des chaînes dans les murs aux points de grande fatigue, et de disposer dans les voûtes des tirants en fer allant d'un mur à l'autre pour s'opposer à la poussée; il convient même de faire passer un tirant par les extrémités des poutres reposant sur les murs, afin de relier entre elles toutes les parties de la maçonnerie. La section des tirants a ordinairement de 0^{m},015 à 0^{m},020 de côté pour les planchers de manufactures, et de 0^{m},030 à 0^{m},035 pour ceux d'entrepôts.

Ces voûtes doivent être en briques et mortier d'excellente qualité; on leur donne, à partir de chaque naissance et jusqu'au 1/3 du développement de chaque demi-voûte, une épaisseur de 0^{m},22, et on réduit cette épaisseur à 0^{m},11 pour le reste. On pose les briques de champ, en garnissant parfaitement les joints avec du mortier de ciment; on fait le remplissage des reins avec du béton maigre, que l'on recouvre ensuite d'une aire en plâtre ou en ciment, sur laquelle on pose les dalles, les carreaux ou les planches devant former le plancher.

Fig. 97.

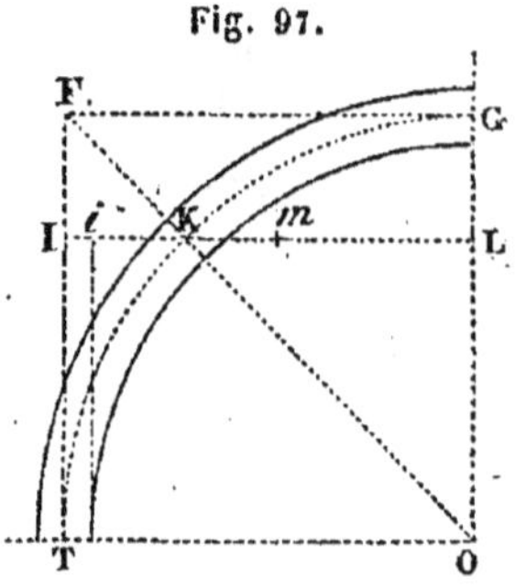

278. **Moyen graphique donné par Rondelet, pour déterminer approximativement la poussée, sur ses pieds-droits, d'une voûte extradossée parallèlement.** — On décrit, *fig.* 97, une circonférence moyenne TKG; aux points T et G, on mène des tangentes à cette courbe; par le point de rencontre F de ces tangentes, on mène la normale FO à la circonférence, ce qui détermine le point K où se fait le plus grand effort.

Par le point K, on mène l'horizontale IL, que l'on prolonge jusqu'aux parallèles TF et OG.

La partie *i*K, multipliée par l'épaisseur de la voûte, exprime l'effort horizontal de la partie inférieure de la voûte, et la partie KL, multipliée également par l'épaisseur de la voûte, désigne celui de la partie supérieure.

Ces deux efforts, agissant en sens contraire et étant directement opposés, se détruiront en partie; ainsi, portant *i*K de K en m, la différence mL, multipliée par l'épaisseur de la voûte, sera l'expression de la poussée.

Cette manière d'opérer donne des résultats satisfaisants pour la pratique, mais non pour la théorie.

Représentant par :

P, le produit de mL par l'épaisseur de la voûte;
x, l'épaisseur à donner aux pieds-droits,

Rondelet a trouvé qu'on obtenait une stabilité suffisante au moyen de la formule :

$$x = \sqrt{2P}.$$

Cette formule, modifiée suivant les données de Rondelet, pour les diverses espèces de voûtes, devient :

Pour une voûte en arc de cloître :

$$x = \sqrt{2P} \times 0{,}67.$$

Pour une voûte sphérique :

$$x = \sqrt{2P} \times 0{,}50.$$

Pour une voûte d'arête supportée par quatre piliers, les parties de la voûte formant lunettes n'étant pas continuées dans l'épaisseur des pieds-droits, on a pour le côté de chaque pilier :

$$x = \sqrt{2P} \times 2.$$

Pour la même voûte, mais les parties formant lunettes étant prolongées dans l'épaisseur des piliers, on a :

$$x = \sqrt{2P} \times 1{,}75.$$

Des développements donnés par Rondelet (*Traité de l'art de bâtir*), il résulte :

1° Que, représentant l'épaisseur des pieds-droits d'une voûte en plein cintre par l'unité, l'épaisseur relative, pour une même ouverture, sera :

Voûte ogivale.......................... 0,70
Voûte en plein cintre.................. 1,00

Voûte surbaissée au 1/3	1,18
Id. au 1/6	1,35
Id. au 1/10	1,39
Plate-bande	1,42

2° Que, représentant la poussée de la voûte en plein cintre par l'unité, la poussée relative des autres voûtes sera :

Voûte ogivale	0,49
Voûte en plein cintre	1,00
Voûte surbaissée au 1/3	1,395
Id. au 1/6	1,82
Id. au 1/10	1,91
Plate-bande	1,95

279. **Méthode graphique donnée par M. Méry, ingénieur des ponts et chaussées, pour calculer la stabilité des voûtes.**

Par ce procédé, qui est très-pratique, on peut obtenir les divers éléments principaux nécessaires pour déterminer les épaisseurs des voûtes cylindriques de toutes les formes et de leurs pieds-droits.

Lorsqu'une voûte est en équilibre, de quelque manière que, sur chaque joint, la pression se répartisse entre les différents points, l'ensemble des pressions partielles donne une résultante unique appliquée en un point du joint; ainsi, par exemple, pour le joint *ab*, *fig.* 98, cette résultante, que nous désignerons par *p*, sera appliquée au point *g*, et la voûte devra être tenue en équilibre par cette pression *p* et par la poussée horizontale P qui agit au sommet de la voûte. Sur chacun des autres joints *a'b'*, *a''b''*, etc., il existe des points *g'g''*, etc., analogues à *g*. Tous ces points déterminent une courbe, que M. Méry appelle *courbe des pressions*, qui est très-propre à éclairer sur l'équilibre de la voûte.

Fig. 98.

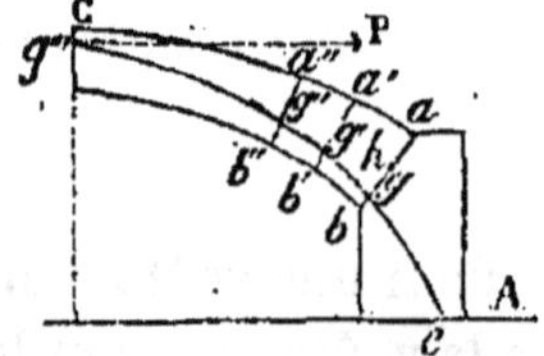

Si cette courbe passe au sommet C de la voûte, au point *b* de l'intrados et au point extérieur A, cela indique que la voûte tend à s'ouvrir à l'intrados au joint C, à l'extrados au joint *ab*, et que le pied-droit tend à tourner autour de l'arête extérieure A.

La courbe des pressions n'atteignant pas les points C, *b* et A, mais s'en rapprochant comme l'indique la figure, elle montre encore que ces points sont les plus faibles de la voûte.

La résultante de toutes les pressions qui s'exercent sur le joint *ab* passant par le point g, où la courbe des pressions rencontre ce joint, la moitié des composantes de p agissent sur la portion bg, qui doit résister à cette action sans s'écraser; il en est de même de chacune des portions eA, $b'g'$, $b''g''$, Cg'''.

Nous disons que bg doit être capable de supporter la moitié de la pression qui s'exerce sur le joint ba; mais remarquons que, la pression allant en augmentant depuis le point g jusqu'en b, l'arête b s'écraserait si l'on s'en tenait pour bg à la limite exigée par une demi-pression répartie uniformément.

On n'a rien de bien positif sur la manière dont la pression se répartit sur un joint; mais on admet généralement qu'étant à son maximum en b, elle décroît proportionnellement à la distance de ce point, de sorte que la pression étant moyenne en g, elle est nulle au point h qui donne $hg = 2gb$ (la pression totale étant représentée par la surface d'un triangle dont hb est la hauteur, g le centre de gravité, et dont la base, que nous représenterons par k, est proportionnelle à la pression maximum en b; en tout autre point, la pression est représentée (274) par la parallèle menée en ce point à la base du triangle.

Cela posé, comme il est évident qu'au point b la pression k ne doit pas dépasser la limite que comporte la pierre, il en résulte que la partie bg doit être capable de supporter une charge représentée par $k \times bg$, et comme la pression totale sur le joint ab est $k \times \frac{3}{2} bg$, l'on voit que bg doit être capable de supporter les 2/3 de la charge totale du joint, et non la moitié.

La pression s'exerçant suivant la tangente à la courbe des pressions, cette courbe, par son inclinaison sur les divers joints, sert encore à faire connaître les joints où le glissement est à craindre. α étant l'angle que fait la direction de la pression avec le joint du voussoir, l'effort qui agit suivant la direction du joint pour produire le glissement est $p \cos \alpha$, l'effort normal au joint est $p \sin \alpha$, et 0,76 étant le coefficient de frottement ordinairement adopté, on doit avoir, pour qu'il y ait stabilité: $p \cos \alpha < p \sin \alpha \times 0{,}76$, ou $\cos \alpha < \sin \alpha \times 0{,}76$.

Tracé de la courbe des pressions. — Une voûte exigeant, pour sa stabilité, que son épaisseur et celle de ses pieds-droits soient plus considérables que ne l'exige l'équilibre statique, on conçoit que la courbe des pressions peut y prendre une infinité de positions différentes, sans qu'il soit possible de préciser celle qui se réalisera, cette position dépendant du tassement, que l'on ne peut prévoir exactement, et des surcharges accidentelles auxquelles la voûte peut être soumise.

Prenons, *fig.* 99, sur le plan des naissances, le point *m*, paraissant, par ses distances aux points *b* et *a*, devoir appartenir à la courbe des pressions (les parties *bm* et *am* doivent chacune pouvoir supporter sans s'écraser les 2/3 de la charge du joint *ab*); prenons également, sur le joint vertical *cd*, le point *n*, paraissant, par sa distance au point *c*, appartenir à la courbe des pressions, et proposons-nous de tracer cette courbe passant par *m* et *n*, c'est-à-dire de trouver les points en lesquels elle rencontre les joints *ef*, *hi*, etc.

Fig. 99.

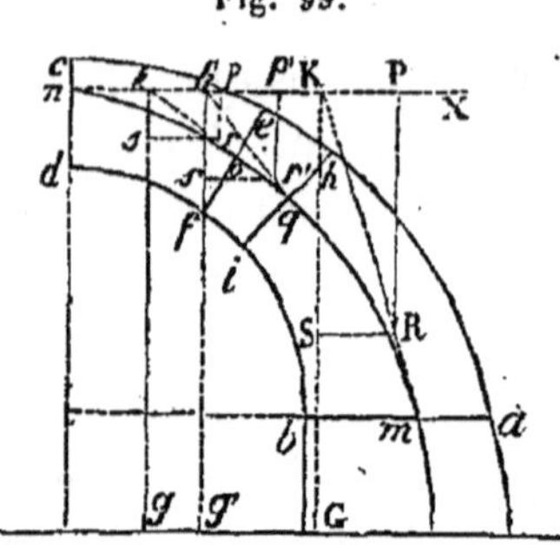

On calcule le poids du voussoir *cdba*, et on détermine la position de son centre de gravité; soit KG la verticale passant par ce centre de gravité; prolongeons cette verticale jusqu'à l'horizontale *n*X, joignons K*m*, prenons KS proportionnel au poids trouvé, et, terminant le parallélogramme KSRP, KP est proportionnel à la poussée horizontale, et la diagonale KR à la pression totale *p* sur le joint *ab*. Cela fait, soit *kg* la verticale passant par le centre de gravité du voussoir *cdfe;* prenons *ks* proportionnel au poids de ce voussoir, et *kp* égal à la poussée horizontale KP; construisons le parallélogramme *ksrp;* la diagonale *kr* représente l'intensité et la direction de la pression sur le joint *ef*, et le point *o*, où elle rencontre ce joint, est un des points de la courbe des pressions. Opérant sur le voussoir *cdih* comme sur *cdfe*, on détermine le point *q* où la courbe rencontre le joint *hi*, et par la même marche on déterminerait tous les autres points de cette courbe.

Si les points *m* et *n* ont été mal choisis, on ne tarde pas à s'en apercevoir; la courbe que l'on obtient sort des limites convenables, ou conduit à une épaisseur démesurée de pieds-droits. On fait alors une nouvelle hypothèse sur la position de ces points, et on construit une nouvelle courbe, en se servant évidemment des poids et des positions des centres de gravité de voussoirs qui ont été déterminés pour la première courbe.

Supposant que la voûte est construite en matériaux assez résistants pour que la pression puisse s'exercer sur les arêtes des voussoirs sans les écraser, il est évident qu'il y aura équilibre tant que la courbe des pressions ne dépassera en aucun point la limite des voussoirs ; mais qu'aussitôt cette limite dépassée, l'équilibre sera rompu si la voûte n'est pas consolidée par des armatures ou des mortiers d'une résistance supérieure à l'effort qui tend à rompre l'équilibre. Avec les matériaux ordinairement employés, les distances de la courbe aux extrémités de chaque joint doivent être telles, que chacune d'elles soit capable de supporter une charge uniformément répartie égale aux 2/3 de la charge totale qui repose sur le joint. Lorsque deux voûtes opposées s'appuient sur un même pied-droit, on peut s'en tenir à l'épaisseur statique, c'est-à-dire à celle où la courbe des pressions passe aux extrémités des joints de la clef, des reins et du plan des naissances; parce que, outre que les poussées contraires rendent tout mouvement du pied-droit impossible, la maçonnerie qui relie les deux voûtes au-dessus du plan des naissances rend impossible le glissement et le renversement de la partie de voûte comprise entre les naissances et les reins. Il est évident que le massif de maçonnerie qui reliera les deux voûtes doit être construit au moins jusqu'aux joints de rupture des voûtes avant le décintrement et le chargement.

280. **Détermination du profil d'équilibre pratique d'une voûte.** — La méthode indiquée au n° 273 pour déterminer les dimensions à donner à une voûte, et celle de M. Méry (279) exigent la recherche des centres de gravité des diverses portions du profil de cette voûte. Cette recherche étant presque toujours longue et ardue, Dejardin a donné, dans sa *Routine de l'établissement des voûtes*, une méthode qui lui a permis, en excluant tout tâtonnement, de déterminer le profil d'une voûte satisfaisant aux conditions de stabilité établies par les méthodes énoncées ci-dessus, et de calculer à l'avance des tables qui donnent le métrage des voûtes et de leurs culées, en raison de leur ouverture, pour les trois systèmes les plus usités.

L'établissement de ce profil d'équilibre est basé sur le principe suivant, général à la construction des voûtes : *Dans les voûtes construites suivant une des formes usitées, la pression, quelle que soit sa valeur, qui agit dans le sens du contour de l'intrados, croît depuis le sommet jusqu'aux naissances.*

Tracé de la courbe d'extrados de ce profil. — L'intrados étant donné, le profil sera déterminé par le tracé de l'extrados.

Partant de l'épaisseur à la clef e, donnée par les formules du n° 274, si l'on désigne, *fig.* 100, par e' l'épaisseur variable de la voûte, c'est-à-dire la longueur des joints HH', LL', etc., et par α l'angle que fait avec la verticale chacun de ces joints, on a généralement :

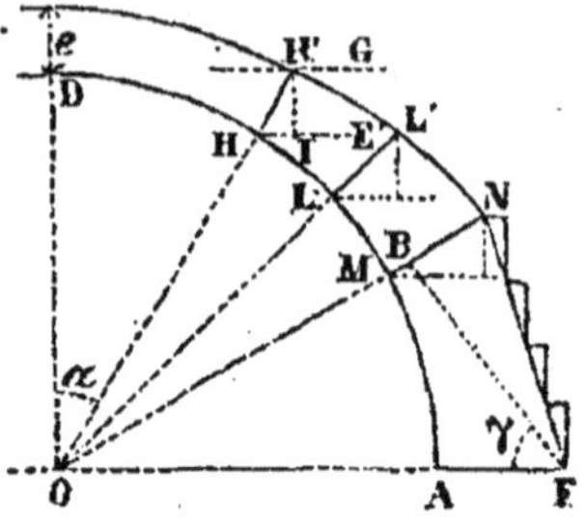

Fig. 100.

$$e' = \frac{e}{\cos \alpha}. \qquad (1)$$

De cette relation, il résulte que la distance ρ du centre O à l'extrados, en un point correspondant à l'angle α, est, en désignant par r le rayon de l'intrados :

$$\rho = r + \frac{e}{\cos \alpha}. \qquad (2)$$

L'équation (2), à cause de son extrême simplicité, conduit à deux constructions géométriques tout élémentaires, et dont l'une permet de *tracer la courbe d'extrados d'un mouvement continu.*

En premier lieu, les équations (1) et (2) expriment que tous les joints HH', LL', etc., doivent avoir une projection verticale constamment égale à e; si donc on mène une normale quelconque OHH', rencontrant l'intrados en H, qu'à une hauteur H' I $= e$, au-dessus du point H, on mène l'horizontale indéfinie H'G, la rencontre de cette ligne avec la normale OH prolongée donnera le point H' de l'extrados correspondant au point H.

En second lieu, *fig.* 101, si à une hauteur OO' $= e$, au-dessus de la ligne de naissance OA, on mène l'horizontale O'A', et que l'on trace la ligne de joint quelconque OM, faisant un angle α avec la verticale, et coupant en B l'horizontale O'A', il suffira de porter sur la ligne OM prolongée la distance BM' $= r$, pour avoir le point M' de l'extrados correspondant au point M. On a, en effet :

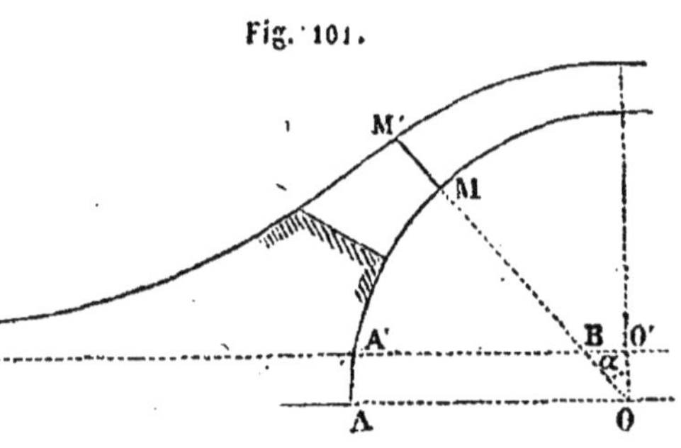

Fig. 101.

$$OB = \frac{OO'}{\cos \alpha} = \frac{e}{\cos \alpha}, \quad \text{d'où } OM' = OB + BM' = \frac{e}{\cos \alpha} + r = \rho.$$

Voici maintenant comment la dernière construction peut conduire à un tracé de la courbe par mouvement continu. On remplace l'horizontale O'A' par une règle fixe, et la ligne de joint OM par une règle mobile qui est traversée au point B, à une distance r de son extrémité M', par un style; on fait mouvoir la seconde règle de manière que son prolongement inférieur passe toujours par le centre O, et qu'en même temps le style s'appuie toujours contre la règle fixe O'A'. Dans ce mouvement, l'extrémité M' décrit évidemment la courbe d'extrados. On réalise très-facilement ce mode de tracé sur les épures de voûtes, en pratiquant dans la règle O'A' une rigole ou rainure continue, dans laquelle glisse le style de la règle mobile, et en pratiquant de même dans cette dernière, et de B vers O, une semblable rigole, qui glisse à son tour sur un style fixe planté au centre O.

La solution pratique précédente peut être étendue au tracé de la courbe d'extrados d'une voûte dont l'intrados est quelconque, pourvu cependant que, pour chaque inclinaison de la normale à l'intrados, on connaisse la longueur du rayon de courbure, et l'on saura toujours déterminer cette donnée dans les courbes d'intrados qui peuvent être adoptées.

Pour les courbes d'intrados quelconques, désignant toujours par :

e' la longueur variable des joints;
r' un rayon de courbure quelconque de l'intrados, faisant l'angle α avec la verticale;
r le rayon de courbure au sommet de l'intrados;
e l'épaisseur à la clef,

on a :

$$e' = \frac{r}{r'} \times \frac{e}{\cos \alpha}, \qquad (5)$$

Fig. 102.

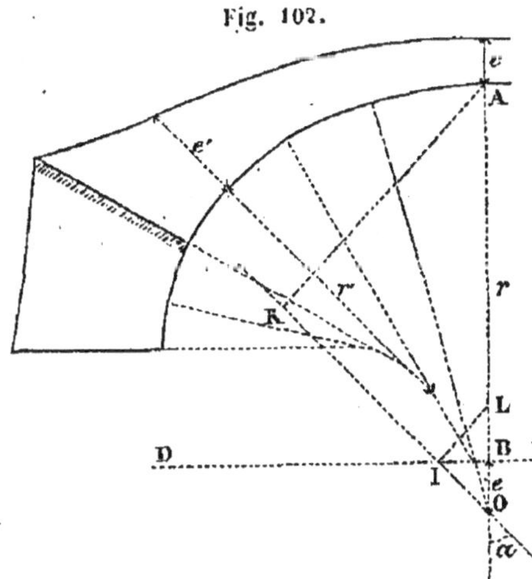

Cette solution, dont l'exactitude est suffisante dans la pratique, conduit à une construction géométrique complétement générale, et d'ailleurs très-élémentaire, qui pourra être faite sur l'épure même de la voûte.

On portera, *fig.* 102, sur une verticale, $OA = r$, $OB = e$, et l'on mènera l'horizontale indéfinie BD. Pour obtenir la longueur e' d'un joint quelconque faisant l'angle α avec la verticale, on mènera OK parallèle au joint e', c'est-à-dire faisant l'angle α avec la verticale, on prendra $OK = r'$, et par le point I, où OK rencontre l'horizontale BD, on mènera IL parallèle à AK; OL sera la longueur e' cherchée. En effet, les triangles semblables AOK, LOI donnent :

$$OL = \frac{OA \times OI}{OK} = \frac{r}{r'} \times \frac{e}{\cos \alpha}.$$

Dans l'application, l'intrados est ordinairement tracé par rayons de courbure successifs; OA se trouve tout porté sur l'épure, et OK, OK', etc., sont des parallèles aux autres rayons de courbure, qui se trouvent aussi sur l'épure. Le tracé de l'extrados n'est donc plus qu'un petit travail ajouté à l'épure de la voûte.

Ces courbes d'extrados, déterminées par les équations (1), (2) et (3), sont désignées par Dejardin sous le nom de *péricycloïdes;* elles présentent un caractère général, le seul que nous indiquerons ici, parce qu'il est le seul qui intéresse la pratique : elles ont toutes pour asymptote rectiligne l'horizontale O'A' menée à une distance e au-dessus de la ligne des naissances, *fig.* 101, ou, en d'autres termes, le voussoir à la naissance aurait une longueur infinie. Cette contradiction démontre que, dans la condition que nous avons donnée, il n'est point possible d'extradosser complétement une voûte.

De là il résulte que la courbe précédente d'extrados doit s'arrêter à une certaine hauteur au-dessus des naissances. D'après ce qui a été dit au n° 255, on supposera, dans ce qui va suivre, que la courbe d'extrados s'arrête au joint extrême, c'est-à-dire au joint incliné à 30° sur l'horizontale. Dans les voûtes à intrados elliptique, on peut énoncer d'une manière générale que, selon que la montée est égale à 1/2, à 1/3 ou à 1/4 de l'ouverture, l'origine des joints extrêmes est déterminée par une horizontale menée également à 1/2, à 1/3 ou à 1/4 de la hauteur sous clef à partir des naissances.

Pour une courbe d'intrados quelconque, la *surface du profil de la voûte* peut être déterminée à l'aide du procédé graphique indiqué au n° 272; mais lorsque cette courbe est un arc de cercle, la surface d'une portion du profil, comprise entre la verticale menée par l'axe de la voûte et un joint faisant un angle α avec la verticale, a pour expression générale :

$$S' = \frac{1}{2}\left(er \log \frac{1+\sin\alpha}{1-\sin\alpha} + e^2 \operatorname{tang}\alpha\right).$$

r, rayon de l'intrados.
Log, indice des logarithmes népériens (*Introduction à la science de l'ingénieur*, n° 384).
Les autres lettres ont les mêmes significations que ci-dessus.

Les deux termes variables qui entrent dans la valeur de S' étant donnés de degré en degré dans le tableau suivant, il sera de la plus grande facilité d'obtenir la surface voulue jusqu'à un joint quelconque, pour lequel α est égal à un nombre entier de degrés.

Pour les voûtes à intrados en arc de cercle, la formule suivante donne approximativement la *longueur du développement de la courbe d'extrados*, depuis le sommet jusqu'à un joint quelconque, longueur qui n'a, du reste, d'importance que pour l'évaluation de la chape.

$$L' = l' + \frac{S'}{r}.$$

l', longueur de l'arc d'intrados dans les limites correspondant à L' ;
S', surface du profil dans les mêmes limites.

Cette formule donne des résultats qui ne diffèrent de la vérité que de 1/5 de l'épaisseur e à la clef, erreur parfaitement négligeable dans l'espèce.

Le tableau suivant donne les *valeurs numériques des coefficients nécessaires au calcul des profils des voûtes à intrados circulaire.*

α	$\pi \frac{\alpha}{180}$.	Log. $\frac{1+\sin\alpha}{1-\sin\alpha}$.	Tang α.	$\frac{1}{\cos\alpha}$.	Log. $\frac{1}{\cos\alpha}$.	$\frac{\text{Tang}\,\alpha}{\cos\alpha}$.	α	$\pi \frac{\alpha}{180}$.	Log. $\frac{1+\sin\alpha}{1-\sin\alpha}$.	Tang α.	$\frac{1}{\cos\alpha}$.	Log. $\frac{1}{\cos\alpha}$.	$\frac{\text{Tang}\,\alpha}{\cos\alpha}$.
0	0,000000	0,000000	0,000000	1,000000	0,000000	0,000000	38	0,663225	1,435988	0,781286	1,269018	0,238244	0,991466
1	0,017453	0,034989	0,017455	1,000152	0,000152	0,017458	39	0,680678	1,480580	0,809784	1,286759	0,252127	1,041997
2	0,034907	0,069827	0,034921	1,000609	0,000609	0,034942	40	0,698132	1,525821	0,839100	1,305407	0,266515	1,095367
3	0,052360	0,104768	0,052408	1,001872	0,001871	0,052480	41	0,715585	1,571726	0,869287	1,325003	0,281422	1,151816
4	0,069813	0,139740	0,069927	1,002442	0,002439	0,070098	42	0,733038	1,618335	0,900404	1,345632	0,296864	1,211613
5	0,087266	0,174353	0,087495	1,003820	0,003813	0,087823	43	0,750492	1,665680	0,932515	1,367327	0,312858	1,275053
6	0,104720	0,209823	0,105104	1,005508	0,005493	0,105683	44	0,767945	1,713804	0,965689	1,390164	0,329421	1,342466
7	0,122173	0,244956	0,122785	1,007510	0,007482	0,123707	45	0,785398	1,762749	1,000000	1,414214	0,346574	1,414214
8	0,139626	0,280165	0,140541	1,009828	0,009780	0,141922	46	0,802851	1,812583	1,035530	1,439556	0,364335	1,490704
9	0,157080	0,315459	0,158384	1,012465	0,012388	0,160359	47	0,820305	1,863268	1,072369	1,466279	0,382728	1,572392
10	0,174533	0,352471	0,176327	1,015427	0,015309	0,179047	48	0,837758	1,914934	1,110612	1,494477	0,401776	1,659784
11	0,191986	0,386353	0,194380	1,018717	0,018544	0,198018	49	0,855211	1,967616	1,150368	1,524253	0,421505	1,753452
12	0,209440	0,421976	0,212557	1,022341	0,022095	0,217305	50	0,872665	2,021366	1,191754	1,555724	0,441941	1,854039
13	0,226893	0,457677	0,230868	1,026304	0,025964	0,236941	51	0,890118	2,076247	1,234897	1,589016	0,463115	1,962271
14	0,244346	0,493629	0,249328	1,030614	0,030154	0,256961	52	0,907571	2,132323	1,279942	1,624269	0,485058	2.078970
15	0,261799	0,529685	0,267949	1,035276	0,034668	0,277401	53	0,925024	2,189666	1,327045	1,661640	0,507805	2,205071
16	0,279253	0,565909	0,286745	1,040299	0,039510	0,298301	54	0,942478	2,248354	1,376382	1,701302	0,531393	2,341641
17	0,296706	0,602313	0,305731	1,045692	0,044679	0,319700	55	0,959931	2,308468	1,428148	1,743447	0,555864	2,489900
18	0,314159	0,638916	0,324920	1,051462	0,050182	0,341641	56	0,977384	2,370103	1,482561	1,788291	0,581261	2,651251
19	0,331613	0,675725	0,344328	1,057621	0,056022	0,364168	57	0,994838	2,433350	1,539869	1,836079	0,607632	2,827312
20	0,349066	0,712757	0,363970	1,064178	0,062202	0,387329	58	1,012291	2,498320	1,600335	1,887080	0,635031	3,019960
21	0,366519	0,750025	0,383864	1,071145	0,068728	0,411174	59	1,029744	2,565133	1,664280	1,941604	0,663514	3,231372
22	0,383972	0,787542	0,404026	1,078535	0,074910	0,435756	60	1,047197	2,633913	1,732050	2,000000	0,693147	3,464101
23	0,401426	0,825325	0,424475	1,086360	0,082833	0,461133	61	1,064651	2,704810	1,804048	2,062660	0,723997	3,721147
24	0,418879	0,863390	0,445229	1,094634	0,090422	0,487363	62	1,082104	2,777068	1,880726	2,130054	0,756147	4,006050
25	0,436332	0,901750	0,466308	1,103378	0,098376	0,514513	63	1,099557	2,853577	1,962610	2,202689	0,789679	4,323021
26	0,453786	0,940425	0,487733	1,112602	0,106701	0,542652	64	1,117011	2,931869	2,050304	2,281172	0,824689	4,677096
27	0,471239	0,979434	0,509525	1,122326	0,115403	0,571854	65	1,134464	3,012907	2,144507	2,366201	0,861286	5,074326
28	0,488692	1,018786	0,531710	1,132570	0,124489	0,602198	66	1,151917	3,097094	2,246037	2,458593	0,899589	5,522091
29	0,506145	1,058507	0,554310	1,143354	0,133966	0,633771	67	1,169371	3,184648	2,355852	2,559305	0,939735	6,029344
30	0,523599	1,098612	0,577350	1,154701	0,143841	0,666607	68	1,186824	3,268352	2,475086	2,669467	0,981879	6,607161
31	0,541052	1,139125	0,600861	1,166636	0,154122	0,700984	69	1,204277	3,371138	2,605090	2,808308	1,026195	7,269313
32	0,558505	1,180065	0,624870	1,179178	0,164818	0,736832	70	1,221730	3,470830	2,747477	2,930545	1,072885	8,033086
33	0,575959	1,221451	0,649408	1,192366	0,175937	0,774330	71	1,239184	3,575425	2,904211	3,071553	1,122183	8,920438
34	0,593412	1,263316	0,674508	1,206218	0,187489	0,813604	72	1,256637	3,685459	3,077685	3,236068	1,174359	9,959592
35	0,610865	1,305672	0,700208	1,220775	0,199490	0,854796	73	1,274090	3,801571	3,270852	3,420304	1,229729	11,187308
36	0,628318	1,348546	0,726543	1,236068	0,211935	0,898056	74	1,291544	3,924508	3,487415	3,627955	1,288609	12,652185
37	0,645772	1,391976	0,753554	1,252136	0,224851	0,943552	75	1,308997	4,055174	3,732050	3,863704	1,351626	14,419536

281. Poussée horizontale des voûtes (273). — Dans le profil d'équilibre déterminé comme il vient d'être dit (280), la *pression à la clef* ou la *poussée horizontale* est, pour les voûtes à intrados circulaire :

$$Q = \frac{d}{2}\left(2er + e^2\right).$$

Q, poussée horizontale par unité de longueur de voûte;
d, pesanteur spécifique de la maçonnerie (89);
e, épaisseur de la voûte à la clef;
r, rayon de l'intrados.

Ainsi cette poussée croît avec la densité de la maçonnerie, le rayon de la voûte et son épaisseur à la clef.

Pour les *voûtes à intrados quelconque*, on a, en désignant par r_1 le rayon de courbure au sommet de l'intrados :

$$Q = \frac{d}{2}\left(2er_1 + e^2\right).$$

Fig. 103.

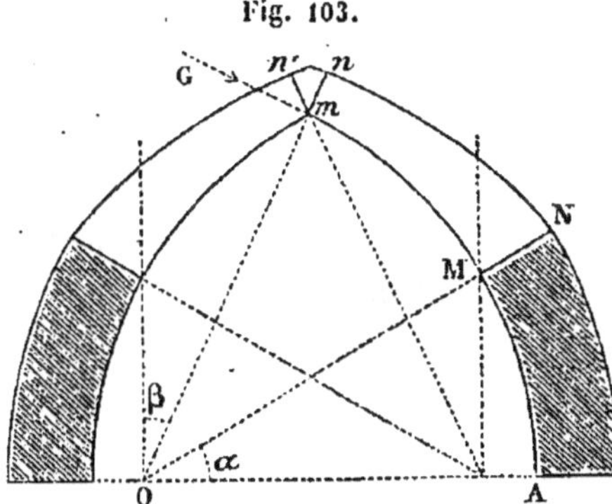

Les conditions d'équilibre des *voûtes en ogive*, *fig.* 103, dérivent naturellement de celles relatives aux voûtes à intrados circulaire ; mais, comme on a toujours supposé que les intrados avaient une tangente horizontale au sommet, il est nécessaire de faire une remarque sur le mode particulier d'équilibre des voûtes en ogive, pour lesquelles cette circonstance n'existe pas.

Considérons une portion de voûte *mn* MN, dont l'intrados est décrit d'un rayon $OA = r$, et qui s'étend depuis le joint MN rendu fixe, jusqu'à un joint déterminé *mn*, dont la direction fait un angle β avec la verticale. Cette portion de voûte peut être regardée comme appartenant à une demi-voûte circulaire ayant un rayon d'intrados r et une épaisseur e à la clef. Si, par conséquent, on règle, comme Dejardin l'a supposé pour les voûtes circulaires, le profil de la voûte de manière qu'il exerce une pression constante normalement à l'intrados, il suffira, pour conserver la forme circulaire de cet intrados, d'appliquer en m une force tangentielle

$$G = \frac{d}{2}(2er + e^2).$$

Ici on ne pourrait pas, comme dans le cas des pleins cintres, établir l'équilibre de la portion de voûte mnMN, en lui accolant, suivant les joints de la clef, une autre portion de voûte symétriquement égale. En effet, la pression G qui s'exerce tangentiellement à l'intrados peut être décomposée en deux forces, dont l'une, horizontale, n'est autre chose que la poussée horizontale de la voûte, et a pour valeur :

$$Q = G \cos \beta = \frac{d}{2}(2er + e^2) \cos \beta,$$

et l'autre, verticale, est égale à :

$$Q' = G \sin \beta = \frac{d}{2}(2er + e^2) \sin \beta.$$

Ainsi, au lieu d'appliquer au point m la force horizontale Q, on peut bien accoler contre le joint mn, et par l'intermédiaire du triangle matériel nmn', une autre portion de voûte symétriquement égale à la portion mnMA; mais il faudra, en même temps, appliquer au sommet un poids Q' pour chaque demi-voûte, ou un poids 2Q' pour la voûte entière. Ce poids 2Q', y compris celui du triangle nmn', est indispensable pour l'équilibre.

Ce qui vient d'être dit suppose le profil de la voûte réglé de manière que la composante du poids, normale à l'intrados, soit constante. On est donc conduit, sous les mêmes réserves, et sauf les mêmes conséquences, à adopter pour profil de l'extrados le même mode de description que celui indiqué au n° 280, pour les voûtes circulaires. Il faut seulement remarquer que la constante e, qui figure dans les formules (1), (2) et suivantes, ne représente point l'épaisseur à la clef pour la voûte ogivale, mais la *projection verticale constante* de tous les joints normaux à l'intrados. Ce qui a été dit précédemment, à propos des voûtes circulaires, sur les conséquences de la solution pratique adoptée pour le tracé de l'extrados, est évidemment applicable, et *à fortiori*, aux voûtes en ogive. Ce tracé conduira donc encore, dans le cas présent, à un profil d'équilibre pratique aussi avantageux sous le rapport de la stabilité que sous celui de l'économie.

282. **Détermination de la valeur et de la direction de la pression effective en un point quelconque d'une voûte. Tracé de la courbe des pressions.** — La valeur de la poussée horizontale Q, donnée au numéro précédent pour les voûtes en arc de cercle ou en anse de panier, a été déterminée en supposant implicitement qu'au sommet la pression s'exerçait sur l'intrados même. Mais cette pression pourrait évidemment s'exercer en tout autre point du joint de la clef; alors, la pression normale étant toujours la même, si Q est la poussée calculée pour un rayon r aboutissant au sommet de l'intrados, la nouvelle poussée Q', qui correspondrait à un rayon r' aboutissant à un point quelconque de la clef, serait :

$$Q' = \frac{r'}{r} Q. \qquad (1)$$

Comme r' ne peut varier que de r à $r + e$, e étant l'épaisseur de la voûte à la clef, la plus petite et la plus grande valeur de la poussée horizontale ont respectivement pour expressions : Q et $\frac{r+e}{r}$Q, Q ayant toujours la valeur donnée au numéro précédent.

Quand la poussée horizontale a sa moindre valeur Q, la courbe des pressions passe au sommet de l'intrados, et la voûte tend à se rompre en s'ouvrant à l'extrados par soulèvement de la clef, comme l'indique la figure 94. Quand, au contraire, la poussée horizontale prend sa plus grande valeur $\frac{r+e}{r}$ Q, la courbe des pressions passe par le sommet de l'extrados, et la voûte tend à se rompre par affaissement de la clef, comme l'indique la figure 92. Mais l'un ou l'autre cas de rupture ne peut arriver qu'après une modification notable du trajet de la courbe des pressions, c'est-à-dire après la transformation de l'équilibre stable en équilibre instable.

Entre les deux positions extrêmes que l'on vient de considérer, et qui sont, pour ainsi dire, les limites de l'équilibre stable, la courbe des pressions peut occuper une infinité de positions, à chacune desquelles correspondra une valeur de la poussée nécessairement comprise entre les deux limites qui viennent d'être fixées (279).

La valeur de la pression effective et sa direction, en un point quelconque d'une voûte, sont déterminées, d'après Dejardin, au moyen des formules suivantes.

La composante verticale Q_1 de la pression, quel que soit le trajet de la courbe des pressions, a toujours pour expression :

$$Q_1 = d\,S' = \frac{d}{2}\left(er \log.\frac{1+\sin\alpha}{1-\sin\alpha} + e^2 \operatorname{tang}\alpha\right) \qquad (1)$$

d, poids du mètre cube de maçonnerie (89).
Les autres lettres ont les mêmes significations qu'au n° 280.

La composante horizontale, pour le cas limite considéré ci-dessus, quand la courbe des pressions touche au sommet de l'intrados, a pour valeur :

$$Q = \frac{d}{2}(2er + e^2). \qquad (2)$$

En même temps, l'inclinaison de la pression effective se détermine au moyen des formules suivantes, dans lesquelles

θ indique l'angle que fait avec l'horizontale la direction de cette poussée sur le joint qui termine inférieurement la portion de voûte considérée.

$$\operatorname{Tang}\theta = \frac{Q_1}{Q} = \frac{r}{2r+e}\log.\frac{1+\sin\alpha}{1-\sin\alpha} + \frac{e}{2r+e}.\operatorname{tang}\alpha. \qquad (3)$$

Tous ces résultats pourront être calculés à l'aide de la table dressée p. 461. D'ailleurs, l'intensité de la pression effective T sur le joint extrême se calculera à l'aide de la même table et en vertu de la relation :

$$T = \frac{Q}{\cos\theta}. \qquad (4)$$

Pour le second cas limite, indiqué ci-dessus, c'est-à-dire quand la courbe des pressions touche au sommet de l'extrados, on a d'après ce qui précède :

$$Q'_1 = Q_1 = \frac{d}{2}\left(er \log.\frac{1+\sin\alpha}{1-\sin\alpha} + e^2 \operatorname{tang}\alpha\right). \qquad (5)$$

$$Q' = \frac{d}{2}\,\frac{r+e}{r}(2er + e^2). \qquad (6)$$

$$\operatorname{Tang}\theta' = \frac{r}{r+e}\operatorname{tang}\theta. \qquad (7)$$

$$T' = \frac{Q'}{\cos\theta'}. \qquad (8)$$

Pour obtenir les mêmes éléments pour un point quelconque de l'épaisseur de la clef, situé à la distance r' du centre de la voûte, il suffirait de remplacer $r + e$ par r' dans les formules (6) et (7).

Ayant calculé les valeurs successives de tang θ, on aura, par une simple multiplication, celle de tang θ' correspondant à un même joint qui fait un angle quelconque α avec la verticale. On pourra ainsi tracer par tangentes successives les courbes de pression limites passant, l'une par le sommet d'intrados, l'autre par le sommet d'extrados. Comme ces valeurs de tang θ et de tang θ' dépendent du rayon r de l'intrados et de l'épaisseur e à la clef, on ne peut conclure d'une manière générale aucun résultat mathématique sur le trajet des courbes de pression limites; mais si, après avoir fait les calculs pour une voûte déterminée, on construit ces courbes comme il vient d'être dit, on reconnaît que la première, tangente au sommet de l'intrados, va couper le joint extrême à 1/8 environ de sa longueur, en partant de l'intrados; que la seconde, tangente au sommet de l'extrados, va couper le joint extrême à 1/4 environ de sa longueur, en partant de l'extrados. On reconnaît de plus, d'après la même expérience, que ces deux courbes peuvent être représentées pratiquement et avec une approximation suffisante par le procédé abrégé qui suit, *fig.* 104 :

Fig. 104.

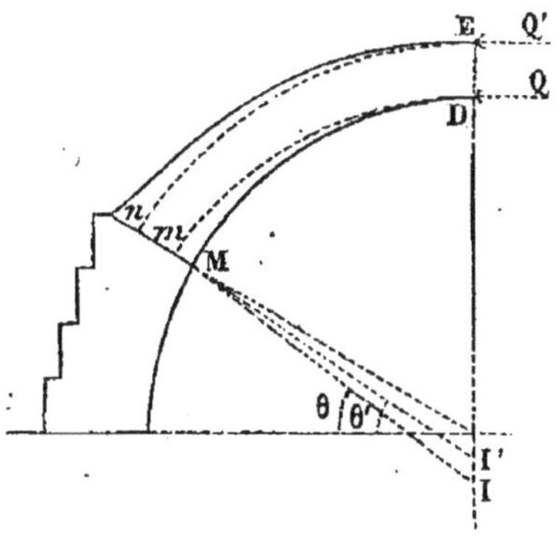

Si par le point M, extrémité intérieure du joint à 30°, on mène la ligne MI faisant un angle θ avec l'horizontale, l'arc de cercle Dm, tracé du point I comme centre, suit à très-peu de chose près le trajet de la courbe minimum de pression. Si, par le même point, on mène la ligne MI' faisant un angle θ' avec l'horizontale, l'arc de cercle En, tracé du point I' comme centre, représentera approximativement le trajet de la courbe maximum de pression.

Les résultats des calculs nécessaires au tracé direct des deux courbes de pression sont donnés dans la table suivante, calculée de 10° en 10°, pour les cas d'une voûte de 1 mètre de rayon sur 0ᵐ,40 d'épaisseur à la clef, d'une voûte de 10 mètres de rayon sur 1ᵐ,30 d'épaisseur à la clef, et enfin d'une voûte de 20 mètres de rayon sur 2ᵐ,30 d'épaisseur à la clef.

On observera, en comparant sur cette table : 1° le mode d'accroissement des valeurs de tang θ et de tang α; 2° celui des valeurs de tang θ' et de tang κ, que les courbes limites de pression ne peuvent sortir du profil de la voûte, ce qui, comme on l'a vu, est la condition de l'équilibre pour l'un ou l'autre cas extrême. De plus, les valeurs de tang Θ sont calculées pour une courbe de pression qui partirait du milieu du joint de la clef : cette courbe occupe, comme on le voit sur la table, une position moyenne entre les deux courbes limites, et elle passe sensiblement par les milieux de tous les joints ; elle représente très-probablement le trajet effectif de la courbe de pression résultante, lorsque la voûte est arrivée à son état d'équilibre permanent.

Table pour le tracé des courbes de pression dans les voûtes en plein cintre.

DIMENSIONS des VOUTES.	α	θ	Θ	θ'	η	Tang α.	Tang θ.	Tang Θ.	Tang θ'	Tang η.	OBSERVATIONS.
	0°	0° 0' 0"	0° 0' 0"	0° 0' 0"	0° 0' 0"	0,000000	0,000000	0,000000	0,000000	0,000000	r, rayon de l'intrados.
	10	9 59 44	8 21 20	7 10 31	7 5 3	0,176327	0,176251	0,146876	0,125893	0,124279	e, épaisseur de la voûte à
	20	19 40 45	16 35 45	14 19 49	13 47 52	0,363970	0,357644	0,298036	0,255460	0,245584	la clef.
$r=1^m$ $=0^m,40$.	30	28 59 8	24 46 49	21 35 19	19 39 44	0,577350	0,553985	0,461650	0,395700	0,357307	α, angle du joint avec la
	40	37 47 51	32 52 35	28 59 12	23 56 30	0,839100	0,775609	0,646341	0,554006	0,444013	verticale et aussi angle
	50	46 8 49	40 56 16	36 37 47	25 25 58	1,191754	1,040861	0,867385	0,743472	0,475539	avec l'horizontale de la
	60	54 11 32	49 5 33	44 42 53	22 24 39	1,732050	1,386139	1,155116	0,990099	0,412393	tangente à l'intrados.
											θ, Θ, θ', angles avec l'hori-
	0	0 0 0	0 0 0	0 0 0	0 0 0	0,000000	0,000000	0,000000	0,000000	0,000000	zontale, correspondant
	10	9 59 43	9 23 47	8 51 53	8 0 50	0,176327	0,176241	0,165484	0,155965	0,155202	à α, des tangentes me-
	20	19 38 18	18 31 27	17 29 16	17 31 5	0,363970	0,356842	0,335062	0,315789	0,315644	nées aux courbes de
$r=10^m$ $=1^m,30$.	30	28 51 20	27 21 23	25 59 42	25 35 0	0,577350	0,551018	0,517387	0,487622	0,478763	pression qui passent,
	40	37 30 30	35 46 51	34 11 12	33 3 33	0,839100	0,767561	0,720714	0,679257	0,650774	la première par le
	50	45 36 57	43 48 44	42 7 10	38 39 49	1,191754	1,021734	0,959374	0,904189	0,800110	sommet de l'intrados,
	60	53 18 51	51 34 15	49 54 28	40 19 58	1,732050	1,342201	1,260366	1,187868	0,849045	la deuxième par le
											milieu de l'épaisseur
	0	0 0 0	0 0 0	0 0 0	0 0 0	0,000000	0,000000	0,000000	0,000000	0,000000	de la clef, la troisième
	10	9 59 42	9 27 42	8 58 55	8 56 37	0,176327	0,176240	0,166657	0,158063	0,157378	par le sommet de l'ex-
	20	19 38 9	18 38 38	17 44 39	17 43 38	0,363970	0,356791	0,337391	0,319992	0,319667	trados.
$r=20^m$ $=2^m,30$.	30	28 50 50	27 30 51	26 17 25	26 7 12	0,577350	0,550831	0,520880	0,494019	0,490330	η, angle avec l'horizontale,
	40	37 29 24	35 57 18	34 31 32	33 44 58	0,839100	0,767053	0,725346	0,687940	0,668169	correspondant à α, de
	50	45 34 55	43 58 51	42 28 1	39 44 54	1,191754	1,020528	0,965038	0,915272	0,831645	la tangente à la courbe
	60	53 15 27	51 42 37	50 13 36	42 3 14	1,732050	1,339527	1,266692	1,201369	0,902110	d'extrados.

283. Ouverture et hauteur limites des voûtes et pieds-droits. — Ainsi qu'il est établi par les formules du n° 274, l'épaisseur des voûtes à la clef doit être accrue en raison de la stabilité qu'on veut obtenir ; mais, à mesure que cette épaisseur s'accroît, la poussée horizontale augmente aussi, et l'on se trouve ramené, en définitive, à vérifier si, avec la section adoptée et la poussée qui en résulte, la matière de la clef oppose une résistance suffisante à l'écrasement.

Si l'on désigne toujours par :

Q, la poussée horizontale (281) ;
r, le rayon de la voûte ;
R, le coefficient de résistance pratique de la maçonnerie à l'écrasement (89) ;
e, l'épaisseur à la clef ;
d, le poids du mètre cube de maçonnerie ;

la condition exprimant qu'il n'y a point écrasement à la clef est donnée par l'inégalité

$$\mathrm{R}\,e > \frac{d}{2}\,(2\,er + e^2) \text{ ou } \frac{2\mathrm{R}}{d} > 2\,r + e. \qquad (a)$$

Or, maintenant, dès que r est déterminé, e l'est aussi, en vertu de l'une des formules empiriques énoncées au n° 274. Si donc l'inégalité (a) n'est pas satisfaite en raison des valeurs des coefficients R et d, particuliers à l'espèce de maçonnerie qu'on a en vue, ce sera une preuve que cette espèce de maçonnerie est inadmissible dans la circonstance, et qu'il en faut adopter une autre pour laquelle le rapport $\frac{\mathrm{R}}{d}$ soit plus considérable.

De là, une limite de l'ouverture des voûtes qui peuvent être construites avec chaque classe donnée de maçonnerie. Si, par exemple, il s'agit du plein cintre, et qu'on remplace e par sa valeur du n° 274, la limite de la valeur r sera donnée, pour chaque cas, par l'équation

$$r = \frac{1}{2{,}10}\left(\frac{2\mathrm{R}}{d} - 0{,}30\right) = 0{,}952\,\frac{\mathrm{R}}{d} - 0{,}143\,;$$

et en substituant dans cette formule, d'une part les valeurs pratiques de R indiquées au n° 89 ; d'autre part, et pour d, la valeur 2.000, qui représente moyennement la pesanteur spécifique de la maçonnerie en pierre et mortier, on trouve les relations suivantes entre les principales espèces de maçonneries et les limites d'ouverture qu'elles comportent pour la construction des arches en plein cintre :

Maçonnerie	en moellons informes, en béton : $2r =$	environ	$4^m,50$
Id.	en moellons dits *pendants*...........	*id.*	8 ,00
Id.	en moellons équarris, bien posés.....	*id.*	19 ,00
Id.	en moellons appareillés en coupe.....	*id.*	28 ,00
Id.	en pierre de taille appareillée........	*id.*	46 ,00

Ces résultats pourront paraître faibles, principalement en ce qui concerne les voûtes en moellons bruts. Nous avons suivi la construction des voûtes des casemates du fort de Charenton, lesquelles sont en meulière brute et ont 6 mètres d'ouverture, et nous avons vu également construire en meulière brute une voûte de 10 mètres d'ouverture, laquelle n'a éprouvé qu'un faible abaissement au décintrement ; mais des résultats de ce genre ne peuvent être dus qu'à une qualité exceptionnelle de mortiers qui enchâssent assez solidement des moellons informes pour leur donner la stabilité de moellons taillés. Ainsi, nous croyons qu'on peut donner facilement aux voûtes construites en petits matériaux et en ciment de Vassy une ouverture limite égale à celles des voûtes en pierres de taille appareillées (274). On sait aussi qu'il a été construit plusieurs ponts en maçonnerie d'une ouverture bien supérieure à 46 mètres ; mais ces arches, d'une dimension si peu usitée, supposent une dureté exceptionnelle dans les pierres employées à leur construction.

Quant à la *hauteur limite des pieds-droits*, on remarque que l'on doit alors attribuer au coefficient R une valeur quadruple de ce qu'elle est pour les voûtes. Si la voûte et les pieds-droits sont construits en même maçonnerie, et s'ils éprouvent l'un et l'autre une pression égale à la limite de leur résistance pratique, la limite de la hauteur h des pieds-droits est donnée par l'équation

$$h = \frac{9}{8}(2r + e),$$

la limite de l'ouverture de la voûte étant donnée en même temps par l'équation

$$2r + e = \frac{2R}{d}.$$

Si l'on adopte pour dimension à la clef la valeur du n° 274, on aura pour limiter la hauteur des pieds-droits des voûtes en plein cintre :

$$h = 2,362\,r + 0^{m},538\,;$$

et, en appliquant cette dernière formule aux valeurs limites de r établies précédemment, on trouve :

Maçonnerie en moellons bruts...........	$2r = 4^{m},50$	$h =$ environ	$5^{m},60$
Id. en moellons pendants.........	$2r = 8\,,00$	$h =$ *id.*	$9\,,80$
Id. en moellons équarris.........	$2r = 19\,,00$	$h =$ *id.*	$22\,,80$
Id. en moellons appareillés......	$2r = 28\,,00$	$h =$ *id.*	$33\,,40$
Id. en pierre de taille...........	$2r = 46\,,00$	$h =$ *id.*	$54\,,70$

Les valeurs considérables, assurément, qu'on trouve pour les diverses limites de hauteur qui conviennent aux diverses classes de maçonneries, montrent qu'il n'y avait nul inconvénient à adopter, comme on l'a fait dans la recherche dont il s'agit, une marche plus simple qui réduit de quelque chose lesdites limites.

Dans la pratique, on n'a presque jamais occasion d'approcher des limites ci-dessus fixées pour la hauteur des pieds-droits. Alors ces pieds-droits, afin de ne point offrir un excès de résistance à l'écrasement, doivent être construits en maçonnerie d'une moindre qualité que celle des voûtes.

On peut généralement adopter la formule suivante pour déterminer la hauteur limite d'un pied-droit en équilibre pratique sous le poids d'une voûte :

$$h = \frac{9}{16}\,\frac{R}{d},$$

R ayant ici une valeur quadruple de ce qu'elle est pour les voûtes.

En rapprochant ce résultat de celui

$$h = \frac{R}{d},$$

qui s'applique aux pieds-droits isolés et ne supportant aucune pression à leur sommet, on voit que, pour une même espèce de maçonnerie, les hauteurs limites d'un pied-droit isolé et d'un pied-droit de voûte sont entre elles comme les nombres 16 et 9.

Tous les résultats nécessaires pour l'exécution des voûtes les plus usitées, c'est-à-dire celles en plein cintre et celles en arc de cercle de 60°, sont réunies dans les deux tables suivantes, qui ont été calculées par Dejardin, d'après les conditions d'équilibre précédentes.

1° Table *pour l'établissement des voûtes en plein cintre, de leurs culées et de leurs pieds-droits.*

MAÇONNERIE à employer dans LE MASSIF.	DIMENSIONS DONNÉES.					Volume de la demi-voûte		ÉPAISSEUR UNIFORME PRATIQUE DES PIEDS-DROITS POUR UNE HAUTEUR ÉGALE A										
	RAYON de l'intrad.	ÉPAISSEURS		RETRAITES (²).		jusqu'au joint à 60°.	Jusqu'à la naissance.	1m	2m	3m	4m	5m	6m	7m	8m	9m	10m	l'infini.
		à la clef (¹).	aux naissances.	Hauteur.	Largeur.													
	m.	m.	m.	m.	m.	m. cub.	m. cub.	m.	m.	m.	m.	m.	m.	m.	m.	m.	m.	m.
Moellons informes.	1	0,40	0,45	0,900	»	0,665	1,007	0,70	0,95	1,03	1,07	1,10	1,12	1,13	1,14	1,14	1,15	1,20
	2	0,50	0,75	0,750	0,076	1,534	2,606	0,95	1,30	1,45	1,54	1,59	1,62	1,66	1,68	1,70	1,71	1,83
Moellons pendants.	3	0,60	1,05	0,700	0,137	2,682	4,723	1,04	1,53	1,77	1,92	2,01	2,07	2,12	2,16	2,19	2,21	2,44
	4	0,70	1,35	0,675	0,168	4,112	7,373	1,08	1,70	2,03	2,24	2,37	2,47	2,54	2,60	2,64	2,68	3,02
Moellons équarris.	5	0,80	1,65	0,660	0,187	5.822	10,558	1,11	1,82	2,23	2,51	2,70	2,83	2,92	3,00	3,06	3,11	3,60
	6	0,90	1,95	0,650	0,199	7,813	14,279	1,13	1,92	2,42	2,75	2,98	3,15	3,28	3,37	3,45	3,52	4,17
	7	1,00	2,25	0,643	0,208	10,085	18,537	1,14	2,00	2,57	2,96	3,24	3,44	3,63	3,72	3,82	3,91	4,74
	8	1,10	2,55	0,636	0,215	12,637	23,332	1,15	2,06	2,71	3,14	3,47	3,71	3,90	4,05	4,17	4,27	5,31
	9	1,20	2,85	0,633	0,220	15,470	28.663	1,16	2,10	2,80	3,30	3,67	3,96	4,18	4,35	4,50	4,62	5,88
Moellons appareill.	10	1,30	3,15	0,630	0,224	18,584	34,532	1,16	2,14	2,88	3,44	3,86	4,18	4,43	4,64	4,81	4,94	6,44
	11	1,40	3,45	0,627	0,227	21,979	40,937	1,17	2,17	2,96	3,56	4,02	4,38	4,67	4,90	5,09	5,25	7,01
	12	1,50	3,75	0,625	0,230	25,654	47,880	1,17	2,19	3,02	3,67	4,17	4,57	4,89	5,15	5,37	5,55	7.57
	13	1,60	4,05	0,623	0,232	29,610	55,359	1,17	2,21	3,08	3,76	4,31	4,74	5,09	5,38	5,62	5,83	8,14
	14	1,70	4,35	0,621	0,234	33,846	63,376	1,17	2,23	3,12	3,85	4,43	4,90	5,28	5,60	5,87	6,09	8,70
Pierre de taille….	15	1,80	4,65	0,620	0,236	38,364	71,930	1,17	2,25	3,16	3,92	4,54	5,04	5,46	5,80	6,09	6,34	9,27
	16	1,90	4,95	0,619	0,238	43,162	81,020	1,17	2,26	3,20	3,99	4,64	5,17	5,62	5,99	6,31	6,58	9,83
	17	2,00	5,25	0,618	0,239	48,241	90,648	1,18	2,27	3,23	4,04	4,72	5,29	5,77	6,17	6,51	6,80	10,39
	18	2,10	5,55	0,617	0,240	53,600	10 ,813	1,18	2,28	3,26	4,10	4,81	5,40	5,91	6,34	6,70	7,02	10,95
	19	2,20	5,85	0,616	0,241	59,240	111,515	1,18	2,29	3,28	4,14	4,88	5,51	6,04	6,49	6,88	7,22	11,52
	20	2,30	6,15	0,615	0,242	65,161	122,754	1,18	2,29	3,30	4,18	4,95	5,60	6,16	6,64	7,05	7,41	12,08

(¹) Au joint incliné à 60° sur la verticale, l'épaisseur est le double de ce qu'elle est à la clef (280).
(²) Le nombre des retraites est exprimé par le nombre de mètres du rayon.

2° TABLE *pour l'établissement des voûtes en arc de cercle de 60°, c'est-à-dire dont le rayon d'intrados est égal à l'ouverture de leurs culées et de leurs pieds-droits.*

DIMENSIONS DONNÉES.					VOLUME de la DEMI-VOUTE.		ÉPAISSEUR UNIFORME PRATIQUE DES PIEDS-DROITS pour une hauteur égale à					
	ÉPAISSEUR.											
RAYON D'INTR.	à la clef.	aux joints extrêmes.	au niveau des naissances.	Hauteur de maçonn. au-dessus des naissances.	seule.	et du massif faisant culée.	2m	4m	6m	8m	10m	l'infini.
m.	m.	m.	m.	m.	m. cub.	m. cub.	m.	m.	m.	m.	m.	m.
2	0,40	0,462	0,73	0,40	0,486	0,824	1,43	1,52	1,56	1,57	1,58	1,62
4	0,50	0,577	1,00	1,00	1,171	2,026	2,07	2,28	2,36	2,40	2,42	2,52
6	0,60	0,693	1,50	1,20	2,081	3,674	2,57	2,94	3,08	3,15	3,19	3,37
8	0,70	0,808	2,00	1,40	3,218	5,735	2,99	3,53	3,74	3,84	3,91	4,19
10	0,80	0,924	2,50	1,60	4,579	8,210	3,35	4,07	4,36	4,51	4,60	5,00
12	0,90	1,039	3,00	1,80	6,166	11,099	3,65	4,57	4,95	5,15	5,27	5,80
14	1,00	1,155	3,50	2,00	7,979	14,402	3,91	5,04	5,50	5,76	5,91	6,59
16	1,10	1,270	4,00	2,20	10,017	18,119	4,14	5,46	6,03	6,34	6,54	7,39
18	1,20	1,386	3,00	3,60	12,281	22,249	4,33	5,86	6,54	6,91	7,15	8,18
20	1,30	1,501	3,33	3,90	14,770	26,794	4,50	6,23	7,01	7,45	7,73	8,97
22	1,40	1,617	3,67	4,20	17,484	31,753	4,64	6,57	7,47	7,98	8,30	9,76
24	1,50	1,732	4,00	4,50	20,455	37,126	4,77	6,89	7,90	8,49	8,86	10,55
26	1,60	1,848	4,33	4,80	23,590	42,912	4,88	7,18	8,32	8,97	9,40	11,34
28	1,70	1,963	4,67	5,10	26,981	49,113	4,98	7,46	8,71	9,44	9,92	12,13
30	1,80	2,079	5,00	5,40	30,598	55,727	5,07	7,71	9,08	9,895	10,43	12,92
32	1,90	2,194	5,33	5,70	34,440	62,756	5,14	7,95	9,44	10,33	10,92	13,70
34	2,00	2,309	5,67	6,00	38,508	70,198	5,21	8,17	9,78	10,75	11,40	14,49
36	2,10	2,425	6,00	6,30	42,801	78,055	5,27	8,39	10,10	11,16	11,86	15,28
38	2,20	2,540	6,33	6,60	47,320	86,325	5,32	8,56	10,41	11,55	12,32	16,06
40	2,30	2,656	6,67	6,90	52,063	95,010	5,37	8,74	10,70	11,93	12,76	16,85

DE QUELQUES VOUTES D'UNE ESPÈCE PARTICULIÈRE.

284. Les règles établies précédemment répondent aux cas qui se présentent journellement dans la pratique; mais il existe d'autres dispositions des voûtes, qui sont, on peut le dire, d'un ordre plus élevé, et dont la construction demande une étude spéciale et approfondie. Pour ces voûtes, qui ne sont employées que dans des cas particuliers, il arrive assez souvent aux constructeurs qui les exécutent de déduire leurs dimensions de celles des voûtes semblables exécutées à peu près dans les mêmes conditions; mais, comme il est très-important de pouvoir vérifier la justesse de ces dimensions, en faisant l'énumération rapide de ces voûtes, nous indiquerons les principales règles qui peuvent servir à vérifier leur stabilité pratique.

285. **Dômes.** — Considérons d'abord un dôme à intrados hémisphérique, *fig.* 105, p. 476. Supposant, comme on doit le faire

dans ces sortes de calculs, que les matériaux n'exercent entre eux aucun frottement et aucune adhérence, et que les dimensions de l'extrados étant réglées de telle manière qu'en chaque point de l'intrados la composante normale des actions exercées est constante, d'où il résulte que la surface d'équilibre de cet intrados est celle d'une sphère, Dejardin, en considérant la voûte comme composée d'onglets infiniment petits déterminés par des plans méridiens verticaux, arrive à la formule

$$q = \frac{Q}{\sin \alpha}. \qquad (1)$$

Q, poussée horizontale sur le joint de la base, rapportée à l'unité de longueur de la circonférence inférieure de l'intrados, et calculée comme pour un berceau cylindrique dont le profil serait celui déterminé dans le dôme par le plan du méridien (281);

q, poussée horizontale sur un joint quelconque mn, rapportée à l'unité de longueur du parallèle de l'intrados déterminé par le joint mn;

α, angle que fait la génératrice On du joint mn avec la verticale.

La relation précédente est tirée de ce que la poussée horizontale totale est la même pour tous les joints, pris en totalité ou sur un même onglet, et elle montre que, rapportée à l'unité de longueur des parallèles de l'intrados, cette poussée croît depuis la base jusqu'au sommet en raison inverse de sin α ou du rayon des parallèles horizontaux de l'intrados.

Supposant la voûte complétée par la juxtaposition de tous les onglets différentiels qui ont servi à établir la relation précédente, l'équilibre de la voûte entière aura lieu s'il a été établi dans chaque onglet en particulier, c'est-à-dire si cet onglet, considéré comme appartenant à un berceau droit, a été réglé suivant le profil d'équilibre précédemment défini, n°s 280 et suivants.

Concevons maintenant que de la voûte complète on enlève une calotte se terminant au joint conique mn, dont la génératrice fait un angle α avec la verticale, et qui s'appuie par conséquent sur un parallèle de l'intrados ayant un rayon égal à r sin α. D'après ce qu'on a vu tout à l'heure, chaque point dudit parallèle éprouvera, par unité de longueur, une poussée horizontale $q = \frac{Q}{\sin \alpha}$, dirigée vers l'axe vertical de la sphère, et cette action normale continue fera naître, suivant le parallèle, une pression circulaire dont l'intensité totale sera égale à

$$r \sin \alpha \times \frac{Q}{\sin \alpha} = Qr.$$

Ainsi, lorsqu'on enlève une portion quelconque de la calotte sphérique, il s'établit immédiatement un nouveau mode d'équilibre en raison duquel le parallèle supérieur éprouve une pression circulaire horizontale qui, pour tous les parallèles, est égale au produit du rayon de l'intrados par la poussée horizontale qui résulte du profil du dôme, considéré comme le profil d'un berceau droit. (La coupole inférieure du Panthéon français est, suivant ce principe, évidée à sa partie supérieure; la lunette a un diamètre de 9^m,56, celui de la coupole à sa naissance étant de 20^m,36.)

Il résulte de là que l'équilibre des voûtes en dôme peut se maintenir et que la poussée peut s'y établir de deux manières bien distinctes : ou bien la voûte se partage en onglets qui s'équilibrent deux à deux en s'arc-boutant par le sommet, et alors la pression sur l'unité de surface des voussoirs croîtrait fort rapidement de la base au sommet; ou bien la voûte se partage en rangs circulaires de voussoirs aboutissant à des parallèles de l'intrados, et alors chacun de ces parallèles, en raison du poids de la partie supérieure, éprouve une tension circulaire égale à Qr, et qui est immédiatement combattue par la pression égale du rang de voussoirs qui le touche inférieurement : *cette pression circulaire constante remplace ici la poussée horizontale constante des voûtes en berceau.* Dans la réalité, il est probable que l'équilibre naturel participe des deux modes de résistance que l'on vient de spécifier, sans qu'il soit possible d'assigner à chacun son degré de prépondérance. Quoi qu'il en soit, il reste bien évident que l'équilibre de la voûte ne peut être rompu sans que ces deux espèces de résistances aient été vaincues ensemble ou successivement, et qu'on assurera péremptoirement la stabilité en rendant sensiblement indéfinie l'une de ces deux résistances. De là l'efficacité parfaite de ceintures circulaires que l'on applique à l'extérieur des dômes. Suivant ce qui a été démontré ci-dessus, *la tension des ceintures est la même, à quelque hauteur qu'on les place*, de même que dans les voûtes en berceau la tension des brides horizontales serait la même à toute hauteur.

286. **Profil des voûtes en dôme.** — Le profil des berceaux circulaires qui, d'après le numéro précédent, deviendrait celui des dômes à intrados sphérique, aurait l'inconvénient de conduire à un extrados très-aplati, et qui souvent ne se prêterait point à la forme extérieure que l'on veut donner aux dômes. On remédiera à cet inconvénient en adoptant pour l'intrados un profil surhaussé

tel, que le profil d'équilibre de l'extrados correspondant se rapproche de la figure voulue. Cette combinaison pourra même avoir un grand avantage d'économie; car, suivant le numéro précédent, la longueur des joints ira en diminuant depuis le sommet jusqu'à la naissance, ce qui permettra de réduire les dimensions du tambour portant le dôme. La coupole extérieure du Panthéon français a un intrados surhaussé, et cependant son épaisseur croît depuis le sommet, où elle est de $0^m,35$, jusqu'à la base, où elle est de $0^m,70$. Ces proportions sembleraient être un contre-sens.

Soit proposé de déterminer le profil d'équilibre d'un dôme dont l'extrados serait une surface sphérique.

On doit, d'après ce qui précède, ramener cette question à la recherche de la courbe d'intrados d'un berceau droit dont l'extrados serait circulaire, recherche que l'on peut pratiquement se contenter d'aborder ainsi :

Fig. 105.

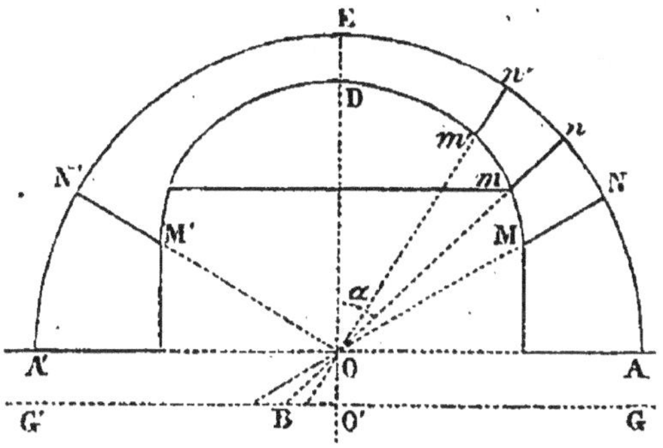

Supposons, *fig.* 105, que, pendant la construction, les voussoirs étaient non pas portés sur un cintre fixe suivant l'intrados MDM', mais suspendus à un système fixe appliqué suivant l'extrados AEA'. Pour que la forme circulaire de l'extrados se conserve, lorsque la voûte sera abandonnée à elle-même, il faut et il suffit que toutes les actions appliquées aux points N, n, etc., aient une composante constante normalement à l'extrados, c'est-à-dire suivant les directions ON, On, etc. Alors il s'établira suivant l'arc d'extrados une pression circulaire qui remplacera précisément le système de suspension des voussoirs. On s'aperçoit que la question devient la même, au signe près, que celle résolue au moyen de la formule (2) du n° 280 ; par suite, l'équation de l'intrados MDM', rapportée aux coordonnées polaires ρ et α, deviendra pratiquement

$$\rho = r - \frac{e}{\cos \alpha}, \qquad (1)$$

r désignant ici le rayon de l'extrados, et e l'épaisseur à la clef DE.

Cette courbe se construira par un procédé entièrement analogue à celui qu'on a indiqué au n° 280. Ainsi on mènera l'horizontale GG' à une distance $OO' = e$ au-dessous du diamètre de l'extrados, et pour avoir un point quelconque m de l'intrados, on prolongera le rayon nO jusqu'à sa rencontre B avec l'horizontale GG', et on portera de B en m la longueur r.

La courbe peut aussi être tracée d'un mouvement continu, comme on l'a indiqué au n° 280.

La courbe d'intrados que l'on vient de déterminer n'est autre chose que la branche inférieure de la péricycloïde, dont on n'avait considéré que la branche supérieure dans le n° 280. Les deux branches sont représentées par l'équation (2) de ce numéro ou par l'équation (1) ci-dessus, lorsqu'on y fait varier α depuis 0° jusqu'à 180°. En d'autres termes, la solution, dans l'un et l'autre cas, répond à la fois à la question directe d'un intrados circulaire et à la question inverse d'un extrados circulaire.

En discutant l'équation (1), on reconnaît que la courbe a une tangente verticale au point M, sur le joint à 60°, pourvu que les dimensions e et r soient liées par la relation parfaitement admissible dans la pratique,

$$e = \frac{r}{8}. \qquad (2)$$

Si cette condition n'était point satisfaite, la tangente verticale correspondrait à un joint dont l'inclinaison α sur la verticale serait donnée par l'équation

$$\cos\alpha = \sqrt[3]{\frac{e}{r}}. \qquad (3)$$

On pourra donc disposer d'une des indéterminées e et r, de manière à donner à la coupole intérieure une montée ou une ouverture déterminée.

En raisonnant ici comme on l'a fait pour les berceaux circulaires (281), on trouvera l'expression de la poussée horizontale constante, rapportée à l'unité de longueur du berceau,

$$Q = \frac{d}{2}(2er - e^2). \qquad (4)$$

En concluant maintenant le profil décrivant du dôme équilibré de celui du berceau analogue, on voit que la pression circulaire a toujours pour expression Qr.

287. Quant au *volume du dôme* établi d'après les conditions

d'équilibre précédentes, on a généralement, pour une calotte sphérique dont le joint inférieur fait un angle α avec la verticale :

$$V = 2\pi\left[er^2 \log \frac{1}{\cos\alpha} - e^2r\left(\frac{1}{\cos\alpha} - 1\right) + \frac{e^3}{6}\operatorname{tang}^2\alpha\right]. \quad (5)$$

Dans cette formule, *log.* est l'indice des logarithmes népériens; les divers coefficients variables en α se trouvent tout calculés, de degrés en degrés, dans la table, p. 461.

Lorsqu'on adopte pour inclinaison du joint extrême $\alpha = 60^\circ$, ainsi que dans les berceaux droits, la formule (5) se réduit, tous calculs effectués, à la formule pratique :

$$V = er^2 \times 4{,}355172 - e^2r \times 6{,}283186 + e^3 \times 3{,}141593. \quad (6)$$

Si l'intrados était circulaire et l'extrados en péricycloïde, les expressions du volume seraient encore les précédentes (5) et (6), seulement r serait le rayon de l'intrados, et les termes négatifs deviendraient positifs et seraient

$$+ e^2r\left(\frac{1}{\cos\alpha} - 1\right) \text{ et } + e^2r \times 6{,}283186.$$

Quand les courbes d'intrados et d'extrados sont des arcs de cercle, si le dôme est hémisphérique, son volume est égal au secteur sphérique du rayon d'extrados, moins le volume du secteur sphérique du rayon d'intrados ; et, dans ce cas, les surfaces d'intrados et d'extrados ne sont autre chose que celles des zones sphériques.

288. **Pieds-droits des dômes.** — Les pieds-droits circulaires qui supportent les dômes ont reçu le nom de *tambours*. Leur établissement ne peut présenter aucune difficulté, d'après ce qui a été exposé précédemment.

Si le dôme se partageait en onglets, comme on l'a supposé d'abord, pour régler son établissement dans l'hypothèse la plus défavorable, et qu'en même temps le tambour se partageât, suivant les mêmes plans méridiens, en autant de secteurs infiniment petits, chacun de ces derniers devrait être considéré comme le pied-droit d'une voûte circulaire représenté par un des onglets du dôme ; conséquemment, le profil du tambour serait celui du pied-droit de la voûte, comme le profil du dôme est celui de la voûte même.

Mais, ainsi qu'on l'a vu, la poussée du dôme, suivant les rayons du cercle de base, sera toujours considérablement réduite par l'effet des résistances accessoires du frottement, de l'adhérence et de la dureté des matériaux ; cette poussée pourra même être complétement annulée par des moyens de consolidation parfaitement admissibles dans une saine pratique, comme l'application des ceintures en fer sur la surface extérieure, ou la substitution à ces ceintures de plusieurs autres systèmes tout aussi efficaces, quoique moins coûteux et plus commodes dans la pratique, tels, par exemple, qu'un cercle en fer plat goujonné ou simplement encastré dans toutes les faces horizontales d'un même rang de voussoirs, ou bien des attaches ordinaires d'une pierre à l'autre, ou bien encore de simples goujons en fer ou en chêne sec, de petite longueur, implantés avec mortier dans les joints verticaux de deux voussoirs consécutifs, de manière à former tenon entre eux; ou enfin en rendant les voussoirs d'un même rang circulaire solidaires entre eux, au moyen d'un artifice quelconque d'appareil qui appliquerait à l'office voulu la résistance transverse des voussoirs. Lorsqu'un de ces moyens est appliqué, le tambour n'a plus à remplir d'autre effet que de soutenir le poids du dôme et son propre poids; toute l'étude de son établissement se réduira à examiner si la base du tambour offre, en raison de sa surface et de la nature des matériaux, une résistance pratique à l'écrasement qui réponde au poids cumulé de ce tambour même et du dôme. Cette vérification était la seule à faire pour le dôme du Panthéon français, qui, comme on sait, n'a point éprouvé d'autre accident que celui de l'écrasement des pieds-droits.

Suivant Rondelet, les diamètres de quelques dômes principaux sont : 1° Panthéon de Rome, extérieurement 55 mètres, intérieurement, 43 mètres; 2° grande coupole de Saint-Pierre de Rome, 41 mètres; 3° Saint-Paul de Londres, 34 mètres; 4° coupole extérieure du Panthéon français, 23m,76 en dehors, et 22m,36 à l'intérieur.

Le dôme principal de l'église de Saint-Isaac, en Russie, a intérieurement 19m,509, et extérieurement 20m,728.

289. **Niches.** — Une des applications les plus fréquentes de l'établissement des dômes est celle des *niches sphériques*, qui sont formées de la moitié d'un dôme coupé suivant un plan méridien vertical : ce plan est le plan de tête de la niche, dont l'extrados d'ailleurs est ordinairement noyé dans un massif de maçonnerie.

Il est aisé de se rendre compte, d'après ce qui a été exposé (285), du genre et de l'étendue des actions qui peuvent s'établir dans une semblable construction. On trouve que *la poussée totale que peut éprouver la tête d'une niche sphérique, dans une direction perpendiculaire à son plan, reste comprise entre* 3,14 Qr *et* 2 Qr, r *étant le rayon de la niche, et* Q *la poussée horizontale due à son profil d'équilibre considéré comme appartenant à un berceau droit.*

Cette poussée sera toujours considérablement atténuée par les résistances accessoires, qui jouent ici le même rôle que dans les dômes, et cela d'autant plus que la tête de la niche supporte presque toujours la charge d'un mur qui concourt énergiquement à accroître la résistance au déplacement des voussoirs. On pourrait d'ailleurs ajouter encore à ces résistances naturelles par l'un des procédés indiqués au n° 288, ou par tout autre analogue.

La combinaison la plus efficace pour assurer la stabilité d'un hémicycle, ou d'une niche de grande dimension, consiste à la prolonger par une voûte en berceau dont l'intrados est décrit du même rayon que la niche même. La résistance est alors continue comme l'action, et elle peut être regardée comme indéfinie, puisqu'elle n'a pour limite que le déplacement du berceau tout entier dans le sens de sa longueur ; si, comme cela a lieu dans un pareil cas, l'extrados de la niche doit être nu, on pourra y annuler la poussée, comme il a été dit précédemment, en rendant cette niche solidaire du berceau.

Si une niche, au lieu d'avoir un intrados sphérique, avait tout autre intrados en surface de révolution ou en surface courbe quelconque, on conclurait toujours son établissement de celui du dôme dont elle dérive, conformément à ce qui a été exposé aux n°s 284 et suivants. Quant à l'établissement de leurs pieds-droits ou demi-tambours, il résulte toujours de ce qui a été indiqué au n° 288.

290. **Voûtes en arc de cloître et voûtes d'arête.** — Il ne peut pas être besoin de donner ici la définition des voûtes *en arc de cloître* et des voûtes *d'arête ;* il suffira de distinguer en quelques mots ces deux systèmes, qui sont, pour ainsi dire, inverses l'un de l'autre.

Si un même espace quadrangulaire ABCD est recouvert, soit par une voûte en arc de cloître, *fig.* 106, soit par une voûte d'arête, *fig.* 107, dans le premier cas, l'une des surfaces cylindriques d'intrados projetée en AOB, par exemple, aura ses génératrices parallèles à la face AB, les arêtes de rencontre AO, BO se profileront en creux, et le mur AB devra être conservé entier pour former pied-droit; dans le second cas, la portion d'intrados cylindrique AOB aura ses génératrices perpendiculaires à la face AB, les arêtes de rencontre AO, BO se profileront en saillie, et le mur sera supprimé dans tout l'intervalle AB, les piliers AM, BN servant seuls de pieds-droits à la voûte sur la face AB. Les différences sont les mêmes dans les trois autres espaces triangulaires AOD, DOC, COB.

D'ailleurs, l'une ou l'autre espèce de ces voûtes peut recouvrir un espace polygonal autre qu'un rectangle. Dans le cas de la voûte en arc de cloître, le mur formant pied-droit est continu sur tout le contour du polygone; dans le cas de la voûte d'arête, il reste seulement un pilier à chaque angle du polygone, et d'un pilier à l'autre règne une tête de berceau droit. On trouve à cet égard des exemples très-variés dans les édifices du style sarrasin, où les entre-croisements de voûtes sont accusés par des nervures d'une élégance remarquable : dans l'église de Notre-Dame-des-Fleurs, à Florence, la partie centrale de la nef est couverte par une voûte en arc de cloître octogone de 42 mètres de diamètre.

L'*établissement de la voûte en arc de cloître* sera tout à fait analogue à celui du dôme, que l'on peut considérer comme une voûte en arc de cloître d'un nombre infini de côtés (285).

Fig. 106.

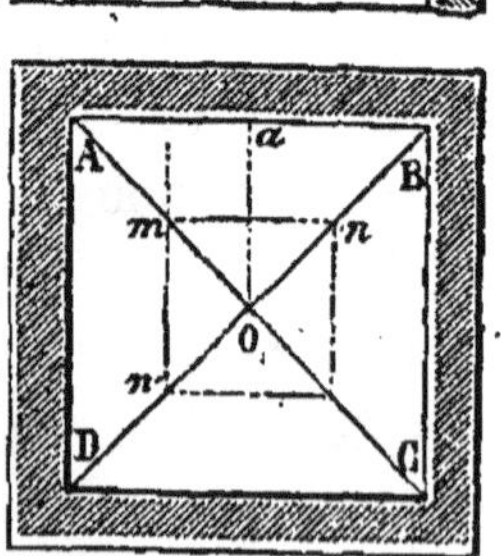

Supposons qu'une voûte en arc de cloître, ayant pour base un polygone régulier, *fig*. 106, soit partagée par des plans verticaux, mais suivant ses arêtes, en autant d'onglets qu'il y a de côtés dans le polygone de base. Si l'on regarde l'adhérence et la résistance transverses des matériaux comme nulles, chacun de ces onglets devra se maintenir en équilibre séparément, et exercer, tant au sommet qu'à la base, une poussée horizontale totale G, qui soit constante sur un joint horizontal quelconque dudit onglet. Soit l la longueur AB d'un côté du polygone de base, Q la poussée horizontale qu'il supporte, rapportée à l'unité de longueur; il faut que

$$G = Ql.$$

De même, si l'on considère un joint quelconque mn, déterminé par le plan de joint qui fait un angle α avec la verticale, sa longueur est seulement $l\sin\alpha$, et la poussée horizontale q qu'il supporte, rapportée à l'unité de longueur, est telle que

$$G = ql\sin\alpha, \text{ d'où } q = \frac{Q}{\sin\alpha}.$$

Résultat conforme à la formule (1) du n° 285.

La voûte complète, résultant de la réunion de tous les onglets égaux à AOB, sera elle-même en équilibre, si chaque onglet a été établi suivant le profil d'équilibre du berceau droit de même intrados.

Si l'on enlevait la portion mOn dans chaque onglet, l'équilibre ne pourrait subsister, à moins que le joint mn ne fût rendu parfaitement rigide.

Si R′ représente le rayon OA du cercle circonscrit, R le rayon Oa du cercle inscrit, ω le demi-angle au centre du polygone, on a $\cos\omega = \frac{R}{R'}$; conséquemment la poussée horizontale exercée suivant l'arête OA, par les deux joints mn, mn' qui s'y coupent en m, a pour valeur

$$F = Ql\frac{R}{R'}. \qquad (1)$$

Il résulte de là que la pression t, supportée par chaque joint mn, mn', dans le sens de sa longueur, est

$$t = F\frac{R'}{l}, \text{ d'où } t = QR. \qquad (2)$$

Ainsi, quelle que soit la hauteur du joint horizontal à partir duquel on enlève la partie supérieure d'une voûte en arc de cloître : 1° *la poussée horizontale qui s'établit suivant chaque arête est constante et ne dépend que du profil de la voûte et de la figure du polygone de base ;* 2° *la pression qui s'établit suivant chaque joint supérieur est constante aussi, et égale au produit du rayon du cercle inscrit au polygone de base par la poussée horizontale résultant du profil d'équilibre de la voûte.*

Ces résultats, complétement analogues à ceux qu'on a obtenus pour les dômes (285), montrent que la stabilité des voûtes en arc de cloître peut, jusqu'à un certain point, s'établir de deux manières distinctes, c'est-à-dire par poussée suivant les onglets que limitent les arêtes, ou par poussée suivant les joints horizontaux. L'état naturel d'équilibre participe nécessairement de ces deux modes de stabilité, et il se trouve puissamment favorisé, soit par l'adhésion des matériaux entre eux, soit par la résistance des chaînes d'arête, qui empêche la division en onglets. Une ceinture étreignant la voûte suivant le contour du polygone de base, et dont la tension serait égale à Qr (285), suffirait pour annuler la poussée à chaque angle du pied-droit, mais pourvu que sur la longueur du côté du polygone chaque partie du pied-droit fût rigide : il faudrait donc, pour obtenir cette condition, et rendre la ceinture complétement efficace, que, d'un angle à l'autre du pied-droit, on prévînt la flexion de la maçonnerie au moyen d'une ferme en fer posée horizontalement et reliée à ses deux extrémités avec les articulations de la ceinture, ou par tout autre système dont la résistance serait suffisante dans la circonstance considérée. Un tel système sera toujours très-facile à établir, si l'on considère qu'il fonctionne rigoureusement comme une pièce posée sur deux appuis, et qui supporte perpendiculairement à sa longueur une charge totale Ql distribuée uniformément (91).

La poussée étant détruite dans les voûtes en arc de cloître, soit par les résistances accessoires dues à la nature des matériaux, soit par un procédé quelconque de consolidation, l'établissement des pieds-droits ne comportera plus que la vérification de leur résistance à l'écrasement.

Etablissement des voûtes d'arête. — Les voûtes d'arête ne sauraient être, comme les voûtes en arc de cloître, partagées en secteurs qui doivent se maintenir séparément en équilibre. Ici, au contraire, chaque portion de voûte ne peut se soutenir qu'en s'appuyant sur les deux portions voisines, comme un berceau sur ses culées; toute la poussée se trouve composée dans le sens de la longueur de chaque arête, et transmise intégralement à chaque pilier, dans le sens de la diagonale de sa base.

Fig. 107.

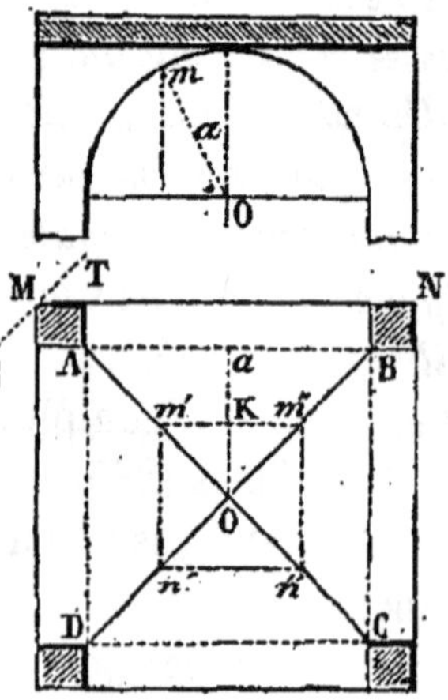

Considérons d'abord une voûte d'arête projetée sur un carré ABCD, *fig.* 107, et dont l'intrados est décrit d'un rayon r égal à la demi-longueur d'un côté. Supposons que le profil des quatre berceaux droits tronqués AOB, BOC, etc., soit celui d'équilibre; le berceau AOB exercera, tant en m' qu'en m'', et dans le sens de la ligne $m'm''$, une certaine poussée horizontale Q rapportée à l'unité de longueur, et qu'on sait calculer. La poussée Q, comme on sait, est constante, quelle que soit la position des points m' m'' correspondant à un joint quelconque m de l'intrados. Pour toute l'étendue du berceau tronqué AOB, la poussée horizontale sera donc Qr, attendu que $Oa = Aa = r$. L'arête AO recevra toute cette poussée, laquelle sera distribuée uniformément sur la longueur AO et dirigée parallèlement à AB ; mais la même arête AO recevra du berceau tronqué AOD une poussée horizontale d'égale intensité Qr, et dirigée parallèlement à AD. Conséquemment, on aura, pour la *poussée horizontale totale* t *dans le sens d'une arête :*

$$t = Qr\sqrt{2}. \qquad (1)$$

Connaissant le poids total MW de la voûte, d'où celui $\frac{MW}{4}$ que supporte chaque pilier, et la poussée horizontale t appliquée au sommet du pilier, on fera facilement son établissement au moyen des formules du n° 275. On remarquera seulement qu'ici le pilier est sollicité suivant sa diagonale OM, et tend à se renverser en tournant autour d'une ligne ST perpendiculaire à OM.

Dans le cas, assez rare du reste, où la voûte d'arête, au lieu de e projeter sur un espace carré, se projetterait sur un polygone régulier, on pourrait, en s'appuyant sur ce qui vient d'être dit, et tout aussi facilement que pour les arcs de cloître, trouver la poussée suivant chaque arête.

Quelle que soit la disposition d'une voûte d'arête, on voit toujours qu'elle n'exerce aucune poussée sur ses têtes, mais que la poussée de ses piliers ne saurait être annulée que par des tirants nécessairement visibles, et qu'il faudrait établir, soit d'une naissance à l'autre sur chaque tête, soit suivant la diagonale commune de deux piliers opposés. Cet inconvénient de ne se point prêter à des moyens de consolidation accessoires, et celui de reporter toute la charge de la voûte sur des pieds-droits isolés, font que les voûtes d'arête offrent peu d'avantage sous le rapport de l'économie, et ne sont guère usités dans la pratique commune. Il y a exception, toutefois, en faveur des voûtes dites *à l'impériale*, lesquelles, construites très-légèrement, et d'ailleurs avec des briques à crochet et du plâtre, qui annulent presque absolument la poussée, déclinent l'un et l'autre des inconvénients que l'on vient de signaler. On peut construire égalemont ces sortes de voûtes avec des briques de Bourgogne, ou des briquettes de $0^m,03$ d'épaisseur, posées avec du mortier de ciment de Vassy ; la prise instantanée et la grande force de cohésion de ce mortier annulent presque entièrement la poussée.

291. Mesurage des voûtes en arc de cloître et des voûtes d'arête. — Lorsque ces voûtes ont un intrados circulaire, et que l'extrados est limité par la courbe péricycloïde (280), on obtient facilement leur volume en suivant la même marche que pour les voûtes en dômes (287). Pour les voûtes en arc de cloître, si R désigne toujours le rayon du cercle inscrit, r le rayon d'intrados, e l'épaisseur à la clef, l le côté du polygone, et n le nombre des onglets qui composent la voûte, on a, pour le volume de la voûte, jusqu'au joint qui fait un angle quelconque α avec la verticale,

$$V = \frac{nl}{R}\left\{ er^2 \log \frac{1}{\cos \alpha} + e^2 r\left(\frac{1}{\cos \alpha} - 1\right) + \frac{e^3}{6} \tang^2 \alpha \right\}.$$

Cette formule est exactement conforme à celle du n° 287, pour le cas de l'intrados circulaire, si ce n'est que le facteur $\frac{nl}{R}$ remplace le facteur 2π, soit $\frac{2\pi r}{r}$, ou, en d'autres termes, que le contour du polygone remplace le contour du cercle.

Quand la voûte se projette sur un carré dont le côté est $2r$, et que d'ailleurs le joint extrême correspond à $\alpha = 60°$, la formule précédente se réduit à

$$V = er^2 \times 5,545176 + e^2 r \times 8 + e^3 \times 4.$$

Quant au volume des voûtes d'arête, voici comment on pourra l'obtenir :

Considérant, dans le berceau tronqué AOB, *fig.* 107, une section faite suivant le plan vertical quelconque $m'm''$, qui répond à l'angle de joint α, et désignant par u la superficie variable de cette section, par V le volume d'un des quarts de la voûte, par e l'épaisseur à la clef, et par r le rayon d'intrados, on a :

$$u = er \log \frac{1 + \sin \alpha}{1 - \sin \alpha} + e^2 \tang \alpha. \qquad (1)$$

Le volume d'une voûte d'arête à intrados circulaire et projetée sur un carré, jusqu'au joint qui fait l'angle α *avec la verticale, est*

$$4\,V = 4er\left\{r\sin\alpha\log\frac{1+\sin\alpha}{1-\sin\alpha} - 2r\log.\frac{1}{\cos\alpha} + e\,(1-\cos\alpha)\right\}, \quad (2)$$

ou, *quand le joint extrême correspond à* $\alpha = 60^0$,

$$4\,V = er^2 \times 3{,}578968 + e^2r \times 2{,}00. \quad (3)$$

Dans le même cas de $\alpha = 60^0$, les valeurs de u, formule (1), sont données par la formule pratique

$$u = er \times 2{,}633913 + e^2 \times 1{,}732050. \quad (4)$$

On pourra toujours conclure des formules précédentes le volume jusqu'au joint extrême, y compris les parties de berceau droit qui règnent dans la longueur et dans la largeur des pieds-droits; on y ajoutera le volume des parties inférieures formant culées, et l'on arrivera ainsi au volume total jusqu'aux naissances (255). (Les coefficients en α sont donnés tout calculés dans la table de la page 461.)

Soit, *fig*. 106, un espace ABCD couvert par une voûte en berceau ayant pour naissances AB, DC. Les plans verticaux menés suivant les diagonales AC, BD diviseront le berceau en deux pans OAB et OCD d'une voûte d'arc de cloître de même intrados que le berceau, et en deux lunettes OBC et ODA d'une voûte d'arête également de même intrados que le berceau. Un second berceau ayant pour naissances AD, BC serait divisé de la même manière. Il résulte donc que la surface de deux voûtes en berceau, en plein cintre ou surbaissées, est la somme des surfaces de deux voûtes de même courbe d'intrados et de même plan de projection, l'une en arc de cloître et l'autre d'arête; le volume des berceaux est aussi la somme des volumes de ces voûtes. Il s'ensuit donc que, connaissant les surfaces ou les volumes de deux quelconques de ces trois voûtes pour une même directrice d'intrados et un même plan de projection, la détermination de la surface et du volume de la troisième sera de la plus grande simplicité (p. 490).

Lorsque les courbes d'intrados et d'extrados sont des cercles, on peut se servir des procédés pratiques suivants pour déterminer la surface et le volume des voûtes d'arête et en arc de cloître.

Pour obtenir la superficie d'une voûte d'arête plein-cintre sur plan carré, *on multiplie celle de son plan de projection par le terme invariable* 1 + 1/7; ou bien *on ôte la longueur du diamètre de celle de la demi-circonférence, on prend le quart du reste, on ajoute ce quart au même diamètre, et on multiplie la somme par la longueur de la voûte.* Dans ces deux cas, il reste à multiplier la superficie moyenne de l'extrados et de l'intrados par l'épaisseur de la voûte pour en avoir le cube sans les reins.

Exemple : soit à déterminer le volume d'une voûte d'arête, sur plan carré, de 4 mètres de diamètre moyen pris au milieu de l'épaisseur de la voûte et de $0^m,40$ d'épaisseur.

Suivant la première règle, on a :

$$(4,00 \times 4,00) \times (1 + 1/7) = 18^m,29 \text{ de surface.}$$

Suivant la deuxième règle :

$$\left(\frac{2 \times 3,141 - 4,00}{4} + 4,00\right) \times 4.00 = 18^m,29 \text{ de surface.}$$

Si l'on multiplie cette superficie par $0^m,40$ d'épaisseur, on a, pour le volume cherché :

$$18,29 \times 0,40 = 7^m,316.$$

La *surface des voûtes en arc de cloître sur plan carré et à intrados demi-circulaire* se mesure de la manière suivante :

On ajoute à la demi-circonférence d'intrados de la voûte les trois quarts de la différence qui existe entre cette demi-circonférence et son diamètre, et on multiplie cette somme par la longueur de la voûte ; ou bien, *on multiplie le plan de projection de la voûte par* 2, terme invariable ; on obtient aussi cette surface *en multipliant par* 4 *le carré de la ligne oblique* bc, fig. 106, *menée de la naissance au centre de la clef;* oú bien encore, *en élevant tout simplement au carré la diagonale* AC *du plan de projection.*

Le volume de ces voûtes s'obtient *en multipliant la surface moyenne de l'intrados et de l'extrados par l'épaisseur de la voûte.*

Pour les voûtes d'arête ou d'arc de cloître surbaissées ou surhaussées, sur plans rectangulaires ou polygonaux réguliers ou irréguliers, dans lesquelles le rapport de la surface à sa projection est indéterminé, il est impossible d'établir des règles générales pour calculer leur surface; on fait alors le rabatement, c'est-à-dire la planification de cette surface à l'aide d'une épure à grande échelle, et on évalue ce rabatement. Nous allons exposer cette manière d'opérer.

Fig. 108.

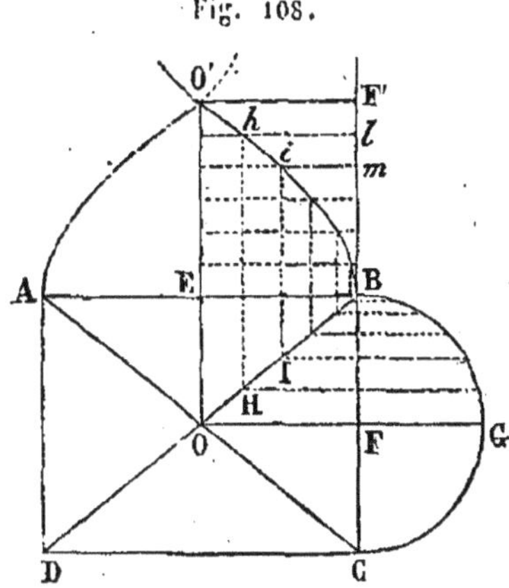

Supposons, fig. 108, un espace rectangulaire ABCD, couvert par un berceau ayant AB, DC pour naissances, et la courbe BGC pour directrice d'intrados. Coupant ce berceau par les plans verticaux passant par AC et BD, OAB sera un des pans de la voûte en arc de cloître qui recouvrirait l'espace ABCD, et OBC serait une des lunettes de la voûte d'arête qui recouvrirait le même espace. De là il résulte que notre épure va nous donner à la fois le développement d'un pan de voûte en arc de cloître et celui d'une lunette de voûte d'arête, et faire bien comprendre la manière d'opérer, suivant qu'il s'agit de l'une ou de l'autre de ces voûtes.

Pour simplifier, il convient de ne développer que la moitié OBE du pan de voûte en arc de cloître, et la moitié OBF de la lunette de voûte d'arête.

On prend la droite BF' égale au développement de la courbe BG; on divise ces lignes en un même nombre de parties égales (en prenant un nombre pair lorsqu'on veut faire usage de la formule de Thomas Simpson); par les points de division on trace des parallèles à AB, et par les points O, H, I, etc., on en mène à BC. Traçant alors une courbe BO' passant par les nouveaux points obtenus O', h, i... B, elle est le rabatement de l'arête rentrante OB de la voûte en arc de cloître, et de la même arête saillante de la voûte d'arête; BEO'F' est la planification de la portion OFBE de berceau, BO'F' est celle de la demi-lunette OBF, et BEO' celle du demi-pan OBE.

Il ne reste donc plus qu'à évaluer les surfaces BO'F' et BEO'.

Le nombre des divisions de BG ayant été pris assez grand pour que les parties de courbe O'h, hi, etc., soient sensiblement droites, la surface BO'F' pourra être considérée comme composée de trapèzes et d'un triangle; et représentant par :

S, cette surface BO'F';
L, la longueur de BF' ou de BG;
$y_0, y_1, y_2 \ldots y_n$; les ordonnées F'O', lh.... et celle menée en B, qui est nulle;
n, le nombre des divisions de BF'.

on a :

$$S = \frac{L}{n}\left(\frac{y_0}{2} + y_1 + y_2 + \dots \frac{y_n}{2}\right).$$

Pour BG = BF′ = 3m,00, $n = 6$, $y_0 = 2^m,65$, $y_1 = 1^m,80$, $y_2 = 1^m,25$, $y_3 = 0^m,70$, $y_4 = 0^m,32$, $y_5 = 0^m,11$ et $y_6 = 0$, il vient

$$S = \frac{3}{6}\left(\frac{2,65}{2} + 1,80 + 1,25 + 0,70 + 0,32 + 0,11 + \frac{0}{2}\right) = 2^{mc},75.$$

Thomas Simpson a donné une formule qui donne encore plus approximativement que la précédente l'aire d'une surface telle que BO′F′ ; elle est, en conservant aux lettres les mêmes significations, mais n étant toujours un nombre pair :

$$S = \frac{L}{3n}\left[y_0 + y_n + 4\,(y_1 + y_3 + y_5 + \dots y_{n-1}) + 2\,(y_2 + y_4 + y_6 + \dots y_{n-2})\right]$$

Pour les valeurs numériques ci-dessus, cette formule donne :

$$S = \frac{3}{3 \times 6}\left[2,65 + 0 + 4\,(1,80 + 0,70 + 0,11) + 2\,(1,25 + 0,32)\right] = 2^{mc},70.$$

On calculerait de même, par l'une ou l'autre des deux formules précédentes, la surface BEO′, c'est-à-dire la surface de la moitié du pan d'arc de cloître OBE, et, comme vérification, cette surface, ajoutée à celle BO′F′, doit donner la surface rectangulaire BEO′F′, c'est-à-dire la surface de la portion de berceau OFBE.

Lorsque les voûtes d'arête et en arc de cloître sont extradossées horizontalement, c'est-à-dire quand leurs reins sont remplis jusqu'au niveau de l'extrados de la clef, M. Berthot, ingénieur en chef des ponts et chaussées, donne les formules suivantes pour calculer le volume du massif de ces voûtes compris entre l'extrados et le plan horizontal tangent à l'extrados à la clef.

Concevons un parallélipipède rectangle dont les dimensions sont a, b et c ; c est, par exemple, la hauteur.

Si sur les quatre faces latérales on décrit quatre demi-ellipses ayant pour grands axes les côtés correspondants de la base inférieure du parallélipipède, et pour demi-axes verticaux la hauteur c, on pourra considérer ces quatre demi-ellipses comme bases de cylindres droits qui détacheront une portion du parallélipipède, et ce qui restera sera le massif qui surmonte une voûte d'arête.

Appelant V le volume de ce massif, on aura :

$$V = abc\left(\frac{10 - 3\pi}{12}\right). \qquad (1)$$

Si, au contraire, les quatre demi-ellipses sont considérées comme bases de cylindres droits qui se pénétreront, et si l'on ne conserve de chacun de ces cylindres que la portion qui serait emportée par l'autre en cherchant à faire une voûte d'arête, alors il restera le massif d'une voûte en arc de cloître.

Désignant également par V le volume de ce massif, on aura

$$V = \frac{abc\,(14 - 3\pi)}{12}. \qquad (2)$$

Nous avons dit, p. 486, que les deux voûtes en berceau, élevées sur un même plan, étaient égales, en surface et en volume, à la somme d'une voûte d'arête et d'une voûte en arc de cloître de même directrice d'intrados. Ce principe peut se contrôler au moyen des deux formules précédentes (1) et (2).

Exemple : soit $a = 2^m,00$, $b = 2^m,00$, et $c = 1^m,00$. On a pour le volume des massifs compris entre les extrados, le plan horizontal tangent à ces extrados et les faces latérales des deux parallélipipèdes formant les deux voûtes en berceau :

$$V = 2\left(2{,}00 \times 2{,}00 \times 1{,}00 - \frac{\overline{1{,}00}^2 \times 3{,}14 \times 2}{2}\right) = \ldots\ldots\ 1^m{,}72$$

Pour la voûte d'arête, on a, d'après la formule (1) :

$$V = 2{,}00 \times 2{,}00 \times 1{,}00\left(\frac{10 - 3 \times 3{,}14}{12}\right) = \ldots\ldots\ldots\ 0^m{,}19$$

et pour la voûte en arc de cloître, d'après la formule (2) :

$$V = \frac{2{,}00 \times 2{,}00 \times 1{,}00\,(14 - 3 \times 3{,}14)}{12} = \ldots\ldots\ldots\ 1^m{,}53$$

dont la somme donne un volume égal à celui des massifs des deux voûtes en berceau.. $1^m{,}72$

VOUTES BIAISES.

292. **Considérations générales sur l'appareil des pierres.** — Un ouvrage en maçonnerie se compose de pierres dont les dimensions dépendent de celles des matériaux que l'on a pu se pro-

curer, sans dépasser une limite raisonnable de dépense, et dont les formes sont celles qui leur donnent le plus de résistance pour supporter les efforts auxquels elles sont soumises. Pour satisfaire à cette dernière condition, il peut arriver que les faces de la pierre doivent être taillées suivant des surfaces courbes; alors, pour que la taille n'offre pas trop de difficultés, ces surfaces doivent être *réglées*, c'est-à-dire engendrées par le mouvement d'une droite; et, si c'est possible, ces surfaces réglées doivent être *développables*, c'est-à-dire pouvoir se développer sur un plan, ce qui exige que les positions successives de la génératrice soient deux à deux dans un même plan. Pour qu'une pierre offre le plus d'uniformité dans sa résistance, chacune de ses faces doit être perpendiculaire aux faces adjacentes : un angle aigu est évidemment plus sujet à s'écorner ou s'écraser qu'un angle droit, et surtout qu'un angle obtus. Une pierre stratifiée offrant la plus grande résistance dans le sens normal à ses lits de carrière, ces lits doivent toujours être disposés normalement à l'effort qui sollicite la pierre.

Dans un mur vertical, une pierre n'étant soumise qu'au poids de la partie de construction qui la surmonte, ses joints d'assises doivent être horizontaux, les joints montants verticaux, et les faces apparentes normales à tous ces joints, si le mur n'a pas de fruit.

Dans une voûte cylindrique, la pression d'un voussoir sur le voussoir inférieur est dirigée suivant la tangente à la courbe des pressions (279), et, en supposant qu'en tous les points du joint les pressions soient parallèles à cette tangente, le joint doit être plan et normal à cette tangente. La courbe des pressions n'étant pas rigoureusement déterminée, la direction du joint se fixe d'après une autre considération. Lorsque la voûte est abandonnée à elle-même, parmi toutes les lignes que l'on peut tracer sur la douelle, il y en a une qui est plus comprimée que toutes les autres et une qui l'est au minimum. Le plus grand effort se produit tangentiellement à la première, et le plus petit tangentiellement à la seconde. La première courbe étant celle de plus grande courbure, c'est-à-dire de plus petit rayon, elle est déterminée par la section droite de la voûte; la seconde courbe étant celle de plus petite courbure, elle n'est autre chose qu'une génératrice de la douelle. Ainsi les joints qui divisent les assises en voussoirs doivent être engendrés par une droite qui se meut sur la section droite, en restant normale à cette courbe ou mieux à la douelle de la voûte; toutes ses positions sont dans le plan de la section droite, et par suite les joints discontinus sont plans. Quant à chaque joint continu, il est engendré par une droite se mouvant en restant normale à la voûte et en s'appuyant sur une génératrice; ces joints sont donc encore plans, et de plus normaux aux joints discontinus. Il en résulte que la voûte étant extradossée parallèlement, chaque face du voussoir est normale aux faces adjacentes; que les faces en douelle et en extrados sont des surfaces développables, que les autres sont planes, et que toutes sont faciles à tailler. Il est à remarquer que ces considérations appliquées à un mur vertical conduisent, comme ci-dessus, à placer horizontalement les joints continus et verticalement les joints discontinus.

293. **Voûtes biaises. Poussée au vide.** — Parmi les cas particuliers que peuvent présenter les voûtes en berceau (255), le plus commun et le plus important est celui des *voûtes biaises,* c'est-à-dire des voûtes dont le plan de tête n'est pas perpendiculaire à l'axe du berceau.

Soit ABCD le plan des naissances d'une voûte droite indéfinie; la portion de voûte droite limitée à deux plans verticaux AB et CD, inclinés sur l'axe aa' de la voûte, prend le nom de *voûte biaise.* Les plans de tête AB, CD sont parallèles à l'axe bb' de la voie supportée par la voûte, et l'on nomme *angle du biais* l'angle β formé par l'axe bb' avec l'axe aa' de la voûte, ou de la voie ou du cours d'eau qui passe sous le pont.

Fig. 109.

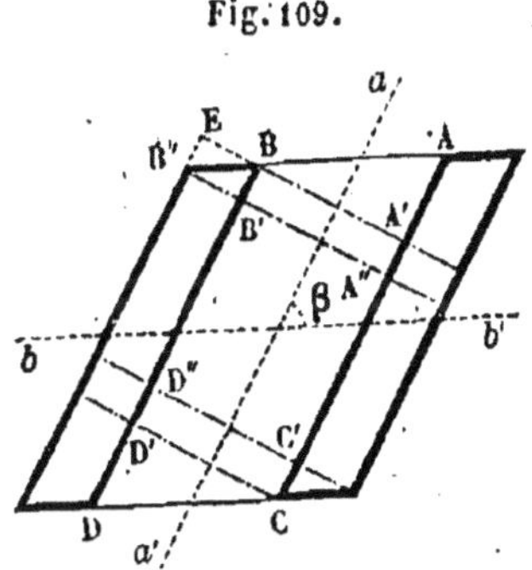

En considérant l'ensemble de la voûte biaise, les lignes de plus grande et de plus petite courbure, c'est-à-dire de plus grande et de plus petite compression, que l'on peut tracer sur la douelle, sont encore les sections droites A′ B, A″ B′... et les génératrices, et en prenant ces lignes pour directrices des joints, on est conduit à appareiller la voûte biaise comme une voûte droite.

Mais si l'on considère la voûte comme étant composée d'une partie centrale A″B′C′D″, et de deux parties extrêmes ABB′A″ et DCC′D″, la première sera une voûte droite, laquelle, reposant sur des culées uniformes dans toute leur étendue, se trouvera dans les conditions les plus favorables de tassement et de solidité; et, considérée isolément, elle devrait être appareillée suivant les sections droites et les génératrices; mais la partie ABA′, ne reposant sur la culée que par une arête B de joint, sa poussée, dite *poussée au vide*, suivant le joint AB, parce qu'elle tend à jeter la partie ABA' en dehors de la tête de la voûte, ne sera détruite que par l'adhérence ou la cohésion du mortier, et par l'enchevêtrement des voussoirs, qui la reporteront sur la culée. La portion de voûte A'BB'A", ne reposant que sur la partie triangulaire BB'B" de la culée, ce triangle se comprimera plus que le restant de la culée; et s'il n'y a pas disjonction suivant A"B", c'est qu'une partie de la poussée de A'BB'A" se reportera au delà du plan A"B". Ainsi, suivant A"B", la poussée au vide se composera d'une partie de la poussée de A'BB'A", et de la poussée totale de ABA'. C'est donc suivant A"B" que la poussée au vide est maximum; aussi est-ce vers cette ligne, du côté de l'angle aigu B, que l'on a vu des voûtes biaises se lézarder suivant la section droite.

Les considérations précédentes, qui établissent le défaut de solidité de l'angle aigu B de la culée, s'appliquent aussi à l'angle aigu de chaque voussoir de tête, du moins pour ceux qui se trouvent au-dessus du joint de rupture pour le côté AC.

Dans l'établissement des voûtes biaises, il s'agit de prévenir la *poussée au vide*, ce qu'on ne peut faire qu'au prix de quelques difficultés d'appareil et d'exécution : aussi les praticiens cherchent-ils à éviter ces sortes de voûtes, dans toutes les circonstances secondaires qui laissent quelque latitude à cet égard; mais lorsque les alignements sont donnés d'une manière impérieuse, par exemple, à la rencontre d'une route anciennement établie et d'un chemin de fer, force est de recourir aux procédés qui ont été indiqués et éprouvés pour la construction des voûtes biaises.

Pour supprimer la poussée au vide de la partie A'BB'A", on a quelquefois prolongé la culée jusqu'à BE; pour n'avoir pas à s'occuper du biais, on a aussi quelquefois fait les têtes normales à *oa'*; mais ces dispositions ne sont pas toujours possibles, et de plus elles augmentent le volume de la maçonnerie.

Dans quelques cas, pour reporter la poussée au vide sur les culées, on a fait usage de tirants en fer, dont l'effet s'ajoute à celui du mortier et de l'enchevêtrement des voussoirs.

Dans une *Note sur les voûtes biaises*, publiée en 1856, par M. L'Eveillé, ingénieur en chef des ponts et chaussées, l'auteur dit avoir appareillé droit des arches de 4 à 10 mètres d'ouverture et d'un biais atteignant 72°; il indique que Gauthey déclare ne s'occuper du biais que lorsque son angle atteint 67° et même 63°; le pont de

Trilport, de 25 mètres d'ouverture et d'un biais de 72°, est appareillé droit, et il en est de même des arches du pont au Change de Paris ; enfin, il cite M. Baumgarten, qui, sur le chemin de fer de Saint-Quentin, s'est contenté d'incliner assez les joints pour que leur angle avec les têtes ne dépassât pas une certaine limite.

Malgré ces exemples, en général, les ingénieurs ne se contentent pas d'opposer uniquement l'effet du mortier et de l'enchevêtrement des voussoirs à la poussée au vide, qui subsiste quel que soit le mode d'appareil, et qui ne dépend que de la forme de la voûte et de l'élasticité des matériaux : par une direction convenable qu'ils donnent aux joints continus, les poussées, qui agissent dans les plans des sections droites de la voûte, sont ramenées, autant que possible, dans des plans parallèles aux têtes ; la poussée au vide est reportée sur les culées suivant ces plans, et les culées se trouvent sur toute leur longueur dans des conditions identiques pour résister aux efforts qu'elles ont à supporter. Nous allons passer en revue les différents modes d'appareils usités pour atteindre ce but.

294. **Biais passé ou corne de vache.**—Hachette, dans l'édition de 1828 de sa *Géométrie descriptive*, donne sous ce titre deux méthodes pour appareiller les voûtes biaises.

Première méthode. — (Le plan des naissances est le plan horizontal de projection, et l'un des plans de tête est le plan vertical.) On prend pour douelle de la voûte une portion de surface cylindrique dont la section par les plans de tête sont des demi-circonférences. On fait par le centre O de la voûte une section de la douelle par un plan parallèle aux têtes. Sur cette section, représentée en plan par EF et en élévation par la demi-circonférence emf, on établit la division en voussoirs, et par les points de division et le centre O, menant des plans perpendiculaires aux plans de tête, les sections de la voûte par ces plans déterminent les joints continus ; on divise ensuite les assises en voussoirs par des plans parallèles aux têtes.

Fig. 110.

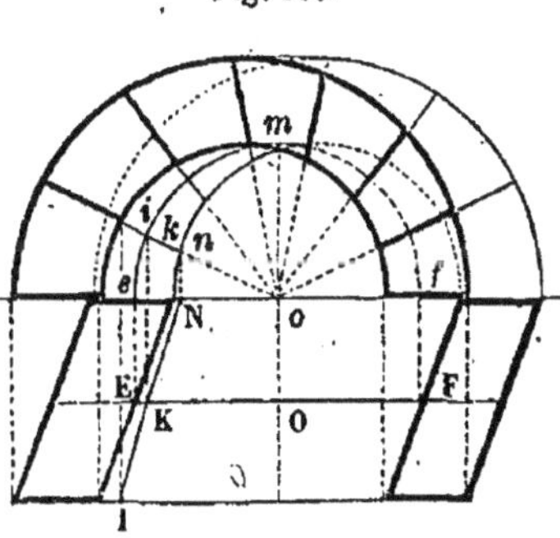

Oo est la trace horizontale de tous les plans de joints, dont les traces verticales passent toutes au point o. Ces plans de joints coupent la douelle suivant des arcs d'ellipse dont les projections sont faciles à déterminer par points ; ainsi, l'un de ces arcs se projette verticalement suivant la droite *nki* et horizontalement suivant la courbe NKI.

Deuxième méthode. — Elle consiste à substituer, à la surface cylindrique formant la douelle, une surface réglée, engendrée par une droite qui se meut en s'appuyant sur les demi-circonférences des têtes et sur la droite O*o*, menée par le centre O de la voûte, perpendiculairement aux plans de tête. Il en résulte que O*o* étant, comme dans l'appareil précédent, l'axe des plans de joints, chacun de ces plans coupe la douelle suivant une génératrice qui passe par les extrémités de l'arc d'ellipse qui déterminait le joint dans la première méthode.

Fig. 111.

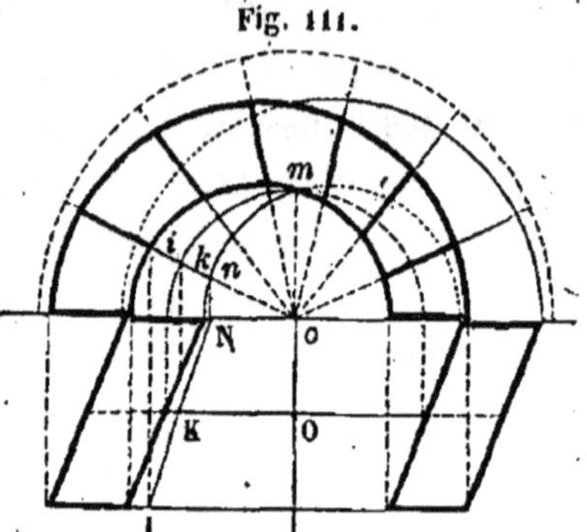

Du point *o*, comme centre, avec un rayon quelconque, décrivant une demi-circonférence, divisant cette demi-circonférence en autant de parties égales que l'on veut avoir de voussoirs, et joignant le point *o* aux points de division, les lignes qui en résultent sont les traces verticales des plans de joints. Les droites *ni* et NI sont les projections de l'intersection de la douelle par un plan de joint.

Le point *m*, où les projections verticales des demi-circonférences de tête se rencontrent, est la projection verticale d'une génératrice de la douelle, et cette génératrice étant horizontale, il en résulte que la projection verticale de toute section faite dans la douelle par un plan, tel que OK, parallèle aux têtes, passera par le point *m*. La détermination de la projection verticale *k* du point K montre qu'il est très-facile de construire ces sections par points.

L'inspection des deux figures précédentes montre que :

Plus l'angle du biais augmente, ainsi que le rapport de la longueur à l'ouverture de la voûte :

1° Plus les voussoirs de tête sont inégaux et plus ils produisent un ensemble d'un aspect désagréable ;

2° Plus les intersections des têtes par les plans de joints s'éloignent de la normale à l'intrados, et plus quelques angles des voussoirs deviennent aigus et susceptibles d'éclater par l'effet des mouvements qui se produisent au décintrement ;

3° Plus, dans l'appareil *fig.* 111, le renflement au centre de la douelle, par suite de la position horizontale de la génératrice projetée en m, paraît sensible;

4° Plus l'extrémité n du premier joint se rapproche du plan des naissances, et l'on conçoit qu'il arrive une limite où un et même plusieurs joints viennent rencontrer le plan des naissances dans les culées ; cette rencontre peut même avoir lieu pour le joint de rupture, lequel, se trouvant appareillé en crémaillère, reporte la poussée suivant la section droite de la voûte.

De ces inconvénients, il résulte que le biais passé n'a guère été employé que pour des voûtes de peu de longueur, telles que celles de portes biaises. Cependant, M. Couche l'a appliqué aux arches du pont par lequel le chemin de fer du Nord traverse l'Oise; mais le biais n'était que de 76°, la largeur du pont de 7m,80, et l'ouverture des arches de 25m,10. M. L'Eveillé l'a employé pour un pont de deux arches ayant chacune 7m,40 d'ouverture et un biais de 33°, mais n'ayant que 1 mètre de largeur. Une voûte de 2 mètres d'ouverture, destinée au passage d'un chemin de halage sous le chemin de fer de Strasbourg, a ses têtes appareillées en biais passé; le reste est établi comme une voûte droite, si ce n'est qu'on a dévié un peu les joints de la direction des génératrices, afin de les raccorder avec ceux des têtes.

Pour des travaux d'une certaine importance, on emploie la première méthode, parce que la partie comprise entre les têtes étant cylindrique, et en général en petits matériaux, elle est plus facile à établir. Les têtes seules sont en pierre de taille.

295. **Division d'une voûte biaise en zones.** — Supposons qu'après avoir élevé la voûte jusqu'au point de rupture, c'est-à-dire jusque vers l'angle de 30° avec l'horizontale, on établisse le surplus par zones indépendantes, séparées par des intervalles ab, cd... que l'on ne remplit qu'après le décintrement. Dans chaque zone, la plus grande contraction se produisant suivant la ligne de plus grande courbure, ce sera suivant les courbes ayant pour projections les diagonales sb, ad...

Fig. 112.

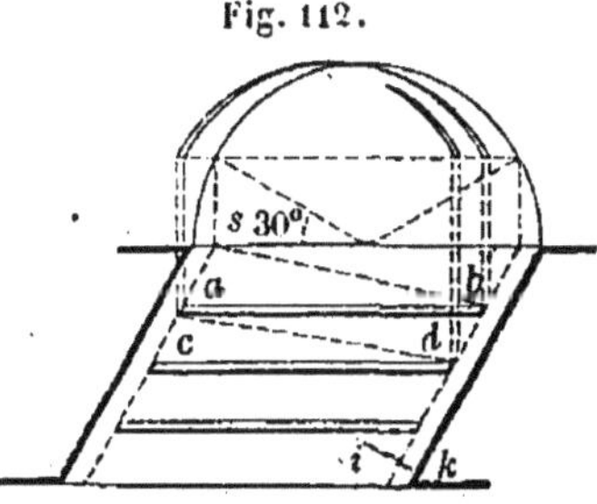

Or, comme ces courbes diffèrent d'autant moins des courbes de tête que les zones ont moins de largeur, l'on voit qu'en réduisant cette largeur, on diminuera les chances de lézardes, par suite des contractions inégales dans les différentes parties de la maçonnerie. Après le décintrement, les intervalles des zones se remplissent en plaçant d'abord les moellons formant douelle, et l'on conçoit que les contractions étant à peu près identiques dans toute la longueur de la voûte, les lézardes *ik*, qui se produisent souvent suivant la section droite de la voûte, du côté des angles aigus des pieds-droits, sont moins à redouter (293).

L'idée de partager la voûte en zones est due à M. E. Clapeyron, et M. Lefort l'a appliquée avec succès sur le chemin de fer de Versailles (rive droite), à des ponts dont le biais était de 52°. Sur le chemin de Saint-Germain, où l'on a négligé la division en zones, il s'est manifesté des lézardes dans des ponts moins biais et établis avec les mêmes soins que les précédents.

296. **Voûtes biaises formées d'une série de voûtes droites.**— Pour reporter la poussée parallèlement aux plans de tête, M. Hurel a proposé de remplacer le cylindre biais par une suite de voûtes droites *ab*, *cd*... perpendiculaires aux plans de tête.

Fig. 113.

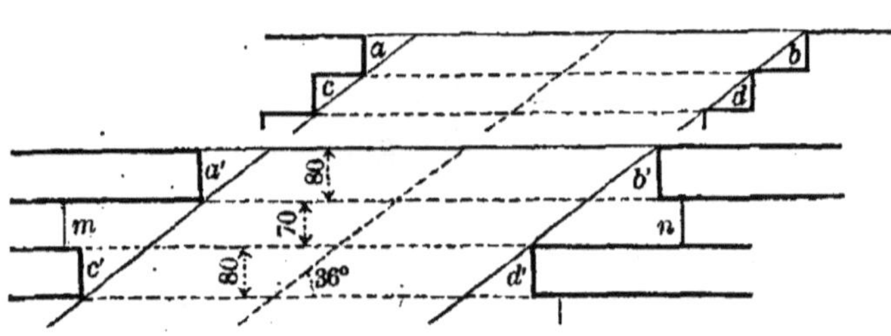

M. Boucher, pour un pont biais établi à Chartres, pour supporter le chemin de fer (*Annales des ponts et chaussées*, année 1848), au lieu d'accoler les voûtes partielles *a'b'*, *c'd'*..., les a séparées par un intervalle *mn* rempli d'une voûte d'une faible épaisseur. L'angle du biais est de 36°, et le passage a 9 mètres de largeur. Les voûtes, qui sont un peu en reculement sur les pieds-droits, sont en anse de panier à cinq centres, de 16^{m},20 d'ouverture et de 5 mètres de flèche. Il y a six voûtes partielles, une sous chaque tête et chaque ligne de rails; leur largeur est de 0^{m},80, et leur intervalle est de 0^{m},70 ; pour les deux voûtes du milieu, l'intervalle qui correspond à l'entrevoie est de 1^{m},06 au lieu de 0^{m},70.

Les voûtes ont 1 mètre d'épaisseur ; leurs arcs de tête présentent aux extrémités du pont une archivolte d'une épaisseur uniforme de 1 mètre ; mais intérieurement ils sont appareillés par carreaux et boutisses de 0^{m},90 et 1^{m},10 de queue, et prolongés par des parements en meulière, dont les joints continuent la coupe des voussoirs.

Les voûtes complémentaires ont $0^{m},50$ d'épaisseur dans toute leur étendue ; elles établissent une liaison entre toutes les parties de la construction, au moyen de quelques voussoirs en pierre de taille ou en libages faisant harpe de $0^{m},15$ à $0^{m},20$ dans les voûtes principales voisines.

Les extrados de toutes les voûtes sont à la même hauteur à la clef ; d'où il résulte qu'en ce point les intrados des voûtes principales sont de $0^{m},50$ en contre-bas des intrados des voûtes de remplissage. La surface gauche continue, qui doit recevoir la chape, s'obtient à l'aide de quelques remplissages en maçonnerie, faits dans les angles rentrants que présentent les extrados des différentes voûtes partielles.

Ce système d'appareil est applicable quel que soit le biais, mais il a l'inconvénient d'augmenter l'ouverture des voûtes, et d'exiger beaucoup de pierre de taille, dont le prix est d'autant plus élevé, que le développement des arêtes et des parements vus est plus considérable. La multiplicité des angles saillants et rentrants que présente la douelle n'est pas non plus d'un effet très-heureux, quoique l'on ait soin d'arrêter ces angles aux naissances, en appareillant suivant le biais les parements vus des pieds-droits. Enfin, un inconvénient qu'il convient encore de signaler consiste dans la facilité avec laquelle les nombreuses arêtes s'épaufrent par les chocs des corps flottants, lorsque le pont est établi sur un cours d'eau navigable ou sujet à des crues.

297. **Appareil orthogonal parallèle.** — Supposons que la voûte est divisée en zones par des plans EF, GH..., parallèles aux têtes, *fig.* 114, et que l'on ait tracé sur la douelle des courbes continues, telles que IK, appelées trajectoires orthogonales, perpendiculaires aux différentes sections déterminées par les plans AB, EF, GH... En prenant pour génératrice des joints une droite qui se meut en restant normale à la douelle, et en s'appuyant sur les trajectoires pour les joints continus d'assises et sur les sections EF, GH... pour les joints discontinus, on conçoit que les plans EF, GH... étant supposés infiniment rapprochés, l'on pourra considérer chaque zone comme une petite voûte droite, et l'on se trouvera dans les conditions les plus favorables à la stabilité.

298. **Tracé géométrique des projections, rabattements et développements des différentes lignes d'appareil visibles sur**

la douelle.— Le plan des naissances est pris pour plan horizontal de projection, et le plan de tête AB pour plan vertical. Les développements sont faits sur le plan horizontal, en opérant les mouvements autour de l'arête AC des naissances (*fig*. 114).

Du point quelconque i', appartenant à la courbe de tête, abaissant la perpendiculaire $i'i$ à AB, la parallèle il à AC est la projection horizontale de la génératrice passant par le point I de la douelle.

Prenant $oo' = ii'$, le point o' appartient au rabattement $Po'B$ de la section droite BP; on peut donc construire ce rabattement par points.

Dans le développement de la douelle sur le plan des naissances, le point B vient au point B′, extrémité de la perpendiculaire PB′, qui est égale au développement de l'arc $Po'B$. La génératrice BD prend la position B′D′, en restant égale et parallèle à AC. Le rabattement IL d'une autre génératrice quelconque s'obtient comme celui de BD ; il suffit de prendre QI = arc Po'.

Le point I appartient au développement AIB′ de l'arc de tête $Ai'B$; on peut donc tracer ce développement par points. La courbe CLD′ se trace en suivant la même marche que pour AIB′ ; mais si cette dernière est décrite, on obtient un point quelconque L, en menant IL égal et parallèle à la génératrice AC.

La forme des courbes AB′ et CD′ leur a fait donner le nom de *sinusoïde ;* ce sont du reste des courbes de l'espèce sinusoïde.

Toute section EF, parallèle aux têtes, se développe suivant une courbe EF′ égale à AIB′, et deux courbes quelconques interceptent la même longueur sur toutes les génératrices.

Pour tracer une trajectoire, par exemple celle qui part du point I, on est obligé, lorsqu'on ne fait pas intervenir l'analyse, d'opérer par tâtonnement, en cherchant la courbe continue IK, qui paraît rencontrer normalement toutes les courbes AB′, EF′ .... Le développement de la trajectoire étant arrêté, pour avoir la projection horizontale, on détermine les projections horizontales des points de rencontre de IK avec les courbes AB′, EF′ .... Pour avoir, par exemple, celle i du point I, il suffit de mener par I une perpendiculaire à AC, et de la prolonger jusqu'à la trace AB de la section qui fournit la courbe AB′. La courbe ik, qui joint les points obtenus, est la projection horizontale de IK. Pour tracer la projection verticale de la trajectoire, on opère encore par points. Ainsi le point i', rencontre de la perpendiculaire ii' à AB et de la projection verticale $Ai'B$ de la courbe déterminée par la section AB, est la projection verticale du point I.

Nous verrons au nº 300 que le développement IK, de la trajectoire qui passe par le sommet I de la voûte, a pour asymptotes AC d'un côté et D'B' de l'autre ; que les développements de toutes les autres trajectoires sont tangents à AC et à D'B' ; que, convenablement prolongés, tous ces développements peuvent coïncider entre eux et avec IK prolongé ; enfin, que si l'on établit un *pistolet* ou *patron*, limité par CAIK, et convenablement prolongé au delà de CK, en faisant glisser ce pistolet le long de AC, son arête IK s'appliquera successivement sur toutes les trajectoires et portions de trajectoires comprises sur le demi-développement AILC, et permettra de les tracer. Ainsi, lorsque le sommet du pistolet sera en I', son arête IK coïncidera avec la trajectoire I'MR.

Comme les deux côtés de la voûte sont identiques, en retournant le patron bout pour bout, de manière à faire coïncider AI avec D'L, AC coïncidera avec D'B', et en faisant glisser le patron le long de D'B', on pourra terminer les trajectoires qui coupent IL et qui ne sont encore tracées qu'à gauche de IL, et décrire toutes celles qui coupent LD'.

AC et DB sont aussi les asymptotes de la projection horizontale ik de la trajectoire IK qui passe par le sommet I; toutes les projections horizontales des autres trajectoires sont aussi tangentes à AC et DB ; et en taillant un patron $CAik$ convenablement prolongé au delà de Ck, en le faisant glisser le long de AC, on tracera les projections horizontales des trajectoires et portions de trajectoires comprises à droite de la génératrice milieu il. En retournant le patron bout pour bout, et en faisant glisser son arête le long de DB, on terminera le tracé des projections horizontales des trajectoires sur l'autre moitié de la voûte.

Enfin, AB est encore, dans les deux sens, asymptote de la projection verticale $Si'T$ de la trajectoire IK ; les projections verticales de toutes les autres trajectoires sont aussi tangentes à AB dans les deux sens ; et en faisant glisser le long de BA un patron $Bii'S$, on tracera toutes les projections, telles que $i'k'$, situées à droite de la génératrice $l'i'$. En retournant le patron pour lui donner la position $Aii'T$, et en le faisant glisser le long de AB, on tracera les projections situées à gauche de $i'l'$. Quand la courbe de tête est une demi-circonférence, la tangente en un point quelconque k' de la projection verticale d'une trajectoire est la droite $k'l''$, qui joint le point k' au centre l'' de la projection verticale de la section parallèle aux têtes qui fournit k'. Au point i', ii' est tangente à i'S et i'T. Le tracé des projections verticales des trajectoires dépendant de celui des projections horizontales, et celui-ci du tracé des développements, cette propriété des tangentes aux projections verticales des trajectoires est précieuse pour rectifier les erreurs des tracés.

Si la section droite était circulaire, les têtes seraient elliptiques; mais les tracés précédents s'effectueraient encore en suivant la même marche.

Fig. 114.

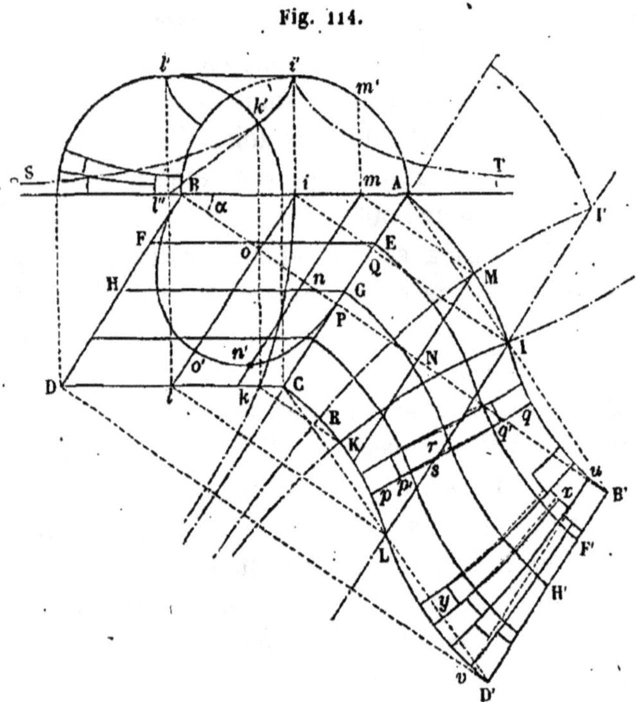

Après avoir divisé les arcs de tête AB' et CD' en voussoirs, ce que l'on facilite en remarquant que, pour avoir les points de division d'une tête quand on a ceux de l'autre, il suffit de mener par ceux-ci des génératrices ou des parallèles uv à AC, on trace, au moyen du patron, toutes les trajectoires par les points de division. Mais il arrive, comme les points de départ des trajectoires sont déterminés sur les têtes, que ces courbes ne se raccordent pas sur la génératrice IL du sommet; c'est ce que l'on voit sur la figure 114, pour ps et qr. Alors on conserve les trajectoires sur toute l'étendue des voussoirs de tête, et, à partir des points p' et q', on les raccorde par une courbe, figurée pleine sur la figure 114. Les trajectoires qui rencontrent IL ayant un point d'inflexion sur cette génératrice, cette considération peut guider pour tracer le raccord $p'q'$, ce que l'on fait du reste avec le patron comme pistolet. Les trajectoires qui ne rencontrent pas IL ne se raccordent pas non plus; alors, on ne les conserve rigoureusement que dans l'étendue des voussoirs de tête, et entre ces limites on les raccorde par des courbes que l'on trace avec le patron; ces courbes sont figurées en lignes pleines pour les voussoirs y et x.

C'est des trajectoires rectifiées qu'il faut ensuite déterminer les projections horizontales et verticales, en opérant par points, pour compléter l'épure, et l'on conçoit qu'il est à peu près inutile de tailler des patrons pour tracer les projections des trajectoires orthogonales.

Comme les trajectoires vont en se rapprochant, depuis chaque angle obtus A ou D' jusqu'à l'angle aigu C ou B', il en résulte que vers les naissances chaque voussoir de tête de l'angle aigu correspond à deux de l'angle obtus.

Près des angles obtus, les moellons ayant une très-grande hauteur d'assise, on peut les composer de deux moellons; mais alors, près des angles aigus, les moellons deviennent trop faibles, à moins qu'à une certaine distance des angles obtus on ne réunisse deux assises en une seule. Comme ces suppressions de joints continus sont toujours d'un effet peu satisfaisant, il est préférable de remplacer, du côté des angles obtus, les moellons piqués par des libages.

Les voussoirs de tête sont limités par des courbes EF' tracées avec le patron; mais, dans la pratique, les assises en moellons sont simplement divisées en voussoirs par des lignes droites tracées avec l'un des côtés d'une équerre, dont l'autre côté coïncide avec l'élément de trajectoire correspondant à la longueur du moellon.

299. Malgré tout le soin que l'on a apporté aux tracés purement graphiques précédents, il convient de vérifier par le calcul au moins quelques résultats. (Voir, pour plus de développements des formules qui vont suivre, un mémoire de M. Lefort et un autre de M. Graeff, publiés dans les *Annales des ponts et chaussées*, le premier en 1839, et le second en 1852.)

La longueur l d'une demi-ellipse, dont a et b sont le demi-grand axe et le demi-petit axe, étant :

$$l = \pi a \left[1 - \left(\frac{1}{2} e\right)^2 - \frac{1}{3}\left(\frac{1.3}{2.4} e^2\right)^2 - \frac{1}{5}\left(\frac{1.3.5}{2.4.6} e^3\right)^2 - \ldots\right], \qquad (A)$$

formule dans laquelle

$$e = \sqrt{\frac{a^2 - b^2}{a^2}},$$

et qui devient quand $a = b = r$, c'est-à-dire quand la demi-ellipse devient une demi-circonférence,

$$l = \pi r,$$

on aura (*fig.* 114) :

1° Quand les têtes seront circulaires :

$$\text{courbe AIB}' = \pi r,$$
$$\text{et PB}' = l;$$

l ayant la valeur (A), dans laquelle, comme le montre la figure,

$$a = oo' = r, \text{ et } b = \text{Bo} = \text{B}i \cos \alpha = r \cos \alpha.$$

α, angle que forme la section droite avec le plan de tête ; α est le complément de l'angle β de biais (293).

2° Quand la section droite est circulaire et de rayon r :

$$\text{AIB}' = \text{valeur (A)}, \text{ et PB}' = \pi r.$$

Dans cette valeur (A), comme le montre la figure 114 :

$$a = \text{B}i = \frac{\text{Bo}}{\cos \alpha} = \frac{r}{\cos \alpha}, \text{ et } b = ii' = r.$$

300. Equations des développements de la courbe de tête et des trajectoires. — AC est pris pour axe des x et la perpendiculaire à AC au point A, sommet de l'angle obtus, pour axe des y.

1° *Cas où la section de tête est circulaire* (*fig.* 115).

Pour un point M, qui se projette horizontalement en m et verticalement en m', et qui se trouve déterminé par le rayon im', ou mieux par l'angle au centre ω, on a :

$$y = \text{MS} = \text{arc P}n'.$$

Comme Pn' est un arc d'ellipse, on évite la difficulté de la détermination de sa longueur en se servant, pour fixer la position du point M, de la longueur s de l'arc AM, et l'on a :

$$s = \text{A}m' = \omega r. \qquad \text{(B)}$$

ω étant, dans cette expression, la longueur de l'arc qui correspond à l'angle ω, et qui est décrit avec l'unité pour rayon.

Quant à l'abscisse du point M, elle est :

$$x = AS = AQ - mU;$$
$$x = iA \sin \alpha - im' \cos \omega \sin \alpha;$$
$$x = r \sin \alpha (1 - \cos \omega). \qquad (C)$$

Faisant varier ω entre 0° et 180°, on déterminera, à l'aide des formules (B) et (C), autant de valeurs correspondantes que l'on voudra de s et x, c'est-à-dire de points de AB', et on pourra tracer cette courbe.

Fig. 115.

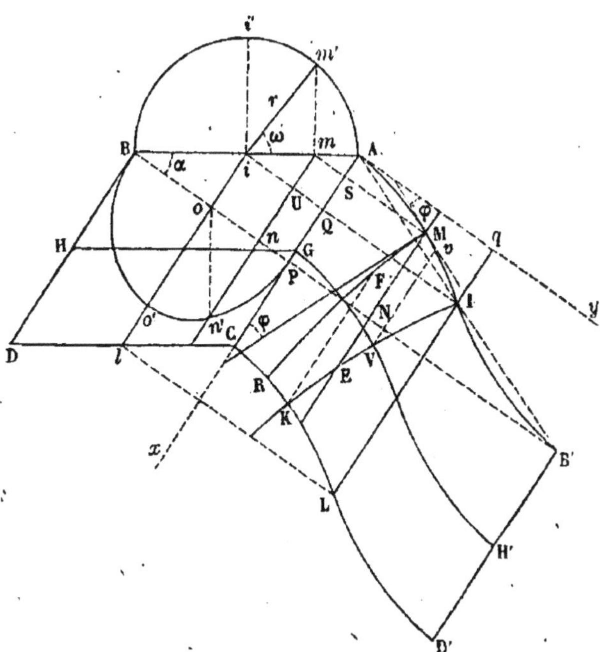

Les équations (B) et (C) s'appliquent à une section quelconque parallèle aux têtes, en augmentant seulement x d'une constante C égale à la distance du point A à la section, cette distance étant mesurée suivant AC. Ainsi on a :

$$s = \omega r,$$
$$x = r \sin \alpha (1 - \cos \omega) + C. \qquad (D)$$

Les équations des trajectoires sont :

$$s = \omega r,$$
$$x' = -\frac{r}{\sin \alpha} \times 2{,}302585 \log \operatorname{tang} \frac{1}{2} \omega - r \sin \alpha \cos \omega + C'. \qquad (E)$$

A une même valeur de ω correspondant tous les points d'une même génératrice, comme les valeurs de x', pour une même valeur de ω, ne diffèrent que par la constante C′, l'on voit que deux trajectoires quelconques IK, MR interceptent des longueurs égales sur toutes les génératrices, ainsi ME = FK, et il en résulte :

1° Que MF est égal à EK ;

2° Que toutes les trajectoires sont des courbes égales ; ainsi MF étant appliqué sur EK, les trajectoires indéfinies dont ces arcs font partie coïncideront dans toute leur étendue ;

3° Qu'avec un même patron ou pistolet on peut tracer toutes les trajectoires (298) ;

4° Que, sur une même génératrice, toutes les tangentes aux sections parallèles aux têtes sont parallèles entre elles, et qu'il en est de même pour toutes les tangentes aux trajectoires ; ainsi, la tangente en M à AB′ est parallèle à la tangente à GH′ au point où la génératrice ME rencontre GH′, et la tangente en M à MR est parallèle à la tangente en E à IK. Comme les premières tangentes sont perpendiculaires aux secondes, ce que l'on voit en M, il en résulte que l'angle que les premières font avec l'axe des y est égal à celui que les secondes font avec l'axe des x. En désignant cet angle par φ, on a :

$$\tang \varphi = \frac{\sin \alpha \sin \omega}{\sqrt{1 - \sin^2 \alpha \sin^2 \omega}}. \qquad \text{(F)}$$

Puisque toutes les trajectoires sont les mêmes, il suffit d'en avoir une pour pouvoir tracer toutes les autres. Or, pour celle qui passe par le sommet I de l'arc de tête, comme on a pour ce point :

$$\omega = 90^\circ \text{; d'où } \cos \omega = 0, \ \tang \frac{1}{2}\omega = 1 \text{ et } \log \tang \frac{1}{2}\omega = 0.$$

L'équation (E) donne :

$$x' = C'.$$

L'équation (C) fournit pour le point I :

$$x = r \sin \alpha.$$

Or, comme $x = x' = Iq$, on a donc :

$$C' = r \sin \alpha.$$

Et par suite l'équation (E) devient pour la trajectoire qui part du point I :

$$x' = r \sin \alpha (1 - \cos \omega) - \frac{r}{\sin \alpha} \times 2{,}302585 \log \tang \frac{1}{2}\omega. \qquad \text{(G)}$$

Le point de rencontre V de la trajectoire IK avec une section

GH′ parallèle à l'arc de tête, comme appartenant à GH′, donne pour x la valeur (D), et, comme appartenant à IK, il donne pour x' la valeur (G). Or, comme $x = x'$, on a donc, en égalant (D) à (G) et en supprimant le terme commun :

$$C = -\frac{r}{\sin\alpha} \times 2{,}302585 \log \operatorname{tang} \frac{1}{2}\omega.$$

Cette valeur de la constante C est la distance Vv de GH′ à la courbe de tête, mesurée suivant la génératrice ou l'axe des x.

Faisant varier ω, et portant sur les génératrices correspondantes, à partir de la courbe de tête AB′, les valeurs de C, on déterminera autant de points que l'on voudra de la trajectoire IK, que l'on pourra alors tracer sans s'occuper des sections parallèles aux têtes.

Représentant par x'' les abscisses de IK comptées à partir de la courbe AB′, on aura :

$$x'' = x' - x,$$

ou, en remplaçant x' et x par leurs valeurs (G) et (C) :

$$x'' = -\frac{r}{\sin\alpha} \times 2{,}302585 \log \operatorname{tang} \frac{1}{2}\omega. \qquad \text{(H)}$$

Mettant cette formule sous la forme de logarithmes, en remarquant que pour éviter de prendre les compléments on peut poser *complétement* $\log \operatorname{tang} \frac{1}{2}\omega = \log \operatorname{cotang} \frac{1}{2}\omega$, ce dernier log étant celui de la table, il vient :

$$\log x'' = \log \frac{2{,}302585\, r}{\sin\alpha} + \log \left(\log \operatorname{cotang} \frac{1}{2}\omega\right).$$

Il convient de remarquer que le premier terme de la valeur de $\log x''$ est constant.

Cette équation, complétée par celle $s = \omega r$, est celle qu'il convient d'employer pour tracer la trajectoire IK. Après avoir divisé l'arc de tête en voussoirs, ou, pour plus d'exactitude dans le tracé, en demi-voussoirs, surtout vers la naissance, on prend pour ω les valeurs des angles au centre correspondant aux arcs déterminés par les points de division, en ne dépassant pas 90°, puisqu'il suffit d'avoir la moitié IK de la courbe. Du reste, entre 90° et 180°, x'' reprendrait les mêmes valeurs, mais avec un signe contraire.

Pour $\omega = 90°$, on a $s = \omega r = \frac{\pi r}{2}$, et la formule (H) donne $x'' = 0$;

ce sont les coordonnées du point I. Pour $\omega = 0$, on a $s = 0$ et $x'' = \infty$. Ainsi la trajectoire IK a pour asymptote la génératrice AC. Au delà du point I, KI a de même pour asymptote la génératrice D' B'.

Les valeurs de x'' (formule H) étant proportionnelles à $\frac{r}{\sin \alpha}$, il en résulte que les valeurs de x''_1 correspondant à un autre rayon r_1 et à un autre angle α_1 pour les mêmes angles ω, se déduiront de la proportion.

$$x''_1 : x'' = \frac{r_1}{\sin \alpha_1} : \frac{r}{\sin \alpha}, \text{ d'où } x''_1 = x'' \frac{r_1 \sin \alpha}{r \sin \alpha_1}.$$

Si $\alpha = \alpha_1$, il vient $x''_1 = x'' \frac{r_1}{r}$,

Et pour $r = r_1$, on a $x''_1 = x'' \frac{\sin \alpha}{\sin \alpha_1}$.

A l'aide de ces relations et du tableau suivant, que M. Lefort a calculé pour $r = 4^m,825$, $\alpha = 34°$ et dans l'hypothèse où la demi-circonférence de tête serait divisée en trente-cinq voussoirs, il sera donc facile de calculer les valeurs de x''_1 pour des rayons de tête et des biais quelconques, et, par suite, de tailler le patron des nouvelles trajectoires.

La relation $x''_1 = x'' \frac{r_1}{r}$ permet aussi de tracer le patron des trajectoires, soit de l'extrados, soit d'un cylindre moyen entre l'intrados et l'extrados.

NUMÉROS des VOUSSOIRS.	$\frac{1}{2}\omega$	log de $\cot\frac{1}{2}\omega$	log de $\log\cot\frac{1}{2}\omega$	log de $\frac{2{,}302585\,r}{\sin\alpha}$	log x	VALEURS de x
	° ′ ″	∞	∞		∞	mètres. ∞
½	1 17 9	1,6488651	0,2161943	1,2981512	1,5143455	32,685
1	2 34 17	1,3476632	0,1295932		1,4277444	26,776
1½	3 51 25	1,1712226	0,0686311		1,3667823	23,269
2	5 8 34	1,0457574	0,0194071		1,3175583	20,776
2½	6 25 42	0,9481966	$\bar{1}$,9768954		1,2750466	18,839
3	7 42 51	0,8681983	$\bar{1}$,9306148		1,2367660	17,249
3½	9 00 00	0,8002875	$\bar{1}$,9032474		1,2013986	15,900
4	10 17 9	0,7411823	$\bar{1}$,8699237		1,1680749	14,726
4½	11 34 17	0,6887757	$\bar{1}$,8380742		1,1362254	13,684
5	12 51 25	0,6415643	$\bar{1}$,8072373		1,1053885	12,757
5½	14 8 34	0,5986399	$\bar{1}$,7771657		1,0753169	11,894
6	15 25 42	0,5591256	$\bar{1}$,7475128		1,0456630	11,109
6½	16 42 51	0,5224680	$\bar{1}$,7180614		1,0162126	10,380
7	18 00 00	0,4882240	$\bar{1}$,6886156		0,9867668	9,700
7½	19 17 9	0,4560344	$\bar{1}$,6592885		0,9574397	9,066
8	20 34 17	0,4256151	$\bar{1}$,6290220		0,9271732	8,456
8½	21 51 25	0,3967205	$\bar{1}$,5984841		0,8966353	7,882
9	23 8 34	0,3691463	$\bar{1}$,5672029		0,8653541	7,334
9½	24 25 42	0,3427371	$\bar{1}$,5349648		0,8331160	6,809
10	25 42 51	0,3173387	$\bar{1}$,5015248		0,7996760	6,305
10½	27 00 00	0,2928341	$\bar{1}$,4666156		0,7647668	5,818
11	28 17 9	0,2691163	$\bar{1}$,4299460		0,7280972	5,347
11½	29 34 17	0,2460963	1,3911116		0,6892628	4,889
12	30 51 25	0,2236857	$\bar{1}$,3496466		0,6477978	4,444
12½	32 8 34	0,2018055	$\bar{1}$,3049427		0,6030939	4,010
13	33 25 42	0,1803980	$\bar{1}$,2562365		0,5543877	3,854
13½	34 42 51	0,1593929	$\bar{1}$,2024611		0,5006123	3,167
14	36 00 00	0,1387390	$\bar{1}$,1422017		0,4403529	2,756
14½	37 17 9	0,1183754	$\bar{1}$,0732783		0,3713295	2,351
15	38 34 17	0,0982585	$\bar{2}$,9923723		0,2905235	1,952
15½	39 51 25	0,0783896	$\bar{2}$,8942607		0,1924119	1,557
16	41 8 34	0,0586520	$\bar{2}$,7673043		0,0654555	1,163
16½	42 25 42	0,0390382	$\bar{2}$,5903736		$\bar{1}$,8885248	0,774
17	43 42 51	0,0196995	$\bar{2}$,2900346		$\bar{1}$,5881858	0,387
17½	45 00 00	0,0000000	— ∞		— ∞	0,000

2° *Cas où la section circulaire est la section droite* (*fig.* 116).

La courbe AIB′ sera alors le développement de la demi-ellipse Ai'B, et on pourra calculer sa longueur l à l'aide de la formule (A), en remarquant que le demi-petit axe $b = ii' = r$, et que le demi-grand axe $a = \mathrm{B}i = \frac{\mathrm{B}o}{\cos\alpha} = \frac{r}{\cos\alpha}$.

La section droite Bo'P se développera suivant la perpendiculaire PB′; on aura PB′ $= \pi r$, et si l'on compte toujours les valeurs de s

suivant le développement de la section circulaire, c'est-à-dire suivant PB', on aura, dans ce cas, pour un point quelconque M :

$$s = MS = \omega r, \text{ et, de plus, } s = y.$$

Pour le développement AIB', l'équation (C) devient

$$x = r \tan\alpha\,(1 - \cos\omega). \qquad (C')$$

Pour une section quelconque parallèle aux têtes, il suffirait d'ajouter au second membre de cette équation une constante C, qui représenterait la distance de la section à la tête AB, cette distance étant mesurée suivant AC (équation D).

Fig. 116.

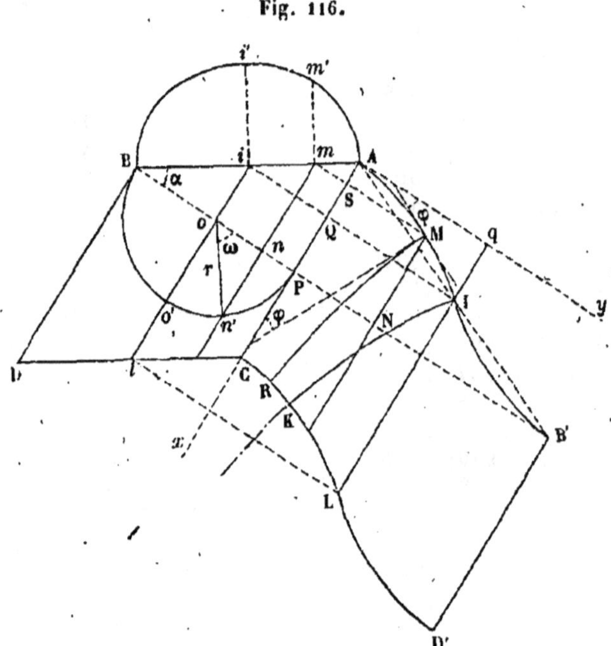

Pour une trajectoire quelconque, l'équation (E) devient

$$x' = -\frac{r}{\tan\alpha} \times 2{,}302585 \log \tan \frac{1}{2}\omega + C'. \qquad (E')$$

De plus, $y' = s = \omega r$.

Pour la trajectoire IK partant du sommet, on a $C' = Iq = r \tan\alpha$, et, par suite (équation G),

$$x' = r \tan\alpha - \frac{r}{\tan\alpha} \times 2{,}302585 \log \tan \frac{1}{2}\omega. \qquad (G')$$

En comptant les abscisses non à partir de l'arc AB', comme dans le cas de la section de tête circulaire (équation H), mais à partir de la parallèle IQ menée par le point I à l'axe Ay, on a

$$x'' = x' - \text{I}q = x' - r \text{ tang } \alpha = - \frac{r}{\text{tang } \alpha} \times 2{,}302585 \log \text{tang } \frac{1}{2} \omega; \quad (\text{H}')$$

ou, pour faire usage des logarithmes tabulaires,

$$\log x'' = \log \frac{2{,}302585\, r}{\text{tang } \alpha} + \log \left(\log \text{cotang } \frac{1}{2} \omega\right).$$

Le patron se construirait comme au 1°, en portant les longueurs $s = \omega r$ sur QI, à partir du point Q, et les valeurs de x'' sur les génératrices correspondant aux angles ω, à partir de QI.

Ayant les développements des trajectoires, on obtiendra les projections horizontales et verticales par les moyens géométriques indiqués au n° 298.

La formule (F) devient dans ce cas :

$$\text{tang } \varphi = \text{tang } \alpha \sin \omega. \quad (\text{F}')$$

301. **Voûtes en arc de cercle.** — En développant, soit géomé-

Fig. 117.

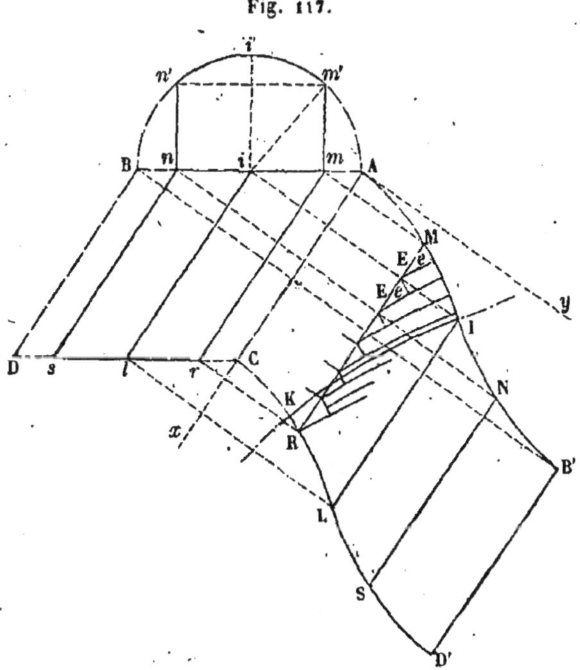

triquement (298), soit en ayant recours au calcul (300), la voûte Ai'B dont la voûte surbaissée $m'i'n'$ n'est qu'une partie, cette dernière se développera suivant MNSR. Comme ce développement partiel est seul utile, les constructions devront être limitées par les génératrices MR et NS, et les opérations par les valeurs de ω comprises entre A*im'* et A*in'*, et même A*ii'*, s'il s'agit de la trajectoire IK du sommet.

IK ayant AC pour asymptote, il est évident qu'elle coupera la génératrice MR des naissances. Le patron des trajectoires sera taillé suivant IK et MR, et en le faisant glisser le long de MR, puis le long de SN après l'avoir retourné, on pourra tracer toutes les trajectoires.

Les trajectoires venant couper les naissances MR, NS sous des angles aigus, pour remédier à cet inconvénient, on arrête les assises à des coussinets *e* faisant partie des sommiers E qui terminent supérieurement les pieds-droits. L'ensemble de ces coussinets a pris, à cause de sa forme, le nom de *crémaillère*.

Il est bien évident que, suivant que ce sera la tête ou la section droite qui sera en arc de cercle, on devra faire usage des formules du 1° ou du 2° du numéro précédent.

Dans le but de diminuer la longueur de l'épure, on pourra sans difficulté ne développer que la voûte surbaissée, en prenant la génératice *mr* de naissance pour charnière ; MR coïncidera alors avec *mr*.

302. **Voûtes en anse de panier.** — Le développement AM du petit arc A*m'* (*fig.* 118), et celui MI du grand arc *m'i'* s'obtiennent sans difficulté, à l'aide de la formule $s = \omega r$ (300), dans laquelle ω se comptera pour les deux arcs à partir de *i*A, mais *r* sera le rayon *um'* du petit arc ou celui *om'* du grand arc, selon qu'il s'agira de A*m'* ou de *m'i'*. La trajectoire UV du sommet de la petite voûte dont A*m'* fait partie, et celle IK du sommet de la grande voûte s'obtiennent à l'aide des formules (H) ou (H'), dans lesquelles *r* variera encore d'un arc à l'autre (300). Un patron taillé suivant IK et glissant sur MR servira à tracer toute la portion des trajectoires comprises entre les génératrices IL et MR. Un autre patron, glissant sur AC et taillé sui-

Fig. 118.

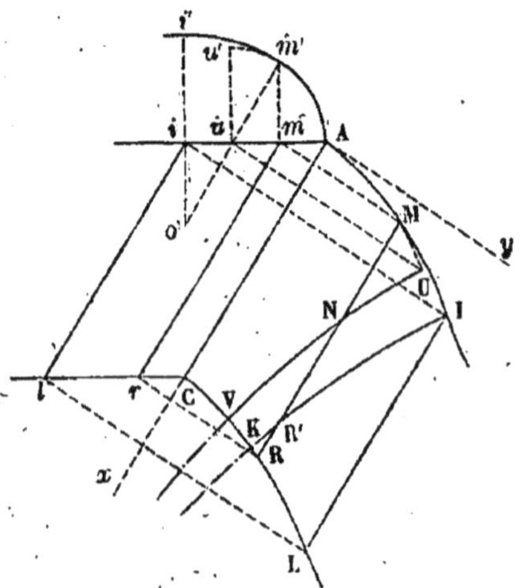

vant NV, convenablement prolongé, permettra de tracer la portion des trajectoires comprises entre MR et AC. En amenant le point N au point R′, l'on voit que les deux patrons pourront être réunis en un seul qui glissera sur AC, et qui sera taillé suivant IR′, et, à partir de R′, suivant la courbe NV, amenée parallèlement à elle-même jusqu'à ce que le point N soit en R′.

La valeur de l'angle φ dépendant de α et de ω, et non de r (formules (F) et (F′) du n° 300), comme α est constant pour toute la voûte, et que ω est le même pour tous les points de la génératrice MR, que cette génératrice appartienne à la portion Am' ou à celle $m'i'$, il en résulte que MA et MI ont même tangente en M, et que sur toute la génératrice MR les trajectoires IK et NV ont la même tangente, qui sera déterminée par la formule (F) ou par celle (F′).

303. **Appareil hélicoïdal, ou appareil anglais.** — Dans l'appareil orthogonal parallèle, l'épaisseur des voussoirs variant d'une assise à l'autre et même dans toute l'étendue d'une même assise, on est obligé de faire usage de moellons d'appareil. Pour rendre les constructions plus économiques, on remplace souvent les trajectoires orthogonales par des lignes qui sont, sur le développement, des droites parallèles et équidistantes, de manière à donner la même épaisseur à tous les voussoirs. On est obligé d'avoir recours à cette disposition toutes les fois que les matériaux dont on peut faire usage ont la même épaisseur; aussi ce système a-t-il pris naissance en Angleterre, où la brique est employée presque exclusivement. Les droites que l'on substitue aux trajectoires donnent des hélices quand elles sont enroulées sur la douelle de la voûte, puisqu'elles font des angles égaux avec toutes les génératrices qu'elles rencontrent. C'est de là que vient le nom d'*appareil hélicoïdal.*

Après avoir divisé les têtes AB′ et CD′ en voussoirs, on mène par le point L correspondant au sommet une perpendiculaire LM à la droite CD′ qui joint les extrémités du développement CD′, et l'on adopte pour lignes d'assises des droites qui joignent les points de division des têtes, tout en s'écartant le moins d'être parallèles à LM. Ces lignes, qui sont à très-peu de chose près équidistantes et parallèles entre elles, sont dessinées sur la figure pour la moitié de voûte située à droite de IL.

Si la voûte était surbaissée; si, par exemple, elle était limitée aux deux génératrices QR et PS, la directrice LM′ se mènerait perpendiculaire à la droite qui joint les extrémités R et S du développement de l'arc de tête, et les lignes d'assises se détermineraient d'après les conditions : qu'elles doivent joindre les points de division de RS à ceux de QP; qu'elles doivent, autant que possible, être parallèles à LM', et que celles qui partent des points R et P doivent aboutir à des points de division H et G symétriques sur les arcs de tête opposés. Ces lignes d'assises sont dessinées sur la figure 119 pour la partie à gauche de la génératrice IL.

Fig. 119.

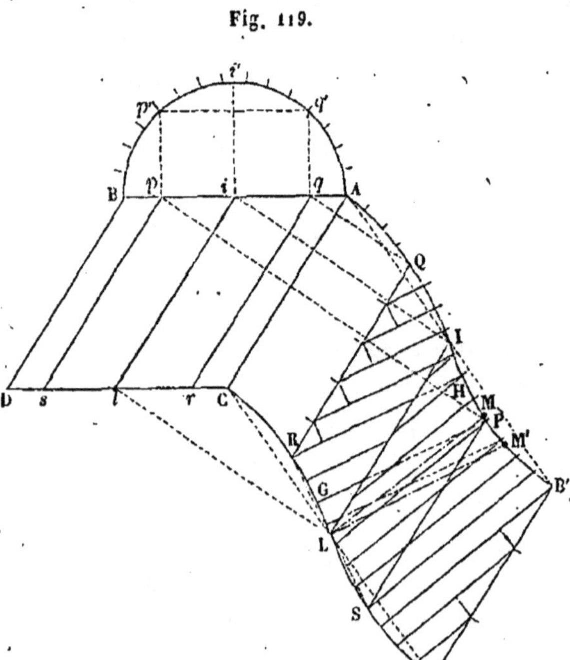

Dans les voûtes surbaissées, les trajectoires orthogonales sont à peu près parallèles entre elles; comme, de plus, la directrice LM' est à peu près normale aux têtes, il en résulte que l'on peut substituer, sans inconvénient sensible, et avec de grands avantages, à cause de sa simplicité, l'appareil hélicoïdal à l'appareil orthogonal parallèle. Plus la voûte est surbaissée, plus la directrice LM' se rapproche des trajectoires orthogonales, et, pour les plates-bandes, elle se confond avec les trajectoires. Pour les voûtes en plein cintre ou en anse de panier, LM fait avec les têtes des angles qui s'éloignent beaucoup de l'angle droit; aussi ne devrait-on appareiller ces voûtes, d'après le système hélicoïdal, que dans de certaines limites, à moins que l'on n'y soit obligé par la forme des matériaux.

Les joints d'assises venant rencontrer les naissances sous des angles très-aigus, on remédie à cet inconvénient à l'aide d'une crémaillère formée de coussinets qui font partie des sommiers de naissances, comme pour l'appareil orthogonal parallèle appliqué aux voûtes en arc de cercle (301).

Les divisions des assises en voussoirs se font par des droites perpendiculaires aux joints continus, d'où il résulte que, sauf sur les têtes, les voussoirs sont appareillés suivant des angles droits. Les joints discontinus donnent encore des hélices quand ils sont enroulés sur la douelle, et ces hélices sont normales à celles qui forment les joints d'assises.

Les voussoirs de tête se font en général en pierre de taille, et le reste de la voûte en petits matériaux ; de sorte qu'à une assise de tête correspondent plusieurs assises en moellons ou en briques.

304. **Appareil orthogonal convergent.** — Lorsque les plans de tête AB, CD de la voûte, *fig.* 120, au lieu d'être parallèles, se rencontrent suivant une droite verticale en Z, on suppose la voûte

Fig. 120.

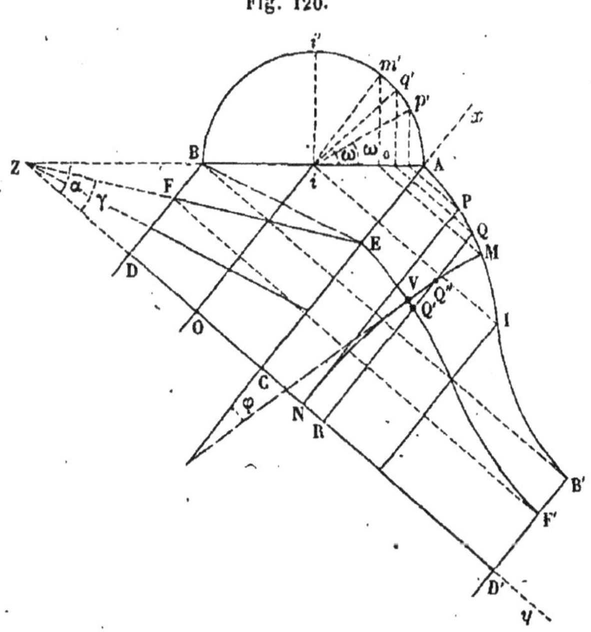

divisée en zones par des plans verticaux qui convergent tous en Z. Dans chaque zone, on peut supposer que la plus grande compression a lieu suivant la ligne de plus petit diamètre, c'est-à-dire suivant la diagonale BE pour la zone ABFE. Supposant les zones infiniment petites, ces diagonales iront converger en Z, et l'on voit que les joints discontinus des voussoirs devront être déterminés par des plans verticaux passant par Z. Quant aux joints continus, ils devront être engendrés par une droite se mouvant en restant normale à la douelle de la voûte et en s'appuyant sur des trajectoires normales aux joints discontinus, ou mieux aux courbes déterminées par les plans verticaux passant par Z.

Cet appareil, appelé *appareil orthogonal convergent* à cause de sa disposition, est employé pour les extrémités d'une voûte biaise d'une grande longueur, à têtes parallèles, afin d'éviter l'appareil orthogonal, qui est toujours assez difficile, pour la plus grande longueur de la voûte. Une telle voûte se compose de trois parties : une centrale, appareillée comme une voûte droite, et deux extrêmes, se raccordant avec la première, et disposées selon l'appareil orthogonal convergent.

Soit AB le plan de tête, et CD une section droite ; appliquons l'appareil convergent à la portion de voûte ABDC.

D'abord, les constructions graphiques développées au n° 298 s'appliquent encore ici pour obtenir les développements des sections convergentes, et tracer approximativement ceux des trajectoires, puis les projections horizontales et verticales de ces trajectoires.

Posons les équations qui permettront de tracer par points, sur le rabattement, les sections convergentes et les trajectoires orthogonales.

1° *Cas où la section de tête est circulaire.*

Prenant ici, *fig.* 120, le développement de la section droite pour axe des y et CA pour axe des x, les équations d'une section convergente quelconque EF' sont :

$$s = \omega r,$$

$$x = (c + r \cos \omega \cos \alpha) \operatorname{tang} \gamma. \qquad (d)$$

s se mesure, comme au n° 300, sur le développement de la section circulaire ; ainsi, pour $\omega = Aiq'$, on a $s = Aq' = AQ$.

c est la distance constante OZ. Pour l'élégance des raccordements de la partie biaise avec la partie droite, il convient de prendre c tel, que la plus petite génératrice BD du biais ne soit pas moindre que r ; et, pour faciliter le calcul des formules, il convient de faire c égal à un multiple de r.

γ est l'angle que fait la section convergente considérée avec la section droite.

α est l'angle de la section de tête avec la section droite.

ω a les mêmes significations qu'au n° 300.

Ainsi, le point Q', où la génératrice QR rencontre EF', s'obtient en prenant

$$AQ = Aq' = \omega r, \text{ et } RQ' = x = (c + r \cos \omega \cos \alpha) \operatorname{tang} \gamma.$$

Pour l'arc AB′ de tête, l'équation (*d*) devient, en remarquant que pour cet arc $\gamma = \alpha$,

$$x = c \operatorname{tang} \alpha + r \cos \omega \sin \alpha. \qquad (c)$$

Les équations d'une trajectoire NM, partant du point quelconque N de la section droite, sont :

$$s = \omega r,$$

$$x'^2 = 2r^2 \times 2{,}302585 \left[\frac{c}{r \cos \alpha} \log \operatorname{tang} \frac{1}{2}\omega + \log \sin \omega - \left(\frac{c}{r \cos \alpha} \log \operatorname{tang} \frac{1}{2}\omega_0 + \log \sin \omega_0 \right) \right.$$

$$\left. + r \sin^2 \alpha \,(\cos \omega - \cos \omega_0) \left[\frac{2c}{\cos \alpha} + r\,(\cos \omega + \cos \omega_0) \right] \right]. \qquad (g)$$

ω_0 est la valeur de ω qui correspond à la génératrice NP passant par le point N.

Pour $\omega = \omega_0$, on a :

$$s = r\omega_0 = Ap' = AP,$$

ce qui fournit la génératrice NP; la formule (*g*) donne $x' = 0$, et on obtient, comme cela devait être, le point N de la trajectoire.

Pour $\omega = Aiq'$, on a

$$s = \omega r = Aq' = AQ,$$

ce qui permet de mener la génératrice QR, sur laquelle prenant $RQ'' = x'$ fourni par l'équation (*g*), on obtient le point Q″ de la trajectoire partant de N.

Faisant vérifier ω, on obtiendra autant de points que l'on voudra de la trajectoire NQ″.

Opérant de même pour une autre valeur de ω_0, on obtiendrait une autre trajectoire, et l'on voit que l'on pourra ainsi tracer autant de trajectoires que l'on voudra.

L'angle φ, que forme avec l'axe des x la tangente à la trajectoire au point V, est encore égal à l'angle que forme avec l'axe des y la tangente menée au point V à la section convergente EF′ passant par V, et on a, ω prenant la valeur qui correspond à la génératrice qui contient le point V,

$$\operatorname{Tang} \varphi = \frac{\cos \alpha \operatorname{tang} \gamma \sin \omega}{\sqrt{1 - \sin^2 \alpha \sin^2 \omega}}. \qquad (f)$$

Sur l'arc de tête, $\gamma = \alpha$, et cette formule devient

$$\text{Tang}\ \varphi = \frac{\sin\alpha \sin\omega}{\sqrt{1 - \sin^2\alpha \sin^2\omega}}. \qquad (f_1)$$

2° *Cas où la section droite est circulaire.*

Pour une section convergente quelconque EF', on a :

$$s = \omega r,$$

$$x = (c + r\cos\omega)\ \text{tang}\ \gamma. \qquad (d')$$

Fig. 121.

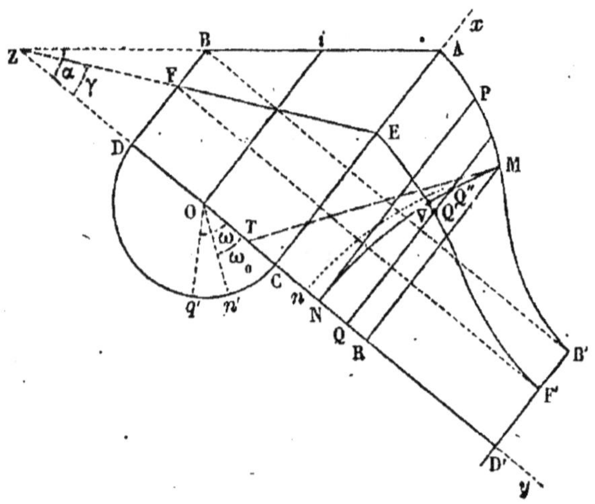

s se mesurant encore sur le développement de la section circulaire, on a dans ces cas $s = y$.

Pour $\omega = COq'$, on a $s = Cq' = CQ$, et prenant QQ' égal à la valeur de x fournie par l'équation (d'), le point Q' appartient à EF'.

Pour l'arc de tête AB', on a, en remarquant que $\gamma = \alpha$:

$$s = y = \omega r.$$

$$x = (c + r\cos\omega)\ \text{tang}\ \alpha. \qquad (c')$$

Les équations d'une trajectoire NM partant d'un point quelconque N de la section droite sont :

$$s = y' = \omega r,$$

$$x'^2 = 2r^2 \times 2{,}302585\left[\frac{c}{r}\left(\log\text{tang}\,\frac{1}{2}\omega - \log\text{tang}\,\frac{1}{2}\omega_0\right) + \log\sin\omega - \log\sin\omega_0\right] \quad (g')$$

que l'on appliquera comme au 1°.

On a, dans ce cas :

$$\text{Tang}\ \varphi = \text{tang}\ \gamma\ \sin\ \omega. \qquad (f')$$

Sur l'arc de tête, cette formule devient :

$$\text{Tang}\ \varphi = \text{tang}\ \alpha\ \sin\ \omega.$$

305. **Substitution de paraboles aux trajectoires orthogonales dans l'appareil convergent.** — De même que pour simplifier les calculs et la construction on a substitué, sur le développement, des lignes droites aux trajectoires dans le système orthogonal parallèle, ce qui a conduit à l'appareil hélicoïdal (303), on a cherché, dans l'appareil convergent, à remplacer les trajectoires orthogonales par des courbes plus simples, qui sont, sur le développement, des paraboles normales à la courbe de tête et à la section droite.

1° *Cas où la courbe de tête est circulaire.*

Toute parabole ayant son sommet sur l'axe des y et qui coupera normalement AB′ satisfera à l'énoncé.

Fig. 122.

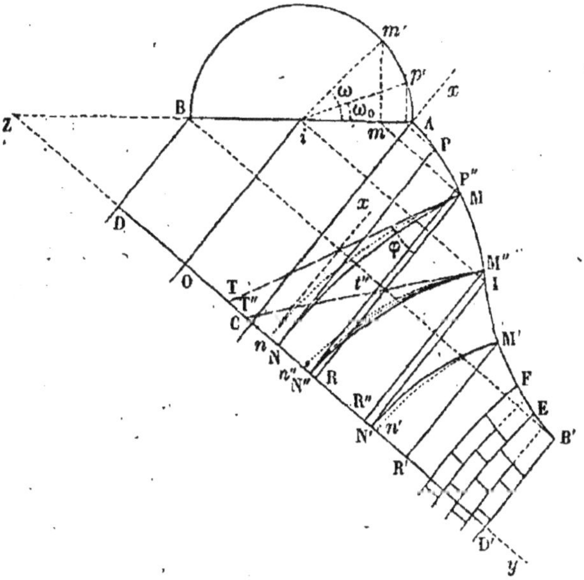

Soit MN une trajectoire déterminée en faisant usage de l'équation (g), et soit Mn la parabole normale en M à AB′ et ayant son sommet sur l'axe des y.

Prenant pour origine des axes le sommet n, l'équation de la parabole est (*Introduction à la science de l'ingénieur*, 2e édition, nº 1113) :

$$x^2 = 2py,$$

ou, en remplaçant le paramètre $2p$ en fonction des données de la voûte,

$$x^2 = \frac{2\sqrt{1-\sin^2\alpha\sin^2\omega}\,(c\,\text{tang}\,\alpha + r\sin\alpha\cos\omega)}{\sin\alpha\sin\omega}\,y. \qquad (1)$$

Le paramètre étant une quantité constante pour une même parabole, il faut que ω soit constant. ω ne varie que d'une parabole à l'autre, et, pour une parabole quelconque Mn, il faut prendre la valeur de ω qui correspond au point M, où la parabole considérée rencontre la courbe de tête AB'.

Au point M, la trajectoire MN et la parabole Mn ont la même tangente MT, qui est déterminée par l'équation (f_1).

Le sommet n de la parabole divisant la sous-tangente RT en deux parties égales, on pourra donc déterminer ce sommet. On a, du reste, pour cette détermination, en désignant par y_1 l'ordonnée nR du point M :

$$y_1 = \frac{(c\,\text{tang}\,\alpha + r\sin\alpha\cos\omega)\sin\alpha\sin\omega}{2\sqrt{1-\sin^2\alpha\sin^2\omega}}. \qquad (2)$$

En doublant cette valeur de y_1 on aurait la sous-tangente RT, et par suite la tangente MT.

Les tangentes déterminant les directions à donner aux premiers éléments des trajectoires, il est aussi très-important de pouvoir les tracer facilement dans l'appareil orthogonal parallèle. Or, dans ce cas, en prenant BB' pour axe des y, on a :

$$y_1 = \frac{r\sin^2\alpha\sin\omega\,(1+\cos\omega)}{2\sqrt{1-\sin^2\alpha\sin^2\omega}}.$$

Cette formule s'applique à une parabole normale à AB' en M et qui a son sommet sur BB' ; on l'obtient en faisant $c = r\cos\alpha$ dans la formule (2).

Si l'on construisait, de distance en distance, dans toute l'étendue du développement, les trajectoires et les paraboles partant des mêmes points de la courbe de tête AB', on verrait qu'à la naissance AC l'écart Nn est maximum ; que cet écart va en diminuant progressivement, à mesure que N s'approche du centre N' de la voûte, et qu'en ce point même, n a pu passer à droite de N, pour venir en n', où il reste constamment jusqu'au point D'.

Au delà du centre, les distances Nn sont assez faibles pour qu'on puisse les négliger dans la pratique, et substituer sans modification les paraboles aux trajectoires ; mais il n'en est pas de même à gauche ; là, il convient de ramener les points n en N, sans que les paraboles cessent de rester normales à CD'. Il est évident que les nouvelles paraboles n'auront plus leur sommet sur Cy.

On peut supposer que, dans le déplacement de M'N' pour venir en MN, le chemin que parcourt le point n', par rapport au point N', est proportionnel au chemin que parcourt le point M par rapport au point M'. Il en résulte alors qu'en déterminant Nn pour un point voisin de C, et sa valeur $-N'n'$ pour la position de N au centre N' de la voûte, $n'N' + Nn$ sera le parcours de n' par rapport à N', pour la distance M'M, et pour la trajectoire partant d'un point quelconque M'', le parcours de n' sera :

$$(n'N' + Nn)\frac{M'M''}{M'M};$$

par suite, la distance $N''n''$ sera :

$$\delta = (n'N' + Nn)\frac{M'M''}{M'M} - N'n'.$$

Connaissant le sommet n'' de la parabole, pour avoir le point N'' de la trajectoire, point par lequel il faut faire passer la parabole qui doit remplacer celle $M''n''$, il suffit de porter δ à gauche de n'' si sa valeur précédente est négative, et à droite si elle est positive.

L'on voit que, pour avoir la valeur de δ, il faut commencer par déterminer deux valeurs de Nn. Or, la position du sommet n de la parabole dépend de la position du point M, ou plutôt de la valeur de ω, et la valeur de ω découle de celle de ω_0, c'est-à-dire de la position du point N ; il en résulte qu'ayant fait choix du point N ou de l'angle ω_0, à l'aide de la formule (g) on tracera, par points, la trajectoire NM, et l'on déterminera approximativement son point de rencontre M avec AB', et par suite la valeur de ω qui correspond à M. On s'assurera du reste que cette valeur de ω est exacte, en vérifiant si elle donne la même valeur pour x de la courbe AB′ (formule c), et pour x' de la trajectoire (formule g). Ayant le point M on a R; la formule (2) donne y_1, c'est-à-dire Rn, et par suite on a Nn, que l'on peut mesurer sur l'épure, qu'on a soin de faire à $0^m,1$ pour mètre; à cette échelle, les résultats s'obtiennent plus facilement, et même plus exactement que sur une épure grandeur d'exécution.

Au lieu de calculer y_1, on pourrait déterminer l'angle φ au moyen de la formule (f_1), mener MT en faisant usage du rapporteur, et diviser TR en deux parties égales pour avoir le point n.

On pourrait déterminer l'équation de la nouvelle parabole M″N″, et, à l'aide de cette équation, construire la courbe par points; mais il est plus simple et suffisamment exact, pour faire ce tracé, d'avoir recours à la méthode suivante, très-souvent employée, surtout sur le terrain, pour raccorder deux alignements droits par une parabole qui leur soit tangente. La parabole est tangente à M″T″ en M″ et à la génératrice N″P″ en N″ (*fig.* 122 et 123). Menant alors M″T″ en faisant usage de y_1, puis N″P″ après avoir déterminé le point N″ comme il a été indiqué ci-dessus, on divise t″M″ et t″N″ en un même nombre de parties égales, et joignant les points obtenus de même rang, les droites qui en résultent sont tangentes à la parabole et permettent de la tracer avec une approximation suffisante pour la pratique.

Fig. 123.

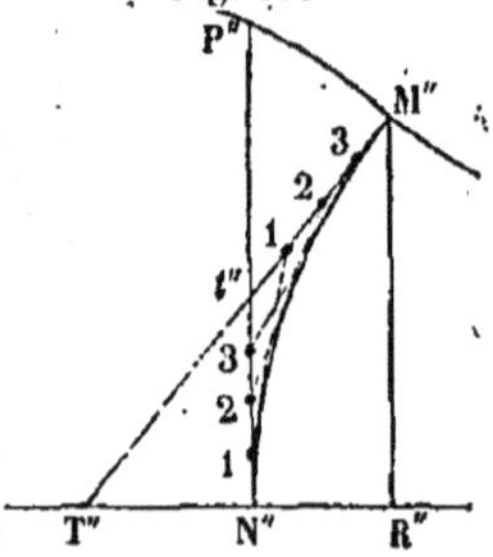

Marche à suivre dans la pratique, et paraboles définitivement adoptées pour lignes de joints. — On fait, à l'échelle de $0^m,1$ pour mètre, le développement AB′ $=\pi r$ (*fig.* 122), et on divise AB′ en autant de parties égales qu'il doit y avoir de voussoirs de tête; n étant le nombre impair de voussoirs, chaque partie est égale à $\frac{\pi r}{n}$.

Il est bon de calculer la longueur $l=$CD′ du développement de la section droite à l'aide de la formule (A). On divise alors CD′ en autant de parties égales qu'il doit y avoir de voussoirs dans la partie droite de la voûte; ces voussoirs étant en moellons, ils n'ont que $0^m,25$ environ suivant CD′. Comme la partie droite de la voûte est la plus importante, c'est surtout elle qu'il faut appareiller de la manière la plus économique et la plus régulière; aussi ses voussoirs doivent-ils avoir, le plus exactement possible, là même dimension suivant CD'; cette dimension est $\frac{l}{n'}$, n' étant le nombre impair de voussoirs.

Les paraboles de joints des parties biaises de la voûte devant se raccorder sur CD' avec les joints de la partie droite, cette condition montre que l'on devra encore modifier les paraboles déterminées comme nous l'avons fait plus haut.

Les divisions des voussoirs étant marquées sur AB' et sur CD', pour $\omega_0 = 12^0$ environ et $\omega_0 = 90^0$, on trace les trajectoires orthogonales NM et N'M' (formule g); pour les points M et M', où ces trajectoires rencontrent AB', on détermine les valeurs de ω, puis les longueurs des sous-tangentes RT et R'T', qui sont égales à celles de $2y_1$ (formule 2). Prenant les milieux de ces sous-tangentes, on a les points n et n', et, par suite, la variation $n'N' + Nn$, à l'aide de laquelle on pourra déterminer les points N'' des trajectoires, connaissant les sommets n'' des paraboles.

Pour tous les points de division de AB', on détermine les sous-tangentes $2y_1$ des paraboles (formule 2), et on mène les tangentes M''T'' en ces points. On prend les milieux n'' de ces sous-tangentes, puis on détermine les déviations n''N''. Si les points N'' se trouvaient aux divisions de CD', on y ferait passer les paraboles partant des points M''; mais comme il n'en est ainsi qu'exceptionnellement, on dévie encore les points N'', pour les placer aux points de division de CD' qui sont les plus rapprochés, et c'est enfin par les nouveaux points obtenus que l'on fait passer les paraboles partant des points de division de AB', en appliquant toujours le procédé graphique de la figure 123, afin que les paraboles soient toujours normales à AB' et à CD', et que de plus elles se raccordent tangentiellement avec les joints continus de la partie droite de la voûte. La déviation des paraboles par rapport aux points N'' sera au maximum de la moitié d'un voussoir de la partie droite de la voûte, c'est-à-dire $\frac{l}{2n'}$, soit $0^m,125$ si les voussoirs ont $0^m,25$.

Les voussoirs de tête étant seuls en pierre de taille, on les continue par des moellons, dont les joints continus intermédiaires à ceux des voussoirs de tête sont des paraboles qui se raccordent également avec les joints de la partie droite de la voûte. On trace ces paraboles intermédiaires comme les premières, en les espaçant également dans l'étendue de chaque division EF de AB'.

2° *Cas où la section droite est circulaire* (*fig.* 121).

On suit la même marche qu'au 1°; il suffit seulement de substituer les équations du 2° du n° 304 à celle du 1° du même numéro, et de modifier convenablement les équations relatives aux paraboles.

L'équation (1) de la parabole Mn devient

$$x^2 = \frac{2(c + r\cos\omega)}{\sin\omega} y, \qquad (1')$$

et celle (2) de l'ordonnée nR du point M de la parabole Mn,

$$y_1 = \frac{1}{2}(c + r\cos\omega)\sin\omega\,\mathrm{tang}^2\alpha; \qquad (2')$$

formule à l'aide de laquelle on pourra mener la tangente au point M, et déterminer l'écart nN ; on trouvera de même l'écart n'N' pour le point N' correspondant à $\omega_0 = 90°$; puis on continuera les opérations et les constructions comme au 1°.

306. **Remarques.** — *Première.* — Dans le cas de l'appareil orthogonal parallèle, pour mener la tangente à la trajectoire en un point M de tête, on établira la formule (2') pour une parabole normale à AB' au point M, et qui a son sommet sur BB' considéré comme axe des y. Ce qui revient à faire $c = r$ dans la formule (2'), qui devient

$$y_1 = \frac{1}{2} r \sin\omega\,\mathrm{tang}^2\alpha\,(1 + \cos\omega).$$

Deuxième. — Ce qui vient d'être dit relativement à l'appareil orthogonal convergent pourra s'appliquer aux ponts biais en arc de cercle et en anse de panier.

Troisième. — Dans le cas où l'on n'aurait à sa disposition que des matériaux d'une épaisseur uniforme, et où la voûte serait très-longue, on pourrait appareiller les têtes AB, CD suivant le système hélicoïdal (303), et le reste de la voûte comme une voûte droite. Les hélices feraient un angle avec les génératrices de la voûte droite ; mais on obvierait à cet inconvénient par une chaîne en pierre de taille placée à la rencontre des deux systèmes d'assises.

307. **Exécution des voûtes biaises.** — Après avoir décrit les différentes dispositions de voûtes biaises généralement adoptées, et exposé les règles pour faire les épures d'ensemble et déterminer les dimensions essentielles de ces épures, il nous resterait, avant de passer à l'exécution proprement dite des voûtes biaises, à développer les diverses méthodes usitées pour appareiller et tailler les voussoirs ; mais, outre que ces méthodes sont très-variables et en quelque sorte spéciales à chaque appareilleur, leur exposition entraînerait dans une abondance de détails qui sortiraient du cadre de cet ouvrage.

Epure. — L'exécution d'une voûte biaise nécessite toujours le tracé d'une épure, grandeur d'exécution, à l'aide de laquelle on arrête la forme des panneaux de douelle, de lits et de joints pour la taille des pierres. Cette épure, dont il convient de vérifier les dimensions à l'aide des formules exposées précédemment, s'exécute à proximité du chantier de taille de la pierre, sur une aire en carreaux, en briques, en plâtre ou en ciment, solidement établie, afin que les lignes qui y seront gravées restent visibles pendant toute la durée des travaux. Cette aire doit être assez grande pour contenir le tracé par rabattement de l'appareil des voussoirs de tête, y compris le développement des douelles de ces voussoirs.

L'appareilleur qui doit diriger la taille de la pierre d'une voûte biaise doit joindre à une grande pratique une connaissance parfaite de la géométrie descriptive et de la stéréotomie ; c'est lui qui doit tracer tous les voussoirs aux ouvriers, si l'on veut obtenir un travail parfait, et il doit être assez habile pour qu'on n'ait à lui donner que des indications générales. Du reste, aucune méthode pour le tracé des épures et l'établissement des panneaux n'étant encore générale, et chaque appareilleur s'en étant créé une qui lui est plus ou moins spéciale et qui lui donne d'excellents résultats, il est difficile de le guider dans les détails de son travail.

L'épure de taille de pierre fournit au chef ouvrier charpentier qui doit diriger l'exécution des cintres, les données principales qui lui sont nécessaires pour faire, de son côté, l'épure de son travail. Une bonne exécution des cintres étant un complément indispensable d'un bon appareil des matériaux qui doivent former la voûte, le chef ouvrier charpentier doit joindre à une grande pratique de la taille des bois une parfaite connaissance du trait ; son épure a peut-être autant d'influence sur la solidité de la voûte que celle de la taille de pierre.

Mise en œuvre des cintres. — La mise au levage des cintres est, comme pour toutes les voûtes en général, le travail qui précède l'exécution des maçonneries des voûtes biaises. Les premiers, et on pourrait dire les principaux mouvements qui se manifestent dans ces sortes de voûtes, se produisant pendant leur construction sur le cintre, c'est alors qu'on doit employer tous les moyens possibles pour les éviter.

En sus de la contraction que les cintres éprouvent pendant la construction d'une voûte droite, par suite de la compression des bois, la poussée au vide d'une voûte biaise (293) tend à leur imprimer un mouvement de torsion, qui a pour effet de les rejeter en dehors des plans de tête, du côté des angles obtus, et en dedans, du côté des angles aigus. Le même effet se produisant sur les voussoirs, ceux-ci, en faisant sur eux-mêmes, et de haut en bas, un mouvement de rotation autour d'une de leurs arêtes de douelle, tendent à se jeter en dehors des plans de tête, du côté des angles obtus, et en dedans, du côté des angles aigus. C'est ce qui fait que, malgré toutes les précautions que l'on peut prendre, il est excessivement rare qu'on obtienne une tête de voûte biaise, d'une grande ouverture, parfaitement plane; il existe presque toujours un peu de rona du côté de l'angle obtus, et de creux du côté de l'angle aigu.

La tendance au déversement est peu à redouter vers l'angle aigu, à cause de la résistance que lui opposent l'ensemble des cintres et la maçonnerie; mais l'on doit prendre toutes les précautions possibles pour s'opposer au déversement du côté de l'angle obtus.

Ces précautions consistent principalement dans un parfait contreventement de toutes les fermes du cintre entre elles; elles doivent être reliées dans le sens perpendiculaire aux têtes, par des moises soigneusement assemblées et boulonnées. Il est même très-prudent de contrebutter les fermes de tête en dehors, vers les angles obtus, au moyen de forts étais inclinés et solidement fixés au sol. Avec ces dispositions, les voûtes biaises du pont Mayou, à Bayonne, et celles du pont de Croix-Daurade, à Toulouse, n'ont éprouvé aucun mouvement.

Quand on craint qu'il se produise quelque mouvement dans les voussoirs de tête, on relie deux à deux les quatre ou cinq premiers voussoirs, au moyen de goujons et de crampons d'amarre, scellés dans leurs extrados et dans le massif des piles ou des culées. Les deux premiers voussoirs des angles obtus se font même, autant que possible, d'un seul bloc de pierre, afin de ne pas les réduire à une trop faible dimension de queue, et de ne pas les terminer en pointe dans l'intérieur de la voûte.

Les fermes des cintres étant levées et consolidées, on procède à la pose des couchis, que l'on a soin de bien fixer sur chaque ferme, au moyen de fortes pointes, de manière à les faire servir au contreventement. On donne à quelques couchis assez de longueur pour qu'ils fassent saillie de $0^{m},05$ au moins sur les plans des têtes, afin que la position des arcs de tête puisse y être tracée; mais on doit éviter de faire saillir tous les couchis, car on éprouverait des difficultés pour tendre les cordeaux servant à poser les faces des voussoirs dans les plans de tête.

Le plus souvent, au lieu de mettre les couchis jointifs, ce qui nécessite un travail assez long pour les dresser suivant la courbure d'intrados de la voûte, et occasionne un fort déchet de bois, on les espace tant vides que pleins, et on recouvre le tout de planches posées transversalement et clouées sur les couchis. Ces planches prennent parfaitement la courbure de la voûte et forment une surface d'intrados bien continue.

Si l'on tenait à une extrême précision dans le dressage de la douelle, on pourrait placer les couchis bruts et jointifs, et les recouvrir d'une aire en plâtre, que l'on dresserait parfaitement, en se guidant pour cela avec une règle que l'on ferait glisser, en la dirigeant suivant les génératrices de la douelle, sur deux nus faits au droit des arêtes des têtes avec des *cerces* relevées sur l'épure.

Quand les voussoirs de tête doivent faire bossage sur l'intrados, on est obligé d'entailler les couchis, dans toute l'étendue de ces voussoirs, d'une quantité égale à la saillie des bossages, à moins de racheter cette saillie en surélevant le cintre entre les têtes, à l'aide d'une ou deux épaisseurs de planches minces.

Mise en œuvre des matériaux de la voûte. — Les règles que nous avons indiquées aux nos 169 et 269 doivent être rigoureusement observées, car si la liaison des matériaux et la parfaite cohésion du mortier sont nécessaires lorsqu'il s'agit de murs ou de voûtes droites, dans lesquels les maçonneries n'ont à résister qu'à des efforts de compression, l'on conçoit qu'elles sont surtout indispensables pour les voûtes biaises, dans lesquelles la maçonnerie résiste non-seulement à un effort de compression, mais aussi à un effort de traction ou mieux de flexion, par suite de l'effet de tension dû à la poussée au vide. On obtient une grande solidité pour ces voûtes, par un appareil produisant une parfaite répartition des diverses actions et un enchevêtrement convenable des matériaux, et en faisant usagede bons mortiers.

Quand le cintrage est terminé, on fixe verticalement sur chaque tête, au droit des naissances, deux règles ou deux montants; d'un montant à l'autre, à la hauteur de l'extrados et dans le plan de chaque tête, on tend un cordeau ou mieux un fil de fer; à l'aide d'un fil à plomb on descend une série de points de ce cordeau sur les couchis; avec une règle flexible on réunit les points obtenus, et la ligne qui en résulte indique la position de l'arête de la douelle; c'est suivant cette ligne que l'on doit poser les arêtes extrêmes des voussoirs de tête. On a soin de tracer cette ligne sur le cintre avec de la pierre noire, ou mieux avec de la peinture noire ou rouge à l'aide d'un petit pinceau.

Il est urgent que les règles ou montants servant à tendre les lignes des têtes soient fixés sur les murs pieds-droits, et tout à fait indépendants des cintres, afin qu'ils ne participent pas aux mouvements que pourront prendre ces cintres. Il est même indispensable de vérifier, de temps à autre, pendant la construction de la voûte, si les lignes d'arêtes des têtes ne se sont pas altérées par suite d'une flexion des couchis ou d'un mouvement du cintre, et de la rectifier s'il y a lieu.

Avant de commencer la pose, il est toujours nécessaire, comme pour les voûtes droites, de charger les cintres à leur sommet. On a soin de disposer les matériaux de chargement parallèlement aux génératrices, afin d'en reporter uniformément le poids sur le sommet des cintres.

La position des têtes étant bien arrêtée, on commence à poser les pierres d'appareil, en donnant à chacune la place qu'elle doit occuper sur le cintre, où la moindre erreur de coupe est facilement reconnue. Une taille bien faite ne doit pas être appliquée seulement à la douelle et aux parements vus; car les joints continus et ceux discontinus doivent être taillés parfaitement suivant les coupes, afin qu'on obtienne lors de la pose des épaisseurs égales et régulières, tant à l'intrados qu'à l'extrados. Tout écart de cette condition essentielle est nuisible à la solidité; cependant on peut remédier en partie au défaut de taille des joints par un garnissage en éclats très-durs posés avec du mortier à prise énergique, tel que celui de ciment romain.

Chacun des voussoirs taillés porte la marque d'appareil et le numéro d'ordre du calepin de l'appareilleur. Ce chef ouvrier donne, au fur et à mesure, au poseur toutes les indications nécessaires pour poser chaque voussoir à l'endroit qui lui est assigné sur l'épure.

La pose des crémaillères ou crossettes de naissances se fait en commençant par les pierres extrêmes, qui contiennent ordinairement, pour chaque tête, la première retombée de la voûte, c'est-à-dire le premier voussoir. On pose ensuite les voussoirs voisins de tête et la maçonnerie en pierre, moellon ou brique formant le complément correspondant de douelle; puis les voussoirs suivants de tête et la maçonnerie intermédiaire, et ainsi de suite, en ayant soin de faire avancer la maçonnerie successivement et également de chaque côté à partir des naissances; d'où il résulte que chaque dernière bande posée se termine suivant une ligne à redans, dont les sommets sont sur une parallèle aux naissances, c'est-à-dire sur une génératrice. Cet avancement des assises, symétriquement de chaque côté de la voûte et parallèlement aux génératrices, doit être rigoureusement observé, afin de reporter également le poids de la voûte de chaque côté du cintre, et d'éviter ainsi les accidents qui surviennent très-souvent quand on fait avancer les maçonneries suivant la direction des joints continus. Par cette dernière manière d'opérer, la forte charge due au remplissage triangulaire fait du côté des angles obtus occasionne un mouvement de torsion dans le cintre, et il en résulte presque toujours un déversement des têtes, surtout quand les cintres n'ont pas été convenablement contrebuttés du côté de l'extérieur.

Avant de commencer la pose des voussoirs, on reporte sur le cintre la division des arcs de tête qui a été faite sur l'épure, en marquant sur chaque tête l'emplacement de chaque voussoir, et on trace également sur le cintre, à l'aide de cordeaux ou de règles minces, les joints continus et discontinus, conformément à l'épure, c'est-à-dire suivant la direction et la forme qui leur sont assignées par le mode d'appareil adopté.

Afin de parer aux modifications de courbure dues au tassement que peut subir le cintre, on a soin de ne tailler la clef et les contre-clefs que quand tout le reste de la voûte est posé, et, afin de leur donner plus sûrement les dimensions convenables, il est même prudent de relever exactement le développement de l'emplacement qu'elles doivent occuper.

Emploi du mortier de ciment romain dans les voûtes biaises.—Les difficultés d'appareil des voûtes biaises peuvent être en partie et même entièrement évitées, en substituant à la pierre de taille une maçonnerie de petits matériaux, meulière, moellon ou brique, posés avec du mortier de ciment romain. Ce mortier, par suite du degré de dureté et de cohésion qu'il prend immédiatement, réunit les matériaux et forme de toute la voûte une espèce de monolithe qui résiste suffisamment à la poussée au vide.

Pour ces voûtes biaises en petits matériaux, on peut, comme on l'a fait pour la voûte droite du Pont-aux-Doubles (269), construire le tout en moellons ou en briques, et couvrir les parements vus d'un revêtement en ciment dans lequel on figure un appareil de joints ou de bossages. Dans ce cas très-simple, on n'a pas à faire d'autre épure que celle nécessaire à la taille du cintre, et la seule précaution à prendre pour la pose des matériaux consiste à mener la construction par rangs hélicoïdaux, plus ou moins larges, arrêtés dans leur longueur par redans suivant la direction des génératrices de la voûte.

On peut encore construire une voûte biaise en pierre de taille pour les crémaillères et les voussoirs de tête, et en matériaux bruts et ciment romain pour le reste. Dans ce cas l'épure est à peu près la même que si toute la voûte devait être en pierre appareillée, bien qu'elle ne se détaille que pour les crémaillères et les voussoirs des têtes. Le remplissage de la douelle se fait en suivant la même marche que quand toute la voûte est en petits matériaux, mais en ayant soin de bien relier les joints des pierres de taille avec le massif en petits matériaux par un bon garnissage en mortier de ciment. Les joints des voussoirs de tête et des crémaillères doivent aussi être remplis avec du mortier de ciment romain.

En faisant usage du ciment Gariel, ce dernier mode de construction a donné, tant sous le rapport de la solidité que sous celui de l'économie, les meilleurs résultats, pour :

1° Le pont Mayou, à Bayonne, formé de trois voûtes en arc de cercle, dont les têtes sont en pierre de grès des carrières de la Rhune, près Ascain, et le complément, y compris même les crémaillères, en moellons bruts de Bidache, revêtus d'un enduit en ciment sur le parement vu. Le biais est de 55°; la largeur entre les têtes, suivant les génératrices, 12m,09; l'ouverture, suivant le biais, 18 mètres pour la voûte du milieu et 16m,50 pour celles des rives; la flèche, 1m,85 pour la voûte du milieu et 1m,65 pour les deux autres, et l'épaisseur, suivant la section droite, 0m,84; cette épaisseur est constante de la clef aux naissances.

2° Le pont de Montaudran, près Toulouse (chemin de fer du Midi), formé d'une voûte en arc de cercle dont les têtes sont en pierre de taille de Villegly, et le complément en briques du modèle de Toulouse (34). Le biais est de 60° 25'; la largeur entre les têtes, suivant l'axe du pont, 8 mètres; l'ouverture, suivant le biais, 20m,79; la flèche, 2m,57; l'épaisseur, suivant la section droite, 0m,90 à la clef et 1 mètre aux naissances.

3° Le pont de Croix-Daurade, près Toulouse, formé d'une voûte à section droite en anse de panier à cinq centres, dont les têtes sont en pierre de taille de Villegly et le complément en briques du modèle de Toulouse. Le biais est de 70° ; la largeur entre les têtes, perpendiculairement à ces têtes, 9 mètres ; l'ouverture, suivant le biais, 19^m,155 ; la montée, 6 mètres, et l'épaisseur, suivant la section droite, 0^m,85 ; cette épaisseur est constante depuis la clef jusqu'aux naissances.

DEUXIÈME PARTIE.

TRAVAUX DE BATIMENTS.

CHAPITRE PREMIER.

GROS OUVRAGES.

308. Sous le titre de *gros ouvrages*, dans les travaux de bâtiments, nous comprenons toutes les maçonneries en général, depuis les fondations jusqu'aux combles. Les principes relatifs à l'exécution des diverses espèces de maçonneries ayant été exposés dans la première partie, il ne nous reste à détailler ici, dans l'ordre général d'exécution, que l'ensemble des divers ouvrages de maçonnerie que comprend la construction d'un bâtiment.

309. **Fondations.** — Comme nous l'avons déjà dit (221), le premier travail à faire pour établir une construction, lorsque l'alignement principal et le nivellement sont déterminés, consiste à tracer les fouilles des caves, des fosses d'aisances, des rigoles de fondation, etc. Le conducteur du travail ou le chef ouvrier doit apporter une grande attention à placer les piquets d'attache des cordeaux, de manière que tout soit conforme au *plan de fondation* remis par l'ingénieur ou l'architecte.

Le tracé des fouilles terminé, les ouvriers terrassiers commencent leur travail à l'aide des moyens indiqués nos 130 et suivants. Leur chef doit les disposer de manière à en réduire le nombre autant que possible, et à éviter les jets inutiles à la pelle ; car les frais de terrasse se réduisant en général presque uniquement en frais de main-d'œuvre, il doit s'arranger de manière à réduire celle-ci autant que possible. Dans ce but, au lieu de faire descendre directement la fouille à la profondeur convenable, ce qui entraînerait à une main-d'œuvre considérable, par suite d'un grand nombre de jets à la pelle, ce qu'il faut toujours éviter quand il y a possibilité, on commence la fouille en établissant des rampes qui permettent aux tombereaux ou camions de venir prendre directement, jusqu'au fond de l'excavation, la plus grande partie des déblais. S'il y a nécessité de recourir à l'emploi des brouettes, on établit des rampes comme lorsqu'il s'agit de tombereaux ou de camions.

Le chef terrassier, et même les ouvriers, doivent veiller à ce que les berges des fouilles soient parfaitement dressées et taillées, avec un peu de fruit et non de surplomb ; ils doivent faire placer des étayements dès qu'ils paraissent nécessaires. Les rigoles de fondation doivent être faites très-régulières sur le fond et sur leur largeur ; car, s'il en était autrement, de l'habitude qu'ont les maçons de les remplir complétement d'un blocage de maçonnerie, il pourrait résulter que les fondations fussent en quelques points moins épaisses que les murs qui les surmontent, ce qui arrive bien quelquefois faute de précaution.

Le sol des caves et le fond des rigoles doivent être, autant que possible, de niveau dans toute leur étendue. Si le terrain n'est pas assez résistant pour y reposer directement la construction, on le consolide par les moyens indiqués n°s 223 et suivants. Sur un terrain de remblais très-secs et assez résistants, on se contente, surtout quand la construction ne doit avoir qu'un étage, ou deux au plus, du moyen le plus simple, celui qui consiste en des pieux de béton (229).

Nous le répétons, on ne saurait apporter trop de soin dans l'établissement des fondations : les maçons doivent bien poser leurs matériaux à bain de mortier, en les tassant parfaitement avec la hachette. C'est d'une fondation mal exécutée que résultent très-souvent les arrachements et les crevasses que l'on aperçoit parfois dans les constructions neuves ; aussi le meilleur moyen pour éviter ces inconvénients est-il, selon nous, quand il y a possibilité, de faire au moins le fond des fondations en bon béton hydraulique, que l'on tasse bien au fur et à mesure de sa pose.

310. **Fosses d'aisances.** — Les terrassements étant terminés, on procède ordinairement à la construction des fosses d'aisances, qui doivent être, autant que possible, placées plus bas que les caves, de manière que l'extrados de leur voûte se trouve au

niveau du sol de celles-ci ; on n'a pas à redouter ainsi les inconvénients qui peuvent résulter du peu d'imperméabilité des maçonneries, c'est-à-dire les infiltrations et les fuites de gaz, qui répandent une mauvaise odeur. Du reste, dans chaque localité, des règlements de voirie déterminent les règles à suivre dans la construction des fosses d'aisances.

Les fosses d'aisances doivent être construites avec le plus grand soin ; la maçonnerie des murs, auxquels on ne peut donner moins de 0m,45 ou 0m,50 d'épaisseur, et celle de la voûte, dont l'épaisseur ne peut être moindre que 0m,30 à 0m,35, doivent, autant que possible, être hourdées en mortier hydraulique, et leurs parois intérieures recouvertes d'un enduit en mortier de chaux hydraulique, ou mieux de ciment romain (65) ; on s'assure ainsi de l'imperméabilité, propriété importante, surtout dans les grandes villes, à cause du voisinage des caves, des puits, des citernes, etc.

On doit chercher à placer les fosses d'aisances sous les cages d'escaliers ou auprès ; cela permet, en arrondissant ces cages pour leur donner une disposition agréable, de loger les tuyaux de descente et d'évent dans les angles, et même d'y placer les cabinets.

Les tuyaux de descente doivent être placés verticalement, ou à peu près, sans quoi ils s'engorgeraient facilement. On les fait correspondre au cabinet de chaque étage au moyen d'un coude de tuyau en fonte ou en terre cuite, sur lequel on pose la cuvette, s'il y en a une, puis le siége.

Le diamètre intérieur des tuyaux de descente est de 0m,20 à 0m,22 au minimum, et il convient de le porter à 0m,25 ou 0m,27 quand l'emplacement le permet. Quant aux tuyaux d'évent, que l'on place derrière ceux de descente, et qui vont du sommet de la fosse au-dessus des combles, on leur donne un diamètre de 0m,25 au moins.

Dans les bâtiments de quelque importance, les conduits de descente et de ventilation se font généralement en tuyaux de fonte, que l'on rejointoye avec du ciment romain ou du mastic de fontainier. Cette espèce de conduites devrait toujours être préférée, même dans les petites constructions ; car si la dépense première qu'elle occasionne est plus forte que pour les tuyaux en terre cuite ou en grès, sa plus grande résistance, sa plus grande durée, et le peu de réparations qu'elle occasionne, la rendent, en définitive, moins dispendieuse.

Les dimensions à donner aux fosses d'aisances varient selon les quantités de matières qu'elles doivent recevoir dans un temps donné ; autant que possible, cependant, on ne doit pas leur donner moins de 2 mètres de côté, et on en fait qui ont jusqu'à 7 à 8 mètres de côté. Quelle que soit leur capacité, on ne doit jamais leur donner moins de 2 mètres de hauteur sous clef.

Avant d'établir des fosses d'aisances dans une localité, le constructeur doit se renseigner sur les divers règlements de voirie relatifs à ces fosses, en vigueur dans la localité. Nous nous contenterons de faire connaître les mesures de police que l'autorité prescrit à Paris pour la *construction*, la *reconstruction* et les *réparations* des fosses d'aisances (311).

Fig. 124.

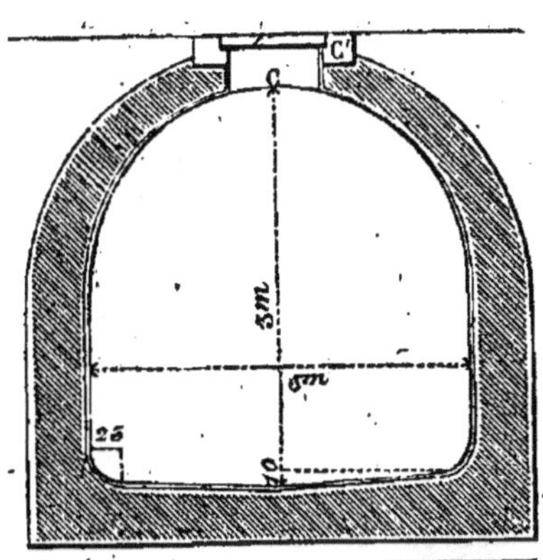

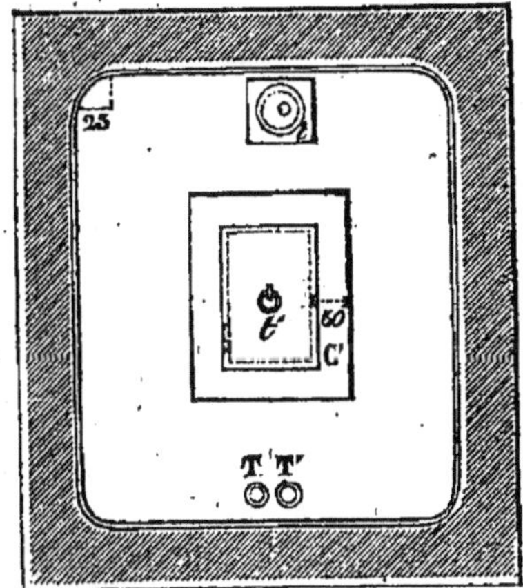

La figure 124 représente la coupe verticale et la coupe horizontale d'une fosse d'aisances, pour un bâtiment habité par sept ou huit personnes, et construite selon les règles de l'ordonnance suivante. Cette fosse a 3 mètres de largeur, $4^{m},50$ de longueur et 3 mètre sous clef.

T, tuyau de chute des matières.
T', tuyau d'évent.
C, cheminée d'extraction des matières.
t', fermeture de la cheminée d'extraction ; elle est formée d'une pierre de $0^{m},10$ à $0^{m},15$ d'épaisseur, que l'on garnit en son milieu d'un anneau en fer, dans lequel on passe un boulin ou une pince quand on veut soulever la pierre.
C', châssis en pierre dans lequel s'emboîte la fermeture.
t, tampon mobile en pierre.

311. L'article 193 de la coutume de Paris, et une ordonnance royale du 24 septembre 1819, dont les dispositions peuvent être étendues aux villes, bourgs et gros villages par l'autorité municipale, veulent que chaque maison soit pourvue de fosses d'aisances suffisantes et proportionnées au nombre des personnes qui doivent en avoir l'usage, sans avoir besoin de les vider trop souvent.

Ordonnance du 24 septembre 1819.

SECTION PREMIÈRE. — *Des constructions neuves.*

ARTICLE PREMIER. A l'avenir, dans aucun des bâtiments publics ou particuliers de notre bonne ville de Paris et de leurs dépendances, on ne pourra employer, pour fosses d'aisances, des puits, puisards, égouts, aqueducs ou carrières abandonnés, sans y faire les constructions prescrites par le présent règlement.

ART. 2. Lorsque les fosses seront placées sous le sol des caves, ces caves devront avoir une communication immédiate avec l'air extérieur.

ART. 3. Les caves sous lesquelles seront construites les fosses d'aisances devront être assez spacieuses pour contenir quatre travailleurs et leurs ustensiles, et avoir au moins 2 mètres de hauteur sous voûte.

ART. 4. Les murs, la voûte et le fond des fosses seront entièrement construits en pierres meulières, maçonnées avec du mortier de chaux maigre et de sable de rivière bien lavé.

Les parois des fosses seront enduites de pareil mortier, lissé à la truelle.

On ne pourra donner moins de 0m,30 à 0m,35 d'épaisseur aux voûtes, et moins de 0m,45 à 0m,50 aux massifs et aux murs.

ART. 5. Il est défendu d'établir des compartiments ou divisions dans les fosses, d'y construire des piliers, et d'y faire des chaînes ou des arcs en pierres apparentes.

ART. 6. Le fond des fosses d'aisances sera fait en forme de cuvette concave.

Tous les angles intérieurs seront effacés par des arrondissements de 0m,25 de rayon.

ART. 7. Autant que les localités le permettront, les fosses d'aisances seront construites sur un plan circulaire, elliptique ou rectangulaire.

On ne permettra point la construction de fosses à angle rentrant, hors le seul cas où la surface de la fosse serait au moins de 4 mètres carrés de chaque côté de l'angle; et alors il serait pratiqué, de l'un et de l'autre côté, une ouverture d'extraction.

ART. 8. Les fosses, quelle que soit leur capacité, ne pourront avoir moins de 2 mètres de hauteur sous clef.

ART. 9. Les fosses seront couvertes par une voûte en plein cintre, ou qui n'en différera que d'un tiers de rayon.

ART. 10. L'ouverture d'extraction des matières sera placée au milieu de la voûte, autant que les localités le permettront.

La cheminée de cette ouverture ne devra point excéder 1m,05 de hauteur, à moins que les localités n'exigent impérieusement une plus grande hauteur.

ART. 11. L'ouverture d'extraction correspondante à une cheminée de 1m,50 au plus de hauteur ne pourra avoir moins de 1 mètre en longueur sur 0m,65 en largeur.

Lorsque cette ouverture correspondra à une cheminée excédant 1m,50 de hauteur, les dimensions ci-dessus spécifiées seront augmentées, de manière que l'une de ces dimensions soit égale aux deux tiers de la hauteur de la cheminée.

ART. 12. Il sera placé, en outre, à la voûte, dans la partie la plus éloignée du tuyau de chute et de l'ouverture d'extraction, si elle n'est pas dans le milieu, un tampon mobile, dont le diamètre ne pourra être moindre de 0m,50. Ce tampon sera en pierre, encastré dans un châssis en pierre, et garni, dans son milieu, d'un anneau en fer.

Art. 13. Néanmoins ce tampon ne sera pas exigible pour les fosses dont la vidange se fera au niveau du rez-de-chaussée, et qui auront, sur ce même sol, des cabinets d'aisances avec trémie ou siége sans bonde, et pour celles qui auront une superficie moindre de 6 mètres dans le fond, et dont l'ouverture d'extraction sera dans le milieu.

Art. 14. Le tuyau de chute sera toujours dans le milieu.

Son diamètre intérieur ne pourra avoir moins de 0m,25 s'il est en terre cuite, et de 0m,20 s'il est en fonte.

Art. 15. Il sera établi, parallèlement au tuyau de chute, un tuyau d'évent, lequel sera conduit jusqu'à la hauteur des souches de cheminées de la maison, ou de celles des maisons contiguës, si elles sont plus élevées.

Le diamètre de ce tuyau d'évent sera de 0m,25 au moins; s'il passe cette dimension, il dispensera du tampon mobile *t*, *fig.* 124.

Art. 16. L'orifice intérieur des tuyaux de chute et d'évent ne pourra être descendu au-dessous des points les plus élevés de l'intrados de la voûte.

Section II. — *Des reconstructions de fosses d'aisances dans les maisons existantes.*

Art. 17. Les fosses actuellement pratiquées dans des puits, puisards, égouts anciens, aqueducs ou carrières abandonnés, seront comblées ou reconstruites à la première vidange.

Art. 18. Les fosses situées sous le sol des caves, qui n'auraient point communication immédiate avec l'air extérieur, seront comblées à la première vidange, si l'on ne peut pas établir cette communication.

Art. 19. Les fosses actuellement existantes, dont l'ouverture d'extraction, dans les deux cas déterminés par l'article 11, n'aurait pas et ne pourrait avoir les dimensions prescrites par le même article, celles dont la vidange ne peut avoir lieu que par des soupiraux ou des tuyaux, seront comblées à la première vidange.

Art. 20. Les fosses à compartiments ou étranglements seront comblées ou reconstruites à la première vidange, si l'on ne peut pas faire disparaître ces étranglements ou compartiments, et qu'ils soient reconnus dangereux.

Art. 21. Toutes les fosses des maisons existantes, qui seront reconstruites, le seront suivant le mode prescrit par la première section du présent règlement.

Néanmoins le tuyau d'évent ne pourra être exigé que s'il y a lieu à reconstruire un des murs en élévation au-dessus de la fosse, ou si ce tuyau peut se placer intérieurement ou extérieurement, sans altérer la décoration des maisons.

Section III. — *Des réparations des fosses d'aisances.*

Art. 22. Dans toutes les fosses existantes, et lors de la première vidange, l'ouverture d'extraction sera agrandie, si elle n'a pas les dimensions prescrites par l'article 11 de la présente ordonnance.

Art. 23. Dans toutes les fosses dont la voûte aura besoin de réparations, il sera établi un tampon mobile, à moins qu'elles ne se trouvent dans les cas d'exception prévus par l'article 13.

Art. 24. Les piliers isolés, établis dans les fosses, seront supprimés à la première vidange, ou l'intervalle entre les piliers et les murs sera rempli en maçonnerie, toutes les fois que le passage entre ces piliers et les murs aura moins de 0m,70 de largeur.

Art. 25. Les étranglements existants dans les fosses, et qui ne laisseraient pas un passage de 0m,70 au moins de largeur, seront élargis à la première vidange, autant qu'il sera possible.

Art. 26. Lorsque le tuyau de chute ne communiquera avec la fosse que par un couloir ayant moins de 1 mètre de largeur, le fond de ce couloir sera établi en glacis jusqu'au fond de la fosse, sous une inclinaison de 45° au moins.

Art. 27. Toute fosse qui laisserait filtrer ses eaux par les murs ou par le fond sera réparée.

Art. 28. Les réparations consistant à faire des rejointoyements, à élargir l'ouverture d'extraction, placer un tampon mobile, rétablir des tuyaux de chute ou d'évent, reprendre la voûte et les murs, boucher ou élargir des étranglements, réparer le fond des fosses, supprimer des piliers, pourront être faites suivant les procédés employés à la construction première de la fosse.

Art. 29. Les réparations consistant dans la reconstruction entière d'un mur de la voûte ou du massif du fond des fosses d'aisances ne pourront être faites que suivant le mode indiqué ci-dessus pour les constructions neuves.

Art. 30. Les propriétaires des maisons dont les fosses seront supprimées en vertu de la présente ordonnance seront tenus d'en faire construire de nouvelles, conformément aux dispositions prescrites par les articles de la première section.

Art. 31. Ne seront pas astreints aux constructions ci-dessus déterminées les propriétaires qui, en supprimant leurs anciennes fosses, y substitueront les appareils connus sous le nom de *fosses mobiles inodores*, ou tous autres appareils que l'administration publique aurait reconnus par la suite pouvoir être employés concurremment avec ceux-ci.

Art. 32. En cas de contravention aux dispositions de la présente ordonnance, ou d'opposition de la part des propriétaires aux mesures prescrites par l'administration, il sera procédé, dans les formes voulues, devant le tribunal de police ou le tribunal civil, suivant la nature de l'affaire.

312. **Caves.** — Les caves doivent, autant que possible, être *sèches* et creusées assez profondément en terre pour que leur température se maintienne, en été comme en hiver, à très-peu de chose près invariable, et entre 12° et 14° centigrades.

Suivant Rozier, « si la cave n'a pas les qualités requises, la fermentation insensible des vins passe promptement à la *fermentation acide*, qui annonce la désunion des principes constituants de la liqueur, et enfin à la *fermentation putride*, qui est l'effet de cette désunion lorsqu'elle est complète.

« Deux causes toujours agissantes, mais singulièrement variables dans leur action, s'exercent du plus au moins sur la liqueur spiritueuse, et tendent sans cesse à la désunion de ses principes, et conséquemment à leur décomposition. Ces deux causes sont l'air atmosphérique et la chaleur, ou plutôt l'air atmosphérique seul, dont l'influence sur les liqueurs spiritueuses est plus ou moins funeste, selon qu'il est plus ou moins chaud, plus ou moins humide.

« Si le vent est au nord pendant quelques jours, ce qui influe nécessairement sur l'état de l'atmosphère, les vins s'éclaircissent dans les tonneaux, et c'est le moment le plus favorable pour les soutirer, ou pour les tirer en bouteilles après les avoir soutirés. Si, au contraire, le vent du sud souffle, le vin perd une partie de sa transparence, il se trouble.

« Il est donc démontré que l'air atmosphérique agit sur le vin dans les tonneaux, et que plus il est exposé à son action, plus il est sujet à se décomposer. »

Ainsi, pour conserver les vins le plus longtemps possible, il faut les soustraire aux variations de l'atmosphère, afin d'empêcher leur fermentation insensible d'en être altérée; car c'est de son prolongement que dépend la qualité du vin.

Les caves doivent donc avoir les formes et les dispositions qui leur fournissent cette propriété.

Lorsque les fouilles d'un bâtiment en construction sont arrivées à la profondeur du sol des caves, indiqué sur le plan, si on est sur un terrain solide, on se borne à fouiller, à $0^m,25$ ou $0^m,30$ en contre-bas de ce sol, les rigoles pour la fondation des gros murs; si, au contraire, le sol n'offre pas une résistance suffisante, on le consolide par les moyens ordinaires, afin d'assurer la stabilité des fondations de ces murs (309).

Quand les fondations des murs sont remplies jusqu'à la hauteur du sol des caves, le chef d'atelier place les broches (219) pour ériger les murs de face et ceux de refend, qui servent ordinairement de pieds-droits aux voûtes; il trace sur l'arase des fondations les baies de portes, et il fait commencer la pose des marches d'escaliers des caves.

Dans cette première implantation des fondations d'un bâtiment, le chef d'atelier ne saurait jamais apporter trop de soin et d'aptitude à bien observer la valeur et la position des *cotes* indiquées sur le dessin que l'architecte lui a remis; il doit également revérifier la pose de ses lignes, lorsqu'elle est terminée, quelque attention qu'il ait apportée à suivre les indications du plan; les fausses *encoches* qui peuvent exister sur les broches doivent être enlevées avec soin, afin que les ouvriers, par erreur, n'y placent pas leurs lignes; sans toutes ces précautions, il pourrait arriver que les parties supérieures des murs se trouvassent en porte-à-faux sur les parties inférieures, lorsqu'il faudrait les ériger suivant le plan du rez-de-chaussée.

La hauteur des naissances des voûtes et des pénétrations dans ces dernières, pour portes ou couloirs, doit être parfaitement déterminée, afin que l'on ne soit pas obligé de déraser. Surtout lorsque les maçonneries des murs pieds-droits sont en moellons piqués, l'ouvrier doit apporter toute son attention à bien araser les naissances, et lorsque cette opération est terminée, on procède à l'établissement des voûtes.

Pour ce travail, le charpentier, et parfois même le maçon, commence par poser les fermes des cintres, et fait un échafaud en plaçant des planches sur les entraits de ces fermes. Ce travail préparatoire terminé, le maçon construit la voûte en ne posant les couchis qu'au fur et à mesure que le travail avance.

Comme nous l'avons déjà dit, le plus grand soin doit être apporté par les ouvriers dans l'exécution de la voûte : tous les moellons formant voûte doivent être posés à bain de mortier et fortement affermis avec la hachette; il doit en être de même des contre-clefs, et surtout de la clef, que l'on a soin de bien enfoncer entre deux lits de mortier. On doit préférer pour les voûtes le hourdage en mortier au hourdage en plâtre, qui n'est malheureusement que trop employé à Paris.

Pour les petites voûtes d'arête ou en arc de cloître provenant de pénétrations de portes, l'ouvrier commence d'abord par faire, pour servir de cintre, un pâté en garnis posés à sec, qu'il recouvre d'une couche de plâtre sur laquelle il trace les joints des moellons, si ces derniers sont piqués; il taille et dispose ensuite les moellons de manière qu'ils remplissent les conditions d'appareil que nécessitent ces voûtes et leurs positions. Ce genre de travail présente parfois d'assez grandes difficultés d'exécution, surtout pour des ouvriers qui n'ont très-souvent aucune notion de coupe des pierres; aussi le maître compagnon a-t-il soin de ne les confier qu'à ceux de ses hommes qu'il juge les plus capables et les plus habitués à cette nature d'ouvrage.

Les voûtes de caves étant fermées, on remplit leurs reins en moellonnailles, recoupes de pierres ou autres menus matériaux qui se trouvent sur le chantier, et que l'on doit avoir soin d'enfoncer dans le mortier en les frappant avec la hachette. Ce remplissage s'arase ordinairement de niveau au-dessus de l'extrados de la voûte, afin de pouvoir poser dessus le carrelage formant le sol, ou les lambourdes sur lesquelles on veut fixer un plancher; c'est cette dernière disposition qu'indique la figure 125, qui représente la coupe verticale d'une cave dont la fondation d'un mur de face forme un pied-droit, et celle d'un mur en retour, également de face, forme un pignon.

313. Les *pénétrations dans les voûtes de caves* mettent parfois les ouvriers dans un assez grand embarras; mais comme les difficultés qu'ils éprouvent proviennent plutôt de leur ignorance d'une bonne manière de s'y prendre que des difficultés propres du travail, nous allons nous en occuper d'une manière particulière.

Fig. 125.

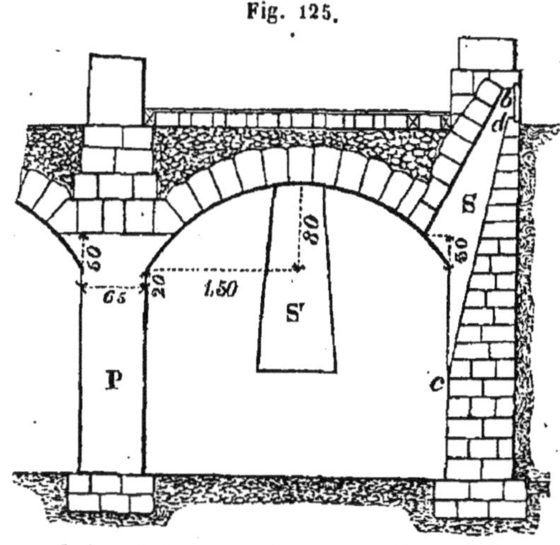

Dans la figure 125, à l'échelle de $0^m,01$ pour mètre, nous avons réuni les pénétrations qui se rencontrent souvent, et qui méritent quelque attention. Ce sont : 1° un soupirail S dans le pied-droit de la voûte; 2° un soupirail S' dans le pignon; 3° une porte de communication P de 1 mètre de largeur, voûtée en plein cintre et pénétrant dans la grande voûte.

Nous avons indiqué ci-dessus la manière d'établir les petites voûtes de pénétration couronnant une porte de communication; examinons maintenant la manière de procéder pour établir un soupirail ordinaire, c'est-à-dire un de ceux de la figure 125, celui pratiqué dans le pied-droit, par exemple. Quoique la forme des soupiraux soit très-variable, la marche à suivre pour leur exécution est toujours, à peu de chose près, celle qui va être exposée. Dans presque tous les soupiraux, il existe des

Fig. 126.

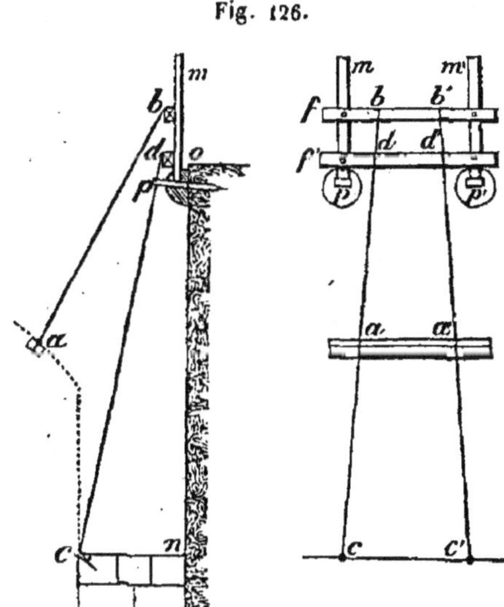

plans inclinés qui nécessitent la pose de quatre lignes pour guider pendant l'exécution.

La partie de mur supérieure à la naissance *c* du soupirail n'étant pas construite, *fig*. 125 et 126, on commence par établir cette naissance parfaitement de niveau ; ensuite on place deux broches horizontales *f*, *f'*, de manière que leurs arêtes intérieures supérieures se trouvent dans un même plan, et qu'elles coïncident avec les arêtes supérieures *b* et *d* des plans inclinés du soupirail. Deux petits montants *m*, *m'*, fixés sur des petits piquets *p*, *p'* enfoncés dans la berge *on* de la fouille, et consolidés par des patins en plâtre, maintiennent les broches dans leur position. Cela fait, on marque, par des encoches *b*, *b'* et *d*, *d'*, sur les broches *f*, *f'*, la largeur du soupirail à sa partie supérieure, et par des clous implantés dans la maçonnerie, en *c*, *c'*, la largeur à la partie inférieure. On tend deux lignes *cd* et *c'd'* ; elles guident dans la pose des moellons formant le plan incliné inférieur *cd* du soupirail, et elles déterminent les angles rentrants inférieurs *cd c'd'*, On détermine aussi la position du plan incliné supérieur du soupirail et de ses angles rentrants par deux lignes *ab* et *a'b'*, fixées par une extrémité à la broche supérieure *f*, et par l'autre à des clous implantés en *a* et *a'* dans les couchis du cintre de la voûte de la cave. Les quatre lignes étant ainsi tendues, il est très-facile de réserver les quatre faces du soupirail en construisant les pieds-droits de la voûte et la voûte elle-même.

Quand les voûtes sont légères et qu'elles ont très-peu de flèche, on donne ordinairement au plafond supérieur du soupirail la forme d'une voûte conique qui vient pénétrer dans la voûte de la cave.

314. **Étanchement des caves.** — Nous avons dit au nº 312 qu'une cave, pour être bonne, devait être sèche. Cette qualité est en effet d'une très-grande importance, non-seulement pour la conservation des vins, mais encore pour celle des tonneaux. Dans une cave humide, les cercles pourrissent en très-peu de temps, ainsi que les douves; on est obligé sans cesse de relier les tonneaux pour ne pas s'exposer à des pertes fréquentes, et cet entretien devient parfois très-dispendieux.

Une cave est presque toujours sèche lorsqu'elle est fouillée dans un bon terrain dans lequel les eaux ne pénètrent pas ; cette nature de terrain se rencontre assez communément dans les pays vignobles.

Dans les localités où les eaux se trouvent à une très-faible profondeur dans le sol, et dans celles où les caves, sèches pendant une partie de l'année, se remplissent d'eau par suite des crues des rivières avoisinantes, on est obligé, pour s'opposer à l'envahissement des eaux et maintenir les caves dans un état convenable de sécheresse, d'avoir recours à divers moyens que fournit l'art de construire.

Un de ces moyens consiste, s'il s'agit d'une cave neuve à construire, à fouiller entièrement le sol, jusqu'à une profondeur de $0^m,25$ ou $0^m,30$, suivant la charge d'eau, et à remplir toute l'excavation par un radier en béton hydraulique. Cela fait, on construit les murs en bons matériaux hourdés en mortier hydraulique, et on recouvre les parois intérieures de la cave d'un enduit de $0^m,04$ à $0^m,05$ d'épaisseur en mortier de ciment Gariel (214), composé de 3 parties de ciment pour 2 parties de sable. Enfin, sur le radier en béton, on établit une voûte plate renversée, ayant $0^m,03$ ou $0^m,04$ de flèche par mètre de corde, et une épaisseur de un ou deux rangs de briques posées à plat; cette voûte est hourdée en mortier de ciment, et on la recouvre encore d'un enduit semblable à celui des parois.

Si c'est une ancienne cave que l'on veut rendre sèche, comme dans les cas précédents, on fouille le sol pour établir le radier en béton et la voûte renversée. Quant aux murs, si les maçonneries en sont bonnes, il suffit de les dégrader et de les nettoyer parfaitement, afin que l'enduit en ciment romain y adhère bien; si, au contraire, les murs sont en mauvaise maçonnerie, pourris à la surface, on est obligé de les hacher sur une certaine épaisseur, et d'ériger dessus un contre-mur en briques ou des parpaings posés en mortier de ciment, et c'est sur ce contre-mur, comme sur le radier, qu'on applique l'enduit en ciment.

Nous avons souvent exécuté des travaux de ce genre pour caves, citernes, fosses d'aisances, etc.; les résultats que nous avons obtenus avec le ciment Gariel ont toujours été parfaits sous le rapport du complet étanchement.

Dans quelques localités, on emploie le moyen suivant, pour rendre sèches les caves; mais, quoique étant presque aussi coûteux que le précédent, il donne des résultats peu satisfaisants. Il consiste à garnir le derrière des murs de la cave, depuis le bas des fondations jusqu'au niveau du terrain extérieur, d'un contre-massif de $0^m,30$ à $0^m,40$ d'épaisseur en glaise corroyée et pilonnée ; à établir également sur le fond de la cave un massif en glaise de $0^m,50$ d'épaisseur, sur lequel on pose un radier en maçonnerie de moellons hourdée en mortier ordinaire de chaux et de ciment de tuileaux.

315. **Dimensions des caves.** — Il est difficile de poser des règles générales pour fixer les dimensions à donner aux caves. Dans les bâtiments ordinaires, leur largeur est le plus souvent déterminée par celle de ces bâtiments ; dans les pays vignobles, au contraire, c'est la largeur des caves qui détermine celle des bâtiments que l'on doit élever dessus. Dans ce dernier cas, la largeur des caves se fixe d'après les dimensions locales des tonneaux, et les intervalles qui doivent exister entre les rangs de tonneaux pour la facilité de la surveillance et la commodité du service, sans qu'il y ait jamais de terrain perdu.

Pour les maisons particulières, la longueur des caves est ordinairement relative à la consommation des habitants ; pour les vignobles, elle est subordonnée à l'importance de l'exploitation.

316. **Rez-de-chaussée.** — Les voûtes de caves étant fermées, et leurs reins remplis, on procède à l'implantation des murs du rez-de-chaussée du bâtiment. Le chef d'atelier pose les broches et tend les lignes ; il trace, conformément au plan, les baies des portes, ainsi que celles des croisées, dont les alléges sont montées après coup ; il doit toujours vérifier avec soin le tracé lorsque les divisions sont faites et qu'il a marqué les axes des baies ; cela est d'autant plus important que ce sont ces axes qui lui servent de points de départ pour le tracé des baies des étages supérieurs ; il trace également les saillies des avant-corps et des pilastres, ainsi que les emplacements des piliers, quand il y en a. Il érige les cheminées, en faisant *monter*, c'est-à-dire construire, leurs jambages en plâtras ou en briques, quand toutefois les coffres doivent être en saillie sur les murs ; car, lorsque les coffres sont réservés dans l'épaisseur des murs, leurs jambages ne se construisent qu'en faisant les cheminées ; on établit seulement un petit arceau pour supporter la languette de face qui affleure le mur. Les tuyaux de cheminées se réservent au fur et à mesure que l'on monte les murs dans lesquels ils se trouvent.

Pour les baies de portes et de croisées, le maître compagnon fait faire sur le mur, à l'emplacement des jambages, avec une poignée de plâtre, des petits enduits sur lesquels il fait plus faci-

Fig. 127.

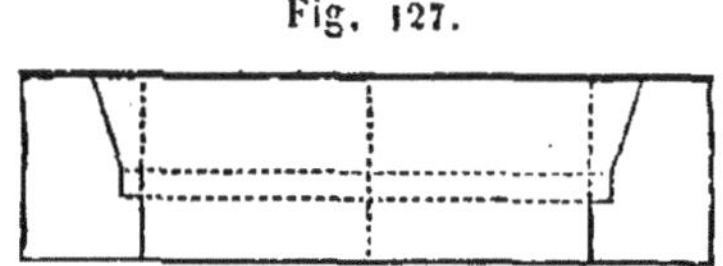

lement le tracé complet des baies, tableaux, feuillures et embrasements, *fig.* 127. L'ouvrier doit ensuite ériger le mur en tenant la maçonnerie à $0^m,02$ ou $0^m,03$ du contour du tracé, afin de laisser une *charge* ou épaisseur de plâtre nécessaire au ravalement.

Lorsque les lignes sont posées et les ouvertures tracées, les ouvriers commencent la maçonnerie des murs de face et de refend, en apportant tous leurs soins à bien liaisonner leurs matériaux; et à les hourder de manière qu'il n'existe aucun vide.

Nous ne voulons pas dire aux maçons que le stimulant qui provient souvent de l'amour-propre qu'ils ont de ne pas se laisser *manger*, c'est-à-dire dépasser dans leur travail par leurs voisins, doit être mis de côté ; nous avons, au contraire, toujours cherché à le provoquer, mais en leur observant que jamais ils ne doivent faire vite aux dépens de la bonne exécution du travail, et se servir de ces moyens que certains *grands bâcleurs de besogne* emploient au préjudice de la solidité de la construction. A ce sujet, nous croyons devoir rappeler le fait suivant :

Ayant à surveiller la construction d'un bâtiment à un étage, destiné à durer deux ou trois ans seulement, et composé de six trumeaux d'à peu près la même dimension, nous avons donné à faire trois de ces trumeaux à trois de nos meilleurs et plus consciencieux ouvriers, et les trois autres à trois nouveaux *embauchés*, qui paraissaient disposés à faire une quantité considérable de besogne, afin de *manger* les anciens du chantier. Les six trumeaux étant arasés à la hauteur des linteaux des croisées, les anciens ouvriers étaient restés en retard, et avaient fait 0,5 de mètre cube de maçonnerie de moins que les nouveaux. Mais ceux-ci, pour devancer leurs camarades, posaient les moellons à sec les uns sur les autres, en se contentant de mettre seulement du plâtre à la surface pour boucher les joints ; puis, faisant gâcher du plâtre voyage sur voyage, ils en remplissaient l'intérieur du mur sans prendre le temps de mettre des garnis. Ils employaient ainsi une quantité considérable de plâtre, et, malgré cela, il restait toujours des vides, de sorte que les moellons se trouvaient posés à sec sur une partie de leur surface. De nos observations sur ce travail il est résulté que les nouveaux ouvriers ont, d'un côté, fait de plus que les anciens 0,5 de mètre cube d'une maçonnerie dont la main-d'œuvre était payée de 4 francs à 4 fr. 50 le mètre cube ; mais que, de l'autre, ils avaient employé de plus que ces derniers 0,15 de mètre cube de plâtre, évalué à 16 francs le mètre cube ; ainsi, ayant produit une économie de main-d'œuvre de 2 francs à 2 fr. 25 c., ils ont fait, en matière, un excès de dépense de 2 fr. 40 c., tout en ne faisant qu'une maçonnerie que tout bon constructeur aurait dû faire démolir, s'il s'était agi d'une construction de durée, ou même de plusieurs étages.

Lorsque le socle d'un bâtiment est en pierre, on procède en même temps à sa construction et à la pose des parpaings destinés à supporter les pans de bois de séparation. Un chef d'atelier doit placer tout son personnel de manière que les gros murs s'élèvent à peu près ensemble, ainsi que les pans de bois, quand il y en a ; quant aux cloisons légères, on les fait en même temps que le ravalement extérieur du bâtiment.

Quand tous les murs sont élevés à 1m,50 environ au-dessus du sol du rez-de-chaussée, les ouvriers établissent les échafauds (124), qu'ils chargent de matériaux, et ils continuent à monter les murs jusqu'à la hauteur du dessous des linteaux des croisées. Ils posent alors ces linteaux bien de niveau (238), et ils élèvent les murs jusqu'à la hauteur du dessous des solives du premier plancher. Pour déterminer avec exactitude la position du dessous des linteaux et celle du dessous des solives, le maître compagnon doit faire à l'intérieur du bâtiment un nivellement général, qu'il rapporte sur les murs en traçant une ligne avec la pierre noire à 1 ou 2 mètres en contre-bas de l'arase du plancher. En se guidant sur cette ligne, et en jaugeant avec une règle de 1 ou 2 mètres de longueur, le maçon parvient à araser les murs, sur lesquels on pose alors les linteaux ou les solives. Parfois, afin d'obtenir plus de régularité encore dans l'arase des murs, et de poser les solives mieux de niveau dans tous les sens, ce qui ne contribue pas peu à diminuer la quantité de plâtre à employer pour dresser le plafond, le maçon fait une arête en plâtre à la hauteur du dessous des solives.

Lorsque les solives sont posées, on les scelle en remplissant les intervalles qui les séparent dans l'intérieur des murs, et on arase tous les murs du bâtiment à la hauteur du dessus des solives.

Quelquefois on fait de suite les augets des plafonds et les bandes des trémies, ainsi que les pigeonnages des cheminées qui sont en saillie sur les murs ; mais ces travaux n'étant ordinairement faits que lors du ravalement intérieur du bâtiment, nous ne nous en occuperons qu'en traitant cette opération.

317. **Etages supérieurs.**— Les murs étant arasés au niveau du dessus des solives du premier plancher, les ouvriers posent les échasses devant les parements extérieurs des murs, et placent les premiers rangs de boulins à la hauteur de l'arase; dans ce travail, ils doivent prendre toutes les précautions de solidité détaillées au nº 127. De son côté, le maître compagnon renouvelle ce qu'il a fait au rez-de-chaussée pour l'implantation des murs; ainsi il place de nouveau ses lignes, trace les baies des portes et croisées et érige les cheminées, en opérant comme à l'étage inférieur, en prenant les mêmes soins et en se conformant au plan du premier étage qui lui a été remis. Quand les baies des portes et croisées sont à l'aplomb de celles du rez-de-chaussée, on détermine les positions de leurs axes au moyen du fil à plomb; puis on en fait le tracé comme il a été dit au numéro précédent.

Toutes les dispositions d'implantation et de tracé étant prises, les ouvriers continuent à élever les murs et à hourder les pans de bois jusqu'à la hauteur des linteaux des portes et croisées, et à celle du dessous des planchers, où ils font une arase; on pose les linteaux et les solives comme à l'étage inférieur, et on arase encore à la hauteur du dessus des solives.

Pour tous les autres étages, on opère de la même manière que pour le rez-de-chaussée et le premier étage, en prenant les mêmes précautions et en suivant le même ordre d'exécution des divers travaux.

318. **De quelques précautions à prendre dans l'exécution de la maçonnerie d'un bâtiment.** — Lorsque les jambages des portes et croisées sont en maçonnerie de moellons, l'ouvrier doit, pour obtenir une parfaite liaison entre ses matériaux, superposer successivement un carreau ou mieux un parpaing et deux boutisses, *fig.* 128, et les boutisses extérieures se mettent un peu en saillie pour préparer la feuillure. On prend les mêmes précautions lorsque, à un mur qu'on élève d'aplomb, doit se rattacher un autre mur que l'on construira par la suite; c'est ce qu'on voit faire journellement aux angles des maisons que l'on élève isolées, et auxquelles on doit, par la suite, relier des constructions voisines.

Fig. 128.

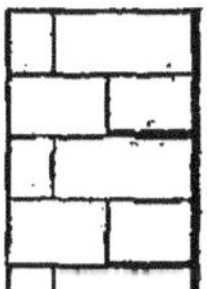

Ainsi posées en saillies, les boutisses prennent le nom de *harpes;* en parlant de leur pose, on dit *lâcher harpes.*

Lorsque la construction d'une partie seulement d'un mur doit être ajournée quelque temps, on pose les moellons de raccordement successivement en retraite, comme l'indique la figure 129; c'est ce qu'on nomme *déharper;* on dit encore poser en *déharpement*.

Fig. 129.

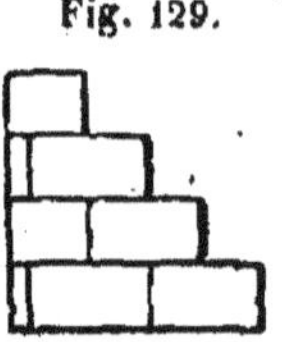

Enfin, quand on veut joindre un mur à un autre mur déjà construit, on est obligé, si l'on n'a pas pris la précaution de poser des harpes, pour relier la maçonnerie nouvelle avec l'ancienne, de faire dans cette dernière des trous, appelés *arrachements*, dans lesquels on scelle des moellons de la maçonnerie neuve.

319. **Tuyaux de cheminées.** — Ordinairement ces tuyaux s'élèvent en même temps que la maçonnerie des murs, et ils se construisent de différentes manières. Quand ils sont en saillie sur les murs, on les fait au moyen de languettes en briques, et on leur donne $0^m,11$ d'épaisseur, ou avec des languettes pigeonnées en plâtre de $0^m,07$ à $0^m,08$ d'épaisseur.

Les tuyaux de cheminées ont ordinairement de $0^m,40$ à $0^m,60$ de longueur sur $0^m,24$ à $0^m,30$ de largeur. Dans la figure 130, le tuyau B ne fait pas saillie sur le mur; la cheminée A, de l'étage supérieur, se place à côté du tuyau montant B de l'étage inférieur, et on fait monter son tuyau à côté du premier; les séparations s'exécutent au moyen de languettes en briques. La figure 130 indique la disposition donnée à l'enchevêtrure pour recevoir la trémie sur laquelle doivent reposer les jambages et le foyer de la cheminée, et pour isoler les pièces de bois des tuyaux montants des étages inférieurs.

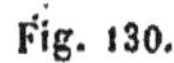
Fig. 130.

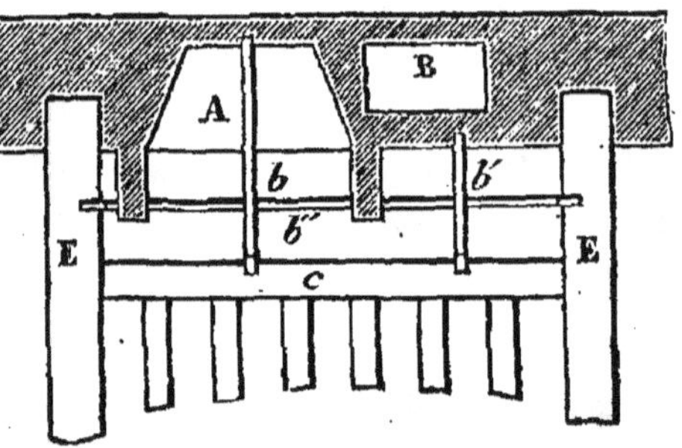

La trémie, formée de barres de fer, se remplit ordinairement de matériaux très-légers, afin de charger le moins possible les chevêtres et les solives d'enchevêtrure; on fait le plus souvent usage de plâtras blancs (78), de moellons tendres et secs, de morceaux de briques ou de poterie, que l'on hourde à bain de plâtre. Pour augmenter l'adhérence du remplissage aux chevêtres et aux solives, l'ouvrier a soin de lancer dans ces pièces, dans les parties qui seront couvertes, de forts rappointis en fer.

Les bandes de trémies sont posées par le serrurier; celles transversales *b*,*b'* reposent d'un bout sur le mur ou la languette; l'autre extrémité se recourbe pour venir reposer sur le chevêtre en charpente *c*. Quant à la grande barre longitudinale *b''*, elle est soutenue dans sa longueur par les deux premières, et elle se recourbe à ses extrémités pour reposer sur les solives d'enchevêtrure E,E.

Lorsque les tuyaux sont réservés dans l'épaisseur des murs, on les construit de plusieurs manières que nous allons examiner :

1° On les fait rectangulaires, avec des languettes en briques de 0m,11 d'épaisseur, que l'on relie à la maçonnerie des murs au fur et à mesure que l'on monte, et sur lesquelles on applique un enduit ;

2° On les fait aussi rectangulaires en les réservant simplement dans la maçonnerie de moellons, que l'on recouvre d'un enduit ;

3° On en construit qui sont cylindriques. Pour cela, on fait usage de briques Gourlier (35), dont les différentes formes et dimensions sont combinées de manière à former ensemble l'épaisseur des murs ordinaires, et à compléter tout le contour du tuyau, soit isolé, soit placé à côté d'un autre, en même temps qu'elles jettent harpes dans le surplus des murs en moellons. Ces briques, à cause de leur commodité et de la solidité qu'elles procurent, sont d'un emploi assez fréquent dans les constructions importantes;

Fig. 131.

4° Les tuyaux cylindriques se font quelquefois tout simplement en plâtre, en les calibrant au moyen d'un mandrin ou d'un tuyau en zinc. Ce travail faisant partie des légers ouvrages, nous aurons occasion d'en parler plus loin.

Dans le sens de leur hauteur, les tuyaux en saillie et ceux réservés dans l'épaisseur des murs s'élèvent ordinairement verticalement, comme ceux *a*, *a*, *fig.* 131; mais on est presque toujours obligé de les dévoyer, c'est-à-dire de les incliner, sur une partie de leur hauteur, comme ceux *b*, *b*, pour les faire passer à côté du faîtage, des pannes et autres pièces du comble, et pour qu'ils se trouvent au droit des ouvertures réservées dans les trémies des planchers, lesquelles ne peuvent avoir de chevêtre *c* dont la longueur dépasse 9 pieds (2^m,743), maximum déterminé par les règlements de police, *fig.* 130 et 131.

320. Une ordonnance de police, du 24 novembre 1843, concernant les incendies, a prescrit, pour Paris, le *mode de construction des cheminées, poêles, fourneaux et calorifères, et les dispositions à prendre pour éviter et éteindre les incendies.* Cette ordonnance, qui reproduit les règlements antérieurs sur ces matières, est ainsi conçue :

TITRE PREMIER. — *Constructions des cheminées, poêles, fourneaux et calorifères.*

ARTICLE PREMIER. Toutes les cheminées doivent être construites de manière à éviter les dangers du feu, et à pouvoir être facilement ramonées.

ART. 2. Il est interdit d'adosser des foyers de cheminée, poêles et fourneaux, à des cloisons dans lesquelles il entrerait du bois, à moins de laisser, entre le parement extérieur du mur entourant ces foyers et les cloisons, un espace de 0^m,16.

ART. 3. Les foyers des cheminées ne doivent être posés que sur des voûtes en maçonnerie ou sur des trémies en matériaux incombustibles.

La longueur des trémies sera au moins égale à la largeur des cheminées, y compris la moitié de l'épaisseur des jambages.

Leur largeur sera de 1 mètre au moins, à partir du fond du foyer jusqu'au chevêtre.

ART. 4. Il est interdit de poser les bois des combles et des planchers à moins de 0^m,16 de toute face intérieure des tuyaux de cheminée et autres foyers.

ART. 5. Les languettes des tuyaux en plâtre doivent être pigeonnées à la main, et avoir au moins 0^m,08 d'épaisseur.

ART. 6. Chaque foyer de cheminée doit avoir son tuyau particulier, dans toute la hauteur du bâtiment.

ART. 7. Les tuyaux de cheminée, qui n'auraient pas au moins de 0^m,60 de largeur sur 0^m,25 de profondeur, ne pourront être que de forme cylindrique, ou à angles arrondis, sur un rayon de 0^m,06 au moins.

Ces tuyaux ne pourront dévier de la verticale, de manière à former *avec elle* un angle de plus de 30° (un tiers de l'angle droit).

L'accès de ces tuyaux, à leur partie supérieure, devra être facile.

ART. 8. Les mitres en plâtre sont interdites au-dessus des tuyaux des cheminées.

ART. 9. Les fourneaux potagers doivent être disposés de telle sorte que les cendres qui en proviennent soient retenues par des cendriers fixes construits en matériaux incombustibles, et ne puissent tomber sur les planchers.

ART. 10. Les poêles de construction reposeront sur une aire en matériaux incombustibles d'au moins 0^m,08 d'épaisseur, s'étendant de 0^m,30 en avant de l'ouverture du foyer.

Cette aire sera séparée du cendrier intérieur par un vide d'au moins 0^m,08, permettant la circulation de l'air.

Les poêles mobiles devront reposer sur une plate-forme en matériaux incombustibles d'au moins 0m,20 de saillie, en avant de l'ouverture du foyer.

Art. 11. Les tuyaux de poêle et tous autres tuyaux conducteurs de fumée, en métal, devront toujours être isolés, dans toute leur hauteur, d'au moins 0m,16 des cloisons dans lesquelles il entrerait du bois.

Lorsqu'un tuyau traversera une de ces cloisons, le diamètre de l'ouverture faite dans la cloison devra excéder de 0m,16 celui du tuyau.

Ce tuyau sera maintenu au passage par une tôle dans laquelle il sera percé une ouverture égale au diamètre extérieur dudit tuyau.

Art. 12. Aucun tuyau conducteur de fumée, en métal, ne pourra traverser un plancher ou un pan de bois, à moins d'être entouré au passage par un manchon en métal ou en terre cuite.

Le diamètre de ce manchon excédera de 0m,10 celui du tuyau, de manière qu'il y ait partout entre le manchon et le tuyau un intervalle de 0m,05.

Art. 13. Les prescriptions des articles 2, 3, 4, 10, 11 et 12, relatives aux tuyaux de cheminée et aux tuyaux conducteurs de fumée, en métal, seront applicables aux tuyaux de chaleur des calorifères à air chaud.

Toutefois, sont exceptés les tuyaux de chaleur qui prennent l'air à la partie supérieure de la chambre dans laquelle est placé l'appareil de chauffage.

Art. 14. Il nous sera donné avis des vices de construction des cheminées, poêles, fourneaux et calorifères, qui pourraient occasionner un incendie.

TITRE II. — *Entretien et ramonage des cheminées.*

Art. 15. Les propriétaires sont tenus d'entretenir constamment les cheminées en bon état.

Art. 16. Il est enjoint aux propriétaires et locataires de faire ramoner les cheminées et tous tuyaux conducteurs de fumée, assez fréquemment pour prévenir les dangers de feu.

Il est défendu de faire usage du feu pour nettoyer les cheminées et les tuyaux de poêles.

Les cheminées qui ne présenteraient pas, à l'intérieur et dans toute la longueur du tuyau, un passage d'au moins 0m,60 sur 0m,25, ne devront être ramonées qu'à la corde.

TITRE III. — *Des couvertures en chaume et en jonc.*

Art. 17. Aucune couverture en chaume ou en jonc ne pourra être conservée ou établie sans notre autorisation.

TITRE IV. — *Des fours, forges, usines et ateliers.*

Art. 18. Les fours, forges et usines à feu, non compris dans la nomenclature des établissements classés, lesquels sont soumis à des règlements spéciaux, ne pourront être établis dans l'intérieur de Paris sans notre permission.

Art. 19. Il est défendu de déposer du bois, ni aucune matière combustible au-dessous des fours et dans aucune partie du fournil.

Les soupentes, resserres, planches et supports à pannetons, et toutes constructions établies dans les fournils, seront en matériaux incombustibles.

Les étouffoirs et coffres à braise doivent être également en matériaux incombustibles.

Art. 20. Les charrons, menuisiers, carrossiers et autres ouvriers qui s'occuperaient en même temps de travailler le bois et le fer, sont tenus, s'ils exercent les deux professions dans la même maison, d'y avoir deux ateliers entièrement séparés par un mur, à moins qu'entre la forge et l'endroit où l'on travaille ou dépose le bois, il n'y ait une distance de 10 mètres au moins.

Il leur est défendu de déposer dans l'atelier de la forge aucuns bois, recoupes, ni pièces de charronnage, menuiserie ou autres; sont exceptés cependant les ouvrages finis et qu'on serait occupé à ferrer; mais ces ouvrages seront mis à la fin de chaque journée dans un endroit séparé de la forge, en sorte qu'il ne reste dans l'atelier aucunes matières combustibles pendant la nuit.

Art. 21. Dans les ateliers de menuiserie ou d'ébénisterie, les fourneaux ou forges, destinés à chauffer les colles, ne seront établis que sous des hottes en matériaux incombustibles.

L'âtre sera entouré d'un mur en briques de 0m,25 de hauteur au-dessus du foyer, et ce foyer sera disposé de manière à être clos pendant l'absence des ouvriers par une fermeture en tôle.

Dans les mêmes ateliers, on ne pourra faire usage des chandeliers en bois.

TITRE V. — *Entrepôts, magasins et dépôts de matières combustibles, inflammables, détonantes et fulminantes, théâtres et salles de spectacle.*

Art. 22. Aucuns magasins et entrepôts de charbon de terre, houille, tourbes et autres combustibles, ne pourront être formés dans Paris sans notre autorisation.

Art. 23. Il est défendu d'entrer dans les écuries avec de la lumière non renfermée dans une lanterne.

Art. 24. Il est interdit d'entrer avec de la lumière dans les magasins, caves et autres lieux renfermant des dépôts d'essences ou de spiritueux, et en général de toutes matières inflammables ou fulminantes, à moins que cette lumière ne soit renfermée dans une lanterne.

Les caves et magasins, renfermant des essences et des spiritueux, devront être ventilés au moyen d'une ouverture de 0m,03 ou 0m,04 ménagée au-dessous et dans toute la largeur de la porte d'entrée, et d'une autre ouverture opposée à la première. Cette seconde ouverture sera pratiquée dans la partie supérieure de la cave ou du magasin.

Art. 25. Il est défendu de rechercher les fuites de gaz avec du feu ou de la lumière.

Art. 26. La vente des pièces d'artifice, le tir des armes à feu et des feux d'artifice, la conservation, le transport et la vente des capsules et des allumettes fulminantes auront lieu conformément aux règlements spéciaux relatifs à ces matières.

Les directeurs des théâtres et des salles de spectacle, les propriétaires des chantiers et entrepôts de bois de chauffage, des magasins de charbons de terre et de fourrage, se conformeront aux dispositions prescrites, pour prévenir les incendies, par les règlements spéciaux qui régissent ces établissements.

TITRE VI. — *Halles, marchés, abattoirs, voies publiques.*

Art. 27. Il est défendu d'allumer des feux dans les halles et marchés, et d'y apporter aucuns chaudrons à feu, réchauds ou fourneaux.

Il n'y sera admis que des pots à feu d'une petite dimension et couverts d'un grillage métallique.

Il est défendu de laisser ces pots dans les halles et marchés, après leur clôture, quand même le feu serait éteint.

Il est défendu aussi de se servir dans les halles et marchés de lumières non renfermées dans des lanternes.

Art. 28. Il est défendu de faire du feu sur les ports, quais et berges, sans autorisation.

Les personnes autorisées à s'introduire la nuit dans les ports ne peuvent y entrer avec de la lumière qu'autant qu'elle serait renfermée dans une lanterne.

Art. 29. Il est expressément défendu de brûler de la paille sur aucune partie de la voie publique, dans les cours, jardins et terrains particuliers, et d'y mettre en feu aucun amas de matières combustibles.

Art. 30. Il est interdit de fumer dans les salles de spectacle, dans les halles, marchés, abattoirs, et en général dans l'intérieur de tous les monuments et édifices publics placés sous notre surveillance.

Il est également défendu de fumer dans les écuries, dans les magasins et autres endroits renfermant des essences, des spiritueux, ainsi que des matières combustibles, inflammables ou fulminantes.

TITRE VII. — *Extinction des incendies.*

Art. 31. Aussitôt qu'un feu de cheminée ou un incendie se manifestera, il en sera donné avis au plus prochain poste de sapeurs-pompiers et au commissaire de police du quartier.

Art. 32. Si les seaux à incendie, les pompes et autres moyens de secours, transportés par les soins des commissaires de police et du commandant des sapeurs-pompiers sont insuffisants, les commissaires de police ou le commandant des sapeurs-pompiers mettront en réquisition les seaux, pompes, échelles, etc., qui se trouveront, soit dans les édifices publics, soit chez les particuliers. Les propriétaires, gardiens et détenteurs de ces objets seront tenus de déférer immédiatement à ces réquisitions.

Les commissaires de police requerront aussi au besoin la force armée, pour le maintien de l'ordre et la conservation des propriétés.

Art. 33. Il est enjoint à toute personne chez qui le feu se manifesterait, d'ouvrir les portes de son domicile à la première réquisition des sapeurs-pompiers et autres agents de l'autorité.

Art. 34. Les propriétaires et locataires des lieux voisins du point incendié seront obligés de livrer, au besoin, passage aux sapeurs-pompiers et autres agents de l'autorité appelés à porter des secours.

Art. 35. Les habitants de la rue où l'incendie se manifestera, et ceux des rues adjacentes, tiendront les portes de leurs maisons ouvertes, et laisseront puiser de l'eau à leurs puits et pompes pour le service de l'incendie.

Art. 36. En cas de refus de la part des propriétaires et des locataires de déférer aux prescriptions des trois articles précédents, les portes seront ouvertes à la diligence du commissaire de police, et, à son défaut, de tout commandant de détachement de sapeurs-pompiers.

Art. 37. Il est enjoint aux propriétaires et principaux locataires des maisons où il y a des puits, de les garnir de cordes, poulies et seaux, et d'entretenir ces puits en bon état, ainsi que les pompes et autres machines hydrauliques qui y seraient établies.

Art. 38. Les porteurs d'eau à tonneaux rempliront leurs tonneaux chaque soir avant de les remiser, et ils les tiendront pleins toute la nuit.

Au premier avis d'un incendie, ils y conduiront leurs tonneaux pleins.

Il sera accordé une gratification à chacun des deux porteurs d'eau arrivés les premiers au lieu de l'incendie avec leurs tonneaux pleins.

Cette gratification sera :

De 12 francs pour le premier arrivé,
De 6 francs pour le second.

En cas d'incendie, les porteurs d'eau sont autorisés à puiser à toutes les fontaines indistinctement.

Ils seront payés de leur travail à raison de 35 centimes l'hectolitre d'eau fournie.

Art. 39. Les gardiens des pompes et réservoirs publics seront tenus de fournir l'eau nécessaire pour l'extinction des incendies.

Art. 40. Toute personne, requise pour porter secours en cas d'incendie et qui s'y serait refusée, sera poursuivie, ainsi qu'il est dit en l'article 475 du Code pénal.

Art. 41. Les maçons, charpentiers, couvreurs, plombiers et autres ouvriers, seront tenus, à la première réquisition, de se rendre au lieu de l'incendie avec leurs outils ou agrès ; faute par eux de déférer à cette réquisition, ils seront poursuivis devant les tribunaux conformément audit article 475.

Art. 42. Tous propriétaires de chevaux seront tenus, au besoin, de les fournir pour le service des incendies, et le prix du travail de ces chevaux sera payé sur mémoires certifiés par le commissaire de police ou par le commandant des sapeurs-pompiers.

Art. 43. Il est enjoint aux marchands épiciers, ciriers, chandeliers, voisins de l'incendie, de fournir, sur les réquisitions des commissaires de police ou du commandant des sapeurs-pompiers, les flambeaux et terrines nécessaires pour éclairer les travailleurs.

Le prix des fournitures faites sera payé sur des mémoires certifiés, ainsi qu'il est dit en l'article précédent.

Art. 44. Les commissaires de police, les commandants des sapeurs-pompiers et tous agents de l'autorité, nous signaleront les personnes qui se seront fait remarquer dans les incendies.

Art. 45. Les commissaires de police dresseront procès-verbal des incendies et des circonstances qui les auront accompagnés.

Ils rechercheront les causes des incendies et les indiqueront.

Art. 46. L'ordonnance de police du 21 décembre 1819, concernant les incendies, est rapportée ; sont également rapportées les dispositions des anciens règlements ci-dessus visés, qui seraient contraires aux prescriptions de la présente ordonnance.

Art. 47. Les contraventions à la présente ordonnance seront constatées par des procès-verbaux qui nous seront transmis pour être déférés, s'il y a lieu, aux tribunaux compétents.

Il sera pris en outre, suivant les circonstances, telles mesures d'urgence qu'exigera la sûreté publique.

Art. 48. La présente ordonnance sera imprimée et affichée.

Les commissaires de police, le chef de la police municipale, le commandant du corps des sapeurs-pompiers, les officiers de paix, l'architecte-commissaire de la petite voirie, l'inspecteur général des halles et marchés, l'inspecteur général de la navigation et des ports, le contrôleur des bois et charbons, le directeur de la salubrité et les autres préposés de la préfecture de police, en surveilleront et en assureront l'exécution, chacun en ce qui le concerne.

Elle sera adressée à notre collègue M. le préfet de la Seine, à M. le commandant supérieur de la garde nationale de la Seine, à M. le commandant de la place de Paris, à M. le colonel de la garde municipale et à M. le commandant de la gendarmerie de la Seine,

Le conseiller d'Etat, préfet de police.

Instruction concernant les incendies.

Le poste des sapeurs-pompiers, qui aura eu connaissance d'un incendie, se rendra immédiatement sur le lieu avec la pompe.

Le chef du poste en fera donner immédiatement avis à la caserne la plus rapprochée, et en informera le commissaire de police du quartier, qui se transportera aussi sur le lieu de l'incendie.

Si l'incendie présente un caractère alarmant, le commissaire de police fera prévenir le préfet de police, le commandant de la place et le colonel de la garde municipale.

Le commandant des sapeurs-pompiers dirigera sur le théâtre de l'incendie tous les moyens de secours nécessaires.

Le commissaire de police fera transporter en nombre suffisant les seaux à incendie qui se trouveront dans les dépôts publics [1], et au besoin ceux des établissements particuliers.

Il prendra, de concert avec le commandant des sapeurs-pompiers, les dispositions convenables pour éclairer les travailleurs.

Il désignera, d'accord avec cet officier, un point central de réunion, où les divers agents de l'autorité et toutes autres personnes appelées à concourir à l'extinction du feu pourront recevoir les ordres et les instructions nécessaires.

Ce lieu de réunion sera indiqué par un drapeau, et pendant la nuit par un fanal.

Le commandant des sapeurs-pompiers prendra la direction des moyens de secours.

Le commissaire de police s'occupera plus spécialement des diverses mesures à prendre dans l'intérêt de l'ordre, de la conservation des propriétés et de la sûreté publique.

Il veillera aussi à ce que les diverses fournitures, et particulièrement celles de l'eau, soient exactement constatées.

Si plusieurs commissaires de police sont présents à l'incendie, ils se partageront le service; mais la direction principale appartiendra toujours au commissaire du quartier.

Les troupes appelées sur le théâtre de l'incendie ne doivent être généralement employées qu'au maintien du bon ordre, à former les chaînes ou à manœuvrer les balanciers des pompes, la direction des secours et de toutes mesures prises pour combattre les incendies devant être laissée au corps des sapeurs-pompiers.

Afin d'éviter les accidents, et pour ne pas porter le feu dans les parties de bâ-

[1] Les principaux dépôts publics de seaux à incendie sont :
1° Dans les casernes des sapeurs-pompiers, de la garde municipale et de la ligne ;
2° Dans les mairies ;
3° Dans les commissariats de police.

timent qu'il n'a pas encore atteintes, le public qui se rend sur le théâtre de l'incendie ne doit, en aucune façon, ouvrir les portes, les croisées et autres issues des lieux incendiés avant l'arrivée des sapeurs-pompiers, à moins que ce ne soit pour sauver des personnes en danger. Ce sauvetage doit se faire autant que possible par les escaliers.

Le déménagement des gros meubles et des gros effets ne doit avoir lieu qu'à l'arrivée des sapeurs-pompiers, qui jugent si ce déménagement est nécessaire.

C'est ainsi qu'on pourra reconnaître à l'état des lieux comment le feu a pris, empêcher les vols et les dégradations, et maîtriser le feu plus facilement, en évitant les encombrements dans les escaliers et autour du point incendié.

Vue pour être annexée à notre ordonnance en date de ce jour.

Paris, le 24 novembre 1843.

Le conseiller d'Etat, préfet de police.

321. **Couronnements des murs. Murs dosserets.** — Quand les murs sont élevés à la hauteur du dessus du plancher du grenier, et que l'inclinaison du comble et par suite la position de son faîtage sont déterminées, on continue à élever les parties angulaires des murs pignons et des murs de refend, qui doivent supporter les pièces du comble.

Afin de bien suivre l'inclinaison indiquée par la coupe du bâtiment, en construisant les parties inclinées des murs pignons et des murs de refend, le maître compagnon pose verticalement, au droit de la rencontre des parties inclinées, une pièce de bois ou un boulin qu'il scelle sur le plancher à l'aide d'un patin en plâtre; perpendiculairement à cette perche, il fixe une broche à la hauteur exacte du sommet des murs, et tendant deux lignes fixées par une extrémité à cette broche, et de l'autre sur les murs au niveau de la plate-forme, en O, *fig.* 131, ces lignes déterminent parfaitement l'inclinaison du couronnement du mur, et l'ouvrier n'a plus qu'à les suivre pour finir supérieurement son mur; il a soin toutefois de réserver des trous pour sceller les pannes et le faîtage du comble.

Pour les murs pignons ou les murs de refend dans l'épaisseur desquels se trouvent réservés des tuyaux de cheminées, on élève les parties de murs dans lesquels se trouvent ces tuyaux, afin de continuer les coffres de cheminées, dont le couronnement s'élève ordinairement d'une certaine quantité au-dessus du sommet du comble. Quand les tuyaux de cheminées sont adossés aux murs, on construit leurs coffres en même temps que les murs, et on les surélève encore jusqu'au-dessus du sommet du comble, ainsi que les parties de murs auxquelles ils s'adossent. On doit avoir soin de faire de fréquents arrachements, de $0^m,08$ au moins de profondeur, afin d'établir une parfaite liaison entre les murs et les languettes en briques ou en pigeonnage formant les coffres.

Les portions de murs auxquelles se trouvent adossées les parties de coffres de cheminées, en dehors des combles, prennent le nom de *murs dosserets;* leurs extrémités doivent toujours être légèrement inclinées, comme le fait voir la figure 131, en NR. Ces extrémités inclinées se construisent ordinairement en pierre de taille ou en briques, et quelquefois simplement en maçonnerie brute, qu'on a soin de bien relier, et qu'on recouvre d'un enduit en plâtre ordinaire, ou teint en rouge, afin de simuler un appareil de briques.

Si les tuyaux de cheminées n'avaient pas été élevés en même temps que les murs, on serait obligé d'établir les parties situées à la hauteur des combles avant de faire la couverture. Pour cela, on les érige en porte-à-faux depuis la hauteur du plancher du grenier, en les soutenant au moyen de forts arrachements, et en disposant sous chaque languette le pigeonnage et les briques en forme de consoles, et, lorsqu'on fait le ravalement intérieur, on vient raccorder les coffres des cheminées avec ces parties laissées en attente.

La construction proprement dite des tuyaux de cheminées et leur couronnement rentrant dans celle des légers ouvrages, nous y reviendrons au sujet de ces travaux.

322. **Construction de l'entablement.** — En même temps qu'on élève les pointes des pignons et des murs de refend, que l'on construit les murs dosserets et que l'on érige les tuyaux de cheminées hors des combles, on élève les murs de face jusqu'à la hauteur où commence l'entablement; puis on procède à la construction de ce dernier.

Si les murs de face sont construits en pierre de taille, on pose celles de la corniche tout épannelées, afin d'éviter une taille trop considérable sur le tas, en même temps que l'on rend insensibles les écornures et que l'on facilite la pose, qui doit être faite par les moyens et avec tous les soins dont il a été question au sujet de la pose de la pierre de taille (174).

Si les murs pignons sont couronnés d'un fronton, on pose les pierres formant la saillie comme celles de la corniche, mais en suivant l'inclinaison qui a été fixée.

Les règlements de voirie exigent que les pierres des corniches aient au moins autant de queue sur les murs qu'elles ont de saillie sur les parements extérieurs de ces mêmes murs, afin qu'elles ne tendent pas à basculer.

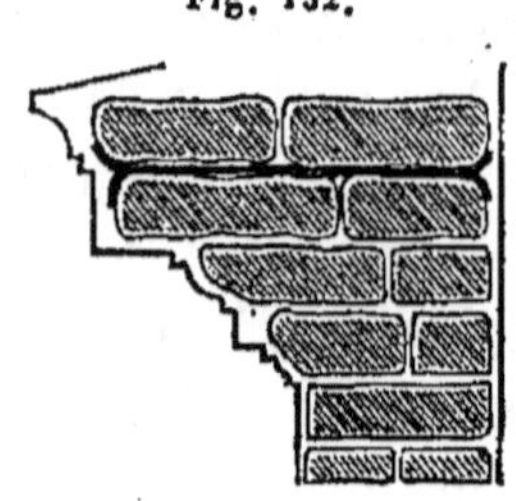
Fig. 132.

Lorsque les murs de face sont en moellons, ce qui a lieu le plus souvent, le maître compagnon ayant fixé la hauteur et la saillie de la corniche, les ouvriers procèdent à la pose des moellons de saillie, qui ont dû être taillés suivant l'épannelage brut de la corniche, comme le montre la figure 132.

Les moellons de saillie doivent de préférence être choisis tendres, afin que, s'il s'en trouve quelques-uns de trop forts en passant le calibre, on puisse facilement les piocher sans les ébranler; ils doivent aussi avoir le plus de longueur de queue possible, afin que leur partie en saillie soit contre-balancée par celle qui repose.

Ordinairement, dans la corniche, on place de distance en distante, pour retenir la partie en saillie, des barres de fer, dites *queues de carpes*, ouvertes en T à leurs extrémités, comme l'indique la figure 132. A Paris, les entablements en moellons sont prohibés, quand leur saillie sur la voie publique excède 6 pouces (0m,162); on est alors obligé de les faire en pierre de taille. Quelquefois, par économie, et pour se renfermer dans les prescriptions des règlements de voirie, on fait en moellons la partie inférieure de corniche qui n'excède pas 0m,162 de saillie, et en pierre de taille la cimaise supérieure.

323. L'établissement de diverses parties d'un bâtiment est soumis à des règlements que le constructeur doit connaître; nous les avons exposés dans le courant de cet ouvrage en leur lieu et place (311, 320, 326). Voici un *extrait du règlement du maître général des bâtiments*, du 1er juillet 1712, *relatif aux entablements et autres saillies :*

« Ordonnons qu'à l'aveuir, dans la construction de tous les bâtiments, les entrepreneurs, ouvriers et autres qui se trouveront employés, seront tenus, à l'égard de la maçonnerie qui se fera sur les pans de bois, outre la latte, qui doit s'y mettre de 4 pouces suivant les règlements, d'y mettre des clous de charrettes, de bateaux et des chevillettes en fer, en quantité suffisante et convenablement enfoncés, pour soutenir les entablements, plinthes, corps, avant-corps et autres saillies.

« Pour les murs de face des bâtiments qui se construiront avec moellons et plâtre, ou mortier de chaux et sable, outre les moellons en saillie dans lesdites plinthes et entablements, aussi suivant les règlements, ils seront pareillement tenus d'y mettre des *fentons* de fer, aussi en quantité suffisante pour soutenir lesdites plinthes et entablements, corps, avant-corps et autres saillies.

« Et quant aux bâtiments qui se construiront en pierre de taille, les entablements porteront le parpaing du mur outre la saillie; et au cas que la saillie de l'entablement soit si grande qu'elle puisse emporter la bascule du derrière, ils seront tenus d'y mettre des crampons de fer pour les retenir dans le mur de face. »

324. **Percement de baies** (238). — Lorsqu'on est obligé de percer après coup un mur pour y établir une baie de porte ou de croisée, le maçon commence par refouiller le mur pour placer un linteau, qu'il pose d'abord, en le tenant à une distance du parement du mur égale à l'épaisseur de l'enduit, et en ayant soin de garnir parfaitement le dessus en y enfonçant des éclats de pierre ou des tuileaux à bain de plâtre ou de mortier. Le premier linteau posé, le maçon refouille l'emplacement des autres, qu'il pose comme le premier, et, cela fait, il achève de percer le mur dans toute la largeur et la hauteur de la baie. Alors il garnit et redresse les jambages en les reliant parfaitement, puis il termine le travail en faisant le ravalement.

Lorsqu'il s'agit de couper un ou plusieurs trumeaux sur la façade d'un bâtiment, au rez-de-chaussée, pour y établir une grande ouverture surmontée d'un arceau ou d'un poitrail, on commence par étayer fortement les croisées, en appliquant sur leurs tableaux des plates-formes que l'on serre par de bons étrésillons; puis, au milieu de chaque trumeau, un peu au-dessus de l'emplacement du poitrail, on fait un trou dans lequel on passe une forte pièce de bois d'une longueur suffisante pour faire une saillie de $0^m,80$ environ sur chacun des parements du mur. Le maçon scelle ensuite fortement cette traverse dans le mur où elle est engagée; puis, à chacune de ses extrémités, on place un étai dont le pied repose sur une plate-forme placée sur le sol, et l'on fixe ces étais à la traverse supérieure et à la plate-forme au moyen de forts rappointis en fer : on obtient ainsi un enchevalement solide, qui supporte facilement la partie supérieure du trumeau. Si les solives du plancher reposent sur le mur de face, on doit aussi les étrésillonner.

Les précautions précédentes étant prises au droit de chaque trumeau, on procède à la démolition du bas de ceux qui doivent être supprimés au rez-de-chaussée. On fait les trous qui doivent recevoir les extrémités du poitrail, en en faisant un assez profond pour faciliter le *revêtissement;* on met le poitrail au levage, et, lorsqu'il est posé, on le scelle à ses extrémités, et on garnit le dessus de manière que la maçonnerie supérieure y soit bien assise et ne puisse éprouver aucun affaissement ; alors on taille les faces du poitrail, et on fait le ravalement.

Aussitôt le poitrail scellé à ses extrémités et garni supérieurement, on enlève tous les étayements qui ont servi à sa pose.

DIMENSIONS DES DIFFÉRENTES PARTIES D'UN ÉDIFICE.

325. **Largeur de la façade d'un édifice.** — L'axe de la façade d'un édifice quelconque doit passer par le milieu d'une ouverture, et les deux moitiés de la façade doivent être symétriques par rapport à cet axe.

Pour un pavillon isolé, la longueur de la façade est ordinairement égale à la hauteur.

Pour un édifice ordinaire, la longueur de la façade varie de une fois et demie à trois fois la hauteur. Lorsque la destination du bâtiment exige une plus grande longueur, on varie la façade en élevant des arrière-corps ou des avant-corps, ou simplement en la divisant par des chaînes saillantes ; mais, malgré ces précautions, dans aucun cas la largeur ne doit dépasser dix fois la hauteur, limite qu'il ne convient d'atteindre que pour les casernes, les magasins, les ateliers et autres bâtiments de ce genre.

326. **Ordonnance du 1er novembre 1844, concernant la hauteur des bâtiments et de leurs combles dans Paris.** (L'ordonnance du 15 juillet 1848 n'est plus en vigueur.)

TITRE PREMIER. — *De la hauteur des façades bordant la voie publique.*

ARTICLE PREMIER. La hauteur des façades bordant les voies publiques est déterminée par la largeur de ces voies publiques.

Le maximum de cette hauteur, y compris les corniches ou entablements, ainsi que les attiques construits à plomb desdites façades, est de 11m,70 pour les voies publiques de moins de 7m,47 ; 14m,62 pour les voies publiques de 7m,47 et au-dessus, jusques et y compris 9m,42 ; et 17m,55 pour les voies publiques au-dessus de 9m,42.

ART. 2. Pour les bâtiments neufs et pour les anciens bâtiments reconstruits de fond en comble, c'est la largeur future de la voie publique qui règle la hauteur des façades.

Pour les reconstructions partielles et pour les exhaussements, c'est la largeur présente de la voie publique qui règle la hauteur des façades, dans le cas même où ces façades ne doivent pas subir de retranchement.

ART. 3. Tout bâtiment formant encoignure, et donnant par conséquent sur deux, trois ou quatre voies publiques, peut, par exception, lorsque ces voies publiques sont d'inégales largeurs, être élevé sur les plus étroites à la hauteur fixée pour la plus large.

Cette exception n'a lieu que dans l'épaisseur du bâtiment, et ne peut, dans aucun cas, excéder une longueur de 15 mètres de face à partir des encoignures.

Art. 4. Dans les bâtiments situés entre deux voies publiques d'inégales largeurs, la façade bordant la voie publique la moins large peut aussi, par exception, être à la hauteur fixée pour la plus large, mais dans le cas seulement où la plus grande distance entre les deux façades du bâtiment n'excède pas 15 mètres.

Art. 5. Lorsqu'on fait des constructions qui couvrent toute la superficie d'un terrain situé entre deux voies publiques d'inégales largeurs, et distantes l'une de l'autre de plus de 15 mètres, le corps de bâtiment bordant la voie publique la plus large peut également, par exception, être élevé à la hauteur permise pour cette dernière voie publique du côté le moins large, mais dans le cas seulement où la plus grande épaisseur du bâtiment n'excède pas 15 mètres.

Pour les constructions occupant le surplus de l'épaisseur 15 mètres, et bordant par conséquent la voie publique la moins large, la hauteur des façades ne peut excéder celle fixée en raison de la largeur de cette voie publique.

Art. 6. La largeur des voies publiques est prise au devant des façades, et, lorsque les voies publiques n'ont pas leurs côtés parallèles, c'est la moindre largeur qui règle la hauteur des façades.

Si le débouché d'une autre voie publique est vis-à-vis desdites façades, la largeur se prend à partir d'une ligne fictive allant de l'une à l'autre encoignure de ce débouché.

Il en est de même pour les bâtiments situés dans les carrefours formés par le débouché de plusieurs voies publiques (on prend pour largeur la plus petite de celles que peuvent déterminer les droites fictives joignant chaque encoignure à toutes les autres).

Art. 7. La hauteur des façades des bâtiments donnant sur une seule voie publique est mesurée à partir, soit du pavé, soit du dallage du trottoir (la hauteur, au pied des façades, s'établit ainsi qu'il suit : $0^m,17$ au-dessus du fond du ruisseau, plus $0^m,04$ par mètre de pente), en se plaçant, lorsque la voie publique est en pente, sur le point le plus bas, afin que, conformément à l'article 1er, les façades ne puissent excéder dans aucune de leurs parties la hauteur légale.

Par la même raison, lorsque les bâtiments donnent sur plusieurs voies publiques de niveaux différents, la hauteur est mesurée sur la façade bordant la voie publique la moins élevée, et aussi en se plaçant sur le point le plus bas lorsque cette voie publique est inclinée.

TITRE II. — *Des combles.*

Art. 8. Dans les bâtiments simples ou doubles ayant deux murs de face, et dont les combles sont par conséquent à deux versants, lorsque l'épaisseur de ces bâtiments a moins de $9^m,74$, la hauteur des combles ne peut excéder la moitié de l'épaisseur desdits bâtiments, et lorsque cette épaisseur est de $9^m,74$ et au-dessus, le maximum de hauteur est de $4^m,87$.

Art. 9. Dans les bâtiments n'ayant qu'un mur de face, tels que sont les bâtiments adossés contre des murs mitoyens, et dont par conséquent les combles sont à un seul versant, lorsque ces bâtiments ont moins de $4^m,87$ d'épaisseur, la hauteur des combles ne peut pas excéder l'épaisseur desdits bâtiments, et lorsque cette épaisseur est de $4^m,87$ et au-dessus, ces $4^m,87$ sont le maximum de hauteur des combles.

Art. 10. Pour les bâtiments ayant deux murs de face, l'épaisseur est celle comprise entre les parements extérieurs desdits murs.

Art. 11. Pour les bâtiments n'ayant qu'un seul mur de face, l'épaisseur est celle comprise entre le parement extérieur dudit mur et le parement intérieur du mur mitoyen contre lequel le bâtiment est adossé.

Art. 12. Lorsque les deux murs de face ne sont pas parallèles, c'est l'épaisseur moyenne des bâtiments qui règle la hauteur des combles.

Art. 13. A l'égard du profil de ces combles, la ligne déterminant leur versant du côté de la voie publique est droite; elle peut partir de la saillie de la corniche, et l'angle que cette ligne forme avec celle horizontale représentant la base du comble est au plus de 45°.

Il résulte de cette disposition que dans les bâtiments de 9m,74 d'épaisseur et au-dessus, la ligne déterminant le versant du comble ne pouvant correspondre avec la verticale passant par le milieu du bâtiment qu'en excédant la hauteur fixée, le comble est tronqué dans sa partie supérieure, de manière à former une terrasse dont le point culminant ne doit pas excéder la hauteur fixée pour le comble.

Art. 14. La hauteur des combles est mesurée à partir d'une ligne horizontale passant par un point dont la position est déterminée par la hauteur légale du mur de face sur la voie publique.

Art. 15. Les égouts construits à la naissanee du versant des combles ne sont tolérés, quant à présent, que lorsque leur saillie n'excède pas 0m,10 sur celles des corniches.

Art. 16. Le relief des chéneaux ne peut excéder la ligne droite, réelle ou fictive, partant de la saillie de la corniche et formant avec l'horizontale déterminant la base du comble un angle de 45°.

Art. 17. La face extérieure des lucarnes doit être placée en arrière du parement extérieur du mur de face donnant sur la voie publique, et à une distance d'au moins 0m,30.

Leur hauteur, y compris toiture, ne peut excéder 3 mètres dans les combles ayant de 4m,50 à 4m,87 d'élévation à partir de la ligne de base de ces combles.

Dans les combles moins élevés, la hauteur des lucarnes ne peut excéder les 2/3 de leur élévation (l'administration permet aujourd'hui de l'augmenter jusqu'à la hauteur du faîtage).

La largeur hors œuvre des lucarnes ne peut excéder 1m,50; leurs jouées doivent être parallèles. L'intervalle desdites lucarnes, lors même qu'on leur donne moins de 1m,50 de largeur, doit être au moins de 1m,50.

Enfin, la saillie de leurs corniches, égouts compris, ne doit pas excéder 0m,15.

Art. 18. Les tuyaux de cheminées et les murs contre lesquels ils sont adossés ne peuvent percer la ligne rampante du comble, qu'à une distance de 1m,50 prise horizontalement à partir d'une verticale passant sur le parement extérieur du mur de face bordant la voie publique, et ces constructions ne peuvent, dans aucun cas, excéder de plus de 1 mètre la hauteur des combles.

327. En vertu d'une loi du 13 avril 1850, une Commission est instituée à Paris pour rechercher les logements insalubres, indiquer les travaux à faire pour les rendre salubres, et, si le propriétaire se refuse à les faire, le condamner à une amende de 100 francs pour la première fois, et du montant, et même du double des travaux à faire, pour la seconde.

328. — Décret du 26 mars 1852, concernant les conditions de construction dans Paris.

Article premier. Les rues de Paris continueront d'être soumises au régime de la grande voirie.

Art. 2. Dans tout projet d'expropriation pour l'élargissement, le redressement ou la formation des rues de Paris, l'administration aura le droit de comprendre la totalité des immeubles atteints lorsqu'elle jugera que les parties restantes ne sont pas d'une étendue ou d'une forme qui permette d'y élever des constructions salubres.

Elle pourra pareillement comprendre dans l'expropriation des immeubles en dehors des alignements, lorsque leur acquisition sera nécessaire pour la suppression d'anciennes voies jugées inutiles.

Les parcelles de terrains acquises en dehors des alignements, et non susceptibles de recevoir des constructions salubres, seront réunies aux propriétés contiguës, soit à l'amiable, soit par l'expropriation de ces propriétés, conformément à l'article 53 de la loi du 16 septembre 1807.

La fixation du prix de ces terrains sera faite suivant les mêmes formes et devant la même juridiction que celle des expropriations ordinaires.

L'article 58 de la loi du 3 mai 1841 est applicable à tous les actes et contrats relatifs aux terrains acquis pour la voie publique par simple mesure de voirie.

Art. 3. A l'avenir, l'étude de tout plan d'alignement de rue devra nécessairement comprendre le nivellement; celui-ci sera soumis à toutes les formalités qui régissent l'alignement.

Tout constructeur de maison, avant de se mettre à l'œuvre, devra demander l'alignement et le nivellement de la voie publique au devant de son terrain, et s'y conformer.

Art. 4. Il devra pareillement adresser à l'administration un plan et des coupes cotés des constructions qu'il projette, et se soumettre aux prescriptions qui lui seront faites dans l'intérêt de la sûreté publique et de la salubrité.

Vingt jours après le dépôt de ces plans et coupes au secrétariat de la préfecture de la Seine, le constructeur pourra commencer les travaux d'après son plan, s'il ne lui a été notifié aucune injonction.

Une coupe géologique des fouilles pour fondation du bâtiment sera dressée par tout architecte constructeur, et remise à la préfecture de la Seine.

Art. 5. Les façades de maisons seront constamment tenues en bon état de propreté. Elles seront grattées, repeintes ou badigeonnées au moins une fois tous les dix ans, sur l'injonction qui sera faite au propriétaire par l'autorité municipale. Les contrevenants seront passibles d'une amende qui ne pourra excéder 100 francs.

Art. 6. Toute construction nouvelle dans une rue pourvue d'égout devra être disposée de manière à y conduire les eaux pluviales et ménagères.

La même disposition sera prise pour toute maison ancienne en cas de grosses réparations, et, en tout cas, avant dix ans.

Art. 7. Il sera statué par un décret ultérieur, rendu dans la forme des règlements d'administration publique, en ce qui concerne la hauteur des maisons, les combles et les lucarnes.

Art. 8. Les propriétaires riverains des voies publiques empierrées supporteront les frais de premier établissement des travaux, d'après les règles qui existent à l'égard des propriétaires riverains des rues pavées.

Art. 9. Les dispositions du présent décret pourront être appliquées à toutes les villes qui en feront la demande, par des décrets spéciaux rendus en la forme des règlements d'administration publique.

329. **Permission de construire.** — Pour obtenir un alignement, ou une permission de construire, ravaler, percer, réparer, exhausser et changer d'une manière quelconque des murs de face sur la voie publique, ou encore d'établir de grands balcons, etc., la demande doit être adressée, sur papier timbré, à M. le préfet de la Seine.

Pour établir des devantures, des montres, des tableaux, des enseignes, des petits balcons, etc., la demande s'adresse, sur timbre, à M. le préfet de police.

330. **Division de la hauteur d'un bâtiment.** — Pour un bâtiment à deux étages, on divise la hauteur en 16 parties égales, et on donne 7 parties au rez-de-chaussée, 5 au premier étage et 4 au second.

Pour un bâtiment à un seul étage, on divise la hauteur totale en 12 parties égales, 7 parties pour le rez-de-chaussée et 5 pour l'étage.

Mandar donne, pour les maisons d'habitation, les hauteurs suivantes :

Caves.	Rez-de-chaussée.	Entresol.
$2^m,27$ à $2^m,92$	$3^m,25$ à $4^m,22$ et jusqu'à $5^m,20$.	$2^m,27$ à $2^m,60$.

1er étage.	2e étage.	3e étage.	4e étage.
$3^m,25$ à $3^m,90$ et jusqu'à $5^m,85$.	$2^m,92$ à $3^m,90$.	$2^m,60$ à $2^m,92$.	$2^m,27$ à $2^m,60$.

Le même auteur compte de $0^m,41$ à $0^m,54$ pour les épaisseurs des voûtes de caves, plus $0^m,11$ à $0^m,16$ de charge, et de $0^m,41$ à $0^m,49$ pour les épaisseurs des planchers, y compris carreau ou parquet et plafond.

L'administration parisienne ne tolère plus, dans les constructions nouvelles, moins de $2^m,60$ de hauteur d'étage.

331. **Arcades.** — Quand on veut conserver aux murs la plus grande solidité possible, ce qui est indispensable dans les entrepôts, les magasins, etc., la hauteur de l'arcade est seulement égale à 1 fois la largeur entre les piliers ; dans quelques édifices, elle est égale à 1 fois et 1/2, et, dans les portiques ordinaires, à 2 fois cette largeur.

Quand les arcades sont séparées entre elles par un accouplement de colonnes, l'entr'axe des colonnes accouplées est la 1/2 de l'entr'axe des colonnes qui limitent l'arcade, c'est-à-dire le 1/3 de la largeur totale de l'arcade, mais seulement pour les ordres inférieurs ; pour les ordres élevés, l'entr'axe des colonnes accouplées est le 1/4 de l'entr'axe total.

Dans les arcades sur piliers, la largeur du pilier est ordinairement égale à la 1/2 de l'ouverture de l'arcade, c'est-à-dire au 1/3 de l'entr'axe des piliers. On peut diminuer cette largeur : ainsi, rue de Rivoli, les piliers ont $0^{m},86$ de largeur sur $0^{m},65$ d'épaisseur, pour une distance de $2^{m},86$ mesurée entre les piliers ; ces arcades ont $5^{m},83$ de hauteur, la distance des piliers aux pilastres qui leur font symétrie contre les devantures des boutiques est de $3^{m},40$; les dés servant de base aux piliers ont $0^{m},75$ de hauteur, et ils font saillie de $0^{m},05$ tout autour de ces piliers.

332. **Frontons.** — Leur montée varie du 1/5 au 1/6 de leur largeur.

333. **Portes et croisées.** — Les deux dimensions des portes et croisées sont entre elles dans le même rapport que les dimensions des arcades (331) : ainsi, la hauteur varie de 1 fois à 2 fois la largeur, et même, pour les entresols, la hauteur des croisées n'est quelquefois que les 2/3 de la largeur.

Une croisée carrée prend le nom de *mezzanine.*

Pour l'ordre toscan, la hauteur des portes et croisées se fait égale à 1 fois 11/12 la largeur, pour le dorique à 2 fois, pour l'ionique à 2 fois 1/12, et pour le corinthien à 2 fois 1/6.

Dimensions des portes et croisées, et hauteurs des appuis, d'après MANDAR.

Portes						
charretières			$2^{m},92$ à $3^{m},25$ de largeur			
cochères			2,60 à 2,92 —			
bâtardes			1,30 à 1,62 —			
d'appartement	à 2 vantaux	Largeur	$1^{m},30$	$1^{m},46$	$1^{m},62$	
		Hauteur	2,27	2,60	2,92	
	à 1 vantail	Largeur	0,73	0,81	0,89	
		Hauteur	1,95	2,27	2,44	

La hauteur des appartements étant successivement :

$2^{m},27$ $2^{m},60$ $2^{m},92$ $3^{m},25$ $3^{m},90$ et $5^{m},50$ à $5^{m},85$,

la hauteur des lambris d'appui est respectivement :

$0^{m},76$ $0^{m},81$ $0^{m},86$ $0^{m},89$ $0^{m},97$ $1^{m},06$.

Largeur des croisées			Hauteur des		
	grandes	$1^{m},62$ à $1^{m},79$		appuis	$0^{m},89$ à $1^{m},06$
	moyennes	1,46 à 1,54		baguettes	0,35 à 0,41
	petites	1,14 à 1,30		balcons	0,54 à 0,65

Châssis à tabatière pour les combles					
	Hauteur	$0^{m},81$	$0^{m},97$	$1^{m},14$	$1^{m},30$
	Largeur	0,65	0,73	0,81	0,97

334. **Salles.** — Pour les grandes salles de réunion, le rapport de la hauteur à la largeur est :

1° Pour les salles voûtées, la largeur étant prise dans la nef, de...... 1 à 1,5
2° Pour les salles rondes voûtées.............................. 1
3° Pour les salles oblongues couvertes d'un plafond.............. 1
4° Pour les salles carrées couvertes d'un plafond, moins de........ 1

La hauteur des salles d'habitation varie de moins de 1/2 la largeur à 1 fois cette largeur.

335. **Galeries.** — Lorsque la longueur d'une salle dépasse 2 fois la largeur, elle prend le nom de *galerie*, et lorsque la longueur d'une galerie est très-grande par rapport à la largeur, on la divise en travées, soit par des arcs doubleaux soutenus à l'aide de pilastres ou de colonnes, soit par tout autre moyen. Plusieurs galeries du Louvre offrent des exemples de ce genre de division.

336. **Salles à manger et tables, salles de billards, salons, chambres à coucher, etc.** — La largeur d'une table à manger est ordinairement de 1m,30. Quelquefois on lui donne 2 mètres ; mais alors on place au milieu un surtout. Dans tous les cas, elle se termine à chaque extrémité par un demi-cercle. Pour que les domestiques circulent facilement autour de la table, la distance qui la sépare des murs de la salle doit être de 0m,90 à 1 mètre à ses extrémités, et de 1m,25 à 1m,35 latéralement.

Pour une salle de billard, il faut un espace de 2 mètres entre le billard et les murs de la salle.

Superficies, en mètres carrés, des différentes pièces qui composent un appartement (MANDAR).

	PETITS.		MOYENS.		GRANDS.			
Salons.............	15,19 à	22,79	34,19 à	45,58	56,98 à	68,38	et jusqu'à	79,77
Salles.............	13,30	18,99	28,49	37,99	45,58	56,98	—	68,38
Chambres à coucher.	11,40	15,20	24,69	30,39	37,99	45,58	—	56,98
Cages d'escaliers....	9,50	13,30	18,99	24,69	30,39	37,99	—	45,58
Antichambres, vestibules............	7,60	11,40	15,20	18,99	24,69	30,39	—	37,99
Cabinets...........	5,70	7,60	11,40	15,20	18,99	22,79	—	30,39

337. **Cheminées.** — La mode de placer des glaces sur les cheminées a fait diminuer de jour en jour leurs dimensions. Les plus grandes n'ont que 1m,95 de largeur sur 1m,30 de hauteur ; sou-

vent celles des petits appartements n'ont que 1m,25 de largeur sur 1 mètre de hauteur, et on en fait qui n'ont que 0m,80 sur 0m,80. La largeur des jambages et du manteau est de 1/10 environ de la largeur de la cheminée : ainsi, pour les premières, elle est de 0m,195; pour les secondes, de 0m,125, et pour les plus petites, de 0m,08. La profondeur varie de 0m,45 à 0m,80 (n° 319).

Proportions des cheminées, suivant les dimensions des pièces où elles se trouvent.

	PIÈCES		
	PETITES.	MOYENNES.	GRANDES.
Largeur dans œuvre....	0m,81 à 0m,97	1m,14 à 1m,30	1m,62 à 1m,95
Hauteur de la tablette..	0 ,89 à 0 ,97	0 ,97 à 1 ,03	1 ,14 à 1 ,30
Largeur de la tablette..	0 ,27 à 0 ,32	0 ,35 à 0 ,38	0 ,40 à 0 ,43

Le diamètre du tuyau d'une cheminée ordinaire d'appartement varie de 0m,20 à 0m,25 ; rarement il convient de dépasser cette limite, excepté pour les appartements destinés à recevoir un grand nombre de personnes ; dans ce cas, afin de faciliter la ventilation, on porte ordinairement la section des tuyaux à 25 ou 27 décimètres carrés, 0m,80 sur 0m,32 environ.

Dans les cheminées à la Rumfort, l'ouverture inférieure du tuyau à fumée varie de 0m,04 à 0m,06 de section. Dans les cheminées à la Lhomond, la distance du tablier au contre-cœur est de 0m,15, et, à une hauteur de 0m,30, le contre-cœur porte des briques qui ne laissent plus à l'ouverture que 0m,05 de largeur.

338. **Escaliers.** — Afin qu'on ne se fatigue pas trop en montant un escalier, la distance verticale de deux paliers successifs ne doit pas dépasser 2m,50 à 3 mètres.

La hauteur de la rampe varie de 0m,89 à 1m,06.

La longueur des marches varie de 1m,62 à 1m,95 pour les grands escaliers, de 1m,30 à 1m,46 pour les moyens, de 0m,97 à 1m,14 pour les petits, et de 0m,65 à 0m,81 pour ceux de dégagement.

La hauteur des marches est moyennement égale à la moitié du giron ; elle varie de 0m,13 à 0m,19, mais en sens inverse du giron.

On peut déterminer la hauteur ou la largeur des marches d'escaliers, quand l'une de ces dimensions est connue, à l'aide de la formule empirique

$$2h + l = 0^m,65.$$

h, hauteur de la marche ;
l, largeur du giron.
Si $h = 0$, on a $l = 0^m,65$, qui est le pas d'infanterie.
Si $l = 0$, on a $h = 0^m,325$, qui est l'espacement des échelons d'une échelle.

Faisant successivement, dans la formule précédente, l égale à

$0^m,27$, $0^m,30$ $0^m,32$ $0^m,35$ $0^m,38$,

on en conclut respectivement, pour h :

$0^m,19$ $0^m,175$ $0^m,165$ $0^m,15$ $0^m,135$,

valeurs qu'il convient d'adopter dans la pratique.

339. **Cour.** — Pour qu'un carrosse puisse tourner sans difficulté, une cour doit avoir au moins $7^m,80$ de côté.

340. M. Moitié, de Coulommiers, architecte, nous communique le *plan d'un appartement de ville pour une famille d'une certaine aisance*, qu'il a disposé dans une maison qu'il a fait construire à Paris, et qui paraît réunir toutes les commodités désirables. La figure 133 représente ce plan à l'échelle de $0^m,003$ pour mètre.

Fig. 133.

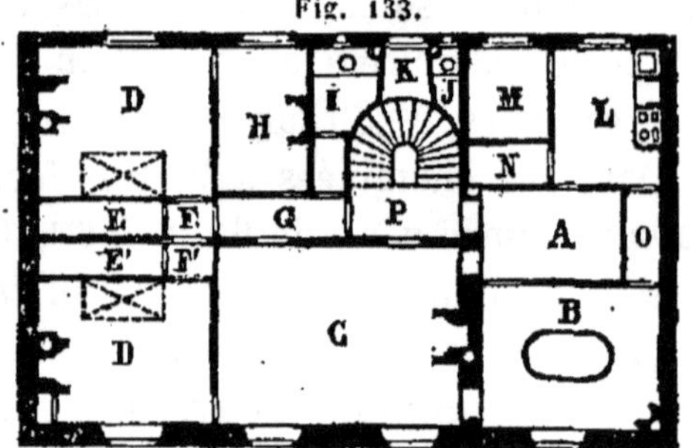

P, palier ($1^m,20$ sur $2^m,80$).
A, antichambre ($3^m,55$ sur $2^m,30$).
B, salle à manger ($3^m,50$ sur $4^m,50$).
C, salon ($4^m,50$ sur $6^m,15$).
DD, chambres à coucher ($4^m,35$ sur $3^m,65$).
EE', garde-robes ($0^m,80$ sur $3^m,15$).
FF', dégagements.
G, couloir (1 mètre sur $3^m,15$).
H, cabinet de travail ou chambre à coucher d'enfant ($3^m,45$ sur $2^m,40$).
I, lieux à l'anglaise.
J, cabinet d'aisances pour les domestiques.
L, cuisine ($2^m,75$ sur $3^m,30$).
M, office ($1^m,80$ sur $2^m,20$).
N, garde-manger ($1^m,80$ sur 1 mètre).
O, passage de $0^m,80$ pour le service de la salle à manger.

K, tambour à jour dans toute la hauteur, pour aérer l'escalier, en permettant aux croisées de s'ouvrir. A chaque étage, le plancher est profilé, ce qui forme des banquettes destinées à recevoir des corbeilles de fleurs.

M. Moitié nous communique également le *plan d'un appartement de ville disposé pour une famille riche.* La figure 134 en représente la disposition à l'échelle de 0m,003 pour mètre.

Fig. 134.

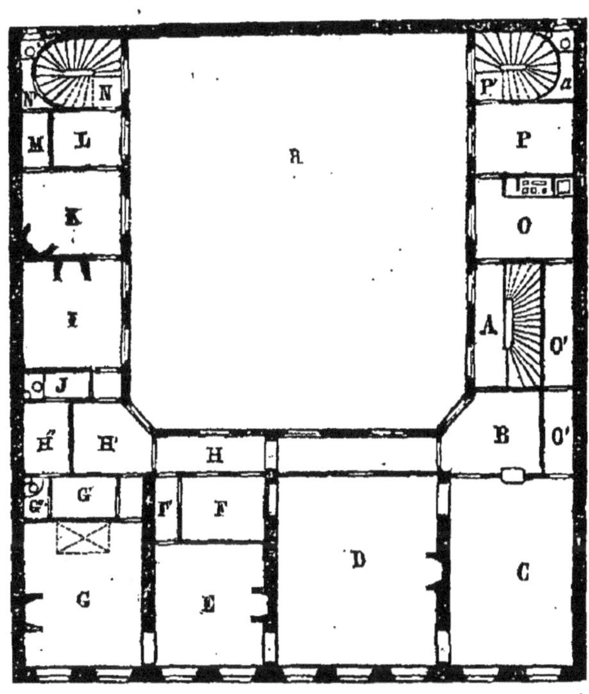

A, escalier principal (2m,50 sur 4m,50).
B, antichambre (4 mètres sur 3 mètres).
C, salle à manger (4m,50 sur 6m,90). Un poêle, placé dans la cloison, chauffe la salle à manger et l'antichambre.
D, salon (6 mètres sur 7 mètres).
E, boudoir de madame ou petit salon (4 mètres sur 4m,30).
F, cabinet dans lequel on pourra mettre un lit de repos ou prendre des bains (3 mètres sur 2m,50).
F', dégagement.
G, chambre à coucher de madame (4m,50 sur 5m,30).
G', garde-robes.
G'', anglaises.
H, galerie de dégagement.
H', cabinet de toilette.
H'', atrium ou petite cour donnant de la lumière et de l'air aux cabinets d'aisances.

L'aile de gauche forme l'appartement de monsieur :

I, chambre à coucher (3^m,60 sur 4 mètres).
J, garde-robes et aisances.
K, cabinet de travail (3^m,60 sur 3 mètres).
L, antichambre (2^m,25 sur 2 mètres).
M, cartonnier.
N, escalier de service.
N', aisances pour les domestiques.

Si l'aile de gauche était destinée à des enfants :

I, serait la chambre à coucher.
K, la salle d'étude.
L, la chambre de la gouvernante.
M, un cabinet.

Aile de droite :

O, cuisine (3^m,60 sur 2^m,80).
O', couloir de 1 mètre pour le service de la salle à manger.
P, office (3^m,60 sur 2^m,50).
P', escalier de service.
a, aisances pour les domestiques.
R, grande cour.

341. **Bains.** — A l'établissement des bains Saint-Sauveur, rue Saint-Denis, à Paris, les cabinets ont 3^m,15 de longueur, 1^m,56 de largeur, et 2^m,30 de hauteur au rez-de-chaussée, 2^m,16 au premier et 2^m,28 au second. Les corridors, dans lesquels ouvrent tous les cabinets, ont 2^m,60 de largeur et une hauteur égale à celle des cabinets. Il conviendrait, pour que la vapeur ne se déposât pas sur les habillements des baigneurs, que chaque cabinet fût divisé en deux parties séparées, l'une pour la toilette et l'autre pour le bain.

342. **Salle de spectacle.** — Pour que les spectateurs ne soient pas gênés, il faut compter au moins sur un espace de 0^m,50 en largeur et de 0^m,75 en longueur, c'est-à-dire que la distance d'axe en axe de deux banquettes consécutives doit être de 0^m,75.

Pour que tous les spectateurs voient bien ce qui se passe sur la scène, le parterre doit aller en s'élevant de 0^m,10 à 0^m,13 par banquette, et, pour les galeries, une droite s'appuyant sur les arêtes des banquettes doit venir rencontrer l'arête de l'avant-scène, et même passer au-dessous si cela est possible.

La largeur des couloirs doit être de 2 mètres au moins ; elle va à 3 mètres et même plus quand chaque galerie contient un grand nombre de spectateurs, et qu'il n'y a que deux escaliers pour descendre.

343. **Écuries.** — L'espace occupé par un cheval est de $2^m,60$ en longueur, sur $1^m,30$ à $1^m,45$ en largeur, quand une simple barre de bois le sépare de son voisin ; s'il en est séparé par une cloison, cette largeur varie de $1^m,50$ à $1^m,70$; les largeurs sont comptées entre les barres ou cloisons de séparation. Pour un seul rang de chevaux, la largeur de l'écurie est de $4^m,30$, ce qui donne un passage de $1^m,70$ derrière les chevaux. La largeur de l'écurie est portée à $8^m,60$ s'il y a deux rangs de chevaux avec un passage le long de chaque mur, c'est-à-dire si les chevaux d'un rang font face à ceux de l'autre, et elle est de $7^m,70$ si les chevaux font face aux murs, c'est-à-dire s'il n'y a qu'un passage entre les deux rangs.

La hauteur des écuries est suffisante quand elle atteint 3 mètres ; très-souvent on la porte à $3^m,80$.

D'après M. Nadault de Buffon, il convient de limiter la hauteur des écuries à 3 mètres, et de porter leur largeur à $4^m,50$ ou mieux à 5 mètres, dimensions qu'il conseille également d'adopter pour les étables.

La mangeoire a son arête supérieure à $1^m,10$ au-dessus du sol ; sa profondeur est de $0^m,25$, et sa largeur de $0^m,30$ en haut et de $0^m,20$ au fond.

Le râtelier a son arête inférieure à $1^m,70$ au-dessus du sol, et son arête supérieure à $2^m,20$. Son inclinaison est telle, qu'avec ces hauteurs, sa largeur est de $0^m,65$; ses fuseaux sont écartés de $0^m,08$ à $0^m,13$.

Les fenêtres sont demi-circulaires, leur diamètre est de $0^m,90$ à 1 mètre ; on les place à $1^m,70$ ou $1^m,80$ au-dessus du sol, et le moins possible en face des chevaux, afin que la lumière ne leur arrive pas directement sur les yeux. Les écuries doivent être convenablement éclairées.

Pour la santé des chevaux, l'air d'une écurie doit pouvoir se renouveler facilement, à l'aide de nombreuses ouvertures pratiquées dans le haut des murs en regard, et disposées de manière que les chevaux ne soient pas dans les courants d'air qui s'établissent. Des ouvertures pratiquées dans le bas des murs faciliteraient beaucoup le renouvellement de l'air. Il convient, du reste, de pouvoir fermer ces ouvertures à volonté.

Le sol des écuries doit être solide, afin de résister aux pieds des chevaux ; tout à fait imperméable, pour que les urines ne s'y infiltrent pas, et légèrement incliné sous les chevaux, afin que les urines se dirigent facilement vers les rigoles pratiquées pour leur donner écoulement hors de l'écurie. Les pavés en grès et les madriers en bois conviennent pour la confection du sol des écuries.

Dans plusieurs écuries, le sol a été formé par un massif de 0m,15 d'épaisseur en maçonnerie de moellons ordinaires bruts, recouverte d'un enduit en mortier de ciment de Vassy (67). Cette disposition a donné des résultats on ne peut plus satisfaisants.

Les portes d'écuries ou d'étables ne doivent pas avoir moins de 1m,20 de largeur sur 2m,20 à 2m,40 de hauteur, afin que les chevaux harnachés ou les vaches pleines puissent facilement y passer ; elles sont à deux vantaux.

344. **Etables.** — Une vache, plutôt grosse que petite, nourrie constamment à l'étable ou en partie au pâturage, exige un espace de 1m,50 en largeur, sur 2m,40 à 2m,60 en longueur, y compris l'auge et le râtelier. Un bœuf de trait, plutôt fort que de petite taille, exige un espace de 1m,35 en largeur sur 2m,40 à 2m,60 en longueur, et un bœuf d'engrais de forte taille, le même espace que les vaches. Un passage de 1 mètre est suffisant derrière les bêtes à cornes. La hauteur qu'il convient de donner aux étables est de 3 mètres à 3m,50.

Comme pour les écuries (343), il convient de pratiquer dans les murs des ouvertures pour faciliter l'aérage. Il convient également que les étables soient suffisamment éclairées.

Des rigoles pratiquées derrière les animaux donnent un écoulement facile aux urines. Le sol des étables doit être incliné de 0m,01 par mètre vers ces rigoles, et élevé de 0m,20 au-dessus du sol environnant. Il convient de le faire en pavés larges, pour que les pieds des vaches y reposent facilement ; les dalles, les briques, les planches, une couche de béton ou de ciment hydraulique, sont les matériaux qu'il convient d'employer, au moins pour la place où se tient le bétail.

CHAPITRE II.

TRAVAUX EN PLATRE OU LÉGERS OUVRAGES.

345. **Considérations générales.** — Les travaux faits en plâtre, avec ou sans lattes, tels que jointoyements, renformis, crépis, enduits, feuillures, moulures, cloisons, pans de bois, plafonds, lambris, scellements, etc., sont désignés sous le nom commun de *légers ouvrages*, et leur métrage est généralement *réduit* dans le rapport de la valeur du mètre de chacun d'eux à celle du mètre de l'ouvrage pris pour type.

Le mode de détermination du prix des légers ouvrages, adopté dans la pratique et par les auteurs qui ont écrit sur ce sujet, consiste à considérer, comme base d'estimation, les *languettes de cheminées pigeonnées et de* 0^{m},08 *d'épaisseur, ravalement compris*, les *plafonds ordinaires lattés jointifs* ou *avec augets plats*, les *pans de bois d'une épaisseur ne dépassant pas* 0^{m},18, les *cloisons légères, de* 0^{m},11 *d'épaisseur au plus*, lattées, hourdies et ravalées des deux côtés. Tous ces ouvrages étant à peu de chose près de la même valeur, il est d'usage de les évaluer à *l'unité de légers ouvrages*.

Pour la réduction des légers ouvrages, lors de leur métrage, on se sert de diverses expressions qui ne sont pas encore toujours bien comprises par un grand nombre de maçons, et qui, pour cela, demandent quelques explications.

Quand on dit qu'un ouvrage est *réduit au* 1/4 *de légers*, par exemple, cela signifie que sa surface réelle doit être réduite au 1/4 pour avoir la surface équivalente en légers ouvrages pris pour types. Ainsi, comme exemple, un crépi enduit fait sur un mur neuf de 20 mètres sur 4 mètres, et ayant, par conséquent, 80 mètres de surface, sera payé comme 20 mètres carrés de légers ouvrages.

Par l'expression *réduit ou compté à* 1 *et* 1/2 *de légers*, on entend que l'ouvrage doit être compté pour 1 fois et 1/2 sa surface réelle, c'est-à-dire qu'un ouvrage de 10 mètres sur 4 mètres ou de 40 mètres de surface doit être compté comme 60 mètres superficiels de légers.

Par l'expression *sur* 0^{m},08 *courant de légers*, ou plus simplement *sur* 0m,08 *de légers,* on doit entendre un ouvrage mesuré en longueur, et dont l'évaluation ou la réduction en légers a été faite sur le nombre qui indique sa largeur ; de là, une *naissance* de 4 mètres de longueur sur 0m,08 de légers produit $4 \times 0^{m},08 =$ $0^{m},32$ de légers ouvrages.

Lorsqu'il est exprimé qu'un ouvrage quelconque est *compté pour* 0m,75 *de légers,* par exemple, cela signifie que le travail n'est plus susceptible ni de réduction ni d'augmentation en légers, et qu'il doit être compté comme 3/4 de mètre superficiel de légers ouvrages.

Les matériaux qui entrent le plus fréquemment dans la composition des légers ouvrages sont le plâtre (70), les plâtras (78), les clous à lattes (87), les lattes (85) et le bardeau (86). La valeur de ces matières et la main-d'œuvre sont comprises dans les prix des légers ouvrages ; il n'en est pas de même des clous à bateaux et des rappointis, dont la pose seule en fait partie.

Plusieurs constructeurs ont agité la question de savoir si le titre commun de *légers ouvrages* est absolument nécessaire, et s'il ne serait pas beaucoup plus simple de fixer un prix pour chaque nature d'ouvrages en plâtre, méthode déjà employée par quelques administrations de travaux publics.

Cette question est difficile à résoudre d'une manière générale; cependant, malgré ce qui a été écrit à ce sujet par MM. Morisot, Toussaint, Bullet, Blottas, etc., auteurs et praticiens qui ont puissamment contribué, par leurs ouvrages, à éclaircir cette partie de la construction des bâtiments, pour notre part, nous pensons qu'il serait plus conforme à nos habitudes de mesurage de donner un *titre* et une *valeur* à chaque nature d'ouvrages en plâtre. En opérant ainsi, on mettrait fin aux nombreuses erreurs qui se commettent journellement par suite d'une fausse interprétation des *usages* et des divers moyens d'évaluation ; il serait facile alors à celui qui fait construire et à l'ouvrier lui-même de se rendre un compte exact du travail fait, ce qui est en partie impossible, pour le plus grand nombre, avec les évaluations et réductions en légers, malgré les nombreuses simplifications qui ont été apportées dans ce genre de mesurage de travaux. Du reste, il n'y a qu'à Paris et dans les départements environnants que cette habitude de réduire en légers ouvrages est usitée ; dans les autres parties de la France où le plâtre est employé, chaque nature d'ouvrage a son titre et sa valeur.

346. **Lattis jointifs et espacés.** — La pose d'un lattis, tout en paraissant être un travail très-simple, exige cependant de grands soins de la part de l'ouvrier ; car c'est surtout à la bonne exécution du lattis que sont dues la grande adhérence du plâtre au bois et la solidité des plafonds, pans de bois, cloisons, etc.

Après s'être assuré que les lattes sont de bonne qualité (85), s'il s'agit d'un plafond, le maçon commence par vérifier si les solives ne présentent pas de trop grandes flaches, ce qui entraînerait à une charge de plâtre dispendieuse et nuisible à la solidité du plafond ; s'il en était ainsi, il ferait rapporter des fourrures en bois sous les solives, pour dresser, autant que possible, les parties sinueuses. Cela fait, il procède à la pose des lattes, en les plaçant de manière que leurs extrémités se trouvent au milieu des solives, afin qu'il y ait le moins de déchet possible. Pour un lattis jointif il laisse 0m,01 d'intervalle entre les lattes voisines ; pour un lattis espacé devant recevoir des augets, l'entr'axe des lattes doit être de 0m,11 environ, ce qui donne un vide d'à peu près 0m,08. Pour les pans de bois et les cloisons légères, les lattis sont toujours espacés, et le vide entre les lattes voisines doit être de 0m,18 environ ; on a soin que les lattes placées sur chacune des faces du pan de bois ou de la cloison se trouvent au milieu des intervalles des lattes placées sur l'autre face.

L'ouvrier doit toujours s'arranger de manière que les lattes noueuses ou tortueuses se trouvent dans les endroits où la charge de plâtre sera la plus forte, et il doit tourner la face tortueuse de la latte vers l'intérieur du plancher ou du pan de bois.

Les clous employés, qui sont ordinairement des pointes de 0m,025 ou des clous à lattes proprement dits, doivent être enfoncés par un coup de hachette bien dirigé et bien sec ; s'il n'en est pas ainsi, les clous sautent, se ploient ou se cassent, d'où il résulte un déchet considérable de clous, et une augmentation sensible de main-d'œuvre.

Les bouts de lattes doivent être ramassés avec soin ; on les emploie pour latter les linteaux, les poutres, etc., travail pour lequel l'ouvrier doit toujours disposer les clous de manière qu'en les enfonçant les bouts de lattes ne se fendent pas.

Le temps que met un maçon avec un garçon pour exécuter 1 mètre carré de lattis est en moyenne :

h.
0,70 pour lattis jointifs de plafonds.

h.
0,30 pour lattis espacés de $0^m,08$ pour plafonds.
0,17 pour lattis espacés de $0^m,18$ pour cloisons ou pans de bois.

Partant de ces données et de ce qui a été dit aux articles *Lattes* et *Clous* (85 et 87), on voit qu'il faut, pour faire 1 mètre carré de lattis de plafond, espacé de $0^m,08$, pour augets : 8 lattes, 38 grammes de clous d'épingle et $0^h,30$ d'un maçon avec son aide.

On voit qu'ainsi il sera facile de se rendre compte du prix de revient des différentes espèces de lattis.

347. **Hourdis de pans de bois, cloisons, etc.** — Pour les hourdis en général, le maçon doit employer le plâtre le plus gros qu'il y a au gâchoir ; les mouchettes (75), mêlées avec un peu de plâtre ordinaire, sont très-convenables pour ce travail. Le plâtre doit être gâché aussi serré que possible.

Pour les pans de bois, l'ouvrier, après avoir latté sur les deux faces, place à sec, dans l'épaisseur du pan de bois, des plâtras, des éclats de briques ou de moellons tendres, etc., qui se trouvent maintenus par les lattes ; puis il remplit tous les vides entre ces matériaux avec le plâtre, en dressant grossièrement la surface avec la main, de manière à affleurer le lattis ; le crépi qu'il pose ensuite complète le dressage des parements et les prépare à recevoir l'enduit.

Pour les hourdis en renformis, pour niches, avant-corps, bandes de trémies, etc., tous les plâtras et garnis doivent être posés à bain de plâtre.

Comme, dans les cloisons légères, il existe trop peu d'épaisseur pour qu'il y ait possibilité de poser des plâtras entre les lattis des deux faces, tout l'intérieur de la cloison se hourde plein avec du plâtre ; parfois cependant, par économie, l'ouvrier fait son possible pour y poser quelques plâtras plats ou quelques morceaux de briques.

Pour faire le hourdis d'une cloison légère, le maçon place des planches contre une face de la cloison, en les étrésillonnant avec soin ; puis il applique son plâtre par la face opposée. Ces planches retiennent le plâtre liquide, en même temps qu'elles dressent le hourdis sur une des faces de la cloison ; on les enlève au fur et à mesure de la prise du plâtre.

Il arrive très-souvent que, par économie, l'ouvrier mêle de la *musique*, c'est-à-dire de la terre ou de la poussière d'immondices passée au panier, au plâtre qu'il emploie à hourder. Pour les cloisons ou pour les pans de bois intérieurs, tant que la quantité de musique mélangée au plâtre du hourdis ne dépasse pas 1/8, suivant nous, son emploi est sans inconvénient pour la solidité ; mais le plus souvent, pour les pans de bois, et en général pour tous les hourdis faits à l'extérieur, la musique doit être entièrement exclue. Dans le cas où l'on fait usage de musique, le prix de l'ouvrage diminue, selon que cette matière est employée en plus forte proportion.

Pour hourder en plâtras et plâtre 1 mètre carré de pan de bois de 0m,18 d'épaisseur, il faut :

	m.c.
Plâtras blancs (78)........................	0,08
Plâtre en poudre pour sceller les plâtras.......	0,02
	h.
Main-d'œuvre (un maçon avec son garçon)......	0,8

Pour le hourdis de 1 mètre carré de cloison légère de 0m,08 à 0m,11 d'épaisseur, il faut :

	m. c.
Plâtre en poudre.........................	0,04
	h.
Main-d'œuvre (un maçon avec son garçon).....	0,5

348. **Augets plats ou cintrés.** — Sous le nom d'*augets*, on désigne la couche de plâtre posée entre les solives d'un plancher ou les chevrons d'un comble, sur un lattis espacé (346), pour former le corps du plafond, et sur lequel on applique l'enduit. La figure 135 représente des augets plats, et la figure 136 des augets cintrés. Les plafonds avec augets plats ou cintrés présentent beaucoup plus de solidité que ceux faits simplement sous lattis jointif ; ils ont l'avantage de moins se lézarder, de se détacher plus difficilement des solives, et d'éviter que les planchers transmettent aussi facilement le bruit d'un étage à l'autre.

Fig. 135.

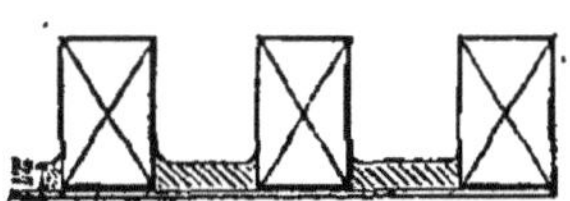

Fig. 136.

Les augets se construisent de deux manières, *à la parisienne* et *à l'italienne*.

Le procédé dit *à la parisienne* est généralement suivi pour tous les augets de plafonds neufs ; il consiste, lorsque l'échafaud et le lattis du plafond sont terminés, à appliquer sous le lattis, en regard des intervalles des solives, des planches les plus droites possible ;

des maçons placés sur l'échafaud posent des étrésillons sous ces planches pour les maintenir bien appliquées. Si parfois un nœud de latte ou un clou mal enfoncé empêchait la complète application des planches, il faudrait couper le premier, ou enfoncer ou abattre le second. Si une planche était gauche, il faudrait la redresser en serrant fortement les étrésillons.

Pendant que des compagnons, qui se trouvent sur l'échafaud, posent les planches et les changent de place au fur et à mesure de la prise du plâtre, d'autres maçons, placés sur les solives, font les augets. Pour cela, le plâtre doit, autant que possible, être gâché bien serré; le maçon le place entre les solives, soit avec la truelle, soit en versant l'auge entière, en ayant bien soin de dresser l'auget avec le dos de la truelle avant la prise du plâtre, et d'en régler l'épaisseur, qui ne doit pas être inférieure à $0^{m},027$.

Pour faire les augets, on emploie ordinairement le plâtre au panier (75). Comme ce travail exige habituellement du plâtre en grande quantité, les garçons des compagnons restés sur l'échafaud pour poser les planches sont également occupés à gâcher et à monter du plâtre aux maçons qui font les augets.

Les augets cintrés s'établissent de la même manière que les augets plats; seulement, pour les premiers, comme l'indique la figure 136, on a soin d'implanter des clous à bateau dans les côtés des solives, sur la hauteur de l'auget, avant de poser le plâtre. Le maçon donne à l'auget la forme circulaire indiquée *fig.* 136, soit avec sa truelle, soit avec une bouteille, ce dernier moyen n'est plus guère usité.

Quand, dans un bâtiment neuf, on fait les augets des plafonds avant que la couverture soit terminée, il faut avoir soin, au moyen d'une chevillette, de faire çà et là dans les augets des trous pour l'écoulement de l'eau en cas de pluie; sans cette précaution, l'eau séjournerait sur les augets, en pénétrerait le plâtre, et en retarderait la dessiccation tout en en diminuant la solidité.

Le procédé dit *à l'italienne* n'est employé que pour les plafonds que l'on établit sous d'anciens planchers, dont l'aire ou le carrelage existant sur les solives est conservé; il est usité également pour les plafonds lambrissés des combles sur lesquels la couverture est posée, et aussi pour les plafonds d'escaliers, lorsqu'on ne veut pas faire de lattis jointif, qui offre, du reste, moins de garanties de solidité.

Pour faire les augets par la méthode italienne, le lattis du plafond ou du lambris étant terminé, on prépare des planches d'une longueur et d'une largeur convenables, et aussi droites que possible; on apprête également des étrésillons d'une longueur déterminée par la distance de l'échafaud au plafond. Cela fait, les maçons font gâcher du plâtre en quantité suffisante, et ils placent sur l'échafaud une ou deux des planches préparées, autant que possible sous l'intervalle des solives entre lesquelles on va établir l'auget; ils remuent alors le plâtre qu'on vient de leur apporter, et ils l'étalent sur les planches, à peu près sur une largeur et une épaisseur égales aux mêmes dimensions de l'auget. Chaque planche ainsi recouverte de plâtre liquide est soulevée par deux ouvriers, qui l'appliquent précipitamment contre le lattis du plafond, au droit de l'intervalle des solives, pour y faire adhérer le plâtre; d'autres ouvriers placent un étrésillon sous chaque extrémité de la planche, et en même temps qu'ils les serrent fortement, ils frappent sur la planche avec la hachette, afin de faire mieux pénétrer le plâtre dans tous les vides du lattis. Un troisième et quelquefois un quatrième étrésillon est placé sous chaque planche, afin de bien la serrer contre le lattis. On laisse le tout dans cet état jusqu'à ce que la prise du plâtre soit opérée; alors on retire les étrésillons, et on décolle la planche pour la faire servir à l'application du plâtre en un autre endroit du plafond.

Cette manière d'exécuter les augets est assez difficultueuse, et elle réclame une grande vivacité de la part des maçons; car, avant la prise du plâtre, c'est-à-dire dans un temps qui est parfois tout au plus de quatre à cinq minutes, ils sont obligés d'étaler le plâtre sur la planche, d'appliquer celle-ci, qui pèse alors jusqu'à 70 à 80 kilogrammes, contre le lattis, et de poser et de serrer les étrésillons.

Il est facile de reconnaître quand des augets à l'italienne ont été exécutés par des ouvriers exercés; ils se trouvent tous dans un même plan, et l'on ne voit aucune bavure.

Au fur et à mesure que les augets s'exécutent, le maçon doit avoir soin de les piquer légèrement avec la hachette; les aspérités qui en résultent facilitent et augmentent l'adhérence du plâtre formant le crépi du plafond.

1 mètre carré de plafond se compose de $0^{m.c.}$,75 environ de surface réelle d'augets, et par conséquent de $0^{m.c.}$,25 environ de surface de solives.

1 mètre carré d'augets plats ordinaires exige :

	m.c.
En plâtre, y compris 1/20 de déchet..........................	0,025
	h.
En main-d'œuvre, non compris l'échafaud (un maçon avec son compagnon)	0,6

Pour les augets à l'italienne, la quantité de plâtre employée est à peu près de 1/10 plus forte que pour les précédents, et la main-d'œuvre de 1/5 environ.

Que les augets soient à simple ou à double courbure, pour plafonds en berceaux ou en dômes, les moyens d'exécution sont les mêmes que pour les augets faits sur plans ; mais la plus grande difficulté d'exécution occasionnant toujours un surcroît de main-d'œuvre et de plâtre, on en doit tenir compte dans l'évaluation du prix de l'ouvrage.

349. **Aire en plâtre.** — On nomme ainsi la couche de plâtre que l'on pose sur les bardeaux ou le lattis dont on recouvre le haut des intervalles des solives d'un plancher, et sur laquelle on établit le carrelage formant le sol du plancher.

Pour exécuter une aire de plancher, le maçon commence par poser sur les solives les bardeaux ou le lattis jointif, en ne clouant pas les lattes de celui-ci sur toutes les solives ; on les pose seulement comme les bardeaux, et sur chacune de leurs extrémités et au milieu de leur longueur on place en travers une latte que l'on fixe sur les solives avec des clous à bateaux : ces lattes transversales relient convenablement le lattis aux solives.

La pose des bardeaux ou du lattis étant terminée, l'ouvrier fait gâcher du gros plâtre en assez grande quantité, et il en forme l'aire qu'il dresse à la truelle; en réglant son épaisseur à $0^m,04$ environ. On doit avoir soin de ne pas approcher entièrement l'aire en plâtre des murs, des solives d'enchevêtrure, des poutres, etc., afin d'éviter les inconvénients si fâcheux qui pourraient provenir du gonflement du plâtre, c'est-à-dire la poussée au vide des murs et des poutres, ou le soulèvement, et par suite la rupture de l'aire lorsqu'on veut la charger.

Les aires recouvertes sont ordinairement dressées grossièrement avec le tranchant de la truelle ; mais si les aires restent apparentes, comme cela arrive souvent pour les greniers, dont elles forment le sol, par exemple, alors le maçon doit les dresser le mieux possible, et, au lieu d'en crépir la surface, il doit l'enduire.

L'établissement de 1 mètre carré d'aire ordinaire de $0^m,04$ d'épaisseur, posée sur bardeaux, exige :

48 bouts de bardeaux (86).
m.c.
0,042 de plâtre, déchet compris.
h.
0,17 d'un maçon avec son garçon pour la pose des bardeaux.
0,25 *Id.* pour l'emploi du plâtre.

350. **Bande de trémie.** — Nous avons déjà eu occasion, au n° 319, de parler des dispositions des trémies en fer établies pour supporter les âtres des cheminées, au-dessus des vides réservés entre les enchevêtrures, le chevêtre et le contre-cœur. Pour terminer la bande de trémie, les fers étant posés, le maçon larde de clous et de rappointis la face intérieure du chevêtre et des solives d'enchevêtrure ; puis il pose en dessous des solives, pour fermer le vide, des planches jointives qu'il soutient au moyen d'étrésillons bien serrés, et alors il pose sur cette espèce de plancher provisoire, pour remplir le vide, du plâtre et des plâtras blancs ou des recoupes de moellons tendres, qu'il hourde à bain de plâtre.

L'exécution de 1 mètre carré de bande de trémie, non compris le plafond exécuté en dessous, exige :

m.c.
0,120 de plâtras blancs ou de recoupes de moellons.
0,080 de plâtre en poudre pour hourder.
h.
2,00 d'un maçon avec son garçon, y compris l'établissement de l'échafaudage.

351. **Repères. Nus. Cueillies d'angle. Arêtes. Feuillures.**

1° Les *repères* sont des petites bandes de plâtre de $0^m,10$ sur $0^m,03$ environ, que le maçon établit ordinairement pour dresser ses enduits, pour mettre à plomb les règles qui doivent lui servir à battre les nus, les feuillures, les cueillies d'angle, etc. Il est rare qu'un bon maçon fasse gâcher exprès pour faire des repères quand il exécute d'autres travaux ; il trouve toujours moyen de se réserver quelques truellées de plâtre pour ses repères. Lorsque l'ouvrier n'a à exécuter que le travail qui nécessite l'établissement des repères, il est obligé de faire gâcher du plâtre exprès ; alors il commande de le gâcher serré, afin qu'il puisse de suite couper les repères suivant l'alignement prescrit, au moyen du riflard.

2° Les *nus* sont des bandes de plâtre de $0^m,50$ à 10 mètres, et quelquefois plus, de longueur, sur une largeur égale à celle d'une règle, $0^m,03$ environ, que les maçons établissent fréquemment pour bien dresser les enduits de murs, de plafonds, etc.; ils y ont également récours pour ériger les moulures.

Pour faire un nu, le maçon, après avoir coupé à l'alignement les repères R, R', *fig.* 137, applique la règle B dessus, et il la soutient par deux ou trois chevillettes C, C', suivant sa longueur. Cela suppose le nu horizontal; s'il était vertical, après avoir appliqué la règle sur les repères coupés, le maçon la fixerait à chacune de ses extrémités au moyen d'une chevillette ou d'une poignée de plâtre. La règle étant mise en place, l'ouvrier fait gâcher du plâtre serré en quantité suffisante, et il en remplit le vide compris entre la règle et le mur. Comme le plâtre, par suite du gonflement dû à sa prise, écarterait la règle des repères, on la force à rester dans sa position en la frappant avec la hachette. Lorsque le plâtre est durci, on enlève la règle, et le nu est terminé.

Fig. 137.

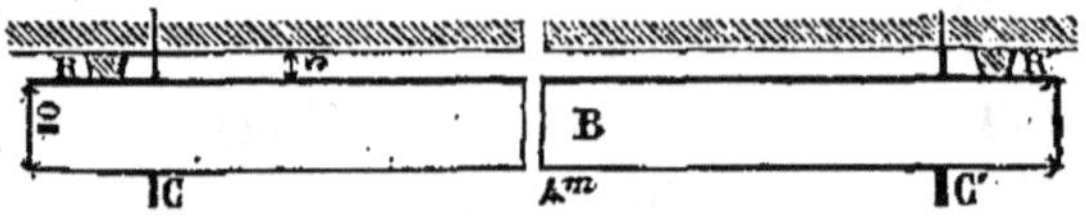

Des maçons, au lieu de laisser la règle sur les repères pendant la pose du plâtre, l'enlèvent, et après avoir placé celui-ci autant que possible suivant la direction et l'épaisseur du nu, ils viennent appliquer la règle dessus, et la frappent avec la hachette jusqu'à ce qu'elle repose sur les repères, où ils la maintiennent jusqu'à la prise du plâtre ; ils ont soin de bien ramasser le plâtre qui déborde la règle haut et bas quand elle repose sur les repères. Ce moyen doit être employé toutes les fois que cela est possible; il a l'avantage de produire des nus bien durs et bien pleins: c'est de lui, du reste, que vient le terme de métier *battre un nu.*

Parfois les nus se dressent au guillaume (123). On les fait encore, dans quelques cas, avec un bout de latte entaillé, nommé *cochonnet*, que l'on traîne sur une règle ou sur une pièce de bois; ce moyen est particulièrement employé pour les nus de plafonds d'escaliers : le limon sert ordinairement à diriger le cochonnet.

3° Les *cueillies d'angle*, *fig.* 138, ne sont autre chose que des nus que l'on établit dans les angles rentrants formés par les murs, les cloisons, les plafonds, etc., et qui par suite se composent de deux nus proprement dits. Pour les exécuter, le maçon commence d'abord par couper

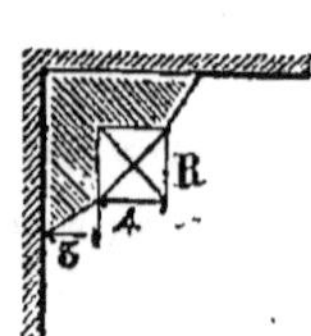

Fig. 138.

les repères à la demande de l'angle rentrant ; puis, avec une règle R, ordinairement carrée, et présentant toujours un angle égal à celui de la cueillie d'angle, il bat celle-ci en opérant comme pour un simple nu.

4° Le nom d'*arête* est donné, en général, à tous les angles saillants formés par les maçonneries. Sous le rapport des difficultés d'exécution, on distingue : 1° les arêtes simples, que l'on exécute à la règle aux encoignures des bâtiments, des tuyaux de cheminées, des jouées de lucarnes, des embrasements et tableaux de portes et croisées, etc.; 2° les arêtes que l'on établit à l'aide d'un calibre, comme les moulures.

Pour exécuter une arête simple, le maçon opère à peu près de la même manière que pour une cueillie d'angle. Qu'il fasse ou non usage de repères, après avoir placé sa règle R de manière qu'une de ses arêtes coïncide avec l'arête à exécuter, *fig.* 139, il la fixe dans cette position au moyen de chevillettes ou de petits patins en plâtre ; alors il fait gâcher du plâtre, et il le pose entre le mur et la règle en le serrant fortement avec la main et la truelle. Quand le plâtre a fait prise, l'ouvrier enlève avec la truelle brettée (123) celui qui dépasse la règle ; de cette manière, il dresse une face *a* de l'arête, dont l'autre face se trouve naturellement dressée en enlevant la règle.

Fig. 139.

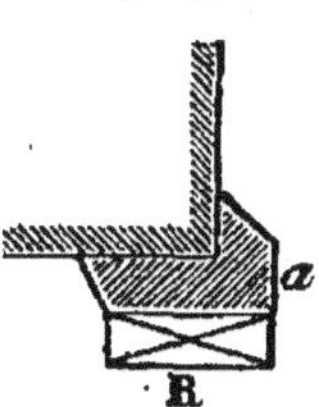

Pour ces sortes d'ouvrages, le plâtre doit être gâché le plus serré possible, soit afin de pouvoir décoller plus tôt la règle, soit pour que l'arête ait plus de résistance.

Parfois les arêtes sont arrondies : si c'est sur un petit rayon, de $0^m,01$ à $0^m,05$, on leur donne cette forme au moyen du riflard et du guillaume ; mais, lorsque le rayon de l'arrondissement atteint de $0^m,05$ à $0^m,12$, il y a une grande économie à faire une petite *cerce* avec un bout de planche, et à traîner l'arête arrondie avec ce calibre, que l'on fait glisser entre deux règles.

Quant aux arêtes courbes de croisées circulaires, d'archivoltes, etc., nous aurons occasion d'en parler lorsqu'il sera question des moulures traînées au calibre.

5° Les *feuillures* sont les renfoncements qui existent dans les pieds-droits des baies pour recevoir les portes et les croisées, châssis, volets, persiennes, etc.

Une feuillure se compose généralement d'un angle rentrant et de deux angles saillants; elle s'exécute de la même manière que les cueillies d'angle et les arêtes, en apportant le plus grand soin à bien placer à plomb la règle qui doit la former, et à bien garnir de plâtre les deux côtés de la règle, afin que la feuillure soit bien pleine et qu'il y ait le moins d'octage possible à faire, c'est-à-dire de petits trous à boucher. Le plâtre ayant fait prise, on le nettoie à la truelle brettée en le dressant parfaitement suivant les côtés de la règle; on enlève alors cette dernière, et on octe, si cela est nécessaire.

Les feuillures courbes se font au moyen de règles circulaires, ou se traînent en faisant usage d'un calibre comme pour les moulures.

Les cinq espèces de travaux que nous venons de passer en revue, quoique ne paraissant pas d'une exécution difficile, réclament cependant de la part du maçon une grande habitude et beaucoup de précautions. On peut, jusqu'à un certain point, caractériser ces travaux en disant qu'ils sont la clef de la profession de maçon : quand un ouvrier est arrivé à les faire avec vivacité, netteté et propreté, il peut facilement exécuter des travaux plus importants.

352. **Renformis.** — On nomme ainsi la sur-épaisseur de plâtre nécessitée par les flaches ou les irrégularités qui existent parfois à la surface d'un mur, d'un pan de bois, etc., et que l'on est obligé d'appliquer avant de poser le crépi et l'enduit. L'épaisseur du crépi et de l'enduit en plâtre étant à peu près de 0m,022 pour un mur ou un pan de bois, et d'environ 0m,030 pour un plafond, l'excès, sur ces épaisseurs, de plâtre à poser pour obtenir des surfaces régulières est donc ce que l'on appelle un *renformis*.

L'application d'un renformis sur un mur, un pan de bois, un plafond, etc., n'exige aucun soin particulier. Le maçon commence par préparer l'emplacement qui doit recevoir le renformis : ainsi, il le nettoie et le mouille s'il s'agit d'une vieille construction; puis il fait gâcher du gros plâtre, et il l'applique en le laissant le plus brut possible à la surface, afin que le crépi qu'il vient poser ensuite s'y fixe parfaitement.

Lorsque l'épaisseur d'un renformis excède 0m,04 ou 0m,05, par économie, on y ajoute des éclats de tuileaux, de briques, de plâtras, etc., que l'on scelle dans le plâtre au fur et à mesure de son emploi.

L'exécution de 1 mètre carré de renformis de $0^{m},01$ d'épaisseur exige :

m. c.
0,01 de plâtre en poudre, déchet compris.
h.
0,1 d'un maçon avec son garçon.

353. **Gobetage.** — On nomme ainsi le plâtre au panier, gàché excessivement clair, que l'on projette avec un balai sur les lattis et les pièces de charpente sur lesquelles on veut appliquer un crépi et un enduit.

Anciennement les maçons avaient l'habitude de gobeter tous les murs, lattis, pans de bois, etc., avant d'y appliquer le crépi ; mais on a reconnu que, dans plusieurs cas, ces gobetages étaient au moins inutiles, qu'il ne fallait pas en appliquer partout indistinctement, et leur emploi a été limité aux lattis jointifs et aux pièces de charpente, sur lesquels le plâtre adhère le plus difficilement.

Pour faire un gobetage, le maçon fait gâcher très-clair du plâtre au panier ; après l'avoir remué, il trempe dans l'auge un balai de bouleau, dont il frappe ensuite la surface à gobeter ; il retrempe son balai pour le fouetter de nouveau, et il continue ainsi de suite jusqu'à ce que l'auge soit vide. Ainsi appliqué avec le balai, le plâtre forme une infinité de petites gouttelettes, qui facilitent beaucoup l'adhérence du plâtre au lattis et aux pièces de charpente. Pour un plafond latté jointif, par exemple, il serait impossible de faire le crépi si l'on n'avait eu soin de gobeter d'abord, le plâtre se détacherait au fur et à mesure de sa pose. Pour les plafonds avec augets on gobette seulement les faces inférieures des solives.

1 mètre carré de gobetage sur lattis jointif exige environ :

m.c.
0,007 de plâtre en poudre.
h.
0,14 d'un maçon avec son garçon.

354. **Crépis en plâtre.** — Sous ce nom, on désigne la couche de plâtre qu'on applique sur la maçonnerie de moellons, sur le hourdis d'un pan de bois ou sur les augets d'un plafond pour préparer les surfaces à recevoir l'enduit. Parfois cependant, par raison d'économie, les crépis ne se recouvrent pas d'un enduit ; c'est ce qui a lieu dans les endroits où l'on n'a pas besoin d'une

grande propreté, comme pour les murs de clôture, les murs pignons, etc.

Pour exécuter un crépi en plâtre, si le mur est neuf, le maçon commence par mouiller la surface sur laquelle il va appliquer son plâtre ; s'il s'agit, au contraire, d'une vieille maçonnerie, il doit hacher le vieux plâtre, puis nettoyer et mouiller parfaitement la surface. Ces précautions préparatoires prises dans le but de faciliter l'adhérence du crépi, le maçon fait gâcher le plâtre qui lui est nécessaire, en recommandant qu'il ne soit pas trop serré ; du reste, un bon garçon sait très-bien comment le plâtre doit être gâché pour chaque nature de travaux qu'exécute son compagnon.

Le plâtre étant gâché et remué, le maçon le laisse couder un peu dans l'auge ; puis il le jette à la truelle sur la surface à crépir. Ce jet à la truelle exige une certaine habitude pour que le plâtre s'applique régulièrement sur la construction sans qu'il en tombe à terre. L'application du plâtre devant être faite avec une grande vivacité, surtout quand le maçon en a un voyage à employer, dès que le plâtre commence à prendre dans l'auge, il cesse de le jeter à la truelle, et il fait usage de la taloche (123) ; ayant recouvert cet outil de plâtre, il le fait aller en tous sens, en le promenant contre le mur pour y faire adhérer le plâtre ; son plâtre étant employé, il nettoie la taloche.

En passant la taloche sur le plâtre jeté à la truelle, le maçon commence à dresser le crépi, qu'il achève de rendre plan à l'aide de la truelle, et, passant légèrement le tranchant de cet outil sur la surface du crépi, il y forme des petites aspérités qui permettent à l'enduit d'y bien adhérer ; le crépi étant de plâtre au panier, le tranchant de la truelle, en en détachant les gros grains, y forme des arrachures auxquelles l'enduit, qui est ordinairement en plâtre au sas, vient gripper fortement.

Les crépis qui restent apparents demandent à être d'un fini plus parfait que ceux qui doivent être couverts d'un enduit ; le raclage à la truelle doit être fait plus légèrement et d'une manière uniforme.

Les crépis de plafonds offrent plus de difficultés que ceux exécutés sur plans verticaux : il faut plus de force pour employer le plâtre sans en trop laisser tomber, et aussi plus d'habitude pour le jeter à la truelle, le faire adhérer au plafond et l'employer avant sa prise, tout en dressant le crépi de manière que l'épaisseur de l'enduit soit à peu près uniformément de $0^{m},005$ en dehors des nus ; on serait obligé de gratter le crépi après la prise du plâtre, si on lui avait donné une trop grande épaisseur.

Pour établir 1 mètre carré de crépi plein de 0m,014 d'épaisseur, sur paroi verticale, il faut :

m.c.
0,014 de plâtre en poudre, déchet compris.
h.
0,54 d'un maçon avec son garçon.

1 mètre carré de crépi de 0m,02 d'épaisseur, sur plafond, exige :

m. c.
0,025 de plâtre, déchet compris.
h.
0,47 d'un maçon avec son garçon.

Les crépis à simple et à double courbure, destinés à recevoir des enduits dressés au cimbleau, exigent pour leur exécution un surcroît de plâtre et de main-d'œuvre, qui ne doit pas être négligé dans l'évaluation de ces travaux.

355. **Enduits en plâtre.** — On distingue deux espèces d'enduits en plâtre : l'enduit simple et l'enduit destiné à recouvrir un crépi. Les enduits simples sont ceux que l'on applique seuls immédiatement sur les maçonneries qui n'exigent pas de crépi, par exemple, les murs dossiers, l'intérieur des tuyaux de cheminées, les souches au-dessus des combles, les murs de clôture et autres ouvrages de même nature, qui réclament plus de solidité que de fini d'exécution, et qu'assez souvent on enduit avec du plâtre au panier.

On classe aussi au nombre des enduits simples ceux exécutés sans crépi à l'intérieur des bâtiments sur d'anciens ouvrages repiqués légèrement et non hachés à vif; on les fait ordinairement en plâtre au sas.

L'épaisseur est plus considérable pour les enduits simples que pour ceux faits sur crépis; elle est ordinairement de 0m,010 à 0m,014 pour les premiers, et de 0m,007 à 0m,010 au plus pour les derniers.

L'exécution étant à peu près la même pour les enduits simples que pour ceux sur crépis, nous nous bornerons à résumer la manière de procéder pour établir ces derniers.

Dans l'intérêt de la solidité de l'enduit, il doit être exécuté par autant de maçons que sa surface contient de fois 7 à 8 mètres au plus ; le travail se trouve ainsi exécuté d'un seul coup, on évite les soudures, et on obtient plus de solidité et de propreté.

Il y a des maçons qui portent la limite de 7 à 8 mètres d'enduit à 12 ou 14 mètres ; c'est, suivant nous, un tour de force sans utilité ; car, en supposant à ces ouvriers un peu plus de force et d'agilité, la durée de la prise du plâtre étant constante dans les mêmes circonstances, et la quantité de plâtre employée étant proportionnelle à la surface à enduire, ils sont obligés de faire gâcher des voyages considérables de plâtre, lesquels exigent un temps d'emploi que l'on ne peut prendre que par un excès d'eau, qui rend le plâtre excessivement clair et nuit considérablement à la solidité de l'enduit. Il est très-facile de reconnaître le travail exécuté par de semblables *bâcleurs ;* la truelle brettée, passée dessus, une demi-heure après qu'il est achevé, ne résonne pas plus que sur du mortier de terre fraîchement employé, et à la longue l'enduit finit par gercer de tous côtés. Quand, au contraire, un maçon n'a fait que la surface de 7 à 8 mètres d'enduit que lui permettent ses forces et la prise du plâtre bien gâché, il peut facilement nettoyer son travail à la truelle brettée sitôt qu'il est terminé, et cet outil résonne absolument comme si on grattait de la pierre.

Comme, pour un enduit jeté par plusieurs maçons, chaque ouvrier fait sa portion de travail comme s'il était seul, notre énumération des moyens d'exécution sera la même que si un ouvrier travaillait isolé.

Pour exécuter un enduit en plâtre au sas, le maçon s'assure d'abord que le crépi est bien dressé ; il passe légèrement dessus le côté dentelé de sa truelle brettée, pour faire disparaître les petites bosses et les irrégularités qui pourraient exister à sa surface ; il a soin de gratter près des nus, arêtes et cueillies d'angle qui ont été faits avant le crépi, et qui ont servi à le dresser ; ce grattage doit être fait de manière que les nus, arêtes et cueillies d'angle, sur lesquels la truelle brettée et le riflard doivent être passés légèrement, soient en désaffleurement du crépi de toute l'épaisseur du plâtre au sas qui doit former l'enduit.

Ces précautions prises, si la surface de l'enduit n'est que de quelques mètres, le maçon fait gâcher son plâtre au gâchoir ; si, au contraire, cette surface est de 7 à 8 mètres, il fait apporter le plâtre et l'eau nécessaires sur les lieux où l'enduit doit être exécuté, et il fait gâcher sous ses yeux, par son garçon, le plâtre dont il a besoin ; il remue ensuite le contenu de l'auge avec sa truelle et sa main gauche, jusqu'à ce que les petites mottes de plâtre soient parfaitement écrasées et délayées. Le plâtre doit être gâché plus ou moins clair, suivant la rapidité de la prise ; mais ordinairement on le gâche à un degré tel, que quand le plâtre est bien remué, si l'on en prend sur une truelle, il s'y étale sur une couche de $0^m,002$ d'épaisseur au moins.

Le plâtre étant bien remué, le maçon en jette quelques truellées sur le crépi en attendant qu'il coude un peu ; alors, au moyen de sa truelle, il en garnit sa taloche, qu'il a soin de tenir à la hauteur des bords de l'auge, et il vient l'appliquer sur le crépi en promenant la taloche dans tous les sens ; il recouvre de nouveau sa taloche de plâtre, en ayant soin de remuer le contenu de l'auge avec sa truelle chaque fois qu'il vient y puiser, pour qu'il ne se forme pas de grumeaux, et il applique ce nouveau plâtre en le posant par bandes horizontales ou verticales. Il continue ainsi de suite jusqu'à ce que son plâtre soit presque entièrement employé; puis il passe la taloche à sec sur tout l'enduit pour en lisser et en dresser la surface le mieux possible.

Afin d'aller un peu plus vite et de moins se fatiguer, le maçon, au lieu de placer lui-même le plâtre avec la truelle sur la taloche, l'y fait mettre par son garçon au moyen de la pelle. En agissant de cette manière, il a un peu plus de temps pour dresser l'enduit; cependant ce moyen n'est usité que lorsqu'il s'agit d'un fort voyage de plâtre à employer.

Quand le plâtre appliqué est encore très-mou, le maçon doit avoir soin de ne pas trop appuyer sa taloche, sans quoi il pourrait ne pas laisser une charge de plâtre suffisante en quelques places, et il trouverait les *os*, c'est-à-dire qu'il rencontrerait le gros plâtre du crépi, en nettoyant l'enduit à la truelle brettée. Quand, au contraire, le plâtre commence à prendre, il doit appuyer sur la taloche, afin de ne laisser nulle part une trop forte épaisseur de plâtre et de rendre l'enduit bien plein en tous points. Cette partie du travail exige de la force, de la vivacité et de l'habitude, le plâtre faisant parfois prise en sept ou huit minutes.

Le plâtre étant presque entièrement employé, l'ouvrier gratte sa taloche avec sa truelle, et il la met de côté pour utiliser le peu de plâtre qui lui reste à garnir parfaitement le long des nus, arêtes et cueillies d'angle ; il termine ces raccords en les lissant avec la truelle.

Si la taloche a laissé quelques trous ou défauts dans l'enduit, le maçon bouche les premiers et fait disparaître les seconds avec la truelle ; il lisse un peu l'enduit avec cet outil, et il laisse durcir le plâtre.

Aussitôt que l'enduit a fait prise, le maçon commence à le dégrossir en passant dessus le côté denté de la truelle brettée ; il nettoie d'abord parfaitement les nus, arêtes et cueillies d'angle du plâtre qui a pu se fixer dessus, et ce nettoyage étant achevé, ce qui doit avoir lieu avant la prise complète du plâtre, le maçon finit de dresser parfaitement le reste de l'enduit, en n'y laissant ni trous ni bosses ; il bouche les trous avec de la raclure de plâtre, au fur et à mesure qu'ils paraissent dans l'enduit. Le maçon achève alors le nettoyage et le dressage de l'enduit avec le tranchant uni de la truelle brettée ; c'est de ce dernier travail que dépend le fini de l'enduit ; aussi réclame-t-il quelque habileté de la part du maçon, qui doit tenir le tranchant de sa truelle bien affûté et bien droit, plutôt un peu bombé que creux ; il doit manœuvrer cet outil avec soin, en dirigeant ses coups dans le même sens, en évitant les ressauts et en faisant disparaître les côtes au fur et à mesure qu'elles se forment ; de cette façon, il parviendra à rendre son enduit aussi droit et aussi uni que possible.

Lorsqu'on est obligé de raccorder une partie d'un enduit qui n'a pu être terminé dans toute son étendue avec une autre, le maçon trace avec son riflard une ligne le plus près possible du bord de la partie d'enduit déjà faite, et il pique suivant ce trait la partie irrégulière de plâtre qui le dépasse ; c'est ce qu'on appelle *préparer la soudure*. En exécutant la nouvelle partie d'enduit, l'ouvrier doit, à l'aide de sa truelle, serrer avec soin le plâtre mou contre la face de soudure, afin que par la suite il ne se forme pas de gerçure à la jonction des deux portions de l'enduit.

Les enduits de voûtes, de plafonds, etc., se font de la même manière que les précédents ; seulement les grandes surfaces d'enduit doivent autant que possible être jetées d'un seul coup ; au lieu d'un maçon, il y en a quelquefois jusqu'à dix, et il nous est arrivé d'en avoir dix-neuf sur un échafaud pour enduire des voûtes d'une caserne du fort de Charenton ; c'est un coup d'œil qui ne manque pas de mouvement, que de voir dix-neuf ouvriers agir avec ensemble et avec la plus grande rapidité pour placer du plâtre sur leur taloche et l'appliquer sur le crépi, en courant constamment sur l'échafaud, les yeux toujours fixés sur leur travail, sans jamais regarder à leurs pieds.

Pour exécuter 1 mètre carré d'enduit sur crépi, pour parois verticales, il faut :

m.c.
0,008 de plâtre au sas, déchet compris.
h.
0,20 d'un maçon avec son garçon.

Si l'enduit sur crépi est fait sur plafond, il faut pour 1 mètre carré :

m.c.
0,014 de plâtre au sas, déchet compris.
h.
0,30 d'un maçon avec son garçon.

Dans les temps qui figurent dans ces sous-détails se trouve comprise la durée de l'exécution des nus et cueillies d'angle. Ces sous-détails ne sont applicables qu'à des enduits de dimensions ordinaires; pour les enduits de petites dimensions, pour ceux d'embrasements et tableaux de portes et croisées, ainsi que pour les enduits faits sur des surfaces à simple ou à double courbure en élévation, comme il faut parfois une grande quantité de plâtre, et qu'il y a toujours un surcroît de main-d'œuvre, les prix doivent être établis en conséquence.

356. On désigne généralement sous le nom de *ravalement,* toute espèce de crépis et enduits appliqués sur les murs et pans de bois, tant à l'intérieur qu'à l'extérieur des bâtiments; mais, sous ce nom, on comprend plus particulièrement tous les travaux faits sur les parements extérieurs des anciens murs et pans de bois.

De cette dénomination, il résulte que l'action de faire un crépi ou un enduit se désigne ordinairement par le mot *ravaler*.

357. **Enduits colorés.** — On peut donner aux enduits en plâtre différentes couleurs; ainsi, on en fait qui simulent la brique. Pour faire un tel enduit, on emploie simplement du plâtre au sas, auquel on a mêlé, lors du gâchage, une assez grande quantité d'ocre rouge pour lui donner la couleur de la brique. Quand l'enduit est fait, on le nettoie avec le côté denté de la truelle brettée; puis on trace avec un crochet, en allant jusqu'au crépi, tous les joints de briques que l'on veut figurer; on remplit ensuite tous ces joints avec un petit enduit très-mince en plâtre blanc, et on achève le dressage de l'enduit avec le côté uni de la truelle brettée; on enlève ainsi le plâtre blanc qui forme l'enduit mince, en ne laissant que celui qui est dans les joints, et on donne à l'enduit l'aspect d'un parement en briques.

358. **Crépis mouchetés.** — On fait aussi en plâtre au sas des tables renfoncées ou des parties encadrées de montants et de bandeaux. Après avoir coupé ces bandeaux sur une largeur de 0^{m},10 à 0^{m},20, on forme les tables au moyen d'un *moucheté*, c'est-à-dire d'un plâtre composé en grande partie de mouchettes (75), que l'on jette au balai comme le gobetage (353). Parfois ces tables se crépissent tout simplement, ou encore elles se font avec du plâtre ordinaire, sur lequel, avant la prise, on passe un balai dont les brins sont coupés assez près du lien. On donne quelquefois au moucheté ou au crépi des tables une couleur noire ou rouge, en mêlant au plâtre, comme il a été indiqué au numéro précédent, soit du noir de charbon, soit de l'ocre. Ces sortes de décorations rustiques réussissent assez bien lorsqu'elles sont distribuées avec goût et quelque symétrie ; mais il ne faut pas en abuser (81).

359. **Recouvrement de pièces de charpente.** — Ce travail se compose d'un lattis espacé et d'un gobetage, d'un crépi et d'un enduit. D'après les détails donnés sur chacune de ces natures d'ouvrages, il est facile de se rendre compte du mode d'exécution d'un recouvrement de charpente. Cette exécution présente bien quelques petites difficultés à cause du grand nombre d'arêtes et cueillies que l'on est parfois obligé d'établir ; aussi le maçon doit-il y apporter tous ses soins, pour qu'une grande netteté règne dans tous les détails. Une précaution qu'il ne faut pas oublier, c'est d'enfoncer des clous à bateaux et des rappointis, principalement sur les arêtes; quand il y a une grande charge de plâtre ; sans cela, le recouvrement se détacherait facilement des pièces de charpente.

Ces sortes de recouvrements se font ordinairement dans les étages des combles, sur les arêtiers, les jambes de force, les sablières, les pannes et les arbalétriers ; on les exécute aussi sur les poutres et poitrails des étages inférieurs.

Parfois aussi ces recouvrements sont employés pour terminer des colonnes faites de poteaux en bois grossièrement arrondis. Ces poteaux étant couverts d'un lattis à 0^{m},08 de vide, puis d'un gobetage, on forme un crépi et un enduit au moyen de calibres ou de cerces.

Les colonnes se font aussi au moyen de poteaux carrés contre les faces desquels on rapporte des fourrures, pour les arrondir, et que l'on recouvre ensuite d'un lattis, d'un gobetage, d'un crépi et d'un enduit comme dans les cas précédents.

360. **Pigeonnage en plâtre.** — Sous ce nom, on désigne ordi-

nairement une espèce de cloison de $0^m,08$ d'épaisseur, faite en plâtre pur, et dressée à la main au fur et à mesure avant la prise. Cette espèce de cloison est généralement employée à la construction des coffres et languettes de cheminées, et à l'établissement des hottes de cheminées de cuisines.

L'exécution du pigeonnage se fait ordinairement de la manière suivante : pour un coffre de cheminée, par exemple, le maçon, après avoir fait dans le mur dossier des arrrachements pour y sceller les costières et les languettes de refend du coffre, mouille ces arrachements; puis il place deux lignes suivant l'alignement extérieur de la languette de face du coffre, en ayant soin de les mettre parfaitement d'aplomb ou de leur donner un peu de fruit s'il en existe dans le parement du mur dosseret. Ces précautions prises, il fait gâcher du plâtre un peu serré ; après l'avoir remué et laissé couder, il en prend plein sa truelle et le pose dans sa main gauche ; avec le dos de sa truelle il donne à cette poignée de plâtre à peu près la forme d'un plâtras plat dont l'épaisseur est celle du pigeonnage ; il pose cette poignée de plâtre ainsi préparée au droit de la languette de face et suivant l'alignement des lignes. Pour cela, il tient le dos de sa truelle à l'intérieur du coffre, et avec sa main gauche il presse la poignée de plâtre contre le dos de sa truelle, de manière à lui donner l'épaisseur et la direction convenables, et à la sceller parfaitement sur le mur ou sur l'ancien coffre où il la pose. Le maçon prend une nouvelle poignée de plâtre, qu'il prépare comme la première, à la suite de laquelle il la pose absolument comme si c'était une brique, et il continue ainsi, jusqu'à ce que son plâtre soit employé et qu'il ait posé une assise de pigeonnage, en suivant la direction des lignes et le tracé fait sur le mur dosseret pour la direction des languettes costières et de refend.

Le pigeonnage commencé, c'est-à-dire le coffre formé sur une hauteur de $0^m,10$ environ, le maçon fait gâcher de nouveau, et il pose son plâtre par poignées sur la base déjà formée du pigeonnage, en ayant toujours soin de bien souder, avec la main gauche et la truelle, les nouvelles poignées avec celles qui ont été posées précédemment et qui sont prises.

Pour la pose, le dos de la truelle doit toujours être à l'intérieur du coffre, dont l'extérieur est dressé à la main et ensuite crépi avec le champ de la truelle, ce qui le rend plus brut pour recevoir l'enduit que l'on doit appliquer dessus et qui a besoin d'une grande solidité pour résister aux intempéries.

Au fur et à mesure que le coffre s'élève, le maçon en enduit légèrement l'intérieur, afin que la suie puisse s'en détacher facilement. L'enduit extérieur ne se fait que lorsque le pigeonnage est entièrement terminé.

Parfois le maçon emploie le moyen suivant pour pigeonner : il place des planches à l'intérieur du coffre, suivant l'alignement des parements intérieurs; ces planches sont maintenues soit au moyen de chevillettes, soit au moyen de petits étrésillons ; il fait ensuite gâcher, puis il applique le plâtre contre les planches, en lui donnant l'épaisseur voulue, et il continue en dressant extérieurement les languettes de face et les languettes costières du coffre. Lorsque les planches sont entièrement garnies de plâtre et que ce dernier est pris, le maçon retire les chevillettes ou les petits étrésillons qui les soutiennent, et il les décolle pour les placer plus haut.

Cette dernière manière de pigeonner, qui se nomme *cintrer*, peut être employée sans inconvénient dans plusieurs cas, par exemple, pour les hottes de cheminées de cuisines, pour les planchers de soubassements, pour les faux coffres et même pour les coffres intérieurs; mais, pour les coffres extérieurs de cheminées, on doit s'en abstenir autant que possible, le pigeonnage à la main offrant beaucoup plus de garanties de solidité pour les languettes exposées aux intempéries que le cintrage, dont le principal inconvénient est que parfois il se forme des crevasses au droit des joints des planches qui ont servi à l'exécuter.

Beaucoup de coffres extérieurs se cintrent cependant, à cause de l'économie de temps et même de plâtre qui en résulte ; alors le maçon doit avoir soin de placer les planches horizontales, et de poser son plâtre à peu près régulièrement suivant la hauteur de ces planches; de cette manière, il forme des zones de cintrage qui ont quelque analogie avec le pigeonnage.

Pour exécuter à la main 1 mètre carré de pigeonnage, il faut :

m.c.
0,081 de plâtre en poudre, déchet compris.
h.
2,00 d'un maçon avec son garçon, compris l'établissement de l'échafaud.

Pour le pigeonnage cintré avec des planches, le temps employé n'est que les 8/10 environ du précédent.

361. **Tuyaux de cheminées.** — Ces tuyaux se construisent ou en pierre de taille, ou en plâtre ou en briques, et leur section est

rectangulaire ou circulaire. Les dimensions dans œuvre des tuyaux rectangulaires sont à peu près de 0m,22 à 0m,25 sur 0m,50 à 0m,60 ; des proportions moindres rendraient difficile le passage d'un ramoneur lors du nettoyage, et des dimensions plus grandes pourraient rendre la cheminée sujette à fumer (320).

La construction des coffres de cheminées en pierre ne présente pas d'autres difficultés que celles inhérentes à la maçonnerie de pierre de taille (169). Pour établir un tel coffre, on doit employer, autant que possible, des pierres tendres, que l'on pose avec du plâtre ou du mortier. Quelquefois on place de distance en distance, et principalement aux angles du coffre, des crampons en fer pour assurer la fixité des pierres. L'épaisseur des costières et des languettes de face construites en pierre varie de 0m,12 à 0m,25. L'assise qui couronne le coffre est ordinairement en pierre dure.

Les tuyaux de cheminées en plâtre doivent être pigeonnés. Comme nous l'avons dit n° 360, le pigeonnage doit être légèrement enduit à l'intérieur, au fur et à mesure de son exécution, afin de diminuer l'adhérence de la suie ; il doit en être de même du mur dossier, qu'assez souvent on enduit avant de commencer le pigeonnage ; c'est sur l'enduit de ce mur que l'ouvrier trace la position des languettes costières et de refend, où il doit faire les arrachements.

Les enduits faits à l'intérieur des coffres sont ordinairement en plâtre au panier. Les crépis et enduits de l'extérieur des coffres sont généralement en plâtre au sas dans l'étendue de l'intérieur des logements ; mais les têtes de cheminées et les portions de tuyaux qui se trouvent dans les greniers sont enduites en plâtre au panier, et très-souvent il arrive, qu'au lieu d'enduire en plâtre au sas la partie de coffre qui se trouve hors des combles, on le fait en plâtre au panier, qui résiste mieux aux intempéries.

Fig. 140.

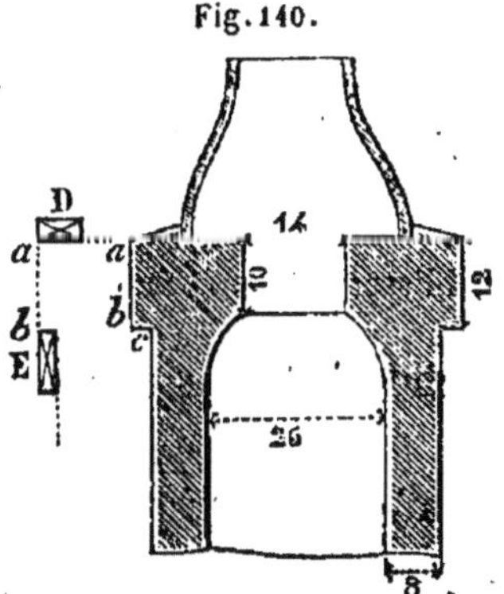

362. **Couronnements des cheminées.** — Le pigeonnage étant arrivé au sommet, l'ouvrier procède à la fermeture du coffre, ou mieux au rétrécissement de son ouverture supérieure, en réduisant à 0m,14 ou 0m,15 la largeur de 0m,22 à 0m,25 de cette ouverture. Ce rétrécissement se fait au moyen de deux gorges de raccordement, faites chacune sur les languettes

de face, si le coffre est dégagé, comme l'indique la figure 140. Si le coffre est adossé, une de ces gorges se place sur le mur dossier. L'ouverture de 0m,14 à 0m,15 de largeur est celle qui paraît la plus favorable au passage de la fumée.

La fermeture terminée, le maçon procède à l'exécution du couronnement, qui n'est quelquefois qu'une simple moulure; mais, le plus souvent, c'est un bandeau de 0m,12 à 0m,15 de hauteur sur 0m,03 à 0m,05 de saillie, comme l'indique la figure 140.

Pour faire ce bandeau, le maçon place une règle de niveau pour former l'arête supérieure *a*, puis une autre règle E de 0m,03 à 0m,05 d'épaisseur, suivant la saillie du bandeau, pour former l'arête *b* et l'angle rentrant *c*. Les deux règles étant espacées de la hauteur du bandeau et leurs faces extérieures placées dans le même plan vertical, comme l'indique le détail D, le maçon les fixe dans cette position; puis il fait gâcher du plâtre serré, et il en remplit l'intervalle des règles, pour former le bandeau. Quand le bandeau est fait en plâtre au panier, le maçon le lisse parfaitement en appuyant sa truelle contre les deux règles; si, au contraire, on emploie du plâtre au sas, il le dresse grossièrement à la truelle, et après la prise il termine à la truelle brettée, en suivant parfaitement le plan des deux règles. Cela fait, le maçon décolle les deux règles, et il en place deux autres plus petites pour faire le couronnement des côtés du coffre, quand il est adossé; si, au contraire, le coffre est dégagé, il place ces deux règles sur le côté opposé à celui qu'il vient de faire, et, ce côté achevé, il termine le couronnement par les côtés du coffre, en opérant de la même manière.

Aussitôt que le couronnement est achevé, le maçon scelle la mitre, qu'on lui donne quand elle est en poterie, et qu'il est obligé de faire quand elle est en plâtre. La figure 140 représente une mitre dite *à la Fougerolle*. Une mitre en plâtre se compose de quatre languettes en plâtre, de 0m,04 d'épaisseur, que l'ouvrier coule à part, ce qui n'offre aucune difficulté.

La mitre posée et scellée, le maçon fait les solins qui doivent la fixer; il les raccorde avec les arêtes extérieures du couronnement, en leur donnant une pente de 0m,02 à 0m,03 sur leur largeur, qui est à peu près de 0m,12 à 0m,15.

Enfin, la fermeture, le couronnement, la pose de la mitre et les solins étant achevés, l'ouvrier exécute l'enduit extérieur. Pour cela, après avoir établi les arêtes et les cueillies d'angle du coffre, il procède comme au n° 351.

363. **Tuyaux de cheminées établis dans l'épaisseur des murs.** — Parfois, pour économiser la place, on construit les tuyaux de cheminées dans l'épaisseur des murs. Quand ils sont rectangulaires, le fond est formée par une cloison en briques, et les deux languettes costières se trouvent naturellement formées par le mur, que l'on recouvre simplement d'un enduit. Il ne reste plus à faire alors que la languette de face, qui doit affleurer l'alignement du mur, et celles de refend. Ces languettes se construisent parfois en pigeonnage (360) ; mais le plus souvent on les fait en briques.

La multiplicité des appartements réclamant très-souvent un grand nombre de cheminées, pour que les tuyaux occupent encore moins de place que les précédents, on les fait quelquefois en tuyaux de grès ou de fonte de fer, ronds ou ovales, et de $0^m,21$, $0^m,24$ ou $0^m,27$ de diamètre, que l'on place dans l'intérieur des murs ; mais le plus souvent on érige ces tuyaux au moyen d'un mandrin cylindrique de 1 mètre environ de longueur ; le maçon place le mandrin dans l'épaisseur du mur, suivant la direction que le tuyau de cheminée doit avoir, et l'ayant entouré d'une couche de plâtre, il applique contre cette couche les moellons destinés à la formation du mur. Ce cylindre se séparant par parties, l'ouvrier le remonte successivement au-dessus de la portion de tuyau déjà faite et au fur et à mesure de la construction du mur; il recommence ainsi jusqu'à la fermeture du tuyau.

Maintenant, pour suppléer au mandrin, on emploie tout simplement une feuille de zinc, que l'on ploie en tuyau, suivant le diamètre voulu. A la partie inférieure, on maintient cette feuille de zinc dans la portion de tuyau commencée au moyen d'un bout de latte en forme d'étrésillon ; la partie supérieure de la feuille de zinc est simplement arrêtée avec une ficelle. Quand ce tuyau est garni de plâtre et de moellons dans toute sa hauteur, l'ouvrier fait tomber le bout de latte de la partie inférieure, et, comprimant le tuyau pour en diminuer le diamètre, il le retire assez facilement ; il le replace de même au-dessus de la partie de cheminée achevée, et continue ainsi de suite jusqu'à ce que la cheminée soit montée jusqu'au sommet.

En dehors des moyens d'exécution de la maçonnerie de briques, exposés au n° 200, pour faire en briques les cloisons des coffres de cheminées, il est quelques précautions que l'ouvrier doit prendre. Pour assurer la solidité du coffre, il doit avoir soin de tracer sur le mur dosseret les directions des languettes costières et de refend, et de faire de distance en distance sur ces directions, dans le mur dosseret, des trous ou arrachements pour y sceller la moitié d'une des briques du coffre.

A Paris, les maçons qui érigent des coffres dec heminées, dans un but d'ornementation, choisissent ordinairement les briques qui ont pris une teinte noire à la cuisson, et ils les posent aux angles du coffre, en les entremêlant avec les briques rouges; le contraste de couleurs qui en résulte produit un effet qui n'est pas désagréable.

En posant les briques, le maçon doit éviter de les barbouiller de plâtre; cela déparerait son travail; c'est même à cause de cet inconvénient que les ouvriers préfèrent poser les briques sur mortier. La même précaution doit être prise lors du rejointoyement, afin d'obtenir des parements bien propres.

Les parois intérieures des coffres en briques doivent être enduites en plâtre ou en mortier, au fur et à mesure que la maçonnerie s'élève; l'enduit empêche la suie d'adhérer trop fortement aux parois.

L'épaisseur des coffres de cheminées en briques est ordinairement de la largeur des briques (0^m,11) pour les languettes de face, et de l'épaisseur (0^m,055) des briques, qui sont posées de champ, pour les languettes de refend.

364. Les grandes *cheminées d'usines* se construisent ordinairement en briques. On leur donne pour section un carré ou un cercle; dans ce dernier cas, on les fait carrées jusqu'à une hauteur de 3^m,50 à 4^m,50 au-dessus du sol; on forme ainsi une espèce de piédestal, que l'on couronne par quelques briques en saillie sur les parements, pour faire office de corniche. Cette partie carrée descend ordinairement à 2 mètres ou 2^m,50 en contre-bas du sol, pour former la chambre de prise de la fumée venant des fourneaux, et elle est établie sur un massif de béton de 1 à 2 mètres d'épaisseur, suivant la hauteur de la cheminée, à laquelle il sert de fondation. On donne à ce massif de 0^m,25 à 0^m,50 d'empatement sur les parements extérieurs des murs formant la base de la cheminée.

Les proportions d'une cheminée circulaire d'usine de 30 à 35 mètres de hauteur à partir du sol, et de 0^m,55 de diamètre au sommet, sont à peu près les suivantes :

	Mètres.
Côté extérieur du socle, depuis le massif en béton jusqu'à 0^m,20 environ au-dessus du sol	2,99

	Mètres.
Épaisseur des murs (trois briques sur leur longueur de $0^m,22$ et une sur la largeur de $0^m,11$)	0,79
Côté intérieur de la cheminée, depuis le socle jusqu'à la partie circulaire, c'est-à-dire sur une étendue de $2^m,90$ environ	2,79
Épaisseur des murs dans cette partie (trois briques sur leur longueur de $0^m,22$)	0,69
Saillie du socle sur tout le contour de cette partie	0,10
Dimension intérieure de la cheminée, depuis le massif de béton jusqu'à la partie circulaire	1,41
Le pied de la partie circulaire étant tangent au socle, son diamètre extérieur est de	2,79
Épaisseur des murs de la partie circulaire, depuis son pied jusqu'à la première retraite intérieure, c'est-à-dire sur une étendue de 7 à 8 mètres (deux briques sur leur longueur de $0^m,22$ et une sur la largeur de $0^m,11$)	0,57
Épaisseur des murs, depuis la première jusqu'à la seconde retraite intérieure, c'est-à-dire sur une hauteur de 6 à 7 mètres (deux briques sur leur longueur de $0^m,22$)	0,45
Épaisseur des murs, de la deuxième à la troisième retraite, c'est-à-dire encore sur une hauteur de 6 à 7 mètres (une brique sur la longueur et une autre sur la largeur)	0,34
Épaisseur des murs, depuis la troisième retraite jusqu' au sommet de la cheminée, sur une hauteur de 6 mètres à $6^m,50$ (une brique sur sa longueur)	0,22
Diamètre extérieur au sommet de la cheminée $0,55+0,44=$	0,99
Fruit total extérieur de la partie circulaire $\frac{2,79-0,99}{2}=\frac{1,80}{2}=$	0,90
Fruit extérieur par mètre $\frac{0,90}{30}=$	0,03

Afin de n'être pas obligé de tailler les briques, on donne la même épaisseur à la cheminée dans toute l'étendue de chacune des portions séparées par les retraites, et c'est afin de regagner ce que le fruit extérieur a fait perdre à la section intérieure de la cheminée que, de distance en distance, on met les parois intérieures en retraite de la largeur d'une brique, c'est-à-dire qu'on diminue de cette largeur l'épaisseur de la cheminée.

Pour les cheminées de petite hauteur, l'épaisseur au sommet est très-souvent réduite à la largeur d'une brique, à $0^m,11$.

Afin de rendre le fruit bien régulier sur toute la hauteur de la cheminée, le maçon applique contre le parement extérieur de celle-ci, au fur et à mesure qu'elle s'élève, une planche de 1 mètre de longueur, que l'on a taillée d'un côté, de manière que sa largeur soit de $0^m,03$ moindre à une extrémité qu'à l'autre, et contre l'une des faces de laquelle on a fixé un fil à plomb qui vient battre dans une encoche faite au bas de la planche, quand l'arête non taillée de celle-ci est placée verticalement, *fig.* 141. On conçoit que, pour bien élever ses parements, l'ouvrier n'a qu'à appliquer dessus, de temps à autre, le côté incliné de cette espèce de niveau, et à vérifier si le fil à plomb bat dans l'encoche.

Fig. 141.

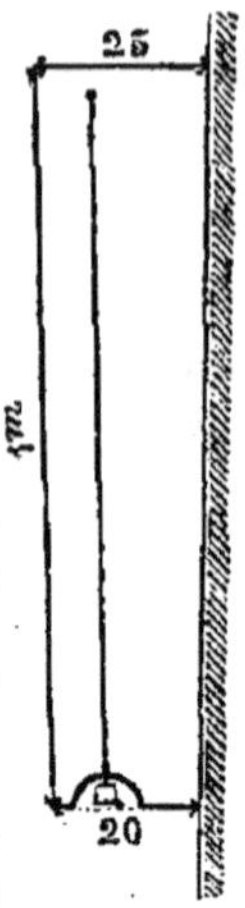

Ces cheminées se construisent sans échafaudage extérieur. L'ouvrier se tient à l'intérieur, et, au fur et à mesure qu'il s'élève, il place des traverses en bois dans des trous qu'il a réservés dans la maçonnerie, et sur ces traverses il dispose des planches sur lesquelles il se met pour travailler. A l'une des traverses est fixée une poulie sur laquelle passe une corde manœuvrée par un treuil fixé au bas de la cheminée. A l'extrémité libre de la corde est fixé un plateau sur lequel des garçons placent les briques et le mortier pour les élever au compagnon qui construit la cheminée.

Tous les 0m,25 à 0m,30 de hauteur, le maçon scelle un crampon en fer dans la maçonnerie, à l'intérieur de la cheminée. Ces crampons forment une espèce d'échelle, qui sert d'abord au maçon pour monter et pour descendre pendant l'exécution de la cheminée, puis par la suite pour faire les réparations et les nettoyages.

Le temps nécessaire à l'exécution de 1 mètre cube de maçonnerie pour ces sortes de cheminées, de la base au sommet, est en moyenne de :

17 heures de briqueteur.
20 heures d'un manœuvre servant.

Voici, pour Paris, les prix du mètre cube de maçonnerie de brique demandés par un bon constructeur :

	fr.
Pour les fourneaux de machines à vapeur, avec ou sans cheminée, y compris les briques réfractaires du foyer, en briques de Bourgogne...	80,00
Id. *id.* en briques de pays.........	60,00
Pour la main-d'œuvre seulement, sans rien fournir..................	14,50

365. **Ravalement des tableaux et embrasements de portes et croisées.** — Ce travail comprenant la réunion d'arêtes, de feuillures et d'enduits, son exécution n'est pas sans quelques difficultés, surtout pour l'ouvrier peu exercé à ce travail, qui n'est pas un des moins importants de sa profession; aussi allons-nous résumer la marche à suivre, et les moyens mis le plus souvent en usage pour l'exécuter. L'opération étant absolument la même pour

une porte que pour une croisée, nous allons seulement supposer qu'il s'agit d'une croisée sur un ravalement neuf.

La marche suivie dans l'exécution du ravalement en plâtre d'un bâtiment consiste à faire une arête ou un nu, du socle au-dessous de la corniche, à chaque extrémité du bâtiment; pour cela, des repères sont coupés et plombés à la longueur des règles, et les arêtes et nus exécutés comme il a été indiqué au nº 351. Ce travail préparatoire achevé, on établit des repères et des nus pour l'exécution de la corniche, et, lorsqu'elle est traînée, on commence l'exécution des chambranles et attiques de croisées, quand il y en a sur le ravalement (nous parlerons plus loin de ces sortes de travaux); dans les cas contraires, on procède à l'établissement des tableaux de croisées.

Pour cela, le maçon, en tendant un cordeau allant de l'arête ou du nu d'une des extrémités du bâtiment à celui de l'autre extrémité, commence par couper, suivant l'alignement de la façade, les repères R, R′ établis vers le haut et vers le bas des montants de la croisée, *fig.* 142; alors il détermine l'axe A de la croisée, et, sur les repères inférieurs R, il indique la largeur de la croisée, qui lui est presque toujours donnée sur une latte par le maître compagnon. Il coupe ensuite les repères inférieurs suivant le plan du tableau et celui des feuillures *i*, *j*, des embrasements; il retourne les tableaux d'équerre dans le sens de leur largeur, avec son niveau placé sur une règle appliquée horizontalement sur la face extérieure des repères R.

Fig. 142.

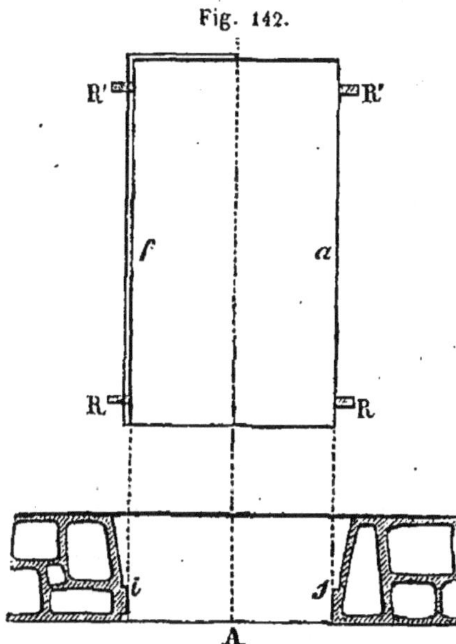

Les repères inférieurs ainsi achevés, le maçon relève leur aplomb avec une règle pour couper de la même manière les repères supérieurs R′. Il place ensuite verticalement, suivant les deux repères RR′, pour former l'arête, une règle plate, qu'il fixe au moyen d'une chevillette ou d'une poignée de plâtre. Si, au lieu d'une arête, c'est une feuillure *f* qu'il s'agit de faire, pour recevoir des volets ou des persiennes, le maçon coupe ses repères suivant la forme de cette feuillure, et, dans les angles rentrants qu'il taille, il place une règle carrée de la dimension de la feuillure, en la fixant comme la règle plate ; cette règle extérieure posée, il place dans les repères coupés, suivant la feuillure de l'embrasement, une autre règle carrée de même dimension que la feuillure, et, l'ayant mise d'aplomb et bien dégauchie avec celle formant l'arête ou la feuillure extérieure, il la fixe également avec une chevillette ou une poignée de plâtre. Le maçon fait alors gâcher serré une quantité suffisante de plâtre au sas, et il en garnit parfaitement le derrière et l'intervalle des règles, de manière que la feuillure et l'arête soient bien formées ; il enduit ensuite le tableau, en appuyant sa truelle sur les deux règles, et il termine en passant la truelle brettée, quand le plâtre est employé et a fait prise. Ce côté terminé, le maçon enlève les règles pour les replacer de l'autre côté de la croisée, dont il fait le tableau en opérant comme pour le premier côté.

Il y a des maçons qui ne font pas de repères pour exécuter les tableaux de croisées ; ils tendent la ligne qui doit déterminer l'alignement de la façade ; ils placent d'abord la règle extérieure en contact avec cette ligne et suivant l'arête ou la feuillure du tableau, en la plombant avec soin ; puis ils placent la règle de la feuillure d'embrasement, en la retournant d'équerre et en la dégauchissant avec la première, de manière à la mettre d'aplomb dans tous les sens. Les deux règles étant ainsi posées et fixées, ils font gâcher du plâtre, et ils en forment le tableau, en opérant comme quand on fait usage de repères. Cette méthode présente beaucoup plus de difficultés que la première pour bien exécuter ; aussi n'est-ce qu'après l'avoir suivie longtemps que les ouvriers finissent par l'employer avec quelque succès. Quant au temps, nous avons vu très-souvent des ouvriers faisant usage de repères être en avance sur ceux qui ne les employaient pas, et toujours leur travail était fait avec plus de régularité.

Lorsque les deux tableaux montants sont terminés, le maçon procède à l'exécution du tableau de la traverse couronnant la croisée. Pour cela, il dispose parfaitement de niveau deux autres règles d'une longueur convenable, l'une pour former l'arête ou la feuillure extérieure, et l'autre pour former la feuillure d'embrasement, puis il termine comme pour les tableaux montants.

Les embrasements se font presque toujours après coup, en même temps que les plafonds. Pour les exécuter, le maçon coupe d'abord les repères suivant les profils des embrasements montants, en leur donnant l'évasement prescrit ; il place ensuite une règle plate suivant les deux repères, en la plaçant bien verticalement, pour former l'arête intérieure de l'embrasement ; puis il fait gâcher du plâtre, et il enduit l'embrasement, en se guidant sur la règle qui en détermine l'arête et sur la feuillure de cet embrasement. Quand le plâtre est employé et qu'il a fait prise, le maçon passe l'enduit à la truelle brettée, en le dressant parfaitement au moyen d'un bout de règle et du guillaume. Cela fait, le maçon place sa règle sur l'arête de l'embrasement à faire de l'autre côté de la croisée, où il répète la même opération.

Les deux embrasements montants achevés, le maçon dispose la règle bien horizontalement le long de l'arête de la traverse couronnant la baie, et il exécute cet embrasement en suivant la même marche que pour les premiers.

Nous avons eu l'occasion de prendre note du temps et du plâtre employés pour exécuter les tableaux et les embrasements d'une croisée de 1m,80 de hauteur et de 1m,05 de largeur entre ses tableaux, ce qui produisait une longueur développée de 4m,65. Les tableaux avaient 0m,16 de largeur, la feuillure de la croisée 0m,04 de côté, et l'embrasement 0m,28 de largeur, ce qui fait une largeur totale développée de 0m,52. Notre observation nous a fourni les résultats suivants :

Pour les tableaux....	0,035 m.c. de plâtre en poudre. 2,82 h. d'un maçon avec son garçon.
Embrasements......	0,04 m.c. de plâtre en poudre. 1,58 h. d'un maçon avec son garçon.

Dans le lattis des linteaux il est entré 3 lattes et 22 clous.

366. **Planchers.** — A Paris et dans ses environs, les planchers se font de trois manières principales, que nous allons examiner.

Fig. 143.

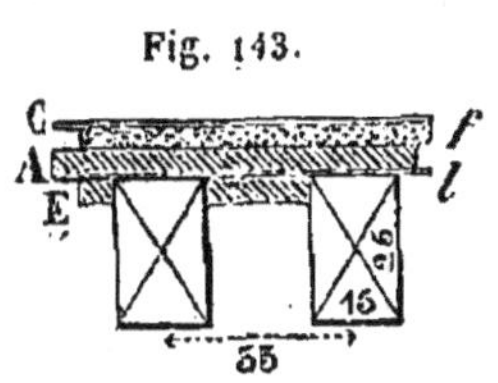

1° Les planchers composés d'une aire en plâtre A faite sur bardeaux ou sur lattis jointif établis sur les solives, avec entrevous E enduits par-dessous, *fig.* 143, sont les plus simples ; on les construit ordinairement pour des galetas, des greniers, des écuries et des bâtiments ruraux de peu d'importance.

Souvent l'aire en plâtre est recouverte d'un carrelage posé sur une forme en poussier, de 0m,03 à 0m,08 d'épaisseur, suivant la plus ou moins grande régularité de l'aire en plâtre.

2° Les planchers hourdés pleins, à l'affleurement des solives, sont lattés espacé et plafonnés en dessous, *fig.* 144. Le dessus est, comme pour les précédents, formé d'une aire générale en plâtre et d'une forme en poussier, sur laquelle on pose le carrelage ou le parquet. Ces planchers, qui du reste sont très-lourds, ne sont employés le plus souvent que pour les paliers d'escaliers.

Fig. 144.

3° Les planchers creux d'appartements, *fig.* 145, sont composés, en dessus, d'une aire en plâtre établie sur bardeaux ou sur lattis jointif, et d'une forme en poussier sur laquelle est placé le parquet ou le carrelage; en dessous, il y a un plafond fait sur un lattis jointif ou sur des augets plats ou cintrés (348). Ces planchers sont les plus solides et les plus en usage.

Fig. 145.

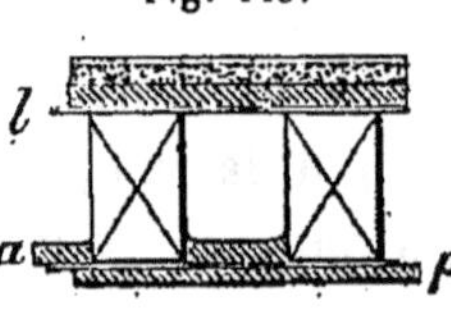

Dans les figures précédentes,

C, est le carrelage de 0m,01 d'épaisseur ou le parquet;
f, la forme en poussier de 0m,03 d'épaisseur;
A, l'aire en plâtre de 0m,04 d'épaisseur;
E, les entrevous;
h, le hourdis plein en plâtras;
l, le lattis;
a, les augets;
p, l'enduit et le crépi du plafond, de 0m,03 d'épaisseur au plus;
S, les solives.

Depuis quelque temps, on construit des planchers dans lesquels on remplace les solives en bois par des solives en fer, ayant de 0m,005 à 0m,008 d'épaisseur, sur 0m,12 à 0m,15 de hauteur. Des petites tringles en fer carré, de 0m,01 de côté, s'agrafent sur deux solives voisines, et se recourbent d'équerre pour venir affleurer le bas des solives. Ces tringles, espacées entre elles de 0m,15 à 0m,20, forment ainsi une espèce de lattis en fer, sur lequel on fait un hourdis en plâtras ou en éclats de moellons tendres pour remplir l'intervalle des solives. Sur ce hourdis, on établit une aire en plâtre comme à l'ordinaire, et en dessous on fait le plafond. Afin d'alléger les planchers de cette espèce, on remplace souvent le hourdis plein par des briques creuses (35), ou par des pots ou boisseaux creux en terre cuite ou en plâtre (36 et 79).

Le mode d'exécution généralement suivi pour les planchers hourdés pleins consiste, comme pour les bandes de trémies (350), à placer sous les solives des planches que l'on soutient par des étrésillons, et que l'on fixe successivement sous les espaces à hourder.

367. **Plafonds.** — Comme nous l'avons vu au numéro précédent, les plafonds sont ordinairement établis sur hourdis pleins, sur lattis jointifs ou sur augets plats ou cintrés. Quoique nous ayons déjà donné en particulier les détails d'exécution de ces divers ouvrages, l'établissement des plafonds est un travail trop important pour les maçons, pour que nous n'exposions pas la marche suivie ordinairement.

On commence par échafauder (124). Dans les bâtiments neufs, l'échafaud se fait presque toujours deux fois pour les plafonds avec augets : une première fois pour latter en dessous des solives et faire les augets ; on enlève ensuite l'échafaud, et quand les gros travaux du bâtiment sont achevés et que ceux de plâtrerie extérieurs et intérieurs s'exécutent, les ouvriers rétablissent de nouveau l'échafaud pour *jeter* le plafond, c'est-à-dire pour en faire le crépi et l'enduit. Dans les anciennes constructions, au contraire, les augets et le jetage du plafond se font presque toujours sans interruption, et par conséquent avec le même échafaud. Comme, du reste, le travail est le même dans les deux cas, nous allons seulement nous occuper d'un plafond rentrant dans le dernier cas.

Fig. 146.

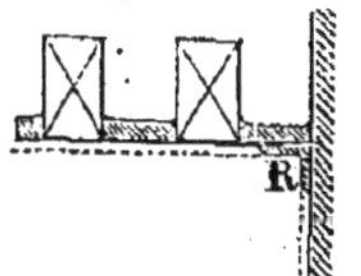

L'échafaudage étant établi, comme il a été indiqué au n° 124, les maçons font les repères R, *fig.* 146, qu'ils coupent de niveau avec le plafond, en tenant compte de la charge de crépi et d'enduit, et suivant l'obliquité des murs, en réservant aussi la charge de plâtre du ravalement de ces derniers ; puis ils procèdent au battage des cueillies d'angle horizontales, dont un des côtés forme le nu du plafond et l'autre celui du mur : le repère R représente la coupe d'une de ces cueillies d'angle.

Les cueillies d'angle étant établies tout autour du plafond, les maçons font le crépi (354), en ayant soin de le bien dresser et de le faire de $0^m,005$ au moins plus faible que les nus, afin d'avoir une charge convenable de plâtre au sas. Après le crépissage, si la surface du plafond ne contient pas plus de fois 8 mètres qu'il y a de maçons sur l'échafaud, ces ouvriers font monter sur l'échafaud le plâtre et l'eau nécessaires au jetage du plafond ; si, au contraire, le nombre des maçons est moindre que le nombre de fois 8 mètres, d'autres ouvriers doivent s'adjoindre aux premiers pour compléter ce nombre, afin que le plafond soit jeté d'une seule fois. Quand cependant il y a impossibilité d'obtenir ce résultat, on réserve une partie du plafond, que l'on jette ensuite sitôt que le plâtre de la première partie est employé. Malgré la présence d'une soudure, il est beaucoup plus prudent d'agir ainsi que de faire jeter par six maçons, par exemple, un plafond qui devrait l'être par neuf ; on est ainsi assuré d'avoir un plâtre dur et un enduit solide, au lieu que, par la dernière manière d'opérer, on a presque toujours un plâtre excessivement tendre et un enduit qui se gerce en séchant.

Quand le plâtre et l'eau nécessaires au jetage du plafond sont sur l'échafaud, tous les ouvriers gâchent en même temps leur plâtre, et, autant que possible, aussi clair et aussi serré l'un que l'autre. Chaque ouvrier, en remuant son plâtre, tâte celui de son voisin ; s'il le trouve plus serré que le sien, il ajoute un peu de plâtre dans son auge : c'est ainsi qu'on arrive à composer tout le plafond d'un plâtre homogène. Quand le plâtre est remué, chaque maçon met celui de son auge sur sa taloche avec sa truelle, ou l'y fait mettre à la pelle par son garçon, et il exécute l'enduit du plafond comme il a été dit aux n°s 354 et 355.

Quand le plafond est nettoyé, on procède à l'exécution du crépi et de l'enduit des murs verticaux jusqu'au niveau de l'échafaud, en commençant par battre les cueillies d'angle verticales ; on enlève ensuite l'échafaud, et on achève le crépi et l'enduit jusqu'au sol de la pièce.

Pour les plafonds sur lattifs jointif, quand le gobetage est fait, on exécute le crépi et l'enduit comme pour les plafonds à augets. Il en est de même pour les plafonds sur hourdis plein (366).

MATÉRIAUX *et temps nécessaires à l'exécution de 1 mètre carré de plafond.*

DÉSIGNATION DES PLAFONDS.	LATTES.	CLOUS.	PLATRE	TEMPS D'UN MAÇON avec son garçon.
		gramm.	m. cub.	h.
Sur augets plats, de $0^m,027$ d'épais.	8	38	0,065	2,2
Sur lattis jointif..................	20	100	0,050	1,9
Sur hourdis plein et lattis espacé.	8	38	0,100[1]	2,0

[1] Ce volume comprend le plâtre de l'hourdis, dans lequel il entre $0^m,080$ de plâtras blanc par mètre carré de plafond.

Pour les bandes de trémies, le sous-détail est le précédent donné pour les plafonds hourdés pleins, à l'exception des lattes que l'on doit supprimer.

368. **Entrevous.** — Comme nous l'avons dit au n° 366, parfois les plafonds sont remplacés par des entrevous, c'est-à-dire par un enduit que l'on fait entre les solives, sous le lattis ou les bardeaux qui supportent l'aire. L'établissement des entrevous se fait à l'aide d'échafauds partiels; c'est, du reste, un travail ordinaire, qui se compose simplement d'un gobetage et d'un enduit : la seule difficulté que l'ouvrier rencontre provient de ce que le peu d'espacement des solives le gêne pour faire l'enduit, et encore, avec le dos de sa truelle, il en vient facilement à bout.

369. **Scellement des lambourdes.** — Les lambourdes, sur lesquelles on établit les parquets, se posent ordinairement sur les aires en plâtre des planchers ; on les scelle souvent de chaque côté au moyen d'un solin en plâtre arrondi en gorge, comme les augets cintrés (348). Parfois on fait tout simplement un petit solin droit de chaque côté des lambourdes, et on établit, tous les $0^m,65$ ou $0^m,70$, des petites chaînes de solins en plâtras ou en garnis pour maintenir l'écartement des lambourdes.

L'exécution des solins, qui consistent simplement en enduits en plâtre au panier, ne présente aucune difficulté ; aussi, de même que les aires de plancher, est-ce aux apprentis maçons que l'on confie ordinairement leur exécution. Il y a cependant une précaution à prendre, c'est de bien sceller les lambourdes dans la position où les a placées le menuisier, afin que l'on ne soit pas obligé de les desceller pour les sceller de nouveau lors de la pose du parquet.

Pour que les parquets de rez-de-chaussée se trouvent aérés en dessous, souvent on pose les lambourdes sur des petits murs de 0m,50 à 1 mètre de hauteur, et espacés de 0m,60 environ. Des ventouses sont en outre établies pour produire un aérage complet entre ces murs, sur lesquels les lambourdes sont ensuite scellées au moyen de chaînes cintrées, faites comme il a été dit ci-dessus, et dont l'intervalle est de 0m,65 à 0m,70.

370. **Pans de bois.** — La construction d'un pan de bois se divise en deux parties bien distinctes, dont la première, qui consiste dans l'érection de la charpente en bois, rentre dans les attributions du charpentier : la seconde, qui comprend le lattis, le hourdis et le ravalement, est faite par le maçon.

Les pans de bois sont presque toujours érigés sur des *parpaings* en bonne pierre de taille, reposant sur une fondation en bonne maçonnerie de moellons hourdée en mortier de chaux. Les règles à suivre pour l'exécution de cette maçonnerie, et pour la taille et la pose des pierres dites *parpaings*, sont les mêmes que pour toutes les autres maçonneries de même espèce (169).

On distingue deux espèces principales de pans de bois : ceux ravalés ou enduits à fleur des pièces de charpente, qui restent alors apparentes, et ceux dont la charpente est lattée et recouverte entièrement de plâtre des deux côtés.

La marche à suivre pour exécuter un pan de bois consiste, lorsque la charpente est entièrement posée, à faire le lattis espacé de chaque face ; à remplir ensuite l'épaisseur du pan de bois avec des plâtras blancs, ou des recoupes de pierres, ou encore des déchets de moellons; puis à hourder en gros plâtre ce remplissage sur les deux faces, comme il a été dit au nº 347, en ayant soin que le plâtre du hourdis affleure le lattis. Les plâtras noirs, poussant au bistre en très-peu de temps (78), tachent les enduits en leur donnant une couleur jaunâtre ; aussi doivent-ils être prohibés dans la construction des pans de bois, à moins, cependant, que ces pans de bois ne fassent partie de bâtiments de peu d'importance.

Le hourdis étant achevé, le maçon termine le pan de bois, en le ravalant des deux côtés, et en ayant soin d'enfoncer préalablement des clous à bateaux ou des rappointis au droit des arêtes des tableaux et embrasements de portes et de croisées.

Pour exécuter 1 mètre carré de pan de bois de 0m,18 d'épaisseur hourdé en plâtras et plâtre, et latté, crépi et enduit des deux côtés, il faut :

9 lattes clouées à 0m,18 de vide entre elles.
5 décagrammes de clous d'épingle de 0m,027.
m.c.
0,080 de plâtras blancs.
0,020 de plâtre pour hourder les plâtras.
0,040 de plâtre pour les deux crépis et enduits, de chacun 0m,02 d'épaisseur.
h.
2,10 d'un maçon avec son garçon, y compris échafauds partiels.

Pour les pans de bois à pièces de charpente apparentes, il n'y a que le remplissage, le hourdis et l'enduit des deux faces à compter.

Les pans de bois sur plans circulaires, cimblotés ou non, exigeant un surcroît de main-d'œuvre, et parfois de plâtre, leur valeur se trouve naturellement augmentée.

371. **Cloisons.** — Généralement les cloisons sont construites pour bien distribuer les appartements ; celles que l'on emploie le plus à Paris sont :

1° Les cloisons légères en menuiserie à claire-voie, lattées, hourdées et ravalées en plâtre des deux côtés ;

2° Les cloisons en planches jointives, lattées et recouvertes d'un crépi et d'un enduit en plâtre de chaque côté ;

3° Les cloisons en carreaux de plâtre pleins ou creux ;

4° Les cloisons en briques de champ, ou de 0m,055 d'épaisseur, et celles en briques à plat, ou de 0m,11 d'épaisseur, l'une et l'autre jointoyées ou ravalées en plâtre.

Les *cloisons légères* se composent de poteaux d'huisserie, de linteaux, de poteaux de remplissage, d'entretoises, de coulisses et de planches en bois de bateaux grossièrement refendues, posées à claire-voie, clouées sur les entretoises, et retenues dans des coulisses ou scellées dans les planchers.

Pour exécuter ces cloisons, le maçon scelle d'abord dans le plafond et sur le plancher les poteaux d'huisserie, les entretoises et le remplissage, au fur et à mesure que le menuisier les pose ; puis, quand la menuiserie est entièrement disposée, il procède à l'exécution du lattis, de l'hourdis et du crépi et enduit, comme il est dit précédemment.

Une précaution indispensable, que le menuisier ou le maçon doit prendre, c'est de placer, avant de faire le hourdis, des étrésillons entre les poteaux d'huisserie qui forment les baies des portes, sans quoi le plâtre, en gonflant, courberait ces poteaux, et l'on ne pourrait plus placer les portes.

Par mètre carré de cloison légère, lattée, hourdée et ravalée des deux côtés, il faut :

9 lattes.
5 décagrammes de clous d'épingle.
$0^{m},067$ de plâtre.
2 heures d'un maçon avec son garçon.

Dans ce sous-détail ne sont pas compris le plâtre et le temps nécessaires aux scellements des poteaux, entretoises, etc., qui sont comptés à part.

Pour les *cloisons en planches jointives recouvertes de plâtre*, lorsque la menuiserie est posée et que le maçon a scellé les planches dans le plafond et dans le plancher, il fait un lattis et il applique un gobetage sur chaque face de la cloison, puis il fait le crépi et l'enduit.

Quant aux cloisons en carreaux de plâtre, à l'aide de moules en bois, on fait les carreaux à l'avance, en employant du gros plâtre, auquel on mélange quelques plâtras quand l'épaisseur le permet. Les carreaux ont de $0^{m},35$ à $0^{m},45$ de longueur, sur $0^{m},25$ à $0^{m},30$ de largeur, et on leur donne pour épaisseur celle des poteaux de cloisons, c'est-à-dire de $0^{m},05$ à $0^{m},08$, et parfois de $0^{m},12$ à $0^{m},16$. Une rainure demi-circulaire règne sur tout le pourtour de leur épaisseur, comme l'indique la figure 147, dont une partie représente des carreaux pleins et l'autre des carreaux creux ; en remplissant ces rainures de plâtre, lors de la pose, on obtient des cloisons formées comme d'une seule pièce. A la pose, le maçon doit apporter tous ses soins à mettre les faces de tous les carreaux dans un même plan ; comme il arrive très-souvent que cela est impossible, à cause de l'irrégularité des faces des carreaux, après la pose, le maçon recoupe les balèvres en faisant les joints, de manière à rendre le plus droits possible les deux côtés de la cloison.

Fig. 147.

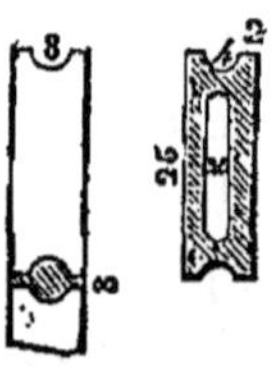

Les carreaux en plâtre sont presque toujours posés immédiatement sur l'aire du plancher ou sur le carrelage, et ils rejoignent ordinairement le plafond sans aucune espèce d'arrachement.

Afin d'alléger les cloisons et de les assourdir, on les fait en carreaux creux en plâtre, qui se font dans des moules en bois, comme les carreaux pleins ; seulement un vide est réservé dans leur milieu au moulage. On les pose de la même manière que les carreaux pleins.

L'avantage des cloisons en carreaux de plâtre sur les autres est dû à ce que les carreaux se faisant à l'avance; ils peuvent être secs lors de leur pose, et préserver les appartements de l'humidité qui résulte toujours des plâtres frais.

Les *cloisons en briques* s'établissent en suivant les règles indiquées pour l'exécution des maçonneries de briques en général (200).

372. **Jouées de lucarnes.** — On nomme ainsi les cloisons triangulaires comprises entre la couverture, les poteaux verticaux de face et les sablières des lucarnes. Ces jouées se font généralement, comme les cloisons légères, à claire-voie; elles sont lattées, hourdées et ravalées des deux côtés; extérieurement, le ravalement se fait souvent en plâtre au panier, qui résiste mieux aux intempéries que le plâtre au sas.

MOULURES EN PLATRE.

373. **Noms des moulures.** — Les moulures se composent principalement des membres représentés par la figure 148, et qui prennent les dénominations suivantes :

Fig. 148.

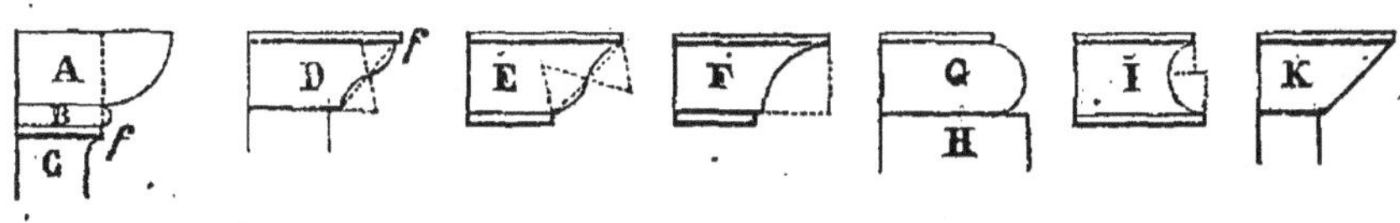

A, quart de rond droit.
B, baguette.
C, congé droit.
D, talon droit.
E, doucine ou cymaise.
F, cavet.
G, tore.
H, plinthe.
I, scotie.
K, capucine, etc.

Ces moulures sont séparées par des parties droites *f*, *f*, d'une faible hauteur, appelées *filets*, *listels* ou *larmiers*, selon la place qu'elles occupent dans les profils.

Chaque moulure composant un profil prend ordinairement le nom de *membre*. Lorsqu'une de ces moulures est accompagnée d'un filet, en dessus ou en dessous, elle prend le nom de *membre couronné*.

La moulure appelée *capucine* est souvent employée pour couronner les hangars, les magasins et les bâtiments de peu d'importance.

Notre but étant principalement de donner les moyens d'exécuter les moulures en plâtre, nous renvoyons aux ouvrages spéciaux pour de plus grands détails sur les proportions et l'assemblage des moulures dans les constructions, et principalement dans les ordres d'architecture. (V. *Aide-Mémoire.*)

374. **Saillies masses.** — Ces saillies, formant la masse des moulures, se font, suivant la nature de la construction, en moellons lancés en saillie (322), en briques, en plâtras ou en plâtre seul. Celles des pans de bois sont ordinairement formées par les sablières d'entablement, que les charpentiers doivent disposer de manière à éviter une trop grande charge de plâtre, ce qui arrive encore presque toujours. Quand la charge de plâtre n'est pas très-forte, le maçon larde seulement la sablière de clous à lattes ou à bateaux ; mais, quand il en est autrement, de forts rappointis doivent être enfoncés, afin que le plâtre adhère convenablement à la charpente.

375. **Exécution des moulures.** — Sous le rapport de l'exécution, nous diviserons les corniches en plâtre en trois classes :

1° Les *corniches droites, pour entablements, attiques, frontons, droits, chambranles*, etc. ;

2° Les *corniches droites de plafonds ;*

3° Les *corniches circulaires, pour archivoltes, arcs doubleaux, plafonds*, etc.

376. **Corniches droites, d'entablements, etc.** — Après avoir, comme il a été dit au n° 365, pour le ravalement d'une façade, fait des repères aux angles du bâtiment, puis des arêtes ou des nus allant du dessous de l'entablement formé par les moellons de saillie jusqu'au socle, on procède à l'établissement des moulures de la corniche.

Pour cela, l'ouvrier commence par faire, sous la saillie masse, c'est-à-dire sous les moellons de saillie, ou sous le renformis en plâtre fait avec force rappointis quand la corniche doit être établie sur pans de bois, des petits repères verticaux en plâtre R, *fig.* 149, espacés entre eux à la demande des règles G, qui doivent servir à traîner la corniche ; ces règles ont ordinairement 4 mètres de longueur. A l'aide du riflard, on coupe ces repères suivant une ligne tendue horizontalement du nu ou de l'arête d'une des extrémités du bâtiment au nu ou à l'arête de l'autre extrémité. Cela fait, en face des repères R, au haut et un peu sur le devant des moellons supérieurs de saillie de la corniche, on établit de même des repères R'. Pour couper ces repères à la demande de la saillie JE de la corniche, le maçon se fait aider par son garçon quand il est seul, ou par un camarade quand il y a plusieurs compagnons sur l'échafaud, ce qui arrive presque toujours pour un entablement; il fait tenir perpendiculairement à la façade du bâtiment, le bout appliqué sur le repère R, une latte JD, sur laquelle on a marqué, par une encoche E, la saillie JE de la corniche, et il coupe le repère R' jusqu'à ce qu'un fil à plomb FE, appliqué sur son extrémité, passe par l'encoche E.

Fig. 149. Fig. 150.

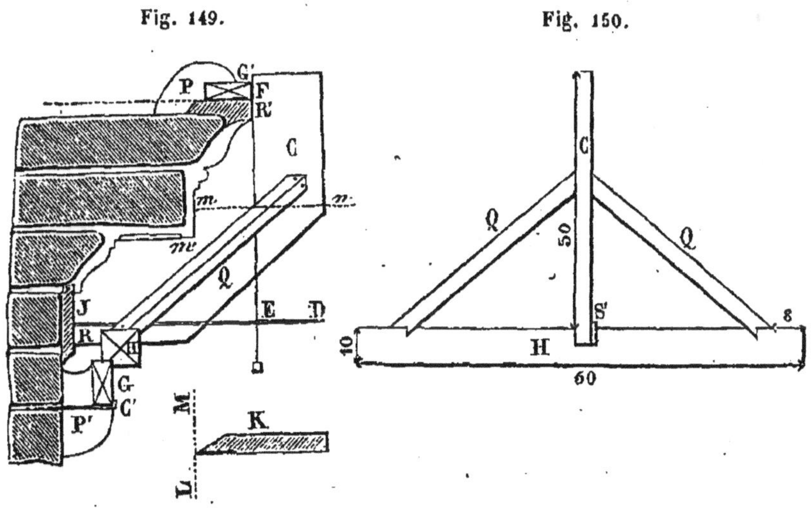

Les repères étant ainsi coupés dans toute l'étendue de la corniche, on marque sur un des repères supérieurs R' la position de l'arête supérieure F du listel de la corniche; on reporte parfaitement de niveau cette marque sur tous les repères supérieurs; puis on les coupe tous supérieurement, suivant cette marque. On pose alors bout à bout, sur ces repères, des règles G', pour servir de chemin à la tête du calibre. Ces règles doivent affleurer parfaitement la face des repères qui indique la saillie de la corniche, et elles doivent toutes être bien alignées sur cette face et sur celle qui porte sur les repères, de manière à former comme une seule règle bien droite, sans quoi les moulures auraient des ressauts d'un effet des plus désagréables.

Les règles ainsi placées, on les fixe solidement au moyen de patins en plâtre P, disposés pour empêcher les règles de reculer et de se soulever quand le calibre passera dessus. Pour une règle de 4 mètres de longueur, on fait trois patins, un au milieu de la règle, et les autres à environ $0^m,25$ de ses extrémités.

Quand la corniche ne nécessite qu'un ouvrier pour la traîner, il a soin de préparer son calibre avant de faire les travaux préparatoires précédents; mais si elle en exige plusieurs, l'un prépare le calibre pendant que les autres coupent les repères.

La préparation du calibre consiste à le fixer, comme le montrent les figures 149 et 150, dans un sabot H. Au milieu de la longueur de ce dernier est faite, à peu près dans la moitié de son épaisseur, une entaille de l'épaisseur du calibre, dans laquelle on fixe ce dernier au moyen d'une *serre* S' placée dans une mortaise disposée à cet effet. Le calibre est, en outre, maintenu solidement dans une position normale au sabot, au moyen de deux bouts de planche ou de latte assez forts Q, fixés, par des pointes, de chaque côté du calibre et sur le sabot, qui porte des entailles pour recevoir leurs extrémités. Ces bouts de planche forment les *bras du calibre*, et ils servent à le manœuvrer; pour les rendre plus solides et augmenter le poids du calibre, le maçon recouvre d'une poignée de plâtre les points où ils sont cloués au calibre et au sabot. Quand le calibre est fixé, sa partie J, qui doit former le nu du mur, doit être bien parallèle au devant du sabot, ou plutôt à la face verticale de sa feuillure.

Quand les règles supérieures sont fixées et que le calibre est préparé, on procède à la pose des règles inférieures G, qui doivent former le chemin sur lequel se mouvra le sabot du calibre pendant la traîne de la corniche.

Pour cela, on fait dans la tête du calibre une petite encoche, indiquant la position du dessus du listel ou du dessous des règles supérieures; on prend exactement la hauteur verticale de cette encoche au-dessus de la face horizontale de la feuillure du sabot, et on la porte du dessus du listel aux repères inférieurs R, sur lesquels on l'indique par un trait; on relève avec un mètre la distance horizontale de la face verticale de la feuillure du sabot à la partie antérieure J du calibre, qui doit former le nu du mur : en appliquant un bout de règle ou le guillaume sur le devant et le long de la partie J, et en faisant avancer son extrémité jusqu'en face de la feuillure, on relève facilement cette distance horizontale. On pose alors sur de fortes chevillettes C′, enfoncées dans le mur, les règles inférieures G, de manière que leur face supérieure soit exactement à la hauteur des traits marqués sur les repères R, pour indiquer la distance du listel à la feuillure du sabot, et que leur face extérieure se trouve à une distance horizontale des repères R égale à celle de la face verticale de la rainure du sabot à l'arête J du calibre qui doit former le nu du mur. Les règles étant placées dans cette position, les maçons font gâcher du plâtre au panier, pour les sceller au moyen de forts patins P′; avant la prise du plâtre de ces patins, on présente le calibre sur les règles, et on s'assure que celles inférieures sont bien dans la position voulue, en vérifiant si l'encoche faite sur l'arête verticale supérieure du calibre coïncide bien avec l'arête inférieure de la règle supérieure, et si l'arête J touche les repères R. Si les règles ne sont pas rigoureusement dans la position convenable, les maçons les y amènent, en se guidant avec le calibre, et en baissant, relevant ou serrant les chevillettes en fer qui les supportent; ils achèvent ensuite les patins, en faisant bien porter le plâtre sur les règles, et en les rendant bien pleins entre les règles et le mur. On conçoit que cette vérification et ce dégauchissement des règles devant être faits avant la prise du plâtre de scellement gâché sur l'échafaud, les maçons doivent être exercés à ce travail et agir avec vivacité.

Pour une règle de 4 mètres de longueur, le nombre des patins est de trois, et leur distribution sur la longueur de la règle est encore la même que pour les règles supérieures.

La pose et la fixation des règles sont les parties de la construction de la corniche qui réclament de l'ouvrier le plus de précautions et de pratique; quand elles sont achevées, il ne reste plus que l'emploi du plâtre et le *traînage* de la corniche, ce qui, tout en réclamant des soins, est loin d'en exiger autant que la pose des règles.

Pour traîner une corniche sur pan de bois, on commence par larder la sablière de clous à bateaux et de rappointis; en faisant glisser le calibre sur les règles, on juge si ces clous et rappointis sont suffisamment enfoncés. On enveloppe le profil du calibre d'un chiffon d'à peu près l'épaisseur du plâtre au sas qui formera l'enduit de la corniche; on fait gâcher du gros plâtre, et on en établit la masse de la corniche au moyen du calibre enveloppé du chiffon.

Quand la saillie masse est formée en moellons de saillie, on commence par faire sauter à la hachette les parties de moellons trop saillantes, ce que l'on reconnaît en faisant glisser le calibre sur les règles ; puis on fait le dégrossissage de la corniché avec du plâtre au panier, sur lequel on passe le calibre enveloppé du chiffon.

Pendant la manœuvre du calibre, un garçon tient constamment mouillées les règles inférieures et supérieures, afin que le plâtre ne s'y fixe pas et que le sabot du calibre glisse plus facilement dessus.

La corniche une fois dégrossie, on retire le chiffon du calibre, et on nettoie parfaitement ce dernier, afin d'en rendre bien nettes toutes les moulures. Tous les maçons occupés à faire la corniche font alors gâcher du plâtre au sas, et ils le remuent de manière à l'amener tout dans le même état ; chacun place son auge le long du mur, vers le milieu de la partie de corniche qu'il doit faire, puis il jette vivement le plâtre contenu dans son auge sur le dégrossissage, en l'étalant autant que possible sur toute la surface de cette partie de corniche. Quand la moitié à peu près du plâtre contenu dans les auges est employée, les ouvriers chargés de manœuvrer le calibre, après l'avoir mouillé, ainsi que la rainure de son sabot, le font glisser en l'appuyant fortement sur les règles.

Quand la corniche a beaucoup de développement, un maçon et deux garçons sont chargés spécialement de la manœuvre du calibre; s'il s'agit d'une corniche ordinaire, un maçon et un garçon suffisent. Le maçon maintient le calibre sur les règles, et les garçons le tirent et le poussent en le tenant par les bras Q.

Le calibre ayant passé une première fois, ce qui se fait avec une grande rapidité, les maçons continuent à employer leur plâtre en garnissant les endroits où le calibre a laissé des flaches, et en même temps un garçon mouille et nettoie parfaitement avec un bout de latte et un chiffon le calibre et son sabot. Le calibre est passé une seconde fois, en l'appuyant toujours fortement sur les règles.

Lorsque le plâtre est encore un peu liquide, le calibre, dont le bord où sont dessinées les moulures est taillé en onglet et garni ordinairement d'une feuille de tôle, comme le montre la coupe K faite suivant *mn*, *fig.* 149, doit être poussé de gauche à droite, dans le sens LM ; en agissant ainsi, le biseau forme évasement et comprime le plâtre en le lissant, ce qui rend le traînage plus facile. Quand, au contraire, le plâtre a déjà fait prise, que l'on éprouve quelque résistance à faire mouvoir le calibre, on est obligé de le faire mouvoir de droite à gauche, c'est-à-dire dans le sens ML, afin que le biseau du calibre coupe le plâtre ; et si encore le plâtre offre par trop de résistance, on fait mouvoir le calibre en *sciotant*, c'est-à-dire en le poussant et le retirant successivement d'une longueur de $0^m,50$ à $0^m,80$, à la manière des rabots ; on opère ainsi jusqu'à ce que le calibre passe librement dans toute l'étendue de la corniche. Quand tout le plâtre contenu dans les auges est employé, la corniche est à peu près formée ; il arrive même parfois, qu'à part les *mouchettes* pendantes *m'*, quand il y en a, les moulures sont presque toutes formées.

On fait alors gâcher du plâtre au sas un peu plus clair que le plâtre au panier qui vient d'être employé, et on l'emploie de la même manière que ce dernier, en passant successivement le calibre avec les précautions qui viennent d'être indiquées. On termine quelquefois la corniche avec ce second plâtre ; mais le plus souvent les maçons en retirent une poignée ou deux de leur auge, le mettent dans une autre auge, y ajoutent un peu d'eau, le remuent, et le laissent couder pendant qu'ils utilisent le second plâtre ; ce troisième plâtre a pris alors la consistance d'une crème épaisse, et les maçons l'emploient en en garnissant bien à la main tous les membres de moulures ; le calibre, bien nettoyé et bien mouillé, se passe alors, autant que possible, de gauche à droite, avec vivacité et sans interruption. Cette dernière application donne ordinairement à la corniche toute la perfection désirable ; s'il n'en était pas ainsi, que les moulures fussent raboteuses et non bien lisses, on ferait gâcher clair un peu de plâtre, on le laisserait un peu couder, et on le poserait, comme le précédent, en passant vivement le calibre.

Corniches droites d'attiques, de frontons droits, de chambranles, etc. — Lorsque les corniches d'attiques ou de frontons n'ont pas une forte saillie, il arrive assez souvent que l'on ne fait pas à l'avance de saillie masse. Dans ce cas, le premier travail du maçon consiste à former cette masse au moyen d'un renformis en plâtras et plâtre, en augmentant son adhérence au mur en enfonçant dans ce dernier de forts rappointis, ou en y scellant quelque *queues de carpes* en fer. Autant que possible, et quelle que soit la saillie de l'attique à traîner, on doit former la saillie masse avec des moellons lancés en saillie lors de la construction du mur.

Pour exécuter les moulures d'une corniche d'attique, le maçon suit la même marche et emploie les mêmes moyens que pour une corniche d'entablement. La position du dessus du listel étant fixée, il coupe les repères inférieurs suivant le nu du mur; il coupe ensuite les repères supérieurs d'après la hauteur du listel et la saillie de l'attique ; puis il pose et scelle les deux règles qui doivent former le chemin du calibre, en ayant soin de vérifier si elles sont bien de niveau. Ces dispositions prises, le maçon procède à l'emploi du plâtre et au traînage de la corniche, en opérant comme pour les entablements, si ce n'est cependant que, pour une attique, ordinairement deux plâtres suffisent, en coupant le second, c'est-à-dire en en mettant une ou deux poignées dans une autre auge avec de la nouvelle eau pour le rendre plus clair; après avoir remué parfaitement ce troisième plâtre, on le laisse couder pendant que l'on pose le second, puis on l'emploie pour faire le lissage des moulures. Il arrive même assez souvent qu'un maçon traîne une corniche ordinaire d'attique avec un seul plâtre, dont il coupe une partie pour faire le lissage; mais une telle manière d'opérer peut être considérée comme un tour de force, et on ne la suit que sur des ravalements exécutés à la tâche, ou lorsque les ouvriers travaillent à qui *se mangera*, c'est-à-dire à qui fera le plus d'ouvrage, ce qui arrive assez souvent, par exemple, lorsque des maçons parisiens et limousins travaillent ensemble au même ravalement.

Pour les *corniches de frontons*, l'ouvrier commence par couper les repères et par poser les règles à la demande de la position et de l'inclinaison des côtés du fronton; puis il emploie son plâtre et traîne les corniches, en opérant encore comme pour les entablements.

L'ordre généralement suivi pour traîner les moulures d'un fronton consiste à traîner d'abord les deux côtés inclinés, à en faire à la main le raccord au sommet; à traîner ensuite la corniche horizontale, à faire l'enduit des parties angulaires et à couper les angles et les raccords à la main. Nous reviendrons plus loin sur le coupage des moulures à la main en général.

Pour traîner les *moulures d'un chambranle de porte ou de croisée*, l'axe de la porte ou de la croisée étant bien déterminé, le maçon commence par prendre sur le calibre C, *fig.* 151, la largeur de la moulure du chambranle; puis, après avoir coupé des repères *a* suivant le nu du mur, au bas et au haut des montants verticaux du chambranle, à l'extérieur des moulures, il bat un

Fig. 151.

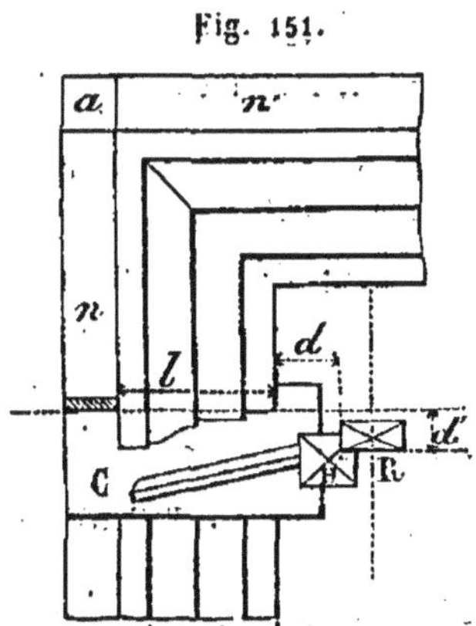

nu n, en appliquant une règle plate ou carrée sur les deux repères a. Un nu semblable est battu à l'extérieur de l'autre montant vertical ; puis le maçon bat le nu n', immédiatement au-dessus des moulures horizontales du chambranle. Ces nus, qui font l'office d'une règle dans le traînage des moulures, doivent être faits en plâtre au sas gâché le plus serré possible.

Dans un ravalement, presque toujours on fait d'abord tous les nus devant servir au traînage des chambranles de croisées, puis l'enduit des trumeaux, que l'on vient raccorder avec ces nus, et ce n'est qu'en dernier qu'on fait les moulures des chambranles ; en opérant ainsi, les nus ont le temps de sécher et de durcir avant que l'extrémité du calibre passe dessus. Cette manière de procéder a bien un petit inconvénient, c'est qu'en traînant les chambranles, on barbouille les enduits des trumeaux d'un peu de plâtre, mais un léger grattage à la truelle brettée y remédie.

La règle de faire les enduits des trumeaux avant les moulures qui encadrent les baies n'est pas cependant généralement suivie : sur bien des chantiers on fait le contraire ; mais, pour notre part, nous lui donnons la préférence, parce que nous avons reconnu qu'il était plus facile d'enlever le plâtre qui a pu être jeté sur l'enduit en traînant les moulures, que celui qui a jailli sur ces moulures en faisant l'enduit.

Les nus étant battus autour du chambranle, le maçon prend sur le calibre, qui a été préparé, l'écartement d de la partie du calibre devant former l'arête du tableau à l'arête de l'angle rentrant de la feuillure du sabot H ; il prend aussi la distance d' de cette arête de feuillure au plan du nu n du mur ; puis il pose une règle R verticalement, à la distance d du tableau, et à celle d' du nu n, comme la figure 151 l'indique en coupe ; il fixe la règle R dans cette position à l'aide de trois chevillettes placées, l'une en son milieu, et les deux autres à ses extrémités. Alors, le maçon fait glisser le sabot H sur la règle R et sur le nu n, pour s'assurer que partout le calibre est bien à la distance voulue de l'axe de la baie, et que les membres de moulures droits sont bien parallèles au nu du mur. Cette vérification faite, il fait gâcher un peu de plâtre pour sceller parfaitement la règle par trois patins, un à chaque extrémité de la règle, et un autre au milieu pour empêcher toute flexion.

La règle une fois fixée, le maçon fait gâcher du plâtre; et il l'emploie au traînage des moulures, en opérant absolument comme il a été dit précédemment pour une corniche.

Lorsque les moulures d'un montant de chambranle sont terminées, le maçon pose sa règle et traîne l'autre montant, en suivant la même marche que pour le premier; puis, en prenant les mêmes précautions, il traîne les moulures de la traverse horizontale du chambranle, et il ne reste plus alors qu'à faire les raccords d'angles et ceux des parties inférieures des montants, ce que l'on exécute à la main.

Beaucoup de maçons ont l'habitude de placer d'abord les règles des deux montants, et de traîner ceux-ci ensemble. Quand le chambranle a peu de développement, cette marche doit être suivie, parce qu'elle est plus expéditive; mais lorsqu'il n'en est pas ainsi, pour arriver à donner aux moulures un degré de perfection désirable, il est préférable de ne traîner qu'un montant à la fois.

377. **Corniches droites de plafonds** (375). — Pour établir la corniche qui doit entourer un plafond, les maçons commencent par clouer et sceller avec une poignée de plâtre un bout de latte contre une solive, au centre du plafond et normalement à sa surface. Sur ce bout de latte se trouve une encoche qui indique le niveau du dessous de l'enduit du plafond, et, à l'aide des règles, on reporte le niveau de l'encoche aux quatre angles du plafond. Dans le cas où le niveau de l'encoche serait supérieur à un ou plusieurs des angles du plafond, on l'abaisserait jusqu'au-dessous de ces angles; s'il devait, au contraire, nécessiter une trop forte charge de plâtre aux angles, on le relèverait, de manière à réduire à $0^m,01$ la charge sur les augets. Le niveau, reporté du milieu du plafond à chaque angle, s'indique par un trait que l'on trace sur des repères verticaux coupés contre les murs, mais en faisant un *emprunt*, c'est-à-dire en le traçant sur les repères à $0^m,25$ ou $0^m,30$ en contre-bas du niveau réel.

Lorsque le niveau du plafond est ainsi reporté aux quatre angles, on fait sur le plafond, perpendiculairement aux murs, et à des distances déterminées par la longueur des règles, des repères que l'on coupe suivant ce niveau. On relève alors sur le calibre C,

Fig. 152.

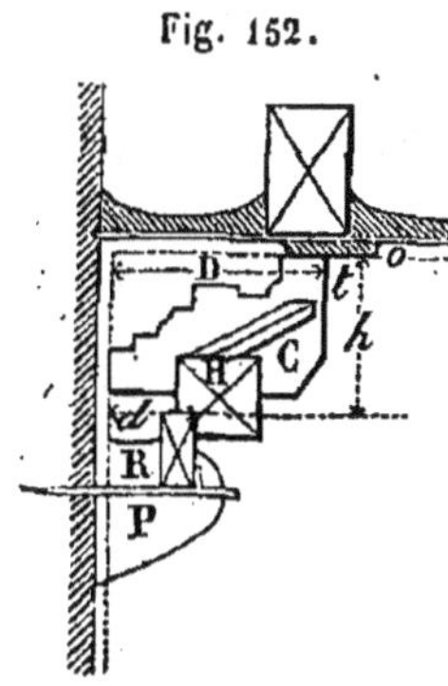

fig. 152, qui a été préparé, la distance D du mur à la tête *l* du calibre ; à partir des murs, on reporte cette distance sur les repères du plafond, et tout autour du plafond on bat des nus *o*, pour servir de chemin à la tête du calibre. Pour battre ces nus, les maçons doivent avoir soin de bien appliquer leurs règles sur les repères, et de les placer à la distance indiquée par la tête du calibre ; ces nus doivent, comme ceux de chambranles, être faits avec du plâtre gâché le plus serré possible ; car ils ont aussi à résister à la tête du calibre, qui doit glisser dessus comme une règle.

Ces nus achevés, on fait le crépi et l'enduit du plafond, et on termine par la corniche, ou bien on commence d'abord par traîner la corniche, et on fait ensuite le crépi et l'enduit ; les considérations exposées pour les chambranles sont aussi celles qui, dans ce cas, font opter pour l'une ou pour l'autre de ces manières d'opérer (376).

Pour traîner les corniches, on prend l'*écartement d* de la partie de calibre qui doit former le nu du mur à la face verticale de la feuillure du sabot H ; on relève aussi la hauteur *h*, de l'arête du calibre qui doit s'appuyer sur le nu du plafond au-dessus de la face horizontale de la feuillure du sabot. Alors, sur des chevillettes plantées dans les murs, on pose les règles R, de manière que leur face verticale, opposée au mur, soit à la distance *d* du nu de ce mur, et que leur face supérieure horizontale soit à celle *h* du nu du plafond ; on scelle les règles dans cette position avec des patins en plâtre P, comme pour les autres corniches, en ayant soin de s'assurer préalablement, en faisant glisser le calibre sur les règles, que ce calibre est partout à une distance convenable des nus des murs et du plafond, et que les membres de moulures seront bien droits et bien de niveau. Quand les règles sont amenées dans une position convenable, on les y scelle, en établissant vivement les patins au droit des chevillettes et en les faisant bien pleins derrière les règles.

Quand les règles sont ainsi posées, les maçons font gâcher du plâtre, et ils l'emploient au traînage de la corniche, en opérant comme pour les corniches précédentes, c'est-à-dire en faisant d'abord le dégrossissage avec du plâtre au panier et le calibre garni d'un chiffon, et en terminant ensuite les moulures sans chiffon, avec du plâtre au sas. Les corniches étant traînées sur tout le pourtour du plafond, il ne reste plus à faire que les raccords aux angles du plafond et les ressauts au droit des tuyaux de cheminées.

378. **Corniches circulaires pour archivoltes, arcs doubleaux, plafonds, etc.** (375). — Pour traîner une corniche circulaire d'archivolte de porte, de croisée, de niche, etc., on commence par couper des repères suivant le nu du mur, et à battre trois nus, deux verticaux *a* et un horizontal *b*, qui encadrent l'archivolte, *fig.* 153; puis on place une traverse horizontale T, de manière

Fig. 153.

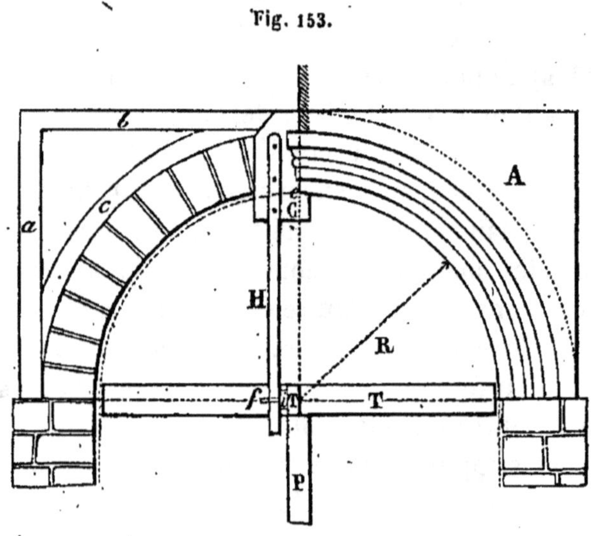

que la broche en fer rond *f*, destinée à servir de pivot à la tige ou support du calibre, se trouve bien au centre de l'archivolte, et que sa face extérieure soit de $0^m,04$ à $0^m,05$ en dehors du nu du mur; on maintient solidement cette traverse dans la position convenable par des chevillettes et de bons patins en plâtre placés à ses extrémités. Lorsque la largeur de la baie excède $1^m,40$ à $1^m,50$, si l'on craint que la traverse fléchisse, on la soutient en son milieu par un poteau montant P, dont on scelle le pied par un bon patin en plâtre.

Quand la traverse T est ainsi posée, on prend, avec un bout de ligne, le rayon extérieur de l'archivolte; on fixe une des extrémités de ce bout de ligne à la broche centrale, et, à l'aide d'une pierre noire que l'on tient à son autre extrémité, on détermine, par une ligne que l'on trace sur le mur, la position du nu circulaire *c*, sur lequel doit s'appuyer la tête du calibre pendant la traîne de l'archivolte. On bat alors ce nu, en le redressant avec les nus verticaux et celui horizontal qui encadrent l'archivolte; parfois même, comme il est indiqué en A, on enduit entièrement toute la surface comprise entre les nus droits et l'extérieur du nu circulaire, qui doit, dans tous les cas, être parfaitement dressé, et comme, de plus, il est le seul chemin sur lequel s'appuie le calibre, il doit être fait en plâtre excessivement serré.

Le nu circulaire étant coupé, le maçon, après avoir fixé le calibre C à la tige H, prend exactement la demi-ouverture R de la baie entre ses tableaux, et il la porte sur la tige H, à partir du point *e* du calibre qui doit former l'arête du tableau; il marque un trait à l'endroit où cette demi-ouverture aboutit, et au milieu de ce trait il fait dans la tige H un trou assez grand pour que la broche en fer *f*, placée au milieu de la traverse T, et qui doit servir de pivot au calibre, y entre à frottement doux. L'ouvrier a soin de placer un prisme en bois *i*, également percé d'un trou, entre la traverse T et la tige H, pour éloigner convenablement cette dernière du nu du mur. Ayant terminé ces préparatifs, le maçon fait tourner le calibre autour de son pivot, en en appuyant la tête sur le nu circulaire *c*, pour s'assurer qu'il fonctionne convenablement; il fait alors gâcher son plâtre, et il l'emploie au traînage des moulures, en prenant les mêmes précautions que pour les corniches droites, et en ayant bien soin d'appuyer ou de faire appuyer la tige H contre la traverse T, et la tête du calibre sur le nu circulaire.

Les moulures de l'archivolte étant traînées, on fait celles des montants verticaux, en opérant comme pour les chambranles (376), et en prenant toutes les précautions nécessaires pour que les moulures droites se raccordent parfaitement avec les moulures circulaires.

Toutes les moulures circulaires, pour frontons cintrés, œils-de-bœuf, etc., s'exécutent, sur des murs plans, absolument de la même manière que les archivoltes. Il en est de même des moulures circulaires sur plafonds plans; seulement, dans ce cas, la tige du calibre est horizontale au lieu d'être verticale, et la broche qui lui sert de pivot est fixée verticalement dans le plafond.

Pour les *arcs doubleaux*, *fig.* 154, lorsque les moulures A et B de l'archivolte et de l'arc doubleau n'ont pas trop de développement, on les fait avec le même calibre C; mais, dans le cas contraire, on les traîne séparément. Quand la largeur de l'arc doubleau n'excède pas $0^m,40$ à $0^m,50$, on traîne parfois d'un seul coup les deux profils B et B′, et le calibre forme en même temps la partie de plafond circulaire P comprise entre ces deux profils. Quand, au contraire, l'arc doubleau a beaucoup de largeur, on fait séparément chaque moulure d'angle, et on enduit ensuite la partie de plafond qui les sépare, en se guidant pour la dresser sur les deux nus qu'a formés le calibre. Dans tous les cas, le calibre se manœuvre comme pour une archivolte.

Fig. 154.

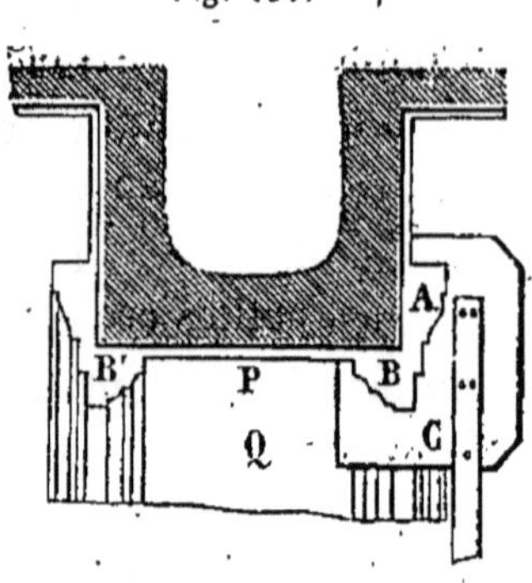

379. **Moulures à courbure elliptique.** — Le moyen le plus souvent employé pour exécuter ces moulures consiste à couper des nus suivant la courbure de l'ellipse, et à faire glisser le calibre dessus sans sabot.

Le tracé de la courbure elliptique, dit *tracé du jardinier*, se fait de la manière suivante : lorsqu'il s'agit de couper l'arête extérieure ou de traîner les moulures d'une baie de croisée de courbure elliptique, l'ouvrier dispose d'abord, *fig.* 155, une planche P, de manière que son milieu coïncide à peu près avec le grand axe AA′ de l'ellipse ; il marque par un trait cet axe sur la planche, et il en indique la longueur ou la grande dimension de l'ellipse ; il trace ensuite au milieu de AA′ une perpendiculaire, sur laquelle il porte le petit axe BB′ de l'ellipse. Cela fait, il prend un bout de cordeau d'une longueur égale au grand axe AA′ ; il le ploie en deux par le milieu, et, plaçant ce milieu à l'extrémité B du petit axe, il ramène les extrémités libres sur le grand axe en tenant le fil tendu ; ces extrémités déterminent deux points F et F′, qui sont également distants des sommets A et A′, et que l'on nomme les *foyers* de l'ellipse. En chacun de ces foyers on implante un clou dans la planche P, et à ces clous on fixe les extrémités du cordeau, en ayant soin que la longueur du cordeau reste égale au grand axe AA′. Si tout ce qui précède a été bien exécuté, faisant glisser une pointe G sur toute la longueur du cordeau dont on tient les deux brins GF et GF′ toujours bien tendus, cette pointe décrit une ellipse qui a AA′ pour grand axe et BB′ pour petit axe, et l'on conçoit qu'il est facile de tracer cette ellipse sur le mur : il convient de n'enfoncer

Fig. 155.

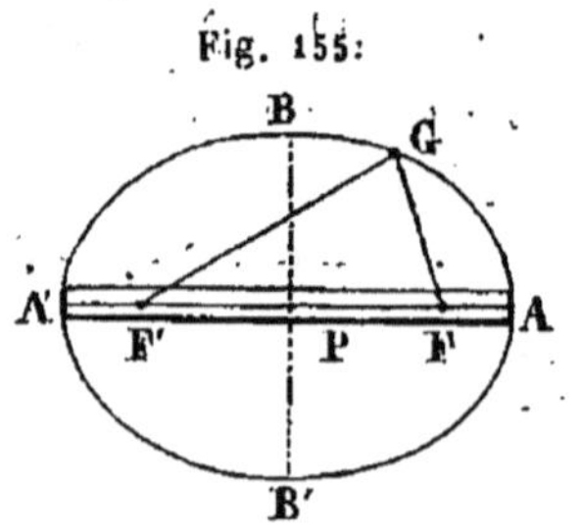

convenablement les clous aux foyers F et F′ que quand on s'est assuré que la pointe G passe bien par les extrémités des axes.

Selon que le grand axe de l'ellipse est horizontal ou vertical, on place évidemment la planche P horizontalement ou verticalement.

Pour les petites croisées elliptiques, parfois, quand on en a plusieurs de même dimension, on fait faire, pour traîner les moulures au calibre, une règle intérieure et un sabot ayant l'un et l'autre la courbure elliptique de la croisée.

Pour les moulures des plafonds de pièces elliptiques, on coupe d'abord les repères du plafond jusqu'à une distance des murs égale à la longueur du calibre ; on fait ensuite sur les murs montés sur plan elliptique des repères très-rapprochés, que l'on coupe de manière à laisser une charge suffisante sur les murs, et que la courbure de ces derniers soit la plus régulière possible ; on applique alors des règles un peu flexibles sur ces repères, en leur faisant prendre le mieux possible la courbure elliptique ; puis, les ayant scellées dans cette position par les mêmes moyens que pour les plafonds polygonaux, on traîne les moulures en faisant glisser le calibre sur ces règles, aussi comme pour les plafonds limités par des polygones (377).

380. **Tracé de l'ellipse par points à l'aide d'une règle seulement.** — AA′ et BB′ étant les axes de l'ellipse à tracer, *fig.* 156, marquant sur l'arête d'une règle mince CD trois points C, E, G tels, que l'on ait CG = OA le demi-grand axe, et EG = OB le demi-petit axe, d'où CE = OA — OB différence des demi-axes, si l'on fait mouvoir la règle CD de manière que le point E reste constamment sur AA′ et le point C sur BB′, le point G se mouvra sur l'ellipse ayant AA′ et BB′ pour axes. On conçoit que l'on puisse alors tracer cette courbe d'un mouvement continu, ou du moins en déterminer autant de points que l'on voudra, et que, traçant une courbe continue qui raccorde tous ces points, on pourra pratiquement la prendre pour l'ellipse (page 400).

Fig. 156.

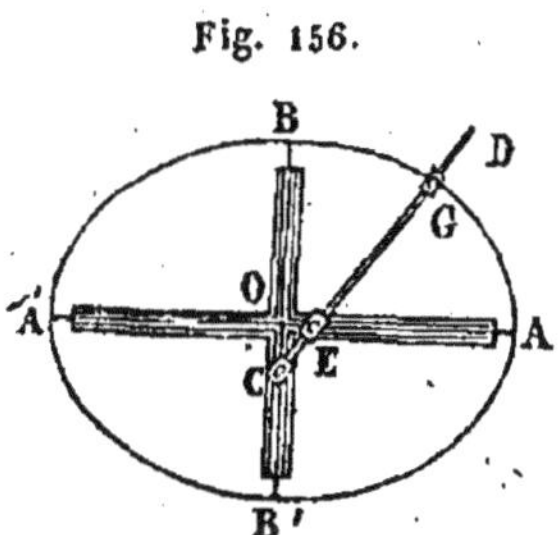

381. Le **compas à ellipses**, appelé *équerre mobile* par les maçons, *fig.* 156, fondé sur le tracé précédent, permet de décrire l'ellipse d'un mouvement continu. Il est formé de deux coulisses assemblées à équerre, de manière que leurs axes puissent à la fois

coïncider avec les deux axes AA' et BB' de l'ellipse à tracer, et d'une règle CD portant deux curseurs E et G, que l'on peut fixer en deux points quelconques de la longueur de la règle. Le curseur E est garni d'une patte à pivot qui peut glisser dans la coulisse AA'; l'autre curseur G porte une pointe ou un crayon qui trace la courbe quand on fait mouvoir la règle CD. A l'extrémité C de la règle se trouve un support à pivot qui glisse dans la coulisse BB'. La section des évidements des coulisses est trapézoïdale, afin que les supports du curseur E et du pivot C ne puissent qu'y glisser. Ayant fixé les curseurs E et G de manière que l'on ait CG = OA et EG = OB, si, après avoir fait coïncider les axes des coulisses avec les axes de l'ellipse, on fait tourner la règle CD, le point C se mouvra sur l'axe BB' et celui E sur l'axe AA', et, comme dans le cas précédent, le point G décrira l'ellipse.

Le compas à ellipse peut s'employer pour traîner les moulures elliptiques ; il suffit en effet de fixer le calibre au curseur G, en le dirigeant dans le sens de la règle CD. L'évidement des coulisses a environ $0^{m},08$ de largeur au fond, $0^{m},06$ en haut et de $0^{m},05$ à $0^{m},06$ de profondeur lorsqu'il s'agit de traîner des moulures elliptiques de $0^{m},50$ à $1^{m},50$ de grand axe ; pour des axes plus grands, les dimensions des coulisses augmentent en conséquence.

En faisant usage de ce compas, le maçon traîne des moulures elliptiques en opérant absolument de la même manière que pour traîner une archivolte (378). Il a de plus soin de mouiller constamment les coulisses, dans lesquelles les supports du curseur E et du pivot C doivent se mouvoir assez librement ; il évite aussi de faire jaillir du plâtre sur ces coulisses et surtout de l'y laisser sécher ; enfin il devine facilement une série de petites précautions dont il reconnaît le premier la nécessité.

Quand le maçon a bien fait coïncider les axes des coulisses avec ceux de l'ellipse, il les soutient aux extrémités à l'aide de chevillettes, et, ayant vérifié si le calibre décrit bien la courbe voulue, il les scelle au moyen de patins en plâtre.

382. **Ressauts dans les moulures.** — Les moulures droites ou circulaires forment quelquefois des retours, des contre-profils et des ressauts, lesquels, sans augmenter les difficultés du traînage, exigent cependant quelque habitude de la part du maçon qui les exécute.

Les moulures avec ressauts se font de la même manière que celles qui sont droites dans toute leur longueur, en traînant d'abord les parties les plus rapprochées des nus des murs, puis successivement celles qui s'en éloignent davantage, en terminant par celles qui en sont le plus espacées. Ainsi pour traîner, par exemple, les moulures d'une corniche qui ferait les ressauts indiqués en plan par la figure 157, l'ouvrier commencerait par poser ses

Fig. 157.

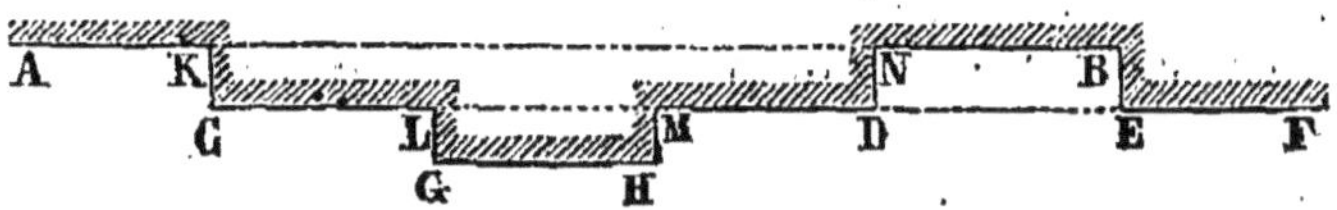

règles suivant les portions AK, NB, qu'il traînerait du même coup de calibre; il disposerait ensuite ses règles pour traîner de même les portions CL, MD, EF; puis il traînerait en dernier lieu la partie GH. Toutes les parties des moulures étant traînées, il ne reste plus, pour terminer la corniche, qu'à couper à la main les angles saillants C, G, H, D, E et ceux rentrants K, L, M, N, B.

383. **Coupage des moulures à la main.** — Ce travail est le plus minutieux que le maçon à plâtre puisse avoir à exécuter; aussi est-ce par la vitesse et la perfection qu'il met à le faire que l'on juge ordinairement s'il sait à fond sa profession.

Les parties de moulures que l'on coupe le plus souvent à la main sont les raccords de chambranles, de frontons, d'archivoltes, etc.; ceux de vieilles corniches, jusqu'à 1 mètre et parfois 1m,50 de longueur, pour ne pas faire de calibre lorsqu'il n'y a qu'une partie de la longueur à raccorder; les angles saillants ou rentrants de corniches vieilles ou neuves pour entablements, attiques, plafonds, chambranles, etc.

Le coupage d'un angle rentrant, par exemple, de celui A*a* représenté en plan et en élévation par la figure 158, se compose du coupage de l'angle saillant B*b*, de celui de la partie B'*b*'E, qui a été profilé à la main, et de celui de la partie AB qui raccorde les deux angles. Quelquefois, quand le calibre n'est pas venu jusqu'au point B, il y a aussi un petit prolongement de moulure à faire à la main.

Le coupage d'un angle saillant consiste tout simplement dans le recoupage du profil pour déterminer cet angle, et dans un léger raccord des parties laissées imparfaites lors du passage du calibre.

Quoique les ouvriers n'aient pas de marche rigoureusement déterminée pour couper les moulures à la main, celle qu'ils suivent est cependant à peu près toujours la même, et les moyens suivants sont ceux qu'ils emploient le plus ordinairement.

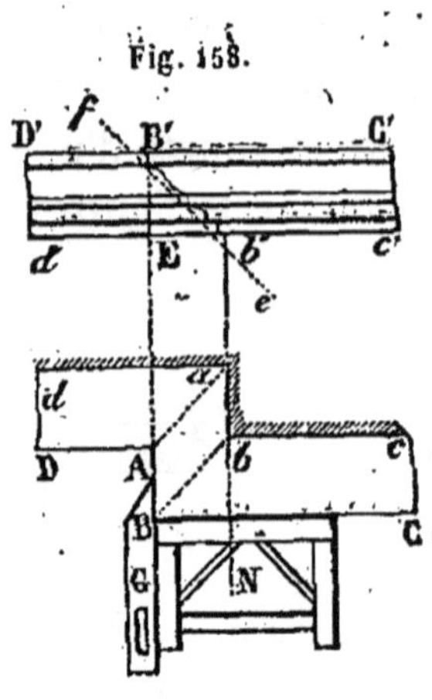

Fig. 158.

Pour couper l'angle rentrant Aa d'une corniche formant un ressaut dont le profil est B'b', par exemple, les portions de corniche DA et BC ayant été traînées, celle DA jusqu'en a, et celle BC jusqu'en B et même un peu plus avant vers D, le maçon commence par tracer le profil B'b' de l'angle du ressaut sur les moulures de la partie BC de la corniche. Pour cela, appliquant son fil à plomb contre le listel BC, il le dégauchit avec les points B, b et tous les sommets des angles des autres membres de moulures, et avec son petit fer, qu'il tient appliqué successivement sur les membres de moulure, il marque la position de ces sommets. Ce tracé achevé, le maçon garnit de plâtre fin toute la partie en retour B'b', de manière à former une saillie-masse dans laquelle tous les membres de moulures puissent être évidés; ainsi, pour le profil de la figure 158, la saillie-masse se terminerait à la ligne fe. Quand cette saillie-masse a fait prise, le maçon fait tenir son niveau N par son garçon, de manière que, comme l'indique la figure 158, un de ses côtés étant successivement appliqué sur chacun des principaux membres de moulures, l'autre côté corresponde au point qui vient d'être marqué au sommet du ressaut de chacun de ces membres de moulures; alors, appliquant son guillaume G contre ce dernier côté du niveau, il coupe toutes les moulures entre les angles Aa et Bb. Après le dégrossissage au guillaume et au riflard, le maçon termine avec les gouges et les autres petits fers. Un peu de plâtre à la pelle (75) est ensuite gâché pour octer les moulures coupées à la main, afin de leur donner l'aspect des parties traînées au calibre. Le plâtre à la pelle étant posé légèrement sur les moulures, le maçon le nettoie vivement avec le petit fer, la gouge ou le grattoir, et termine ainsi le coupage du ressaut.

384. **Raccords d'angles de vieilles corniches.** — Pour faire un raccord d'angle rentrant d'une vieille corniche, le maçon, après avoir haché le vieux plâtre et formé à peu près la masse brute de l'angle, commence par former avec une poignée de plâtre la partie AB du listel de la corniche, *fig.* 158, et il la coupe suivant AB, en la raccordant de plus avec le listel des portions AD et BC de la corniche : on parvient à couper les angles bien d'équerre,

à l'aide du niveau et du guillaume, comme pour les corniches neuves. Le listel ainsi préparé, le maçon coupe, en prenant les mêmes précautions, le membre inférieur E de la corniche, de manière à former les angles *a* et *b*. Avec sa hachette, il fait alors sauter le plâtre qui est trop en saillie, et, faisant gâcher du plâtre fin, aussi serré que possible, il le pose pour former la saillie-masse. Quand le plâtre a fait prise, le maçon passe le guillaume sur les membres de moulures de la partie BC de la corniche, pour les prolonger jusqu'à la limite *fe* de la saillie-masse; puis il fait le tracé de l'angle et termine la coupe, comme il a été dit au numéro précédent, pour les corniches neuves.

385. Les expériences que nous avons faites plusieurs fois, pour déterminer le *temps et la quantité de plâtre nécessaires à l'exécution de diverses espèces de moulures*, nous ont fourni les résultats suivants :

Fig. 159.

1° Par mètre carré d'une corniche d'entablement composée de dix membres de moulures, et dont le développement du profil est de 0m,75, *fig.* 159 :

m.c.
0,010 de plâtre pour faire les repères et sceller les règles;
0,165 de plâtre pour traîner la corniche, dont la saillie-masse était formée en moellons de saillie;

h.
0,8 d'un maçon avec son garçon pour faire les repères, poser et sceller les règles, et préparer le calibre;
1,7 d'un maçon avec son garçon pour traîner la corniche et desceller les règles.

Fig. 160.

2° Par mètre carré d'une corniche de plafond composée de neuf membres de moulures, et dont le développement du profil est de 0m,48, *fig.* 160 :

m.c.
0,12 de plâtre pour faire les repères, sceller les règles et traîner la corniche;

h.
1,2 d'un maçon avec son garçon pour faire les repères, poser et sceller les règles, et préparer le calibre;
2,4 d'un maçon avec son garçon pour traîner la corniche et desceller les règles.

Fig. 161.

3° Par mètre carré d'une corniche de chambranle de croisée composée de cinq membres de moulures, et dont le développement du profil est de 0m,39, *fig.* 161 :

m.c.
0,10 de plâtre pour faire les repères, battre les nus, sceller les règles et traîner la corniche;
h.
1,3 d'un maçon avec son garçon pour faire les repères, battre les nus, sceller les règles et préparer le calibre;
2,7 d'un maçon avec son garçon pour traîner la corniche et desceller les règles.

4° Par mètre carré d'une corniche circulaire d'archivolte de porte, de même profil et de même développement que la corniche *fig*. 161:

m.c.
0,155 de plâtre pour faire les repères, battre les nus, sceller la traverse et traîner la corniche;
h.
2,2 d'un maçon avec son garçon pour couper les repères, battre les nus, sceller la traverse et préparer le calibre;
2,9 d'un maçon avec son garçon pour traîner la corniche et desceller la traverse.

Dans les sous-détails précédents ne se trouve pas comprise la main-d'œuvre nécessaire au recoupage des angles saillants et rentrants, et des autres raccords faits à la main. Quant à la quantité de plâtre employée, à égalité de surface, elle est à peu près la même pour les angles et autres raccords coupés à la main que pour les corniches traînées au calibre.

Comme on a déjà pu le remarquer au n° 383, il y a une très-grande différence de main-d'œuvre entre le coupage à la main des angles saillants et celui des angles rentrants. En effet, il y a toujours dans ces derniers un portion de corniche que le calibre ne peut former, et qu'il faut absolument profiler à la main; tandis que pour les angles saillants, nul obstacle n'empêchant un calibre de parcourir toute l'étendue des parties de corniche adjacentes à ces angles, le calibre les forme entièrement, et on n'a à couper à la main que les parties où le calibre a pu laisser de légères imperfections.

De nos observations, il résulte que le temps employé pour couper un angle saillant est à peu près le tiers de celui nécessaire au coupage d'un angle rentrant dans la même corniche.

Pour les parties de corniches en raccord coupées à la main, le temps nécessaire à leur exécution est à peu près, à surface égale, le double que pour les parties profilées au calibre.

Pour couper un angle rentrant dans une corniche en plâtre

ayant le profil de la figure 159, et dont la longueur de raccordement formant ressaut était de 0m,15, il a fallu :

m.c.
0,03 de plâtre;
h.
2,8 d'un maçon avec son garçon.

Les longueurs des parties de moulures recoupées à la main pour cet angle étant, en moyenne, de 0m,26 environ, et le développement du profil de 0m,75, la surface de moulures coupée est de 0m,75 × 0m,26 = 0m,195 environ.

D'après ces nombres et le sous-détail précédent, il résulte que pour exécuter 1 mètre carré de moulures profilées à la main, pour angles rentrants, il faut :

m.c.
0,154 de plâtre;
h.
14,4 d'un maçon avec son garçon.

Le coupage des moulures à la main comprend encore l'évidement des denticules simples, à languettes de chat, à la grecque ou en bâtons rompus ; celui des mutules, des modillons et des consoles, et aussi des triglyphes et gouttes en plâtre. Ces divers ouvrages, à part les denticules, ne se faisant qu'accidentellement, aucune règle générale n'est suivie dans leur exécution ; chaque ouvrier emploie les moyens que son intelligence lui suggère, et qui le font arriver à une exécution d'autant plus parfaite qu'il a une plus grande habitude de faire ces petits travaux minutieux.

386. **Joints et refends en plâtre.** — Les joints destinés à faire figurer des assises de pierre de taille à de la maçonnerie enduite de plâtre sont ordinairement tirés au crochet. L'ouvrier doit avoir soin de faire bien horizontaux les joints figurant les lits de la pierre, et verticaux ceux qui figurent les joints montants. Autant que possible, les divisions de parements doivent être faites à l'avance. En passant le *tire-joint*, l'ouvrier doit le maintenir de manière à tracer un joint bien net et d'une profondeur uniforme sur toute sa longueur ; des sinuosités dans le fond des joints font un très-mauvais effet.

Les refends s'exécutent ordinairement en plaçant contre la surface du mur, avant de faire l'enduit, des petits réglets en bois ayant la même section que les refends ; on en applique trois ou quatre à la hauteur des joints, où on les fixe par des petites poignées de plâtre, et faisant l'enduit de la surface où ils se trouvent, dressant à la truelle brettée cet enduit jusqu'au niveau des réglets, puis décollant ces réglets, les refends se trouvent tout formés. Pour que les réglets se descellent facilement, et sans écorner les arêtes des refends, le maçon a soin de les savonner ou de les graisser avant de les poser.

La figure 162 représente les sections que l'on donne habituellement aux refends : ainsi ces formes sont triangulaires avec arêtes vives *a*, ou arêtes arrondies *b*; carrées avec arêtes vives *c*, ou arêtes arrondies *d*; et carrées au fond et évasées à la surface *e*. La largeur de ces refends varie de 0m,02 à 0m,06.

Fig. 162.

387. **Cheminées, jambages, contre-cœurs, pose de chambranles.** — A Paris, il arrive assez souvent que les maçons ne font que monter les jambages et hourder les manteaux des cheminées; le marbrier pose ensuite les chambranles, et le fumiste fait tout ce qui est relatif aux dispositions intérieures de la cheminée. Cependant, comme le maçon peut avoir à monter la cheminée entièrement, ce qui arrive, même à Paris, et presque toujours dans la banlieue et les départements environnants où le plâtre est employé, nous allons exposer la marche qu'il devra suivre pour exécuter ce travail.

La cheminée étant faite en plâtre, le maçon commence par tracer sur le sol l'emplacement des jambages J, *fig*. 163; puis il érige ces jambages en plâtras et en plâtre, ou en briques. Les jambages étant montés jusqu'à la hauteur du manteau M, le maçon établit ce manteau. Pour cela, ordinairement il place deux barres de fer carrées, s'appuyant sur les jambages, l'une sous la languette du tuyau, et l'autre à 0m,10 ou 0m,15 en avant des jambages; il pose ensuite un bout de planche horizontalement à quelques centimètres en dessous des barres de fer, afin que ces dernières se trouvent entièrement recouvertes de plâtre, et sur ce bout de planche il établit, en plâtras et plâtre, toute la masse du manteau; cette planche est enlevée quand le plâtre a fait prise.

Comme il a déjà été dit au no 337, l'épaisseur des jambages et du manteau est à peu près le 1/10 de la largeur de la cheminée, laquelle varie de 0m,80 à 1m,30.

Quand les jambages et le manteau sont ainsi formés, s'ils ne doivent pas être recouverts de plaques de marbre, l'ouvrier les enduit extérieurement en plâtre; s'ils doivent, au contraire, être revêtus en marbre, au lieu de faire cet enduit, il pose les chambranles. Pour cela, il pose d'abord les plaques verticales, en les liant, à la place qu'elles doivent occuper, à l'aide d'une ficelle située vers le milieu de leur hauteur, et dont les extrémités se fixent à deux pointes implantées dans le jambage. Ces plaques de pierre ou de marbre étant ainsi placées bien d'aplomb et dans l'alignement voulu, le maçon les fixe, à leurs extrémités, aux jambages par des pattes à scellement. Il pose ensuite la traverse horizontale H, qu'il fixe de même au manteau par des pattes à scellement, et alors il pose la tablette T qui recouvre le manteau, en ayant soin de la tenir espacée de 0m,01 à 0m,02 du devant du tuyau de la cheminée, afin qu'elle ne se fende pas par suite du gonflement du plâtre, ce qui arriverait, si elle était prise dans le tuyau. Le chambranle étant entièrement posé, le maçon enduit les côtés des jambages; puis il exécute le contre-cœur, qui est destiné à diminuer l'ouverture de la cheminée.

Fig. 163.

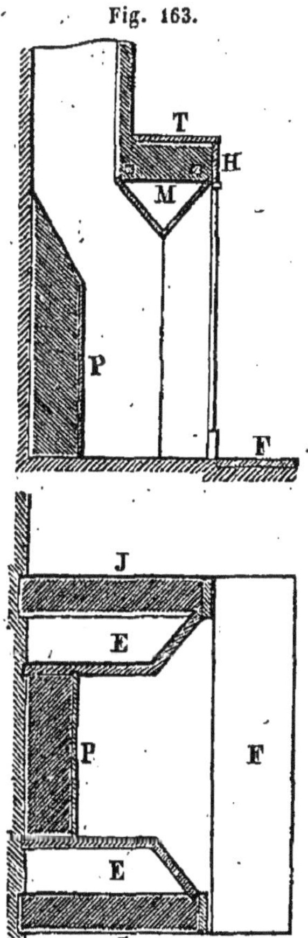

Les contre-cœurs, qui se font en briques ou en planches de plâtre, de 0m,04 à 0m,05 d'épaisseur, ont à peu près les dispositions indiquées par la figure 163. En même temps qu'on les établit, on pose la plaque de fonte P un peu en avant du mur, pour approcher le feu sur le devant de la cheminée, diminuer le passage de la fumée et mieux rayonner la chaleur. L'espace compris entre la plaque de fonte P et le mur est ordinairement rempli de plâtras posés à sec, que l'on recouvre ensuite d'un enduit en plâtre au panier, en inclinant le dessus, que l'on raccorde avec l'arête supérieure de la plaque. Les espaces E, compris entre les jambages et le contre-cœur, restent ordinairement vides; on y établit parfois des ventouses, et ils servent à loger les poids destinés à faire équilibre à la fermeture de la cheminée, quand elle est à la prussienne.

Quand les pièces sont parquetées, le carrelage du foyer se prolonge à $0^m,30$ environ en avant des jambages ; très-souvent cette avance F est en marbre (393).

Pour établir une cheminée ordinaire de $1^m,10$ de largeur extérieure, et de $1^m,05$ de hauteur de tablette, dont les jambages sont montés et le manteau hourdé à l'avance, de nos observations il résulte que le temps et les matériaux employés sont, non compris la pose du chambranle en marbre :

1° Quand le contre-cœur est en plâtre,

m.c.
0,150 de plâtre ;
h.
16 d'un maçon avec son garçon.

2° Quand le contre-cœur est en briques,

m.c.
0,110 de plâtre ;
18 briques ;
h.
18 d'un maçon avec son garçon.

Le temps nécessaire à la pose et au scellement du chambranle en marbre d'une cheminée ayant les dimensions précédentes est environ de $3^h,5$ d'un maçon avec son garçon.

388. **Cheminées de cuisine.** — Les cheminées avec hotte, pour les cuisines, se composent de deux jambages en briques ou en plâtras hourdés, formant console pour supporter le bâti du manteau de la cheminée. Du dessus de ce manteau part le pigeonnage incliné formant la hotte, en laissant sur le devant une partie horizontale de $0^m,10$ à $0^m,15$ de largeur, laquelle sert de tablette pour placer quelques ustensiles de cuisine.

Le plus souvent ces cheminées forment fourneau, et sont élevées à $0^m,70$ ou $0^m,80$ au-dessus du sol ; on place ordinairement à côté, et au même niveau, une pierre d'évier.

389. **Fours à cuire le pain.** — Ces fours se construisent ordinairement en briques. L'âtre et la pierre chapelle s'établissent à $0^m,85$ ou $0^m,95$ au-dessus du sol. Le diamètre intérieur des fours varie de $0^m,89$ à $0^m,97$ pour les petits, de $1^m,14$ à $1^m,30$ pour les moyens, de $1^m,40$ à $1^m,62$ pour les grands, et pour les fours de manutention il est de $3^m,25$ à $3^m,90$ et jusqu'à $4^m,20$.

La voûte ou calotte s'établit en tuileaux ; autant que possible, on l'extradose horizontalement, et on lui donne de $0^m,30$ à $0^m,40$ d'épaisseur à la clef. La couverture du cendrier est formée par une voûte en briques, et l'aire du four, qui reçoit le feu et la pâte à cuire, est carrelée en carreaux épais non cuits, ou en briques de champ.

La hotte construite au-devant du four, pour l'expulsion de la fumée, se dirige dans le tuyau de cheminée qui doit servir au dégagement de la fumée, et la bouche du four se dispose de manière que l'enfournement puisse se faire sans difficulté.

390. **Siéges d'aisances.** — Les siéges les plus simples se font en maçonnerie de moellons ou de plâtras hourdés en plâtre, dans laquelle on réserve un vide circulaire, ayant en bas le diamètre du conduit, et en haut celui de l'ouverture de la tablette en menuiserie qui recouvre ordinairement la maçonnerie. La face supérieure de cette tablette se place à $0^m,40$ ou $0^m,45$ au-dessus du sol. Le devant de la maçonnerie se recouvre d'un enduit, et, à l'aide de solins, on scelle la tablette et on la raccorde avec les murs.

Les cuvettes en faïence sont ordinairement posées par les plombiers-fontainiers ; l'office du maçon consiste à les sceller et à établir le massif du siége, comme il vient d'être dit.

Afin d'éloigner convenablement la lunette du mur, pour rendre le siége commode, on tient la culotte assez basse et assez éloignée du siége pour permettre d'y embrancher un ou plusieurs tuyaux de fonte ou de terre cuite.

391. **Solins et calfeutrements.** — Les solins sont des petites bandes d'enduits en plâtre de $0^m,05$ à $0^m,15$ de largeur, que l'on établit pour raccorder des surfaces. Il faut piquer avec soin les parties où doivent s'établir les solins, afin d'augmenter l'adhérence du plâtre.

Les calfeutrements de croisées, les raccordements de chambranles de cheminées et les solins du derrière des tablettes doivent être faits en plâtre gâché très-clair, afin d'éviter les effets qui résulteraient du gonflement du plâtre, s'il était gâché serré.

Pour que les calfeutrements de croisées aient quelque solidité, on doit hacher avec soin l'enduit de la feuillure au droit des dormants ; s'il n'en était pas ainsi, le plâtre tomberait en très-peu de temps.

Les petits solins établis au pourtour des parquets, les collets des marches d'escalier, et tous les petits solins de même espèce doivent, à l'opposé des précédents, être faits en plâtre bien gâché.

Pour faire 1 mètre de longueur d'un petit solin de 0m,05 à 0m,06 de largeur sur 0m,02 d'épaisseur, il faut :

m.c.
0,0015 de plâtre, déchet compris;
h.
0,45 d'un maçon avec son garçon.

392. **Travaux de réparations.** — Ces travaux comprennent les ravalements en plâtre sur anciennes constructions, les rejointoyements de vieux parements, le rétablissement de plafonds, de corniches, de *naissances* ou petites parties de crépis et enduits en raccordement avec un ancien ouvrage, la fermeture de lézardes ou crevasses, c'est-à-dire de fentes, qui se manifestent par suite de tassements inégaux ou de disjonctions dans les différentes parties d'un édifice.

Ces divers travaux s'exécutent absolument comme il a été indiqué pour les maçonneries neuves, sauf la préparation des surfaces à réparer, qui consiste dans le hachage du vieux plâtre, et le nettoyage et le mouillage. Les lézardes doivent être hachées au vif, en queue d'aronde, c'est-à-dire plus large au fond qu'à la surface. La largeur des refouillements varie ordinairement entre 0m,03 et 0m,16.

393. **Carrelage.** — A Paris, ce travail est le plus souvent exécuté par des ouvriers spéciaux; mais, quand il est de peu d'importance, les maçons le font eux-mêmes. En province, il n'y a guère d'ouvriers carreleurs : ce sont les maçons qui se chargent de leur besogne.

Pour carreler une pièce, l'ouvrier commence par s'assurer du niveau de son sol; puis il régularise convenablement la forme sur laquelle les carreaux doivent être posés (366), en répandant sur l'aire en plâtre de la poussière provenant de démolitions d'ouvrages en plâtre et de recoupes de pierres, que le garçon carreleur a passées au panier.

Au plâtre employé au carrelage, l'ouvrier mêle ordinairement une certaine quantité de suie, afin d'en retarder la prise, et pour que l'ouvrier ait le temps d'arranger ses carreaux sur la couche de plâtre qu'il étend au fur et à mesure de la pose.

Le niveau des pièces se prend ordinairement à celui du dessus des seuils pour les rez-de-chaussée, et de celui de la marche palière pour les étages supérieurs. L'ouvrier, après avoir parfaitement arrêté le niveau, à l'aide de carreaux R, placés de distance en distance en forme de répères, *fig.* 164, place un cordeau AB au milieu de la largeur de la pièce, dans le sens de sa longueur, suivant les repères qu'il y a posés; il fait alors gâcher du plâtre; puis il pose un premier rang de carreaux suivant le cordeau AB; une règle en chêne, d'environ 0m,12 sur 0m,03 de section et de 1m,20 de longueur, qu'on nomme *batte à carreler*, avec le plat de laquelle on frappe sur les carreaux, sert à les bien amener tous au niveau des repères et des carreaux déjà posés.

Fig. 164.

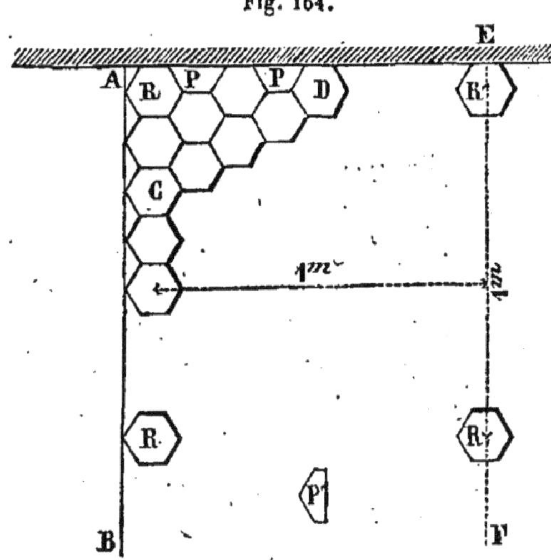

Lorsque le rang AB est posé, l'ouvrier continue son travail, en procédant par bandes obliques CD, qu'il frappe toujours avec sa batte, qu'il fait glisser sur les carreaux déjà posés, jusqu'à un cordeau EF placé à 1 mètre environ du premier rang, sur les repères R'. Il continue ainsi à poser les autres bandes, en se tenant toujours à genoux devant son ouvrage, et en faisant au fur et à mesure sa forme à la main, afin d'éviter l'emploi d'une trop grande quantité de plâtre. Il doit éviter de faire des grands joints et des balèvres, et de barbouiller ses carreaux de plâtre.

Lorsque toute la pièce est carrelée, l'ouvrier fait les raccords le long des murs avec des morceaux de carreaux. Ces morceaux prennent le nom de *pièce*, quand ils proviennent, comme ceux P, de carreaux coupés parallèlement à une de leurs arêtes, et celui de *pointe*, quand, au contraire, ils proviennent de carreaux coupés perpendiculairement à l'une de leurs arêtes; P' figure une *pointe*.

Les carreaux des foyers de cheminées sont ordinairement carrés; on les raccorde avec le carrelage de la pièce par un joint droit, qui se trouve dans l'alignement du devant des jambages de la cheminée.

Pour les rez-de-chaussée, on pose aussi les carreaux sur du mortier de chaux et sable, et c'est ce que l'on fait pour toutes les pièces dans les contrées où le plâtre manque ou est d'un prix très-élevé. Pour les bâtiments ruraux, on pose le plus souvent les carreaux sur une simple couche de mortier de terre franche.

Les entrepreneurs donnent assez souvent à la tâche la main-d'œuvre des carrelages, et ils la payent de $0^{f},45$ à $0^{f},40$ le mètre carré, et même seulement $0^{f},35$ quand les pièces ont une très-grande étendue. Ils fournissent le plâtre et les carreaux, et les tâcherons fournissent leurs outils, qui consistent en une truelle en fer, un panier, une règle et un niveau. Le décintroir pour le décarrelage, et la hachette pour décrotter les carreaux appartiennent ordinairement à l'entrepreneur, qui doit aussi faire venir à pied d'œuvre, c'est-à-dire à l'endroit où le carrelage s'exécute, la poussière nécessaire pour faire la forme.

Par mètre carré, en faisant usage de carreaux hexagonaux de $0^{m},16$ (37), il faut :

40 carreaux ;
m.c.
0,0125 de plâtre (un demi-sac);
h.
0,62 d'un compagnon avec son garçon.

Le temps $0^{h},62$ s'applique aux pièces ordinaires ; il est de $0^{h},75$ environ lorsqu'il y a de nombreux raccordements à faire pour foyers, cloisons, embrasures, etc., et, pour des pièces d'une grande étendue, il n'est parfois que de $0^{h},50$.

CHAPITRE III.

394. TABLEAU DES ÉVALUATIONS ET DES PRIX DES LÉGERS OUVRAGES, A PARIS.

(345 et suivants.)

	Evaluation en légers ouvrages, le mètre carré étant pris pour unité.	Prix des ouvrages, le mètre carré de chacun étant pris pour unité.
Remarque. Afin de pouvoir établir la coordination des prix de ce tableau avec ceux des sous-détails donnés précédemment, nous allons donner de suite les *prix bruts*, c'est-à-dire de revient à l'entrepreneur ; des journées et des matériaux employés pour faire les légers ouvrages. En ajoutant, pour frais d'outils, faux frais et bénéfices, 3/20 aux prix fournis par les sous-détails d'après ces prix bruts, on obtiendra des prix qu'il sera facile de comparer à ceux du tableau suivant.		fr.
PRIX DE REVIENT.		
D'une heure de compagnon maçon. . . . . . fr. 0,50 à fr. 0,550		
id. de garçon. . . . . 0,275 à 0,300		
Du mètre cube de plâtre. 16,000		
id. de plâtras blancs. 4,000		
D'une botte de cinquante-deux lattes. 1,500		
C'est pour une latte. 0,027		
D'un mille de bouts de bardeaux en bois neuf, de $0^m,32$ de long. 45,000		
C'est pour un bout. 0,045		
De 1 kilogramme de clous à lattes. 1,000		
ÉVALUATION ET PRIX.		
Prix moyen du mètre carré de légers ouvrages pendant l'année 1858, dans Paris.		3,20
id. hors Paris { Rive gauche.		3,10
id. hors Paris { Rive droite.		2,90
Prix du mètre carré de légers, pour façon seulement. . .		1,35

Observation. Il s'entreprend à Paris des légers ouvrages à raison de 2 fr. 90 c. et même de 2 fr. 80 c., et il s'en fait à façon pour 1 franc et même 0 fr. 90 c. le mètre carré ; mais, en inspectant les ouvrages établis à ces prix, le constructeur exercé reconnaît que parfois ils sont encore payés trop cher : des enduits mal dressés, des augets de plafond qui, au lieu d'avoir $0^m,027$ d'épaisseur, ont tout au plus l'épaisseur $0^m,006$ de la latte ; des hourdis, faits avec du plâtre contenant moitié poussière, etc., permettent toujours aux entrepreneurs peu consciencieux de réaliser des bénéfices, et aux architectes et propriétaires d'obtenir des travaux peu coûteux.

Les sous-détails des principaux ouvrages de plâtrerie que nous avons donnés sont les résultats de nombreuses expériences que nous avons faites, soit en exécutant nous-mêmes ces ouvrages, soit en dirigeant leur exécution.

		Évaluation	Prix.
		m.c.	fr.
Le mètre carré d'échaf. ordin.	sans transport	0,085	0,27
	avec transport	0,125	0,40
Le mètre carré de lattis (346)	jointif cloué	0,50	1,60
	espacé de 0m,08	0,17	0,54
	espacé de 0m,18	0,083	0,27
	jointif non cloué, pour aire	0,250	0,80
Le mètre carré de hourdis (347)	de pans de bois, en plâtras blancs scellés avec du plâtre et fournis par l'entrepreneur	0,42	1,34
	les plâtras pour façon	0,333	1,07
	pour planchers pleins hourdés en plâtre	0,41	1,31
	id. les plâtras pour façon	0,333	1,07
	pour bandes de trémies (350), hourdées à bain de plâtre, compris le crépi du dessus, qui est fait en même plâtre que le hourdis, et la dépense occasionnée par le premier échafaud	1,15	3,68
	id. *id.* les plâtras pour façon	1,00	3,20
	en plâtre pour cloisons légères à claire-voie de 0m,08 d'épaisseur	0,35	1,12
Le mètre carré d'augets (348)	carrés de 0m,027 d'épaisseur, pour plafonds en lambris, non compris le lattis et l'échafaud	0,35	1,12
	id. *id.* faits à l'italienne, c'est-à-dire par le dessous, sans lever le plancher	0,40	1,28
	cintrés en gorge ou carrés de 0m,04 d'épaisseur	0,45	1,44
Le mètre carré d'aire en plâtre (349)	de 0m,04 d'épaisseur	0,333	1,07
	id. avec bardeaux en bois neuf ou avec lattes coupées de longueur en forme de bardeaux	0,65	2,08
	id. sur lattis jointif cloué sur toutes les solives	0,75	2,40
Le mèt. linéaire d'arête (351)	en plâtre, vive	0,06	0,19
	id. arrondie	0,10	0,32
	id. vive, circulaire en élévation	0,10	0,32
	id. arrondie, *id.*	0,15	0,48
Le mèt. linéaire de feuill. (351)	droite	0,15	0,48
	circulaire	0,20	0,64
Le mètre carré de renformis (352)	de 0m,01 d'épaisseur, sur plans verticaux	0,083	0,27
	id. sur voûtes, plafonds ou lambris	0,090	0,29
Le mètre carré	de gobetage (353), sur des surfaces droites ou courbes	0,083	0,27
Le mètre carré de crépi (354)	plein de 0m,014 d'épaisseur, sur plans verticaux	0,17	0,54
	id. avec renformis de 0m,01	0,25	0,80
	id. sur murs circulaires en plan, lorsqu'ils sont cimblotés et bien dressés, ou à simple courbure en élévation, sur voûtes en moellons, sans être cimblotés	0,25	0,80
	id. sur voûtes à double courbure ou sphériques	0,28	0,90
	de 0m,02 d'épaisseur, sur plafonds ou lambris	0,25	0,80
	de 0m,014 d'épaisseur, sur voûtes à simple courbure, en grande partie cimblotées et bien dressées pour recevoir un enduit	0,333	1,07
	id. *id.* en petites parties	0,375	1,20
	id. sur voûtes à double courbure ou sphériques	0,50	1,60

		Évaluation	Prix.
		m.c.	fr.
Le mètre carré de jointoyements ou crépis en plâtre à pierre apparente	sur murs neufs.	0,125	0,40
	sur vieux murs, compris hachis.	0,17	0,54
	sur murs neufs hourdés en terre.	0,14	0,45
	sur vieux murs hourdés en terre, compris hachis.	0,20	0,64
	sur briques neuves frottées au grès.	0,42	1,34
	pour tuyaux de cheminées, avec échafaud construit exprès sur les toits.	0,50	1,60
	sur murs neufs en moellons proprement smillés.	0,17	0,54
	sur vieux murs *id.*	0,25	0,80
	sur murs neufs en moellons piqués.	0,25	0,80
	sur vieux murs *id.*	0,333	1,07
Le mètre courant de joints	de maçonnerie neuve de pierre, lorsque cette maçonnerie n'a pas été exécutée par l'entrepreneur.	0,03	0,10
	de vieille maçonnerie, compris le dégarnissage des joints.	0,04	0,13
	Lorsque les joints sur maçonnerie de pierre sont faits à l'échelle, on augmente de moitié les évaluations et les prix précédents.		
	Les joints faits sur voûtes à simple ou à double courbure se comptent un quart de plus que ceux faits sur des surfaces droites.		
	Les échafauds établis exprès pour faire les jointoyements s'évaluent à raison de 0m,08 par chaque mètre carré.		
Le mètre carré d'enduits simples (355)	en plâtre au sas ou au panier, de 0m,012 à 0m,014 d'épaisseur, sur murs neufs.	0,17	0,54
	id. sur murs à simple courbure en plan, en petites parties, sans être cimblotés.	0,20	0,64
	id. à simple courbure en élévation, pour voûtes de caves.	0,25	0,80
	id. à double courbure.	0,333	1,07
	id. sur plafonds droits, pour des rétablissements partiels, non compris l'échafaud et le hachis.	0,250	0,80
	id. sur voûtes à simple courbure.	0,333	1,07
	id. *id.* à double courbure.	0,38	1,22
	id. sur vieux murs ou pans de bois repiqués seulement.	0,20	0,64
Le mètre carré de crépi et enduit (355)	de 0m,02 d'épaisseur, sur murs ou pans de bois neufs.	0,25	0,80
	id. pour tableaux ou embrasements de croisées	0,333	1,07
	id. à simple courbure en plan.	0,333	1,07
	id. cimblotés, les courbes bien formées.	0,38	1,22
	id. sur colonnes en briques ou en moellons.	0,41	1,31
	id. sur colonnes de très-petites dimensions.	0,50	1,60
	id. pour voûtes à simple courbure, sans être cimblotées.	0,41	1,31
	id. *id.* cimblotées.	0,50	1,60
	id. pour voûtes à double courbure, sans être cimblotées.	0,50	1,60
	id. *id.* cimblotées.	0,58	1,86
	id. sur plafonds droits ou lambris.	0,41	1,31
	id. à simple courbure en élévation, cimblotés, en grandes parties.	0,55	1,76
	id. *id.* cimblotés, en petites parties.	0,625	2,00
	id. à double courbure.	0,85	2,72
	id. en fausses briques (357), les joints évidés au crochet et remplis en plâtre, sur murs neufs.	0,67	2,15

		Évaluation	Prix.
		m. c.	fr.
Crépis mouchetés (358), avec bandeaux enduits au pourtour. . .		0,25	0,80
Le mètre carré de recouvrement de charpente	sur lattis espacé, les arêtes étant comptées séparément.	0,41	1,31
	pour colonnes en bois arrondis grossièrement, lattées à $0^{m},08$ d'intervalle entre les lattes, gobetées, crépies, renformies et enduites, non compris la plus value-due à la forme circulaire. .	0,67	2,15
	pour colonnes formées de bois carrés et de fourrures, avec rappointis et clous à bateaux, gobetées, renformies, crépies et enduites.	0,85	2,72
Le mètre carré	de *languettes* de tuyaux de cheminées de $0^{m},08$ d'épaisseur, pigeonnées à la main et ravalées sur les deux faces.	1,00	3,20
	de *planches de soubassement* en plâtre, placées audessous des manteaux de cheminée, et de languettes de rétrécissement.	1,00	3,20
	de *jambages de cheminée*, de $0^{m},12$ à $0^{m},14$ d'épaisseur (387), ou *autres ouvrages semblables*, en plâtras et plâtre, crépis et enduits des deux côtés.	1,13	3,62
	id. *id.* les plâtras pour façon.	1,00	3,20
Pose du mètre linéaire	de tuyaux en fonte de $0^{m},11$ de diamètre.	0,15	0,48
	id. de $0^{m},18$ à $0^{m},24$ de diamètre.	0,30	0,96
Le mètre carré de plaque de fonte pour cheminée, pour pose et scellement seulement.		0,50	1,60
Les plaques ayant moins de $0^{m},30$ de côté s'évaluent à la pièce, à raison de.		0,32	1,02
Pose et raccordement d'un *chambranle* en pierre ou en marbre, avec la tablette.		0,95	3,04
Une *mitre* en plâtre pour tuyaux neufs, compris les solins du pourtour.		0,95	3,04
id. sur vieux tuyaux isolés.		1,30	4,16
Montage, pose et scellement d'une mitre en terre cuite, y compris les solins du pourtour.		0,50	1,60
Déposer et reposer une mitre en terre cuite.		0,60	1,92
Le mètre carré de *cendriers de fourneaux potagers*, non compris le carrelage.		0,50	1,60
Le mètre carré de *plafonds* (367)	sur lattis jointif.	1,00	3,20
	avec augets carrés de $0^{m},027$ d'épaisseur.	1,00	3,20
	avec augets de $0^{m},04$ d'épaisseur.	1,08	3,46
	avec aug. ord. à simple courbure, par grandes part.	1,15	3,68
	id. par petites parties.	1,20	3,84
	pour voûtes sphériques.	1,30	4,16
	de rampants d'escaliers.	1,00	3,20
Le mètre carré de *bandes de trémies* en plâtras, hourdées à bain de plâtre et plafonnées en dessous.		1,66	5,31
id. *id.* les plâtras pour façon.		1,50	4,80
id. d'*entrevous* enduits en plâtre entre les solives, compris échafaud (368).		0,25	0,80
Le mètre carré de *planchers*	hourdés pleins et plafonnés (366).	1,15	3,68
	id. *id.* les plâtras pour façon.	1,00	3,20
	avec entrevous enduits et aire en plâtre sur lattis jointif cloué sur toutes les solives.	1,00	3,20
	composés d'une aire en plâtre de $0^{m},04$ d'épaisseur sur lattis jointif non cloué, mais maintenu par trois cours de lattes perpendiculaires, et d'un plafond sur lattis jointif.	1,58	5,06
	id. *id.* le plafond avec augets de $0^{m},27$ d'épaisseur.	1,58	5,06
	id. *id.* avec augets de $0^{m},04$ d'épaisseur. .	1,66	5,31

		Évaluation	Prix.
		m.c.	fr.
Le mètre carré de lambourdes	scellées en augets (369).	0,41	1,31
	id. par des chaînes en travers.	0,50	1,60
Le mètre carré de lambris	rampants, sur lattis jointif, sans échafaud. . . .	0,92	2,95
	id. *id.* avec échafaud. . . .	1,00	3,20
	en augets de $0^m,027$ d'épaisseur, sans échafaud. .	0,85	2,72
	id. avec un premier échafaud pour latter et faire les augets, et un deuxième pour jeter le crépi et l'enduit. . . .	1,00	3,20
Le mètre carré de pans de bois	hourdés en plâtras blancs et plâtre, et enduits à bois apparents sur les deux faces.	0,58	1,86
	id. les plâtras pour façon.	0,50	1,60
	id. lattés, crépis et enduits sur les deux faces, et de $0^m,18$ d'épaisseur.	1,08	3,46
	id. les plâtras pour façon.	1,00	3,20
	id. pour façades, les plâtras étant fournis par l'entrepreneur.	1,17	3,75
	id. les plâtras pour façon.	1,08	3,46
	id. circulaires en plan, en grandes parties, sans être cimblotés, les plâtras fournis par l'entrepreneur.	1,20	3,84
	id. les plâtras pour façon.	1,11	3,55
	id. en petites parties, la courbe très-régulière et cimblotée.	1,33	4,25
	id. les plâtras pour façon.	1,25	4,00

Pour les pans de bois qui ont plus de $0^m,18$ d'épaisseur, on ajoute aux évaluations de cette épaisseur $0^m,08$ de léger par chaque $0^m,03$ en plus, lorsque les plâtras sont fournis par l'entrepreneur, et par chaque $0^m,04$, lorsque les plâtras sont pour façon.

		Évaluation	Prix.
Le mètre carré de *cloisons légères*	*à claire-voie* (371).	1,00	3,20
	circulaires, sans être cimblotées.	1,11	3,55
	id. cimblotées, la courbe très-régulière. .	1,25	4,00
	hourdées ou creuses; gobetage, crépi et enduit sur lattis jointif, pour chaque côté.	0,75	2,40
	id. pour les deux côtés.	1,50	4,80
	id. circulaires, en grandes parties, sans être cimblotées, pour les deux côtés. . . .	1,61	5,15
	id. en petites parties, cimblotées.	1,75	6,60
	en planches jointives lattées et recouvertes en plâtre des deux côtés.	0,80	2,56
	en carreaux de plâtre de $0^m,054$ d'épaisseur. . . .	0,85	2,72
	id. de $0^m,07$ *id.*	0,91	2,91
	id. de $0^m,08$ *id.*	1,00	3,20
Le mètre carré de *moulures*	en plâtre (385). En prenant pour surface le produit du développement réel du profil par la longueur de la corniche; la plus-value des angles saillants et rentrants étant comptée séparément.	1,61	5,15
	La méthode d'évaluation de Blottas, qui est celle dont les résultats se rapprochent le plus des nôtres, consiste à évaluer la surface totale d'une corniche ou de toute autre moulure en plâtre en faisant le produit de la longueur réelle par la somme de la hauteur et de la plus grande saillie du profil, et à compter chaque mètre carré de cette surface à raison de.	1,50	4,80
	On ajoutera à la longueur réelle des corniches et autres moulures pour plus-value : 1° d'un angle rentrant; $0^m,45$; 2° d'un angle saillant, $0^m,16$. « Les corniches et autres moulures rampantes de		

		Évaluation	Prix
		m.c.	fr.
	frontons triangulaires sont comptées 1/6 de plus que les moulures droites horizontales.		
	« Les corniches circulaires en plan ou en élévation, quel que soit le diamètre de leur cintre, sont comptées moitié en sus des moulures droites. » (Blottas, *Traité du toisé*.)		
Le mèt. linéaire de lézardes	Le bouchement des lézardes de 0^m,11 et au-dessous de largeur, dans une corniche, s'évalue d'après la longueur réelle développée des lézardes, de 0^m,11 de largeur dans une corniche.	0,24	0,77
	id. *id.* faites à l'échelle.	0,32	1,02
	« Les lézardes de plus de 0^m,11 de largeur, profilées à la main, sont considérées comme des parties de corniche en rétablissement, et comptées le double des moulures profilées au calibre; mais, quelle que soit la largeur de ces rétablissements, leur valeur n'est jamais moindre que celle des lézardes précédentes.		
	« Les échafauds faits exprès, et à plus de 4 mètres d'élévation, pour boucher des lézardes ou rétablir d'anciennes parties de corniches, sont comptés à part et réduits, par chaque mètre carré, à. .	0,08	0,26
	(Blottas, *Traité du toisé*.)		
Le mètre linéaire	de *joints* tirés au crochet.	0,04	0,13
	de *refends triangulaires* (386).	0,24	0,77
	des mêmes, avec deux arêtes arrondies.	0,32	1,02
	de *refends carrés*.	0,32	1,02
	id. ayant en plus des précédents deux arêtes arrondies.	0,40	1,28
	de *grands refends*, ayant deux côtés évasés et un petit carré dans le fond.	0,48	1,54
	des mêmes, ayant en plus deux arêtes arrondies. .	0,55	1,76
Denticules	simples, de 0^m,06 de hauteur et au-dessous. . . .	0,03	0,10
	id. de 0^m,10 *id.*	0,04	0,13
	id. de 0^m,15 *id.*	0,05	0,16
	avec baguettes réservées, de 0^m,06 et au-dessous. .	0,08	0,26
	id. de 0^m,10.	0,09	0,29
	id. de 0^m,15.	0,10	0,32
	à la grecque ou à bâton rompu, de 0^m,10 et au-dessous.	0,30	0,96
	id. de 0^m,16. . . .	0,40	1,28
Modillons et mutules	carrés et couronnés d'un talon ou d'un quart de rond et d'un filet (373) :		
	les plus petits.	0,30	0,96
	les moyens.	0,40	1,28
	les plus grands.	0,50	1,60
	les très-grands mutules de l'ordre dorique sont comptés.	0,63	2,02
	Les modillons qui portent une mouchette dans leur sophite sont comptés 1/6 de plus que les précédents.		
Consoles galbées	une petite.	0,63	2,02
	une moyenne.	0,95	3,04
	une grande.	1,25	4,00
Le mèt. linéaire de cannelures	à simple arête.	0,16	0,51
	à double filet.	0,48	1,54
	à canaux convexes.	0,32	1,02
Le mèt. linéaire de *canaux*	*angulaires de triglyphes*, composés d'une arête rentrante et de deux arêtes saillantes.	0,24	0,77
	A la longueur réelle des canaux de triglyphes, on ajoute 0^m,16 pour la fermeture supérieure.		

		Évaluation	Prix.
		m.o.	fr.
Gouttes	chaque goutte pyramidale.	0,05	0,16
	id. carrée.	0,08	0,26
Siéges de *fosses* d'aisances	sans culotte.	1,27	4,06
	avec culotte d'embranchement en terre cuite, compris la valeur de cette culotte.	1,90	5,98
	avec la pose d'un pot à coude en faïence.	1,90	5,98
Le mèt. linéaire de boisseaux	en poterie vernissée, de $0^m,22$ de diamètre.	0,81	2,59
	pour pose et scellement.	0,16	0,51
	pour chemise ronde en plâtre autour.	0,65	2,08
	ensemble.	1,62	5,18
Le mèt. linéaire de tuyaux	en terre cuite, de $0^m,14$ de diamètre.	0,48	1,54
	pour pose et scellement.	0,16	0,51
	pour chemise en plâtre.	0,32	1,02
	ensemble.	0,96	3,07
Pose des tuyaux en fonte	pour descentes de lieux, cheminées et descentes d'eaux pluviales et ménagères :		
	tuyaux de $0^m,18$ à $0^m,24$ de diamètre, par mètre linéaire.	0,32	1,02
	id. de $0^m,11$ *id.*	0,16	0,51
Le mèt. linéaire de solins ou de scellements en plâtre	de $0^m,02$ à $0^m,03$ de largeur.	0,04	0,13
	de $0^m,03$ à $0^m,05$	0,05	0,16
	de $0^m,03$ à $0^m,10$	0,08	0,26
	de $0^m,05$ à $0^m,12$	0,12	0,38
	de $0^m,09$ à $0^m,13$	0,16	0,51

OUVRAGES EN RÉPARATION.

		Évaluation	Prix.
Le mètre carré de *hachis* et dégradations	*hachis et dégradation* d'anciens plâtres sur parois verticales, comme murs, pans de bois, cloisons et tuyaux de cheminées.	0,08	0,26
	id. sur plafonds, lambris ou voûtes.	0,125	0,40
	simple repiquage d'enduit.	0,04	0,13
	id. sur voûtes ou plafonds.	0,08	0,26
	hachis d'anciens crépis à pierre apparente sur murs droits.	0,04	0,13
	id. sur voûtes.	0,06	0,19
	id. sur parements de moellons piqués, les joints dégagés au crochet.	0,08	0,26
	id. sur voûtes.	0,17	0,54
	Les hachis et dégradations au vif des anciens joints, dans la pierre, se comptent d'après la longueur :		
	sur murs droits, le mètre de longueur.	0,014	0,05
	sur voûtes, *id.*	0,02	0,07
Le mètre carré de *crépis*, d'*enduits*, etc.	crépis à pierre apparente sur vieux murs.	0,25	0,80
	rejointoyement sur vieux murs en moellons piqués, avec échafaud.	0,41	1,31
	id. avec la retaille de la tête des moellons.	0,50	1,60
	crépis et enduits avec renformis ordinaire et échafaud.	0,50	1,60
	id. avec lattis pour pans de bois de façades.	0,58	1,86
	id. coloriés pour briques peintes, sur murs neufs.	0,66	2,11
	id. *id.* sur vieux murs, sans échafaud.	0,75	2,40
	id. *id.* sur des têtes de cheminées neuves, avec échafaud.	0,75	2,40
	id. *id.* sur vieilles souches de cheminées.	0,85	2,72
	Enduits simples pour rétablissement de plafonds, avec hachis et échafaud.	0,41	1,31
	Plafonds hachés jusqu'au lattis, crépi et enduit.	0,62	1,98

		Évaluation	Prix.
		m.c.	fr.
Le mètre linéaire	*d'entrevous* faits partiellement entre les solives (368), y compris l'échafaud et le hachis des anciens plâtres	0,16	0,51
	de *naissances* sur murs et pans de bois ravalés d'un enduit simple	0,33	1,07
	id. *id.* crépis et enduits	0,41	1,31
	id. sur plafonds et lambris ravalés d'un enduit simple, avec échafaud	0,50	1,60
	id. *id.* crépis et enduits	0,75	2,40
Le mèt. linéaire de *lézardes*	dressées à la règle sur murs, pans de bois, cloisons et tuyaux de cheminées :		
	de 0m,08 de largeur	0,055	0,18
	de 0m,14 *id.*	0,08	0,26
	de 0m,15 à 0m,30	0,50	1,60
	avec échafaud :		
	de 0m,08 de largeur	0,08	0,26
	de 0m,20 à 0m,30	0,58	1,86
	Les lézardes de plus grandes largeurs sont considérées comme ravalements en plâtre et évaluées comme telles.		
	Lézardes sur plafonds et lambris :		
	de 0m,08 de largeur	0,08	0,26
	de 0m,10 *id.*	0,10	0,32
	de 0m,15 *id.*	0,15	0,48
	celles de 0m,15 à 0m,30 de largeur sont évaluées en surface, et chaque mètre carré à	0,75	2,40
	Celles de plus de 0m,30 de largeur sont considérées comme des rétablissements sur vieux plafonds et comptées comme telles.		
Un trou et scellement en plâtre	Dans du moellon traitable :		
	côté du trou 0m,05, profondeur 0m,08	0,05	0,16
	id. 0m,08, *id.* 0m,10	0,07	0,23
	id. 0m,10, *id.* 0m,15	0,10	0,32
	id. 0m,15, *id.* 0m,18	0,25	0,80
	id. 0m,20, *id.* 0m,20	0,30	0,96
	id. 0m,25, *id.* 0m,20	0,35	1,12
	id. 0m,30, *id.* 0m,20	0,40	1,28
	id. 0m,30, *id.* 0m,25	0,50	1,60
	Les mêmes seront comptées 1/6 en sus que dans le cas précédent pour le moellon dur de roche, et 1/3 pour la meulière. Dans les plâtras, au contraire, ils seront comptés 1/6 en moins.		

Les scellements entrent pour moitié dans les évaluations précédentes, et, par suite, les trous pour l'autre moitié. Il est évident que cela n'est vrai que pour le moellon traitable, et que, pour les pierres plus dures ou les plâtras, les variations précédentes ne sont dues qu'aux plus ou moins grandes difficultés d'exécution des trous.

Dans la pierre de taille, les percements de trous et scellements peuvent être évalués en légers ouvrages ainsi qu'il suit :

Pour le percement, le double des évaluations données pour le moellon, et pour le scellement, la moitié de ces évaluations : ainsi, par exemple, pour un trou de 0m,10 de côté et de 0m,15 de profondeur, avec le scellement dans la pierre de taille, on comptera :

	Évaluation	Prix
Pour le trou	0,20	0,64
Pour le scellement	0,05	0,16
Pour le trou et le scellement, ensemble	0,25	0,80

395. TABLEAU *des prix des principaux ouvrages de terrasse et de maçonnerie, applicables à Paris, et établis d'après les sous-détails qui figurent aux articles relatifs à ces ouvrages.*

Remarque. Pour les prix qui ne figurent pas dans ce tableau, on se reportera aux sous-détails des articles.

NUMÉROS des ARTICLES.	DÉTAIL DES OUVRAGES.	DÉPENSES EN Maté-riaux.	DÉPENSES EN Main-d'œuv.	PRIX de revient ou déboursé.	Frais d'outils, faux frais et bénéfices.	PRIX TOTAL de l'unité d'ouvrage.	Observations.
	Observations.						
	Les dépenses en main-d'œuvre consignées dans ce tableau sont à peu près celles qui peuvent être payées aux ouvriers pour les ouvrages qu'ils exécutent à la tâche.						
	Assez généralement, le prix de la journée d'hiver des ouvriers désignés ci-dessous n'est pas réduit proportionnellement au nombre d'heures de travail effectif : ainsi, quoique la durée de la journée d'hiver ne soit que de huit heures environ, son prix n'est à peu près que d'un dixième moindre que celui de la journée d'été, dont la durée est de dix heures.						
	1° TERRASSEMENTS.						
	Journées.						
130	Journée de dix heures d'un terrassier, piocheur, dresseur ou pelleteur.	......	......	fr. 3.75	fr. 0.45	fr. 4.20	
	— mineur.	......	......	4.50	0.55	5.05	
	— rouleur, pilonneur.	......	......	3.25	0.40	3.65	
138	— dragueur.	......	......	4.50	0.55	5.05	
145	— voiture à un cheval, compris conducteur.	......	......	10.50	1.25	11.75	
	— voiture à deux chevaux, compris conducteur.	......	......	17.00	2.00	19.00	
	— voiture à trois chevaux, compris conducteur.	......	......	23.00	3.00	26.00	
	Ouvrages au mètre superficiel.						
	Dressement simple de talus de fouille, fait à la pioche pour étayement.	......	......	0.05	0.01	0.06	
	Dressement de talus soignés, y compris battage et passage au rouleau.	......	......	0.18	0.02	0.20	
	Régalage de terre, sable et cailloux jusqu'à 0m,05 d'épaisseur.	......	......	0.01	0.001	0.011	
	Repiquage de déblais jusqu'à 0m,20 d'épaisseur.	......	......	0.09	0.01	0.10	

NUMÉROS des ARTICLES.	DÉTAIL DES OUVRAGES.	DÉPENSES EN Maté-riaux.	DÉPENSES EN Main-d'œuv.	PRIX de revient ou déboursé.	Frais d'outils, faux frais et bénéfices.	PRIX TOTAL de l'unité d'ouvrage.	Observations.
	Ouvrages au mètre cube.						
135	Fouille en tranchée d'une section supérieure à 15 mètres :						Quand la section de la tranchée sera inférieure à 15 mètres et que la fouille se fera avec embarras d'étais, ces prix devront être augmentés du 1/8. Le léger piochement qu'exige la reprise de terres mises en cavalier depuis quelque temps équivaut à une demi-fouille.
	1° Dans le terrain ordinaire, terre végétale, sable, gravier et terrain rapporté de Paris.......	......	......	fr. 0.31	fr. 0.04	fr. 0.35	
	2° Dans le roc tendre, gypse ou calcaire enlevé au pic et n'exigeant pas l'emploi de la mine.......	......	......	3.35	0.45	3.80	
	3° Dans le roc dur enlevé au pic avec emploi de la mine.	......	......	3.75	0.50	4.25	
137	4° Dans un terrain argileux ou sablonneux détrempé par les eaux, non compris les épuisements.........	......	......	0.75	0.10	0.85	
138	Draguage de sable et gravier fait à bras d'homme, jusqu'à 3m,50 de profondeur d'eau.	......	......	2.25	0.30	2.55	Ces prix comprennent la mise en barque, mais non le transport et le débarquement.
	— fait à la drague-machine, jusqu'à 8 mètres de profondeur d'eau...........	......	......	1.60	0.25	1.85	
135	Jet à la pelle à une distance horizontale de 3 mètres ou à une hauteur verticale de 1m,60 à 2 mètres, en rigole ou tranchée ayant au moins 2 mètres de largeur au fond, sans étais ni banquette, ou pour charge en tombereau ou en waggon :						
	1° De terre ordinaire, alluvions, sable, gravier, etc..	......	......	0.18	0.02	0.20	
	2° De terres crayeuses et marneuses, moyennement compactes..............	......	......	0.25	0.04	0.29	
	3° De terres argileuses et fortement imbibées d'eau....	......	......	0.40	0.06	0.46	
	Jet à la pelle, en brouette, caisse ou camion n'excédant pas 1m,20 de hauteur. Les 2/3 des prix cidessus.................	......	......	......	......	2/3	
152-159	Fouilles souterraines.						151. Les prix du montage et du transport s'appliquent au mètre cube de déblais mesuré en excavation, quand il
150	Montage de terre au treuil. Par chaque mètre de hauteur....................	......	......	0.11	0.015	0.125	
150	— à la hotte. Par chaque mètre de hauteur........	......	......	0.13	0.02	0.150	

NUMÉROS des ARTICLES.	DÉTAIL DES OUVRAGES.	DÉPENSES EN Maté-riaux.	Main-d'œuv.	PRIX de revient ou déboursé.	Frais d'outils, faux frais et bénéfices.	PRIX TOTAL de l'unité d'ouvrage.	Observations.
143-148	Transport à la brouette à un relais de 30 mètres sur chemin horizontal et de 20 mètres sur chemin en rampe de 0m,08 par mètre.	......	......	fr. 0.135	fr. 0.015	fr. 0.150	s'agit de terrains ordinaires, terre végétale, sable, gravier, gravats, etc., quoique le foisonnement soit de 1/7 environ; mais s'il s'agissait de déblais dans des terrains compactes, tels que les marnes, les tufs, les rocs, etc., on tiendrait compte de l'excédant de foisonnement de ces déblais sur celui 1/7 des terrains ordinaires.
	— au camion, à un relais de 100 mètres	......	......	0.40	0.050	0.450	
	— au tombereau, à un relais de 100 mètres	......	......	0.42	0.050	0.470	
	— — pour chaque 100 mètres en plus	......	......	0.09	0.010	0.10	
	— au waggon, à un relais de 100 mètres	......	......	0.39	0.050	0.440	
	— — pour chaque 100 mètres en plus	......	......	0.033	0.005	0.038	
151	Régalage de terre, sable ou cailloux, au-dessus de 0m,05 d'épaisseur	......	......	0.09	0.010	0.100	
151	Pilonnage de terre par couches de 0m,10 à 0m,15 d'épaisseur	......	......	0.18	0.02	0.20	
	2° MAÇONNERIE.						
	Journées.						
6	Journée de dix heures d'un maçon à plâtre ou à ciment	......	......	5.00	0.75	5.75	
5	— d'un poseur de pierre	......	......	5.50	0.80	6.30	
4	— limousin, contre-poseur, ficheur ou pinceur	......	......	4.00	0.60	4.60	
2	— garçon ou manœuvre au service des maçons	......	......	3.00	0.45	3.45	
170	— tailleur de pierre ou scieur de pierre avec sa scie	......	......	5.00	0.75	5.75	Au ravalement, 6 f. 75.
13	— tailleur ou piqueur de granit	......	......	5.50	0.80	6.30	
2	— bardeur	......	......	3.25	0.45	3.70	
393	— carreleur	......	......	4.50	0.65	5.15	
	Matériaux rendus à pied d'œuvre.						
16	Un mètre cube de cailloux de 0m,06 de grosseur au plus, pour béton	......	......	5.50	0.85	6.35	
13	— de granit brut de Normandie	......	......	180.00	18.00	193.00	
19	— de pierre de roche dure, des carrières de Bagneux ou de la Butte-aux-Cailles, jusqu'à 0m,60 de hauteur, pour ouvrages ordinaires, première qualité	......	......	75.00	10.00	85.00	

NUMÉROS des ARTICLES.	DÉTAIL DES OUVRAGES.	DÉPENSES EN Maté-riaux.	Main-d'œuv.	PRIX de revient ou déboursé.	Frais d'outils, faux frais et bénéfices.	PRIX TOTAL de l'unité d'ouvrage.	Observations.
	Un mètre cube de libages de Bagneux ou de Châtillon (très-beaux et de grande dimension)...........	fr.	fr.	fr. 50.00	fr. 7.00	fr. 57.00	
20	— de pierre tendre de Vergelet, Saint-Leu, Trocy, ou des carrières de la terrasse de Saint-Germain-en-Laye.........	......	......	40.00	6.00	46.00	
26	— de moellons durs de roche de la plaine, première qualité...............	......	......	9.50	1.40	10.90	
	— de moellons tendres de la plaine et de Vaugirard, première qualité......	......	......	8.25	1.25	9.50	Les prix des moellons tendres bruts destinés à être piqués, venant de Nanterre, Houille, St-Germain, sont à peu près de 2/5 plus élevés que ceux des moellons tendres de la plaine.
17	— de meulière brute de Corbeil, de Châtillon et de Villeneuve-Saint-Georges..................	......	......	12.00	1.80	13.80	
38	— de chaux hydraulique vive des buttes Chaumont, d'Ivry ou des Moulineaux..............	......	......	40.00	6.00	46.00	Produit 1m,35 de pâte
	— de chaux hydraulique éteinte en poudre, provenant des fours de Ville-sous-la-Ferté, Echoisy et la Mancelière...............	......	......	30.00	4.50	34.50	Produit 0m,80 de pâte
27	Un mille de briques de Bourgogne; première qualité..................	......	......	75.00	10.00	85.00	
	— de briques de Paris, première qualité.........	......	......	60.00	8.00	68.00	
37	— de carreaux de Bourgogne à six pans de 0m,16, premier choix.........	......	......	50.00	6.00	56.00	
	— de carreaux de Paris, premier choix..........	......	......	38.00	5.00	43.00	
60	Un mètre cube de sable de rivière brut.........	2.75	transp. 2.00	4.75	0.70	5.45	
	— de sable de rivière tamisé.	......	......	5.75	0.85	6.60	
56	100 kilogrammes de ciment hydraulique, dit ciment romain...............	......	......	6.50	1.00	7.50	
57	— de ciment hydraulique de Vassy, portant la marque Gariel..........	......	......	8.00	1.20	9.20	
	— de ciment français, dit de Portland..........	......	......	9.50	1.50	11.00	
70	Un mètre cube de plâtre en poudre...............	......	......	16.50	1.50	18.00	
61	— de mortier de terre franche..................	3.00	3.25	6.25	0.75	7.00	Transport, 2 fr. 20 c.; façon, 1 fr. 05 c.

NUMÉROS des ARTICLES.	DÉTAIL DES OUVRAGES.	DÉPENSES EN Maté-riaux.	DÉPENSES EN Main-d'œuv.	PRIX de revient ou déboursé.	Frais d'outils, faux frais et bénéfices.	PRIX TOTAL de l'unité d'ouvrage.	Observations.
62	Un mètre cube de mortier ordinaire, composé de 0m,40 de chaux hydraulique éteinte en pâte, et de 1 mètre de sable de rivière............	fr. 16.50	fr. 2.00	fr. 18.50	fr. 2.75	fr. 21.25	
67	— de mortier ordinaire de ciment de Vassy, composé de parties égales de ciment en poudre et de sable de rivière tamisé................	60.00	8.50	68.50	10.00	78.50	0m,75 de sable tamisé, 720 kil. de ciment, y compris 1/50 de déchet au gâchoir. Employé pour joints et enduits.
	— de mortier maigre de ciment de Vassy, composé de 2 parties de ciment en poudre et de 5 parties de sable de rivière tamisé.........	38.00	7.00	45.00	6.75	51.75	1 mètre de sable tamisé, 450 kil. de ciment, y compris 1/50 de déchet au gâchoir. Employé pour maçonnerie.
78	— de plâtras blancs, secs...	3.00	2.00	5.00	0.70	5.70	
85	Une botte de 52 lattes de cœur de chêne.........	......	......	1.35	0.15	1.50	
86	— de 1000 bardeaux en chêne..............	......	......	4.50	0.50	5.00	
83	Un mètre cube de mastic bitumineux, composé d'asphalte, de malt ou goudron naturel de Bastennes et de sable tamisé lavé, tout posé, pour enduit de 0m,01 à 0m,04 d'épaisseur, sur plans horizontaux, chapes, trottoirs, etc.........	280.00	50.00	330.00	50.00	380.00	2000 kil. environ d'asphalte et bitume, y compris le déchet à l'emploi.
	— de mastic bitumineux pour chaussées, passages, etc., posé par couches de 0m,04 à 0m,06 d'épaisseur et comprimé au rouleau..............	252.00	45.00	297.00	45.00	342.00	
	Maçonneries.						
163 et suiv.	Un mètre cube de béton, fabriqué à la griffe, transporté à 30 mètres au plus, mis en place et pilonné...............	13.55	2.50	16.05	2.40	18.45	0m,52 mortier, 0m,78 cailloux.
168 et suiv.	— de maçonnerie de pierre de taille de roche, de première qualité, hourdée en mortier hydraulique, exécutée sans échafaud, pour ouvrages ordinaires, bardage, pose et déchet compris, mais non la taille des lits et des joints....	85.00	10.00	95.00	14.00	109.00	Déchet de la pierre, 1/6; mortier, 0m,07. Avec la taille des lits et joints comprise, 97 fr. 50 c.

NUMÉROS des ARTICLES.	DÉTAIL DES OUVRAGES.	DÉPENSES EN Maté-riaux.	DÉPENSES EN Main-d'œuv.	PRIX de revient ou déboursé.	Frais d'outils, faux frais et bénéfices.	PRIX TOTAL de l'unité d'ouvrage.	Observations.
	— La même en pierre tendre, Vergelet ou Saint-Leu de première qualité, hourdée en mortier ou plâtre, bardage, pose et déchet compris, mais la taille des lits et des joints déduite.........	fr. 49.50	fr. 10.00	fr. 59.50	fr. 8.90	fr. 68.40	Déchet de la pierre, 1/5; mortier, 0m.07. Avec la taille des lits et joints comprise, 67 fr.
	Remarque. Il y a environ 8 mètres carrés de lits et joints à tailler par mètre cube de maçonnerie ordinaire en assises de 0m,30 à 0m,45 de hauteur.						
179	Un mètre cube de maçonnerie de moellons durs de roche ébousinés avec soin, hourdée en mortier hydraulique, pour murs ou massifs de 0m,40 au moins d'épaiss. et élevés de 3 m. au plus.	15.50	3.75	19.25	2.75	22.00	Déchet du moellon, 1/10; mortier, 0m,32.
179 et suiv.	— de maçonnerie de moellons tendres de bonne qualité, ébousinés avec soin, hourdée en mortier de chaux hydraulique, pour murs ou massifs de 0m,40 au moins d'épaisseur et élevés de 3 mètres au plus..................	15.00	3.50	18.50	2.75	21.25	Déchet des moellons, 1/10; mortier, 0m,32.
187 et suiv.	— de maçonnerie de meulière brute, non terreuse, hourdée en mortier de chaux hydraulique, pour murs ou massifs de 0m,40 au moins d'épaisseur et élevés de 3 mètres au plus..................	19.00	3.75	22.75	3.40	26.15	Déchet, 1/10; mortier, 0m,35.
	Remarque. Lorsque les trois espèces de maçonnerie de moellons ou de meulière qui précèdent seront hourdées en plâtre, on déduira du prix du mètre cube......	......	......	......	......	1.25	
204 et suiv.	Un mètre cube de maçonn. de meulière brute, hourdée en mortier ordinaire de ciment de Vassy, pour murs ou voûtes de 0m,25 au moins d'épaisseur..	37.00	7.00	44.00	6.60	50.60	
	— de maçonnerie de meulière brute, hourdée en mortier maigre.......	28.00	6.50	34.50	5.15	39.65	
202	— de maçonnerie de briques de Bourgogne, premier choix, hourdée en mortier hydraulique, pour murs et voûtes au-dessus de 0m,22 d'épaisseur, y compris échafaudage et montage des matériaux à 7 ou 8 m. .	55.00	10.00	65.00	9.70	74.70	

NUMÉROS des ARTICLES.	DÉTAIL DES OUVRAGES.	DÉPENSES EN Maté-riaux.	DÉPENSES EN Main-d'œuv.	PRIX de revient ou déboursé.	Frais d'outils, faux frais et bénéfices.	PRIX TOTAL de l'unité d'ouvrage.	Observations.
171	Un mètre carré de parement de pierre de roche dure, pour taille layée avec soin, sans ragrément..........	fr.	fr. 7.00	fr. 7.00	fr. 1.05	fr. 8.05	Avec ragrément, 6 fr. 35 c.
	Le même de pierre tendre, Vergelet, Saint-Leu, etc...	......	2.50	2.50	0.35	2.85	Avec ragrément, 3 fr.
	— de lits et joints de pierre de roche dure........	......	1.60	1.60	0.25	1.85	
	— — de pierre tendre......	......	0.95	0.95	0.15	1.10	
	Remarque. Les tailles courbes se comptent ordinairement pour une fois et demie la valeur des tailles droites.						
	Un mètre carré de parement de moellons piqués, durs, équarris et à vive arête, y compris sujétion de pose.........	......	2.45	2.45	0.35	2.80	
	Le même en moellons tendres.................	......	1.40	1.40	0.20	1.60	
	— de parement de meulière dure piquée pour taille à vive arête et sujétion de pose..............	......	3.75	3.75	0.55	4.30	
	La valeur du smillage des moellons ou des meulières est à peu près le 1/6 de chacun des trois prix précédents.						
195	Un mètre carré de parement de meulière brute, pour rocaillage apparent, bien soigné et fait après coup avec mortier de chaux hydraulique....	0.44	0.72	1.16	0.17	1.33	
211 et suiv.	— d'enduit en mortier de chaux hydraulique, de 0m,02 d'épaisseur, appliqué sur maçonnerie neuve et sur parois verticales................	0.40	0.85	1.25	0.20	1.45	
	Par chaque centimètre d'épaisseur en plus des deux précédents.......	0.20	0.33	0.53	0.09	0.62	
214 et suiv.	— d'enduit en mortier ordinaire de ciment de Vassy, de 0m,02 d'épaisseur, appliqué sur maçonnerie neuve et parois verticales, et dressé à la truelle brettée....	1.96	1.50	3.46	0.54	4.00	
	Chaque centimètre d'épaisseur en plus des 0m,02 de l'enduit précédent.................	0.70	0.20	0.90	0.13	1.03	
217	Un mètre linéaire de joint de maçonnerie neuve de moellons smillés, en mortier de chaux hydraulique.............	0.02	0.10	0.12	0.02	0.14	Le mètre carré de parement, 1 fr. 40 c.

NUMÉROS des ARTICLES.	DÉTAIL DES OUVRAGES.	DÉPENSES EN		PRIX de revient ou déboursé.	Frais d'outils, faux frais et bénéfices.	PRIX TOTAL de l'unité d'ouvrage.	Observations.
		Matériaux.	Main-d'œuv.				
	Le même de maçonnerie neuve de briques......	fr. 0.01	fr. 0. 09	fr. 0.10	fr. 0.02	fr. 0.12	Le mètre carré de parement, 2 fr. 65 c.
	— de maçonnerie neuve de pierre de taille ou de moellons piqués.....	0.02	0.13	0.15	0.02	0.17	— 1 franc.
	Dans un mètre carré de parement, la longueur des joints est d'environ : Pour les briques panneresses, 22 mètres ; Pour les moellons smillés ou piqués, 10 mètres ; Pour la pierre de taille, de 5m,50 à 6 mètres. Pour les joints en plâtre ou en ciment, les prix précédents seront diminués ou augmentés en raison de la différence de prix des matières. Lorsque les enduits ou joints seront faits sur vieille maçonnerie, on devra ajouter à leur prix la valeur des dégradages, nettoyages et rocaillages qui pourraient être faits. Quant aux légers ouvrages, voir, pour les évaluations et les prix des divers travaux, le tableau de la page 638.						

396. Tableau *du temps employé pour exécuter différents travaux, d'après divers expérimentateurs.*

(Extrait du *Recueil de Tables* de Genieys.)

N. B. La journée de travail est de dix heures, et l'heure a été prise pour unité dans la table suivante.

On a désigné par des initiales placées à gauche des nombres les noms des auteurs auxquels sont dues les expériences. La légende ci-dessous donne l'explication de ces abréviations.

A. Réduite des expériences de M. Ancelin.
B. Expériences de M. Boitard.
G. *Id.* de M. Gauthey.
H. *Id.* de M. Hageau (travaux du canal de la Meuse au Rhin).
L. Expériences de M. Legraverend.
M. Travaux du génie militaire.
Mo. Expériences de M. Morisot.
P. *Id.* des ponts et chaussées.
R. *Id.* de M. Rondelet.
Ro. *Id.* des travaux maritimes de Rochefort.
S. Devis de la navigation de la Seine.
T. Expériences de M. Toussaint.

TERRASSEMENTS.

Fouille simple (mètre cube).

		h.
Terre ordinaire un peu mélangée.	A. 0,602 S.	0,75
Terre végétale.	G.	0,6
Terre franche.	G.	0,9
Terre glaise.	S. 1,4 G.	1,5
Terre dure et pierreuse.	A. 1,2. S. 1,875. G.	2,0
Roc extrait à la mine.	M.	5,5

Fouille avec jet ou chargement (mètre cube).

		h.
Terre à un homme, chargée dans une brouette ou civière, ou déposée sur la berge. (On appelle *terre à un homme* à la fouille toute celle qui s'enlève facilement et sans faire usage de la pointe.)	M.	0,667
Terre à un homme jetée à 2 mètres au moins, et 4 mètres au plus, ou élevée à $1^m,60$ au-dessus de l'excavation, ou chargée dans un tombereau, dans un camion.	M.	0,804
Terre ou sable dans l'eau, à un homme se tenant dans l'eau, chargé dans une brouette, ou déposé sur berge à la longueur du bras.	M.	1,43
Terre ou sable dans l'eau, à un homme se tenant aussi dans l'eau, élevé à $1^m,60$, ou jeté à 2 mètres au moins, et à 4 mèt. au plus, ou chargé dans des tombereaux.	M.	1,667
Fouille avec jet dans des circonstances analogues. L'expérience a donné 0,8; mais on passe 1/4 en sus, à cause de la différence des ouvriers à la journée.	R.	1,0
Fouille et jet de terre légère.	T.	1,76
Terre forte ordinaire.	A. 1,16 T.	2,7
Tuf.	G. 2,5 T.	4,05
Tuf très-dur.	T.	5,4
Terre dure et mêlée de pierres.	T.	3,37
Vase.	A.	1,9
Fouille et charge de sable.	A.	0,48
Piochage et charge de galets.	A.	1,215
Fouille et charge de vase.	A.	0,78

Jet simple à la pelle (mètre cube).

		h.
Terre ordinaire un peu mélangée.	S.	0,4
Terre dure, pierre, terre glaise.	S.	0,47
Terre végétale.	G.	0,65
Tuf et glaise.	G.	0,75
Vase.	G.	0,80
Terre légère.	1/3 de la fouille. T.	0,58
Terre forte ordinaire.	1/3 de la fouille. T.	0,90
Terre très-dure, mêlée de pierres.	1/3 de la fouille. T.	1,12
Tuf ordinaire.	1/3 de la fouille. T.	1,35
Tuf très-dur.	1/3 de la fouille. T.	1,80

Chargement.

		h.
Le tombereau attelé d'un cheval, contenant 0,5 de mètre cube :		
Terre végétale et sable.	G.	0,108
Glaise, terre dure et tuf.	G.	0,123
Vase.	G.	0,133
Le tombereau attelé de deux chevaux, contenant 1 mètre cube :		
Terre végétale et sable.	G.	0,217
Glaise, terre dure et tuf.	G.	0,230
Vase.	G.	0,267
Le tombereau attelé de trois chevaux, contenant $1^m,50$:		
Terre végétale et sable.	G.	0,325
Glaise, terre dure, tuf.	G.	0,353
Vase.	G.	0,400
Le tombereau attelé de quatre chevaux, contenant 2 mètres cubes :		
Terre végétale et sable.	G.	0,434
Glaise, terre dure, tuf.	G.	0,460
Vase.	G.	0,534
Terre végétale chargée dans les brouettes (mètre cube).	G.	0,60
Glaise, terre dure, pierre, tuf, chargés dans les brouettes.	G.	0,70
Vase chargée dans les brouettes	G.	0,75

Seconde fouille (mètre cube).

		h.
Terre ordinaire un peu mélangée.	S.	0,40
Terre légère.	T.	0,88
Terre forte ordinaire.	T.	1,35
Terre dure très-mélangée de pierres.	T.	1,68
Tuf ordinaire.	T.	2,02
Tuf très-dur.	T.	2,70

(M. Toussaint annonce, que l'expérience donne pour cette seconde fouille, ou reprise sur berge, la moitié de la première.)

Reprise et chargement dans les brouettes (mètre cube).

h.
Terre ordinaire. S. 0,4, A. 0,675. R. 0,33
Terre dure, pierre, terre glaise. S. 0,47
Terre légère. T. 0,58
Terre forte ordinaire. T. 0,90
Terre dure et pierre. T. 1,12
Tuf ordinaire. T. 1,35
Tuf très-dur. T. 1,80
Roc extrait à la mine. M. 1,02

Reprise et chargement dans un tombereau (mètre cube).

Roc schisteux extrait à la mine. M. 1,28
Terre ordinaire.
R. 0,28. S. 0,4. G. 0,65. M. 0,83
Terre dure, pierre, terre glaise. S. 0,47. G. 0,75
Vase. G. 0,8
Terre ordinaire (temps du tombereau). S. 0,2. M. 0,28
Glaise (temps du tombereau). S. 0,235

Transport (mètre cube).

Par brouettes.
Terre ordinaire, à 30 mètres.
S. 0,4. A. 0,617. M. 0,67
Terre pierreuse, terre glaise. S. 0,47
(Dans le devis de la navigation de la Seine, le relais est à 30 mètres en terrain horizontal, ou à 20 mètres en rampe de 0,05 à 0,08. Pour les rampes plus rapides, le temps du parcours des 20 mètres augmente de $0^h,04$ par $0^m,01$ de pente de plus).
A 20 mètres. R. 0,33
A 30 mètres horizontalement, ou 20 mètres en pente :
Terre végétale. G. 0,45
Terre dure, pierre, glaise. G. 0,55
Transport à 100 mètres, tombereau à deux chevaux, contenant 1 mètre cube, y compris retour. R. 0,06. S. 0,065. M. 0,07
Glaise. S. 0,076
Terre végétale, terre franche, à 100 mètres de distance, y compris retour. G. 0,06
Glaise, terre dure, vase, sable, à 100 mètres de distance, y compris retour. G. 0,07

Déchargement (mètre cube).

Un tombereau à deux chevaux, contenant 1 mètre cube.
S. 0,05. M. 0,05
Glaise. S. 0,058
Terre végétale, terre franche, glaise, terre dure, vase, sable (tombereau de quatre chevaux). G. 0,05

Régalage (mètre cube).

Terre ordinaire. S. 0,15. G. 0,15. Mo. 0,30
Terre glaise, tuf et terre dure.
S. 0,175. G. 0,25. Mo. 0,44

h.
Sable. A. 0,20
Galets. A. 0,26
Vase ou remblai. A. 0,54

Pilonnage (mètre cube).

Terre végétale glaise.
G. 0,50. S. 0,60. R. 0,66
Terre douce, sablonneuse ou forte. Mo. 0,40
Terre glaise crayonneuse et tuf. Mo. 0,64

Dressage (mètre carré).

Surface de terre après déblais ou remblais. S. 0,10
Terre végétale, terre franche, sable. G. 0,10
Glaise, terre dure, pierreuse, tuf. G. 0,13

DRAGUAGE (mètre cube).

Sable ou vase, avec drague à main. S. 6,00
Sable, profondeur moyenne de $1^m,50$. G. 10,0
Draguage à trois hottes, profondeur moyenne de 3 mètres de gravier, pierre, glaise, quatre hommes se relayant toutes les deux heures. (Le nombre d'heures appartenant à tout l'atelier). B. 3,507
Sable à 2 et 3 mètres de profondeur, avec une drague à hottes servie par cinq manœuvres (temps de tout l'atelier). G. 1,0

REVÊTEMENT EN GAZON (mètre carré).

Extraction.
A. 0,69. G. 0,50. M. 1,18. S. 1,30
Emploi, sans y comprendre le transport. M. 0,60. G. 0,80
Approche et emploi. S. 1,30. A. 1,45

CORROIS EN GLAISE (mètre cube).

Main-d'œuvre pour l'humecter, la pétrir, y compris emploi. S. 11,00
Ouvriers exercés. A. 4,42
Ouvriers peu exercés. A. 8,97
Emploi seul de la glaise. S. 1,00

FASCINAGE (mètre cube).

Les fascines ayant $2^m,50$ de long sur $0^m,30$ de diamètre ; quatre piquets, l'épaisseur réduite à $0^m,20$ après le battage des piquets, façon des fascines et pose. G. 10,00

PIQUETAGE (1000 piquets).

Approche à 10 mètres et battage des piquets, le terrain étant difficile à pénétrer. A. 33,73
Approche à 10 mètres et battage des piquets, le terrain étant facile à pénétrer. A. 15,82
Recepage des piquets après battage au maillet. A. 16,12

TUNAGE (le mètre carré).

		h.
Approche à 10 mètres et emploi des verges au mille.	A.	17,87
Tunes.		0,67

MAÇONNERIE.

Emmétrage de moellon ou meulière (mètre cube).

Moellon ou meulière. G. 0,70.	S.	1,30

Chargement (mètre cube).

Moellon ou béton dans la brouette. S. 0,7. G. 0,8.	T.	0,81
Moellon dans un tombereau. S. 0,75.	G.	0,85
Temps du chargement du tombereau qui contient 0,75.	S.	0,25

(Le tombereau ne contenant que $0^m,75$, il faut multiplier le temps ci-dessus par 1 1/3 pour 1 mètre cube.)

Chargement sur le pont de Poones.	A.	1,57

Déchargement (mètre cube).

Tombereau contenant $0^m,75$ cube.	S.	0,05

(Le tombereau ne contenant que $0^m,75$, il faut multiplier le temps ci-dessus par 1 1/3 pour 1 mètre cube.)

Chargement et déchargement (mètre cube).

Chargement dans une barque et déchargement après transport.	S.	2,0
Temps de la barque et du marin.	S.	1,0
Pierres de taille ou libages transportés sur un binard, un chef bardeur et six manœuvres. Le binard étant ordinairement chargé de $0^m,33$, chaque voyage est le 1/3 de la somme à côté.	S.	1,805
Pierre de taille, un chef bardeur et huit manœuvres.	R.	1,63
Pierre de taille; le binard chargé de 0,75, servi par six bardeurs, un cheval et un charretier.	G.	0,90
Pierre de taille. Le binard attelé de deux chevaux, avec un charretier, un bardeur et trois manœuvres. Le binard est chargé de 0,667. Chaque voyage demande pour le chargement et déchargement 0,90.	S.	1,35

Transport (mètre cube).

		h.
Transport à 30 mètres de moellon ou béton dans une brouette en rampe de 0,08. (Le temps du transport augmente de $0^h,1$ par $0^m,01$ de pente de plus.)	S.	0,50
Transport à 30 mètres en terrain horizontal ou à 20 mètres en pente.	G.	0,60
Transport à 20 mètres.	T.	0,81
Moellon transporté à 300 mètres (tombereau à deux chevaux). (M. Gauthey pense que le transport doit être le même que celui de la terre, en tenant compte de la différence du poids.)		
Transport à 100 mètres dans un tombereau, aller et retour. (Le tombereau ne contenant que $0^m,75$, il faut multiplier le temps suivant par 1 1/3 pour 1 mètre cube).	S.	0,065
Pierres de taille ou libages transportés à 100 mètres sur un binard, un chef bardeur et six manœuvres, et retour. (Le binard étant ordinairement chargé de 0,33, chaque voyage est le 1/3 de la somme à côté.)	S.	0,195
Pierre de taille transportée à 100 mètres et retour, un chef bardeur et huit manœuvres. (Le binard est chargé de $0^m,46$, et demande $0^h,337$ par voyage.)	R.	0,73
Pierre de taille. (Le binard chargé de 0,75 est servi par six bardeurs, un cheval et un charretier. Parcours de 100 mètres et retour.)	G.	0,06
Pierre de taille. Le binard attelé de deux chevaux, avec un charretier, un bardeur et trois manœuvres. Parcours de 100 mètres et retour. (Le binard est chargé de $0^m,667$. Parcours, 0,065.)	S.	0,10

Levage ou montage (mètre cube).

Pierre de taille. Levage à la chèvre, un brayeur et quatre manœuvres, hauteur moyenne 5 mètres. (La pierre cubant en réduite $1^m,375$, chacune demandera $0^h,5$ pour élévation.)	S.	1,333
Pierre de taille. Montage à 10 mètres ($0^h,46$ par voyage).	R.	0,54
Pierre de taille. Montage à 8 mètres, à raison de $0^h,1$ par mètre (chèvre servie par deux brayeurs et six manœuvres; volume de la pierre $0^{mc},75$).	G.	0,96
Pierre de taille. Montage à 2 mètres, et par chaque 2 mètres en sus, cinq manœuvres.	T.	0,27

Brayage et débrayage (mètre cube).

Pierre de taille. Levage à la chèvre, un brayeur et quatre manœuvres. Brayage et débrayage. (La pierre cubant en réduite $0^m,375$, chacune demandera $0^h,5$ pour brayage et débrayage.)	S.	1,33
Pierre de taille. Huit bardeurs ($0^h,46$ par voyage).	R.	2,17

Pierre de taille ; deux brayeurs et six manœuvres (avec une chèvre, volume de la pierre 0,75). G. 0,60
Pierre de taille ; cinq manœuvres. T. 1,81

Extinction de la chaux (mètre cube).

Chaux grasse, 0m,45 de chaux vive (manœuvre). B. 7,14. S. 8,0
Chaux grasse ; manœuvre. (Le transport de l'eau fait par voitures à part). A. 3,07
Chaux vive, y comprenant le transport de l'eau. G. 8,0
Chaux vive, l'eau à part. G. 5,0
Chaux hydraulique, naturelle ou artificielle, 0,62 de chaux vive, manœuvre. S. 10,0.

Fabrication du mortier (mètre cube).

Chaux grasse. S. 10,0. B. 14,54
Chaux hydraulique. S. 15,0
Quelle que soit la chaux. G. 12,0 à 20,0. T. 12,0

Chape (mètre carré).

Chape de 0m,08 d'épaisseur avec mortier de chaux hydraulique et sable. Limousins (pour employer le mortier et lisser la chape). } S. 2,7
Manœuvres (pour éteindre la chaux, faire le mortier et le porter). 4,0
Mortier à chape, pour étendre et lisser ; un maçon et un manœuvre (le mètre cube). } B. 4,5
Battage, un manœuvre (mètre carré). 1,5

Fabrication du béton (mètre cube).

Extinction de la chaux, manipulation du mortier, cassage de la meulière, mélange. L. 15,83

Façon de la maçonnerie de pierre de taille (mètre cube).

Libages ; un poseur, deux contre-poseurs et un manœuvre. Emploi à sec. S. 2,0
Libages avec mortier de chaux et sable. A. 1,8. S. 2,5. B. 2,81
Libages avec mortier de chaux et sable ; un maçon et son garçon. } T. 9,46
Bornes isolées, auges, etc. ; un maçon et son garçon. 10,81
Caniveaux, gargouilles, dalles, etc. ; un maçon et son garçon. 24,32
Murs droits ; un poseur, un contre-poseur, un limousin et deux garçons. 3,38
Murs circulaires ; même atelier. 4,05
Voûtes, fûts de colonnes ; même atelier. 6,75
Arêtiers de voûtes en arc de cloître ; même atelier. 10,13
Mètre carré de dallages verticaux de 0,06 d'épaisseur ; même atelier. 1,31

Pose et fichage (mètre cube).

Pierre de taille, pose et fichage ; quel que soit l'appareil, un poseur, deux contre-poseurs, un manœuvre (appareil réduit, 0,7. Boitard). B. 3,71. S. 4,0. A. 4,01
Pierre de taille ; un poseur, deux contre-poseurs, un manœuvre, pour la pose. } G. 3,0
Pour le fichage. 2,0
Mètre carré de parements de pierre de taille pour pose de queue de 0m,9 à un mètre. } A. 5,0
De 0,8 à 0,9. 4,5
De 0,7 à 0,8. 4,0
De 0,6 à 0,7. 3,5
De 0,5 à 0,6. 3,0

Façon de la maçonnerie de moellons ou meulière (mètre cube).

Emploi sous l'eau pour enrochement. A. 0,39. S. 1,0
Emploi sous l'eau pour enrochement sans sujétion. G. 0,8
Emploi sous l'eau pour enrochement avec sujétion. G. 1,0
Pose à sec. Un maçon et son garçon, emploi. G. 4,0. S. 5,0
Pose avec mortier de chaux et sable. Un maçon et son garçon. G. 4,5. L. 5,0. B. 5,68. S. 6,0 R. 6,0
Pose avec sujétion et échafauds. G. 6,5
Hourdage en plâtre. Un maçon et son garçon (y comprenant le gâchage du plâtre). S. 4,5. R. 7,5
Maçonnerie de meulière avec mortier. Un maçon et son garçon. S. 7,0. R. 7,5

Façon de la maçonnerie de briques (mètre cube).

Un maçon et un manœuvre, pour les massifs en briques hourdées. G. 5,0
Pour les murs en élévation exigeant échafaud. G. 7,0
Emploi avec mortier hydraulique par assises réglées. Un maçon et son manœuvre (travaux du quai de Montauban). L. 6,66

Parements (mètre carré).

Meulière à sec avec sujétion. Un maçon. G. 0,5. S. 0,8
Moellon hourdé et rejointoyé. Un maçon (rejointoyement sans échafaud, après le travail, une heure, avec échafaud, 1h,25). S. 1,0. G. 1,0

Moellon hourdé pour les voûtes.	G.	1,5
Moellon smillé. Smillage et rejointoyement, parties droites.	G.	9,0
Pour les voûtes et parties circulaires.	G.	10,0
Parement de moellons. Les moellons taillés à la pointe. Murs droits.	G.	11,0
Taille piquée, rustiquée, entre ciselures. Un tailleur de pierre. Dans le devis de la navigation de la Seine : les sciages, taille, abatage de pierres de Saillancourt, 4/5 des prix de roche dure. Pierre franche aux 2/3. Pierre tendre, vergelet et liais aux 2/5. On passe moitié en sus, pour les parements courbes, la taille des joints est évaluée au tiers. On passe pour 1m,9 carrés de parement, moitié sciage et moitié taille. S. 7,5.	B.	7,73
Taille layée et unie sans sciage. S. 14,5. R. 15,0.	B.	15.19
Taille pour marbre de Stinkal ciselé au pourtour et proprement piqué.	A.	21,01
Taille de joints grossièrement piqués.	A.	5,28
Taille de granit taillé à la pointe. (Travaux du canal d'Ille et Rance.)	L.	27,5
Taille rustiquée de granit.	G.	28,0
Id. de la roche de Paris.	G.	9,0
Id. du vergelet. (Si ce parement devait être layé, M. Gauthey pense que l'on doit ajouter les 3/4 en sus.)	G.	3,5
Taille de parements droits layés. Liais fin de Paris.	T.	13,68
Id. de roche de Saillancourt.	T.	11,84
Id. de pierre franche de l'Abbaye-du-Val.	T.	8,42
Id. de vergelet dur.	T.	5,27
Id. de vergelet tendre. (M. Toussaint passe ensuite 2/3 de taille de parements layés pour parement layé après refouillement entre quatre côtés conservés, 1/2 taille pour taille préparatoire avant moulures; une taille 1/2 pour taille circulaire layée, intrados, etc., y compris évidement, ébauche et taille préparatoire ; 1/2 taille pour les parements rustiqués seulement; 1/2 taille pour taille de lits bien faits, 1/3 de taille pour joints et lits de claveaux et voussoirs ; 1/2 taille pour joints à deux ciselures pour assises formant parpaing).	T.	3,94
Briques hourdées, compris rejointoyement, sans sujétion.		
Murs droits avec mortier de chaux et sable (un maçon).	G.	1,2
Pour voûtes et parties circulaires.	G.	1,8

Rejointoyements (mètre carré).

Murs droits ; un maçon (travaux du quai de Montauban).	L.	1,0
Voûtes ; un maçon (pont de Chaumes).	L.	1,6
Murs droits sans échafaud, après exécution ; un maçon et un manœuvre.	G.	1,25
Avec échafaud.	G.	1,50

Sciage (mètre carré).

Pierre de roche, deux scieurs.	S.	4,75
Pierre de taille, deux scieurs. Liais fin de Paris.	T.	5,39
Roche de Saillancourt.	T.	4,73
Pierre franche de l'Abbaye-du-Val.	T.	2,76
Vergelet dur.	T.	1,97
Vergelet tendre.	T.	1,05

(Temps de l'atelier. M. Toussaint passe ensuite ordinairement 1/8 de déchet sur les parties payées aux ouvriers. Quand les sciages sont en parement, ils se comptent comme taille, y compris enlèvement des balèvres.)

Évidements et refouillements (mètre cube).

Évidements simples sur le chantier pour dégager des angles. Liais fin de Paris.	T.	94,8
Roche de Saillancourt.	T.	80,22
Pierre franche de l'Abbaye-du-Val.	T.	58,34
Vergelet dur.	T.	36,46
Vergelet tendre.	T.	21,88
(Refouillements sur le chantier entre plusieurs parties conservées, comme évidement de soupirail dans une assise de retraite.)		
Liais fin de Paris.	T.	189,61
Roche de Saillancourt.	T.	160,44
Pierre franche de l'Abbaye-du-Val.	T.	116,68
Vergelet dur.	T.	65,63
Vergelet tendre.	T.	43,76
Refouillement entièrement à la masse et au poinçon pour incrustement de carreaux de 0,5 en carré.		
Liais fin de Paris.	T.	255,24
Roche de Saillancourt.	T.	218,78
Pierre franche de l'Abbaye-du-Val.	T.	175,02
Vergelet dur.	T.	102,1
Vergelet tendre.	T.	72,93
Refouillement et évidement, épanelage (sur le tas, 1/6 de plus à la masse ; et au poinçon, 1/3 de plus.)	R.	146,0

BRIQUETERIE (le mille).

Briques ayant 0m,22 de long, 0m,11 de large, et 0m,055 d'épaisseur, confection, extrac-

	H.
tion de la terre, 1m,75, et transport, un manœuvre.	4,0
Pour le corroiement, un corroyeur.	3,75
Moulage ; un atelier composé d'un chef briquetier et de son aide, deux mouleuses, deux porteurs et deux poseurs.	1,25
Pour recouper les bavures, rebattre les briques, les mettre en haie, deux manœuvres.	1,25
Mise au four ; deux hommes pour arranger les briques et le charbon, quatre rouleurs, un passeur, un porteur de charbon, surveillés par le maître briquetier.	0,63

(On doit tenir compte, en outre, du temps du briquetier pendant la cuite et de l'enlèvement des briques.)

997. Honoraires des architectes et des experts. — Un arrêté du Conseil des bâtiments civils du 12 pluviôse an VIII, sanctionné par la jurisprudence, fixe ces honoraires ainsi qu'il suit :

Travaux ordinaires.	Rédaction des plans et devis. . . .	1 et 1/2 pour 100.
—	Conduite des travaux.	1 et 1/2 —
—	Vérification et règlement des mémoires.	2 —
Travaux publics.	Projets et devis approuvés ou susceptibles d'être approuvés ou mis en adjudication.	1 et 2/3 —
—	Direction, conduite, surveillance et tenue des attachements.	1 et 2/3 —
—	Réception, vérification et règlement des travaux.	1 et 2/3 —

Ces allocations ne comprennent pas les frais de voyage, qui sont fixés, conformément au tarif des expertises près les tribunaux :

	fr.
Pour les architectes de Paris, Lyon, Bordeaux et Rouen, par myriamètre, à	6,00
Pour les architectes des autres villes, par myriamètre, à.	4,50

Vacations et frais de voyage. — Quand les honoraires ne peuvent être fixés d'après les prix de revient des travaux, on applique le tarif des frais de procédure (décret du 16 février 1807) :

	fr.
Pour chaque vacation de trois heures, l'allocation de tout architecte, expert ou artiste, opérant dans le lieu de son domicile ou dans un rayon de deux myriamètres dans le département de la Seine, est de. . . .	8,00
Pour les architectes dans les autres départements.	6,00
Au delà de deux myriamètres, il est alloué, à titre de frais de voyage et de nourriture, par chaque myriamètre, aller et retour compris, aux architectes de Paris.	6,00
A ceux des départements.	4,50
Pendant leur séjour, il est alloué, à la charge de faire quatre vacations par jour, aux architectes de Paris.	32,00
A ceux des départements.	24,00

Nota. La taxe est réduite quand le nombre *quatre* des vacations est réduit.

Il est alloué aux experts deux vacations : l'une pour la prestation de serment, l'autre pour le dépôt du rapport ; indépendamment de leurs frais de transport, s'ils sont domiciliés à plus de deux myriamètres de distance du lieu où siége le tribunal, il leur sera alloué 1/5 de leur journée de campagne, ce qui supprime le prix de voyage et de nourriture.

	fr.
Etat de lieux. Prix de chaque rôle de vingt-cinq lignes par page, rédigé par un seul architecte et en double expédition.	3,00
En cas de rédaction contradictoire et simultanée par deux architectes. . .	4,00
Pour toute expédition en plus, par rôle.	0,50
Pour tout état de lieux et estimation de matériel d'établissements agricoles et industriels, des théâtres, des usines, etc., pour plans et dessins y annexés, contre vérification ou modification d'anciens états de lieux. . .	8,00

Nota. Les déplacements pour états de lieux, rédaction et vérification, donnent en sus droit aux honoraires et frais tarifiés ci-dessus pour les experts près les tribunaux.

Honoraires des métreurs. — Le tarif consacré par l'usage est basé sur le montant en demande des mémoires établis; il accorde :

Pour les travaux de terrasse, maçonnerie, couverture, plomberie, carrelage.	1,20 pour 100.
Pour ceux de peinture, menuiserie et serrurerie.	1,50 —

FIN.

TABLE DES MATIÈRES.

PREMIÈRE PARTIE.

MAÇONNERIE EN GÉNÉRAL.

CHAPITRE III.

OUTILS ET APPAREILS EMPLOYÉS POUR EXÉCUTER LES OUVRAGES DE MAÇONNERIE.

APPAREILS MÉCANIQUES.

CHAPITRE V.

MAÇONNERIES.

MAÇONNERIE DE BÉTON.

MAÇONNERIE DE PIERRE DE TAILLE.

MAÇONNERIE DE MOELLONS.

ENDUITS EN MORTIERS HYDRAULIQUES.

REJOINTOYEMENTS.

CHAPITRE VI.

OUVRAGES GÉNÉRAUX.

TRACÉ, IMPLANTATION.

FONDATIONS.

MURS.

VOUTES.

CHAPITRE II.

TRAVAUX EN PLATRE OU LÉGERS OUVRAGES.

CHAPITRE III.

FIN DE LA TABLE DES MATIÈRES.

TABLE ALPHABÉTIQUE DES MATIÈRES.

FIN DE LA TABLE ALPHABÉTIQUE DES MATIÈRES.

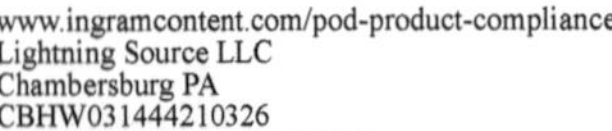
www.ingramcontent.com/pod-product-compliance
Lightning Source LLC
Chambersburg PA
CBHW031444210326
41599CB00016B/2107